U0426719

河北省区域地质纲要

HEBEI SHENG QUYU DIZHI GANGYAO

河北省区域地质调查院（河北省地学旅游研究中心） 编著

图书在版编目(CIP)数据

河北省区域地质纲要/河北省区域地质调查院(河北省地学旅游研究中心)编著.—武汉:中国地质大学出版社,2024.5

ISBN 978-7-5625-5865-1

Ⅰ.①河… Ⅱ.①河… Ⅲ.①区域地质-概况-河北 Ⅳ.①P562.22

中国国家版本馆CIP数据核字(2024)第097506号

审图号:GS(2024)1526号

河北省区域地质纲要 河北省区域地质调查院(河北省地学旅游研究中心) **编著**

责任编辑:周 豪 选题策划:易 帆 责任校对:徐蕾蕾

出版发行:中国地质大学出版社(武汉市洪山区鲁磨路388号) 邮政编码:430074

电 话:(027)67883511 传 真:(027)67883580 E-mail:cbb@cug.edu.cn

经 销:全国新华书店 http://cugp.cug.edu.cn

开本:880毫米×1230毫米 1/16 字数:1034千字 印张:28.75

版次:2024年5月第1版 附图:4 附件:1

印刷:武汉中远印务有限公司 印次:2024年5月第1次印刷

ISBN 978-7-5625-5865-1 定价:238.00元

《河北省区域地质纲要》

编　委　会

前　言

“河北省区域地质纲要”项目为2022年度河北省地质勘查专项预算资金项目。应广大河北专业技术人员在河北省开展基础地质工作的需求，在新一代地质志的基础上，突出实际工作中的便捷性、实用性及地学理论重大变化相互之间衔接的问题，同时对《中国区域地质志·河北志》(2017)进一步补充与完善，2021年5月，河北省区域地质调查院向河北省自然资源厅提交了《河北省区域地质纲要立项申请书》，同年8月24日河北省自然资源厅组织专家对项目立项申请进行了研究论证，并下达意见批准了立项申请，最终核定资金90万元，由河北省区域地质调查院负责实施。项目以《中国区域地质志·河北志》(2017)为基础，收集10余年来(2010年10月至2021年12月底)本区取得的不同比例尺区域地质矿产调查成果、科研成果和发表的学术论文进行综合研究，对重大基础地质问题进行野外调查；以地质新理论为指导，以本区地质历史演化时间为主线，以基本地质事实——不同时段的建造与构造为依据，运用新技术(智能编图)、新方法(新全球构造思想、地球系统科学、洋板块地层等)，系统总结编撰《河北省区域地质纲要》(以下简称《纲要》)及编制相关图件，进一步提高本区基础地质调查工作的研究程度和研究水平。《纲要》作为河北省基础地质工作的工具书，可为指导河北省今后各项地质工作提供便利。

《纲要》以地质历史演化时间为主线，以各时段现存的地质建造和改造为基础，系统总结了《中国区域地质志·河北志》(2017)和最新1∶5万区域地质调查以及科研成果，在板块构造理论的指导下，为进一步提高河北省基础地质调查综合研究程度和新一轮找矿突破战略行动中基础地质工作的应用水平，书写中国式现代化河北场景地矿篇章提供基础性工具书而编制。

《纲要》沿用《中国区域地质志·河北志》(2017)总体脉络，是在该志的基础上经多次调研、咨询、讨论和研讨后删繁就简形成，对河北省区域地质特征进行了系统清理和全面总结、概括，正文只表述总结性结论，对争议性问题、过程性论述、代表性剖面图及说明、化学投图等略过，多利用图表结合的方式，总共分为5篇20章。第一篇早前寒武纪地质，包含变质表壳岩、变质深成侵入岩、区域变质作用、高压变质作用4章：变质表壳岩从老至新按地层分区以岩组为单元依次介绍，岩组视具体情况依次介绍分布范围、现实定义、区域变化、原岩恢复、变质变形特征、形成时代、典型矿床等；变质深成侵入岩首先简述构造单元划分，然后介绍岩浆演化及构造环境，最后分述不同分区内的变质深成侵入岩特征；区域变质作用和高压变质作用主要介绍对应的变质岩和变质期次特征。第二篇区域地层，包含中—新元古代地层、寒武纪—奥陶纪地层等7章，先以图表文方式简述地层分区，后从老至新按地层分区以组为单位视具体情况分述分布范围、现实定义、区域变化、与成矿作用关系等，重点描述现实定义和区域变化，对新建和重新启用的组增加名称由来等依据，区域变化较大的组采用柱状对比图反映区域变化特征，同时还用图表简述了多重地层划分对比情况。第三篇第四纪地质及地貌，包含第四纪地质和第四纪地貌两章：第四纪地质部分首先简述地层划分方案以及划分沿革，然后按地层分区视具体情况介绍各填图单位分布范围、现实定义、区域相变特征等，简述河北省古人类与古文化遗存主要特点和冰期、间冰期划分；第四纪地貌部分用图表简述地貌划分和主要特征。第四篇岩浆岩，包含侵入岩概述、侵入岩分述、火山岩和火山作用3章：侵入岩用图表介绍侵入岩构造单元划分、期序岩浆演化等，再分时段简述侵入岩填图单位情况，包括分布、代表性岩体、岩石成因类型、构造环境等，简述中—酸性侵入岩浆活动与成矿作用；火山岩用图表说明火山构造单元划分和火山活动旋回，简述火山岩、潜火山岩类型以及火山活动与成矿作用。第五篇地质构造，包含岩石圈结构构造、构造阶段和构造单元划分、构造形变、区域地质发展史 4 章，首先简述岩石圈结构构造以及构造阶段和构造单元划分，然后综述主要构造形迹（褶皱和断裂），最后叙述区域地质发展史。由于《纲要》的目标任务是提供一本科学、实用的工具书，各章节有关的地质特征详细描述请参考《中国区域地质志·河北志》(2017)。

图件编制以准确简洁、科学合理、重点突出为目标。河北省（北京市天津市）地质图（1∶50 万）编制中充分应用智能编图技术，将 1∶5 万和 1∶25 万最新地质图投影至 1∶50 万地质图之中，结合野外路线调查的成果适当进行合并和合理勾绘，原则是尽可能保留原中大比例尺的填图成果，力求准确和美观。在河北省（北京市天津市）地质图（1∶50 万）的基础上编制了河北省（北京市天津市）地质构造图（1∶100 万）、河北省（北京市天津市）岩浆岩地质图（1∶50 万）和河北省（北京市天津市）第四纪地质及地貌图（1∶100 万）。其中，地质构造图减轻图面负担，突出构造层次；岩浆岩地质图则突出了中生代岩浆活动；第四纪地质及地貌图叠加了 DEM 影像。各类图件的编制按照《区域地质图例》(GB/T 958—2015)执行，图件中填图单位名称表示方法按照《区域地质调查技术要求(1∶50 000)》(DD 2019—01)执行。不同填图单位的用色标准参照《地质图用色标准及用色原则》(DZ/T 0179—1997)和《中国区域地质志工作指南》进行编制，字体以及图例的大小等按照《中国区域地质志工作指南》执行。

河北省系统的地质工作，特别是基础地质和研究工作，是在中华人民共和国成立后进行的。从 20 世纪 50 年代至今，本区的变质岩、地层、侵入岩以及构造调查研究随着地学理论的发展进步发生了较大的变化，简述如下。

变质岩方面：在 1986 年之前完成的系列区域地质调查成果中，对早前寒武纪变质岩采用地层层序法进行了群、组、段的划分，无变质深成侵入岩的认识，认为长英质片麻岩是火山-沉积岩系经过变质或混合岩化作用形成的，在一定程度上存在混合岩化扩大化的现象。1986—2001 年完成的区域地质调查成果中，涉及变质岩的划分引进了变质深成侵入岩或 TTG 岩系的划分研究，从变质地体中识别出变质深成侵入岩，无疑是这一阶段变质岩研究的主要进展之一，但在这一重大转变过程中出现了一些新问题：①变质深成侵入岩（片麻岩）单位扩大化或泛 TTG 化以及否定混合岩化的趋向；②原高级变质岩地层系统几乎大部分被否定，对已保留的部分地层单位研究程度也较低；③高级区域构造形迹的观察和综合研究较为粗糙等。《纲要》根据最新的成果对变质岩填图单位进行了全面梳理。

地层方面：自 19 世纪初至 20 世纪 40 年代，沉积学研究主要是结合地层学进行的，主要研究“沉积岩”，野外研究和室内鉴定处于主要地位；1838 年，瑞士学者格莱斯利在研究瑞士、法国交界侏罗山东部中生界时，首先应用了“相”这一术语，“相变”的概念也在其著作中有记述。葛利普在其地层学的奠基性著作《地层学原理》(1913)中就已明确地阐述了相变和岩相界线穿时以及岩石地层单位与年代地层单位不一致的科学理论，这一理论推动了沉积岩区调查研究的重大进展；威尔逊于 1975 年提出了理想化的碳酸盐岩综合相模式后，国内广泛将其应用于不同比例尺的区域地质调查中；1980 年公开出版的《中国地层指南及中国地层指南说明书》阐述了地层多重划分概念，拉开了河北省多重地层划分工作的序幕；1986 年地质矿产部设立了“七五”重点科技攻关项目——“1∶5 万区调中填图方法研究”项目，把以岩石地层单位填图、多重地层划分对比、识别基本地层层序等现代地层学和现代沉积学相结合，于 1991 年出版了《沉积岩区 1∶5 万区域地质调查方法指南》，该指南广泛应用于后续开展的 1∶5 万/1∶25 万区域地质调查之中，目前仍然继续应用于沉积岩区填图工作之中；2000 年后非史密斯地层作为刚刚诞生的一个新兴的地层学学科分支，主要应用于活动区（造山带）地区，是对稳定沉积岩区（史密斯地层）填图的强有力的补充。

侵入岩方面：在1992年及之前完成的区域地质调查成果中，对侵入岩的研究和划分主要采用了构造岩浆旋回的方法，图面表达采用岩性＋旋回（下角标1～6）、期次（上角标），例如不同时期的花岗岩从老至新可划分为太古宙旋回花岗岩（γ_1）、元古宙旋回花岗岩（γ_2）、加里东旋回花岗岩（γ_3）、华力西期花岗岩（γ_4）、印支—燕山旋回花岗岩（γ_5）、喜马拉雅旋回花岗岩（γ_6）、燕山旋回第一期花岗岩 $\gamma_5^{2(1)}$。时间多以代为主，少量以纪为主，整体时间跨度太大，精度较低。岩石测年以K－Ar法为主，误差较大，无法精准地建立岩浆演化序列，制约了侵入岩与成矿作用关系的背景研究。河北省第一代地质志（1989）全面总结了1983年以前的侵入岩资料，第一次系统地建立了省内显生宙侵入岩期次、序列和年代格架。在1993—2001年完成的区域地质调查成果中，在侵入岩的调查研究方面应用了侵入岩等级体制即单元-超单元-序列的新方法，相对前一阶段的调研工作有了很大进步，尤其是在确定各侵入体的接触关系方面有了显著提高；但其在图面表达上各测区甚至各图幅自成体系，代号以地名和时代的表示方式也不够科学，同一个岩体不同图幅名称不一致，很不利于区域对比和研究利用。本次立足于最新的国际地层表（中国地层表）中建议的时代，参照《区域地质调查技术要求（1∶50 000）》（DD 2019—01）等，侵入岩采用“岩性＋时代”的图面表示方法，变质深成侵入岩采用“片麻岩＋岩性上角标＋时代”的表示方式，大幅提升侵入岩调查研究精度，以时间为主线准确建立了河北省岩浆演化序列，深化了岩浆岩带的认识，也有利于同一岩浆弧带同时期侵入岩对比研究。《纲要》将不同时期的侵入岩表示方法以花岗岩为例建立了对比简表（详见附表2）。

构造方面：20世纪90年代前形成的区域地质资料主要以槽台学说为指导，2000年后的地质工作开始逐步使用板块构造学说，目前在板块构造学说的基础上进一步衍生出地球系统科学。《纲要》主要采用板块学说与地球系统科学理论相结合方法。

项目组在编写《纲要》过程中面向河北省在地质工作一线的技术骨干征求意见和建议。这些意见和建议为《纲要》的编写提供了有力支撑，如全面吸收10余年的地质成果、叙述地名前增加县域名称、重要的区域构造能够在图上表示出构造岩浆演化期次等，不同时期不同地学理论形成的地质成果应用图标的形式彼此之间建立有机的联系，为后续成果的应用推广奠定了良好的基础。

《纲要》由正文、附件（《河北省区域地质纲要》剖面及岩相古地理图）和附图构成。正文中，前言由毕志伟、李广栋编写，第一章由刘洪章编写，第二章由贾立民、刘腾飞编写，第三章和第四章由刘洪章、彭芊芃编写，第五章由陈超编写，第六章由王金贵编写，第七章由王艳凯编写，第八章、第九章和第十章由杨建坤、邓绍颖编写，第十一章由张建珍、张欢编写，第十二章由张欢、张建珍编写，第十三章由王金贵编写，第十四章由李广栋编写，第十五章由贾立民、刘腾飞编写，第十六章由李广栋、毕志伟编写，第十七章由毕志伟编写，第十八章和第十九章由王艳凯编写，第二十章和结语由毕志伟编写。附件由毕志伟、李广栋、刘洪章、陈超、王金贵、王艳凯、杨建坤、张建珍、张欢、郭鑫编写，插图由郭鑫、邓雯绘制和修改。《纲要》最终由毕志伟、李广栋统稿。附图中，河北省（北京市天津市）地质图（1∶50万）主编为李广栋，副主编为毕志伟、杨建坤、陈圆圆；河北省（北京市天津市）地质构造图（1∶100万）主编为毕志伟，副主编为陈超、王艳凯、陈圆圆；河北省（北京市天津市）岩浆岩地质图（1∶50万）主编为张建珍，副主编为贾立民、刘洪章、陈圆圆；河北省（北京市天津市）第四纪地质及地貌图（1∶100万）主编为王金贵，副主编为张欢、张建珍、段先乐，赵静怡等也参与了附图的修改工作，图件最终由毕志伟、李广栋审定。“河北省区域地质纲要”项目的原始资料及成果资料由彭芊芃等负责归档。

目　录

第一篇　早前寒武纪地质

第二篇　区域地层

第五篇　地质构造

第一篇

早前寒武纪地质

河北省是研究我国华北地壳早期构造演化的经典地区，也是我国重要的矿产基地之一。河北省早前寒武纪变质岩发育，出露面积约占省内基岩区面积的1/3，主要分布于太行山邢台—涞水县龙门口一带、尚义—赤城—丰宁—平泉一带、冀东地区及怀安县、康保县等地。早前寒武纪变质岩在漫长的地质时代中，经历了多期区域变质作用及构造改造，从麻粒岩相、高角闪岩相的高级变质区到浅变质的绿岩带均可见及。太古宙变质地层与变质深成侵入岩密切共生，在早前寒武纪变质岩中占据主体地位；古元古代变质地层出露局限，仅在太行山南段及尚义县、崇礼县、赤城县等地出露；古元古代变质深成侵入岩分布较广，变质程度较弱，以中酸性岩为主。

随着早前寒武纪高级变质岩研究的不断深入，变质岩研究取得了重大进展，突出表现为两个方面：一是在原划定的变质地层中识别出大量变质深成侵入体，并通过高精度同位素测年数据，对各类变质地质体形成与变质改造的时代归属更趋准确，在综合考虑其原岩建造、变质变形特征一致性的基础上，将其划分为不同的变质表壳岩和变质深成侵入岩；二是发现了大量高压变质岩，进而对早前寒武纪变质基底构造划分提出新的认识。

第一章　变质表壳岩

早前寒武纪变质地层包括中太古界—古元古界，面积约 11 650km²，中太古界出露零星，新太古界—古元古界出露广泛，其中阜平、冀东和怀安-崇礼地区是我国变质岩研究最早、最详细的地区之一。

本区隶属中朝地层大区（Ⅲ）之华北地层区（ⅢA_1），根据变质岩分布、变质岩建造、变质变形特征、构造环境和高精度同位素测年资料等，划分为阴山-冀北地层分区（ⅢA_1^1）、冀西-冀南地层分区（ⅢA_1^2）和冀中-冀东地层分区（ⅢA_1^3）3 个地层分区，进一步划分为 7 个地层小区（图 1－1），并建立了岩石地层序列（表 1－1）。

一、阴山-冀北地层分区（ⅢA_1^1）

阴山-冀北地层分区位于桑干-承德构造带南缘的蔚县-平泉区域断裂（F2）以北，划分为 3 个地层小区：尚义-隆化区域断裂（F11）北侧为张北-围场地层小区（ⅢA_1^{1-1}）；南侧以崇礼东—田家窑—怀来一线为界，以西为怀安地层小区（ⅢA_1^{1-2}），以东为茨营子-大庙地层小区（ⅢA_1^{1-3}）。该分区早前寒武纪地层自下而上划分为 5 个岩群，具体划分沿革详见表 1－2。

二、冀西-冀南地层分区（ⅢA_1^2）

冀西-冀南地层分区位于蔓菁沟-大庙区域断裂（F1）以南，琉璃庙-保定构造带（F5）和白岸-衡水构造带西界区域断裂（F7）以西，在桑干-承德构造带西段与阴山-冀北地层分区具有相互叠置的特点（古结合带），划分为 2 个地层小区：白岸-衡水构造带西界区域断裂北西侧为阜平地层小区（ⅢA_1^{2-2}），南东侧为冀南地层小区（ⅢA_1^{2-3}）。该分区早前寒武纪地层包括 4 个岩群、2 个群，具体划分沿革详见表 1－3。

三、冀中-冀东地层分区（ⅢA_1^3）

冀中 冀东地层分区位于蔓菁沟-大庙区域断裂（F1）以南，琉璃庙-保定构造带（F5）和白岸-衡水构造带北界区域断裂（F7）以东，在桑干-承德构造带东段与阴山-冀北地层分区具有相互叠置的特点（古结合带），划分为 2 个地层小区：大巫岚-卢龙构造带西界区域断裂（F9）以西为密云-迁西地层小区（ⅢA_1^{3-1}），以东为秦皇岛地层小区（ⅢA_1^{3-2}）。该分区早前寒武纪地层共包括 5 个岩群及中太古代晚期曹庄岩组，具体划分沿革详见表 1－4。

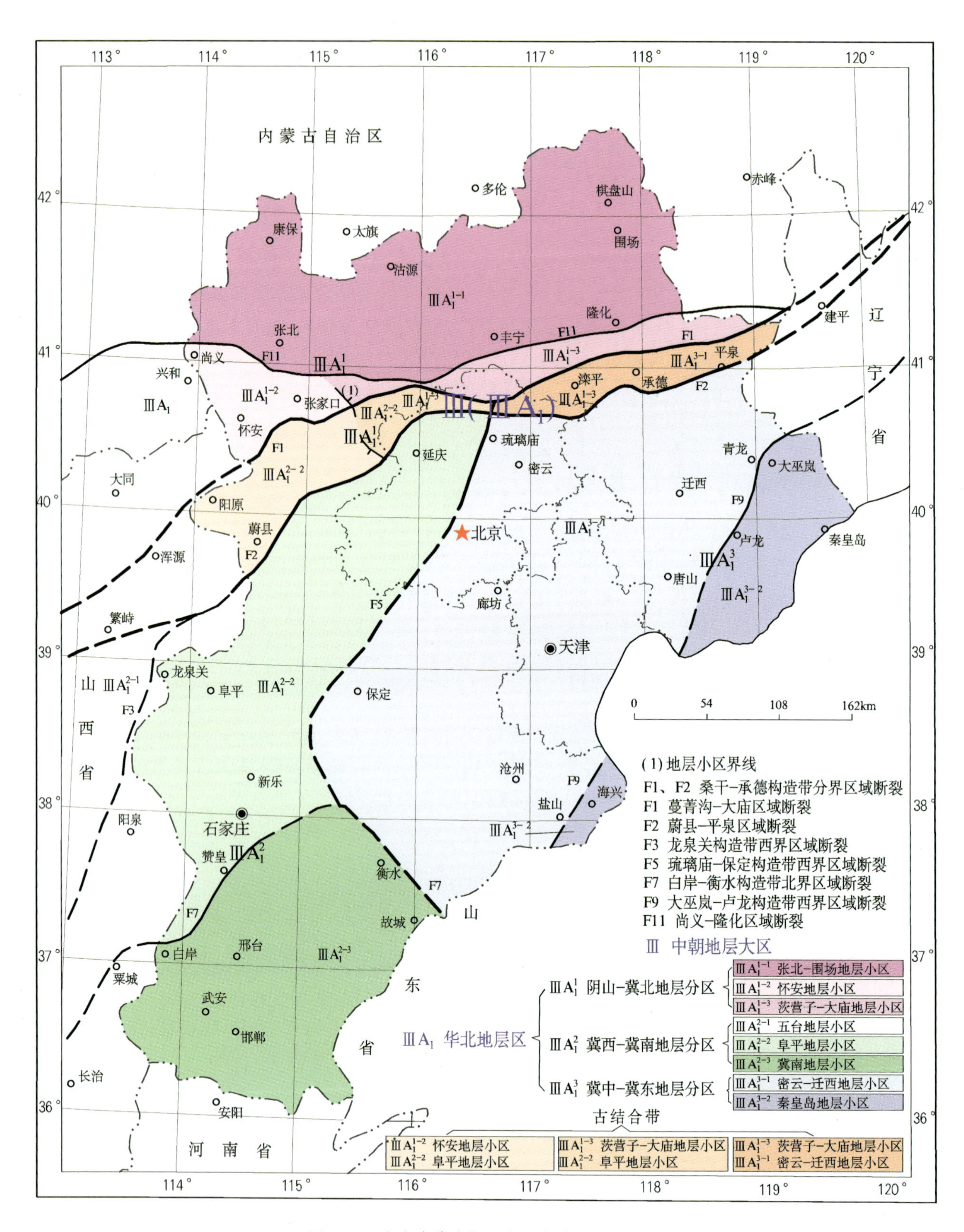

图1-1 中太古代晚期—古元古代地层区划图

表 1-1 中太古代晚期—古元古代岩石地层序列表

地质年代/Ma		阴山-冀北地层分区(ⅢA$_1^1$)			冀西-冀南地层分区(ⅢA$_1^2$)		冀中-冀东地层分区(ⅢA$_1^3$)	
		怀安地层小区(ⅢA$_1^{1-2}$)	茨营子-大庙地层小区(ⅢA$_1^{1-3}$)	张北-围场地层小区(ⅢA$_1^{1-1}$)	阜平地层小区(ⅢA$_1^{2-2}$)	冀南地层小区(ⅢA$_1^{2-3}$)	密云-迁西地层小区(ⅢA$_1^{3-1}$)	秦皇岛地层小区(ⅢA$_1^{3-2}$)
古元古代	晚期(1800—2020)							
古元古代	中期(2020—2300)				甘陶河群：蒿亭组(Pt_1^2h)；南寺组(Pt_1^2ns)；南寺掌组(Pt_1^2n)			
古元古代	早期(2300—2500)	集宁岩群：下白窑岩组 $Pt_1^1x.$		红旗营子岩群：东井子岩组($Pt_1^1d.$)；太平庄岩组($Pt_1^1t.$)	湾子岩群：上岩组($Pt_1^1W\hat{s}.$)；下岩组($Pt_1^1Wx.$)	官都群：上组($Pt_1^1G\hat{s}$)；下组(Pt_1^1Gx)		
新太古代	晚期(2500—2600)		单塔子岩群：艾家沟岩组($Ar_3^3a.$)；杨营岩组($Ar_3^3yy.$)		五台岩群：龙家庄岩组($Ar_3^3lj.$)；上堡岩组 $Ar_3^3\hat{s}.$；板峪口岩组($Ar_3^3b.$)			朱杖子岩群：椁罗台岩组 $Ar_3^3bl.$；老李硐岩组 $Ar_3^3ll.$；楮杖子岩组 $Ar_3^3\hat{c}z.$；张家沟岩组 $Ar_3^3\hat{z}.$ 双山子岩群：鲁杖子岩组 $Ar_3^3lz.$；茨榆山岩组 $Ar_3^3c.$
新太古代	中期(2600—2700)	崇礼岩群：黄土窑岩组($Ar_3^2h.$)；谷咀子岩组 $Ar_3^2g.$			阜平岩群：元坊岩组 $Ar_3^2yf.$；城子沟岩组 $Ar_3^2\hat{c}$；叠卜安岩组 $Ar_3^2d.$	赞皇岩群：宁家庄岩组 $Ar_3^2n.$；立羊河岩组 $Ar_3^2l.$；大和庄岩组 $Ar_3^2dh.$	遵化岩群：马兰峪岩组 $Ar_3^2m.$；滦阳岩组 $Ar_3^2ly.$	滦县岩群：大英窝岩组 $Ar_3^2dy.$；阳山岩组 $Ar_3^2y.$
新太古代	早期(2700—2800)	桑干岩群：右所堡岩组 $Ar_3^1y.$；马市口岩组 $Ar_3^1m.$					迁西岩群：平林镇岩组 $Ar_3^1p.$；水厂岩组 $Ar_3^1\hat{s}.$	
中太古代	(2800—3200)						曹庄岩组 $Ar_2^2c.$	

图例：——整合接触；断层接触；= = = 平行接触；—··—··— 未接触；- - - - 平行不整合；～～～ 角度不整合

表 1－2 阴山-冀北地区太古宇—古元古界划分沿革对照表

1∶100万张家口幅(1959)	1∶20万丰宁幅(1972)	1∶20万康保、太仆寺旗幅(1977)	1∶5万下两间房、崇礼、镇宁堡幅(1989)	1∶25万隆化县幅(2002)	1∶25万张家口市、丰宁县幅(2008)，张北县幅(2004)	1∶5万西洋河、套里庄、鹿尾沟、怀安县、水闸屯幅(2017)	《中国区域地质志·河北志》(2017)	本书
阴山-冀北地区							阴山-冀北地层分区	阴山-冀北地层分区
下元古界：化德群		元古界：化德群 七岩组 六岩组 五岩组 四岩组 三岩组 二岩组 一岩组	红旗营子群 上欧阳组	古元古代	化德群 三夏天组 戈家营组 北流图组 朝阳河组 头道沟组 毛忽庆组	红旗营子岩群 太平庄岩组；集宁岩群 沙渠村岩组	古元古代：红旗营子岩群 东井子岩组 太平庄岩组；集宁岩群 下白窑岩组	红旗营子岩群 东井子岩组 太平庄岩组；集宁岩群 下白窑岩组
太古界：红旗营子群			太古界	新太古代：单塔子岩群 凤凰咀岩组 白庙岩组	红旗营子岩群 东井子岩组 太平庄岩组；单塔子岩群 凤凰咀岩组 白庙岩组		新太古代：崇礼上岩群 艾家沟岩组 杨营岩组	单塔子岩群 艾家沟岩组 杨营岩组
崇礼群	姜家营组 红旗营子组	太古界：红旗营子群 三岩组 二岩组 一岩组	崇礼群 艾家沟组 水地庄组 涧沟河组	中太古代	崇礼岩群 下白窑岩组 谷咀子岩组	桑干岩群 右所堡岩组 马市口岩组	崇礼下岩群 黄土窑岩组 谷咀子岩组；桑干岩群 右所堡岩组 马市口岩组	崇礼岩群 黄土窑岩组 谷咀子岩组；桑干岩群 右所堡岩组 马市口岩组
				古太古代：中太古代迁西岩群	桑干岩群 右所堡岩组 马市口岩组		中太古代	

注：1992年之前完成项目变质地层中含有大量变质深成侵入体，1992年之后完成项目变质地层中变质深层侵入体已剔除。

表 1－3 冀西-冀南地区太古宇—古元古界划分沿革对照表

资料来源	分区	地层划分
1：20万石家庄幅(1965)	冀西－冀南地区	下元古界：滹沱群（岳家庄组、东冶组、豆村组、南台组、封龙山组） 太古界：阜平岩群（湾子组、陈庄组）
1：20万阜平幅(1966)、保定幅(1965)	冀西－冀南地区	滹沱群（东冶组、豆村组、南台组、四集庄组） 五台群（雷家湾组、老潭沟组、振华峪组、板峪口组） 阜平岩群（四道河组、木厂组、漫山组、南营组、团泊口组、索家庄组）
1：20万邢台幅、高邑幅(1968)	冀西－冀南地区	甘陶河群（蒿亭组、南寺组、南寺掌组） 赞皇群（石家栏组、红鹤组、石城组、放甲铺组）
1：5万澳鱼、王家坪、峯天岭幅(1987)，册井-阳邑8幅(198[illegible])	冀西－冀南地区	甘陶河群（蒿亭组、南寺组、南寺掌组） 五台群（石家栏组、红鹤组） 下赞皇群（北赛组、放甲铺组）
《河北省北京市天津市区域地质志》(1989)	太行山区	下元古界：东焦群未分；甘陶河群（牛山组、蒿亭组、南寺组、南寺掌组） 上太古界：五台群（龙家庄组、上堡组、板峪口组）；阜平群：上亚群（榆树湾组、跑泉厂组），中亚群（红土坡组、四道河组、木厂组、漫山组），下亚群（南营组、团泊口组、索家庄组） 中下太古界：迁西群：上亚群（跑马场组、拉马沟组），下亚群（三屯营组、上川组）
1：5万莱村岗、走马驿幅(1995)	冀西－冀南地区	古元古代：— 新太古代：五台岩群（金刚库岩组、板峪口岩组）；阜平岩群（黄崖岩组、元坊岩组）
1：5万下口、温塘幅(1996)，神堂关、陈庄幅(1995)	冀西－冀南地区	古元古代：滹沱群（南台组）；湾子岩组 新太古代：阜平岩群（宋家口岩组、下口岩组、木盘岩组、城子沟岩组、北杏园岩组、大井岩组）
1：5万将军墓测区(1996)	冀西－冀南地区	古元古代：蒿亭组、南寺组、南寺掌组；官都岩组 新太古代：宁家庄岩组、立羊河岩组、大和庄岩组
太行山中-北段1：5万区调片区总结(2000)	冀西－冀南地区	古元古代：滹沱群（岳家庄组、东冶组、豆村组、南台组） 新太古代：五台岩群（金刚库岩组、板峪口岩组）；阜平岩群（潭子口岩组、宋家口岩组、元坊岩组）
1：25万邢台市、邯郸市幅(2014)	冀西－冀南地区	古元古代：甘陶河群（蒿亭组、南寺组、南寺掌组）；官都岩组 新太古代：赞皇岩群（宁家庄岩组、立羊河岩组、大和庄岩组）
《中国区域地质志·河北志》(2017)	冀西-冀南地层分区	古元古代：甘陶河群（蒿亭组、南寺组、南寺掌组）；官都群（上组、下组）；湾子岩群（上岩组、下岩组） 新太古代：五台岩群（龙家庄岩组、上堡岩组、板峪口岩组）；阜平岩群（元坊岩组、城子沟岩组、叠卜安岩组）；赞皇岩群（宁家庄岩组、立羊河岩组、大和庄岩组） 中太古代：—
本书	冀西-冀南地层分区	甘陶河群（蒿亭组、南寺组、南寺掌组）；官都群（上组、下组）；湾子岩群（上岩组、下岩组） 五台岩群（龙家庄岩组、上堡岩组、板峪口岩组）；阜平岩群（元坊岩组、城子沟岩组、叠卜安岩组）；赞皇岩群（宁家庄岩组、立羊河岩组、大和庄岩组）

表 1-4 冀中-冀东地区太古宇—古元古界划分沿革对照表

1∶20万秦皇岛、山海关幅(1970)	天津地矿所(1979—1983)冀东	《河北省北京市天津市区域地质志》(1989)	1∶5万大巫岚、双山子幅(1991)，1∶5万牛心山、界岭口、大杖子幅(1995)	1∶5万迁安县、建昌营、卢龙县福(1996)	1∶5万马兰峪、遵化县幅(1996)	1∶25万承德市幅(2000)、青龙县幅(2004)	1∶25万秦皇岛市幅(2005)	1∶5万铁厂、迁西、火石营、野鸡坨幅幅(2014)	《中国区域地质志·河北志》(2017)	本书
冀中-冀东地区		燕山区	冀中-冀东地区						冀中-冀东地层分区	冀中-冀东地层分区
下元古界 太古界： 朱杖子群：楮丈子组、榛罗台组、老李洞组、上白城子组、老爷庙组 单塔子群：南店子组、凤凰嘴组、白庙组、三屯营组	朱杖子群：梓罗台组、张家沟组 双山子群：下白城组、鲁杖子组、茨榆山组 八道河群：三门店组、湾子组、王厂组 迁西群：三屯营组、上川组	下元古界： 朱杖子群 上太古界： 双山子群：鲁杖子组、茨榆山组 单塔子群：凤凰咀组、白庙组；燕窝铺组 中下太古界： 迁西群： 上亚群：跑马场组、拉马沟组 下亚群：三屯营组、上川组	古元古代： 朱杖子群：梓罗台组、老李硐组、楮杖子组、张家沟组 双山群：鲁杖子组、茨榆山组 新太古代： 遵化群：滦阳组、张杖子组 中太古代： 上川组 古太古代曹庄岩组	卢龙岩群：三门店岩组、湾杖子岩组 迁西岩群：平林镇岩组、水厂岩组	马兰峪岩组 水厂岩组	古元古代： 朱杖子岩群：梓罗台岩组、老李硐岩组、楮杖子岩组、张家沟组岩 双山岩群：鲁杖子岩组、茨榆山岩组 新太古代： 遵化岩群 中太古代： 迁安岩群：平林镇岩组、水厂岩组	滦县岩群：三门店岩组、湾杖子岩组 迁安岩群：平林镇岩组、水厂岩组 古太古代曹庄岩组	滦县岩群：阳山岩组 迁西岩群：平林镇岩组、水厂岩组 古太古代曹庄岩组	中元古代 新太古代： 朱杖子群：梓罗台组、老李硐组、楮杖子组、张家沟组 双山子群：鲁杖子组、茨榆山组 滦县岩群：大英窝岩组、阳山岩组 遵化岩群：马兰峪岩组、滦阳岩组 迁西岩群：平林镇岩组、水厂岩组 中太古代： 曹庄岩组	朱杖子群：梓罗台组、老李硐组、楮杖子组、张家沟组 双山子群：鲁杖子组、茨榆山组 滦县岩群：大英窝岩组、阳山岩组 遵化岩群：马兰峪岩组、滦阳岩组 迁西岩群：平林镇岩组、水厂岩组 曹庄岩组

第一节　中太古代变质表壳岩

区内中太古代地层仅出露曹庄岩组，分布于冀中-冀东地层分区，为河北省内已知最古老的地层。

曹庄岩组（$Ar_2^2c.$）

该岩组零星出露于冀东地区，分布于迁安市的杏山、老爷门东山、黄柏峪、曹庄等地，以迁安黄柏峪一带最为典型。

【现实定义】指一套以斜长角闪岩、矽线黑云斜长片麻岩、黑云斜长变粒岩、石榴透辉斜长岩、透闪岩、角闪黑云片岩、铬云母石英岩、石榴石英岩为主的岩性组合，夹磁铁石英岩、薄层不纯大理岩等。以大小不等的包体分布在新太古代变质深成侵入岩中，无法建立完整的地层层序。时代为中太古代晚期。

【区域变化】在杏山一带，该岩组下部为矽线黑云斜长片麻岩夹石榴石英岩、含堇青石石英岩；中部为黑云斜长片麻岩夹斜长角闪岩，片麻岩中常含不等量的矽线石、堇青石或含钡冰长石及石榴石等；上部为角闪黑云片岩、黑云片岩、斜长角闪岩及条带状磁铁石英岩(BIF)。在黄柏峪北坡，下部以斜长角闪岩为主；中部为铬云母石英岩、黑云斜长片麻岩、石榴透辉斜长片麻岩、透闪岩夹薄层不纯大理岩，构成2～3个岩性韵律；上部为石榴斜长角闪岩、矽线石榴黑云斜长片麻岩，(石榴)黑云斜长变粒岩夹石榴石英岩及薄层状、扁豆状透闪磁铁石英岩等。

【原岩恢复及变质变形特征】曹庄岩组原岩为一套基性火山岩、泥砂质沉积建造，夹钙硅酸盐岩和硅铁质沉积建造。主期变质程度达到了麻粒岩相，局部退变质为角闪岩相，叠加有后期绿片岩相变质。岩石中多发育小型揉皱、片理化带及石香肠状构造等。

曹庄岩组中获得多个3890～2936Ma同位素测年(锆石U-Pb)结果，近些年多数学者更倾向上述年龄代表了曹庄岩组物源区岩石的年龄信息。郑梦天等(2015)在曹庄铁矿所夹的变基性火山岩(斜长角闪岩)中获得了(2859±22)Ma的不一致线上交点年龄，认为其可能代表曹庄岩组的形成时代。因此，本书认为曹庄岩组的形成时代在2936～2859Ma之间，将其形成时代归为中太古代晚期。

第二节　新太古代变质表壳岩

新太古代变质地层出露广泛，在阴山-冀北、冀西-冀南及冀中-冀东地层分区均有分布，现分别进行介绍。

一、阴山-冀北地层分区

本分区新太古代变质地层划分为桑干岩群、崇礼岩群和单塔子岩群。其中，桑干岩群、崇礼岩群分布于怀安地层小区；单塔子岩群分布于茨营子-大庙地层小区和张北-围场地层小区。

(一)桑干岩群($Ar_3^1S.$)

桑干岩群源自原"桑干杂岩""桑干系"及"桑干群"等。河北省区域地质调查院在1∶25万张家口市幅(2008)中将"桑干杂岩"进行了解体，其中变质表壳岩称为桑干岩群，并进一步划分为马市口岩组与右所堡岩组，时代为古太古代；《中国区域地质志·河北志》(2017)沿用了该划分方案，但将其时代归为新太古代早期。

1. 马市口岩组($Ar_3^1m.$)

马市口岩组分布于河北省与山西省交界地带的新平堡北—马市口西北、新平堡南西—西湾堡西、怀安县城南至水闸屯之间的洋河两岸及宣化东望山等地，以怀安县瓦沟台一带最具代表性。

【现实定义】指新太古代早期一套以灰色黑云紫苏斜长变粒岩(片麻岩)、(含)角闪二辉斜长变粒岩(片麻岩)、二辉斜长变粒岩(片麻岩)互层为主的岩性组合，夹有含黑云二辉斜长变粒岩、含角闪二辉斜长麻粒岩与斜长透辉角闪岩、含紫苏石榴二长浅粒岩及含紫苏磁铁石英岩、含磁铁角闪石英岩等。该岩组为本分区最老的岩石地层单位，与上覆右所堡岩组呈片理平行接触，多被新太古代变质深成侵入岩、古元古代变质侵入岩侵入或后期地层不整合覆盖。

【矿产资源】马市口岩组产鞍山式铁矿，典型矿床如怀安县寺沟铁矿。

2. 右所堡岩组($Ar_3^1y.$)

右所堡岩组分布于天镇—新平堡南、怀安右所堡—太平庄—第六屯、阳原北—化稍营及宣化西望山—赵川一带，以怀安县瓦沟台一带最具代表性。

【现实定义】指新太古代早期一套以二辉斜长变粒岩(片麻岩)、二辉角闪斜长变粒岩、石榴斜长片麻岩、角闪斜长变粒岩(片麻岩)、矽线石榴黑云斜长变粒岩(片麻岩)互层为主的岩性组合，夹角闪二辉斜长麻粒岩、二辉角闪斜长片麻岩、斜长透辉角闪岩与浅灰色含紫苏斜长浅粒岩、(含)石墨黑云斜长变粒岩(片麻岩)及灰白色大理岩等。与下伏马市口岩组呈片理平行接触，与崇礼岩群谷咀子岩组呈断层接触。多被新太古代变质深成侵入岩、古元古代变质侵入岩侵入。

【区域变化】右所堡岩组在怀安县瓦沟台一带，岩性主要为二辉角闪斜长麻粒岩、角闪二辉斜长变粒岩、二辉斜长变粒岩等，夹含紫苏斜长浅粒岩，地层出露较连续，处于瓦窑口复式向形的近核部地带。在阳原北—化稍营一带，岩石中石榴石明显增多，下部为石榴角闪斜长片麻岩、石榴浅粒岩、黑云斜长片麻岩(常含辉石、紫苏辉石)夹斜长角闪岩、大理岩透镜体、石墨片麻岩等；上部为黑云斜长片麻岩(时含石榴石)、矽线石榴浅粒岩、黑云紫苏斜长片麻岩或麻粒岩夹不稳定的辉石麻粒岩、矽线石榴浅粒岩或石墨片麻岩。

【矿产资源】右所堡岩组产区域变质型石墨矿与磷灰石矿，典型矿床如怀安县右所堡磷矿等。

3. 原岩恢复及变质变形特征

马市口岩组原岩为超基性、基性—中酸性火山岩夹含泥质碎屑沉积岩和铁硅质岩的沉积-火山岩建造；右所堡岩组原岩为基性—中酸性火山岩夹碳泥质碎屑岩、含泥质碎屑沉积岩及碳酸盐岩的沉积-火山岩建造。桑干岩群岩石主期变质达到了麻粒岩相，后期又叠加了麻粒岩相、角闪岩相变质等。岩石至少经历了两期以上混合岩化作用，形成花岗质混合岩、黑云紫苏均质混合岩，并有条带状长英质混合岩化叠加；变形强烈，岩石成层无序，发育小型揉皱、片理化带，斜长角闪岩、石英脉被挤压拉断呈透镜状、石香肠状，磁铁石英岩呈透镜状或形成钩状褶皱。

【矿产资源】桑干岩群产鞍山式铁矿、变质型石墨矿、磷灰石矿及金矿，金矿典型矿床如怀安县朱家洼金(钼)矿等。

(二)崇礼岩群($Ar_3^2\hat{C}.$)

崇礼岩群由崇礼群演变而来，最初由河北省区域地质调查研究所在1∶100万张家口幅(1959)区域地质调查中命名。1∶25万张家口幅(2008)将崇礼群修订为崇礼岩群，《中国区域地质志·河北志》(2017)称其为崇礼下岩群。本书采用1∶25万张家口幅划分方案，进一步划分为谷咀子岩组、黄土窑岩组，时代厘定为新太古代中期。

1. 谷咀子岩组($Ar_3^2g.$)

谷咀子岩组分布于石嘴子，崇礼南东—水晶屯—李家堡，崇礼大松沟门—谷咀子及庞家堡、矾山镇北部等地，以崇礼县大松沟门—谷咀子—新丈子最具代表性。

【现实定义】指新太古代中期一套以(透辉)斜长角闪岩、(石榴)斜长角闪透辉岩与黑云角闪斜长变粒岩不等厚互层为主的岩性组合，夹石榴二辉斜长麻粒岩、黑云(角闪)斜长片麻岩(变粒岩)、蓝晶黑云斜长片麻岩、(石榴矽线)钾长浅粒岩、(石榴)透辉角闪磁铁石英岩、磁铁石榴石英岩及浅肉红色花岗质条带状、条纹状、条痕状混合岩化斜长透辉角闪岩等。与上覆黄土窑岩组呈片理平行接触，多被新太古代变质深成侵入岩、古元古代变质侵入岩侵入。

【区域变化】该岩组中基性岩系约占60%，以镁铁质岩石为主，夹有少量超镁铁质岩石。在宣化椴树山、大东沟等地分布少量橄榄二辉麻粒岩和较多的透辉斜长麻粒岩；在宣化大东沟、崇礼上新营等地出现较多与斜长角闪岩密切共生的(石榴)二辉基性麻粒岩。

【矿产资源】谷咀子岩组产鞍山式铁矿、金矿，金矿典型矿床如著名宣化县小营盘大型金矿床、崇礼县东坪中型金矿床等。

2. 黄土窑岩组($Ar_3^2h.$)

黄土窑岩组主要分布于尚义郝报沟—二东沟—黄土窑—五十家—大山进沟一带，其次是崇礼黄土嘴—老虎沟及窑子湾等地，沿尚义-隆化区域断裂带两侧分布，以尚义黄土窑—小赛南一带最具代表性。

【现实定义】指新太古代中期一套由黑云角闪斜长变粒岩、(石榴)黑云斜长变粒岩、黑云角闪斜长片麻岩、斜长角闪岩、长石石英岩、大理岩等组成的岩性组合。与下伏谷咀子岩组呈片理平行接触，被新太古代变质深成侵入岩、古元古代变质侵入岩侵入。

3. 原岩恢复及变质变形特征

谷咀子岩组原岩以中基性火山岩为主，夹超基性与中酸性火山岩、铁硅质沉积岩和含泥质碎屑沉积岩，属沉积(次)-火山(主)建造类型；黄土窑岩组原岩以泥质碎屑岩为主，局部含碳质，夹基性、中性火山岩及富铝泥质碎屑岩、碳酸盐岩等沉积岩，属沉积岩夹火山岩建造类型。该套变质岩系变质程度达到麻粒岩相—高角闪岩相，至少经历了两期以上混合岩化作用，形成花岗质或均质混合岩，并有条带状长英质混合岩化叠加；变形强烈，岩石成层无序，发育小型揉皱、片理化带，斜长角闪岩、石英脉被挤压拉断而呈透镜状、石香肠状。

(三)单塔子岩群($Ar_3^3D.$)

单塔子岩群来源于单塔子群(长春地质学院，1960)。1992年程裕淇等将单塔子群修订为单塔子岩群，《中国区域地质志·河北志》(2017)将原单塔子群、部分双山子群、八道河群和崇礼群统称为崇礼上岩群，并划分为杨营岩组、艾家沟岩组。本书恢复单塔子岩群，同样分为杨营岩组与艾家沟岩组，时代厘定为新太古代晚期。

1. 杨营岩组($Ar_3^3yy.$)

杨营岩组主要分布于赤城盘道—大岭堡—沃麻坑、丰宁长阁—二道梁—窄岭及滦平北沟门、小营、关地、头道窝铺等地，宏观上呈北东—北东东向带状展布，与区域构造线方向基本一致，以滦平小营一带最具代表性。

【现实定义】指新太古代晚期一套以黑云斜长片麻岩、黑云斜(二)长变粒岩为主，夹斜长角闪岩及磁铁石英岩、斜长浅粒岩的岩性组合。磁铁石英岩透镜体或夹层是该岩组的标志性特征。被新太古代变质深成侵入岩、古元古代变质侵入岩侵入，多出露不完整。

【区域变化】在滦平小营一带岩性组合与现实定义基本一致，局部出现角闪斜长片麻岩夹斜长(二长)浅粒岩，中上部岩石具混合岩化，出露厚度大于1724m；在丰宁东部岩性组合中出现较多角闪石，以黑云角闪斜长片麻岩、含透辉角闪斜长片麻岩或角闪黑云斜长片麻岩等为主，黑云斜长变粒岩较典型地区明显减少，呈夹层形式出现，并以富含磷铁斜长角闪透辉岩为其特有特征。

【矿产资源】杨营岩组产鞍山式铁矿、变质磷铁矿及金矿，典型矿床如滦平县周台子铁矿、滦平县北茨榆沟金矿、丰宁县招兵沟磷矿等。

2. 艾家沟岩组($Ar_3^3a.$)

艾家沟岩组主要分布于赤城西水沟—艾家沟—炮梁一带及尚义-隆化区域断裂南侧的红石砬、西沟、凤凰咀一带，在滦平刘营、红旗，丰宁长阁—二道梁—前营子—团榆树一带，围场朝阳湾等地有零星出露，以丰宁县团榆树一带最具代表性。

【现实定义】指新太古代晚期一套以黑云斜(二)长变粒岩、黑云斜长片麻岩、石墨斜长片麻岩、含石墨石榴黑云变粒岩、(石榴)斜长角闪岩、石榴斜长浅粒岩等为主，夹金云母透辉大理岩、橄榄白云大理岩及石墨黑云斜长变粒岩、石英片岩岩性组合。与杨营岩组呈断层接触或片理平行接触。

【区域变化】区域上该岩组中大理岩为重要标志层。在丰宁县团榆树一带岩性主要为(角闪)黑云斜长变粒岩、黑云(角闪)斜长片麻、斜长角闪岩等，夹黑云二长变粒岩、二云斜长变粒岩、(白云石)大理岩等，出露厚度大于3086m；岩石中石墨含量不稳定，部分地段缺少浅粒岩及石英片岩。在丰宁一带岩性以黑云斜长片麻岩为主，岩石粒度明显变粗，石墨斜长片麻岩、(石榴)斜长角闪岩、石榴斜长浅粒岩等多呈夹层出现。

【矿产资源】艾家沟岩组产大理岩矿、变质石墨矿、金矿等，典型矿床如艾家沟石墨矿、赤城县黄土梁金矿等。

3. 原岩恢复及变质变形特征

单塔子岩群杨营岩组原岩以基性—中酸性火山岩及(含)泥质碎屑沉积岩为主，夹铁硅质沉积岩；艾家沟岩组原岩以基性—中酸性火山岩、泥质碎屑沉积岩为主，夹含碳泥质碎屑沉积岩及碳酸盐岩等。二者均属火山-沉积岩建造类型。该岩群岩石经历了中级区域变质作用，变质程度达角闪岩相；经受了混合岩化作用和强烈的变质变形改造，形成了混合岩化片麻岩和条带状、眼球状间层混合岩。

二、冀中-冀东地层分区

本分区新太古界划分为迁西岩群、遵化岩群、滦县岩群、双山子岩群和朱杖子岩群。其中，迁西岩群、遵化岩群分布于密云-迁西地层小区；滦县岩群、双山子岩群和朱杖子岩群分布于秦皇岛地层小区。

(一)迁西岩群($Ar_3^1Q.$)

迁西岩群由迁西群演变而来，最初由河北省区域地质调查院(1∶20万青龙幅，1979)创名。1992年程裕淇等将迁西群修订为迁西岩群，《中国区域地质志·河北志》(2017)采用该名称，并划分为水厂岩组和平林镇岩组，时代厘定为新太古代早期。本书沿用该划分方案。

1. 水厂岩组($Ar_3^1\hat{s}.$)

水厂岩组主要分布于迁安水厂—松汀—木厂口一带，以及迁西三屯营、东荒峪，滦平两间房，密云古北口、高岭等地及密云水库周边地区，以迁安市水厂地区玄庵子—孟家沟一带最具代表性。

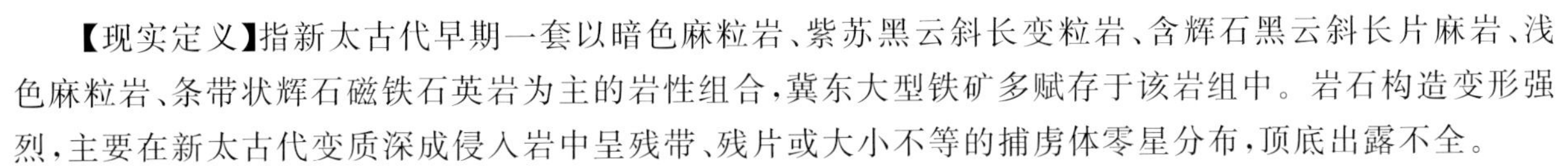

【现实定义】指新太古代早期一套以暗色麻粒岩、紫苏黑云斜长变粒岩、含辉石黑云斜长片麻岩、浅色麻粒岩、条带状辉石磁铁石英岩为主的岩性组合，冀东大型铁矿多赋存于该岩组中。岩石构造变形强烈，主要在新太古代变质深成侵入岩中呈残带、残片或大小不等的捕虏体零星分布，顶底出露不全。

【矿产资源】水厂岩组是冀东大型鞍山式铁矿主要赋存层位，典型矿床有迁安水厂式沉积变质大型铁矿等。

2. 平林镇岩组($Ar_3^1p.$)

平林镇岩组主要分布于迁安平林镇—娄子山、夏官营—彭店子一带，以迁安市黄官营—六道沟一带最具代表性。

【现实定义】指新太古代早期一套石榴黑云斜长变粒岩、石榴紫苏黑云斜长变粒岩夹麻粒岩、含辉石斜长角闪岩及透镜状石榴石磁铁石英岩的岩性组合。在二辉黑云斜长变粒岩中可见由透辉斜长角闪岩构成的变余枕状构造。出露形态有的呈形态不规则的面状产出，面积大者一般 $30\sim40km^2$；有的呈大小不等的似层状、透镜状、扁豆状、不规则状及浑圆状的捕虏体形式零星分布于深成片麻岩之中。与水厂岩组在迁安隔滦河一带以大型韧性变形带为界呈构造接触。

【矿产资源】平林镇岩组亦是冀东鞍山式铁矿的产出层位之一，但矿体规模较小，典型矿床如迁安县前裴庄铁矿、迁安市红山铁矿等。

3. 原岩恢复及变质变形特征

迁西岩群总体为一套沉积-火山岩建造。水厂岩组原岩相当于超基性、基性火山岩、凝灰质粉砂岩夹中酸性火山岩及硅铁质岩；平林镇岩组原岩为细碎屑岩、中酸性火山岩夹富铝泥质岩、基性火山岩及硅铁质岩。该岩群岩石经历了麻粒岩相区域变质，后期叠加了麻粒岩相、角闪岩相和绿片岩相变质，并至少经历了两期以上混合岩化作用，形成黑云紫苏均质混合岩，并有条带状长英质混合岩化叠加。岩石变形强烈，成层无序，发育小型揉皱、片理化带，斜长角闪岩、石英脉等强能干性岩石被挤压拉断而呈透镜状、石香肠状，磁铁石英岩形成紧闭褶皱，转折端加厚，翼部变薄拉断。

(二)遵化岩群($Ar_3^2Z.$)

遵化岩群由遵化群(谭应佳等，1983)演变而来，曾称迁西群上亚群、单塔子群或八道河群，河北省区域地质调查院在 1∶25 万承德幅(2000)中修订为遵化岩群，《中国区域地质志·河北志》(2017)沿用该名称，并划分为滦阳岩组和马兰峪岩组，时代厘定为新太古代中期。本书沿用该划分方案。该岩群主要分布在大巫岚-卢龙构造带以西，总体呈北北东—北东向延伸，局部呈北东东向展布。

1. 滦阳岩组($Ar_3^2ly.$)

滦阳岩组主要分布于迁西滦阳—龙湾、青龙湾杖子—三门店、宽城东大地—唐家庄—板城镇—苇子沟一带，兴隆六道河等地有零星分布，以青龙县湾杖子—三门店一带最具代表性。

【现实定义】指新太古代中期一套以黑云斜长变粒岩、角闪斜长变粒岩、黑云斜长片麻岩为主，夹紫苏斜长片麻岩、二辉麻粒岩、斜长角闪岩、石榴斜长变粒岩及磁铁石英岩的岩性组合。由于出现不等量的石榴石、角闪石以及透辉石等矿物，常形成一些过渡类型岩石。在局部地段(如遵化四拨子南部)尚见有少量含红柱矽线石榴二长变粒岩。该岩组呈规模不等包体形态产于新太古代变质深成侵入体中。

【矿产资源】滦阳岩组是冀东地区鞍山式铁矿的重要产出层位之一，如遵化石人沟、青龙湾杖子、宽城豆子沟等铁矿，其中最典型的为遵化石人沟沉积变质中型铁矿。

2. 马兰峪岩组($Ar_3^2m.$)

马兰峪岩组主要分布于遵化县马兰峪、琉璃厂、梨树山，兴隆县大土岭一挂兰峪一带，以兴隆县三道沟(江湖峪)—大土岭一带最具代表性。

【现实定义】指新太古代中期一套以斜长角闪岩、角闪斜长变粒岩为主，夹(石榴)黑云斜长变粒岩、薄层状—透镜状磁铁石英岩等的岩性组合。岩性组合具有明显的火山-沉积特征。与滦阳岩组呈片理平行接触或为韧性变形带接触。呈面状分布或呈包体状残留于新太古代变质深成侵入岩中。

【区域变化】区域上不同地段的岩性组合有一定差别。在兴隆县三道沟(江湖峪)—大土岭一带以斜长角闪岩、角闪斜长变粒岩、黑云斜长变粒岩等为主，夹二长浅粒岩、浅粒岩，斜长变粒岩多与斜长角闪岩伴生，一般呈似层状产出，部分斜长角闪岩中常含有不等量的透辉石；在遵化清东陵至迁西龙湾一带主要由斜长角闪岩、辉石角闪岩、含辉石石榴角闪岩、黑云角闪斜长片麻岩及磁铁石英岩组成，偶见石榴斜长变粒岩；在宽城下板城一带主要由斜长角闪岩、含透辉角闪斜长片麻岩、石榴黑云斜长片麻岩、条带状磁铁石英岩及少量石榴黑云斜长变粒岩组成；在王厂至青龙一带则主要以(石榴)斜长角闪岩为主，夹磁铁石英岩。

【矿产资源】马兰峪岩组产金矿及规模较小的变质铁矿，典型矿床如遵化市三义金矿、遵化市惠陵铁矿等。

3. 原岩恢复及变质变形特征

遵化岩群总体为基性、中性、中酸性火山岩-凝灰质半黏土岩-含铁硅质岩建造，构成了一个完整的火山-沉积巨旋回。滦阳岩组原岩为巨厚层凝灰质半黏土岩夹安山岩、英安岩及其火山碎屑岩和少量玄武岩，夹薄—厚层含铁硅质岩；马兰峪岩组的原岩为巨厚层玄武岩及其火山碎屑岩，局部夹少量凝灰质半黏土岩。该岩群以高角闪岩相变质为主，麻粒岩相次之，后期有绿片岩相变质叠加。变形以较紧闭褶皱、片理化为主。岩石混合岩化较强，多形成大量混合岩化片麻岩和条带状、眼球状间层混合岩，或以局部发育钾长石化为特征。

(三)滦县岩群($Ar_3^2L.$)

滦县岩群由滦县群(北京大学地质地理系，1978)演变而来，曾被称作单塔子群白庙组、八道河群三门店组、双山子群等，《中国区域地质志·河北志》(2017)将其中的表壳岩称为滦县岩群，并划分为阳山岩组和大英窝岩组，时代厘定为新太古代中期。本书沿用该划分方案。该岩群总体分布在大巫岚-卢龙构造带以东，呈北东—北北东向展布。

1. 阳山岩组($Ar_3^2y.$)

阳山岩组主要分布于仙景山、卢龙、阳山、滦县等地和抚宁—榆关镇一带，以抚宁县北庄河一带最具代表性。

【现实定义】指新太古代中期一套以黑云斜长变粒岩为主，夹少量斜长角闪岩和条带状磁铁石英岩的岩性组合。被新太古代变质深成侵入岩侵入。

【区域变化】阳山岩组普遍遭受了混合岩化作用的影响，以卢龙马台子附近最为强烈。混合岩化作用形成了二长花岗质脉体和正长花岗质脉体两种新生体，含量一般10%～40%。两种脉体产状多与片麻理一致，部分斜切片麻理，局部表现为沿构造带发育钾长石化和花岗伟晶岩脉。该岩组在不同地段出露厚度亦不同，在抚宁一带厚度大于1721m，北庄河一带厚度大于670m。

【矿产资源】阳山岩组为冀东地区鞍山式铁矿的主要赋矿层位之一，司家营、长凝等大型和特大型铁矿均产于该岩组中，成矿大地构造背景为新太古代中期岛弧带—裂陷带。主要为含磁铁石英岩的黑云变

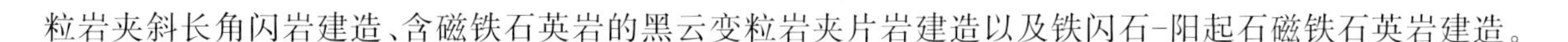

粒岩夹斜长角闪岩建造、含磁铁石英岩的黑云变粒岩夹片岩建造以及铁闪石-阳起石磁铁石英岩建造。

2. 大英窝岩组($Ar_3^2dy.$)

大英窝岩组主体出露于卢龙井王寺、仙景山,向南至岳家沟、四各庄、大英窝等地,另外在榆关镇大炮上等地有零星出露,以卢龙县大英窝一带最具代表性。

【现实定义】指新太古代中期一套由斜长角闪岩夹角闪斜长变粒岩及钙硅酸盐岩、大理岩组成的岩性组合。与下伏阳山岩组均以构造片岩(角闪片岩)接触,二者呈片理平行接触。被新太古代变质深成侵入岩侵入。

【区域变化】区域上该岩组以斜长角闪岩夹黑云角闪斜长变粒岩为主,在卢龙县大英窝一带下部主要为斜长角闪岩夹黑云角闪斜长变粒岩、石榴方解透辉岩;上部为钙硅酸盐岩夹大理岩。

3. 原岩恢复及变质变形特征

阳山岩组原岩以中酸性火山碎屑岩(凝灰岩)及含凝灰物质的黏土质粉砂岩、黏土岩为主,夹有基性火山岩及含铁硅质岩,局部夹有泥灰岩透镜体;大英窝岩组以基性火山岩、钙硅酸盐岩为主,夹有中酸性的凝灰岩及凝灰质粉砂岩等。该岩群经历了角闪岩相区域变质,后期有绿片岩相变质叠加。变形以较紧密或较宽缓褶皱、片理化为主。岩石下部混合岩化较强,多形成长英质条带状混合岩;上部混合岩化微弱,以局部钾长石化和沿构造带发育花岗伟晶岩为特征。

(四)双山子岩群($Ar_3^3\hat{S}.$)

双山子岩群由双山子群(张树业,1960)演变而来。中国地质大学(北京)在1∶25万青龙幅(2002)中将双山子群修订为双山子岩群,划分为茨榆山岩组、鲁杖子岩组,时代归属古元古代晚期。《中国区域地质志·河北志》(2017)沿用该划分方案,将时代修订为新太古代晚期。本书沿用该划分元素。

1. 茨榆山岩组($Ar_3^3c.$)

茨榆山岩组分布于青龙县三合店—茨榆山—杨台子一带,呈北东-南西向展布,以青龙曾杖子—周杖子一带最具代表性。

【现实定义】指新太古代晚期一套以黑云斜长变粒岩为主,夹角闪黑云斜长变粒岩、石榴黑云斜长变粒岩及条纹条带状角闪磁铁石英岩的岩性组合。被新太古代变质深成侵入岩侵入。

【区域变化】在青龙曾杖子—周杖子一带出露较好,岩性以(石榴)黑云斜长变粒岩、角闪黑云斜长变粒岩为主,夹斜长角闪岩、角闪黑云片岩、磁铁石英岩等。在柳各庄一带茨榆山岩组在石英闪长质片麻岩中呈残留体形式产出,岩性主体除(石榴)黑云斜长变粒岩外,还出现大量斜长角闪岩、黑云角闪斜长变粒岩等,并夹斜长角闪变粒岩、白云母片岩、浅粒岩等。

2. 鲁杖子岩组($Ar_3^3lz.$)

鲁杖子岩组分布于青龙河东岸的大巫岚—周杖子—双山子—鲁杖子一带,呈北北东-南南西向带状展布,以青龙三合店—青龙电站一带最具代表性。

【现实定义】指新太古代晚期一套由下部片岩、千枚状片岩和上部变质火山岩构成的岩性组合。该岩组与下伏茨榆山岩组呈片理平行接触,被朱杖子岩群张家沟岩组变质砾岩平行不整合覆盖。被新太古代变质深成侵入岩侵入。

【区域变化】该岩组岩性沿走向变化较大。在青龙三合店—青龙电站一带,下部主要为千枚状绿泥(绢云)长石石英片岩、千枚状二云石英片岩夹绢云石英片岩;上部主要为变质中基性熔岩及变质中基性晶屑凝灰岩。在庙岭—加脚石一带,岩性主要为变质安山岩、变质角砾-集块熔岩、绿泥片岩,夹少量黑云斜长变粒岩、绿泥绢云长英片岩、薄层变质砾岩。在西汉沟—小巫岚一带，岩性为绿泥片岩、斜长角闪岩夹千枚状绿泥绢云长英片岩、黑云斜长变粒岩等，斜长角闪岩中局部可见变余斑状结构及变余枕状构造。

3. 原岩恢复及变质变形特征

双山子岩群有大量原生结构、构造被保留下来。双山子岩群中茨榆山岩组原岩以黏土质粉砂岩、黏土岩为主，夹有含铁硅质岩建造，其中磁铁石英岩是铁矿成矿有利母岩；鲁杖子岩组下部以杂砂岩为主，局部夹酸性火山岩、砾岩，上部则以中基性火山岩、火山碎屑岩为主。该岩群遭受了角闪岩相—绿帘角闪岩相区域变质作用，后期有带状绿片岩相变质叠加。变形以较紧闭褶皱、片理化为主。混合岩化较弱，一般为贯入并交代的长英质混合脉体，形成稀疏条带状混合岩化现象。

（五）朱杖子岩群（$Ar_3^3\hat{Z}$.）

朱杖子岩群由张树业（1960）创名的朱杖子群演变而来。1∶25 万青龙幅（2002）将朱杖子群修订为朱杖子岩群，划分为张家沟岩组、楮杖子岩组、老李硐岩组及桲罗台岩组 4 个岩组，时代归属古元古代晚期。《中国区域地质志·河北志》（2017）沿用该划分方案，将时代修订为新太古代晚期。本书沿用该划分方案。

1. 张家沟岩组（$Ar_3^3\hat{z}$.）

张家沟岩组仅分布于尖山子—双山子—木头凳一带，厚度变化较大。

【现实定义】指新太古代晚期一套花岗质复成分变质砾岩夹斜长变粒岩、云母片岩、含石榴二云片岩的岩性组合。其中花岗质复成分变质砾岩具变余砾状结构，见有块状或粒序层理。砾石以变质的花岗岩、花岗闪长岩和花岗细晶岩等花岗质岩石为主，其次为分布不均匀的黑灰色硅质砾石，变粒岩、斜长角闪岩砾石少量。平行不整合覆于鲁杖子岩组之上，被新太古代变质深成侵入岩侵入。

2. 楮杖子岩组（$Ar_3^3\hat{c}z$.）

楮杖子岩组分布于铁炉沟—张杖子—下白城子—厂房子和独石沟—楮杖子—蛇盘兔一带。

【现实定义】指新太古代晚期一套以（石榴）黑云斜长（二长）变粒岩、浅粒岩为主，夹角闪斜长变粒岩、二云变粒岩、斜长角闪片岩、磁铁石英岩的岩性组合。该岩组岩石中变余结构、构造比较发育，如变余碎屑结构、变余层状构造、变余斜层理、变余粒序层理等。与下伏张家沟岩组整合接触，被新太古代变质深成侵入岩侵入。

【区域变化】该岩组主要分布于桲罗台-霍杖子倒转向斜的两翼，且两翼岩性组合具有一定差异。在东翼铁炉沟—张杖子—下白城子—厂房子一带，岩性以浅粒岩为主，夹有黑云斜长变粒岩、二云变粒岩，厚约 1300m；在西翼独石沟—楮杖子—蛇盘兔一带，岩性以（石榴）黑云斜长变粒岩为主，夹有角闪斜长变粒岩、浅粒岩、磁铁石英岩的薄层或透镜体等，厚度大于 1200m。

3. 老李硐岩组（Ar_3^3ll.）

【现实定义】指新太古代晚期一套由变质硅质复成分砾岩组成，上部夹含砾浅粒岩、黑云斜长变粒岩的岩性组合，呈狭窄带状分布于楮杖子岩组的两侧。与下伏楮杖子岩组整合接触，被新太古代变质深成侵入岩侵入。

【区域变化】该岩组横向岩性变化不大，主要为一套变质硅质复成分砾岩，但厚度差异较大，在王杖子一带厚度仅 22m，而在古楼寺一带厚度达 323m。岩层粒序特征较明显，一般自下而上变余砾石由大变小，含量由多到少，成分由复杂到简单。

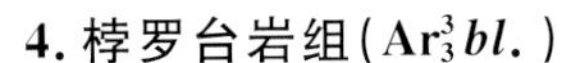

4. 桲罗台岩组($Ar_3^3bl.$)

桲罗台岩组主要分布在桲罗台—霍杖子—塌山一带，以青龙县王杖子一带最具代表性。

【现实定义】指新太古代晚期一套以黑云斜长变粒岩、石榴黑云斜长变粒岩、角闪斜长变粒岩为主，夹磁铁石英岩、斜长角闪片岩、绢云石英片岩、二云石英片岩的岩性组合。与下伏老李硐岩组整合接触，被新太古代变质深成侵入岩侵入。

【矿产资源】桲罗台岩组发育含磁铁石英岩的黑云变粒岩-云母石英片岩建造，产鞍山式铁矿，较为典型的矿床有青龙县榨栏杖子大型沉积变质型铁矿。

【区域变化】桲罗台岩组沿走向岩性总体变化趋势具一定规律性，由南西至北东(石榴)黑云斜长变粒岩和磁铁石英岩类逐渐增多。岩石中变余组构较为发育，下部多见有变余砂状结构、含砾砂状结构以及变余粒序层理和透镜状层理等。

5. 原岩恢复及变质变形特征

根据朱杖子岩群各岩组中发育的变余砾状、砂状结构、变余沉积构造及岩石化学、地球化学特征，张家沟岩组原岩主要为一套复成分砾岩夹少量泥质杂砂岩以及中性、基性凝灰质的杂砂岩类；槠杖子岩组原岩应为泥质砂岩、杂砂岩；老李硐岩组原岩主要为一套硅质复成分砾岩，夹少量泥质杂砂岩以及少量中性、基性凝灰质的杂砂岩类；桲罗台岩组原岩为杂砂岩和半黏土岩、铁硅质岩。总体来说，该岩群原岩为含火山物质的砾岩-砂岩-黏土岩-含铁硅质岩建造。该岩群出现的变质矿物主要为角闪石、石榴石、黑云母、白云母、斜长石、钾长石、石英等。据其主要变质矿物及典型变质矿物共生组合分析结果，主期区域变质作用为绿帘角闪岩相，属中低压变质相型。

三、冀西-冀南地层分区

本分区新太古界分为阜平岩群、赞皇岩群、五台岩群。其中，阜平岩群和五台岩群出露于阜平地层小区；赞皇岩群出露于冀南地层小区。

(一)阜平岩群($Ar_3^2F.$)

阜平岩群由阜平群演变而来，最初由河北省区域地质调查院在1：20万石家庄幅(1965)创名。1992年程裕淇等将阜平群修订为阜平岩群，《中国区域地质志·河北志》(2017)沿用该名称，进一步划分为叠卜安岩组、城子沟岩组和元坊岩组3个岩组，时代厘定为新太古代中期。本书沿用该划分方案。

1. 叠卜安岩组($Ar_3^2d.$)

叠卜安岩组分布于平山天井，阜平城南庄、叠卜安、大柳树、坊里，曲阳内河、齐村等地，以阜平县卞家峪—叠卜安一带最具代表性。

【现实定义】指新太古代中期一套以黑云斜长片麻岩、角闪斜长片麻岩、石榴黑云斜长变粒岩、石榴角闪斜长变粒岩为主，夹二长浅粒岩(片麻岩)、(石榴)(紫苏)斜长角闪岩、二辉斜长麻粒岩或紫苏透辉斜长麻粒岩，二辉磁铁石英岩或磁铁紫苏石榴石英岩的岩性组合。该岩组与上覆城子沟岩组之间呈构造片理平行接触。

【区域变化】由卞家峪—叠卜安典型地区向北至大柳树一带，该岩组磁铁紫苏角闪石英岩夹层常见，斜长角闪岩夹层呈增多之势，并在片麻岩中出现紫苏辉石，发育基性麻粒岩、二辉斜长麻粒岩、含紫苏黑云斜长片麻岩等。至坊里一带，岩性主要为条带状黑云斜长片麻岩、变粒岩夹斜长角闪岩，紫苏辉石岩呈星点状分布，岩性总体较单调，且下部黑云斜长片麻岩中角闪石含量增多。

【矿产资源】阜平岩群叠卜安岩组中紫苏磁铁(角闪)石英岩呈透镜状、似层状分布,磁铁矿规模小、品位低,较典型矿床如阜平县东城铺铁矿等。

2. 城子沟岩组($Ar_3^2\hat{c}$.)

城子沟岩组广泛分布于温塘、城子沟、团泊口、鳌鱼山、北果园、下庄、不老树、猴石顶、北台乡、花盆、甘河净等地,以平山县刘家南沟—韩台一带(下部)和平山县岗南红土山一带(上部)最具代表性。

【现实定义】指底部一般为不稳定的浅粒岩,以黑云二(斜)长片麻岩、(含磁铁矿)二(钾)长浅粒岩、磁铁角闪二长浅粒岩等为主,夹斜长角闪岩、角闪变粒岩、透辉变粒岩,中上部夹白云母大理岩、(透闪)透辉大理岩的一套岩性组合,时代为新太古代中期。该岩组与上覆元坊岩组之间呈片理平行接触,以夹多层大理岩为特征,宏观具明显可分性。

【区域变化】该岩组岩石类型较复杂,变化频繁,在不同区域岩性组合特征差异较大。在平山县刘家南沟—韩台一带,岩性主要为含磁铁石及角闪石的钾长浅粒岩与二长浅粒岩呈韵律出现,夹斜长角闪岩、角闪斜长变粒岩。在平山县岗南红土山一带,岩性与现实定义基本一致,但下部角闪变粒岩、透辉变粒岩明显增多,并出现较多黑云变粒岩。在团泊口一带,下部以黑云二(斜)长片麻岩为主,浅粒岩明显减少;上部为钾长浅粒岩夹变粒岩、不纯大理岩、透辉大理岩等,夹斜长角闪岩。由团泊口一带向东和向北,以黑云斜(二)长片麻岩、浅粒岩、变粒岩为主,大理岩多呈夹层形式出现;浅粒岩中常含矽线石石英球集合体。

3. 元坊岩组(Ar_3^2yf.)

元坊岩组广泛分布于小觉、木盘、西柏坡、孟家庄、刘家坪、王家湾、南营、岔头镇、平阳、走马驿、富岗、龙门口等地及赞皇地区石家栏—郝庄一带,以平山县西白面红—元坊最具代表性。

【现实定义】指新太古代中期一套以中细粒黑云斜长片麻岩、角闪黑云斜长片麻岩、黑云斜长(二长)变粒岩、黑云二长片麻岩为主,夹角闪斜长变粒岩、斜长角闪岩、浅粒岩、磁铁石英岩的岩性组合。与下伏城子沟岩组呈构造接触,与上覆湾子岩群呈构造改造的角度不整合接触。

【区域变化】区域上该岩组以南营—两岭口一线为界,南、北地区岩性组合特征具有较明显差异。在南营—两岭口以南地区,该岩组内发育以斜长角闪岩、角闪斜长变粒岩、黑云斜长变粒岩夹磁铁石英岩为特征的岩性组合,且岩石中普遍含石榴石;而以北地区该组合不发育或尖灭。

【矿产资源】元坊岩组中赋存著名的“下口式”铁矿,矿体呈层状、似层状分布,规模较大、品位较高,典型的矿床有平山县下口铁矿、涞源县独山城大型铁矿等。

4. 原岩恢复及变质变形特征

阜平岩群叠卜安岩组原岩以基性与中性火山岩互层为主,夹中酸性火山岩、铁硅质沉积岩及含泥质碎屑沉积岩,属火山-沉积岩建造类型;城子沟岩组原岩为陆源碎屑岩、富铝碎屑岩、钙硅质岩、泥质岩、泥灰岩、碳酸盐沉积岩,以及少量玄武质岩,原岩建造是以沉积岩为主的火山-沉积岩建造;元坊岩组原岩主要为中细粒沉积碎屑岩、硬砂岩、玄武安山岩类、流纹岩、安山质-英安质火山碎屑岩及硅铁质岩,原岩建造为沉积-火山岩夹条带状含铁建造(banded iron formation,BIF)。

该岩群岩石变质程度主体为高角闪岩相,局部达麻粒岩相,经历了至少两期以上混合岩化作用,发育白色斜长石英质条带和肉红色钾长石英质条带。白色条带呈较连续条痕状、条纹状,与基体片麻理一致,并与基体片麻理一起发生揉皱。白色条带常被红色脉体切穿或改造。岩石变形强烈,常构成大型复式背形翼部,发育多级次的中小型平卧褶皱、不对称褶皱、片内褶皱等;斜长角闪岩被挤压拉断呈透镜状、石香肠状;长英质矿物普遍具韧性变形特点和变形的不均性;磁铁石英岩常形成紧闭同斜褶皱,存在转折端加厚、翼部变薄拉断现象。

（二）赞皇岩群（$Ar_3^2Zh.$）

河北区域地质测量大队 1968 年在邢台、高邑地区将一套岩石组合命名为赞皇群。20 世纪 90 年代，河北地质矿产勘查开发局第十一地质大队在太行山南段开展 1∶5 万多幅联测地质填图时将其划分为赞皇岩群，并进一步划分为新太古代大和庄岩组、立羊河岩组、宁家庄岩组；1∶50 万《河北省 北京市 天津市数字化地质图说明书》(2001)及《中国区域地质志·河北志》(2017)均将其划分为赞皇岩群。本书沿用该划分方案，并将赞皇岩群时代归属新太古代中期。

1. 大和庄岩组（$Ar_3^2dh.$）

大和庄岩组呈带状分布于内丘大和庄—邢台县宋家庄、大河、张安北、谈话等地，以内丘大和庄—宁家庄一带最具代表性。

【现实定义】指新太古代中期一套以黑云斜长变粒岩、斜长角闪片岩、斜长角闪岩为主夹角闪斜长变粒岩、磁铁石英岩透镜体的岩性组合。该岩组被新太古代花岗闪长质片麻岩侵入，局部接触带遭受了韧性变形带的改造；与立羊河岩组呈片理平行接触。

【区域变化】在大和庄、魏鲁一带，该岩组变粒岩中常含石墨、矽线石、石榴石或蓝晶石。在石槽—草峪一带，该岩组上部斜长角闪片岩中的变粒岩夹层明显增多，厚度增大，部分黑云斜长变粒岩相变为黑云斜长片麻岩。

【矿产资源】赞皇岩群大和庄岩组中赋存有沉积变质型铁矿，呈透镜状、似层状分布，规模较小、品位较高，较典型矿床如邢台县浆水镇上寺铁矿；在大和庄、魏鲁等地富含石榴石、蓝晶石和石墨，是寻找相关矿产的有利地区。

2. 立羊河岩组（$Ar_3^2l.$）

立羊河岩组呈带状分布于神头—北小庄—立羊河—大河—南野河一带，以内邱县宁家庄一带最具代表性。

【现实定义】指新太古代中期一套以大理岩、黑云斜长变粒岩、斜长角闪岩、石英岩、黑云片岩、钙硅酸盐岩等为主的岩性组合，以大理岩为特色，宏观可分性明显。与宁家庄岩组呈片理平行接触。

【区域变化】立羊河岩组区域上主体岩性基本一致，变化较小，仅在南部路罗一带岩性组合中出现较多角闪黑云斜长片麻岩、二云二长片麻岩及钾长浅粒岩夹层。

【矿产资源】立羊河岩组产菱镁矿，典型矿床如邢台县大河菱镁矿。

3. 宁家庄岩组（$Ar_3^2n.$）

宁家庄岩组呈带状分布于宁家庄—寺沟—蒿黄峪—大河村一带，以内邱县宁家庄—邢台县寺沟一带最具代表性。

【现实定义】指新太古代中期一套以黑云二长片麻岩、黑云斜长变粒岩、(石榴)斜长角闪岩为主的岩性组合。空间上宁家庄岩组位于大型倒转向形(斜)构造的核部位置，与两侧立羊河岩组呈片理平行接触。

【区域变化】该岩组岩性较简单，沿走向连续性好，显示变余层状岩石的特征，区域岩性特征变化不大，仅在石善—蒿黄峪一带夹有少量薄层状、透镜状磁铁石英岩。

【矿产资源】宁家庄岩组夹有少量薄层状、透镜状磁铁石英岩，虽规模有限，但亦是寻找沉积变质型铁矿潜力地段。

4. 原岩恢复及变质变形特征

赞皇岩群大和庄岩组原岩以基性—中酸性火山岩为主，富铝碎屑岩次之，夹含泥质碎屑沉积岩和铁硅质沉积岩，属沉积-火山岩夹 BIF 类型；立羊河岩组原岩以陆源碎屑岩、钙硅质岩、碳酸盐岩为主，夹少量玄武质岩，属于以沉积岩为主的火山-沉积岩建造；宁家庄岩组原岩主要为中细粒陆源碎屑岩、酸性火山碎屑岩、酸性火山岩夹少量基性火山岩，局部夹硅铁质岩，为一套沉积-火山岩建造。该岩群主要表现为高角闪岩相区域变质，局部为麻粒岩相或低角闪岩相。岩石经历了至少两期以上混合岩化作用，形成条纹条痕状钠质脉体和条带状钾质脉体。岩石变形强烈，发育多级次的中小型平卧褶皱、不对称褶皱、片内褶皱、W 型小褶皱等。

（三）五台岩群（$Ar_3^3W.$）

五台岩群由 1882 年李希霍芬创名的五台层绿泥片岩演变而来，维里士（1907）、杨杰（1947）、谭应佳（1959）称之为五台系，河北区域地质测量大队、山西区域地质测量大队（1963—1967）始称之为五台群。《中国区域地质志·河北志》（2017）改称五台群为五台岩群，划分为板峪口岩组、上堡岩组、龙家庄岩组，时代为新太古代晚期。本书沿用该划分方案。

1. 板峪口岩组（$Ar_3^3b.$）

板峪口岩组主要分布于阜平板峪口—北辛庄—潘家铺一带，龙泉关一带有零星出露，以阜平县北辛庄—大川一带最具代表性。

【现实定义】指新太古代晚期一套以浅粒岩、斜长角闪岩、（含蓝晶石）黑云斜长变粒岩及（矽线）石榴黑云片岩、角闪片岩为主，下部夹石英岩，上部夹（白云母）大理岩的岩性组合。岩石中 S－C 组构、小尺度褶皱、鞘褶皱发育。与下伏阜平岩群及上覆上堡岩组变质岩均以韧性剪切带为界。

【区域变化】由于被韧性剪切带强烈改造，该岩组中强能干性岩性层常呈豆荚体、透镜体赋存于剪切带中，并自南而北沿上堡岩组底部韧性剪切带被依次切削，至阜平黄崖以北则呈构造楔状体逐渐尖灭。

【矿产资源】五台岩群板峪口岩组是石榴石非金属矿（主要用作研磨材料）的主要产出层位。

2. 上堡岩组（$Ar_3^3\hat{s}.$）

上堡岩组主要分布于平山麻河清，阜平龙泉关、上堡、爱家岭，涞源独山城、水堡等地，以涞源县独山城—龙门村一带最具代表性。

【现实定义】指新太古代晚期一套以钾长浅粒岩、二长浅粒岩、黑云斜长变粒岩、含角闪黑云斜长变粒岩为主，夹斜长角闪片岩、斜长角闪岩和黑云片岩，底部为不稳定的长石石英岩或浅粒岩，上部夹磁铁石英岩、磁铁角闪石英岩的岩性组合。底部以韧性变形带与板峪口岩组或阜平杂岩接触，顶部与龙家庄岩组整合接触，接触带被韧性变形带叠加或被后期侵入岩侵入。

【区域变化】该岩组区域上岩性组合特征变化较大：在涞源县独山城—龙门村一带，岩性主要为黑云斜长变粒岩、含角闪黑云斜长变粒岩夹斜长角闪片岩、斜长角闪岩、黑云片岩及 4 层磁铁石英岩；在阜平爱家岭一带，岩性可明显二分，下部以钾长浅粒岩、二长浅粒岩、斜长浅粒岩为主夹黑云斜长变粒岩，局部夹金云透闪片岩，上部以黑云斜长变粒岩、角闪斜长变粒岩等为主，夹斜长角闪岩、薄层浅粒岩，并夹有 3～4 层特有的磁铁石英岩、磁铁角闪石英岩标志层，部分磁铁石英岩具黄铁矿化；而在涞源县独山城一带，底部长石石英岩或浅粒岩分布不稳定，主要出露相当于爱家岭上部的岩性组合，岩性以黑云斜长变粒岩、含角闪黑云斜长变粒岩为主夹斜长角闪岩。该岩组向东变薄，出现黑云斜长片麻岩夹角闪斜长片麻岩、磁铁石英岩。

【矿产资源】上堡岩组为鞍山式铁矿及黄铁矿赋矿层位，多与斜长角闪岩相伴产出，涞源县独山城中型铁矿床发育于该岩组中。

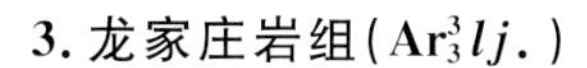

3. 龙家庄岩组($Ar_3^3lj.$)

龙家庄岩组分布较为局限，仅在涞源龙家庄一带少量分布。

【现实定义】指新太古代晚期一套以斜长角闪岩、角闪片岩、黑云角闪片岩和绿泥角闪片岩为主，夹黑云斜长变粒岩、角闪斜长变粒岩的岩性组合，上部夹黑云石英片岩。该岩组位于大型向斜构造的核部位置，与上堡岩组之间为整合接触关系，接触带被韧性变形带叠加改造。

【区域变化】龙家庄岩组区域分布较为局限，主体岩性基本一致，整体变化较小。

4. 原岩恢复及变质变形特征

五台岩群中板峪口岩组原岩为一套泥砂质＋基性火山岩建造，上部夹碳酸盐岩沉积；上堡岩组主体为一套泥砂质岩夹基性火山岩建造，少量中酸性火山岩，上部夹有铁硅质岩；龙家庄岩组以基性火山岩及其火山碎屑岩为主，夹少量泥砂质沉积。五台岩群主要反映的形成环境大致相当于岛弧—前陆盆地。五台岩群变质程度达低角闪岩相，后期有绿片岩相变质叠加。混合岩化作用以局部钾长石化和沿构造带发育的花岗伟晶岩为特征。

第三节　古元古代变质表壳岩

河北省古元古界仅在阴山-冀北地层分区和冀西-冀南地层分区出露。

一、阴山-冀北地层分区

古元古界在阴山-冀北地层分区出露了集宁岩群和红旗营子岩群。

(一)集宁岩群下白窑岩组($Pt_1^1x.$)

集宁岩群由集宁群(李璞等，1964)演变而来。1∶25万张家口幅(2008)将下白窑组修订为下白窑岩组，归属于中太古代崇礼岩群。《中国区域地质志·河北志》(2017)将下白窑岩组归属于集宁岩群，时代为古元古代早期。本书沿用该划分方案。

集宁岩群下白窑岩组分布于内蒙古自治区兴和县与河北省尚义县交界地带的黄土梁—沙卜窑—宣付窑—下白窑一带，以尚义县沙卜窑—炮手窑一带最具代表性。

【现实定义】下白窑岩组指古元古代早期一套以浅色石榴钾长变粒岩、浅粒岩为主，夹有长石石英岩、麻粒岩、深灰色石墨黑云斜长片麻岩、大理岩、斜长角闪岩等的岩性组合，在河北省内与其他变质地质体未接触。

【区域变化】区域主体岩性基本一致，整体变化较小。

【矿产资源】下白窑岩组是区域变质型石墨矿较重要的产出层位。

【原岩恢复及变质特征】下白窑岩组原岩建造为碎屑岩-黏土质砂岩、黏土岩-碳酸盐岩建造，岩石建造与孔兹岩极为相似，是克拉通高级变质区极具特征的一套浅色麻粒岩相沉积变质岩建造。形成环境相当于古陆边缘岛弧或岩浆弧—弧后海盆环境。

(二)红旗营子岩群($Pt_1^1H.$)

红旗营子岩群由红旗营子群演变而来，最初由河北省区域地质矿产调查研究所在1∶100万张家口幅地质调查时建立(1959)，从其命名以来不断被应用，时代划分有新太古代和古元古代的分歧。河北省区域地质调查院在1∶25万张北县幅(2003)中将红旗营子群修订为红旗营子岩群，并进一步划分为东井子岩组和太平庄岩组，时代划归新太古代。《中国区域地质志·河北志》(2017)沿用该划分方案，并将其时代划归古元古代中期。本书沿用该划分方案，但将其形成时代修订为古元古代早期。

红旗营子岩群出露于尚义-隆化区域断裂以北的张北-围场地层小区，与下伏新太古代崇礼岩群呈断层接触，多被古元古代晚期变质侵入岩侵入，主体出露不太完整。

1. 太平庄岩组($Pt_1^1t.$)

太平庄岩组主要出露于崇礼红旗营子、太平庄、下山岔，赤城六间房—上欧阳、马连口—丁字路—云州—北沟门，丰宁西碱产沟、天桥沟、头道沟等地，以崇礼县太平庄西一带最具代表性。

【现实定义】指古元古代早期一套下部以黑云(角闪)斜长变粒岩、角闪黑云斜长变粒岩为主，夹(含石墨、石榴石)黑云斜长片麻岩、黑云角闪斜长片麻岩、(石榴)斜长角闪岩、大理岩及少量浅粒岩为主，上部以角闪黑云斜长片麻岩为主，间夹(含石墨、石榴石)角闪黑云斜长变粒岩、含黑云二长浅粒岩及斜长角闪岩的岩性组合。被古元古代晚期变质侵入岩侵入。

【区域变化】太平庄岩组区域上出露变化较大，在崇礼太平庄—红旗营子一带厚度大于3815m，下部以黑云(角闪)斜长变粒岩等为主，上部以角闪黑云斜长片麻岩等为主，夹较多斜长角闪岩；在赤城云州一带厚度大于838m，多以黑云(角闪)斜长变粒岩等为主，黑云(角闪)斜长片麻岩明显减少。

【矿产资源】太平庄岩组是大理岩及变质石墨矿较重要的产出层位，是铜、铅锌、金银矿的有利围岩。

2. 东井子岩组($Pt_1^1d.$)

东井子岩组主要分布于康保梁家营—怀安营、东井子—伊胡塞一带，赤城云州北东的大西沟—施家嵯—前楼一带及丰宁大河西、西碱产沟、陶家窝铺等地，以康保县万隆店—狼窝山一带最具代表性。

【现实定义】指古元古代早期一套以石榴斜长浅粒岩、石榴二长浅粒岩、石榴黑云斜长变粒岩为主，夹灰绿色含钾长透闪透辉岩、深灰色含十字石榴二云石英片岩、浅灰色含方解石透辉钾长变粒岩、深灰色长石二云片岩、透闪透辉大理岩夹少量石英岩及透镜状含石墨透辉大理岩的岩性组合。与下伏太平庄岩组呈片理平行接触。由于变质变形作用的叠加改造、断裂破坏及岩体蚕食，该岩组地层层序遭到了破坏。

【区域变化】在康保梁家营—怀安营一带，该岩组中石榴斜长浅粒岩、石榴二长浅粒岩及大理岩等较发育；在东井子—伊胡塞一带及赤城云州北东一带，该岩组中石榴黑云斜长变粒岩则明显发育，石榴斜长浅粒岩等减少。

3. 原岩恢复及变质变形特征

太平庄岩组原岩为一套中性、基性火山岩-陆源碎屑岩(砂岩和泥质岩)-碳酸盐岩组合。中性、基性火山岩发育，沉积岩以杂砂岩和粉砂岩为主，碳酸盐岩不发育，总体反映了岛弧及大陆边缘弧侧剧烈动荡的构造环境；东井子岩组原岩为富铝黏土岩-砂岩及粉砂岩-碳酸盐岩组合，反映了一种相对稳定的浅海陆棚环境。红旗营子岩群变质程度达低角闪岩相，褶皱构造发育，混合岩化作用以钾交代为特征。

二、冀西-冀南地层分区

本分区的古元古界划分为湾子岩群、官都群和甘陶河群3个群级填图单位。

(一)湾子岩群($Pt_1^1W.$)

湾子岩群由湾子组演变而来，20世纪60年代由河北省区域地质矿产调查研究所在1∶20万石家庄幅创建。1∶25万石家庄幅(2009)将湾子组修订为湾子岩群，并据该套地层岩性组合、原岩建造、沉

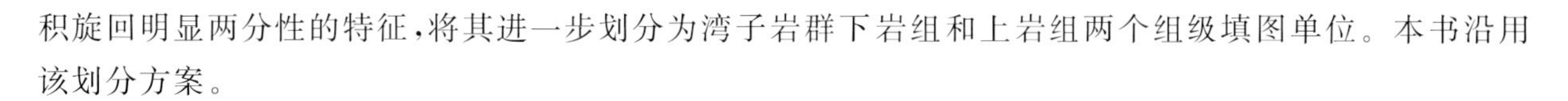

积旋回明显两分性的特征，将其进一步划分为湾子岩群下岩组和上岩组两个组级填图单位。本书沿用该划分方案。

1. 湾子岩群下岩组($Pt_1^1Wx.$)

湾子岩群下岩组可分为南、北两带，南带分布于口头、湾子、下槐、车辐安一带，呈北东东-南西西向带状展布；北带由下柳村向西至宋家口，由宋家口向北则转为北北东-南南西向，展布于蛟潭庄—秋卜洞—观音堂一带，分别以平山县占路崖和灵寿县长峪村最具代表性。

【现实定义】指古元古代早期一套特征浅粒岩组合，包括含矽线石英球钾长浅粒岩、含矽线石英球白云母钾长浅粒岩、钾长浅粒岩、含磁铁矿钾长或二长浅粒岩和白云母钾长浅粒岩等。底部以钾长浅粒岩覆于元坊岩组不同岩性之上，表现为片理平行接触关系。据上、下岩层构造形态，二者可能为被后期构造改造了的不整合接触关系。中部和下部出现由矽线石、石英组成的球状和脉状体，由差异风化作用使球状体或脉状体凸出于表面，局部富集可成为矽线石片岩。被古元古代变质侵入体侵入。

【区域变化】在东部岔头、口头一带，该岩组底部往往有白云母片岩层，说明该岩组的底部，也就是靠近湾子岩群与阜平岩群的界面附近，原岩中具有富铝层的存在(谭应佳等，1993)。再者，由潭子口向东，浅粒岩中白云母含量逐渐增多，变形增强，至湾子一带形成白云母钾长片麻岩。由秋卜洞向北，斜长浅粒岩增多，并夹有含黑云斜长片麻岩。该岩组在宋家口厚96m，在土岸厚88m，在湾子厚191m，在蛟潭庄厚100m；向北到麻地沟、木佛塔一带厚度呈减小趋势。

2. 湾子岩群上岩组($Pt_1^1W\hat{s}.$)

湾子岩群上岩组分布于口头、湾子、下槐、车辐安、下柳村向西至宋家口一带，以平山县占路崖和灵寿县长峪村最具代表性。

【现实定义】指古元古代早期一套以各种大理岩为主，变粒岩、斜长角闪岩、钙硅酸盐岩次之的岩性组合，与湾子岩群下岩组紧密相伴，整合接触。下部是覆于浅粒岩之上的含钙镁较高的杂色岩性组合。由黑云斜长变粒岩，含刚玉黑云钾长变粒岩(片麻岩)、斜长角闪岩、黑云二长变粒岩夹薄板状二长浅粒岩、细粒长石石英岩、透辉变粒岩、透辉浅粒岩、透闪透辉岩、方解石透辉变粒岩等组成韵律层，靠下部变粒岩相对较多，向上钙硅酸盐岩、不纯大理岩逐渐增多。构成韵律层的岩性单层厚度一般由几厘米到几十厘米不等。上部以中厚—厚层状大理岩为主，夹有中—薄层状斜长角闪岩、阳起石岩、钙质片麻岩、变粒岩等。大理岩以白色大理岩、含橄榄白云石大理岩、金云母大理岩、透闪大理岩为主，夹玫瑰红色透辉石大理岩，粒粗，成层清楚，层理平整。

3. 原岩恢复及变质变形特征

湾子岩群下岩组原岩为一套杂砂岩或长石砂岩；上岩组原岩应属富钙的碎屑岩、泥灰岩、白云质灰岩和灰岩等，是区域上大理石矿产出的重要层位。主期变质为角闪岩相变质，部分地段韧性变形叠加后退变为绿片岩相。变形主要表现为标志性明显的线形褶皱，除局部发育剪切带外，总体表现出相对刚性的特征。普遍遭受了中等强度混合岩化作用或深熔作用的改造，脉体以红色钾长石英质为主，基本平行片理，部分与其斜切。

(二)官都群(Pt_1^1G)

官都群由官都岩组演变而来，20世纪90年代初，由河北地质矿产勘查开发局第十一地质大队在1∶5万北褚-赞皇-临城幅区域地质调查项目中创建。《中国区域地质志·河北志》(2017)将官都岩组修订为官都群，时代厘定为古元古代中期，并据该套地层岩性组合、原岩建造、沉积旋回明显两分性的特征，将其进一步划分为官都群下组和上组两个组级填图单位。本书沿用该划分方案，并将时代修订为古元古代早期。官都群呈带状分布于西阳泽—官都—店上—豪门沟一带，以临城县官都村一带最具代表性。

1. 官都群下组（Pt_1^1Gx）

【现实定义】指古元古代早期一套变质碎屑岩组合，底部常见厚度不等的变质砾岩，以具大型由磁铁矿组成的斜层理为特征，沿走向相变为白云石英片岩，其上则为变质砂砾岩、变质长石粗砂岩、石英岩、结晶白云岩和大理岩。与新太古代大和庄岩组呈角度不整合接触或构造接触；东部与新太古代片麻状花岗岩呈异岩不整合接触，被古元古代变质侵入体侵入。由于受后期变形改造影响，该组岩层顺走向变化较大，层间揉皱及滑断现象多见，不同岩性层间多以褶叠层形式相接触。

2. 官都群上组（$Pt_1^1G\hat{s}$）

【现实定义】指古元古代早期一套变玄武岩或绿帘石化斜长角闪岩、角闪绿帘石岩及片状斜长角闪岩的岩性组合，强韧性变形叠加地段则为细粒斜长角闪片岩、细粒斜长角闪质糜棱岩（传统的变粒岩）。变质玄武岩发育变余杏仁构造、气孔构造。该组分布与下组紧密相伴。

3. 原岩恢复及变质变形特征

官都群下组原岩为一套碎屑岩建造（砾岩、杂砂岩、粉砂岩及泥质岩）和碳酸盐岩建造（灰岩、白云质灰岩）；上组原岩应为一套由玄武岩、玄武安山岩组成的基性、中基性火山岩。区域变质作用达到绿片岩相，韧性变质带叠加地段达到绿帘角闪岩相变质。变形强烈，混合岩化作用微弱。上组岩层间常发育有顺层韧性剪切所形成的小型褶皱，紧密同斜褶皱及剪切带发育。

（三）甘陶河群（Pt_1^2Gt）

甘陶河群由河北省区域地质矿产调查研究所于1968年创建，与滹沱群同物异名。河北省地质调查院在1∶25万邢台幅（2012）恢复甘陶河群，剔除了其中的变质深成侵入岩，自下而上划分为南寺掌组、南寺组和蒿亭组。本书沿用该划分方案。

1. 南寺掌组（Pt_1^2n）

南寺掌组主要分布在赞皇、内丘两县的西部地区，井陉县南陉、岳家庄，平山两河—灵寿慈峪一带，行唐、曲阳境内亦有零星出露，以井陉县多峪沟口—杨庄一带最具代表性。

【现实定义】指古元古代中期一套变质砾岩、变质长石石英砂岩、变玄武岩组合。甘陶河群3个组多相伴产出，与上覆南寺组整合接触，与下伏地层和新太古代变质深成侵入岩均不整合接触，接触带有后期韧脆性变形带叠加。

【区域变化】在南部甘陶河一带，下部主要为变质长石石英砂岩和砂砾岩、千枚岩及板岩；上部为变玄武岩、熔结凝灰岩及玄武质熔岩角砾岩；局部为变玄武质角砾岩夹板岩。在北部慈峪、曲阳一带，底部为不稳定的变质细砾岩、薄层变质砾岩；下部为浅红色、肉红色变质长石砂岩、变质长石石英岩，少量云母石英片岩；上部为绿泥片岩、黑云片岩夹变质长石砂岩、绢云石英片岩、薄层角闪片岩。

【变形特征】在北部慈峪、曲阳一带，岩石韧性变形普遍强烈：斜长角闪岩、变质砂岩、变质长石石英岩强片理化，岩石中片状矿物平行定向排列，长英质矿物和一些柱状矿物被拉长，石英拉长成条痕状构成矿物线理；长英质矿物集合体或小砾石呈不规则眼球状，长轴平行片理方向，局部发育S-C组构。

【矿产资源】在上部层位中普遍见黄铁矿化、黄铜矿化及硅化等矿化蚀变现象，是黄铜矿化的主要含矿层位。典型矿床如桃园铜矿。

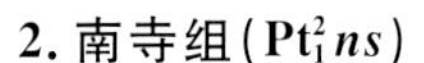

2. 南寺组(Pt_1^2ns)

南寺组主要分布于鹿泉区苍岩山、吴家堡和临城县，内丘县西部靠近山西省界。

【现实定义】指古元古代中期一套变质长石砂岩、变白云岩和变玄武岩岩性组合。与下伏南寺掌组和上覆蒿亭组均为整合接触关系。

【区域变化】在北部曲阳、慈峪一带，上部为白云质大理岩夹钙质片岩、绢云片岩、石英岩；中部为变质白云岩夹薄层大理岩；下部为绿帘石化斜长角闪片岩、绢云石英片岩、变质长石砂岩、千枚状板岩，底部含铁石英岩。在南部甘陶河一带，上部为变玄武岩及熔岩角砾岩；中部为变质白云岩、板岩和变质砂岩；下部为砂质板岩及变质长石石英砂岩与板岩互层；底部为厚—巨厚层状变质长石石英砂岩夹板岩、变质薄层含砾长石石英砂岩。在与上部玄武岩接触处的部分地段，具有不稳定的变质硅质白云岩、变质白云岩层(含叠层石)。

该组岩石受到了强烈的脆韧性变形作用改造，形成大量构造片岩，局部大理岩也强烈片理化，并有构造眼球形成。

3. 蒿亭组(Pt_1^2h)

【现实定义】指古元古代中期一套变质砂岩、板岩、变玄武岩和变玄武安山岩组合。与下伏南寺组整合接触，与上覆长城纪赵家庄组角度不整合接触。以井陉县南蒿亭一带最具代表性。

4. 原岩恢复及变质变形特征

甘陶河群为一套浅变质地层，由变质砾岩、变质砂岩、千枚岩、板岩、变玄武岩和变碳酸盐岩等组成。南寺掌组原岩为砂砾岩-砂岩-基性火山岩建造；南寺组原岩为砂岩-镁质碳酸盐岩-基性火山岩建造；蒿亭组原岩为砂岩-黏土质岩-中基性火山岩建造。主期变质程度达绿片岩相。

第二章　变质深成侵入岩

本区变质深成侵入岩，尤其是中酸性侵入岩，由于多期变质变形作用的改造，侵入岩特征已基本消失。20 世纪 80 年代以前多按传统的沉积地层学方法研究；20 世纪 80 年代以后随着针对变质岩的变质变形、地球化学等特征研究的进展，在原划分的变质地层内识别出大量的变质深成侵入岩，而且这些变质深成侵入岩在中深变质岩区非常发育。

第一节　变质深成侵入岩构造岩浆岩带划分

本区变质深成侵入岩依据岩浆活动特点和时空分布演化规律可划分为 1 个一级、4 个二级和 9 个三级构造单元(图 2－1，表 2－1)。其中二级构造单元呈近东西向和北北东向展布。

第二节　岩浆演化及构造环境

新太古代—古元古代的岩浆活动按时代可以进一步划分为中太古代晚期基性火山岩建造等 7 个火山喷发旋回和新太古代中期东西向与北北东向基性、中性—中酸性、酸性侵入岩建造等 6 个侵入序列(表 2－2)。火山喷发旋回火山岩岩性组合主要根据岩石化学、地球化学特征等原岩恢复获得。中太古代晚期主要为基性火山岩建造；新太古代早期可以进一步分为超基性、基性、中酸性或中偏碱性火山岩和基性、中酸性火山岩 2 个火山旋回；新太古代中期至古元古代中期 4 个较为完整的火山喷发旋回，基性、中性、酸性火山岩均有出露。下面简要介绍上述 6 个侵入序列的特征。

(1)新太古代中期基性变质深成侵入岩在冀中-冀东岩浆岩带(ⅢA_1^4)的密云-迁西岩浆岩亚带(ⅢA_1^{4-1})、冀中-冀东岩浆岩带(ⅢA_4^1)内有出露，岩体呈小岩株状或较大的捕虏体形式产出，整体呈东西向、北北东向展布，包含二辉辉长质片麻岩等 5 种岩石类型。系列岩石学、岩石化学及地球化学等特征显示岩浆呈现由基性向中性→中酸性→酸性演化、岩石系列由钙碱性系列向碱性系列演化、成因类型由 M 型(幔源型)向 I 型(壳幔源型)→A 型(碱性型)演化的特征。

(2)新太古代晚期变质深成侵入岩在阴山-冀北岩浆岩带(ⅢA_1^1)的张北-围场岩浆岩亚带(ⅢA_1^{1-1})、茨营子-大庙岩浆岩亚带(ⅢA_1^{1-3})，桑干-承德岩浆岩带(ⅢA_1^2)的承德岩浆岩亚带(ⅢA_1^{2-2})及冀中-冀东岩浆岩带(ⅢA_1^4)的密云-迁西岩浆岩亚带(ⅢA_1^{4-1})均有出露，整体呈东西向、北北东向展布，包含辉长质片麻岩等 7 种岩石类型。系列岩石学、岩石化学及地球化学等特征显示岩浆呈现基性→中性→中酸性→酸性→碱性演化、岩石系列由钙碱性系列向碱性系列演化、成因类型由 M 型(幔源型)向 I 型(壳幔源型)→I－S 型(壳幔源-改造型)→A 型(碱性型)演化的特征。

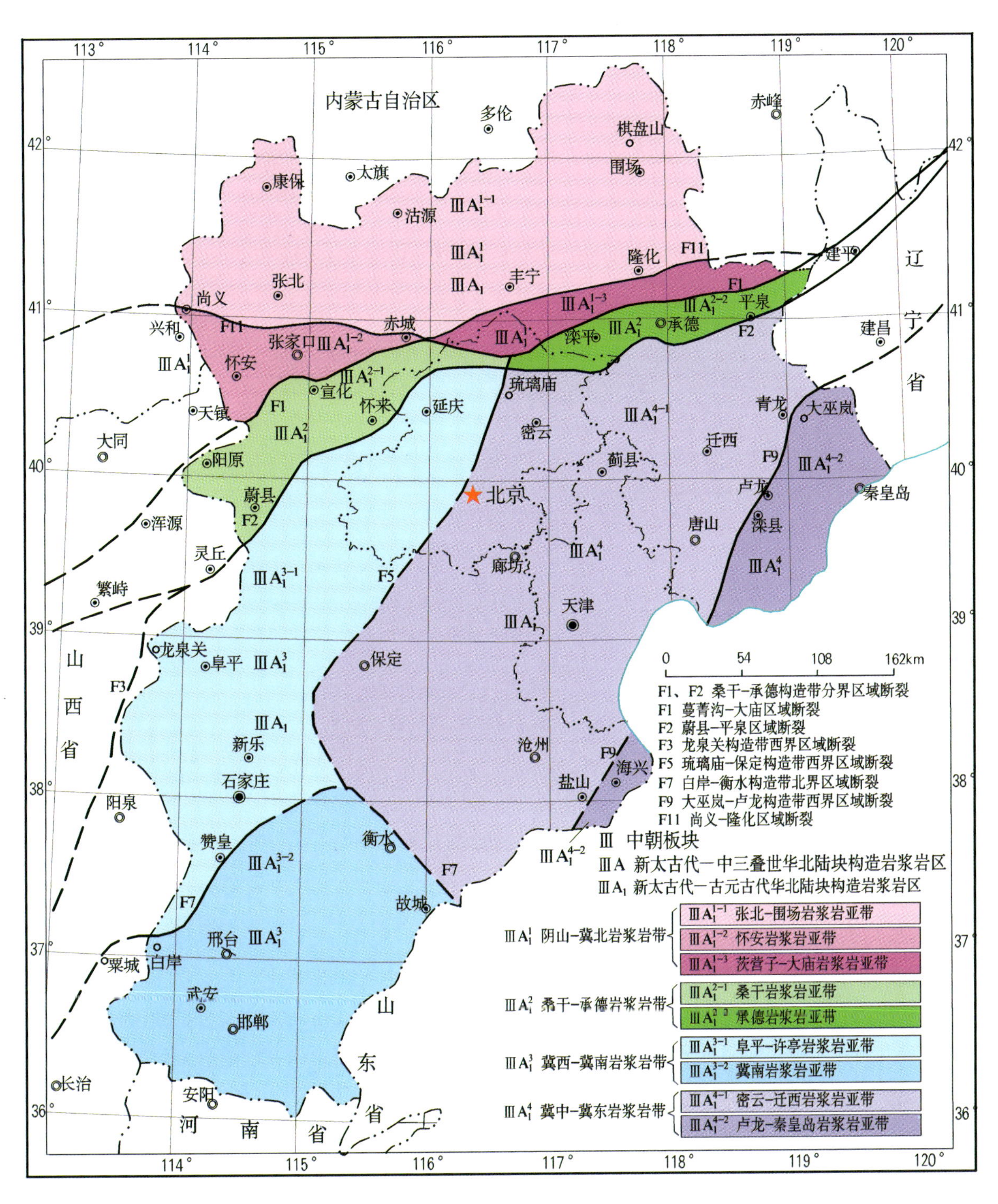

图 2-1 新太古代—古元古代构造岩浆岩带划分图

表 2-1　新太古代—古元古代构造岩浆岩带划分表

时段	一级	二级	三级
Ar_3-Pt_1	新太古代—古元古代华北陆块构造岩浆岩区（ⅢA）	阴山-冀北岩浆岩带（ⅢA_1^1）	张北-围场岩浆岩亚带 ⅢA_1^{1-1}（Ar_3-Pt_1）
			怀安岩浆岩亚带 ⅢA_1^{1-2}（Ar_3-Pt_1）
			茨营子-大庙岩浆岩亚带ⅢA_1^{1-3}（Ar_3-Pt_1）
		桑干-承德岩浆岩带（ⅢA_1^2）	桑干岩浆岩亚带 ⅢA_1^{2-1}（Ar_3-Pt_1）
			承德岩浆岩亚带 ⅢA_1^{2-2}（Ar_3-Pt_1）
		冀西-冀南岩浆岩带（ⅢA_1^3）	阜平-许亭岩浆岩亚带 ⅢA_1^{3-1}（Ar_3-Pt_1）
			冀南岩浆岩亚带 ⅢA_1^{3-2}（Ar_3-Pt_1）
		冀中-冀东岩浆岩带（ⅢA_1^4）	密云-迁西岩浆岩亚带 ⅢA_1^{4-1}（Ar_3）
			卢龙-秦皇岛岩浆岩亚带 ⅢA_1^{4-2}（Ar_3）

表 2-2　岩浆岩演化构造阶段综合划分表

地质时代			时段	火山岩建造	火山旋回	侵入岩建造	侵入序列	构造环境	构造阶段	
古元古代	晚期	Pt_1^3	中太古代至古元古代			东西向偏碱性侵入岩	5	过渡环境	后造山	
						东西向基性、中性、酸性侵入岩		岛弧-陆缘岩浆弧及相关盆地挤压造山	同造山	后碰撞
	中期	Pt_1^2		基性、中性、酸性火山岩	7	东西向酸性、偏碱性—碱性侵入岩	4			同碰撞
	早期	Pt_1^1		基性、中性、酸性火山岩	6	东西向中性、酸性侵入岩	3			前碰撞
新太古代	晚期	Ar_3^3		基性、中性、酸性火山岩	5	东西向、北北东向基性、中性、酸性、碱性侵入岩	2			
	中期	Ar_3^2		基性、中性、酸性火山岩	4	东西向、北北东向基性、中性—中酸性、酸性侵入岩	1			
	早期	Ar_3^1		基性、中酸性火山岩	3			过渡环境	前造山	
				超基性、基性、中酸性或中偏碱性火山岩	2			初始大洋—陆缘裂谷	非造山	
中太古代	晚期	Ar_2^2		基性火山岩	1					
	早期	Ar_2^1								

（3）古元古代早期变质侵入岩局限出露于阴山-冀北岩浆岩带（ⅢA_1^1），整体呈东西向展布，包含变质闪长岩等3种岩石类型。系列岩石学、岩石化学及地球化学等特征显示岩浆呈现中性→中酸性→酸性或偏碱性演化、岩石系列为钙碱性系列、成因类型为Ⅰ型（壳幔源型）的特征。

（4）古元古代中期变质侵入岩在桑干-承德岩浆岩带（ⅢA_1^2）、冀西-冀南岩浆岩带（ⅢA_1^3）均有出露，整体呈东西向展布，包含变质斑状花岗闪长岩等3种岩石类型。系列岩石学、岩石化学及地球化学等特征体现了岩浆由酸性向碱性演化、岩石系列由钙碱性系列向碱性系列演化、成因类型由Ⅰ型（壳幔源型）向A型（碱性型）演化的特征。

（5）古元古代晚期变质侵入岩可进一步划分为2个侵入序列，在阴山-冀北岩浆岩带（ⅢA_1^1）、桑干-承德岩浆岩带（ⅢA_1^2）和冀西-冀南岩浆岩带（ⅢA_1^3）均有出露，整体呈近东西向展布。第一序列包含变质辉长岩等9种岩石类型，第二侵入序列仅包含变质正长花岗岩1种岩石类型。系列岩石学、岩石化学及地球化学等特征体现了岩浆→基性→中性→中酸性→酸性→碱性演化、岩石系列由钙碱性系列向碱性系列

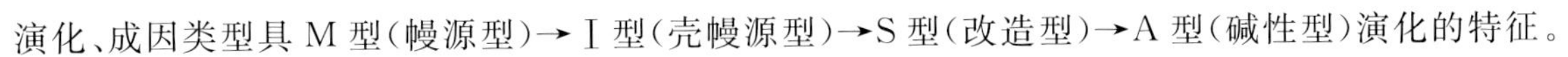

演化、成因类型具 M 型(幔源型)→Ⅰ型(壳幔源型)→S 型(改造型)→A 型(碱性型)演化的特征。

构造环境方面,新太古代中期至古元古代早期 3 个序列的侵入岩类形成于前碰撞构造环境;古元古代中期序列的侵入岩类形成于同碰撞构造环境;古元古代晚期第一序列的侵入岩类形成于后碰撞构造环境;古元古代晚期第二序列的侵入岩类形成于后造山构造环境。

第三节 变质深成侵入岩单位划分

区内变质深成侵入岩可以划分为 6 个侵入序列,共包含 28 个侵入岩填图单位,均匀不等地分布于阴山-冀北岩浆岩带(ⅢA$_1^1$)、桑干-承德岩浆岩带(ⅢA$_1^2$)、冀西-冀南岩浆岩带(ⅢA$_1^3$)和冀中-冀东岩浆岩带(ⅢA$_1^4$)之内(表 2-3、表 2-4)。参考最新的区域地质调查技术要求,对变质深成侵入岩填图单位采用"片麻岩+岩性(上角标)+时代"的图面表达方式,对变质侵入岩填图单位采用"岩性+时代"的图面表达方式。

表 2-3 新太古代—古元古代岩浆岩带侵入岩填图单位

岩浆岩带	侵入岩填图单位
阴山-冀北岩浆岩带(ⅢA$_1^1$)	$gn^{\gamma\delta o}Ar_3^2$、$gn^{\gamma o}Ar_3^2$、$gn^{\eta\gamma}Ar_3^2$、$gn^{\nu}Ar_3^3$、$gn^{\delta o}Ar_3^3$、$gn^{\gamma\delta o}Ar_3^3$、$gn^{\gamma o}Ar_3^3$、$gn^{\eta\gamma}Ar_3^3$、$\delta Pt_1^1$、$\eta o Pt_1^1$、$\xi\gamma Pt_1^1$、$\pi\gamma\delta Pt_1^2$、$\eta\gamma Pt_1^2$、$\delta Pt_1^3$、$\delta o Pt_1^3$、$\eta\delta o Pt_1^3$、$\eta o Pt_1^3$、$\gamma\delta Pt_1^3$、$\eta\gamma Pt_1^3$、$\eta\gamma Pt$、$\xi\gamma Pt_1^3$
桑干-承德岩浆岩带(ⅢA$_1^2$)	$gn^{\nu}Ar_3^3$、$gn^{\gamma\delta o}Ar_3^3$、$gn^{\gamma o}Ar_3^3$、$gn^{\eta\gamma}Ar_3^3$、$gn^{\xi\gamma}Ar_3^3$、$\eta\gamma Pt_1^2$、$\xi\gamma Pt_1^3$
冀西-冀南岩浆岩带(ⅢA$_1^3$)	$gn^{\nu}Ar_3^3$、$gn^{\delta o}Ar_3^3$、$gn^{\gamma\delta o}Ar_3^3$、$gn^{\gamma\delta}Ar_3^3$、$gn^{\gamma o}Ar_3^3$、$gn^{\eta\gamma}Ar_3^3$、$gn^{\xi\gamma}Ar_3^3$、$\eta\gamma Pt_1^2$、$\xi\gamma Pt_1^2$、$\nu Pt_1^3$、$\delta o Pt_1^3$、$\eta\delta o Pt_1^3$、$\eta\gamma Pt$、$\xi\gamma Pt_1^3$
冀中-冀东岩浆岩带(ⅢA$_1^4$)	$gn^{\nu}Ar_3^2$、$gn^{\gamma\delta o}Ar_3^2$、$gn^{\gamma\delta}Ar_3^2$、$gn^{\gamma o}Ar_3^2$、$gn^{\nu}Ar_3^3$、$gn^{\delta o}Ar_3^3$、$gn^{\gamma\delta o}Ar_3^3$、$gn^{\gamma\delta}Ar_3^3$、$gn^{\gamma o}Ar_3^3$、$gn^{\eta\gamma}Ar_3^3$、$gn^{\xi\gamma}Ar_3^3$

表 2-4 新太古代—古元古代变质(深成)侵入岩期序、岩浆组合、岩石类型及成因类型表

时代			时段	侵入序列	岩石名称	代号	同位素测年(Ma/方法)	岩浆岩组合	岩石类型	成因类型
古元古代	晚期	Pt_1^3	新太古代中期至古元古代晚期	5	变质正长花岗岩	$\xi\gamma Pt_1^3$	1806±40、1859±20、1883±10/U、1844±100/Ul	酸性—碱性岩组合	钙碱性、碱性、高硅钾、低铝质	A 型
					变质二长花岗岩	$\eta\gamma Pt_1^3$	1834±8、1854±24/Ul,1876±11、1837±11/Sp 等	酸性岩组合	钙碱性、碱性	S-A 型
					变质石榴二长花岗岩	$g\eta\gamma Pt_1^3$	1874±9、1870、1885±9/U		钙碱性、过铝质	S 型
					变质花岗闪长岩	$\gamma\delta Pt_1^3$	1817±23、1860±1/U	TTG(富钠)	钙碱性	Ⅰ型
					变质石英二长岩	$\eta o Pt_1^3$	1830±8/U			
					变质石英二长闪长岩	$\eta\delta o Pt_1^3$	1825/U			
					变质石英闪长岩	$\delta o Pt_1^3$	1850±10/U、1838±4/Ul			
					变质闪长岩	δPt_1^3	1987±23/U、1906±130/Ul			
					变质辉岩/变质辉绿岩	νPt_1^3/$\beta\mu Pt_1^3$	1940/K、1912±16/Ul	基性岩组合	钙碱性	M 型

续表 2-4

时代			时段	侵入序列	岩石名称	代号	同位素测年(Ma/方法)	岩浆岩组合	岩石类型	成因类型
古元古代	中期	Pt_1^2	新太古代中期至古元古代晚期	4	变质正长花岗岩	$\xi\gamma Pt_1^2$	2090±10、2077±3、2024±21、2048±65/Sp	酸性岩组合	碱性、高硅钾	A 型
					变质二长花岗岩	$\eta\gamma Pt_1^2$	$2144\pm^{47}_{36}$、$2087\pm^{44}_{30}$、2210/U	酸性岩组合	钙碱性、碱性、高硅钾、过铝质	I-A 型
					变质斑状花岗闪长岩	$\pi\gamma\delta Pt_1^2$		TTG(富钠)	钙碱性、低钾、准铝质—弱过铝质	I 型
	早期	Pt_1^1		3	变质正长花岗岩	$\xi\gamma Pt_1^1$	2376±22/ Ul	中性—偏碱性岩组合	钙碱性、偏铝质—过铝质	I 型
					变质石英二长岩	$\eta o Pt_1^1$	2475±11/ Ul			
					变质闪长岩	δPt_1^1	2425±27/ Ul	中性岩组合	钙碱性、过铝质	
新太古代	晚期	Ar_3^3		2	正长花岗质片麻岩	$gn^{\xi\gamma} Ar_3^3$	2490±13/Sp,2505±27、2522±6/Ul	酸性岩组合	碱性	A 型
					二长花岗质片麻岩	$gn^{\eta\gamma} Ar_3^3$	2550±1、$2589\pm^{64}_{54}$/U,2510±22/Sp,2532±8/ Ul		钙碱性、碱性、高钾、过铝质	I-S 型
					奥长花岗质片麻岩	$gn^{\gamma o} Ar_3^3$	2513±12、2515±15、2520±10/Sp,2522±4/ Ul 等	TTG(富钠)	钙碱性、中低钾	I 型
					花岗闪长质片麻岩	$gn^{\gamma\delta} Ar_3^3$	2523±14、2526±15、2543±7、2541±14、2540±18/Sp,2521±8/Ul 等			
					英云闪长质片麻岩	$gn^{\gamma\delta o} Ar_3^3$	2559±17/Sp,2518±7、2522±14、2525±11/U 等			
					石英闪长质片麻岩	$gn^{\delta o} Ar_3^3$	2565±16、2517±9、2566±10/Sp、2525±11/U 等	中—基性岩组合	钙碱性	I 型
					辉长质片麻岩	$gn^{\nu} Ar_3^3$	$2555\pm^{179}_{26}$/U,2561±8/Ul			M 型
	中期	Ar_3^2		1	二辉二长花岗质片麻岩	$gn^{\eta\gamma} Ar_3^2$	2606、2626、2652±74/Ul,$2432\pm^{22}_{20}$/U(变)	酸性岩组合	钙碱性、碱性、高钾	I-A 型
					二辉奥长花岗质片麻岩	$gn^{\gamma o} Ar_3^2$	2630 /S,2617/Ul,2527±2/Sp(变)等	TTG(富钠)	钙碱性、低钾、准铝质、弱过铝质	I 型
					二辉花岗闪长质片麻岩	$gn^{\gamma\delta} Ar_3^2$	2627±80/U,2656/Ul			
					二辉英云闪长质片麻岩	$gn^{\gamma\delta o} Ar_3^2$	2662±24/U,2659±13、2699、2610/Ul 等			
					二辉辉长质片麻岩	$gn^{\nu} Ar_3^2$		基性岩组合	钙碱性	M 型

注:K 指 K-Ar 法;Rb 指 Rb-Sr 法;U 指 U-Pb 法;S 指 Sm-Nd 法;Sp 指 SHRIMP 法(高精度);Ul 指 U-Pb LA-ICP-MS;LP 指 ICP-MS 法(高精度);Ar 指 Ar-Ar 法;(变)指(变质年龄);下同。

1.新太古代中期变质深成侵入岩

新太古代中期变质深成侵入岩侵入序列广泛出露于阴山-冀北岩浆岩带（ⅢA_1^1）和冀中-冀东岩浆岩带（ⅢA_1^4），进一步划分为二辉辉长质片麻岩、二辉英云闪长质片麻岩、二辉花岗闪长质片麻岩、二辉奥长花岗质片麻岩和二辉二长花岗质片麻岩5个侵入岩单位（见表2-4），各侵入岩单位代表性岩体见表2-5。

表2-5 新太古代—古元古代侵入岩单位代表性岩体

时代			填图单位名称	代号	各岩浆岩带代表性岩体			
					阴山-冀北	桑干-承德	冀西-冀南	冀中-冀东
古元古代	晚期	Pt_1^3	变质正长花岗岩	$\xi\gamma Pt_1^3$	沽源脑包底	怀来歪头山	平山老虎头	—
			变质二长花岗岩	$\eta\gamma Pt_1^3$	丰宁骆驼鞍	—	涞源独山城	—
			变质石榴二长花岗岩	$g\eta\gamma Pt_1^3$	丰宁刺榆庙	—	—	—
			变质花岗闪长岩	$\gamma\delta Pt_1^3$	丰宁吴营村	—	—	—
			变质石英二长岩	$\eta o Pt_1^3$	丰宁选将营	—	—	—
			变质石英二长闪长岩	$\eta\delta o Pt_1^3$	隆化后湾子	—	—	—
			变质石英闪长岩	$\delta o Pt_1^3$	丰宁王营村	—	阜平偏岭岸	—
			变质闪长岩	δPt_1^3	丰宁长阁村	—	—	—
			变质辉长岩、变质辉绿岩	$\nu Pt_1^3/\beta\mu Pt_1^3$	—	—	内丘张北凹	—
	中期	Pt_1^2	变质正长花岗岩	$\xi\gamma Pt_1^2$	—	—	赞皇县许亭	—
			变质二长花岗岩	$\eta\gamma Pt_1^2$	崇礼门洞窑	阳原台家庄	内丘县黄岔村	—
			变质斑状花岗闪长岩	$\pi\gamma\delta Pt_1^2$	—	—	邢台崇水峪	—
	早期	Pt_1^1	变质正长花岗岩	$\xi\gamma Pt_1^1$	崇礼下四杆旗	—	—	—
			变质石英二长岩	$\eta o Pt_1^1$	崇礼察汗陀罗	—	—	—
			变质闪长岩	δPt_1^1	张家口永丰堡	—	—	—
新太古代	晚期	Ar_3^3	正长花岗质片麻岩	$gn^{\xi\gamma} Ar_3^3$	—	承德县下窝铺	内丘县南赛	山海关大毛山
			二长花岗质片麻岩	$gn^{\eta\gamma} Ar_3^3$	隆化三十家子	双滦区上白庙	龙泉关岩体	卢龙潘庄
			奥长花岗质片麻岩	$gn^{\gamma o} Ar_3^3$	—	双滦区中营子	阜平平阳	遵化秋花峪
			花岗闪长质片麻岩	$gn^{\gamma\delta} Ar_3^3$		—	阜平台峪	青龙安子岭
			英云闪长质片麻岩	$gn^{\gamma\delta o} Ar_3^3$	崇礼响水沟	承德县五道河	临城王家崇	迁西罗家屯
			石英闪长质片麻岩	$gn^{\delta o} Ar_3^3$	—	—	唐县大石峪	青龙隔河头
			辉长质片麻岩	$gn^{\nu} Ar_3^3$	围场朝阳湾	双滦燕窝铺	赞皇北潘	兴隆北青石岭
	中期	Ar_3^2	二辉二长花岗质片麻岩	$gn^{\eta\gamma} Ar_3^2$	张家口小营盘	—	—	—
			二辉奥长花岗质片麻岩	$gn^{\gamma o} Ar_3^2$	怀安西坪山	—	—	迁西龙新庄
			二辉花岗闪长质片麻岩	$gn^{\gamma\delta} Ar_3^2$	—	—	—	迁西太平寨
			二辉英云闪长质片麻岩	$gn^{\gamma\delta o} Ar_3^2$	怀安五梁殿	—	—	迁西三屯营
			二辉辉长质片麻岩	$gn^{\nu} Ar_3^2$	—	—	—	密云穆家峪 迁西青杨树

注：“—”代表无出露。

岩石普遍发生了区域中深变质作用改造，变质程度达麻粒岩相—高角闪岩相，属中低压变质相型。

二辉辉长质片麻岩的岩浆源于上地幔，形成于板块俯冲挤压构造环境。二辉英云闪长质片麻岩、二辉花岗闪长质片麻岩、二辉奥长花岗质片麻岩具有与 TTG 化学成分相似特征，与二辉二长花岗质片麻岩同属前碰撞花岗岩类，形成于板块俯冲挤压构造环境，成岩物质来源以壳幔混源型为主。

2. 新太古代晚期变质深成侵入岩

新太古代晚期变质深成侵入岩出露广泛，在阴山-冀北岩浆岩带（ⅢA_1^1）、桑干-承德岩浆岩带（ⅢA_1^2）、冀西-冀南岩浆岩带（ⅢA_1^3）和冀中-冀东岩浆岩带（ⅢA_1^4）均可见及，可进一步划分为辉长质片麻岩、石英闪长质片麻岩、英云闪长质片麻岩、花岗闪长质片麻岩、奥长花岗质片麻岩、二长花岗质片麻岩和正长花岗质片麻岩 7 个侵入岩单位（见表 2-4），各侵入岩单位代表性岩体见表 2-5。

岩石普遍遭受区域变质作用改造，变质程度为角闪岩相，属中低压变质相型。

新太古代晚期辉长质片麻岩的原岩来源于亏损型幔源，部分熔融程度较高，属钙碱性岩石系列。石英闪长质片麻岩、英云闪长质片麻岩、花岗闪长质片麻岩、奥长花岗质片麻岩的原岩属壳幔混源型，岩石系列为钙碱性系列。二长花岗质片麻岩、正长花岗质片麻岩的原岩属以壳源为主的壳幔混源型—改造型，岩石系列为钙碱性系列和碱性系列。新太古代晚期的变质深成侵入岩形成于前碰撞构造环境。

3. 古元古代早期变质侵入岩

古元古代早期变质侵入岩仅在阴山-冀北岩浆岩带（ⅢA_1^1）中分布，进一步划分为变质闪长岩、变质石英二长岩和变质正长花岗岩 3 个侵入岩单位（见表 2-4），是河北省 1∶5 万万全等 4 幅区域地质调查项目（2020）新建立的。各侵入岩单位代表性岩体见表 2-5。

岩石普遍遭受区域变质作用改造，变质程度为绿帘角闪岩相，属中低压变质相型。

变质闪长岩、变质石英二长岩、变质正长花岗岩的原岩属壳幔混源型，岩石系列属钙碱性系列，形成于前碰撞构造环境。

4. 古元古代中期变质侵入岩

古元古代中期变质侵入岩在阴山-冀北岩浆岩带（ⅢA_1^1）、桑干-承德岩浆岩带（ⅢA_1^2）、冀西-冀南岩浆岩带（ⅢA_1^3）都有分布，进一步划分为变质斑状花岗闪长岩、变质二长花岗岩和变质正长花岗岩 3 个侵入岩单位（见表 2-4），各侵入岩单位代表性岩体见表 2-5。

岩石普遍遭受区域变质作用改造，变质程度为绿帘角闪岩相，属中低压变质相型。

变质斑状花岗闪长岩、变质二长花岗岩和变质正长花岗岩成岩物质来源属壳幔混源型。变质斑状花岗闪长岩具有 I 型花岗岩特征，变质二长花岗岩具有 I 型和 A 型花岗岩的双重特征，变质正长花岗岩具有 A 型花岗岩特征，三者形成于同碰撞构造环境。

5. 古元古代晚期变质侵入岩

古元古代晚期变质侵入岩在阴山-冀北岩浆岩带（ⅢA_1^1）、冀西-冀南岩浆岩带（ⅢA_1^3）大量分布，在桑干-承德岩浆岩带（ⅢA_1^2）亦有少量出露，进一步划分为变质辉长岩、变质辉绿岩、变质闪长岩、变质石英闪长岩、变质石英二长闪长岩、变质石英二长岩、变质花岗闪长岩、变质石榴二长花岗岩、变质二长花岗岩和变质正长花岗岩 10 个侵入岩单位（见表 2-4），归并为 2 个侵入序列。各侵入岩单位代表性岩体见表 2-5。

岩石普遍遭受区域变质作用改造，变质程度为绿帘角闪岩相—绿片岩相，属中低压变质相型。

变质辉长(辉绿)岩形成于后碰撞构造环境，岩浆来源于上地幔，成因类型为 M 型。变质闪长岩、变质石英闪长岩、变质石英二长闪长岩、变质石英二长岩、变质花岗闪长岩形成于后碰撞构造环境，成因属 I 型花岗岩类，成岩物质来源属壳幔混源型。变质石榴二长花岗岩、变质二长花岗岩形成于后碰撞构造环境，属 S 型花岗岩类，成岩物质来源属壳源型。变质正长花岗岩形成于板内稳定的后造山构造环境，属于后造山期由 S 型演化而来的 A 型花岗岩类。

第三章　区域变质作用

本区经历了多期不同变质相的区域变质作用，形成了各具特征的变质矿物组合，不同变质作用的叠加在岩石中又形成了多个变质矿物世代，各种矿物相互组合构成了现存的变质岩系。

第一节　区域变质岩特征

麻粒岩相变质作用形成的典型变质矿物有紫苏辉石、透辉石、矽线石、石榴石（铁铝榴石或镁铁榴石）、斜长石等。角闪岩相变质作用形成的典型变质矿物有透辉石、角闪石、石榴石、斜长石等。绿片岩相变质作用形成的典型变质矿物有透闪石、绿帘石、黑云母、白云母、斜长石等。

麻粒岩类是麻粒岩相变质作用特有的岩石类型，在迁西岩群、桑干岩群、崇礼岩群和阜平岩群中广泛出露，在集宁岩群和遵化岩群中少量分布。斜长角闪岩类、片麻岩类、变粒岩和浅粒岩类、石英岩类、钙硅酸盐岩类、大理岩类、片岩类在麻粒岩相和角闪岩相变质作用中均可见及，广泛分布在上述变质地层和曹庄岩组、赞皇岩群、滦县岩群、单塔子岩群、五台岩群、双山子岩群、红旗营子岩群和湾子岩群中。绿片岩相变质作用形成的变质岩类型有片岩类、千枚岩类、板岩类、大理岩类和其他浅变质岩类（变质砂砾岩、变质火山岩），在官都群、甘陶河群中均有分布。

第二节　区域变质作用分期

根据典型变质矿物共生组合、矿物世代、主期变质与后期叠加变质矿物特征、变质温压条件及同位素测年数据，早前寒武纪变质岩系区域变质作用划分为新太古代中期、新太古代晚期、古元古代中期和古元古代晚期共 4 期（表 3－1）。

表 3－1　区域变质作用分期表

期	时代	主要变质相组合	温度/℃	压力/GPa	主期受变质地质体
4	古元古代晚期	角闪岩相—绿帘角闪岩相—绿片岩相	350～680	0.2～0.7	甘陶河群及古元古代晚期变质侵入岩
3	古元古代中期	麻粒岩相—角闪岩相—绿帘角闪岩相—绿片岩相	350～1050	0.2～1	集宁岩群、湾子岩群、红旗营子岩群、官都群及古元古代早期、中期变质侵入岩
2	新太古代晚期	（麻粒岩相—）角闪岩相—绿帘角闪岩相	420～700	0.26～0.9	单塔子岩群、五台岩群、双山子岩群、朱杖子岩群及新太古代晚期深成变质侵入岩
1	新太古代中期	麻粒岩相—角闪岩相	518～1069	0.25～1.05	曹庄岩组、桑干岩群、迁西岩群、崇礼岩群、阜平岩群、赞皇岩群、遵化岩群、滦县岩群及新太古代中期深成变质侵入岩

1. 新太古代中期区域变质作用

曹庄岩组、桑干岩群、迁西岩群及崇礼岩群主期区域变质作用属高温中压型麻粒岩相区域变质作用;阜平岩群与赞皇岩群属中高温中低压型麻粒岩相—角闪岩相区域变质作用;遵化岩群属中高温—高温中低压型麻粒岩相—角闪岩相区域变质作用;滦县岩群属中温中低压型角闪岩相区域变质作用。综合分析认为,本区新太古代中期区域变质作用类型,属克拉通基底与造山带混合型区域变质作用——区域中高温—高温中低压型麻粒岩相—角闪岩相区域变质作用。主体具有多相变质、递增变质、面状和带状分布的特征,相关变质岩石大致由下往上呈现二辉石变质带→矽线石变质带→方柱石变质带的变化特点。

2. 新太古代晚期区域变质作用

单塔子岩群与五台岩群主期区域变质作用属中温中低压型角闪岩相区域变质作用;双山子岩群属中低温中低压绿帘角闪岩相区域变质作用;朱杖子岩群属中低温—低温中低压型绿帘角闪岩相区域变质作用。从主期变质的岩石分析,该期区域变质作用属区域中温—中低温—低温中低压型角闪岩相—绿帘角闪岩相区域变质作用。综合分析认为,本区新太古代晚期区域变质作用类型,属克拉通基底与造山带混合型区域变质作用——区域高温—中低温—低温中低压型麻粒岩相—角闪岩相—绿帘角闪岩相区域变质作用。主体具有多相变质、递增变质、面状和带状分布的特征,相关变质岩石大致由下往上呈现二辉石变质带→矽线石变质带→绿帘石变质带的变化特点。

3. 古元古代中期区域变质作用

集宁岩群主期区域变质作用属高温中压型麻粒岩相区域变质作用;湾子岩群属中高温中低压型角闪岩相区域变质作用;红旗营子岩群属中温—中低温中低压型角闪岩相区域变质作用;官都群属中低温—低温中低压型绿帘角闪岩相—绿片岩相区域变质作用。综合分析认为,本区古元古代中期区域变质作用类型,属克拉通基底与造山带混合型区域变质作用——区域高温—中高温—中低温—低温中低压型麻粒岩相—角闪岩相—绿帘角闪岩相—绿片岩相区域变质作用。主体具有多相变质、递增变质、不均匀面状和带状分布的特征。

4. 古元古代晚期区域变质作用

甘陶河群主期区域变质作用属中低温—低温中低压型绿片岩相区域变质作用。综合分析认为,本区古元古代晚期区域变质作用类型,属克拉通基底与造山带混合型区域变质作用——区域中温—中低温—低温中低压型角闪岩相—绿帘角闪岩相—绿片岩相区域变质作用。主体具有多相变质、不均匀带状与面状分布的特征。

第三节 混合岩化作用

混合岩化作用普遍认为是变质作用(狭义)和典型的岩浆作用之间的一种地质和造岩作用,是区域变质作用的上限。本区早前寒武纪变质基底中混合岩化作用可分为 4 期:新太古代中期、新太古代晚期、古元古代中期、古元古代晚期。所形成的岩石多分布于褶皱核部或轴部、强变形褶皱翼部及强韧性变形带等构造变形较强的部位。

新太古代中期(第一期)混合岩化作用以奥长花岗质-二长花岗质混合岩化为特征。混合岩化程度中等,但分布不均匀。形成的岩石有混合岩化的变质岩石(新成体含量<30%)和条痕状、条纹状及条带

状混合岩(新成体含量≥30%);岩石多呈夹层状产于其他变质岩石之中。新成体与古成体之间大多数呈过渡关系,少数呈突变关系。

新太古代晚期(第二期)混合岩化作用以奥长花岗质-二长花岗质混合岩化为特征。混合岩化不均匀分布,程度中等。形成的岩石有混合岩化的变质岩石和条痕状—条带状混合岩;岩石多呈夹层状产于其他变质岩石之中。新成体与古成体之间大多数呈过渡关系,少数呈突变关系。该期混合岩化作用也波及了新太古代中期及其之前的地质体,一般较弱,多不易区分。

古元古代中期(第三期)混合岩化作用以奥长花岗质-二长花岗质混合岩化为特征。混合岩化程度较弱,分布也不均匀。所形成的岩石仅有混合岩化的变质岩石,多呈夹层状产于其他变质岩石之中。新成体与古成体之间大多数呈过渡关系,少数呈突变关系。该期混合岩化作用同时也波及了新太古代晚期及其之前的地质体,一般较弱,多不易区分。

古元古代晚期(第四期)混合岩化作用几乎波及了所有早前寒武纪地质体,但混合岩化强弱程度及分布极不均匀,整体以钾长花岗质混合岩化为特征。新成体与古成体之间多呈突变关系,混合岩化岩石及混合岩多呈夹层状或带状产于其他变质岩石之中。

第四章 高压变质作用

本区高压变质作用是古微陆块俯冲碰撞汇聚过程中发生的，其形成高压变质岩是古微陆块演化活动的重要证据。

第一节 高压变质岩特征

本区及邻区高压变质岩产地共有59处（本区37处），其中，以桑干-承德构造带中最多，达44处，龙泉关构造带中2处，白岸-衡水构造带中9处，琉璃庙-保定构造带中1处，大巫岚-卢龙构造带中3处。主要高压变质岩产地分布情况见图4-1。

高压变质岩石的产出状态有两种情况：其一是呈构造透镜体夹于韧性剪切变形带多期变质糜棱岩之中，也有的夹于后期或稍晚形成的高压变质岩之中，多成群成带分布，与围岩之间呈似整合状构造接触，两者面理产状主体一致。透镜体多呈扁长状、椭圆状等，宽几十厘米至几十米，长几米至几百米，少部分长达2～3km。其二是呈包体状产于变质深成侵入岩与变质侵入岩中，呈星散状或密集带状分布，与围岩之间呈岩浆包裹关系或侵入接触关系，围岩变质深成片麻岩具有较强的韧性剪切变形特征，变质侵入岩变形相对较弱。高压变质岩捕虏体形状呈不规则团块状、椭球状及透镜状等，一般宽十几厘米至十几米，长数十厘米至几十米；部分由高压变质岩、变质糜棱岩及变质表壳岩等组成的复合捕虏体较大，宽几十米至上千米，长几百米至2600m。

高压变质岩根据岩石化学成分、矿物含量及原岩成因特点等划分为高压基性变质岩、高压中酸性变质岩、高压富铝（泥质）变质岩、高压铁硅质变质岩及退变榴辉岩5类。早期高压变质矿物石榴石和部分单斜辉石多具有减压结构的后成合晶反应边（肉眼或镜下可见），少数不具后成合晶反应边或不明显。后成合晶反应边的组成矿物围绕早期高压变质矿物排列分布，有两种情况：一是呈放射状排列分布，二是呈环带状排列分布。

高压变质矿物主要包括石榴石、单斜辉石和斜长石，其中石榴石以铁铝榴石为主，镁铝榴石和钙铝榴石次之，单斜辉石以透辉石为主，斜长石则以中长石、拉长石和培长石为主。

第二节 高压变质作用分期

依据高压变质岩中共生高压矿物形成世代，结合围岩及早前寒武纪变质基底区域变质作用期序划分等综合研究，本区及邻区高压变质作用可划分为4期：第一期高压变质岩经历了4期区域变质作用的改造，重点是岩石中可见2期麻粒岩相的变质矿物组合；第二期高压变质岩经历了3期区域变质作用的改造，重点是岩石中可见1期麻粒岩相的变质矿物组合；第三期高压变质岩经历了2期区域变质作用的改造，重点是岩石中可见1期高角闪岩相的变质矿物组合；第四期高压变质岩经历了1期区域变质作用的改造，重点是岩石中仅见1期低角闪岩相—绿帘角闪岩相的变质矿物组合（表4-1）。

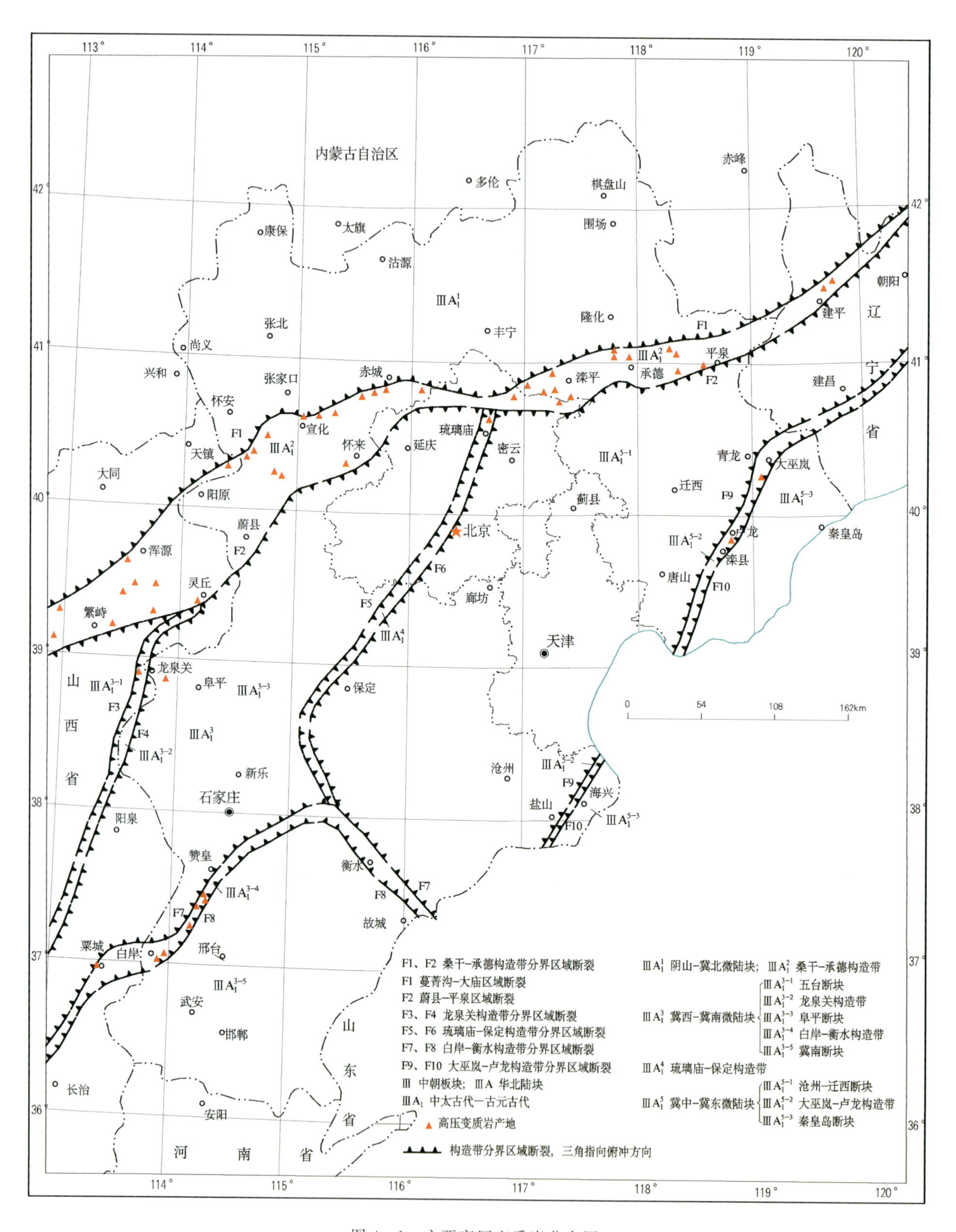

图 4-1 主要高压变质岩分布图

表 4-1 本区及邻区高压变质作用分期特征表

变质期	时限/Ma	代表性岩石	温压条件	产出位置
第四期	2034～1912	透辉斜长石榴角闪岩、石榴斜长透辉角闪岩、白云母蓝晶石榴二长片麻岩	700～900℃，1.0～1.4GPa	桑干-承德构造带
第三期	2484～2144	角闪斜长石榴透辉岩、石榴斜长角闪岩、石榴透辉角闪斜长片麻岩、含蓝晶石榴黑云十字斜长变粒岩、蓝晶石榴二长片麻岩、矽线磁铁石榴黑云石英岩	570～825℃，1.0～1.43GPa	桑干-承德、龙泉关、白岸-衡水、琉璃庙-保定、大巫岚-卢龙构造带
第二期	2600～2536	石榴角闪二辉斜长麻粒岩、石榴二辉斜长麻粒岩、石榴二辉角闪斜长变粒岩、紫苏磁铁石榴石英岩	650～944℃，1.0～1.68GPa	桑干-承德构造带
第一期	2698～2622	角闪石榴二辉斜长麻粒岩、含角闪石榴二辉斜长麻粒岩、石榴角闪紫苏斜长片麻岩	700～900℃，1.0～1.4GPa	桑干-承德构造带

1. 第一期高压变质作用

第一期高压变质岩仅见于桑干-承德构造带中，分布于怀安蔓菁沟、牛心川，宣化大东沟、张全庄北沟，滦平小白旗西，承德凤凰咀及邻区的山西天镇蔡家庄、辽宁建平等地。在蔓菁沟、牛心川、大东沟、张全庄北沟、蔡家庄以构造透镜体状产出为特征，其他地区以捕虏体和复合捕虏体状产出。以高压基性变质岩为主，部分为高压中酸性变质岩、高压富铝(泥质)变质岩，代表性岩石有角闪石榴二辉斜长麻粒岩、含角闪石榴二辉斜长麻粒岩、石榴角闪紫苏斜长片麻岩。

2. 第二期高压变质作用

第二期高压变质岩也仅见于桑干-承德构造带中，分布于怀安蔓菁沟，阳原赵家坪南，宣化西望山，涿鹿矾山镇北，赤城伙房村，滦平邓厂西沟、虎什哈南、小白旗西、付家店东西两侧、于营子南东、古城川东，承德单塔子，平泉上平房北及邻区的山西天镇蔡家庄、恒山地区与辽宁建平等地。在蔓菁沟、赵家坪南、西望山、伙房村、古城川东、蔡家庄以构造透镜体状产出为特征，其他地区以捕虏体和复合捕虏体状产出为特征。以高压基性变质岩为主，部分为高压铁硅质变质岩，部分为高压中酸性变质岩及退变榴辉岩。代表性岩石有石榴角闪二辉斜长麻粒岩、石榴二辉斜长麻粒岩、石榴二辉角闪斜长变粒岩、紫苏磁铁石榴石英岩。

3. 第三期高压变质作用

第三期高压变质岩分布广泛，在各构造带中均可见，产出状态以构造透镜体为主。在桑干-承德构造带中分布于怀安蔓菁沟，宣化西望山、李家堡北东，赤城艾家沟南、沃麻坑、赤城东，承德单塔子、承德北、五道河，平泉七沟南、南台北及邻区山西的界河口南东、岢岚南西、岢岚大营盘、五台—恒山和辽宁的建平、阜新旧庙西等地。在龙泉关构造带中分布于阜平大教厂及五台金刚库北等地。在白岸-衡水构造带中分布于邢台野河西、宋家庄南、郝庄南、北小庄、北君营南及山西中条山横岭关东北、粟城西等地。在琉璃庙-保定构造带中目前仅见于琉璃庙北东。在大巫岚-卢龙构造带中分布于青龙蔡峪、卢龙南及辽宁清河门西。岩类以高压基性变质岩、高压富铝(泥质)变质岩较多，高压中酸性变质岩和高压铁硅质变质岩偶见。代表性岩石有角闪斜长石榴透辉岩、石榴斜长角闪岩、石榴透辉角闪斜长片麻岩、含蓝晶石榴黑云十字斜长变粒岩、蓝晶石榴二长片麻岩、矽线磁铁石榴黑云石英岩。

4. 第四期高压变质作用

第四期高压变质岩仅见于桑干-承德构造带中，分布于赤城沃麻坑、平泉七沟南、平泉南台北及辽宁建平与北票小巴沟，以构造透镜体产出为主，可分为高压基性变质岩与高压富铝(泥质)变质岩两类。以高压变质矿物的后成合晶反应边不明显，后成合晶与外围矿物没有明显界线，或为同世代形成的矿物。以经历后期区域变质改造最少和变质程度相对最低为特征。代表性岩石有透辉斜长石榴角闪岩、石榴斜长透辉角闪岩、白云母蓝晶石榴二长片麻岩。

第二篇

区域地层

本区稳定地层出露面积约81 350km^2，包括中元古代—新近纪沉积及火山–沉积地层，共划分7个群级、84个组级填图单位和1个非正式填图单位。

第五章　中—新元古代地层

中—新元古代地层为华北克拉通变质基底之上的第一套稳定盖层，以未变质或轻变质的稳定型海相富镁碳酸盐岩为主，其次为碎屑岩和黏土岩，局部发育超钾质火山岩。根据沉积岩发育特征和沉积相特点划分为康保-赤峰地层分区（ⅢA$_2^1$）、燕辽地层分区（ⅢA$_2^3$）和晋中南-邢台地层分区（ⅢA$_2^4$）共3个地层分区，含11个地层小区，分别建立了各自的地层序列（表5-1，图5-1）。

表5-1　中—新元古代岩石地层序列表

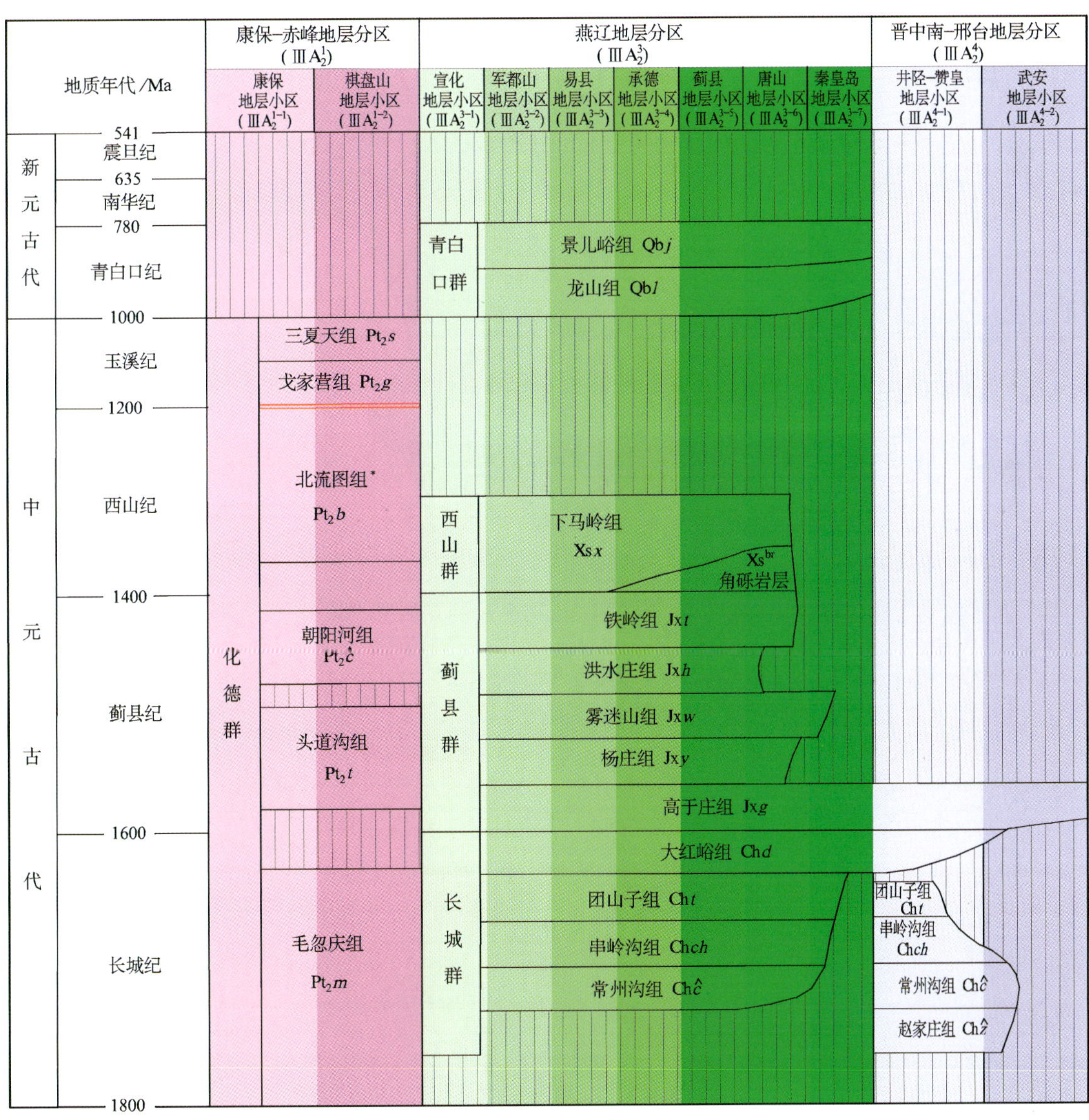

注：原都拉哈拉组归入化德群毛忽庆组；*表示在本区未出露。

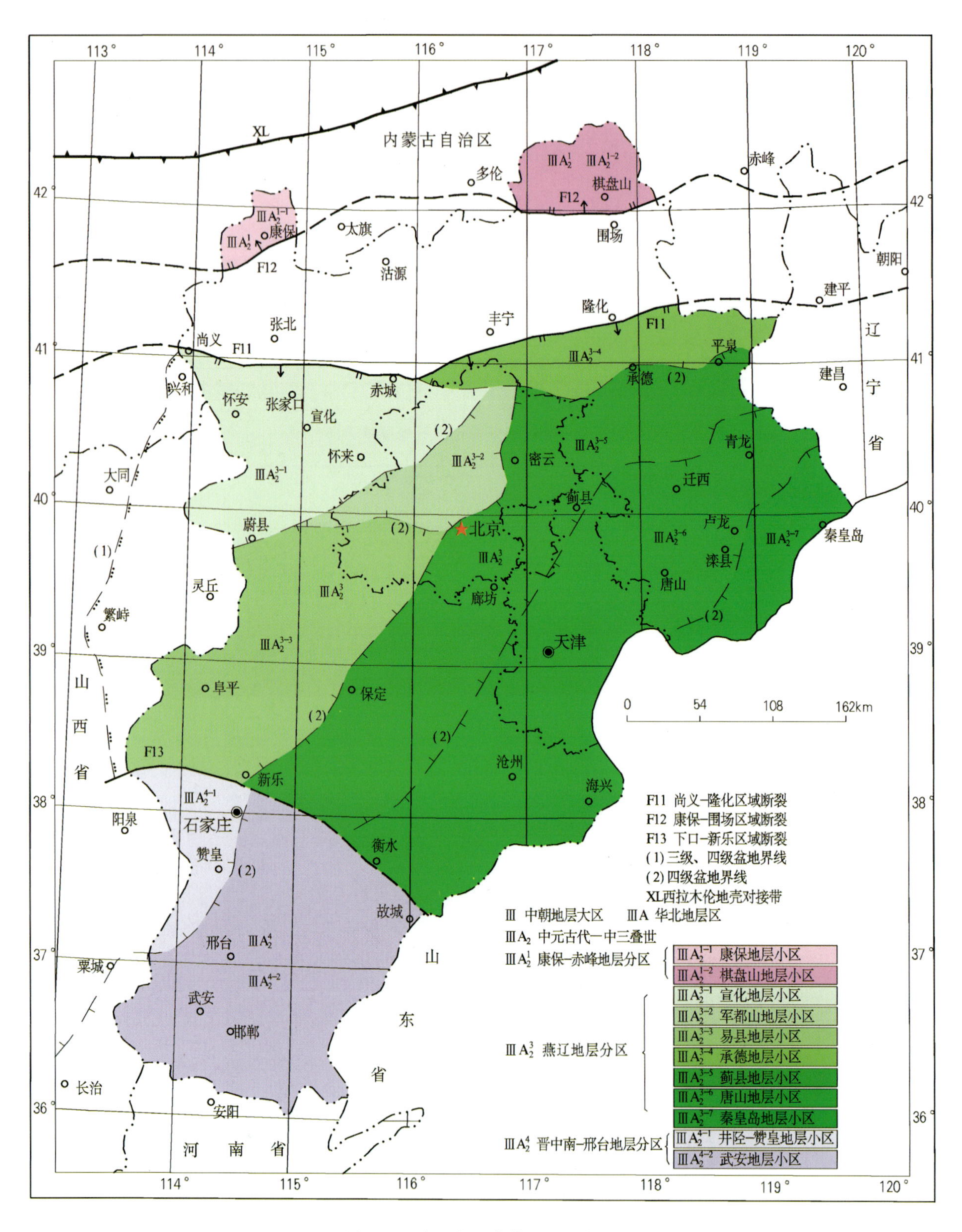

图 5－1 中—新元古代地层区划图

第一节 岩石地层

中—新元古代地层共划分了5个群级、19个组级和1个非正式填图单位，主要划分沿革见表5-2～表5-4。

表5-2 康保-赤峰地层分区中元古代化德群划分沿革表

1∶100万张家口幅(1959)	1∶20万康保-太仆寺旗幅(1979)	第一代地质志(1989)	1∶20万太仆寺旗-赤城幅修测(1990)	1∶5万屯垦测区(2001)	1∶5万康保测区(2001)	1∶25万张北幅(2004)	《中国区域地质志·河北志》(2017)	本书(2023)
前震旦系	元古界	元古界	中元古界化德群	古元古界化德群	古元古界化德群	古元古界	中元古界	中元古界
化德群	化德群上亚群 化德群下亚群	化德群				化德群	化德群	化德群
	第七岩组(三段、二段、一段) 第六岩组 第五岩组 第四岩组 第三岩组(三段、二段、一段) 第二岩组 第一岩组		白石村组(三段、二段、一段)	三夏天组 戈家营组	三夏天组 戈家营组(三段、二段、一段)	三夏天组 戈家营组(三段、二段、一段) 北流图组 朝阳河组 头道沟组 毛忽庆组	三夏天组 戈家营组(三段、二段、一段) 北流图组 朝阳河组 头道沟组 毛忽庆组	三夏天组 戈家营组(三段、二段、一段) 北流图组 朝阳河组 头道沟组 毛忽庆组

表5-3 晋中南-邢台地层分区中元古代地层主要划分沿革表

李四光(1931)	王曰伦(1963)	全国地层委员会(1964)	华北地层表(1979)	第一代地质志(1989)	《河北省岩石地层》(1996)	《中国区域地质志·河北志》(2017)	本书(2023)
寒武系	寒武系	寒武系	寒武系	寒武系	寒武系	寒武系	寒武系
震旦系：获鹿灰岩、石英岩层	始寒武系：头泉组、测鱼组	震旦系：含燧石结核灰岩、含赤铁矿石英砂岩	震旦亚界：蓟县群(高于庄组、大红峪组)；长城群(串岭沟组+常州沟组)	中元古界：高于庄组；长城系(团山子组、串岭沟组、常州沟组)	新元古界；中元古界：长城系(高于庄组、团山子组、串岭沟组、常州沟组、赵家庄组)	新元古界；中元古界：蓟县系(高于庄组)；长城系(大红峪组、团山子组、串岭沟组、常州沟组、赵家庄组)	新元古界；古元古界：蓟县系(高于庄组)；长城系(大红峪组、团山子组、串岭沟组、常州沟组、赵家庄组)
前震旦系：变质岩系	元古界：震旦系	滹沱系	下元古界：甘陶河群	东焦群；下元古界：甘陶河群	下元古界：滹沱群	中元古界：官都群与甘陶河群	中元古界：官都群与甘陶河群

表 5-4　燕辽地层分区中—新元古代地层主要划分沿革表

高振西等(1934)	天津综合队(1962)	河北区域地质调查所(1:20万图幅) 兴隆-宝坻幅	宣化幅	其他幅	天津地质矿产研究所(1979) 界/系	天津地质矿产研究所(1979) 组	第一代地质志(1989) 界/系	第一代地质志(1989) 组/段	《河北省岩石地层》(1996) 界/系	《河北省岩石地层》(1996) 组	《中国区域地质志·河北志》(2017) 界/系	《中国区域地质志·河北志》(2017) 组/段	本书(2023) 界/系	本书(2023) 组/段
		下寒武统府君山组	下寒武统府君山组	下寒武统府君山组	下寒武统府君山组	下寒武统府君山组	下寒武统府君山组	下寒武统府君山组	下寒武统昌平组	下寒武统昌平组	中寒武统昌平组	中寒武统昌平组		
景儿峪灰岩		景儿峪组	景儿峪组	景儿峪组	新元古界 青白口系	景儿峪组：桃园亚组 长龙山亚组	新元古界 青白口系	景儿峪组 长龙山组	新元古界 青白口系	景儿峪组 龙山组	新元古界 青白口系	景儿峪组 龙山组 二至一段	新元古界 青白口系	景儿峪组 龙山组 二至一段
下马岭页岩	下马岭组	下马岭组	下马岭组	下马岭组		下马岭组		下马岭组 四至一段		下马岭组	中元古界 待建系	（斜线区） 下马岭组 四至一段 角砾岩层	中元古界 玉溪系 西山系	（斜线区） 下马岭组 四至一段 角砾岩层
铁岭灰岩	铁岭组：铁岭层 黑老山层	铁岭组	铁岭组	铁岭组	中元古界 蓟县系	铁岭组：老虎顶亚组 代庄子亚组	中元古界 蓟县系	铁岭组 二至一段	中元古界 蓟县系	铁岭组	蓟县系	铁岭组 二至一段	蓟县系	铁岭组 二段 一段
洪水庄页岩	洪水庄组	洪水庄组	洪水庄组	洪水庄组		洪水庄组		洪水庄组 二至一段		洪水庄组		洪水庄组		洪水庄组
雾迷山灰岩	雾迷山组：闪坡岭层 二十里铺层 罗庄层	雾迷山组 四段 三段 二段 一段	雾迷山组 四段 三段 二段 一段	雾迷山组		雾迷山组：闪坡岭亚组 二十里铺亚组 磨盘峪亚组 罗庄子亚组		雾迷山组 四段 三段 二段 一段		雾迷山组		雾迷山组 四段 三段 二段 一段		雾迷山组 四段 三段 二段 一段
杨庄页岩	杨庄组	杨庄组 二至一段	（斜线区）	杨庄组		杨庄组		杨庄组 二至一段		杨庄组		杨庄组 二至一段		杨庄组 二至一段
高于庄灰岩	高于庄组：环秀寺层 霸王寨层 大红峪层 官地层	高于庄组 四段 三段 二段 一段	高于庄组 二至一段	高于庄组 四段 三段 二段 一段	南口系	高于庄组：环秀寺亚组 张家峪亚组 桑树鞍亚组 官地亚组	长城系	高于庄组 四段 三段 二段 一段	长城系	高于庄组		高于庄组 四段 三段 二段 一段		高于庄组 四段 三段 二段 一段
大红峪石英岩	大红峪组	大红峪组	大红峪组	大红峪组		大红峪组		大红峪组 二段 一段		大红峪组	长城系	大红峪组 二段 一段	长城系	大红峪组 二段 一段
串岭沟页岩	串岭沟组：下营页岩 西岭灰岩	团山子组	团山子组	团山子组	长城系	团山子组		团山子组 二段 一段		团山子组		团山子组		团山子组
	白滩页岩	串岭沟组	串岭沟组	串岭沟组		串岭沟组		串岭沟组 三至一段		串岭沟组		串岭沟组 三至一段		串岭沟组 三至一段
长城石英岩	长城组	常州沟组 二至一段	常州沟组	常州沟组		常州沟组		常州沟组 三至一段		常州沟组		常州沟组 三至一段		常州沟组 三至一段

一、康保-赤峰地层分区（ⅢA$_2^1$）

本分区出露的中元古代地层为化德群，自下而上厘定为毛忽庆组、头道沟组、朝阳河组、北流图组、戈家营组、三夏天组共6个组级地层单位，分布面积约320km^2，其中北流图组在本区未出露。

1. 毛忽庆组（Pt$_2$*m*）

该组在本区仅出露于康保孙家梁附近及围场老窝铺西附近。

【现实定义】在康保孙家梁附近下部地层以（残余砂砾）二云长石石英岩为主夹绢云石英片岩及少量变质中细粒长石石英砂岩；上部以碳质板岩、二云变质石英砂岩、变质细砂岩为主，夹少量含石榴二云石英片岩、碳质粉砂质板岩。出露厚度不足500m。以内蒙古商都县毛忽庆村一带最为典型。与上覆头道沟组平行不整合接触。在围场老窝铺西附近为变质砾岩、变质石英砂岩、变质长石石英砂岩夹结晶灰岩。被晚泥盆世变质奥长花岗岩侵入，其上被张家口组覆盖。

2. 头道沟组（Pt$_2$*t*）

该组在区内仅见于康保孙家梁附近，以内蒙古化德县大恒成沟村最具代表性。

【现实定义】岩性主要为一套碎屑岩-碳酸盐岩建造。下部以变质含砾长石石英砂岩、变质石英砂岩及石英岩为主，夹板状千枚岩；中部为板状（碳质）千枚岩、千枚状（碳质）板岩夹变质中细粒石英砂岩、变质结晶灰岩及含砂大理岩；上部为含石英透闪透辉大理岩、含砂大理岩夹板状千枚岩、变质石英细砂岩。区域上与下伏毛忽庆组呈平行不整合接触。

3. 朝阳河组（Pt$_2\hat{c}$）

该组出露于康保朝阳河、张述营等地。

【现实定义】主要为一套泥质碎屑岩组合，纵向上岩性较单调，空间上相变不明显。岩石类型以含石榴黑云石英片岩为主，夹（碳质）绢云千枚岩、碳质硅板岩及少量石英岩，顶部出现二云石英岩及石英片岩。

4. 戈家营组（Pt$_2$*g*）

该组下部分布于康保县张油坊、白石头洼及戈家营一带，组成向斜的两翼，以康保县戈家营一带最具代表性；中部分布于康保县赵家营子及佟家营子一带，以康保县小四段一带最具代表性；上部分布于康保县小四段一带，在纤围子向斜南、北两翼的蒙古营子和白围子亦有少量出露，以康保县剃头庄最具代表性。

【现实定义】主要为一套变质钙硅酸岩、变质碳酸盐岩、变质泥质岩及变质碎屑岩组合。该组是区内化德群厚度最大的地层单位。下部岩性组合为二云石英片岩、方解（石英）透辉透闪岩、方柱透辉岩、透辉石英大理岩及石英岩等；中部为一套变质碳酸盐岩夹少量钙硅酸岩组合，岩石类型主要有含（透闪）透辉大理岩、含堇青方柱透辉大理岩、条带状堇青透辉方柱石岩、含堇青钾长方柱透辉岩；上部为含堇青方柱透辉岩、方柱方解透辉岩、石英方柱透辉岩、含透辉大理岩及石英岩等。由于第四系覆盖，未见该组与下伏北流图组直接接触，但二者分别出露于断裂两侧，推测为断层接触。

该组在普遍遭受区域浅变质作用的基础上，又叠加了热接触变质作用的改造，变形作用亦非常明显，可见两期叠加变形。

5. 三夏天组（Pt$_2$*s*）

该组是区内化德群中出露面积最大最新的层位，宏观上呈北东向展布，受褶皱构造控制明显，大致可分为 2 个带：南带分布于纤围子—二十三顷—脑包图一带；北带见于三夏天—郭家围—芦家营一带，在五福堂、永胜村亦有少量出露。以康保县三夏天—卧龙兔山一带最具代表性。

【现实定义】主要为一套以石英岩、长石石英岩、片岩不等厚互层为主，夹有浅粒岩和变粒岩的岩石组合。与下伏戈家营组沉积建造差别较大，推测应为平行不整合接触。

区域上产状稳定，沉积构造发育。地层受后期岩体侵入影响较小，基本保留了原岩的面貌。

二、燕辽地层分区（ⅢA_2^3）与晋中南-邢台地层分区（ⅢA_2^4）

燕辽地层分区和晋中南-邢台地层分区是我国中—新元古代地层发育的典型地区。其中，燕辽地层分区地层出露全、厚度大，包括了长城群、蓟县群、西山群和青白口群，蓟县地区还是我国中—新元古界标准地层剖面的所在地。晋中南-邢台地层分区地层发育不完整，仅出露长城群。

长城群主要出露于尚义—赤城—隆化以南的燕山南麓、太行山东麓。地层厚度变化很大，蓟县剖面厚 2656m，宽城崖门子剖面厚 2638m。太行山中南段逐渐变薄到千余米至数十米。长城群自下而上由富铁碎屑岩过渡到富镁碳酸盐岩建造。所含矿产也很丰富：金属矿产有赤铁矿，非金属矿产有硅石、富钾岩石、熔剂灰岩和白云岩等。

蓟县群主要发育在燕山地区和太行山北段，太行山南端大部分缺失。沉积中心在蓟县、兴隆一带，蓟县剖面厚 6103m，崖门子剖面厚 3382m。岩石类型以富镁碳酸盐岩为主，发育叠层石。主要矿产有铁、锰硼、硫铁、铅锌、石膏、熔剂白云岩和灰岩，并且是古潜山油气藏的赋存场所。

西山群为新建群，广泛分布于燕山地区和太行山北段，时代原属新元古代青白口纪。根据最新测年资料将其厘定中元古代西山纪。主要岩石组合为杂色页岩和粉砂岩。主要矿产有硫铁矿和赤（褐）铁矿。在其底部发育一定规模的角砾岩层。

青白口群分布于燕山地区和太行山中北段，地层厚度变化较大。主要由砂岩、页岩、砾岩组成。主要矿产有玻璃原料砂岩及灰岩等。

本区中—新元古界自下而上细分为 14 个地层单位（含 1 个非正式填图单位），其特征如下。

1. 赵家庄组（$Ch\hat{z}$）

该组仅见于太行山南段，分布在赞皇赵家庄、郭万井，井陉测鱼、西尖山、南王庄、杨庄等地，以赞皇县赵家庄一带最具代表性。

【现实定义】主要岩石类型为紫红色页（泥）岩夹白云岩，局部含有赤铁矿层和铁锰层，一般规模不大。其上与常州沟组呈平行不整合接触，其下与早前寒武纪变质基底呈角度不整合接触。整体厚度变化大且变化快。

【区域变化】赵家庄组厚度极其不稳定，常于近距离尖灭。在赞皇赵家庄附近厚度为 66～76m，郭万井剖面仅厚 9m。岩性岩相变化不大，只有其中的含叠层石白云岩夹层和底部砾岩层横向分布上变化较大。白云岩可由 4 层变为 1 层，甚至完全尖灭。角砾岩层可随古地形的陡缓而变化，古地形较陡时，角砾岩的砾径和厚度较大，如赵家庄西南朗寨山北坡厚达 8m，西坡仅厚 1～3m。

2. 常州沟组（$Ch\hat{c}$）

该组广泛分布于燕山和太行山地区，特别是山麓地带，以宽城县崖门子最具代表性。

【现实定义】岩石类型下部为砾岩、含砾粗砂岩、长石石英砂岩、石英砂岩；上部为石英岩状砂岩夹粉砂质页岩。地貌陡峻，多呈崖壁产出。与下伏早前寒武纪变质基底呈不整合接触，在太行山南段与下伏赵家庄组呈平行不整合接触，与上覆串岭沟组为连续沉积。

【区域变化】该组地层厚度变化较大，以蓟县小区较厚，最大厚度为 1490m。向东、西方向逐渐变薄，至平泉小金杖子厚度为1286m，双洞子厚度为300m。向西至兴隆大见草沟厚度为1065m，蓟县厚度为859m。发育大型槽状层理和楔状交错层理。在宽城北大岭发现厚度约30cm的紫红色流纹岩夹层。部分地段底部砾岩中有金矿化，但品位低。

承德小区厚38～128m。底部为灰白色砾岩；下部为灰白色、灰黑色中细粒石英砂岩夹灰黑色薄层粉砂质页岩，局部夹石英岩状砂岩，发育楔状、透镜状层理；上部为棕色、乳白色石英岩状砂岩夹黑色页岩，发育槽状交错层理。

唐山小区厚556～454m。分布在迁安杏山、迁西一带。下部为紫红色砾岩，厚度由东向西变薄；中部为紫红色和灰白色长石石英砂岩及石英岩状砂岩夹粉砂岩，具斜交层理和帚状交错层理，层面可见波痕和冲刷槽；上部为黄色含铁含云母细粒石英砂岩，具大型板状交错层理和槽状层理。

军都山小区十三陵剖面厚157m。下部为灰白色厚层不等粒砂岩与粉砂岩，底部含少量砾石，具波痕和交错层理；中部为灰黑色条带状泥质粉砂岩和页岩，层面具干裂纹；上部为灰白色厚层石英岩状砂岩。

宣化小区庞家堡剖面厚173.7m，骆驼山剖面厚73m。下部为灰白色砂岩与灰黑色粉砂岩、页岩互层，底部有薄层含砾粗粒石英砂岩，顶部为粉砂质页岩夹铁质细砂岩及赤铁矿透镜体，层面有干裂和流水冲槽膜；上部为白色、灰白色石英岩状砂岩夹黑色碳质页岩、紫红色含铁细砂岩和粉砂岩，发育楔状、"人"字形（双向）交错层理及波痕。

井陉-赞皇小区厚11～856m，以郭万井和王家洞最厚，向南向北逐渐减薄。下部为浅红色石英岩状砂岩、浅红色薄层粗砂岩夹紫红色页岩，下部靠近顶部为浅紫色石英岩状砂岩，有波痕；中部以粉红色、紫色中层夹薄层粗粒长石石英砂岩、长石砂岩为主，胶结物为粉砂质、泥质，含一定量的铁质，斜层理和波痕发育；上部以白色或微红色中厚层中细粒石英岩状砂岩为主，夹海绿石石英砂岩、海绿石砂岩、铁质石英砂岩、石英岩状砂岩。

武安小区厚312～431m。下部主要为紫红色、棕红色中细粒中厚层石英岩状砂岩、石英砂岩，波痕、交错层理发育；中部主要为灰白色和粉红色中厚层中细粒石英砂岩、长石石英砂岩，含砾长石石英砂岩，薄层状紫色砂质页岩；上部底部为粉白色石英细砾岩，下部为紫红色、肉红色、粉色中厚层中粒长石石英砂岩、石英岩状砂岩，夹少量砾岩、粉砂岩、粉砂质页岩，斜层理发育，中部为紫红色中厚层铁质石英岩状砂岩、铁质砂岩、海绿石石英砂岩，上部为粉白色、粉红色中厚层细粒长石石英砂岩。

3. 串岭沟组（Ch*ch*）

该组主要分布在燕山地区和太行山郭万井至东坛山一带，以宽城县崖门子最具代表性。

【现实定义】下部为粉砂岩、粉砂质泥岩和石英岩状砂岩；中部为含铁石英岩状砂岩、碳质页岩；上部为碳质页岩、粉砂岩、长石石英砂岩夹泥晶白云岩。地球化学特点是钠、钾、铁含量较高，底部常形成宣龙式铁矿。微古植物丰富。地貌多形成沟谷或低缓丘陵。与下伏常州沟组整合接触。

【区域变化】承德小区厚9～127m，东厚西薄，相变明显。隆化王家台到章吉营子3km范围内，由砂岩渐变为页岩，含铁石英砂岩渐变为鲕状赤铁矿。该组下部为灰色、黄绿色粉砂质页岩夹紫红色透镜状含铁白云岩，具透镜状、波纹状层理；中部为灰白色、紫红色中厚层石英岩状砂岩夹薄层页岩；上部为灰白色厚层石英岩状砂岩夹灰黑色页岩，发育帚状交错层理。在隆化章吉营子和承德大石庙、滦平大兴沟中部紫红色石英岩状砂岩之上为鲕状赤铁矿，厚0.5～0.9m。

蓟县小区厚120～889m。可以分为3段：一段为黄褐色、粉红色粉砂质黏土岩夹黄绿色粉砂岩和细砂岩，兴隆至宽城底部为含铁石英砂岩；黏土岩含少量高岭石和绿泥石，具水平层理和微波状层理，泥裂、波痕、雨痕较发育。二段以黑色、深灰色页片状或纸片状粉砂质页岩为主，局部夹薄层粉砂质条带和碳质白云岩。三段由黑色含粉砂页岩、灰白色薄层粉砂岩组成，顶部夹2～3层浅色微晶白云岩和碳质白云岩，由兴隆向东白云岩夹层增多，厚度变薄，并含有大量内碎屑，具波状、水平层理，层面有泥裂、水下滑动及荷重卷曲构造。

唐山小区厚 15～97m，以黑色、黑灰色、灰绿色页岩夹黄绿色粉砂岩为主。页岩由东向西相变明显，在迁西一带以粉砂岩夹石英细砂岩为主，由西向东变薄，至红石砬、老爷门尖灭。透镜状层理发育，还见有纹层状、波状水平层理，层面有泥裂、波痕及荷重卷曲构造。

军都山小区十三陵剖面厚 49m。下部为灰黑色粉砂岩与粉砂质页岩互层，夹黑色碳质页岩，底部具菱铁矿结核和薄层含铁粉砂岩，具水平层理或微波状层理；上部为黑色碳质页岩、粉砂质水云母页岩，深灰色巨厚层含粉晶泥晶白云岩，含黄铁矿及铁白云石。

宣化小区厚 6～86m。可以分为两段：一段由矿下砂页岩、铁矿层和矿上砂页岩组成韵律，具波状层理，层面有干裂、波痕、冲刷槽等；赤铁矿共 3 层，分别厚 0.5m、2m、1m，矿石为鲕状、豆状、肾状。二段下部为黑色叶片状粉砂质页岩夹薄层细砂岩；中部为含铁石英细砂岩及长石粉砂岩，含铁质结核；上部为灰绿色富钾页岩；顶部夹叠层石白云岩透镜体。庞家堡中型宣龙式海相沉积型铁矿床位于其中。

井陉-赞皇小区厚 133～192m。可以划分为两段：一段为灰绿色、灰黑色、紫红色页岩，粉砂质页岩，下部夹灰色、灰白色薄板状细粒石英岩状砂岩；中部和上部具不稳定的中厚层泥质白云岩，白云岩中富含叠层石。二段下部为灰绿色页岩，夹灰色石英岩状砂岩；上部逐渐变为灰色、灰白色薄层石英岩状砂岩夹绿色页岩，砂岩多含海绿石，页岩富钾。

4. 团山子组(Ch*t*)

该组分布于燕山地区和太行山北部，太行山南部仅见于赞皇郭万井—东台山一带，以宽城县崖门子一带最具代表性。

【现实定义】岩性以含铁白云岩、粉砂质微晶白云岩为主，其次为砂岩和粉砂质页岩。地层稳定，富含叠层石及藻类化石，碳酸盐岩中钾含量是高于庄组、雾迷山组、铁岭组同类岩石的 4～5 倍。厚 50～620m。与下伏串岭沟组为整合接触。

【区域变化】承德小区仅厚 3～5m。主要岩性为紫红色含泥铁质白云岩，夹薄层硅质岩。厚度不稳定，常呈透镜状产出。

蓟县小区厚 210～518m。下部为灰黑—灰紫色中薄层泥晶白云岩、砾屑白云岩、泥质白云岩、白云质泥页岩；中部为灰色厚层—块状叠层石白云岩、藻席白云岩、燧石团块泥晶白云岩、中厚层泥晶白云岩、泥质白云岩；上部为灰白色中厚层石英砂岩，灰色、黄褐色中厚层藻席白云岩，含石英砂泥晶白云岩、白云质页岩；顶部为紫红色泥晶白云岩，紫红色含砂泥质白云岩、白云质泥质粉砂岩、泥岩，层面发育波痕、泥裂、石盐假晶，层内发育小型交错层理等沉积构造。

唐山小区厚 20～67m。下部由紫红色厚层长石石英砂岩及角砾状白云岩、藻叠层石白云岩组成；上部为灰色、灰白色燧石条带叠层石白云岩和绿色页岩。

军都山小区厚 57m(北京十三陵剖面)。底部为灰紫色粉砂质白云岩夹页岩；下部为紫色厚层条带状含粉砂的泥质白云岩及灰绿色泥晶白云岩，白云岩中含铁质白云石，见微斜层理、水下滑动构造；上部为硅质泥晶白云岩和泥质白云岩，可见白云岩的砾屑，缓倾斜交错层理。

宣化小区厚 49～168m。可分为两段：一段为紫红色含铁白云岩及含泥砂质白云岩。下部为含铁白云岩与隐晶白云岩互层，含星散状、结核状黄铁矿和菱铁矿，馒头山一带夹透镜状或条带状、鲕状磁铁矿；上部为隐晶白云岩和叠层石白云岩；顶部为紫红色含铁泥质白云岩。在宣化东坪、庞家堡南山、阳原等地一段顶部夹一层凝灰岩或凝灰质砂岩，厚 30～50cm。二段以黑色燧石条带白云岩为主。下部为泥砂质白云岩和燧石条带白云岩互层，其中可见石盐假晶；上部为含燧石条带白云岩夹硅质白云岩及角砾状白云岩；顶部为泥砂质白云岩及白云质砂岩。

井陉-赞皇小区厚 34～221m，与串岭沟组呈平行不整合接触。可分为两段：一段为白色中厚层石英岩状砂岩，有时因含铁质略显红色，顶部夹一层紫红色页岩。二段以硅质白云岩、含燧石结核或条带白

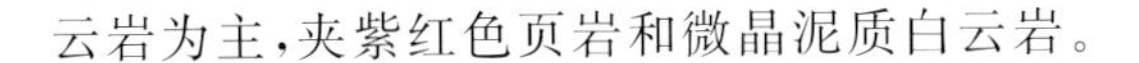

云岩为主，夹紫红色页岩和微晶泥质白云岩。

5. 大红峪组(Ch*d*)

该组主要分布于燕山地区，其次是太行山南段，以宽城县崖门子最具代表性。

【现实定义】岩石类型下部为灰白色石英岩状砂岩和长石石英砂岩夹翠绿色富钾页岩；中部为富钾粗面岩-粗玄岩和火山碎屑岩；上部为含燧石白云岩。与下伏团山子组整合接触，局部为平行不整合接触(1∶25万青龙县幅)，在迁安、唐山、开平、滦县，以及怀安龙泉寺、阳原三义庄一带直接超覆于太古宙变质岩之上。

【区域变化】该组主要特点是厚度和岩性变化较大，沉积中心位于蓟县、宽城一带，向周围沉积厚度变薄，碎屑岩增加，碳酸盐岩减少。

承德小区厚8～50m。主要岩性为灰白色、粉红色、灰色厚层中粒石英砂岩，具斜层理。

蓟县小区厚120～480m。可分为3段：一段为石英岩状砂岩和长石石英砂岩夹硅质和钙质页岩、翠绿色富钾页岩。二段下部为白色巨厚层石英岩状砂岩、长石石英砂岩；上部为富钾火山岩，其中石英岩状砂岩岩石成熟度高，胶结物为硅质和铁质，发育双向态加积层理，层理面一般较平直，局部出现荷重卷曲构造。三段为含燧石的泥晶、细晶白云岩和硅质条带白云岩夹燧石层及多层火山岩。火山岩主要分布于平谷—蓟县—滦县一带，其中以平谷北山厚度最大，火山活动最为强烈，向东明显减弱，岩性为粗玄岩、富钾粗面岩及相应的火山碎屑岩，呈透镜状分布于大红峪组中上部。在兴隆石庙子和平泉小金杖子下部有砂砾岩，上部硅质层较多。

唐山小区厚232～362m，东薄西厚。可分为3段：一段由灰白色砾岩、紫红色长石砂岩和钙质砂岩组成，砾岩主要分布在青龙山和桃园一带，砾石成分为石英岩、磁铁石英岩，以及少量火山岩和变质岩，磨圆中等、分选差，泥质、铁质孔隙式胶结。二段为紫红色长石石英砂岩、粉砂岩、石英岩状砂岩，以长石石英砂岩和石英岩状砂岩及少量粉砂岩组成多韵律结构，大型槽状交错层理、双向态的“人”字形层理发育，层面平直。三段为灰白色、黄褐色蜂窝状长石石英砂岩，灰色薄层藻叠层白云岩。

军都山小区厚30～133m。主要由石英砂岩和泥晶白云岩组成，局部夹绿色富钾页岩。泥晶白云岩中常含有内碎屑和燧石条带，同时含有砂泥质，由下向上逐渐减少。石英砂岩和泥晶白云岩组成明显的韵律，韵律层厚几米至几厘米，具有波状和纹层状层理。区域变化较大，南口以北泥质增多，以南砂质增加，且含铁质斑点和海绿石。

宣化小区厚60～112m。可分为2段：一段下部为含硅质条带的中细粒石英砂岩，具大型槽状交错层理，底部有含砾砂岩；上部为含燧石及玛瑙的石英砂岩夹翠绿色叶片状含钾页岩。二段下部为条带状石英砂岩、长石石英砂岩；上部为中粗粒石英砂岩夹钙质砂岩及含铁细砂岩；顶部为紫红色白云质粉砂岩及粉砂质页岩。庞家堡以东白云岩增多。

井陉-赞皇小区该组出露零星。下部为肉红色中薄层中细粒石英砂岩；中部以紫色、灰绿色含海绿石细砂岩为主；上部为灰白色中厚层石英岩状砂岩。超覆于串岭沟组或甘陶河群、官都群之上。厚68～93m。

【矿产资源】大红峪组的主要矿产有石英岩状砂岩和含钾砂页岩，其次为火山岩中的铜矿化。

6. 高于庄组(Jx*g*)

该组广泛分布于尚义-隆化区域断裂以南燕山和太行山地区，为中元古代最大的一次海侵产物，以宽城县崖门子最具代表性。

【现实定义】该组是一套以白云岩占绝对优势(95%以上)的地层。区域上划分为4段：一段为中厚层白云岩、叠层石白云岩，底部为厚层长石石英砂岩。二段为深灰色厚层含锰白云岩夹含锰粉砂岩。三段以灰黑色内碎屑白云岩为主。四段为深灰色厚层白云岩、泥质白云岩。平行不整合于下伏大红峪组之上，局部为整合接触，在燕山西段及太行山地区，可见其直接超覆于团山子组或更老的地层之上。

【区域变化】蓟县小区沉积最为稳定。一般可分为4段：一段底部为灰白色厚层、中厚层中细粒石英砂岩；下部为灰色厚层含叠层石泥晶白云岩、含燧石团块泥晶白云岩、藻席白云岩；中部为白云质砂岩、白云质粉砂岩、泥质白云岩；上部为燧石团块叠层石白云岩、藻席白云岩、燧石条带泥晶白云岩、硅结壳，层面上发育干裂、波痕等构造。叠层石类型以块状、丘状、柱状为主，其次为波状、水平状藻席。二段为棕色、棕褐色薄层含锰砂质泥晶白云岩，含锰页岩，棕褐色中厚层含锰泥晶白云岩、含锰白云质页岩，上部夹叠层石白云岩，发育波痕。三段为灰色中薄层泥晶灰岩、灰黑色白云质灰岩、钙质白云岩夹灰黑色页岩，下部普遍夹少量瘤状灰岩，中上部夹灰色厚层至中厚层泥晶白云岩，层内水平层理和显微粒序层理发育，含球粒、鲕粒、砾屑和硅质结核。四段为灰色、深灰色中厚—厚层沥青质含钙质白云岩，灰色中厚层砾屑白云岩，灰白色厚层—块状燧石结核或条带白云岩，灰色中—厚层藻席白云岩，灰色、灰白色薄层硅质岩，灰色块层白云质角砾岩，以及叠层石白云岩、灰色薄层白云质泥岩等。

承德小区未见三段上部以上地层，底部与大红峪组具有沉积间断面。一段为灰白色厚层状微晶硅质白云岩，含少量燧石结核和不规则燧石条带。二段为灰色、灰褐色含锰白云岩、含锰页岩及深灰色厚层白云质灰岩。三段为浅灰色厚层状细晶白云岩，含有不规则状的硅质条带，水平层理或微波状层理发育。

唐山小区该组可分为4段：一段为灰色、粉红色含砂泥晶白云岩，夹页岩，迁西底部有1.5m厚的紫红色石英砂岩，滦县底部为0.5m厚的含藻含砂白云岩，具波状和小型交错层理。二段下部为褐色含锰白云岩夹砂质白云岩、粉砂质页岩，迁西至迁安一带含锰较高，局部形成锰矿层。三段以灰色、灰白色薄层板状及厚层状硅质粉细晶白云岩为主，局部夹钙质页岩，顶部出现含钙镁结核的白云质灰岩，具水平层理和缝合线。四段为灰色、深灰色细晶、粉晶白云岩，燧石条带白云岩和沥青质白云岩，夹硅质岩或燧石岩。

军都山小区厚966～1070m。可分为4段：一段为灰色、灰白色砂质白云岩，燧石条带泥晶白云岩及中厚层微晶白云岩。二段为灰色燧石条带白云岩、灰褐色含锰白云岩及页岩、巨厚层泥晶白云岩，页岩中具石盐假晶。三段为灰白色薄层泥质白云岩、内碎屑钙质白云岩、白云质灰岩夹绿色粉砂质白云岩及页岩，页岩中有菱铁矿透镜体和钙质结核。四段为深灰色含砂泥白云岩，燧石条带白云岩，纹层状沥青质钙质白云岩。

宣化小区厚86～1018m，在阳原一带不整合于团山子组之上。可分为4段：一段下部为灰绿色、灰白色石英砂岩、细砂岩、粉砂岩、页岩、泥质白云岩互层；上部为隐晶质白云岩、叠层石白云岩、燧石条带白云岩，顶部有鲕状白云岩。二段为褐色内碎屑泥质白云岩，及燧石结核白云岩、厚层泥晶白云岩，底部为含铁粉砂岩，与一段有明显间断。三段由板状、厚层状含钙质白云岩和硅质白云岩组成。四段为红色、粉红色微晶白云岩和燧石条带白云岩、燧石结核白云岩。

易县小区厚757～845m，缺失常州沟组至大红峪组，直接超覆于新太古代变质岩之上。可分为4段：一段为灰色、灰白色含燧石结核的粉晶白云岩，上部含粉屑，底部为砂砾岩、石英砂岩，局部夹暗紫红色页岩、泥灰岩、薄层白云岩，富含叠层石。二段为灰色至浅灰色薄至中厚层含锰粉晶白云岩，局部富含石英粉屑或夹碳质页岩，含叠层石。三段为灰白色巨厚层粉晶白云岩、燧石条带与燧石结核粉晶白云岩，上部含叠层石和核形石。四段为灰色、灰白色硅质粉晶白云岩，具各种形态的燧石，夹少量纹层状、藻凝状粉晶白云岩，底部为不稳定的粉红色泥质粉晶白云岩。

井陉-赞皇小区厚19～367m，超覆于常州沟组三段或甘陶河群之上。可分为4段：一段以紫色、红色、青灰色、灰色燧石条带白云岩为主，下部为紫红色钙质页岩和粉砂质页岩。二段上部为板状页岩、含锰白云岩；中部为板状白云岩；下部为灰色页岩。三段为灰色、灰白色巨厚层燧石条带白云岩。四段为灰色、灰白色厚层燧石条带或结核白云岩，微细纹层发育。

【矿产资源】该组在蓟县、兴隆一带二段中上部黑色页岩层数增多、厚度增大，普遍含有黄铁矿和菱

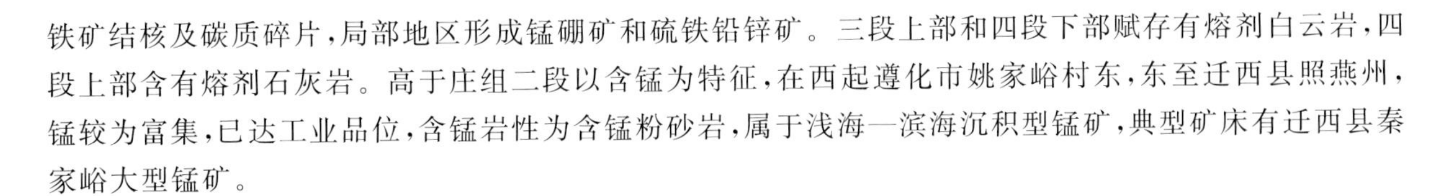

铁矿结核及碳质碎片，局部地区形成锰硼矿和硫铁铅锌矿。三段上部和四段下部赋存有熔剂白云岩，四段上部含有熔剂石灰岩。高于庄组二段以含锰为特征，在西起遵化市姚家峪村东，东至迁西县照燕州，锰较为富集，已达工业品位，含锰岩性为含锰粉砂岩，属于浅海—滨海沉积型锰矿，典型矿床有迁西县秦家峪大型锰矿。

7. 杨庄组(Jx*y*)

该组主要分布于冀东地区，但在承德县等地不发育，以宽城县崖门子最具代表性，

【现实定义】岩性主要为一套红色碳酸盐岩沉积，由紫红色、灰白色含粉砂或砂的泥质白云岩及深色沥青质结晶白云岩组成的岩性组合。与下伏高于庄组呈平行不整合接触，局部呈整合接触。岩石中含砂泥及石膏、石盐假晶，为潟湖相蒸发盐建造。

【区域变化】蓟县小区厚160～858m，与下伏高于庄组呈平行不整合接触，主要为一套碳酸盐岩沉积。可分为2段：一段为紫红色薄层页片状白云质页岩与紫红色中厚层泥晶白云岩互层，夹灰色中厚层燧石结核细晶白云岩、白云质角砾岩、紫红色中厚层含粉砂泥质白云岩，顶部具硅结壳及石英砂岩透镜体。二段以灰色块状紊乱锥叠层石白云质灰岩与一段分界，主要为叠层石白云岩、藻席白云岩、紫红色页岩、燧石团块或条带泥晶白云岩、紫红色泥质白云岩、白云质页岩、凝块石白云岩。

唐山小区厚382～882m。主要由一套紫红色含碎屑和石盐假晶的泥质白云岩组成，岩性变化大，在古陆边缘含有大量泥砂，在迁安一带形成硅质岩。可分为3段：一段底部为灰白色砾岩、含砾砂岩、鲕状硅质岩；中下部为紫红色细晶白云岩；上部为粉红色含碎屑泥晶白云岩。二段为紫红色、灰白色含砂砾的泥晶白云岩夹灰白色泥晶白云岩，泥晶白云岩中含管状、巢状的叠层石，在桃园见1～3m厚的砾岩，其中可见白色钙质晕圈、石盐假晶、石膏等。三段为紫红色泥晶白云岩与灰白色硅质叠层石白云岩互层，叠层石以大型管状叠层石发育，形成群状礁体。

军都山小区厚30～128m。以紫红色、灰白色含砂、含泥白云岩为主。潮汐层理发育，层面具干裂、波痕。

宣化小区厚43～94m。主要由灰色、黄灰色泥质片状白云岩和隐晶白云岩组成。底部有3m厚的肉红色砂岩及含砾屑白云岩，顶部为灰黄色泥质白云岩及隐晶白云岩。

易县小区厚15～29m。与高于庄组呈平行不整合接触，主要岩性为白云质胶结的石英砂岩，紫红色页岩或泥灰岩，含内碎屑粉晶白云岩。

【矿产资源】赋存于该组中的矿产有白云岩、灰岩和石膏薄层。

8. 雾迷山组(Jx*w*)

该组广泛出露于燕山地区和太行山中北部，以宽城县崖门子—北杖子一带最具代表性。

【现实定义】岩性主要为燧石条带白云岩、叠层石白云岩、沥青质白云岩夹少量泥状含粉砂内碎屑白云岩和硅质岩，富含叠层石及微古植物，主要为一套滨浅海相碳酸盐岩沉积，分布范围仅次于高于庄组，与下伏杨庄组呈整合接触。

【区域变化】该组厚度较稳定，平均厚1150～1500m。各地岩性和厚度变化如下。

蓟县小区厚341～3336m。可分为4段：一段下部为灰色凝块白云岩、藻席白云岩、白云质页岩，中部为叠层石白云岩、藻席白云岩、泥晶白云岩；上部为藻席白云岩、泥晶白云岩、粉砂泥质白云岩、白云质页岩，顶部发育白云质角砾岩、硅质岩。二段为灰色厚层—块状凝块白云岩、叠层石白云岩、燧石团块或条带泥晶白云岩、藻席白云岩、白云质页岩等，顶部发育硅结壳及红层。叠层石以锥-柱状为主。三段厚875m，底部为紫红色含砂泥质白云岩、白云质砂岩、亮晶砾屑白云岩；下部为灰白色泥晶白云岩、藻席白云岩、白云质页岩夹鲕粒硅质岩、亮晶砾屑白云岩；上部为灰色块状凝块白云岩、藻席白云岩、叠层石白云岩及泥质白云岩、白云质页岩。四段底部为灰白色白云质石英砂岩；下部为灰白色钙质白云岩夹燧石

条带泥晶白云岩;上部为浅灰色燧石条带钙质白云岩、藻席白云岩、厚层叠层石白云岩。

唐山小区厚97～1158m。可分为3段:一段为灰色厚层燧石条带白云岩及燧石团块白云岩与沥青质白云岩互层,底部为灰白色硅质白云岩和硅质岩,硅质岩层厚10～20cm;顶部沥青质白云岩具密纹层状和较浓的沥青味,发育大量的小柱叠层石。二段下部为灰白色石英砂岩、叠层石细晶白云岩夹硅质岩;上部为燧石团块白云岩夹内碎屑白云岩和砂岩透镜体,局部含菱铁矿结核。三段为紫红色泥质白云岩、燧石结核白云岩、含砂白云岩,燧石结核形态复杂,呈核状、猫眼状、放射状,顶部为灰白色燧石角砾岩。

军都山小区厚1547～2229m。可分为4段,岩性以碳酸盐岩为主,韵律结构明显,燧石颜色和形态复杂,富含有机质,叠层石丰富并具有明显的分带性。一段以深灰色燧石条带白云岩和沥青质白云岩为主,含丰富的小型叠层石。二段为灰白色硅质白云岩,含锥状叠层石。三段为深灰—灰色含内碎屑厚层白云岩、沥青质白云岩、藻团白云岩,含大型柱状叠层石。四段为泥晶白云岩与燧石条带白云岩互层,缝合线发育。

宣化小区厚258～1494m。可分为4段:一段以微红色隐晶白云岩为主,含少量燧石和泥质,中部夹一层石英岩状砂岩。二段为灰黑色燧石条带白云岩和叠层石白云岩互层,底部为泥质白云岩,含有机质较高,小型球状叠层石发育,藻团、鲕状及斑点构造常见。三段以灰白色密纹层白云岩、斑杂状白云岩、藻团白云岩为主,间夹有硅质岩,顶部为燧石条带白云岩。四段为深灰色含燧石白云岩、微红色粗晶密纹状白云岩互层,底部为泥质白云岩。

易县小区厚1805～1824m。可分为4段:一段为灰白色、灰色燧石条带粉晶白云岩,富含藻纹层和叠层石,其上部为紫红色、深灰色粉晶白云岩,含陆源碎屑和少量燧石条带。二段下部为灰白色燧石条带粉晶白云岩,富含内碎屑和叠层石;上部为深灰色疙瘩状燧石条带白云岩,富含藻团、藻屑、沥青质和叠层石。三段为深灰色厚层状具不规则状燧石粉晶白云岩,含核形石和叠层石。四段为深灰色、浅灰色燧石条带白云岩,燧石条带平整而连续,顶部为含砾屑粉晶白云岩,富含各种藻波纹、藻凝块、核形石和叠层石。

【矿产资源】该组中矿产主要有冶金白云岩和水泥灰岩。平泉一带该组顶部赋存有萤石矿层,矿体有层状及脉状两种类型,为热液交代的产物。任丘雾迷山组中赋存有油气田。唐山丰润一带该组一段下部有优质天然油石产出。

9. 洪水庄组(Jx*h*)

该组主要分布于燕山地区和太行山北段易县一带,以宽城县北杖子一带最具代表性。

【现实定义】主要岩性为灰黑色、灰绿色伊利石页岩,下部夹薄层状白云岩,具星点状黄铁矿和燧石结核;上部夹薄层石英岩状砂岩,含较多碳酸盐结核。沉积环境为浅海相潮下带,沉积中心在兴隆、蓟县一带。与下伏雾迷山组呈平行不整合接触。

【区域变化】该组分布范围和厚度远小于雾迷山组。各地岩性和厚度变化如下。

蓟县小区厚76～140m。下部为灰黑色薄层泥质白云岩与灰黑色页岩互层;中下部为黄绿色页岩;中上部为灰黑色、黑色页岩,含黄铁矿结核;上部为灰色、黄绿色页岩夹灰黑色粉砂岩、细砂岩透镜体。

军都山小区厚82～147m。主要岩性为板状水云母页岩、粉砂质页岩、黑色片状页岩,顶部夹白云质泥岩,层理平直。

宣化小区厚78～84m。由灰黑色与灰绿色页岩,粉砂质页岩组成,夹多层薄板状隐晶白云岩。下部含燧石结核,上部含铁质结核。具细纹理。

易县小区厚0～6.5m。主要岩性为黄绿色白云质页岩、浅灰色白云岩,易县南相变为石英砂岩。向南在满城北台鱼尖灭,向西至涞源一带缺失。

10. 铁岭组(Jx*t*)

该组分布范围与洪水庄组相同,但较洪水庄组分布略广,以宽城县北杖子一带最具代表性

【现实定义】主要由内碎屑白云岩、含锰白云岩、紫色与翠绿色页岩、含海绿石叠层石灰岩及白云质灰岩组成。与下伏洪水庄组多为整合接触。富含叠层石。

【区域变化】蓟县小区厚206~333m,与洪水庄组为连续沉积。可分为2段:一段底部为灰白色薄层石英砂岩或石英砂岩透镜体;下部为棕褐色含锰叠层石白云岩、含砂含锰砾屑砂屑泥晶白云岩夹灰绿色页岩;上部为紫色、绿色及杂色页岩夹含锰白云岩,顶部有8~35cm铁质风化壳角砾岩。二段底部为含砾铁质砂岩;下部为含铁、锰泥晶白云岩、白云质灰岩、亮晶砾屑灰岩、钙质白云岩;中部为叠层石灰岩、藻屑灰岩;顶部为钙质白云岩。

军都山小区厚282~416m。主要岩性为含砂泥、含内碎屑的泥晶白云岩,夹少量含锰页岩、含钙质泥晶白云岩及粉、细晶白云岩与叠层石白云岩。

宣化小区厚190m(庞家堡),与洪水庄组有明显间断面。可分为2段:一段主要由中厚层微晶白云岩、含锰白云岩、含碎屑白云岩、叠层石白云岩及墨绿色燧石团块白云岩组成,夹灰黑色页岩,底部为含砾砂岩及含砂砾白云岩,砂岩具楔状交错层理;顶部为页岩与含铁锰硅质岩互层,最顶部形成铁锰质风化壳的古山坡。二段为巨厚层微晶白云岩、含燧石条带白云岩、含叠层石白云岩及白云质灰岩,底部有厚约0.5m的含铁燧石角砾岩,上部燧石条带白云岩具缝合线及细纹理。

易县小区厚0~170m。主要由浅灰色、灰色粉晶钙质白云岩组成,下部微含锰。燧石为灰色、白色、紫红色,呈透镜状、结核状。底部为石英砂岩或砂质白云岩,具交错层理。

【矿产资源】铁岭组中的主要矿产有水泥灰岩、电石灰岩和"四海式"铁锰矿。

11. 角砾岩层(Xs^{br})

该组分布于涞源、蔚县、易县、曲阳、阜平、顺平和山西省广灵、灵丘等地。

【现实定义】岩性以硅质(燧石)角砾岩为主,常见有石英砂岩或含铁质砂岩透镜体,局部夹赤铁矿或褐铁矿层。岩石多呈黄褐色或褐红色,角砾状结构,块层状构造。角砾成分几乎均由燧石组成,少数地点见燧石白云岩角砾,少见石英砂岩角砾;角砾形态以棱角状为主,少数棱角消失呈浑圆状者显示了一定的溶蚀特征;角砾大小从几毫米至几厘米,少数可达几十厘米以上,个别达1~2m,大小混杂,无分选性,排列杂乱无章;含量一般为60%~80%。砂级填隙物仍以角砾状燧石为主,少量石英砂不均匀分布在大小不等的角砾空隙间。胶结物成分以硅质为主,时见有少量铁质、钙质、泥砂质。岩石致密坚硬,地貌上多形成陡崖或孤立岩壁。

总体呈层状、似层状,局部呈漏斗状,也常常孤立出现。产于高于庄组、雾迷山组、洪水庄组或铁岭组之上,下马岭组、龙山组或馒头组之下,其顶、底界面均为明显的侵蚀间断面,与下伏地层呈平行不整合或微角度不整合接触,与上覆地层呈平行不整合接触。角砾岩层下伏最新的地层为铁岭组,上覆最老的地层为下马岭组。

【区域变化】区内硅质角砾岩层位较为稳定,岩性比较单一,顶、底宏观界线清楚,地貌及航卫片影像特征清晰。厚度变化较大,时厚时薄,时有时无,突变现象明显。其变化特点与地貌及下伏侵蚀面形态关系密切。

总的来看,该套硅质角砾岩在本区发育较普遍,尽管其厚度及上、下层位有所变化,但宏观岩性特征基本相同,具明显的可比性(图5-2)。

12. 下马岭组(Xs*x*)

该组主要分布于涿鹿、怀来一带和兴隆—平泉一带。

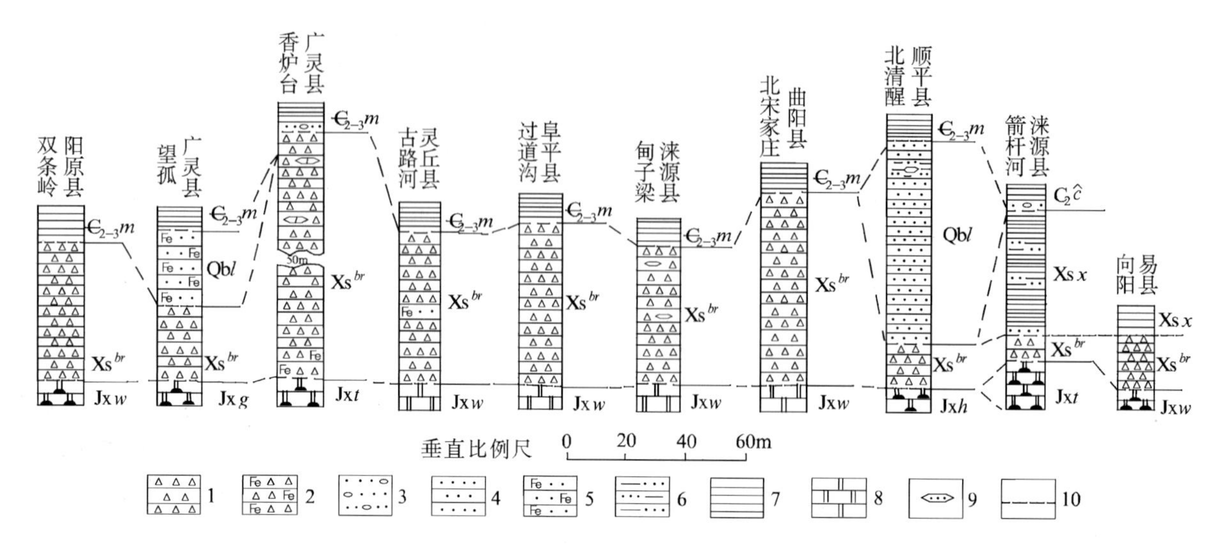

图 5-2 本区及邻区硅质角砾岩层柱状对比图

1-硅质角砾岩；2-含铁质硅质角砾岩；3-含砾砂岩、砂砾岩；4-砂岩；5-含铁质砂岩；6-砂质页岩；7-泥岩、页岩；8-含燧石条带或结核白云岩；9-砂岩透镜体；10-平行不整合界线；$\in_{2-3}m$-馒头组；$\in_{2}\hat{c}$-昌平组；Qbl-龙山组；Xsx-下马岭组；Xs^{br}-硅质角砾岩层；Jxt-铁岭组；Jxh-洪水庄组；Jxw-雾迷山组；Jxg-高于庄组

【现实定义】岩性组合以灰色、灰绿色、灰黑色页岩和粉砂岩为主，底部见有赤(褐)铁矿扁豆体、铁质粉砂岩，局部地区见有砾岩，中部夹饼状泥灰岩，上部夹白云岩。与下伏铁岭组白云岩、硅质角砾岩层和上覆龙山组砂岩均为平行不整合接触。怀来县赵家山一带有较好代表性。

下马岭组时代原属新元古代青白口纪。根据最新 SHRIMP 测年数据(1368±12)Ma、(1366±9)Ma、(1370±11)Ma(高林志等，2007，2008)，结合该组所含微古植物 *Micro-concentrica-Polysphaeroides* 组合，叠层石 *Gymnosolen-Linella-Katuvia* 组合，宏观碳质化石 *Chuaria-Shouhsienia* 组合，参照全国地层委员会《中国地层表》(2019)的划分意见，本书将其划归西山纪，属中元古代晚期。

【区域变化】该组岩性岩相较稳定，均属于滨海—浅海相沉积，厚度变化较大，自蓟县向东向西沉积厚度加大。昌平厚 318m，向西至怀来、涿鹿一带厚达 540m，怀安一带缺失。蓟县以东至宽城一带厚 152～410m，平泉厚 266m，遵化以东缺失。易县、涞水紫石口一带厚 217m，向南逐渐减薄，至易县沙江西尖灭。

蓟县小区厚 168～410m。该组在该小区出露不全。蓟县仅残留 1～2 段，厚 168m；上谷北保留 1～3 段，厚 350m；小金杖子保留 1～2 段，厚 168m。主要岩性特征：下部为深灰色、黄绿色含铁石英砂岩、粉砂岩、伊利石页岩，夹透镜状赤铁矿和薄层泥质白云岩；上部为灰白色含叠层石泥质白云岩、黑色伊利石页岩夹薄层海绿石砂岩；密云一带底部为 5m 厚的砂砾岩。

军都山小区厚 318～368m。可分为 3 段：一段为黄褐色与灰绿色粉砂质页岩夹砂岩，底部具赤铁矿；二段为黄绿色、灰色泥质粉砂岩与页岩互层；三段为灰黑色与浅灰色碳质页岩及粉砂质页岩。

宣化小区最大沉积厚度 540m，沉积中心位于涿鹿、怀来一带。可分为 4 段：一段以深灰色、黄色铁质砂岩、粉砂岩、页岩为主，底部具不稳定的铁矿层，其中含角砾，角砾成分为石英岩和白云岩；二段以杂色页岩为主，底部有 2m 厚的海绿石长石石英砂岩；三段以黑色碳质页岩为主，局部具角岩化，或受辉绿岩烘烤褪色现象；四段由页岩夹泥灰岩透镜体组成，泥灰岩厚度不稳定，常呈 3～5 层透镜状或串珠状分布，普遍含黄铁矿、黄铜矿。顶部有紫色风化壳。

易县小区厚 24～218m。与铁岭组之间普遍含有硅质角砾岩层，两者呈平行不整合接触。可分为 2 段：一段为杂色泥岩和块状粉晶白云岩；二段为灰绿色与灰黑色页岩。

【矿产资源】该组底部普遍含有赤铁矿层和锰矿层，燕山地区由西向东，铁矿层渐变为锰矿层。铁矿主要分布在赤城、涿鹿、雁翅、易县、涞水、满城等地，含矿层位为底部或下部的砂页岩，矿体呈层状、似层状，矿石以赤铁矿为主。此外，在涿鹿荞麦川一带该组底部见有中型硫铁矿。

13. 龙山组(Qb*l*)

该组是新元古代最大一次海侵的产物，主要分布于燕山地区和太行山北部蔚县、阜平、曲阳等地，以怀来县龙凤山西坡一带最具代表性。

【现实定义】为一套砂岩、砾岩和页岩的岩性组合。下部为砾岩、不等粒含砾长石石英砂岩和粉砂岩，砂岩内普遍含海绿石；上部主要为紫红色与黄绿色页岩夹薄层海绿石细砂岩。与下伏下马岭组呈平行不整合接触。

【区域变化】区域上厚度变化较大。

蓟县小区厚80～140m，主要为一套碎屑岩沉积。底部为黄褐色中、厚层含砾长石石英砂岩和透镜状细砾岩；下部为黄褐色厚层—块状含长石石英砂岩夹灰黄色泥质粉砂岩，发育大型板状、楔状、“人”字形、鱼骨状交错层理，泥质粉砂岩层面具波痕、泥裂；中部为灰白色厚层—块状含海绿石石英砂岩夹浅灰色中薄层石英砂岩与灰色页片状粉砂质页岩，含海绿石石英砂岩中发育鱼骨状交错层理、“人”字形交错层理、平行层理，石英砂岩层内发育小型交错层理，层面具波痕，粉砂质页岩中具透镜状层理，层面具波痕、干裂；上部为灰白色厚层—块状石英砂岩，发育交错层理；顶部为灰紫色、灰色薄层泥质粉砂岩及粉砂质页岩，层面具波痕及泥裂。

唐山小区厚108m(滦县青龙山)，超覆于雾迷山组三段之上。下部为石英砂岩、燧石角砾岩夹厚层藻团泥晶白云岩；上部为长石石英砂岩、海绿石石英砂岩和紫红色页岩。

秦皇岛小区该组超覆在太古宙变质岩之上。主要岩性下部为石英砂岩；上部为粉砂质、泥质页岩。

宣化小区厚77.09m(怀来县赵家山剖面)。主要由含砾粗砂岩、细砂岩、海绿石砂岩、粉砂岩及粉砂质页岩组成。

易县小区厚11～130m。以石英砂岩为主，岩相变化较大，东部为灰白色石英砂岩；中部夹灰绿色、紫红色、灰黑色砂质页岩；西部下部层位夹紫红色燧石角砾岩，上部夹紫红色石英砂岩与透镜状赤铁矿。

14. 景儿峪组(Qb*j*)

该组主要分布于蔚县、阜平、曲阳等地，以蓟县西景儿峪村一带最具代表性。

【现实定义】下部为灰白色、灰紫色中薄层泥灰岩，底部夹海绿石砂岩；中部为灰色中厚层泥晶灰岩夹泥灰岩；上部为灰色薄层泥质含钙质白云岩、白云质灰岩夹紫红色页岩。与下伏龙山组呈整合接触，顶部被寒武纪昌平组平行不整合覆盖。

【区域变化】区域上厚度变化较大。

蓟县小区厚13～134m。下部为灰白色、灰紫色中薄层泥灰岩，底部夹海绿石砂岩；中部为灰色中厚层泥晶灰岩夹泥灰岩；上部为灰色薄层泥质含钙质白云岩、白云质灰岩夹紫红色页岩。与下伏龙山组呈整合接触，顶部被寒武纪昌平组平行不整合覆盖。

唐山小区厚25～53m。主要岩性为紫红色、蛋青色、灰黄色灰岩，底部常有一层含砾海绿石砂岩。

秦皇岛小区主要岩性为泥晶白云岩、含燧石团块白云岩夹白云质泥岩。

宣化小区厚度大于5m。主要为钙质粉砂岩、页岩和泥灰岩，页岩中含有丰富的微古植物。

易县小区厚51～120m。主要由紫红色、蛋青色泥质灰岩组成，顶部为浅黄色、浅灰色薄—中厚层泥晶灰岩和粉晶白云岩。

第二节 多重地层划分对比概述

本区康保-赤峰地层分区化德群分布有限，因此本书仅对燕辽地层分区与晋中南-邢台地层分区中—新元古代地层建立了多重地层划分对比方案(表5-5、表5-6)。

表5-5 中元古代地层多重地层划分对比表

年代地层		岩石地层			层序地层			事件地层		生物地层		
界	系	群	组	段	超层序	大层序	层序	构造事件	缺氧及风暴事件	叠层石	微古植物	宏观藻类
								蔚县上升				
中元古界	待建系		下马岭组			Ⅻ	SQ_{45}~SQ_{43}		▲ ▲	Inzeria-Linella组合带	Microconcentrica Jixiania	Chuaria-Shouhsienia组合带
								芹峪上升				
中元古界	蓟县系	蓟县群	铁岭组	二段	蓟县超层序	Ⅺ	SQ_{42}		△	Tielingella-Chihsienella组合带	Trachysphaeridium	Chuaria circularis组合带
中元古界	蓟县系	蓟县群	铁岭组	一段	蓟县超层序	Ⅺ	SQ_{41}		△	Tielingella-Chihsienella组合带	Trachysphaeridium	Chuaria circularis组合带
中元古界	蓟县系	蓟县群	洪水庄组		蓟县超层序	Ⅺ	SQ_{40}		▲		Orygmatosphaeridium Quadratimorpha	Chuaria circularis组合带
								涿鹿上升				
中元古界	蓟县系	蓟县群	雾迷山组	四段	蓟县超层序	Ⅹ	SQ_{39}~SQ_{32}		△	Conophyton-Pseudogymnosolen组合带	Asperatopsophosphaera umisharensis	Wumishania bifurcata组合带
中元古界	蓟县系	蓟县群	雾迷山组	三段	蓟县超层序	Ⅹ	SQ_{39}~SQ_{32}		△	Conophyton-Pseudogymnosolen组合带	Asperatopsophosphaera umisharensis	Wumishania bifurcata组合带
中元古界	蓟县系	蓟县群	雾迷山组	二段	蓟县超层序	Ⅸ	SQ_{31}~SQ_{24}		△	Conophyton-Pseudogymnosolen组合带	Asperatopsophosphaera umisharensis	Wumishania bifurcata组合带
中元古界	蓟县系	蓟县群	雾迷山组	一段	蓟县超层序	Ⅸ	SQ_{31}~SQ_{24}		△	Conophyton-Pseudogymnosolen组合带	Asperatopsophosphaera umisharensis	Wumishania bifurcata组合带
中元古界	蓟县系	蓟县群	杨庄组		蓟县超层序	Ⅷ	SQ_{23}~SQ_{19}			Conophyton-Pseudogymnosolen组合带	Asperatopsophosphaera Kildinella等	Sangshuania spiralis组合带
								滦县上升				
中元古界	蓟县系	蓟县群	高于庄组	四段	南口超层序	Ⅶ	SQ_{18} SQ_{17}			Conophyton Cylindrium组合带	Pseudofavososphaeca Gunflinta Eomycetopsis Bigeminococcus等	Sangshuania spiralis组合带
中元古界	蓟县系	蓟县群	高于庄组	三段	南口超层序	Ⅵ	SQ_{15} SQ_{14}			Conophyton Cylindrium组合带	Pseudofavososphaeca Gunflinta Eomycetopsis Bigeminococcus等	Sangshuania spiralis组合带
中元古界	蓟县系	蓟县群	高于庄组	二段	南口超层序	Ⅴ	SQ_{13} SQ_{12}		△	Conophyton Cylindrium组合带	Pseudofavososphaeca Gunflinta Eomycetopsis Bigeminococcus等	Sangshuania spiralis组合带
中元古界	蓟县系	蓟县群	高于庄组	一段	南口超层序	Ⅳ	SQ_{11} SQ_{10}		△	Conophyton Cylindrium组合带	Pseudofavososphaeca Gunflinta Eomycetopsis Bigeminococcus等	Sangshuania spiralis组合带
								青龙上升				
中元古界	长城系	长城群	大红峪组		长城超层序	Ⅲ	SQ_{9}~SQ_{7}			Conophyton dahongyuense组合带	Leiosphaeridiaparvula Stictosphaeridium Oscillatoriopsis等	
								兴城上升				
中元古界	长城系	长城群	团山子组		长城超层序	Ⅱ	SQ_{6}~SQ_{4}			Gruneria-Xiayingella组合带	Trachysphaeridium attenuatum等	Tuanshanzia-Changchengia组合带
中元古界	长城系	长城群	串岭沟组		长城超层序	Ⅰ	SQ_{3}			Gruneria-Xiayingella组合带	Trachysphaeridium Diplomembrana等	Chuaria-Tyrasotaenia组合带
中元古界	长城系	长城群	常州沟组		长城超层序	Ⅰ	SQ_{2} SQ_{1}			Gruneria-Xiayingella组合带	Leiosphaeridia, Schizofusa等	Chuaria-Tawuia组合带
中元古界	长城系	长城群	赵家庄组		长城超层序	Ⅰ				Gruneria-Xiayingella组合带		

注：▲表示缺氧事件；△表示风暴事件。

从表5-5中可以看出，年代地层单位(系)界线与岩石地层单位(群)界线相互一致，在区域上具有可比性。层序地层中大层序及部分层序的界面与组、段级岩石地层单位的顶、底界面相关。事件地层中构造运动事件限定了超层序及部分大层序的形成和发展。生物地层资料也较丰富，不同层位的微古植物、叠层石及宏观藻类特征表现出一定的规律性。

表 5-6 新元古代地层多重地层划分对比表

年代地层		岩石地层			层序地层			事件地层	生物地层	
界	系	群	组	段	超层序	大层序	层序	构造事件	微古植物	宏观藻类
								蓟县上升		
新元古界	青白口系	青白口群	景儿峪组		青白口超层序	XⅣ	SQ$_{49}$		*Lophosphaeridium-Leiominuscula*组合带	*Chuaria circularis, Shouhsienia shouhsienensis*
								梁庄上升		
			龙山组	二段		XⅢ	SQ$_{48}$		*Kidinella-Orygmatosphaeridium*组合带	*Longfengshania-Glossophyton*组合
				一段			SQ$_{47}$			
							SQ$_{46}$			
								蔚县上升		

从表 5-6 中可以看出，年代地层单位（系）界线与岩石地层单位（群）界线相互一致，在区域上具有可比性，且限定了两次构造事件。

中元古代和新元古代地层不同地层小区、地段的岩性柱状对比见图 5-3、图 5-4。

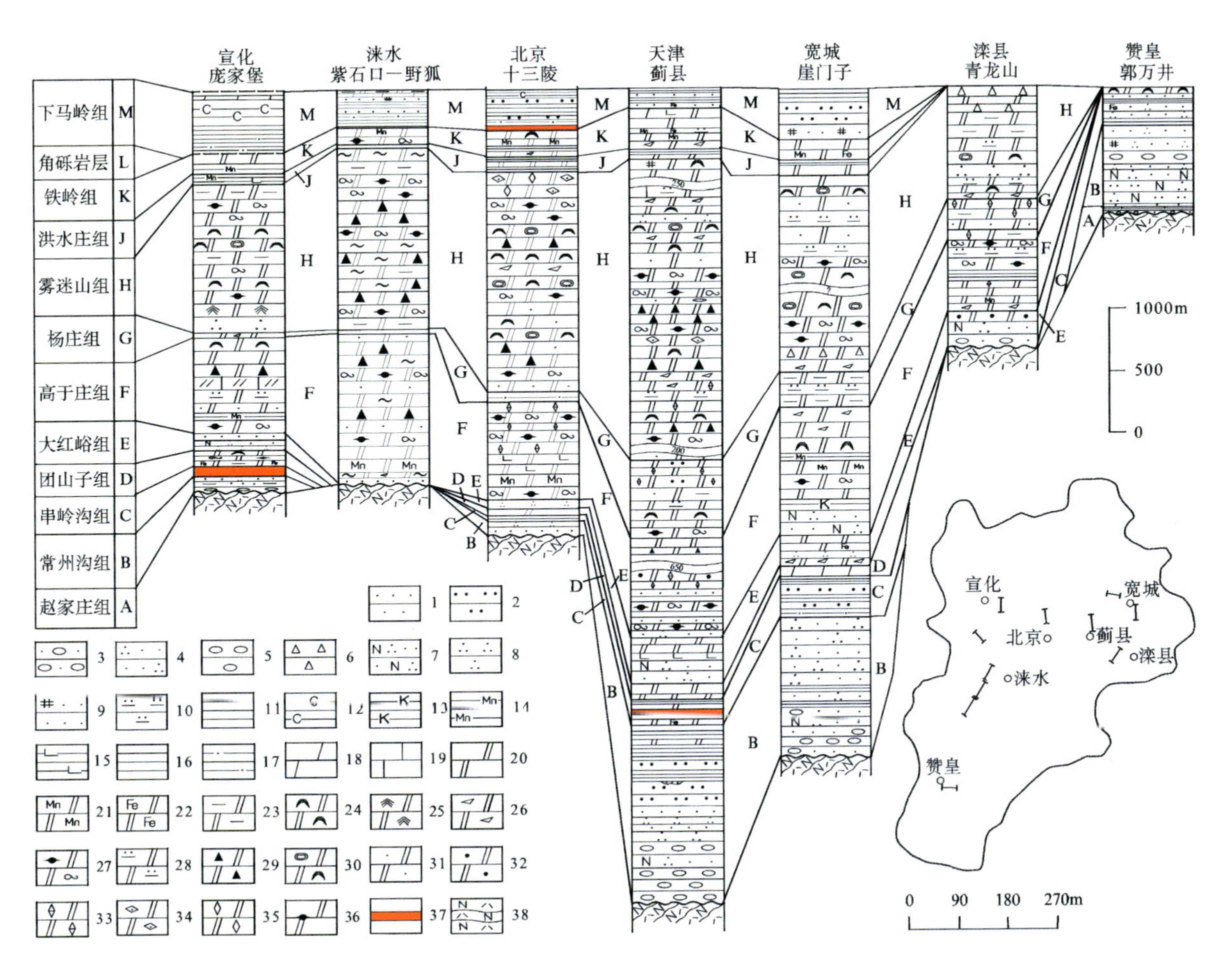

图 5-3 中元古代地层柱状对比图

1-砂岩；2-粉砂岩；3-砂砾岩；4-石英砂岩；5-砾岩；6-角砾岩；7-长石石英砂岩；8-石英岩状砂岩；9-含海绿石砂岩；10-硅质岩；11-页岩；12-碳质页岩；13-含钾页岩；14-含锰页岩；15-钙质页岩；16-粉砂质页岩；17-砂质页岩；18-泥灰岩；19-灰岩；20-白云岩；21-含锰白云岩；22-含铁白云岩；23-泥质白云岩；24-叠层石白云岩；25-锥叠层石白云岩；26-碎屑白云岩；27-燧石条带白云岩；28-硅质白云岩；29-沥青质白云岩；30-藻叠层石白云岩；31-含砂质白云岩；32-鲕粒白云岩；33-泥晶白云岩；34-细晶白云岩；35-结晶白云岩；36-燧石团块白云岩；37-铁矿层；38-早前寒武纪变质基底

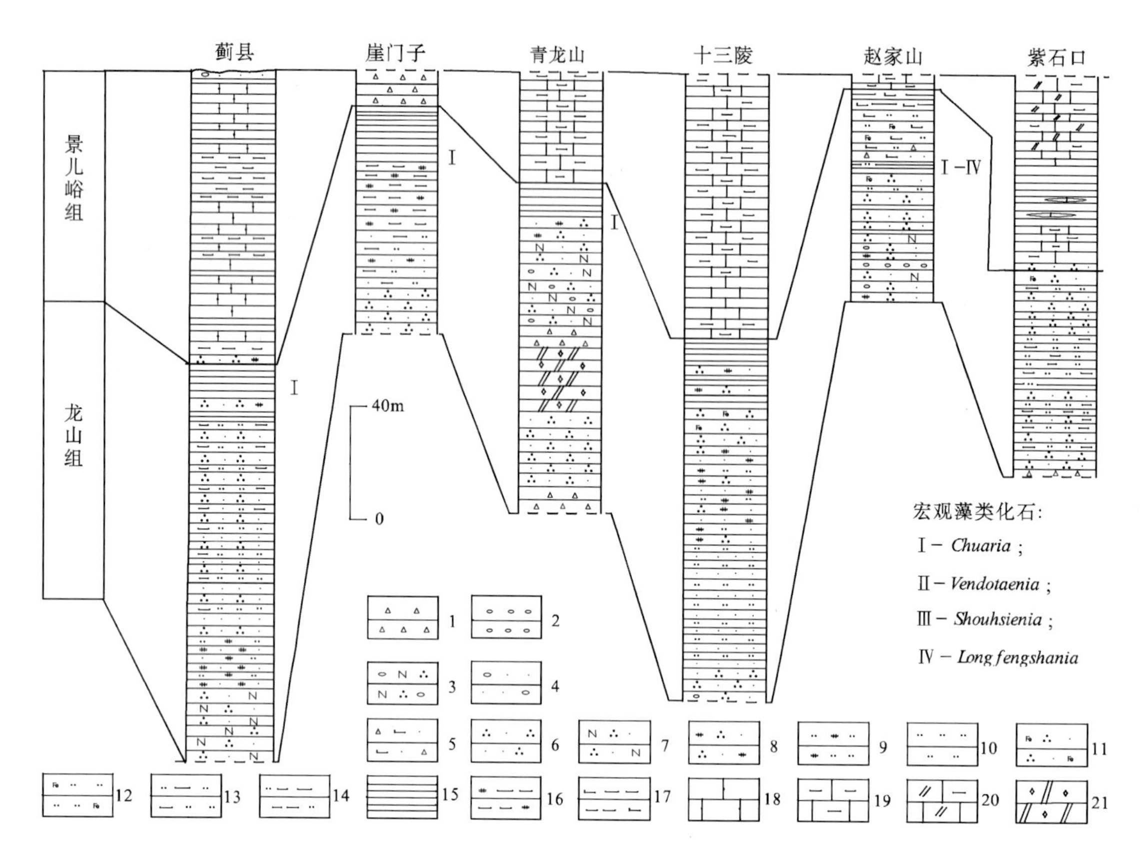

图 5－4 新元古界青白口系柱状对比图

1－角砾岩;2－砾岩;3－含砾长石石英砂岩;4－含砾砂岩;5－含角砾钙质砂岩;6－石英砂岩;7－长石石英砂岩;8－海绿石石英砂岩;9－海绿石粉砂岩;10－粉砂岩;11－含铁石英砂岩;12－含铁粉砂岩;13－泥质粉砂岩;14－粉砂质泥岩;15－页岩;16－含海绿石泥岩;17－钙质泥岩;18－泥晶灰岩;19－泥灰岩;20－白云质泥灰岩;21－泥晶白云岩

本区新元古代岩石地层单位的顶、底界与超层序及部分大层序的形成和发展相关。层序地层中大层序及部分层序的界面与组、段级岩石地层单位的顶、底界面相关。生物地层资料相对较少，龙凤山生物群的出现是龙山组的重要特征，在区域上可以对比，具有一定的地层划分意义。

第六章　寒武纪—奥陶纪地层

寒武纪—奥陶纪地层广泛分布于燕山和太行山地区，层序完整、发育良好，化石丰富，可划分为燕辽地层分区（ⅢA$_2^3$）、晋中南-邢台（晋邢）地层分区（ⅢA$_2^4$）2个地层分区，对应地层分区的岩石地层序列表见表6-1。燕辽地层分区位于尚义-隆化区域断裂以南，下口-新乐区域断裂以北地区；晋中南-邢台（晋邢）地层分区位于下口-新乐区域断裂以南（图6-1）。

表6-1　早寒武世—中三叠世岩石地层序列表

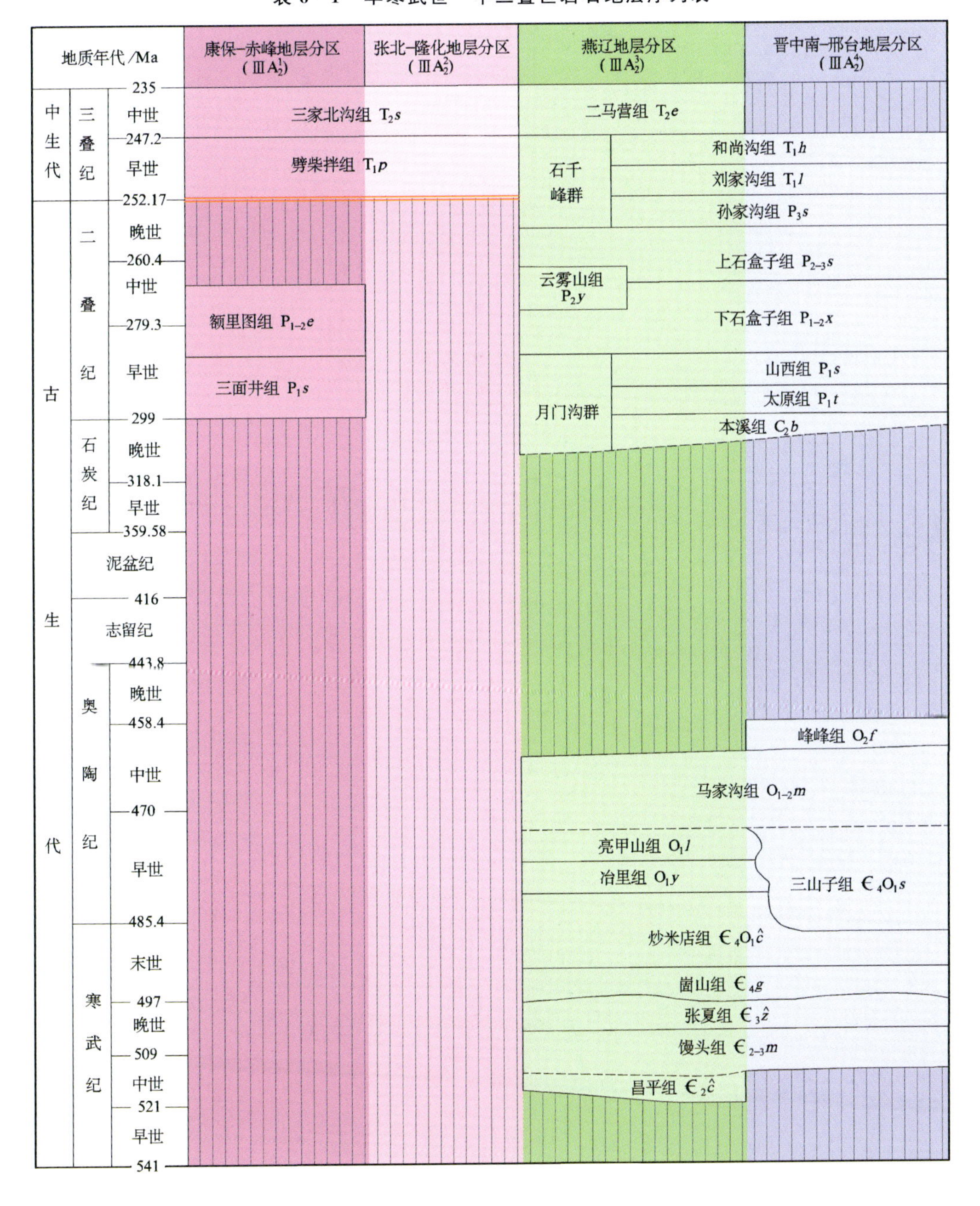

地质年代/Ma			康保-赤峰地层分区（ⅢA$_2^1$）	张北-隆化地层分区（ⅢA$_2^2$）	燕辽地层分区（ⅢA$_2^3$）	晋中南-邢台地层分区（ⅢA$_2^4$）
中生代	三叠纪	中世（235—247.2）	三家北沟组 T_2s	三家北沟组 T_2s	二马营组 T_2e	
中生代	三叠纪	早世（247.2—252.17）	劈柴拌组 T_1p	劈柴拌组 T_1p	石千峰群：和尚沟组 T_1h；刘家沟组 T_1l	和尚沟组 T_1h；刘家沟组 T_1l
古生代	二叠纪	晚世（252.17—260.4）			石千峰群：孙家沟组 P_3s	孙家沟组 P_3s
古生代	二叠纪	中世（260.4—279.3）	额里图组 $P_{1-2}e$		云雾山组 P_2y	上石盒子组 $P_{2-3}s$
古生代	二叠纪	早世（279.3—299）	额里图组 $P_{1-2}e$；三面井组 P_1s		下石盒子组 $P_{1-2}x$；月门沟群：山西组 P_1s；太原组 P_1t	下石盒子组 $P_{1-2}x$；山西组 P_1s；太原组 P_1t
古生代	石炭纪	晚世（299—318.1）			月门沟群：本溪组 C_2b	本溪组 C_2b
古生代	石炭纪	早世（318.1—359.58）				
古生代	泥盆纪	（359.58—416）				
古生代	志留纪	（416—443.8）				
古生代	奥陶纪	晚世（443.8—458.4）				
古生代	奥陶纪	中世（458.4—470）			马家沟组 $O_{1-2}m$	峰峰组 O_2f；马家沟组 $O_{1-2}m$
古生代	奥陶纪	早世（470—485.4）			马家沟组 $O_{1-2}m$；亮甲山组 O_1l；冶里组 O_1y	三山子组 $€_4O_1s$
古生代	寒武纪	末世（485.4—497）			炒米店组 $€_4O_1\hat{c}$；崮山组 $€_4g$	炒米店组 $€_4O_1\hat{c}$；崮山组 $€_4g$
古生代	寒武纪	晚世（497—509）			张夏组 $€_3\hat{z}$；馒头组 $€_{2-3}m$	张夏组 $€_3\hat{z}$；馒头组 $€_{2-3}m$
古生代	寒武纪	中世（509—521）			馒头组 $€_{2-3}m$；昌平组 $€_2\hat{c}$	
古生代	寒武纪	早世（521—541）				

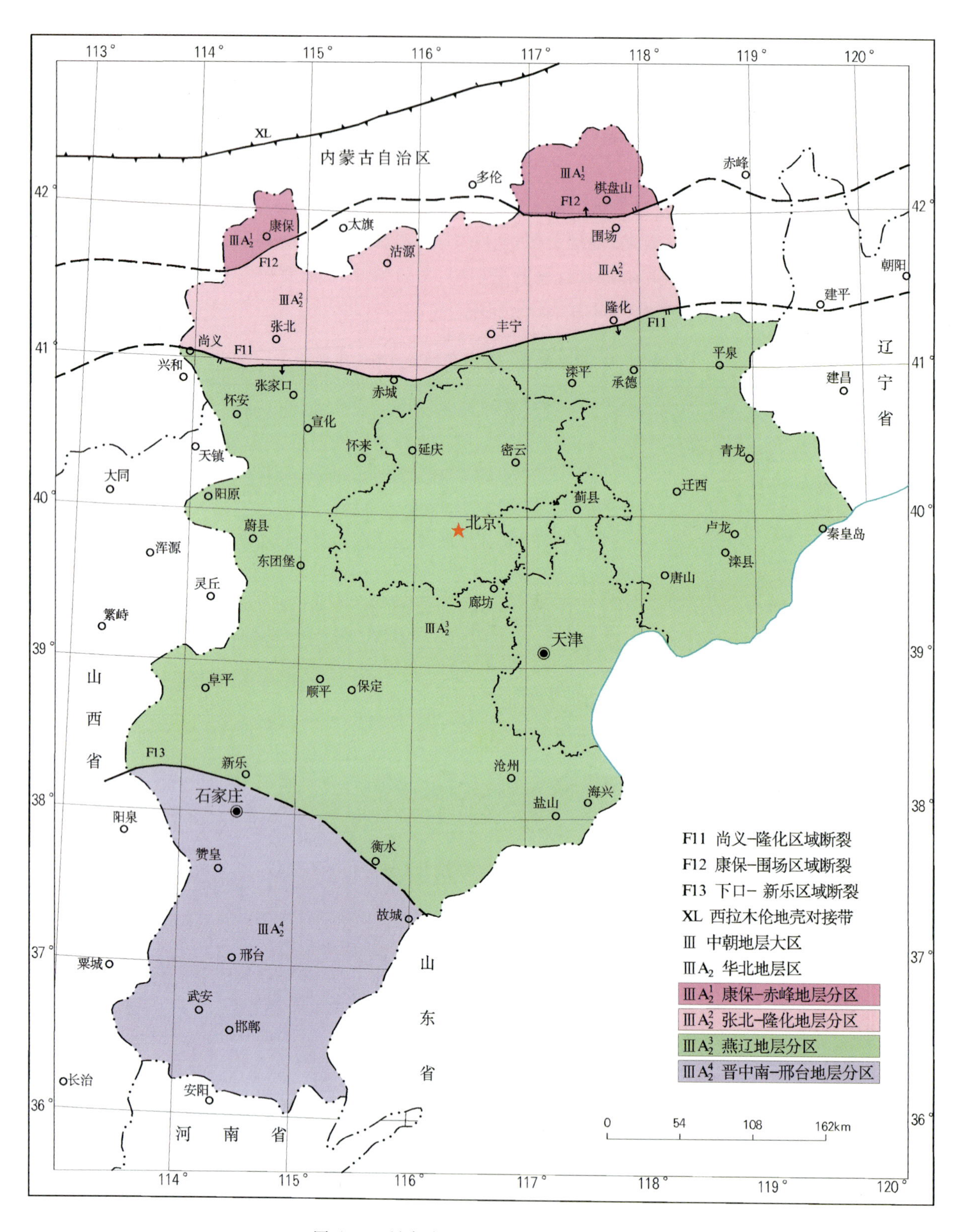

图 6-1 早寒武世—中三叠世地层区划图

第一节 岩石地层

寒武纪—奥陶纪地层共厘定10个组级填图单位，划分沿革见表6-2。

表6-2 1989年以来寒武纪—奥陶纪岩石地层划分沿革表

第一代地质志(1989)

时代	组
C_2	本溪组
O_2	峰峰组
	磁县组
	马家沟组
O_1	亮甲山组
	冶里组
$\in_3$	凤山组
	长山组
	崮山组
$\in_2$	张夏组
	徐庄组
	毛庄组
$\in_1$	馒头组
	府君山组
Qb	景儿峪组

《河北省岩石地层》(1996) 冀北地层分区

时代	组	段
C_2	本溪组	
O_2		
O_1	马家沟组	二段
		一段
	亮甲山组	
	冶里组	
	炒米店组	
$\in_3$	崮山组	
$\in_2$	张夏组	
	馒头组	
$\in_1$	昌平组	
Qb	景儿峪组	

《河北省岩石地层》(1996) 冀南地层分区

时代	组	段
C_2	本溪组	
O_2		
O_1	马家沟组	三段
		二段
		一段
	三山子组	
$\in_3$	炒米店组	
	崮山组	
$\in_2$	张夏组	
	馒头组	
$\in_1$		
Ch	高于庄组	

《中国区域地质志·河北志》(2017) 燕辽地层分区

时代	组
C_2	本溪组
O_2	
	马家沟组
O_1	北庵庄组
	亮甲山组
	冶里组
	炒米店组
$\in_4$	崮山组
$\in_3$	张夏组
	馒头组
$\in_2$	昌平组
Pt_3^1	景儿峪组

《中国区域地质志·河北志》(2017) 晋中南-邢台地层分区

时代	组
C_2	本溪组
O_2	峰峰组
	马家沟组
O_1	北庵庄组
	三山子组
$\in_4$	炒米店组
	崮山组
$\in_3$	张夏组
	馒头组
$\in_2$	
Pt_2^2	高于庄组

本书(2023) 燕辽地层分区

时代	组
C_2	本溪组
O_2	
	马家沟组
O_1	亮甲山组
	冶里组
	炒米店组
$\in_4$	崮山组
$\in_3$	张夏组
	馒头组
$\in_2$	昌平组
Pt_3^1	景儿峪组

本书(2023) 晋中南-邢台地层分区

时代	组
C_2	本溪组
O_2	峰峰组
	马家沟组
O_1	三山子组
$\in_4$	炒米店组
	崮山组
$\in_3$	张夏组
	馒头组
$\in_2$	
Pt_2^2	高于庄组

1. 昌平组($\in_2\hat{c}$)

该组仅分布于燕辽地层分区，出露于唐山开平区、卢龙、抚宁、蓟县、兴隆、承德县、平泉、涞水、易县等地，以唐山市古冶区赵各庄长山沟一带最具代表性。

【现实定义】为一套灰—灰黑色厚层—块状豹皮状粉晶—微晶白云质灰岩、厚层细粉晶—微晶灰岩及钙质白云岩。产三叶虫、腕足类、棘皮类、软舌螺等动物化石。与下伏景儿峪组杂色薄层含泥灰岩和上覆馒头组紫红色页岩均呈平行不整合接触。

【区域变化】该组区域厚度变化较大(图6-2)。

承德头道杖子一带沉积厚度最大，达172.7m。底部为黄褐色铁质风化壳角砾岩、紫红色泥质粉砂岩夹粉砂质泥岩；中部为灰色含生屑砾屑砂屑灰岩；上部为核形石灰岩、含燧石团块泥晶白云岩、核形石白云质灰岩、泥晶白云岩。白云岩中发育鸟眼构造，含藻纹层。向西、西南厚度逐渐减薄，至赤城、涿鹿、保定、盐城一带逐渐尖灭。

抚宁张岩子—东部落一带厚108.3m。下部为深灰色、灰黑色厚层豹皮状沥青质粉晶白云岩，底部多见2～3m的褐黄色含角砾—巨屑泥粉晶白云岩；上部为灰白色、深灰色中厚—厚层含燧石结核粉晶白云岩。

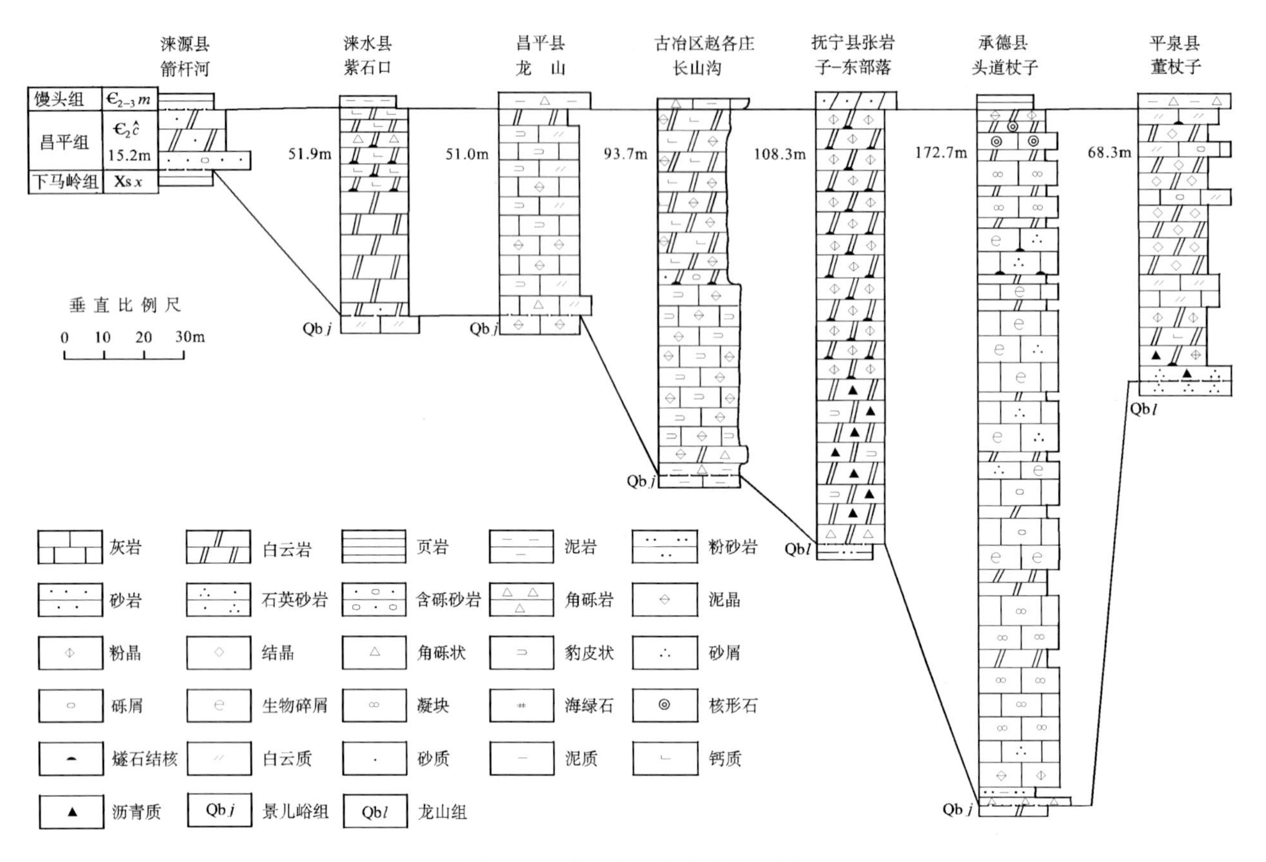

图 6-2 昌平组区域柱状对比图

唐山市古冶区赵各庄长山沟一带厚 93.7m。底部为不稳定的含角砾泥晶钙质白云岩；下部为褐灰色巨厚层豹皮状泥质灰岩；上部为浅灰色厚层粉晶白云岩及灰白色巨厚层泥晶钙质白云岩。

平泉董杖子一带厚 68.3m。为土灰色厚层白云岩，土黄色中厚层钙质白云岩、白云质灰岩，深灰色中厚层沥青质燧石条带白云岩、白云质灰岩，下部夹有两层瘤状白云质灰岩，底部为风化壳型铁泥质砂岩。水平纹层理发育，局部发育鸟眼构造、变形层理构造。

北京昌平龙山一带厚 51.0m。为一套灰色、灰黑色厚层—块状豹皮状粉晶—微晶白云质灰岩和厚层细粉晶—微晶灰岩及钙质白云岩；底部为砂屑灰岩，土黄色含燧石条带的砾屑、砂屑泥晶白云岩，局部为角砾状白云岩；顶部为浅灰色中厚层泥晶、细粉晶钙质白云岩。

涞水紫石口一带厚 51.9m。底部为一层灰黄色砂质白云岩；下部为深色巨厚层细—中晶白云岩；中部为灰色中厚—薄层含燧石细晶白云岩，局部夹角砾白云岩；上部为浅灰色、灰黄色薄层含泥钙质微晶白云岩。

涞源箭杆河一带厚 15.2m。下部为黄色、紫色含砾砂岩；上部为灰色厚层砂质白云岩。北李庄以西尖灭。

2. 馒头组($\in_{2\text{-}3}m$)

该组分布于唐山、卢龙、抚宁、兴隆、承德、平泉、涞水、易县、蔚县、涞源、曲阳、井陉、平山、邢台、武安、涉县、磁县等地，以唐山市古冶区赵各庄东域山一带最具代表性。

【现实定义】岩性组合以紫(砖)红色页岩为主，夹灰岩、白云岩、白云质泥岩和砂岩。底以灰岩或白云岩组合结束、杂色页岩或白云质泥岩出现为界，与昌平组呈平行不整合接触；顶以页岩或砂岩结束、大套鲕粒灰岩出现为界，与张夏组呈整合接触。

【区域变化】该组以抚宁温庄—东部落一带沉积厚度最大，可达 397.2m，向北、西、西南逐渐减薄。岩性组合下部以鲜紫红色泥质页岩为主，夹数层薄层泥灰岩、砾屑灰岩及泥晶白云岩，底部以厚 1～2m 的棕黄色薄层含角砾泥灰岩与昌平组平行不整合接触；中部以肝紫色页岩为主夹灰绿色和绿色钙质页岩、紫色厚层泥灰岩、鲕粒灰岩；上部为暗紫色含云母片粉砂质页岩夹少量灰色厚层生物碎屑灰岩及鲕粒灰岩(图 6－3)。

兴隆大石洞—承德头道杖子一带厚 191～236m。下部为紫红色页片状页岩夹黄褐色、灰白色泥晶白云岩；中下部为灰色、浅灰色中厚层泥晶白云岩、含砂质泥晶白云岩；中部为暗紫红色、灰紫色页岩夹灰紫色薄层含铁质粉砂岩，层面发育石盐假晶及波痕、泥裂等沉积构造；中上部为灰白色中薄层含砂质细晶白云岩夹紫色页片状页岩；上部为灰色中厚层细晶白云岩、泥晶白云岩；顶部为黄绿色页片状粉砂质页岩夹紫红色粉砂质页岩。

唐山市古冶区赵各庄东域山一带厚 232.1m。底部以一层灰白色泥云钙质砾岩与下伏昌平组呈平行不整合接触；下部为紫红色、黄灰色含粉砂泥质白云岩，含粉砂白云质泥灰岩夹紫红色钙质页岩、粉砂质页岩、泥质粉砂岩；上部为紫色、紫红色页岩，粉砂质页岩，泥质粉砂岩夹少量绿色页岩、灰色鲕状灰岩、泥晶灰岩。

平泉董杖子剖面厚 196.8m。主要为紫红—暗紫色页岩、粉砂质页岩、钙泥质粉砂岩，紫红—暗紫色薄片状粉砂质泥质白云岩，夹土黄色中薄层白云质灰岩、粉砂质泥质白云岩，岩层发育波痕、龟裂及石盐假晶。底部发育紫红色角砾状钙质泥岩，中部夹有土黄色角砾状白云质灰岩。

北京门头沟区下苇甸一带厚 146.8m。底部为土黄色含燧石条带角砾状含砂细晶—泥晶白云岩，与昌平组平行不整合接触；下部为紫红色、土黄色泥质角砾岩；中部为紫红色薄—中层粉砂质泥岩夹灰、灰黄色泥晶—粉晶白云岩；上部为紫红色粉砂质泥岩与灰色、灰绿色薄层灰岩互层。

涞水紫石口—牛栏村一带厚 136.7～151.4m。下部为紫红色和黄灰色薄层钙质白云质泥岩、粉砂质泥岩，夹黄绿色、灰黄色泥钙质白云岩及少量粉砂质页岩，与昌平组平行不整合接触；中上部为紫红色薄层粉砂质白云质泥岩、紫红色页岩夹褐灰色薄层白云质灰岩、中厚层泥纹灰岩及白云质鲕粒灰岩。

曲阳西口南一带厚 169.2m。底部以一层含砾粉砂岩与龙山组平行不整合接触；下部主要为紫红色和黄灰色薄层、厚层粉砂质白云岩夹少量白云质泥岩及页岩；上部主要为黄绿色、紫红色页岩和褐红色云母片泥质粉砂岩夹灰色薄层灰岩及鲕粒灰岩。

井陉县胡仁一带，厚 141.6m。底部以白云质页岩或含砾石英砂岩与大红峪组或高于庄组平行不整合接触；下部为砖红色页岩夹极薄层泥质白云岩及灰褐色、灰紫色薄层微晶白云岩，可见小型浪成层理、水平层理、波状层理、对称波痕、泥裂、石盐假晶等沉积构造；中部为灰黑色厚层、巨厚层结晶白云岩，薄层白云岩，夹砾屑白云岩、砂屑白云岩，发育水平层理、波状层理；上部为暗紫色含云母片粉砂质页岩夹薄层粉晶灰岩、含鲕粒生物碎屑灰岩及黄绿色含海绿石细砂岩，具水平层理、波状层理、透镜层理、斜层理等沉积构造。

邢台北会一带厚 122.7m。底部以白云质砂岩与常州沟组平行不整合接触；下部为暗紫色页岩、黄绿色白云质页岩夹钙质泥质白云岩及白云质泥岩；上部为暗红色钙质粉砂岩、泥岩、含云母页岩夹灰色中层亮晶鲕粒白云质灰岩及含海绿石砂屑凝块灰岩。

武安市岳庄一带厚 166.3m。最底部常以一层黄褐色含砾细—粗粒石英砂岩或浅灰色薄层含燧石结核微晶白云岩、紫褐色薄层含粉砂屑泥晶灰岩与常州沟组平行不整合接触；下部为紫褐—紫红色薄层白云质砂屑泥晶灰岩、泥质粉砂岩、钙质页岩、白云质泥岩及砂屑粉晶白云岩；中部为暗紫—紫红色钙质页岩、含云母页岩及深灰色厚层、巨厚层泥晶灰岩、白云岩化含海绿石砂屑粉晶灰岩；上部为肝紫色和紫红色含云母页岩，黄绿色钙质粉砂岩，暗紫色含海绿石石英粉砂岩、中粒砂岩。

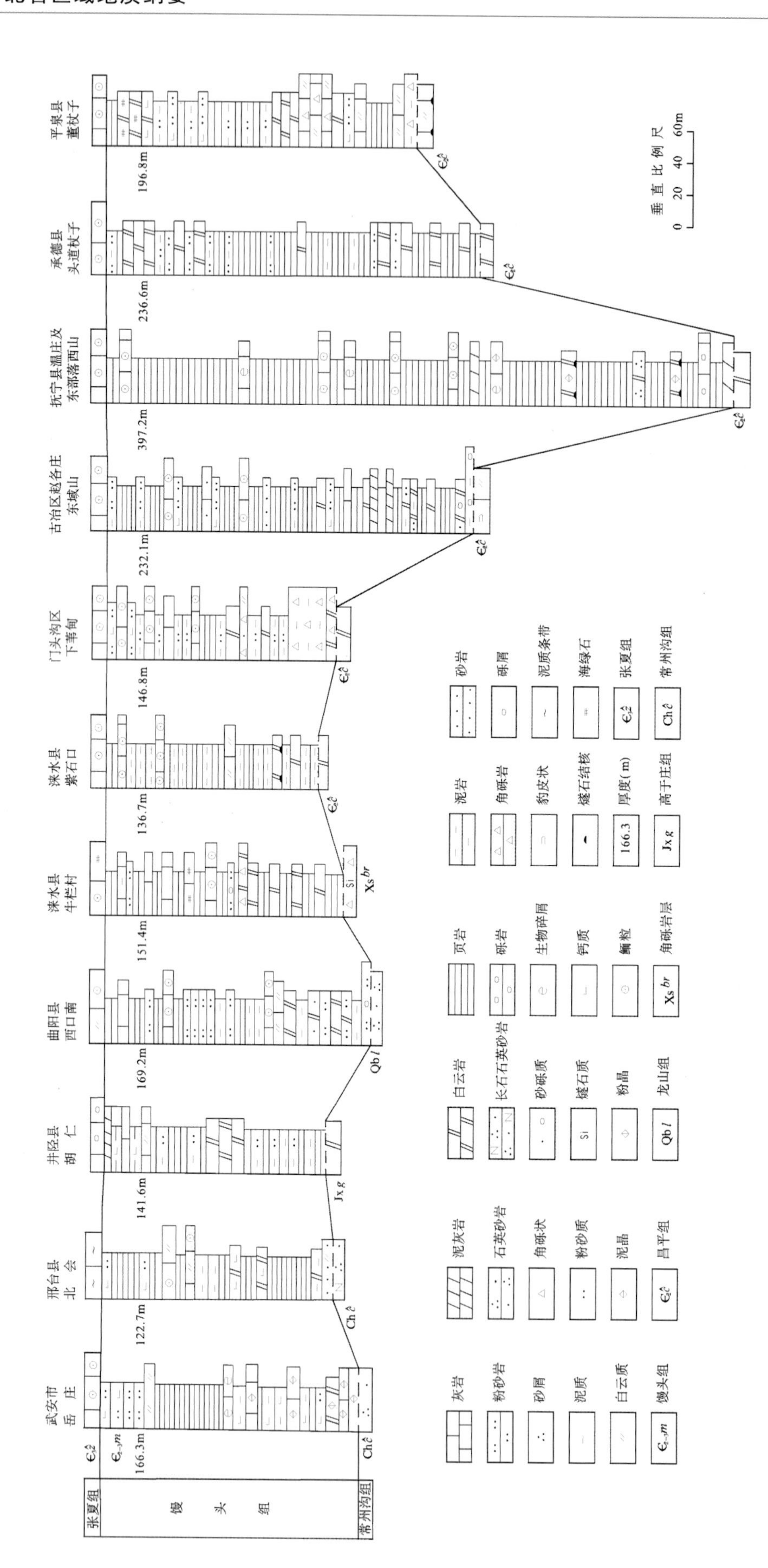

图6-3 馒头组区域柱状对比图

3. 张夏组($\in_3\hat{z}$)

该组分布于唐山、卢龙、抚宁、兴隆、承德、平泉、涞水、易县、蔚县、涞源、曲阳、井陉、平山、邢台、武安、涉县、磁县等地。

【现实定义】以厚层鲕状灰岩和藻灰岩为主,夹钙质页岩。以大套鲕粒灰岩出现与下部馒头组页岩分界,与下伏馒头组整合接触。顶部以厚层藻屑鲕粒灰岩结束、薄层砾屑灰岩夹页岩出现为界,与上覆崮山组整合接触。

【区域变化】张夏组除唐山古冶区—秦皇岛抚宁县一带厚度较薄外(不足百米),总体沉积厚度稳定在150～240m间(图6-4)。

唐山赵各庄一带厚78.6m。下部为灰色中—厚层鲕粒灰岩与紫灰色页岩、泥质粉砂岩互层;上部为灰色中—厚层鲕粒灰岩夹薄层灰岩(或白云质灰岩)及少许砾屑灰岩。

抚宁石岭剖面厚86.9m。下部为深灰色中厚—厚层含砾屑鲕粒灰岩,夹肝紫色泥钙质页岩、薄层泥质条带灰岩;中部为厚层含泥质条带鲕粒灰岩夹生屑灰岩及灰绿色粉砂质页岩;上部为灰色含藻泥纹灰岩夹厚层鲕粒灰岩、生物碎屑灰岩;顶部为灰色含藻鲕粒灰岩。

兴隆大石洞一带厚174m。下部为灰色、浅灰色厚层—块状亮晶鲕粒白云岩、泥晶白云岩;中部为灰色、深灰色厚—中厚层亮晶鲕粒灰岩、灰色薄层泥晶灰岩夹紫红色粉砂质页岩;上部为灰白色、灰色中厚层—块状亮晶砂屑白云岩。

平泉董杖子一带厚213.8m。以灰色中厚层鲕粒灰岩、鲕粒白云质灰岩为主,夹灰色薄层泥质条纹(菱铁矿化)灰岩或钙质白云岩。下部夹少量黄绿色页岩,中部夹含海绿石白云岩,上部夹灰色砾屑灰岩。岩层发育有水平纹层理和虫孔构造。

北京地区厚193～240m,以北京西山下苇甸剖面厚度最大。底部为灰绿色薄层泥钙质粉砂岩与灰紫色或深灰色中厚层泥、亮晶鲕粒灰岩互层,部分灰岩呈竹叶状;下部为灰色、深灰色中薄—厚层含竹叶状泥、亮晶鲕粒灰岩,条带状灰岩夹灰绿色薄层粉砂岩,竹叶状砾屑有时具氧化圈;中部为灰绿色薄层钙质粉砂岩,深灰色、黄灰色条带状泥晶泥质灰岩与颗粒灰岩互层;上部为深灰色巨厚层泥、亮晶鲕粒灰岩夹泥质条带泥晶灰岩和少量粉砂岩;顶部为叠层石泥晶灰岩。

涞水紫石口一带厚193.5m。下部为深灰色厚—巨厚层含白云质鲕粒灰岩、含泥纹鲕粒灰岩夹黄色、黄绿色薄层钙质粉砂岩、泥岩、泥质灰岩;上部为深灰色厚—中厚层含泥纹鲕粒灰岩夹泥质条带灰岩及少量砾屑灰岩、黄绿色粉砂质页岩。

蔚县小寺沟一带厚163.7m。以深灰—灰黑色中厚—厚层鲕粒灰岩、含砾屑生屑鲕粒灰岩、含粉砂海绿石鲕粒灰岩、灰色薄层泥晶灰岩等为主,夹少量灰绿色或灰紫色页岩、中厚层砾屑灰岩等,部分地段岩石具弱白云岩化特征。

曲阳西口南剖面厚162m。下部为深灰色中—薄层竹叶状灰岩、深灰色薄层鲕粒灰岩、灰色薄层隐晶灰岩,夹少量黄绿色页岩;上部为灰色厚—中厚层隐晶灰岩、深灰色块状白云质条带灰岩,夹深灰色块状花斑灰岩、灰色中层豹皮状灰岩、深灰色厚层块状鲕粒灰岩、浅灰色块状细晶白云岩。

井陉胡仁一带厚172.5m。下部以灰色中厚层泥质条带灰岩为主,夹生物碎屑泥晶鲕粒灰岩、泥晶鲕粒灰岩、砾屑灰岩及藻灰泥丘页岩、钙质页岩;上部以青色厚层亮晶鲕粒灰岩为主,夹砂屑灰岩、叠层石灰岩,局部夹厚层砂屑白云岩及泥质条带灰岩。

邢台县南会一带厚200.9m。下部以泥质条带灰岩夹柱状叠层石灰岩及生物碎屑鲕粒灰岩为主;中部为厚—巨厚层状鲕粒灰岩,夹花斑灰岩、砾屑灰岩,含豆粒鲕粒灰岩和泥质条带鲕粒灰岩;上部为中厚层状泥质条带鲕粒灰岩;顶部为含叠层鲕粒灰岩。

武安岳庄一带厚225.0m。下部为中厚—厚层鲕粒泥晶灰岩、假变鲕粒粉晶灰岩、中厚层含泥屑粉晶灰岩;中部为厚—巨厚层砾屑鲕粒粉晶灰岩、巨厚层含鲕粒细晶灰岩;上部为厚层—巨厚层白云岩化鲕粒粉晶灰岩；顶部夹叠层石灰岩。

4. 崮山组($\in_4 g$)

该组分布于唐山、卢龙、抚宁、兴隆、承德、平泉、涞水、易县、蔚县、涞源、曲阳、井陉、平山、邢台、武安、涉县、磁县等地。

【现实定义】岩性组合以黄绿(夹紫红)色页岩、灰色薄层疙瘩状—链条状(瘤状)灰岩、竹叶状灰岩互层为主，夹蓝灰色薄板状灰岩和砂屑灰岩。以薄层砾屑灰岩夹页岩出现与下伏张夏组呈整合接触；以页岩结束与上覆炒米店组整合接触。

【区域变化】该组总体沉积厚度不大，局部厚度急剧变化，蔚县、涞水一带厚度最大，可达50余米，向四周逐渐减薄(图6-5)。

蔚县贾洼村一带厚54.9m，而对角沟一带仅18.1m。岩性为灰色薄层或薄板状泥晶灰岩、含泥质条带灰岩、含粉砂海绿石粉细晶灰岩，薄—中厚层含砾屑鲕粒灰岩、砾屑灰岩及灰绿色页岩。发育透镜状或脉状层理、水平层理等沉积构造。以岩石露头风化断面常呈链条状、疙瘩状特征及页岩明显发育为其主要划分标志。

涞水紫石口一带厚50.8m。中、下部为灰黄色薄层弱白云石化含泥纹泥质条带微晶灰岩，夹少量黄灰色中厚层含鲕绿泥石生物碎屑砾屑灰岩；上部为深灰色中厚—薄层弱白云石化泥质斑纹灰岩与鲕粒灰岩互层，夹暗紫色页岩及薄层黄绿色泥灰岩和生物碎屑灰岩。

抚宁石岭剖面厚43.9m。下部为紫色、黄绿色页岩夹少量褐紫色砾屑灰岩、灰色鲕粒灰岩、黄灰色薄板状泥灰岩及灰紫色粉砂质页岩；上部为紫色砾屑灰岩、灰色薄层含海绿石鲕粒灰岩夹紫色页岩。

兴隆大石洞一带厚21.8m。下部为灰绿色页岩、钙质泥岩；上部为黄褐色薄层泥质泥晶白云岩、亮晶砾屑灰岩。

平泉董杖子一带厚17.1m。下部为紫红色或黄绿色粉砂质页岩、紫灰色砾屑灰岩；上部为灰色薄层泥质条纹灰岩及少量灰色含生屑泥晶鲕粒灰岩。

北京地区以门头沟区下苇甸剖面为代表，厚30.2m。底部以钙质泥岩与张夏组分界；下部为深灰色中厚层粉晶鲕粒灰岩与粉晶砾屑灰岩互层夹绿灰色薄层钙质泥岩；中部为黄灰色中层泥质白云质条带泥晶灰岩与绿灰色薄层钙质粉砂岩互层，夹灰色砾屑灰岩及灰色薄层含生物碎屑钙质泥质白云岩；上部为深灰色中—薄层泥质条带泥晶灰岩夹灰绿色薄层钙质粉砂岩、泥晶鲕粒灰岩及砾屑灰岩。

曲阳西口南一带厚16.2m。底部有一层暗紫红色薄层砾屑灰岩；下部为褐灰色页岩夹灰色薄层粉—细晶灰岩；上部为灰色中层鲕粒灰岩与灰色薄层隐晶灰岩互层，夹褐灰色页岩。

井陉洼瓮一带厚度较稳定，厚36.5m。底部为灰紫色钙质页岩夹极薄层泥质白云岩；下部为青灰色薄层泥质条带泥晶灰岩、泥晶白云岩夹薄层微晶灰岩、砾屑灰岩及鲕粒灰岩；中部为青灰色极薄层粉晶灰岩，可见微晶白云岩条带；上部为青灰色极薄层泥质条带泥晶灰岩，局部见砾屑灰岩，具变形层理；顶部为黄绿色页岩夹藻纹层灰岩及泥质白云岩。

邢台南会-姚平剖面厚30.1m。底部为角砾状灰岩；下部为灰色薄板状含泥质条带灰岩；中部为灰色、青灰色薄板状灰岩与黄绿色钙质页岩互层，夹鲕粒灰岩及砾屑灰岩；上部为灰色薄—中厚层泥质条带灰岩，夹砾屑灰岩、白云质灰岩、黄绿色页岩。

武安岳庄—仙庄一带厚9～12m。下部为黄绿色页片状页岩；中上部为灰色薄层泥质条带灰岩，夹灰色中层致密灰岩及黄绿色页岩。

5. 炒米店组($\in_4\hat{c}$、$\in_4 O_1\hat{c}$)

该组分布情况同崮山组、张夏组和馒头组，出露于唐山、卢龙、抚宁、兴隆、承德、平泉、涞水、易县、蔚县、涞源、曲阳、井陉、平山、邢台、武安、涉县、磁县等地，以古冶区东域山一带和磁县虎皮脑一带最具代表性。

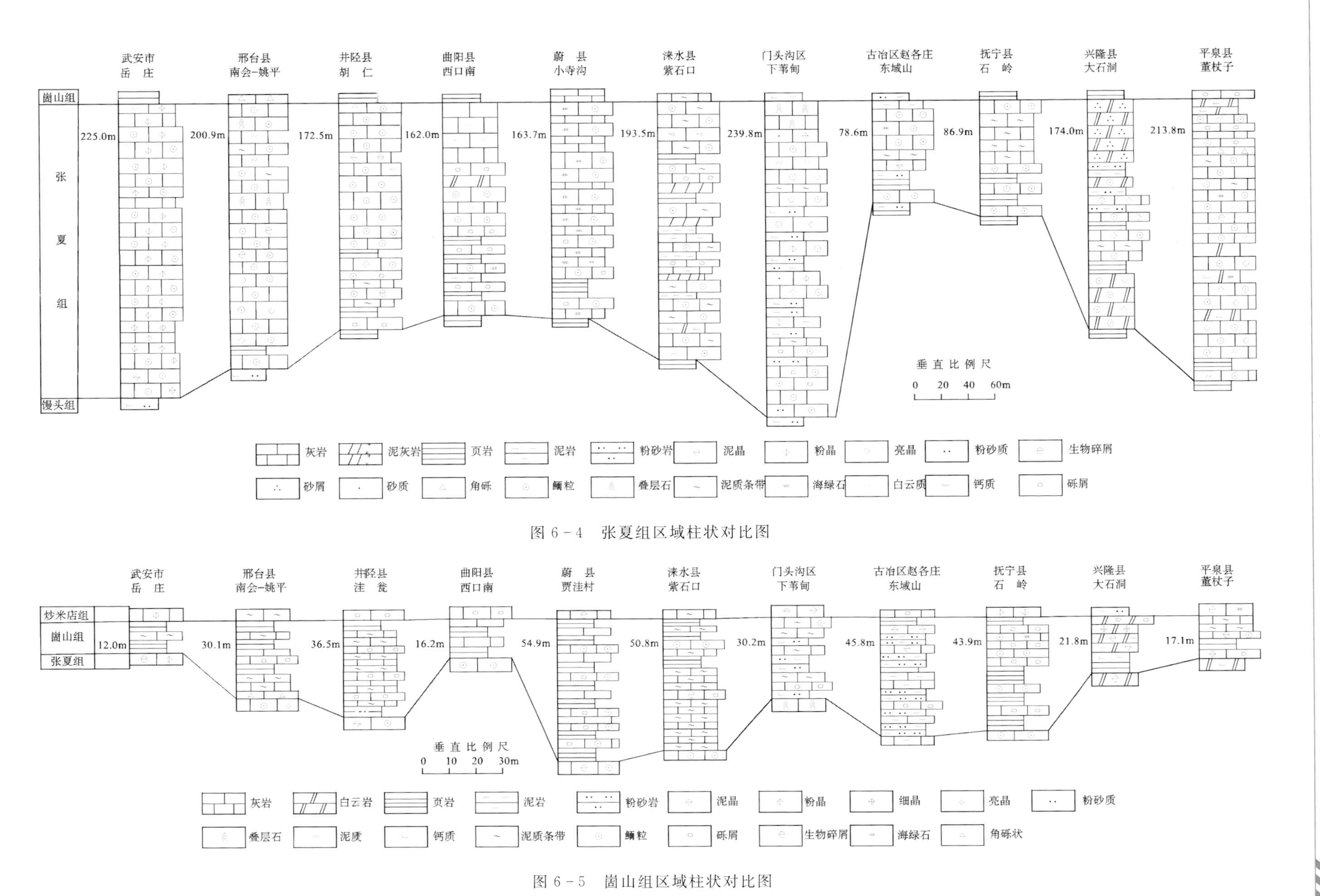

图 6－4　张夏组区域柱状对比图

图 6－5　崮山组区域柱状对比图

【现实定义】岩性组合为一套薄层灰岩、砾屑灰岩夹中厚层灰岩。底界为崮山组页岩的顶面;顶界为冶里组厚层灰岩的底面或三山子组白云岩的底面。在曲阳以北地区,该组跨末寒武世—早奥陶世,在曲阳以南则仅为末寒武世。

【区域变化】该组在曲阳以北厚度一般在百米以上,仅在平泉一带不足 40m。如北京门头沟区下苇甸—涞水紫石口一带剖面厚 117.2~169.63m。主要为灰色中—薄层泥质白云质条带灰岩及砾屑灰岩(下部砾屑灰岩具红色氧化圈),下部夹少量浅黄绿色薄层粉砂质泥岩及泥质粉砂岩(图 6-6)。

唐山赵各庄一带厚 169.2m。下部主要为灰色薄层泥质条带泥晶灰岩、泥质泥晶灰岩夹灰色、紫色中厚层砾屑灰岩及灰紫色、黄绿色泥质粉砂岩;上部为灰色薄层泥晶灰岩、深灰色厚层砾屑灰岩夹灰色厚层泥晶灰岩

抚宁石岭一带厚 113.0m。主要为灰色、深灰色薄板状及薄层状泥质条带(纹)细粉晶灰岩和灰色中厚层砾屑灰岩,夹少量紫色页岩及含海绿石细粉砂岩。

兴隆—承德—宽城一带厚 91~110m。主要为一套由灰紫色、黄绿色页片状泥质粉砂岩、粉砂质页岩、海绿石细砂岩、具氧化圈砾屑灰岩、泥质条带泥晶灰岩、虫孔灰岩、叠层石灰岩、中细晶白云岩组成的岩性组合。

平泉营子一带厚 35.7m。岩性为紫红色、紫灰色及灰色砾屑灰岩,灰色薄层泥质条纹灰岩及紫色中层条带状海绿石粉砂质白云质灰岩或钙质白云岩,局部夹紫红色粉砂岩。

涞源贾洼村一带厚 124.0m。主要为灰色薄层或薄板状泥晶灰岩,薄层、中厚层砾屑灰岩及中厚层、厚层含砾屑鲕粒灰岩,其次为薄—中厚层含生物碎屑海绿石粉泥晶灰岩、灰绿色或紫灰色钙质页岩等。

该组在曲阳以南厚度则多为数十米,如曲阳西口南厚 51.8m。下部为灰色、紫灰色中—厚层砾屑灰岩与灰色泥质条带灰岩互层夹褐灰色中—薄层隐晶灰岩,少量灰绿色页岩及一层灰色厚层海绿石生物介壳灰岩;上部为灰色中层泥质条带灰岩、中厚层隐晶灰岩夹灰色中层砾屑灰岩、薄板状灰岩及少量黄绿色页岩。

井陉洼瓮一带厚 43.5m。主要由青灰色极薄层泥质条带泥晶灰岩与紫红色、青灰色中—厚层砾屑灰岩组成。

邢台县南会一带厚 39.8m。主要由紫红色、灰色中厚层砾屑灰岩与灰色中—薄层微晶灰岩组成。

武安县岳庄一带厚 76.0m。下部为浅灰色、灰色中厚层泥质条带(纹)粉晶灰岩、白云岩化粉晶灰岩;上部为灰色、灰紫色中厚层砾屑粉晶灰岩夹灰色薄层粉晶灰岩。

6. 三山子组($\in_4 O_1 s$)

该组分布于曲阳、平山、井陉、临城、邢台、涉县、武安等地,以井陉县北良都一带最具代表性。

【现实定义】岩性组合为中厚层夹薄层细—粗晶白云岩、含燧石细—中晶白云岩、泥质白云岩等,局部夹少量灰岩。底界与炒米店组整合接触,以砾屑白云岩与炒米店组区分,与冶里组、亮甲山组属同时异相;顶界一般以区域性平行不整合面与马家沟组接触。

【区域变化】该组在井陉县一带沉积最厚,如井陉测鱼六亩地一带厚 308.6m,北良都一带厚 262.2m。岩性组合下部主要为黄灰色、灰白色中厚—巨厚层中—粗晶白云岩,夹黄灰色薄层细—中晶白云岩及少量薄层砾屑白云岩、黄绿色白云岩化页岩;上部主要为灰色、黄灰色中厚—厚层含燧石结核中晶白云岩。至梅家庄一带减薄至 214.4m(图 6-7)。

向北东至曲阳县南部一带是晋邢地层分区三山子组与燕辽分区炒米店组(上部)、冶里组、亮甲山组的过渡地带,互呈指状交互关系。曲阳西口南该组厚 85m,主要为浅灰色、黄灰色、灰色中厚—薄层中晶钙质白云岩。底部为浅灰色薄层、中厚层中晶白云岩夹砾屑灰岩;上部夹 1 层黄白色钙质页岩;顶部为灰黄色中厚层、薄层钙质白云岩。

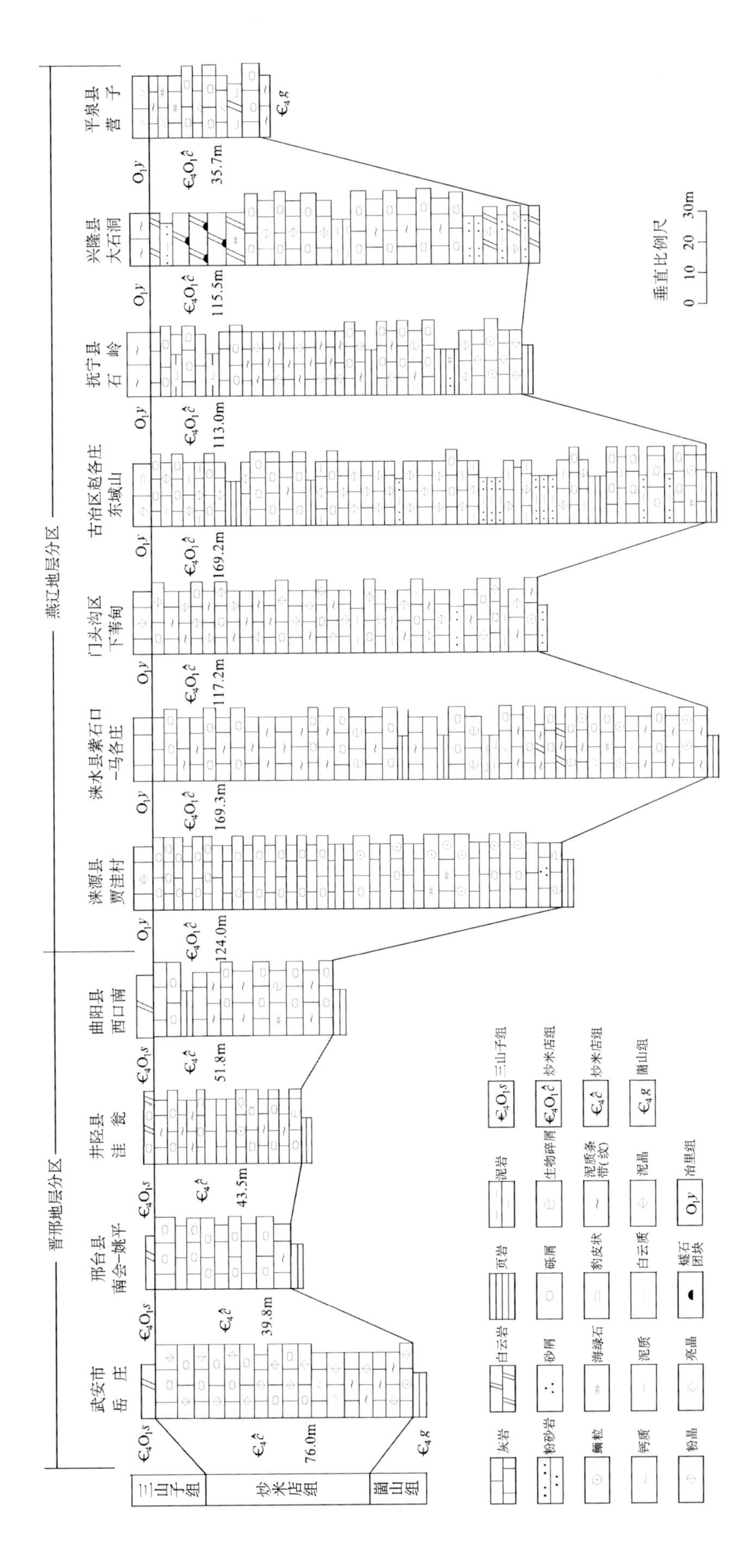

图6-6　炒米店组区域柱状对比图

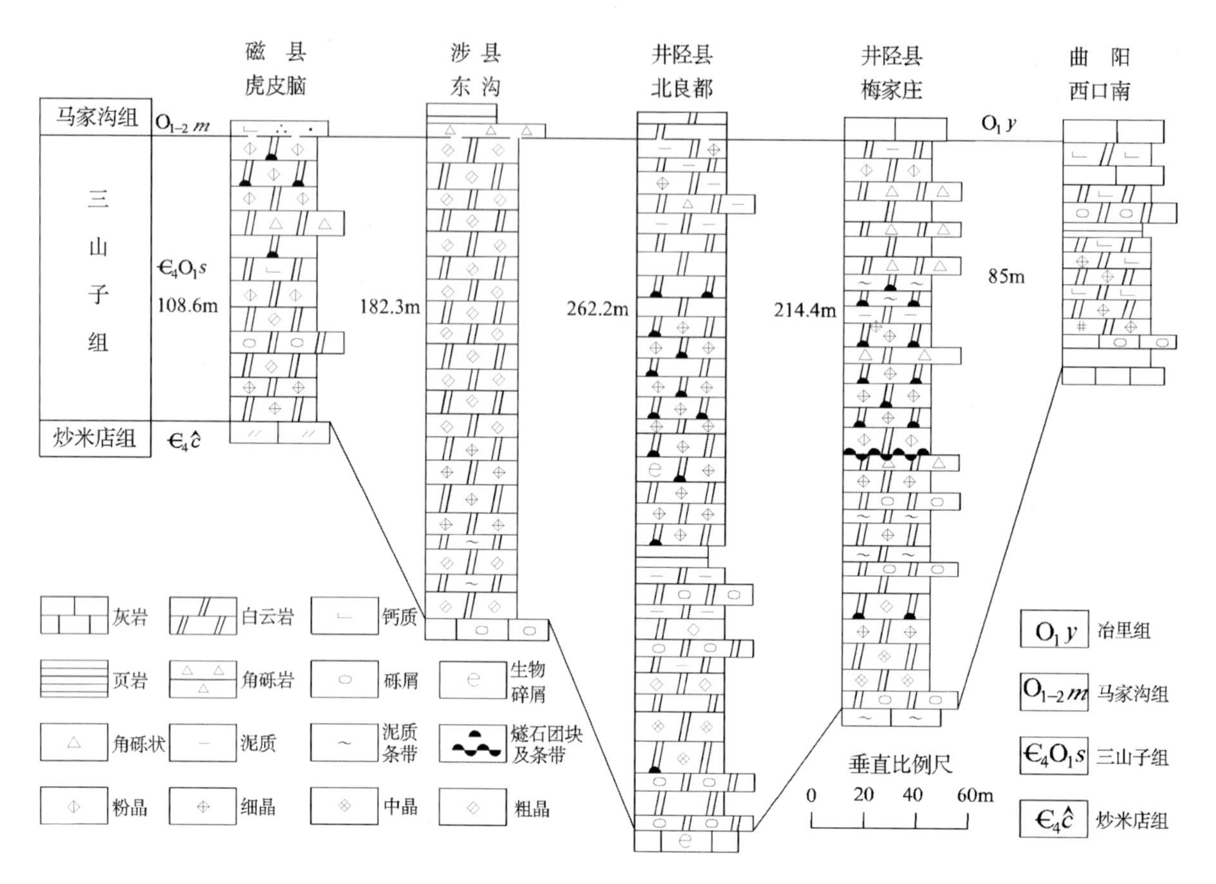

图 6-7 三山子组区域柱状对比图

向南至涉县东沟一带厚 182.3m，至磁县虎皮脑一带厚 108.6m。岩性组合下部为黄灰色中厚层细晶白云岩夹灰黄色薄层含钙质白云岩及砾屑白云岩；上部为灰白色中厚层含燧石结核粉晶白云岩、燧石条带细晶白云岩。

7. 冶里组(O_1y)

该组分布于唐山、卢龙、抚宁、平泉、兴隆、北京、涞水、易县、蔚县、涞源、阜平、曲阳等地，以唐山市古冶区赵各庄出露最具代表性。

【现实定义】岩性组合为灰色厚层、中厚层灰岩夹少量砾屑灰岩及很薄的(经常是十几厘米)黄绿色页岩。与下伏炒米店组薄层灰岩和上覆亮甲山组含燧石结核灰岩均呈整合接触。

【区域变化】该组区域厚度变化较大(图 6-8)，在兴隆—平泉一带较厚，可达 175.8～187.0m。主要为灰色中厚层、厚层泥质条带(纹)泥晶灰岩，灰色中层、薄层泥晶灰岩，灰色中薄层砾屑灰岩，局部夹黄绿色钙质页岩。

向南在抚宁石岭一带减薄至 134.7m。下部为深灰色中厚-厚层细粉晶、粉屑生物碎屑泥纹灰岩和虫孔灰岩，局部含燧石结核；中部为灰色中厚层夹薄层含泥纹细粉晶灰岩与中厚层泥晶灰岩互层并夹薄层砾屑灰岩；上部为灰色薄层砾屑灰岩夹薄层细粉晶云斑灰岩，顶部为厚 2～3m 的黄绿色钙质页岩。

至古冶区赵各庄一带厚 96.9m。下部为灰色巨厚层豹皮状泥晶灰岩，含黄铁矿结核及假晶；中部为灰色厚层泥质条纹灰岩，夹薄层灰岩及砾屑灰岩；上部为灰色中厚层泥质条纹灰岩，夹砾屑灰岩及数层厚 10～20m 的暗绿色页岩。

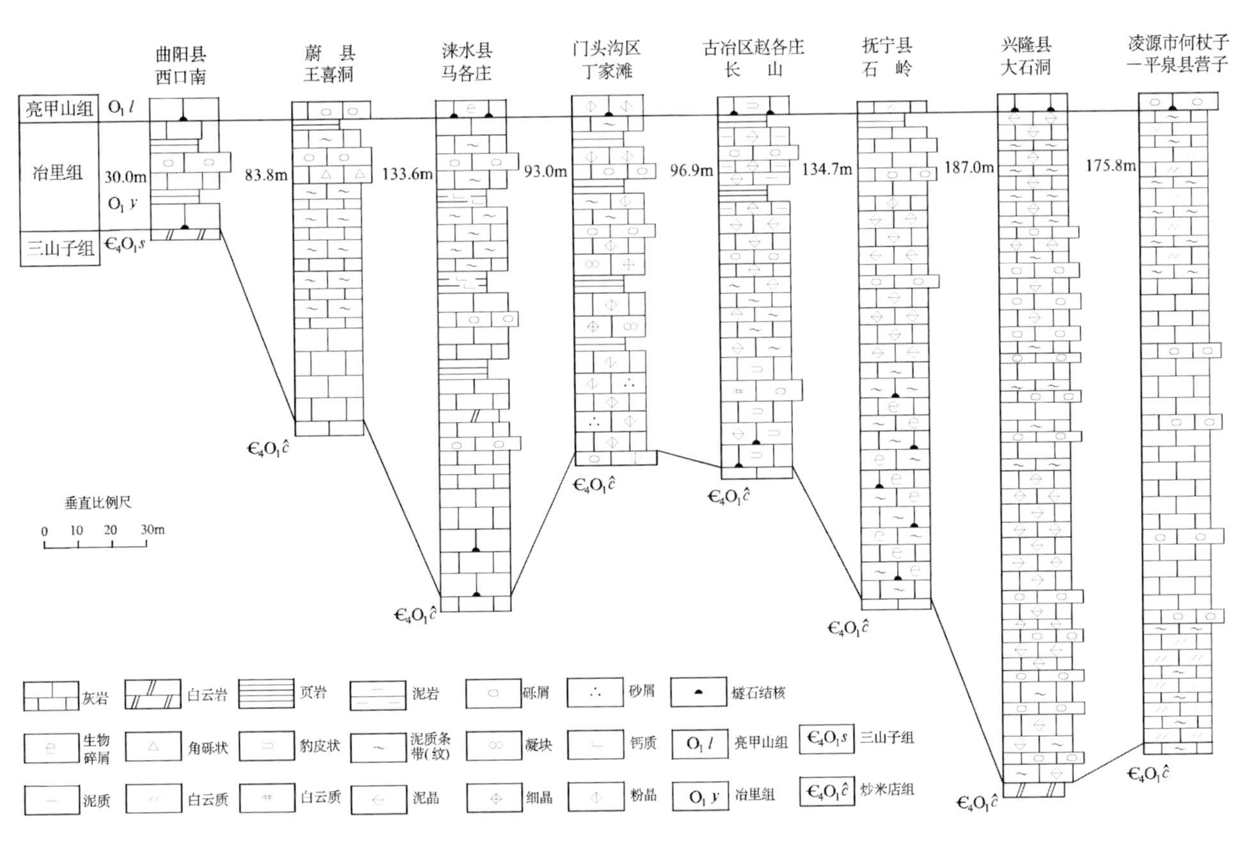

图 6-8 冶里组区域柱状对比图

向西南至北京门头沟区丁家滩一带厚 91～98m。下部为深灰色巨厚层含云斑和砂屑泥—粉晶灰岩，局部为白云岩；中上部为深灰色、灰黑色中—厚层含泥质条带(条纹)粉晶、泥晶灰岩夹砾屑灰岩和黄绿色钙质页岩。

涞水马各庄一带厚 133.6m，而到蔚县王喜洞一带厚约 83.8m。岩性下部为深灰色巨厚层微晶灰岩，局部见黄褐色泥质斑纹及燧石结核；中部为灰色、深灰色薄至中厚层微晶灰岩，夹 2～3 层灰绿色、黄绿色钙质页岩、泥岩和薄层竹叶状灰岩，局部见泥质花斑；上部为深灰色中厚至厚层泥质条纹、条带微—细晶灰岩，偶夹钙质页岩及竹叶状灰岩。

在曲阳西口南一带减薄至 30m，再向南则相变为三山子组。岩性底部为灰白色巨厚层灰岩及白云质灰岩，含燧石及铁质结核；中上部为浅灰色、灰黄色中厚层灰岩夹砾屑灰岩及黄绿色钙质页岩。

8. 亮甲山组(O_1l)

该组分布于唐山、卢龙、抚宁、平泉、兴隆、北京、涞水、易县、蔚县、涞源、阜平、曲阳等地。

【现实定义】岩性组合为一套灰色含燧石结核灰岩、白云岩夹少量砾屑灰岩。与下伏冶里组灰岩为整合接触；与上覆马家沟组底部薄板状白云岩或角砾状灰岩呈平行不整合接触。

【区域变化】该组厚度变化较大。抚宁石岭剖面厚度达 369.2m。中、下部主要为灰色中厚层含泥纹、白云质条带细粉晶灰岩，灰色薄板状泥纹灰岩，含云斑亮晶藻屑粉屑灰岩，夹薄层砾屑灰岩及少量黄绿色页岩；上部为灰黑色、深灰色厚层豹皮状泥纹灰岩；顶部为灰色中厚层含燧石结核粉晶白云岩、灰黑色薄板状含燧石条带细粉晶含钙质白云岩(图 6-9)。

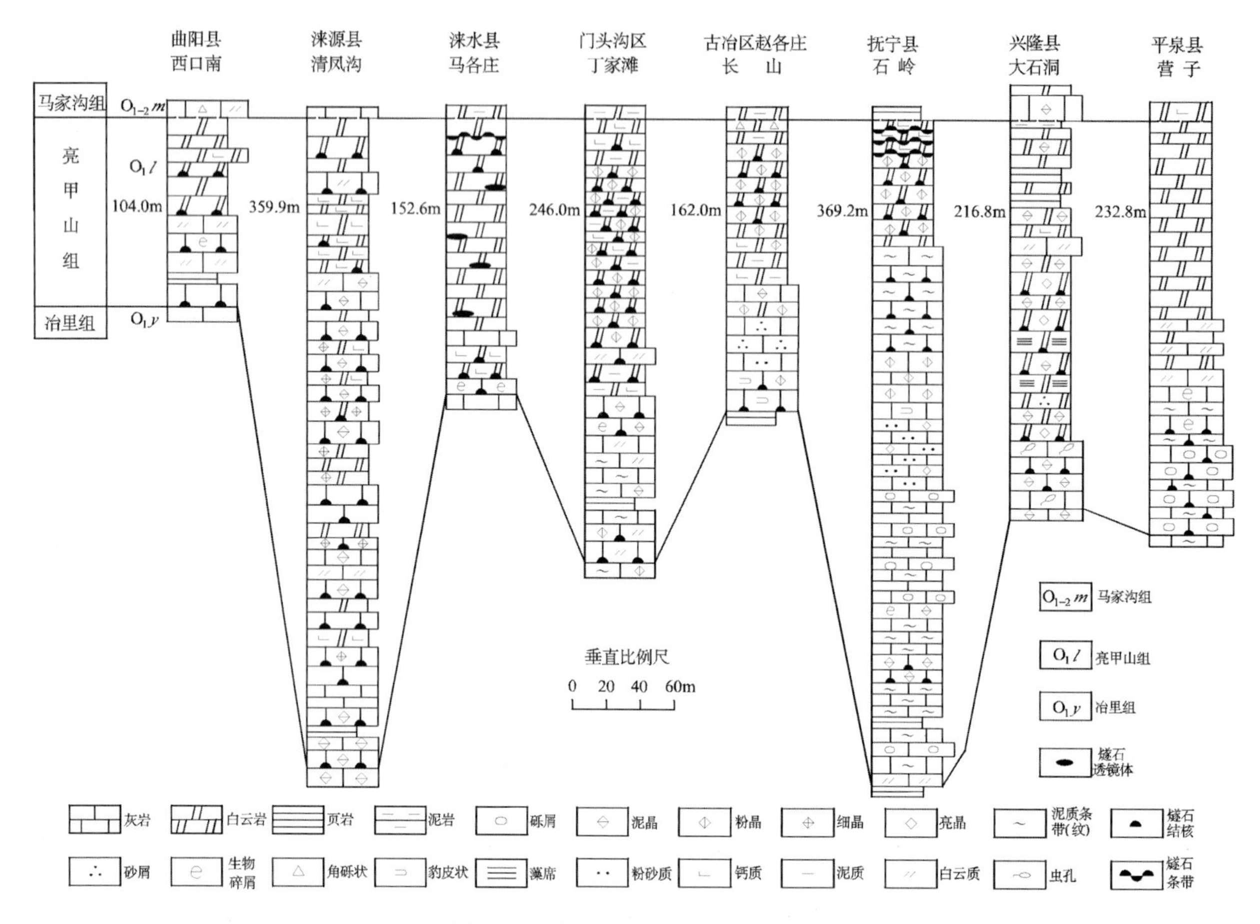

图 6-9 亮甲山组区域柱状对比图

涞源清风沟一带厚度达 359.9m。下部以灰色中厚—厚层含燧石结核泥晶灰岩、燧石条纹泥晶灰岩、含砂屑生物碎屑灰岩、薄层泥晶灰岩为主,夹少量黄灰色中厚层白云岩化灰岩、灰色砾屑灰岩、钙质页岩及黄色薄—中厚层粉细晶钙质白云岩、白云岩等;上部为黄灰色中厚层细晶白云岩、粉细晶钙质白云岩、土黄色薄层白云岩及浅灰色中厚—厚层含燧石结核泥晶灰岩、含生屑砂屑泥晶灰岩等。

兴隆大石洞一带厚 216.8m。下部为灰色中厚层虫孔泥晶灰岩与灰色中厚层燧石团块泥晶灰岩互层;上部为灰白色厚层砂屑泥晶白云岩与灰白色中薄层泥质白云岩互层;顶部岩石见泥裂、波痕。

平泉营子一带厚 232.8m。下部以灰色中厚层砂屑生物碎屑灰岩、浅灰色中厚层含硅质结核生物碎屑灰岩为主,夹灰色薄层泥质条纹灰岩、灰黄色白云质灰岩;上部以土黄色中薄层细晶白云岩为主。

古冶区赵各庄一带厚 162.0m。下部为浅灰色巨厚层含燧石结核豹皮状灰岩,具积云状(俗称大涡卷)构造,向上过渡为中厚层灰岩与薄层灰岩互层;中部为灰色厚层钙质白云岩夹蠕虫状灰岩;上部为灰色中厚层、厚层含燧石白云岩;近顶部常含不稳定的角砾及沥青质。

北京门头沟区丁家滩一带厚 246.0m。底部为灰黑色巨厚层燧石团块含泥纹含生物碎屑粉晶白云质灰岩;下部为灰黑—深灰色中—中厚层泥晶灰岩、粉晶灰岩,含燧石团块、结核、泥纹、泥质白云质条带云斑或生物碎屑、球粒等,夹少量页岩或钙质页岩;中、上部为浅灰色、黄灰色及灰黑—深灰色中层状含燧石团块含泥质、钙质粉晶白云岩,夹白云质灰岩。

涞水马各庄一带厚 152.6m。下部为灰色、深灰色中厚—厚层含燧石结核生物碎屑灰岩及含燧石团块钙质白云岩;中部为灰黄色中厚层细晶白云岩,局部见燧石透镜体;上部为浅灰色、深灰色、黑灰色中厚层含燧石白云岩。

至曲阳西口南一带仅厚104.0m，再向南则相变为三山子组。下部为浅灰色中厚层、厚层含燧石结核白云质灰岩，巨厚层燧石灰岩，夹土黄色、黄绿色薄层灰岩和少量页岩，底部为巨厚层燧石灰岩；上部为灰黄色、灰色中厚—厚层含燧石结核粉晶白云岩和钙质白云岩。

9. 马家沟组($O_{1-2}m$)

该组分布情况同炒米店组，出露于唐山、卢龙、抚宁、兴隆、承德、平泉、涞水、易县、蔚县、涞源、曲阳、井陉、平山、邢台、武安、涉县、磁县等地，燕辽地层分区以唐山市古冶区赵各庄一带最具代表性，晋中南-邢台地层分区以磁县虎皮脑一带最为典型。

【现实定义】岩性组合为一套灰色中厚—厚—巨厚层(夹薄层)泥晶灰岩、泥晶白云质灰岩夹泥晶钙质白云岩及角砾状灰岩、角砾状白云岩。底部常以白云质页岩(贾汪页岩)或角砾状灰岩、角砾状白云岩、石英砂岩。与下伏亮甲山组或三山子组含燧石白云岩呈平行不整合接触；与上覆本溪组或峰峰组分别为平行不整合和整合接触关系。

【区域变化】该组沉积较为稳定，兴隆—平泉一带厚290～430m；平泉双洞子常杖子剖面厚394.5m；北京色树坟剖面厚404.0m；易县一带厚321～370m；西大北头剖面厚321.0m；蔚县—涞源一带以艾河剖面为代表，厚350.3m；曲阳西口南剖面厚507.0m；平山—井陉一带厚470～537m，北良都-马峪剖面厚470.0m；武安剖面厚344.0m；涉县西达一带可见厚430～477m；磁县虎皮脑剖面厚400.8m(图6-10)。

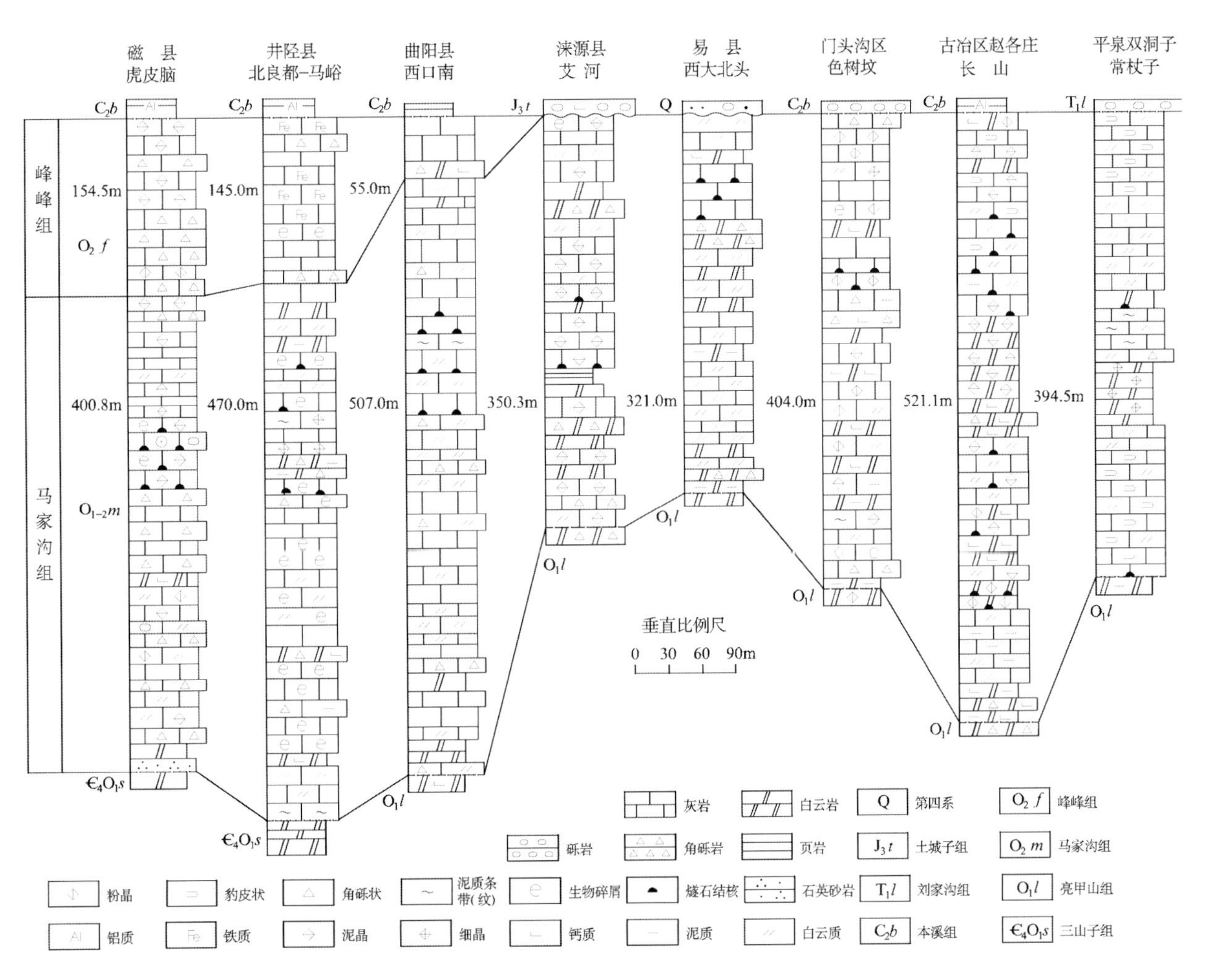

图6-10 马家沟组、峰峰组区域柱状对比图

【矿产资源】马家沟组是区域上铁矿、铝土矿等金属、非金属矿的有利层位，其中马家沟组灰岩与早白垩世石英二长岩的接触带发育矽卡岩、磁铁矿，是矽卡岩型铁矿的有利成矿围岩，具代表性矿床有武安西石门大型铁矿。马家沟组顶部与上覆石炭纪之间发育稳定的风化壳，该风化壳发育古风化壳沉积型铝土矿床，典型矿床有邯郸市峰峰矿区和村中型铝土矿床、邯郸市井陉县南关中型铝土矿床和唐山市开滦赵各庄小型铝土矿，成矿时代为石炭纪。

10. 峰峰组（O_2f）

该组分布于曲阳以南地区，以磁县虎皮脑一带最具代表性。

【现实定义】指以含直角石式鹦鹉螺类为特征的一套褐灰色巨厚—厚层纯灰岩，花斑状灰岩和角砾状灰岩。底部常以角砾状灰岩、角砾状白云岩与下伏马家沟组整合接触；与上覆晚石炭世本溪组呈平行不整合接触。

【区域变化】该组岩性稳定，厚度变化较大，在武安一带厚度可达 257m；向北至井陉北良都—马峪一带厚 145m；到曲阳西口南仅厚 55m。再向北逐渐尖灭（见图 6－10）。

第二节　多重地层划分对比概述

本书以岩石地层、生物地层、年代地层为依据进行地层综合分析对比，建立了本区寒武纪—奥陶纪地层多重地层划分对比表（表 6－3）。

从表 6－3 中可以看出，岩石地层、年代地层、生物地层的界线并非完全统一，有的岩石地层单位是跨时的，如馒头组、马家沟组、燕辽地层分区的炒米店组、晋邢地层分区的三山子组等；生物地层单位也有跨岩石地层单位的现象，如三叶虫第 6、12、13 带，牙形石第 1、9 带等；同一个岩石地层单位，所包括的生物地层单位也不尽相同，如燕辽地层分区的炒米店组含 11 个三叶虫化石带，而晋邢地层分区的炒米店组仅含 7 个三叶虫化石带。

表 6－3　寒武纪—奥陶纪多重地层划分对比表

年代地层				岩石地层		生物地层			
界	系	统与阶		燕辽地层分区	晋邢地层分区	三叶虫	牙形石	笔石	头足类
下古生界	奥陶系	上统							
下古生界	奥陶系	中统	达瑞威尔阶		峰峰组		16.*Microcoelodus-Panderodus*组合带		8.*Fengfengoceras-Streospyroceras*组合带
下古生界	奥陶系	中统	达瑞威尔阶	马家沟组	马家沟组		15.*Scandodus-panderodus*组合带		7.*TofangocerasPau-ciannulatum-Hemi-piloceras*组合带
下古生界	奥陶系	中统	大坪阶	马家沟组	马家沟组		14.*Aurilobodus aurilobus-Erraticodon tangshang-ensis*组合带		6.*Stereoplacmoceras-Discoactinoceras*组合带
下古生界	奥陶系	中统	大坪阶	马家沟组	马家沟组	27.*Eoisotelus orientalis*延限带	13.*Tangshanodus tangshanensis*组合带		5.*Ordosoceras-Pseud oskimoceras*组合带
下古生界	奥陶系	下统	道保湾阶	马家沟组	马家沟组	27.*Eoisotelus orientalis*延限带	13.*Tangshanodus tangshanensis*组合带		4.*Polydesmia-Wutinoceras*组合带
下古生界	奥陶系	下统	道保湾阶	亮甲山组			12.*Paraserratognathus paltodiformis*组合带		
下古生界	奥陶系	下统	道保湾阶	亮甲山组			11.*Serratognathus bilobatus*组合带		3.*Manchuroceras-Coreanoceras-Hopeioceras*组合带
下古生界	奥陶系	下统	道保湾阶	亮甲山组					
下古生界	奥陶系	下统	道保湾阶	亮甲山组			10.*Scolopodus rexScalpell-odus tarsus*组合带		
下古生界	奥陶系	下统	道保湾阶	亮甲山组			9.*Scolopodus quadraplicatus*组合带		2.*Eothinoceras-Leptocyrtoceras-Proterocameroceras*组合带

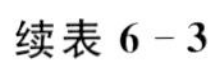
续表 6-3

年代地层				岩石地层		生物地层			
界	系	统	阶	燕辽地层分区	晋冀地层分区	三叶虫	牙形石	笔石	头足类
下古生界	奥陶系	下统	新厂阶	冶里组	三山子组	26.*Endoaspis rectangulosa*组合带	9.*Scolopodus quadraplicatus*组合带	3.*Adelograptus-Clonograptus*组合带	1.*Cumberloceras-Laishuiceras*组合带
						25.*Asaphellus trinodosus*延限带		2.*Callograptus-Dictyonema*组合带	
							8.*Chosonodina herfurthi-"Acodus"*组合带		
						24.*Aristokainella-leiostegium*组合带	7.*Cordylodus angulatus*组合带		
				炒米店组		23.*Leiostegium(Alloleiostegium)*组合带	6.*Cordylodus intermedius*组合带		
								1.*Dictyonema flabelliforme*延限带	
						22.*Yosimuraspis*组合带	5.*Cordylodus proavus*组合带		
						21.*Pseudokoidinioidia*组合带			
	寒武系	顶统	牛车河阶			20.*Mictosaukia orientalis*延限带			
							4.*Proconodontus*组合带：*Eoconodntus notchpekensis*亚带	注：2.*Callograptus-Dicty onema*组合带 2.*Callograptus taitzehoensis-Dictyonema-Flabelliformeo-rientale*组合带	
							*Proconodontus muelleri*亚带		
					炒米店组	19.*Quodraticephalus*延限带	*Proconodontus posterocostatus*亚带		
			桃源阶			18.*Tsinania-Ptychaspis*延限带	3.*Furnishina asymmetrica*组合带		
						17.*Kaolishania*延限带	2.*Acodus cambricus*组合带		
						16.*Maladioidella*组合带			
						15.*Changshania*延限带			
						14.*Chuangia*延限带			
			排碧阶	崮山组		13.*Drepanura-Liostracina*组合带	1.*Westergaardodina tricuspidata*组合带		
						12.*Blackwelderia*延限带			
		上统	古丈阶	张夏组		11.*Damesella-Yabeia*组合带			
						10.*Taitzuia*延限带			
						9.*Amphoton*延限带			
			王村阶			8.*Crepicephalina*延限带			
						7.*Liaoyangaspis*延限带			
			台江阶	馒头组		6.*Bailiella*延限带			
						5.*Poriagraulos obrota*延限带			
						4.*Sunaspis laevis*延限带			
						3.*Hsuchuangia hsuchuamgensis*延限带			
						2.*Shantungaspis*延限带			
		中统	都匀阶						
				昌平组		1.*Megapalaeolenus*延限带			
			南皋阶						
		下统							

第七章 石炭纪—二叠纪地层

石炭纪—二叠纪地层零星出露于燕山和太行山的山前地带，燕山腹地丰宁、兴隆、宽城、平泉以及华北陆块北缘康保、围场等地也有零星出露。本书根据沉积岩建造和沉积相特点，将石炭纪—二叠纪地层划分为康保-赤峰地层分区（ⅢA_2^1）、燕辽地层分区（ⅢA_2^3）、晋中南-邢台地层分区（ⅢA_2^4）3 个地层分区（见图 6－1），并建立了岩石地层序列（见表 6－1）。

第一节 岩石地层

石炭纪—二叠纪地层共厘定 9 个组级填图单位，划分沿革见表 7－1。其中，康保-赤峰地层分区发育有早二叠世三面井组及早中二叠世额里图组；燕辽地层分区发育有石炭系本溪组，二叠系太原组、山西组、下石盒子组、上石盒子组、云雾山组和孙家沟组；晋中南-邢台（晋邢）地层分区除缺失云雾山火山岩外，其他地层同燕辽地层分区。

表 7－1 石炭纪与二叠纪岩石地层划分沿革表

<table>
<tr><th colspan="2" rowspan="2">第一代地质志（1989）</th><th colspan="2" rowspan="2">《河北省岩石地层》（1996）</th><th colspan="6">《中国区域地质志·河北志》（2017）</th><th colspan="6">本纲要</th></tr>
<tr><th>时代</th><th>赤峰地层分区</th><th colspan="2">燕辽地层分区</th><th colspan="2">晋中南-邢台地层分区</th><th>时代</th><th>康保-赤峰地层分区</th><th colspan="2">燕辽地层分区</th><th colspan="2">晋中南-邢台地层分区</th></tr>
<tr><td rowspan="2">P_2</td><td>石千峰组</td><td>P_2</td><td>孙家沟组</td><td rowspan="2">P_3</td><td rowspan="2"></td><td>石千峰群</td><td>孙家沟组</td><td>石千峰群</td><td>孙家沟组</td><td rowspan="2">P_3</td><td rowspan="2"></td><td>石千峰群</td><td>孙家沟组</td><td>石千峰群</td><td>孙家沟组</td></tr>
<tr><td>上石盒子组</td><td rowspan="3">P_1</td><td rowspan="2">石盒子组</td><td>上石盒子组</td><td rowspan="2">云雾山组</td><td colspan="2">上石盒子组</td><td>上石盒子组</td><td rowspan="2">云雾山组</td><td colspan="2">上石盒子组</td></tr>
<tr><td rowspan="2">P_1</td><td>下石盒子组</td><td>P_2</td><td>额里图组</td><td>下石盒子组</td><td colspan="2">下石盒子组</td><td>P_2</td><td>额里图组</td><td>下石盒子组</td><td colspan="2">下石盒子组</td></tr>
<tr><td>山西组</td><td>山西组</td><td rowspan="2">P_1</td><td rowspan="2">三面井组</td><td rowspan="3">月门沟群</td><td>山西组</td><td rowspan="3">月门沟群</td><td>山西组</td><td rowspan="2">P_1</td><td rowspan="2">三面井组</td><td rowspan="3">月门沟群</td><td>山西组</td><td rowspan="2">月门沟群</td><td>山西组</td></tr>
<tr><td>C_3</td><td>太原组</td><td>C_3</td><td>太原组</td><td>太原组</td><td>太原组</td><td>太原组</td><td>太原组</td></tr>
<tr><td>C_2</td><td>本溪组</td><td>C_2</td><td>本溪组</td><td>C_2</td><td></td><td>本溪组</td><td>本溪组</td><td>C_2</td><td></td><td>本溪组</td><td></td><td>本溪组</td></tr>
</table>

1. 本溪组（C_2b）

该组主要出露于抚宁石门寨、唐山狼尾沟、兴隆马圈子、平泉山湾子、北京西山、涞水垒子、易县玟庄、蔚县王喜洞、阜平炭灰铺、曲阳灵山、井陉矿市镇、武安紫山等地，以抚宁石门寨—瓦家山一带最具代表性。

【现实定义】指下部以紫色、杂色铁铝质泥页岩和页岩为主，上部以紫色、黄绿色砂岩和页岩为主的一套岩性组合。与下伏奥陶系马家沟组或峰峰组平行不整合接触，与上覆太原组整合接触。

【区域对比】该组在唐山狼尾沟剖面厚 18m，以黄绿色泥岩为主，灰绿色、灰色粉砂岩、细砂岩等次之，夹煤线，局部偶见鸡窝状山西式铁矿（图 7－1）。兴隆马圈子一带该组厚 27.0m，底部为不稳定的山西式铁矿；其上为褐红色、褐黄色砾岩及灰色、灰绿色、灰白色、灰黑色铝土矿，铝土质页岩；再上为灰蓝色、灰色厚—中厚层中粗粒石英砂岩；顶部为硅质页岩、碳质页岩夹煤层。平泉山湾子剖面厚 39.0m，底

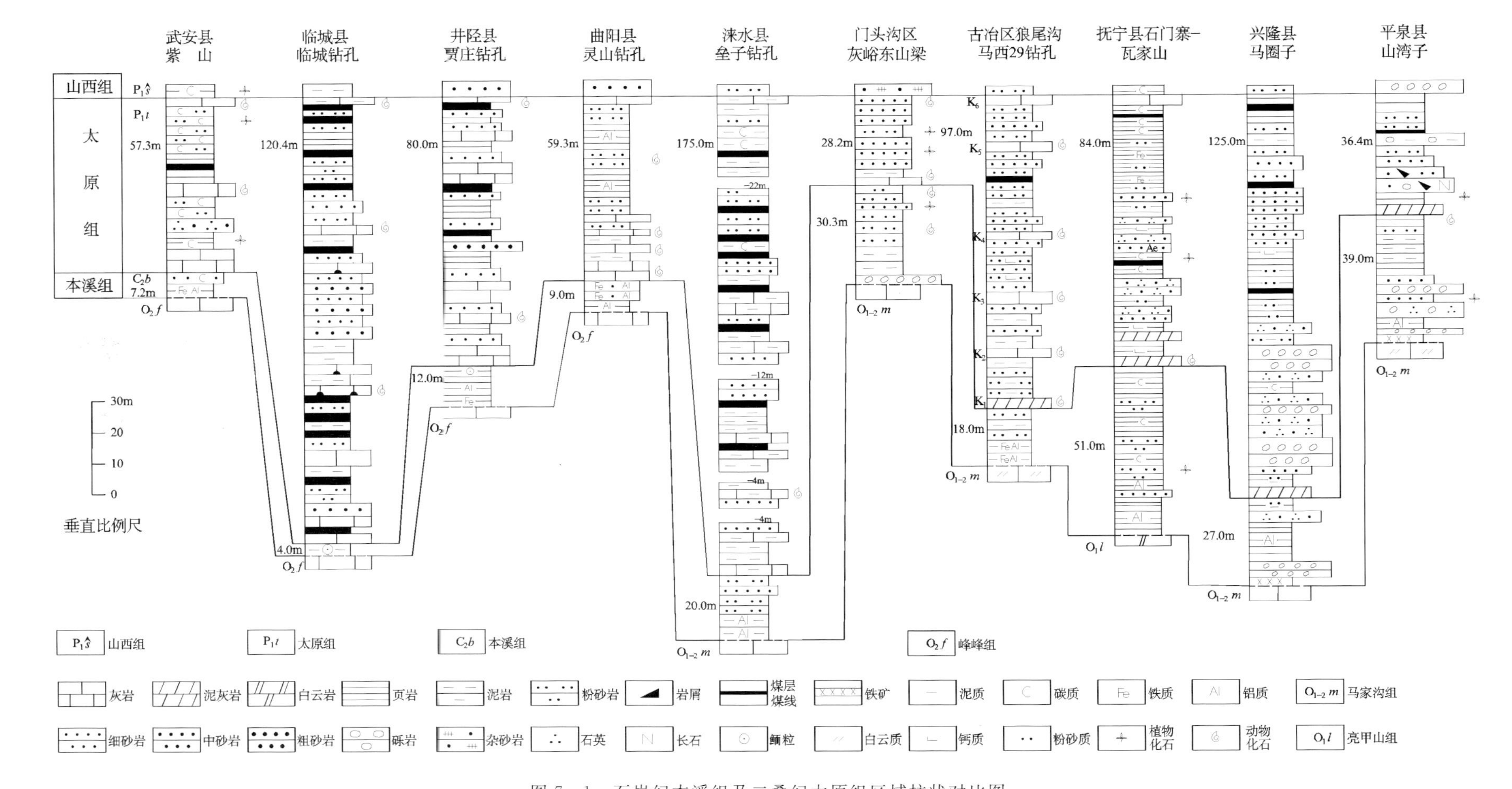

图 7-1 石炭纪本溪组及二叠纪太原组区域柱状对比图
（钻孔剖面厚度不含煤层厚度）

部为山西式铁矿夹红褐色中粗砾岩；下部为灰褐色、褐黄色中粗砾岩夹灰—灰黑色铝土质页岩、粉砂岩；中部为灰黑色细砂岩、粉砂岩及粉砂质页岩夹薄煤层；上部为黄绿色、灰黑色页岩、粉砂质页岩，顶部为灰绿色页岩、粉砂岩。北京西山灰峪东山梁剖面厚30.3m，其上为铁铝质砂岩、页岩，偶夹扁豆状赤铁矿透镜体；再上为粉红色黏土岩；铁铝质岩段之上主要由灰—灰黑色粉砂岩、细砂岩组成。

涞水垒子地区该组厚20m，底部为铝土质泥岩，其上为灰色粉砂岩夹细砂岩。阜平炭灰铺厚24m，以杂色页岩、粉砂岩为主，底部为砂质砾岩，顶部夹碳质页岩及煤线。易县坟庄、南石楼、王家庄，蔚县王喜洞、曲阳灵山、井陉贾庄、临城、武安紫山等地，该组很薄，一般厚10m左右，主要由含铁铝土质页岩、泥岩夹煤线组成，偶见山西式铁矿。

2. 太原组(P_1t)

该组出露情况基本与本溪组相同，主要出露于抚宁石门寨、唐山狼尾沟、兴隆马圈子、平泉山湾子、北京西山、涞水垒子、易县坟庄、蔚县王喜洞、阜平炭灰铺、曲阳灵山、井陉矿市镇、武安紫山等地，以武安紫山地区最具代表性。

【现实定义】主要由海陆交互相的页岩夹砂岩、煤层、灰岩构成的多个旋回层组成的岩性组合。以最下一层灰岩的底面和最上部一层灰岩的顶面分别与下伏本溪组和上覆山西组整合接触(见图7-1)。

【区域变化】太原组临城一带厚84～163m。下部为灰白色中粒砂岩、黑色粉砂岩、泥岩夹煤层及灰岩；上部为浅灰色中细粒砂岩、深灰色粉砂岩，夹煤层及灰岩。井陉一带零星出露于高家庄之南、东梁洼等地。贾庄钻孔厚80m，主要为黑灰色细砂岩、页岩夹煤层及灰岩。曲阳一带零星出露于曲阳灵山、党城与唐县的迷城等地，以灰黑色和深灰色砂质泥岩、粉砂岩与灰色细砂岩为主，夹薄层灰岩与海相黑色泥岩。

涞水垒子钻孔剖面厚175.0m，主要为灰色、黑灰色泥岩、细砂岩夹灰色泥质灰岩及煤层。阜平炭灰铺剖面厚度大于76m，主要为灰黑色泥质粉砂岩、泥岩夹灰色铝土质泥岩，夹灰岩及煤层。蔚县王喜洞出露厚24.5m，其中灰岩厚达23m。北京地区主要见于西山及顺义、通州等地，灰峪东山梁剖面厚28.2m，其上为灰黑色泥质岩、灰色细砂岩及粉砂岩。唐山一带绝大部分被第四系掩盖，仅在唐山—马家沟—巍山—赵各庄—林西一线零星出露，以浅灰色、深灰色泥岩及粉砂岩为主，次为深灰色细砂岩，间夹灰岩及不稳定煤层，厚97.0m。

抚宁石门寨剖面厚84.0m。底部为灰色泥灰岩透镜体；下部主要为黄绿色钙质页岩、褐灰色中厚层中细粒岩屑石英砂岩，夹灰黑色碳质页岩、泥岩及煤层；上部主要为黄灰色薄层泥质页岩、粉砂质页岩、棕褐色细砂岩，夹灰黑色碳质页岩及煤层；顶部为灰岩透镜体。半壁店钻孔厚38m，含灰岩。

兴隆马圈子一带厚125.0m。底部为一层泥灰岩，其上为灰黑色、灰绿色硅质页岩夹碳质页岩；下部为灰色厚层砾岩、灰黄色中—粗粒石英砂岩；中、上部主要为灰黄—灰绿色粉砂质泥岩、粉砂质页岩、粉砂岩、细砂岩夹煤层。

平泉山湾子剖面厚36.4m。底部为一层泥灰岩透镜体，其上为灰绿色页岩、粉砂质页岩、粉砂岩、细砂岩；下部为灰褐色含砾中和粗粒岩屑长石砂岩、细砂岩、粉砂岩及粉砂质泥岩；上部为土黄色、青灰色粉砂岩和粉砂质页岩夹煤线。

3. 山西组($P_1\hat{s}$)

该组主要出露于武安紫山、北京门头沟、易县坟庄、唐山赵各庄、抚宁石门寨、兴隆鹰手营子、平泉松树台、宽城缸窑沟、涞水垒子、曲阳灵山、井陉贾庄、临城等地，以武安县紫山一带最具代表性。

【现实定义】主要由陆相砂岩、页岩、煤层构成的多个旋回层组成的一套岩性组合，夹层数不等的含舌形贝及双壳类化石的非正常海相层。其下界为太原组最上一层灰岩的顶面，上界为下石盒子组底部灰绿色长石石英砂岩的底面。

【区域变化】临城一带据钻孔资料厚117.0m，主要为深灰色粉砂岩、铝土质粉砂岩夹黑色泥岩、灰色细砂岩、灰白色中粗粒粉砂岩及煤层(图7-2)。

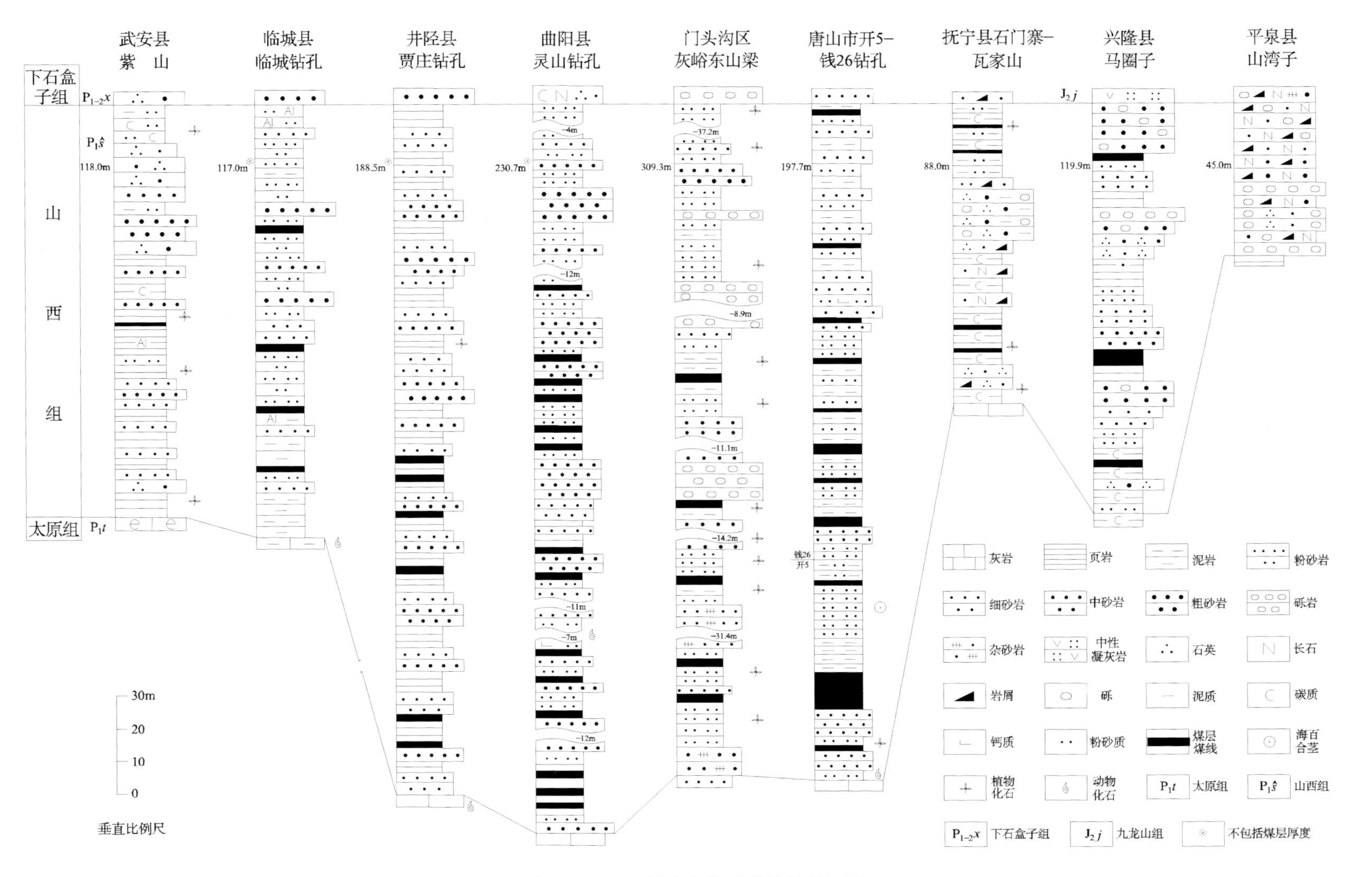

图 7-2 二叠纪山西组区域柱状对比图

井陉贾庄钻孔厚188.5m。下部为深灰色砂质页岩、灰色砂岩夹灰白色中粒砂岩和煤层；上部为灰黑色砂质页岩、深灰色细砂岩夹灰白色中粗粒砂岩。

曲阳灵山钻孔厚230.7m。下部为黑灰色粉砂岩、灰色中细粒砂岩夹灰色中粒砂岩及煤层；上部为黑色粉砂岩、灰色中粒砂岩夹灰色细砂岩、黑色页岩及煤层。

北京门头沟地区以深灰色、灰黑色砂岩、页岩、黏土岩及砾岩为主，夹煤层和煤线。灰峪地区发育最厚达309.3m，木城涧厚212.8m，史家营厚238.36m，南车营厚199.89m，长流水厚145.2m。

唐山开平盆地，地表未见出露。据开5—钱26钻孔资料，厚197.7m。主要为深灰色和灰色粉砂岩、细砂岩、泥岩夹煤层。

抚宁柳江盆地厚88m。下部为黄灰色泥质中细粒岩屑石英砂岩、黑灰色碳质页岩夹可采煤及泥质细粒岩屑石英砂岩；上部为褐黄色中厚—厚层含砾泥质中粗粒石英砂岩，黄灰色、灰黑色粉砂质泥岩夹碳质页岩及煤线。

兴隆马圈子一带可见厚119.9m。下部为灰色粉砂岩、页岩；中部为灰绿色、黄绿色中粒石英砂岩、粗粒砂岩、粉砂岩、含砾粗砂岩夹砾岩、页岩及泥岩，夹煤层；上部为土黄绿色含砾粗砂岩。

平泉山湾子一带出露厚45.0m。底部为紫褐色砾岩，向上为土黄色含砾巨粗粒岩屑长石砂岩及粗砂岩，发育平行层理、楔状交错层理及大型板状层理。

4. 下石盒子组($P_{1-2}x$)

该组出露于武安紫山、临城竹壁、北京门头沟、抚宁石门寨、古冶区赵各庄、平泉松树台等地，曲阳灵山、井陉贾庄等地据钻孔揭露均见有下石盒子组，以武安紫山一带最具代表性。

【现实定义】主要由灰、灰白、灰黑、黄褐、紫等色中粒长石石英砂岩，细砂岩，粉砂岩夹黄绿色页岩、泥岩组成，局部夹碳质页岩及煤线。与山西组及上石盒子组均呈整合接触。

【区域变化】临城竹壁沙巴沟剖面厚153m，主要为黄灰色、灰色薄—中厚层粉砂岩，浅灰色、灰黄色、暗紫色、黄绿色等薄—中厚层细砂岩，夹浅红色厚层中粒砂岩及少量黄绿色和紫色黏土岩、黄褐色厚层粗粒砂岩。井陉贾庄钻孔剖面厚187m，为深灰色、紫灰色页岩夹灰色中粒砂岩及灰岩，底部以灰白色粗粒砂岩与山西组页岩整合接触。曲阳灵山钻孔剖面厚114m，主要为紫灰色、紫色粉砂岩夹灰色、灰绿色中—细粒石英砂岩，灰色、深灰色、灰绿色中—粗粒石英砂岩、石英长石砂岩，底部以灰白色中粒含碳质石英长石砂岩与山西组黑色粉砂岩整合接触。北京地区上、下石盒子组未分，岩性以含砾砂岩、粗砂岩、粉砂岩、粉砂质黏土岩为主，中—细粒砂岩不发育，下部夹煤线。主要分布于京西门头沟区、海淀区、石景山区及房山区，以军庄火车站附近厚度最大，达305.2m，向西、向南逐渐变薄，往西史家营剖面厚287.9m，往南南车营剖面厚165m。往北快速变薄缺失。唐山一带据钱24钻孔厚198.5m，以灰白色中、粗粒砂岩为主，间夹细砂岩、粉砂岩及泥岩，含不稳定的煤线。底部以一层中粗粒砂岩与山西组细砂岩整合接触。抚宁石门寨—瓦家山一带厚103.1m，主要为灰黄色薄—中厚层中细粒长石石英砂岩、含砾中粒石英砂岩夹紫色泥砂质页岩、细砂岩；平泉山湾子一带厚105.5m，主要为肝紫色、灰绿色含砾中—粗粒岩屑长石砂岩，灰褐色中粗粒复成分砾岩夹暗紫色细砂岩、粉砂岩、粉砂质页岩(图7-3)。

5. 上石盒子组($P_{2-3}\hat{s}$)

该组分布情况同下石盒子组，出露于武安紫山、临城竹壁、北京门头沟、抚宁石门寨、古冶区赵各庄、平泉松树台等地，曲阳灵山、井陉贾庄等地据钻孔揭露均见有上石盒子组，以武安紫山一带最具代表性。

【现实定义】岩性主要为杂色(黄绿色、紫红色、灰白色等)中粗粒长石石英砂岩、粉砂岩、细砂岩夹紫红色、灰白色含砾粗粒长石石英砂岩，黄绿色页岩、泥岩。与下石盒子组及孙家沟组均呈整合接触。

【区域变化】临城竹壁沙巴沟剖面厚 505.0m。下部主要为灰白色、黄白色、微红色厚层细砾岩和含砾粗砂岩,夹少量灰色、灰黄色薄层粉砂岩,灰黄色、紫色细砂岩及灰绿色、暗紫色黏土岩;上部主要为灰绿色、紫灰色、黄灰色粉砂岩,灰白色、灰绿色细砂岩,夹少量灰紫色、灰绿色黏土岩及几层灰白色、黄白色、紫色厚层含砾粗砂岩。井陉贾庄钻孔剖面厚 136.0m,主要为灰绿色、灰白色粗砂岩、含砾粗砂岩夹紫色、紫灰色页岩。曲阳灵山钻孔剖面厚度大于 94.0m,主要为灰色中粗粒砂岩,黄色粗粒石英砂岩、石英长石粗粒砂岩夹紫色粉砂岩,顶部为紫灰色花斑状铝土质细粉砂岩。唐山古楼庄剖面厚 365.3m,以黄白色、灰白色中、粗粒石英砂岩为主,夹紫红色泥岩及粉砂岩。上部为黄绿色和青灰色粉砂岩、泥岩及暗紫红色中、粗粒石英砂岩互层。抚宁石门寨—瓦家山一带厚 88.9m,主要为灰白色、黄紫色中厚层含砾粗砂岩、粗粒石英砂岩、巨粒岩屑石英砂岩夹紫色泥岩、砾质砂岩。平泉山湾子一带厚 151.8m,主要为暗紫色粉砂质泥岩、细砂岩、粉砂岩夹土黄色含稀砾巨粗粒岩屑长石砂岩(图 7-3)。

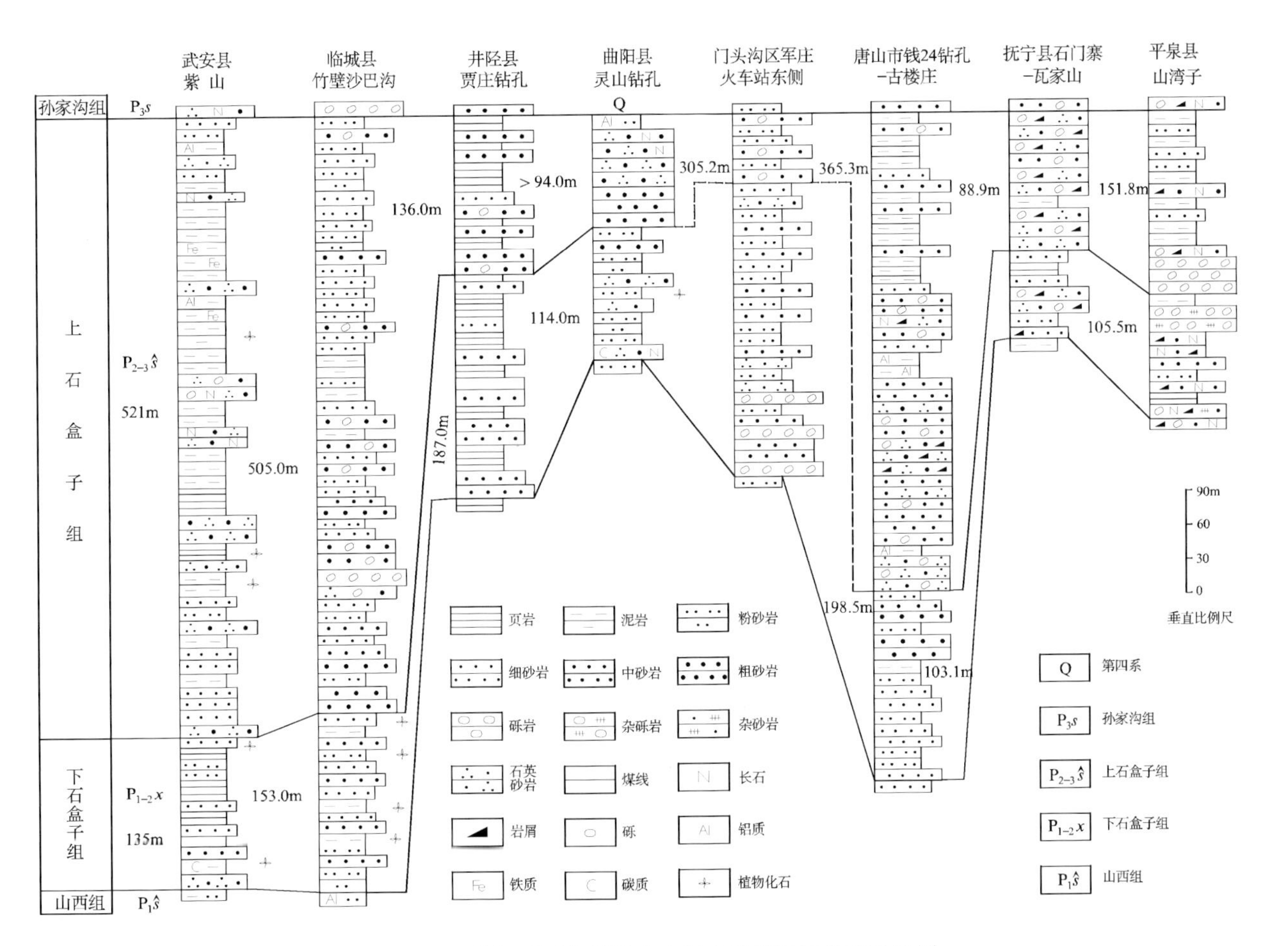

图 7-3 二叠纪下石盒子组及上石盒子组区域柱状对比图

6. 孙家沟组(P_3s)

该组主要分布于武安、临城、唐山开平、抚宁石门寨、平泉山湾子等地,以武安紫山一带最具代表性。

【现实定义】主要由红—砖红色泥岩、粉砂质泥岩夹长石砂岩组成。红色泥岩中常含钙质结核,有时夹泥灰岩透镜体。以首次出现红色泥岩(或其下红色砂岩)为界与下伏上石盒子组整合接触,分界线上下常可见黑色、白色燧石层;与上覆刘家沟组亦呈整合接触。

【区域变化】武安地区厚 152~283m。底部以一层厚 7m 左右的灰白色厚层中粗粒长石石英砂岩与下伏上石盒子组分界,岩石较松散,局部含砾,地貌特征明显;下部为灰褐色、灰黑色及蓝灰色、暗紫色中厚—薄层粉砂岩、砂岩夹含泥长石砂岩，砂岩层面分布有瘤状钙质结核；中部为灰紫色、暗紫色、深灰色薄层页岩夹，褐黄色含燧石斑杂状砂质细晶灰岩或泥灰岩，有的地区相变为灰紫色灰岩；上部为红紫色、灰黑色、黄褐色中厚—薄层页岩、粉砂质泥岩及砂岩，多含有绢云母碎片；顶部以一层灰色中厚层含燧石、砂黏土质灰岩与上覆三叠系刘家沟组分界(图 7-4)。

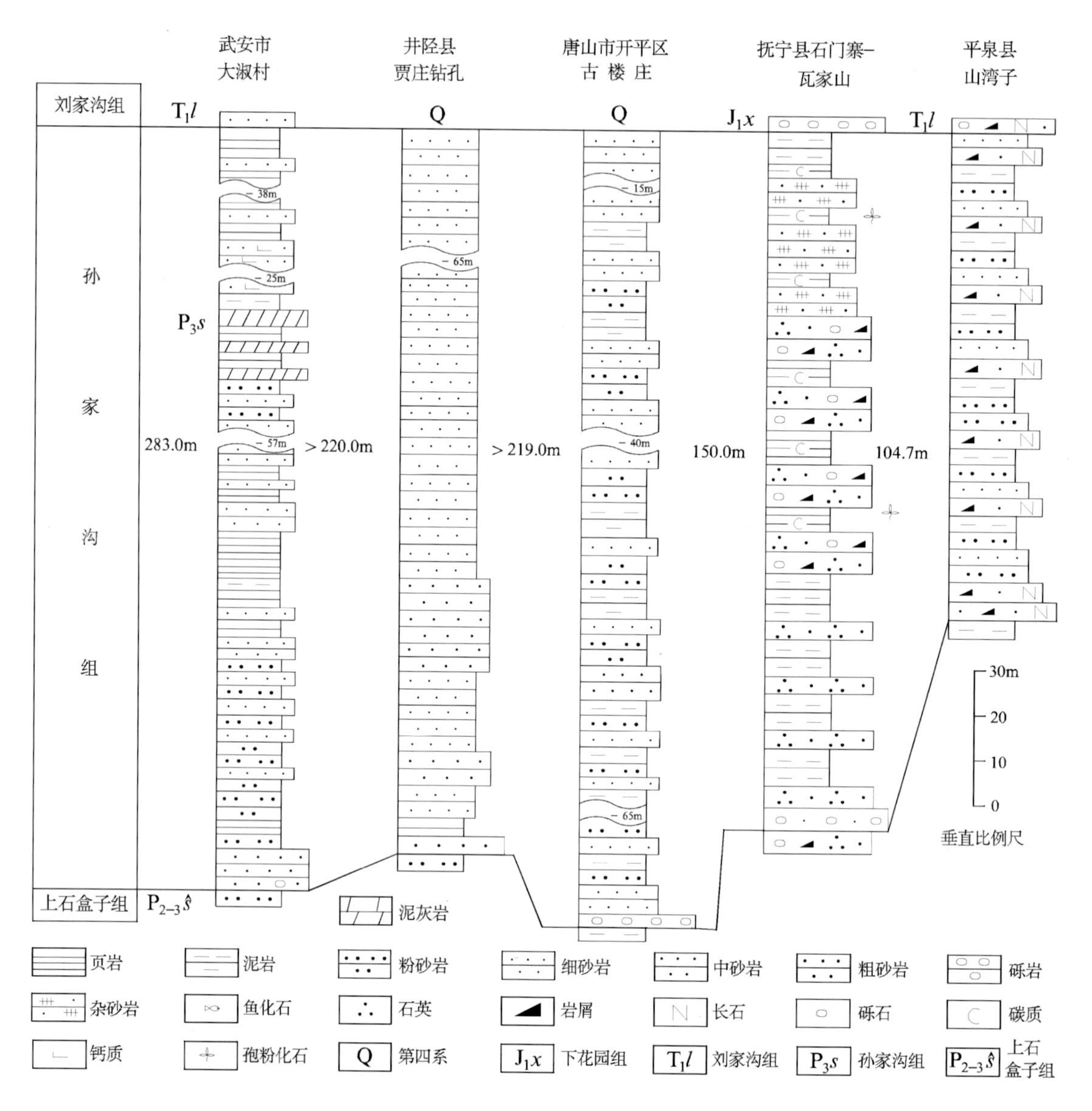

图 7-4 二叠纪孙家沟组区域柱状对比图

临城、竹壁、祁村、澄底一带厚 178～450m。底部为厚层含砾粗砂岩或砾岩，下部为暗紫色、紫红色、浅灰色等细砂岩，砂质页岩，页岩，局部夹泥质灰岩，砂岩中顺层分布有大量的瘤状钙质结核；中部为粉砂岩、页岩夹泥灰岩；上部为紫红色页岩、薄层细砂岩及紫红色、紫灰色粉砂岩。粉砂岩和页岩中含大量钙质结核。

井陉贾庄钻孔厚度大于 220.0m，主要为浅红色、紫红色、紫色细砂岩夹中粒砂岩。底部为灰色粗砂岩，与上石盒子组粉砂岩整合接触。唐山开平古楼庄剖面可见厚度大于 219.0m，主要为紫红色细砂岩、粉砂岩夹泥岩。底部以一层黄褐色砾岩与上石盒子组黄绿色泥岩分界。

柳江盆地厚 150～168m。底部为一层紫色厚层含砾粗粒岩屑石英砂岩;下部以紫红色泥岩、页岩、粉砂岩为主,夹紫红色泥质含砾粗粒岩屑石英砂岩、中细粒岩屑石英砂岩及黄绿色粉砂质泥岩;中上部为紫红色泥质含砾中粗粒岩屑石英砂岩、泥质中粒砂岩夹厚约 8m 的黑灰色碳质页岩;顶部为紫红色黏土岩,与上覆下花园组砾岩平行不整合接触。

平泉山湾子一带厚 104.7m。主要为一套灰白色中粒岩屑长石砂岩与砖红色粉砂岩、粉砂质泥岩互层。底部以灰白色含砾中、粗粒岩屑长石砂岩与上石盒子组暗紫红色粉砂质泥岩分界;顶部以砖红色细砂岩与上覆刘家沟组粉灰色中、粗粒岩屑长石砂岩分界。

7. 三面井组(P_1s)

该组分布于康保县北部、围场县中南部一带,以河北省康保县三面井村最具代表性。

【现实定义】指以灰色、灰绿色杂砂岩、长石细砂岩、含粉砂板岩为主的一套浅海至滨海相碎屑岩组合,下部常发育含蜓蠖石灰岩和生物碎屑灰岩,上界与额里图组整合接触或被中生代火山岩角度不整合覆盖,不整合在岩体或石炭系之上。岩石多经受了浅变质作用的改造。

【区域变化】康保县北沙城剖面厚约 516.4m。下部为灰色细粒、粗中粒岩屑长石砂岩与黑灰色、灰色粉砂岩,泥岩不等厚互层;上部为灰绿色中细粒长石杂砂岩,中粗粒、细粒岩屑长石砂岩夹含砾砂岩及灰岩透镜体。在横向上岩性及岩相有些差异,照阳河一带含砾砂岩透镜体较发育,且多集中于中上部;乔家地一带含砾砂岩变少,而夹有凝灰质砂岩和灰岩透镜体;北沙城西含砾砂岩变少,而粉砂岩增多(图 7-5)。

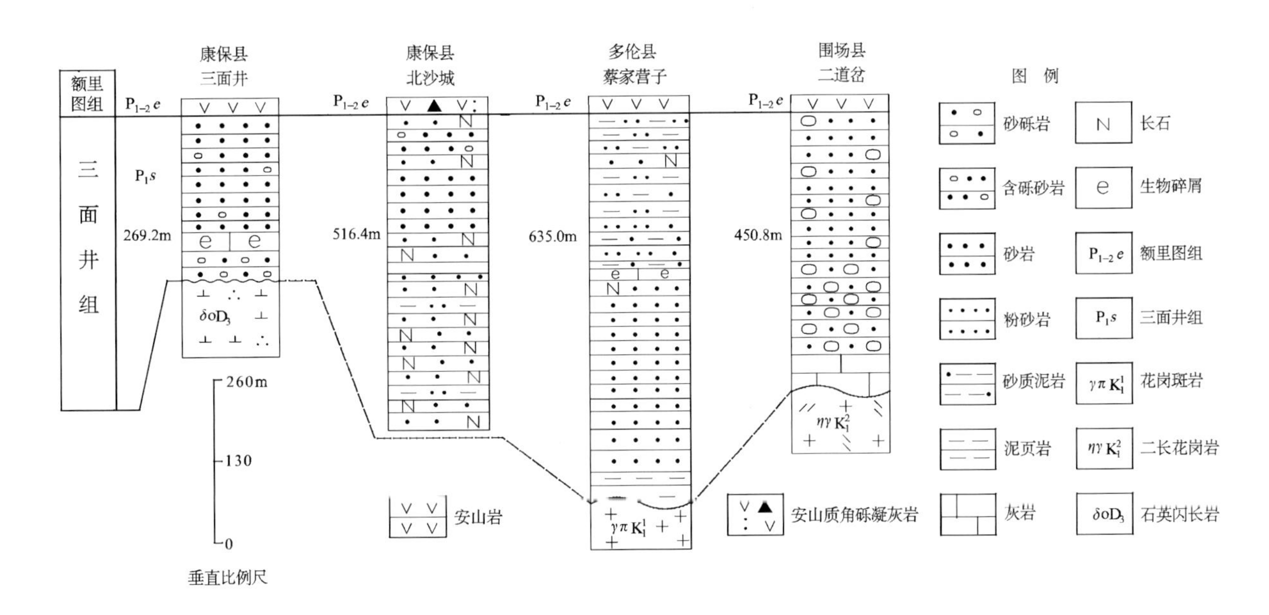

图 7-5 三面井组区域柱状对比图

围场二道岔三面井组未见底。下部为泥质灰岩、泥质粉砂岩。由于该区仅见三面井组中上部的三角洲沉积,以砂砾岩、砂岩、含砾砂岩为主,出露厚度约 450.8m。该区三面井组受围场-赤峰区域断裂多期活动的影响,岩石普遍具有糜棱岩化韧性变形、强烈蚀变与浅变质,局部地段呈现脆性破碎特征。下部碳酸盐岩出露局限,且岩石韧性变形强烈。

8. 额里图组($P_{1-2}e$)

该组主要分布于康保北沙城、姚家营、照阳河、兴隆村、乔家地及围场小锥子山—大光顶山一带,以康保照阳河最具代表性。

【名称由来】内蒙古自治区地层表编写组(1976)创名于正蓝旗的额里图牧场。

【现实定义】指以灰—灰黑色凝灰角砾岩、安山岩夹沉凝灰岩、砾岩等为主的一套火山岩夹沉积岩。上部未见顶,底界以安山岩等与三面井组呈整合接触。

【区域对比】照阳河剖面厚度大于575m,岩石发生了浅变质。下部以爆发相灰绿色、紫灰色蚀变粗安质—安山质角砾凝灰岩为主,间夹喷溢相蚀变粗安岩、蚀变辉石安山岩、玄武安山岩;上部为灰绿色、灰紫色蚀变石英粗安质凝灰岩夹凝灰质(含砾)砂岩、沉凝灰岩,局部见少量英安质凝灰熔岩;顶部为灰绿色厚层状砾岩。整合于三面井组之上,被第四系覆盖。

围场小锥子山一带,出露厚度约1 080.6m。岩性组合为深绿色、深灰色变质安山岩、变质玄武安山岩、变质粗安岩、变质石英粗安岩、变质英安质火山角砾岩,夹变质沉火山角砾岩。与下伏三面井组呈整合接触,局部呈断层接触;在不同地段被中生代下花园组、土城子组不整合覆盖。

9. 云雾山组(P_2y)

该组呈东西向分布于云雾山—西山—西营—胡麻营一带的火山盆地中,以丰宁县南梁-西山西为代表。

【名称由来】该填图单位由河北省区域地质调查院张振利(2011)在第二代地质志中建立。

【现实定义】现指以灰色、深灰色或灰紫色石英粗安质角砾熔结凝灰岩、粗安岩、流纹岩、流纹质角砾熔结凝灰岩为主,夹凝灰质砂岩的一套中性、酸性火山岩及火山碎屑岩建造。

【区域对比】可进一步划分为两个段。盆地西部云雾山组一段厚度大于1600m。底部被早三叠世深灰色中细粒石英闪长岩侵入;下部为深灰色石英粗安质角砾熔结凝灰岩;上部为深灰色粗安岩夹浅灰色流纹质含角砾熔结凝灰岩、灰色石英粗安质角砾熔结凝灰岩、灰黑色石英粗安质角砾熔岩及少量灰绿色凝灰质长石岩屑砂岩,以灰色石英粗安质角砾熔结凝灰岩角度不整合于古元古代晚期变质二长花岗岩之上;顶部为灰绿色粗安质角砾凝灰岩。

盆地东部云雾山组一段厚2 108.3m,角度不整合于古元古代晚期变质石英闪长岩之上。下部为深灰色石英粗安质角砾熔结凝灰岩夹浅灰色流纹岩及少量凝灰质砂岩;上部为灰色、灰黑色粗安岩,灰色与褐黄色粗安质集块角砾岩夹灰色、浅粉红色流纹质角砾凝灰岩及浅紫色英安岩。盆地东部云雾山组二段厚度大于703m,与一段呈整合接触关系。底部为浅紫色流纹质角砾凝灰岩;下部为灰色、灰紫色石英粗安质角砾凝灰岩;中部为灰紫色凝灰质砂砾岩、流纹质角砾熔结凝灰岩;上部为灰色、灰紫色流纹质角砾凝灰岩。此外,云雾山组中潜流纹岩、潜石英粗安岩、潜粗安岩、潜安山岩等潜火山岩相当发育。

第二节　多重地层划分对比概述

本书以岩石地层、生物地层、年代地层为依据进行地层综合分析对比,建立了本区石炭纪—二叠纪地层多重地层划分对比表(表7-2)。

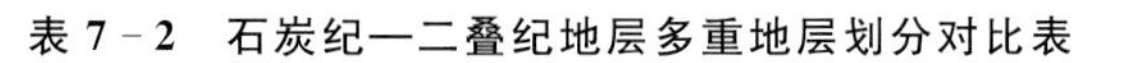

表 7-2 石炭纪—二叠纪地层多重地层划分对比表

地质年代		岩石地层	生物地层		岩石地层	生物地层	同位素测年（K-Ar法）
			植物	蜓		蜓	
二叠纪	晚世	孙家沟组	*Sphenophyllum spaihulatum*, *Pecopteris arcuata*, *Taeniopteris taiyuanensis*等				
二叠纪	中世	上石盒子组	*Gigantonocla* spp.-*Fascipter* spp.-*Pecopteris* spp.组合带		云雾山组		268Ma
二叠纪	早世	下石盒子组	*Emplectopteris triangularis*-*Taeniopteris* spp.-*Cathaysiopteris whitei*组合带		额里图组		274Ma 290Ma
二叠纪	早世	山西组	*Emplectopteria triangularis*-*Taeniopteris* spp.-*Emplectopteridium* alatum组合带		三面井组	*Misellina ovalis*-*Parafusulina splendens*组合带	
二叠纪	早世	太原组	*Neuropteris ovata*-*Lepidodendron posthumii*组合带	*Fusnlina*-*Fusulinella*组合带	三面井组		
石炭纪	晚世	本溪组	*Neuropteris gigantean*-*Linopteris brongniartii*-*Conchophyllum richthofenii*组合带				

第八章 早—中三叠世地层

本区早—中三叠世地层出露较少，目前仅发现其在围场劈柴拌—三家北沟、平泉—下板城、武安市大淑村、峰峰矿区、临城竹壁和内丘磁屏沟等地零星出露。下三叠统至中三叠统的地层区划与古生代相同（见图 6-1），划分为康保-赤峰地层分区（ⅢA$_2^1$）、张北-隆化地层分区（ⅢA$_2^2$）、燕辽地层分区（ⅢA$_2^3$）、晋中南-邢台地层分区（ⅢA$_2^4$），岩石地层序列见表 6-1。

第一节 岩石地层

本区早—中三叠世地层共厘定 5 个组级填图单位，各填图单位的划分沿革见表 8-1。

表 8-1 1989 年以来早—中三叠世地层划分沿革表

<table>
<tr><td colspan="2">第一代地质志（1989）</td><td colspan="3">《河北省岩石地层》（1996）</td><td colspan="4">《中国区域地质志·河北志》（2017）</td><td colspan="6">本书</td></tr>
<tr><td rowspan="2">T_2</td><td rowspan="2">二马营组</td><td rowspan="2">T_2</td><td rowspan="2" colspan="2">二马营组</td><td rowspan="2">T_2</td><td rowspan="2" colspan="3">二马营组</td><td rowspan="2">T_2</td><td>康保-赤峰地层分区</td><td>张北-隆化地层分区</td><td colspan="2">燕辽地层分区</td><td>晋中南-邢台地层分区</td></tr>
<tr><td colspan="2">三家北沟组</td><td colspan="2">二马营组</td><td></td></tr>
<tr><td rowspan="2">T_1</td><td>和尚沟组</td><td rowspan="2">T_1</td><td rowspan="3">石千峰群</td><td>和尚沟组</td><td rowspan="2">T_1</td><td rowspan="3">石千峰群</td><td rowspan="3"></td><td>和尚沟组</td><td rowspan="2">T_1</td><td rowspan="2">劈柴拌组</td><td rowspan="3"></td><td rowspan="3">石千峰群</td><td colspan="2">和尚沟组</td></tr>
<tr><td>刘家沟组</td><td>刘家沟组</td><td>刘家沟组</td><td colspan="2">刘家沟组</td></tr>
<tr><td>P_2</td><td>石千峰群</td><td>P_2</td><td>孙家沟组</td><td>P_3</td><td>孙家沟组</td><td>P_3</td><td></td><td colspan="2">孙家沟组</td></tr>
</table>

1. 劈柴拌组（T_1p）

该组局限分布于围场大光明顶子一带。

【名称由来】劈柴拌组创名于 1∶5 万朝阳湾幅（1990），时代为早二叠世，用来定义围场县朝阳湾子—劈柴拌一带的一套蚀变安山岩夹砂砾岩及灰岩透镜体的岩性组合。本书恢复该名称，根据同位素结果[锆石 U-Pb(SHRIMP)(247.3±13)Ma，吴江宇等，2021]将其时代厘定为早三叠世。

【现实定义】指一套早三叠世浅变质的陆相火山-沉积建造。可分为两个段：一段以变质安山玄武岩、变质安山岩、变质粗安岩、变质石英粗安岩、变质英安质火山角砾岩及变质沉火山角砾岩不等厚韵律性互层为特征，在围场县劈柴拌东部最具代表性；二段以变质英安岩、变质流纹质熔结凝灰岩、变质砂质砾岩、变质泥岩（板岩）、变质含砾砂岩及变质泥质粉砂岩不等厚韵律性互层为特征，在大光明顶子出露较为完整。该组中的火山岩代表了在早三叠世期间华北北缘弧前盆地带的火山岩浆活动特征。

2. 三家北沟组(T_2s)

该组分布于围场三家北沟一带以及康保与张北交界地区，以围场三家北沟一带最具代表性。

【名称由来】三家北沟组由吴江宇和王金贵等(2021)创名，代表中三叠世的一套中性、酸性和中偏碱性火山熔岩组合。本书启用该名称。

【现实定义】指以玄武安山岩、安山岩、玄武粗安岩、粗安岩、英安岩、流纹岩及相应火山碎屑岩不等厚互层的岩性组合。底部发育一层灰色砾岩，以围场县三家北沟一带最具代表性。与下伏早三叠世劈柴拌组一段呈平行或微角度不整合接触，或角度不整合在变质基底之上；与上覆早侏罗世下花园组呈角度不整合接触或与早白垩世张家口组呈断层接触。在康保与张北交界地区与下伏古元古代晚期变质石英二长闪长岩、变质二长花岗岩及变质正长花岗岩呈角度不整合接触，未见顶，或被第四系覆盖。

【区域变化】分布于康保与张北交界地区的三家北沟组发育不太齐全，厚度大于 360 m。中下部以由中性、中偏碱性、酸性火山碎屑岩组成的韵律层为特征，局部夹有复成分砾岩等；上部以由中偏基偏碱性、中偏碱性火山熔岩组成的韵律层为特征。虽然在岩相上与围场三家北沟一带略有区别，但火山岩在岩石化学成分及成因等方面具有可比性。所处构造位置属于华北北缘弧间盆地隆起带，其火山岩代表了弧间盆地隆起带在中三叠世期间的火山岩浆活动特征。

3. 刘家沟组(T_1l)

该组主要分布于燕辽地层分区的平泉—下板城一带的营子、丁家沟、松树台、老道洼、小寺沟、大吉口、武场和牤牛窑一带，其次是晋中南-邢台地层分区的武安大淑村、流泉村，临城的竹壁、北盘石、后郝平和内丘磁屏沟等地。

【现实定义】岩石主要为粉红色、灰白色和浅砖红色厚层含砾中—粗粒砂岩，偶夹砖红色粉砂质泥岩、蓝灰色粉砂质页岩及不稳定砾岩透镜体，含少量钙质结核和团块。局部为暗紫色和浅紫红色细砂岩、砂岩及少量粉砂岩，夹砾岩。以承德县武场一带最具代表性。岩层由数十个交错层极发育的红色与浅灰红色长石砂岩、红色粉砂质泥岩构成的基本层组成。与下伏孙家沟组和上覆和尚沟组均呈整合接触。

【区域变化】平泉一带，该组厚 716m。下部为灰白色、粉红色、浅砖红色厚层含砾中粗粒钙质岩屑砂岩，偶夹砖红色粉砂质泥岩、蓝灰色粉砂质页岩及不稳定砾岩，斜层理十分发育；上部为灰白色、黄绿色厚层含砾中、细粒钙质岩屑砂岩，偶夹棕褐色粉砂质泥岩。武安大淑村该组厚 530m。主要为暗紫色、浅紫红色薄—厚层细砂岩、砂岩及少量粉砂岩，含同生砂质球砾，定向排列，中部夹有砾岩层。佛山一带夹多层不稳定的白云质泥灰岩及少量页岩，泥灰岩中含泥岩砾石或同生泥钙质圆砾。大淑村一带底部黄色砂岩中产植物化石 *Neocalamites*。

4. 和尚沟组(T_1h)

该组分布位置大体同刘家沟组，分布于燕辽地层分区的平泉—下板城一带的营子、丁家沟、松树台、老道洼、小寺沟、大吉口、武场和牤牛窑一带，晋中南-邢台地层分区的武安大淑村、流泉村，临城的竹壁、北盘石、后郝平和内丘磁屏沟等地，但范围相对较小。

【现实定义】岩石类型主要为砖红色泥钙质粉砂岩、粉砂质泥岩与紫红色粉砂岩、砂岩互层，夹少量灰紫色砂砾岩或砂岩。泥钙质粉砂岩和泥岩中富含钙质结核和团块。局部为浅紫色、灰紫色薄—中厚层含砾砂岩与砖红色、蓝灰色粉砂质泥岩互层，或为紫色、紫红色细砂岩、粉砂岩夹页岩。与下覆刘家沟组整合接触。以承德县武场一带最具代表性。

【区域变化】承德下板城—上谷一带较发育，呈东西向展布，地层完整，露头良好，上下界线清楚。平泉营子一带厚 182m，在老道洼产孢粉化石 *Verrucosisporites*，*Osmundacidites*，*Lundbladispora playfordi* 等。

承德下板城一带岩性较单一,发育大型交错层理,含植物化石 *Pleuromeia*, *Metalepidodendron*, *Annalepis*, *Neocalamites* 。武安大淑村岩性为紫红色、暗紫色薄层板状与厚层细砂岩,含钙石英砂岩,粉砂岩夹页岩,厚234m,产植物化石 *Pleuromeia sternbergi*, *Samaropsis* cf. *milleri* 和 *Neocalamites* 等。

5. 二马营组(T_2e)

该组分布范围大体同和尚沟组,主要分布于燕辽地层分区的平泉—下板城一带的营子、丁家沟、松树台、老道洼、小寺沟、大吉口、武场和牤牛窑一带,晋中南-邢台地层分区的武安大淑村、流泉村,临城的竹壁、北盘石、后郝平和内丘磁屏沟等地。

【现实定义】岩性组合下部为紫红色、灰紫色和黄灰色中厚层含砾中粗粒长石岩屑砂岩,粉砂岩及少量粉砂质泥岩、页岩,夹不稳定的砾岩;中部为紫红色中厚层中细粒岩屑砂岩与紫红色泥岩互层;上部为灰紫色厚层复成分中细砾岩与紫红色钙质粉砂岩、泥岩互层,泥岩中含大量钙质结核;顶部夹薄层浅灰绿色粉砂岩。含植物化石 *Cladophlebis gracilis*, *C. shensis*, *Tninnfeldia rigida*, *C. ichunensis* Sze, *C. kaoiana*。此外,在中部紫红色泥岩中产大量遗迹化石 *Skolithos magnus*, *Planolites ichnosp*。与下覆和尚沟组呈整合接触。在承德县上谷娘娘庙一带的露头最具代表性。

【区域变化】承德下板城厚705～807m。主要为暗紫色和灰白色中粗粒砂岩,紫红色和砖红色粉砂质泥岩、泥质粉砂岩,夹细砂岩和砾岩,含钙质结核。与上覆杏石口组呈微角度不整合接触。武安流泉村、大淑村一带岩性为黄色中厚层细砂岩夹中粒长石砂岩及页岩,砂岩中交错层理发育,底部为含泥岩角砾细砂岩。砂岩中含植物化石 *Neocalamuites*。厚105～225m。

第二节　多重地层划分对比概述

以岩石地层、生物地层、年代地层为依据进行地层综合分析对比,建立了本区下—中三叠世地层多重地层划分对比表(表8-2)。

表8-2　下—中三叠世地层多重地层划分对比表

年代地层		岩石地层	生物地层		同位素测年	岩石地层	同位素测年		
			植物	遗迹化石	LA-ICP-MS		LA-ICP-MS	K-Ar	SHRIMP
三叠系	中统	二马营组	*Cladophlebis gracilis*-*Thinnfeldia rigida* 组合带	*Skolithos magnus*-*Planolites ichnosp* 组合带	(234±3)Ma	三家北沟组	(239.6±3.9)Ma	(229±8)Ma	
	下统	和尚沟组	*Pleuromeia sternbergi* 组合带			劈柴拌组			(247.3±3.2)Ma
		刘家沟组	*Neocalamites*						

第九章　晚三叠世—侏罗纪地层

晚三叠世—侏罗纪地层是一套岩性复杂、厚度巨大、分布广泛的陆相火山-沉积岩系，在华北东部地层区的多伦-蔚县地层分区（ⅢB_3^1）和承德-武安地层分区（ⅢB_3^2）大量出露。多伦-蔚县地层分区进一步划分为多伦-沽源地层小区（ⅢB_3^{1-1}）和张家口-蔚县地层小区（ⅢB_3^{1-2}），承德-武安地层分区进一步划分为承德地层小区（ⅢB_3^{2-1}）和廊坊-曲周地层小区（ⅢB_3^{2-2}）（表 9－1，图 9－1）。

表 9－1　晚三叠世—晚白垩世岩石地层序列表

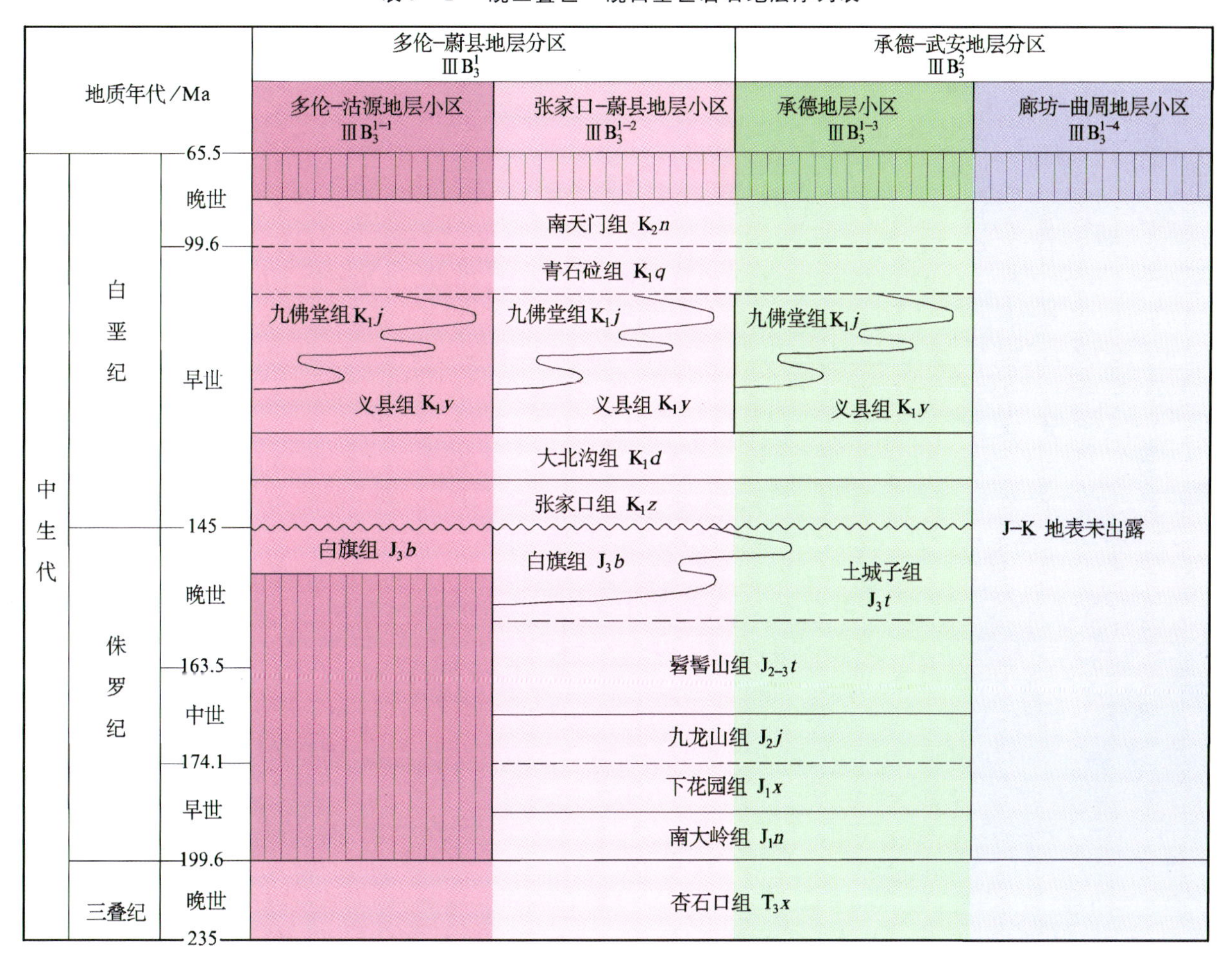

地质年代/Ma				多伦-蔚县地层分区 ⅢB_3^1		承德-武安地层分区 ⅢB_3^2	
				多伦-沽源地层小区 ⅢB_3^{1-1}	张家口-蔚县地层小区 ⅢB_3^{1-2}	承德地层小区 ⅢB_3^{1-3}	廊坊-曲周地层小区 ⅢB_3^{1-4}
中生代	白垩纪	晚世	65.5				
					南天门组 K_2n		
		早世	99.6		青石砬组 K_1q		
				九佛堂组 K_1j / 义县组 K_1y	九佛堂组 K_1j / 义县组 K_1y	九佛堂组 K_1j / 义县组 K_1y	
					大北沟组 K_1d		
					张家口组 K_1z		
	侏罗纪	晚世	145	白旗组 J_3b	白旗组 J_3b	土城子组 J_3t	J–K 地表未出露
					髫髻山组 $J_{2-3}t$		
		中世	163.5		九龙山组 J_2j		
		早世	174.1		下花园组 J_1x		
					南大岭组 J_1n		
	三叠纪	晚世	199.6		杏石口组 T_3x		
			235				

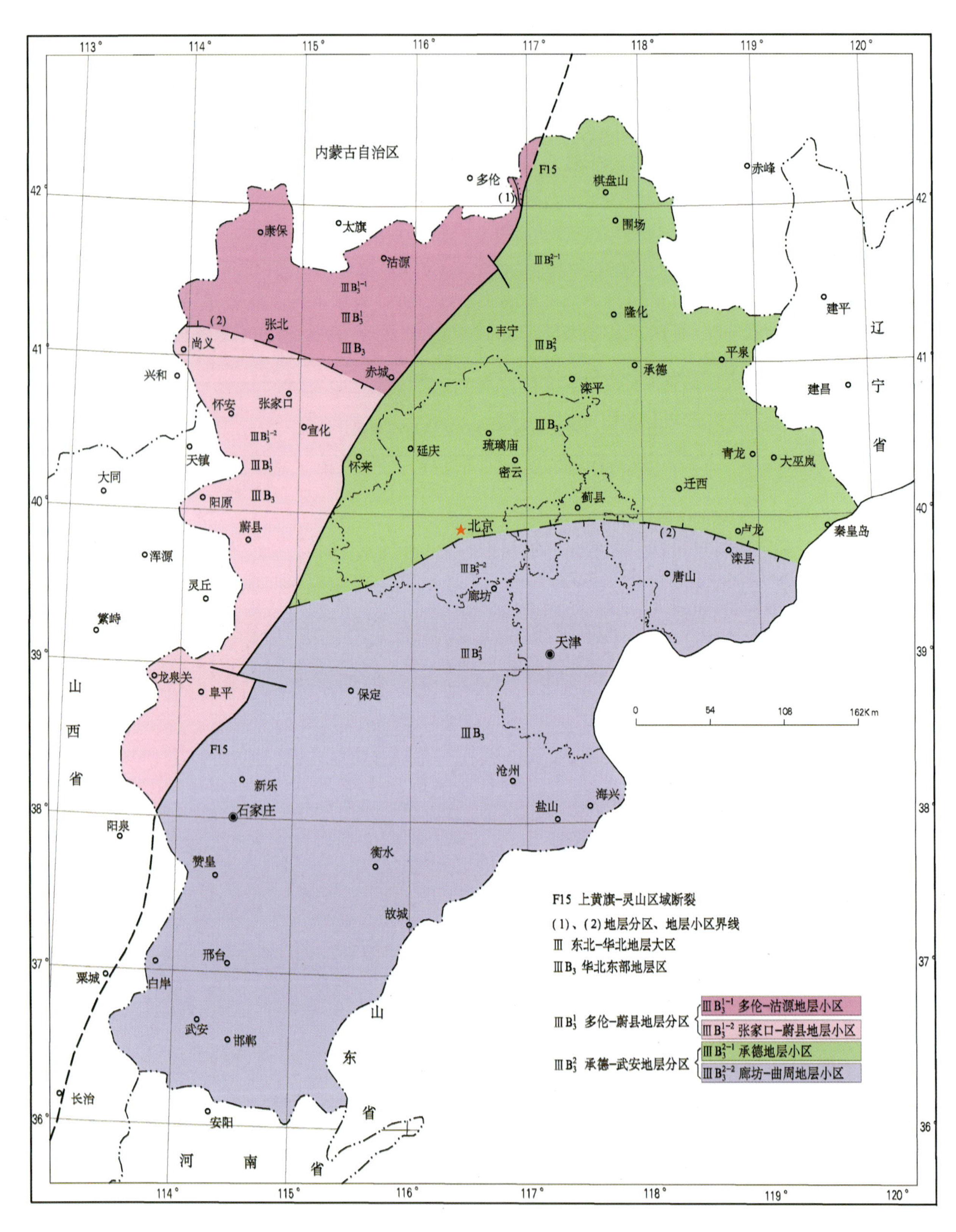

图 9-1　晚三叠世—晚白垩世地层区划图

第一节 岩石地层

本区晚三叠世厘定1个组级填图单位，即杏石口组；侏罗纪地层自下而上分别为南大岭组、下花园组、九龙山组、髫髻山组、土城子组和白旗组。各地层划分沿革见表9-2。

表9-2 1989年以来晚三叠世—侏罗纪地层主要划分沿革表

第一代地质志(1989)			《河北省岩石地层》(1996)		《中国区域地质志·河北志》(2017)			本书						
								时代	多伦-蔚县地层分区			承德-武安地层分区		
									多伦-沽源地层小区	张家口-蔚县地层小区		承德地层小区		廊坊-曲周地层小区
J_2	长山峪群	后城组	J_2	土城子组	J_3	后城群	土城子组	J_3	白旗组	土城子组	白旗组	土城子组	白旗组	
		髫髻山组		髫髻山组			髫髻山组			髫髻山组		髫髻山组		
		九龙山组		九龙山组	J_2		九龙山组	J_2		九龙山组		九龙山组		
J_1	门头沟群	下花园组	J_1	下花园组	J_1	门头沟群	下花园组	J_1		下花园组		下花园组		
		南大岭组		南大岭组			南大岭组			南大岭组		南大岭组		
T_3	杏石口组		T_3	杏石口组	T_3	杏石口组		T_3		杏石口组				

1. 杏石口组(T_3x)

该组主要分布于下板城—平泉一带，以及滦平、下花园等地，呈东西向展布，以承德上谷娘娘庙一带最具代表性。

【现实定义】岩性组合由灰紫色、浅灰色、黄绿色块状复成分砾岩夹砂岩等组成。下部夹砂岩透镜体，中上部砾岩中含大量漂砾，上部为砂岩夹粉砂质泥岩。纵向上自下而上，表现出由细变粗再变细的沉积特征。局部夹有碱性火山岩。该组不整合于二马营组之上、整合于南大岭组之下。

【区域变化】尚义一带上、下部岩性一致，为灰—灰黄色砂岩、砾岩、含砾砂岩互层，夹棕红色、棕黄色、灰色泥岩；中部为厚层粗面岩夹熔结凝灰岩；顶底不全，出露地层厚度866m。下板城—平泉一带下部为紫灰色、灰色块状复成分中砾岩，夹砂岩透镜体、砂岩等，中上部为灰紫色粗砾岩见大量漂砾。厚705.59m。滦平大石棚一带厚45m，主要为灰色含砾粗面质玻屑沉凝灰岩和粗面质玻屑熔凝灰岩，底部为复成分凝灰质砾岩。下花园一带为灰色、紫灰色砂砾岩、砾岩和含砾粗砂岩。厚29.8m。京西地区厚8～38m，主要为灰黑—土黄色砾岩、粉砂质页岩(有的为褐黄色板岩)与灰色和灰黑色粉砂岩、砂岩互层，有时夹砾岩和煤线。底部为砾岩(一般厚几十厘米至数米)，局部为岩屑石英砂岩、粉砂岩和砾岩。该组为不整合于二马营组之上、整合或平行不整合于南大岭组之下的一套碎屑沉积岩建造。

2. 南大岭组(J_1n)

该组断续出露于滦平-下板城地区的甲山、大石棚、大吉口、王营子，宣化-下花园地区崔家庄、黑黛山和八宝山，京西南大岭等地，以承德县甲山黄杖子一带最具代表性。

【现实定义】为一套中基性、偏碱性等火山岩夹沉积岩层的建造。岩性为深绿色、灰绿色、黑灰色致密块状玄武岩、安山玄武岩、玄武安山岩、安山岩、玄武质集块角砾岩、粗安岩、粗面岩与黄绿色和黄褐色砂岩、砾岩、粉砂质泥岩和黑灰色页岩。与下伏杏石口组及上覆下花园组呈整合或平行(或火山喷发)不整合接触,部分地段与前中生代地层及早前寒武纪变质基底呈角度不整合接触。时代为早侏罗世。

【区域变化】滦平盆地为玄武安山岩及火山角砾岩。大石棚一带厚约249.7m,下部为黄褐色砾岩、砂岩、粉砂岩质页岩及碳质页岩;上部为玄武安山岩、安山质角砾熔岩、安山质集块岩。往北至王营子一带厚约59m。下板城—平泉一带厚约557m,底部为黄色复成分砾岩;下部为灰色、暗灰色含砾粗砂岩,中细粒长石砂岩,泥岩,夹煤层;上部为灰绿色玄武安山岩、安山质角砾岩及安山岩,夹灰绿色砂岩、粉砂岩。其中在甲山干沟门一带有4套火山岩夹砂岩、泥岩,夹煤层,厚约310m。该组中、上部页岩中含较丰富的植物化石,如 *Neocalamites carrerei*,*Cladophlebis*,*Denticulata*,*Ginkgoite* sp.,*Dictyophyullm* sp.,*Todites* sp.,*Stenpteris* sp.,*Podozamites* sp.。下花园—怀来八宝山一带厚约268m,以紫红色、灰绿色玄武安山岩和玄武岩为主,夹灰色、黑色细砂岩,页岩及凝灰岩,沉积夹层产植物化石 *Cladophlebis* sp.,*Dictyophyllum* sp.,*Neocalamites* sp. 和 *Equisetites* 等。京西地区南大岭组厚约767m,以深绿色、灰绿色、褐紫色玄武岩为主,夹灰白色凝灰岩、凝灰角砾岩及页岩,沉积夹层产植物化石 *Cladophlebis* sp.,*Ctenis* sp.,*Czekanowskiarigda*,*Podozamites lanceolatus* 等。

3. 下花园组(J_1x)

该组沿尚义-平泉断裂带两侧呈近东西向—北东向分布。主要分布于宣化—下花园、蔚县、京西门头沟、尚义红土梁和下板城—平泉一带,赤城、阳原、滦平、围场和康保等地也有出露。中下部以尚义县大杨坡村最为完整,上部以尚义县下井村最具代表性。

【现实定义】岩性组合下部为灰绿色、黄绿色和灰黄色砂岩、粉砂岩和灰黑色粉砂质页岩、碳质页岩,夹含砾粗砂岩、粗砂岩、砾岩和泥灰岩、灰岩等,含工业煤层;上部为灰绿色、灰黄色粗砂岩,细砂岩,夹砾岩,粉砂质页岩、碳质页岩,含薄煤层及煤线。整合或平行不整合于南大岭组之上。时代为早侏罗世。厚70~1193m。

【区域变化】该组是区内中生代主要含煤岩系,可采煤一般3~10层,最多达19层。下花园组岩性和厚度变化很大。下花园-宣化地区南部下花园、八宝山一带底部,为一层砂砾岩;下部为深灰色粉砂岩、黏土岩夹数层薄层泥灰岩;上部以深灰色砂岩、粉砂岩为主,夹碳质黏土岩及煤数层,含丰富的植物化石。厚327~1193m。下花园-宣化地区北部贾家庄、崔家庄、幔梁一带,下部为黄绿色、灰紫色复成分砾岩,含砾粗砂岩夹岩屑砂岩及粉砂岩;上部为黄绿色、灰绿色、灰黑色细砂岩,岩屑砂岩,粉砂岩夹砾岩、碳质粉砂岩及煤线、煤层。

蔚县郑家窑一带下部为灰色、深灰色粉砂岩,页岩夹少量砂岩;中部为灰色粉砂岩夹页岩、砂质页岩及紫红色砂质页岩和细砂岩,含煤层;上部为灰色厚层细粒长石石英砂岩、深灰色粉砂岩,紫红色砾岩、页岩、石英砂岩夹煤层,含植物化石。厚134~379m。

尚义红土梁一带下部为灰黄色厚层、中厚层砾岩,砂砾岩,粗砂岩,夹碳质页岩和煤层;中部为灰绿色、黄绿色粗砂岩,细砂岩,夹碳质页岩和黏土岩透镜体;上部为灰白色、黄绿色厚、巨厚层砾岩,粗砂岩夹细砂岩及碳质粉砂岩透镜体,含植物化石。厚480~975.3m。

赤城古子房下部为灰绿色、灰紫色厚层含砾粗砂岩,夹细砂岩、粉砂岩及少量页岩、碳质页岩及煤层、煤线;上部为灰色、黄绿色中细粒砂岩,粉砂岩,黏土岩及不稳定煤层、含砾粗砂岩。厚约400m。

滦平涝洼下部为灰白色厚层燧石角砾岩,灰黑色、灰褐色页岩,碳质页岩,粉砂岩,砂岩和钙质泥岩及可采煤层;上部为黄绿色、灰绿色薄—中层泥质灰岩夹黄绿色纸片状页岩、碳质页岩夹泥岩,含黄铁矿结核及硅质团块。厚约286m。

下板城—平泉一带主要为页岩、粉砂质泥岩、砂岩、砾岩夹煤层。厚约279m。

承德县大庙梁下部为灰色、灰黑色砂质页岩及黄褐色砂岩、含砾砂岩夹煤层；上部为深灰色泥岩。厚约 70m。

丰宁石人沟下部为灰黑色碳质页岩，含煤线；上部为浅绿色、灰黑色页岩，碳质页岩夹薄层粉砂岩。厚约 215m。

抚宁柳江盆地下部为灰白色、黄绿色厚层砾岩；中部为厚层含砾粗砂岩、岩屑砂岩，夹泥质粉砂岩、页岩和碳质页岩及煤层；上部为灰黑色碳质页岩与石英粉砂岩、长石石英砂岩互层，夹页岩、砂砾岩；顶部为碳质页岩夹煤层。厚约 357m。

围场北部与内蒙古喀喇沁旗正沟交界地带，下花园组下部为褐黄色砾岩、含砾粗砂岩；上部为灰绿色粉砂岩与粉砂岩、页岩互层，局部夹碳质页岩及煤线，沉积韵律特征明显。厚约 215m。

4. 九龙山组(J_2j)

该组主要分布在宣化—下花园、蔚县、尚义一带，承德县—平泉、兴隆—宽城、滦平、赤城、抚宁等地也有零星出露，以张家口市下花园区贾家庄—孙家庄一带最具代表性。

【现实定义】指一套灰紫色、灰绿色河流相沉积岩系，夹陆相火山碎屑岩。主要岩性为黄褐色、灰白色砾岩，紫红色、灰绿色砂岩、粉砂岩、泥岩夹粗砂岩和酸性凝灰岩。与下伏下花园组呈平行不整合接触。时代为中侏罗世。

【区域变化】该组在下花园一带较发育，厚度大，岩性稳定，具一定的代表性。下部为浅灰绿色和灰白色复成分砾岩、砂岩，夹灰绿色和灰紫色砂岩、粉砂岩，偶夹薄层英安质凝灰岩；中部为灰绿色和浅灰色流纹质晶屑或玻屑凝灰岩，夹凝灰质砂岩、粉砂岩、含砾粗砂岩及少量泥质粉砂岩；上部为灰紫色和灰绿色粉砂岩、泥质粉砂岩、细砂岩、岩屑砂岩，偶夹凝灰岩和厚 12～63m 的粗面岩。

北京西山下部以灰白色、灰绿色和黑灰色凝灰质砂岩为主，夹粉砂岩及砾岩；中部以紫红色、灰绿色凝灰质细砂岩为主，夹多层砾岩、含砾粗砂岩及页岩；上部为紫红色凝灰质粉砂岩、粉砂质泥岩及凝灰质砂岩，夹含砾火山岩屑砂岩。髫髻山、大台、板桥和猫耳山等地沉积厚度达 1000~1520m。向北至桑峪、牛战一带厚约 300m。向南至九龙山一带上部剥蚀，厚度相对较薄，约 400m。密云遥桥峪为灰绿色、灰紫色流纹质凝灰岩夹紫红色粉砂岩。厚约 107m。

蔚县白草窑一带下部为灰绿色砂砾岩夹紫红色粉砂质页岩；中部为绿色、紫红色砂质页岩、粉砂岩夹砾岩；上部为黄绿色砂岩、粗砂岩夹紫红色粉砂岩及凝灰岩。厚 190m。

尚义红土沟一带为灰紫色、紫红色厚层砾岩，夹粗粒岩屑长石砂岩、岩屑长石石英砂岩及粉砂岩，下部夹 1 层玄武安山岩及 1 层沉凝灰岩。厚约 126.8m。

兴隆大杖子王宝石一带，下部为杂色粉砂质泥岩、泥质粉砂岩，夹泥灰岩透镜体；上部为灰绿色、灰白色流纹质凝灰岩、流纹质火山角砾岩，夹紫红色粉砂岩及凝灰质砂岩。厚 294.7m。滦平王营子一带，下部为浅黄绿色砂岩及含砾砂岩，夹灰白色凝灰质砂岩及黑色页岩和煤线；中部为灰黑色、黄绿色页岩夹暗灰色薄板状泥灰岩及薄层粉砂岩；上部为黄褐色、紫灰色及灰白色粉砂岩，夹黄绿色细砂岩及紫灰色页岩。厚 400m。宽城塌山—化皮留子一带，下部为紫红色粉砂质泥岩、粉砂岩，夹砂岩透镜体；上部为灰白色、灰紫色流纹质凝灰岩。厚约 126m。平泉雅图沟为灰黑色、灰绿色、灰紫色砂岩，砾岩及粉砂岩和凝灰质砂岩，夹流纹质凝灰岩。厚 80～163m。

九龙山组化石有叶肢介：*Triglypta pingauanensis*，*Chaidamuestheria punctata*；双壳类：*Yananoconcha hengshanensis*，*Ferganoconcha*，*Pseudocardinia* cf. *turfanensis*；昆虫：*Rhipidoblattina hebeiensis*，*Sinonitidulina luanpingensis*，*Sunoprophalangopsis elegantis*；鱼：Ptycholepoidei；植物：*Coniopteris hymenophylloides*，*Cladophlebis*，*Baiera*，*phoenicopsis*，*Equise - tites lateralis*，*Niossonia*。

5. 髫髻山组($J_{2-3}t$)

该组广泛分布于广义的燕山地区和太行山北段,厚度大,层位稳定,以承德县胡杖子—小郭杖子一带露头最具代表性。

【现实定义】岩性组合为暗紫色、紫褐色和灰绿色粗安岩,角闪粗安岩,辉石粗安岩,玄武粗安岩,粗安质角砾熔岩,粗安质角砾岩,粗安质集块岩,夹紫红色、灰褐色及灰绿色砂岩,砾岩,粉砂岩和泥岩等,底部偶见不稳定的灰黑色橄榄玄武岩、玄武岩、安山玄武岩、玄武质角砾岩夹灰绿色、紫红色薄层泥岩。以溢流相中性熔岩和近火山口相火山碎屑岩为主,间夹河流相碎屑沉积岩。局部地区为粗安质—流纹质熔结凝灰岩及少量流纹岩、粗面岩,夹紫红色、灰绿色砂岩和粉砂岩。与下伏九龙山组为整合、平行不整合或喷发不整合接触。时代为中晚侏罗世。

【区域变化】由于火山喷发强度、火山构造类型各地不同,该组厚度及结构类型各盆地有较大差异。承德县一带厚度较大,下部为褐灰色粗安岩、粗安质火角砾岩和凝灰岩,夹薄层紫色凝灰质砂岩、粉砂岩;上部为深灰色粗安岩、玄武粗安岩、粗安质集块角砾岩,表现为较好的火山喷发韵律,"红顶绿底"发育。溢流相约占70%,爆发相占26%,空落相和火山沉积相约占4%。厚2923m。沉积夹层中产植物化石:*Coniopteris* cf. *hymenophylloides*, *Amdrupia stenodonta*, *Neocalamites* sp., *Elatocladus* sp., *Paracycas* sp.。

兴隆白马川—孙杖子一带为灰色、灰紫色粗安岩、粗面岩、英安岩及粗安质集块角砾岩夹紫红色粉砂岩、泥岩。厚1450m。这一带沉积夹层比较发育,单层厚度小,数量多,如二道岭剖面沉积夹层多达10层,沉积相约占4%,爆发相占30%,溢流相占66%。

宽城满杖子下部以粗安岩为主夹粗安质角砾岩;上部为粗安质火山角砾岩,夹粗安岩和紫红色粉砂质泥岩。厚670m。溢流相占60%,爆发相占32%,沉积相占8%。

涿鹿-下花园地区以粗安岩、粗安质角砾集块岩为主夹凝灰岩及砂砾岩。厚2359m。

宣化区西南部一带底部发育玄武岩、安山玄武岩、玄武质角砾熔岩;下部为粗安质沉集块角砾岩、粗安质沉角砾凝灰岩、粗安岩、玄武粗安岩、安山岩、凝灰质砾岩;上部为粗面岩、粗面质(集块)角砾岩、粗面质凝灰岩。下花园地区下部常见流纹岩。

赤城一带为灰紫色、灰褐色粗安岩、安山岩、辉石安山岩、粗安质角砾岩和集块岩,夹凝灰质砂岩及粉砂岩。厚2128m。

阳原马主部为安山岩、粗安岩、玄武岩和安山质角砾岩、集块岩夹凝灰岩、砂岩和砾岩。厚1140m。

北京西山该组岩性与其他地区基本相同,但堆积厚度最厚,达3731m。

密云遥桥峪一带也较发育,为粗安质火山角砾岩、集块岩、粗安岩,夹紫红色粉砂质泥岩。厚916m。爆发相占53%,溢流相占35.5%,沉积相占11.5%。

滦平一带以粗安岩为主,其次为粗安质火山角砾岩、角砾集块岩及紫红色粉砂岩。厚320m。溢流相占80%,爆发相和沉积相各占10%。

平泉县河南—杨树岭东沟一带主体岩性为粗安岩、玄武粗安岩、英安岩,夹有少量砂岩、粉砂岩及粉砂质页岩。厚1390m。

青龙白土山下部以黑云母粗安岩、粗安质集块岩为主,夹砂岩、凝灰质粉砂岩;中部为辉石安山岩、角闪安山岩、安山集块岩、角砾岩,夹凝灰质粉砂岩、砂岩;上部为安山岩、安山质火山碎屑岩,夹凝灰质砂岩、粉砂岩等。厚2600m。

太行山北段蔚县、易县、涞源一带,下部多为沉积碎屑岩;上部多为火山碎屑岩,夹少量中性熔岩。厚355～653m。

6. 土城子组(J_3t)

该组广泛分布于尚义-平泉区域断裂南、北两侧，西起尚义，向东经宣化、赤城、滦平、承德、平泉，延至辽西地区。涿鹿、蔚县、延庆花盆、密云新城子、兴隆、青龙、丰宁、涞源、易县也有出露，其中以河北省滦平县长山峪出露最为完整且最具代表性。

【现实定义】岩性组合以灰紫色复成分砾岩、砂岩、粉砂岩、页岩为主，常夹有不稳定酸性、中性火山岩层，其中火山夹层厚度占比小于50%。土城子组是冀北侏罗纪地层中的一个“标志层”。该组平行不整合覆于髫髻山组之上，角度不整合伏于早白垩世张家口组之下，部分盆地整合伏于白旗组之下或与白旗组呈同时异相。

【区域变化】土城子组主体为一套陆相红色碎屑岩沉积组合，岩性为灰色、紫红色复成分砾岩、砂砾岩，夹有少量凝灰质砂岩、粉砂岩及页岩，属冲积扇和河流、湖泊相沉积。部分盆地土城子组沉积岩中可见中性、酸性火山岩夹层，显示土城子组沉积的同时，存在同时异相的火山活动产物。沉积地层与火山地层之间不仅存在垂向上的互层关系，而且存在横向上的指状交互、同时异相的复杂地层关系。长哨营-金台子盆地这种指状交互、同时异相关系表现得最为明显，由南西向北东十几千米范围内，由沉积岩逐渐相变为火山岩。其中火山岩与沉积岩此消彼长的相变关系，在不同盆地存在明显差异。风山盆地土城子组未见火山岩夹层，仅见凝灰物质，承德盆地土城子组沉积岩占绝对优势，火山岩占比很少，其中石人沟盆地火山碎屑岩占剖面总厚度的14%，金沟屯盆地和三沟盆地分别占总厚度的27%和37%。火山岩夹层总体呈现由南向北增多的趋势，至尚义-丰宁-隆化断裂以北则土城子组不太发育，仅零星分布，其层位则逐渐被一套以中酸性火山岩组合为主的白旗组所取代，并表现出由南向北火山活动增强的趋势，至内蒙古大兴安岭中南段则形成了同时异相巨厚的满克头鄂博组、玛尼吐组酸性、中性火山岩组合。

土城子组岩相类型、相序特征及地层厚度在不同盆地或同一盆地不同位置均有一定的变化。对于单个盆地来说，粗碎屑沉积远比细碎屑沉积所占比例大，大部分盆地边缘往往为辫状河作用形成的扇三角洲充填序列，湖盆中心沉积物粒度逐渐变细。

滦平-承德盆地中滦平一带划分为3段，充填序列为粗→细→粗；承德一带只发育2段，一段为砾岩、砂砾岩夹砂岩，二段在孟家院—鹰手营子一带为紫红色、砖红色水平层理泥岩、页岩，粉砂质泥岩，后期发生较强烈的褶皱构造，并被张家口组覆盖。厚1 405.4～1740m。产 *Jeholosauripus*、*Ferganconcha subcentralis*、*F.* cf. *quadrata*、*F.* cf. *curta* 等化石。

平泉-新城子盆地岩性组合形式与滦平-承德盆地略有不同，充填序列为细→粗→细→粗。底部为细碎屑沉积岩；下部为暗紫色、紫红色、紫褐色、浅灰色粗安质砾岩，白云质和钙质砾岩及含砾粗砂岩，夹砖红色、紫红色粉砂质页岩，粉砂岩和凝灰岩；中部为紫红色、砖红色夹灰绿色、灰黄色砂岩，凝灰质砂岩，粉砂岩，页岩及少量含砾粗砂岩；上部为紫红色厚—巨厚层砾岩、砂砾岩，夹粗面岩、流纹岩、安山岩和凝灰岩、砂岩、粉砂岩。整合或平行不整合于髫髻山组、角度不整合于古生界或更老地层之上。厚度变化较大，为280～2650m。平泉杨树岭产 *Pseudograpta*(叶肢介群)和介形虫等化石。

尚义一带下部为巨厚层的紫色砾岩；上部由紫红色含砾粗粒长石砂岩、粗砂岩与细砂岩组成韵律。厚766.3m。产 *Cyathidites*、*Callialasporites*、*Classopollis*、*Quadraeculina limbata*、*Stereisporites*、*Dictyophyllidites*、*Foveosporites* sp.、*Duplexisporites*、*Protopinus*、*Klukisporites* 等化石。

宣化罗家洼一带，下部为灰白色、紫红色砾岩夹砂岩、页岩及凝灰岩；中部为灰色、灰紫色、砖红色砂质页岩，粉砂岩，砂岩及凝灰岩；上部为紫红色砾岩夹砂岩及凝灰岩。厚678m。产化石 *Xuanhuasaurusnieichao*(聂氏宣化龙)、*Equisetites yimaensis* Xi(义马似木贼)。

赤城—后城—延庆一带，下部为紫红色、砖红色含砾砂岩，砂岩，粉砂岩，夹流纹质玻屑凝灰岩及砾岩透镜体；上部为紫红色复成分砾岩、砂砾岩、岩屑砂岩夹流纹质凝灰岩，砂岩中交错层理发育。厚1058m。产化石 *Palaeoniscidei*。

围场棋盘山一带为紫红色粗碎屑沉积岩。下部为紫色、紫红色砂岩，粉砂岩，泥质粉砂岩夹紫色薄层细砾岩、流纹质凝灰岩，间夹少量灰绿色薄层砂岩、粉砂岩；上部为紫红色、紫色厚—巨厚层复成分砾岩、砂砾岩夹紫红色砂岩、粉砂质及流纹质晶屑凝灰岩。角度不整合于二叠纪额里图组之上，被张家口组不整合覆盖。厚 1 905.9m。

万全区宋家窑村一带，土城子组为一套陆源粗碎屑岩，岩性为紫红色、黄灰色砂质砾岩、砾质中粗砂岩、含砾中粗砂岩等，厚度大于 640.39m。

狮子沟一带，下部为灰白色、灰黄色、紫红色厚—中薄层砂砾岩、砾岩、含砾中粗粒长石砂岩夹薄层（含砾）泥质粉砂岩及泥岩透镜体；上部为紫红色、灰绿色中—薄层泥质粉砂岩、粉砂质泥岩、中厚层中细粒长石砂岩、岩屑长石砂岩夹中—厚层含砾粗粒长石砂岩、中粗粒岩屑长石砂岩及钙质结核。厚 676m。

7. 白旗组（J_3b）

白旗组常与上覆张家口组相伴出现，总体呈北东—北北东向展布，以赤城-平泉断裂为界，主要出露于断裂以北的康保黄城子、张北、崇礼、丰宁、围场、隆化等地；断裂以南的蔚县、后城等地亦有少量出露。在丰宁县南辛营大营子村出露最为典型。

【名称由来】由河北有区域地质测量大队于 1969 年创名，指后城组红色砂砾岩之上，张家口组酸性火山岩之下，一套以中性火山岩为主的地层。之后白旗组在河北得到广泛应用，并在应用中不断完善。白旗组常与上覆张家口组相伴出现，覆于不同时代基底之上，依据岩性组合特征划分为两个岩性段。下部为一套以酸性火山岩为主的组合，划分为白旗组一段；上部为一套以中性火山为主的组合，划分为白旗组二段。一段不太稳定，部分盆地不发育，白旗组命名地崇礼县白旗村附近就缺失白旗组一段，仅见白旗二段中性火山岩层位。1996 年《河北省岩石地层》将白旗组废弃，其层位并入张家口组，即俗称的大张家口组，时代置于晚侏罗世。2014 年中国地层委员会颁布了新的《中国地层表及说明书》，将白垩系-侏罗系的界线年龄由 137Ma 调整为 145Ma。相关阶的位置亦随之作相应调整，原属上侏罗统顶部的大北沟阶，因所测出的年龄均小于 145Ma，因此上移至下白垩统，改称冀北阶，对应的岩石地层单位涵盖了大北沟组及张家口组。张家口组下伏土城子阶目前暂时仍将其作为一个晚侏罗世的阶处理。

2014 年《中国地层表及说明书》的颁布，重新厘定了侏罗系-白垩系的界线，将张家口组也恢复了原义（狭义）的概念，时代划归早白垩世，但冀北地区存在的一套晚侏罗世火山岩组合（同位素年龄 157～145Ma，原被划为白旗组或原广义张家口组下部层位）无从归属，为此本书恢复使用白旗组，来代表该套岩性组合。

【现实定义】指一套以中性、酸性火山岩为主少夹沉积岩的岩性组合，下部岩石以流纹质熔结凝灰岩为主，夹英安岩、流纹岩、沉角砾凝灰岩和凝灰质砂岩的组合，部分盆地一段火山岩具有酸性向偏碱性演化的趋势，出现粗面岩、粗面质火山碎屑岩；上部以粗安岩、安山岩、粗安质角砾凝灰岩为主，夹沉角砾凝灰岩的组合。该组整合在土城子组之上或与之同时异相，整合或平行不整合覆于髫髻山组之上，角度不整合于张家口组之下，时代为晚侏罗世。

【区域变化】崇礼、赤城地区白旗组一段下部以紫红色和砖红色凝灰质粉砂岩、含砾砂岩为主，夹紫红色和灰绿色凝灰质角砾岩；上部主要为紫灰色、灰绿色流纹质凝灰熔岩、流纹质凝灰角砾岩、流纹质角砾熔岩。厚 700～1003m。二段以紫灰色、暗紫色和灰绿色安山岩为主，夹安山质熔结角砾岩和角砾熔岩，局部见有黄铜矿化及黄铁矿化。厚 99～1350m。

隆化张三营盆地下部主要为酸性火山岩夹火山沉积岩组合，厚 42～232m。主要岩性为灰紫色、紫红色流纹质凝灰岩、流纹质熔结角砾凝灰岩、流纹岩夹沉凝灰岩、凝灰质砂砾岩、砾岩。砾岩产于底部，多呈紫红色、灰紫色，局部地段夹有紫红色含砾砂岩，呈层状或透镜状，规模不等，厚度一般小于 92m。呈不整合覆盖于下伏古元古代斑状二长花岗岩、二叠纪正长花岗岩、中三叠世中粒二长花岗岩之上，说明本区在白旗组大规模火山喷发以前地壳经过长期抬升剥蚀。上部主要为中性火山熔岩与火山碎屑岩组合，以溢流相为主，主要岩性有深灰色、灰绿色安山岩、粗安岩、安山质或粗安质角砾凝灰岩夹流纹质角砾凝灰岩、流纹岩，厚310～527m。

围场山湾子盆地下部岩性主要为流纹质角砾凝灰岩、流纹质熔结凝灰岩、流纹岩、流纹质凝灰岩等酸性火山碎屑岩、酸性火山熔岩组合，厚160～425m；上部岩性主要为中基性—酸性火山岩及沉积岩组合，厚145～549m。

第二节　多重地层划分对比概述

一、多重地层划分

本书以岩石地层、生物地层、年代地层为依据进行地层综合分析对比，建立了本区晚三叠世—晚侏罗世地层多重地层划分对比表（表9-3）。其中杏石口组和白旗组化石贫乏。

表9-3　晚三叠世—晚侏罗世地层多重地层划分对比表

<table>
<tr><th colspan="3">地质年代</th><th rowspan="2">年龄/Ma</th><th colspan="2">岩石地层</th><th colspan="6">生物地层</th></tr>
<tr><th>代</th><th>纪</th><th>世</th><th>群</th><th>组</th><th>双壳类</th><th>鱼类</th><th>叶肢介</th><th>介形虫</th><th>昆虫</th><th>植物</th></tr>
<tr><td rowspan="7">中生代</td><td rowspan="6">侏罗纪</td><td rowspan="2">晚世</td><td>145</td><td rowspan="4">后城群</td><td>白旗组</td><td colspan="6"></td></tr>
<tr><td></td><td>土城子组</td><td rowspan="3">Ferganoconcha组合带</td><td rowspan="3">Palaeoniscoidei-Ptycholepeidei组合带</td><td>Mesolimnadia-Yanshanoleptestheria组合带</td><td>Djungarica-Mantelliana-Damonella组合带</td><td rowspan="3">Rhipidoblattina-Yenliaocorixa组合带</td><td rowspan="3">Coniopteris hymenophylloides组合带</td></tr>
<tr><td rowspan="2">中世</td><td>163.5</td><td>髫髻山组</td><td></td><td></td></tr>
<tr><td></td><td>九龙山组</td><td>Euestheria-Triglypta组合带</td><td>Darwinula sarytirmenensis-Darwinula impudica组合带</td></tr>
<tr><td rowspan="2">早世</td><td>174.1</td><td rowspan="2">门头沟群</td><td>下花园组</td><td>F-P-S组合带</td><td></td><td></td><td></td><td></td><td>Otozamites hsiangchiensis组合带</td></tr>
<tr><td></td><td>南大岭组</td><td></td><td></td><td></td><td></td><td></td><td>Neocalamites carrerei-Cladophlebis组合带</td></tr>
<tr><td>三叠纪</td><td>晚世</td><td>199.6
235</td><td colspan="2">杏石口组</td><td colspan="6"></td></tr>
</table>

注：*F-P-S*组合带为*Ferganoconcha-Pseudocardinia-Sibiriconcha*组合带。

杏石口组成岩年龄值为(230±8)Ma；白旗组年龄值为155～146Ma，时代为晚侏罗世；土城子组年龄在156～143Ma之间，多数为156～145Ma，时代以晚侏罗世为主；髫髻山组年龄值在167～152.5Ma之间，时代为中晚侏罗世（表9-4）。

表 9-4　燕辽地区后城群、白旗组同位素年龄数据统计表

岩石地层单位	测试对象	测试方法及年龄值/Ma	资料来源
白旗组	流纹质玻屑凝灰岩	LA-ICP-MS 锆石 U-Pb,152.1±1.5	杨红宾等(2020)
	流纹质熔结角砾凝灰岩	LA-ICP-MS 锆石 U-Pb,153±1	河北省区域地质调查院(2013)
	流纹质熔结角砾凝灰岩	LA-ICP-MS 锆石 U-Pb,147±2	
	玄武安山岩	LA-ICP-MS 锆石 U-Pb,149.7±0.7	河北省区域地质调查院(2015)
	流纹质熔结凝灰岩	LA-ICP-MS 锆石 U-Pb,150±0.6	
	流纹岩	LA-ICP-MS 锆石 U-Pb,154.6±0.5	
	流纹岩	LA-ICP-MS 锆石 U-Pb,154.7±0.6	
	安山岩	LA-ICP-MS 锆石 U-Pb,146±2	
	安山岩	LA-ICP-MS 锆石 U-Pb,152±14	河北省区域地质调查院(2015)
	粗安岩	LA-ICP-MS 锆石 U-Pb,155±4	河北省地质调查院(2020)
	粗安岩	LA-ICP-MS 锆石 U-Pb,151±7	
	粗安岩	LA-ICP-MS 锆石 U-Pb,149±12	
土城子组	流纹质凝灰岩	LA-ICP-MS 锆石 U-Pb153.3± 1.4	河北省区域地质调查院(2015)
	安山岩	U-Pb(锆石),145±3	邵济安等(2003)
	流纹质凝灰岩	SHRIMP(U-Pb),154±1	Swfisher et al.(2002)
	安山岩	LA-ICP-MS (U-Pb),143±1	张宏等(2008)
	安山岩	LA-ICP-MS (U-Pb),147±2	
	流纹岩	U-Pb(锆石),152±3	Cope(2003)
	流纹质凝灰岩	U-Pb(锆石),156±5	

岩石地层单位	测试对象	测试方法及年龄值/Ma	资料来源
髫髻山组	凝灰岩(透长石)	Ar-Ar,153±0.3	Davis(2001)
	凝灰岩	SHRIMP(U-Pb),153±3	
	中性火山岩	LA-ICP-MS (U-Pb),154±4	牛宝贵(2003)
	中性火山岩	Ar-Ar,153±1	Cope(2003)
	中性火山岩	Ar-Ar,160±1	
	石英粗面岩	SHRIMP(U-Pb) 167±3	季强(2004)
	中性火山岩	LA-ICP-MS (U-Pb),153±1	刘健等(2006)
	凝灰岩	LA-ICP-MS (U-Pb),152.5±0.5	
	粗安岩	LA-ICP-MS (U-Pb),155.5±2.9	
	粗安岩	SHRIMP(U-Pb),166±3	孙立新(2007)
	安山岩	LA-ICP-MS (U-Pb),163±3	张宏等(2008)
	英安岩	LA-ICP-MS (U-Pb),164±3	
	安山岩	LA-ICP-MS (U-Pb),154±5	
	安山岩	LA-ICP-MS (U-Pb),162±2	
	英安岩	LA-ICP-MS (U-Pb),157±3	
	中性火山岩	LA-ICP-MS (U-Pb),155.6±0.8	张长厚(2012)
	中性火山岩	LA-ICP-MS (U-Pb),163.6±1.1	
	粗安岩	LA-ICP-MS (U-Pb)165.3± 1.6	河北省区域地质调查院(2015)
	粗安岩	LA-ICP-MS (U-Pb)163±1	河北第四地质大队(2020)

续表 9-4

岩石地层单位	测试对象	测试方法及年龄值/Ma	资料来源	岩石地层单位	测试对象	测试方法及年龄值/Ma	资料来源
髫髻山组	安山岩	Ar-Ar,161±2	Davis (2001)	髫髻山组	粗安岩	LA-ICP-MS (U-Pb)166±1	河北第二地质大队 (2020)
	安山岩	Ar-Ar,161±1			粗面岩	LA-ICP-MS (U-Pb)161±1	河北省区域地质调查院 (2022)
	安山岩	SHRIMP(U-Pb),154±4			玄武岩	LA-ICP-MS (U-Pb)164±3	

九龙山组、南大岭组同位素年龄资料较少。九龙山组中流纹质凝灰岩夹层获得 LA-ICP-MS 锆石 U-Pb 年龄为(164.1± 1.3)Ma(河北省区域地质调查院,2015)、粗面岩夹层获得 LA-ICP-MS 锆石 U-Pb 年龄为(167±28)Ma(中国人民武装警察部队黄金第七支队,2017),时代属中侏罗世;南大岭组玄武安山岩 Ar-Ar 年龄为(188±7)Ma(陈文等,1997),时代属早侏罗世。

二、区域地层对比

1. 门头沟群

本区与相邻省区门头沟群岩性组合基本可以对比。下部南大岭组主要为一套中基性火山岩;上部下花园组以含煤为特征,分别对应辽西的兴隆沟组、北票组,山西的永定庄组、大同组,北京的南大岭组、窑坡组、龙门组。

2. 后城群

冀北后城群很发育,西起尚义,经赤城、承德、平泉至辽宁西部,向北东到围场、内蒙古的多伦-赤峰等地都有广泛分布,九龙山组、髫髻山组、土城子组分布范围基本一致,岩石的主色调为红色,各组发育程度虽有不同,但可对比性良好。

3. 白旗组

白旗组一段以酸性火山碎屑岩为主,夹酸性火山熔岩、沉火山碎屑岩、沉积岩的组合。由南向北地层厚度有增大的趋势。向北进入内蒙古自治区大兴安岭中南段,该套以酸性火山岩为主的组合被称为满克头鄂博组,形成时代为晚侏罗世(同位素年龄 160~150Ma)。白旗组二段岩性主要为中性火山熔岩、火山碎屑岩组合,向北延伸,进入内蒙古自治区大兴安岭中南部地区,该套火山沉积组合被称为玛尼吐组,分布广泛,但岩性、岩相存在一定的变化,如本区酸性火山岩成分相对占比较高。巴林右旗玛尼吐西山层型剖面,以中性火山岩为主,夹有凝灰质砂岩、英安岩等,厚度大于 183 m;巴林左旗上莫胡沟一带,下部以安山岩为主,上部以粗安岩为主,底部及中上部均出现流纹岩薄层,但总体上均为一套中酸性火山岩夹沉积岩组合。岩性、岩相虽有一定的变化,部分盆地酸性火山岩成分或沉积岩成分占比较高,这也是由陆相火山地层相变较大的特点所决定的,但总体上仍具有较明显的可对比性。

第十章　白垩纪地层

本区白垩纪地层大致以上黄旗-灵山区域断裂为界划分为多伦-蔚县（ⅢB$_3^1$）和承德-武安（ⅢB$_3^2$）2个地层分区，并进一步划分为为多伦-沽源地层小区（ⅢB$_3^{1-1}$）、张家口-蔚县地层小区（ⅢB$_3^{1-2}$）、承德地层小区（ⅢB$_3^{2-1}$）以及廊坊-曲周地层小区（ⅢB$_3^{2-2}$）4个地层小区（见图9-1）。岩石地层序列见表9-1。

第一节　岩石地层

白垩纪地层自下而上为张家口组、大北沟组、义县组、九佛堂组、青石砬组和南天门组。各地层划分沿革见表10-1。

表10-1　白垩纪地层主要划分沿革表

第一代地质志（1989）			《河北省岩石地层》（1996）			《中国区域地质志·河北志》（2017）			本书				
									时代	多伦-蔚县地层分区		承德-武安地层分区	
										多伦-沽源小区	张家口-蔚县小区	承德小区	廊坊-曲周小区
K_{2-3}		土井子组	K_2		南天门组	K_2		南天门组	K_2	南天门组	南天门组	南天门组	
		洗马林组											
K_1	滦平群	青石砬组	K_1	热河群	青石砬组	K_1	热河群	青石砬组	K_1	青石砬组	青石砬组	青石砬组	
		南店组	J_3		下店组								
		花吉营组			义县组、九佛堂组			义县组、九佛堂组		义县组、九佛堂组	义县组、九佛堂组	义县组、九佛堂组	
		西瓜园组											
		大北沟组			大北沟组			大北沟组		大北沟组	大北沟组	大北沟组	
J_3	东岭台群	张家口组			张家口组			张家口组		张家口组	张家口组	张家口组	
		白旗组											

1. 张家口组（$K_1\hat{z}$）

该组在张家口市小沟子村南、人头山、马家梁村、菜市村南、石匠窑村西、崇礼区南地村北以及丰宁县四岔口乡黄花沟门等地均有典型出露。

【现实定义】指一套以酸性—偏碱性火山岩为主夹沉积岩的地层。岩性组合为流纹质角砾凝灰岩、流纹岩、石英粗面岩、粗面岩、火山碎屑沉积岩，底部往往发育不稳定凝灰质砾岩，部分地区底部见数米或数十米厚的紫红色砂砾岩、含砾粗砂岩。平行不整合于白旗组或土城子组之上，在承德鸡冠山等地角度不整合于土城子组或前白垩纪地质体之上，伏于大北沟组之下。

【区域变化】张家口组地层厚度较大，岩性、岩相横向变化较快，火山喷发韵律旋回特征明显。火山活动的复杂性致使各火山盆地岩性组合、厚度有明显差异。在张北—沽源、张家口、赤城独石口、丰宁、隆化和围场地区，尤其是上黄旗-灵山区域断裂两侧，喷发强度大，火山地层厚度巨大，形成上千平方千米的泛流式流纹岩和流纹质熔结凝灰岩。厚2000～3003m。

张家口小沟子村至菜市村一带出露最全，自下而上可划分为5段：一段为碎屑岩段，以砾岩、砂岩、含砾砂岩为主，夹凝灰质砂砾岩等。二段为一套流纹质火山碎屑岩夹火山熔岩。三段以粗面岩、粗面质火山碎屑岩为特征。四段以流纹岩、流纹质火山碎屑岩为主，二—四段为火山岩段，整体呈酸性—碱性—酸性—碱性的喷发韵律。五段下部以凝灰质砾岩、凝灰质砂岩为主，局部夹灰白色薄层流纹质凝灰岩；中部为流纹质火山碎屑岩夹少量灰白色碱长流纹岩；上部为灰白色碱长流纹岩、碱长流纹质火山碎屑岩。

张北—沽源一带下部为灰紫色、灰白色流纹质熔结凝灰岩、石英粗面岩、流纹岩及流纹质凝灰岩；上部为灰紫色流纹质凝灰熔岩、流纹质熔结凝灰岩、沸石化含角砾凝灰岩。厚2685m。

张家口一带底部为紫红色砂岩、含砾粗砂岩；下部为灰紫色、灰白色流纹质凝灰岩和熔结凝灰岩；中部为灰紫色、灰白色石英粗面岩夹流纹质凝灰岩；上部为灰色、灰紫色流纹质角砾凝灰岩、流纹岩、沉凝灰岩、凝灰质砂砾岩。厚约2172m。

赤城独石口—丰宁四岔口一带底部为复成分砾岩夹火山碎屑沉积岩；下部为紫灰色砾岩、砂砾岩、浅灰色流纹质凝灰岩、石英粗面岩、流纹质熔结凝灰岩及碎斑熔岩，局部夹珍珠岩、黑曜岩等；上部为流纹质熔结凝灰岩、灰白色和紫红色沸石化玻屑凝灰岩、流纹岩夹沉凝灰岩及火山碎屑沉积岩。厚2141～3003m。

丰宁苏家店—花吉营一带下部为灰褐色流纹质凝灰岩、石英粗面岩、石英粗面质熔结角砾凝灰岩；上部为灰白色流纹质含角砾凝灰岩、紫灰色流纹质含角砾熔结凝灰岩、流纹质沸石化沉角砾凝灰岩。厚1444～1994m。

丰宁大兰营一带为粗面质熔结凝灰岩、流纹质凝灰岩。厚约2008m。

围场—隆化地区下部为暗灰色流纹质角砾凝灰岩、流纹质含角砾弱熔结凝灰岩、石英粗面质熔结凝灰岩；上部为灰白色流纹质凝灰岩、球粒状流纹岩、流纹质含砾沉凝灰岩、凝灰质砂砾岩。厚约2575.6m。

围场棋盘山一带下部为紫红色含砾岩屑砂岩夹粉砂岩及薄层粗面岩；中部为流纹质凝灰岩、流纹质角砾凝灰岩；上部为流纹岩、凝灰岩、熔结凝灰岩与粗面质熔岩互层。厚2825m。

赤城雕鹗为流纹质凝灰岩、熔结凝灰岩。厚约1096m。

该组在蔚县、涿鹿、京西、滦平、寿王坟、宽城、山海关等地，多呈独立火山盆地。岩石类型较简单，主要为流纹质凝灰岩、流纹质熔结凝灰岩和石英粗面质凝灰岩等。厚度小于1000m，一般厚237～600m。

滦平为石英粗面质玻屑凝灰岩、熔结凝灰岩、火山角砾岩，夹沉凝灰岩、凝灰质砂岩及薄层石英粗面岩。厚约983m。

寿王坟一带为英安质晶屑玻屑凝灰岩、流纹质熔结凝灰岩。厚约294m。

涿鹿、怀来、蔚县等地下部主要为灰色粗面岩；中部主要为浅紫色流纹质凝灰岩、流纹质凝灰角砾岩及凝灰质砂岩夹流纹岩；上部为灰白色、粉红色凝灰质粗砂岩、角砾岩夹少量松脂岩。厚237～287m。

【矿产资源】张家口组是区域上沸石、膨润土等非金属矿产有利层位，尤其在赤城县独石口、宣化区堰家沟等地发育沸石、膨润土等非金属矿产，矿石为张家口组内部的夹层，矿床类型为火山-沉积型，较为典型的矿床有赤城县独石口大型沸石矿床、宣化区堰家沟大型天然钠质膨润土矿床。

2. 大北沟组(K_1d)

该组主要分布于丰宁、隆化、围场、滦平和尚义等地。

【现实定义】岩石主要为灰绿色、灰白色凝灰质砾岩、砂岩、凝灰质粉砂岩、页岩及泥灰岩，夹火山岩，含热河生物群化石，总体是以沉积岩为主夹少量火山岩为特征的一套岩性组合。以丰宁县外沟门乡茶棚一带出露最具代表性。与下伏张家口组和上覆义县组或九佛堂组呈整合或平行不整合接触。时代为早白垩世。

大北沟组与张家口组岩性界线清晰，总体上是沉积岩与火山岩的分界线。有的盆地张家口组顶部为一套沉火山碎屑岩，反映了火山碎屑岩向正常沉积岩过渡关系。大北沟组是正常沉积岩，或经改造后火山碎屑物的再沉积。正常沉积岩出现并取代了火山岩成为主体岩层，是划分大北沟组与张家口组界线的标志。

【区域变化】丰宁森吉图一带为一套沉积岩夹火山岩组合：下部为灰紫色、灰白色凝灰质砂岩、砂砾岩、页岩、泥灰岩夹流纹质凝灰岩、玄武岩；中部为灰紫色、黄褐色凝灰质砂岩、砂岩、页岩夹砾岩透镜体及流纹质凝灰岩，含化石 *Sentestheria elongate*，*Nestoria xishunjingensis*，*Keratestheria longa* 等；上部为灰绿色砂岩、砂砾岩、粉砂岩、页岩及泥灰岩，局部夹流纹质凝灰岩；顶部为黄褐色、灰色砾岩夹粗砂岩。在页岩、粉砂岩中见叶肢介、昆虫、双壳及植物等化石。厚度大于 1035m。

围场—隆化一带主要为扇三角洲和浅湖相沉积，岩性为浅灰色、灰黄色、灰绿色（凝灰质）砾岩、砂岩、粉砂岩、页岩夹安山岩、英安质角砾凝灰岩。在粉砂岩、页岩中产 *Nestoria* sp.，*Keratestheria* sp.，*Peipiaosteus pani*，*Ephemeropsis trisetalis*，*Ferganoconcha* sp. 和 *Acanthopteris*，*Equisetites* sp.，*Pagiophyllum* sp. 等化石。厚 173～888m。

滦平一带主要为发育水平层理的粉砂岩、泥岩，夹细砂岩、薄层泥灰岩透镜体，局部夹厚层砾岩、含砾粗砂岩透镜体，含较丰富化石：*Nestoria pissovi*，*N. caraica*，*N. luanping ensis*（叶肢介）；*Ferganoconcha yanshanensis*（双壳类）；*Equisetites* sp.，*Cladop hlebis* sp.（植物）；*Peipiaosteu*（鱼类）。厚 50～ 257m。

承德、宽城一带出露零星，为灰黑色粉砂质泥岩、凝灰质粉砂岩，夹砂岩透镜体，局部夹泥灰岩透镜体，含生物化石。厚度一般数米至数十米。

尚义闫家窑一带下部为灰黄色、灰绿色厚层砾岩、含砾粗粒长石砂岩、岩屑长石粗砂岩与紫红色中薄层粉砂岩互层，含植物化石碎片；中部为灰绿色、灰黄色厚层含砾粗粒长石砂岩、砾岩、薄层粉砂岩，含植物化石 *Equisetites* sp.；上部为灰绿色中厚—薄层细粒石英长石砂岩、中粒长石砂岩、紫红色薄层粉砂岩，夹薄层钙质细—粉砂岩及钙质结核层。与下伏土城子组呈角度不整合接触，被南天门组平行不整合覆盖。厚 2362m。

3. 义县组（K_1y）

该组主要分布于丰宁森吉图—四岔口、西龙头、花吉营，围场棋盘山、半截塔、克勒沟，隆化郭家屯、中关及平泉等地，赤城样田、承德、抚宁等地也有零星出露。以丰宁县外沟门乡三岔口—青石砬一带出露的最完整。

【现实定义】岩性组合以中性、基性火山熔岩，火山碎屑岩为主，夹数层沉积岩，局部夹酸性和弱碱性火山熔岩、火山碎屑岩。沉积岩中含丰富的热河生物群等化石。整合于大北沟组或平行不整合于张家口组之上，与九佛堂组同时异相关系或整合在其之下，被青石砬组平行不整合覆盖。时代为早白垩世。

【区域变化】该组主体以火山岩为主，夹层数不等的沉积岩，如森吉图一带夹数层沉积岩，在粉砂岩及泥页岩中产丰富的化石。除热河生物群外还大量出现昆虫类、鲟类及鸟类等化石，如昆虫类：*Sinaeschnidia heishankowensis*（中国蜓），*Ephemeropsis trisetalis*（三尾拟蜉蝣）；鲟类：新发现新属新种 *Yyanosteus longidorsalis* gen. et sp.（长背鳍燕鲟）；鸟类：*Jinfecngopteryx elegans*（华美金凤鸟），*Jibeinia luanhera*（滦河冀北鸟），*Protopteryx fengningensis*（丰宁原羽鸟）以及 *Confuciusornis* sp.（孔子鸟未定种）等。

丰宁四岔口—森吉图一带义县组堆积厚度最大，层序齐全，有顶有底，整合于大北沟组之上，或平行不整合于张家口组之上，被青石砬组平行不整合覆盖。底部为厚 5～50m 的砂砾岩、砂岩、粉砂岩夹泥岩、页岩；下部为灰色、深灰色粗安岩、安山玄武岩、安山玄武集块岩和集块熔岩，具水下喷发特征，有明

显的淬火现象，局部见枕状构造；上部为粗安岩、安山玄武岩与粉砂岩、页岩、砂砾岩及凝灰质砂砾岩互层。厚度大于1733m。沉积层中化石极为丰富。

花吉营一带以粗安岩、粗安质火山角砾岩为主，夹沉积岩及少量流纹质凝灰岩。厚1692m。

西龙头一带下部为玄武岩夹粗安岩；上部为粗安岩、粗安质集块角砾岩。厚1179m。

隆化郭家屯—围场半截塔一带主要为粗安岩、粗安质集块岩夹沉积岩。厚1463m。

围场克勒沟一带为灰紫色、灰黑色粗安岩、玄武安山岩、粗安质角砾集块岩夹流纹质角砾凝灰岩、凝灰质砾岩、凝灰质砂岩。厚1251m。

平泉一带下部为浅黄绿色、灰绿色砾岩，含砾粗砂岩，泥岩，粉砂岩夹页岩；上部为粗安岩、粗安质火山角砾岩夹沉积岩及火山碎屑沉积岩。厚1500～3000m。

各火山-沉积盆地凡有沉积夹层的几乎都有化石出现。

4. 九佛堂组(K_1j)

该组分布于冀北滦平、丰宁、隆化、围场、平泉和北京大灰厂等地，以滦平西台—蔓子沟一带露头最具代表性。

【现实定义】指由灰色、灰绿色、黄绿色砾岩、砂岩、粉砂岩、泥页岩、泥灰岩及油页岩，夹少量中性火山熔岩组成的一套河湖相地层，富含热河动物群化石，主要有叶肢介：*Eosestheria dongouensis*，*E. lingyuanensis*，*E.* cf. *middendorfii*；鱼类：*Lycoptera dauidi*，*L. tokungai*；双壳类：*Forganconcha* cf. *lingyuanensis*，*Phaerium* sp.；昆虫：*Epheneropsis trisetalis*；植物：*Coniopteris burejehsis*，*Czekanowskia*。该组地层产状普遍平缓，在发育较完整的盆地上、下部多出现粗碎屑沉积岩，如灰黄色、浅黄色砾岩、含砾粗砂岩、砂岩、凝灰质砂岩，个别盆地的边缘可见巨厚层砾岩、凝灰质砾岩。厚119～2929m。整合于大北沟组或平行不整合于张家口组之上，与义县组属同时异相或整合在其之上。时代为早白垩世。

【区域变化】滦平一带九佛堂组发育最好，为一套湖相灰绿色、绿色泥岩、粉砂岩、页岩夹砂砾岩透镜体。由4～5个旋回构成，每个旋回厚度在120～150m之间，底部一般有厚10～20m的砂砾岩，向上逐渐变细为粉砂岩、泥岩、页岩，层位稳定，规律性强。厚约2929m。根据岩性组合划分为3个岩性段：一段主要分布在盆地的边部，属冲积扇、扇三角洲相产物。岩性以褐黄色、灰绿色块状复成分砾岩为主，夹含砾粗砂岩、砂岩、粉砂岩、泥页岩及砂砾岩透镜体，砾石成分因地而异。粉砂岩、泥页岩中含生物化石，并发现有保存完好的硅化木化石。厚度变化较大，向盆地中心厚度渐薄。二段属滨浅湖—半深湖相沉积，与一段为渐变过渡关系。该段岩性为灰绿色、灰黑色、黄绿色泥岩、页岩、粉砂岩夹薄层细砂岩、泥灰岩，偶夹含砾粗砂岩透镜体。细砂岩中发育板状、楔状交错层理和包卷层理、火焰状构造等。粉砂岩中发育波纹层理、水平层理。该段除富含热河生物群化石外，在滦平平房村附近发现大、中、小三组、三列，两个方向行走的恐龙足迹化石。三段与二段呈渐变过渡关系，属扇三角洲相沉积。下部为灰绿色中厚层砂岩、粉砂岩、泥岩，夹含砾粗砂岩透镜体；上部为浅灰绿色、浅黄色块状复成分砾岩、粗砂岩、含砾砂岩，自下而上逐渐变粗。

丰宁凤山一带下部以灰白色巨厚层砾岩为主，夹砂砾岩、砂岩；中部主要为灰黑色、灰褐色及灰绿色页岩、粉砂岩及油页岩，夹黄褐色砂岩、砂砾岩透镜体；上部为黄褐色砾岩夹砂岩。厚1884m。

丰宁县九龙山一带下部为灰白色、浅灰绿色砾岩、含砾粗砂岩夹泥岩和流纹质凝灰岩；中部为灰色、灰黑色页岩夹粉砂岩及泥岩；上部为黄色复成分砾岩、含砾砂岩、砂岩夹流纹质凝灰岩和凝灰质砂岩。厚1392m。

围场清泉一带可分两个岩段，即灰白色巨厚层砾岩-砂岩段；灰绿色页岩-粉砂岩、泥岩夹油页岩段。厚917m。盆地边部以砾岩、砂砾岩、含砾粗砂岩为主，向盆地中心逐渐变细，由页岩、粉砂岩、泥岩夹油页岩，砾岩与粉砂岩横向呈渐变过渡(指状交互)关系。

大阁一带厚450m，隆化一带厚1167m。

北京大灰厂一带下部主要为黄绿色、灰绿色含砾岩屑砂岩、砂岩、砂砾岩；中部为灰黑色、灰黄色钙质页岩，夹钙质粉砂岩；上部为黄绿色砂砾岩、砾岩、岩屑砂岩及粉砂岩。厚123m。

5. 青石砬组(K_1q)

该组分布于丰宁青石砬、万全黄家堡、沽源小河子和崇礼五十家子等地，以丰宁县外沟门乡下店村一带露头最好且最具代表性。

【现实定义】岩性主要由黑灰色、灰绿色砂质页岩、黏土岩、碳质页岩、粉砂岩，夹砾岩、含砾砂岩、砂岩及薄煤层及煤线组成的一套岩性组合。厚69～942m。与下伏义县组及上覆南天门组均呈平行不整合接触。时代为早白垩世。

【区域变化】丰宁青石砬一带该组底部为不稳定的黄褐色砾岩及砂砾岩；中下部以灰色、灰黑色粉砂质黏土岩为主，夹细砂岩、砂砾岩及可采煤层和煤线；上部以灰绿色细砂岩、泥岩为主，夹粗砂岩、粉砂岩及煤线。厚942m。与下伏义县组及上覆南天门组均呈平行不整合接触。

万全县黄家堡一带下部为灰白色巨厚层砂岩、含砾砂岩，夹黑灰色碳质页岩及黏土岩透镜体，含煤线、煤层；上部为灰白色、黄褐色厚层砾岩，夹浅褐色砂岩、碳质页岩、粉砂岩及黏土岩。厚69～205m。

沽源小河子一带下部以角砾岩为主，夹黏土岩及煤层；上部为灰色、灰黑色黏土岩、粉砂质黏土岩及砂岩和煤层。厚182～500m。

6. 南天门组(K_2n)

该组主要分布于张家口土井子、万全洗马林—膳房堡、阳原灰泉堡，丰宁青石砬及太行山南段临城等地也有零星出露。万全县黄家堡—冯家窑一带露头最完整且有代表性。

【现实定义】主要岩性为砖红色、黄褐色、灰白色砾岩、砂砾岩夹砂岩，局部夹黏土岩，大型斜层理发育，为一套较典型的干旱—半干旱环境下形成的巨厚层河流相沉积。砾石成分复杂，主要为流纹质凝灰岩，少量花岗岩、变质岩、石英岩和玛瑙石等，磨圆较好，分选差。与下伏青石砬组、大北沟组、张家口组等呈平行不整合接触，其上被汉诺坝组玄武岩角度不整合覆盖。厚15～916m。

【区域变化】万全一带下部为黄褐色、灰紫色复成分砾岩夹灰绿色、紫红色砂岩、粉砂岩及黏土岩。从洗马林向北东逐渐变薄；中部为灰白色、砖红色厚层砾岩，夹杂色砂岩、粉砂岩透镜体；上部为灰白色中—粗粒砂岩、粉砂岩、泥岩，夹紫红色、灰绿色粉砂岩、砂岩和砾岩透镜体。岩性横向变化较大，斜层理发育。厚500～916m。

阳原灰泉堡、刘田庄和武家山一带为灰白色、灰紫色砾岩、砂岩及紫红色含砂黏土岩。产介形虫、轮藻及爬行类动物化石。直接覆盖在太古宙变质岩之上。厚108～226m。

怀安红泥洞为紫红色砂质泥岩、泥质粉砂岩，夹砂岩、砾岩透镜体。厚度大于23m。

蔚县座坡、骆驼岭一带以杂色泥岩、粉砂质泥岩为主，夹砾岩透镜体。厚15m。

宣化深井西山为灰白色砾岩夹砂岩透镜体。厚度大于50m。不整合于中、新元古代地层之上。

太行山南段临城竹壁村附近，下部为灰紫色、灰黄色砾岩、砂砾岩夹砂岩；上部为砖红色砂岩，夹砾岩。厚度大于367m。

第二节　多重地层划分对比概述

本书以岩石地层、生物地层、年代地层为依据进行地层综合分析对比，建立了本区白垩纪地层多重地层划分对比表(表10-2、表10-3)。

表 10－2　白垩纪地层多重地层划分对比表(A)

地质年代		年龄/Ma	岩石地层			植物群		生物地层	典型分子
		65.5							
白垩纪	晚世		南天门组			被子植物群			(*Angiospermus*)已知有：*Platanus*, *Cercidiphyllum*, *Alangium*, *Viburnum*等
						Ruffordia-Acanthopteris	晚期	原始被子植物组合带(*Eo-angiosperms*带)	*Cissite*, *Podomogaton? jeholensis*, *Celstrophyllum*, *Onychiopsis elongata*, *Ruffordia goepperti*, *Dictyozamites*
		99.6							
	早世	119	热河群	青石砬组			中期	*Acanthopteris gothani* 组合带	*Brachyphyllum parceramosum*, *Ruffordia cf. goepperti*, *Ginkgoites* spp.
		128		义县组	九佛堂组		早期	*Otozamites denticulatus* 组合带	*Acanthopteris sp.*, *Baiera cf. furcata*, *Ginkgoites spp.*, *Pityophyllum*
		130		大北沟组		*Coniopteri-Phoenicopsis*	*Czekanowskialea* 达到繁盛期(晚期)		*Coniopteris burejensis*, *Baiera cf. manchurica*, *B. cf. gracilis*, *Czekanowskia rigida*
									Schizolepis morlleri
			张家口组						
		145							

表 10－3　白垩纪地层多重地层划分对比表(B)

地质年代		岩石地层			生物地层：昆虫	鱼类			叶肢介	双壳类		孢粉	介形虫	
白垩纪	晚世	南天门组				*Lepidotes* sp.			*Orthestheria* 组合带	*Multiplicanaia Tujingziensis-Pscudohyria formosa*-组合带		*Tricolpites-Schizosporos-Tetraanguladinium* 组合带	*Cypridea* (*Morinina*) - *C.* (*Bisulcocypridea*) - *Cypridea*组合带	
										Sphaerium wiljuicum 组合带		*Pilosisporites-Triporoletes-Tricolpites*组合带		
	早世	热河群	青石砬组			*Kuyangichthys*				*Ferganoconcha-Nakamuranaia* 组合带	*Tetoria yixianensis* 组合带	*Cicatricosisporites-Foraminsporis-Asterpollis*组合带		
			义县组	九佛堂组	*Ephemeropsis trisetalis* 延限带	*Yanosteu Longidorsalis* 组合带	*Lycoptera*延限带	*Peipiaosteus pani*组合带	*Eosestheria* 延限带		*Sphaerium-Sphaerioides* 组合带	*Cicatricosisporites-Concavissmisporites-Classopllis* 组合带	*Cypridea-Djungarica-Timiriasevia* 组合带	*Cypridea-Lycopterocypris* 组合带
												*Cicatricosisporite-Luanpingspora-Jugella*组合带		*Rhinocypris-Yanshanina-Cypridea* 组合带
			大北沟组						*Nestoria-Keratestheria* 延限带		*Ferganoconcha* spp.组合带	*Piceites-Podocarpidites-Schizaroisporites* 组合带	*Eoparacypris-Luanpingella-Pseudoparacypridopsis* 组合带	
		张家口组												

区内早白垩世地层测年数据中张家口组年龄在145～130Ma之间，底部和下部年龄集中在145～140Ma之间，上部年龄为140～130Ma。大北沟组年龄在130～128Ma之间。义县组年龄在128～112Ma之间，结合内蒙古和辽宁邻区资料及测年精度，其下限在128Ma左右，上限在119Ma左右。

本区白垩纪地层动植物化石丰富，可建立一系列的生物群和化石组合，为本区生物地层的研究奠定基础。其中白垩纪植物群的生物地层单位见表10－2。

除植物群以外的其他生物对研究确定侏罗纪与白垩纪界限有重要价值。特别是著名的热河动物群，所含化石丰富，保存完整。据统计，热河生物群中较为特征的分子有48属，128种。

热河生物群是以 *Ephemeropsis－Eosestheria－Lycoptera* 为典型分子或标志的多门类生物化石群，其中 *Ephemeropsis* 最早出现于大北沟组，贯穿于整个热河生物群，因此，它又是 *Ephemeropsis* 的延限带。

第十一章　古近纪—新近纪地层

本区古近纪—新近纪地层主要隐伏于平原之下，总面积约 79 000km²，其中高原和山区面积约 11 000km²。根据地层所处的构造位置、发育程度及岩性、岩相变化等特征，本区古近系—新近系划分为内蒙古高原南缘地层分区（ⅢA_4^1）、太行山-燕山地层分区（ⅢC_4^1）和华北平原地层分区（ⅢC_4^2）3 个地层分区（图 11－1），并建立了岩石地层序列（表 11－1）。

第一节　岩石地层

内蒙古高原地层区位于怀安北—沽源—围场南一线以北，主体在内蒙古自治区内，本区仅涉及其南部的内蒙古高原南缘地层分区（ⅢA_4^1），包含两个地层小区，即张北地层小区（ⅢA_4^{1-1}）和棋盘山地层小区（ⅢA_4^{1-2}）。岩石地层单位序列为开地坊组（E_3k）、汉诺坝组（E_3N_1h）、石匣组（$N_2\hat{s}$）。张北地层小区（ⅢA_4^{1-1}）位于怀安北—沽源一线以北地区。岩石地层序列同上述，最大厚度 758m。棋盘山地层小区（ⅢA_4^{1-2}）位于围场及其以北地区，仅发育汉诺坝组，最大厚度 450m。

太行山-燕山地层分区主要位于太行山-燕山山前区域断裂以西及以北（部分地段以角度不整合界线为界），怀安北—沽源—围场南一线以南的广大山区。岩石地层序列为西坡里组（E_2x）、灵山组（E_3l）、汉诺坝组（E_3N_1h）、九龙口组（E_3N_1h）、石匣组（$N_2\hat{s}$）、稻地组（N_2d），最大厚度 1 414.8m。

华北平原地层分区主要位于太行山-燕山山前区域断裂以东及以南的华北平原地区（部分地段以角度不整合界线为界），岩石地层主要隐伏于地表以下，其序列为孔店组（E_2k）、沙河街组（$E_{2-3}\hat{s}$）、东营组（E_3d）、馆陶组（N_1g）、九龙口组（E_3N_1h）、明化镇组（N_2m），最大厚度 13 253m。可划分为 2 个地层小区，即山前平原地层小区（ⅢC_4^{2-1}）、中东部平原地层小区（ⅢC_4^{2-2}）。各填图单位划分沿革见表 11－2。

一、内蒙古高原南缘（ⅢA_4^1）及太行山-燕山地层分区（ⅢC_4^1）

1. 西坡里组（E_2x）

该组分布在太行山-燕山地层分区的涞源、曲阳一带的陆内构造盆地中，以曲阳县西坡里村一带最具代表性。

【现实定义】为灰绿色砂岩、页岩、黏土岩，灰白色生物碎屑灰岩，夹黄色粉砂岩、细砂岩、铝土质页岩、褐煤线、褐煤层，底部有不稳定的灰色砾岩。其下不整合在古生代及更老地层之上，其上被灵山组紫红色砂岩、砾岩整合覆盖。

2. 灵山组（E_3l）

该组分布于太行山-燕山地层分区一系列孤立小盆地内。

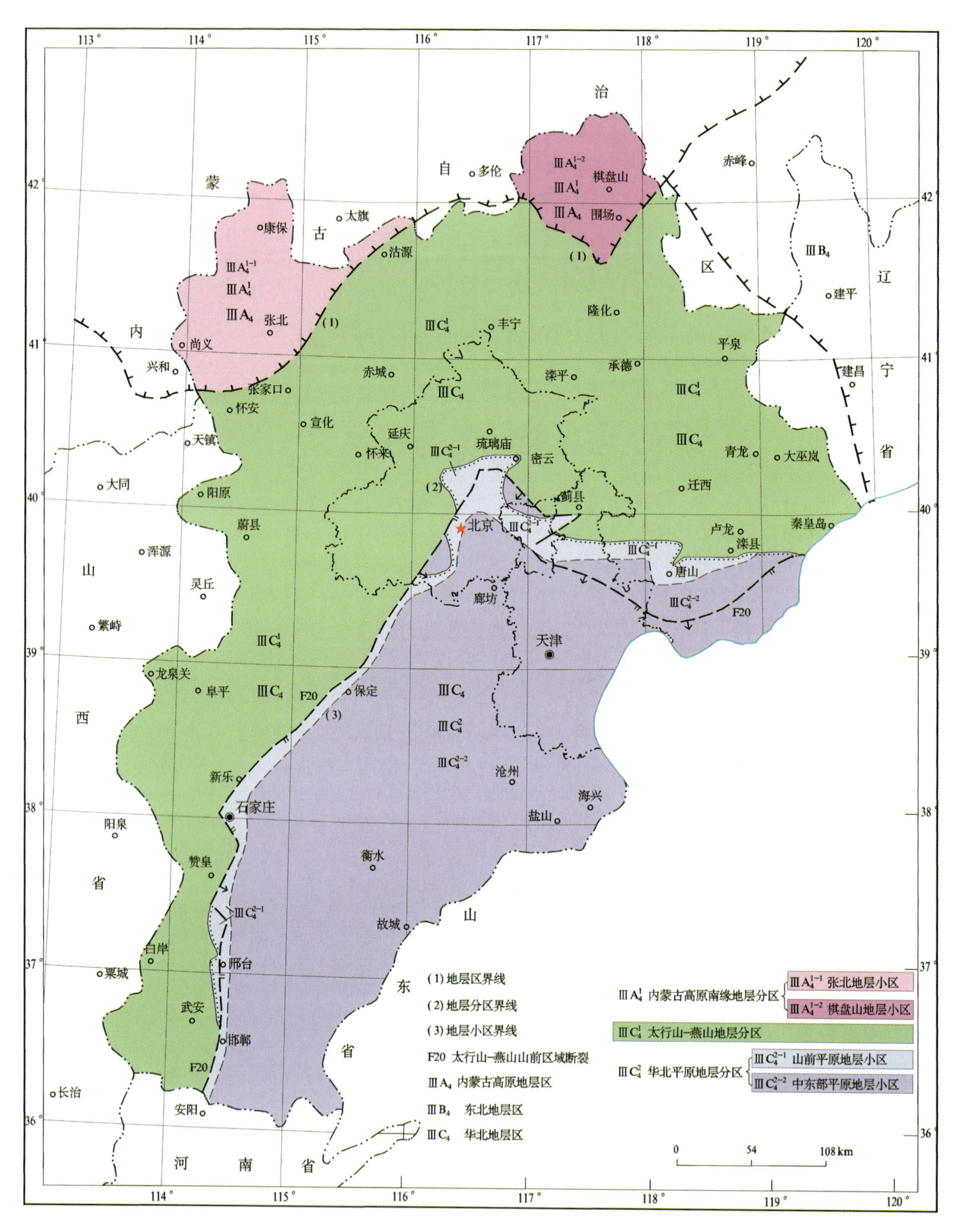

图 11-1 古新世—全新世地层区划图

表 11－1　古新世—上新世岩石地层序列表

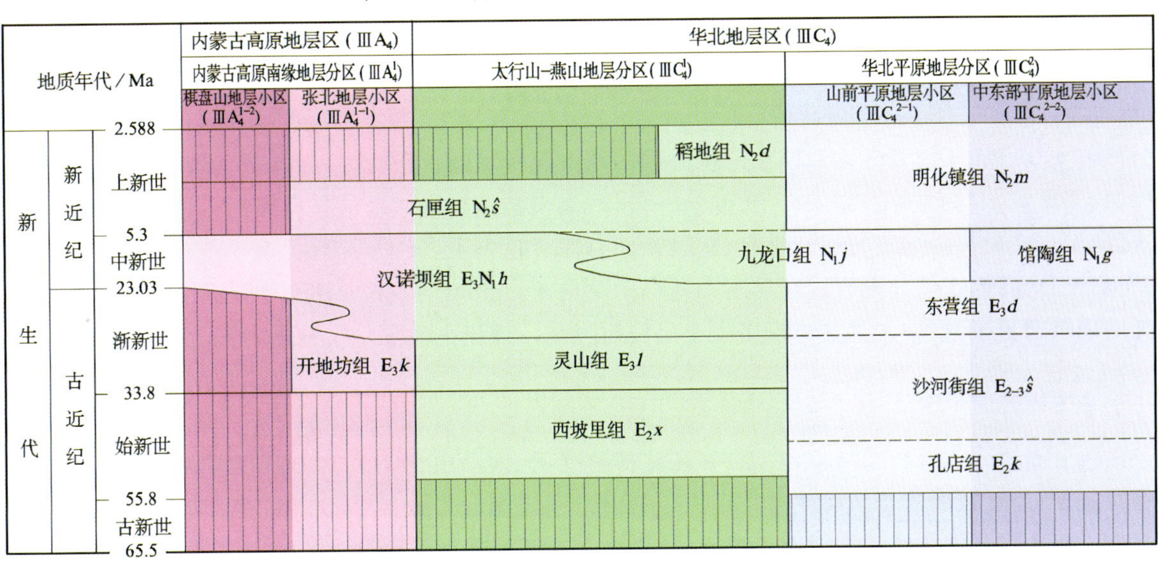

表 11－2　始新世—上新世地层划分沿革表

地质年代		第一代地质志(1989)康保—武安	《河北省岩石地层》(1996)康保—武安	地质部第一石油普查大队(1964)华北平原	石油部地球物理勘探局641厂(1964、1972、1978)华北平原①	石油部华北石油勘探处(1957)华北平原	《中国区域地质志·河北志》(2017) 内蒙古高原南缘分区 ②	③	太行山-燕山分区	华北平原分区	本书 内蒙古高原南缘分区 ②	③	太行山-燕山分区	华北平原分区
新近纪	上新世	壶流河组	石匣组；九龙口组			明化镇组：上段、下段	石匣组		稻地组；石匣组	明化镇组：上段、下段	石匣组		稻地组；石匣组	明化镇组：上段、下段
	中新世	汉诺坝组；九龙口组	汉诺坝组；雪花山组；九龙口组			馆陶组	开地坊组；汉诺坝组	汉诺坝组	雪花山组	馆陶组	汉诺坝组		九龙口组	九龙口组；馆陶组
古近纪	渐新世	灵山组：四段	灵山组		东营组：一段、二段、二段；沙河街组：一段、二段、三段（上、中、下）		开地坊组；汉诺坝组	汉诺坝组	雪花山组；灵山组	东营组：一段、二段、三段；沙河街组：一段、二段、三段（沙三上亚段、沙三中亚段、沙三下亚段）	开地坊组		灵山组	东营组：一段、二段、三段；沙河街组：一段、二段、三段
	始新世	灵山组：三段、二段、一段	西坡里组	孔店组：一段、二段、三段	沙河街组：四段（上、中、下）				西坡里组；蔚县组	沙河街组：四段（沙四上亚段、沙四中亚段、沙四下亚段）；孔店组：一段、二段、三段			西坡里组	沙河街组：四段；孔店组：一段、二段、三段

注：①沙河街组系 1964 年由石油部地球物理勘探局 641 厂命名，原分为 3 个段；1972 年又将中段与上段合并，将下段分为 3 个段；1978 年由石油勘探开发研究院与中国科学院南京地质古生物研究所依据古生物化石等将东营组分为 3 个段、沙河街组分为 4 个段。②张北小区。③棋盘山小区。

【现实定义】主要由灰白色、棕红色砾岩，砂砾岩及少量紫红色砂岩、粉砂岩、黏土岩等组成的一套岩性组合。与下伏西坡里组煤系地层整合接触或超覆于更老地层之上。

3. 开地坊组(E_3k)

该组主要分布于内蒙古高原南缘地层分区的西南部的坝缘、大营盘—大苏计一带，零星出露于张北开地坊、郭家湾、安固里淖西南安海、黄脑包一带，以尚义县上窑村一带最具代表性。

【现实定义】岩性以灰白色、灰绿色、灰黑色间有棕黄色黏土岩、页岩为主，夹少量砂砾岩、砂岩、粉砂岩、泥灰岩、含膏黏土岩及褐煤层。其下不整合于晚白垩世南天门组及前新生代地质体之上，总体下伏在汉诺坝组之下，局部中上部又与汉诺坝组呈同时异相。该组主要隐伏于地下，地表出露较零星。

4. 汉诺坝组(E_3N_1h)

该组分布于张北、尚义、乌良台一带和东北部的围场、棋盘山、张家湾等地(内蒙古高原南缘地层分区)和井陉绵河右岸的雪花山以及秀林东山、东窑岭(东定山)、红土堖、庙堖山、将台堖山等地(太行山-燕山地层分区)，武安阳邑镇附近有零星出露，以张北县汉诺坝村一带最为典型。

【现实定义】指一套以灰色、灰黑色拉斑玄武岩和橄榄玄武岩为主，夹玄武质火山碎屑岩及不稳定的灰绿色、紫红色、灰白色、灰黑色含砂砾岩、粉砂岩、黏土岩、碳质页岩和褐煤的地层。整合于开地坊组(或与开地坊组呈同时异相)及更老地层之上，与上覆石匣组呈平行不整合接触。

蔚县组、雪花山组在岩性组合和层位上与汉诺坝组相近，因此本书将其并入汉诺坝组。

汉诺坝组中发育硅藻土等非金属矿产。张北县海流图乡阳坡村一带该组的上部层位发育硅藻土矿，呈夹层分布于玄武岩之间，典型矿床有张北县阳坡大型硅藻土矿床。

5. 九龙口组(N_1j)

该组在太行山-燕山地层分区和华北平原地层分区均可见及，分布于河北省南部赞皇、邯郸、磁县及以南，太行山东麓丘陵区，以磁县九龙口村(旧址)最具代表性。

【名称由来】由裴文中等1959年创名，《河北省北京市天津市区域地质志》(1989)采用该名称，时代为中新世。《河北省岩石地层》(1996)将其定义为河北省南部，太行山东麓丘陵区，由灰白—浅褐色砾岩、粗砂岩，半固结棕红色、紫褐色砂岩、粉砂岩、黏土岩、黄绿色含铝质黏土岩等岩石组成的一套岩石组合，时代为新近纪。2013年《中国地层表》(试用稿)依据河北磁县九龙口动物群化石将其时代厘定为中新世通古尔阶下部。《中国区域地质志·河北志》(2017)废弃了该名称，将其并入石匣组。河北省1∶25万邯郸幅(2014)采用了该名称，并将其时代划归中新世。本书沿用河北省1∶25万邯郸幅划分方案，恢复九龙口组。河南省彰武组为九龙口组同物异名。

【现实定义】指一套灰白—浅褐色砾岩、粗砂岩，半固结棕红色、紫褐色砂岩、粉砂岩、黏土岩、含铝质黄绿色黏土岩的岩性组合。覆盖于古生代及中生代地层之上，平行不整合或整合伏于上新世红色含砂黏土砾石层之下。

【区域变化】本组由南向北：靠近河南省附近下部以灰色钙质砾岩为主，中部为紫色含砂黏土岩夹多层粉砂岩，上部为灰质砾岩夹黏土岩、细砂岩，不整合在上石盒子组之上；邯郸市三陵一带为灰紫色砂砾岩、褐黄色砂岩、黏土岩夹灰绿色及杂色黏土岩，不整合在和尚沟组之上，厚13～28m；沙河—邢台市一带主要为紫色、黄褐色粗砂岩，粉砂岩及黏土岩夹灰白色砂砾岩、灰绿色黏土岩等，厚4.5～99m；赞皇东王俄一带零星出露，为杂色泥岩夹薄层细砂岩，厚度大于20m。自西向东：永年县三王庄附近厚达百余米尚未见底；武安县贾里店附近为红色黏土岩及砾岩，厚度仅约2m。总体看，越靠近山麓沉积厚度越小。

6. 石匣组($N_2\hat{s}$)

该组主要分布于内蒙古高原南缘地层分区的张北地层小区，燕山-太行山地层分区的阳原-蔚县盆地及邢台、磁县等地亦有出露，以阳原县红崖村南乱石圪瘩沟-水磨房沟最具代表性。

【现实定义】岩性组合下部为棕灰色、紫灰色砾岩、砂砾岩夹黄色、浅棕红色含砾砂质黏土岩；中部为浅棕红色、黄棕色含砾砂质黏土岩，含钙质条带；上部为深棕色、棕红色、褐红色含细砾砂质黏土岩，含具铁锰质膜的钙质结核。与下伏汉诺坝组呈整合或平行不整合接触或直接超覆于前新生代地质体之上，与上覆稻地组呈整合或平行不整合接触。

7. 稻地组(N_2d)

该组主要分布于阳原-蔚县盆地的郝家台、钱家沙洼、红崖、西窑子头、铺路及稻地等，以阳原县稻地村一带最具代表性。

【现实定义】岩性组合由棕褐、紫褐、棕黄、灰紫、灰绿等杂色半固结含砾砂质黏土、粉砂质黏土、黏土和细砂、粉砂、砾石层组成，厚20～45m。砾石多呈透镜状产出，成分复杂，分选较差，磨圆差至中等；冲刷面、小型槽状交错层理发育，沉积韵律明显；含丰富的哺乳动物和软体动物化石。与下伏石匣组呈整合或平行不整合接触，与上覆泥河湾组呈整合接触。

二、华北平原地层分区(ⅢC_4^2)

1. 孔店组(E_2k)

该组广布于廊坊-衡水地区，在天津-故城地区及南堡-魏县地区的部分凹陷也有分布，以黄骅市孔家店村标准钻井最具代表性。

【现实定义】指一套河湖相的棕红色、棕褐色泥岩、泥质砂岩、砂质泥岩夹灰色、黑灰色、灰绿色泥岩、粉砂岩、含泥长石粉砂岩、页岩和3层油页岩的岩石组合，局部夹玄武岩，底为白色砾岩，总厚409～1565m。不整合在中生界及更老地层之上，与上覆沙河街组四段呈平行不整合接触。区域上可划分为3段。

【区域变化】南堡-魏县地区中部黄骅一带孔店组最为发育，厚度大于1421m。孔一段为深红色、暗红色砂质泥岩、泥质砂岩、浅棕红色粉细砂岩互层；孔二段为深灰色泥岩、浅灰色长石粉砂岩夹泥岩、页岩和薄层油页岩；孔三段为灰褐色泥岩、灰色泥质砂岩和砂质泥岩，底部有不稳定底砾岩。其岩性组合与标准剖面基本相似，但局部地区夹多层玄武岩。

南堡-魏县地区南堡邯郸一带孔店组主要分布于几个凹陷中，凸起基本缺失。总厚0～732m，岩性、厚度变化剧烈。孔二段的暗色泥岩段在邯郸一带可能相变为浅灰色粉、细砂岩乃至杂色角砾岩，且厚度薄而变化大，孔三段是否存在尚难定论。

廊坊-衡水地区，孔店组主要发育在保定凹陷(厚达1279m)和廊坊凹陷(厚度大于1000m)。与标准剖面相比，顶部多一套暗色岩层，剖面中的砂岩组分和岩盐含量有所增加，并缺失油页岩层。在北京长辛店、大灰厂、良乡、高佃村等地孔店组分布零星，为一套灰白色、紫红色砾岩夹紫红色粉砂质泥岩、泥岩及砂岩的河湖相沉积地层，厚48.5m。

天津-故城地区南堡的南宫凹陷孔店组发育较全，厚达732m，斜坡部位0～359m。孔二段中上部为浅灰色长石碎屑粉、细砂岩夹深灰色、棕色泥岩；下部灰白色、浅灰色粉、细砂岩与深灰色、棕色泥岩互层夹砂砾岩。孔二段厚度大于241m，与下伏白垩纪火山岩呈不整合接触。孔一段上部为灰色泥岩与灰白色、浅灰色、浅棕色细、中粒砂岩不等厚互层，夹深棕色泥岩及含膏泥岩、硬石膏薄层；中部为深棕色泥岩与灰色泥岩夹浅棕色粉、细、中粒砂岩；下部为棕红色泥岩、粉砂质泥岩与浅棕色、红棕色粉、细、中粒砂岩不等厚互层，夹 4 层灰色砂砾岩。孔一段厚 165m。

2. 沙河街组($E_{2-3}\hat{s}$)

沙河街组自上而下统一划分为沙一段、沙二段、沙三段和沙四段。依据华北介属化石，沙一段至沙三段归属渐新世，之下的沙四段归属始新世。

(1)沙河街组一段($E_3\hat{s}^1$)

【现实定义】岩性为一套以灰褐色、深灰色浅—滨湖相为主的泥岩，中、上部间夹 5～6 层灰白色、灰绿色薄层砂岩，下部夹油页岩、钙质页岩、泥灰岩、鲕状生物灰岩、白云质灰岩，可作为沙一段的标志层。该段与下伏沙二段为连续沉积。厚度 300～500m。该段分布范围除廊坊-深州小区的北京凹陷、大厂凹陷、大兴凸起、牛坨镇凸起、高阳凸起及天津-故城小区的南宫凹陷无沉积外，其余分布与沙二段一致。以河间市东王口村钻井最具代表性。

【区域变化】沙一段下部岩性组合特殊，沉积稳定，除廊坊、武清凹陷及冀中、南堡-魏县地区的西部和北部边缘地带为河流-滨湖相的灰绿色、紫红色、褐色砂岩、泥岩(时夹砂砾岩)为主外，其余各地变化甚微，厚度一般 180～350m。中上部的岩性、岩相及厚度变化较大。廊坊-衡水地区以暗紫红色、灰绿色、褐色泥岩为主，间夹暗紫色、灰绿色、灰红色砂岩，局部地区夹油页岩、生物碎屑灰岩、泥灰岩、灰岩、碳质泥岩及薄煤层，西部及北部边缘地带尚夹含砾砂岩及砂砾岩。一般厚 300～450m，霸县凹陷最厚，达 800m 左右，边缘地带薄至 50～100m。南堡-魏县地区本段的中上部以暗色泥岩与砂岩互层为主，较普遍夹有碎屑岩、鲕状灰岩、泥灰岩、泥质白云岩、油页岩、钙质页岩等，而不同于其他地区。厚 700m 左右。

在邯郸—临清一带，沙一段为一套红色细碎屑岩沉积，厚 180～220m。主要为紫红色、棕红色、灰绿色泥岩，砂质泥岩与紫红色、灰绿色、灰白色粉或细砂岩互层，间夹 3～6 层泥灰岩或生物碎屑灰岩薄层。

(2)沙河街组二段($E_3\hat{s}^2$)

【现实定义】岩性为一套下粗上细的紫红色泥岩夹少量粉砂岩、砂岩的河流-浅湖泊相沉积。与下伏沙三上亚段呈平行不整合接触或超覆于沙三中亚段乃至孔店组和更老地层之上。沙二段广布于廊坊-深州地区，南堡-魏县地区也较广，天津-故城地区南部各凹陷中也有分布。以清苑县孟庄钻孔(保深 2 井)最具代表性。

【区域变化】各地沙二段岩性、岩相与代表性钻井剖面基本相同，仅局部地带的上部红色泥岩中夹含膏泥岩和碳质泥岩薄层。在廊坊-深州小区的武清-霸县及饶阳凹陷以及南堡-魏县小区的中部(即板桥—灯明寺一带)深灰色泥岩发育，并夹 2～3 层生物碎屑灰岩、泥灰岩及油页岩。

该段的厚度变化较大。廊坊-衡水地区一般厚 200～450m，最薄 100m 左右，保定、廊坊凹陷最厚达 600～800m。南堡-魏县地区一般厚 250～300m，最厚 466m，最小为 80m 左右。河北南部部分凹陷中厚 200～400m。

(3)沙河街组三段($E_3\hat{s}^3$)

【现实定义】岩性为一套富含有机质的暗色泥岩夹油页岩、泥灰岩及砂岩，以含丰富的华北介为特征，厚 538～2300m。根据化石和沉积旋回分为 3 个亚段。沙三下亚段为深灰色泥岩夹绿灰色、灰白色砂岩，底为灰白色砂岩与下伏沙四段平行不整合接触；沙三中亚段为绿灰色、深灰色泥岩夹灰色、灰白色砂岩；沙三上亚段为绿灰色、灰色泥岩与灰白色、深灰色、灰色砂岩、粉砂岩不等厚互层，夹油页岩和碳质泥岩。与下伏沙四段呈平行不整合接触，与前新生代地层呈角度不整合接触。以固安县前北堡村钻孔和永清台子庄钻孔(安 29 井)最具代表性。

【区域变化】沙三段一般岩性变化不大，多可与剖面类比，但厚度变化显著：北京、武清-霸州凹陷沉积最厚，达 2300m；其次是饶阳凹陷、黄骅及其以北的凹陷中厚 1000m 左右；其他分布区厚仅 200～600m。南部大营、束鹿凹陷内为一套红色泥岩、砂岩间互沉积，厚 180～538m。

(4)沙河街组四段($E_2\hat{s}^4$)

【现实定义】根据沉积旋回又可分3个亚段:下亚段下部为紫红色、灰色泥岩与灰色、灰白色砂岩不等厚互层,夹碳质泥岩,底以砾岩或含砾砂岩与下伏孔店组分界,厚200~411m;上部为深灰色、青灰色、深灰色、灰黑色泥岩与灰白色粉砂岩、细砂岩不等厚互层,局部地区夹数层玄武岩、含膏泥岩和硬石膏薄层等,厚400~1000m。中亚段为绿灰色、青灰色、深灰色泥岩与灰白色粉砂岩、细砂岩不等厚互层,局部地区夹玄武岩、含膏泥岩和硬石膏层,厚450~782m。上亚段为灰色、深灰色泥岩、钙质泥岩夹钙质页岩、泥灰岩、泥质白云岩及砂质条带,厚0~967m。与下伏孔店组呈平行不整合接触,局部地区超覆于更老地层之上。在廊坊、大厂、武清、霸县、饶阳等凹陷中最大厚度2828m。沙四段以永清县台子庄东南(安29井)和别古庄王希村(京343井)最具代表性。

【区域变化】在廊坊-衡水地区该组厚度自北向南有逐渐变薄的趋势(由2828m减薄至200m)。以泥岩为主的沙四上亚段,向南逐渐相变为以砂岩为主,夹绿灰色泥岩及含膏泥岩(如新家4井),到饶阳—肃宁一带则相变为以灰岩、泥灰岩、泥岩为主,夹灰黑色碳质页岩、白云岩(如马19井、新留21井、留3井等)。沙四中、下亚段的灰白色粉、细砂岩往南逐渐增多,并夹数层碳质泥岩和硬石膏层(如马19井、强5井等)。在保定凹陷不仅缺失了沙四上亚段,而且中、下亚段的岩性亦有变粗之势。再向南至饶阳凹陷南部,中段也基本缺失,总厚仅570~1000m:下部为泥岩与砂岩互层,底部为含砾砂岩;上部为泥岩夹浅灰色砂岩;顶部为碳质泥岩。此外,在高阳、博野一带还夹有玄武岩薄层。

在南堡-魏县地区沙四段仅分布在沧州—南皮和北塘—板桥一带,并只保留了中、下亚段。总厚148~510m。下亚段为暗紫色泥岩与灰色砂岩、砂砾岩互层,夹砾岩及粉砂岩,底部以砾岩与下伏孔店组呈平行不整合接触;中亚段为灰白色石膏夹紫灰色、蓝灰色泥岩及钙质页岩,顶部为深灰色泥岩夹薄层泥灰岩、灰岩。

平原南部地区,据钻孔资料分析主要分布在晋州、南宫、束鹿及大营凹陷中,总厚294~822m,普遍缺失上亚段。与下伏孔店组呈整合或平行不整合接触。下亚段稳定,总厚199~269m,为以棕色色调为主的粉砂质泥岩、粉砂岩、细砂岩以及杂色砂砾岩等,上部有的夹泥灰岩、石膏薄层,底部以灰色色调的砂岩、砂砾岩或者砾岩为主。中亚段岩性、岩相及厚度变化较大,以南宫凹陷较为发育,中心部位厚达495~553m,边缘厚98~162m。

3. 东营组(E_3d)

该组分布较广,尤其是南部地区相对扩大,以任邱县东关村钻井(任3井)最具代表性。

【现实定义】指一套浅湖相沉积建造,以灰色、绿灰色泥岩为主,间夹少量棕红色泥岩、泥质粉砂岩、砂岩。中、下部产丰富的介形类、孢粉、腹足类和藻类化石。底部以一层绿灰色砂岩与沙一段暗色泥岩呈平行不整合接触,与上覆新近纪馆陶组灰色砂砾岩呈平行不整合接触。根据介形类及其他化石组合将该组划分为3个岩性段。

【区域变化】该组在廊坊-衡水地区的武清-霸县、饶阳凹陷内,沉积厚度最大为1500m,一般600~800m。在北京、大厂、保定凹陷及大兴凸起内,厚度仅200~500m。岩性较为稳定,以一套上下色红粒粗,中部色暗粒细(含螺泥岩)的碎屑岩系为特征。周边地区上下部砂岩增多,时夹砂砾岩及碳质泥岩,局部地区夹玄武岩(如极2井、博2井和泽45井)。

南堡-魏县地区中北部与廊坊-衡水地区岩性基本相似,其区别是东三段颜色偏暗,以深灰色、灰色泥岩夹砂岩为主;东一段、东二段灰绿色调的岩石增多,红色色调减少。东二段在歧口凹陷中夹有介形虫灰岩薄层。在南堡地区相变为灰绿色、棕红色泥岩与灰白色砂岩、含砾砂岩不等厚互层。厚度变化较明显,在南堡等凹陷中为250~600m;板桥、歧口等凹陷中沉积最厚,达1000m左右;沧南地区厚度仅0~300m。

天津-故城与南堡-魏县地区南部地带,厚70~100m。岩性为棕红色、灰绿色泥岩、砂质泥岩与浅棕色、灰绿色粉砂岩、泥质粉砂岩不等厚互层,可分性差。

4. 馆陶组(N_1g)

该组在平原区分布较广，在南部地区又有所扩大。以临西县下堡寺钻井(临9井)最具代表性。

【现实定义】指一套棕红色泥岩与浅棕红色、灰白色、灰绿色粉砂岩、细砂岩不等厚互层的河湖相沉积，下部夹砂砾岩，底部普遍有一层10～30m厚砾岩，为区域划分对比的重要标志。与下伏古近纪各组或更老地层呈平行不整合接触，局部为角度不整合接触，其上被明化镇组整合覆盖。厚78.8～956m。

【区域变化】该组在河北南部分布广泛，向西、向南有变薄、变粗的趋势。廊坊-衡水地区除保定凹陷、廊坊凹陷和牛坨镇凸起缺失外，其他地区该组厚度在198～956m。天津一带(双窑凸起)该组厚度在68～289m，向外围逐渐变薄至缺失。南堡-魏县地区中北部分布较为广泛，该组厚度在78.8～462m。

5. 九龙口组(N_1j)

【现实定义】见前述。

6. 明化镇组(N_2m)

该组分布相对最广，除廊坊凹陷、保定凹陷缺失外，其他不论是凹陷还是凸起均有分布。

【现实定义】岩性组合为一套河流相棕黄色、棕红色泥岩与灰黄色、灰白色、灰绿色粉砂岩、细砂岩、含砾中—粗砂岩不等厚互层，夹细砾岩。与下伏中新世馆陶组呈连续沉积，局部地区呈平行不整合接触，或超覆于更老地层之上，与上覆第四纪更新世饶阳组呈平行不整合接触。最大厚度1653m，一般厚556～1100m。根据岩性特征和化石组合，划分为上、下两个段。以蠡县东南侧钻井最具代表性。

【区域变化】该组在廊坊-衡水地区为一套河流相沉积。以上粗、下细为主要特征，仅在牛坨镇凸起表现相反，其他凹陷沉积均可与代表性剖面对比。但厚度变化较大：明上段一般厚300～600m，最大沉积厚度在饶阳凹陷内，为759m；在牛坨镇凸起最薄仅200m。明下段主要发育在中、南部地区，沉积厚度一般400～700m，最大沉积厚度在饶阳凹陷以西的蠡县一带，为967m；在武强附近最薄，为186m。

南堡-魏县地区中北部，岩性、岩相变化不大，为一套河流相绿灰色、棕红色砂岩、泥岩，两者常以互层出现。明上段沉积厚度一般300～600m，最大沉积厚度在南堡凹陷及北塘凹陷的南部，为841m。明下段沉积厚度一般400～600m，最大沉积厚度在歧口凹陷的南部，为933m；在马头营凸起沉积最薄，为221m。

在天津-故城地区中北部，总厚500～1200m。在天津附近厚度最大，为928～1525m。岩性变化不大。

河北南部，在大营、南宫、邱县凹陷及明化镇凸起最为发育。其岩性为棕黄色、浅棕色黏土岩、砂质黏土岩与浅棕色粉砂岩、含砾砂岩互层，具有上粗、下细的特征，沉积物粒度由北向南逐渐变细。颜色除在南宫、邱县凹陷见有棕红色外，大部分地区均以棕黄色、浅棕色、灰黄色为主。厚度比较稳定，一般638～984m。

第二节　多重地层划分对比概述

一、内蒙古高原南缘及太行山-燕山地层分区

内蒙古高原南缘及太行山-燕山地层分区古近系—新近系多重地层划分对比详见表11-3。

二、华北平原地层分区

华北平原地层分区主要按岩性特征、生物化石组合和地层接触关系3个标志进行地层划分对比，结果详见表11-4。

表 11－3 内蒙古高原南缘及太行山-燕山地层分区古近纪—新近纪地层多重地层划分对比表

年代地层		年龄/Ma	岩石地层	内蒙古高原南缘及太行山-燕山地层分区 生物地层 古脊椎及哺乳类	软体类	孢粉	介形类	双壳	植物
新近系	上新统	2.588	稻地组	*Mimomysyouhenicus-Mesosiphneusparatingi* 组合带	*Lamprotula* sp., *Unio* sp., *Cuneopsis?*	*Artemisia*, Chenopodiaceae, *Pinus*, *Picea*, *Abies*, Gramineae, *Betula*等	*Ilyocypris bradyi*, *Candoniella albicans*, *Encypris inflata*等		
新近系	上新统		石匣组	*Hipparion*动物群及 *Chilotherium*动物群	*Assimintasp.*, *Viviparus* sp., *Opeas* sp.等	*Pinus-Gramineae-Betula*组合	*Potamocypris* cf. *plana*, *candoniellasazini*		
新近系	中新统	5.3	汉诺坝组；开地坊组	*Monosaulax changpeiensis*, Castoridae, Lagomorpha	*Gastrocopta* 组合；*Australorbis*, *Sinoplanorbis*, *Cyraulus*, *Operaules*, plarnorbidae	*Sequoia*, *Taxodium*, *Artemisia*等；由上部的 *Pinus-Pincta-Arcemisia* 组合，向下过渡为 *Pinus-Betnla-Carya*组合	*Eucypris*, *Candoniella*, *Candona*, *Limnocythere*	*Eupera sinensis*, *Pisidium amnicum*, *Sphaeriu-msolidum*, *S.ct. rivicalum*, *S.nitidumi*	*Cotinus*, *Lindera*；*Pinus*, *Carpinus*, *Comptonia*, *Zelkova*, *Castanea*, *Betula*, *Fraxinus*, *Trapa*, *Sequoia*, *Quercus*, *Corylus*, *Rosa*, *Picea*, *Acer*, *Ulmus*
古近系	渐新统	23.04	灵山组			*Betula-Ulmus-Gramineae* 组合			
古近系	始新统	33.8	西坡里组	Arnynodintidae, Chelonia	*Sinoplanorbis*, *Valvata*, *Australorbis*, *Planorbis*等	*Dryophyta*, *Picea*, *Pinus*, *Larix*, *Salix*等；*Artemisia*, *Ainus*, Chenopodiaceae Gramineae	*Darwinula*, *Candoniella*, *Euoypris*等	*Unio*, *Sphaerium*	
古近系	古新统	55.8							
白垩系	上统	65.5							

表 11－4 华北平原地层分区古近纪—新近纪地层多重地层划分对比表

<table>
<tr><th colspan="2" rowspan="3">年代地层</th><th rowspan="3">年龄/Ma</th><th colspan="3" rowspan="3">岩石地层</th><th colspan="9">华北平原地层分区</th></tr>
<tr><th colspan="9">生物地层</th></tr>
<tr><th colspan="2">介形类</th><th colspan="2">孢粉</th><th>软体类</th><th colspan="2">轮藻</th><th colspan="2">沟鞭藻、疑源藻类</th></tr>
<tr><td rowspan="3">新近系</td><td rowspan="2">上新统</td><td>2.588</td><td rowspan="2">明化镇组</td><td colspan="2">明上段</td><td colspan="2">Candoniellaalbicans,Ilyocyprisbradyi等</td><td colspan="2">Cupressaceae-Taxaceae组合</td><td>Melania cf.saigoi等</td><td colspan="2">Hornichara minima等</td><td colspan="2"></td></tr>
<tr><td>5.3</td><td colspan="2">明下段</td><td colspan="2">Candoniella suzini,Cyprideis等</td><td colspan="2">被子植物优势，裸子植物次之</td><td>Hippeutis sp.,Segmentina sp.等</td><td colspan="2">Tectochara meriani等</td><td colspan="2"></td></tr>
<tr><td>中新统</td><td>23.04</td><td colspan="3">馆陶组</td><td colspan="2">Candona cf.shahejieensis等</td><td colspan="2">Ceratopteris-Juglanspollenites组合</td><td>Planorbis cf.youngi等</td><td colspan="2">Charites molassica等</td><td colspan="2"></td></tr>
<tr><td rowspan="15">古近系</td><td rowspan="8">渐新统</td><td></td><td rowspan="3">东营组</td><td colspan="2">一段</td><td colspan="2">Candoniella albicans,C.extensa等</td><td rowspan="3">榆粉属高含量组合</td><td>Juglanspollenies-Tiliaepollenites亚组合</td><td>Angulyagra turritella组合</td><td rowspan="4">乌尔姆梅球轮藻-吉兰厚球轮藻组合</td><td rowspan="2">Maedlerisphaera ulmensis亚组合</td><td colspan="2">Concentricystis-Leiosphaeridia组合</td></tr>
<tr><td></td><td colspan="2">二段</td><td colspan="2">Dongyingiainflexicostatu-Chinocythere cornuta-Dongyingialabiaticosata组合</td><td rowspan="2">Ulmipollenites undulosus-Piceaepollenites亚组合</td><td>Tianjinospira monostichophyma组合</td><td rowspan="2">网面-粒面-皱面球藻组合</td><td>Dictyotidium-Granodiscus亚组合</td></tr>
<tr><td></td><td colspan="2">三段</td><td colspan="2">Chinocythereunicuspidata-Hebeinia subtriangularis组合</td><td>Bohaispiraspiralifera组合</td><td rowspan="2">Hornichara kasakstanica亚组合</td><td>Prominangularia亚组合</td></tr>
<tr><td></td><td rowspan="8">沙河街组</td><td colspan="2">一段</td><td colspan="2">Xiyiningia luminosa-Guangbeinia lijiaensis亚组合</td><td rowspan="5">栎粉属高含量组合</td><td>Quercoidites-Pinuspollenites-Piceaepollenites亚组合</td><td>Bohaispira spiralifera组合
Stenothyra jinxianensis-Menetus banqiaoensis组合
Gangetia brevirota-Valvata（Cincinna）banqiaoensis组合</td><td>薄球藻属组合</td><td>Deltoidinia亚组合
Tenua-Palaeostomocystis亚组合</td></tr>
<tr><td></td><td colspan="2">二段</td><td colspan="2">Camarocypris elliptica-Phacocypris binhaiensi组合</td><td>Ephedripites-Labitricolpites亚组合</td><td>Tulotomoides terrassa-Valvata（Atropidina）banqiaoensis组合</td><td colspan="2">Charite sproducta组合</td><td colspan="2">褶皱-毛球藻属组合Camp-enia;Comasphaeridium等</td></tr>
<tr><td></td><td rowspan="3">三段</td><td>上亚段</td><td rowspan="3">中国华北介组合</td><td>Huabeinia chinensis-H.huidongensis亚组合</td><td rowspan="3">Quercoidites microhenrici-Ulmipollenites亚组合</td><td rowspan="3">Liratina tuozhuangensis组合</td><td colspan="2" rowspan="3">Shandongochara decorosa组合</td><td colspan="2">Dinogymnium-Conicoidium亚组合</td></tr>
<tr><td></td><td>中亚段</td><td>Huabeinia chinensis-H. costatispinata亚组合</td><td colspan="2" rowspan="2">Bohaidina-Parabohaidina亚组合</td></tr>
<tr><td>33.8</td><td>下亚段</td><td>Huabeinia chinensis-H.obscura亚组合</td></tr>
<tr><td rowspan="6">始新统</td><td></td><td rowspan="3">四段</td><td>上亚段</td><td colspan="2">Austrocypris levis-Limnocythere longipileiformis组合</td><td rowspan="5">杉科高含量组合</td><td>Quercoidites,Ulmipollenites等</td><td>Sinoplanorbis sinensis组合</td><td colspan="2"></td><td colspan="2">Campenia,Deflandrea等</td></tr>
<tr><td></td><td>中亚段</td><td colspan="2">Cyprinotus igneus-Cypris bella组合</td><td>Ephedripites-Ulmoideipites tricosta-tus-Deltoidospora regularis亚组合</td><td></td><td colspan="2">Pseudolatochara parvula-Obtusochara组合</td><td colspan="2">褶皱藻属-德弗兰藻属组合</td></tr>
<tr><td></td><td>下亚段</td><td colspan="2"></td><td></td><td></td><td colspan="2"></td><td colspan="2"></td></tr>
<tr><td></td><td rowspan="3">孔店组</td><td colspan="2">一段</td><td colspan="2" rowspan="2">Eucypris wutuensis-Metacypris changzhouensis-Cyproispalustris组合</td><td rowspan="2">Aquilapollenites spinulosus-Betulaceae-Deltoidospora亚组合</td><td rowspan="2"></td><td colspan="2" rowspan="2">Peckichara varians组合</td><td colspan="2" rowspan="2">Tenua,Filisphaeridium</td></tr>
<tr><td></td><td colspan="2">二段</td></tr>
<tr><td>55.8</td><td colspan="2">三段</td><td colspan="2"></td><td></td><td></td><td></td><td colspan="2"></td><td colspan="2"></td></tr>
<tr><td>古新统</td><td></td><td colspan="3"></td><td colspan="2"></td><td></td><td></td><td></td><td colspan="2"></td><td colspan="2"></td></tr>
</table>

第三篇

第四纪地质及地貌

本区第四纪地层发育齐全，分布广泛，约占本区总面积的60%。第四纪地貌类型复杂，各种地貌类型区的第四纪地层发育情况千差万别，类型迥异。

第十二章　第四纪地质

本区第四纪地层区划与古近纪—新近纪地层区划一致，可以分为两个地层区，分别为北部的内蒙古高原地层区（ⅢA$_4$）和华北地层区（ⅢC$_4$），内蒙古高原地层区（ⅢA$_4$）在区内仅出露内蒙古高原南缘地层分区（ⅢA$_4^1$），华北地层区（ⅢC$_4$）可进一步划分为太行山-燕山地层分区（ⅢC$_4^1$）和华北平原地层分区（ⅢC$_4^2$）（见图 11－1）。岩石地层序列见表 12－1。

表 12－1　第四纪岩石地层序列表

地质年代/Ma					内蒙古高原地层区（ⅢA$_4$）		华北地层区（ⅢC$_4$）									
					内蒙古高原南缘地层分区（ⅢA$_4^1$）		太行山-燕山地层分区（ⅢC$_4^1$）						华北平原地层分区（ⅢC$_4^2$）			
					张北地层小区（ⅢA$_4^{1-1}$）	棋盘山地层小区（ⅢA$_4^{1-1}$）							山前平原地层小区（ⅢC$_4^{2-1}$）		中东部平原地层小区（ⅢC$_4^{2-2}$）	
新生代	第四纪	全新世	晚期		冲积Qh^{al}、冲洪积Qh^{alp}、湖积Qh^{l}、风积Qh^{e}、湖沼积Qh^{ls}		冲积Qh^{al}、风积Qh^{e}、冲洪积Qh^{alp}						冲积Qh^{al}、洪积Qh^{p}、冲洪积Qh^{alp}、风积Qh^{e}、湖沼积Qh^{ls}		双井组 $Qh\hat{s}$	歧口组 Qh^3q
			中期													高湾组 Qh^2g
			早期	0.011 7												杨家寺组 Qh^1y
		更新世	晚期	0.126	迁安组 Qp^3q	马兰组 Qp^3m	柏草坪玄武岩 $Qp^3b\beta$	马兰组 Qp^3m	冰水堆积物 Qp^{3gf} 冰碛物 Qp^{3g}	迁安组 Qp^3q	高家圪组 Qp^3g	虎头梁组 Qp^3h	马兰组 Qp^3m	燕子河组 Qp^3y	小山组 Qp^3x	西甘河组 Qp^3xg
			中期	0.781	赤城组 $Qp^2\hat{c}$		赤城组 $Qp^2\hat{c}$					郝家台组 Qp^2h	张唐庄组 $Qp^2\hat{z}$		肃宁组 Qp^2s	
			早期	2.588	泥河湾组 Qp^1n							泥河湾组 Qp^1n	丰登坞组 Qp^1f		饶阳组 Qp^1r	

内蒙古高原南缘地层分区：西部张北-沽源地区，主要有更新世早期泥河湾组、更新世中期赤城组、更新世晚期迁安组与马兰组及全新世冲积、冲洪积、湖积、风积、湖沼积等沉积物。东部围场北部地区除缺失更新世晚期迁安组之外，其他与西部张北-沽源地区相同。

太行山-燕山地层分区：第四系主要分布于河谷地带及山间洼地内，地层齐全，厚度较大。发育有更新世早期泥河湾组，更新世中期郝家台组、赤城组，更新世晚期虎头梁组、高家圪组、迁安组、马兰组、柏草坪玄武岩、冰碛物、冰水堆积物及全新世冲积、冲洪积、风积等沉积物。

华北平原地层分区：第四系发育齐全，研究程度较高，厚度一般在 200～450m 之间，局部达 500m 以上。可进一步划分为山前平原地层小区和中东部平原地层小区，两个小区界线为渐变过度。其中山前平原地层小区发育更新世早期丰登坞组，更新世中期张唐庄组，更新世晚期燕子河组、马兰组，以及全新世冲积、洪积、冲洪积、风积、湖沼积等沉积物。中东部平原地层小区发育更新世早期饶阳组，更新世中期肃宁组，更新世晚期小山组、西甘河组，全新世双井组、杨家寺组、高湾组、歧口组及冲积、洪积、冲洪积、风积、湖沼积等沉积物。各填图单位划分沿革见表 12－2。

表 12－2　第四纪地层主要划分沿革表

时代		内蒙古高原南缘地层分区及太行山-燕山地层分区						华北平原地层分区				
		第一代地质志(1989)	袁宝印等(1996)	闵隆瑞等(2006)	1∶25万张北幅、承德市幅、青龙幅(2000—2004)	《中国区域地质志·河北志》(2017)	本纲要	河北水文地质工程地质大队(1978)	河北水文地质研究所及第一代地质志(1976、1989)	黄淮海平原研究组(1987)	《中国区域地质志·河北志》(2017)	本书
全新世	晚期	湖沼积、风积、冲积、冲洪积、洪坡			冲积、冲洪积、湖积、湖沼积、风积	冲积、冲洪积、湖积、湖沼积、风积	冲积、冲洪积、湖积、湖沼积、风积	黄骅组	歧口组		冲积、洪积、冲洪积、风积、湖沼积 歧口组	冲积、冲洪积、湖积、湖沼积、风积 双井组：歧口组
	中期								高湾组		高湾组	双井组：高湾组
	早期								杨家寺组		杨家寺组	双井组：杨家寺组
更新世	晚期	马兰组；迁安组		马兰组	马兰组 迁安组	马兰组；迁安组	①；马兰组；②；迁安组；高家圪组；虎头梁组	平山组 石家庄组 井陉组	欧庄组（上、中、下）	西甘河组（上、下）	西甘河组（上、下）；小山组	马兰组；燕子河组；小山组；西甘河组（上段、中段、下段）
	中期	赤城组	泥河湾组（Ⅲ段）	郝家台组	赤城组	阳原群：郝家台组；赤城组	赤城组；郝家台组	永年组 磁县组	杨柳青组（上、下）	肃宁组（上、下）	肃宁组（上、下）	张唐庄组；肃宁组（上段、下段）
	早期	泥河湾组	泥河湾组	泥河湾组		阳原群：泥河湾组	泥河湾组	任丘组 灵寿组 曲周组 柏乡组	固安组（上、下）	饶阳组（上、中、下）	饶阳组（上、中、下）	丰登坞组；饶阳组（上段、中段、下段）

注：①柏草坪玄武岩；②冰水堆积物、冰碛物。

中东部平原地层小区第四纪时期有 4 次海进和 13 次海退，海进最大范围西北到北京一带，东北到唐山南至昌黎南一线，西到文安至献县东一线，南部到东光东一带，因此越靠近东部沿海地区地层中海相夹层越丰富。非海相地层和含海相地层无明显界线，因此本书未单独划分含海相地层小区。将更新世饶阳组、肃宁组和西甘河组定义为在平原中西部为陆相沉积，靠近东部则为陆相夹海相沉积。1∶25 万邢台幅将更新世岩石地层序列厘定为杨柳青组、魏县组（新建）和孟观组（新建），代表一套陆相（非海相）沉积，与本书饶阳组、肃宁组和西甘河组属同物异名。

第一节　岩石地层

一、内蒙古高原南缘地层分区（$ⅢA_4^1$）及太行山-燕山地层分区（$ⅢC_4^1$）

1. 泥河湾组（Qp^1n）

该组主要分布于冀西北阳原、蔚县、怀来及延庆等山间断陷盆地中。

【现实定义】代表早更新世一套河湖相沉积。下部以河湖相棕黄色砂层为主，夹湖沼相灰绿色黏土层；中部为滨浅湖相灰绿色、灰褐色黏土夹钙质黏土和砂层；上部为河湖相黄褐色、杂色含砾粉砂夹黄灰色含黏土质粉砂层、黏土层。厚13.06～96m。基本上属淡化水体，局部水体微咸。组内含较丰富的化石，其年龄为2.588～0.781Ma(张宗祜和闵隆瑞等，2008)。其中以阳原-蔚县盆地发育最全。泥河湾组与下伏稻地组呈整合接触。以阳原县台儿沟一带最具代表性。

【区域变化】怀来-延庆盆地西部，泥河湾组地表出露很少，主要发育在山麓边缘的沟谷中，在下花园、后郝窑、怀来旧城的卧牛山等地出露较好。厚12.6～18m。为一套灰色砂砾石层、砂与粉砂层，夹杂色黏土、黏质粉砂、黑色腐泥层。怀来-延庆盆地东部，泥河湾组隐伏于盆地东南边缘杨户庄—阜高营一带的地表之下，据钻孔揭露，见到海相有孔虫、淡水介形虫、腹足类、孢粉等化石。岩性与泥河湾一带基本一致，发育厚度300m左右，与下伏上新世石匣组呈平行不整合接触，与上覆郝家台组呈整合接触。

2. 郝家台组(Qp^2h)

该组主要分布于阳原-蔚县与怀来-延庆两个盆地中，以阳原-蔚县盆地发育最齐全。

【现实定义】代表中更新世一套河湖相沉积。岩石以黄绿色、灰绿色粉砂质黏土为主，夹红棕色黏土质粉砂、含砾砂质黏土等，上部与下部发育石膏透镜体或石膏小晶体。含有微体、孢粉等化石。整合于泥河湾组之上，被虎头梁组整合覆盖。《中国区域地质志·河北志》(2017)将郝家台组时代确定为早更新世—晚更新世，本书将其时代厘定为中更新世。以阳原县台儿沟一带最具代表性。

【区域变化】阳原-蔚县盆地，郝家台组发育最齐全，以黄绿色、灰绿色粉砂质黏土为主，厚35～104m。含有微体、孢粉等化石。

怀来-延庆盆地东部，郝家台组零星出露于盆地东南边缘的杨户庄—阜高营一带，以砂、黏土质粉砂、粉砂质黏土为主，夹砂砾石层，呈灰绿、灰白、灰褐、黄褐等色。据钻孔揭露，见到淡水介形虫、腹足类、孢粉等化石。厚200m左右。

3. 虎头梁组(Qp^3h)

该组主要分布于郝家台、台儿沟、小长梁、虎头梁一带。

【名称由来】1981年由黄宝仁命名，本书启用该名称。

【现实定义】代表晚更新世一套河湖相沉积。岩石为灰黄色、灰绿色黏土，含砂黏土、砂土夹砾石和薄层泥灰岩，底部为砾石层。厚25～31m。含 *Megaloceros sangganhoensis*，*Palaeoloxodon* sp.，*Equus* sp.，*Coelodonta antiquitatis*，*Microtus brandtioides*，*Dicerorhinus mercki* 等哺乳动物化石；介形类第Ⅴ组合带(*Limnocythere dubiosa* - *Limnocythere sancti* - *patricii* - *Ilyocypris* 组合带)。时代为晚更新世。以阳原县东城虎头梁村最具代表性。

4. 赤城组($Qp^2\hat{c}$)

该组在内蒙古高原南缘地层分区、太行山-燕山地层分区均有出露。主要分布于怀来、延庆盆地山麓地带沟谷中。在太行山中南段临城和沙河南岸、井陉等地也有零星出露。此外，在康保义合堂、三面井、边家营、东湖一带也有零星分布，但多出露于冲沟下部，图面上多难以表示。

【现实定义】代表中更新世一套冲洪积碎屑沉积。岩石主要由浅红色、红黄色含钙核的黏土，粉砂质黏土和砂砾层组成。其特征是：黏土层较坚硬致密，具大孔隙(但较马兰组黄土少)，质均匀，层理不明显，夹含砾粗砂透镜体，底部常有砾石层，夹1～3层埋藏土壤层。厚15～35.5m。含有较丰富的哺乳动物及软体动物化石。以赤城县南沟岭扬水站一带最具代表性。

【区域变化】在燕山山区零星出露于沟谷的Ⅱ级或Ⅲ级阶地壁上，上部一般为红黄色砂质黏土、含砾砂质黏土，下部为不太稳定的砂砾层。厚度变化较大，由3～5m到20～30m。

在太行山东麓的临城—砂河南岸、井陉等地，由红黄色和黄棕色黏土、砂质黏土及底部砾卵石层组成，多出露于山麓河谷的Ⅱ级或Ⅲ级阶地壁上。厚15～25m。

在怀来-延庆盆地西部，多出露于盆地边缘或山麓地带，主要岩性为红黄土夹棕红色古土壤层及砂砾石层。厚5～50m。在怀来东梁村剖面浅棕红色砂质黏土中含钙核和啮齿类化石。

在怀来-延庆盆地东部及南部边缘（北京地区称周口店组）刘斌堡、玉皇山、小张家口及官厅、八达岭等地，沟谷中见有棕红色、赭红色、灰绿色黏质砂土，砂质黏土层夹中粗砂及砂砾层，少见褐红色泥砾层。厚10～20m。

5. 马兰组（Qp^3m）

该组广泛分布于内蒙古高原南缘地层分区、太行山-燕山地层分区。

【现实定义】代表晚更新世一套典型风积沉积。该组由上、中、下三部分组成，以中部风积棕黄色大孔隙粉砂质黏土为主。下部为黄土砾石层，常见由洪积棱角—次棱角状砾石组成的砂砾层、透镜体、团块，愈近山缘含量愈多，愈远则少乃至消失，砾石成分与附近源区岩石基本一致。中部黄土层的特征是垂直节理发育，不显层理、黏性大、塑性较好、较硬，与次生黄土相比棕色较深，是烧制砖瓦的好原料；一般是构成河流、沟谷两侧和山间盆地、山麓边缘的Ⅲ级阶地的主要物质成分。上部为次生黄土（亦称黄土状土、黄土状岩石等），多分布在河流两侧和山间盆地、山麓边缘的Ⅱ级阶地上或位于沟谷的黄土顶部，并与黄土呈剥蚀接触。其特征是：淡黄色，具层理或微具层理，时含砾石和夹砂透镜体，疏松、垂直节理不发育，时含植物根茎，岩性不均一。以涿鹿县蟒蝉寺一带最具代表性。

【区域变化】马兰组3个岩性段，总体上较为稳定，岩性变化不大，仅中段的黄土层在燕山北麓、阴山和坝上地区常相变为以冲积相为主的黄土状岩石夹砂层。

6. 迁安组（Qp^3q）

该组主要分布于滦河、青龙河及其上游的蚁蚂吐河、伊逊河、小凌河等主河道两侧的Ⅱ级阶地上，在坝上康保、沽源等地亦有分布。

【现实定义】代表晚更新世一套河流-牛轭湖相沉积。岩石以灰色细砂层为主，夹灰色、灰绿色、酱紫色泥质粉砂及黏土层、砂砾石透镜体。可见厚11.25～30m。化石丰富，计有哺乳类、腹足类、介形类、轮藻、硅藻及孢粉等，约有168种之多（赵连壁等，1964）。该组与下伏赤城组及上覆马兰组上部（次生黄土）均呈平行不整合接触，与马兰组主体为同时异相的产物。在迁安、迁西一带高出河床20m左右；在滦平—隆化一带高出河床25m以上。以迁安市城南的爪村一带最具代表性。

【区域变化】该组岩性岩相变化不大。总的看来，有两种沉积相，一是河流—牛轭湖相沉积，二是河流相沉积。前者以前述迁安爪村为代表，高出河床20m左右；后者均发育在滦河主河道的Ⅱ级、Ⅲ级阶地上，高出河床25m以上，以灰白色、褐黄色砂层为主，夹少许紫色、灰绿色黏土，淤泥及砂砾石透镜体，底部常有一层厚0.7m的砾石层或砂砾层。

坝上高原区的康保边家营子—苏计淖及张北大湾、种马场、邢地湾一带，迁安组是构成Ⅱ级、Ⅲ级台地主要组成物质，在带状沟谷及洼地内亦有分布。岩性组合以灰黄色含砾粗砂、细砂和蓝灰色砂砾层为主，局部夹薄层砂质黏土、黏质粉砂，常见二元结构，发育水平、板状层理及槽状交错层理。不整合在石匣组、赤城组及其他基岩之上，与马兰组呈指状接触，被全新世堆积物覆盖。厚度变化大，多在1.3～5.35m之间。

7. 高家圪组（Qp^3g）

【名称由来】本次工作新建岩石地层单位。

【现实定义】代表晚更新世一套冲洪积碎屑沉积。以发育棕黄色粉砂、粉砂质黏土、黏土为特征，含

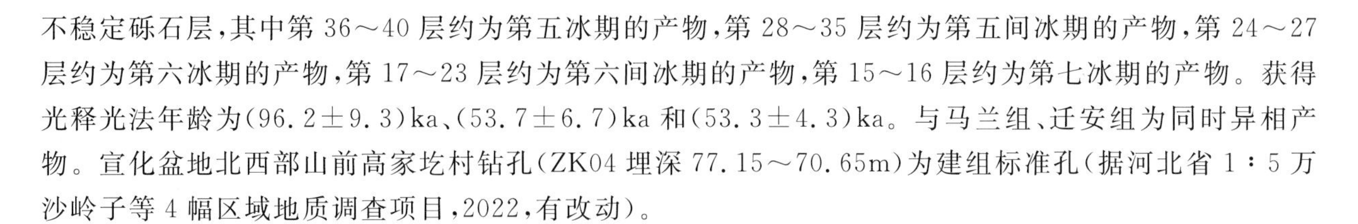
不稳定砾石层，其中第36～40层约为第五冰期的产物，第28～35层约为第五间冰期的产物，第24～27层约为第六冰期的产物，第17～23层约为第六间冰期的产物，第15～16层约为第七冰期的产物。获得光释光法年龄为(96.2±9.3)ka、(53.7±6.7)ka和(53.3±4.3)ka。与马兰组、迁安组为同时异相产物。宣化盆地北西部山前高家圪村钻孔(ZK04埋深77.15～70.65m)为建组标准孔(据河北省1∶5万沙岭子等4幅区域地质调查项目，2022，有改动)。

8. 柏草坪玄武岩

【名称由来】河北省1∶5万青城幅项目新建非正式岩石地层单位。代表晚更新世一套气孔(杏仁)状橄榄玄武岩(原归雪花山组)，与山西省大同火山岩中的阁老山玄武岩可对比。

【现实定义】指一套以灰色、深灰色气孔状、气孔-杏仁状、致密块状、熔渣状、绳状橄榄玄武岩、玄武岩为主的基性火山熔岩，局部发育柱状节理。喷发不整合在常州沟组、馒头组、张夏组和马兰组黄土之上，局部见黄土包裹体，产状115°～125°∠4°～6°。仅在武安市柏草坪—西涧沟一带有少量分布，向西延入山西省。

9. 冰水堆积物(Qp^{3gf})、冰碛物(Qp^{3g})

晚更新世冰水堆积物、冰碛物形成于第五、第六及第七冰期。

1)第五冰期

第五冰期的冰碛物与冰蚀及堆积地貌零星分布于坝上高原、燕山及太行山地区，主要有冰碛物、冰水沉积物、冰蚀盘谷、垅岗、“U”形谷、“U”形隘口等。出露于张北县塔拉囫囵及与蔚县茶山一带的冰碛物，为第五冰期产物的典型代表。前者冰碛物与冰水沉积物共同构成向300°方向凸出的弧带状低缓垅岗，呈30°方向横卧于300°方向的沟谷中，为一典型的冰川终碛堤。

第五冰期冰水堆积物见于万全区冯家窑村南实测剖面。

2)第六冰期

第六冰期的冰川遗迹在蔚县茶山、蓟县下营，京西百花山、斋堂以及太行山中南段的平山北冶和临城、武安等地均可见及，尤以平山北冶的冰川遗迹最为醒目。北冶位于南洋河河谷的Ⅰ级阶地上，冰碛物为黄色黄土、砂质黏土、黏质砂土与砾石的混合堆积物，阶地面上至今残留着巨大的冰溜条痕石，砾石表面多具钙膜。附近山体上发育完美的悬冰斗，尤其是南部上游屏立的石灰岩山岭，角峰、鳍脊、冰斗、直谷等冰蚀地貌历历在目。

第六冰期冰水堆积物见于万全区新河口村西实测剖面。

3)第七冰期

第七冰期的冰川遗迹多与第六冰期的冰川遗迹相伴分布，典型冰碛物在蔚县茶山及平山北冶附近的山坡上可见到。在北京附近的第七冰期冰川遗迹分布于海拔220～300m之间，可见有冰斗、冰窖、冰坎与悬谷，其上有灰黄色冰碛物及冰水沉积砂砾石分布。沉积物中见有原始牛、赤鹿等化石。该冰期的独特之处是发育有融冻构造，可见古冰楔、古砂楔、融冻褶皱、融冻台地及石海等，分布于坝上地区的康保、张北及阳原虎头梁、怀来新保安等地。

10. 全新世沉积物

1)冲积物(Qh^{al})

冲积物分布于现代河谷的河床、河漫滩和Ⅰ级阶地上，由砾石、砂砾石、砂层夹黏质砂土、砂质黏土及淤泥组成。坝上及山间盆地河谷中的冲积物，具有明显的二元结构，一般上部为灰黄色、灰褐色及黑色黏质砂土，细—粉砂及砂质黏土；下部为砂砾、砾石及砂层。厚一般3～10m，最厚可达20～40m；坝上地区较薄，一般厚0.3～1.1m。

2)冲洪积物(Qh^{alp})

冲洪积物在北部坝缘地区多呈带状或线状展布于山间沟谷中,主要由灰色、灰黄色砂砾石,砂质黏土,细砂及淤泥组成。砾石多呈棱角—次棱角状,部分呈次圆状。堆积物成分及厚度变化较大,可见厚度一般几十厘米至几米。

在山区较大河流Ⅰ级阶地、河漫滩、河床及山间谷地中,多以河槽式嵌于老地层内。厚1.5～10m,最厚达30m。在Ⅰ级阶地上可分三部分。

下部为灰白色砂砾石层。结构松散,砾石成分复杂,砾径一般5～10cm,分选、磨圆较好。厚1～3m。

中部为灰白色粉砂层。结构松散,具水平层理及交错层理。厚度可达2m。

上部为土黄色、黄褐色黏质砂土。结构松散,具水平层理。厚1～5m。

在河漫滩、河床及山间谷地中的冲积物主要为粗粒相的砂和砾石。砂的矿物成分主要为石英、长石、云母及其他少量暗色矿物,结构松散,具有水平层理和交错层理。岩相在垂直河谷方向上变化较大:近河床处颗粒增大,为中—粗砂;远离河床颗粒变细,为细—粉砂。砾石有的呈扇状堆积于谷口处,有的呈条带状分布于山间谷地,结构松散,砾石岩性多与附近基岩岩性一致;砾径大小不一,大者可达50cm,小者一般3～5cm,一般在10cm左右。

3)湖积物(Qh^{l})

湖积物主要指坝上现代水淖内的沉积物。积水淖的大小与形态各异,小者面积不足0.1km²,较大者(黄盖淖和乌兰诺尔)面积为8.5～19.25km²,最大者为安固里淖,面积为47.6km²。较大者大致呈北东向展布,受新生代断裂控制;较小者长轴方向与现代沟(河)谷延伸方向一致,多为河流死亡期形成的牛轭湖。沉积物为灰黑色淤泥,距基岩近的含少量砾和砂,干后呈青灰色、致密坚硬、黏度大。厚度各地不一,薄者仅几厘米,厚者达1.5m。

在山区较宽阔的沟谷及洼地中有少量分布,沉积物为灰黑色淤泥,距基岩近的含少量砾和砂,干后呈青灰色、致密坚硬、黏度大。厚度各地不一,一般几厘米至数米。

4)风积物(Qh^{eol})

风积物主要分布于张北、沽源和围场北部的坝上地区,其次是坝缘地带的山间洼地及河谷两侧,组成活动或半固定的砂丘、砂梁和垅岗地貌。由灰色、浅灰黄色细砂、粉砂、砂土组成,砂粒成分以石英为主,见少量长石、岩屑。呈圆—浑圆状,分选佳,结构松散,风成特征明显,无层理。厚0.8～15m,围场御道口东南最厚达30.7m。在灰色砂土中获得热释光年龄为(470±70)a(河北省区域地质调查所,2001)。

在宣化东南部山麓前缘,和阳原小井沟一带也有零星分布。由粉细砂构成新月形砂丘、垅岗地貌,呈东西向延伸,面积20～30km²,陡坡指向北、西,半固定。砂粒成分以石英为主,但长石和岩屑较多。厚20～30m。

5)湖沼积物(Qh^{fl})

湖沼积物主要分布在坝上山间低洼滞水地带或断陷盆地周边。多呈面状,部分呈延伸不远的宽带状。洼地内雨季时多集水成湖,旱季时有的干涸或成沼泽。主要由浅灰—灰色黏土、砂质黏土或黏质砂土组成,局部夹泥炭层,发育水平层理。厚度几十厘米至4m左右。地表喜水耐碱的草本植物发育。

二、华北平原地层分区(ⅢC_4^2)

1.饶阳组(Qp^1r)

饶阳组在华北平原地层分区地表无露头,主要依据钻孔资料厘定。

【现实定义】根据钻孔资料可分为下、中、上3个岩性段:下段由灰黄色、灰绿色、棕红色中细砂、粉细

砂、砂质黏土及黏质砂土层组成，与下伏明化镇组呈平行不整合接触；中段由灰黄色、灰绿色、黄棕色中粗砂、中细砂、砂质黏土及黏质砂土层组成，与上段及下段均呈整合接触；上段灰黄色、灰绿色、棕黄色中粗砂、中细砂、砂质黏土及黏质砂土层组成，与上覆肃宁组呈整合接触。以饶阳县常安村钻孔（饶6孔）最具代表性。

【区域变化】平原中西部地区，饶阳组为一套冲积、洪积、冰水堆积及湖积的灰黄色、黄棕色、褐棕色、灰绿色砂质黏土、黏质砂土与棕黄—绣黄色中细砂、中粗砂互层，时夹棕红色黏土，砂层具混粒结构，砂质黏土、黏质砂土层中普遍含钙核、铁锰结核和软体化石碎片，底部可见冰碛物，是本组的最大特征，可作为区域对比标志。与下伏明化镇组呈平行不整合接触，底界面埋深一般为350～550m，最深可达600m。经古地磁测定，下界大致为M/G界线。据古气候、生物化石及岩性可分3段。下段主要含有孢粉和少许介形类等化石，生物组合反映该段形成于以寒冷为主，间夹温暖的气候环境；中段主要含有孢粉、微体与软体化石，生物组合反映该段形成于温暖气候环境；上段主要含有孢粉、微体与软体化石，生物组合反映该段下部形成于寒冷气候环境。

平原东部沿海地区，依据古气候、化石及岩性特征同样可分为3段，主体与西部地区可以对比。下段以湖积为主间夹海相沉积的红棕色、灰绿色黏土，砂质黏土夹薄层细砂，厚110m；中段以湖积为主间夹海相沉积的红棕色黏土、砂质黏土夹薄层粉砂，厚72.6m；上段以冲积、湖积为主，主要为棕黄色夹灰绿色砂质黏土、薄层砂，厚60.7m。在海相沉积层含有较多的微体、软体化石。

2. 丰登坞组（$Qp^1 f$）

该组主要靠近燕山、太行山山麓堆积，不含海相沉积，未出露地表。

【名称由来】丰登坞组为本次新建岩石地层单位。《中国区域地质志・河北志》(2017)在综合梳理前人资料的基础上将华北平原地层分区更新统由底到顶厘定为饶阳组、肃宁组和西甘河组，代表一套冲积、洪积、湖积、冰水堆积(部分夹海相沉积)为主的沉积物。1：25万邢台幅、邯郸幅(2014)据钻孔资料在太行山山前厘定出一套以冲洪积、洪积为主的沉积物，建立了第四纪太行山麓堆积非正式填图单位，并划分为下部、中部、上部、顶部，时代分别对应早更新世、中更新世、晚更新世和晚更新世—全新世。1：5万沙流河幅、左家坞幅、雅鸿桥幅、丰润幅区域地质调查项目(2019)据钻孔资料在燕山山前也识别出一套的洪积、冲洪积为主的沉积物，并取得可靠的^{14}C、光释光、古地磁等资料，因此本书以玉田县丰登坞镇庄儿口村基准孔钻孔剖面(PZK14)和玉田县亮甲店镇张唐庄村基准孔钻孔剖面(PZK10)为层型剖面建立了丰登坞组、张唐庄组和燕子河组，代表河北省华北平原更新统山前台地一套洪积、冲洪积沉积物。

据玉田县丰登坞镇庄儿口村基准孔钻孔（PZK14）中114.05～386.45m和玉田县亮甲店镇张唐庄村基准孔钻孔（PZK10）中77.15～176.00m的地层剖面、磁性地层、气候地层等特征，其可以代表早更新世岩石地层，位于B/M与M/G界限之间，包括第一冰期至第三间冰期的产物，命名为丰登坞组。

【现实定义】代表山前平原地层小区内早更新世一套山前洪积、冲洪积为主沉积物，其形成时代大致与饶阳组一致，与下伏明化镇组呈整合接触。根据古气候、岩性特征可划分为下、中、上3部分：下部为淡棕色、橄榄棕色含砾粗砂、中砂、细砂夹少量薄层黏土，底部为黄色、黄棕色细砂质黏土、黏土质细砂；中部为暗棕色、褐灰色、绿灰色砂砾石层、中砂、细砂、粉砂和含黑色铁锰质斑点的棕黄色、黄色黏土、黏土质粉砂；上部为淡棕色、黄色粗砂、中砂、细砂，顶部为棕黄色粉砂、黏土夹砂，多见条带状锈黄色贴纸浸染。

3. 肃宁组（$Qp^2 s$）

该组广泛分布于整个平原区东部。

【现实定义】主要为一套冲积、洪积、冰水(?)堆积和湖积成因的砂质黏土、黏质砂土层，夹粉砂层，局部夹砂砾石层，厚 94m 左右。在黄骅、埕宁、临清等地，本组中部夹火山岩。以肃宁县东川村钻孔（肃开5 孔）最具代表性。

据古气候、岩性、古地磁特征等可分为上、下两段。下段主要为黄灰色、灰黄色、棕黄色与灰色、灰绿色的黏质砂土、砂质黏土与粉细砂（局部为中细砂）呈互层状产出，夹黄土状薄层及淋溶淀积层，有较多的铁锰结核、钙核及软体化石碎片；局部夹砂砾石层。根据古地磁测定，其下界大致为 B/M 界限。

上段主要为黄灰色、褐灰色、浅灰绿色砂质黏土与黏质砂土互层，夹薄层粉砂层，可见少量的钙核、钙块及软体化石碎片，底部见有浅灰色泥质中细砂层。顶部以钙质风化壳与上覆西甘河组分界。

【区域变化】平原西部地区，岩性特征基本上与剖面描述一致，但色调上有差别：上段以棕红色较多，层理不清，砂粒中长石风化较强，多呈小灰白点状，而且愈近山缘愈严重，粒度变化亦是越近山缘越粗，甚至变为砂砾层（过渡为张唐庄组）。该组主要含有孢粉、微体与软体化石，下段生物组合反映形成于寒冷气候环境，上段生物组合反映形成于温暖气候环境。

平原东部地区，下段厚约 21m，主要为黄棕色、灰黄色砂质黏土与粉细砂互层，淋溶淀积层发育，含有孢粉、微体与软体化石，生物组合反映该段形成于寒冷气候环境。上段厚约 46m，主要为棕黄色、黄棕色砂质黏土、黏质砂土夹粉细砂层，见淋溶淀积层及钙核，含有微体、软体化石，海陆相共生生物群，反映该段形成于温暖气候环境。

4. 张唐庄组（$Qp^2\hat{z}$）

本组与肃宁组为同时异相，主要靠近燕山、太行山山麓堆积，不含海相沉积，未出露地表。

【名称由来】张唐庄组为本次新建岩石地层单位。据玉田县亮甲店镇张唐庄村基准孔钻孔（PZK10）中 28.55～77.15m 和玉田县丰登坞镇庄儿口村基准孔钻孔（PZK14）中 55.35～114.05m 的地层剖面、磁性地层、年代地层、气候地层等特征，其可以代表中更新世岩石地层，位于 B/M 界限之上，在顶部砂岩（PZK14）获得光释光年龄为（127.6±7.3）ka，包括第四冰期和第四间冰期的产物，命名为张唐庄组。

【现实定义】代表山前平原地层小区内中更新世一套以山前洪积、冲洪积为主沉积物，其形成时代大致与肃宁组一致，主要靠近燕山、太行山山麓堆积，不含海相沉积，未出露地表，与下伏丰登坞组为整合接触。根据古气候、岩性特征可划分为下、中、上 3 部分：下部为黄色砂，夹棕黄色含粉砂黏土；中部为淡棕色细砂、中砂、黏土夹砂砾石层、粗砂夹黄色细砂、粉砂质黏土；上部为黄色、黄棕色、绿灰色细砂、粉砂、黏土，黏土中可见锈黄色铁锰质浸染。以玉田县亮甲店镇张唐庄村钻孔（基准孔 PZK10）最具代表性，其下界为 B/M 界限。

5. 西甘河组（Qp^3xg）

该组据岩性组合及古气候特征可分为上、中、下 3 段，中段与下段遍布于整个平原区，上段主要分布于平原南部地区。

【现实定义】为一套以冲积、冲洪积、湖积为主的沉积物，夹有海相沉积层。主要由黄灰色、灰黄色、绣黄色及灰黑色的黏质砂土、砂质黏土夹砂层组成。以肃宁县西甘河村钻孔（肃开 10 孔）和辛集市南智丘镇孟观村东南 XZK1 孔剖面最具代表性。

下段主要为黄灰色、灰黄色夹浅棕色、锈黄色、灰黑色黏质砂土与砂质黏土互层，夹砂层，含少量钙核、钙块，局部见淋溶淀积层，普遍锈染，含有软体化石。

中段主要为黄灰色、灰黄色及灰黑色的黏质砂土、砂质黏土夹淤泥质砂质黏土及砂层，见有古土壤及淋溶淀积层，含较多的钙核，并有软体化石及碎片，夹有海相沉积层。此外，在沧州、海兴、小山等地尚夹有凝灰岩、凝灰质砂岩及凝灰质页岩。

上段主要为锈黄色细砂、灰黄色粉砂质黏土、青黄色黏土质粉砂，含有陆相腕足类化石。

【区域变化】平原西部地区，除在赵县、晋县一带夹有玄武岩（厚 14～40m）之外，岩性组合特征基本与剖面描述一致。下段含孢粉、微体与软体化石。根据生物组合特征，下段下部形成于温凉偏寒的气候环境，下段上部形成于温暖的气候环境。中段主要含有孢粉，其组合反映寒冷间夹温暖的气候环境。

平原中东部地区，下段主要为冲积、湖沼积的灰黄色与棕黄色黏质砂土、砂质黏土、黏土，夹棕黄色中砂、细砂及黑色淤泥及海相沉积层。滨海地带有龟裂和生物洞穴。含有海陆相微体、软体等化石，生物组合反映冷暖交替的气候环境。中段主要为黄色、灰色、褐灰色的黏质砂土、砂质黏土、黏土夹棕黄色粉砂层及黑色泥炭层，在盐山一带顶部局部有沉凝灰岩分布。黄骅市钻孔 40.5～41.5m 处泥炭层的^{14}C 年龄值大于 32 000a，海兴县钻孔 38m 处泥炭层^{14}C 年龄值为（22 900±1100）a（中国科学院海洋研究所等）。中段中含有海陆相微体、软体等化石，生物组合反映以寒冷为主间夹温暖的气候环境。

平原南部地区，下段与中段特征同平原西部地区，上段岩性特征反映形成于寒冷气候环境。

6. 小山组（Qp^3x）

该组主要分布于沧州东、黄骅东、孟村—盐山、海兴—小山、海兴南—大山等地。

【现实定义】小山组可分为 4 层或 4 次火山活动。根据钻孔资料和露头情况由下而上：第 1 层玄武岩厚 0.1m；第 2 层玄武岩厚 14～40m；第 3 层基性凝灰岩厚 105m，为中心式爆发形成的火山碎屑锥；第 4 层为晶屑、岩屑凝灰岩锥，其顶部发育风化壳或古土壤层，与上覆全新世沉积物呈平行不整合接触。海兴一带凝灰质沉积物的古地磁测定结果对应拉斯线普事件，距今 0.03～0.02Ma，为小山组的晚期年龄范围。综合分析认为，小山组整体形成于 0.03～0.02Ma 及其之前的更新世晚期，与西甘河组为同时异相。其中除小山一带为由火山碎屑岩组成并高出地面 36m 的孤山外，其余各处火山岩均隐伏于平原之下，层位稳定。

7. 燕子河组（Qp^3y）

该组主要靠近燕山、太行山山麓堆积，不含海相沉积，未出露地表。

【名称由来】燕子河组为本次新建岩石地层单位。据玉田县丰登坞镇庄儿口村基准孔钻孔（PZK14）中 5.70～55.35m 和玉田县亮甲店镇张唐庄村基准孔钻孔（PZK10）中 1.00～28.55m 的地层剖面、磁性地层、年代地层、气候地层等特征，其可以代表晚更新世岩石地层，在中部细砂中（PZK14）获得光释光年龄值为（37.3±1.8）ka，在顶部灰色含黏土粉砂中（PZK14）获得^{14}C 年龄值为（19 488±57）a，包括第五冰期至第七冰期的产物，命名为燕子河组。

【现实定义】代表山前平原地层小区内晚更新世一套以山前洪积、冲洪积为主的沉积物，与西甘河组为同时异相，主要靠近燕山、太行山山麓堆积，不含海相沉积，未出露地表，与下伏张唐庄组呈整合接触。根据古气候、岩性特征可划分为下、中、上 3 部分：下部为黑色、暗灰色、蓝灰色黏土与细砂、粉砂构成韵律互层，黏土中多见白色钙质斑点和黑色锰质斑点，底部见灰色、暗灰色中砂、细砂；中部为灰黄色、灰色中砂、细砂、粉砂夹薄层粗砂、黏土；上部为棕灰色、棕黄色、橄榄灰色、橄榄黄色、橄榄绿色细砂、粉砂夹黏土、中粗砂，顶部为深灰色、灰色粉细砂、含黏土粉砂。

8. 双井组（$Qh\hat{s}$）

【名称由来】双井组为河北省 1∶25 万邢台幅、邯郸幅区域地质调查项目（2014）新建岩石地层单位，时代为更新世晚期（末次盛冰期后）至全新世。本书沿用该名称，但据最新理论结合原钻孔资料将其时代厘定为全新世，代表该时期河北平原一套非海相沉积物。

【现实定义】该组为分布于中东部平原地层小区内代表一套冲洪积及湖、沼积作用下形成的泛滥平原相、湖沼相沉积物。非海相介形类、腹足类化石较常见，孢粉较丰富。下部以灰黄色或灰黑色粉砂、黏土质粉砂为主，夹棕褐色、灰褐色粉砂质黏土、黏土，局部夹灰黑色淤泥层；上部为灰黄色、褐黄色黏土质粉砂夹粉砂质黏土，局部夹灰色、灰黄色砂层。以河北省魏县双井镇河南村东北 HZK1 孔和辛集市南智邱镇孟观村东南 XZK1 孔最具代表性。

9. 杨家寺组(Qh^1y)

该组分布于中东部平原地层小区内。

【现实定义】该组为一套冲积、冲洪积、湖沼相夹海相沉积物。下部为灰褐色、灰黄色粉细砂层；上部为灰黄色、灰色、灰黑色砂质黏土、泥质砂土夹泥炭薄层。一般厚 5～15m，在杨家寺一带最厚达 19～22m。以吴桥县杨家寺村钻孔(浅 6 孔)最具代表性。

10. 高湾组(Qh^2g)

该组主要分布于平原东部地区。

【现实定义】该组为分布于中东部平原地层小区内一套以海相为主夹湖沼相的浅灰色、灰黑色、黄灰色砂质黏土夹黑—黑灰色淤泥质砂质黏土和薄层泥炭。厚 8.2～25m。底部以灰色、灰黑色砂质黏土或黏质砂土与杨家寺组顶部灰黄色粉砂、黏质砂土分界，标志明显，具有区域意义。以海兴县高湾村钻孔(7－17－1 号孔)最具代表性。

11. 歧口组(Qh^3q)

该组在南、北大港及盐山、海兴等滨海地区地表出露。其余地区地表无露头。

【现实定义】主要由海相的灰色、褐灰色、灰黑色砂质黏土，黏质砂土夹透镜状粉砂组成。厚 2.7～10m。主要为冲积、冲洪积的灰色、灰黄色、褐黄色粉砂质黏土和黏质砂土夹砂层；局部地区为湖沼相的灰色和灰黑色黏土、淤泥质砂质黏土、黏质砂土，个别地段夹泥炭薄层。一般厚 5～10m，最厚达 15m 以上。整合于高湾组深灰色、灰绿色砂质黏土之上。以黄骅市歧口村钻孔(渔供 3 孔)最具代表性。

12. 全新世其他沉积物

(1)冲积物(Qh^{al})：主要分布于山前平原的洵河、永定河、潮白河冲积扇缘外侧及滦河、陡河、大石河等河道地带，在滨海平原的静海—黄骅一带也有分布。岩性变化是由北向南、由西向东逐渐由粗变细。厚度一般大于 0.5m，最厚大于 4m。

山前平原：浅灰色、灰黄色、锈黄色、灰白色砂与褐黄色、灰黄色、灰色泥质砂土、砂质黏土、黏土不等厚互层。常构成自下而上由砂—黏性土的韵律层，多发育两个韵律层。砂属曲流河道相；泥质砂土、砂质黏土、黏土属河漫滩或河泛平原相。

滨海平原：以黄褐色砂质黏土与褐黄色泥质砂土为主，局部夹褐黄色粉砂薄层或透镜体，见中小型斜层理、交错层理、平行层理；东部边缘地区主要为浅褐黄色、灰白色中细砂和细粉砂层，见中小型交错层理和槽状交错层理。含陆相双壳类、腹足类及介形虫化石。

(2)冲洪积物(Qh^{alp})：主要分布于山前平原的昌黎—滦南—唐山一带。为黄褐色和灰白色砾、砂、泥质砂土或砂质黏土，在地表常构成冲洪积扇，由扇根至扇缘粒度常由粗变细，即由含砾粗中砂变化到细粉砂、泥质砂土、砂质黏土和黏土。

(3)湖沼积物(Qh^{ls})：较集中分布于香河—武清和静海—文安一带，主要为一套深灰色淤泥质砂质黏土、泥质砂土，有时为褐灰色、灰绿色，常见水平层理。以富含属种单调的陆相软体动物、介形类和有机质为标志。一般厚 0.2～0.5m，最厚达 1.5m，属扇前沼泽、岸后沼泽和牛轭湖相。与下伏海陆过渡相堆积呈渐变过渡关系。

(4)洪积物(Qh^{p})：分布于北京房山以东(河东)一带，上部为灰褐色砂质黏土、黏质砂土，发育水平纹层，底部发育铁染。中部为浅黄灰色粉砂、褐灰色黏质砂土和灰色粗—细砂，分选、磨圆差，富含有机

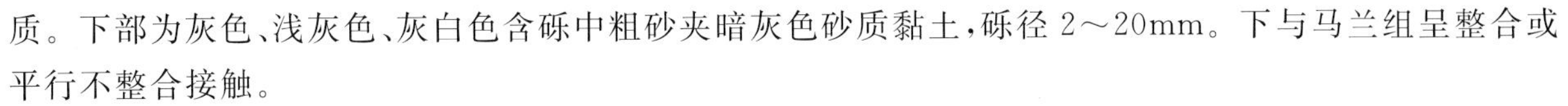

质。下部为灰色、浅灰色、灰白色含砾中粗砂夹暗灰色砂质黏土，砾径 2～20mm。下与马兰组呈整合或平行不整合接触。

(5)风积物(Qh^{e})：主要分布于黄河故道的聊城-吴桥和大沙河、滹沱河之间及现代海岸线地区，呈北北东向及北西向展布，规模一般 3km×8km。地貌上呈新月形砂丘、砂岗、砂垅状，呈流动至半固定状态。岩性由浅黄色和灰白色细砂、粉砂及少量砂土组成，砂粒成分以石英为主，次为长石、岩屑等，十分松散。厚 2～5m。绝大部分是河成砂再搬运堆积而成。纵观河北平原区，较大河流两侧及其附近地带，或多或少均有风积物堆积。

第二节　古人类与古文化遗存

本书将古人类与古文化遗存划分为旧石器时代和新石器时代两大阶段。

一、旧石器古人类文化遗存

古人类的出现是第四纪时期的另一重大事件。本区旧石器时代古人类文化遗存多保存于平原周边的丘陵地区及山间盆地中。根据前人相关资料，区内较为重要的共有 11 个点(群)(表 12-3)。其中包括著名的“北京猿人”遗址及泥河湾遗址群等，分布于更新世早期至晚期地层中。据不完全统计，泥河湾遗址群的遗址点达 60 多处，各类遗物达 5 万件以上。

表 12-3　旧石器古人类文化及哺乳动物化石表

序号	地点名称	地理位置	地貌与地层	遗物	伴生哺乳动物	时代或年代
1	泥河湾遗址群	霍家地、三岔口、东谷坨、小长梁等	泥河湾阶、周口店阶、萨拉乌苏阶，河湖相地层	石斧、石核、石片、刮削器等石制品	啮齿目、鼠狗、三趾马、三门马等 9 种	旧石器时代早期，古地磁法 2～1.67Ma
		雀儿沟、狼窝沟、白土梁、武家梁等		石核、石片、刮削器、尖状器、砍斫器、石砧等	披毛犀、野牛、鹿、啮齿类等，智人头盖骨	旧石器时代中期
		虎头梁、大底园、南磨、夏格、南沟、二道梁、上砂嘴、杜庄等		石核、石片、边刃刮削器、圆头刮削器、尖状器、雕刻器、砍斫器，石链、石砧、装饰品等共 4 万多件	似布氏田鼠、蒙古黄鼠、中华鼠、变种田鼠、鼠兔、狼、野马、野驴、野猪、鹿、黄羊、鹅喉羚、扭角羊、纳玛象、披毛犀等	旧石器时代晚期末或稍晚，^{14}C 10 500a
2	周口店第 1 点“北京猿人”遗址	北京周口店龙骨山东北坡，39°41′16″N，115°55′23″E	岩溶洞、周口店阶洞穴堆积	晚期猿人化石较完整头盖骨 5 具，牙齿 153 枚及其他石制品数以万计	韩氏刺猬、中华水鼩、翁氏野兔、中华狸、三门马、北京马、周口店犀、肿骨角鹿等 95 种	旧石器时代中期，10 层热发光法：52 万 a 及 61 万 a；裂变径迹法：(46.2±4.5)万 a；8～9 层铀系法：(42±1.8)万 a，7 层(37～40)万 a，4 层 29.313 万 a，1～3 层 29 万 a 左右

续表 12-3

序号	地点名称	地理位置	地貌与地层	遗物	伴生哺乳动物	时代或年代
3	周口店第3地点	北京市周口店龙骨山猿人遗址南约200m处，39°41′04″N，115°55′23″E	周口店阶上部岩溶裂隙堆积	几件火烧过的动物骨头化石	麝鼹、水鼢、刺猬、马铁菊头蝠、中华貉、普通狐、窄齿熊、洞熊、獾、黄鼬、虎、中华猫、马、獐、大角鹿、梅花鹿等59种	旧石器时代中期
4	周口店第4地点	北京周口店龙骨山南坡，39°41′15″N，115°55′24″E	萨拉乌苏阶下部裂隙-洞穴堆积	人类左上第1臼齿化石1枚，石制品10多件、烧骨、烧石、石器和1粒朴树籽	硕猕猴、麝鼹、刺猬、马铁菊头蝠、獾、雪鼬、真猫、猞猁、棕熊、马鹿、葛氏梅花鹿、肿骨大角鹿、披毛犀等40种	旧石器时代晚期
5	周口店第13点	北京市周口店龙骨山，39°41′03″N，115°55′19″E	岩溶洞，周口店阶下部洞穴堆积	石制品5件	韩氏刺猬、硕猕猴、中华貉、中华猫、德氏水牛、葛氏梅花鹿等36种	旧时器时代中期
6	周口店第13A地点	北京市周口店第13地点东南附近，39°41′03″N，115°52′24″E	石灰岩裂隙堆积，周口店阶下部至中部	灰烬层	中华缟鬣狗、三门马、梅氏犀、似李氏猪、葛氏梅花鹿、肿骨鹿、水牛等8种	旧石器时代中期
7	周口店第15地点	北京市周口店西，39°41′14″N，115°55′24″E	萨拉乌苏阶下部洞穴堆积	石核、石片、砾石石器、石核石器、石片石器、尖状器、石钻等千余件	掘鼹、刺猬、鼠耳蝠、菊头蝠、鼢鼠类、豪猪、狼、鼬、披毛犀、肿骨大角鹿等32种	旧石器时代晚期
8	周口店22地点	北京市周口店龙骨山，39°41′16″N，115°56′14″E	周口店阶顶部或萨拉乌苏阶底部岩溶裂隙堆积	石核1件，石片1件，刮削器3件	棕熊、马、马鹿、梅氏犀、葛氏梅花鹿、大角鹿、羚羊、水牛等9种	旧石器时代中期之末或稍晚
9	山顶洞	北京市周口店龙骨山，39°41′15″N，115°55′23″E	萨拉乌苏阶洞穴堆积	山顶洞人头骨3具、零散牙齿数十枚，石制品25件	掘鼹、刺猬、鼠耳蝠、菊头蝠、伏翼、松鼠、飞鼠、豪猪、欧洲野兔、狼、洞熊、猫、野驴、猪、马鹿、绵羊、牛等46种	旧石器时代晚期。上部，^{14}C(10 470±360)a；下部，^{14}C(18 340±410)a
10	爪村	河北省迁安县城南爪村西约750m、河右岸距河约750m	萨拉乌苏阶沼泽相泥灰土和碎石块层	石片4件、尖状器2件、骨器8件	纳玛象、野驴、披毛犀、野猪、马鹿、扭角羊、原始牛等7种	旧石器时代晚期
11	卢龙狼洞		萨拉乌苏阶黄土砾石层	石片、灰烬	狼、鹿、纳呼绵羊等	旧石器时代晚期

二、新石器古人类文化遗存

新石器古人类文化遗存主要发现于坝上地区的内蒙古化德-康保和张北左家营-大囫囵两个地区。

此外，在丰宁平安堡、石门沟、苏家店北、王家营、苇子沟及武安磁山等地也有零星分布。古人类文化遗存主为细石器和少量粗大石器及其他遗物。制做原料以石髓、玛瑙、脉石英为主，少见中基性岩、流纹岩、砂岩、花岗细晶岩。

新石器文化遗存在我国北方诸省分布广泛，尤其是沿长城一线及其附近新石器发现地甚多。由此可以看出，当时祖先们大多数分布在气候适宜的广阔草原或中低山地带，说明在新石器时代古人过着以狩猎、采集为主的经济生活。

第三节　第四纪冰期与间冰期及海退与海进

第四纪冰期与间冰期的划分是建立于全球性寒冷和温暖气候周期性变化基础之上的。寒冷和温暖气候的周期性变化，在第四纪沉积地层中有相应的反映和表现，即气候地层学特征是划分冰期与间冰期的主要依据。在内蒙古（坝上）高原及太行山-燕山地区（山区）零星分布有冰期、冰缘期构造与冰碛物、冰水堆积物等。在平原区冰碛物、冰水堆积物分布较多，保存较好。依据邵时雄、王明德等（1987）与吴兴礼等（1978）研究成果及第四纪相关资料，将本区第四纪时期划分为7个冰期、6个间冰期、1个冰后期及10次海进与13次海退（表12-4）。在平原区冰期主要与海退相对应，而间冰期主要与海进相对应。

表12-4　第四纪冰期与间冰期划分及主要特征表

时代			气候期	时限/Ma	平原区		年平均气温/℃	平原区海进与海退	
					植被带	气候特征	0 5 10 15 20 25	埋深/m	名称
全新世	晚期		冰后期	0~0.004 2	松林亚带	与现在一致，年平均气温4~12℃		0~18	秦皇岛海退（现代海岸）13 南堡海退 12 北塘海退 11 军粮城海退 10 歧口海进(10)
	中期			0.004 2~0.008 2	栎一桦亚带	年平均气温约17℃		10~20	张贵庄海退9 沧东海进(9)
	早期			0.008 2~0.011 7	松林亚带	年平均气温约15℃		27~50	海退8 献县海进(8)
更新世	晚期	萨拉乌苏期	Ⅶ冰期	0.011 7~0.03	针叶林带	年平均气温约2℃			海退7
			Ⅵ间冰期	0.03~0.045	针阔叶混交林—草原	年平均气温约17℃		38~78	文安海进(7)
			Ⅵ冰期	0.045~0.083	含云杉针阔叶混交林—草甸—沼泽	年平均气温约0~2℃			海退6
			Ⅴ间冰期	0.083~0.11	针阔叶混交林—草甸沼泽	年平均气温18℃以上		80~120	大城海进(6)
			Ⅴ冰期	0.11~0.126	暗针叶林—草甸或暗针叶林—苔原	年平均气温约2℃			海退5
	中期	周口店期	Ⅳ间冰期	0.126~0.69	针阔叶混交林—草原	年平均气温约16~8℃		90~190	黄骅海进(5) 天津海进(4) 海退4
			Ⅳ冰期	0.69~0.781	针叶林—草甸沼泽	年平均气温约2℃			海退3
	早期	泥河湾期	Ⅲ间冰期	0.781~1.21	针阔叶混交林—草原	年平均气温约18℃		197~257	津西海进(3)
			Ⅲ冰期	1.21~1.5	针叶林—草甸沼泽	年平均气温约2℃			海退2
			Ⅱ间冰期	1.5~1.87	针阔叶混交林—草原	年平均气温约18℃		270~535	海兴海进(2)
			Ⅱ冰期	1.87~2.01	暗针叶林—草甸沼泽	年平均气温约2℃			海退1
			Ⅰ间冰期	2.01~2.395	针阔叶混交林—草甸沼泽	年平均气温12℃±		649~654	北京海进(1)
			Ⅰ冰期	2.395~2.588	暗针叶林—草甸沼泽	年平均气温2℃以下			
上新世	晚期		冰期前	2.588~3.6	针阔叶混交林—草原	年平均气温11℃以上			

注：依据邵时雄等（1987）、吴兴礼等（1978）资料及其他相关资料综合编制。

第十三章　第四纪地貌

河北省第四纪地貌宏观特征显示地貌类型有高原、山地、丘陵、平原、海盆等(图 13－1),由北西至南东剖面特征见图 13－2。

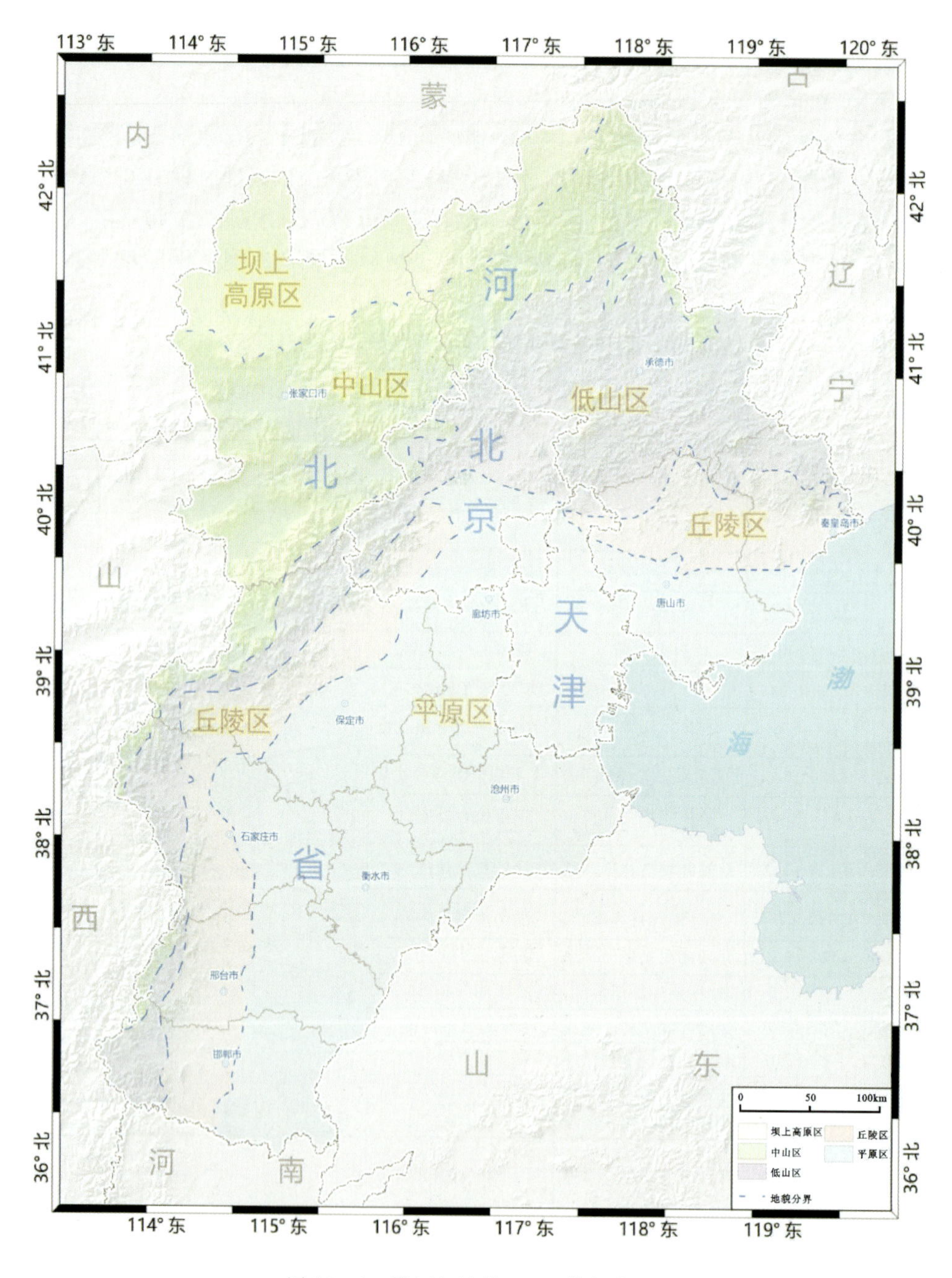

图 13－1　第四纪地貌 DEM 数据彩图

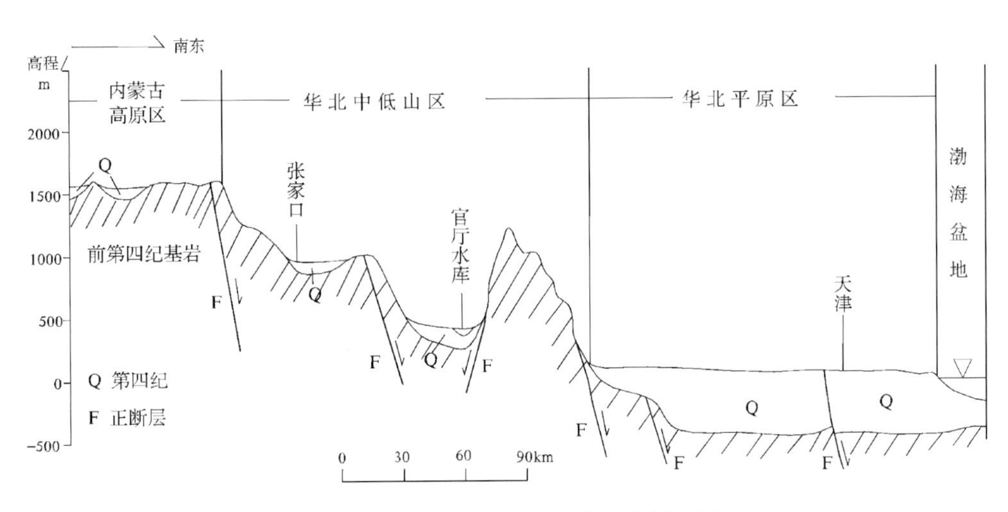

图 13-2　第四纪地质及地貌综合剖面图

第一节　地貌单元划分

根据本区地貌特征，本区划分为两类，3 个一级、4 个二级、6 个三级、22 个四级地貌单元及部分微地貌单元（图 13-3，表 13-1），此外还有 20 多个大小不等的人工湖——水库盆地。本区以陆地地貌为主，海底地貌仅为渤海盆地（$Ⅲ_1$）。陆地地貌的二级单元由北西到南东依次是内蒙古高原区（$Ⅰ_1$）、华北中低山区（$Ⅰ_2$）、华北平原区（$Ⅱ_1$）。

第二节　地貌单元的主要特征

一、陆地地貌

1. 内蒙古高原区

该单元位于本区的北部，属于内蒙古高原的南缘地区（俗称坝上高原），平均海拔高度在 1500m 以上，表面起伏较小，相对高差 50～360m，四级地貌单元包括侵蚀丘陵、台地与堆积盆地三种类型（图 13-3，表 13-1）。区内气候干冷多风，局部有冻土地貌和风成地貌叠加。

2. 华北中低山区

华北中低山区即太行山-燕山山地。该地貌单元位于本区中北部、西南部地区，主要属于太行山、燕山山地，北部少量属于阴山山地。区内不同地段平均海拔高度在 300m、750m 及 1000m 以上，相对高差在 200～1000m 之间。地表起伏较大，河谷纵横深切，山岭叠嶂，多悬崖陡壁，最高山峰是太行山北端的小五台山（海拔 2882m），气候北部较干冷，中部和西部较温和。以海拔高度的差异可分为中山、低山（或中低山）与丘陵 3 个三级单元，整体以侵剥蚀地貌为主，间夹堆积地貌（表 13-1，图 13-3）。河流从不同方向汇流于平原地区。

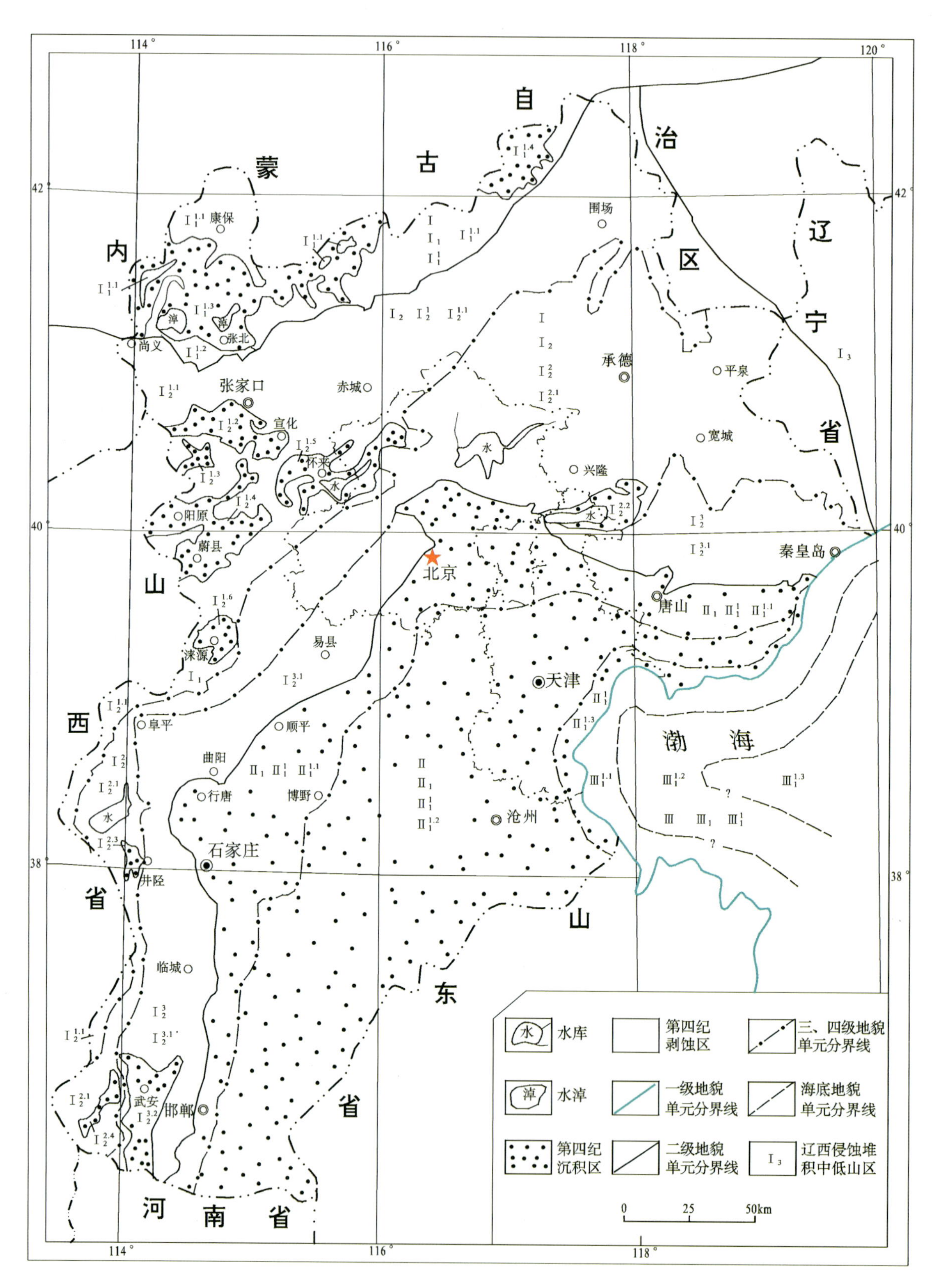

图 13-3 第四纪地貌单元划分图

（各单元名称、代号见表 13-1）

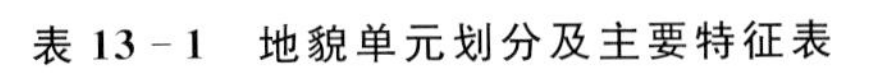

表 13-1 地貌单元划分及主要特征表

一级	二级	三级	海拔高度/m	切割深度/m	四级	主要地貌形态特征	微地貌
陆地地貌	西北山盆和中部高原区Ⅰ	内蒙古高原区Ⅰ$_1$	风力流水剥蚀堆积坝上高原Ⅰ$_1^1$	大于1500	50～360	风力流水剥蚀丘陵Ⅰ$_1^{1.1}$	由变质岩、火山岩、沉积岩组成，山脊多呈平缓馒头状，河谷平缓开阔，多滞留成水淖或沼泽湿地，谷坡呈直线或凹形	水淖、石海、台地
						张北玄武岩台地Ⅰ$_1^{1.2}$	沟谷稀疏宽浅，台面平坦，由玄武岩组成，微向北缓倾。台面上分布有十多个火山口小盆，有的内部积水成湖，直径60～200m，高15～25m	锥形火山口
						张北-沽源风力流水堆积盆地Ⅰ$_1^{1.3}$	盆地形态不规则，主要受北东向隐伏断裂控制，盆地内季节性水淖密布，兼有基岩残丘点缀其中，南部有一大湖(安固里淖)	水淖、残丘、冰川终碛堤、古冰楔、融冻褶皱
						御道口风力流水堆积盆地Ⅰ$_1^{1.4}$	盆地形态不规则，区内长轴呈北北东向展布，主要受北北东向隐伏断裂控制，盆地内有季节性沼泽湿地及风成砂丘，兼有基岩残丘点缀其中	残丘
		华北中低山区Ⅰ$_2$	阶梯状抬升风力流水侵蚀堆积中山区Ⅰ$_2^1$	大于1000	500～1000	风力流水侵蚀中山地貌Ⅰ$_2^{1.1}$	最高海拔2000～2400m，总地势北高南低、西高东低，由于岩石抗蚀性强，山脊多为鱼脊状，多陡崖峭壁，沟谷狭窄呈直线型，多发育季节性瀑布	温泉、滑坡体、冰臼、冰斗、U型谷、终碛堤
						张家口断陷流水堆积盆地Ⅰ$_2^{1.2}$	呈不规则状，长轴呈北西西向展布，主要受北西西向隐伏断裂控制，南北地形较陡，发育洪积扇，有洋河流过盆地	洪积扇
						怀安城断陷流水堆积盆地Ⅰ$_2^{1.3}$	呈不规则状，长轴呈北东向展布，主要受盆缘隐伏断裂控制，四周地形较陡，发育洪积扇，为洪塘河的源区	
						阳原-蔚县断陷流水堆积盆地Ⅰ$_2^{1.4}$	呈不规则状，长轴呈北东向展布，主要受盆缘隐伏断裂控制，四周地形较陡，发育洪积扇，有桑干河流过盆地	洪积扇、温泉、古融冻褶皱
						怀来-延庆断陷流水堆积盆地Ⅰ$_2^{1.5}$	呈不规则状，长轴呈北东向展布，主要受盆缘及北东东向隐伏断裂控制，永定河流过盆地，官厅水库坐落其中，南北地形较陡，洪积扇发育	
						涞源断陷流水堆积盆地Ⅰ$_2^{1.6}$	呈不规则状，长轴呈北东向展布，主要受盆缘隐伏断裂控制，四周地形较陡，发育洪积扇，为拒马河的源区，盆地内有基岩残山分布	洪积扇
			阶梯状抬升流水风力侵剥蚀堆积低山区Ⅰ$_2^2$	500～1000	<500	流水风力侵剥蚀低山地貌Ⅰ$_2^{2.1}$	山脊圆滑，沟谷开阔，谷坡多为阶梯状的台地，但不对称，由于风蚀作用，在抗蚀性适当的岩石中形成双塔山、棒槌山等	河流阶地、温泉、冰臼、冰斗、U型谷、终碛堤
						遵化断陷流水堆积盆地Ⅰ$_2^{2.2}$	呈不规则状，长轴呈近东西向至北东东向展布，受盆缘与盆内隐伏断裂控制，中部有近东西向单面山分隔，北部山前有洪积扇分布，南部有水库位于盆地中	单面山、洪积扇
						井陉断陷流水堆积盆地Ⅰ$_2^{2.3}$	呈不规则状，长轴呈近南北向展布，受盆缘与盆内隐伏断裂控制，有冶河流过盆地，盆地内有较多的基岩残丘	残丘、露天矿坑溶洞
						涉县断陷流水堆积盆地Ⅰ$_2^{2.4}$	呈不规则状，长轴呈北东向展布，主要受北东向断裂控制，盆地内有较多的基岩残丘，有清漳河流过盆地	残丘

续表 13-1

一级		二级	三级	海拔高度/m	切割深度/m	四级	主要地貌形态特征	微地貌
陆地地貌	西北山盆和中部高原区Ⅰ	华北中低山区$Ⅰ_2$	阶梯状抬升流水侵剥蚀堆积丘陵区$Ⅰ_2^3$	100~500	<200	流水侵剥蚀堆积丘陵地貌$Ⅰ_2^{3,1}$	呈带状分布于太行山、燕山山麓地带，河谷多为曲流河，发育三级阶地。山脊多为浑圆状、馒头状，谷坡多呈凸形	河流阶地、牛轭湖、溶洞、冰斗、U型谷、终碛堤
						武安断陷流水堆积盆地$Ⅰ_2^{3,2}$	不规则状，长轴呈近南北向展布，主要受北北东向、近南北向断裂控制，部分地段具有冰川盘谷的特征。盆地内有基岩残丘分布，有季节性南洺河、北洺河流过盆地	残丘
	东部平原区Ⅱ	华北平原区$Ⅱ_1$	断陷风力流水堆积平原$Ⅱ_1^1$	0~100		山前风力流水堆积平原$Ⅱ_1^{1,1}$	山前平原以3°~5°的倾角向渤海湾缓倾，河道和冲洪积扇发育，近山边缘地形有2~11m高差起伏，河道有北西向、南东向	冲洪积扇、冰碛鼓丘
						风力流水堆积中部平原$Ⅱ_1^{1,2}$	以1°~3°的倾角倾向渤海湾，但以石家庄—德州一带较高，故有“南四湖北五湖”的说法。目前由于过量抽取地下水，仅剩晋州湖和白洋淀	
						滨海流水海积低平原$Ⅱ_1^{1,3}$	呈弧带状分布于渤海湾沿岸，以1°的倾角倾向渤海，内部分布有不同年代十多条贝壳堤	贝壳堤、玄武岩丘(小山)
海底地貌Ⅲ		渤海盆地$Ⅲ_1$	断陷海积渤海湾盆地$Ⅲ_1^1$	0~−86	0~−86		分布于滨海流水海积低平原($Ⅱ_1^{1,3}$)的外围，水深在0~−86m之间，剖面上呈向渤海湾缓倾的斜平台状	

3. 华北平原区

华北平原(或河北平原)区位于本区的东南地区，属于华北平原的北部。海拔高度在0~100m之间，以3°~5°的倾角向渤海缓倾，可分为山前平原、中部平原与东部滨海低平原3个四级地貌单元(见表13-1，图13-3)。整体地势平坦，内部间有洼地和缓岗，并有河流穿流其间。

本区平原地貌在新近纪时期就已初步形成，在第四纪以来进一步形成定格(图13-4)。

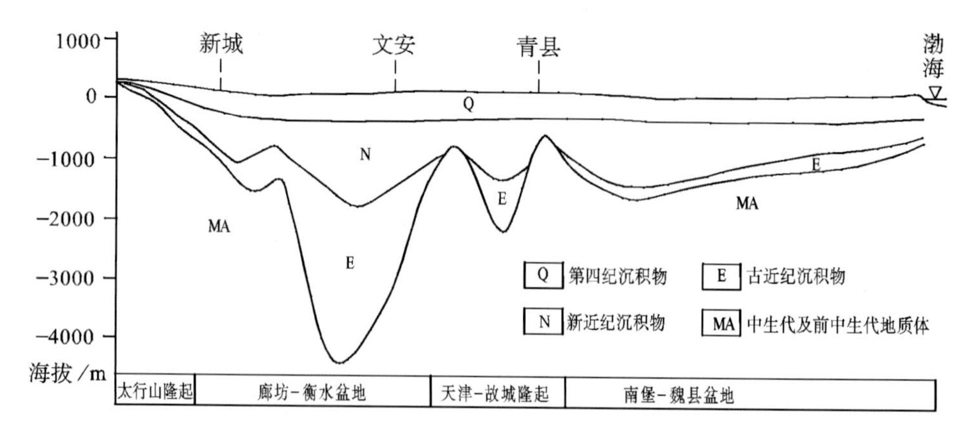

图13-4 平原形成演变示意剖面图

(据吴兴礼等，1978，略有修改)

根据吴兴礼等(1978)的研究和相关资料，本区平原中有历史记载以来的洼淀湿地就有30多处(图13-5)，主要分布在中部与东部。近30年前还保留有白洋淀、文安洼、北大港、南大港、青甸洼、大黄铺洼、黄庄洼、油葫芦泊、七里海、草泊、东淀、贾口洼、大浪淀、千顷洼、宁晋泊、大陆泽、永年洼等。这些洼淀湿地的特点是平而浅，呈盘形或不规则的形状。20世纪初，除白洋淀和个别洼淀外，其余大部分处于干涸状态，近期随着生态保护和修复，部分洼淀湿地重新恢复生机。

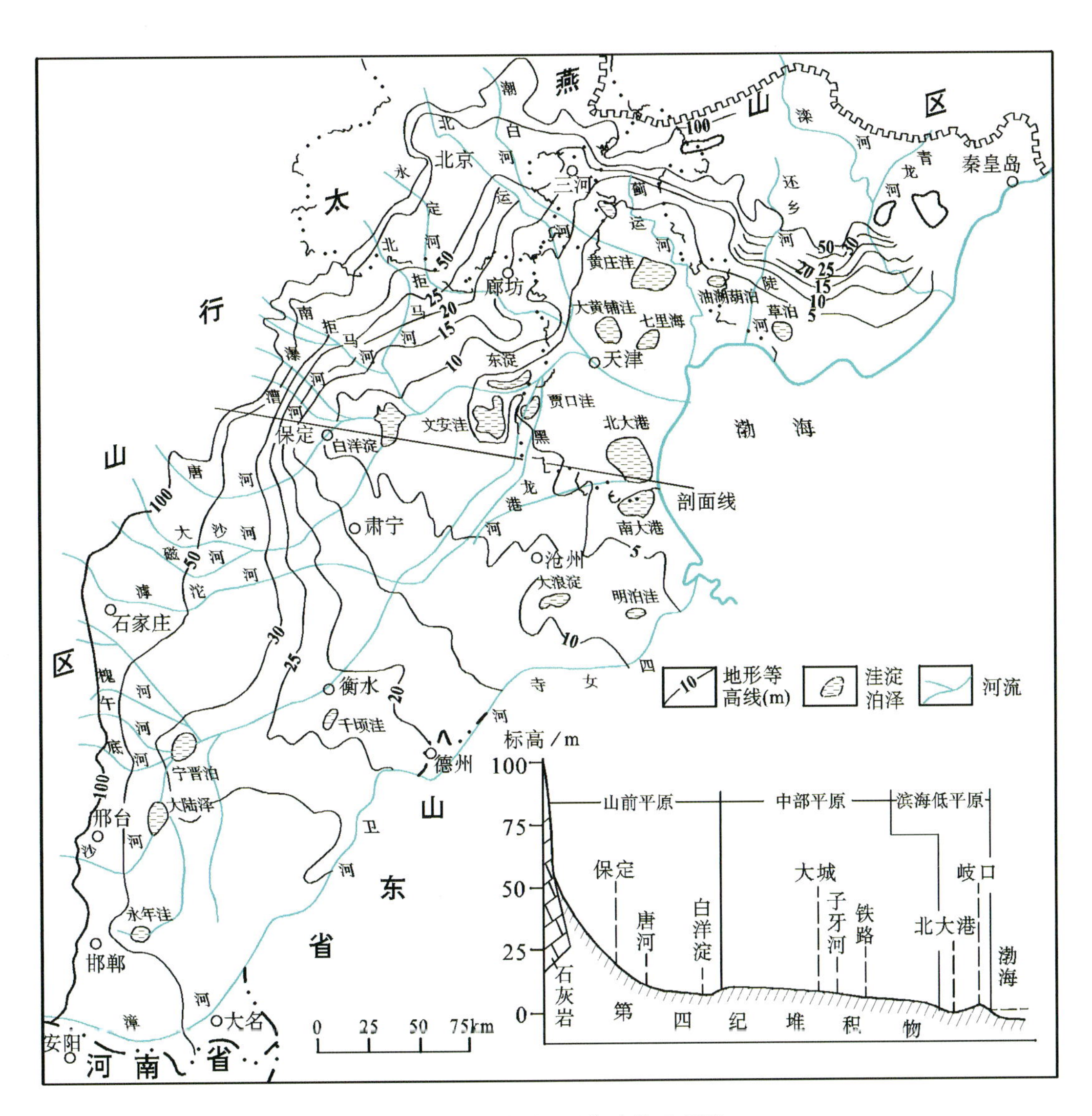

图13-5　平原区现代地貌示意图
(据吴兴礼等，1978，略有修改)

第四纪以来，河流在平原地貌形成过程中起到了极为重要的作用。本区主要河流有滦河、蓟运河、潮白河、北运河、永定河、滹沱河、大清河、子牙河、漳河等(图13-5)。这些河流在历史上多次改道，尤其是黄河改道频繁，对平原地貌的形成起了重要作用。

二、海底地貌

本区海底地貌主要分布于渤海盆地，三级地貌单元为断陷海积渤海湾盆地，其主要特征见图13-3及表13-1。

第四篇 岩浆岩

本区岩浆岩发育，其中火山岩地表出露面积(含北京、天津)达25 600km²，累计厚度约17 890m。晚古生代及其之前的火山活动以海相为主，局部为陆相，中生代和新生代均为陆相；侵入岩岩石种类齐全，时代跨度较大(新太古代至渐新世)，出露总面积(含北京、天津)约28 000km²，占山区和高原总面积的28%左右。其中中元古代、晚古生代和中生代侵入岩较为发育，尤其以中生代侵入岩最为发育，出露面积占侵入岩总面积的一半以上，与目前已发现多数大中型贵金属、有色金属成矿作用极为密切。

第十四章　侵入岩概述

随着《花岗岩类区 1∶5 万区域地质填图方法指南》(1991)的颁布，侵入岩的填图方法和理论发生了重大转变，图面表达也采用类似地层的表达方式，用“时代＋地理专有名称”。《变质岩区 1∶5 万区域地质填图方法指南》(1991)的推广和应用，提出了变质深成侵入岩的新认识，图面用“地理专有名称＋片麻岩”表达。十多年的谱系单位填图工作虽然积累了丰富的资料，但由于地方性命名繁杂，图面表达上各测区甚至各图幅自成体系(同一个岩体不同图幅名称不一致)，表示方式也不够科学，不利于区域对比和研究利用，变质深成侵入岩同样存在地方性命名繁杂等上述问题，难以进行区域对比。2000 年后，在沿用新理论、新方法的基础上，按照中国地质调查局的要求，图面表达上逐步采用“岩性＋时代”(部分采用“时代＋岩性”)的方法。《中国区域地质志・河北志》(2017)通过全面总结 2011 年 6 月前近 30 年各项地质成果，根据构造-岩浆活动特点，将河北省侵入岩划分为 2 个一级构造岩浆岩带、8 个二级岩浆岩带和 19 个三级岩浆岩亚带，按时代划分为阜平旋回、五台旋回、吕梁旋回、晋宁旋回、加里东旋回、华力西旋回、印支旋回、燕山旋回和喜马拉雅旋回，进一步划分为 16 个亚旋回和 25 个小旋回，大大提高了区内侵入岩的研究程度，图面表达方式也采用了“岩性＋时代”。

本书收集总结了最近十多年的系列地质成果，进一步补充完善了河北省侵入岩年代格架，摒弃了岩浆旋回的划分方法，直接使用地质年代表示，古元古代及其之后的侵入岩均采用“岩性＋时代”的表示方法。

第一节　侵入岩构造单元划分

本区中元古代至新生代形成的不同时代的岩浆岩均与区域构造关系密切，不同地质历史时期的地壳运动、地壳变形导致了不同时期的区域构造的形成，同时也是不同时期岩浆活动的诱因和导控因素。不同地史时期构造应力场作用的影响和制约，形成了不同方向的构造岩浆岩带。这些构造岩浆岩带在时间上表现为阶段性、长期性，在空间上表现为继承性、迁移性和新生性；在岩浆物质成分演化上表现为正演化性、旋回性和新生性等。依据上述构造-岩浆活动特点和对本区侵入岩时空分布的区域特征、演化规律和构造背景的综合分析，从时间上区内的岩浆岩可以分为 2 个重要的时间阶段，分别为古元古代至中三叠世、晚三叠世至晚白垩世，将本区侵入岩可以进一步系统划分为 2 个一级、4 个二级、9 个三级构造单元(表 14－1)。其中中元古代—中三叠世二级构造单元(图 14－1、图 14－2)保持近东西向展布格局，晚三叠世—新生代二级构造单元则主要呈北东—北北东向展布(图 14－3)。

表 14－1　侵入岩构造岩浆岩带划分表

时段	一级	二级	三级
T_3-K_2	晚三叠世—晚白垩世大兴安岭—太行山叠加构造岩浆岩带（ⅢB）	冀北—太行山岩浆岩带（ⅢB_3^1）	沽源—阳原岩浆岩亚带 ⅢB_3^{1-1}（T_3、J_1-K_1）
			丰宁—武安岩浆岩亚带（主脊亚带）ⅢB_3^{1-2}（T_3、J_1-K_2、E_3）
			平泉—兴隆岩浆岩亚带 ⅢB_3^{1-3}（T_3、J_1-K_2）
			青龙岩浆岩亚带 ⅢB_3^{1-4}（T_3、J_1-K_1）
			昌黎—老岭岩浆岩亚带 ⅢB_3^{1-5}（K_1）
D_3-T_2	中元古代—中三叠世华北陆块构造岩浆岩区（ⅢA）	华北陆块北缘岩浆岩带（ⅢA_2^1）	康保岩浆岩亚带 ⅢA_2^{1-1}（D_3、P、T_2）
			棋盘山岩浆岩亚带 ⅢA_2^{1-2}（D_3、P_3）
		张北—承德岩浆岩带（ⅢA_2^2）	张北—隆化岩浆岩亚带 ⅢA_2^{2-1}（D_3-T_2）
			张家口—承德岩浆岩亚带 ⅢA_2^{2-2}（C_2-T_2）
Pt_2-D_2		尚义—大庙岩浆岩带（ⅢA_2^3）	

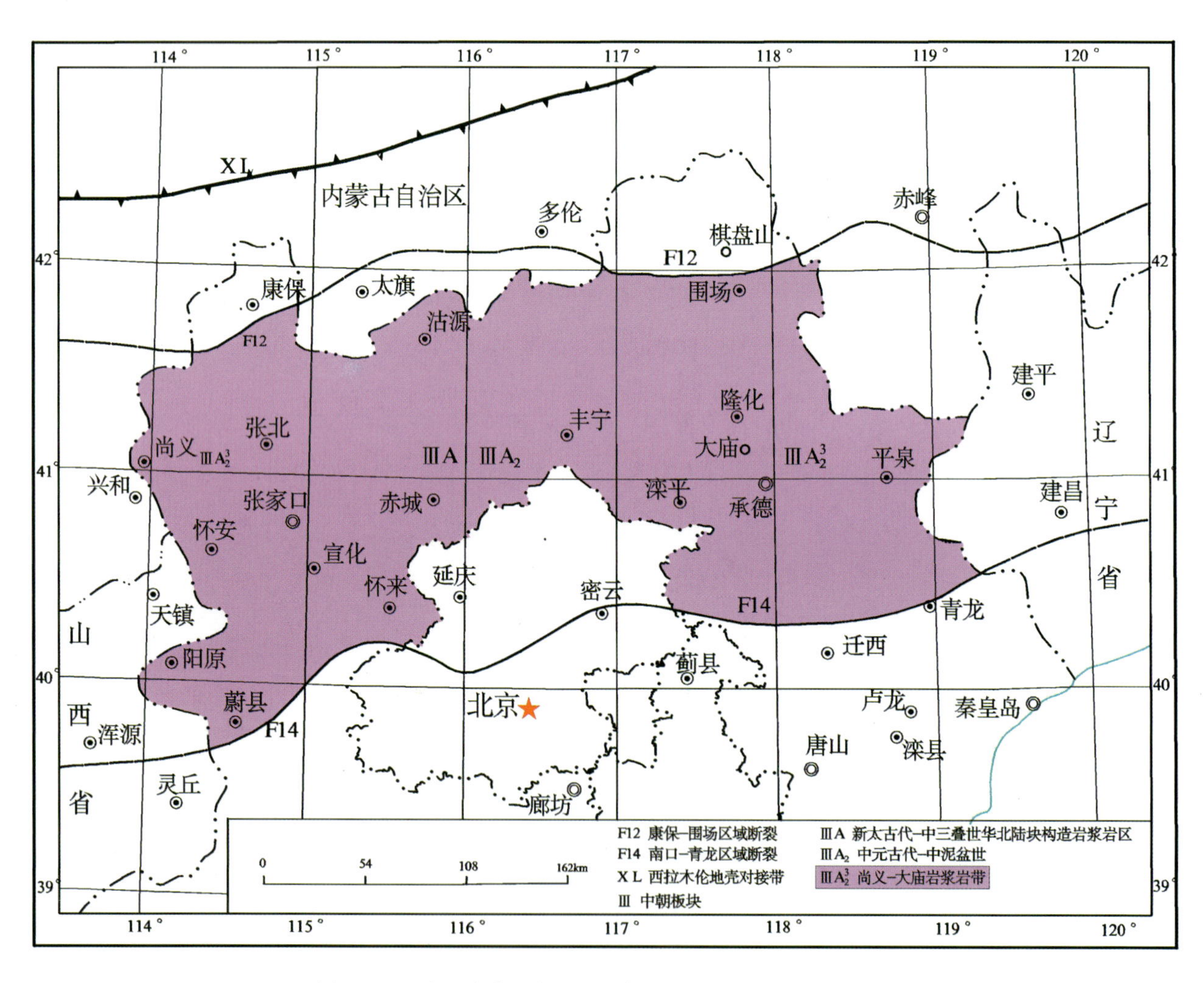

图 14－1　中元古代—中泥盆世侵入岩构造岩浆岩带划分图

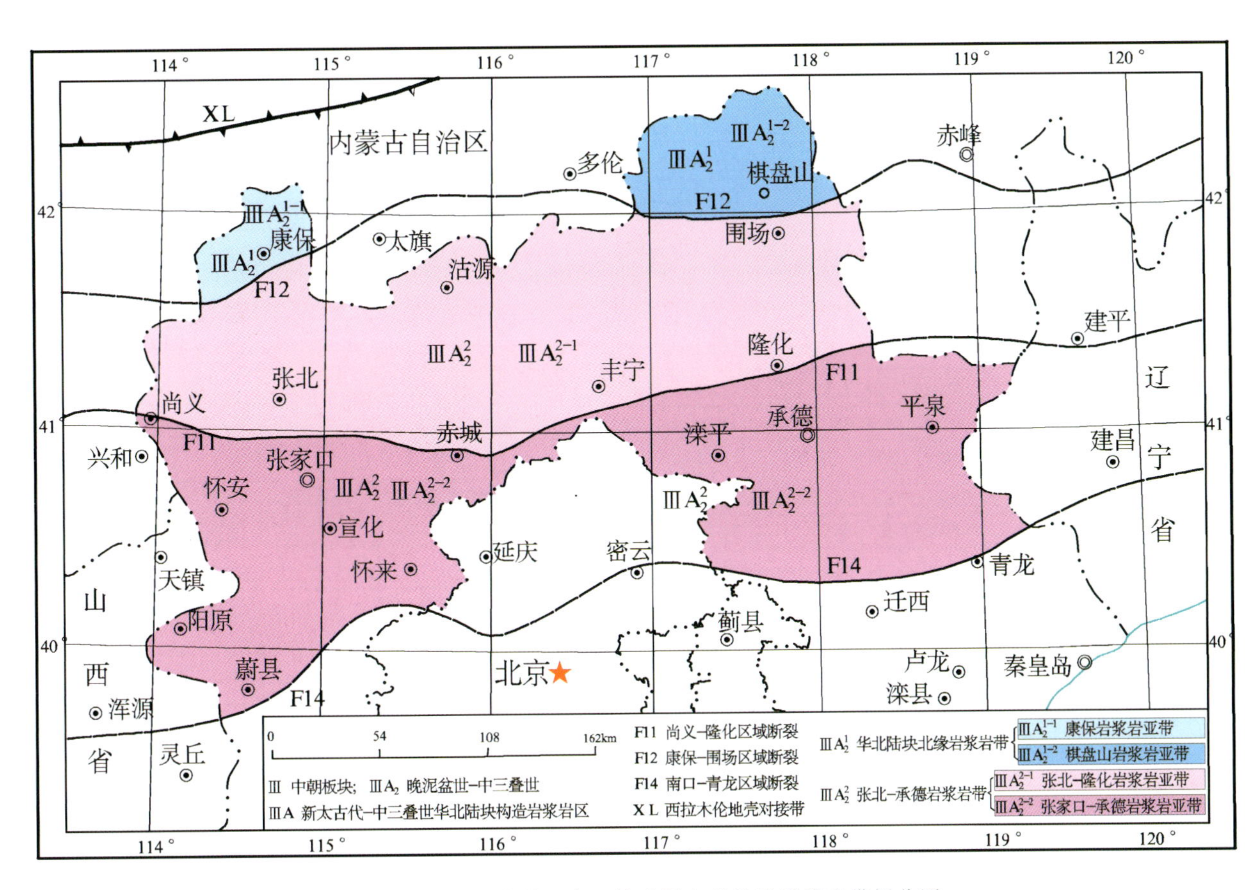

图 14－2 晚泥盆世—中三叠世侵入岩构造岩浆岩带划分图

第二节 侵入岩期序

依据全国地层委员会 2019 年发布的《中国地层表》，将河北省（北京市 天津市）发育的中元古代至渐新世侵入岩划分为 3 个时段、25 个岩浆侵入序列（7～31，表 14－2）。地质年代古生代之前表示到代，古生代及之后表示到世（早白垩世表示到期），无年龄依据的，依据地质体接触关系等推测到纪或代。

表 14－2 岩浆岩演化构造阶段综合划分表

地质时代			时段	火山岩建造	火山旋回	侵入岩建造	侵入序列	构造环境	构造阶段
新生代	第四纪	Q	古近纪至第四纪	基性、碱性火山岩（Qp）	22			陆内裂陷、断陷盆地等拉张环境	非造山
	新近纪	N_2							
		N_1		基性、碱性火山岩	21				
	古近纪	E_3				北西向、南北向超基性、基性侵入岩	31		
		E_2		基性、碱性火山岩	20				
		E_1						整体隆起	

续表 14－2

地质时代			时段	火山岩建造	火山旋回	侵入岩建造	侵入序列	构造环境	构造阶段
中生代	白垩纪	K_2	晚三叠世至晚白垩世					过渡环境	后造山
						北东-北北东向偏碱性、碱性侵入岩	30		
		K_1^3				北东-北北东向偏碱性、碱性侵入岩	29		
		K_1^2		中性、酸性、偏碱性火山岩	19	北东—北北东向基性、中性、酸性、偏碱性侵入岩	28	陆内挤压继承性盆地和上叠性盆地，陆内造山环境	同造山（板内）
		K_1^1		中性、酸性、偏碱性火山岩	18	北东—北北东向基性、中性、酸性侵入岩	27		
	侏罗纪	J_3		中性、偏碱性、酸性火山岩	17	北东向基性、中性、酸性侵入岩	26		
		J_2		基性、中性、酸性火山岩	16	北东向中性、酸性侵入岩	25		
		J_1		基性、中性、酸性火山岩	15	北东向基性、中性、酸性侵入岩	24		
	三叠纪	T_3^2		偏碱性火山岩	14	东西向偏碱性、碱性侵入岩	23	过渡环境	前造山
		T_3^1				东西向超基性、基性、中酸性、酸性侵入岩	22	陆内裂陷或继承性盆地	非造山
		T_2^2	中元古代至中三叠世	中性、偏碱性、酸性火山岩	13	东西向偏碱性、碱性侵入岩	21	过渡环境	后造山
		T_2^1				东西向中性、酸性侵入岩	20	陆缘岩浆弧、弧前与弧后盆地、挤压继承性盆地等	后碰撞
		T_1		中性、偏碱性、酸性火山岩	12	东西向中性、酸性侵入岩	19		同碰撞
古生代	二叠纪	P_3				东西向中性、酸性侵入岩	18		
		P_2		中性、偏碱性、酸性火山岩	11	东西向中性、酸性侵入岩	17		前碰撞
		P_1		中性、偏碱性、酸性火山岩	10	东西向基性、中性、酸性侵入岩	16		
	石炭纪	C_2				东西向超基性—基性、中性、酸性侵入岩	15		
		C_1				东西向中性、酸性侵入岩	14	大陆整体隆起及陆缘岩浆弧	
	泥盆纪	D_3				东西向基性、中性、酸性侵入岩	13		
		D_2^2				东西向碱性侵入岩	12	过渡环境	前造山
		D_2^1				东西向超基性—基性、中酸性侵入岩	11	大陆整体隆起，拉张环境	非造山
		D_1							
	志留纪	S_{2-4}							
		S_1				东西向超基性、基性侵入岩	10		
	奥陶纪	O_3							
		O_{1-2}						继承性裂陷盆地	
	寒武纪	$\in_{2-4}$							
		$\in_1$						大陆整体隆起，拉张环境	
新元古代	震旦纪	Z							
	南华纪	Nh							
	青白口纪	Qb				东西向基性、偏碱性岩床、岩脉	9	大陆—陆缘裂谷、裂陷盆地，拉张环境	
中元古代	玉溪纪	Yx							
	西山纪	Xs		偏碱性、酸性火山岩	9				
	蓟县纪	Jx				东西向中酸性、酸性、偏碱性侵入岩	8		
	长城纪	Ch		基性、偏碱性、碱性火山岩	8	东西向偏碱性侵入岩	7		
						东西向超基性、基性—酸性侵入岩			

注：———表示岩浆岩重要构造阶段分界线。

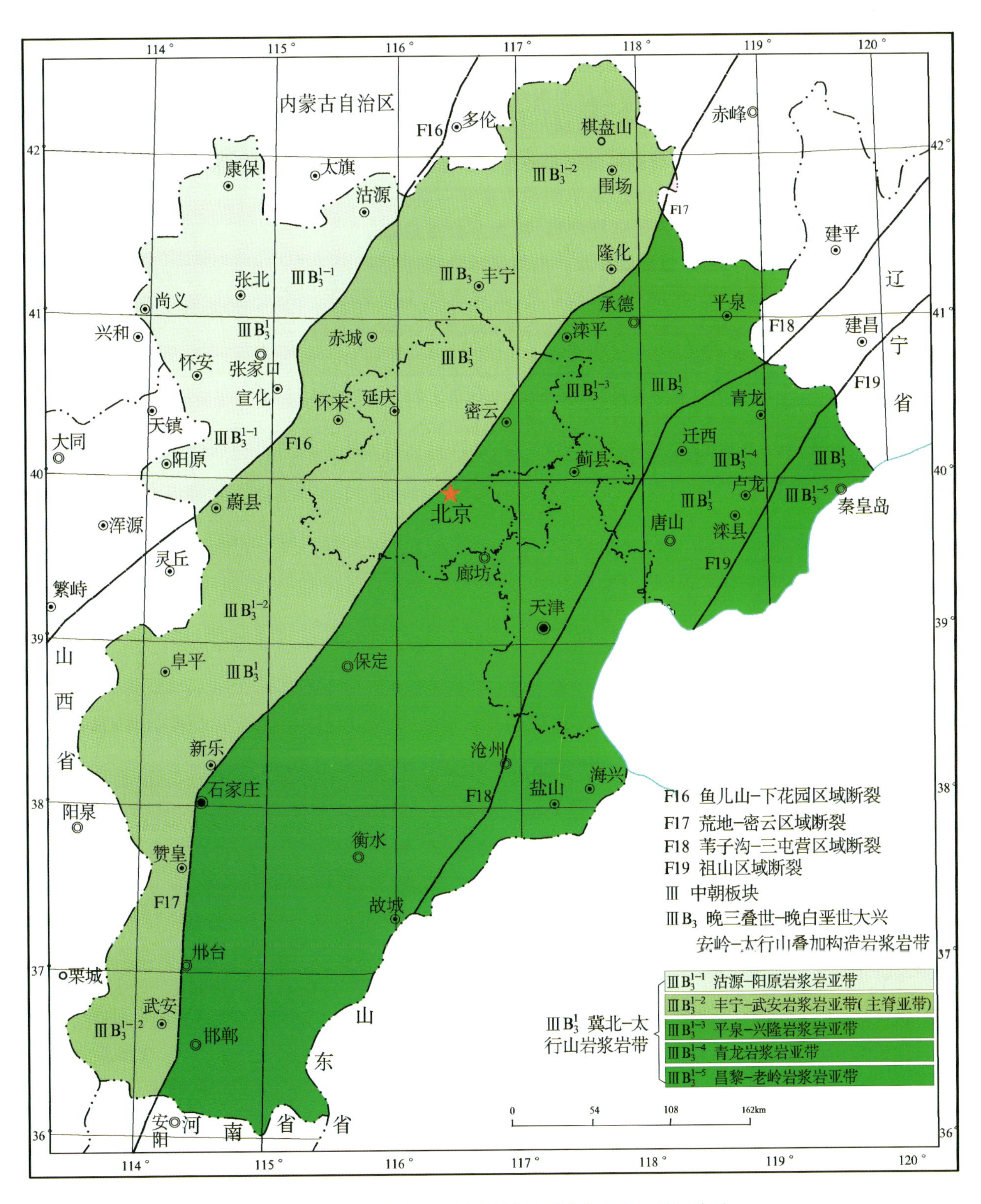

图 14-3　晚三叠世—晚白垩世侵入岩构造岩浆岩带划分图

第三节　侵入岩岩浆演化及构造环境

根据本区和邻区区域上不同时期侵入岩的综合研究成果，下面简要分述不同时期侵入岩岩浆演化特征及形成的大地构造环境。

一、侵入岩岩浆演化特征

1. 中元古代早期至中泥盆世(侵入序列代号 7～12)

中元古代早期(长城纪)侵入岩体现了岩浆由超基性向基性→中酸性→酸性→偏碱性演化、岩石系列由钙性系列向钙碱性系列→碱性系列演化、成因类型由 M 型(幔源型)向 I 型(壳幔源型)→A 型(碱性型)演化的特征。

中元古代中期(蓟县纪)侵入岩体现了岩浆由中酸性向酸性→偏碱性演化、岩石系列由钙碱性系列向碱性系列演化、成因类型由 I 型(壳幔源型)向 A 型(碱性型)演化的特征。

中元古代晚期(西山纪)至新元古代早期(青白口纪)侵入岩体现了岩浆由基性向偏碱性演化、岩石系列由钙碱性系列向碱性系列演化、成因类型由 M 型(壳幔源型)向 A 型(碱性型)演化的特征。

古生代志留纪仅早志留世发育超基性—基性侵入岩，岩石系列由钙性系列向钙碱性系列演化，成因类型为 M 型(幔源型)；古生代中泥盆世侵入岩体现了岩浆由超基性向基性→中酸性→碱性演化、岩石系列由钙性系列向钙碱性系列→碱性系列演化、成因类型由 M 型(幔源型)向 I 型(壳幔源型)→A 型(碱性型)演化的特征。

2. 晚泥盆世至中三叠世(侵入序列代号 13～21)

古生代晚泥盆世侵入岩体现了岩浆由基性向中性→酸性演化、岩石系列为钙碱性系列、成因类型由 M 型(幔源型)向 I 型(壳幔源型)演化的特征。

古生代早石炭世侵入岩体现了岩浆由中性向酸性演化、岩石系列为钙碱性系列、成因类型为 I 型(壳幔源型)的特征；古生代晚石炭世侵入岩体现了岩浆由超基性向基性→中性→酸性演化、岩石系列由钙性系列向钙碱性系列演化、成因类型由 M 型(幔源型)向 I 型(壳幔源型)演化的特征。

古生代早二叠世侵入岩体现了岩浆由基性向中性→酸性演化、岩石系列为钙碱性系列、成因类型由 M 型(幔源型)向 I 型(壳幔源型)演化的特征；古生代中二叠世侵入岩体现了岩浆由中性向酸性演化、岩石系列为钙碱性系列、成因类型为 I 型(壳幔源型)的特征；古生代晚二叠世侵入岩体现了岩浆由中性向酸性→碱性演化、岩石系列由钙碱性系列向碱性系列演化、成因类型由 I 型(壳幔源型)向 A 型(碱性型)演化的特征。

中生代早三叠世侵入岩体现了岩浆由中性向酸性演化、岩石系列为钙碱性系列、成因类型为 I 型(壳幔源型)的演化特征；中生代中三叠世早期侵入岩体现了岩浆由中性向酸性→碱性演化、岩石系列由钙碱性系列向碱性系列演化、成因类型由 I 型(壳幔源型)向 A 型(碱性型)演化的特征；中生代中三叠世晚期侵入岩仅发育碱性岩类、岩石系列为碱性系列、成因类型为 A 型(碱性型)的特征。

3. 晚三叠世至晚白垩世(侵入序列代号 22～30)

中生代晚三叠世侵入岩体现了岩浆由超基性向基性→中酸性→酸性→偏碱性→碱性演化、岩石系列由钙性系列向钙碱性系列→碱性系列演化、成因类型由 M 型(幔源型)向 I 型(壳幔源型)→A 型(碱性型)演化的特征。

中生代早侏罗世侵入岩体现了岩浆由基性向中性→中酸性→酸性→偏碱性演化、岩石系列由钙碱性系列向碱性系列演化、成因类型由M型(幔源型)向I型(壳幔源型)→A型(碱性型)演化的特征。

中生代中侏罗世侵入岩体现了岩浆由中性向中酸性→酸性→偏碱性演化、岩石系列由钙碱性系列向碱性系列演化、成因类型由I型(壳幔源型)向A型(碱性型)演化的特征。

中生代晚侏罗世侵入岩体现了岩浆由基性向中性→中酸性→酸性→碱性演化、岩石系列由钙碱性系列向碱性系列演化、成因类型由M型(幔源型)向I型(壳幔源型)→A型(碱性型)演化的特征。

中生代早白垩世早期至中期侵入岩体现了岩浆由基性向中性→酸性→偏碱性演化、岩石系列由钙碱性系列向碱性系列演化、成因类型由M型(幔源型)向I型(壳幔源型)→A型(碱性型)演化的特征。

中生代早白垩世晚期至晚白垩世早期侵入岩体现了岩浆由偏碱性向碱性演化、岩石系列为碱性系列、成因类型由I型(壳幔源型)向A型(碱性型)演化的特征。

4. 渐新世(侵入序列代号31)

新生代渐新世侵入岩仅发育超基性—基性岩类,岩石系列由钙性系列向钙碱性系列演化,成因类型为M型(幔源型)。

二、形成的大地构造环境分析

依据不同时期侵入岩岩石学、岩石化学、地球化学特征等,可以对侵入岩形成的大地构造环境进行综合分析,本书仅简要叙述相关结论,过程详见《中国区域地质志·河北志》(2017)。

1. 中元古代早期至中泥盆世侵入岩

中元古代早期至中泥盆世早期5个序列(7～11)的侵入岩类形成于非造山构造阶段。依据岩石化学、地球化学特征,中元古代侵入岩形成于大陆—陆缘裂谷、裂陷盆地,为拉张环境;早志留世、中泥盆世早期大陆整体隆起,为拉张环境;中泥盆世晚期序列的侵入岩类形成于前造山过渡构造环境,为前造山构造阶段。

2. 晚泥盆世至中三叠世侵入岩

晚泥盆世至中二叠世5个序列的侵入岩类形成于大陆整体隆起及陆缘岩浆弧和陆缘岩浆弧、弧前与弧后盆地、挤压继承性盆地等,为前碰撞构造环境;晚二叠世至早三叠世2个序列的侵入岩类形成于陆缘岩浆弧、弧前与弧后盆地、挤压继承性盆地构造环境,为同碰撞构造阶段;中三叠世早期序列的侵入岩类形成于陆缘岩浆弧、弧前与弧后盆地、挤压继承性盆地构造环境,为后碰撞构造阶段;中三叠世晚期序列的侵入岩类形成于过渡环境,为后造山构造阶段。

3. 晚三叠世至晚白垩世侵入岩

晚三叠世早期序列的侵入岩类形成于陆内裂陷或继承性盆地构造环境,为非造山构造阶段。晚三叠世晚期序列的侵入岩类形成于过渡环境,为前造山构造阶段。早侏罗世至早白垩世中期区内岩浆活动频繁、强度和规模大,该时期的岩浆活动形成了丰富的金属矿产,侵入岩可以进一步划分为5个侵入序列(24～28)。依据岩石化学、地球化学特征,其主要形成于陆内挤压继承性盆地和上叠性盆地,属于板块内部同造山构造阶段。早白垩世晚期至晚白垩世早期2个序列的侵入岩类形成于过渡环境,属于后造山构造阶段。

4. 渐新世侵入岩

渐新世序列的侵入岩类形成于陆内裂陷、断陷盆地等拉张环境,属于非造山构造阶段。

第十五章　侵入岩分述

侵入岩按构造阶段分为中元古代—中三叠世、晚三叠世—晚白垩世和古新世—始新世 3 个时段，中元古代—中三叠世可进一步分为中元古代—中泥盆世和晚泥盆世—中三叠世 2 个亚时段，新生代仅在北京北部发育少量渐新世侵入岩，进一步划分为 25 个侵入序列。

第一节　中元古代—中泥盆世侵入岩

中元古代—中泥盆世侵入岩划分为 7 个侵入序列，共 27 个侵入岩单位（表 15－1），归属尚义-大庙岩浆岩带（ⅢA_2^3）。

1. 中元古代早期（Pt_2^1：1800～1600Ma）侵入岩

中元古代早期侵入岩进一步划分为橄榄岩、蛇纹岩、辉石岩、橄榄辉长岩、辉长岩/辉绿岩、角闪辉长岩、苏长岩、斜长岩、二长辉长岩、辉石二长岩、角闪石英二长岩、斑状二长花岗岩、环斑花岗岩和角闪石英正长岩 15 个侵入岩单位（表 15－1），归并为 2 个侵入序列，各侵入岩单位代表性岩体见表 15－2。

超基性、基性侵入岩分布于尚义-大庙岩浆岩带承德大庙—高寺台—平泉韩杖子一带，发育十多个基性、超基性岩体。岩体长轴近东西向，侵入新太古代单塔子岩群杨营岩组、艾家沟岩组和二长闪长质片麻岩中。侵入岩形成于大陆拉张（非造山）构造环境，岩浆源于上地幔，为 M 型（幔源型）岩石成因类型。

中元古代早期中酸性、酸性、偏碱性侵入岩分布在隆化韩麻营、密云达峪、滦平涝洼、隆化南孤山等地。其中中酸性、酸性侵入岩属钙碱性岩系，成因类型属 I 型，形成于地壳伸展阶段的非造山构造环境中，物质来源属以壳源为主的壳幔混源型。偏碱性侵入岩属碱性岩系，成因类型属 A 型，属岩浆分异作用形成，其岩浆源区位于下地壳或上地幔，形成于非造山构造环境。

中元古代早期苏长岩、斜长岩与岩浆型钒钛磁铁矿关系密切，其中承德市高寺台镇一带钒钛磁铁矿产于该时期斜长岩-苏长岩-钒钛磁铁矿-二长辉长岩之中，苏长岩为成矿母岩，苏长岩体与铁矿体有直接成因联系，部分苏长岩体中有分异式浸染矿体，在苏长岩接触带及其围岩中的矿体则为贯入式矿体。比较典型的矿床有承德市黑山大型钒钛磁铁矿床、隆化大乌苏南沟大型钒钛磁铁矿床等。

2. 中元古代中期（Pt_2^2：1600～1400Ma）—新元古代早期（1400～780Ma）侵入岩

中元古代中期—新元古代早期侵入岩分布于尚义-大庙岩浆岩带尚义花子沟、东寨、平泉潘家窝铺、西南沟等地，进一步划分为石英二长岩、二长花岗岩、环斑花岗岩、斑状石英正长岩、正长花岗岩和碱长花岗岩 1 个侵入序列共 6 个侵入岩单位（表 15－1），各侵入岩单位代表性岩体见表 15－2。岩石总体属钙碱性系列，成因类型主要属 I 型和 A 型花岗岩类，形成于拉张构造环境，成岩物质来源属壳幔混源型。

中元古代西山纪至新元古代青白口纪侵入岩分布范围较为局限，主要为基性、偏碱性岩床、岩脉。

3. 早志留世（S_1：443.8～428.2Ma）侵入岩

早志留世侵入岩分布局限，仅见于赤城黄土岭一带，规模小。只有辉石岩 1 个侵入岩单位（表 15－1），各侵入岩单位代表性岩体见表 15 - 2。

岩石形成于大陆拉张非造山构造环境，物质来源于幔源，属 M 型。

表 15 - 1 中元古代—中泥盆世侵入岩期序及年代格架表

时代			时段	侵入序列	岩石名称	代号	同位素测年(Ma/方法)
古生代	泥盆纪	D_2	中元古代早期至中三叠世	12	正长岩	ξD_2	386±6/Sp,383±2/ Ul
				11	石英二长岩	$\eta o D_2$	390±6/Sp,392±4/ Ul
					辉石角闪二长岩	$\eta\psi D_2$	
					石英二长闪长岩	$\eta\delta o D_2$	390±5/Sp
					角闪石岩	$\psi o D_2$	395±11/Sp
					辉石岩	$\varphi l D_2$	392±5、397±6/Sp,387±2、394±4/ Ul
	志留纪	S_1		10	辉石岩	$\varphi l S_1$	438±11/Sp
中元古代至新元古代	青白口纪	Qb		9	基性、偏碱性岩床、岩脉		
	玉溪纪	Yx					
	西山纪	Xs					
	蓟县纪	Jx		8	碱长花岗岩	$\chi\rho\gamma Pt_2^2$	
					正长花岗岩	$\xi\gamma Pt_2^2$	
					斑状石英正长岩	$\pi\xi o Pt_2^2$	
					环斑花岗岩	$\gamma R Pt_2^2$	1497±41/U
					二长花岗岩	$\eta\gamma Pt_2^2$	
					石英二长岩	$\eta o Pt_2^2$	1587±91/U
	长城纪	Ch		7	角闪石英正长岩	$\xi\psi o Pt_2^1$	1657/U
					环斑花岗岩	$\gamma R Pt_2^1$	1688±17/U,1698±18、1679±10、1681±10/Ul,1685±15/Sp
					斑状二长花岗岩	$\pi\eta\gamma Pt_2^1$	1691、1684、1693±9/U
					角闪石英二长岩	$\eta\psi o Pt_2^1$	
					辉石二长岩	$\eta\varphi Pt_2^1$	1702/U,1739±14/Sp
					二长辉长岩	$\eta\nu Pt_2^1$	
					斜长岩	$\nu\sigma Pt_2^1$	1735/S
					苏长岩	$\nu o Pt_2^1$	1715±6、1693±7/U,1742±17/Ul
					角闪辉长岩	$\nu\psi Pt_2^1$	
					辉绿岩	$\beta\mu Pt_2^1$	1758/Rb
					辉长岩	νPt_2^1	
					橄榄辉长岩	$\sigma\nu Pt_2^1$	1690±59/S
					辉石岩	$\varphi l Pt_2^1$	
					蛇纹岩	$\varphi\omega Pt_2^1$	
					橄榄岩	σPt_2^1	

表 15-2 中元古代—中泥盆世侵入岩单位在岩浆岩带的代表性岩体

时代			岩石名称	代号	尚义-大庙岩浆岩带代表性岩体
古生代	泥盆纪	D_2	正长岩	ξD_2	赤城石垛口、水泉沟
			石英二长岩	$\eta o D_2$	赤城石垛口
			辉石角闪二长岩	$\eta\psi D_2$	崇礼下三道河
			石英二长闪长岩	$\eta\delta o D_2$	双滦北梁
			角闪石岩	$\psi o D_2$	丰宁波罗诺
			辉石岩	$\varphi l\ D_2$	滦平北白旗
	志留纪	S_1	辉石岩	$\varphi l S_1$	赤城黄土岭
中元古代	蓟县纪	Pt_2^2	碱长花岗岩	$\chi\rho\gamma Pt_2^2$	平泉西南沟
			正长花岗岩	$\xi\gamma Pt_2^2$	平泉马家营子
			斑状石英正长岩	$\pi\xi o Pt_2^2$	平泉潘家窝铺
			环斑花岗岩	$\gamma R Pt_2^2$	尚义东赛
			二长花岗岩	$\eta\gamma Pt_2^2$	尚义大碱洼
			石英二长岩	$\eta o Pt_2^2$	尚义花子沟
	长城纪	Pt_2^1	角闪石英正长岩	$\xi\psi o Pt_2^1$	隆化南孤山
			环斑花岗岩	$\gamma R Pt_2^1$	滦平涝洼
			斑状二长花岗岩	$\pi\eta\gamma Pt_2^1$	密云达峪
			角闪石英二长岩	$\eta\psi o Pt_2^1$	隆化韩麻营
			辉石二长岩	$\eta\varphi Pt_2^1$	隆化德吉沟
			二长辉长岩	$\eta\nu Pt_2^1$	平泉卧龙岗
			斜长岩	$\nu\sigma Pt_2^1$	双滦区大庙
			苏长岩	$\nu o Pt_2^1$	双滦区大庙
			角闪辉长岩	$\nu\psi Pt_2^1$	平泉南梁村
			辉长岩/辉绿岩	$\nu Pt_2^1/\beta\mu Pt_2^1$	平泉七家岱
			橄榄辉长岩	$\sigma\nu Pt_2^1$	平泉油坊营子
			辉石岩	$\varphi l\ Pt_2^1$	平泉娘娘庙
			蛇纹岩	$\varphi\omega Pt_2^1$	平泉娘娘庙
			橄榄岩	σPt_2^1	承德县兴隆街

4. 中泥盆世(D_2:397.5～385.3Ma)侵入岩

中泥盆世侵入岩分布于滦平北白旗、丰宁波罗诺、赤城石垛口一带，进一步划分为辉石岩、角闪石岩、石英二长闪长岩、辉石角闪二长岩、石英二长岩和正长岩 6 个侵入岩单位(见表 15-1)，归并为 2 个侵入序列，各侵入岩单位代表性岩体见表 15-2。

中泥盆世超基性、基性侵入岩形成于非造山构造环境，岩石成因类型属 M 型，成岩物质来源属幔源型。中酸性、酸性侵入岩形成于非造山构造环境，岩石成因类型为 I 型，成岩物质来源属壳幔混源型。偏碱性侵入岩形成于前造山构造环境，岩石成因类型属 A 型。

该时期的代表性岩体有水泉沟碱性杂岩体，该碱性杂岩体包含正长岩、石英二长岩等。岩体的成岩时代与金矿化的成矿时代基本一致，发育与该时期岩浆活动有关的热液金矿床，其中东坪中型金矿床和黄土梁大型金矿床均产于该时期的碱性杂岩体之中。

第二节 晚泥盆世—中三叠世侵入岩

晚泥盆世—中三叠世侵入岩划分为9个侵入序列(13～21)，共38个侵入岩填图单位(表15-3)，归属于华北陆块北缘岩浆岩带(ⅢA_2^1)和张北-承德岩浆岩带(ⅢA_2^2)(表15-3)。

表15-3 晚泥盆世—中三叠世岩浆岩带侵入岩单位

岩浆岩带	侵入岩单位
华北陆块北缘岩浆岩带(ⅢA_2^1)	$\delta\nu D_3$、δD_3、$\gamma\delta D_3$、$\gamma o D_3$、$\eta\gamma D_3$、$\gamma\delta P_2$、$\eta\gamma P_2$、$\eta\gamma P_3$、$\xi\gamma P_3$、$\pi\chi\rho\gamma P_3$、$\chi\xi o T_2$、$\chi\gamma T_2$
张北-承德岩浆岩带(ⅢA_2^2)	δC_1、$\gamma o C_1$、$\eta\gamma C_1$、$\varphi l C_2$、$\nu\delta C_2$、$\delta o C_2$、$\eta\delta o C_2$、$\gamma\delta C_2$、$\eta\gamma C_2$、$\sigma\nu P_1$、νP_1、$\delta o P_1$、$\eta\gamma P_1$、$\pi\xi\gamma P_1$、$\eta\delta o P_2$、$\gamma\delta P_2$、$\eta\gamma P_2$、δP_3、$\eta\delta P_3$、$\eta\gamma P_3$、$\xi\gamma P_3$、$\delta o T_1$、$\gamma\delta T_1$、$\eta\gamma T_1$、$\delta\varphi T_2$、$\xi\delta T_2$、$\eta o T_2$、$\eta\gamma T_2$、$\xi\gamma T_2$、$\xi o T_2$

1.晚泥盆世(D_3:385.3～359.58Ma)侵入岩

晚泥盆世侵入岩仅在华北陆块北缘岩浆岩带分布，主要出露于围场温珠沟、大字、蚂蚁沟等地，此在康保小英图也有少量出露。进一步划分为闪长辉长岩、闪长岩、花岗闪长岩、奥长花岗岩和二长花岗岩5个侵入岩单位(表15-4)，各侵入岩单位代表性岩体见表15-5。

晚泥盆世基性岩形成于大陆边缘弧前碰撞构造环境，成因类型属M型。中性、酸性侵入岩为大陆边缘弧环境的岩浆岩组合，形成于前碰撞构造环境，岩石成因类型主要为I型花岗岩类，少数具有陆壳改造型花岗岩的部分特征，成岩物质来源属壳幔混源型。

2.早石炭世(C_1:359.58～318.1Ma)侵入岩

早石炭世侵入岩仅在张北-承德岩浆岩带分布，主要出露于赤城南沙沟、样墩和隆化庙子沟等地，此在康保小英图也有少量出露。进一步划分为闪长岩、奥长花岗岩和二长花岗岩3个侵入岩单位(见表15-3)，其中二长花岗岩是河北省1∶5万张三营等4幅区域地质调查项目(2013)新建侵入岩单位。各侵入岩单位代表性岩体见表15-5。

早石炭世中性、酸性侵入岩形成于前碰撞的挤压造山构造环境，成因类型为I型花岗岩类，成岩物质来源属壳幔混源型。

3.晚石炭世(C_2:318.1～299Ma)侵入岩

晚石炭世侵入岩仅在张北-承德岩浆岩带分布，广泛出露在宽城、滦平、隆化、丰宁和赤城等地。进一步划分为辉石岩、辉长闪长岩、石英闪长岩、石英二长闪长岩、花岗闪长岩和二长花岗岩6个侵入岩单位(见表15-3)，各侵入岩单位代表性岩体见表15-5。

晚石炭世孤山子超基性岩、基性岩是由碱性玄武岩浆经不同程度的分异演化形成的结果，其物质可能来自地幔，并遭到地壳不同程度的混染，属钙碱性—碱性系列，成因类型为M型，形成于挤压造山的前碰撞构造环境。中酸性侵入岩成因类型为I型，成岩物质来源属壳幔混源型，形成于挤压造山的前碰撞构造环境。

表 15-4 晚泥盆世—中三叠世侵入岩期序及年代格架表

时代			时段	侵入序列	岩石名称	代号	同位素测年(Ma/方法)
中生代	三叠纪	T_2^2	晚泥盆世至中三叠世	21	碱性花岗岩	$\chi\gamma T_2$	229±1/Rb
					碱性石英正长岩	$\chi\xi o T_2$	
					石英正长岩	$\xi o T_2$	235±10/K
		T_2^1		20	正长花岗岩	$\xi\gamma T_2$	233/Rb,234/U,237±7/ Ul
					二长花岗岩	$\eta\gamma T_2$	237±6、237、234±6/U,236±2、235±2/Sp,237±3、241±2/Ul
					石英二长岩	$\eta o T_2$	239±2/ Ul
					正长闪长岩	$\xi\delta T_2$	235±3/K
					辉石闪长岩	$\delta\varphi T_2$	
		T_1		19	二长花岗岩	$\eta\gamma T_1$	$246\pm^{9}_{17}$/U,247±3、247±2/ Ul
					花岗闪长岩	$\gamma\delta T_1$	249±3/U
					石英闪长岩	$\delta o T_1$	243/K,245/U
古生代	二叠纪	P_3		18	斑状碱长花岗岩	$\pi\chi\rho\gamma P_3$	251±6/K
					正长花岗岩	$\xi\gamma P_3$	253±2/Rb,250±6/K,254±3/ Sp
					二长花岗岩	$\eta\gamma P_3$	254±11/ Ul,250±3/U,250±1、251±1、251±2/ Ul
					二长闪长岩	$\eta\delta P_3$	
					闪长岩	δP_3	252±3、254±2、254±3/ Ul
		P_2		17	二长花岗岩	$\eta\gamma P_2$	260±9/Rb,260±2/ Ul
					花岗闪长岩	$\gamma\delta P_2$	263±6、261/K,271±4/Rb
					石英二长闪长岩	$\eta\delta o P_2$	271±1/Rb,270±2/ Ul
		P_1		16	斑状正长花岗岩	$\pi\xi\gamma P_1$	275、272/U
					二长花岗岩	$\eta\gamma P_1$	286±1、270±1/ U,270±1、271±1、273±2、281±2/ Ul
					石英闪长岩	$\delta o P_1$	280±6、284±8、279±9/Sp,283±2、288±2、288±4/ Ul,291±3/ Ul,290±32/U
					角闪辉长岩	νP_1	297±1/ Ul
					橄榄角闪辉长岩	$\sigma\nu P_1$	288±5/Sp
	石炭纪	C_2		15	二长花岗岩	$\eta\gamma C_2$	299±3、301±3/ Ul,(247±1/ Ul 变质)
					花岗闪长岩	$\gamma\delta C_2$	299±6、302±4/Sp
					石英二长闪长岩	$\eta\delta o C_2$	311±2/Sp,314±1/ Ul
					石英闪长岩	$\delta o C_2$	314±6/Sp,315±3/ Ul
					辉长闪长岩	$\nu\delta C_2$	
					辉石岩	$\varphi l\ C_2$	308±4、303±6、304±3/Sp
		C_1		14	二长花岗岩	$\eta\gamma C_1$	328±1/ Ul
					奥长花岗岩	$\gamma o C_1$	338±2/ Ul
					闪长岩	δC_1	
	泥盆纪	D_3		13	二长花岗岩	$\eta\gamma D_3$	383±9/Sp,370±1/U
					奥长花岗岩	$\gamma o D_3$	374±3、382±3/Sp
					花岗闪长岩	$\gamma\delta D_3$	
					闪长岩	δD_3	381±2、382±2/ Ul
					闪长辉长岩	$\delta\nu D_3$	

表 15-5　晚泥盆世—中三叠世侵入岩单位在岩浆岩带的代表性岩体

时代			岩石名称	代号	各岩浆岩带代表性岩体	
					华北陆块北缘	张北-承德
中生代	三叠纪	T_2^2	碱性花岗岩	$\chi\gamma T_2$	康保白脑包	—
			碱性石英正长岩	$\chi\xi o T_2$	康保英图房	—
			石英正长岩	$\xi o T_2$	—	平泉下台子
		T_2^1	正长花岗岩	$\xi\gamma T_2$	—	滦平闫庄
			二长花岗岩	$\eta\gamma T_2$	—	丰宁西官营
			石英二长岩	$\eta o T_2$	—	平泉索道沟
			正长闪长岩	$\xi\delta T_2$	—	宽城棒槌崖
			辉石闪长岩	$\delta\varphi T_2$	—	平泉七家岱
		T_1	二长花岗岩	$\eta\gamma T_1$	—	赤城茨营子
			花岗闪长岩	$\gamma\delta T_1$	—	丰宁大草坪
			石英闪长岩	$\delta o T_1$	—	丰宁后大庙
古生代	二叠纪	P_3	斑状碱长花岗岩	$\pi\chi\rho\gamma P_3$	康保罗明沟	—
			正长花岗岩	$\xi\gamma P_3$	康保满德堂	隆化双庙
			二长花岗岩	$\eta\gamma P_3$	康保炭头山	张北白脑包山、宽城大石柱子
			二长闪长岩	$\eta\delta P_3$	—	宽城孔家沟东
			闪长岩	δP_3	—	张北大南营
		P_2	二长花岗岩	$\eta\gamma P_2$	康保杨同年沟	张北小二台
			花岗闪长岩	$\gamma\delta P_2$	康保西五福堂	双滦大冰沟脑
			石英二长闪长岩	$\eta\delta o P_2$	—	承德圣祖庙
		P_1	斑状正长花岗岩	$\pi\xi\gamma P_1$	—	隆化白虎沟
			二长花岗岩	$\eta\gamma P_1$	—	承德三家
			石英闪长岩	$\delta o P_1$	—	滦平五道营子
			角闪辉长岩	νP_1	—	赤城东卯
			橄榄角闪辉长岩	$\sigma\nu P_1$	—	怀柔喇叭沟门
	石炭纪	C_2	二长花岗岩	$\eta\gamma C_2$	—	赤城镇安堡
			花岗闪长岩	$\gamma\delta C_2$	—	丰宁曲曲沟
			石英二长闪长岩	$\eta\delta o C_2$	—	隆化卢家沟
			石英闪长岩	$\delta o C_2$	—	滦平老仟村
			辉长闪长岩	$\nu\delta C_2$	—	宽城碾子峪
			辉石岩	$\varphi\iota C_2$	—	宽城孤山子
		C_1	二长花岗岩	$\eta\gamma C_1$	—	隆化庙子沟
			奥长花岗岩	$\gamma o C_1$	—	赤城样墩
			闪长岩	δC_1	—	赤城南沙沟
	泥盆纪	D_3	二长花岗岩	$\eta\gamma D_3$	康保小英图	—
			奥长花岗岩	$\gamma o D_3$	围场蚂蚁沟	—
			花岗闪长岩	$\gamma\delta D_3$	围场大字	—
			闪长岩	δD_3	围场大字	—
			闪长辉长岩	$\delta\nu D_3$	围场温珠沟	—

4. 早二叠世(P_1:299～ 279.3Ma)侵入岩

早二叠世侵入岩仅在张北-承德岩浆岩带分布,进一步划分为橄榄角闪辉长岩、角闪辉长岩、石英闪长岩、二长花岗岩、斑状正长花岗岩 5 个侵入岩单位(见表 15-3),各侵入岩单位代表性岩体见表 15-5。

早二叠世侵入岩形成于前碰撞挤压造山构造环境,基性侵入岩岩石成因类型为 M 型(幔源型);中酸性侵入岩属于大陆边缘弧环境的岩浆岩组合,成因类型为 I 型,成岩物质来源属壳幔混源型,岩浆演化晚期有更多壳源物质的加入。

5. 中二叠世(P_2:279.3～ 260.4Ma)侵入岩

中二叠世侵入岩广泛分布在华北陆块北缘岩浆岩带和张北-承德岩浆岩带,进一步划分为石英二长闪长岩、花岗闪长岩和二长花岗岩 3 个侵入岩单位(见表 15-3),各侵入岩单位代表性岩体见表 15-5。

中二叠世侵入岩形成于前碰撞挤压构造环境,与板块俯冲作用有关,岩石成因类型主要属 I 型,成岩物质来源属壳幔混源型,岩浆演化晚期有较多壳源物质的加入。

6. 晚二叠世(P_3:260.4～252.17Ma)侵入岩

晚二叠世侵入岩也遍布华北陆块北缘岩浆岩带和张北-承德岩浆岩带,进一步划分为闪长岩、二长闪长岩、二长花岗岩、正长花岗岩、斑状碱长花岗岩 5 个侵入岩单位(见表 15-3),各侵入岩单位代表性岩体见表 15-5。

晚二叠世侵入岩形成于同碰撞挤压构造环境,岩石系列由钙碱性系列向碱性系列演化,成因类型由 I 型向 A 型演化,成岩物质来源属壳幔混源型。

7. 早三叠世(T_1:252.17～247.2Ma)侵入岩

早三叠世侵入岩仅在张北-承德岩浆岩带分布,进一步划分为石英闪长岩、花岗闪长岩、二长花岗岩 3 个侵入岩单位(见表 15-3),各侵入岩单位代表性岩体见表 15-5。

侵入岩属同碰撞挤压造山构造环境的大陆边缘弧岩浆岩组合,岩石成因类型属 I 型,成岩物质来源属壳幔混源型。

8. 中三叠世(T_2:247.2～235Ma)侵入岩

中三叠世侵入岩仅在张北-承德岩浆岩带分布,进一步划分为辉石闪长岩、正长闪长岩、石英二长岩、二长花岗岩、正长花岗岩、石英正长岩、碱性石英正长岩、碱性花岗岩 8 个侵入岩单位(见表 15-3),各侵入岩单位代表性岩体见表 15-5。

中三叠世侵入岩早期以钙碱性系列为主,晚期以碱性系列为主,从早到晚岩浆由中性向酸性→碱性演化,成因类型由 I 型向 A 型演化,成岩物质来源属壳幔混源型。侵入岩早期主要形成于造山晚期的后碰撞构造环境,晚期形成于造山期后过渡阶段的后造山构造环境。

第三节　晚三叠世—渐新世侵入岩

晚三叠世—渐新世侵入岩划分为 10 个侵入序列,共 81 个侵入岩单位,包括 18 个浅成侵入岩单位(表 15-6),归属冀北-太行山岩浆岩带(ⅢB_3^1)。

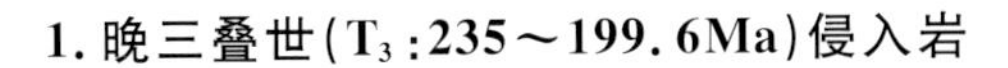

1. 晚三叠世(T_3:235～199.6Ma)侵入岩

晚三叠世超基性、基性侵入岩在冀北-太行山岩浆岩带的武安寇天井、赤城小张家口、崇礼四台嘴以及赤城碾子沟都有出露，进一步划分为橄榄岩、辉石岩、角闪辉石岩、角闪石岩、辉长岩 5 个侵入岩单位(表 15-6)，各侵入岩单位代表性岩体见表 15-7。

超基性、基性侵入岩形成于拉张非造山构造环境，成因类型属 M 型，物质来源于地幔。

表 15-6 晚三叠世—渐新世侵入岩期序及年代格架表

时代			时段	序列	岩石名称(深)	代号	岩石名称(浅)	代号	同位素测年(Ma/方法)
新生代	古近纪	E_3	渐新世	31	—		辉绿岩	$\beta\mu E_3$	29/K，岩石化学与地球化学特征与前门组相当，与沙河街组的玄武岩一致
					—		玻基辉橄岩	$\upsilon\varphi\sigma E_3$	
中生代	白垩纪	K_2	晚三叠世至晚白垩世	30	碱性花岗岩	$\chi\gamma K_2$			96/K
					石英正长岩	$\xi o K_2$			95/K
					角闪辉石正长岩	$\xi\varphi K_2$			95/K
		K_1^3		29	碱性花岗岩	$\chi\gamma K_1^3$			114、122±5、103、106/K，118/Rb
					碱性石英正长岩	$\chi\xi o K_1^3$			128/K
					石英正长岩	$\xi o K_1^3$	石英正长斑岩	$\xi o\pi K_1^3$	100±1、118、121、125、126±3/K
					角闪正长岩	$\xi\psi K_1^3$	正长斑岩	$\xi\pi K_1^3$	
		K_1^2		28	碱长花岗岩	$\chi\rho\gamma K_1^2$	碱长花岗斑岩	$\chi\rho\gamma\pi K_1^2$	114、120、129/K
					正长花岗岩	$\xi\gamma K_1^2$	花岗斑岩	$\gamma\pi K_1^2$	116±25/Rb，121、116±25/K，111/U
					二长花岗岩	$\eta\gamma K_1^2$			110、133、115±5/K，118±2、119±2/U
					花岗闪长岩	$\gamma\delta K_1^2$			116、117、133/K
					石英二长岩	$\eta o K_1^2$	石英二长斑岩	$\eta o\pi K_1^2$	106、109、130±9、133±7、133/K
					二长岩	ηK_1^2			124/K
					石英二长闪长岩	$\eta\delta o K_1^2$			134±3/U
					二长闪长岩	$\eta\delta K_1^2$			126/K，1,29±1/Ul
					石英闪长岩	$\delta o K_1^2$	石英闪长玢岩	$\delta o\mu K_1^2$	126±3、128±1、133/K，130±1/Ul
					闪长岩	δK_1^2			
					辉长闪长岩	$\nu\delta K_1^2$			134/K
					辉长岩	νK_1^2	辉绿岩	$\beta\mu K_1^2$	138/U
		K_1^1		27	正长花岗岩	$\xi\gamma K_1^1$	正长花岗斑岩	$\xi\gamma\pi K_1^1$	127±1/Ul、138±2/Rb，133、136/K，140、141、143、143±3/K，131±1/Ul，143±3/K，139±1/ U，134±2、137±1/Ul
					二长花岗岩	$\eta\gamma K_1^1$	花岗斑岩	$\gamma\pi K_1^1$	
							二长花岗斑岩	$\eta\gamma\pi K_1^1$	
					花岗闪长岩	$\gamma\delta K_1^1$			135±9/Rb，138±2/U
					石英二长岩	$\eta o K_1^1$	石英二长斑岩	$\eta o\pi K_1^1$	135±2、141±3/Rb，141±4/U，142±1/Ul
					石英二长闪长岩	$\eta\delta o K_1^1$			
					二长闪长岩	$\eta\delta K_1^1$			140、141、141/K
					石英闪长岩	$\delta o K_1^1$			135±2/Rb，145±3/K
					闪长岩	δK_1^1	闪长玢岩	$\delta\mu K_1^1$	142/K，142±1/Ul
					辉长岩	νK_1^1			

续表 15-6

时代			时段	序列	岩石名称(深)	代号	岩石名称(浅)	代号	同位素测年(Ma/方法)
中生代	侏罗纪	J_3	晚三叠世至晚白垩世	26	正长花岗岩	$\xi\gamma J_3$	石英正长斑岩	$\xi o\pi J_3$	154±1/Ul　153±1/Ul
					二长花岗岩	$\eta\gamma J_3$	花岗斑岩	$\gamma\pi J_3$	147、149、151/K
					石英二长岩	$\eta o J_3$	石英二长斑岩	$\eta o\pi J_3$	146±1、146±4、148±2/U
					石英二长闪长岩	$\eta\delta o J_3$			153、160/K
					二长闪长岩	$\eta\delta J_3$			148/K
					石英闪长岩	$\delta o J_3$			151±2/U,152、153、154、155、158、159/K
					闪长岩	δJ_3	闪长玢岩	$\delta\mu J_3$	159±5、158、150、148/K
					辉长岩	νJ_3			156±2/Sp,159±2/U,152±3、157±2/Ul
		J_2		25	正长花岗岩	$\xi\gamma J_2$			165/Rb,171、161±4/K
					二长花岗岩	$\eta\gamma J_2$			161±13、166±4/K,168±3/U,172±2/Sp
					花岗闪长岩	$\gamma\delta J_2$			176、172±14/K,174±3/Sp
					石英二长岩	$\eta o J_2$			
					石英二长闪长岩	$\eta\delta o J_2$			
					闪长岩	δJ_2			175/K
		J_1		24	斑状正长花岗岩	$\pi\xi\gamma J_1$	正长花岗斑岩	$\xi\gamma\pi J_1$	187±4、187/K
					二长花岗岩	$\eta\gamma J_1$			191±4/U,199±2/Sp,178、185/K,180/Rb
					石英二长岩	$\eta o J_1$			193±3/K
					石英二长闪长岩	$\eta\delta o J_1$			195±15/Rb,187/K
					石英闪长岩	$\delta o J_1$			195±15/K,185/R
					辉石闪长岩	$\delta\varphi J_1$			191±1/K
					辉长岩	νJ_1			185±4/U
	三叠纪	T_3		23	斑状碱性花岗岩	$\pi\chi\gamma T_3$			204/K,220±26/U
					斑状碱长花岗岩	$\pi\chi\rho\gamma T_3$			
					石英正长岩	$\xi o T_3$			210±2、211±2/Ul
					(辉石正长岩)	$\xi\varphi T_3$			218±2/Sp
					(钛榴辉石正长岩)	$\xi\varphi g T_3$			
				22	正长花岗岩	$\xi\gamma T_3$			221±4/U,200±1/Ul
					斑状二长花岗岩	$\pi\eta\gamma T_3$			219、220±3、220±4、205±3/U,223±2/Sp
					斑状石英二长岩	$\pi\eta o T_3$			217/U,227±6/Ar,208±4/Sp
					辉长岩	νT_3			213/K,225±1/U,225±1/Ul
					角闪石岩	$\psi o T_3$			
					角闪辉石岩	$\varphi o\psi T_3$			$220\pm\frac{2}{3}$/Sp,218±8/Rb,205、206、210、215、223、223/K
					辉石岩	$\varphi l T_3$			220±5/Sp
					橄榄岩	σT_3			

注:( )括号内为矾山隐伏岩体。

晚三叠世中酸性、酸性、偏碱性、碱性侵入岩在冀北-太行山岩浆岩带广泛出露，进一步划分为斑状石英二长岩、斑状二长花岗岩、正长花岗岩、石英正长岩、斑状碱长花岗岩、斑状碱性花岗岩等8个侵入岩单位(见表15-6)，分属2个侵入序列，其中石英正长岩($\xi o T_3$)是河北省1∶5万官厅幅、横岭幅区域地质调查项目(2020)新建侵入岩单位。各侵入岩单位代表性岩体见表15-7。

表15-7 晚三叠世—渐新世侵入岩单位在岩浆岩带的代表性岩体

时代			岩石名称(深)	代号	岩石名称(浅)	代号	冀北-太行山岩浆岩带代表性岩体	
新生代	古近纪	E_3			辉绿岩	$\beta\mu E_3$		怀柔兴隆城
					玻基辉橄岩	$\upsilon\varphi\sigma E_3$		延庆八达岭
中生代	白垩纪	K_2	碱性花岗岩	$\chi\gamma K_2$			丰宁窟隆山	
			石英正长岩	$\xi o K_2$			承德县甲山	
			角闪辉石正长岩	$\xi\varphi K_2$			承德县甲山	
		K_1^3	碱性花岗岩	$\chi\gamma K_1^3$			青龙响山	
			碱性石英正长岩	$\chi\xi o K_1^3$			兴隆雾灵山	
			石英正长岩	$\xi o K_1^3$	石英正长斑岩	$\xi o\pi K_1^3$	涞源申家庄	赤城白草
			角闪正长岩	$\xi\psi K_1^3$	正长斑岩	$\xi\pi K_1^3$	永年永合会	山海关石河水库
		K_1^2	碱长花岗岩	$\chi\rho\gamma K_1^2$	碱长花岗斑岩	$\chi\rho\gamma\pi K_1^2$	隆化石洞子	—?
			正长花岗岩	$\xi\gamma K_1^2$	花岗斑岩	$\gamma\pi K_1^2$	围场锥子山	围场宝元栈
			二长花岗岩	$\eta\gamma K_1^2$			涞水大河南	
			花岗闪长岩	$\gamma\delta K_1^2$			密云冯家峪	
			石英二长岩	$\eta o K_1^2$	石英二长斑岩	$\eta o\pi K_1^2$	兴隆三道河沟、寿王坟杂岩体	围场小锥子山
			二长岩	ηK_1^2			沙河綦村	
			石英二长闪长岩	$\eta\delta o K_1^2$			涞水大河南	
			二长闪长岩	$\eta\delta K_1^2$			武安矿山	
			石英闪长岩	$\delta o K_1^2$	石英闪长玢岩	$\delta o\mu K_1^2$	易县蔡家峪	(东卯西)
			闪长岩	δK_1^2			涿鹿椿树沟	
			辉长闪长岩	$\nu\delta K_1^2$			密云柏岔山	
			辉长岩	νK_1^2	辉绿岩	$\beta\mu K_1^2$	密云南石城	延庆白河堡
		K_1^1	正长花岗岩	$\xi\gamma K_1^1$	正长花岗斑岩	$\xi\gamma\pi K_1^1$	房山北车营	围场锥子山
			二长花岗岩	$\eta\gamma K_1^1$	花岗斑岩	$\gamma\pi K_1^1$	赤城大莲花台 怀柔喇叭沟门	围场后砬子沟
					二长花岗斑岩	$\eta\gamma\pi K_1^1$		围场锥子山
			花岗闪长岩	$\gamma\delta K_1^1$			阜平麻棚	
			石英二长岩	$\eta o K_1^1$	石英二长斑岩	$\eta o\pi K_1^1$	延庆岔石口	赤城东猴顶山
			石英二长闪长岩	$\eta\delta o K_1^1$			阜平麻棚	
			二长闪长岩	$\eta\delta K_1^1$			延庆岔石口	
			石英闪长岩	$\delta o K_1^1$			阜平麻棚	
			闪长岩	δK_1^1	闪长玢岩	$\delta\mu K_1^1$	沙河綦村	沙河綦村
			辉长岩	νK_1^1			怀柔庄户	

续表 15－7

时代			岩石名称(深)	代号	岩石名称(浅)	代号	冀北-太行山岩浆岩带代表性岩体	
中生代	侏罗纪	J_3	正长花岗岩	$\xi\gamma J_3$	石英正长斑岩	$\xi o\pi J_3$	延庆老虎背山	围场杨树湾子
			二长花岗岩	$\eta\gamma J_3$	花岗斑岩	$\gamma\pi J_3$	青龙都山	青龙肖营子
			石英二长岩	$\eta o J_3$	石英二长斑岩	$\eta o\pi J_3$	怀柔三渡河	门头沟清水镇
			石英二长闪长岩	$\eta\delta o J_3$			兴隆前分水岭	
			二长闪长岩	$\eta\delta J_3$			青龙西盘山	
			石英闪长岩	$\delta o J_3$			怀柔三渡河	
			闪长岩	δJ_3	闪长玢岩	$\delta\mu J_3$	武安石洞	门头沟青白口
			辉长岩	νJ_3			下花园张家庄	
		J_2	正长花岗岩	$\xi\gamma J_2$			围场南大天	
			二长花岗岩	$\eta\gamma J_2$			围场石桌子山	
			花岗闪长岩	$\gamma\delta J_2$			青龙肖营子岩体	
			石英二长岩	$\eta o J_2$			丰宁老李沟	
			石英二长闪长岩	$\eta\delta o J_2$			平泉马家沟	
			闪长岩	δJ_2			涉县符山	
		J_1	斑状正长花岗岩	$\pi\xi\gamma J_1$	正长花岗斑岩	$\xi\gamma\pi J_1$	青龙朱杖子	康保阎油坊
			二长花岗岩	$\eta\gamma J_1$			密云四干顶	
			石英二长岩	$\eta o J_1$			密云四干顶	
			石英二长闪长岩	$\eta\delta o J_1$			迁西高家店	
			石英闪长岩	$\delta o J_1$			迁西高家店	
			辉石闪长岩	$\delta\varphi J_1$			涞源银坊	
			辉长岩	νJ_1			昌平上庄	
	三叠纪	T_3	斑状碱性花岗岩	$\pi\chi\gamma T_3$			承德县周家营子	
			斑状碱长花岗岩	$\pi\chi\rho\gamma T_3$			平泉光头山	
			石英正长岩	$\xi o T_3$			怀来东花园南	
			(辉石正长岩)	$\xi\varphi T_3$			涿鹿矾山隐伏岩体	
			(钛榴辉石正长岩)	$\xi\varphi g T_3$			涿鹿矾山隐伏岩体	
			正长花岗岩	$\xi\gamma T_3$			平泉安杖子	
			斑状二长花岗岩	$\pi\eta\gamma T_3$			青龙都山	
			斑状石英二长岩	$\pi\eta o T_3$			蓟县盘山	
			辉长岩	νT_3			怀柔连石沟长	
			角闪石岩	$\psi o T_3$			赤城碾子沟	
			角闪辉石岩	$\varphi o\psi T_3$			崇礼四台嘴	
			辉石岩	$\varphi l T_3$			赤城小张家口	
			橄榄岩	σT_3			武安寇天井	

中酸性、酸性、偏碱性侵入岩形成于拉张非造山构造环境，以钙碱性系列为主，碱性系列次之，岩石成因类型属Ⅰ型和A型。碱性侵入岩形成于过渡阶段的前造山构造环境，岩石系列为碱性系列，岩石成

因类型为 A 型。从早到晚岩浆由中酸性向酸性→偏碱性→碱性和由 I 型向 A 型演化，成岩物质来源属壳幔混源型。

晚三叠世酸性侵入岩与钼等金属成矿关系密切，其中丰宁县撒袋沟门大型斑岩型钼矿床产于晚三叠世斑状二长花岗岩(二长花岗岩)之中，钼矿化与岩体密切共生，呈平行脉状、交错脉状和网脉状产于岩体之中，斑状二长花岗岩成岩时代与钼成矿时代基本一致。

2. 早侏罗世(J_1:199.6～174.1Ma)侵入岩

早侏罗世侵入岩广泛分布在冀北-太行山岩浆岩带的昌平上庄、涞源银坊、迁西高家店、密云四干顶、青龙朱杖子、康保阎油坊等地，进一步划分为辉长岩、辉石闪长岩、石英闪长岩、石英二长闪长岩、石英二长岩、二长花岗岩、斑状正长花岗岩 7 个侵入岩单位和正长花岗斑岩 1 个浅成侵入岩单位(岩石名称、代号、序列以及同位素测年结果等详见表 15－6)，各侵入岩单位代表性岩体见表 15－7。

昌平上庄辉长岩形成于板内同造山构造环境，成因类型属 M 型。岩浆在上侵过程中，有地壳物质的混入。

岩浆从早到晚由中性向酸性→偏碱性演化，岩石由钙碱性系列向碱性系列演化。成因类型属 I 型和 A 型，成岩物质来源属壳幔混源型。前人在区内开展了大量的同位素测年(K－Ar 法和锆石 U－Pb 法)，所获得的年龄值处于 199～180Ma 之间。通过 R1－R2 构造环境判别图解，结合区域构造特征综合分析，早侏罗世中性—酸性偏碱性侵入岩主要形成于板内造山初期的相对弱挤压造山构造环境。

3. 中侏罗世(J_2:174.1～163.5Ma)侵入岩

中侏罗世侵入岩在冀北-太行山岩浆岩带的涉县符山、平泉马家沟、丰宁老李沟、青龙肖营子、围场石桌子山、围场南大天等地广泛出露，进一步划分闪长岩、石英二长闪长岩、石英二长岩、花岗闪长岩、二长花岗岩、正长花岗岩 6 个侵入岩单位(岩石名称、代号、序列以及同位素测年结果等详见表 15－6)，各侵入岩单位代表性岩体见表 15－7。

岩石由钙碱性系列向碱性系列演化，岩石成因类型属 I 型和 A 型，成岩物质来源属壳幔混源型。前人在区内开展了大量的同位素测年(K－Ar 法和锆石 U－Pb 法)，所获得的年龄值处于 174Ma～161Ma 之间。通过 R1－R2 构造环境判别图解，该时期侵入岩处于造山晚期与同造山期两区。依据岩浆岩构造组合识别标志(邓晋福等，2007)，结合区域构造特征综合分析，中侏罗世中性—酸性偏碱性侵入岩组合形成于大陆边缘弧环境构造环境。

中侏罗世正长花岗岩与金矿成矿作用关系密切，区内发育中温岩浆热液型金矿床，峪耳崖正长花岗岩常富 SiO_2、K_2O、Na_2O，贫 Al_2O_3、CaO、Fe_2O_3 及 FeO，为准铝型岩石，属于 I－S 型的过渡类型。岩体属轻稀土富集型，La/Yb 为 9.03，Eu 亏损明显，岩体与区域太古宇迁西群岩石 Pb 同位素特征相似，推测岩体系迁西群在少量幔源成分参与下发生深熔形成的再生重熔岩浆侵位的产物。峪耳崖花岗岩体的 $^{87}Sr/^{86}Sr$ 为 0.706 9，显示幔源成因特征，为壳幔混熔成因花岗岩，正长花岗岩与金矿化为同源岩浆作用的产物，成岩时代与金矿化的成矿时代(Re－Os 同位素)基本一致，成矿物质可能为壳幔混合来源宽城。典型矿床有宽城县峪耳崖大型金矿床等。

4. 晚侏罗世(J_3:163.5～145Ma)侵入岩

晚侏罗世侵入岩在冀北-太行山岩浆岩带的大面积分布，进一步划分为辉长岩、闪长岩、石英闪长岩、二长闪长岩、石英二长闪长岩、石英二长岩、二长花岗岩、正长花岗岩 8 个侵入岩单位和闪长玢岩、石英二长斑岩、花岗斑岩、石英正长斑岩 4 个浅成侵入岩单位(见表 15－6)，其中正长花岗岩是河北省1∶5万官厅幅、横岭幅区域地质调查项目(2020)新建侵入岩单位，石英正长斑岩是河北省 1∶5 万三义号等 4 幅区域地质调查项目(2015)新建侵入岩单位。各侵入岩单位代表性岩体见表 15－7。

晚侏罗世辉长岩形成于板内同造山构造环境，其物质来源为幔源，成因类型属 M 型。

晚侏罗世中性—酸性侵入岩以钙碱性系列为主，碱性系列次之，岩石成因类型属 I 型，从早到晚岩浆有向 A 型演化的趋势，微量元素含量及特征表明成岩物质来源属壳幔混源型。前人对区内侵入岩开展了大量的同位素测年（K－Ar 法和锆石 U－Pb 法）工作，所获得的年龄值处于 160～146Ma 之间。R1－R2构造环境判别图解显示，侵入岩形成于板内造山的挤压构造；依据岩浆岩构造组合识别标志（邓晋福等，2007），侵入岩属于大陆边缘弧环境的岩浆岩组合。

晚侏罗世是区内重要的铜、钼、铁、银等多金属成矿期，例如涞源县东南支家庄村晚侏罗世石英二长岩、二长花岗岩与高于庄组白云岩接触带发育大理岩、矽卡岩（蛇纹石化矽卡岩）和磁铁矿，石英二长岩、二长花岗岩成岩时代与磁铁矿成矿时代基本一致，中酸性侵入岩与成矿作用关系极为密切，典型矿床有涞源县支家庄中型铁矿床；涞源县木吉村附近发育的晚侏罗世闪长玢岩成岩时代与铜等多金属矿成矿时代基本一致，闪长玢岩与铜、钼、金成矿作用关系密切，典型矿床有涞源县木吉村大型斑岩型铜钼矿。丰宁牛圈中型银（金）矿床、隆化县北岔沟门-围场县榛柴窝铺中型铅锌银矿床等与晚侏罗世中酸性侵入岩关系密切，成矿物质主要来源于中酸性侵入岩。

5. 早白垩世早期（K_1^1：145～130Ma）侵入岩

早白垩世早期侵入岩在冀北-太行山岩浆岩带大面积分布，进一步划分为辉长岩、闪长岩、石英闪长岩、二长闪长岩、石英二长闪长岩、石英二长岩、花岗闪长岩、二长花岗岩、正长花岗岩 9 个侵入岩单位和闪长玢岩、石英二长斑岩、二长花岗斑岩、花岗斑岩、正长花岗斑岩 5 个浅成侵入岩单位（见表 15－6），各侵入岩单位代表性岩体见表 15－7。

辉长岩形成于板内同造山构造环境，成因类型属 M 型。

中性、酸性、偏碱性侵入岩属钙碱性系列和碱性系列，成因类型属 I 型和 A 型，从早到晚岩浆由 I 型向 A 型演化，成岩物质来源属壳幔混源型。

前人对区内侵入岩开展了大量的同位素测年（K－Ar 法和锆石 U－Pb 法）工作，所获得的年龄值处于 145.5～134Ma 之间。R1－R2 构造环境判别图解显示，侵入岩主要形成于板内造山的构造环境；依据岩浆岩构造组合识别标志（邓晋福等，2007），该侵入岩为 G_1G_2 组合，属于大陆边缘弧环境的岩浆岩组合。

早白垩世早期是区内最为重要的金、铁、铜、铅锌等多金属矿成矿期，该时期发育的石英二长岩、花岗闪长岩、花岗斑岩等中酸性侵入岩与多金属成矿作用关系极为密切，以斑岩型-矽卡岩型矿床最为发育。例如灵寿县新开乡石湖村发育的金矿化成矿时代与早白垩世早期闪长岩、花岗闪长岩、二长花岗岩（麻棚岩体）成岩时代基本一致，岩体与金成矿作用关系极为密切，典型金矿床有灵寿石湖中型金矿等；涞源县大湾锌钼矿属大型斑岩型-矽卡岩型中高温次火山热液锌钼矿床，成矿岩体为早白垩世早期流纹斑岩（花岗斑岩）；武安县西北西石门村一带的早白垩世早期石英二长岩与早—中奥陶世马家沟组灰岩接触带常发育矽卡岩型磁铁矿，石英二长岩成岩时代与磁铁矿成矿时代基本一致，比较典型的矿床有武安西石门大型铁矿床等；承德市兴隆县寿王坟镇北寿王坟杂岩体中的石英二长岩与蓟县纪雾迷山组白云岩接触带发育强烈的矽卡岩化，其中矽卡岩带内发育规模不等的铁、铜矿体，靠近石英二长岩内接触带发育较好的钼矿化，靠近燧石白云母的外接触带发育较多呈脉状产出的铅锌矿体，典型矿床有承德市寿王坟中型铜钼矿。该时期发育的其他典型矿床有张北县蔡家营大型铅锌矿、涞源县镰巴岭大型铅锌矿、姑子沟中型银铅锌矿等。

6. 早白垩世中期（K_1^2：130～119Ma）侵入岩

早白垩世中期侵入岩在冀北-太行山岩浆岩带也有大面积分布，进一步划分辉长岩、辉长闪长岩、闪长岩、石英闪长岩、二长闪长岩、石英二长闪长岩、二长岩、石英二长岩、花岗闪长岩、二长花岗岩、正长花岗岩、碱长花岗岩12个侵入岩单位和辉绿岩、石英闪长玢岩、石英二长斑岩、花岗斑岩、碱长花岗斑岩5个浅成侵入岩单位(见表15-6),各侵入岩单位代表性岩体见表15-7。

辉长岩形成于板内同造山构造环境,成因类型属M型。

中性、酸性、碱性侵入岩属钙碱性系列和碱性系列,岩石成因类型属I型和A型,从早到晚岩浆由I型向A型演化,成岩物质来源属壳幔混源型。

前人对区内侵入岩开展了大量的同位素测年(K-Ar法和锆石U-Pb法)工作,所获得的年龄值处于134～120.1Ma之间。R1-R2构造环境判别图解显示,侵入岩形成于板内同造山晚期相对弱挤压的构造环境;依据岩浆岩构造组合识别标志(邓晋福等,2007),该侵入岩为G_1G_2组合,属于大陆边缘弧环境的岩浆岩组合。

早白垩世中期亦是河北省重要的铜、铁等多金属矿成矿期,该时期发育的花岗闪长斑岩、花岗斑岩等酸性侵入岩与多金属成矿作用关系极为密切,以矽卡岩型矿床最为发育,其中邯邢式铁矿是我国主要铁矿类型之一。沙河市褡裢镇—白塔镇一带发育闪长岩、二长闪长岩、二长岩等早白垩世中期中基性侵入岩与早—中奥陶纪马家沟组灰岩、白云岩的接触带发育矽卡岩、磁铁矿等,侵入岩成岩时代与磁铁矿成矿时代基本一致,二者之间有直接的成因关系,比较典型的矿床有沙河白涧大型铁矿床、沙河西郝庄中型铁矿床等;沙河西郝庄平泉县小寺沟镇一带的花岗闪长斑岩、花岗斑岩与蓟县纪雾迷山组白云岩接触带发育强烈铜矿化的矽卡岩、蛇纹石化蚀变岩、石榴石矽卡岩,其中外接触带附近的矽卡岩、蛇纹石化蚀变岩构成主要铜矿体,典型矿床有平泉县小寺沟中型铜钼矿。

7. 早白垩世晚期(K_1^3:119～99.6Ma)侵入岩

早白垩世晚期侵入岩在冀北-太行山岩浆岩带的永年永合会、涞源申家庄、兴隆雾灵山、青龙响山以及山海关石河水库、赤城白草等地有一定分布,进一步划分角闪正长岩、石英正长岩、碱性石英正长岩、碱性花岗岩4个侵入岩单位和正长斑岩、石英正长斑岩2个浅成侵入岩单位(见表15-6),各侵入岩单位代表性岩体见表15-7。

侵入岩组合主要属碱性系列,岩石成因类型主要属A型,个别为I型,成岩物质来源属壳幔混源型。

前人对区内侵入岩开展了大量的同位素测年(K-Ar法、Rb-Sr法和锆石U-Pb法)工作,所获得的年龄值处于120～103Ma之间。R1-R2构造环境判别图解显示,侵入岩形成于后造山的稳定构造环境。

早白垩世晚期石英正长斑岩与钼等多金属矿关系密切,兴隆县莫古峪乡莫古峪村一带石英正长斑岩与雾迷山组、杨庄组白云岩接触带发育钼矿体,典型矿床有兴隆县莫古峪中型矽卡岩型钼矿。

8. 晚白垩世(K_2:99.6～65.5Ma)侵入岩

晚白垩世早期侵入岩在冀北-太行山岩浆岩带的承德县甲山、丰宁窟隆山等地有一定分布,进一步划分角闪辉石正长岩、石英正长岩、碱性花岗岩3个侵入岩单位(见表15-6),各侵入岩单位代表性岩体见表15-7。

晚白垩世早期侵入岩组合主要属碱性系列,形成于后造山的稳定构造环境,成因类型属I型和A型,成岩物质来源属壳幔混源型。

9. 渐新世(E_3:33.8～23.03Ma)侵入岩

渐新世侵入岩在冀北-太行山岩浆岩带的延庆八达岭、怀柔兴隆城一带呈岩脉或小岩枝出露,进一步划分玻基辉橄岩、辉绿岩2个侵入岩单位(见表15-6),各侵入岩单位代表性岩体见表15-7。

渐新世侵入岩组合属钙性系列和钙碱性系列,形成于拉张的非造山构造环境,成因类型属M型,成岩物质来源属幔源型。

第四节 脉 岩

本区脉岩从新太古代以来不同时代发育程度很不均匀，规模也大小不等，绝大多数脉岩在 1∶50 万地质图之中无法表示，多沿断裂或者构造薄弱面分布，与区域岩浆活动一致，以晚三叠世—晚白垩世脉岩最为发育，与成矿作用关系较为密切，尤其是侏罗纪—白垩纪发育的中酸性脉岩与银、铅锌等多金属矿成矿作用关系极为密切，比较典型的矿床有围场县满汉土-小扣花营中型银矿、兴隆县洞子沟中型银铜矿、黄土梁大型金矿等。

本区脉岩可分为新太古代—古元古代、中元古代—中三叠世、晚三叠世—晚白垩世和新生代 4 个阶段。

新太古代—古元古代阶段脉岩主要分基性和酸性两类，基性脉岩多呈岩墙产出，新太古代已变质为斜长角闪岩类或辉长质片麻岩类，古元古代脉岩为变质辉长岩、变质辉绿(玢)岩。酸性脉岩包括石英脉和花岗伟晶岩脉，多为变质分异或重熔作用成因，部分石英脉有金的富集，形成石英脉型金矿。

中元古代—中三叠世阶段岩浆活动强度弱，规模小，范围局限。以深成侵入为主，浅成岩浆活动很少，沿断裂侵入形成的脉岩不甚发育。在中元古代—石炭纪脉岩主要为少量超基性、基性或偏碱性的岩床、岩脉，部分超基性脉体富含铬铁矿、铂矿。二叠纪—中三叠世岩浆活动略有增强，出现部分中性、酸性脉岩。

晚三叠世—晚白垩世阶段岩浆活动强烈，持续的时间较长，形成大量规模不等的中酸性岩脉，脉岩极其发育且规模相对其他时期的较大，岩石类型从基性—酸性—偏碱性都有产出，主要形成大量规模不等的中酸性岩脉，岩性有闪长玢岩脉、二长斑岩脉、正长斑岩脉、花岗斑岩脉，还有花岗细晶岩脉、石英岩脉、伟晶岩脉等，这些岩脉多形成于造山晚期或后造山期，分布于火山机构的边部、断裂带中或其附近。该阶段脉岩与成矿关系最为密切，已发现的多个矽卡岩型、岩浆热液型矿床均与该阶段脉岩有关。

新生代阶段岩浆活动微弱，仅在渐新世有少量辉橄岩脉、辉绿岩脉产出。

第五节 中酸性侵入岩浆活动与成矿作用

由前述可知，本区中酸性侵入岩浆活动在新太古代，古元古代，中元古代，晚古生代中晚泥盆世、石炭纪、二叠纪，中生代三叠纪、侏罗纪、白垩纪极其强烈和广泛，凸显了内动力地质作用的长期性、活动性、区域性、继承性、新生性和叠加性，演绎本区岩浆活动的历史和活动规律，以及与成矿作用的密切关系。

本区与中酸性侵入岩有成因关系的矿产，主要形成于三叠纪(原印支旋回)和侏罗纪—白垩纪(原燕山旋回)，数量和储量以早白垩世最为突出；其次是晚泥盆世和早中二叠世(华力西旋回)。

1. 泥盆纪—三叠纪中酸性侵入岩的成矿作用

据现有资料，本区与泥盆纪—二叠纪(原华力西旋回)中酸性侵入岩有关的矿产主要有金矿、铍矿和钨矿等。如围场兴巨德一带与晚泥盆世闪长岩-奥长花岗岩-二长花岗岩组合(TTG)有关的石英脉型小型金矿；康保一带与二叠纪花岗岩类有关的小型铍矿和钨矿点。

张家口地区与泥盆纪—三叠纪(原华力西-印支旋回)二长杂岩有关的东坪式(东坪、中山沟、黄土果等)热液型金矿。小营盘式(小营盘、张全庄、水晶屯、韩家沟等)石英脉型金矿属于复成因金矿，矿体产于崇礼下岩群谷咀子岩组中，该岩组角闪质岩石(斜长角闪岩、角闪斜长变粒岩等)是金矿的原始矿源

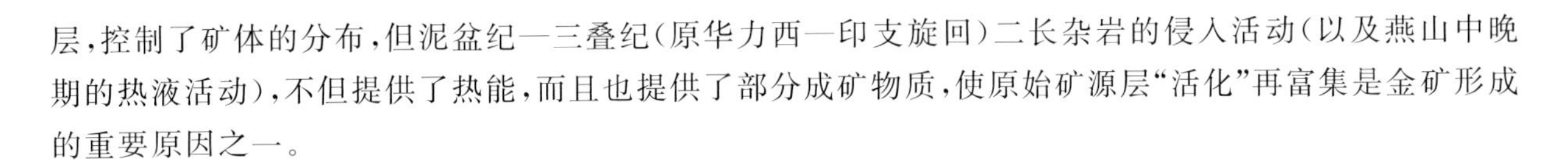

层，控制了矿体的分布，但泥盆纪—三叠纪（原华力西—印支旋回）二长杂岩的侵入活动（以及燕山中晚期的热液活动），不但提供了热能，而且也提供了部分成矿物质，使原始矿源层“活化”再富集是金矿形成的重要原因之一。

2. 三叠纪中酸性侵入岩的成矿作用

三叠纪（原印支旋回）特别是晚三叠世中酸性侵入岩的成矿作用比较发育，形成了一些大、中、小型矿床，如丰宁撒岱沟门式斑岩型钼矿，牛圈式隐爆-角砾岩型银金矿。

3. 侏罗纪—白垩纪中酸性侵入岩的成矿作用

侏罗纪—白垩纪（原燕山旋回）中酸性岩浆活动频繁，该时期形成了丰富的与中酸性岩浆活动密切相关的多金属矿产，尤其以早白垩世中酸性侵入岩的成矿作用最好，形成了区内大多数黑色金属、有色金属和贵金属矿床。

（1）黑色金属矿产。区内黑色金属矿产以邯邢式铁矿和涞源式铁矿为主，其中邯邢式铁矿主要在晚侏罗世—早白垩世闪长岩-二长岩组合与奥陶纪灰岩接触带形成了主要的接触交代型铁（钴）矿床，如西石门、中关、郭二庄、符山等；涞源式铁矿主要在早白垩世中酸性侵入岩与长城纪、蓟县纪白云岩的接触带，少数在寒武纪—奥陶纪灰岩的接触带，形成了主要的接触交代型铁矿或铜铁矿，如支家庄、于城、浮图峪等。

（2）有色金属矿产。军都山地区主要发育与早白垩世中酸性侵入岩有成因关系的矿床，主要有大庄科式斑岩型钼矿（延庆大庄科、董家庄），接触交代型铁锌钼矿（延庆东三叉），接触交代型铜矿（延庆大槽）；涞源地区主要发育与早白垩世中酸性侵入岩有关的矿产，主要有大湾式斑岩型-接触交代型锌钼镉矿，南赵庄式接触交代型铅锌矿，铁岭-浮图峪式接触交代型铜铁矿，木吉村-小立沟式斑岩型-接触交代型铜、钼矿，镰巴岭式热液型铅锌矿等；冀东地区主要发育与早白垩世中酸性侵入岩有关的矿产主要有3类：寿王坟式接触交代型铜矿（寿王坟、蘑菇峪等），小寺沟式斑岩型-接触交代型铜钼矿，轿顶山式斑岩型铅锌矿。此外，还有一些小型热液脉状多金属矿。张家口地区主要有与早白垩世浅成斑岩类有关的热液型铅锌矿，著名的有张北蔡家营铅锌矿，其次有接触交代型镁锌钼矿（宣化贾家营）。

（3）贵金属矿产。冀东地区金厂峪式复脉带型金矿（亦称复成因金矿），既与古老的角闪质矿源层（斜长角闪岩、角闪斜长变粒岩、闪长质片麻岩等）有关，又与晚侏罗世中酸性侵入岩提供的热能和部分成矿物质有关，后者是金矿二次富集成矿的主要因素。峪耳崖式金矿为热液型矿床，与中侏罗世中酸性侵入岩有直接成因联系，矿体绝大部分产在岩体内部，少数产在接触带附近的围岩中；太行山地区金银矿主要与早白垩世中酸性侵入岩有关，如石湖-十岭金矿，大石峪银金矿，柴厂、栾木厂、小立根等金矿；冀北地区主要与早白垩世浅成斑岩类有关，如姑子沟式（姑子沟、刘营、黑沟门等）银（铅锌）矿，小扣花营式（小扣花营、满汉土等）银（铅锌）矿等。

第十六章 火山岩和火山作用

本区在中太古代晚期、新太古代、古元古代、中元古代、晚古生代二叠纪、中生代和新生代均有不同程度的火山活动，以中生代火山活动最为强烈。除中太古代晚期—古元古代的变质火山岩类之外，中元古代—新生代的火山岩出露面积达 25 600km²，累计厚度约 17 890m。晚古生代及其之前的火山活动以海相为主，局部为陆相；中生代与新生代均为陆相火山活动(图 16－1)。

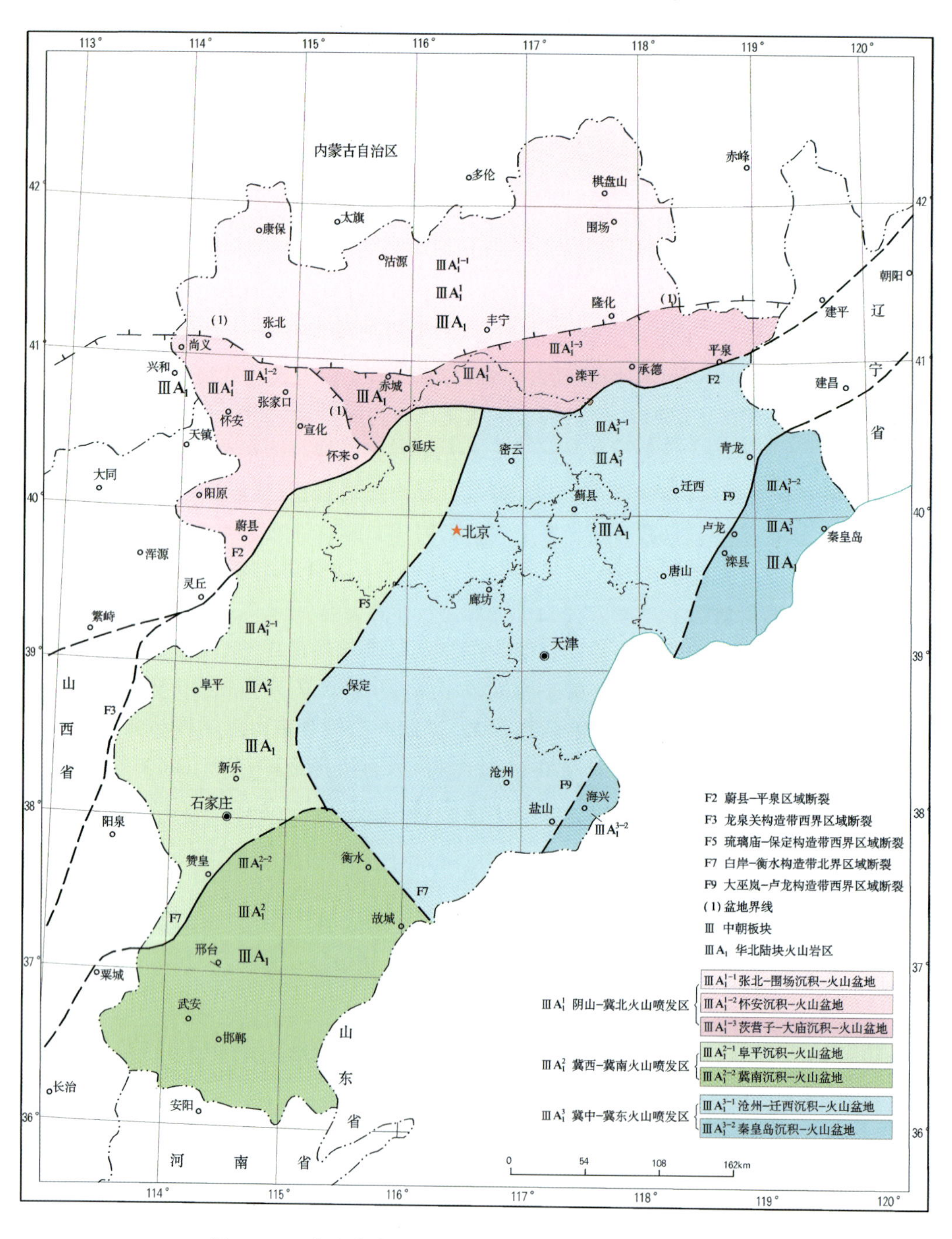

图 16－1 中太古代晚期—古元古代火山构造单元划分图

第一节　火山构造

火山构造和区域构造息息相关，按区域构造的时段（详见第五篇）对不同时段的火山构造单元进行了系统划分（表 16－1～表 16－4）。火山构造的一级、二级、三级单元与区域构造的二级、三级、四级单元基本相对应。

同时根据不同时代地层中发育的火山岩类型和火山活动特征将本区火山岩厘定为 22 个火山活动旋回，见表 14－3。中太古代至古元古代的火山岩是变质岩经原岩恢复后的变质火山岩，其他时代基本是未变质的火山岩。

一、中太古代—古元古代火山构造

中太古代晚期至古元古代时段的一级火山构造单元为华北陆块火山岩区（ⅢA_1），进一步划分了阴山-冀北火山喷发区（ⅢA_1^1）、冀西-冀南火山喷发区（ⅢA_1^2）和冀中-冀东火山喷发区（ⅢA_1^3）3 个二级和秦皇岛沉积-火山盆地 ⅢA_1^{3-2} 等 7 个三级火山构造单元（图 16－1），四级火山构造单元已无法识别。

表 16－1　中太古代—古元古代火山构造单元划分表

时段	一级	二级	三级	四级
Ar_2^2-Pt_1	华北陆块火山岩区ⅢA_1	阴山-冀北火山喷发区 ⅢA_1^1	张北-围场沉积-火山盆地 ⅢA_1^{1-1}	
			怀安沉积-火山盆地 ⅢA_1^{1-2}	
			茨营子-大庙沉积-火山盆地 ⅢA_1^{1-3}	
		冀西-冀南火山喷发区 ⅢA_1^2	阜平沉积-火山盆地 ⅢA_1^{2-1}	
			冀南沉积-火山盆地 ⅢA_1^{2-2}	
		冀中-冀东火山喷发区 ⅢA_1^3	沧州-迁西沉积-火山盆地 ⅢA_1^{3-1}	
			秦皇岛沉积-火山盆地 ⅢA_1^{3-2}	

二、中元古代—中三叠世火山构造

中元古代至中三叠世时段的一级火山构造单元属华北陆块火山岩区（ⅢA_2），进一步划分了晋中南-邢台火山喷发区（ⅢA_2^4）、燕山-辽西火山喷发带（ⅢA_2^3）等 4 个二级火山构造单元，燕山-辽西火山喷发带（ⅢA_2^3）可进一步划分为云雾山火山盆地（ⅢA_2^{3-2}）、蓟县-唐山裂谷火山盆地（ⅢA_2^{3-1}）2 个三级单元，康保-赤峰火山喷发带（ⅢA_2^1）可进一步划分为棋盘山火山-沉积盆地（ⅢA_2^{1-2}）、棋盘山火山-沉积盆地（ⅢA_2^{1-2}）2 个三级单元（表 16－2，图 16－2），包括部分具体火山机构（四级火山构造单元）。

表 16－2　中元古代—中三叠世火山构造单元划分表

时段	一级	二级	三级	四级
Pt_2-T_2	华北陆块火山岩区ⅢA_2	康保-赤峰火山喷发带 ⅢA_2^1	康保火山-沉积盆地 ⅢA_2^{1-1}	
			棋盘山火山-沉积盆地 ⅢA_2^{1-2}	
		张北-围场火山喷发带 ⅢA_2^2		
		燕山-辽西火山喷发带 ⅢA_2^3	蓟县-唐山裂谷火山盆地 ⅢA_2^{3-1}	
			云雾山火山盆地 ⅢA_2^{3-2}	各具体火山
		晋中南-邢台火山喷发区 ⅢA_2^4		

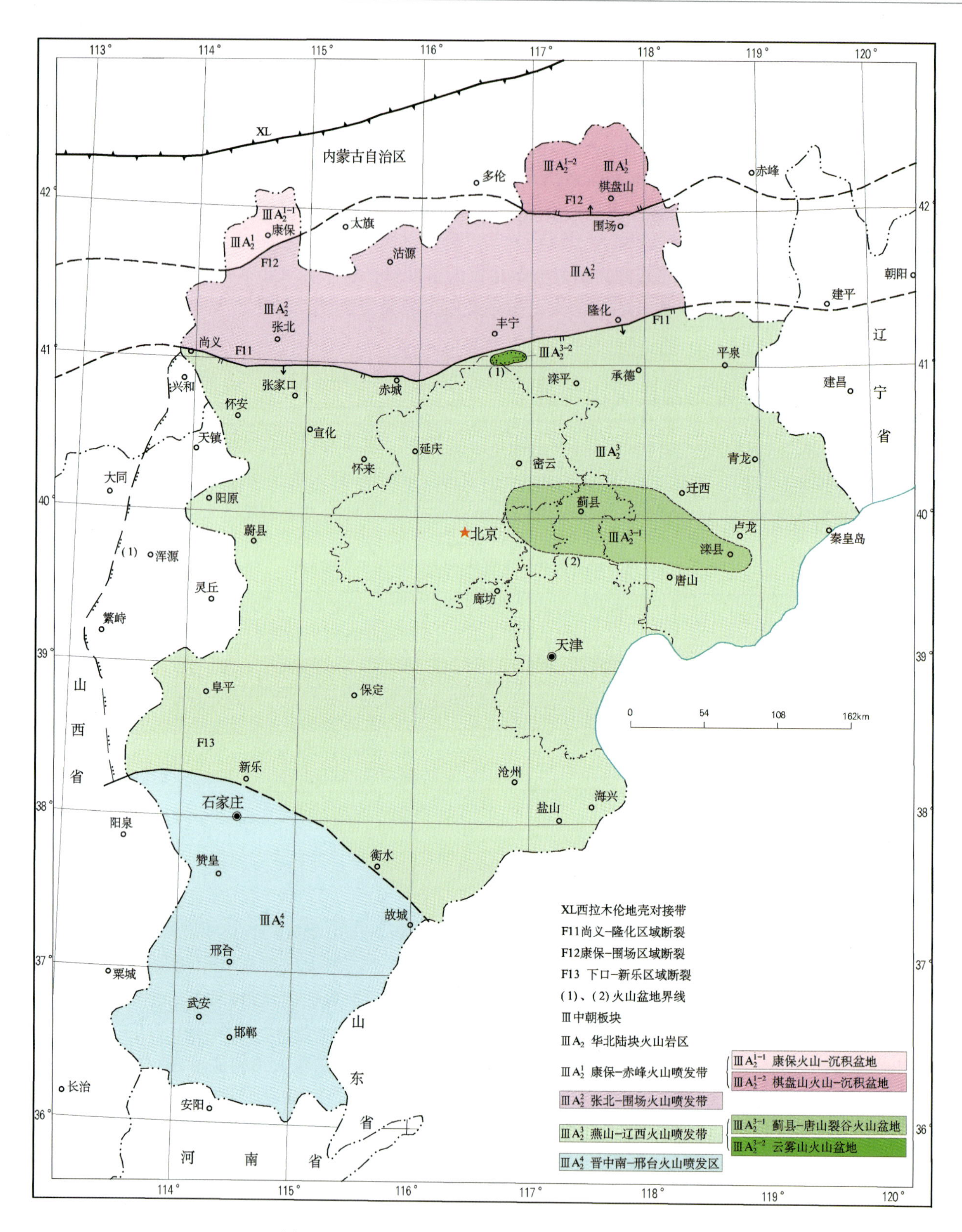

图 16-2　中元古代—中三叠世火山构造单元划分图

三、晚三叠世—晚白垩世火山构造

晚三叠世—晚白垩世时段的一级火山构造单元属大兴安岭-太行山火山岩带（ⅢB_3），进一步划分了承德-武安火山喷发带(ⅢB$_3^2$)、多伦-蔚县火山喷发带(ⅢB$_3^1$)2个二级和曲周火山盆地(ⅢB$_3^{2-14}$)等19个三级单元(图16-3,表16-3),包括若干个具体火山机构(四级火山构造单元)。

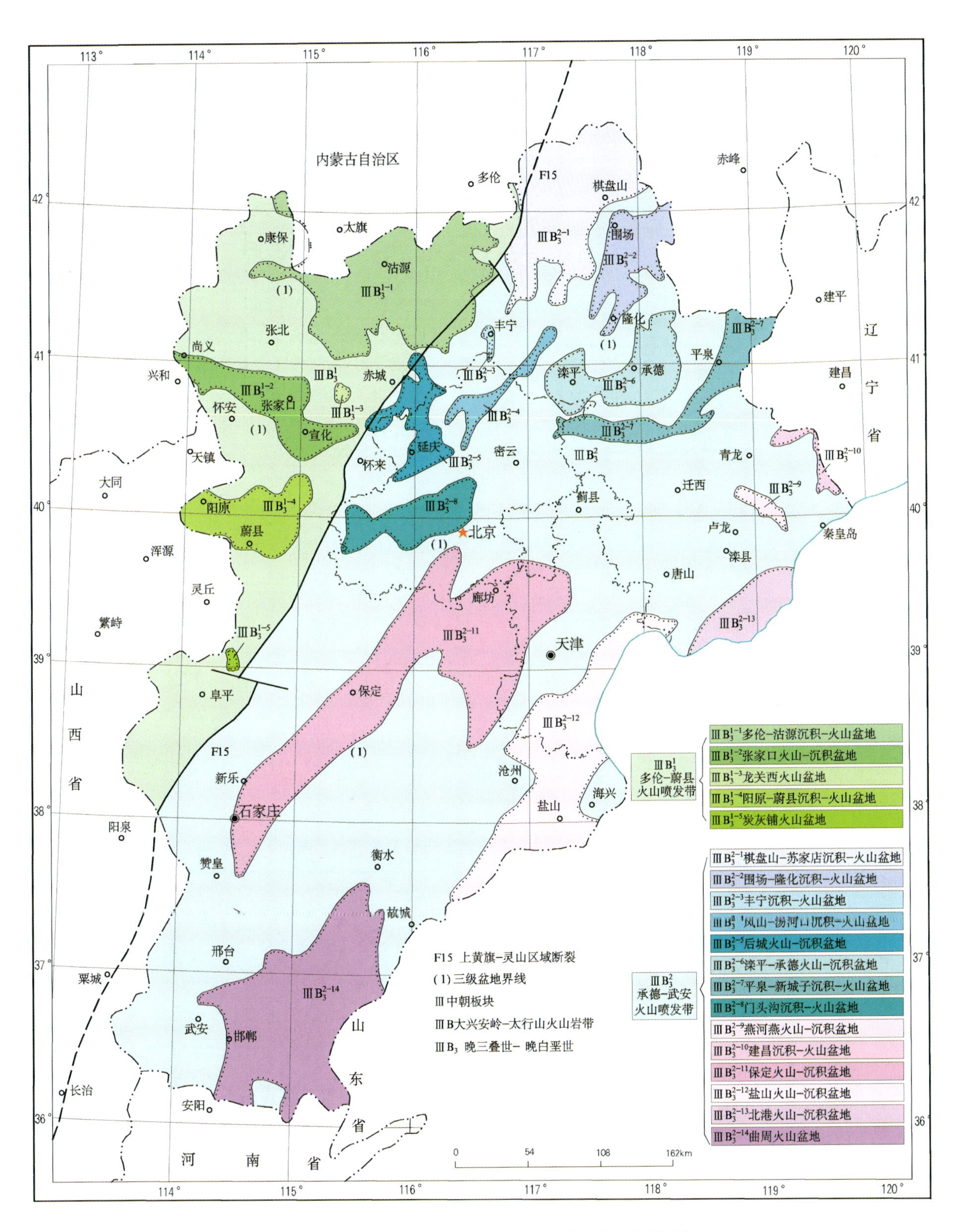

图16-3 晚三叠世—晚白垩世火山构造单元划分图

表 16－3　晚三叠世—晚白垩世火山构造单元划分表

时段	一级	二级	三级	四级
T_3-K_2	大兴安岭-太行山火山岩带ⅢB_3	多伦-蔚县火山喷发带 ⅢB_3^1	多伦-沽源沉积-火山盆地 ⅢB_3^{1-1}	各具体火山
			张家口火山-沉积盆地 ⅢB_3^{1-2}	各具体火山
			龙关西火山盆地 ⅢB_3^{1-3}	各具体火山
			阳原-蔚县沉积-火山盆地 ⅢB_3^{1-4}	各具体火山
			炭灰铺火山盆地 ⅢB_3^{1-5}	各具体火山
		承德-武安火山喷发带 ⅢB_3^2	棋盘山-苏家店沉积-火山盆地 ⅢB_3^{2-1}	各具体火山
			围场-隆化沉积-火山盆地 ⅢB_3^{2-2}	各具体火山
			丰宁沉积-火山盆地 ⅢB_3^{2-3}	各具体火山
			凤山-汤河口沉积-火山盆地 ⅢB_3^{2-4}	各具体火山
			后城火山-沉积盆地 ⅢB_3^{2-5}	各具体火山
			滦平-承德火山-沉积盆地 ⅢB_3^{2-6}	各具体火山
			平泉-新城子沉积-火山盆地 ⅢB_3^{2-7}	各具体火山
			门头沟沉积-火山盆地 ⅢB_3^{2-8}	各具体火山
			燕河燕火山-沉积盆地 ⅢB_3^{2-9}	各具体火山
			建昌沉积-火山盆地 ⅢB_3^{2-10}	各具体火山
			保定火山-沉积盆地 ⅢB_3^{2-11}	
			盐山火山-沉积盆地 ⅢB_3^{2-12}	各具体火山
			北港火山-沉积盆地 ⅢB_3^{2-13}	
			曲周火山盆地 ⅢB_3^{2-14}	各具体火山

三、古近纪—第四纪火山构造

古近纪—第四纪时段的一级火山构造单元属华北陆块火山岩区（ⅢA_4），进一步划分了内蒙古高原南缘火山喷发区（ⅢA_4^1）、太行山-燕山山间火山喷发区（ⅢA_4^2）和华北平原火山喷发区（ⅢA_4^3）3 个二级和南堡-魏县火山-沉积盆地（ⅢA_4^{3-2}）、廊坊-深州火山-沉积盆地（ⅢA_4^{3-1}）等 7 个三级单元（表 16－4，图 16－4），包括若干个具体火山机构（四级火山构造单元）。

表 16－4　古近纪—第四纪火山构造单元划分表

时段	一级	二级	三级	四级
E_1-Q	华北陆块火山岩区ⅢA_4	内蒙古高原南缘火山喷发区 ⅢA_4^1	张北玄武岩台地 ⅢA_4^{1-1}	各具体火山
			棋盘山玄武岩台地 ⅢA_4^{1-2}	各具体火山
		太行山-燕山山间火山喷发区 ⅢA_4^2	阳原沉积-火山盆地 ⅢA_4^{2-1}	各具体火山
			雪花山沉积-火山盆地 ⅢA_4^{2-2}	各具体火山
			管陶沉积-火山盆地 ⅢA_4^{2-3}	各具体火山
		华北平原火山喷发区 ⅢA_4^3	廊坊-深州火山-沉积盆地 ⅢA_4^{3-1}	各具体火山
			南堡-魏县火山-沉积盆地 ⅢA_4^{3-2}	各具体火山

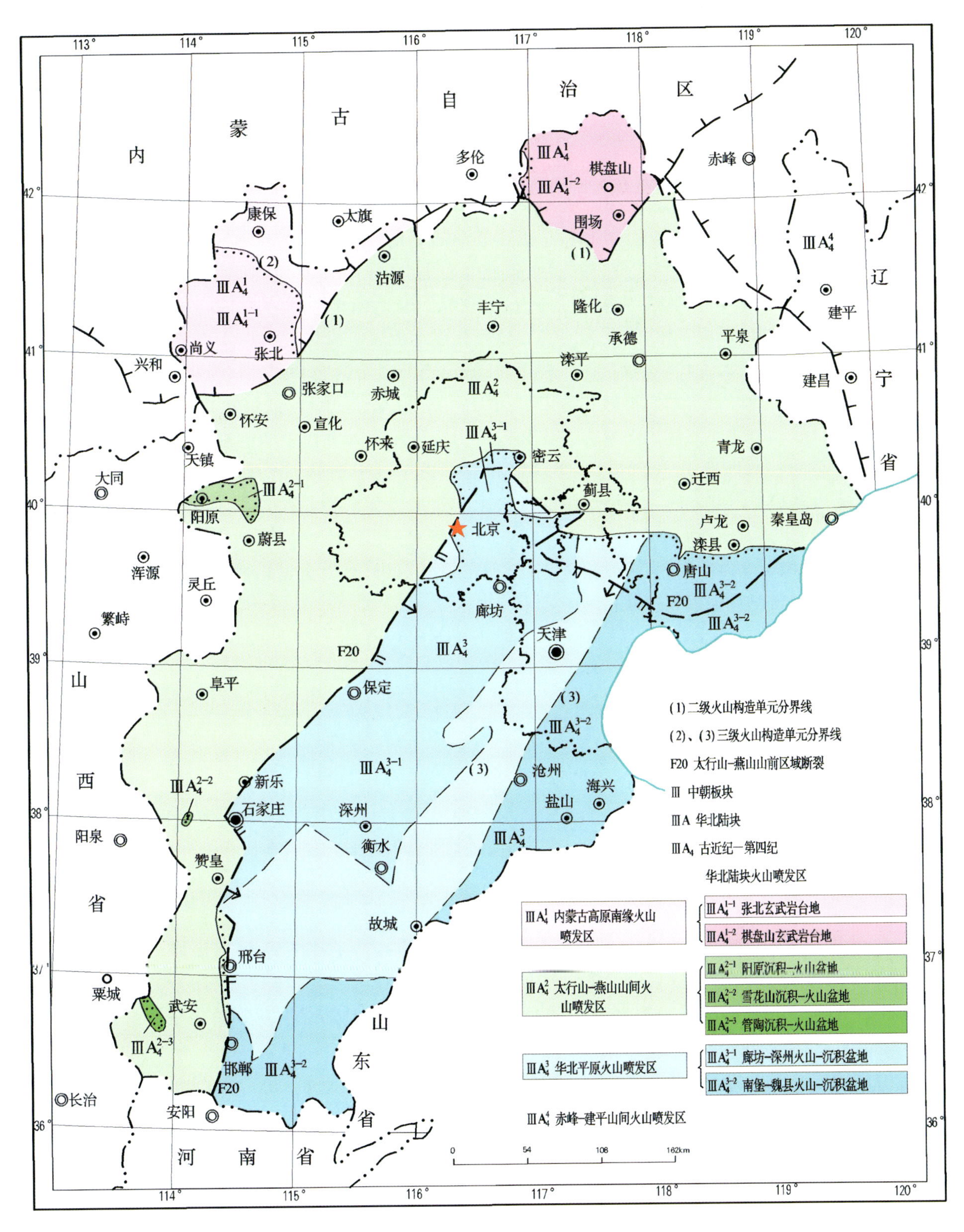

图 16-4 古近纪—第四纪火山构造单元划分图

第二节 火山岩及火山机构

本区不同时段和不同类型的火山作用形成了形形色色的火山岩类型和火山机构。

一、火山岩类型与火山岩相

火山岩据火山作用方式可分为火山熔岩、火山碎屑岩和潜火山岩三大类；据火山岩岩石化学成分可分为超基性、基性、中性、中酸性、酸性、偏碱性、碱性等岩类。

火山岩据形成构造环境，其成因类型可分为：①双峰式非造山型火山岩类，由超基性-基性-中酸性或中偏碱性火山岩、基性-偏碱性-碱性火山岩、基性-碱性火山岩组成，个别时代发育不全。如非造山阶段的中太古代晚期至新太古代早期第1～2旋回、长城纪至西山纪第8～9旋回、晚三叠世第14旋回、新生代第20～22旋回的火山岩。②单峰式造山型火山岩类，由基性-中性-酸性火山岩、中性-酸性-偏碱性火山岩组成，多以中性或酸性火山岩为主。如同造山阶段的新太古代中期至古元古代中期第4～7旋回、早二叠世至中三叠世第10～13旋回、早侏罗世至早白垩世中期第15～19旋回的火山岩。③过渡型，介于非造山型和造山型之间，由基性-中酸性火山岩组成。如前造山阶段的新太古代早期第3旋回的火山岩。

本区火山岩相可分为爆发相、溢流相、侵出相、喷发-沉积相、火山通道相和潜火山岩相共6种基本岩相类型，还可细分一些亚相和过渡相。

二、各时代潜火山岩

本区各时代火山熔岩和火山碎屑岩详细特征见地层部分，本节重点叙述区内主要潜火山岩。

1. 中二叠世潜火山岩

中二叠世潜火山岩不太发育，仅见于丰宁塔沟一带，呈不规则脉状，岩石类型为潜流纹岩。

中二叠世潜火山岩形成于弧后盆地的构造环境，属造山早期相对较弱挤压构造环境。

2. 晚侏罗世潜火山岩

晚侏罗世潜火山岩主要沿北京八达岭—琉璃庙一带出露，进一步划分为潜安山岩、潜粗安岩、潜流纹岩共3个潜火山岩单元，各潜火山岩单元代表性岩体见表16-5。

晚侏罗世潜火山岩形成于板内同造山的挤压构造环境。火山岩同位素年龄值主要集中于156～153Ma之间，时代属晚侏罗世。

3. 早白垩世早期潜火山岩

早白垩世早期潜火山岩主要沿上黄旗-灵山区域性断裂呈北东向展布，进一步划分为潜玄武安山岩、潜安山岩、潜粗安岩、潜石英粗安岩、潜流纹岩、潜石英粗面岩、潜粗面岩共7个潜火山岩单元，各潜火山岩单元代表性岩体见表16-5。

早白垩世早期潜火山岩形成于板内同造山的挤压构造环境，岩石成因主要为高钾钙碱性系列。火山岩同位素年龄值主要集中于145～130Ma之间，时代属早白垩世早期。

表 16-5 中生代潜火山岩代表性岩体

时代			岩石名称	代号	各火山喷发带代表性岩体	
					多伦-蔚县火山喷发带	承德-武安火山喷发带
中生代	早白垩世中期	K_1^2	潜流纹岩	λK_1^2	—	围场姜家店
			潜英安岩	ζK_1^2	—	平泉黄土梁子
			潜石英粗安岩	$\tau\alpha o K_1^2$	—	—
			潜粗安岩	$\tau\alpha K_1^2$	—	围场龙头山
			潜安山岩	αK_1^2	—	平泉榆树林子
	早白垩世早期	K_1^1	潜粗面岩	τK_1^1	丰宁大滩	围场棋盘山
			潜石英粗面岩	$\tau o K_1^1$	—	—
			潜流纹岩	λK_1^1	赤城白草	赤城后城
			潜石英粗安岩	$\tau\alpha o K_1^1$	—	—
			潜粗安岩	$\tau\alpha K_1^1$	丰宁鱼儿山	围场燕格柏
			潜安山岩	αK_1^1	赤城大海陀	围场狼头梁
			潜玄武安山岩	$\beta\alpha K_1^1$	丰宁东沟	—
	晚侏罗世	J_3	潜流纹岩	λJ_3	—	昌平长陵
			潜粗安岩	$\tau\alpha J_3$	—	承德鹰手营子
			潜安山岩	αJ_3	—	北京八达岭

4. 早白垩世中期潜火山岩

早白垩世中期潜火山岩出露于围场姜家店—蓝旗卡伦和平泉市—榆树林子镇一带，进一步划分为潜安山岩、潜粗安岩、潜石英粗安岩、潜英安岩、潜流纹岩共 5 个潜火山岩单元，各潜火山岩单元代表性岩体见表 16-5。

早白垩世中期潜火山岩形成于板内同造山的弱挤压构造环境，岩石成因主要为高钾钙碱性系列。火山岩同位素年龄值主要集中于 130～120Ma 之间，时代属早白垩世中期。

三、各时代典型火山机构特征

中太古代—石炭纪火山机构无法识别或缺失；中生代火山岩最为发育，火山机构也保存较好。

1. 三叠纪火山机构

三叠纪火山机构仅围场劈柴拌沟破火山保存较完整，位于康保-围场区域断裂带东段北侧附近，虽已遭受中等程度的剥蚀，但火山机构地貌特征仍很清楚，破火山中心为海拔 1540m 高地，周边环状构造清晰。南侧劈柴拌东沟呈一向南凸出的弧形谷，东侧为一向东凸出的弧形断层，北侧与西侧的乌勒岱河河谷由北东向转为东西向。这些断裂及河谷首尾相接，构成一个长轴长 4.7km、短轴长 3.5km 的环形构造(外环)；在 1540m 高地附近还发育一直径 1km 左右的环状断裂(内环)。整体显示为双环式火山机构，火山岩层呈围斜内倾状，倾角 15°～35°。

2. 侏罗纪—白垩纪火山机构

本区侏罗纪—白垩纪各类火山机构有130多个，火山机构类型以破火山为主，还有少量穹状火山、层状火山、锥状火山及火山喷发中心等。

3. 新生代火山机构

新生代火山机构主要表现为张北玄武岩台地、棋盘山玄武岩台地、柏草坪玄武岩台地。发育数十个火山机构，火山机构类型有盾状火山、锥状火山或破火山及火山喷发中心。

第三节　火山活动与成矿作用

本区与不同时代火山岩、潜火山岩、浅成斑岩类有关的矿产较多，以与中生代火山作用有关的矿产最丰富，已发现的有铜、钼、铅、锌、银、金、锰、萤石、沸石、膨润土、膨胀珍珠岩原料、铸石原料及宝玉石等，其中以多金属和银矿最重要。

本区火山岩十分发育，但近十几年来火山岩地区找矿工作未取得重大突破。主要为20世纪80年代中期以来发现或探明了一批与火山岩成矿作用有一定关系的大中型矿床，如蔡家营、牛圈、营房、大湾、木吉村、姑子沟、北叉沟门等。与火山岩相关的冀北地区火山岩发育，尤其是早白垩世火山岩厚度大、岩类齐全且分布范围广，且在火山岩地区新发现的铅锌银矿点、矿化点和地、物、化、遥异常很多，且内蒙古自治区内在临近河北的火山岩地区近十几年已发现了一大批的大、中型矿床，火山岩岩石学、地球化学、成岩时代等与冀北地区的火山岩较为一致，反映出区内仍然有很大的找矿潜力；从目前已有的地质矿产资料综合分析，结合内蒙古自治区的矿产勘查成果分析判断，对冀北地区中生代（特别是白垩纪）潜火山岩、浅成斑岩的成矿作用研究应该是今后找矿工作的重点之一。

一、火山活动与金属矿产的关系

（1）与古元古代基性火山活动有关的金属矿产主要有桃园式火山热液型铜（锌）矿，如桃园、鹿峪、白鹿角等。

（2）与中元古代基性、偏碱性、碱性火山活动有关的金属矿产主要有大岭式火山热液铜矿，如大岭、鱼子山、将军关、八岔峪、洞子沟等。

（3）与侏罗纪—白垩纪（燕山期）酸性隐爆-侵入角砾岩有关的金属矿产主要有牛圈式银（金）矿，如牛圈、营房等。

（4）与侏罗纪—白垩纪（燕山期）火山岩、潜火山岩、浅成侵入体有关的金属矿产可以分为以下8类。

①与中酸性、酸性潜火山岩有关的热液型铅锌银矿，如蔡家营式铅锌银矿，如蔡家营、青羊沟、兰阎等；彭家沟式银矿，仅见于彭家沟。

②与潜火山岩、浅成斑岩有关的斑岩型和接触交代型铜、钼、铁、锌矿，如木吉村式斑岩型铜钼矿，如木吉村、小立沟、安妥岭等；浮图峪式接触交代型铁铜矿，如浮图峪、铁岭、鸽子峪等；大湾式斑岩-接触交代型矿，如大湾锌钼矿、三义庄铁锌钼矿、贾家营钼矿等。

③与潜火山岩、浅成斑岩有关的银（铅锌锰）矿，如姑子沟式银（铅锌）矿，如姑子沟、刘营、东山、烟筒山、黑沟门等；小扣花营式银（铅锌锰）矿，如小扣花营、满汉土等。

④与浅成斑岩有关的热液型铅锌铜矿主要有北叉沟门式铅锌矿和象山式铜矿。

⑤与潜火山岩有关的角砾岩筒型热液钼矿，如蹬上式钼（银、铅、锌）矿。

⑥与火山-潜火山活动有关的相广式热液锰(银)矿，如相广、上井沟、胥家窑、黑山寺等。

⑦与潜火山岩有关的铁矿主要有十八台式铁矿。

⑧与潜火山岩、浅成斑岩有关的金矿主要有与石英斑岩有关的温家沟式热液金矿和与正长斑岩、粗面斑岩有关的洪山式热液金矿。

须指出的是，某个地区甚至某个矿床，如涞源地区或者大湾、木吉村等具体矿床，往往是以一种成因类型为主，伴生有其他类型的矿产，一般是从岩体内部→接触带→围岩，有从斑岩型铜钼矿→接触交代型铁铜铅锌矿→热液型铅锌铜矿的变化特征，构成一个完整的成矿系列。因此，在调查某个地区甚至某个矿床时，不能局限于某一种成因类型，而是要全面考虑不同成因类型矿产的内在联系，即要考虑成矿系列存在的可能性。

二、火山活动与非金属矿产的关系

(1)冶金辅料——普通萤石矿，主要是与张家口小旋回火山岩、潜火山岩有关的热液型萤石矿，如广发永、郝家楼等。

(2)建筑材料矿产可以分为4类。

①膨润土矿。主要产于土城子组流纹质凝灰岩夹层中，如堰家沟。

②沸石矿。主要产于张家口组凝灰岩、熔结凝灰岩、含砾凝灰岩中，少数产在土城子组流纹质凝灰岩夹层中。前者如独石口、鹿圈、伊逊河，后者如堰家沟。

③膨胀珍珠岩原料。包含珍珠岩、松脂岩、黑曜岩等，主要赋存在张家口组流纹岩、流纹质凝灰岩和潜火山岩中，如土井子、石门沟等地的珍珠岩，炭窑沟、山子后、王千户等地的松脂岩，武家庄、独石口等地的黑曜岩等。

④铸石原料。铸石玄武岩已在北京西山的南大岭组发现高井、草帽山等矿床。坝上地区玄武岩广泛发育，厚度巨大，是否有达到铸石要求的地段，值得今后注意。

三、火山活动与宝石玉石矿的关系

(1)橄榄绿宝石。汉诺坝组底部的碱性玄武岩中含有多种深源包体，其中含铬尖晶石二辉橄榄岩包体中贵橄榄石常富集成矿，形成了区内唯一的大麻坪橄榄绿宝石矿。

(2)玛瑙、玉髓。山海关、平泉、承德、围场一带的髫髻山组、大北沟组和义县组火山岩中有玛瑙产出，主要产于安山岩的气孔中，俗称“玛瑙蛋”。“玛瑙蛋”直径一般2～5cm，少数10～20cm，呈同心圆状、条带状，部分中空，内有水晶、方解石晶簇。尚未发现工艺性能较好的地段。此外，阳原、蔚县等地的玛瑙、玉髓呈砾石产于南天门组中，为河流相沉积矿产，但其原生矿可能也与白垩纪火山岩有关。

第五篇 地质构造

本篇以板块构造学说为基础，以大陆岩石圈形成和演化为主线，以大陆动力学为主要研究内容，以系统表述本区大陆的组成与形成演化历程为目标，对区域地质构造的形成演化进行了全面系统总结，采用构造演化阶段划分各级构造单元的方法。

第十七章　岩石圈结构构造

大陆地壳组成、结构、形成和演化规律等问题已成为当今地质科学研究的最前沿领域，人们已充分认识到大陆地壳远比大洋地壳复杂。20 世纪 80 年代初开始的国际岩石圈计划与耗资巨大的各国大陆超深钻计划的实施，对大陆地壳组成与大陆地壳剖面的研究、对大陆地壳重要性的认识与研究，以 Sm－Nd 同位素体系和离子探针单颗粒锆石 U－Pb 年龄测定为代表的同位素年龄计时与示踪方法对大陆形成与演化历史及壳-幔物质交换的研究，以宽角度地震反射法为代表的地球物理测深技术对大陆地壳结构的研究等，已大大地改变了人们对大陆，乃至大陆岩石圈的认识。现有成果已充分证明大陆地壳的物理、化学和构造性质无论在横向上或垂向上都呈现出极不均匀性，岩石圈作为一个相对独立的体系，各结构层(上地壳、中地壳、下地壳和上地幔)之间存在着继承、发展与相互转化的内在联系。

据邓晋福等(2007)的研究成果，华北大陆岩石圈可能在侏罗纪—白垩纪开始发生巨大的减薄作用，古近纪—第四纪又发生另一次岩石圈减薄事件，使原本巨厚的华北大陆岩石圈受到强烈改造，导致现今的岩石圈结构呈现强烈的不均一性；而且，区内强烈的地震活动和大量活动断裂发育，以及山区抬升、平原下沉的诸多现象又表明了华北岩石圈现今仍是一个活动的岩石圈。

第一节　莫霍面结构及深部构造特征

一、莫霍面结构特征

由图 17－1 可见，本区莫霍面总体特征表现为：中东部平原区莫霍面埋深相对较浅，一般在 34～37km 之间变化。埋深最小的主要有 4 个区域，即丰润、唐山、丰南—滦县南及海兴县城以东一带，莫霍面埋深为 34km。廊坊市西北部、大兴以东，以及泊头—沧州—青县—静海—天津东丽一带，莫霍面埋深为 34.5km。埋深最大的区域有廊坊市以东、武清县城以西一带和邯郸市东部较小范围内，莫霍面埋深为 37km。定州、安国—望都、博野—清苑以及赵县—栾城—石家庄市东部一带，莫霍面埋深为 36.5km。其余区域莫霍面埋深均为 35～36km。

西部与中部太行山-燕山地区，莫霍面等深线以线性梯级带为主要特征，其埋深由 36km 渐降为 42km，最大落差达 6km，莫霍面深度的这一陡变特征，反映出上地幔为陡坡状或陡坎状。根据莫霍面等深线图，大致以张家口—昌平一线(可能有隐伏断裂)为界，可将本区分为东、西两部分，东部比西部莫霍面埋深稍浅，相差 1～2km。而且在东、西两区的中东部和中西部各出现一处莫霍面等深线相对宽缓的区域，反映出在幔坡带中有局部的幔凸存在。

北部康保-围场地区，莫霍面埋深逐渐加厚，为 40～44km，反映该区以幔坳为主。以上黄旗-乌龙沟区域断裂带的北段为界可将该区划分为东、西两个小区：西区莫霍面等深线变化宽缓、埋深较深，为 43～44km，反映为明显的幔凹特征；东区莫霍面埋深较浅，但等深线变换较大，为 40.5～43km，反映为幔坡特征。

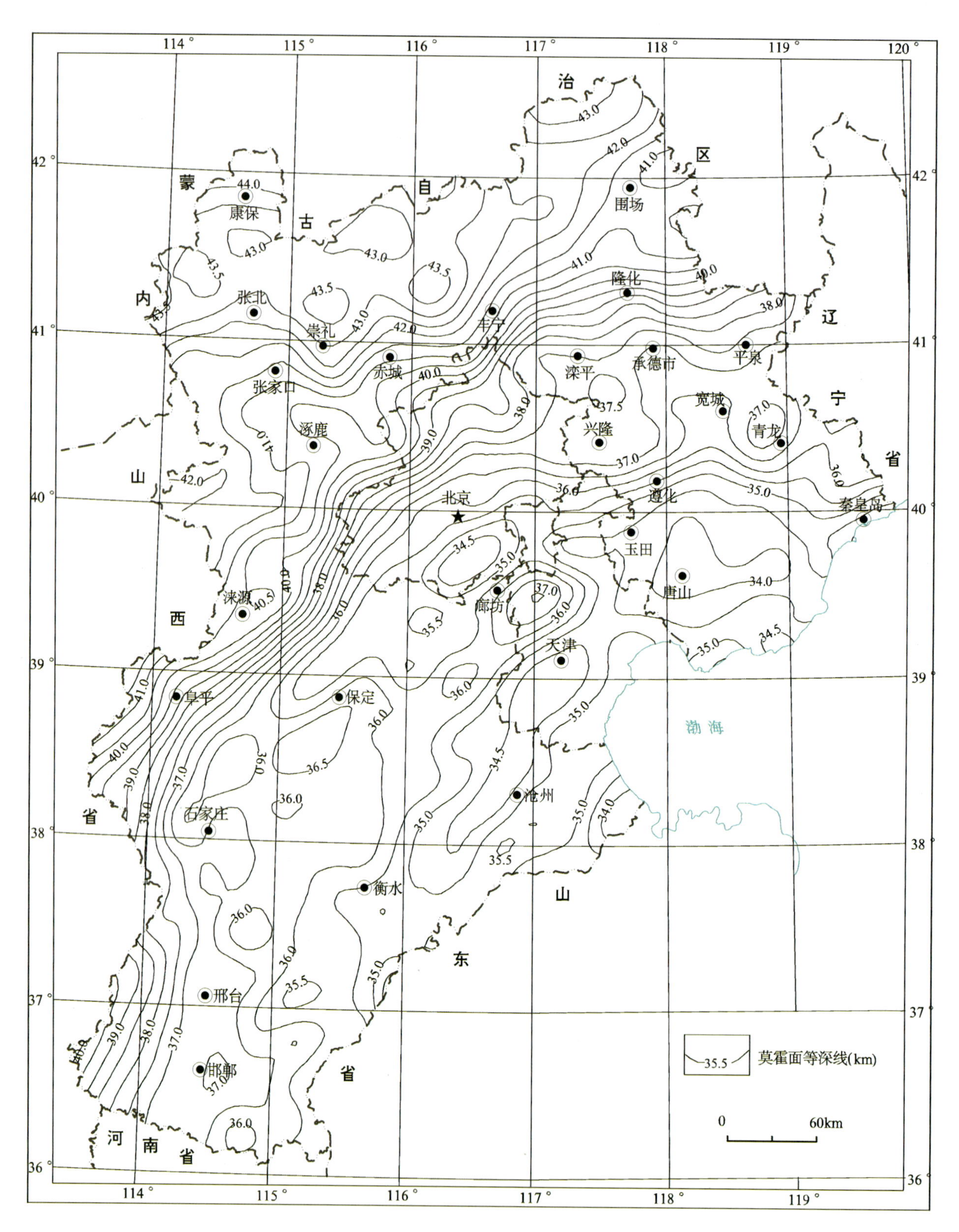

图 17-1　冀京津地区莫霍面等深线图

根据魏梦华等(1980)的资料，河北平原区(包括燕山山前以南和太行山山前以东广大地区)的地壳厚度在 34～37km 之间变化，处于高平台态势。在此背景上，自西而东展布着霸州-任丘-饶阳上地幔隆起区，莫霍面深度为35km，中间为大城-献县上地幔凹陷区，莫霍面深度为36km，东部为黄骅-渤海湾上地幔隆起区，莫霍面深度小于35km，隆起中心在渤海湾；它们的位置大体上与廊坊-深州盆地、天津-故城隆起和南堡-魏县盆地相对应。以上这些次一级构造的走向大体与太行山相平行，正负相间展布在华北平原的上地幔块状隆起上。另外在南宫、冀县、新河一带，馆陶、冠县、魏县一带，以及平原东北部丰润、迁安、昌黎一带，均为上地幔凹陷区，莫霍面深度为37km。

徐杰等(1992)认为，河北平原盆地处于地幔隆起的背景上，是地壳相对减薄的地区，地壳厚度为31～34km，比周围隆起区薄2～6km。莫霍面构造走向与盆地走向一致，为北北东—北东向，包括两条莫霍面强烈隆起带和其间的莫霍面凹陷带。莫霍面强烈隆起中心，一个位于渤海地区，规模大，埋深浅，其北部走向北北东，南部转为北西西向，埋深浅，约28km。另一个位于廊坊-深州盆地之下，呈北东向展布，规模较大，莫霍面埋深32km左右。它的北端以天津北边的莫霍面低隆起段与渤海地区的莫霍面强烈隆起带相连，组成一个反"S"形的强烈隆起带。莫霍面坳陷带位于天津-故城隆起之下，莫霍面埋深35～36km。

由此可见，在河北平原中部存在莫霍面凹陷、隆起带，并且这些莫霍面埋深异常地区与盆地次级构造(断陷或隆起)位置大体一致，与徐杰等(1992)的观点基本一致。

二、深部构造分区

根据本区莫霍面埋深的变化特征，以及早前寒武纪结晶基底埋深、布格重力异常、深地震剖面、航磁等资料，可将本区划分为3个深部地质构造区，即坝上幔坳区(Ⅰ)、太行山-燕山幔坡带(Ⅱ)和华北平原幔隆区(Ⅲ)(图17-2)。

(一)坝上幔坳区(Ⅰ)

该区基本以尚义-隆化区域断裂带为南界，主要分布在尚义、赤城、丰宁、隆化以北，地貌上为高原景观。在早前寒武纪结晶基底上发育着一系列中、新生代火山-沉积盆地和大面积不同时代的侵入岩。该区布格重力异常值东高西低，为$(-160 \sim -94) \times 10^{-5} m/s^2$之间，西北隅为本区重力场最低区域；航磁是以正磁场为主的高值异常区，磁场强度一般在100～300nT，最高500～700nT，梯度较陡，区域异常呈带状展布。重磁局部异常走向以北东向、近东西向为主，个别为北西向。莫霍面埋深大于40.5km，反映地幔为明显的坳陷特征。根据莫霍面等深线曲线形态可进一步划分为2个亚区。

1. 康保幔坳($Ⅰ_1$)

康保幔坳位于张北、康保、沽源一带，莫霍面埋深43～44km，等深线宽缓、埋深大，幔坳特征明显。

2. 围场幔坡($Ⅰ_2$)

围场幔坡位于丰宁以北到围场一带，莫霍面深度相对变化较大，埋深40.5～43km，等深线呈带状展布，梯度变化相对较大，反映为幔坡特征。

(二)太行山-燕山幔坡带(Ⅱ)

该区位于华北平原幔隆区和坝上幔坳区之间。浅层构造的特征基本是以侏罗纪—白垩纪为主的强烈构造岩浆活动。该区布格重力异常值为$(-138 \sim -4) \times 10^{-5} m/s^2$之间。航磁异常总的来看是一个正、负异常相间排列的磁场区，异常强度一般为±50～±200nT，高值异常带极大值为500～600nT。重磁局部异常走向多变，复杂的重磁场面貌反映了本区是个活动剧烈的构造单元。莫霍面埋深36～42km，变异落差6km。根据莫霍面等深线曲线形态可划分为2个亚区。

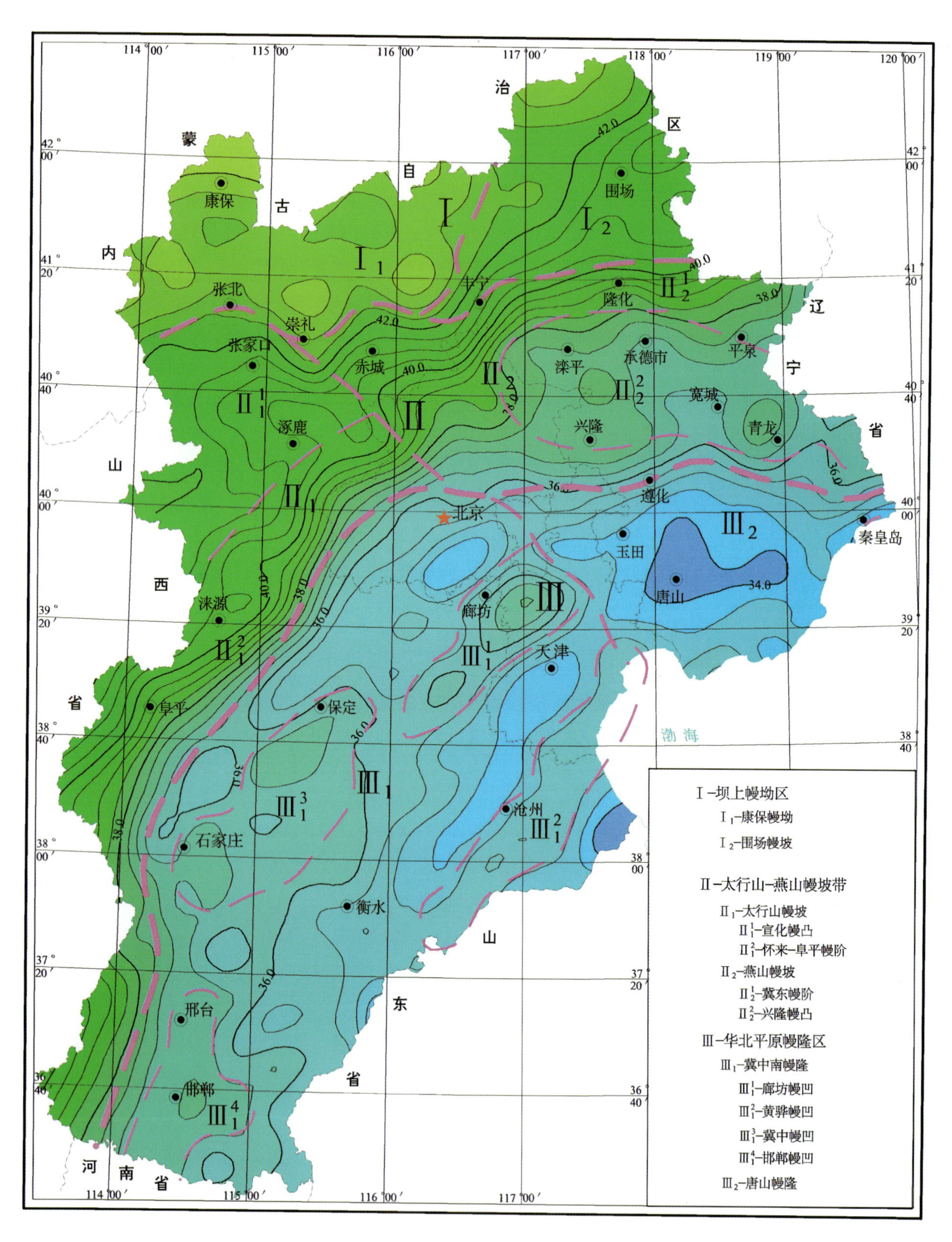

图 17-2　冀京津地区深部构造分区图

1. 太行山幔坡(Ⅱ$_1$)

太行山幔坡位于张北、崇礼以南，昌平、保定、石家庄、邯郸以西，莫霍面埋深36.5～42km，梯度变化较大，整体反映为幔坡特征。但莫霍面等深线形态及走向在北部发生明显改变，由北东向梯级带转变为近东西向宽缓状，由此可将本亚区再划分为2个次级小区。

(1)宣化幔凸(Ⅱ$_1^1$)，位于宣化区一带，莫霍面埋深40.5～41km，等深线宽缓，埋深虽然稍大，但相对变化较小，为一局部幔凸特征。

(2)怀来-阜平幔阶(Ⅱ$_1^2$)，位于怀来、蔚县以南，莫霍面埋深36～40.5km，等深线呈北东向带状展布，梯度变化相对较大，反映为幔阶特征。

2. 燕山幔坡(Ⅱ$_2$)

燕山幔坡位于崇礼、昌平以东，莫霍面埋深36～42km，梯度变化较大，整体反映为幔坡特征。在幔坡的中东部莫霍面等深线形态发生明显改变，也出现了局部宽缓的区域，因此，也划分为2个次级小区。

(1)冀东幔阶(Ⅱ$_2^1$)，位于赤城—隆化一线以南，赤城—顺义一线以东和顺义—遵化—山海关一线以北，莫霍面埋深36～42km，等深线呈带状展布，梯度变化较大，反映为幔阶特征。

(2)兴隆幔凸(Ⅱ$_2^2$)，位于滦平、承德、兴隆、宽城一带，莫霍面埋深37～38km，等深线宽缓，埋深相对较小，反映为幔凸特征。

(三)华北平原幔隆区(Ⅲ)

该区以太行山山前断裂带为西界，北界位于顺义—遵化—山海关一线，主要分布在邯郸、石家庄、保定以东，北京、顺义、平谷、遵化、山海关以南的平原和渤海海区。该区主体为一个新生代坳陷区。早前寒武纪结晶基底埋深一般为1.5～6km，最大在10km左右。布格重力异常值在$(-40\sim36)\times10^{-5}\,m/s^2$之间变化；航磁是一个宽缓的低值磁场区，磁场强度较低，一般在$-100\sim100$nT之间，梯度甚缓，正负磁场范围普遍较大。重磁异常方向均以北东向、北北东向为主，个别出现东西向。莫霍面埋深34～37km，反映该区整体为地幔隆起区。依据莫霍面等深线形态，可分为2个亚区，即以昌平-渤海隐伏断裂为界，以南广大区域为冀中南幔隆(Ⅲ$_1$)，以北为唐山幔隆(Ⅲ$_2$)。

1. 冀中南幔隆(Ⅲ$_1$)

莫霍面埋深为34～37km，主体为幔隆，在幔隆区内存在着4处相对幔凹地带。

(1)廊坊幔凹(Ⅲ$_1^1$)，位于廊坊西—香河北—宝坻南—武清南—文安南—任丘北东—永清之间。莫霍面埋深为35.5～37km，埋深明显增大，显示为一局部幔凹特征。

(2)黄骅幔凹(Ⅲ$_1^2$)，位于汉沽—黄骅—吴桥一带，莫霍面埋深变化不大，一般均在35km以下，局部小范围为35.5km。相对东、西两侧为一局部幔凹特征。

(3)冀中幔凹(Ⅲ$_1^3$)，位于石家庄—定州—保定—高阳—辛集—赵县—元氏之间。莫霍面埋深36～36.5km，明显为局部幔凹特征。

(4)邯郸幔凹(Ⅲ$_1^4$)，位于峰峰—邢台—任县—南和—魏县—临漳之间。莫霍面埋深36.5～37km，局部幔凹特征明显。

2. 唐山幔隆(Ⅲ$_2$)

莫霍面埋深变化不大，一般在34～35.5km之间，反映莫霍面结构相对稳定。

三、深部断裂构造

莫霍面等深线的深浅变化反映了莫霍面的起伏，等深线的疏密、转折及其方向的改变等反映了深部断裂构造的存在及位置。因此，可以根据莫霍面等深线图推断区域断裂带，其中主要依据重力资料推断的断裂带共有5条，其基本特征分别简述如下。

(1)尚义-隆化区域断裂(F11)：莫霍面等深线呈近东西向带状展布，由于受到北东向、北西向断裂的破坏和影响，等深线扭曲较严重，但整体带状特征仍很清晰，反映出该断裂深度已到上地幔。

(2)上黄旗-灵山区域断裂(F15)：莫霍面等深线呈北北东向带状展布，梯度变化大，范围较宽，断裂带特征十分明显，尤其是中南段，因为它包含了地表的上黄旗-乌龙沟以及太行山山前断裂，从反映结果看是本区规模最大的区域断裂带。

(3)南口-青龙区域断裂(F14)：莫霍面等深线呈近东西向带状展布，曲线略有弯曲，梯度变化相对较大，为明显区域断裂带的反映。

(4)昌平-渤海区域断裂(隐伏断裂)：莫霍面等值线为北西向不同形态、不同走向、不同区的分界线，这种扭曲、变异现象反映出了断裂构造的存在，与带状展布相比可能向下断距较浅或规模较小。地震系统对这条隐伏断裂研究比较多，认为它是一条活动的区域断裂。

(5)太行山-燕山山前区域断裂南段(F20)(邢台-安阳段)：莫霍面等深线呈近南北向带状展布，梯度变化大，范围较宽，断裂带特征十分明显。

第二节　地壳结构及厚度变化

一、地壳结构

根据邓晋福等(2007)的研究成果，本书选用华北地区人工地震测深剖面中平行构造走向或单炮接收段主要覆盖某一构造单元的数据，应用反射率法合成理论地震图与实测数据进行对比，重新计算出了本区各次级块体内部的地壳结构，进行对比研究。

(一)太行山隆起区

人工地震测深记录显示：Pg震相折合走时一般小于1s，视速度平稳，为6.0～6.2km/s，追踪距离长100～150km，为较薄风化层覆盖的稳定基底结构；壳内震相相对较弱，衰减较快；Pm强震相波形简单，能可靠地长距离追踪；Pn震相平稳、清晰。计算结果：太行隆起基底埋深1～2km，速度3.0～5.2km/s；上地壳厚度24～27km，速度6.0～6.4km/s；下地壳厚度12～15km，速度6.4～6.8km/s；上地壳下部(14～17km)深处和下地壳壳幔过渡带(35～36km)深处分别存在约6.1km/s和6.4km/s轻微的速度逆转(低速度层)。地壳厚度38～42km，平均速度6.2～6.3km/s。

(二)燕山隆起区

P波震相显示燕山区与太行山区相似，为横向均匀、相对稳定的地壳构造特征。燕山隆起区的地壳结构为：基底埋深1～2km，速度3.2～5.4km/s；上地壳厚度22～26km，速度6.0～6.4km/s；下地壳厚度12～15km，速度6.4～6.8km/s；上地壳下部(16～20km)深处，下地壳壳幔过渡带(32～40km)深处，分别存在厚约4km、3km，速度约6.1km/s和6.4km/s的低速层。地壳厚度34～40km，平均速度6.2～6.3km/s。

太行山隆起区和燕山隆起区的地壳结构十分相似，上地壳下部、下地壳壳幔过渡带存在的低速层可能是该区域地壳增厚隆升的壳内解耦变形带的特征。

（三）华北平原裂陷盆地区

1. 廊坊-深州和南堡-魏县盆地

廊坊-深州盆地 Pg 波滞后、起伏较大，折合走时 3.0～3.6s，追踪距离仅 60km，近炮点视速度甚低，随炮检距的增加初至波视速度迅速加大，显示了坳陷区巨厚的新生代松散沉积；壳内震相复杂、波形紊乱，Pl 震相在 30～70km 为强反射，远炮点迅速减弱，低视速度，约 6.1km/s，追踪距离约 100km；Pc 震相在追踪段 40～120km 为强振幅，低视速度，约 6.3km/s；在 Pm 震相前出现强震相 Pi，该震相波列延续长，甚至影响到 Moho 反射震相的追踪，为典型活动构造区“反射的下地壳”波组特征。Pm 震相在临界反射段由于壳幔过渡带的混响反射影响出现初至不清、强度减弱、频率降低和波列延长等现象。计算结果显示：基底埋深 6～10km，速度 1.6～5.0km/s，结晶基底由一速度 5.6～6.2km/s 的强梯度梯度层构成；上地幔厚度 20～22km，由两层低速（5.8km/s、6.2km/s）占主导的层位构成；下地壳厚度 6～8km，速度 6.0～6.6km/s。壳幔过渡带由一低速层和一厚约 5km 的高低速层互层构成。地壳厚度28～30km，平均速度甚低，为 5.5～5.8km/s，显示了裂谷盆地坳陷区的地壳上隆减薄，地表巨幅张裂下陷，壳内低速占主导地位的破碎松散构造特征。南堡-魏县盆地的地壳结构与之类似。

2. 天津-故城隆起

Pg 震相强，走时平稳，折合走时 1.5～1.7s，追踪距离约 90km；壳内反射震相 Pl 和 Pc 为弱震相，特别是炮检距 90～110km 段追踪困难，Pl 震相在远炮点 120km 以后以弱初至出现，Pc 震相较为清晰，Pl、Pc 震相在观测段追踪平稳，显示了上地壳均匀成层的弱反射结构特征；Pm 反射震相以一种甚强的简单子波形态出现，延续时间短，大约 0.5s，走时曲线平稳规则。计算结果显示：天津-故城隆起基底埋深 2～4km，速度 1.8～5.2km/s；上地壳厚度 23～25km，由速度为 6.0～6.2km/s 和 6.3km/s 的两层介质构成；下地壳厚度 8～10km，速度 6.6km/s。地壳厚度 32～34km，平均速度约 6.2km/s。整个地壳没有发现明显的低速层构造，显示为速度随深度逐渐增加的稳定构造特征。

3. 三河、唐山强震区

该区震相显示出独特的结构特征，从地质构造上划分，三河、唐山地震区属于燕山隆起的南延部分，Pg 波折合走时仅 0.5～1s，显示结晶基底埋深浅的隆起构造特征，但追踪距离仅 55km 震相突然中断，显示了壳内低速层（块体）构造在较浅的层位出现；Pl 波较弱，由于 Pg 中断使其以初至波出现，在 125km 以内可清晰追踪，125km 以远追踪中断；Pc 在 100km 以内很弱、追踪困难，100km 以远迅速增强以强震相连续追踪至 200km 以远，视速度偏低，约 6.3km/s；Pm 为强震相，波列较长，约 1s，视速度低，在炮检距 200km 其震相仍在折合零线以上约 1s 出现，速度约 6.5km/s。可见唐山强震区壳内各层的低速结构特征与其他隆起区震相上的差异非常明显。计算结果显示：基底埋深浅，为 1.5～2.5km，速度 2.0～5.0km/s；上地壳厚度 23～24km，在深 6～14km、17～24km 和下地壳 27～30km 处分别出现速度为 5.8～6.0km/s、6.0km/s 和 6.2km/s 的低速层构造。地壳厚度 32～33km，平均速度 6.1km/s，体现了张渤地震带中段强震区地壳速度低、低速度结构由下而上接近浅表层（仅约 6km）的构造特点。

二、地壳厚度变化

(一)重力资料获得的地壳厚度变化

利用重力资料得到了本区莫霍面的等深线图,由图 18-1 可以看到,本区地壳结构的基本形态是:西部厚、东部薄,山区厚、平原薄。平原区地壳平均厚度约 35km,康保北侧最厚达 44km,唐山一带及海兴以东地区最薄厚度为 34km。在平原地区,整个上地幔呈块状隆起,深浅部构造存在着明显的镜像关系。

北京—遵化—秦皇岛一线以北地区,莫霍界面起伏基本呈近东西向展布。该线以南地区呈北东向隆起与坳陷相间分布。

1. 北京及其邻近地区

北京城区地壳厚度约 35.5km,向西地壳厚度逐步加大,至怀来盆地地壳厚度达 40～41km,等深线走向基本与太行山脉平行,为北东向。北京至玉田一带莫霍界面深度为 35km,向北逐渐加深,平谷—遵化一带为 35.5～36km,燕山地区为 37～38km(近东西向)。在昌平至八达岭一带,莫霍面等深线由北东走向转为东西走向。大兴至固安一带属小型上地幔隆起区,最薄处为 34.5km。

2. 涿州—廊坊—宁河一线以南地区

自西向东呈北东向相间分布的上地幔隆起区与坳陷区,有保定-定州坳陷区,地壳厚度 36.5km;大兴一带隆起区,地壳厚度 34.5km;廊坊-任丘坳陷区,地壳厚度 36～37km;天津-故城隆起区,地壳厚度 34.5km;汉沽-吴桥坳陷区,地壳厚度 35km;海兴东隆起区,地壳厚度 34km。

3. 燕山地区

地壳厚度从南部的 37km 往北逐渐加大到 40～41km。在兴隆、青龙一带有一上地幔凹陷区,地壳厚度 37.0～37.5km。

4. 太行山地区

南段地壳厚度由东部的 37km 向西加厚到 40km;北段地壳厚度由东部的 36.5km 向西急剧加厚到 41.5km。

5. 渤海、天津及唐山地区

塘沽向南为一小型上地幔坳陷区,地壳厚度约 35km。向北至唐山,向西至天津都逐步减少到 34.5～34km。

6. 渤海湾—塘沽—北京—张家口北西向上地幔隆起区

东南端是渤海湾隆起,西北端是宣化、怀来上地幔隆起,中段虽然为太行山所改造,但其存在仍然是很明显的。在北京以西地区等深线明显向西北凸出。

(二)深地震资料获得的地壳厚度变化

根据《中国地壳上地幔地球物理探测成果》(国家地震局,1986)中提供的资料:华北地区的地壳厚度由东南部的沿海地区向西部、北部山区逐渐增加,这已由许多条从沿海至燕山或太行山的北西向剖面测深结果所证实。东南部的黄骅地壳厚度为30km，渤海沿岸的柏各庄、塘沽为32km，而西北部的沽源为42.5km。

由深地震资料获得的地壳厚度值较由重力资料获得的地壳厚度值偏小0.5～4km，但整体变化规律基本一致。本区地壳厚度不是从沿海地区向西部、北部山区平缓递增，而是在这一背景上呈波浪起伏和递增的形态。区内平均地壳厚度为34km，上下起伏可达8km，形成一系列上地幔的隆起和坳陷等构造。区内地壳厚度等深线总的趋势为北东—北北东向，如以34km等深线为标准，可以划分出地壳厚度的厚壳区和薄壳区，它们清楚地反映出华北地区地壳波浪起伏的变化特征。

1. 西部地壳厚度递增区

该区主要指易县、大兴、北京城区、怀柔以西地区。虽然该地区测线较稀，炮检距大，但从测深资料成果仍可看出其趋势特点。从易县往西的太行山区，地壳厚度向西北逐渐增加，易县附近为35km，至阳原附近增加为38km。在北京附近，地壳厚度等深线显示出急剧扭曲，并在温泉附近形成一个局部凹陷，最大深度为38km，那里正是燕山与太行山脉交会的部位。在兴隆附近地壳厚度为34km，往西北方向至沽源增加至42.5km。

2. 易县-北京-廊坊薄壳区

该区包括易县、深州、密云、兴隆、顺义、通州、香河、武清，大城等地，由2条34km的等深线圈定出它的范围。这一北东向的薄壳区在大城—易县之间宽约110km，往北东方向逐渐变窄，至武清—大兴之间宽60km，在大兴、香河附近转为北西向，宽度更窄，至通州附近其宽度只有25km。通州以北，这一薄壳区又转为北东向并逐渐展宽。薄壳区内地壳厚度在31～34km之间，并形成3个局部的莫霍界面凸起和一个莫霍界面凹陷。

(1)顺义、通州莫霍界面凸起：走向北东，宽约20km，长50km。地壳厚度32～33km。

(2)廊坊、霸州、任丘莫霍界面凸起：宽约40km，向西南方向可能延伸至深州，地壳厚度31～33km。

(3)定兴、徐水莫霍界面凸起：宽约30km，往西南向满城、保定方向延伸，地壳厚度32～33km。

(4)雄县、容城莫霍界面凹陷：宽度25km，也向西南方向延伸，地壳厚度34km。

3. 玉田、丰润薄壳区

该区包括玉田、蓟县、三河、宝低、丰南、丰润等地。唐山地区34km等深线所围限的范围，薄壳区宽约50km，最浅深度32km。

4. 渤海湾及其沿岸薄壳区

该区是京津附近范围最大的薄壳区，由河北乐亭经天津、沧州并可能向盐山方向延伸。该区的地壳最薄，目前已经探明柏各庄地壳厚度为32km，黄骅附近为29～30km。

5. 静海、唐山、三河地壳厚度突变带

该区在玉田薄壳区、渤海湾薄壳区和文安、北京薄壳区之间，由3条34km等深线所夹的狭长地带是地壳厚度突变带，莫霍界面的起伏较大，在平谷—三河、唐山—丰南、静海—青县形成3个莫霍面的凹陷，唐山7.8级地震和三河8级地震就发生在玉田隆起区与2个凹陷之间的突变带上。

第三节　岩石圈特征概述

根据邓晋福等(2007)的研究成果，结合本区具体的地质构造和地球物理等资料的综合研究成果，本区现今岩石圈三维结构的类型及特征主要有以下2个方面。

其一：在内蒙古(坝上)高原南缘及太行山-燕山地区的岩石圈平均厚度在90km左右。其中地壳岩石圈平均厚度为40km，较整个华北平原周围山岭地区地壳岩石圈平均厚度(37km)略厚，为燕山期形成的花岗岩型陆壳；地幔岩石圈平均厚度为50km，为燕山期形成的方辉橄榄岩与二辉橄榄岩混合型地幔岩石圈。

其二：华北盆地及东邻地区的岩石圈平均厚度在70km左右。其中地壳岩石圈平均厚度为35km，较整个华北平原地区地壳岩石圈平均厚度(31km)略厚，为喜马拉雅期改造与再造形成的花岗闪长岩型陆壳；地幔岩石圈平均厚度为35km，为喜马拉雅期形成的二辉橄榄岩型地幔岩石圈。

此外，有关壳幔相互作用、岩石圈形成演化及其动力学机制或模型分析探讨，详见本书第二十章区域地质发展史相关内容。

第十八章 构造阶段和构造单元划分

第一节 构造演化阶段划分

根据区域地质构造特征、各类建造与改造特征、构造环境、构造性质及叠置关系等的综合研究，按照中国区域地质志编撰委员会的要求将本区地质构造发展演化历史划分为中太古代晚期至古元古代、中元古代至中三叠世、晚三叠世至晚白垩世及古近纪至第四纪4个阶段(或时段)。其中，中太古代晚期至古元古代阶段、中元古代至中三叠世阶段及晚三叠世至晚白垩世阶段，构成了本区3个较为完整的构造发展演化过程，具有由拉张(非造山)→渐变过渡(前造山)→挤压造山(同造山或前碰撞—同碰撞—后碰撞)→渐变过渡(后造山)发展演化的特征。相对而言，古近纪至第四纪阶段以拉张活动为主，仅有非造山的演化特征。另外，根据构造演化阶段，可将本区地层类型划分为基底地层和盖层，后者包括稳定盖层和上叠盖层，基底地层为中太古界上部至古元古界，稳定盖层为中元古界至中三叠统，上叠盖层为上三叠统至第四系(表18-1)。

表18-1 构造演化阶段划分与综合特征表

地质时代			构造演化阶段		沉积建造	火山岩建造	侵入岩建造	区域变质作用	构造环境	构造性质
新生代	第四纪	Q	古近纪至第四纪阶段	上叠盖层	海陆松散堆积建造	基性、碱性			陆内裂陷、断陷盆地等拉张环境	非造山
	新近纪	N			河湖相碎屑岩含煤(油、盐)建造	基性、碱性				
	古近纪	E_3					超基性、基性			
		E_2				基性、碱性				
		E_1								
中生代	白垩纪	K_2	晚三叠世至晚白垩世阶段						大陆整体隆起过渡环境	后造山
							偏碱性、碱性		过渡环境	
		K_1^3			内陆河湖相碎屑岩建造(局部含煤或含油页岩)		偏碱性、碱性			
		K_1^2				中性、酸性、偏碱性	基性、中酸性、偏碱性		陆内挤压继承性和上叠性盆地，陆内或板内造山环境	同造山(板内)
		K_1^1					基性、中性、酸性			
	侏罗纪	J_3			内陆河湖相碎屑岩含煤建造与红色碎屑岩建造	基性、中性、酸性	基性、中性、酸性			
		J_2					中性、酸性			
		J_1				基性、中性、酸性	基性、中性、酸性			
	三叠纪	T_3^2			山麓冲洪积扇相、湖相碎屑岩建造	偏碱性	偏碱性、碱性		过渡环境	前造山
		T_3^1					超基性、基性、中酸性、酸性		陆内裂陷或继承性盆地，拉张环境	非造山
		T_2^2	中元古代至中三叠世阶段	稳定盖层		中性、偏碱性、酸性	偏碱性、碱性		过渡环境	后造山
		T_2^1			海陆交互转河湖相碎屑岩含煤建造(中南部)		中性、酸性	绿片岩相(北部地区更加明显)	北部：陆缘岩浆弧、弧前盆地；南部：弧后盆地与挤压继承性盆地；造山环境	后碰撞
		T_1				中性、偏碱性、酸性	中性、酸性			同碰撞
古生代	二叠纪	P_3					中性、酸性			
		P_2			滨浅海碎屑岩碳酸盐岩建造	中性、偏碱性、酸性	中性、酸性			前碰撞
		P_1					基性、中性、酸性			

续表 18-1

地质时代			构造演化阶段	沉积建造		火山岩建造	侵入岩建造	区域变质作用	构造环境	构造性质
古生代	石炭纪	C_2	中元古代至中三叠世阶段	稳定盖层	(北部) 同上		超基性、基性、中性与酸性	绿帘角闪岩相—绿片岩相(北部地区更加明显)	同上	前碰撞
		C_1					中性、酸性		整体隆起及陆缘岩浆弧，造山环境	
	泥盆纪	D_3					基性、中性、酸性			
		D_2					碱性		隆起，过渡环境	前造山
							超基性、基性、中酸性		隆起，拉张环境	非造山
	泥盆纪	D_1							大陆整体隆起拉张环境	
	志留纪	S_{2-4}								
		S_1					超基性、基性			
	奥陶纪	O_3								
		O_{1-2}			潟湖—浅海陆棚碎屑岩、碳酸盐岩建造				继承性裂陷盆地拉张环境	
	寒武纪	$\in_{2-4}$								
		$\in_1$							大陆整体隆起拉张环境	
新元古代	震旦纪	Z								
	南华纪	Nh								
	青白口纪	Qb			潟湖-浅海陆棚碎屑岩、碳酸盐岩建造(南部夹铁质岩)		基性、偏碱性岩床、岩脉		大陆—陆缘裂谷裂陷盆地，拉张环境	
中元古代	玉溪纪	Yx								
	西山纪	Xs				偏碱性、酸性				
	蓟县纪	Jx					中酸性、酸性、偏碱性			
	长城纪	Ch				基性、偏碱性、碱性	偏碱性			
							超基性、基性-酸性			
古元古代	晚期	Pt_1^3	中太古代晚期至古元古代阶段	基底地层			偏碱性	角闪-绿片岩相	过渡环境	后造山
							基性、中性、酸性		岛弧-陆缘岩浆弧及相关盆地，挤压造山环境	后碰撞
	中期	Pt_1^2			海相碎屑岩夹碳酸盐岩、钙硅酸盐岩建造	基性、中性、酸性	酸性、偏碱性	麻粒-绿帘角闪岩相		同碰撞
	早期	Pt_1^1				基性、中性、酸性	中性、酸性			前碰撞
新太古代	晚期	Ar_3^3			海相碎屑岩夹硅铁质岩、碳酸盐岩建造	基性、中性、酸性	基性、中性、酸与碱性	角闪-绿帘角闪岩相		
	中期	Ar_3^2			海相碎屑岩夹硅铁质岩、碳酸盐岩建造	基性、中性、酸性	基性、中酸性、酸性	麻粒-角闪岩相		
	早期	Ar_3^1				超基性、基性、中酸性、偏碱性			过渡环境	前造山
中太古代	晚期	Ar_2^2			海相碎屑岩夹硅铁质岩、碳酸盐岩建造	基性			初始大洋-陆缘裂谷，拉张环境	非造山
	早期	Ar_2^1								

注：——— 表示构造阶段分界线。

第二节　构造单元划分

根据《中国区域地质志工作指南》(2012)、《中国区域地质志·河北志》(2017)和区域地质构造特征，本区一级构造单元隶属中朝板块(Ⅲ)，二级构造单元为华北陆块(ⅢA)及后期叠加的大兴安岭-太行山板内造山带(ⅢB)。华北陆块位于中朝板块的中西部，本区位于华北陆块的中东部，大兴安岭-太行山板内造山带南段叠加于华北陆块之上(图18-1)。

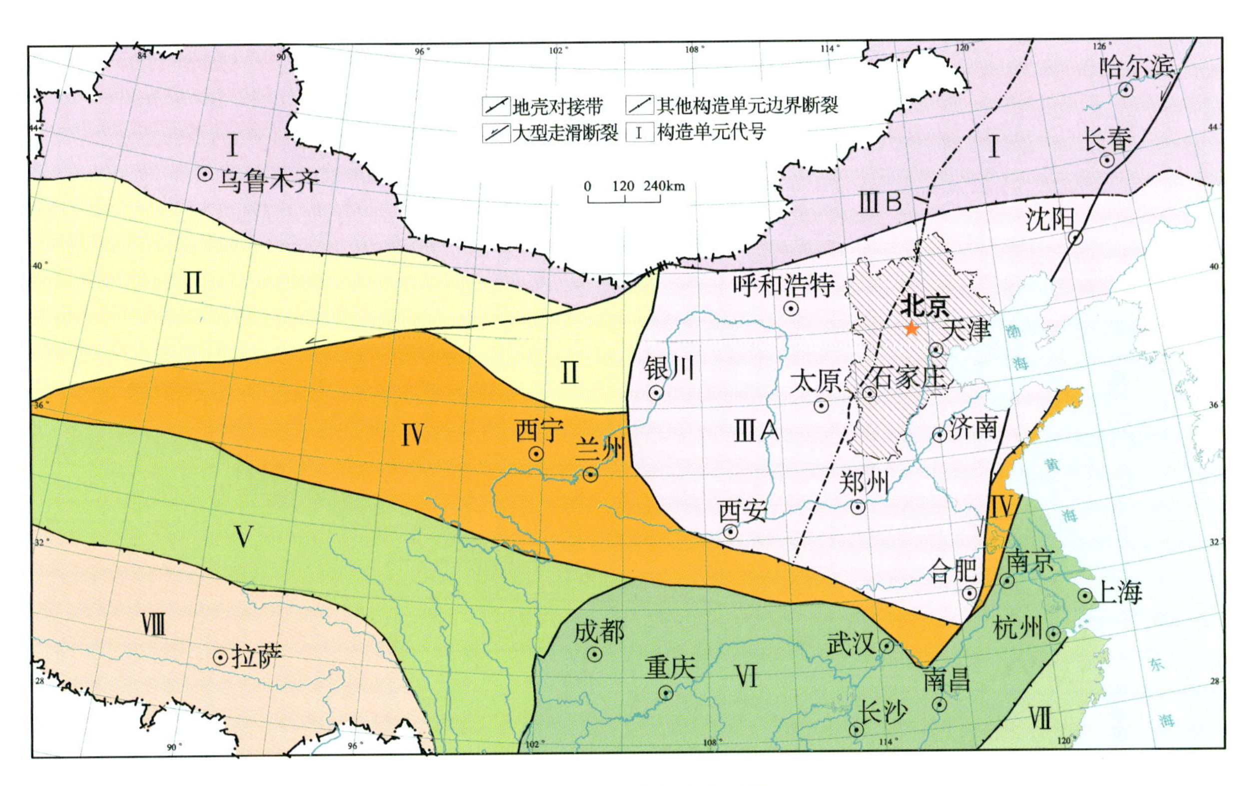

图18-1　大地构造位置图

Ⅰ-西伯利亚板块；Ⅱ-塔里木板块；Ⅲ-中朝板块，ⅢA-华北陆块，ⅢB-大兴安岭-太行山板内造山带主脊；Ⅳ-秦祁昆造山系；Ⅴ-羌塘-三江造山系；Ⅵ-扬子板块(陆块区)；Ⅶ-华夏造山系；Ⅷ-冈底斯-喜马拉雅造山系

一、综合构造单元划分

根据本区后期构造单元多叠加于早期不同构造单元之上，其隶属关系不易准确划分的具体情况，具有隶属关系与叠置关系清楚、层次分明、阶段性与旋回性明显和动态发展演化的优势，充分反映了地壳或岩石圈由裂解到挤压重组的演化特征。

同时为了便于区域构造对比和研究利用，进一步凸显实用性，在分时段划分的基础上，将4个阶段形成的构造进行了融合叠加，突出地表现存主期构造单元特征，进行了综合构造单元划分。根据区域地质构造特征和尽量突出本区不同地带、不同时期的构造属性重点，将本区构造单元进行了综合划分，区内共划分了1个一级、1个二级、5个三级和12个四级构造单元(表18-2，图18-2)。

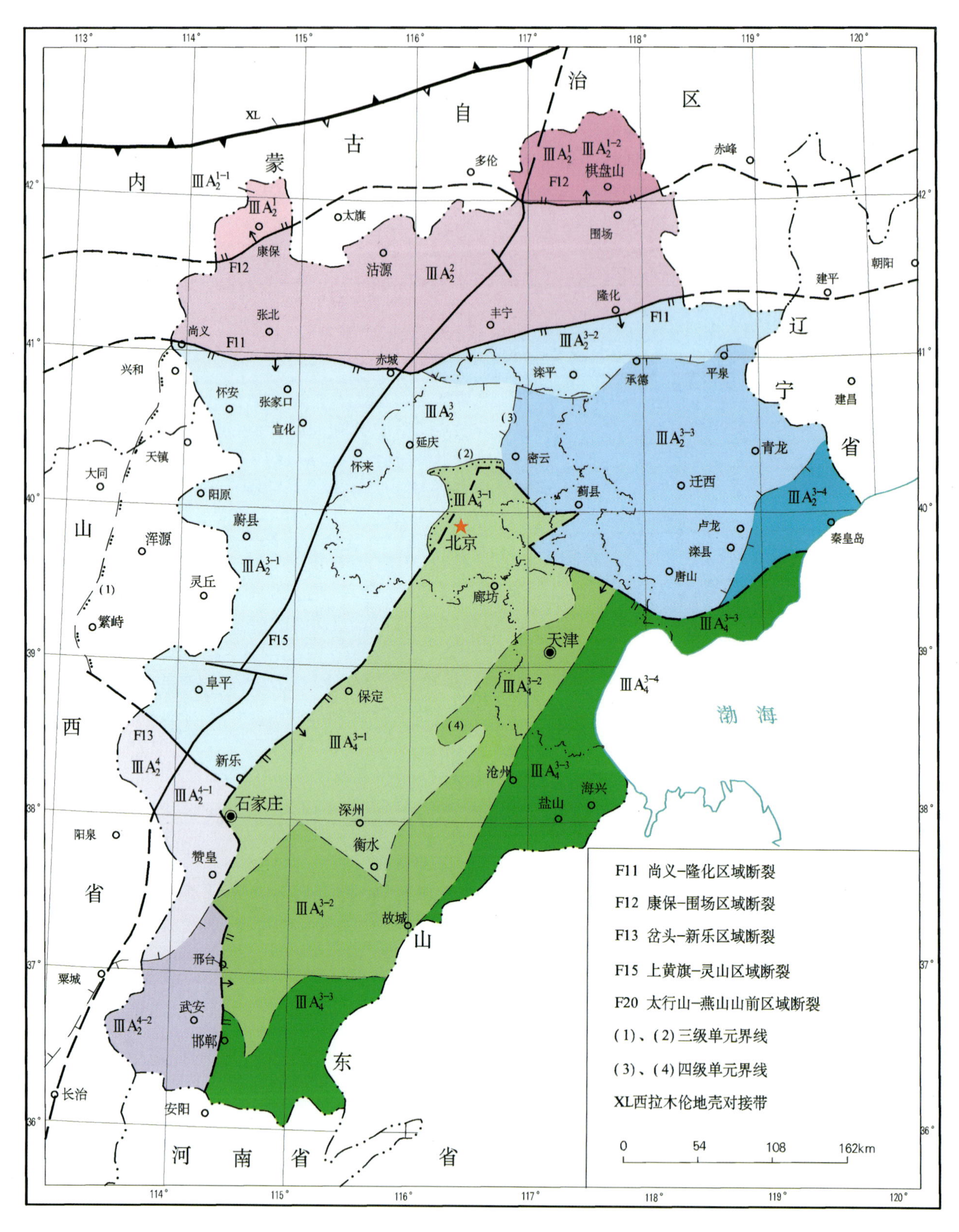

图 18-2 综合构造单元划分图

(构造单元名称与代号见表 18-2)

表 18－2 综合构造单元划分表

一级	二级	三级	四级
柴达木－华北板块Ⅲ	中太古代晚期—第四纪华北陆块ⅢA	中元古代—中三叠世华北北缘盆地带ⅢA_2^1	康保火山－沉积盆地 ⅢA_2^{1-1}
			棋盘山火山－沉积盆地 ⅢA_2^{1-2}
		中元古代—中三叠世华北北缘隆起带ⅢA_2^2	
		中元古代—中三叠世燕山－辽西盆地带ⅢA_2^3	宣化－易县盆地 ⅢA_2^{3-1}
			承德北盆地 ⅢA_2^{3-2}
			蓟县－唐山盆地 ⅢA_2^{3-3}
			秦皇岛盆地 ⅢA_2^{3-4}
		中元古代—中三叠世晋中南－邢台盆地区ⅢA_2^4	井陉－赞皇盆地 ⅢA_2^{4-1}
			武安盆地 ⅢA_2^{4-2}
		始新世—第四纪华北盆地ⅢA_2^4	廊坊－深州火山－沉积盆地ⅢA_4^{3-1}
			天津－故城隆起ⅢA_4^{3-2}
			南堡－魏县火山－沉积盆地ⅢA_4^{3-3}
			渤海沉积盆地ⅢA_4^{3-4}

二、四阶段构造单元划分

根据本区后期构造单元多叠加于早期不同构造单元之上，其隶属关系不易准确划分的具体情况，本书以中太古代晚期—古元古代、中元古代—中三叠世、晚三叠世—晚白垩世及古近纪—第四纪 4 个构造阶段进行了分时段构造单元划分。通过综合分析研究，将本区区域地质构造单元共划分为 1 个一级、2 个二级、14 个三级、55 个四级构造单元（图 18－3～图 18－6，表 18－3～表 18－6）。下面由老至新分别叙述上述 4 个阶段所划分的构造单元划分方案以及简要特征。

（一）中太古代晚期—古元古代阶段构造单元划分

区域上高压变质岩的分布（详见第四章）确定了桑干－承德构造带、龙泉关构造带、白岸－衡水构造带、琉璃庙－保定构造带和大巫岚－卢龙构造带的存在，也进一步证实了华北陆块早前寒武纪变质基底是由多个微陆块和块体在不同时期俯冲－碰撞－拼接构成的。本区一级构造单元隶属中朝板块，二级构造单元为华北陆块，以构造带和区域断裂为界划分了 5 个三级构造单元和 13 个四级构造单元（表 18－3，图 18－3）。

中太古代晚期—古元古代期间的构造形成演化构成了本区第一个从拉张裂解－挤压造山的构造发展演化过程。

（二）中元古代—中三叠世阶段构造单元划分

中元古代—中三叠世期间的构造形成演化，为本区第二个大而完整的从拉张裂解到挤压造山的构造发展演化过程。华北陆块北部以西拉木伦地壳对接带为界，内部以康保－围场区域断裂（F12）、尚义－隆化区域断裂（F11）及下口－新乐区域断裂（F13）为界，划分为 4 个三级构造单元，包括 8 个四级构造单元（表 18－4，图 18－4）。

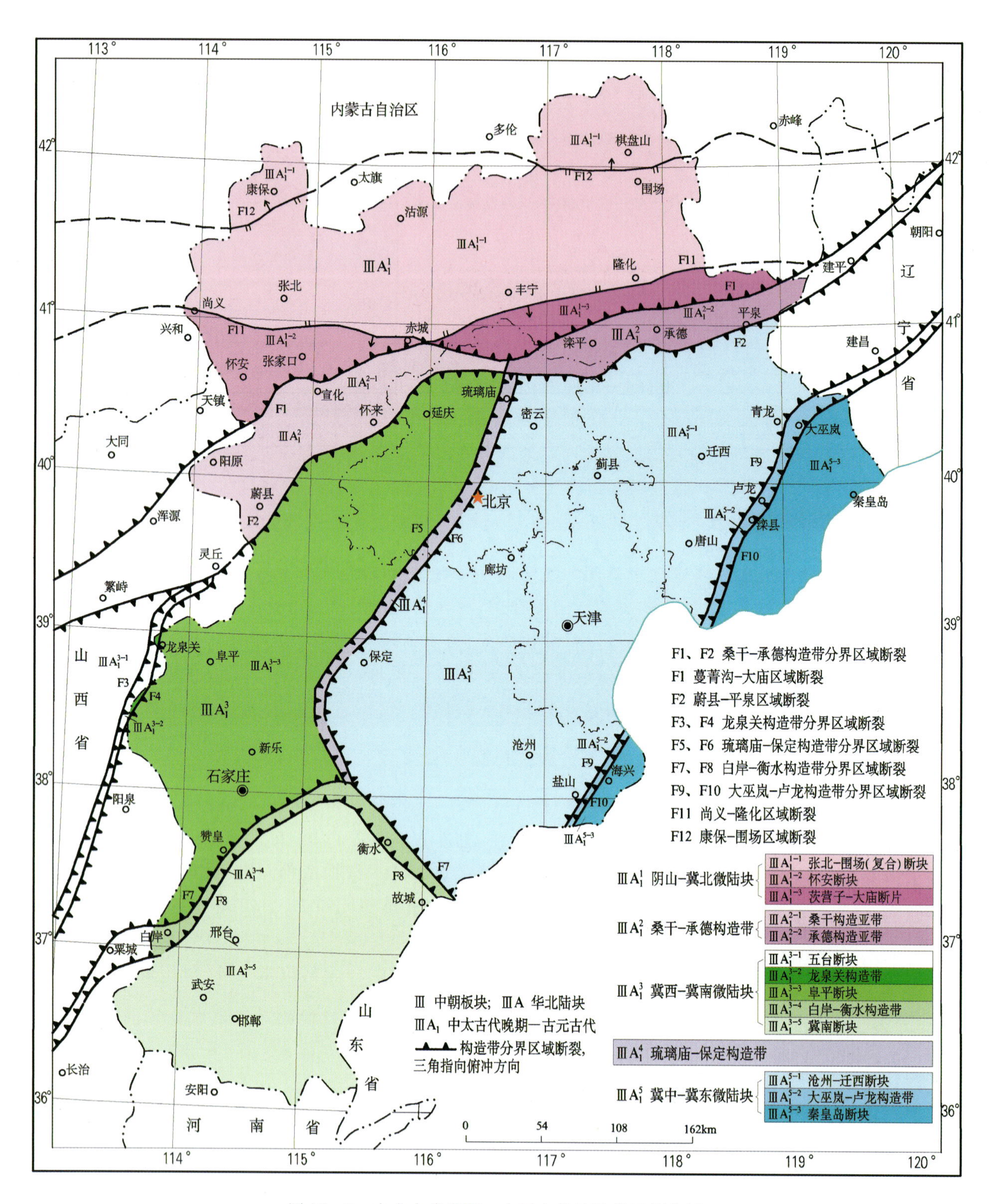

图 18-3 中太古代晚期—古元古代构造单元划分图

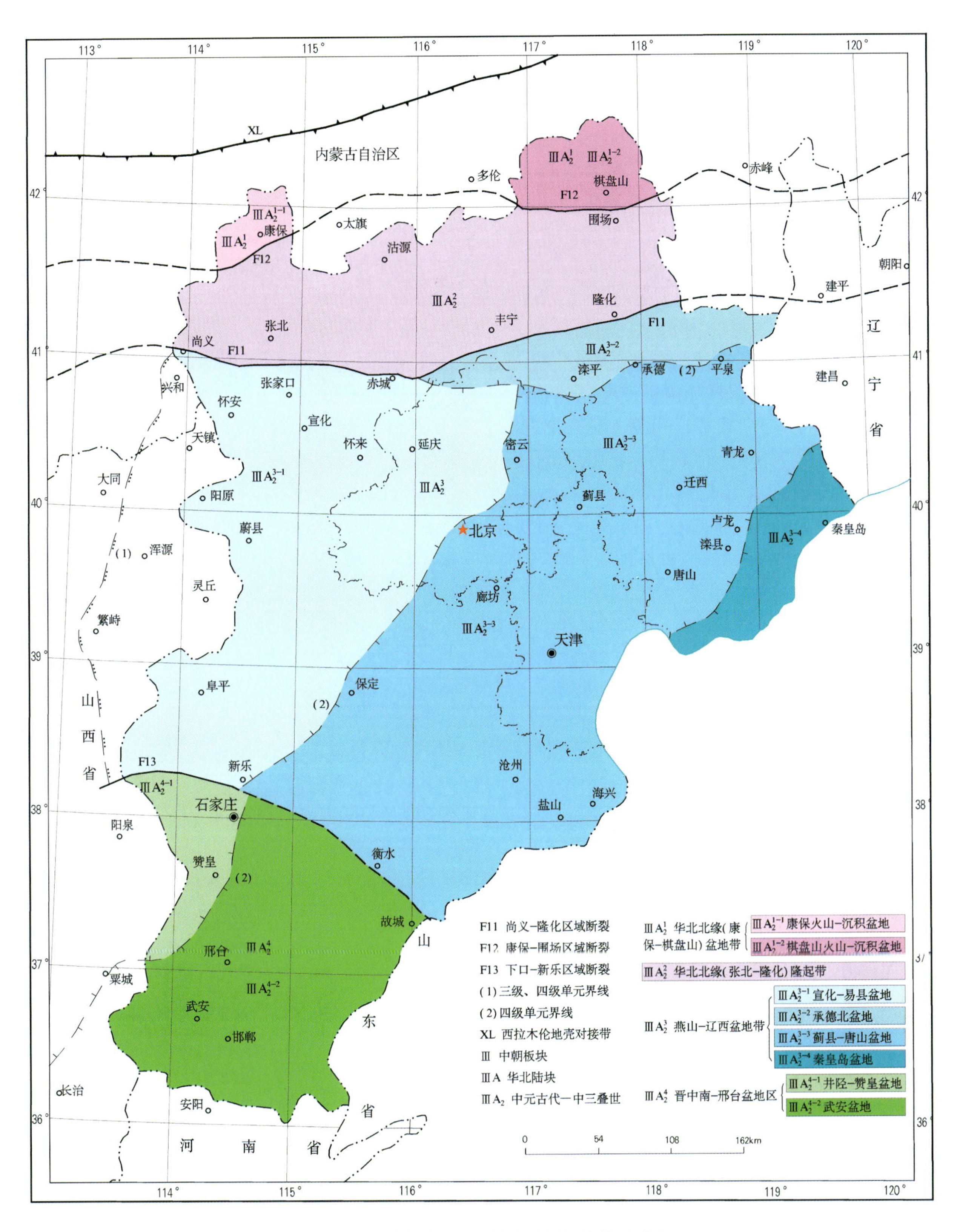

图 18-4 中元古代—中三叠世阶段构造单元划分图

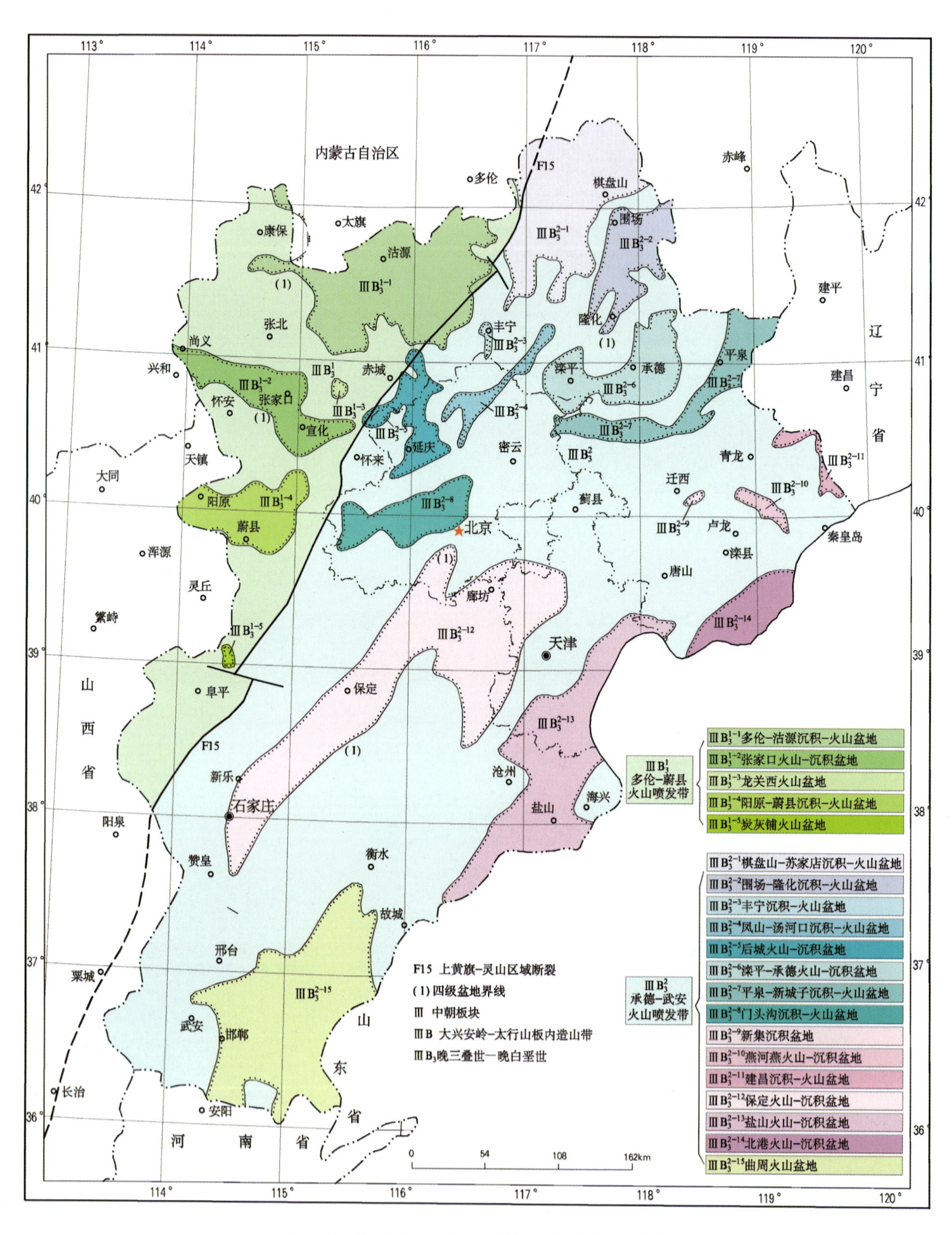

图 18-5　晚三叠世—晚白垩世阶段构造单元划分图

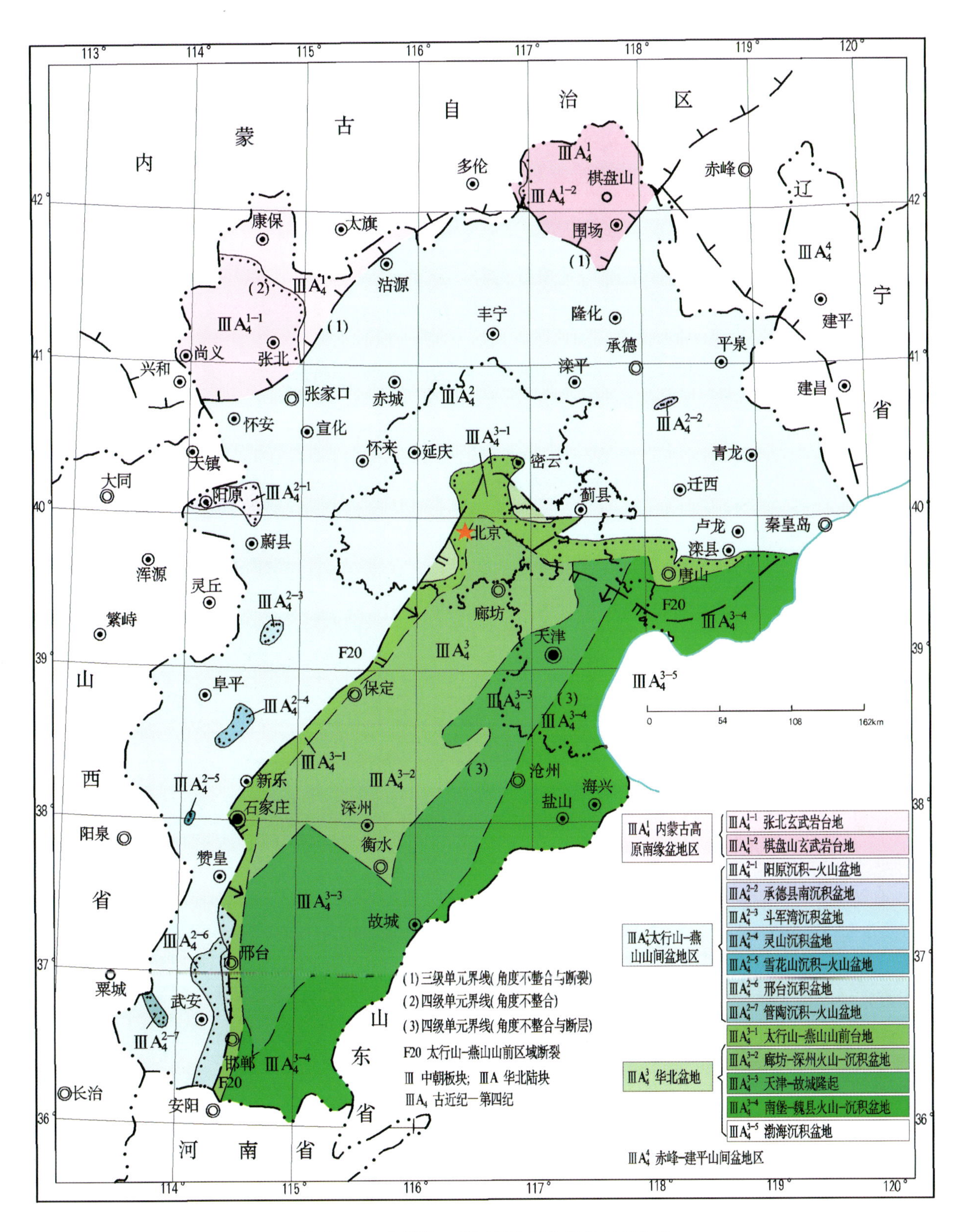

图 18－6　古近纪—第四纪阶段构造单元划分图

(三)晚三叠世—晚白垩世阶段构造单元划分

晚三叠世—晚白垩世阶段的构造形成演化构成了本区第三个完整的从拉张裂解到挤压板内造山的构造发展演化过程。主要构造线呈北北东—北东向展布,首先大致以上黄旗-灵山区域断裂(F15)为界,划分为2个三级构造单元,在三级构造单元基础上再细划出20个四级构造单元(表18-5,图18-5)。

(四)古近纪—第四纪阶段构造单元划分

古近纪—第四纪阶段是本区第四个构造发展阶段。以内蒙古(坝上)高原南缘的角度不整合和隐伏断裂界线及太行山-燕山山前区域断裂为界及角度不整合界线,划分为3个三级构造单元,在三级构造单元基础上再细划出14个四级构造单元(表18-6,图18-6)。

表18-3 中太古代晚期—古元古代构造单元划分表

一级	二级	三级	四级
中朝板块Ⅲ	华北陆块ⅢA	新太古代—古元古代阴山-冀北微陆块 ⅢA_1^1	张北-围场(复合)断块 ⅢA_1^{1-1}
			怀安断块 ⅢA_1^{1-2}
			茨营子-大庙断片 ⅢA_1^{1-3}
		新太古代—古元古代桑干-承德构造带 ⅢA_1^2	桑干构造亚带 ⅢA_1^{2-1}
			承德构造亚带 ⅢA_1^{2-2}
		新太古代—古元古代冀西-冀南微陆块 ⅢA_1^3	(五台断块 ⅢA_1^{3-1})
			龙泉关构造带 ⅢA_1^{3-2}
			阜平断块 ⅢA_1^{3-3}
			白岸-衡水构造带 ⅢA_1^{3-4}
			冀南断块 ⅢA_1^{3-5}
		新太古代—古元古代琉璃庙-保定构造带 ⅢA_1^4	
		中太古代晚期—古元古代冀中-冀东微陆块 ⅢA_1^5	沧州-迁西断块 ⅢA_1^{5-1}
			大巫岚-卢龙构造带 ⅢA_1^{5-2}
			秦皇岛断块 ⅢA_1^{5-3}

表18-4 中元古代—中三叠世阶段构造单元划分表

一级	二级	三级	四级
中朝板块Ⅲ	华北陆块ⅢA	中元古代—中三叠世华北北缘(康保-棋盘山)盆地带 ⅢA_2^1	康保火山-沉积盆地 ⅢA_2^{1-1}
			棋盘山火山-沉积盆地 ⅢA_2^{1-2}
		中元古代—中三叠世华北北缘(张北-隆化)隆起带 ⅢA_2^2	
		中元古代—中三叠世燕山-辽西盆地带 ⅢA_2^3	宣化-易县盆地 ⅢA_2^{3-1}
			承德北盆地 ⅢA_2^{3-2}
			蓟县-唐山盆地 ⅢA_2^{3-3}
			秦皇岛盆地 ⅢA_2^{3-4}
		中元古代—中三叠世晋中南-邢台盆地区 ⅢA_2^4	井陉-赞皇盆地 ⅢA_2^{4-1}
			武安盆地 ⅢA_2^{4-2}

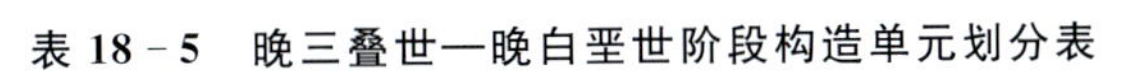

表 18－5 晚三叠世—晚白垩世阶段构造单元划分表

一级	二级		三级	四级
中朝板块Ⅲ	华北陆块ⅢA	晚三叠世—晚白垩世大兴安岭–太行山板内造山带(岩浆活动带)ⅢB	晚三叠世—晚白垩世多伦–蔚县火山喷发带ⅢB_3^1	多伦–沽源沉积–火山盆地 ⅢB_3^{1-1}
				张家口火山–沉积盆地 ⅢB_3^{1-2}
				龙关西火山盆地 ⅢB_3^{1-3}
				阳原–蔚县沉积–火山盆地 ⅢB_3^{1-4}
				炭灰铺火山盆地 ⅢB_3^{1-5}
			晚三叠世—晚白垩世承德–武安火山喷发带ⅢB_3^2	棋盘山–苏家店沉积–火山盆地 ⅢB_3^{2-1}
				围场–隆化沉积–火山盆地 ⅢB_3^{2-2}
				丰宁沉积–火山盆地 ⅢB_3^{2-3}
				凤山–汤河口沉积–火山盆地 ⅢB_3^{2-4}
				后城火山–沉积盆地 ⅢB_3^{2-5}
				滦平–承德火山–沉积盆地 ⅢB_3^{2-6}
				平泉–新城子沉积–火山盆地 ⅢB_3^{2-7}
				门头沟沉积–火山盆地 ⅢB_3^{2-8}
				新集沉积盆地 ⅢB_3^{2-9}
				燕河燕火山–沉积盆地 ⅢB_3^{2-10}
				建昌沉积–火山盆地 ⅢB_3^{2-11}
				保定火山–沉积盆地 ⅢB_3^{2-12}
				盐山火山–沉积盆地 ⅢB_3^{2-13}
				北港火山–沉积盆地 ⅢB_3^{2-14}
				曲周火山盆地 ⅢB_3^{2-15}

表 18－6 古近纪—第四纪阶段构造单元划分表

一级	二级	三级	四级
中朝板块Ⅲ	华北陆块ⅢA	古近纪—第四纪内蒙古高原南缘盆地区 ⅢA_4^1	张北玄武岩台地 ⅢA_4^{1-1}
			棋盘山玄武岩台地 ⅢA_4^{1-2}
		古近纪—第四纪太行山–燕山山间盆地区 ⅢA_4^2	阳原沉积–火山盆地 ⅢA_4^{2-1}
			承德县南沉积盆地 ⅢA_4^{2-2}
			斗军湾沉积盆地 ⅢA_4^{2-3}
			灵山沉积盆地 ⅢA_4^{2-4}
			雪花山沉积–火山盆地 ⅢA_4^{2-5}
			邢台沉积盆地 ⅢA_4^{2-6}
			管陶沉积–火山盆地 ⅢA_4^{2-7}
		古近纪—第四纪华北盆地 ⅢA_4^3	太行山–燕山山前台地 ⅢA_4^{3-1}
			廊坊–深州火山–沉积盆地 ⅢA_4^{3-2}
			天津–故城隆起 ⅢA_4^{3-3}
			南堡–魏县火山–沉积盆地 ⅢA_4^{3-4}
			渤海沉积盆地 ⅢA_4^{3-5}

第十九章　构造形变

本区构造形变主要包括褶皱、断裂、韧性变形等，此外还涉及褶叠层、滑脱构造、逆冲推覆构造和穹隆构造等。

第一节　褶皱构造概述

本区地壳至少经历了8期褶皱变形叠加，在基底中可分为新太古代中期(f1)、新太古代晚期(f2)、古元古代中期(f3)及古元古代晚期(f4)4期褶皱构造，在盖层地层中分为晚泥盆世—中二叠世(f5)、晚二叠世—中三叠世(f6)、侏罗纪(f7)及早白垩世(f8)4期褶皱构造。此外，某些岩体的侵位扩张对围岩的挤压作用，也造成一些局部性的褶皱变形。

一、基底褶皱构造

早前寒武纪各岩群及群经历了4期构造改造，晚期对早期褶皱构造具叠加改造，面理构造为片麻理，构造置换以平行置换为主，垂直或近垂直置换次之。片麻理对原始层理进行了继承和改造，已不能反映原生层序，因此形成的褶皱构造多为背向形构造。褶皱构造展布情况如图19－1所示，以下按三级构造单元及群级地层单位分别叙述之。

(一)阴山-冀北微陆块与桑干-承德构造带

1.新太古代早期桑干岩群中褶皱构造及其叠加演化特征

桑干岩群中的褶皱构造分布于怀安—宣化一带，向西沿入邻区的大同一带，为一个长轴呈近东西向展布的复式背形(斜)构造，形成于近南北向挤压构造环境，是阴山-冀北微陆块中最古老的陆核构造。

桑干岩群的褶皱构造由两期褶皱变形和后期改造形成，第一期褶皱为区域上第一期褶皱(f1)，最初在新太古代中期形成时为一系列中等开阔的背向斜构造，轴迹呈近东西向展布(图19－1、图19－2)。桑干岩群的第二期褶皱为区域上的第二期褶皱(f2)，形成于新太古代晚期，通过对第一期褶皱构造的同向叠加改造，形成了复式背形构造(图19－2中f1－2)，轴迹呈近东西向展布。后又经历了古元古代中期及之后多期构造运动的改造，进一步整体隆起形成了复式背形构造，部分地段被破坏。

2.新太古代中期崇礼岩群中褶皱构造及其叠加演化特征

崇礼岩群中的褶皱构造围绕桑干岩群复式背形(斜)构造外围分布(图19－1)，呈束带状褶皱或褶皱束，形成于近南北向挤压构造环境。

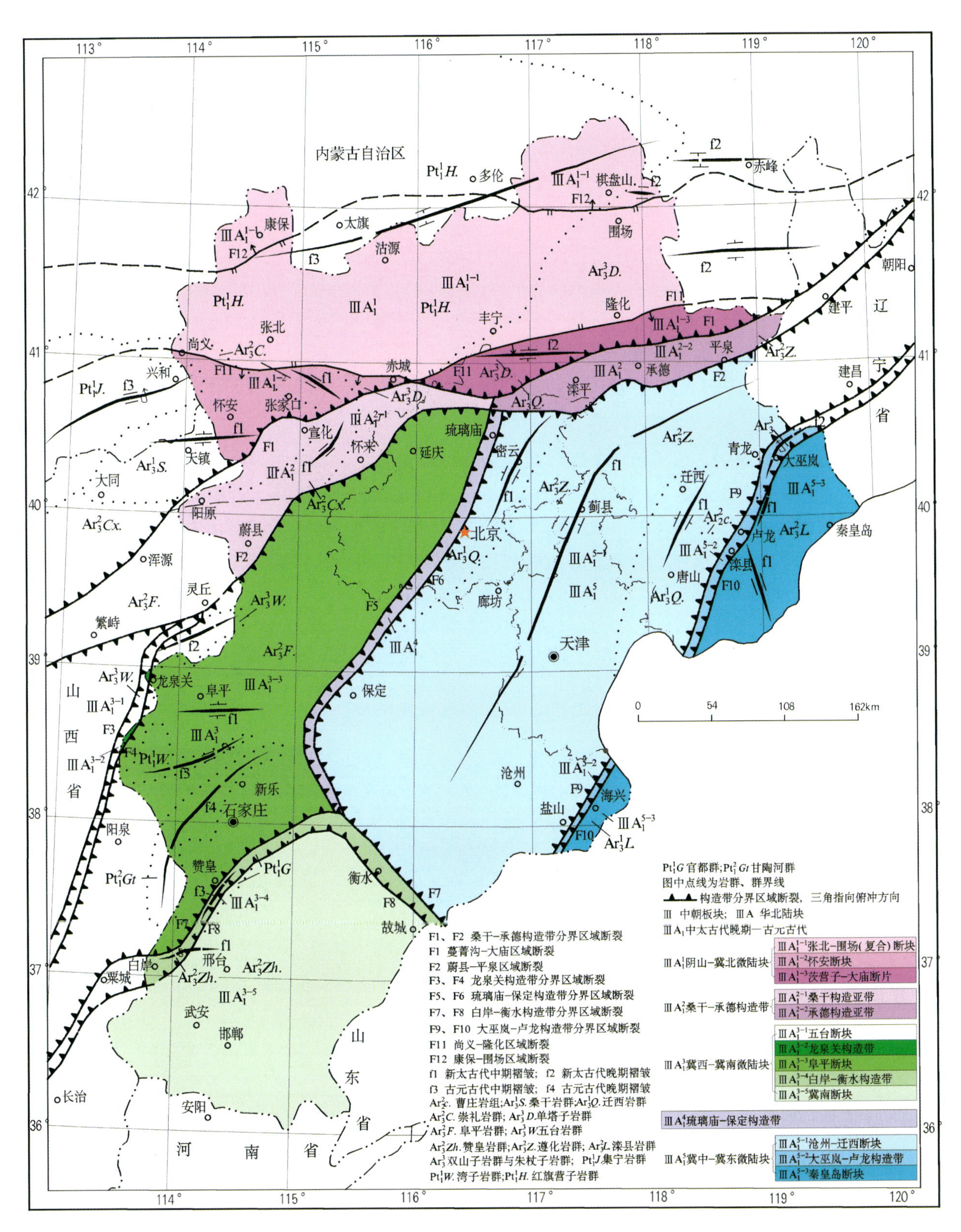

图 19－1　中太古代晚期—古元古代构造纲要图

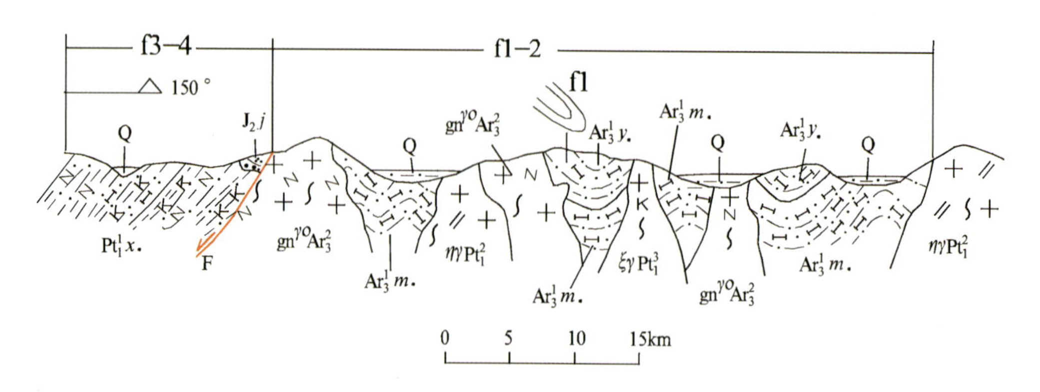

图 19-2 尚义县友谊水库-怀安县塔岩寺褶皱构造样式剖面图

Q-第四系；J_2j-中侏罗世九龙山组；$Pt_1^1x.$-古元古代早期集宁岩群下白窑岩组；新太古代早期桑干岩群：$Ar_3^1y.$-右所堡岩组，$Ar_3^1m.$-马市口岩组；$\xi\gamma Pt_1^3$-古元古代晚期变质钾长花岗岩；$\eta\gamma Pt_1^2$-古元古代中期变质二长花岗岩；$gn^{\gamma o}Ar_3^2$-新太古代中期二辉奥长花岗质片麻岩；f1-第一期褶皱构造代号；f1-2-第一期至第二期褶皱构造代号；f3-4-第三期至第四期褶皱构造代号；F-后期一般断裂

崇礼岩群中的褶皱构造由两期褶皱变形和后期改造形成。第一期褶皱为区域上第一期褶皱(f1)，最初在新太古代中期形成时为一系列中等开阔的背向斜构造，褶皱轴迹呈北东向、北西向近环带状展布。第二期褶皱为区域上的第二期褶皱(f2)，形成于新太古代晚期，同向挤压叠加于前期褶皱之上，将前期大部分褶皱改造成紧闭近平卧至平卧褶皱和同斜褶皱(图 19-3)，后又经历了古元古代中期及之后多期构造运动的改造，伴随桑干岩群复式背形(斜)构造整体隆起，部分地段被破坏。

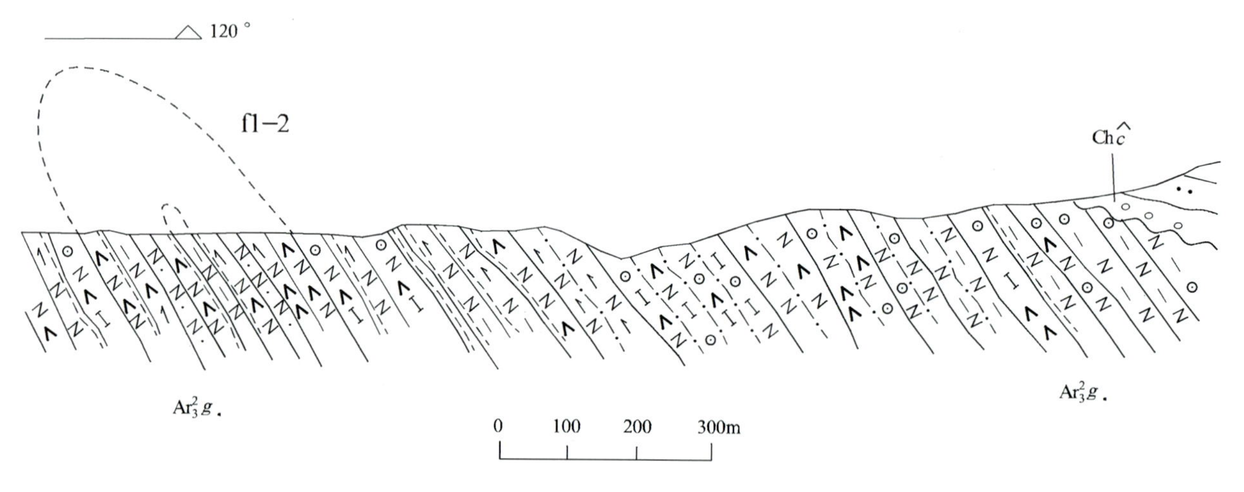

图 19-3 庞家堡区杨家山一带褶皱构造样式剖面图

$Ch\hat{c}$-长城纪常州沟组；$Ar_3^2g.$-新太古代中期崇礼岩群谷咀子岩组；f1-2-第一期至第二期褶皱构造代号

3. 新太古代晚期单塔子岩群中褶皱构造及其叠加演化特征

单塔子岩群分布于崇礼岩群东部外围的艾家沟—大庙—围场北东一带，发育复式背形、复式向形及束带状褶皱构造(见图 19-1)，褶皱构造的展布特征反映其形成于近南北向挤压构造环境。单塔子岩群中的褶皱构造由两期褶皱和后期改造形成。第一期褶皱为区域上第二期褶皱(f2)，最初在新太古代晚期形成时为一系列中等开阔的背向斜构造，褶皱轴迹呈近东西向、东西向展布。单塔子岩群的第二期褶皱为区域上的第三期褶皱(f3)，形成于古元古代中期(或早中期)，同向挤压叠加于前期褶皱之上，将

前期部分褶皱改造成紧闭倒转同斜褶皱,局部使早期褶皱轴面也发生了褶皱(图 19-4)。后又经历了古元古代晚期及之后多期构造运动的改造,以整体隆起为主,部分地段被破坏。

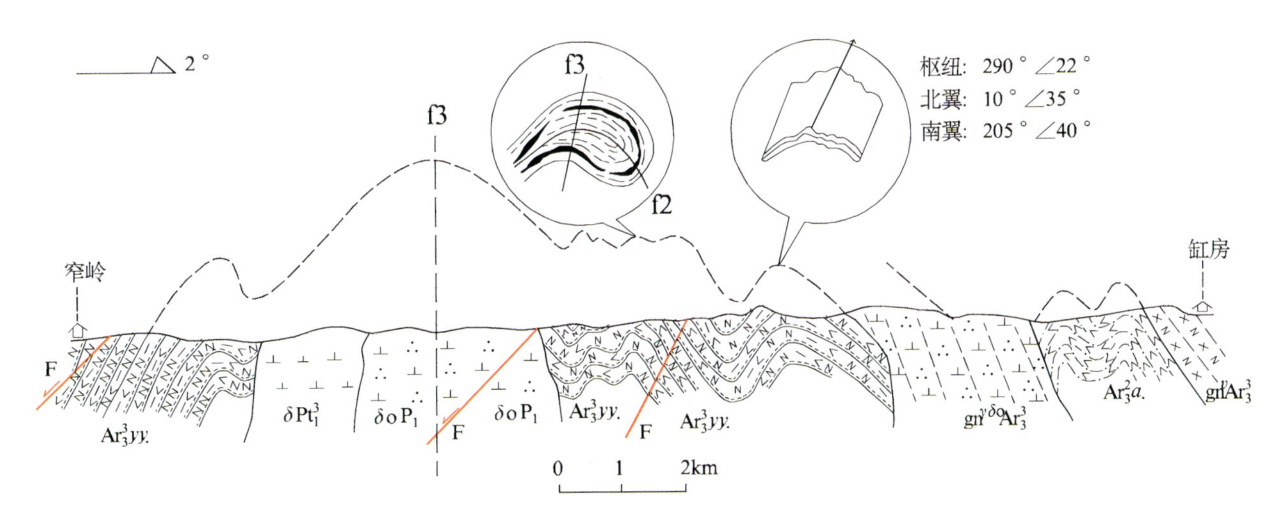

图 19-4 丰宁县窄岭-缸房复式背形构造样式剖面图

新太古代晚期单塔子岩群:$Ar_3^3a.$-艾家沟岩组,$Ar_3^2yy.$-杨营岩组;$\delta o P_1$-早二叠世石英闪长岩;δPt_1^3-古元古代晚期变质闪长岩;$gn^{\gamma\delta o}Ar_3^3$-新太古代晚期英云闪长质片麻岩;$gn^{\nu}Ar_3^3$-新太古代晚期辉长质片麻岩;F-后期一般断裂;f2-第二期褶皱构造代号;f3-第三期褶皱构造代号

4. 古元古代早期集宁岩群中褶皱构造及其叠加演化特征

集宁岩群分布于冀西北尚义县与内蒙古兴和县交界地区的下白窑一带,向西延入邻区兴和-集宁地区。以发育倒转同斜平行束带状褶皱(假单斜)构造为特征(见图 19-1),褶皱构造的展布特征反映其形成于北北西-南南东向的挤压构造环境。

集宁岩群中的褶皱构造主要由两期褶皱形成,并经历了后期改造。第一期褶皱为区域上第三期褶皱(f3),形成于古元古代中期,最初形成时为一系列较为紧闭的背向斜构造,褶皱轴迹在本区呈北东向展布,向西在邻区转为北东东向展布。集宁岩群的第二期褶皱为区域上的第四期褶皱(f4),形成于古元古代晚期,较早阶段为同向挤压叠加于前期褶皱之上(见图 19-2 中 f3-4),较晚阶段为较弱的近东西向挤压叠加。后经古元古代晚期之后的多期构造运动改造,以整体隆起为主,部分地段被破坏。

5. 古元古代早期红旗营子岩群中褶皱构造及其演化特征

红旗营子岩群中的褶皱构造主要分布于尚义—赤城—丰宁—棋盘山一线的西北地区,向西向北延入邻区。红旗营子岩群的第一期褶皱为区域上的第三期褶皱(f3),形成于古元古代中期,为北北西-南南东向的挤压构造环境,并伴随有较强烈的层间挤压剪切运动,以发育大型复式向形(斜)褶皱构造为特征;主褶皱轴迹位于康保南—棋盘山北一带,呈北东东向展布(见图 19-1),在崇礼—赤城一线北部附近受断裂影响和后期改造呈近东西向、北西西向摆动,两翼以发育次级束带状褶皱或褶皱束为特征(图 19-5)。在古元古代晚期较弱的近东西向挤压过程中,已形成的褶皱轴迹在垂向上发生了宽缓波浪状摆动。之后的多期构造运动改造以整体隆起为主,大部分地段被破坏,使其出露很不连续。

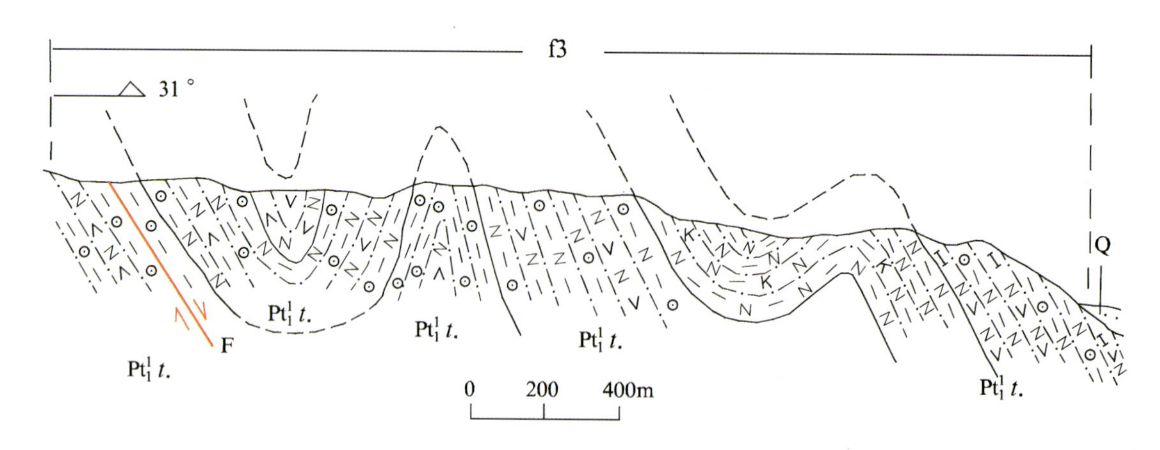

图 19－5 赤城县云州一带束带状褶皱构造样式剖面图

Q－第四系；Pt_1^2t.－古元古代早期红旗营子岩群太平庄岩组；f3－第三期褶皱构造代号；F－后期一般断裂

（二）冀西-冀南微陆块

1. 新太古代中期阜平岩群中褶皱构造及其叠加演化特征

阜平岩群分布于阳原南—阜平—赞皇一带。该岩群中褶皱构造十分发育，整体呈复式背形（斜）构造（见图 19－1），褶皱构造的展布特征反映其形成于近南北向挤压构造环境。该复式背形（斜）构造也是冀西-冀南微陆块中古老的陆核构造之一。

阜平岩群中的褶皱由两期褶皱变形叠加和后期改造形成。第一期褶皱为区域上第一期褶皱（f1），最初在新太古代中期形成时为一系列中等开阔的背向斜构造，褶皱轴迹呈东西向展布。第二期褶皱也为区域上的第二期褶皱（f2），形成于新太古代晚期，同向挤压叠加于前期褶皱之上，将前期大部分褶皱改造成紧闭同斜褶皱，并有部分较为开阔的褶皱形成，复式背形（斜）构造主体形成（图 19－6），主褶皱轴迹呈近东西向展布。经后期多期构造运动的改造，部分地段被破坏，使其露头连续性差。

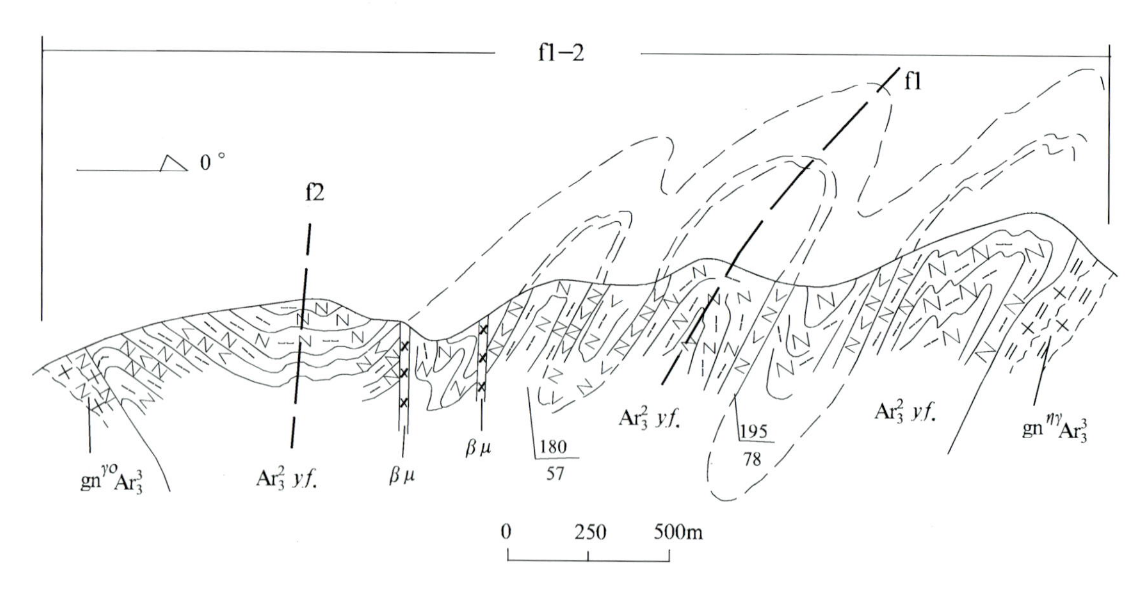

图 19－6 唐县柳家沟北束带状褶皱构造样式剖面图

Ar_3^2yf.－新太古代中期阜平岩群元坊岩组；$gn^{\eta\gamma}Ar_3^3$－新太古代晚期二长花岗质片麻岩；$gn^{\gamma o}Ar_3^3$－新太古代晚期奥长花岗质片麻岩；$\beta\mu$－辉绿岩脉；f1－第一期褶皱构造代号；f1－2－第一期至第二期褶皱构造代号；f2－第二期褶皱构造代号

2. 新太古代中期赞皇岩群中褶皱构造及其叠加演化特征

赞皇岩群分布于邢台西北部白岸-衡水构造带及冀南断块中，发育紧闭同斜向形构造（见图 19－1），褶皱构造的展布特征反映其主要形成于近南北向挤压构造环境。

赞皇岩群中的褶皱构造由两期褶皱变形叠加和后期改造形成。第一期褶皱为区域上第一期褶皱（f1），最初在新太古代中期形成时为一向斜构造，褶皱轴迹呈北东东—近东西向展布。第二期褶皱为区域上的第二期褶皱（f2），形成于新太古代晚期，同向挤压叠加于前期褶皱之上，将前期褶皱改造成紧闭同斜向形构造（图 19－7），两翼局部发育次级紧闭同斜褶皱。后经历了古元古代中—晚期及后期构造运动的改造，尤其是古元古代晚期北西西-南东东向的挤压改造，使其褶皱轴迹在垂向上发生了开阔波浪状摆动。

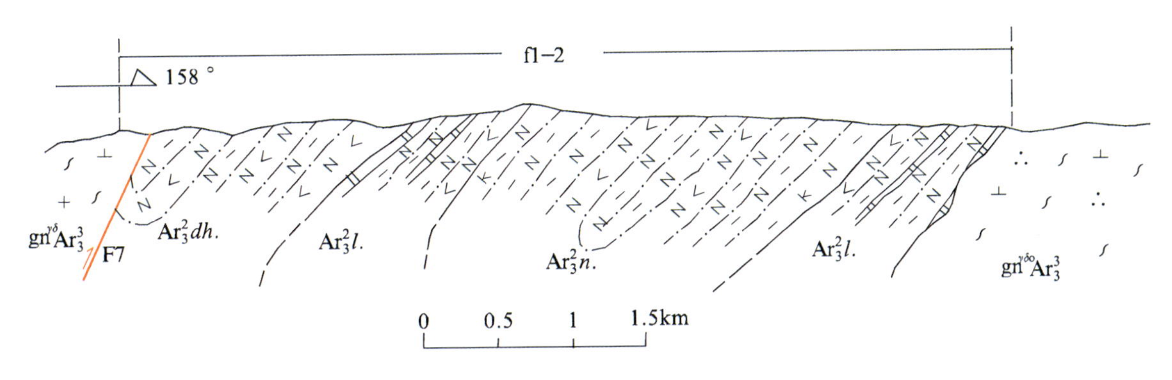

图 19－7　邢台县宋家庄东一带构造剖面图

新太古代中期赞皇岩群：$Ar_3^2n.$－宁家庄岩组，$Ar_3^2l.$－立洋河岩组，$Ar_3^2dh.$－大和庄岩组；$gn^{\gamma\delta}Ar_3^3$－新太古代晚期花岗闪长质片麻岩；$gn^{\gamma\delta o}Ar_3^3$－新太古代晚期英云闪长质片麻岩；f1－2－第一期至第二期褶皱构造代号；F7－白岸-衡水构造带分界断裂

3. 新太古代晚期五台岩群中褶皱构造及其叠加演化特征

五台岩群分布于龙家庄、板峪口、龙泉关一带及西邻区，以发育向形构造为特征（见图 19－1），褶皱构造的展布特征反映其主要形成于近南北向挤压构造环境。

五台岩群中的褶皱构造由两期褶皱变形叠加和后期改造形成。第一期褶皱为区域上第二期褶皱（f2），最初在新太古代晚期形成时为一中等开阔的向斜构造，褶皱轴迹呈北东东向展布。第二期褶皱为区域上的第三期褶皱（f3），形成于古元古代中期，近同向挤压叠加于前期褶皱之上，后经历了古元古代晚期较早阶段的近同向挤压叠加和较晚阶段北西西-南东东向挤压改造，尤其是后者使其褶皱轴迹在垂向上发生了开阔波浪状摆动。后期构造运动的改造以整体运动为主，部分地段被破坏。

4. 古元古代早期湾子岩群中褶皱构造及其叠加演化特征

湾子岩群分布于杨树底下—宋家口—赵家庄北—口头一带，发育束带状复式向形构造（见图 19－1），褶皱构造的展布特征反映其形成于北北西-南南东向的挤压构造环境。

湾子岩群中的褶皱构造由两期褶皱变形叠加形成，并经历了后期改造。第一期褶皱为区域上第三期褶皱（f3），形成于古元古代中期，最初形成时为一较为紧闭的束带状复式向斜构造，褶皱轴迹呈北东东向展布。第二期褶皱为区域上的第四期褶皱（f4），形成于古元古代晚期，较早阶段为同向挤压叠加于前期褶皱之上，将前期褶皱部分改造成为倒转同斜褶皱构造（图 19－8）；较晚阶段为较弱的近东西向挤压叠加，使已形成的褶皱轴迹在垂向上发生了宽缓波浪状摆动。其后经历古元古代之后的多期构造运动改造，以整体运动为主，部分地段被破坏。

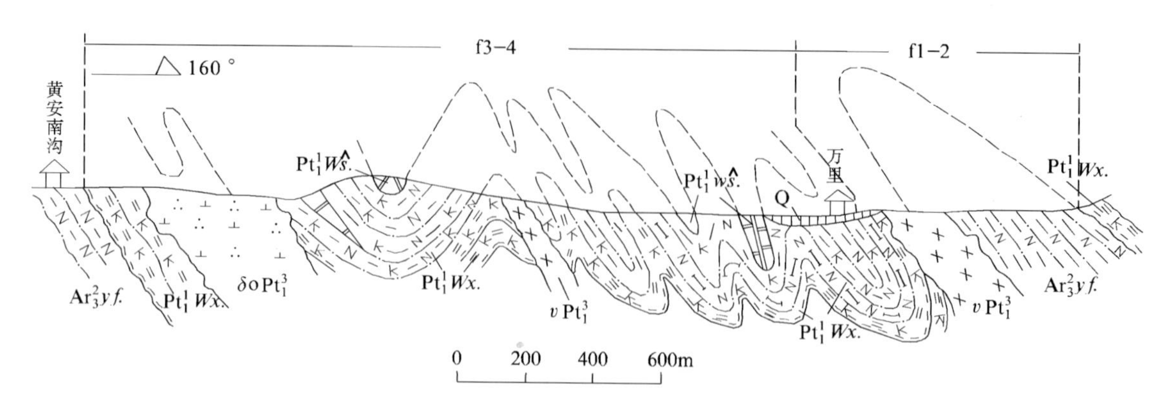

图 19－8　行唐县黄安南沟—万里构造剖面图(据 1∶5 万口头幅资料修编)

Q－第四系；古元古代早期湾子岩群：$Pt_1^1 W\hat{s}.$－上岩组，$Pt_1^1 Wx.$－下岩组；$Ar_3^2 yf.$－新太古代中期阜平岩群元坊岩组；$\delta o Pt_1^3$－古元古代晚期变质石英闪长岩；νPt_1^3－古元古代晚期变质辉长岩；f1－2－第一期至第二期褶皱构造代号；f3－4－第三期至第四期褶皱构造代号

5. 古元古代早期官都群中褶皱构造及其演化特征

官都群分布于赞皇南东一带，以发育向形(斜)构造为特征，主要形成于古元古代中期，并经历了后期改造。

官都群的第一期褶皱为区域上的第三期褶皱(f3)，形成于古元古代中期阶段的北西西-南东东向的挤压并伴有较强烈层间剪切运动的构造环境，以发育向形(斜)褶皱构造为特征，褶皱轴迹呈北北东向展布，局部呈近南北向展布(见图 19－1)。官都群主体位于白岸-衡水构造带中，受挤压变形、韧性剪切变形较强，其褶皱为紧闭同斜向形(斜)构造。后期经古元古代晚期及其之后的多期构造运动改造，以整体运动为主，部分地段被破坏。

6. 古元古代中期甘陶河群中褶皱构造及其演化特征

甘陶河群分布于石家庄西部地区，以发育向形(斜)构造为特征，主要形成于古元古代晚期较晚阶段，并经历了后期改造。

甘陶河群的第一期褶皱为区域上的第四期褶皱(f4)，形成于古元古代晚期较晚阶段的北西西-南东东向的挤压并伴有较强烈层间剪切运动的构造环境，以发育向形(斜)褶皱构造为特征，褶皱轴迹呈北北东向展布，局部呈近南北向展布(见图 19－1)。甘陶河群中褶皱构造以正常向形(斜)褶皱为主，局部具有复式向形(斜)褶皱特征。后期经古元古代晚期之后的多期构造运动改造，以整体运动为主，部分地段被破坏。

(三)冀中-冀东微陆块与琉璃庙-保定构造带

1. 新太古代早期迁西岩群中褶皱构造及其叠加演化特征

迁西岩群分布于密云、迁西—迁安地区，以发育两个复式背形(斜)构造为特征(见图 19－1)，褶皱构造的展布特征反映其形成于北西西-南东东向挤压构造环境。迁西岩群与变质深成侵入岩共同组成不规则穹隆构造，是本区古老的陆核构造的重要组成部分。

迁西岩群中的褶皱构造由两期褶皱变形叠加和后期改造形成。第一期褶皱为区域上的第一期褶皱构造(f1)，最初在新太古代中期北西西-南东东向(近东西向)挤压构造环境形成时为一系列中等开阔的背向斜构造。第二期褶皱为区域上的第二期褶皱(f2),形成于新太古代晚期,同向挤压叠加于前期褶皱之上,并伴随有较强烈的韧性剪切变形运动。将前期大部分褶皱改造成为紧闭近平卧至平卧褶皱和同斜褶皱,并有部分较为开阔的褶皱形成,伴随大量岩浆的侵入,初步形成了两个复式背形构造(图 19-9)。后经历了古元古代中期构造运动再一次同向挤压而进一步隆起,其主体形成。在古元古代晚期及之后经多期构造运动改造,成为不规则的穹隆状构造。

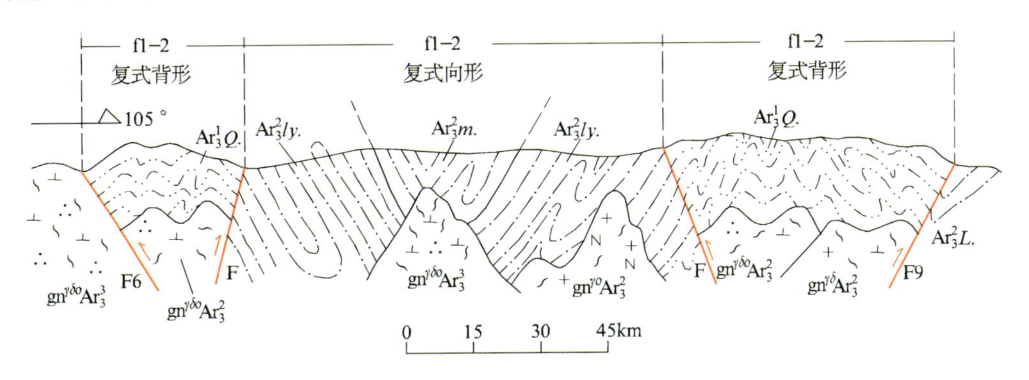

图 19-9 密云—迁安早前寒武纪变质基底构造剖面示意图

$Ar_3^2L.$-新太古代中期滦县岩群;新太古代中期遵化岩群:$Ar_3^2m.$-马兰峪岩组;$Ar_3^2ly.$-滦阳岩组;$Ar_3^1Q.$-新太古代早期迁西岩群;$gn^{\gamma\delta o}Ar_3^3$-新太古代晚期英云闪长质片麻岩;$gn^{\gamma o}Ar_3^2$-新太古代中期二辉奥长花岗质片麻岩;$gn^{\gamma\delta}Ar_3^2$-新太古代中期二辉花岗闪长质片麻岩;$gn^{\gamma\delta o}Ar_3^2$-新太古代中期二辉英云闪长质片麻岩;F6-琉璃庙-保定构造带分界区域断裂;F8-大巫岚-卢龙构造带分界区域断裂;F-一般断裂;f1-2-第一期至第二期褶皱构造代号

2. 新太古代中期遵化岩群中褶皱构造及其叠加演化特征

遵化岩群分布于密云与迁西之间的大部分地区,以发育复式向形(斜)构造为特征,褶皱构造的展布特征反映其形成于北西西-南东东向(近东西向)挤压构造环境。

遵化岩群中的褶皱构造由两期褶皱和后期改造形成。第一期褶皱为区域上的第一期褶皱(f1),最初在新太古代中期北西西-南东东向(近东西向)挤压构造环境形成时,为一系列由中等开阔的次级背向斜组成的复式向斜构造(图 19-10),褶皱轴迹主体呈北北东向展布,因受力不均衡,其北段转为北东向展布(见图 19-1)。第二期褶皱为区域上的第二期褶皱(f2),形成于新太古代晚期,同向挤压叠加于前期褶皱之上,复式向形(斜)构造主体进一步形成。后经历了古元古代及之后多期构造运动改造,部分地段被破坏或被后期地层覆盖等,造成整体露头连续性较差。

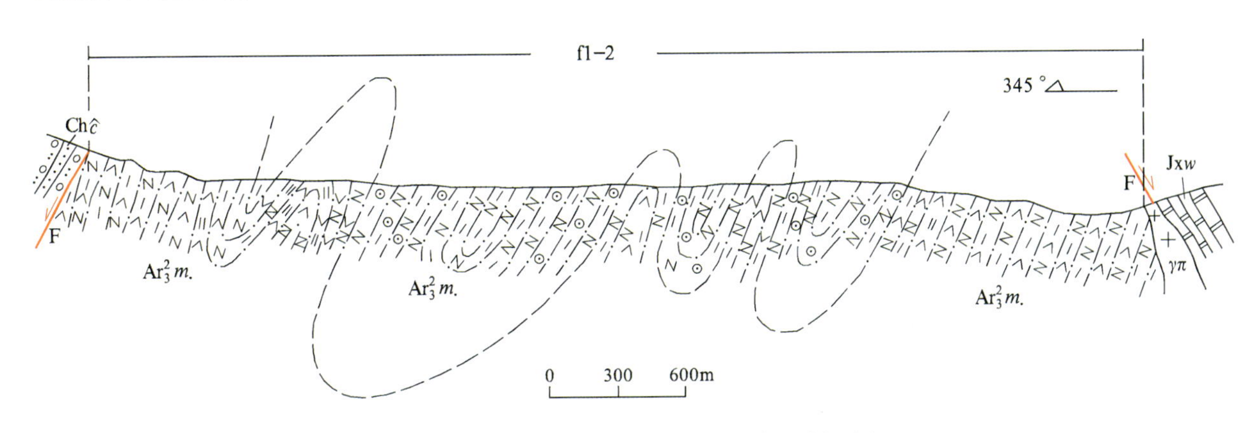

图 19-10 宽城县安达石—张杖子构造剖面图

Jxw-蓟县系雾迷山组;$Ch\hat{c}$-长城系常州沟组;$Ar_3^2m.$-新太古代中期遵化岩群马兰峪岩组;F-一般断裂;f1-2-第一期至第二期褶皱构造代号

3. 新太古代中期滦县岩群中褶皱构造及其叠加演化特征

滦县岩群分布于秦皇岛断块及大巫岚-卢龙构造带中，以发育向形(斜)及束带状褶皱构造为特征，褶皱构造的展布特征反映其形成于近东西向挤压构造环境。

褶皱构造由两期褶皱变形叠加和后期改造形成。第一期褶皱为区域上的第一期褶皱(f1)，最初在新太古代中期近东西向挤压构造环境形成时，为中等开阔的向斜及一系列中等开阔的次级背向斜组成的束带状褶皱构造(图 19-11)，中北部地区褶皱轴迹呈北北东向展布，因受力不均衡南部地区转为北北西向展布(见图 19-1)。第二期褶皱为区域上的第二期褶皱(f2)，形成于新太古代晚期，同向挤压叠加于前期褶皱之上，将前期大部分褶皱改造成为紧闭褶皱，部分改造成为同斜褶皱(图 19-11)。后经历了古元古代及之后多期构造运动改造，部分地段被破坏。这些褶皱构造与大量变质深成侵入岩共同构成不规则穹隆状构造。

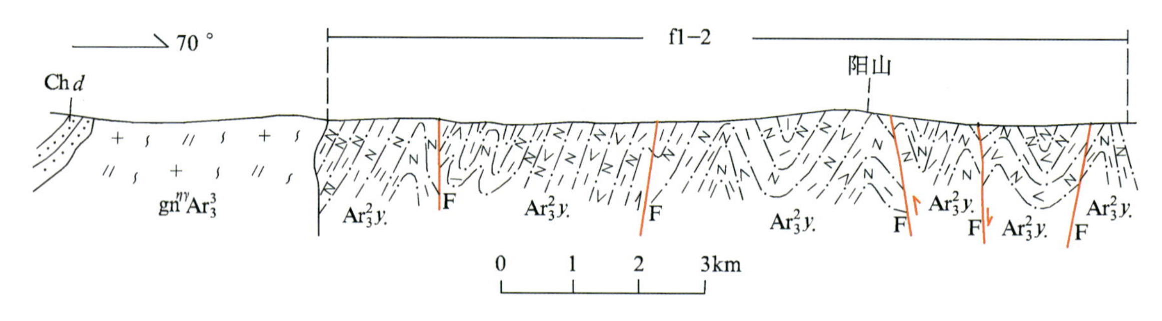

图 19-11 卢龙县阳山一带构造剖面图

Ch*d*-长城纪大红峪组；$Ar_3^2y.$-新太古代中期滦县岩群阳山岩组；$gn^{\eta\gamma}Ar_3^3$-新太古代晚期二长花岗质片麻岩；F-一般断裂；f1-2-第一期至第二期褶皱构造代号

4. 新太古代晚期双山子岩群、朱杖子岩群中褶皱构造及其叠加演化特征

双山子岩群与朱杖子岩群分布于大巫岚-卢龙构造带中，以发育复式向形(斜)构造为特征，褶皱构造的展布特征反映其形成于北西西-南东东向(近东西向)挤压构造环境。

两个岩群中的褶皱构造由两期褶皱变形叠加和后期改造形成。第一期褶皱为区域上的第二期褶皱(f2)，最初在新太古代晚期北西西-南东东向(近东西向)挤压构造环境形成时，为一较为紧闭的复式向斜构造(图 19-12)，主褶皱轴迹在南段呈北北东向展布，因受力不均衡，其北段转为北东向展布(见图 19-1)。第二期褶皱为区域上的第三期褶皱(f3)，形成于古元古代中期，同向挤压叠加于前期褶皱之上，将前期褶皱改造成为同斜褶皱(图 19-12)，后在古元古代晚期及之后多期构造运动改造中以整体运动为主，部分地段被破坏。

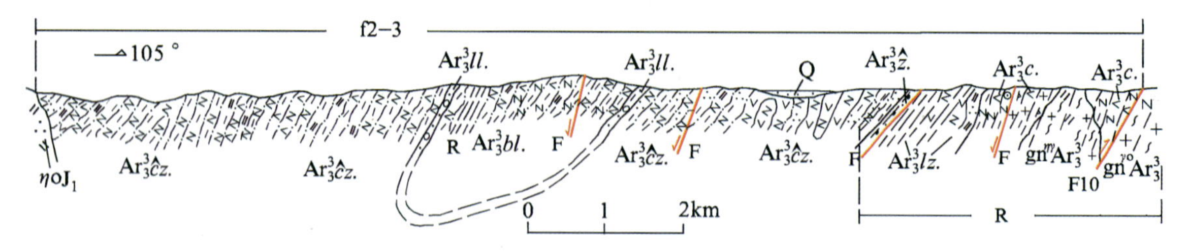

图 19-12 青龙县陈家沟—三合店构造剖面图(据 1∶25 万青龙县幅资料修编)

Q-第四纪地层；新太古代晚期朱杖子岩群：$Ar_3^3bl.$-椁罗台岩组，$Ar_3^3ll.$-老李硐岩组，$Ar_3^3\hat{c}z.$-楮杖子岩组，$Ar_3^3\hat{z}.$-张家沟岩组；新太古代晚期双山子岩群：$Ar_3^3lz.$-鲁杖子岩组，$Ar_3^3c.$-茨榆山岩组；ηoJ_1-早侏罗世石英二长岩；$gn^{\eta\gamma}Ar_3^3$-新太古代晚期二长花岗质片麻岩；$gn^{\gamma o}Ar_3^3$-新太古代晚期奥长花岗质片麻岩；F10-大巫岚-卢龙构造带分界区域断裂；F-一般断裂；R-韧性变形带；f2-3-第二期至第三期褶皱构造代号

二、盖层褶皱构造

本区盖层地层中发育 4 期褶皱构造，代表性褶皱有 90 个，分布与轴迹展布特征如图 19 - 13 所示，典型褶皱的特征描述见《中国区域地质志・河北质》(2007)。

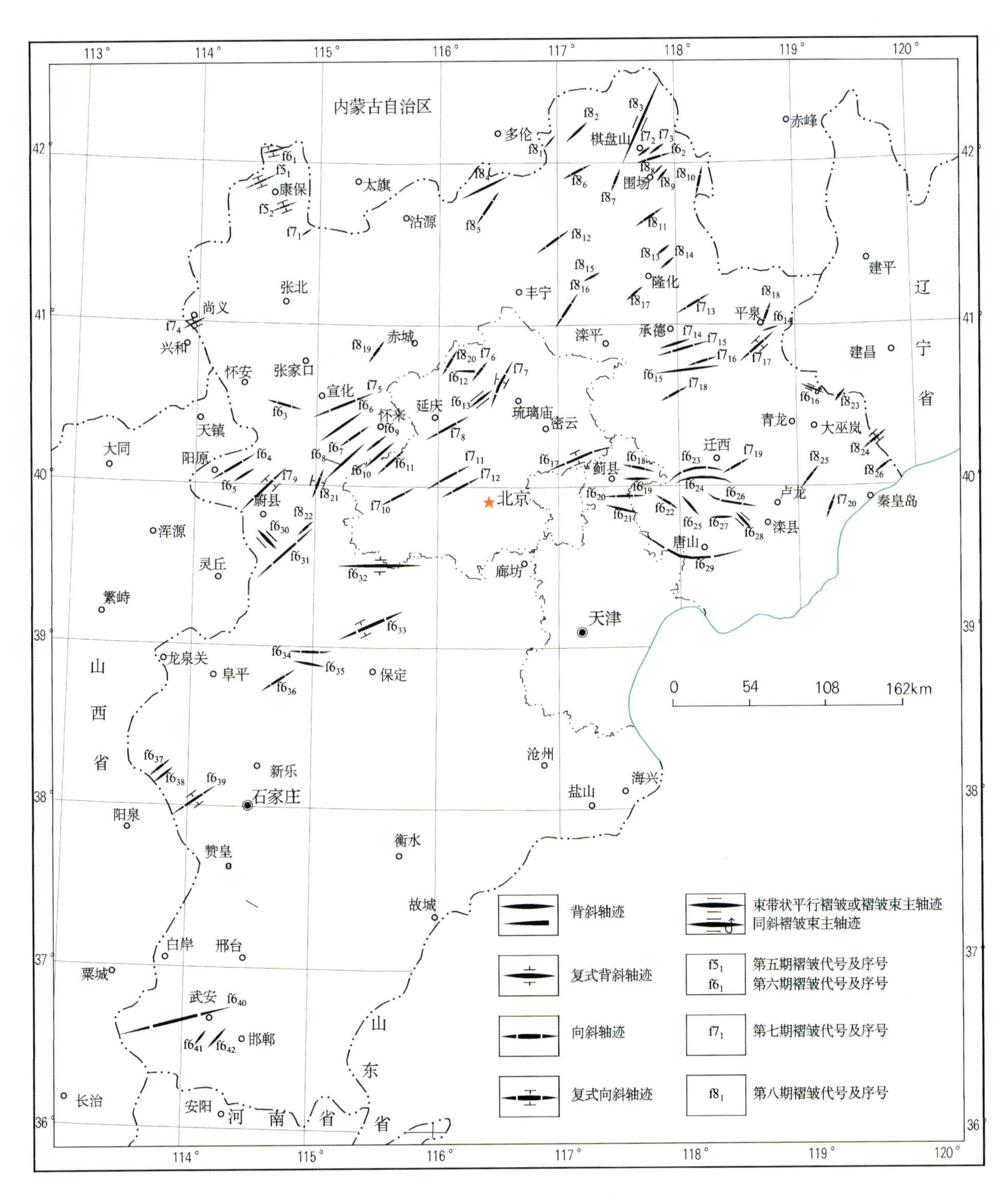

图 19 - 13 盖层主要褶皱分布图

（一）第五期褶皱（f5）

第五期褶皱主要发育于中元古代化德群之中，形成于晚泥盆世—中二叠世近南北向挤压构造环境。本区第五期与第六期褶皱仅在康保-围场区域断裂（F12）以北地区可以分开，在邻区二叠纪三面井组角度不整合于中元古代化德群之上，发育于化德群中的褶皱主要形成于晚泥盆世—中二叠世，发育于二叠纪地层中的褶皱形成于晚二叠世—中三叠世。虽然晚泥盆世—中二叠世的岩浆活动波及了华北北缘隆起带与燕山-辽西盆地带，但褶皱作用仅在康保-围场区域断裂（F12）以北地区表现明显，对以南地区影响甚微。本区第五期褶皱主要有2个（表19－1），褶皱类型为复式向斜，褶皱轴迹呈北东东向展布（见图19－3）。

表19－1　第五期及第六期褶皱主要特征表

编号	褶皱类型	位置	规模	主要特征	轴迹方向
$f5_1$	复式向斜	康保卧龙兔山—戈家营一带	长约25km，宽3～10km	发育于中元古代化德群三夏天组与戈家营组中，由近于平行的开阔至中常的次级三向两背组成，轴面向北北西陡倾，在戈家营一带，转折端特征明显，具有向东（北东东）突出的尖棱状特点。北翼为166°∠56°，南翼为297°∠45°，褶皱轴为240°∠22°，轴面产状328°∠80°	北东东向
$f5_2$	复式向斜	康保县薛家村	长24km，宽6km左右	发育于中元古代化德群三夏天组中，由一系列中常背向斜组成，从区域情况分析为一复式向斜构造，向西撒开，向东仰起。转折端产状近水平，翼部倾角近等，在35°～65°之间	北东东向
$f6_1$	复式向斜	康保县北部胡家村—段艾沟之间	长约20km，宽约15km	发育于早二叠世三面井组与额里图组中，核部为额里图组，两翼由三面井组与额里图组组成。复式向斜由一系列平行排列的开阔背向斜组成，以对称褶皱为主，间夹斜歪褶皱，部分地段被断层切割破坏，转折端与核部岩层近水平，翼部岩层倾角30°～60°	北东东向
$f6_2$	向斜	围场县二道岔—大光顶子	长24km，宽3km左右	发育于早二叠世三面井组中，西段为开阔向斜，东段为开阔斜歪向斜，转折端产状近水平，北翼倾角32°～70°，南翼倾角15°～35°，周围多被断层、岩体破坏和后期地层覆盖	北东东向
$f6_3$	向斜	怀安县郑王庄	长20km，宽16 km左右	发育于中元古代常州沟组至角砾岩层中，为开阔向斜，核部产状近水平，两翼近对称，倾角10°～20°，部分地段被第四系覆盖	北西西向
$f6_4$	向斜	阳原县桑干河两岸	长62km，宽10 km左右	发育于长城系与蓟县系中，为开阔向斜，两翼倾角11°～25°，多被新生代地层覆盖	北东向
$f6_5$	背斜	阳原县龙马庄	长20km，宽8km左右	发育于蓟县系中，为开阔背斜，北翼被第四纪地层覆盖，南翼倾角25°～30°	北东向
$f6_6$	背斜	宣化县赵庄	长36km，宽10km左右	发育于蓟县系中，为开阔背斜，转折端产状近水平，两翼近对称，倾角25°～58°，部分地段被中、新生代地层覆盖	北东向
$f6_7$	向斜	涿鹿县千儿岭	长20km，宽7km左右	发育于蓟县系中，为开阔向斜，转折端产状近水平，两翼近对称，倾角45°～58°，部分地段被中、新生代地层覆盖	北东向
$f6_8$	背斜	涿鹿县马家庙	长28km，宽9km左右	发育于长城系与蓟县系中，为开阔背斜，转折端产状近水平，两翼近对称，倾角19°～45°，部分地段被中、新生代地层覆盖	北东向

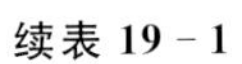

续表 19-1

编号	褶皱类型	位置	规模	主要特征	轴迹方向
$f6_{9}$	向斜	涿鹿县焦家梁	长 15km，宽 7km 左右	发育于蓟县系中，为开阔向斜，转折端产状近水平，两翼近对称，倾角 25°左右，部分地段被中、新生代地层覆盖	北东向
$f6_{10}$	背斜	怀来县孙庄子	长 16km，宽 6km 左右	发育于蓟县系中，为开阔背斜，转折端产状近水平，两翼近对称，倾角 14°～20°，部分地段被新生代地层覆盖	北东向
$f6_{11}$	向斜	怀来县孙庄子南	长 12km，宽 7km 左右	发育于蓟县系至寒武系地层中，为开阔向斜，转折端产状近水平，两翼近对称，倾角 40°左右，部分地段被晚侏罗世岩体侵入	北东向
$f6_{12}$	背斜	延庆县红旗甸	长 12km，宽 8km 左右	发育于长城系与蓟县系中，核部有新太古代晚期变质深成侵入岩出露，为开阔背斜，两翼近对称，倾角 20°左右，东部被断层切割	东西向
$f6_{13}$	褶皱束	延庆县石槽	长 36km，宽 12km 左右	发育于长城系至下马岭组中，由一开阔的向斜和一中常斜歪背斜组成，向斜两翼对称，倾角 24°～45°；背斜两翼不对称，倾角 45°～79°	北东向
$f6_{14}$	背斜	平泉县南双洞	长 12km，宽 4km 左右	发育于蓟县系雾迷山组至三叠系刘家沟组中，为中常背斜，转折端产状近水平，两翼近对称，倾角 50°～70°	北东东向
$f6_{15}$	背斜	承德县柳树底北—上谷北东	长约 36km，宽 1～2.5km	发育于中三叠统二马营组中，甲山以西的南部有下三叠统刘家沟组、和尚沟组出露。整体为一中常背斜构造，转折端产状近水平，两翼近对称，局部呈斜歪状，倾角 50°～65°，局部受断层影响近直立	北东东—近东西向
$f6_{16}$	同斜褶皱束	青龙县大石岭乡红旗杆一带	长约 13km，宽约 7.5km	发育于长城系大红峪组至蓟县系雾迷山组中，由一同斜倒转向斜和一个同斜倒转斜歪背斜组成，两者平行排列，岩层整体向北北东向倾	北西西向
$f6_{17}$	复式向斜	平谷县靠山集	长 50km，宽 40km 左右	发育于长城系至奥陶系中，由开阔至中常的三向两背组成，转折端产状近水平，两翼不太对称，倾角 15°～60°	北东东向
$f6_{18}$	向斜	蓟县平安城	长 15km，宽 4km 左右	发育于长城系至蓟县系中，为开阔向斜，两翼较对称，倾角 30°～50°，核部多被第四系覆盖	北西西向
$f6_{19}$	背斜	蓟县蔡家庄	长 15km，宽 5km 左右	发育于长城系至蓟县系中，为开阔背斜，两翼较对称，倾角 30°～50°，两翼多被第四系覆盖	东西向
$f6_{20}$	向斜	宝坻县大安镇北	长 20km，宽 10km 左右	发育于蓟县系雾迷山组中，为一开阔斜歪向斜，两翼不对称，北翼南倾倾角 15°～20°，南翼北倾倾角 45°～52°	东西向
$f6_{21}$	背斜	宝坻县大安镇北	长 16km，宽 10km 左右	发育于蓟县系雾迷山组中，为开阔背斜，两翼近对称，北翼北倾倾角 45°～52°，南翼南倾倾角 30°～50°，外围被第四系覆盖	北西西向
$f6_{22}$	向斜	遵化市井峪	长 13km，宽 8km 左右	发育于蓟县系雾迷山组中，为开阔向斜，两翼近对称，倾角 20°～45°，部分被第四系覆盖	北西向
$f6_{23}$	向斜	遵化市高户庄	长 30km，宽 6km 左右	发育于蓟县系中，为开阔向斜，两翼近对称，倾角 30°～45°，部分被第四系覆盖	近东西向

续表 19-1

编号	褶皱类型	位置	规模	主要特征	轴迹方向
$f6_{24}$	背斜	迁西县铁厂	长 40km，宽 10km 左右	发育于长城系与蓟县系中，为开阔背斜，两翼近对称，倾角 36°～70°，部分被第四系覆盖	近东西向
$f6_{25}$	背斜	丰润区泉河头	长 20km，宽 5km 左右	发育于蓟县系中，为开阔背斜，两翼近对称，倾角 10°～20°，部分被第四系覆盖	北西向
$f6_{26}$	向斜	丰润区王官营	长 30km，宽 10km 左右	发育于蓟县系至奥陶系中，为开阔向斜，两翼近对称，倾角 20°～45°，被断层切成多段，部分被第四系覆盖	北西—北西西向
$f6_{27}$	背斜	滦县榛子镇南	长 15km，宽 8km 左右	发育于蓟县系至青白口系中，为开阔背斜，两翼对称，倾角 20°～30°，大部分被第四系覆盖	东西向
$f6_{28}$	褶皱束	滦县青龙山	长 12km，宽 8km 左右	发育于长城系与蓟县系中，由开阔至中常的两背两向组成，背斜核部有太古宙变质基底出露，两翼倾角 40°～80°，向斜呈斜歪状	北西向
$f6_{29}$	向斜	唐山南	长 100km，宽约 32km	发育于蓟县系至二叠系中，为开阔向斜，两翼倾角 25°～40°，大部分被第四系覆盖	北西向—北东东向
$f6_{30}$	褶皱束	蔚县摆宴坨	长 25km，宽 21km 左右	发育于蓟县系至奥陶系中，由平行开阔背向斜组成，转折端产状近水平，两翼近对称倾角 12°～20°，部分被第四系覆盖	北西向
$f6_{31}$	向斜	蔚县草驼	长 65km，宽 25km 左右	发育于蓟县系至奥陶系中，为开阔向斜，核部产状近水平，两翼近对称，倾角 10°～12°，核部部分地段被侏罗纪、白垩纪地层覆盖	北东向
$f6_{32}$	复式背斜	涞水县长安庄	长 50km，宽 36km 左右	发育于蓟县系至二叠系中，为一不规则开阔复式向斜，北翼较完整，南翼不完整，向东倾伏，两翼倾角 12°～41°	东西向
$f6_{33}$	复式向斜	易县苏家坟—徐水县大王店之间	长约 50km，宽约 42km	发育于蓟县系高于庄组至奥陶系马家沟组中，局部有石炭系太原组及二叠系山西组零星出露。由一系列平行和近于平行的开阔、中常、紧闭及同斜倒转褶皱组成，经后期构造改造变得更为复杂	北东东向
$f6_{34}$	向斜	顺平县台鱼	长 25km，宽 4km 左右	发育于蓟县系至奥陶系中，为一开阔向斜，北翼较完整，南翼被断层切割，两翼倾角 20°～30°	东西向
$f6_{35}$	背斜	顺平县河口	长 20km，宽 8km 左右	发育于蓟县系中，为一开阔背斜，转折端产状近水平，两翼近对称，倾角 20°～35°，局部被断层切割	北西西向
$f6_{36}$	向斜	曲阳县灵山	长 38km，宽 15km 左右	发育于蓟县系至二叠系中，为一开阔至中常向斜，核部产状近水平，两翼近对称，倾角 30°～70°，西南部多被新生代地层覆盖	北东向
$f6_{37}$	向斜	平山县狮子坪	长 10km，宽 8km 左右	发育于寒武系至奥陶系中，为开阔向斜，核部产状近水平，两翼近对称，倾角 15°～20°，西南部延入邻区	北东向
$f6_{38}$	背斜	井陉县冀南沟	长 10km，宽 8km 左右	发育于寒武系至奥陶系中，为不规则开阔向斜，转折端产状近水平，两翼近对称，倾角 20°～40°，西南部延入邻区	北东向

续表 19－1

编号	褶皱类型	位置	规模	主要特征	轴迹方向
$f6_{39}$	复式向斜	井陉矿区	长 42km，宽 26km 左右	发育于长城系至石炭系中，由开阔的三向两背组成，转折端与核部产状近水平，翼部近对称，倾角 13°～48°，核部部分被第四系覆盖	北东向
$f6_{40}$	向斜	武安	长 82km，宽 46km 左右	发育于长城系至三叠系中，为不规则开阔向斜，向西仰起，向东撒开，两翼近对称，倾角 10°～38°，部分地段被第四系覆盖等	北东东向
$f6_{41}$	向斜	峰峰矿区和村	长 10km，宽 2km 左右	发育于石炭系中，为开阔向斜，两翼近对称，倾角 20°左右，大部分地段被第四系覆盖	北东向
$f6_{42}$	背斜	武安市淑村东	长 16km，宽 6km 左右	发育于石炭系至三叠系中，为开阔背斜，两翼近对称，倾角 20°左右，部分地段被第四系覆盖	北东向

（二）第六期褶皱（f6）

第六期褶皱主要发育于中元古代早期—中生代早期地层之中，形成于晚二叠世—中三叠世近南北向挤压构造环境。本区该期褶皱主要有 42 个，褶皱类型主要有开阔褶皱、紧闭褶皱、复式褶皱、束带状平行褶皱或褶皱束、同斜平行褶皱或同斜褶皱束等。具有开阔褶皱多位于断块内部、远离边界断裂，而紧闭褶皱与同斜褶皱多位于断块近边缘—边界断裂附近的规律性。因各断块、各次级断块边界断裂的影响受力不均匀及后期构造的改造，褶皱轴迹主要呈北西—北西西向、东西向、北东—北东东向展布（见图 19－3，表 19－1）。

（三）第七期褶皱（f7）

本区第七期褶皱主要发育于晚三叠世至晚侏罗世地层之中，形成于侏罗纪北西-南东向挤压构造环境。本区该期褶皱主要有 20 个（表 19－2），褶皱类型主要有开阔褶皱、紧闭褶皱、复式褶皱及斜歪褶皱等，多以继承盆地形成的向斜构造为主，向斜核部产状多较平缓，个别为背斜构造。褶皱轴迹以北东向展布为主，北北东向及北东东向展布者较少（见图 19－13）。

表 19－2　第七期褶皱主要特征表

编号	褶皱类型	位置	规模	主要特征	轴迹方向
$f7_1$	背斜	康保县小石沟门	长 3km，宽 1km 左右	发育于早侏罗世下花园组中，为开阔至中常背斜，转折端产状近水平，两翼近对称，倾角近等，在 50°左右，南翼被断层破坏，北部与西部被第四系覆盖	北东向
$f7_2$	向斜	围场县白云皋沟门	长 12km，宽 5km 左右	发育于晚侏罗世土城子组中，为开阔向斜，核部产状近水平，两翼近对称，倾角 20°～30°，局部达 50°，核部与南东翼保存较好，北西翼被断层破坏和第四系覆盖，两端被早白垩世张家口组覆盖	北东向
$f7_3$	向斜	围场县菜树沟	长 14km，宽 7km 左右	发育于早侏罗世下花园组中，为开阔向斜，核部产状近水平，两翼近对称，倾角 30°～50°，核部与南东翼保存较好，北西翼被断层破坏和早白垩世张家口组覆盖，部分地段被第四系覆盖	北东向

续表 19-2

编号	褶皱类型	位置	规模	主要特征	轴迹方向
$f7_4$	复式向斜	尚义县营子湾	长 15km，宽 12km 左右	发育于侏罗系下花园组、九龙山组、土城子组中，由 3 个开阔向斜和两个中常背斜组成，转折端与核部产状近水平，翼部近对称，向斜翼部倾角 10°～30°，背斜翼部倾角 40°～60°，局部达 80°，北部被断层破坏，部分地段被后期地层覆盖	北东向
$f7_5$	向斜	下花园区段家堡一带	长 58km，宽 15km 左右	发育于侏罗系南大岭组至土城子组中，为不规则开阔向斜，部分地段具有复式向斜的特点，向北东东仰起，向南西西倾伏撒开，核部产状近水平，两翼近对称，倾角 15°～35°之间，局部达 70°，部分地段被断层破坏和第四纪地层覆盖	北东东向
$f7_6$	向斜	延庆县千家店	长 27km，宽 4km 左右	发育于晚侏罗世土城子组中，为中常至紧闭的斜歪向斜，核部产状近水平，北西西翼被断层破坏，产状陡，倾角 65°～85°；南东东翼产状变化大，倾角 21°～70°，南端仰起尖灭，北端被断层破坏	北北东向
$f7_7$	复式向斜	怀柔区宝山寺	长 45km，宽 11km 左右	发育于中晚侏罗世髫髫山组与土城子组中，南南西段为一开阔向斜，北北东段由开阔与中常的三向两背组成复式向斜，转折端与核部产状近水平，两翼近对称，倾角 22°～60°，局部达 80°，东部与北部被断层破坏，西部保存较好	北北东向
$f7_8$	向斜	延庆县燕羽山	长 17km，宽 7.5km 左右	发育于中晚侏罗世髫髫山组中，为开阔向斜，核部产状近水平，两翼近对称，倾角 20°～35°，其南东被后期岩体侵入，北西多被第四系覆盖，部分地段被断层破坏	北东向
$f7_9$	复式向斜	蔚县辛窑子	长 55km，宽 33km 左右	发育于侏罗系下花园组至土城子组中，为开阔复式向斜，转折端与核部产状近水平，北翼较完整，单个背斜与向斜两翼近对称，倾角 10°～25°；南翼大部分被第四系覆盖，出露不完整	北东向
$f7_{10}$	向斜	门头沟区田寺	长 28km，宽 12km 左右	发育于侏罗系南大岭组至土城子组中，为开阔向斜，核部产状近水平，两翼近对称，倾角 15°～45°，西部被早白垩世张家口组覆盖，部分地段被断层破坏	北东向
$f7_{11}$	向斜	门头沟区妙峰山	长 32km，宽 10km 左右	发育于侏罗系南大岭组至土城子组中，为不规则开阔向斜，核部产状近水平，两翼近对称，倾角 15°～45°，部分地段被断层破坏，北东端被后期岩体侵入和被新生代地层覆盖	北东向
$f7_{12}$	向斜	门头沟区三家店	长 28km，宽 10km 左右	发育于晚三叠世杏石口组至中侏罗世九龙山组中，为开阔斜歪向斜，与南邻较小的褶皱构造可组成复式向斜；核部产状近水平，两翼不对称，北西翼倾角 24°～50°，南东翼倾角 15°～35°，部分地段被新生代地层覆盖	北东向

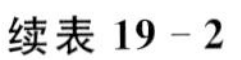

续表 19 - 2

编号	褶皱类型	位置	规模	主要特征	轴迹方向
$f7_{13}$	向斜	承德县兴隆山	长 13km，宽 10km 左右	发育于中晚侏罗世髫髻山组与土城子组中，为开阔向斜，可与其北西部较小的褶皱组成复式向斜；核部产状近水平，两翼近对称，倾角 12°～30°，核部有潜火山岩侵位，部分地段被第四系覆盖	北东向
$f7_{14}$	背斜	鸡冠山—大梁一带	长约 10km，宽约 8km	发育于中晚侏罗世髫髻山组与土城子组中，为一中常斜歪背斜构造，北北西翼及两端多被张家口组角度不整合覆盖，出露不完整，岩层向北北西倾斜，倾角 50°～60°。转折端产状近水平，南南东翼保存较完整，岩层向南南东倾斜，倾角 30°左右	北东东向
$f7_{15}$	向斜	上板城—孟家院	长约 35km，宽约 12km	发育于中晚侏罗世髫髻山组与土城子组中，为一中常斜歪向斜构造，与大梁背斜共同构成"N"形平行褶皱，北北西翼与大梁背斜南南东翼相接，岩层向南南东倾斜，倾角 30°左右。核部产状近水平，南南东翼岩层向北北西倾斜，倾角 27°～60°	北东东向
$f7_{16}$	向斜	承德县黄杖子北部干沟子一带	长约 10km，宽约 3km	发育于晚三叠世杏石口组、早侏罗世南大岭组及下花园组中，为一紧闭向斜构造，北北西翼被断层破坏，出露不完整，岩层陡倾，倾角 55°～90°。南南东翼完整，叠加于第六期褶皱之上，倾角 40°～80°	北东东向
$f7_{17}$	复式向斜	平泉县姚杖子	长 30km，宽 10km 左右	发育于晚三叠世杏石口组至早侏罗世下花园组中，由开阔的两向一背组成，继承盆地形成；转折端与核部产状近水平，两翼近对称，倾角 14°～65°，西北部及南西端被断层破坏，北东端延入邻区	北东向
$f7_{18}$	向斜	兴隆县车河堡	长 26km，宽 15km 左右	发育于中晚侏罗世九龙山组至土城子组中，为开阔向斜，核部产状近水平，两翼近对称，倾角 15°～30°，外围多被断层破坏	北东向
$f7_{19}$	向斜	迁西县新集	长 25km，宽 5km 左右	发育于晚侏罗世土城子组中，为开阔向斜，核部产状近水平，两翼近对称，倾角 10°～20°，外围多被断层破坏，部分地段被第四系覆盖	北东向
$f7_{20}$	向斜	抚宁县河潮营	长 15km，宽 3km 左右	发育于侏罗系下花园组与髫髻山组中，为开阔斜歪向斜，核部产状近水平，两翼不对称，北西西翼较陡，倾角 50°左右，南东东翼较缓，倾角 30°～40°，部分地段被第四系覆盖	北北东向

(四)第八期褶皱(f8)

本区第八期褶皱主要发育于早白垩世早期至中期地层之中，形成于早白垩世北西西-南东东向或北西-南东向挤压构造环境。本区该期褶皱主要有 26 个(表 19 - 3)，褶皱类型以开阔褶皱为特征，多以继承盆地或火山机构形成的向斜构造为主，少量为背斜构造，个别为束带状平行褶皱或褶皱束等。此外，在丰宁县大阁—南辛营，滦平县金台子及虎什哈西、滦平，迁安县徐流营，涞水县铁角等地发育一侧被断层切割的单斜构造。该期褶皱的轴迹呈北北东向、北东向展布(见图 19 - 13)。

表 19-3 第八期褶皱主要特征表

编号	褶皱类型	位置	规模	主要特征	轴迹方向
$f8_1$	背斜	围场县南大洼	长 12km，宽 6km 左右	主要发育于早白垩世张家口组中，为一开阔背斜构造，向北东方向倾伏，向南西方向仰起，南西段核部有中元古代化德群出露；两翼近对称，倾角 15°～40°	北东向
$f8_2$	背斜	围场县车道沟门	长 20km，宽 10km 左右	发育于早白垩世张家口组中，为开阔背斜，转折端产状近水平，两翼近对称，倾角 15°～30°，部分地段被潜火山岩侵位和新生代地层覆盖	北东向
$f8_3$	平行褶皱束	围场县棋盘山西北	长 60km，宽 30km 左右	发育于早白垩世张家口组至义县组中，以发育波状浪束带状开阔平行褶皱（褶皱束）为特征，核部与转折端产状近水平，翼部岩层倾角 15°～30°，多被新生代地层覆盖，出露不完整	北北东向
$f8_4$	背斜	丰宁北部杨家营子一带	长 33km，宽 15km 左右	发育于早白垩世张家口组至义县组中，为开阔背斜，转折端产状近水平，两翼近对称，倾角 15°～30°，部分地段被第四系覆盖	北东向
$f8_5$	向斜	丰宁县尖长沟至李起龙一带	长约 15km，宽约 6km	发育于早白垩世张家口组与大北沟组中，为一开阔向斜构造，北西西翼被断层切割破坏和被早白垩世早期石英二长斑岩限制，保存不完整，岩层倾向南东东，倾角 30°～50°；核部产状平缓，南东东翼保存较完整，倾向北西西，倾角 10°～35°，局部被断层切割和被第四系覆盖	北北东向
$f8_6$	向斜	围场县裕泰丰	长 15km，宽 12km 左右	发育于早白垩世张家口组至义县组中，为开阔向斜，核部产状近水平，两翼近对称，倾角 10°～15°，部分地段被断层破坏和第四纪地层覆盖	北东向
$f8_7$	向斜	围场县张家大院	长 15km，宽 12km 左右	发育于早白垩世张家口组至义县组中，为开阔向斜，内部与外围多被断层破坏；核部产状近水平，两翼近对称，倾角 20°～50°，部分地段被新生代地层覆盖	北北东向
$f8_8$	向斜	围场县五道营子—大湖素汰一带	长约 9km，宽约 4km	发育于早白垩世中期九佛堂组中，为一开阔背斜，转折端产状近水平，两翼近对称，倾角 15°～36°。局部被新生代地层覆盖，形成于早白垩世中晚期挤压构造环境	北北东向
$f8_9$	向斜	围场县根菜沟	长 7.5km，宽 5km 左右	发育于早白垩世义县组与九佛堂组中，为开阔向斜，核部产状近水平，两翼近对称，倾角 30°～50°	北北东向
$f8_{10}$	向斜	围场县太平地西	长 25km，宽 20km 左右	发育于早白垩世张家口组中，为开阔向斜，核部产状近水平，两翼近对称，倾角 12°～30°，核部有早白垩世二长花岗斑岩侵位	北北东向
$f8_{11}$	向斜	围场县唐三营	长 15km，宽 10km 左右	发育于早白垩世张家口组、义县组中，为开阔向斜，核部产状近水平，两翼倾角 10°～30°，北西翼被断层破坏，出露不全；南东翼保存较好；部分地段被第四系覆盖	北东向

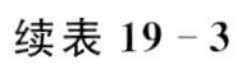

续表 19－3

编号	褶皱类型	位置	规模	主要特征	轴迹方向
$f8_{12}$	向斜	隆化县黄家窝铺	长 27km，宽 11km 左右	发育于早白垩世张家口组、义县组中，为开阔向斜，核部产状近水平，两翼倾角 20°～40°，部分地段被第四系覆盖	北东向
$f8_{13}$	背斜	隆化县小黑沟门	长 16km，宽 8km 左右	发育于早白垩世张家口组中，南西段核部有古元古代晚期变质二长花岗岩出露，北西段有早白垩世晚期石英正长斑岩侵位，转折端产状近水平，两翼近对称，倾角 20°～45°	北东向
$f8_{14}$	向斜	隆化县荒地	长 17km，宽 5km 左右	发育于早白垩世张家口组中，为开阔向斜，核部产状近水平，两翼近对称，倾角 15°～57°，北西翼与小黑沟门背斜南东翼相接，部分地段早白垩世晚期石英正长斑岩侵位；南东翼不整合于前白垩纪岩体之上；部分地段被第四系覆盖	北东向
$f8_{15}$	向斜	丰宁县凤山北	长 12km，宽 10km 左右	发育于早白垩世张家口组与九佛堂组中，北西翼被断层破坏出露不完整；南东翼保存较完整，两翼倾角 10°～30°，部分地段被第四系覆盖	北东向
$f8_{16}$	向斜	丰宁县石人沟	长 15km，宽 6km 左右	发育于早白垩世张家口组与大北沟组中，为开阔向斜，核部产状近水平，两翼倾角 20°～30°，北西翼被断层破坏出露不完整；南东翼保存完整，角度不整合于土城子组之上；部分地段被第四系覆盖	北北东向
$f8_{17}$	向斜	隆化县超梁沟	长 10km，宽 10km 左右	发育于早白垩世张家口组中，为开阔向斜，继承盆地形成；核部产状近水平，两翼倾角 16°～45°，部分地段被第四系覆盖	北东向
$f8_{18}$	向斜	平泉县杨杖子	长 10km，宽 3km 左右	发育于早白垩世张家口组与九佛堂组中，为开阔向斜，核部产状近水平，两翼倾角 10°～30°，部分地段被第四系覆盖	北北东向
$f8_{19}$	向斜	赤城县外口	长 7km，宽 5km 左右	发育于早白垩世张家口组中，继承火山盆地形成，为不规则开阔向斜，核部产状近水平，两翼倾角 16°～30°，部分地段被第四系覆盖	北北东向
$f8_{20}$	向斜	赤城县姚家湾	长 20km，宽 6km 左右	发育于早白垩世张家口组中，继承火山盆地形成，叠加于晚侏罗世土城子组之上，为开阔向斜，核部产状近水平，两翼倾角 15°～20°，部分地段被第四系覆盖等	北北东向
$f8_{21}$	复式向斜	蔚县桃花	长 38km，宽 17km 左右	发育于早白垩世张家口组中，继承火山盆地形成，叠加于晚侏罗世土城子组之上，为开阔复式向斜，转折端与核部产状近水平，翼部倾角 13°～45°，部分地段被第四系覆盖等	北北东向
$f8_{22}$	向斜	蔚县南骆驼庵	长 17km，宽 8km 左右	发育于早白垩世张家口组中，继承火山盆地形成，为开阔向斜，核部产状近水平，两翼倾角 10°～20°	北东向
$f8_{23}$	向斜	青龙县半斤沟	长 9km，宽 13km 左右	发育于早白垩世张家口组中，继承火山盆地形成，为开阔向斜，核部产状近水平，两翼近对称，倾角 20°～45°，北东段延入邻区并被断层切割破坏	北东向

续表 19-3

编号	褶皱类型	位置	规模	主要特征	轴迹方向
$f8_{24}$	复式向斜	青龙县鞍子山	长 22km，宽 15km 左右	发育于早白垩世张家口组中，继承火山盆地形成，为开阔复式向斜，由开阔斜歪状两向一背组成，转折端与核部产状近水平，翼部倾角 10°～50°，有环带状正长斑岩脉侵入，北东段延入邻区	北东向
$f8_{25}$	向斜	抚宁县干涧	长 13km，宽 13km 左右	发育于早白垩世张家口组与九佛堂组中，继承盆地形成，为开阔向斜，核部产状近水平，两翼倾角 10°～50°，北东端被断层破坏	北东向
$f8_{26}$	向斜	山海关区石河水库	长 11km，宽 8km 左右	发育于早白垩世张家口组中，继承火山盆地形成，为开阔向斜，中部大部分地段及外围多被早白垩世晚期斑状碱性花岗岩侵位，两翼倾角 30°～45°	北东向

三、与侵入体有关的褶皱构造

本区各阶段的构造运动中，均伴有岩浆侵入活动。岩浆在上侵就位过程中，对其围岩产生侧向挤压，造成一批与侵入体有关的褶皱变形，以晚三叠世—晚白垩世阶段各期次大、中型岩体周围最发育。区内该类成因的褶皱类型，主要有斜歪向斜、穹隆状背斜、弧形褶皱及倒转斜歪背斜（图 19-14）等。褶皱类型的不同，取决于岩浆上侵的角度、岩体的剥蚀深度和伴随断裂的影响程度等。

1. 斜歪向斜

代表性的斜歪向斜位于青龙县响山岩体（早白垩世中期正长花岗岩及早白垩世晚期碱性花岗岩）东侧，发育于青白口系至侏罗系之中（图 19-14A），部分地段被断层切割破坏。褶皱轴迹近平行于岩体东边界，呈南北向展布，西翼向东陡倾，倾角 60°～80°；东翼向西倾斜，相对较缓，倾角 30°～45°；显示了由近岩体向远离岩体受力程度由强变弱的特点。

2. 穹隆状背斜

代表性的穹隆状背斜位于蓟县盘山岩体（晚三叠世斑状石英二长岩与斑状二长花岗岩）周围，发育于长城系至蓟县系之中（图 19-14B），部分地段被断层切割破坏。该穹隆状背斜以岩体为中心，岩层呈围斜外倾状，倾角 19°～45°。

3. 弧形褶皱

代表性的弧形褶皱位于房山岩体（早白垩世早期石英闪长岩与花岗闪长岩）周围，发育于长城系至侏罗系之中（图 19-14C），部分地段被断层切割破坏。该弧形褶皱以岩体为中心，轴迹呈近环状分布。此外，在昌平—怀柔北部的大黑山岩体与大羊山岩体围岩中，也可见到弧形向斜和弧形背斜构造。

4. 倒转斜歪背斜

代表性的倒转斜歪背斜位于涞源县王安镇岩体（早白垩世中期石英二长闪长岩、二长花岗岩及正长花岗岩）西侧，发育于蓟县系雾迷山组之中（图 19-14D）。褶皱轴迹平行于岩体西边界呈近南北向展布，两翼均向西倾斜，西翼较缓，倾角 26°～40°；东翼为倒转翼，较陡，倾角 65°左右；显示了由近岩体向远离岩体受力程度由强变弱的特点。

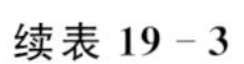

续表 19－3

编号	褶皱类型	位置	规模	主要特征	轴迹方向
$f8_{12}$	向斜	隆化县黄家窝铺	长 27km，宽 11km 左右	发育于早白垩世张家口组、义县组中，为开阔向斜，核部产状近水平，两翼倾角 20°～40°，部分地段被第四系覆盖	北东向
$f8_{13}$	背斜	隆化县小黑沟门	长 16km，宽 8km 左右	发育于早白垩世张家口组中，南西段核部有古元古代晚期变质二长花岗岩出露，北西段有早白垩世晚期石英正长斑岩侵位，转折端产状近水平，两翼近对称，倾角 20°～45°	北东向
$f8_{14}$	向斜	隆化县荒地	长 17km，宽 5km 左右	发育于早白垩世张家口组中，为开阔向斜，核部产状近水平，两翼近对称，倾角 15°～57°，北西翼与小黑沟门背斜南东翼相接，部分地段早白垩世晚期石英正长斑岩侵位；南东翼不整合于前白垩纪岩体之上；部分地段被第四系覆盖	北东向
$f8_{15}$	向斜	丰宁县凤山北	长 12km，宽 10km 左右	发育于早白垩世张家口组与九佛堂组中，北西翼被断层破坏出露不完整；南东翼保存较完整，两翼倾角 10°～30°，部分地段被第四系覆盖	北东向
$f8_{16}$	向斜	丰宁县石人沟	长 15km，宽 6km 左右	发育于早白垩世张家口组与大北沟组中，为开阔向斜，核部产状近水平，两翼倾角 20°～30°，北西翼被断层破坏出露不完整；南东翼保存完整，角度不整合于土城子组之上；部分地段被第四系覆盖	北北东向
$f8_{17}$	向斜	隆化县超梁沟	长 10km，宽 10km 左右	发育于早白垩世张家口组中，为开阔向斜，继承盆地形成；核部产状近水平，两翼倾角 16°～45°，部分地段被第四系覆盖	北东向
$f8_{18}$	向斜	平泉县杨杖子	长 10km，宽 3km 左右	发育于早白垩世张家口组与九佛堂组中，为开阔向斜，核部产状近水平，两翼倾角 10°～30°，部分地段被第四系覆盖	北北东向
$f8_{19}$	向斜	赤城县外口	长 7km，宽 5km 左右	发育于早白垩世张家口组中，继承火山盆地形成，为不规则开阔向斜，核部产状近水平，两翼倾角 16°～30°，部分地段被第四系覆盖	北北东向
$f8_{20}$	向斜	赤城县姚家湾	长 20km，宽 6km 左右	发育于早白垩世张家口组中，继承火山盆地形成，叠加于晚侏罗世土城子组之上，为开阔向斜，核部产状近水平，两翼倾角 15°～20°，部分地段被第四系覆盖等	北北东向
$f8_{21}$	复式向斜	蔚县桃花	长 38km，宽 17km 左右	发育于早白垩世张家口组中，继承火山盆地形成，叠加于晚侏罗世土城子组之上，为开阔复式向斜，转折端与核部产状近水平，翼部倾角 13°～45°，部分地段被第四系覆盖等	北北东向
$f8_{22}$	向斜	蔚县南骆驼庵	长 17km，宽 8km 左右	发育于早白垩世张家口组中，继承火山盆地形成，为开阔向斜，核部产状近水平，两翼倾角 10°～20°	北东向
$f8_{23}$	向斜	青龙县半斤沟	长 9km，宽 13km 左右	发育于早白垩世张家口组中，继承火山盆地形成，为开阔向斜，核部产状近水平，两翼近对称，倾角 20°～45°，北东段延入邻区并被断层切割破坏	北东向

续表 19－3

编号	褶皱类型	位置	规模	主要特征	轴迹方向
$f8_{24}$	复式向斜	青龙县鞍子山	长 22km，宽 15km 左右	发育于早白垩世张家口组中，继承火山盆地形成，为开阔复式向斜，由开阔斜歪状两向一背组成，转折端与核部产状近水平，翼部倾角 10°～50°，有环带状正长斑岩脉侵入，北东段延入邻区	北东向
$f8_{25}$	向斜	抚宁县干涧	长 13km，宽 13km 左右	发育于早白垩世张家口组与九佛堂组中，继承盆地形成，为开阔向斜，核部产状近水平，两翼倾角 10°～50°，北东端被断层破坏	北东向
$f8_{26}$	向斜	山海关区石河水库	长 11km，宽 8km 左右	发育于早白垩世张家口组中，继承火山盆地形成，为开阔向斜，中部大部分地段及外围多被早白垩世晚期斑状碱性花岗岩侵位，两翼倾角 30°～45°	北东向

三、与侵入体有关的褶皱构造

本区各阶段的构造运动中，均伴有岩浆侵入活动。岩浆在上侵就位过程中，对其围岩产生侧向挤压，造成一批与侵入体有关的褶皱变形，以晚三叠世—晚白垩世阶段各期次大、中型岩体周围最发育。区内该类成因的褶皱类型，主要有斜歪向斜、穹隆状背斜、弧形褶皱及倒转斜歪背斜（图 19－14）等。褶皱类型的不同，取决于岩浆上侵的角度、岩体的剥蚀深度和伴随断裂的影响程度等。

1. 斜歪向斜

代表性的斜歪向斜位于青龙县响山岩体（早白垩世中期正长花岗岩及早白垩世晚期碱性花岗岩）东侧，发育于青白口系至侏罗系之中（图 19－14A），部分地段被断层切割破坏。褶皱轴迹近平行于岩体东边界，呈南北向展布，西翼向东陡倾，倾角 60°～80°；东翼向西倾斜，相对较缓，倾角 30°～45°；显示了由近岩体向远离岩体受力程度由强变弱的特点。

2. 穹隆状背斜

代表性的穹隆状背斜位于蓟县盘山岩体（晚三叠世斑状石英二长岩与斑状二长花岗岩）周围，发育于长城系至蓟县系之中（图 19－14B），部分地段被断层切割破坏。该穹隆状背斜以岩体为中心，岩层呈围斜外倾状，倾角 19°～45°。

3. 弧形褶皱

代表性的弧形褶皱位于房山岩体（早白垩世早期石英闪长岩与花岗闪长岩）周围，发育于长城系至侏罗系之中（图 19－14C），部分地段被断层切割破坏。该弧形褶皱以岩体为中心，轴迹呈近环状分布。此外，在昌平—怀柔北部的大黑山岩体与大羊山岩体围岩中，也可见到弧形向斜和弧形背斜构造。

4. 倒转斜歪背斜

代表性的倒转斜歪背斜位于涞源县王安镇岩体（早白垩世中期石英二长闪长岩、二长花岗岩及正长花岗岩）西侧，发育于蓟县系雾迷山组之中（图 19－14D）。褶皱轴迹平行于岩体西边界呈近南北向展布，两翼均向西倾斜，西翼较缓，倾角 26°～40°；东翼为倒转翼，较陡，倾角 65°左右；显示了由近岩体向远离岩体受力程度由强变弱的特点。

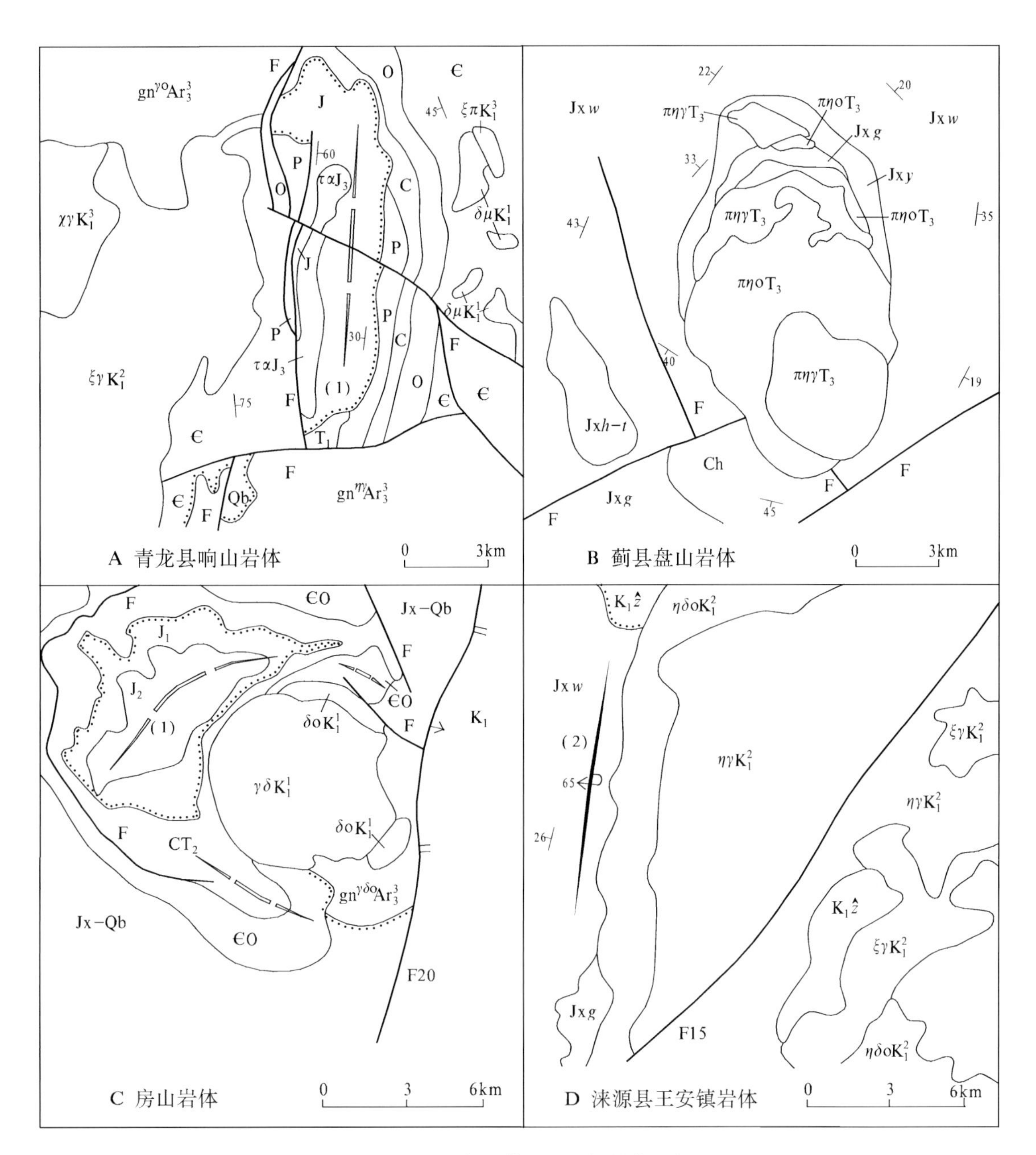

图 19－14　与侵入体有关的褶皱构造例图

$K_1\hat{z}$－下白垩统张家口组；J_2－中侏罗统；J_1－下侏罗统；J－侏罗系；T_1－下三叠统；P－二叠系；C－石炭系；CT_2－石炭系-中三叠统；O－奥陶系；∈－寒武系；∈O－寒武系—奥陶系；Qb－青白口系；蓟县系：$Jxh-t$－洪水庄组至铁岭组，Jxw－雾迷山组，Jxy－杨庄组，Jxg－高于庄组；Jx－Qb－蓟县系—青白口系；Ch－长城系；$\tau\alpha J_3$－晚侏罗世潜粗安岩；早白垩世晚期岩体：$x\gamma K_1^3$－碱性花岗岩，$\xi\pi K_1^3$－正长斑岩；早白垩世中期岩体：$\xi\gamma K_1^2$－正长花岗岩，$\eta\gamma K_1^2$－二长花岗岩，$\eta\delta o K_1^2$－石英二长闪长岩；早白垩世早期岩体：$\gamma\delta K_1^1$－花岗闪长岩，$\delta o K_1^1$－石英闪长岩，$\delta\mu K_1^1$－闪长玢岩；晚三叠世岩体：$\pi\eta\gamma T_3$－斑状二长花岗岩，$\pi\eta o T_3$－斑状石英二长岩；新太古代晚期变质深成侵入岩：$gn^{\eta\gamma}Ar_3^3$－二长花岗质片麻岩，$gn^{\gamma o}Ar_3^3$－奥长花岗质片麻岩，$gn^{\gamma\delta o}Ar_3^3$－英云闪长质片麻岩；F15－上黄旗-乌龙沟区域断裂；F20－太行山-燕山山前区域断裂；F－一般断裂；(1)-向斜轴迹；(2)-倒转斜歪背斜轴迹

第二节 断裂构造

本区断裂构造总计近700条，根据断裂的性质、规模及构造作用特点等，可划分为区域断裂（主要断裂）、一般断裂。

一、区域断裂构造特征

本区区域断裂构造（图19-15）可分为重要的和较重要的两类，重要区域断裂构造有20条，规模大，经历了长期的发展演化过程，具有多期次活动和性质多变的特点；具有重要的导岩、导矿和控岩、控矿作用，对两侧地体地史的发展演化具有重要控制意义，为不同级别各类构造单元的天然分界线。较重要的区域断裂构造主要有8条，在规模上相对较小，也具有重要的和较重要的导岩、导矿和控岩、控矿作用，对两侧地体地史的发展演化具有较重要控制意义。

（一）重要区域断裂

1. 蔓菁沟-大庙区域断裂（F1）

该区域断裂为桑干-承德构造带的北西—北部边缘的分界断裂，为变质基底三级构造单元的重要分界线之一。位于蔓菁沟—西望山—沃麻坑—大庙—娘娘庙一带，呈北东—北东东—近东西向展布（图19-15），东、西两端延入邻区。在区内长约440km，宽0.05～3km。

1）早前寒武纪形成和发展阶段

该区域断裂形成于新太古代中期各微陆块向北部阴山-冀北微陆块之下俯冲的近南北向挤压构造环境，具有主动俯冲性质。主构造面向北倾斜，倾角25°～55°；以中深层次韧性变形为主，伴有中浅层次脆性挤压断裂活动。在此基础上，于新太古代晚期、古元古代多期俯冲、碰撞造山过程中，进一步发展形成。带内发育4期高压变质岩与变质糜棱岩。在后期构造改造中，部分地段（蔓菁沟、西望山等）构造面理发生了倒转，倾角40°～70°。

2）中元古代—新生代继承性活动与叠加改造阶段

在中元古代—中泥盆世、晚三叠世及古近纪—第四纪3个阶段，该区域断裂不同地段具有多期活动的迹象，以北西西-南东东向拉张韧性变形及近南北向正断层活动为特征，构造面理以南倾为主，局部向北或北北东倾。前两个阶段活动较强，沿断裂带有较多的非造山型岩体分布。

在晚泥盆世—中三叠世、侏罗纪—晚白垩世早期两个阶段，该区域断裂在不同地段有过较强烈的活动，以近南北向、北西-南东向挤压剪切变形及逆断层活动为特征，构造面理南倾或北倾。

在晚白垩世晚期，该区域断裂无明显活动迹象。

2. 蔚县-平泉区域断裂（F2）

该区域断裂为桑干-承德构造带的南东—南部边缘的分界断裂，为变质基底三级构造单元的重要分界线之一。位于蔚县—狼山—番字牌—承德南—平泉一带，呈北北东—北东—近东西向展布（图19-15），东西两端延入邻区。在区内长约460km，宽0.05～20km。

1）早前寒武纪形成和发展阶段

该区域断裂形成于新太古代晚期南部各微陆块向北部阴山-冀北微陆块之下俯冲的近南北向挤压构造环境，具有被动俯冲的性质。主构造面向南—南南东—南东倾斜，倾角25°～70°，以50°～55°为主；

以中深层次韧性变形为主要特征，伴有中浅层次脆性挤压断裂活动。在此基础上，于古元古代多期俯冲、碰撞造山过程中，进一步发展形成。带内发育 3 期（第二期至第四期）高压变质岩与变质糜棱岩。在后期构造改造中，西段大部分被覆盖，东段大部分改造为向北倾，倾角 40°～70°。

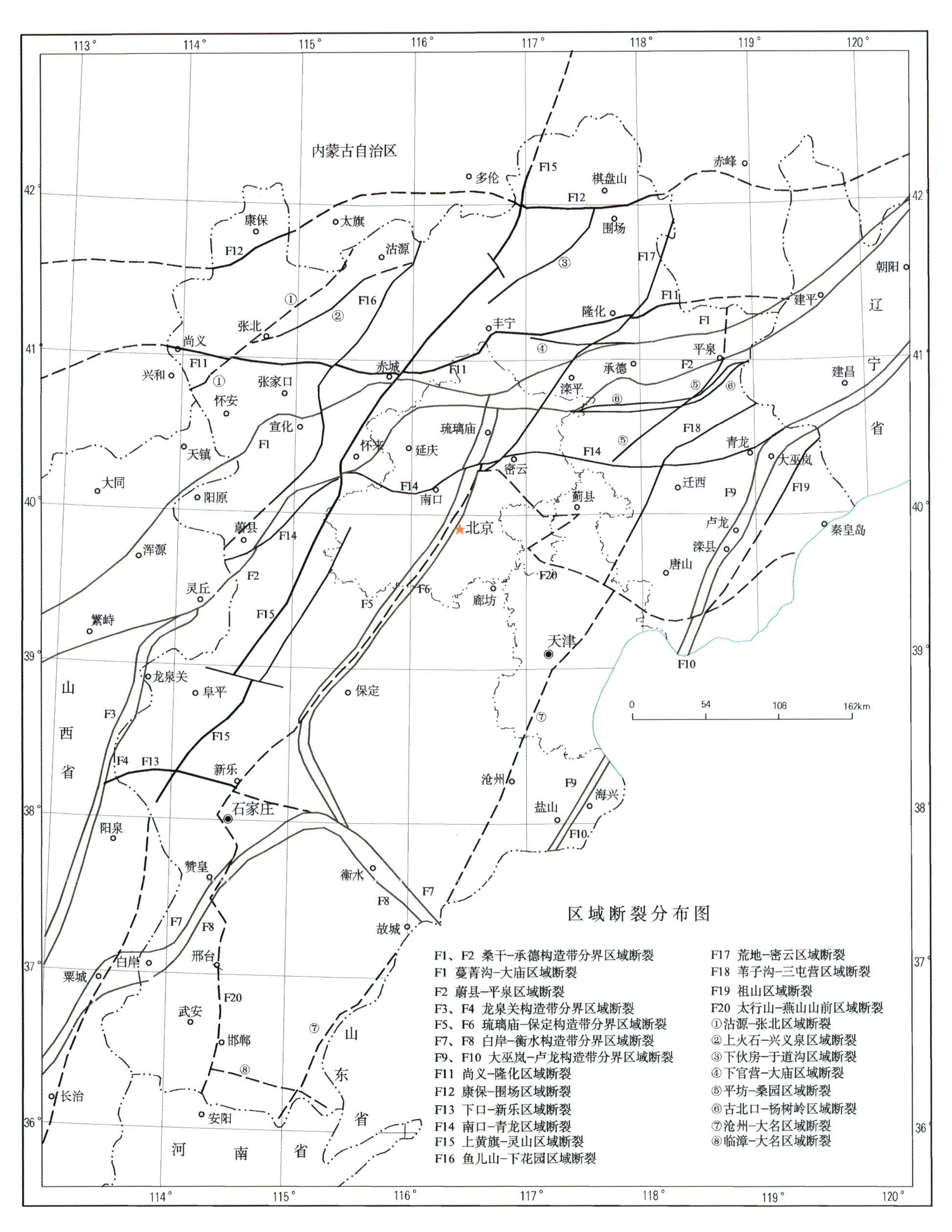

图 19－15 主要区域断裂分布图

2)中元古代—新生代继承性活动与叠加改造阶段

在中元古代—中泥盆世、晚三叠世及古近纪—第四纪3个阶段,该区域断裂不同地段具有多期活动的迹象,以北西西-南东东向拉张构造环境下的正断层活动为特征,构造面理向北西、北、北东倾及南东倾。

在晚泥盆世—中三叠世、侏罗纪—晚白垩世早期两个阶段,该区域断裂在不同地段有过较强烈的活动,以近南北向、北西-南东向挤压剪切变形及逆断层活动为特征,构造面理南倾或北倾。

在晚白垩世晚期,该区域断裂无明显活动迹象。

3. 龙泉关构造带分界区域断裂(F3、F4)

龙泉关构造带西界区域断裂(F3)位于山西境内,东界区域断裂(F4)位于龙泉关—瓦房头西一带,中部及两端延入邻区,整体呈北北东向展布(见图19-15),为变质基底四级构造单元的重要分界线之一。露头长约120km,推断长约350km,构造带宽3～15km。

1)早前寒武纪形成和发展阶段

该区域断裂形成于新太古代晚期阜平断块向北运动、五台断块或微陆块向阜平断块之下斜向(南南东向)俯冲与碰撞并接近南北向挤压剪切的构造环境,主构造面向南东东倾斜;以中深层次韧性变形为主要特征,伴有中浅层次脆性挤压断裂活动。在古元古代早中期的叠加改造不明显,经历了古元古代晚期较强烈的近东西向挤压剪切变形的改造,表层构造面理主体向西倾斜,倾角10°～50°;在古元古代晚期的改造中,表层早期构造面理发生了倒转,形成了表层构造面理向西倾而地下中深层构造面理向东倾的反向构造特点。带内发育第三期高压变质岩及第二期至第四期变质糜棱岩。

2)中元古代—新生代继承性活动与叠加改造阶段

中元古代—中泥盆世在长城岭西芦家庄一带有显示,以拉张型韧性剪切为特征,构造面理向西倾斜,倾角30°左右;晚三叠世在龙泉关西有显示,以拉张型正断层活动为特征,构造面理向东倾斜,倾角40°左右;在晚泥盆世—中三叠世活动特征不明显,侏罗纪—晚白垩世早期在龙泉关西有显示,以挤压型逆断层活动为特征,构造面理向东倾斜,倾角40°左右。在晚白垩世晚期之后无明显活动迹象。

4. 琉璃庙-保定构造带分界区域断裂(F5、F6)

琉璃庙-保定构造带西界区域断裂(F5),位于琉璃庙西—怀柔西—保定西一带,多被中元古代—新生代地层覆盖,或被早白垩世岩体侵位破坏;东界区域断裂(F6)位于长哨营西—琉璃庙东—怀柔—保定西一带,呈北北东—北东—北西向展布(见图19-15)。该断裂为变质基底三级构造单元的重要分界线之一,推断长354km左右,构造带露头宽9km左右。

1)早前寒武纪形成和发展阶段

该区域断裂形成于新太古代中期冀中-冀东微陆块向西运动、冀西-冀南微陆块向北运动复杂的挤压构造环境。主构造面在琉璃庙一带向南南东倾斜,倾角30°～60°;以中深层次韧性变形为主要特征,伴有中浅层次脆性挤压断裂活动。经历了新太古代晚期—古元古代较强烈的近东西向挤压剪切变形的改造,构造面理主体向北西西倾斜,倾角30°～60°,局部近直立;在改造中大部分早期构造面理发生了倒转。带内发育第三期高压变质岩及第一期至第四期变质糜棱岩。

2)中元古代—新生代继承性活动与叠加改造阶段

中元古代—中泥盆世在琉璃庙西部一带有显示,以拉张型韧性剪切变形与正断层活动为特征,构造面理向西及北西倾斜,倾角50°左右。在晚泥盆世—晚三叠世活动不明显。侏罗纪—晚白垩世早期在北部有显示,以挤压型逆断层活动为特征。在晚白垩世晚期无明显活动迹象。古近纪—第四纪在长哨营西—琉璃庙东—怀柔北活动较强,以张扭性正断层活动为特征,构造面理向北西西及北西倾斜,倾角45°～70°。

5. 白岸-衡水构造带分界区域断裂(F7、F8)

白岸-衡水构造带两条分界区域断裂(F7、F8)呈平行状展布(见图19-15),为变质基底三级与四级构造单元的重要分界线之一;在白岸西部延入邻区,赞皇东—衡水一带被新生代地层覆盖。赞皇东—白岸一带露头长约100km,构造带在本区宽1.2~12km。

1)早前寒武纪形成和发展阶段

该区域断裂形成于新太古代晚期冀南断块向北运动并向阜平断块之下斜向俯冲的挤压构造环境,主构造面向北及北西倾斜,倾角30°~50°;以中深层次韧性变形为主要特征,伴有中浅层次脆性挤压断裂活动。后经历了古元古代早中期近南北向挤压剪切变形及古元古代晚期较强烈的近东西向挤压剪切变形的改造,构造面理向北及北西倾斜,倾角30°~75°。带内发育第三期高压变质岩及第二期至第四期变质糜棱岩。

2)中元古代—新生代继承性活动与叠加改造阶段

中元古代—中泥盆世在白岸东部一带有显示,以正断层活动为特征,构造面理向北西倾斜,倾角80°左右。晚泥盆世—中三叠世在赵家庄北东有显示,以逆断层活动为特征,构造面理向北西倾斜,倾角70°左右。晚三叠世在白岸一带有显示,以拉张型正断层活动为特征,构造面理向南及南西倾斜,倾角70°~88°。侏罗纪之后活动不明显。

6. 大巫岚-卢龙构造带分界区域断裂(F9、F10)

大巫岚-卢龙构造带两条分界区域断裂(F9、F10)呈近平行状展布(见图19-15),为变质基底四级构造单元的重要分界线之一;在北东端延入邻区,滦县以南多被新生代地层覆盖。大巫岚—卢龙一带露头长140km,构造带在本区宽3~16km。

1)早前寒武纪形成和发展阶段

该区域断裂形成于新太古代晚期秦皇岛断块向沧州-迁西断块之下俯冲的近东西向挤压构造环境。主构造面向西、北西西及北西倾斜,倾角40°~50°;以中深层次韧性变形为主要特征,伴有中浅层次脆性挤压断裂活动。后经历了古元古代的叠加改造,尤其是古元古代晚期活动明显,以较强烈的近东西向挤压剪切变形和逆断层活动为特征,主构造面向西、北西西及北西倾斜,倾角50°~80°,局部近直立。带内及其附近发育第三期高压变质岩及第二期至第四期变质糜棱岩。

2)中元古代—新生代继承性活动与叠加改造阶段

中元古代—中泥盆世在王杖子、前坑峪一带有显示,以正断层活动为特征,构造面理向北西倾斜,倾角50°~70°。晚泥盆世—中三叠世在大梨园南西一带有显示,以逆断层活动为特征,构造面理向北西倾斜,倾角40°左右。晚三叠世在大巫岚西一带有显示,以正断层活动为特征,构造面理向西及向北倾斜,倾角60°左右。侏罗纪—晚白垩世早期也有活动,晚白垩世晚期无明显活动迹象。古近纪—第四纪在大巫岚—尖山槐一带有显示,以正断层活动为特征,构造面理向西、北西及北倾斜,倾角30°~80°。

7. 尚义-隆化区域断裂(F11)

尚义-隆化区域断裂位于尚义—崇礼—赤城—丰宁—隆化一带,东、西两端延入邻区,为不同时段四级与三级构造单元的重要分界线之一;整体呈近东西向展布,部分地段呈蛇曲状摆动(见图19-15),在区内长420km,宽30m~15km。

1)早前寒武纪形成和发展阶段

该区域断裂形成于新太古代晚期近南北向挤压构造环境,以中深层次韧性变形为主要特征,伴有中浅层次脆性挤压断裂活动。

古元古代早中期有继承性活动的显示,活动于近南北向挤压构造环境,与前期特征相似,但相对较弱，有低角闪岩相—绿帘角闪岩相变质的斜长角闪质糜棱片岩、长英质糜棱片岩等（第三期变质糜棱岩）形成。西段六间房一带构造线呈近东西向展布，构造面理向南倾斜，倾角 60°～75°。中段姜营—大梨树沟一带，构造线呈北东—北东东向展布，构造面理呈北西—北北西倾斜，倾角 70°～80°。古元古代晚期活动强烈，断裂带内有大量绿片岩相变质糜棱岩（第四期变质糜棱岩）形成。

2）中元古代—新生代继承性活动与叠加改造阶段

中元古代—中泥盆世以伸展拉张型韧性变形与正断层活动为特征，活动于近南北向拉张构造环境，断裂带内有第五期绿片岩相变质糜棱岩形成。该期形成的构造线呈近东西向展布，构造面理向南倾斜，倾角 50°～70°。

晚泥盆世—中三叠世以挤压型韧性变形及逆断层活动为特征，活动于近南北向挤压构造环境，断裂带内有第六期绿片岩相变质糜棱岩形成，构造线呈近东西向及北东向展布，构造面理向北倾斜及向南东倾斜，倾角 65°～80°。

晚三叠世以伸展拉张型韧性变形与正断层活动为特征，活动于近南北向拉张构造环境，断裂带内有第八期拉张型糜棱岩及断层角砾岩等构造岩形成。该期形成的构造线呈近东西向展布，构造面理向南倾斜，倾角 65°～80°。

侏罗纪以挤压型韧性变形及逆断层活动为特征，活动于北西-南东向强烈挤压构造环境，断裂带内有第九期挤压型糜棱岩及断层泥等构造岩形成。该期形成的构造线呈近东西向及北东向展布，构造面理向北、向南及向北西倾斜，倾角 65°～80°。

早白垩世以挤压型韧性变形及逆断层活动为特征，活动于北西-南东向或北西西-南东东向较强烈挤压构造环境，断裂带内有第十期挤压型糜棱岩及断层泥等构造岩形成。该期形成的构造线呈近东西向及北东向展布，构造面理向北、向南及向南东倾斜，倾角 65°～85°。在早白垩世晚期无明显活动迹象。

古近纪—第四纪以伸展拉张型脆韧性变形与正断层活动为特征，活动于北西西-南东东向拉张构造环境，断裂带内有第十一期拉张型糜棱岩及断层角砾夹断层泥等构造岩形成。

8. 康保-围场区域断裂（F12）

康保-围场区域断裂位于康保南—围场北一带，中部与东、西两端延入邻区，为中元古代—中三叠世三级构造单元的重要分界线之一。整体呈近东西向蛇曲状展布（见图 19－15）。西段长 70km，宽 100m～25km；东段长 110km，宽 100m～17km。

1）早前寒武纪形成和发展阶段

该区域断裂形成于新太古代晚期近南北向挤压构造环境，以中深层次韧性变形为主要特征，伴有中浅层次脆性挤压断裂活动，在劈柴拌东沟可见变质程度达角闪岩相的眼球状与条带状、条纹状构造片麻岩，发育于新太古代晚期单塔子岩群艾家沟岩组中，为本区第二期变质糜棱岩类。构造线呈近东西向展布，构造面理向北陡倾，倾角 65°～75°。

古元古代早中期在东邻区王府北部有继承性活动的显示，活动于近南北向挤压构造环境，局部可见低角闪岩相—绿帘角闪岩相变质的糜棱片岩等（第三期变质糜棱岩）形成。

古元古代晚期活动较强烈，断裂带内有大量绿片岩相变质糜棱岩（第四期变质糜棱岩）形成，从构造岩及特征韧性剪切组构分析。该期较早阶段活动于近南北向挤压构造环境，构造线主要呈北东东向展布，向北北西倾，倾角 35°～85°，可见绿片岩相变质的糜棱岩，特征指向组构显示活动方式为左旋逆冲型；部分地段构造线呈北西西向展布，向南南西倾，倾角 30°～60°，可见绿片岩相变质的糜棱岩，特征指向组构显示活动方式为右旋逆冲型。较晚阶段活动于北西西-南东东向（近东西向）挤压构造环境，构造线呈北东东向展布，向北北西倾，倾角 50°～70°，可见绿片岩相变质的糜棱岩，特征指向组构显示活动方式为右旋斜冲型。

2)中元古代—新生代继承活动与叠加改造阶段

中元古代—中泥盆世东、西两段均有活动显示，以伸展拉张型韧性变形与正断层活动为特征，活动于近南北向拉张构造环境，断裂带内有第五期绿片岩相变质糜棱岩形成，糜棱岩特征指向组构显示活动方式为右旋滑脱型。该期形成的构造线呈北东东—近东西向展布，构造面理向北北西—北倾斜，倾角55°～80°。晚泥盆世—中三叠世东、西两段均有活动显示，以挤压型韧性变形及逆断层活动为特征，活动于近南北向挤压构造环境。断裂带内有第六期绿片岩相变质糜棱岩形成，糜棱岩特征指向组构显示活动方式为左旋逆冲型。该期形成的构造线呈北东东向及近东西向展布，构造面理向北北西及北倾斜，倾角40°～90°。

晚三叠世东、西两段均有活动显示，以伸展拉张型韧性变形与正断层活动为特征，活动于近南北向拉张构造环境。该期形成的构造线呈北东东西向展布，构造面理向北北西倾斜，倾角65°～80°。断裂带内有第八期长英质糜棱岩形成，糜棱岩特征指向组构显示活动方式为右旋滑脱型。

侏罗纪东、西两段均有活动显示，以挤压型韧性变形及逆断层活动为特征，活动于北西-南东向强烈挤压构造环境，断裂带内局部有第九期挤压型糜棱岩及断层泥等构造岩形成。

早白垩世早中期东、西两段均有活动显示，以挤压型韧性变形及逆断层活动为特征，活动于北西-南东向或北西西-南东东向较强烈挤压构造环境，断裂带内有第十期挤压型糜棱岩及断层泥等构造岩形成。该期形成的构造线呈北北西向、北东向、北东东向展布，构造面理向北西、北北西及向北东东、南东、南南东倾斜，倾角50°～80°。在早白垩世晚期无明显活动迹象。

古近纪—更新世东、西两段均有活动显示，以伸展拉张型脆韧性变形与正断层活动为特征，活动于北西西-南东东向拉张构造环境，断裂带内有第十一期拉张型糜棱岩类及断层角砾夹断层泥等构造岩形成。在全新世无明显活动迹象。

9. 下口-新乐区域断裂(F13)

下口-新乐区域断裂位于本区中南部，沿下口—新乐一带呈北东东—近东西—北西西向展布(见图19-15)，向东延至衡水一带与白岸-衡水构造带分界区域断裂(F7)复合，两端延入邻区，为中元古代—中三叠世三级构造单元的重要分界线之一。推断总长256km，宽50m～3km。

1)早前寒武纪形成和发展阶段

该区域断裂形成于新太古代晚期近南北向挤压构造环境，以中深层次韧性变形为主要特征，伴有中浅层次脆性挤压断裂活动。岗南水库以西活动特征明显，构造线呈北东东—近东西向展布，构造面理向北北西倾斜为主，倾角60°～80°。

古元古代早中期在慈峪一带有活动显示，表现为在断裂带及其附近有较弱的火山活动，有浅变质安山岩夹于古元古代中期甘陶河群中。

古元古代晚期较早阶段在岗南水库以西地段有继承性活动显示，活动于近南北向挤压构造环境，局部有绿片岩相变质糜棱岩形成，并使第二期构造面理部分发生了倒转。古元古代晚期较晚阶段活动迹象不明显。

2)中元古代—新生代继承活动与叠加改造阶段

中元古代—中泥盆世在西段有较强烈的活动显示，活动于近南北向拉张构造环境，以正断层活动为特征，构造线呈北东东—近东西向展布，构造面理向南南东及南倾斜，倾角65°～85°。断裂带内有拉张型断层角砾岩、碎裂岩及糜棱岩(第五期构造岩类)形成。

晚泥盆世—中三叠世在西段有显示，活动于近南北向挤压构造环境，以逆断层活动为特征，继承前期构造面理活动。断裂带内有断层泥(或碎粉岩)及挤压构造透镜体(第六期或第六期至第七期构造岩类)形成。

晚三叠世—第四纪活动迹象不明显。

10. 苇子沟-三屯营区域断裂(F18)

苇子沟-三屯营区域断裂位于本区中东部,沿宽城苇子沟—东大地北西—迁西董家口—洒河桥—三屯营南西一带呈北东—北北东向展布,部分地段呈北东东向展布(见图 19-15)。区内露头长约 110km。

1)早前寒武纪初步活动阶段

该断裂带最早活动于新太古代中期,在曾庄一带有显示,活动于近东西向挤压构造环境,以右旋斜冲韧性剪切变形为特征。构造线呈北北东向展布,向北西倾斜,倾角 60°~70°。带内发育麻粒岩相变质的糜棱岩(第一期构造岩类),其特征指向组构显示活动方式为右旋斜冲型。

新太古代晚期,在高家店—三屯营一带有显示,活动于近东西向挤压构造环境,以右旋斜冲韧性剪切变形为特征。构造线呈北北东向展布,向北西西倾斜,倾角 70°~85°。韧性变形带宽 0.5km 左右,带内发育角闪岩相变质的糜棱岩(第二期构造岩类)。

古元古代早中期无明显活动迹象。古元古代晚期在滦阳北东—三屯营西一带活动较为明显,活动于近东西向挤压构造环境,以右旋斜冲韧性剪切变形为特征。构造线呈北北东—北东向展布,向北西倾斜,倾角 30°~80°。韧性变形带宽 30m~1.5km,带内发育绿片岩相变质的糜棱岩及糜棱片岩(第四期较晚阶段构造岩类)。

2)中元古代—新生代发展与叠加改造阶段

中元古代—中泥盆世无明显活动迹象。晚泥盆世—中三叠世有活动显示,在洒河桥东部以压扭性左旋平移断层活动为特征,活动于近南北向挤压构造环境。构造线呈北东向展布,断面直立状,北西盘向南西移动,南东盘向北东移动,带内可见压扭性断层角砾岩(第六期或第六期至第七期构造岩类)。

晚三叠世活动较明显,在苇子沟—峪耳崖及三屯营南西一带有活动显示,以伸展拉张型右旋斜降正断层活动为特征,活动于近南北向拉张构造环境。构造线呈北东向展布,构造面理向北西及南东倾斜,倾角 20°~60°,带内发育张扭性断层角砾岩及碎裂岩(第八期构造岩类)。

侏罗纪活动强烈,整个断裂带全线贯通,以脆性变形及右旋斜冲逆断层活动为特征,活动于北西-南东向强烈挤压构造环境。构造线呈北东—北东东向展布,构造面理向北西倾斜,倾角 40°~90°,带内发育压扭性断层角砾岩、碎裂岩等构造岩(第九期构造岩类)。

早白垩世早中期继承前期(第九期)构造活动,也以脆性变形及右旋斜冲逆断层活动为特征,活动于北西西-南东东向较强烈挤压构造环境,带内发育断层泥夹挤压透镜体等构造岩(第十期构造岩类)。

早白垩世晚期—第四纪无明显活动迹象。

11. 南口-青龙区域断裂(F14)

南口-青龙区域断裂位于本区中部,沿蔚县—南口—密云—兴隆—喜峰口—青龙一带呈近东西向蛇曲状展布(图 19-15),两端延入邻区;区内长 436km,宽 35m~8.5km,带内发育多期构造岩类。

12. 上黄旗-灵山区域断裂(F15)

上黄旗-灵山区域断裂卫片线性影像清晰,整体呈北北东向(15°~40°)斜贯本区,两端延入邻区(图 19-15),为大兴安岭-太行山-武陵山区域断裂带的中段。本区分为南、北两支,北支为上黄旗-乌龙沟区域断裂,南支为紫荆关-灵山区域断裂,在本区总长 580km。带内发育多期构造岩类,为一较复杂的变形带,具有长期多期活动性、倾向与性质多变的特点,与其导控的岩浆岩共同构成规模宏伟的构造岩浆岩带或板内造山带主脊。

13. 鱼儿山-下花园区域断裂(F16)

鱼儿山-下花园区域断裂位于本区西北部,沿丰宁鱼儿山西—沽源长梁西—崇礼—下花园—涿鹿大

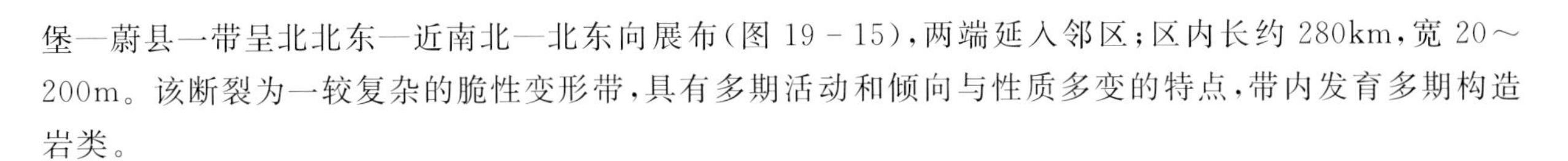
堡—蔚县一带呈北北东—近南北—北东向展布(图 19－15),两端延入邻区;区内长约 280km,宽 20～200m。该断裂为一较复杂的脆性变形带,具有多期活动和倾向与性质多变的特点,带内发育多期构造岩类。

14. 荒地-密云区域断裂(F17)

荒地-密云区域断裂位于本区东北部,沿围场新地—隆化荒地—十八里汰—滦平西沟—营盘—密云半城子—不老屯北—密云一带呈北北东—北东向展布(图 19－15),北东端延入邻区,南西端被第四纪地层覆盖,推断会入琉璃庙-保定构造带及太行山-燕山山前区域断裂(F20)之中。区内长 245km,宽 15m～1.5km。该断裂为一较复杂的脆韧性变形带,具有长期多期活动性和倾向与性质多变的特点,带内发育多期构造岩类。

15. 祖山区域断裂(F19)

祖山区域断裂位于本区东部,沿青龙陈庄—祖山(牛心山)—抚宁大新寨—许家峪—茶棚一带呈北东—北北东向展布(见图 19－15)。区内长约 125km。

1)前侏罗纪初步活动阶段

该断裂带最早活动于中元古代—中泥盆世,在祖山—茶棚一带有显示,活动于近南北向拉张构造环境。构造线呈北北东向展布,向南东倾斜,倾角 70°～80°。发育于早前寒武纪变质基底之中,带内可见张扭性断层角砾岩及碎裂岩(第五期构造岩类),其特征指向组构显示活动方式为右旋斜降型。

晚泥盆世—中三叠世该断裂带活动较弱,仅在龙王庙一带有显示,以压扭性左旋平移断层活动为特征,活动于近南北向挤压构造环境。构造线呈北东向展布,断面直立状,北西盘向南西移动,南东盘向北东移动。发育于太古宙变质基底之中,带内可见压扭性断层角砾岩(第六期或第六期至第七期构造岩类)。

晚三叠世无明显活动迹象。

2)侏罗纪—新生代发展与叠加改造阶段

侏罗纪该断裂带活动较弱,仅在两端有显示,活动于北西-南东向强烈挤压构造环境。在断裂两端附近有中晚侏罗世造山型火山岩地层形成,显示了断裂活动对岩浆喷溢具有重要导控作用。

早白垩世早中期活动较为强烈,该时期整个断裂带全线贯通,以脆性变形及逆断层活动为特征,活动于北西西-南东东向强烈挤压构造环境。构造线呈北北东—北东向展布,向北西及南东倾斜,倾角 65°～85°,带内发育断层泥及挤压透镜体等构造岩(第十期构造岩类)。早白垩世晚期活动迹象不明显。

古新世—更新世中期有活动显示,以脆性变形与正断层活动为特征,活动于北西西-南东东向拉张构造环境。构造线呈北北东向展布,向北西及南东倾斜,倾角 60°～85°。带内发育张性断层角砾夹断层泥及碎裂状岩石等构造岩(第十一期构造岩类)。更新世晚期—全新世无明显活动迹象。

16. 太行山-燕山山前区域断裂(F20)

该断裂位于本区中南部,整体呈折线追踪状展布(见图 19－15),可分为燕山南麓山前段和太行山东麓山前段,两段在怀柔南相接,东端沿入渤海,南端沿入河南,区内总长 848km。

1)燕山南麓山前段

该段沿怀柔南—蓟县南—唐坊南—昌黎一带呈东西—北西—北东向折线追踪状展布。全线隐伏,根据物探、钻孔与地质构造资料综合分析推断,该段断面向南西、南及南东倾斜,局部向北西倾斜,倾角 45°～80°。

主断裂以北(燕山南麓)地区为相对弱上升盘(垂直方向)和相对向西弱移动盘(水平方向)。第四系与新近系覆盖于太古宙至中生代不同时代地质体之上。

主断裂以南地区为相对较强下降盘(垂直方向)和相对向东较强移动盘(水平方向)。由北向南与由北西向南东古近系、新近系及第四系厚度变化呈现急剧增厚的趋势，体现了断裂活动强度与断距由西向东增强增大的特点(图 19－16A，B，C)。全新世以来，该断裂带仍在继续活动，最直接表现是地震活动。

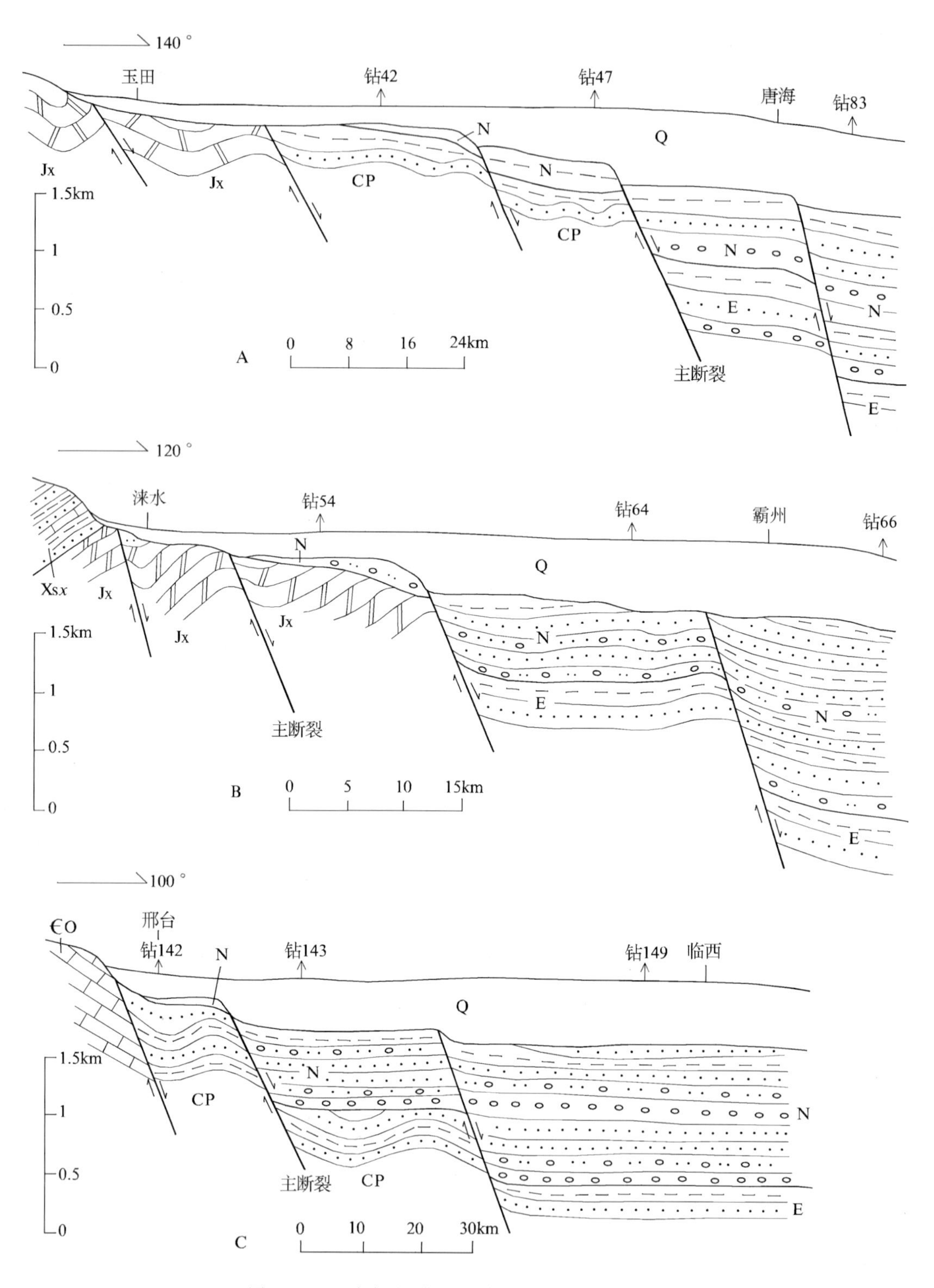

图 19－16　太行山-燕山山前区域断裂构造剖面图

A－燕山山前玉田—唐海；B－太行山山前涞水—霸州；C－太行山山前邢台—临西；Q－第四系；N－新近系；E－古近系；CP－石炭系至二叠系；∈O－寒武系至奥陶系；Xsx－西山系下马岭组；Jx－蓟县系；钻 42－钻孔位置与序号，钻孔序号与 1∶50 万地质图及 1∶100 万地质构造图上的钻孔序号一致

2）太行山东麓山前段

该段沿怀柔南—北京西—望都—石家庄西—隆尧—邯郸—磁县一带呈北北东—北西—近南北向折线追踪状展布。除在长辛店—房山之间有零星露头之外，其他地段全被第四系覆盖。根据零星露头特征，结合物探、钻孔等资料的综合分析，其断面向北东、东及南东东倾斜，倾角60°～80°。

（二）较重要区域断裂

1. 沽源-张北区域断裂（①）

沽源-张北区域断裂位于本区西北部，沿沽源北西大脑包—西五间房—张北二台镇—张北—尚义南槽碾一线呈北东向展布，局部呈北北东向展布，两端延入邻区（见图19-15）。区内长约160km，为一较复杂的脆韧性变形带，具有多期活动和倾向与性质多变的特点，带内发育多期构造岩类。

1）早前寒武纪初步活动阶段

该断裂带可能最早活动于古元古代晚期，主要表现是在二台镇北部，断裂带北西侧有较多的古元古代晚期造山型岩体分布，显示了断裂活动对造山型岩体的侵位有一定的导控作用。

2）中元古代—新生代发展与叠加改造阶段

中元古代—中泥盆世有活动显示，主要表现是在张北东断裂带南东侧局部有中元古代非造山型岩体分布，显示了该断裂带与上火石-兴义泉区域断裂共同对非造山型岩体的侵位有导控作用。

晚泥盆世—中三叠世在北东段西五间房西及南西段南槽碾两地有显示，以压扭性左旋斜冲韧性剪切变形为特征，活动于近南北向挤压构造环境。构造线呈北东向展布，构造面理向南东倾斜，倾角25°～60°。保留有20～500m宽的绿片岩相变质的糜棱岩、糜棱片岩（第六期或第六期至第七期构造岩类），特征指向组构显示活动方式为左旋斜冲型。中三叠世在张北县二台镇断裂带两侧附近有三家北沟组造山型火山岩分布，显示了断裂活动对造山型火山岩的喷溢具有重要导控作用。

晚三叠世在北东段西五间房西及南西段南槽碾两地有显示，以伸展拉张型右旋张扭性正断层活动为特征，活动于近南北向拉张构造环境。构造线呈北东向展布，构造面理向北西倾斜，倾角55°～70°。带内可见张扭性硅化断层角砾岩及碎裂岩（第八期构造岩）。

侏罗纪该断裂带活动较弱，仅在北东段有显示，以脆性变形及逆断层活动为特征，活动于北西-南东向挤压构造环境。其表现是在西五间房西使前期侵入的硅质脉体发生了挤压破碎。

早白垩世早中期活动最为强烈，以脆性变形及逆断层活动为特征，活动于北西西-南东东向强烈挤压构造环境。构造线呈北北东—北东向展布，构造面理向北西倾斜，倾角60°左右。带内发育断层泥夹挤压透镜体等构造岩（第十期构造岩）。早白垩世晚期至古新世活动急剧减弱，并逐步消失。

古近纪—第四纪也有活动显示，以伸展拉张型正断层活动为特征，活动于北西西-南东东向拉张构造环境。该期形成的构造线呈北东向展布，构造面理向北西及南东倾斜，倾角55°～75°。带内发育张性断层角砾夹断层泥及碎裂状岩石（第十一期构造岩），该期活动具有强弱相间的特点。

2. 上火石-兴义泉区域断裂（②）

上火石-兴义泉区域断裂位于本区西北部，沿沽源小河子—上火石—张麻井—张北蔡家营—兴义泉—张北一线呈北东—北东东向蛇曲状展布，局部呈北北东向展布，长约120km。断裂带露头不连续，多被新生代地层覆盖。根据露头特征及在上火石—兴义泉段进行的α杯氡气测量成果，该断裂带具有较强的氡气异常显示。主要由近平行的2条断裂组成，在羊圈囵北部以东地段由3条断裂组成，并具有分支复合的现象；单个断裂宽20～500m，断裂带宽0.6～3km。为一较复杂的脆韧性变形带，具有多期活动和倾向与性质多变的特点，带内发育多期构造岩类。该断裂带目前位于重力负异常区与航磁（ΔT）正负异常区，但断裂带两侧的异常值均有所差异。具有极为重要的导岩导矿和控岩控矿作用，蔡家营铅锌矿床等多个重要多金属矿床就分布于断裂带内或其与北西向断裂的交会地段。

1)早前寒武纪初步活动阶段

该断裂带最早活动于古元古代晚期,主要表现为在蔡家营-张北段断裂带及其附近有古元古代晚期造山型岩体断续分布,且岩体长轴多平行于断裂带展布,显示了断裂活动对造山型岩体的侵位有重要导控作用。

2)中元古代—新生代发展与叠加改造阶段

中元古代—中泥盆世活动较弱,主要表现为在张北东断裂带南东侧局部有中元古代非造山型岩体分布,显示了该断裂带与上沽源-张北区域断裂共同对非造山型岩体的侵位有导控作用。

晚泥盆世—中三叠世活动较明显,主要表现为在断裂带及其附近有晚石炭世、中二叠世造山型岩体分布,显示了断裂活动对造山型岩体侵位具有导控作用。

晚三叠世在大囫囵北部有显示,保留有两条小型韧性剪切变形带,以伸展拉张型韧性剪切活动为特征,活动于近南北向拉张构造环境。

侏罗纪在兴义泉一带有显示,以脆性变形为特征,活动于北西-南东向挤压构造环境。表现之一是在断裂带两侧附近有早侏罗世南大岭组与中晚侏罗世髫髻山组造山型火山岩分布,显示了断裂活动对造山型火山岩喷溢具有重要导控作用。表现之二是在中二叠世及其之前岩体中有呈北东向展布的挤压断层破碎带形成,带内具有强绿泥石化蚀变,并有同构造期闪长玢岩等岩脉侵入。

早白垩世早中期活动最为强烈,以脆性变形及逆断层活动为特征,活动于北西西-南东东向强烈挤压构造环境。构造线呈北东—北东东向展布,构造面理向南东倾斜,倾角60°～65°,切割了早白垩世及其之前的地质体。带内发育断层泥与呈雁行式排列的挤压透镜体等构造岩(第十期构造岩),具硅化,可见硅质细脉与方解石细脉侵入。在小河子—兴义泉段,沿断裂带及其附近有大量早白垩世早中期同构造期造山型火山岩及少量岩体分布,显示了断裂活动对早白垩世早中期造山型火山岩与岩体的形成具有重要导控作用。早白垩世晚期至古新世活动急剧减弱,局部有逆断层形成,切割了早白垩世早中期火山岩。

始新世—第四纪也有活动显示,以伸展拉张型正断层活动为特征,活动于北西西-南东东向拉张构造环境。该期形成的构造线呈北东—北北东向展布,构造面理向南东倾斜,倾角65°～85°,切割了白垩纪及其之前的地质体。带内发育张性断层角砾夹断层泥及碎裂状岩石(第十一期构造岩),具硅化等蚀变。该期活动具有强弱相间的特点:始新世及上新世至更新世早期活动弱,以不均衡差异升降为特征。渐新世至中新世活动强烈,尤其是在张北-汉诺坝区,尚义-隆化与沽源-张北两区域断裂共同导控了大面积分布的汉诺坝组非造山型玄武岩的形成。更新世中晚期也有活动显示,在北东段断裂带北西侧零星有更新世中期赤城组出露,而南东侧赤城组伏于更新世晚期马兰组之下。全新世以来仍有活动显示,1998年1月10日在汉诺坝地区发生了6.2级地震,之后又有多次余震。这是该断裂与尚义-隆化及沽源-张北区域断裂最新活动的直接表现。

3.下伙房-于道沟区域断裂(③)

下伙房-于道沟区域断裂位于本区东北部,沿围场大西沟—下伙房—隆化三道营—漠河沟—丰宁松木沟—于道沟一线分布,主体呈北东向展布,局部向北北东及北东东摆动(见图19-15)。断裂带长110km左右,宽5～500m,为一较复杂的脆韧性变形带,具有多期活动和倾向与性质多变的特点,带内发育多期构造岩类。

1)前侏罗纪初步活动阶段

该断裂带最早活动于晚泥盆世—中三叠世,在三道营—于道沟一带有显示,以压扭性脆韧性变形与岩浆侵位为特征,活动于近南北向挤压构造环境。构造线呈北东—北北东向展布,构造面理向北西倾斜,倾角45°～50°,带内保留有5～100m宽的绿片岩相变质的糜棱岩与压扭性断层角砾岩(第六期或第六期至第七期构造岩类)，特征指向组构显示活动方式为左旋斜冲型。晚三叠世该断裂带无明显活动迹象。

2)侏罗纪—新生代发展与叠加改造阶段

侏罗纪断续有活动显示，活动于北西-南东向挤压构造环境。其主要表现是沿断裂带及其附近断续有早中侏罗世造山型岩体分布，岩体长轴方向多平行于断裂带展布，显示了断裂活动对造山型岩体侵位具有导控作用。

早白垩世早中期活动强烈，以脆性变形、逆断层及大量岩浆活动为特征，活动于北西西-南东东向强烈挤压构造环境。构造线呈北东向展布，构造面理向南东倾斜，倾角 60°～65°。带内有挤压断层角砾、断层泥及挤压透镜体(第十期构造岩)形成，局部有萤石矿脉及石英脉侵入。早白垩世晚期至古新世活动急剧减弱，局部有逆断层形成。

始新世—更新世中期也有活动显示，以伸展拉张型正断层与岩浆活动为特征，活动于北西西-南东东向拉张构造环境。该期形成的构造线呈北东—北北东向展布，构造面理向南东倾斜，局部向北西倾斜，倾角 60°～70°。带内发育张性断层角砾夹断层泥及碎裂状岩石(第十一期构造岩)。更新世晚期以来无明显活动迹象。

4.下官营-大庙区域断裂(④)

下官营-大庙区域断裂为第一代地质志(1989)所称的大庙-娘娘庙深断裂，位于本区东北部，沿丰宁二道沟—下官营北—红石砬—滦平西沟—承德大庙一线呈北西西—北东东—近东西向展布，在大庙东汇入蔓菁沟-大庙区域断裂(F1)中，也可以是 F1 的一个分支断裂，大庙以西长 75km 左右，断裂带宽 100m～3km，为一较复杂的脆韧性变形带，具有多期活动和性质多变的特点，带内发育多期构造岩类。该断裂带目前位于重力负异常梯度变化带上，航磁(ΔT)正异常区，但断裂带两侧的异常值有所差异，北侧相对较高，南侧相对较低。

1)早前寒武纪初步活动阶段

该断裂带最早活动于新太古代晚期，主要表现为在大庙一带有新太古代晚期造山型变质深成侵入岩大致平行断裂带分布，显示了断裂活动具有导控作用，但该期构造形迹与构造岩(第二期构造岩)被后期构造活动破坏改造不易鉴别。

古元古代早中期无明显活动显示。

古元古代晚期有活动显示，该期较早阶段的活动显示是在下官营西—红石砬一带有韧性剪切变形带形成，发育于新太古代晚期崇礼岩群艾家沟岩组中，被中元古代早期非造山型超基性岩体侵位；韧性剪切变形带呈北西西向展布，向北东倾斜，倾角 50°～60°，带宽 0.5～1km，由绿片岩相变质的糜棱岩、糜棱片岩(第四期较早阶段构造岩)组成，特征指向组构显示为右旋斜冲型活动方式，反映了活动于近南北向挤压构造环境。该时期较晚阶段活动不明显。

2)中元古代—新生代发展与叠加改造阶段

中元古代—中泥盆世在红石砬—大庙段有活动显示，以韧性剪切变形与大量岩浆活动为特征，活动于近南北向拉张构造环境。表现之一是沿断裂带及其附近有中元古代早期、中泥盆世非造山型超基性、基性岩体分布，显示了该断裂带与 F1、F11 共同导控了非造山型超基性、基性岩体的侵位。表现之二是在大庙南有韧性剪切变形带形成，发育于新太古代晚期变质地质体之中，被早二叠世造山型岩体侵位；韧性剪切变形带呈北东东向展布，向北西倾斜，倾角 45°～80°，带宽 1～3km，由绿片岩相变质的糜棱岩(第五期构造岩)组成，特征指向组构显示为右旋斜降型活动方式。

晚泥盆世—中三叠世活动较为强烈，以脆韧性变形、逆断层与岩浆活动为特征，活动于近南北向挤压构造环境。早期阶段：其一是在大庙南有韧性剪切变形带形成，部分叠加于前期(第五期)韧性剪切变形带之中，部分发育于中元古代早期非造山型岩体中，呈北东东向展布，向北西倾斜，倾角 60°左右；其二是导控了沿断裂带及其附近晚石炭世与早二叠世造山型岩体的侵位。晚期较强烈活动阶段：其一是断裂带基本全线贯通，切割了晚二叠世及其之前的地质体，构造线呈北西西—北东东—近东西向展布，构造面理向北倾斜，倾角45°～80°；其二是导控了沿断裂带及其附近晚二叠世、中三叠世造山型岩体的侵位。

晚三叠世在小马圈沟一带有显示，于中元古代早期斜长岩中有张性断层角砾岩、碎裂岩(第八期构造岩)形成，显示活动于近南北向拉张构造环境。

侏罗纪活动弱，仅在断裂东端附近有侏罗纪造山型火山岩分布，显示了该断裂与F1共同对侏罗纪造山型火山岩的喷溢具有导控作用。

早白垩世早中期活动较强烈，以继承性脆韧性变形及岩浆活动为特征，活动于北西西-南东东向强烈挤压构造环境。表现之一是导控了沿断裂带附近断续分布的同构造期造山型火山岩的喷溢；表现之二是沿断裂带断续有压扭性剪切劈理形成，与主断面构成S-C组构，指示为右旋剪切运动方式。早白垩世晚期至古新世活动急剧减弱，仅局部显示有右旋剪切运动，切割了早白垩世早中期地层。

始新世—第四纪也有活动显示，以张扭性正断层活动为特征，活动于北西西-南东东向拉张构造环境。始新世至更新世中期在二道沟、下官营北及西沟门等地有新生张扭性正断层形成，切割了早白垩世早中期地层，呈东西向展布，向北倾斜，倾角60°～80°。带内有张扭性断层角砾、碎裂状岩石(第十一期构造岩)形成，特征指向组构显示为左旋斜降型活动方式。更新世晚期以来无明显活动迹象，部分地段被更新世晚期马兰组及全新世沉积物覆盖。

二、一般断裂构造特征

以1∶25万为尺度，区内长度大于3km的一般断裂有1045条，按其展布的方向可归纳为东西向或近东西向、北东—北北东向、北西—北北西向、北西西向、北东东向和南北向或近南北向6组(表19-4)。一般断裂长度在3～86km之间，宽度在数十厘米至数十米之间，断面倾向因地而异，倾角35°～90°。

(一)东西向或近东西向断裂

该组断裂主要分布于本区中北部地区，南部地区较少，有79条，以正断层与逆断层为主，其他性质断层较少，可分为以下8个主要活动期或形成期。

(1)古元古代中期断裂，位于冀西北马市口一带，主要有2条，发育于太古宙变质基底之中，被北西向断裂切割，以逆断层活动为特征，活动于近南北向挤压构造环境。

(2)古元古代晚期断裂，位于冀西宋家口南部与北部地区，主要有2条，发育于古元古代晚期及其之前变质岩石之中，被北西向断裂切割，具有多期活动特征，古元古代晚期(主要活动期)以逆断层活动为特征，活动于近南北向挤压构造环境。中元古代早期至中泥盆世具有继承性正断层活动的特点，带内有中元古代早期辉绿岩脉侵入，并使其又发生了张性破碎，活动于近南北向拉张构造环境。

(3)中元古代早期—中泥盆世断裂，位于冀西宋家口南部与北部地区，主要有2条，发育于古元古代晚期及其之前变质岩石之中，以正断层活动为特征，活动于近南北向拉张构造环境。

(4)晚泥盆世—中三叠世断裂，位于本区中北部燕山及太行山北部地区，主要有17条，发育于前三叠纪地质体之中，切割的最新地质体为二叠纪地层，被后期地层覆盖，以逆断层活动为特征，活动于近南北向挤压构造环境。

(5)晚三叠世断裂，星散分布于本区燕山及太行山地区，主要有20条，发育于前晚三叠世地质体之中，切割的最新地质体为中三叠世造山型岩体，被后期地层覆盖，以正断层活动为特征，活动于近南北向拉张构造环境。

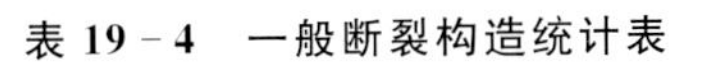
表 19-4 一般断裂构造统计表

单位:条

分组	总量	构造时期	数量	正断层	张扭性断层	逆断层	压扭性断层	破碎带	性质不明断层
东西向或近东西向断裂	79	古元古代中期	2			2			
		古元古代晚期	2			2			
		中元古代早期—中泥盆世	2	2					
		晚泥盆世—中三叠世	17			17			
		晚三叠世	20	20					
		侏罗纪	2			2			
		早白垩世早期—晚白垩世早期	12			10	1	1	
		古近纪—第四纪	22	22					
北东—北北东向断裂	411	晚泥盆世—中三叠世	74			36	38		
		晚三叠世	129	120	9				
		侏罗纪	3			3			
		早白垩世早期—晚白垩世早期	93			51	27	5	10
		古近纪—第四纪	112	103	9				
北西—北北西向断裂	331	中元古代早期—中泥盆世	5	5					
		晚泥盆世—中三叠世	79			48	31		
		晚三叠世	70	47	23				
		侏罗纪	3					3	
		侏罗纪—早白垩世中期	31			8	23		
		早白垩世早期—晚白垩世早期	72			16	37	9	10
		古近纪—第四纪	71	62	9				
北西西向断裂	48	中元古代早期—中泥盆世	3	3					
		晚泥盆世—中三叠世	24			24			
		晚三叠世	3	2	1				
		侏罗纪	2			2			
		早白垩世早期—晚白垩世早期	9			4	4		1
		古近纪—第四纪	7	5	2				
北东东向断裂	59	晚泥盆世—中三叠世	13			13			
		晚三叠世	20	20					
		侏罗纪	1			1			
		早白垩世早期—晚白垩世早期	10			5	3		2
		古近纪—第四纪	15	14	1				
南北向或近南北向断裂	117	晚三叠世	25	25					
		侏罗纪	10			8	2		
		早白垩世早期—晚白垩世早期	28			24			4
		古近纪—第四纪	54	54					

(6)侏罗纪断裂,位于赤城西部地区,主要有2条,发育于前中侏罗世地质体之中,切割的最新地质体为早侏罗世下花园组,被后期地层覆盖,以压扭性逆断层活动为特征,活动于北西-南东向挤压构造环境。

(7)早白垩世早期—晚白垩世早期断裂,位于北纬40°线以北地区,主要有12条,发育于早白垩世及其之前地质体之中,切割的最新地质体为早白垩世早期张家口组,被渐新世至中新世汉诺坝组覆盖,以压扭性逆断层活动为主,个别为压扭性平移断层和压扭性断层破碎带,活动于北西西-南东东向挤压构造环境。

(8)古近纪—第四纪断裂,主要位于北纬40°线以北地区,太行山中段也有零星分布,主要有22条,发育于晚白垩世及其之前地质体之中,切割的最新地质体为晚白垩世南天门组,被第四系覆盖,以张扭性正断层活动为特征,活动于北西西-南东东向拉张构造环境。

(二)北东—北北东向断裂

该组断裂遍及本区基岩区,数量最多(主要有411条),按断层性质可分为6类,以正断层为主,可分为以下5个主要活动期或形成期。

(1)晚泥盆世—中三叠世断裂,位于北纬41°线以南地区,主要有74条,发育于早三叠世及其之前地质体之中,切割的最新地质体为早三叠世和尚沟组,被侏罗纪地层覆盖和岩体侵位,以压扭性逆断层及压扭性左旋平移断层活动为主,活动于近南北向挤压构造环境。

(2)晚三叠世断裂,遍及本区基岩区,主要有129条,发育于前晚三叠世地质体之中,切割的最新地质体为早三叠世和尚沟组,被侏罗纪岩体侵位,被后期地层覆盖,以张扭性正断层活动为主,张扭性平移断层次之,活动于近南北向拉张构造环境。

(3)侏罗纪断裂,位于冀北下花园及赤城西部地区,主要有3条,发育于前晚侏罗世地质体之中,切割的最新地质体为中侏罗世九龙山组,被后期地层覆盖,以逆断层活动为特征,活动于北西-南东向挤压构造环境。

(4)早白垩世早期—晚白垩世早期断裂,位于北纬38°线以北地区,主要有93条,发育于早白垩世及其之前地质体之中,切割的最新地质体为早白垩世中期义县组,被渐新世至中新世汉诺坝组覆盖,以逆断层活动为主,压扭性平移断层次之,少量为挤压断层破碎带和性质不明断层,活动于北西西-南东东向挤压构造环境。

(5)古近纪—第四纪断裂,遍及本区基岩区,但以北纬39°线以北地区较多,主要有112条,发育于中新世及其之前地质体之中,切割的最新地质体为渐新世至中新世汉诺坝组,被第四系覆盖,以正断层活动为主,少数为张扭性平移断层,活动于北西西-南东东向拉张构造环境。

(三)北西—北北西向断裂

该组断裂遍及本区基岩区,数量仅次于北东-北北东向断裂,主要有331条,按断层性质可分为6类,以正断层较多,可分为以下7个主要活动构造期或形成期。

(1)中元古代早期—中泥盆世断裂,零星分布于冀西北及冀西地区,主要有5条,发育于古元古代晚期及其之前变质岩石之中,以张扭性正断层活动为特征,活动于近南北向拉张构造环境。个别断裂具有多期活动特征,切割了早白垩世地质体。

(2)晚泥盆世—中三叠世断裂,遍及本区基岩区,主要有79条,发育于前三叠纪地质体之中,切割的最新地质体为晚二叠世岩体,被侏罗纪地层覆盖和岩体侵位,以压扭性逆断层及压扭性右旋平移断层活动为特征,活动于近南北向挤压构造环境。个别断裂在新生代复活,切割了渐新世至中新世汉诺坝组。

(3)晚三叠世断裂,遍及本区基岩区,主要有 70 条,发育于前晚三叠世地质体之中,切割的最新地质体为中三叠世二马营组,被侏罗纪地层覆盖和岩体侵位,以张扭性正断层活动为主,张扭性左旋平移断层次之,活动于近南北向拉张构造环境。

(4)侏罗纪断裂,位于平泉南东地区,主要有 3 条,发育于前中侏罗世地质体之中,切割的最新地质体为早侏罗世下花园组,被第四系覆盖,以断层破碎带为特征,活动于北西-南东向挤压构造环境。

(5)侏罗纪—早白垩世中期断裂,位于北纬 39°线以北地区,主要有 31 条,发育于中晚侏罗世及其之前地质体之中,切割的最新地质体为中晚侏罗世髫髻山组,被第四系覆盖,以压扭性平移断层为主,逆断层次之,活动于北西-南东向挤压构造环境。

(6)早白垩世早期—晚白垩世早期断裂,位于北纬 38°线以北地区,主要有 72 条,发育于早白垩世及其之前地质体之中,切割的最新地质体为早白垩世中期义县组,被第四系覆盖,以压扭性平移断层为主,逆断层、断层破碎带及性质不明断层次之,活动于北西西-南东东向挤压构造环境。

(7)古近纪—第四纪断裂,遍及本区基岩区,但以北纬 40°线以北地区较多,主要有 71 条,发育于中新世及其之前地质体之中,切割的最新地质体为渐新世至中新世汉诺坝组,被第四系覆盖,以张扭性正断层活动为主,少数为张扭性平移断层,活动于北西西-南东东向拉张构造环境。

(四)北西西向断裂

该组断裂零星分布于北纬 38°线以北地区,主要有 48 条,按断层性质可分 5 类,以逆断层为主,可分为以下 6 个主要活动构造期或形成期。

(1)中元古代早期—中泥盆世断裂,分布于冀西阜平南东一带,主要有 3 条,发育于中元古代中期及其之前地质体之中,切割的最新地质体为中元古代中期高于庄组,被燕山早期北西向正断层切割,以正断层活动为特征,活动于近南北向拉张构造环境。

(2)晚泥盆世—中三叠世断裂,分布于北纬 38°～41°之间,主要有 24 条,发育于奥陶纪及其之前地质体之中,切割的最新地质体为早奥陶世地层,被侏罗纪地层覆盖和岩体侵位,以逆断层活动为特征,活动于近南北向挤压构造环境。

(3)晚三叠世断裂,零星分布于冀西北蔚县南东与冀东左家坞南东一带,主要有 3 条,发育于中元古代至奥陶纪地层之中,切割的最新地质体为早奥陶世地层,被第四系覆盖,以正断层与张扭性左旋平移断层为特征,活动于近南北向拉张构造环境。

(4)侏罗纪断裂,位于冀西北赤城西一带,有 2 条,发育于晚三叠世及其之前的地质体之中,切割的最新地质体为晚三叠世岩体,被第四系覆盖,以压扭性逆断层为特征,活动于北西-南东向挤压构造环境。

(5)早白垩世早期—晚白垩世早期断裂,零星分布于北纬 40°线以北地区,主要有 9 条,发育于早白垩世及其之前地质体之中,切割的最新地质体为早白垩世晚期岩体,被第四系覆盖,以压扭性逆断层及右旋平移断层为主,个别为性质不明断层,活动于北西西-南东东向挤压构造环境。

(6)古近纪—第四纪断裂,零星分布于北纬 39°线以北地区,有 7 条,发育于中新世及其之前地质体之中,切割的最新地质体为渐新世至中新世汉诺坝组,被第四系覆盖,以张扭性正断层为主,少数为张扭性左旋平移断层,活动于北西西-南东东向拉张构造环境。

(五)北东东向断裂

该组断裂零星分布于北纬 38°线以北地区,主要有 59 条,按断层性质可分为 5 类,以正断层为主,逆断层次之,其他较少,可分为以下 5 个主要活动构造期或形成期。

(1)晚泥盆世—中三叠世断裂,零星分布于北纬 38°线以北地区,主要有 13 条,发育于奥陶纪及其之前地质体之中,切割的最新地质体为早奥陶世地层,被后期地层覆盖,以逆断层活动为特征,活动于近南北向挤压构造环境。

(2)晚三叠世断裂，零星分布于北纬38°线以北地区，主要有20条，发育于中元古代至奥陶纪地层之中，切割的最新地质体为早奥陶世地层，被第四系覆盖，均为正断层，活动于近南北向拉张构造环境。

(3)侏罗纪断裂，分布于京西北安河南一带，有1条，发育于寒武系至三叠系之中，切割的最新地质体为晚三叠世杏石口组，被晚侏罗世土城子组覆盖，以压扭性逆断层为特征，活动于北西-南东向挤压构造环境。

(4)早白垩世早期—晚白垩世早期断裂，零星分布于北纬40°线以北地区，主要有10条，发育于早白垩世及其之前地质体之中，切割的最新地质体为早白垩世早期张家口组，被第四系覆盖，以压扭性逆断层为主，少数为右旋平移断层及性质不明断层，活动于北西西-南东东向挤压构造环境。

(5)古近纪—第四纪断裂，零星分布于北纬40°线以北地区，主要有15条，发育于早白垩世及其之前地质体之中，切割的最新地质体为早白垩世早期张家口组，被第四系覆盖，以张扭性正断层为主，个别为张扭性左旋平移断层，活动于北西西-南东东向拉张构造环境。

(六)南北向或近南北向断裂

该组断裂遍及全区，主要有117条，按断层性质可分为4类，以正断层为主，可分为以下4个主要活动构造期或形成期。

(1)晚三叠世断裂，主要分布于北纬39°线以南基岩地区，冀东地区也有零星分布，有25条，发育于中元古代至奥陶纪地层之中，切割的最新地质体为早奥陶世地层，被侏罗系覆盖，均为张扭性正断层，活动于近南北向拉张构造环境。

(2)侏罗纪断裂，主要分布于北纬38°线以南基岩地区，冀东地区也有零星分布，有10条，发育于中元古代至奥陶纪地层之中，切割的最新地质体为早奥陶世地层，被第四系覆盖，以压扭性逆断层为主，个别为压扭性左旋平移断层，活动于北西-南东向挤压构造环境。

(3)早白垩世早期—晚白垩世早期断裂，零星分布于北纬39°线以北地区，有28条，发育于早白垩世及其之前地质体之中，切割的最新地质体为早白垩世中期大北沟组，被第四系覆盖，以压扭性逆断层为主，少数为性质不明断层，活动于北西西-南东东向挤压构造环境。

(4)古近纪—第四纪断裂，零星遍及本区基岩区，主要有54条，发育于中新世及其之前地质体之中，切割的最新地质体为渐新世至中新世汉诺坝组，被第四系覆盖，以张扭性正断层活动为特征，活动于北西西-南东东向拉张构造环境。

第三节　其他构造类型

本区其他构造类型主要叙述韧性变形带、褶叠层构造、滑脱构造、推覆构造、穹隆构造和夷平面。

一、韧性变形带

韧性变形带是指变质岩石中由强烈韧性剪切变形和塑性流动而形成的线形构造带。本区韧性变形带较为发育，与区域构造带及区域断裂相关的韧性变形带，在前述章节中已经叙述。区内其他韧性变形带主要有55条(表19-5)，构造岩石中不对称碎斑、不对称压力影、不对称眼球、不对称小型剪切褶皱、云母鱼及S-C组构等特征剪切指向组构常见。

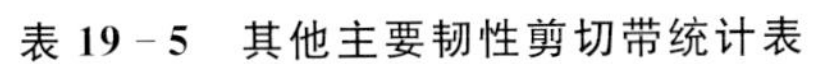

表 19-5 其他主要韧性剪切带统计表

序号	名称	产状	规模	主要特征
1	赤城县大西沟-镇安堡韧性剪切带	走向 300°～335° 倾向 30°～65° 倾角 20°～50°	长 9km 宽 2km	发育于古元古代中期红旗营子岩群及早石炭世浅变质奥长花岗岩中，由6条次级韧性剪切带组成，具有分支复合的现象。可分为两期：早期带内发育绿片岩相变质的糜棱岩类，特征指向组构显示为右旋斜冲型活动方式，活动于近南北向挤压构造环境；晚期带内发育糜棱岩叠加于早期变质糜棱岩之上，指向组构显示为左旋斜降型活动方式，活动于近南北向拉张构造环境
2	围场县皮匠营子-明德店韧性剪切带	走向 70～80° 倾向 160°～170° 倾角 50°～90°	长 25km 宽 2km	发育于古元古代晚期变质石英闪长岩、变质二长花岗岩中，被晚三叠世斑状二长花岗岩侵位破坏，并被早白垩世早期张家口组覆盖。带内发育绿片岩相变质的糜棱岩类，显示为左旋斜冲型活动方式，活动于近南北向挤压构造环境
3	隆化县大对山-北窝铺韧性剪切带	走向 290° 倾向 20° 倾角 50～85°	长 25km 宽 2～3km	发育于古元古代晚期变质二长花岗岩中，被二叠纪浅变质花岗闪长岩、斑状正长花岗岩侵位破坏。带内发育绿片岩相变质的糜棱岩类，指向组构显示为左旋斜降型活动方式，活动于近南北向拉张构造环境
4	平泉县大陈营子韧性剪切带	走向 315° 倾向 45° 倾角 55°	长 7.5km 宽 0.5km	发育于新太古代晚期单塔子岩群艾家沟岩组及新太古代晚期变质深成侵入岩中，被晚三叠世斑状二长花岗岩侵位破坏。带内发育绿片岩相变质的糜棱岩类，指向组构显示为左旋斜冲型活动方式，活动于近东西向挤压构造环境
5	密云县四合堂韧性剪切带	走向 290° 倾向 20° 倾角 10°～20°	长 14.5km 宽 3～8km	发育于太古宙变质岩石中，被早白垩世早中期岩体侵位破坏。带内发育绿片岩相变质的糜棱岩类，指向组构显示为右旋斜冲型活动方式，活动于近南北向挤压构造环境
6	密云县穆家峪韧性剪切带	走向 25° 倾向 295° 倾角 70°	长 20km 宽 1～5km	发育于新太古代早期与新太古代中期变质岩石中，被后期北东向断裂切割破坏。带内发育麻粒岩相与角闪岩相变质的糜棱岩类，后者叠加于前者之上，指向组构显示为右旋斜冲型活动方式，活动于近东西向挤压构造环境
7	兴隆县荞麦岭-兴隆韧性剪切带	走向 50°， 倾向 320°、140° 倾角 60°～80°	长 15km 宽 0.5～2km	发育于新太古代中期变质岩石中，被寒武系至奥陶系覆盖，并被后期北东向与东西向断裂切割。带内发育角闪岩相与绿片岩相变质糜棱岩类，后者叠加于前者之上，指向组构显示为右旋斜冲型活动方式，活动于近东西向挤压构造环境
8	兴隆县苇甸子韧性剪切带	走向 335° 倾向 65° 倾角 65°～80°	长 13km 宽 4km	发育于太古宙变质岩石中，被长城系覆盖，被晚侏罗世岩体侵位破坏。带内发育角闪岩相与绿片岩相变质糜棱岩类，后者叠加于前者之上，指向组构显示为左旋斜冲型活动方式，活动于近东西向挤压构造环境
9	兴隆县墨水河韧性剪切带	走向 20° 倾向 290° 倾角 40°～90°	长 21km 宽 0.5～4.5km	发育于太古宙变质岩石中，被蓟县系覆盖，并被后期北东向断裂切割破坏。带内发育角闪岩相与绿片岩相变质糜棱岩类，后者叠加于前者之上，指向组构显示为右旋斜冲型活动方式，活动于近东西向挤压构造环境

续表 19-5

序号	名称	产状	规模	主要特征
10	兴隆县八卦岭韧性剪切带	走向 25° 倾向 295° 倾角 50°～70°	长 24km 宽 0.5～3.3km	发育于太古宙变质岩石中，被后期东西向断裂切割，并被晚侏罗世岩体侵位破坏。带内发育角闪岩相变质糜棱岩类，指向组构显示为右旋斜冲型活动方式，活动于近东西向挤压构造环境
11	兴隆县冷嘴头韧性剪切带	走向 40° 倾向 310° 倾角 21°～70°	长 21km 宽 0.5～3km	发育于太古宙变质岩石中，被后期近东西向断裂切割，并被早白垩世岩体侵位破坏。带内发育角闪岩相与绿片岩相变质糜棱岩类，后者叠加于前者之上，指向组构显示为右旋斜冲型活动方式，活动于近东西向挤压构造环境
12	兴隆县大佐韧性剪切带	走向 70° 倾向 340° 倾角 40°～90°	长 8km 宽 4km	发育于太古宙变质岩石中，被早白垩世岩体侵位破坏。带内发育麻粒岩相与角闪岩相变质的糜棱岩类，后者叠加于前者之上，指向组构显示为右旋斜冲型活动方式，活动于近东西向挤压构造环境
13	遵化县万树庵韧性剪切带	走向 325° 倾向 55° 倾角 45°～85°	长 7.2km 宽 0.5～2km	发育于太古宙变质岩石中，切割了早期北东向韧性剪切带，被晚侏罗世岩体侵位破坏。带内发育绿片岩相变质的糜棱岩类，指向组构显示为右旋斜冲型活动方式，活动于近南北向挤压构造环境
14	遵化县花石峪韧性剪切带	走向 345°， 倾向 255° 倾角 55°～80°	长 23km 宽 20m～0.5km	发育于太古宙变质岩石中。带内发育角闪岩相变质的糜棱岩类，指向组构显示为左旋斜冲型活动方式，活动于近东西向挤压构造环境
15	迁西县金厂峪韧性剪切带	走向 15° 倾向 105° 倾角 80°～90°	长 24km 宽 2～3km	发育于太古宙变质岩石中，可见含金石英岩脉侵入。带内发育绿片岩相变质糜棱岩类，指向组构显示为右旋斜冲型活动方式，活动于近东西向挤压构造环境
16	迁西县西荒峪韧性剪切带	走向 328° 倾向 238° 倾角 80°	长 7.5km 宽 20～50m	发育于太古宙变质岩石中。带内发育角闪岩相变质的糜棱岩类，指向组构显示为左旋斜冲型活动方式，活动于近东西向挤压构造环境
17	迁西县碾子峪韧性剪切带	走向 325° 倾向 235° 倾角 80°	长 2km 宽 50m	发育于太古宙变质岩石中，被长城系覆盖。带内发育低角闪岩相变质糜棱岩类，指向组构显示为右旋斜冲型活动方式，活动于近南北向挤压构造环境
18	迁西县牌楼沟韧性剪切带	走向 345° 倾向 255° 倾角 70°～80°	长 5km 宽 50m～1km	发育于太古宙变质岩石中，被晚期北北东向韧性剪切带切割。带内发育麻粒岩相变质的糜棱岩类，指向组构显示为左旋斜冲型活动方式，活动于近东西向挤压构造环境
19	迁西县麻达峪韧性剪切带	走向 335° 倾向 65° 倾角 40°	长 8km 宽 50m～1.5km	发育于太古宙变质岩石中。带内发育麻粒岩相变质的糜棱岩类，指向组构显示为左旋斜冲型活动方式，活动于近东西向挤压构造环境
20	迁安县大崔庄韧性剪切带	走向 22° 倾向 292° 倾角 15°～50°	长 25km 宽 2～9.5km	发育于太古宙变质岩石中，被长城系覆盖，并被后期断裂切割破坏。带内发育绿片岩相变质糜棱岩类，指向组构显示为右旋斜冲型活动方式，活动于近东西向挤压构造环境

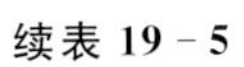
续表 19－5

序号	名称	产状	规模	主要特征
21	冀西独山城-下关-板峪口韧性剪切带	走向 50°、340° 倾向 320°、250° 倾角 25°～40°	长 45km 宽 100～600m	发育于早前寒武纪变质岩石中。带内发育早、晚两期绿片岩相变质的糜棱岩类：早期绿片岩相变质的糜棱岩类指向组构显示为右旋斜降型活动方式，活动于近南北向拉张构造环境；晚期绿片岩相变质的糜棱岩类指向组构显示为左旋斜冲型活动方式，活动于近南北向挤压构造环境
22	冀东赵店子韧性剪切带	走向 20° 倾向 290° 倾角 80°	长 2km 宽 60m	发育于太古宙变质岩石中。带内发育角闪岩相变质的糜棱岩类，指向组构显示为右旋斜冲型活动方式，形成于近东西向挤压构造环境
23	冀东架炮山韧性剪切带	走向 320° 倾向 230° 倾角 21°～70°	长 12km 宽 150～600m	发育于太古宙变质岩石中，切割了大巫岚-卢龙构造带。带内发育绿片岩相变质的糜棱岩类，指向组构显示为右旋斜冲型活动方式，活动于近南北向挤压构造环境
24	冀东包官营韧性剪切带	走向 25° 倾向 295° 倾角 65°	长 7.5km 宽 50～500m	发育于太古宙变质岩石中。带内发育绿片岩相变质糜棱岩类，指向组构显示为右旋斜冲型活动方式，活动于近东西向挤压构造环境
25	冀东陈家沟韧性剪切带	走向 315° 倾向 225° 倾角 50°	长 10km 宽 50～200m	发育于太古宙变质岩石中。带内发育绿片岩相变质糜棱岩类，指向组构显示为右旋斜冲型活动方式，活动于近南北向挤压构造环境
26	冀东黄柏峪韧性剪切带	走向 90° 倾向 180° 倾角 80°～90°	长 2.5km 宽 50～100m	发育于太古宙变质岩石中。带内发育早、晚两期绿片岩相变质的糜棱岩类：早期绿片岩相变质的糜棱岩类指向组构显示为逆冲型活动方式，活动于近南北向挤压构造环境；晚期绿片岩相变质的糜棱岩类指向组构显示为滑脱性活动方式，活动于近南北向拉张构造环境
27	冀东新宗佐韧性剪切带	走向 50° 倾向 140° 倾角 50°	长 1km 宽 100m	发育于太古宙变质岩石中，被长城系覆盖。带内发育绿片岩相变质的糜棱岩类，特征指向组构显示为左旋斜冲型活动方式，形成于近南北向挤压构造环境
28	冀东油榨韧性剪切带	走向 50° 倾向 320° 倾角 65°	长 4km 宽 50m～1km	发育于太古宙变质岩石中。带内发育绿片岩相变质的糜棱岩类，指向组构显示为左旋斜冲型活动方式，活动于近南北向挤压构造环境
29	冀东阳山韧性剪切带	走向 350° 倾向 260° 倾角 80°	长 3.5km 宽 20～100m	发育于太古宙变质岩石中。带内发育绿片岩相变质的糜棱岩类，指向组构显示为左旋斜冲型活动方式，活动于近东西向挤压构造环境
30	冀东孙庄韧性剪切带	走向 315° 倾向 45° 倾角 70°	长 1.5km 宽 20～30m	发育于太古宙变质岩石中。带内发育绿片岩相变质的糜棱岩类，指向组构显示为左旋斜冲型活动方式，活动于近东西向挤压构造环境

续表 19-5

序号	名称	产状	规模	主要特征
31	冀东营山韧性剪切带	走向 340° 倾向 250° 倾角 80°	长 4km 宽 50～200m	发育于太古宙变质岩石中。带内发育绿片岩相变质的糜棱岩类，指向组构显示为左旋斜冲型活动方式，活动于近东西向挤压构造环境
32	冀东榆关镇韧性剪切带	走向 25° 倾向 115° 倾角 50°～60°	长 1.5km 宽 200m	发育于太古宙变质岩石中。带内发育绿片岩相变质的糜棱岩类，指向组构显示为右旋斜冲型活动方式，活动于近东西向挤压构造环境
33	冀西黄花坨韧性剪切带	走向 325° 倾向 235° 倾角 40°	长 18km 宽 0.5～1.5km	早期发育于太古宙变质岩石中，被古元古代晚期变质正长花岗岩侵位破坏。早期带内发育角闪岩相变质的糜棱岩类，指向组构显示为右旋斜冲型活动方式，活动于近北向挤压构造环境；晚期叠加于早期之上，并切割了古元古代晚期变质正长花岗岩。带内发育绿片岩相变质的糜棱岩类，指向组构显示为左旋斜降型活动方式，活动于近南北向拉张构造环境
34	冀西史家寨韧性剪切带	走向 275°～295° 倾向 5°～25° 倾角 35°～50°	长 30km 宽 0.5～3.8km	发育于太古宙变质岩石中，被古元古代晚期变质正长花岗岩侵位破坏。带内发育角闪岩相变质的糜棱岩类，指向组构显示为右旋斜冲型活动方式，活动于近南北向挤压构造环境
35	冀西河口-土岭韧性剪切带	走向 290° 倾向 200° 倾角 20°～50°	长 45km 宽 0.5～1km	发育于太古宙变质岩石中，被蓟县系覆盖。带内发育角闪岩相变质的糜棱岩类，指向组构显示为右旋斜冲型活动方式，活动于近南北向挤压构造环境
36	冀西口头-下槐韧性剪切带	走向 60° 倾向 150° 倾角 35°～50°	长 70km 宽 0.2～1km	早期发育于古元古代早期及其之前变质岩石中，被古元古代晚期变质正长花岗岩侵位破坏；带内发育低角闪岩相—绿帘角闪岩相变质的糜棱岩类，指向组构显示为左旋斜冲型活动方式，活动于近南北向挤压构造环境。晚期叠加于早期之上，带内发育绿片岩相变质的糜棱岩类，指向组构显示为右旋斜冲型活动方式，活动于近东西向挤压构造环境
37	冀西西柏坡-下口韧性剪切带	走向 60°～70° 倾向 150°～160° 倾角 30°～80°	长 45km 宽 50m～1.5km	早期发育于古元古代早期及其之前变质岩石中，倾角较陡，被古元古代晚期变质正长花岗岩侵位破坏；带内发育低角闪岩相—绿帘角闪岩相变质的糜棱岩类，指向组构显示为左旋斜冲型活动方式，活动于近南北向挤压构造环境。晚期叠加于早期之上，倾角较缓，并切割了古元古代晚期变质正长花岗岩；带内发育绿片岩相变质的糜棱岩类，指向组构显示为右旋斜降型活动方式，活动于近南北向拉张构造环境
38	冀西板桥沟韧性剪切带	走向 290°～300° 倾向 200°～210° 倾角 40°～60°	长 1.3km 宽 100～200m	发育于古元古代早期及其之前变质岩石中。带内发育低角闪岩相—绿帘角闪岩相变质的糜棱岩类，指向组构显示为右旋斜冲型活动方式，活动于近南北向挤压构造环境
39	冀西柏山-苇地韧性剪切带	走向 80° 倾向 350° 倾角 20°～30°	长 8km 宽 0.4～0.6km	发育于早前寒武纪变质岩石中。带内发育绿片岩相变质的糜棱岩类，指向组构显示为右旋斜降型活动方式，活动于近南北向拉张构造环境

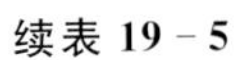
续表 19-5

序号	名称	产状	规模	主要特征
40	冀西麦道岭韧性剪切带	走向 280°～295° 倾向 190°～205° 倾角 45°	长 4km 宽 50～100m	发育于古元古代早期湾子岩群中。带内发育低角闪岩相—绿帘角闪岩相变质的糜棱岩类，指向组构显示为右旋斜冲型活动方式，活动于近南北向挤压构造环境
41	冀西宋家口-后坨头韧性剪切带	走向 280°～290° 倾向 190°～200° 倾角 50°～70°	长 6km 宽 50～200m	发育于古元古代早期湾子岩群中。带内发育低角闪岩相—绿帘角闪岩相变质的糜棱岩类，指向组构显示为右旋斜冲型活动方式，活动于近南北向挤压构造环境
42	冀西上柳树-北坪西韧性剪切带	走向 60°～70° 倾向 150°～160° 倾角 50°～60°	长 4km 宽 8～150m	发育于古元古代早期湾子岩群中。带内发育低角闪岩相—绿帘角闪岩相变质的糜棱岩类，指向组构显示为左旋斜冲型活动方式，活动于近南北向挤压构造环境。局部有后期绿片岩相变质糜棱岩叠加，特征指向组构显示为左旋斜冲型活动方式，活动于较早阶段近南北向挤压构造环境
43	冀西清水口东韧性剪切带	走向 40°～50° 倾向约 135° 倾角 40°～50°	长 2km 宽 50～150m	发育于太古宙变质岩石中。带内发育低角闪岩相—绿帘角闪岩相变质的糜棱岩类，指向组构显示为左旋斜冲型活动方式，活动于近南北向挤压构造环境
44	冀西杏树崖-白茅尖韧性剪切带	走向 70° 倾向 160° 倾角 40°～50°	长 5km 宽 100～200m	发育于古元古代早期及其之前变质岩石中，被古元古代晚期变质正长花岗岩侵位破坏。带内发育低角闪岩相—绿帘角闪岩相变质的糜棱岩类，指向组构显示为左旋斜冲型活动方式，活动于近南北向挤压构造环境
45	冀西下康家峪-笛子沟韧性剪切带	走向 70° 倾向 340° 倾角 50°～70°	长 6km 宽 100～300m	发育于古元古代早期及其之前变质岩石中，由一系列小型韧性剪切带组成。带内发育绿片岩相变质的糜棱岩类，指向组构显示为右旋斜降型活动方式，活动于近南北向拉张构造环境
46	冀西陈水坨南韧性剪切带	走向 60° 倾向 330° 倾角 60°	长 2.5km 宽 100～200m	发育于早前寒武纪变质岩石中。带内发育绿片岩相变质的糜棱岩类，指向组构显示为右旋斜降型活动方式，活动于近南北向拉张构造环境
47	冀西川房沟韧性剪切带	走向 60° 倾向 330° 倾角 35°	长 2km 宽 100～150m	发育于早前寒武纪变质岩石中。带内发育绿片岩相变质的糜棱岩类，指向组构显示为右旋斜降型活动方式，活动于近南北向拉张构造环境
48	冀西乱泉-赵家庄韧性剪切带	走向 60°～70° 倾向 150°～160° 倾角 40°～55°	长 4.2km 宽 150～300m	发育于早前寒武纪变质岩石中。带内发育绿片岩相变质的糜棱岩类，指向组构显示为右旋斜降型活动方式，活动于近南北向拉张构造环境
49	冀西九口子韧性剪切带	走向 50°～80° 倾向 140°～170° 倾角 50°～70°	长 26km 宽 0.5～1km	发育于太古宙变质岩石中。带内发育角闪岩相变质的糜棱岩类，特向组构显示为左旋斜冲型活动方式，活动于近南北向挤压构造环境
50	冀西北潭庄-南城寨韧性剪切带	走向 70° 倾向 160° 倾角 40°	长 7km 宽 400m	发育于古元古代早期湾子岩群及新太古代中期阜平岩群元坊岩组中，被后期北北西向断裂切割破坏。带内发育绿片岩相变质糜棱岩类，指向组构显示为右旋斜冲型活动方式，活动于近东西向挤压构造环境

续表 19-5

序号	名称	产状	规模	主要特征
51	冀西南伍河-掌头韧性剪切带	走向 80° 倾向 170° 倾角 40°～50°	长 12km 宽 200～300m	发育于古元古代中期甘陶河群及新太古代中期阜平岩群元坊岩组等变质地质体中，被后期北北西向断裂切割破坏。带内发育绿片岩相变质糜棱岩类，指向组构显示为左旋斜冲型活动方式，活动于近南北向挤压构造环境
52	冀西南乔家庄韧性剪切带	走向 330° 倾向 60° 倾角 20°～45°	长 8.5km 宽 300～500m	发育于新太古代晚期变质深成侵入岩中，被古元古代中期甘陶河群覆盖。带内发育低角闪岩相—绿帘角闪岩相变质糜棱岩类，指向组构显示为右旋斜冲型活动方式，活动于近南北向挤压构造环境
53	冀西南崇水峪韧性剪切带	走向 330° 倾向 60° 倾角 30°～50°	长 11.3km 宽 200～300m	发育于新太古代晚期变质深成侵入岩中，被古元古代中期甘陶河群覆盖，被古元古代中期变质岩体侵位破坏。带内发育低角闪岩相—绿帘角闪岩相变质糜棱岩类，指向组构显示为右旋斜冲型活动方式，活动于近南北向挤压构造环境
54	冀西南前白也掌韧性剪切带	走向 340° 倾向 250° 倾角 50°	长 15km 宽 1～2km	发育于古元古代中期甘陶河群及新太古代晚期变质深成侵入岩中。带内发育绿片岩相变质糜棱岩类，指向组构显示为右旋斜冲型活动方式，活动于近南北向挤压构造环境
55	冀西南西花沟韧性剪切带	走向 330° 倾向 60° 倾角 20°～50°	长 11km 宽 100～200m	发育于新太古代晚期变质深成侵入岩中，被古元古代中期甘陶河群覆盖，并被古元古代中期变质岩体侵位破坏。带内发育低角闪岩相—绿帘角闪岩相变质糜棱岩类，指向组构显示为右旋斜冲型活动方式，活动于近南北向挤压构造环境

二、褶叠层构造

褶叠层构造一般认为是地壳较深的构造层次在伸展构造体制的水平分层剪切流变机制下，原生成层岩系发生变形-变质作用而形成的一套基本上能按时代新老划分的大套层序。但在本质上，它又是经过构造重建的、发育有以顺层韧性剪切带和顺层掩卧褶皱为主体的固态流变构造群落，并经历强烈递进变形，由新生的平行面状构造横向置换原生层理(或先期面理)而形成的崭新的构造地层单元。褶叠层构造在中浅变质岩区是一种常见的构造样式，在邢台浆水—路罗一带的立洋河岩组中最为典型，在一套黑云斜长变粒岩、石英岩、黑云片岩夹钙硅酸盐岩的岩性组合中发育由顺层片理和韧性剪切形成的“N”形紧闭平卧揉皱、构造透镜体等构造形迹，附近还可见大型平卧褶皱，构成了褶叠层的基本要素。原生岩层发生分层剪切、固态流变和横向构造置换，现所见岩性组合及厚度代表了改造后的岩层特征和褶叠层的厚度，已不能代表原始沉积地层的韵律特征和地层厚度。

三、滑脱构造

滑脱构造即拆离构造，是指在伸展作用下沿层间近水平或低角度的正断层滑移的构造。早前寒武纪变质地体中的典型滑脱构造产于变质核杂岩构造中的变质-岩浆侵入杂岩核与其上部盖层之间，以阜平、房山及密云三地特征较清晰，因后期改造拆离滑脱带出露不连续，部分地段不易识别。

房山变质核杂岩穹状隆起是由早白垩世早期岩体的侵入造成，上部盖层沿原不整合面向两侧滑移，它使岩体内部的糜棱面理与岩体的接触面、变质岩的糜棱面理及主滑脱构造的产状都近于一致。其总体形态呈穹状外貌，但房山岩体又不完全位于杂岩核部，它向西刺穿主拆离断层而侵入石炭系—二叠系，并在边部形成了强烈的动力变质带。

四、逆冲推覆构造

推覆构造是断裂构造的一种特殊类型，指推移距离在10km以上的低角度逆断层。区内推覆构造共有20多处，零散分布于尚义-隆化区域断裂北侧附近至井陉南部一带。

飞来峰(脱离根带的推覆体)主要见于尚义东、赤城县曹碾沟、怀柔县崎峰茶西—长哨营—滦平县石洞、阜平县与涞源县交界处的古道—神仙山、曲阳县南镇等地，以崎峰茶西—长哨营—石洞一带较多，呈群带状分布。飞来峰推覆体大小不等，分布面积在数百平方米至数平方千米之间；以断层围限，多呈不规则椭圆状。组成飞来峰推覆体的地层以中新元古界、寒武系至奥陶系为主，推覆于相对较新的地质体之上，个别覆于相对较老地质体之上。

除飞来峰之外的其他逆冲推覆构造主要见于下花园鸡鸣山、涿鹿兴丰寺、怀来梁庄、赤城万泉寺—曹碾沟、京北十三陵、承德鹰手营子、密云古北口—平泉杨树岭、承德唐家湾—南窑、宽城北大杖子—李家窝铺、青龙马圈子、京西(霞云岭、长操、黄土台、黄山店、八宝山)、阜平神仙山、易县八里庄、涞水檀山—永阳、曲阳东口—杨沙侯、井陉头泉—东方岭等地。长度数千米至近百千米，宽1～10km，断距1.2～40km。以呈北北东—北东—北东东向并向北西或南东凸出的弧状展布为主，向北西或南东倾斜，倾角0°～75°。个别呈东西向和南北向展布，前者向南倾斜，倾角40°～85°；后者向西倾斜，倾角10°～40°。就断面倾角上下变化而言，部分具有上缓下陡的特点，部分具有上陡下缓的特点。构造变形以脆性破碎为主，局部伴有脆韧性变形和小型褶皱变形。逆冲推覆断裂切割的最新地质体以晚侏罗世土城子组为主，个别切割了早白垩世早期张家口组，形成时期以晚侏罗世晚期至早白垩世为主，个别呈东西向展布者(鹰手营子逆冲推覆构造)形成于晚二叠世至中三叠世。

根据现有资料和宋鸿林教授(1999)的研究成果，本区逆冲推覆构造还具有空间分布上的分散性、发育时间与运动方向的非极性及薄皮构造与厚皮构造并存的三大特点，体现了中生代板内造山的一大特色。

五、穹隆构造

本区较为特征的穹隆构造有7处，发育于早前寒武纪变质基底中的有4处，即怀安穹隆、安子岭穹隆、迁西-迁安穹隆与山海关穹隆；发育于中元古代—二叠纪地层中的有3处，即青白口穹隆或半穹隆、下苇店穹隆与盘山穹隆。发育于变质基底中的穹隆构造多形成于挤压构造环境；发育于盖层中的穹隆构造有的形成于拉张构造环境，有的形成于挤压构造环境。这些穹隆构造具有两个共同或相似的特点，其一是片麻理、层理呈规则或不规则围斜外倾状分布，具有复式背形和背斜(形)的特征；其二是有变质深成侵入岩、变质侵入岩或未变质的岩体侵入于穹隆内部，各类岩体在侵入过程中的顶托作用无疑是各类穹隆构造形成的重要因素之一。

六、新生代夷平面

据最新区域地质调查成果，综合京冀地貌特征，将区内新生代夷平面划分为11期，主要特征叙述如下。

1. 北台早期夷平面

北台早期夷平面分布零星，仅在冀西北小五台山地区可见，由部分海拔2800～2882m的平缓山顶面构成，形成时代为古近纪古新世。

2. 北台中期夷平面

北台中期夷平面分布零星，仅在冀西北小五台山地区可见，由部分海拔 2670～2745m 的平缓山顶面构成，形成时代为古近纪始新世。

3. 北台晚期夷平面

北台晚期夷平面分布零星，仅在冀西北小五台山地区可见，由部分海拔 2430～2525m 的平缓山顶面构成，形成时代为古近纪渐新世。

4. 唐县早期夷平面

唐县早期夷平面分布较为零星，仅在冀西北小五台山、阳原北东及崇礼县南东的山区可见，由部分海拔 1950～2170m 的平缓山顶面构成，形成时代为新近纪中新世。

5. 唐县晚期夷平面

唐县晚期夷平面分布较广，区内山脊上多见，由一系列海拔 1610～1720m 的平缓山顶面构成，形成时代为新近纪上新世。冀北坝上高原主要属于唐县晚期夷平面。

6. 泥河湾期夷平面

泥河湾期夷平面较发育，多分布于各第四纪沉积盆地外围的山坡上，位于唐县晚期夷平面之下，由一系列海拔 1530～1600m 的平缓山顶面和山脊面构成，形成时代为更新世早期。

7. 赤城期夷平面

赤城期夷平面分布较少，在乌良台西北等地可见，位于前期夷平面之下，呈不规则台阶状，由一系列海拔 1400～1500m 的平缓山顶面和山脊面构成，形成时代为更新世中期。

8. 马兰期夷平面

马兰期夷平面较发育，多分布于各第四纪沉积盆地外围的山坡上，位于前期夷平面之下，呈不规则台阶状，由一系列海拔 1300～1400m 的平缓山脊面构成，形成时代为更新世晚期。

9. 东岳期夷平面

东岳期夷平面（据 1∶25 万北京市幅，2002）见于北京西山及太行山南段一带，由海拔 800～1100m 的平缓山脊面或台地面构成，形成时代大致为全新世早期。

10. 狼虎期夷平面

狼虎期夷平面（据 1∶25 万北京市幅，2002）见于北京西山及太行山南段一带，由海拔 350～670m 的平缓山脊面或台地面构成，形成时代大致为全新世中期。

11. 山海关期夷平面

山海关期夷平面仅见于山海关北部一带（据 1∶25 万秦皇岛市幅，2005），由海拔 80～120m 的平缓山脊面或台地面构成，形成时代大致为全新世晚期。

第二十章　区域地质发展史

河北省位于中朝板块之华北陆块之中，根据前人研究成果（详见《中国区域地质志·河北志》，2017），本区在4600Ma左右原始地壳形成以后处于冷却固结状态，到4000Ma左右开始有了岩浆分异活动（包括火山活动和侵入活动），持续发展到中太古代早期，原始地壳演化为硅镁质壳（主）与硅铝质壳（次）并存的格局（古地壳），整体处于挤压构造环境。该阶段的地壳演化，可谓本区漫长地质历史演化的序幕。自中太古代晚期开始，岩浆分异与沉积分异作用加剧，古地壳向硅铝质壳演变加剧，逐步形成了以硅铝质壳为主的本区大陆地壳（新生陆壳）。在中太古代晚期至今漫长的地质历史中，本区经历了多期次的地质构造演化，造就了不同时期多种多样的建造序列与复杂多变的改造序列。纵观整个漫长而跌宕的区域地质发展历史，本区可分为4个各具特色的发展演化阶段：中太古代晚期—古元古代阶段（基底与岩石圈形成阶段）；中元古代—中三叠世阶段（盖层形成与岩石圈稳定发展阶段）；晚三叠世—晚白垩世阶段（强烈活动、地幔岩石圈改造与再造及板内造山阶段）；古近纪—第四纪阶段（伸展拉张运动，平原区地幔岩石圈减薄再造，高原、山地、平原、海盆与现代地貌形成阶段）。

第一节　中太古代晚期—古元古代阶段

该阶段为基底与岩石圈形成阶段，经历了拉张裂解（非造山）→稳定过渡（前造山）→前碰撞（俯冲期、造山早期）→同碰撞（主造山期）→后碰撞（造山晚期）→稳定过渡（后造山）的发展演化过程（表20-1）。受基底岩石圈形成与演化的制约，该阶段是火山-沉积变质型铁矿、复成因型金矿的重要成矿期（表20-1）。本阶段可进一步分为3期，分述如下。

一、中太古代晚期—新太古代中期（～2600Ma）

始于2936Ma左右，结束于2600Ma。可分为3个期次，分述如下。

中太古代晚期（2936～2800Ma）：为本区早前寒武纪变质基底陆壳（新生陆壳）孕育期的早期，在冀中-冀东微陆块区开始处于弱拉张构造环境（图20-1），古地壳发生裂解，逐步有浅水海相盆地形成。有曹庄岩组海相碎屑岩夹硅铁质岩、碳酸盐岩建造及基性火山岩建造形成（表20-1）。基性火山岩类具有非造山型火山岩的特点，表明该时期浅水海相盆地具有初始裂谷盆地的性质。

新太古代早期（2800～2700Ma）：为本区早前寒武纪变质基底陆壳（新生陆壳）孕育期的晚期，由拉张裂解状态向盆地发展稳定过渡演变。早期本区处于不协调拉张裂解状态（图20-1），最初古陆壳在其下部的地幔软流圈对流和上涌作用下裂解加强，逐步形成了数个相互隔离的初始大洋—陆缘裂谷构造盆地，并在各盆地中接受了火山-沉积建造（表20-1）。该期是桑干岩群与迁西岩群的形成期，冀西北地区的堆积中心在怀安一带，冀中-冀东地区的堆积中心在密云—迁西一带。怀安一带的桑干岩群马市口岩组与密云—迁西一带的迁西岩群水厂岩组及平林镇岩组就是该时期不同盆地的产物，马市口岩组和水厂岩组及平林镇岩组均由麻粒岩、变粒岩、片麻岩及磁铁石英岩等组成，其原岩以海相碎屑岩夹硅铁质岩与多个火山喷发旋回的超基性、基性、中酸性火山岩互层产出为特征。火山岩类具有非造山型双峰式火山岩特点；晚期本区处于盆地发展稳定过渡构造环境，由前期非造山阶段转为前造山阶段（表20-1）。

怀安一带的桑干岩群右所堡岩组就是该时期的产物。右所堡岩组主要由麻粒岩、变粒岩、片麻岩等组成，夹有含石墨的沉积变质岩与大理岩。原岩以海相碎屑岩与多个火山喷发旋回的基性、中酸性火山岩互层产出为特征，夹有含石墨的沉积岩与碳酸盐岩，或夹钙硅酸盐岩。火山岩具有继承非造山型向过渡岩浆岩型演化的特征，反映了右所堡岩组形成于裂谷期后的稳定过渡（前造山）环境。冀西-冀南地区至今尚未发现或未出露该时期的地质建造。

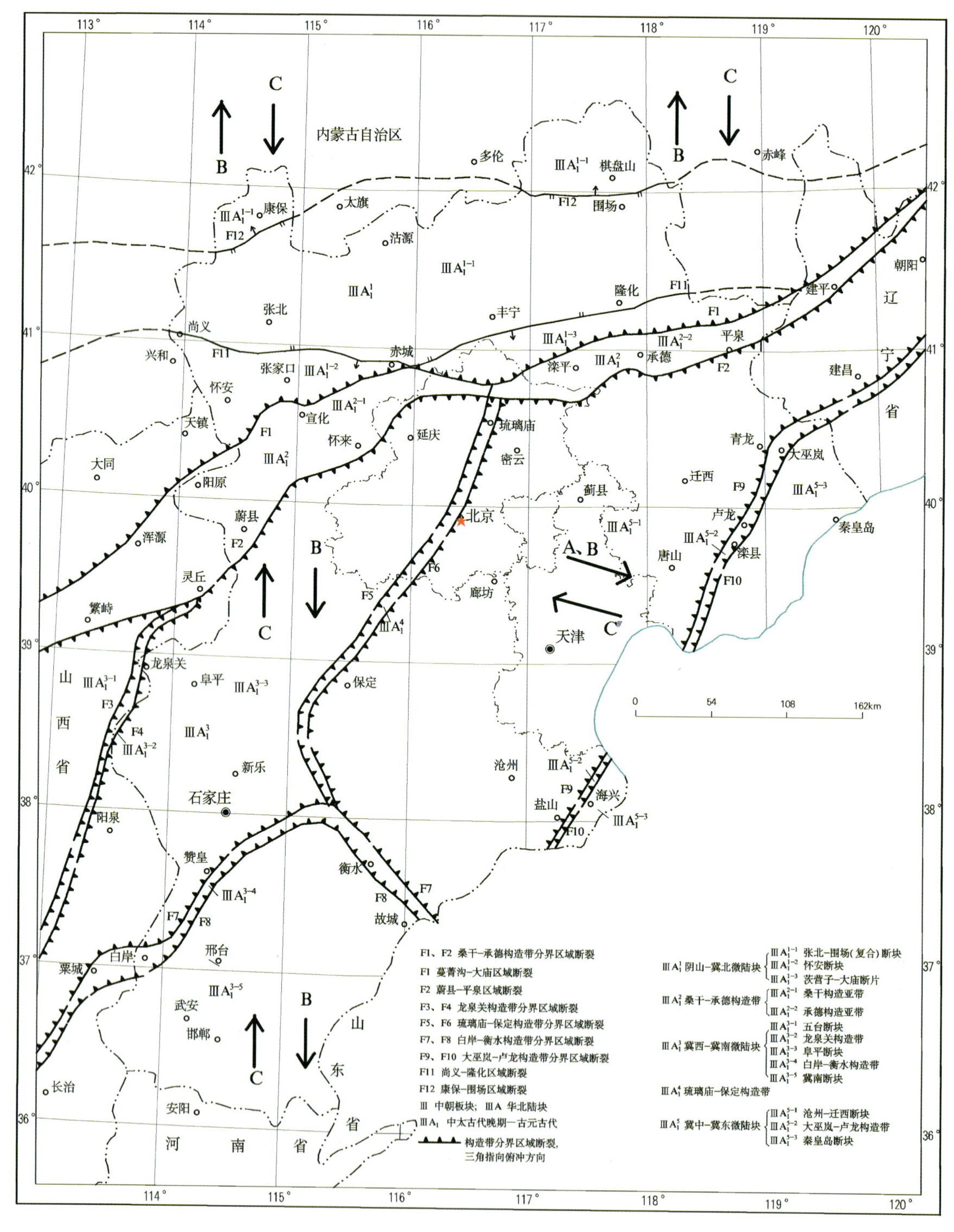

图 20－1 中太古代晚期—古元古代运动趋势图

A－中太古代晚期拉张运动趋势；B－新太古代早期不协调拉张运动趋势；C－新太古代中期—古元古代晚期不协调挤压运动趋势

表 20-1　中太古代晚期—古元古代综合特征划分表

<table>
<tr><td>时代</td><td>Ar_2^2</td><td colspan="2">Ar_3^1</td><td colspan="2">Ar_3^2</td><td colspan="2">Ar_3^3</td><td>Pt_1^1</td><td colspan="2">Pt_1^2</td><td>Pt_1^{3-1}</td><td>Pt_1^{3-2}</td></tr>
<tr><td rowspan="2">构造属性</td><td colspan="2" rowspan="2">非造山拉张裂解期</td><td rowspan="2">前造山过渡期</td><td colspan="8">同造山</td><td rowspan="2">后造山
过渡期</td></tr>
<tr><td colspan="5">前碰撞(俯冲期),造山早期</td><td colspan="2">同碰撞,主造山期</td><td>后碰撞,造山晚期</td></tr>
<tr><td>主应力与
活动状态</td><td colspan="2">主拉张,拉张裂解</td><td>无或弱挤压、无
或弱拉张,稳定</td><td colspan="5">俯冲挤压,俯冲运动</td><td colspan="2">强烈挤压
拼接造山隆起</td><td>挤压相对减弱,块
体之间挤压调整</td><td>无或弱挤压、无
或弱拉张,稳定</td></tr>
<tr><td>沉积建造</td><td colspan="7">海相碎屑岩夹硅铁质岩、碳酸盐岩建造</td><td colspan="3">海相碎屑岩夹碳酸盐岩、钙硅酸盐岩建造</td><td></td><td></td></tr>
<tr><td>火山岩
建造</td><td>基性火山岩</td><td>超基性、基性、
中酸性火山岩</td><td>基性、中酸性
火山岩</td><td colspan="2">基性、中性、
酸性火山岩</td><td colspan="2">基性、中性、
酸性火山岩</td><td>基性、中性火山岩</td><td colspan="2">基性、中性火山岩</td><td></td><td></td></tr>
<tr><td rowspan="2">侵入岩建造
及成因类型</td><td rowspan="2"></td><td rowspan="2"></td><td rowspan="2"></td><td colspan="2">基性、中酸性、酸性侵入岩</td><td colspan="2">基性、中性、
酸性、碱性侵入岩</td><td>中性、
酸性侵入岩</td><td colspan="2">酸性、偏碱性—碱性
侵入岩</td><td>基性、中性、
酸性侵入岩</td><td>偏碱性侵入岩</td></tr>
<tr><td colspan="8">M型、I型、S型、A型</td><td>S型、A型</td></tr>
<tr><td>构造环境</td><td colspan="2">初始大洋-陆缘裂谷</td><td>过渡环境</td><td colspan="8">岛弧—陆缘岩浆弧及相关盆地</td><td>过渡环境</td></tr>
<tr><td rowspan="3">构造变形</td><td colspan="2" rowspan="3">拉张断裂</td><td rowspan="3"></td><td colspan="8">褶皱与挤压断裂、韧性变形</td><td></td></tr>
<tr><td colspan="2">褶皱 f1</td><td colspan="2">褶皱 f2</td><td></td><td colspan="2">褶皱 f3</td><td>褶皱 f4</td><td></td></tr>
<tr><td colspan="2">第一期韧性变形</td><td colspan="2">第二期韧性变形</td><td colspan="3">第三期韧性变形</td><td>第四期韧性变形</td><td></td></tr>
<tr><td>高压变质</td><td></td><td></td><td></td><td colspan="2">第一期高压变质</td><td colspan="2">第二期高压变质</td><td colspan="3">第三期高压变质</td><td>第四期高压变质</td><td></td></tr>
<tr><td>区域变质</td><td></td><td></td><td></td><td colspan="2">麻粒岩相-角闪岩相</td><td colspan="2">麻粒岩相-
绿帘角闪岩相</td><td></td><td colspan="2">麻粒岩相-绿片岩相</td><td>角闪岩相-绿片岩相</td><td></td></tr>
<tr><td>混合岩化作用</td><td></td><td></td><td></td><td colspan="2">第一期混合岩化</td><td colspan="2">第二期混合岩化</td><td></td><td colspan="2">第三期混合岩化</td><td>第四期混合岩化</td><td></td></tr>
<tr><td rowspan="3">$T_1T_2G_1G_2$
组合类型</td><td rowspan="3"></td><td rowspan="3"></td><td rowspan="3"></td><td colspan="2">$T_1T_2G_1G_2$ 型</td><td colspan="2">$T_1T_2G_1G_2$ 型</td><td></td><td colspan="2">G_1G_2 型</td><td colspan="2">G_1G_2 型</td></tr>
<tr><td>T_1T_2</td><td>G_1G_2</td><td>T_1T_2</td><td>G_1G_2</td><td>G_2</td><td>G_1</td><td>G_2</td><td>G_1</td><td>G_2</td></tr>
<tr><td>主要</td><td>次要</td><td>主要</td><td>较主要</td><td>主要</td><td>次要</td><td>主要</td><td>次要</td><td>主要</td></tr>
<tr><td>面积/km^2</td><td></td><td></td><td></td><td>1094</td><td>278</td><td>4205</td><td>3554</td><td>18</td><td>7</td><td>666</td><td>111</td><td>2614</td></tr>
<tr><td>面积百分比</td><td></td><td></td><td></td><td>8.7%</td><td>2.1%</td><td>33.6%</td><td>28.4%</td><td>0.1%</td><td>0.1%</td><td>5.3%</td><td>0.9%</td><td>20.9%</td></tr>
<tr><td>平均 $w(K_2O)/\%$</td><td></td><td></td><td></td><td>1.65</td><td>3.62</td><td>1.56</td><td>3.64</td><td>5.80</td><td>1.3</td><td>4.98</td><td>2.06</td><td>4.96</td></tr>
<tr><td>平均 K_2O/Na_2O</td><td></td><td></td><td></td><td>0.38</td><td>1.1</td><td>0.35</td><td>1.25</td><td>2.32</td><td>0.33</td><td>1.55</td><td>0.44</td><td>1.52</td></tr>
<tr><td rowspan="2">新生陆壳成熟
程度与发育期</td><td colspan="3">古地壳裂解—盆地堆积</td><td colspan="2">不成熟</td><td colspan="2">半成熟</td><td colspan="5">成熟</td></tr>
<tr><td colspan="3">孕育期</td><td colspan="2">幼年期</td><td colspan="2">青年期</td><td colspan="5">成年期及克拉通化完成</td></tr>
<tr><td>地幔岩石圈</td><td colspan="3"></td><td colspan="2">初步形成</td><td colspan="2">增生</td><td colspan="3">增生</td><td colspan="2">全面形成(方辉橄榄岩型)</td></tr>
<tr><td>重要成矿作用</td><td colspan="12">火山-沉积变质型铁矿成矿期,复成因型金矿成矿期</td></tr>
</table>

注:T_1-英云闪长岩;T_2-奥长花岗岩;G_1-花岗闪长岩;G_2-花岗岩。

新太古代中期(2700～2600Ma):是新生陆壳的初步形成与第一改造期,由前期的稳定过渡(前造山)状态转为同造山早期前碰撞(俯冲运动)阶段,新生陆壳进入了不成熟(幼年期)演化时期(见表20-1,图20-1)。该时期有崇礼岩群、阜平岩群、赞皇岩群、遵化岩群及滦县岩群及少量基性至酸性深成侵入岩形成。阜平岩群等5个岩群由麻粒岩、斜长角闪岩、变粒岩、片麻岩及磁铁石英岩、大理岩或不纯大理岩等组成,其原岩以海相碎屑岩夹硅铁质岩、碳酸盐岩或钙硅酸盐岩与多旋回喷发的基性、中性、酸性火山岩相间产出为特征。火山岩及深成侵入岩均具有造山型单峰式岩浆岩的特点,反映了新太古代中期本区处于以俯冲为主的前碰撞挤压构造环境。阴山-冀北微陆块区的崇礼岩群主要形成于继承性和岩浆弧弧背(弧间)与弧后盆地环境;冀西-冀南微陆块区的阜平岩群与赞皇岩群主要形成于前陆盆地环境;冀中-冀东微陆块区的遵化岩群与滦县岩群主要形成于继承性与前陆盆地环境。该时期的地表与海底火山喷发、深部岩浆侵入、挤压变形变质等均由不同微陆块或块体之间俯冲运动引发。阴山-冀北微陆块相对向南运动,冀西-冀南微陆块向北向阴山-冀北微陆块之下俯冲,冀中-冀东微陆块向北西西向阴山-冀北微陆块之下斜向俯冲。在冀中-冀东微陆块区为近东西向(北西西-南东东)挤压环境,而在阴山-冀北与冀西-冀南两个微陆块区为近南北向挤压环境。该时期有第一期褶皱(f1)、第一期韧性变形带、第一期构造岩、第一期麻粒岩相—角闪岩相区域变质及第一期混合岩化等形成。F1、F5、F6等区域断裂开始活动,造山型深成岩逐步侵入;F1北部逐步有陆缘岩浆弧及相应盆地形成,其他地区有继承性和前陆盆地形成。深成侵入岩的组合类型为$T_1T_2G_1G_2$型,但以T_1T_2型为主(见表20-1),表明本区新生陆壳已由孕育期转入幼年期(不成熟)。伴随造山型岩浆的不断分异侵入,地幔岩石圈初步形成。从新太古代中期末开始到古元古代晚期结束,本区的区域主压应力场格局主体相同,均为不协调的主压应力场格局或不协调挤压运动趋势(见图20-1)。这种不协调的主压应力场格局,可能是由地幔软流圈不均衡对流和涡流作用造成;沿桑干-承德构造带深部有一对流带,在汤河口东部桑干-承德与琉璃庙-保定两构造带交会地带的深部极有可能存在一个涡流中心。综合分析认为,第一期麻粒岩相—角闪岩相区域变质作用的开始与结束均较滞后,主要发生于2657～2600Ma期间。

二、新太古代晚期(2600～2500Ma)

该阶段始于2600Ma,结束于2500Ma,是本区新生陆壳的第一增生和第二改造阶段,有五台岩群等4个岩群及大量深成侵入岩形成,新生陆壳由新太古代中期的幼年期(不成熟)向新太古代晚期的青年期(半成熟)演化(见表20-1)。

地层有单塔子岩群、五台岩群、双山子岩群及朱杖子岩群,由斜长角闪岩、变粒岩、片岩、片麻岩及磁铁石英岩、大理岩或不纯大理岩等组成。其原岩以海相碎屑岩夹硅铁质岩、碳酸盐岩或钙硅酸盐岩与多旋回喷发的基性、中性、酸性火山岩相间产出为特征。阴山-冀北微陆块区的单塔子岩群主要形成于继承性岩浆弧弧背(弧间)与弧后盆地环境;冀西-冀南微陆块区的五台岩群主要形成于火山岛弧盆地或继承性前陆盆地环境;冀中-冀东微陆块区的双山子岩群与朱杖子岩群主要形成于火山岛弧盆地环境。深成侵入岩有大量造山型基性、中性、酸性及碱性深成侵入岩,组合类型为$T_1T_2G_1G_2$型(见表20-1),表明本区新生陆壳已进入了青年期(半成熟)。

该时期为第二期褶皱(f2)、第二期韧性变形带、第二期构造岩、第二期混合岩化等的形成期。F2、F3、F4、F7、F8、F9、F10等区域断裂开始活动,主挤压应力场与新太古代中期相同。桑干-承德等5条构造带初步形成,桑干-承德构造带南部边缘(F2区域断裂带)具有被动俯冲性质。综合分析认为,第二期麻粒岩相—角闪岩相—绿帘角闪岩相区域变质作用的开始与结束均较滞后,主要发生于2550～2500Ma期间。

三、古元古代(2500～1800Ma)

古元古代是本区新生陆壳和地幔岩石圈的又一重要增生和全面形成阶段,有集宁岩群、湾子岩群、红旗营子岩群、官都群、甘陶河群及大量侵入岩形成,新生陆壳进入成年期(成熟)演化阶段(见表20-1)。

可分为3个期次，分述如下。

古元古代早期（2500～2300Ma）：本区处于俯冲（前碰撞）晚期与同碰撞早期较为稳定的过渡阶段，有集宁岩群下白窑岩组、湾子岩群、红旗营子岩群与官都群及少量造山型中性、酸性侵入岩形成。集宁岩群与湾子岩群由麻粒岩、变粒岩、大理岩、斜长角闪岩及片麻岩等组成，其原岩以海相碎屑岩夹碳酸盐岩、钙硅酸盐岩及基性、中性火山岩为特征，火山岩类具有造山型单峰式火山岩的特点。红旗营子岩群与官都群由变粒岩、片麻岩、斜长角闪岩、片岩等组成，其原岩以海相碎屑岩夹碳酸盐岩、钙硅酸盐岩及基性、中性火山岩为特征，火山岩类具有造山型单峰式火山岩的特点。集宁岩群下白窑岩组与红旗营子岩群形成于继承性弧后盆地环境，湾子岩群形成于继承性前陆盆地环境，官都群形成于岛弧盆地环境。该时期各构造带及部分区域断裂仍在活动，有部分第三期（古元古代早期至中期）构造岩形成。

古元古代中期（2300～2020Ma）：本区处于同碰撞造山的主期，各微陆块及断块之间主体碰撞拼接，桑干-承德等5条构造带主体形成，地层有甘陶河群形成，由变质砂砾岩、变质砂岩、板岩、变质白云岩及变质基性与中性火山岩等组成，其原岩以海相碎屑岩夹碳酸盐岩、钙硅酸盐岩及基性、中性火山岩为特征，火山岩类具有造山型单峰式火山岩的特点。甘陶河群形成于继承性前陆盆地或弧后盆地环境。侵入岩形成的地质年龄时限为2270（Zhai et al.，1992）～2058Ma（河北地质十一大队，1991），有造山型酸性、偏碱性及碱性侵入岩形成。侵入岩的组合类型为G_1G_2型（见表20-1），表明本区新生陆壳进入成年期（成熟）。伴随造山型岩浆的不断分异侵入，地幔岩石圈再一次增生。有第三期褶皱（f3）、第三期混合岩化及大部分第三期（古元古代早期至中期）构造岩等形成。综合分析认为，第三期麻粒岩相—角闪岩相—绿帘角闪岩相—绿片岩相区域变质作用的开始与结束均较滞后，主要发生于2270～2020Ma期间。

古元古代晚期（2020～1800Ma）：本区由后碰撞向后造山演化。侵入岩的组合类型为G_1G_2型（见表20-1），表明本区新生陆壳仍处于成年期（成熟）。伴随造山型岩浆的不断分异侵入，地幔岩石圈再一次增生和全面形成。综合分析认为，第四期角闪岩相—绿帘角闪岩相—绿片岩相区域变质作用的开始与结束均较滞后，主要发生于1900～1800Ma期间，并伴有第四期混合岩化发生。2020（李季亮等，1990）～1876Ma（刘树文等，2007）时本区处于造山晚期的后碰撞阶段，各微陆块和断块之间全部碰撞拼接隆起，有第四期褶皱（f4）、第四期较早阶段韧性变形与构造岩及造山型基性、中性、酸性侵入岩形成。1876～1800Ma时本区处于后造山演化阶段，有过渡型偏碱性、碱性侵入岩形成，同时有第四期较晚阶段韧性变形与构造岩等形成（刘树文等，2007；张进江等，2006）。

本区中太古代晚期—古元古代变质基底陆壳（新生陆壳）与上地幔岩石圈全面形成，整个岩石圈或大陆根平均厚度达200km左右（张文佑等，1983；邓晋福等，1988，1996，2007）。此外，极为重要的桑干-承德构造带与雅鲁藏布江结合带相比较在构造样式和演化特征上有较大的相似性。如F1南部下盘具有主动俯冲的性质，而F2北部下盘具有被动俯冲的特点（见图20-1），整体由两个边缘强变形带夹持中部的中强变形带组成。

第二节　中元古代—中三叠世阶段

该阶段为稳定盖层形成和早前寒武纪岩石圈相对稳定发展阶段，经历了中元古代早期—中泥盆世早期拉张裂解（非造山）→中泥盆世晚期稳定过渡（前造山）→晚泥盆世—中二叠世前碰撞（俯冲期、造山早期）→晚二叠世—早三叠世同碰撞（主造山期）→中三叠世早期后碰撞（造山晚期）→中三叠世晚期稳定过渡（后造山）的发展演化过程（表20-2）。早期主要在地幔软流圈反向对流条件下开始了近南北向（北北西-南南东向）伸展拉张运动（图20-2），多数基底断裂复活张性活动明显。尤其是尚义-隆化（F11）、康保-围场（F12）两区域断裂活动强烈，构成本区北部华北北缘（康保-棋盘山）盆地带与华北北缘（张北-隆化）隆起带及中南部的燕山-辽西盆地带至晋中南-邢台盆地区（联合海相盆地区）的分界线，阻挡了两个海盆海水的沟通，造就了本区该阶段"两盆夹一隆"构造格局的逐步演化。晚期在地幔软流圈相向对流与西伯利亚板块、中朝板块、秦祁昆造山系三者会聚条件下发生了近南北向(北北西-南南东向)挤压造山运动(图 20-2);不同时期有相应的建造和改造形成。该阶段为本区沉积型铁矿(宣龙式)、锰矿(秦家峪式)、硫铁铅锌矿(高板河式)、铁锰矿(四海式)、铝土矿、煤矿的重要成矿期,和与非造山型超基性—基性岩有关的岩浆型铁钛钒磷矿(大庙式、黑山式)、铂钯矿(红石砬式、高寺台式)的重要成矿期。

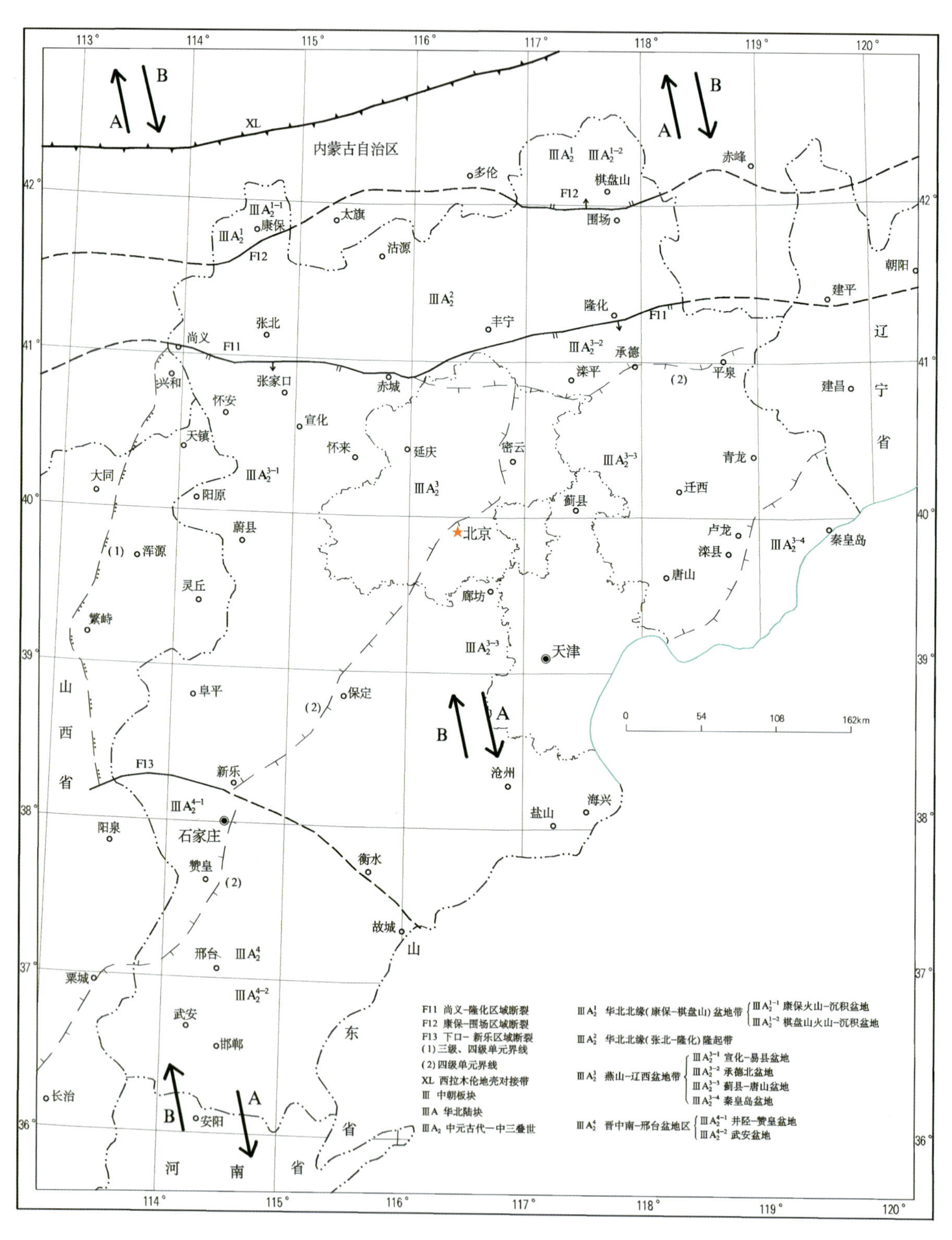

图 20-2 中元古代—中三叠世运动趋势图

A-中元古代早期—中泥盆世早期拉张运动趋势;B-晚泥盆世—中三叠世早期挤压运动趋势

一、晚三叠世(235～199.6Ma)

晚三叠世早期(235～228Ma):地幔软流圈经过中三叠世晚期的稳定调整过渡后又进入了近南北向(北北西-南南东向)反向对流状态,引发了近南北向(北北西-南南东向)伸展拉张运动(见图20-3中A),多数前期断裂复活作张性差异活动,使前期形成的岩石圈发生裂解,开始新的改造与再造。该时期在一些陆内裂陷盆地或继承性盆地中有杏石口组下部形成,为一套山麓冲洪积扇相夹湖相碎屑岩建造,局部夹有偏碱性火山岩。在断裂带、韧性变形带中有第八期拉张型构造岩形成。侵入岩出露面积约708.6km^2,其形成与分布明显受张性断裂活动控制,由超基性、基性、中酸性及酸性岩组成,具有非造山型双峰式侵入岩的特点,表明晚三叠世早期本区处于非造山的拉张构造环境(见表20-3),标志着一个新的构造阶段的开始。

晚三叠世晚期(228～199.6Ma):地幔软流圈与岩石圈整体处于相对稳定状态,在一些继承性盆地中有杏石口组上部形成,为一套湖相夹山麓冲洪积扇相碎屑岩建造,局部夹有偏碱性火山岩。区内侵入岩出露面积仅为87.3km^2,由偏碱性、碱性岩组成,具有过渡型侵入岩的特点,表明晚三叠世晚期本区处于相对稳定的前造山过渡环境(见表20-3)。

二、侏罗纪(199.6～145Ma)

从早侏罗世开始,本区主要受太平洋扩张、洋脊扩张带以西的太平洋板块向华北陆块之下俯冲挤压的动力学体系制约,可以进一步划分为早侏罗世、中侏罗世和晚侏罗世3期。

早侏罗世(199.6～174.1Ma)板内造山始动期:地幔软流圈经过晚三叠世晚期的稳定调整后,太平洋洋脊扩张带开始不均衡扩张(南部扩张幅度大,北部扩张幅度小),洋脊扩张带以西的太平洋板块向华北陆块之下逐步挤压俯冲,进而使本区进入了北西-南东向挤压(见图20-3中B)板内造山的初期阶段——始动阶段。区内大部分断裂,尤其是北东向与北北东向区域断裂(F15～F19等)复活或新生作压性逆冲活动。该时期在一些陆内挤压继承性盆地与新生挤压拗陷上叠性盆地中有南大岭组、下花园组形成。南大岭组主要由基性、中性及酸性火山岩组成,局部夹有沉积岩层。下花园组为一套河湖相碎屑岩含煤建造。侵入岩出露面积约481.7km^2,由基性、中性及酸性岩组成。火山岩与侵入岩均具有造山型单峰式岩浆岩的特点,表明从早侏罗世早期开始本区进入了板内或陆内造山初期阶段(始动阶段),并有部分第九期挤压型韧性变形带及相应构造岩等形成(见表20-3)。

中侏罗世(174.1～163.5Ma)板内造山加强期:随着太平洋板块俯冲幅度的加大,本区进入了板内造山加强期,断裂与岩浆活动不断加强。在陆内挤压继承性盆地与新生挤压拗陷上叠性盆地中有九龙山组、髫髻山组下部形成。九龙山组为一套河湖相碎屑岩建造,局部有中酸性火山岩夹层。髫髻山组下部主要由基性、中性火山岩组成,局部夹有沉积岩层。在分布上髫髻山组要广于南大岭组。中酸性侵入岩出露面积达到1 271.5km^2,在分布面积上较早侏罗世侵入岩扩大2.64倍,表明在中侏罗世本区的火山活动与岩浆侵入活动均在不断加强。火山岩与侵入岩均具有造山型单峰式岩浆岩的特点,整体表明本区在中侏罗世处于板内或陆内造山加强阶段,并有部分第九期挤压型韧性变形带及相应构造岩等形成(见表20-3)。

晚侏罗世(163.5～145Ma)板内造山激化期:随着太平洋洋脊扩张带以西的太平洋板块俯冲幅度的进一步加大加剧,本区进入了板内造山激化期,褶皱变形加强,断裂活动强烈,尤其是逆冲推覆运动极为发育。在陆内挤压继承性盆地与新生挤压拗陷上叠性盆地中有髫髻山组上部、土城子组和白旗组形成。髫髻山组上部主要由中性火山岩组成,局部夹少量酸性火山岩及沉积岩层;土城子组为一套河湖相碎屑岩建造,局部有中酸性火山岩夹层,白旗组主要为中性、偏碱性、酸性火山岩夹少量碎屑岩,与土城子组属于同时期的产物。侵入岩出露面积约458.8km^2,由基性、中性、酸性岩组成。火山岩与侵入岩均具有造山型单峰式岩浆岩的特点,整体表明本区在晚侏罗世处于板内或陆内造山激化阶段,并有大部分第九期挤压型韧性变形带及相应构造岩、第七期褶皱构造(f7)、大部分逆冲推覆构造及张家口组与其下伏地质体之间的角度不整合界面等形成(见表20-3)。

三、早白垩世早期—晚白垩世早期(145～86.1Ma)

早白垩世早期—晚白垩世早期结合相关资料进一步划分为早白垩世早期(145～130Ma)、早白垩世中期(130～119Ma)、早白垩世晚期—晚白垩世早期(119～86.1Ma)。

早白垩世早期(145～130Ma):随着太平洋洋脊扩张带的扩张幅度与洋脊扩张带以西的太平洋板块俯冲幅度的达到顶峰状态,本区进入了板内造山鼎盛期,断裂与岩浆活动最为强烈。该时期因地幔软流圈的不均衡对流与太平洋洋脊的不均衡扩张(南部扩张幅度相对变小,北部扩张幅度相对变大),使洋脊扩张带以西的太平洋板块的俯冲挤压方向由侏罗纪时期的北西向转为北西西向。这就是区域上在侏罗纪时期为北西-南东向挤压(见图20-3中B)的板内造山和形成相应的主构造线呈北东-南西向展布,进入了早白垩世时期转为北西西-南东东向(见图20-3中C)挤压的板内造山和形成相应的主构造线呈北北东-南南西向展布的根本原因。该时期在一大批陆内挤压继承性盆地与新生挤压拗陷上叠性盆地中有张家口组形成,主要由中性、酸性及偏碱性火山岩组成,局部有沉积夹层;张家口组在分布范围上急剧扩大,其分布面积在中生代地层中占居首位,表明张家口期的火山活动最为强烈。区内发育大量侵入岩(出露面积1 346.1km^2),由基性、中性及酸性岩组成,分布面积急剧扩大。火山岩与侵入岩均具有造山型单峰式岩浆岩的特点,整体表明本区在早白垩世早期处于板内或陆内造山最为强烈的阶段——鼎盛期,并有部分第十期挤压型韧性变形带及相应构造岩、少量逆冲推覆构造等形成(见表20-3)。

早白垩世中期(130～119Ma):随着太平洋洋脊扩张带的扩张幅度与洋脊扩张带以西的太平洋板块俯冲幅度开始减小,本区也进入了板内造山相对减弱期,但断裂与岩浆活动仍较强烈。在陆内挤压继承性盆地中有大北沟组、义县组及九佛堂组形成。大北沟组与九佛堂组以河湖相碎屑岩建造为主,有少量中酸性火山岩夹层,局部见油页岩夹层。义县组主要由中性、酸性及偏碱性火山岩组成,局部有沉积夹层。义县组相对张家口组在分布范围上急剧减小,表明该阶段火山活动急剧减弱。区内发育大量侵入岩,由基性、中性、酸性及偏碱性岩组成;在分布面积上达到最大(出露面积2 702.1km^2),显示本区在早白垩世中期火山活动进入了晚期(急剧减弱期)而岩浆侵入活动进入了高峰期的岩浆活动特点。火山岩与侵入岩均具有造山型单峰式岩浆岩的特点,整体表明本区在早白垩世中期处于板内或陆内造山减弱阶段,并有部分第十期挤压型韧性变形带及相应构造岩、少量逆冲推覆构造及第八期褶皱构造(f8)等形成(见表20-3)。

早白垩世晚期—晚白垩世早期(119～86.1Ma):随着太平洋洋脊扩张带扩张及其以西太平洋板块俯冲趋于停止,本区进入了板内后造山调整阶段。火山活动完全停止,但有岩浆侵入活动,在少数陆内挤压继承性盆地中有早白垩世晚期青石砬组与晚白垩世早期南天门组形成。青石砬组与南天门组为一套河湖相碎屑岩建造,局部含煤。受早白垩世中期挤压运动的影响,岩浆侵入活动仍在继续,早白垩世晚期侵入岩分布面积为1 639.8km^2,晚白垩世早期侵入岩分布面积为201.6km^2,显示了急剧减弱的特征。两个时期的侵入岩均由偏碱性、碱性岩组成,具有过渡型岩浆岩的特点。以上特征表明该阶段本区处于相对稳定的后造山调整过渡时期(见表20-3)。该阶段的结束,标志着晚三叠世—晚白垩世上叠盖层及方辉橄榄岩与二辉橄榄岩混合型地幔岩石圈(邓晋福等,2007)全面形成。

四、晚白垩世中晚期(86.1～65.5Ma)

随着太平洋板块俯冲的完全停止,晚白垩世中晚期,本区进入了后造山的稳定过渡阶段,整体处于隆起状态,缺失各类建造记录。始新世及其之后的地层与下伏不同地质体之间的角度不整合界面,就是该时期整体隆起(主要)和后期始新世张性断层活动(次要)使部分地层发生掀斜共同作用的结果。至此,该阶段构造演化结束。

第四节 古近纪—第四纪阶段

该时段为不均衡伸展拉张构造环境，平原区岩石圈减薄再造，是高原、山脉山地、平原、海盆等现代地貌的形成阶段，可分为古新世、始新世、渐新世—上新世与第四纪4期。经历了古新世初始拉张→始新世拉张逐步加强→渐新世—中新世拉张激化→上新世拉张减弱→更新世早期—全新世不均衡拉张的发展演化过程(表20-4)，整体为一个非造山的演化过程，除古新世之外，其他不同时期均有相应的建造形成。

表20-4 古近纪—第四纪综合特征划分表

<table>
<tr><td>时代</td><td>E_1</td><td>E_2</td><td>E_3</td><td>N_1</td><td>N_2</td><td>Qp^1</td><td>Qp^2</td><td>Qp^3</td><td>Qh^1</td><td>Qh^2</td><td>Qh^3</td></tr>
<tr><td rowspan="3">构造属性</td><td colspan="11">非造山，拉张裂解状态</td></tr>
<tr><td rowspan="2">初始拉张</td><td rowspan="2">拉张加强期</td><td rowspan="2" colspan="2">拉张激化期</td><td rowspan="2">拉张减弱期</td><td colspan="6">不均衡较强拉张期</td></tr>
<tr><td>较强</td><td>加强</td><td>强烈</td><td>较弱</td><td>强烈</td><td>较强</td></tr>
<tr><td>主应力与活动状态</td><td colspan="11">由北西西向南东东不均衡单向伸展拉张运动
拉张裂解、不均衡活动状态</td></tr>
<tr><td rowspan="2">沉积建造</td><td rowspan="2"></td><td rowspan="2" colspan="4">内陆河湖相碎屑岩含煤含油含盐建造</td><td colspan="6">陆相松散沉积建造</td></tr>
<tr><td colspan="6">海相松散沉积建造</td></tr>
<tr><td>火山岩建造</td><td></td><td colspan="3">基性、碱性火山岩</td><td></td><td></td><td></td><td>基性、碱性火山岩</td><td colspan="3"></td></tr>
<tr><td rowspan="2">侵入岩建造与成因类型及分布面积/km²</td><td></td><td></td><td>基性、超基性侵入岩M型</td><td></td><td></td><td></td><td></td><td></td><td colspan="3"></td></tr>
<tr><td></td><td></td><td>1.5</td><td></td><td></td><td></td><td></td><td></td><td colspan="3"></td></tr>
<tr><td>构造环境</td><td>隆起、拉张环境</td><td colspan="10">陆内裂陷、断陷(裂谷)盆地及河湖相与海相沉积盆地等、拉张环境</td></tr>
<tr><td>构造变形</td><td colspan="11">拉张断裂、第十一期韧性变形及相应构造岩</td></tr>
<tr><td>地貌特征</td><td colspan="11">高原、山脉山地、平原、海盆及各类阶地、夷平面等逐步形成</td></tr>
<tr><td>变质作用</td><td colspan="11">蚀变</td></tr>
<tr><td>地壳</td><td colspan="11">内蒙古高原南缘与太行山-燕山地区相对稳定状态；华北平原与渤海地区活动状态，相对减薄</td></tr>
<tr><td>地幔岩石圈</td><td colspan="11">内蒙高原南缘与太行山-燕山地区相对稳定状态，略有减薄；华北平原与渤海地区活动状态，减薄再造</td></tr>
<tr><td>重要成矿作用</td><td colspan="11">石油、天然气、地热、地下水、地表水、砂矿(砂铁、砂金、型砂等)、石膏、岩盐、硅藻土、高岭土、褐煤、油页岩、建筑材料(黏土、砂石、玄武岩)等资源的重要成矿期</td></tr>
</table>

该阶段欧亚大陆(联合板块)处于不均衡发展状态。本区主要受乌兰巴托-鄂霍次克海裂谷带扩张与太平洋萎缩制约，印度板块与青藏高原俯冲碰撞也有一定的影响；地幔软流圈以乌兰巴托-鄂霍次克海裂谷带之下为轴作反向对流、以太平洋洋脊为轴作相向对流，使本区整体处于不均衡单向(由北西西向南东东)伸展拉张运动状态(图20-4)。

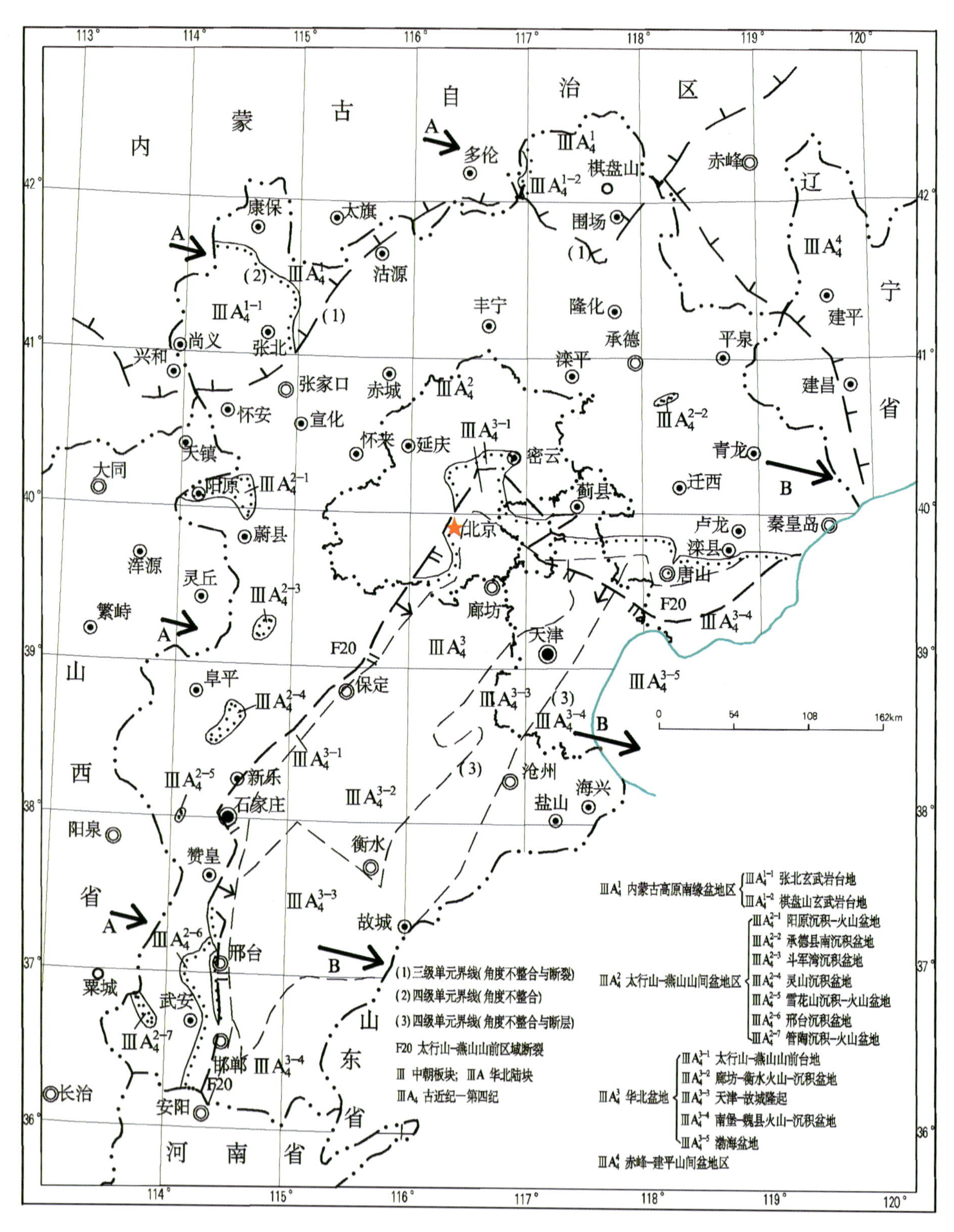

图 20-4 古近纪—第四纪运动趋势图

A-不均衡单向拉张运动幅度小；B-不均衡单向拉张运动幅度大

本区该阶段为石油、天然气、地热、地下水、地表水、砂矿（砂铁、砂金、型砂等）、石膏、岩盐、硅藻土、高岭土、褐煤、油页岩、建筑材料（黏土、砂石、玄武岩）等矿产的重要成矿期。

一、古新世(65.5～55.8Ma)

古新世(65.5～55.8Ma)初始拉张期：经过晚白垩世中晚期的稳定过渡后，从古新世开始，本区及邻区受乌兰巴托-鄂霍次克海裂谷带扩张与太平洋萎缩制约，以及印度板块与青藏高原俯冲碰撞的影响，地幔软流圈从乌兰巴托-鄂霍次克海裂谷带之下向太平洋洋脊或洋壳之下开始了不均衡单向流动(由北西西向南东东)，引发了本区及邻区不均衡单向伸展拉张运动的逐步开始——初始拉张(见图20-4)，标志着一个新的构造阶段的开始。从古新世开始的不均衡单向伸展拉张运动，以深部拉张运动相对较强为主。在地幔软流圈单向流动带动下，于地幔岩石圈，尤其是华北平原及其以东地区之下的地幔岩石圈中逐步形成一系列近顺层缓倾滞后拆离断裂(上下盘作同向拆离，但下盘拆离快幅度大，而上盘相对滞后，拆离慢，幅度小)。浅部与地表相对滞后，拉张运动较微弱，一些区域断裂逐步复活，开始了张性活动。该时期本区处于整体隆起状态，无各类建造形成，在邻区辽宁下辽河地区有古新世非造山型玄武岩形成。

二、始新世(55.8～33.8Ma)

始新世(55.8～33.8Ma)拉张加强期：古新世之后，本区进入了不均衡伸展拉张运动的加强期发展阶段。随着地幔软流圈单向流动加速，地幔岩石圈，尤其是太行山-燕山山前区域断裂以东地区的地幔岩石圈不均衡拆离减薄加快，浅部与地表多数区域断裂复活作张性运动，太行山-燕山山前区域断裂开始较强烈活动；同时一些断陷盆地、坳陷盆地及华北盆地初步形成，各盆地中有相应建造形成。该时期，内蒙古高原南缘地区基本仍处于隆起状态，缺失建造记录。在太行山-燕山山间地区的新生断陷与坳陷盆地中有始新世西坡里组形成；在华北盆地区有始新世孔店组、沙河街组四段(下段)形成。西坡里组为一套河湖相碎屑岩含煤建造；孔店组、沙河街组四段(下段)以河湖相碎屑岩建造为主(含油、含盐)，夹有基性、碱性火山岩层。整体反映了该时期以温暖潮湿为主间夹相对干热的气候条件。火山岩类具有非造山型双峰式岩浆岩的特点，表明本区已处于较强的单向伸展拉张运动构造环境，并在一些区域断裂带中及其附近有部分第十一期韧性变形带与相应构造岩形成(见表20-4)。

三、渐新世—上新世(33.8～2.588Ma)

渐新世—中新世(33.8～5.3Ma)拉张激化期：随着地幔软流圈单向流动的加剧，地幔岩石圈，尤其是太行山-燕山山前区域断裂以东地区的地幔岩石圈不均衡拆离减薄与再造也加剧；浅部与地表大多数区域断裂复活作强烈张性运动，各断陷盆地或裂谷盆地、坳陷盆地进一步发展，各盆地中有相应建造形成；岩浆活动强烈。本区整体处于不均衡单向伸展拉张运动的激化期(相对最为强烈期)。该时期，在内蒙古(坝上)高原南缘盆地区的盆地中有开地坊组、汉诺坝组形成；在太行山-燕山山间盆地区的盆地中有灵山组、汉诺坝组、九龙口组及少量超基性与基性侵入岩形成；在华北盆地区有沙河街组一段至三段、东营组及馆陶组形成。开地坊组、灵山组、九龙口组为一套河湖相碎屑岩建造，开地坊组中夹有褐煤层；汉诺坝组以基性、碱性火山岩为主，间夹河湖相碎屑岩层；沙河街组一段至三段、东营组及馆陶组为一套河湖相碎屑岩含煤(含油、含盐)建造，夹有基性、碱性火山岩层，部分地段火山岩较多较厚；整体反映了该时期以温暖潮湿和干热交替变化的气候条件。火山岩及侵入岩具有非造山型双峰式岩浆岩的特点，结合渐新世—中新世地层的分布面积与发育厚度在新生代地层中占据首位、火山活动普遍且强烈等综合分析，该时期本区处于相对最为强烈单向拉张活动的激化状态。在一些区域断裂带中及其附近有部分第十一期韧性变形带与相应构造岩形成(见表20-4)。

上新世(5.3～2.588Ma)拉张减弱期：进入上新世时期，随着地幔软流圈单向流动的减慢，整个岩石圈及各区域断裂的伸展拉张运动也在减慢，本区整体处于不均衡单向伸展拉张运动的相对减弱发展阶段。该时期，在内蒙古（坝上）高原南缘盆地区有石匣组形成，在太行山-燕山山间盆地区的盆地中有石匣组、稻地组形成，为一套河湖相碎屑岩建造；在华北盆地区有明化镇组形成，为一套河湖相碎屑岩含煤建造；整体反映了该时期以干热为主间夹相对温暖潮湿的气候条件。该时期仅有沉积建造形成，无火山与岩浆侵入活动，表明本区整体处于单向拉张运动减弱的相对稳定状态（见表 20－4）。该阶段华北平原及其以东地区之下的岩石圈进一步再造。

经过渐新世—上新世的发展演化，本区内蒙古（坝上）高原南缘、太行山-燕山山脉山地（华北中低山区）、华北平原总体地貌格局基本形成。

四、第四纪（2.588Ma 至今）

第四纪地质年龄时限为 2.588Ma 至今。第四纪以来，本区进入了不均衡较强拉张运动发展阶段。区内第四纪的沉积作用均明显受气候变化的控制，不同时期沉积物的特点反映了不同的气候条件；也就是该时期在地球内动力体系的强大作用下，同时地球的外动力体系也在起着很强的作用。从更新世早期到全新世，区内可明显地划分出 7 次冰期、6 次间冰期及 1 个冰后期，并且在沉积物和孢粉组合特征上有相应的反映。本区从更新世早期泥河湾早期（2Ma 左右）开始出现了古人类活动与文化演化的遗迹（泥河湾古人类遗迹群中大南沟东遗址）以来，逐步出现了更新世中期的北京猿人（0.5Ma 左右）与更新世晚期的山顶洞人（0.018Ma 左右）、全新世中期的半坡人（0.008～0.006Ma）与张北人（0.005Ma 左右，张北或坝上高原古人类遗迹群）等。总之，到全新世中期与晚期，本区进入了古人类与现代人类发展的高潮期。

更新世早期（2.588～0.781Ma）不均衡较强拉张期：随着地幔软流圈单向流动的不均衡加快，整个岩石圈及各区域断裂也在作不均衡较强的伸展拉张运动，本区陆地部分处于相对较为稳定的发展阶段，而渤海湾地区处于较强烈拉伸发展阶段，整体显示了拉张幅度由北西西向南东东由小变大和扩张中心由北西西向南东东迁移的不均衡发展特点。该时期内蒙古（坝上）高原南缘盆地区处于相对隆起状态，仅局部可见泥河湾组河湖相细碎屑沉积建造。在太行山-燕山山间盆地区的盆地中有泥河湾组形成，为一套河湖相碎屑沉积建造，个别盆地中间夹海相沉积层。在华北盆地区有饶阳组、丰登坞组形成，丰登坞组为一套河流相碎屑沉积建造；饶阳组为一套以河湖相为主的碎屑沉积建造，中部间夹海相沉积层。在渤海与黄海海盆区开始有海相沉积建造形成。整体反映了该时期由寒冷向温暖交替变化的气候条件。该时期虽然无火山与岩浆侵入活动，仅有沉积建造形成，但从东部陆缘海盆开始形成而言，本区整体处于较强的不均衡单向拉张运动状态（见表 20－4）。该时期欧亚大陆（板块）东部边缘处于较为强烈的拉张裂解状态，渤海与黄海海盆开始扩张形成。总之，现代海陆分布格局在该时期已基本形成。

更新世中期（0.781～0.126Ma）拉张加强期：随着地幔软流圈单向流动的进一步加快，整个岩石圈及各区域断裂的伸展拉张运动也在加快加强，使本区整体处于不均衡单向伸展拉张运动相对加强的发展阶段。该时期在内蒙古（坝上）高原南缘盆地区有赤城组形成，在太行山-燕山山间盆地区的盆地中有郝家台组、赤城组形成，为一套河湖相碎屑沉积建造；在华北盆地区有肃宁组、张唐庄组形成，张唐庄组为一套河流相碎屑沉积建造；肃宁组为一套以河湖相为主的碎屑沉积建造，局部间夹海相沉积层；在渤海与黄海海盆区也有相应的海相沉积建造形成。整体反映了该时期由寒冷向干热变化的气候条件。该时期虽然无火山与岩浆侵入活动，仅有沉积建造形成，但分布范围（盆地范围）相对于更新世早期有所扩展，表明本区整体处于单向拉张运动相对加强的状态（见表 20－4）。本时期渤海与黄海海盆、南海-东海-日本海带状海盆进一步扩张，促使太平洋进一步萎缩。

更新世晚期（0.126～0.011 7Ma）拉张强烈期：随着地幔软流圈单向流动的加剧，整个岩石圈及各区域断裂的伸展拉张运动也在加剧，本区整体处于不均衡单向伸展拉张运动相对强烈的发展阶段。该时期在内蒙古（坝上）高原南缘盆地区及太行山-燕山山间盆地区的盆地中有虎头梁组、马兰组、迁安组、高家圪组等形成，为一套陆相碎屑沉积建造；在华北盆地区有西甘河组、小山组与燕子河组形成，西甘河组为一套河湖相为主间夹海相的碎屑沉积建造，小山组为一套玄武质火山岩建造，燕子河组为一套河流相碎屑沉积建造；在渤海与黄海海盆区也有相应的海相沉积建造形成。整体反映了该时期寒冷与相对温暖周期性多变的气候条件。该时期形成的火山岩具有非造山型岩浆岩的特点，各类沉积建造的分布范围在第四纪时期相对最广，表明本区整体处于单向拉张运动的强烈状态(见表 20－4)。

全新世早期(0.011 7～0.008 2Ma)较弱拉张期：随着地幔软流圈单向流动的减慢，整个岩石圈及各区域断裂的伸展拉张运动也在相对减慢，本区整体处于不均衡单向伸展拉张运动相对较弱的稳定发展阶段。经过始新世—更新世晚期单向伸展拉张运动的逐步演化，本区新的岩石圈结构主体已经形成。对应于内蒙古(坝上)高原南缘盆地区及太行山-燕山山间盆地区之下的岩石圈，在新生代演化过程中基本保持相对稳定发展状态，除略有减薄外其主体仍为晚三叠世—晚白垩世形成的方辉橄榄岩与二辉橄榄岩混合型地幔岩石圈及花岗岩型陆壳。对应于华北盆地区及其以东地区之下原有晚三叠世—晚白垩世方辉橄榄岩与二辉橄榄岩混合型地幔岩石圈及花岗岩型陆壳，在古新世—更新世晚期演化过程中被从底部依次逐步拆离减薄与再造，形成新的二辉橄榄岩型地幔岩石圈及花岗闪长岩型陆壳；该时期，在内蒙古(坝上)高原南缘盆地区及太行山-燕山山间盆地区的盆地中与沟谷低洼地带有陆相碎屑沉积建造形成；在华北盆地区有杨家寺组等形成，杨家寺组为一套河湖相夹海相碎屑沉积建造；在渤海与黄海海盆区也有相应的海相沉积建造形成。整体反映了该时期由较寒冷向温暖潮湿变化的气候条件。该时期无火山与岩浆侵入活动，仅有各类沉积建造形成，其分布范围与更新世晚期相比有较大的缩小，表明本区整体处于较弱的单向拉张运动和相对稳定的状态(见表 20－4)。

全新世中期(0.008 2～0.004 2Ma)强烈拉张期：随着地幔软流圈单向流动的加快，整个岩石圈及各区域断裂的伸展拉张运动也在加快，本区整体处于不均衡单向伸展拉张运动相对强烈的发展阶段。该时期，在内蒙古(坝上)高原南缘盆地区及太行山-燕山山间盆地区的盆地中与沟谷低洼地带有陆相碎屑沉积建造形成；在华北盆地区有高湾组等形成，高湾组为一套以海相为主间夹河湖相的碎屑沉积建造；在渤海与黄海海盆区也有相应的海相沉积建造形成。整体反映了该时期为相对温暖潮湿适中的气候条件，正好是生物与人类进化快速发展的最为有利时期。该时期无火山与岩浆侵入活动，仅有各类沉积建造形成，其分布范围与全新世早期相比有较大的扩展，尤其是海侵范围扩大，表明本区又一次整体处于强烈的单向拉张运动状态(见表 20－4)。该时期渤海与黄海海盆、南海-东海-日本海带状海盆进一步扩张，促使太平洋进一步萎缩。

全新世晚期(0.004 2Ma 至今)较强拉张期：随着地幔软流圈单向流动的减慢，整个岩石圈及各区域断裂的伸展拉张运动也在减慢，逐步向相对稳定过渡发展。从区内存在较丰富的地热异常资源分析，岩石圈基本进入了热松弛状态，因此本区整体仍然处于不均衡较强的活动发展阶段。该时期，在内蒙古(坝上)高原南缘盆地区及太行山-燕山山间盆地区的盆地中与沟谷低洼地带有陆相不同成因类型的碎屑沉积建造形成；在华北盆地区有歧口组及其他海相与陆相不同成因类型的碎屑沉积建造形成，歧口组是一套以海相为主间夹河湖相的碎屑沉积建造；在渤海与黄海海盆区也有相应的海相沉积建造形成。整体反映了该时期为相对温暖而干湿不均匀变化的气候条件。该时期，尤其是近几百年以来，因人类、农业、工业等飞速发展造成的环境与空气污染，对气候的变化也有较大的影响。该时期无火山与岩浆侵入活动，仅有小范围的各类沉积建造形成，似趋于隆起稳定状态；但由于岩石圈热能的不断释放、地震的不断发生，现今本区整体仍然处于不均衡较强的单向拉张运动状态(见表 20－4)。

通过全新世晚期的发展演化，本区现代地质、地理、地貌格局与景观及现代岩石圈三维结构特征全面形成。

内蒙古(坝上)高原南缘位于西北—北部，是优良的牧场和风电资源发展的有利地区，并埋藏着丰富的各类矿产资源。从山叠起的燕山山脉横亘于中北部，巍峨挺拔的太行山山脉雄踞在西部；两大山脉犹如两条巨龙，奔腾起伏，脉络清晰，在冀西北一带相互衔接；广大的山区既是林、果等经济作物的发展基地，又蕴藏着取之不尽的各类矿产资源。广袤平坦的华北平原，怀抱于两大山脉之间，东濒渤海，素有“粮仓棉海”之美称，并埋藏着丰富的石油、天然气、煤炭、地热等资源。这样一幅雄伟壮观的地质、地理、地貌景观，是在漫长的区域地质历史发展演化过程中，以地球内动力体系为主，内外两大动力体系长期共同作用的结果。

根据邓晋福、魏文博等(2007)的研究成果，并结合区域地质、区域构造、区域地球物理等资料的综合研究与分析，本区现今岩石圈三维结构的类型与特征主要有以下两点。

(1)对应于内蒙古(坝上)高原南缘与太行山-燕山山区地区的岩石圈平均厚度为90km左右。其中地壳岩石圈平均厚度为40km，较整个华北平原周围山岭地区地壳岩石圈平均厚度(37km)略厚；为晚三叠世—晚白垩世形成的花岗岩型陆壳。地幔岩石圈平均厚度为50km，仍为晚三叠世—晚白垩世形成的方辉橄榄岩与二辉橄榄岩混合型地幔岩石圈。

(2)对应于华北平原及其东邻地区的岩石圈平均厚度为70km左右。其中地壳岩石圈平均厚度为35km，较整个华北平原地区地壳岩石圈平均厚度(31km)略厚；为新生代改造与再造形成的花岗闪长岩型陆壳。地幔岩石圈平均厚度为35km，为新生代形成的二辉橄榄岩型地幔岩石圈。

总之，在古新世—全新世期间，高原与山地地区的岩石圈处于相对稳定发展状态，平原及其以东地区之下的岩石圈处于强烈减薄再造的活动状态；在水平方向上由北西西向南东东拉张幅度逐步增大；在垂直方向上深部活动较早较强，而浅部与地表相对滞后活动较晚，逐步加强；不同区域、不同地带隆升与沉降幅度有较大的差别等，均是不均衡单向伸展拉张运动的结果。

结 语

“河北省区域地质纲要”项目以《中国区域地质志·河北志》(2017)为基础，收集了十余年来(2010年10月—2021年12月底)本区取得的不同比例尺区域地质矿产调查成果、科研成果和学术论文进行综合研究，并对重大基础地质问题进行野外调查；以新全球构造思想、地球系统科学、板块构造、洋板块地层等为指导，以本区地质历史演化时间为主线，以基本地质事实——不同时段的建造与改造为依据，运用智能编图等方法系统总结编撰了成果报告及系列附图，在此基础上编著了本书。通过全面总结2010年至2021年以来区域地质调查、区域矿产调查、地质科研等成果资料，尤其是1∶5万、1∶25万区域地质调查与矿产工作的新资料、新进展，进一步提高了本区基础地质调查工作的研究程度和研究水平，与《中国区域地质志·河北志》(2017)相比，本书将作为河北省基础地质工作的工具书面向河北省地质工作者，在集成最新地质成果的基础上，更为简炼、实用和方便，为指导河北省今后开展各项地质工作提供了便利。

(1)全面梳理和准确识别、划分了区内的早前寒武纪变质岩填图单位，为变质岩后续调查、研究奠定了坚实的工作基础，主要包括以下几方面：

①通过野外岩性组合、变质变形特征，结合室内综合研究成果，更为合理地区分了变质表壳岩和变质深成侵入岩(宏观产出特征、标志性矿物、岩性组合以及变质程度等鉴别标志等)，为变质表壳岩填图单位的精准厘定打下了基础。

②依据空间分布、同位素测年成果等调整和压缩了变质岩填图单位的时间、空间分布范围，更符合目前实际，给后续的调查研究工作留下了更大的空间。通过地层分区、小区着色查询更为便捷。

③对区内部分变质表壳岩填图单位进行了重新修订[以时代为主线进行编著，主要参照最新的中国地层表(2019)]。主要包括：一是为避免混乱将崇礼下岩群修正为崇礼岩群、将崇礼上岩群修正为单塔子岩群，岩群填图单位更加合理；二是依据同位素测年成果和变质变形特征将红旗营子岩群和官都群的时代由古元古代中期调整到古元古代早期。

④河北省中深变质岩规模大，研究深入，众多地质工作者建立了大量填图单位，同物异名和同名异物现象突出，为此全面梳理了不同时期变质岩的填图单位，选择具 定影响力的划分方案制作了不同时期早前寒武纪变质岩填图单位划分对照表，为不同时期取得的变质岩成果资料建立了有机联系。

⑤进一步梳理了区内每一个变质岩填图单位的分布范围、现实定义、形成时代、原岩恢复及变质变形特征、区域变化特征，以及与金属、非金属矿产之间的关系等。

⑥变质深成侵入岩依据岩浆活动特点和时空分布演化规律划分为1个一级、4个二级和9个三级构造单元。新增古元古代早期变质闪长岩δPt_1^1、变质石英二长岩$\eta o Pt_1^1$、变质正长花岗岩$\xi\gamma Pt_1^1$共3个变质侵入体填图单位。

(2)进一步梳理和更新了河北省中元古代—新元古代、早寒武世—中三叠世、晚三叠世—晚白垩世、古新世—上新世4张岩石地层序列表，在岩石地层序列表中增加了年龄值，以颜色区分地层分区和小区，进一步凸显了实用性。

①对中、新元古界岩石地层单位代号中时代恢复到纪，使其更符合习惯用法，中元古界—新元古界地层按照“长城纪(Ch)、蓟县纪(Jx)、西山纪(Xs)、青白口纪(Qb)+组名”确定地层单位代号。依据测年

等相关资料调整和压缩了康保-赤峰地层分区内填图单位的时空分布范围。

②古生界剔除了北庵庄组填图单位(该组层型剖面位于山东省),区内将其归并至马家沟组。同时增加中元古代—上新世地层与成矿作用相关的内容。

③进一步完善了区内中生代火山-沉积盆地岩石地层划分方案[启用早三叠世劈柴拌组(T_1p)和中三叠世三家北沟组(T_2s)],恢复晚侏罗世白旗组(J_3b),划分两个段,分别代表下部酸性火山碎屑岩和上部中性熔岩,其相当于土城子组的中上部层位。深化了中生代火山-岩浆、沉积作用的认识,为后续中生代找矿作用分析和研究提供了基础地质支撑。

④古新世—上新世太行山-燕山地层分区将雪花山组、蔚县组并入汉诺坝组,华北地层区恢复中新世九龙口组。

(3)将第四纪地层郝家台组限定为中更新世的一套湖相沉积物,使用虎头梁组代表晚更新世湖相沉积物;太行山-燕山地层分区新建晚更新世高家圪组(冲洪积成因)、晚更新世柏草坪玄武岩和晚更新世冰水堆积物(Qp^{3gf})和冰碛物(Qp^{3g});华北平原地层分区新建早更新世丰登坞组(Qp^1f)、中更新世张唐庄组($Qp^2\hat{z}$)和晚更新世燕子河组(Qp^2y),代表一套山前冲洪积成因沉积物;启用双井组($Qh\hat{s}$)代表全新世一套冲洪积及湖、沼积物。第四纪冰川遗迹野外地质调研和划分为后续河北省进一步开展第四纪冰川研究、地质遗迹旅游资源调查提供了基础地质支撑。

(4)进一步梳理了区内的侵入岩填图单元,按构造时段划分岩浆岩带和岩浆岩亚带,并将发育的中元古代至渐新世侵入岩划分为3个时段、25个岩浆侵入序列,共计146个侵入岩填图单位。

①新增4个侵入岩填图单位(早石炭世二长花岗岩$\eta\gamma C_1$、晚三叠世石英正长岩$\xi o T_3$,晚侏罗世正长花岗岩$\xi\gamma J_3$和晚侏罗世石英正长斑岩$\xi o\pi J_3$),在侵入岩图表中增加了代表性岩体凸显实用性。

②为方便查询和使用,根据不同时期侵入岩图面表示方法[构造岩浆旋回—单元(超单元)—岩性+时代]的差异性,增加了河北省中元古代—中生代侵入岩划分对照表和侵入岩构造岩浆旋回与地质年代对照简表(以花岗岩为例)。

③从区域地质的角度分析探讨了中酸性侵入岩浆活动、火山活动与成矿作用之间的关系,重点对侏罗纪—白垩纪侵入岩成矿作用做了简要分析和概述。

(5)按照地质志编委会最新要求修正了构造四阶段的时限,进一步夯实了构造单元的划分依据,增加了不同时期构造理论的对照表以凸显实用性。

①《中国区域地质志·河北志》(2017)将河北省地质演化划分为4个构造时段,区域地层、岩浆岩、变质岩和地质构造以构造时段为主线展开,本书亦采用该思路。依据辽宁省下辽河地区分布有古新世形成于拉张构造环境的非造山型玄武岩,将原第三时段时限由晚三叠世—古新世修订为晚三叠世—晚白垩世。

②深化了河北省重要构造带(基底分区断裂)的特征认识,修订了出露位置,夯实了构造单元划分的依据。

③本区中元古代—中三叠世时段既有拉张环境,又有挤压环境(中元古代—中泥盆世早期为拉张非造山构造环境,晚泥盆世—中三叠世早期为挤压造山环境),因此对本时段具明显单一构造属性的构造单元名称进行了修改。如华北北缘沉降(活动)带修改为华北北缘(康保-棋盘山)盆地带、燕山-辽西裂陷带修改为燕山-辽西盆地带及晋中南-邢台沉降(坳陷)区修改为晋中南-邢台盆地区。

④新生代夷平面划分为北台早期、北台中期、北台晚期、唐县早期、唐县晚期、泥河湾期、赤城期、马兰期、东岳期、狼虎期和山海关期共11期。

⑤增加槽台学说与板块学说综合构造单元划分对照简表,增加了断裂构造区域性名称和地方性名称对比表,为不同时期的重大构造理论相互之间建立更好的有机联系,也更方便理解和认识。

(6)根据最新的1∶5万、1∶25万等成果资料,按照最新的技术标准,对河北省(北京市天津市)地质图(1∶50万)等4幅图件进一步更新和修正。

续附表 2

《河北省北京市天津市区域地质志》(1989)

时代	岩浆旋回	代号	岩性
晚古生代	海西旋回晚期	ε_4^3	霞石正长岩
		ξ_4^3	正长岩
		γ_4^3	花岗岩
		δ_4^3	闪长岩
		ν_4^3	辉长岩
		ψo_4^3	角闪石岩
		ψ_4^3	辉石岩
		$\varphi\omega_4^3$	蛇纹岩
		σ_4^3	纯橄岩、辉橄岩
早古生代	加里东旋回	$\pi\gamma_3$	斑状花岗岩
		δo_3	石英闪长岩
中元古代		$\chi\gamma_2^2$	碱性花岗岩
		$\pi\gamma_2^2$	环斑花岗岩
		νo_2^2	苏长岩
		$\nu\sigma_2^2$	斜长岩

河北省数字化矿产资源图和建立矿产资源信息系统(2001)

时代		超单元组合	超单元	单元	岩性
二叠纪	晚二叠世	坝上	樱桃沟门 P_2YT	牛圈子	粗粒正长花岗岩
				黄家窝铺	中粗粒二长花岗岩
	早二叠世		郭家屯 P_1GJ	头道河子	中粗粒正长花岗岩
				王家窝铺	中粗粒二长花岗岩
				大草坪	斑状花岗闪长岩
				后沟	石英闪长岩
长城纪		承德	沙厂 Pt_2SC	碰河寺	中细粒花岗岩
				达峪	斑状花岗岩
				沙厂	环斑花岗岩
			铁马 Pt_2TM	高寺台	纯橄岩、辉橄岩
				红石砬	透辉岩、角闪石岩
				上孤山	辉长岩
			韩麻营 Pt_2HM	黄花沟	正长花岗岩
				鳌鱼口	霞石正长岩
				后中山	霓辉(钠闪石)正长岩
				川心店	石英正长岩
				德吉沟门	石英二长岩
				碾棚沟	二长岩
			大庙 Pt_2DM	马营	含钒钛磁铁矿苏长岩
				大庙	斜长岩
				马剑子沟	苏长岩
			大旗梁顶组合 Pt_2DQ		紫苏二长岩-二长岩

本书

时代			代号
古生代	二叠纪	晚二叠世	$\pi\chi\rho\gamma P_3$、$\xi\gamma P_3$、$\eta\gamma P_3$、$\eta\delta P_3$、δP_3
		中二叠世	$\eta\gamma P_2$、$\gamma\delta P_2$、$\eta\delta o P_2$
		早二叠世	$\pi\xi\gamma P_1$、$\eta\gamma P_1$、$\delta o P_1$、νP_1、$\sigma\nu P_1$
	石炭纪	晚石炭世	$\eta\gamma C_2$、$\gamma\delta C_2$、$\eta\delta o C_2$、$\delta o C_2$、$\nu\delta C_2$、$\varphi l C_2$
		早石炭世	$\eta\gamma C_1$、$\gamma o C_1$、δC_1
	泥盆纪	晚泥盆世	$\eta\gamma D_3$、$\gamma o D_3$、$\gamma\delta D_3$、δD_3、$\delta\nu D_3$
		中泥盆世	ξD_2、$\eta o D_2$、$\eta\psi D_2$、$\eta\delta o D_2$、$\psi o D_2$、$\varphi l D_2$
	志留纪	早志留世	$\varphi l S_1$
中元古代	蓟县纪		$\chi\rho\gamma Pt_2^2$、$\xi\gamma Pt_2^2$、$\pi\xi o Pt_2^2$、$\gamma R Pt_2^2$、$\eta\gamma Pt_2^2$、$\eta o Pt_2^2$
	长城纪		$\xi\psi o Pt_2^1$、$\gamma R Pt_2^1$、$\pi\eta\gamma Pt_2^1$、$\eta\psi o Pt_2^1$、$\eta\varphi Pt_2^1$、$\eta\nu Pt_2^1$、$\nu\sigma Pt_2^1$、$\nu o Pt_2^1$、$\nu\psi Pt_2^1$、$\nu Pt_2^1/\beta\mu Pt_2^1$、$\sigma\nu Pt_2^1$、$\varphi l\ Pt_2^1$、$\varphi\omega Pt_2^1$、$\sigma Pt_2^1$

岩性说明
$\pi\chi\rho\gamma$斑状碱长花岗岩
$\xi\gamma$正长花岗岩
$\eta\gamma$二长花岗岩
$\eta\delta$二长闪长岩
δ闪长岩
$\gamma\delta$花岗闪长岩
$\eta\delta o$石英二长闪长岩
$\pi\xi\gamma$斑状正长花岗岩
δo石英闪长岩
ν辉长岩
$\sigma\nu$橄榄辉长岩
$\nu\delta$辉长闪长岩
φl辉石岩
γo奥长花岗岩
$\delta\nu$闪长辉长岩
ξ正长岩
ηo石英二长岩
$\eta\psi$辉石角闪二长岩
ψo角闪石岩
$\chi\rho\gamma$碱长花岗岩
$\pi\xi o$斑状石英正长岩
γR环斑花岗岩
$\xi\psi o$角闪石英正长岩
$\eta\psi o$角闪石英二长岩
$\eta\varphi$辉石二长岩
$\eta\nu$二长辉长岩
νo斜长岩
νo苏长岩
$\nu\psi$角闪辉长岩
$\varphi\omega$蛇纹岩
σ橄榄油

附表 3　侵入岩构造岩浆旋回分期与地质年代对照简表

构造岩浆旋回分期			现今对应代号及地质年代	
旋回分期及代号	期次及代号		现今代号	地质年代
喜马拉雅旋回花岗岩(γ_6)	第四纪花岗岩 γ_6^4		γQ	第四纪
	晚期(新近纪)花岗岩 γ_6^3		γN_2	上新世
	中期(新近纪)花岗岩 γ_6^2		γN_1	中新世
	早期(古近纪)花岗岩(γ_6^1)	$\gamma_6^{1(3)}$	γE_3	渐新世
		$\gamma_6^{1(2)}$	γE_2	始新世
		$\gamma_6^{1(1)}$	γE_1	古新世
印支-燕山旋回花岗岩(γ_5)	燕山晚期(白垩纪)花岗岩(γ_5^3)	$\gamma_5^{3(2)}$	γK_2	晚白垩世
		$\gamma_5^{3(1)}$	γK_1^1、γK_1^2、γK_1^3	早白垩世早期、早白垩世中期、早白垩世晚期
	燕山早期(侏罗纪)花岗岩(γ_5^2)	$\gamma_5^{2(3)}$	γJ_3	晚侏罗世
		$\gamma_5^{2(2)}$	γJ_2	中侏罗世
		$\gamma_5^{2(1)}$	γJ_1	早侏罗世
	印支期(三叠纪)花岗岩(γ_5^1)	$\gamma_5^{1(3)}$	γT_3	晚三叠世
		$\gamma_5^{1(2)}$	γT_2	中三叠世
		$\gamma_5^{1(1)}$	γT_1	早三叠世
华里西旋回花岗岩(γ_4)	晚期(二叠纪)花岗岩(γ_4^3)	$\gamma_4^{3/(3)}$	γP_3	晚二叠世
		$\gamma_4^{3/(2)}$	γP_2	中二叠世
		$\gamma_4^{3/(1)}$	γP_1	早二叠世
	中期(石炭纪)花岗岩(γ_4^2)	$\gamma_4^{2/(2)}$	γC_2	晚石炭世
		$\gamma_4^{2/(1)}$	γC_1	早石炭世
	早期(泥盆纪)花岗岩(γ_4^1)	$\gamma_4^{1/(3)}$	γD_3	晚泥盆世
		$\gamma_4^{1/(2)}$	γD_2	中泥盆世
		$\gamma_4^{1/(1)}$	γD_1	早泥盆世
加里东旋回花岗岩(γ_3)	晚期(志留纪)花岗岩(γ_3^3)	$\gamma_3^{3(4)}$	γS_4	末志留世
		$\gamma_3^{3(3)}$	γS_3	晚志留世
		$\gamma_3^{3(2)}$	γS_2	中志留世
		$\gamma_3^{3(1)}$	γS_1	早志留世

构造岩浆旋回分期			现今对应代号及地质年代	
旋回分期及代号	期次及代号		现今代号	地质年代
加里东旋回花岗岩(γ_3)	中期(奥陶纪)花岗岩(γ_3^2)	$\gamma_3^{2(3)}$	γO_3	晚奥陶世
		$\gamma_3^{2(2)}$	γO_2	中奥陶世
		$\gamma_3^{2(1)}$	γO_1	早奥陶世
	早期(寒武纪)花岗岩(γ_3^1)	$\gamma_3^{1(4)}$	$\gamma\in_4$	末寒武世
		$\gamma_3^{1(3)}$	$\gamma\in_3$	晚寒武世
		$\gamma_3^{1(2)}$	$\gamma\in_2$	中寒武世
		$\gamma_3^{1(1)}$	$\gamma\in_1$	早寒武世
元古宙旋回花岗岩(γ_2)	新元古代花岗岩(γ_2^3)	$\gamma_2^{3(3)}$	γPt_3^3	新元古代晚期
		$\gamma_2^{3(2)}$	γPt_3^2	新元古代中期
		$\gamma_2^{3(1)}$	γPt_3^1	新元古代早期
	中元古代花岗岩(γ_2^2)	$\gamma_2^{2(3)}$	γPt_2^3	中元古代晚期
		$\gamma_2^{2(2)}$	γPt_2^2	中元古代中期
		$\gamma_2^{2(1)}$	γPt_2^1	中元古代早期
	古元古代花岗岩(γ_2^1)	$\gamma_2^{1(3)}$	γPt_1^3	古元古代晚期
		$\gamma_2^{1(2)}$	γPt_1^2	古元古代中期
		$\gamma_2^{1(1)}$	γPt_1^1	古元古代早期
太古宙旋回花岗岩(γ_1)	新太古代花岗岩(γ_1^3)	$\gamma_1^{3(3)}$	$gn^{\gamma} Ar_3^3$	新太古代晚期
		$\gamma_1^{3(2)}$	$gn^{\gamma} Ar_3^2$	新太古代中期
		$\gamma_1^{3(1)}$	$gn^{\gamma} Ar_3^1$	新太古代早期
	中太古代花岗岩(γ_1^2)	$\gamma_1^{2(3)}$	$gn^{\gamma} Ar_2^3$	中太古代晚期
		$\gamma_1^{2(2)}$	$gn^{\gamma} Ar_2^2$	中太古代中期
		$\gamma_1^{2(1)}$	$gn^{\gamma} Ar_2^1$	中太古代早期
	古太古代花岗岩(γ_1^1)	$\gamma_1^{1(3)}$	$gn^{\gamma} Ar_1^3$	古太古代晚期
		$\gamma_1^{1(2)}$	$gn^{\gamma} Ar_1^2$	古太古代中期
		$\gamma_1^{1(1)}$	$gn^{\gamma} Ar_1^1$	古太古代早期

附表4 河北省规模断裂区域性名称和地方名称对比表

区域性断裂名称		地方性断裂名称
本书	《河北省北京市天津市区域地质志》(1989)	
F1 蔓菁沟-大庙区域断裂	大庙-娘娘庙深断裂	邓栅子-岗子断裂;大庙-娘娘庙断裂;下院断裂
F2 蔚县-平泉区域断裂	尚义-平泉深断裂(省内东段)	古北口-大杖子断裂带(石门韧性剪切带;卧虎山-大杖子断裂;涝洼后沟断裂;五道梁断裂;刘家店断裂;北沟门断裂;大东沟-北湾子-石子沟门断裂)
F3、F4 龙泉关区域断裂(山西省)	—	—
F5、F6 琉璃庙-保定区域断裂	定兴-石家庄深断裂	怀柔-涞水断裂带;
F7、F8 白岸-衡水区域断裂	无极-衡水大断裂(南段)	前补透-宁家庄韧性剪切变形带;郝庄断裂;南峪村断裂;青羊头断裂;无极-衡水大断裂
F9、F10 大巫岚-卢龙区域断裂	海兴-宁津大断裂青龙-滦县大断裂(青龙河大断裂)	杨台子-三合店韧性剪切带;木头凳子-大杖子断裂带;红石岭-熊虎沟断裂;大横河-卢龙-桃园断裂
F11 尚义-隆化区域断裂	尚义-平泉深断裂(省内西段)丰宁-隆化深断裂	三道河-古房断裂;大南沟-豆腐窑断裂;薛家营-二十三倾断裂;南营-刘家窝铺断裂;丰宁-隆化断裂
F12 康保-围场区域断裂	康保-围场深断裂	小道尹韧性剪切带;胡家村韧性剪切带;后十八倾-赵枝村韧性剪切带;围场断裂
F13 下口-新乐区域断裂	无极-衡水大断裂(北段)	下刘家坪-树石断裂
F14 南口-青龙区域断裂	密云-喜峰口大断裂	秋木林-白草林断裂;百草洼断裂;金杖子断裂;石河断裂;二道河-付家寨断裂;山口断裂;瓦房庄断裂;青龙韧性剪切带;塔沟—青龙-大屯断裂带
F15 上黄旗-灵山区域断裂	上黄旗-乌龙沟断裂带紫荆关-灵山断裂带	坝缘北东向断裂带(界牌梁-雕窝山西断裂;黑嘴山-罗家营子西断裂);大河南-谢家堡断裂;汤家庄-岭南台断裂;蓬头-柏林城断裂;蓬头—庄里断裂
F16 鱼儿山-下花园区域断裂	—	骆驼沟-双井子断裂
F17 荒地-密云区域断裂	—	前营子断裂
F18 苇子沟-三屯营区域断裂	—	白马峪断裂;安达石-马杖子滑脱带;北大杖子-李家窝铺-三道河子断裂
F19 祖山区域断裂	—	蒋家片-三间房断裂;田各庄断裂;萝卜园断裂
F20 太行山-燕山山前区域断裂	太行山前深断裂带(怀柔-涞水断裂;定兴-石家庄断裂;邢台-安阳断裂);固安-昌黎大断裂	怀柔-涞水断裂带,定兴-石家庄断裂带;邢台-安阳断裂带
①沽源-张北区域断裂	沽源-张北大断裂	张北-沽源断裂带
②上火石-兴义泉区域断裂	—	霍玉坊-河东-下火石村断裂带(羊盘卜-下火石村断裂);蔡家营-小河子断裂;
③下伙房-于道沟区域断裂	—	磨盘构-下房断裂;北湾-三道营断裂;
④下官营-大庙区域断裂	—	大庙-娘娘庙断裂;下院断裂
⑤平坊-桑园区域断裂	平坊-桑园大断裂	水泉-平泉断裂
⑥古北口-杨树岭区域断裂	—	孤山子-狮子庙断裂
⑦沧州-大名区域断裂	沧州-大名深断裂	沧州-大名深断裂
⑧临漳-大名区域断裂	临漳-魏县大断裂	临漳-魏县大断裂

附表5 槽台学说与板块学说综合构造单元划分对照简表

<table>
<tr><td colspan="2">板块学说
（本书）</td><td colspan="2">槽台学说
[《河北省北京市天津市区域地质志》(1989)]</td></tr>
<tr><td>级别</td><td>构造单元名称及代号</td><td>级别</td><td>构造单元名称及代号</td></tr>
<tr><td>一级</td><td>中朝板块Ⅲ</td><td rowspan="2">一级</td><td rowspan="2">中朝准地台Ⅰ$_2$、内蒙-大兴安岭褶皱系Ⅰ$_1$（南部）</td></tr>
<tr><td>二级</td><td>华北陆块ⅢA</td></tr>
<tr><td rowspan="5">三级</td><td>中元古代—中三叠世华北北缘盆地带ⅢA_2^1</td><td rowspan="5">二级</td><td>内蒙古华力西晚期褶皱带Ⅱ$_1^1$</td></tr>
<tr><td>中元古代—中三叠世华北北缘隆起带ⅢA_2^2</td><td>内蒙地轴Ⅱ$_2^1$</td></tr>
<tr><td>中元古代—中三叠世燕山-辽西盆地带ⅢA_2^3</td><td>燕山台褶带Ⅱ$_2^2$</td></tr>
<tr><td>中元古代—中三叠世晋中南-邢台盆地区ⅢA_2^4</td><td>山西断隆Ⅱ$_2^3$</td></tr>
<tr><td>始新世—第四纪华北盆地Ⅲ$_4^3$</td><td>华北断拗Ⅱ$_2^4$</td></tr>
<tr><td rowspan="13">四级</td><td>康保火山-沉积盆地 ⅢA_2^{1-1}</td><td rowspan="13">三级</td><td>多伦复背斜Ⅲ$_1^1$</td></tr>
<tr><td>棋盘山火山-沉积盆地 ⅢA_2^{1-2}</td><td>多伦复背斜Ⅲ$_1^1$</td></tr>
<tr><td>中元古代—中三叠世华北北缘隆起带ⅢA_2^2</td><td>张北台拱Ⅲ$_2^1$、沽源陷断束Ⅲ$_2^2$、围场拱断束Ⅲ$_2^3$</td></tr>
<tr><td>宣化-易县盆地ⅢA_2^{3-1}</td><td>宣龙复式向斜Ⅲ$_2^4$、军都山岩浆岩带Ⅲ$_2^5$、五台台拱Ⅲ$_2^9$、</td></tr>
<tr><td>承德北盆地 ⅢA_2^{3-2}</td><td>承德拱断束Ⅲ$_2^6$</td></tr>
<tr><td>蓟县-唐山盆地 ⅢA_2^{3-3}</td><td>马兰峪复式背斜Ⅲ$_2^7$</td></tr>
<tr><td>秦皇岛盆地 ⅢA_2^{3-4}</td><td>山海关台拱Ⅲ$_2^8$</td></tr>
<tr><td>井陉-赞皇盆地 ⅢA_2^{4-1}</td><td>沁源台陷Ⅲ$_2^{10}$、太行拱断束Ⅲ$_2^{11}$（部分）</td></tr>
<tr><td>武安盆地 ⅢA_2^{4-2}</td><td>太行拱断束Ⅲ$_2^{11}$（部分）</td></tr>
<tr><td>廊坊-深州火山-沉积盆地ⅢA_4^{3-1}</td><td>冀中台陷Ⅲ$_2^{12}$</td></tr>
<tr><td>天津-故城隆起ⅢA_4^{3-2}</td><td>沧州台拱Ⅲ$_2^{13}$</td></tr>
<tr><td>南堡-魏县火山-沉积盆地ⅢA_4^{3-3}</td><td>黄骅台陷Ⅲ$_2^{14}$</td></tr>
<tr><td>渤海沉积盆地ⅢA_4^{3-4}</td><td>—</td></tr>
</table>

附表6 地质图(1∶50万)中钻孔编号与原始编号对照表

<table>
<tr><td>钻孔编号</td><td>原始编号</td><td>资料来源</td><td>钻孔编号</td><td>原始编号</td><td>资料来源</td></tr>
<tr><td rowspan="2">1～157</td><td rowspan="2">1～157</td><td rowspan="2">《河北省北京市天津市区域地质志》(1989)</td><td>161</td><td>PZK10</td><td rowspan="3">河北省1∶5万沙流河幅、左家坞幅、鸦鸿桥幅、丰润县幅区域地质调查</td></tr>
<tr><td>162</td><td>PZK14</td></tr>
<tr><td>158</td><td>大1</td><td rowspan="3">河北省1∶5万大厂幅、三河幅、渠口幅区域地质调查</td><td>163</td><td>PZK20</td></tr>
<tr><td>159</td><td>叁9</td><td>164</td><td>XZK1</td><td>河北省1∶25万邢台幅区域地质调查</td></tr>
<tr><td>160</td><td>渠6</td><td>165</td><td>HZK1</td><td>河北省1∶25万邯郸幅区域地质调查</td></tr>
</table>

主要参考文献

柴社力,1989.河北省峪耳崖金矿床地质地球化学特征[J].长春地质学院学报,19(3):271-298.

常兆山,冯钟燕,1996.河北涞源支家庄铁矿的蚀变矿化[J].北京大学学报(自然科学版),32(6):724-733.

陈超,王宝德,牛树银,等,2013.河北木吉村铜(钼)矿床辉钼矿 ReOs 年龄及成矿流体特征[J].中国地质,40(6):1889-1901.

陈超,王宝德,牛树银,等,2015.河北省涞源县木吉村铜(钼)多金属矿田成矿物质来源探讨[J].吉林大学学报(地球科学版),45(1):106-118.

陈锦荣,1993.太行山北段土岭石湖金矿床地质特征及成因[J].黄金地质科技,38(4):10-16.

陈绍聪,叶会寿,王义天,等.2014.冀东峪耳崖金矿床辉钼矿 ReOs 年龄及其地质意义[J].中国地质,41(5):1565-1576.

陈西子,2012.河北省白涧铁矿成矿地质特征研究[D].石家庄:石家庄经济学院.

戴雪灵,彭省临,胡祥昭,2010.河北小寺沟铜钼矿埃达克岩:年龄、地球化学特征及其地质意义[J].矿床地质,29(3):517-528.

樊磊,2021.河北省丰宁县牛圈子银金矿床地质特征及控矿因素[J].矿产与地质,35(1):50-57.

郭伟革,刘悟辉,2007.河北省易县孔各庄金矿矿床地质特征[J].山西建筑,33(17):91-92.

胡小蝶,陈志宏,等,1997.河北小营盘金矿成矿时代单颗粒锆石 U-Pb 同位素年龄新证据[J].前寒武纪研究进展,20(2):22-28.

黄典豪,杜安道,吴澄宇,等,1996.华北地台钼(铜)矿床成矿年代学研究:辉钼矿铼锇年龄及其地质意义[J].矿床地质,15(4):365-373.

江思宏,聂凤军,1998.河北小营盘与东坪金矿地质地球化学特征对比及矿床成因探讨[J].黄金地质,4(4):12-24.

李长民,邓晋福,陈立辉,等,2009.华北北缘张宣地区东坪金矿中的两期锆石:对成矿年龄的约束[J].矿床地质,29(2):265-275.

李长民,邓晋福,苏尚国,等,2010.河北省东坪金矿钾质蚀变岩中的两期锆石年代学研究及意义[J].地球学报,31(6):843-852.

李随民,韩玉丑,魏明辉,等,2016.冀北斑岩浅成低温热液型多金属成矿系统[J].地质科技情报,35(4):139-143.

刘海田,1999.冀西北黄土梁金矿控矿因素分析[J].贵金属地质,8(4):209-216.

刘文建,2014.冀北金矿成矿特征及成矿作用研究[D].北京:中国地质大学(北京).

卢德林,罗修泉,汪建军,等.1993.东坪金矿成矿时代研究[J].矿床地质,12(2):182-188.

罗易,2012.镲巴岭铅锌多金属矿床成矿物质来源及成因研究[D].石家庄:石家庄经济学院.

马国玺,2002.河北省涞源县支家庄铁矿地质特征及成矿规律[J].矿床地质,21:342-345.

马国玺,陈志宽,陈立景,等,2010.木吉村铜(钼)矿床地质特征[J].矿床地质,29(6):1101-1111.

毛景文，李荫清，2001. 河北省东坪碲化物金矿床流体包裹体研究：地幔流体与成矿关系[J]. 矿床地质，20(1)：23－36.

牛树银，陈超，孙爱群，等. 2008. 冀西石湖金矿成矿地质特征[J]. 黄金科学技术，16(6)：1－5.

牛树银，王宝德，孙爱群，等. 2003. 冀西北黄土梁金矿控矿构造分析及深部矿体预测[J]. 地质与勘探，39(4)：17－20.

荣桂林，靳松，黄占生，2014. 河北承德姑子沟银铅锌矿床成因研究[J]. 矿床地质，33：735－736.

孙静，杜维河，王德忠，等，2009. 河北承德大庙黑山钒钛磁体矿床地质特征与成因探讨[J]. 地质学报，83(9)：1344－1364.

苑亚平，2014. 河北涞源支家庄铁矿地球化学特征研究[D]. 北京：中国地质大学(北京).

张长厚，吴淦国，徐德斌，等，2004. 燕山板内造山带中段中生代构造格局与构造演化[J]. 地质通报，23(9－10)：864－875.

张克信，殷鸿福，朱云海，等，2003. 史密斯地层与非史密斯地层[J]. 地球科学(中国地质大学学报)，28(4)：361－369.

张运强，陈海燕，刘应龙，等，2014. 冀北寿王坟铜矿石英二长岩 LA－ICP－MS 锆石 U－Pb 年龄和地球化学特征[J]. 黄金，22(3)：23－29.

郑建民，2007. 冀南邯邢地区夕卡岩铁矿成矿流体及成矿机制[D]. 北京：中国地质大学(北京).

朱松彬，刘人定，1991. "七五"期间我国探明的几个大型特大型银矿床简介[J]. 西北地质，12(4)：47－51.

内部资料

北京勘察技术工程有限公司，2012—2014. 河北省 1：5 万三义号幅、大杖房幅、竹笠沟幅、山湾子区幅区域地质矿产调查报告[R].

河北省地矿局第二地质大队，2017 —2019. 河北省北口、东杏河幅 1：5 万区域地质调查报告[R].

河北省地矿局第九地质大队，2019—2021. 河北省良岗、南管头、大王店镇 1：5 万区域地质调查报告[R].

河北省地矿局第六地质大队，2010—2012. 河北省 1：5 万团泊口、陈庄、孟家庄、南甸幅矿产地质调查报告[R].

河北省地矿局第六地质大队，2017—2019. 河北省高勿素、大青沟、两面井 1：5 万区域地质调查报告[R].

河北省地矿局第六地质大队，2019—2021. 河北省大库联、八道沟、单晶河、尚义县幅 1：5 万区域地质调查报告[R].

河北省地矿局第十一地质大队，2017—2019. 河北省官厅、横岭 1：5 万区域地质调查报告[R].

河北省地矿局第四地质大队，2017—2019. 河北省斗泉、阳春、蔚县 1：5 万区域地质调查报告[R].

河北省地质调查院，2010—2012. 下二道河子幅、六沟幅、小寺沟幅、党坝幅 1：5 万区域地质调查报告[R].

河北省地质调查院，2010—2012. 邢台市幅、邯郸市幅 1：25 万区域地质调查报告[R].

河北省地质调查院，2010—2012. 张三幅、唐三营幅、八达营幅、榆树底幅 1：5 万区域地质调查报告[R].

河北省地质调查院，2012—2014. 河北省石家庄幅、正定幅、藁城幅、永壁幅、栾城幅 1：5 万区域地质调查报告[R].

河北省地质调查院，2012—2014. 前大脑袋幅、白水台子幅、御道口牧场幅、大唤起鹿场幅、柳圹子沟幅、燕格柏幅 1：5 万区域地质矿产调查报告[R].

河北省地质调查院，2016—2018.河北省1∶5万古冶、唐山市、范各庄煤矿幅区域地质调查报告[R].

河北省地质调查院，2017—2019.河北省板申图、驿马图、狮子沟、马营幅1∶5万区域地质调查报告[R].

河北省地质调查院，2017—2019.河北省馒头营、对口淖、张北县、大西壤1∶5万区域地质调查报告[R].

河北省区域地质调查院，2016—2018.河北省1∶5万大厂回族自治县、三河县、渠口镇幅区域地质调查报告[R].

河北省区域地质调查院，2016—2018.河北省1∶5万沙流河、左家坞、雅鸿桥、丰润县幅区域地质调查报告[R].

河北省区域地质调查院，2017—2019.河北省万全、苏家桥、左卫、张家口1∶5万区域地质调查报告[R].

河北省区域地质调查院，2019—2021.河北省沙岭子、宣化县、深井镇、涿鹿县1∶5万区域地质调查报告[R].

河北省区域地质矿产调查研究所，2011—2013.河北省铁厂幅、迁西幅、火石营幅、野鸡坨幅1∶5万区域地质调查报告[R].

河北省区域地质矿产调查研究所，2011—2014.河北省新杖子幅、承德幅1∶5万区域地质调查报告[R].

河北省区域地质矿产调查研究所，2012—2014.河北省小河子、长梁、东辛营、小厂幅1∶5万战略性矿产远景调查报告[R].

河北省水文工程地质勘察院，2019—2021.河北省北头百户、怀安镇、南口村1∶5万区域地质调查报告[R].

中国地质调查局北京地质调查院，2014—2016.河北省1∶5万琉璃庙、庞各庄镇、安次县幅区域地质调查报告[R].

中国地质调查局天津地质调查中心，2010—2013.河北省南堡新生盐场幅、唐海县幅、柏各庄幅、马头营幅、田庄幅、北堡幅、南堡幅、大清河盐场六工段幅、捞鱼尖幅1∶5万幅区域地质调查报告[R].

中国地质调查局天津地质调查中心，2014—2016.河北省1∶5万黄各庄、大新庄、胡各庄幅区域地质调查报告[R].

中国地质调查局天津地质调查中心，2016—2018.河北省1∶5万刘台庄、乐亭县、姜各庄幅区域地质调查报告[R].

中国地质科学院水文地质环境调查研究所，2016.河北省1∶5万化稍营、北水泉幅区域地质调查报告[R].

中国人民武装警察部队黄金第七支队，2014—2016.河北省1∶5万西洋河幅、套里庄幅、鹿尾沟幅、怀安县幅、水闸屯幅度区域地质矿产调查报告[R].

注：《中国区域地质志·河北志》(2017)所备注的相关参考文献本书不再重复。

附件

《河北省区域地质纲要》剖面及岩相古地理图

河北省区域地质调查院（河北省地学旅游研究中心） 编著

《河北省区域地质纲要》剖面及岩相古地理图

编　委　会

目　录

二、岩相古地理图及说明 …… (117)

一、岩石地层单位剖面及说明

(一)早前寒武纪变质表壳岩

1. 曹庄岩组($Ar_2^2c.$)剖面

迁安市黄柏峪西沟中太古代晚期曹庄岩组实测剖面(图 1-1)为代表性剖面(据《中国区域地质志·河北志》,2017)。建组剖面位于迁安县曹庄一带,现已遭破坏。

岩性主要为斜长角闪岩、黑云斜长变粒岩、透辉斜长变粒岩、黑云斜长片麻岩夹白云母(铬云母)石英岩、磁铁石英岩等。

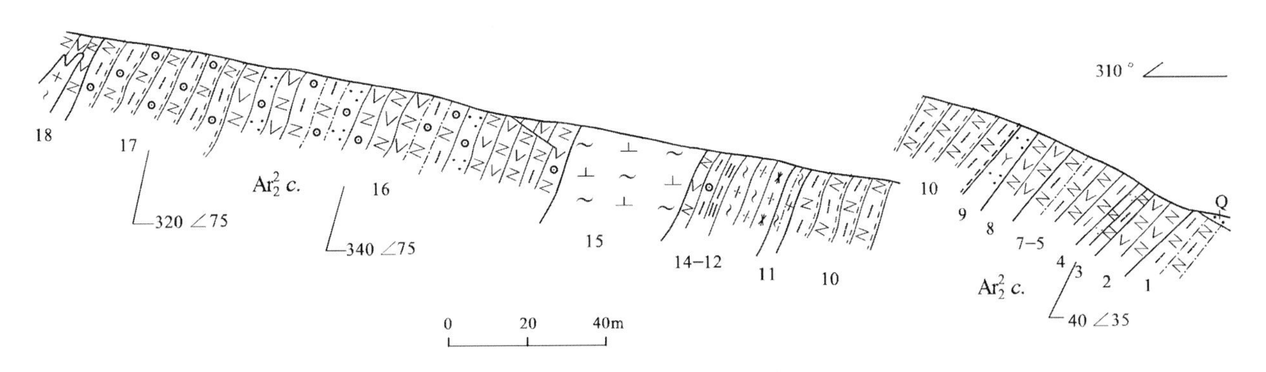

图 1-1 迁安市黄柏峪西沟中太古代晚期曹庄岩组实测剖面图

Q-马兰组:棕黄色含砾砂质黏土;1-黑云斜长变粒岩,夹有几厘米宽的斜长角闪岩薄层;2-斜长角闪岩;3-黑云斜长变粒岩;4-白云母(铬云母)石英岩;5-黑云斜长变粒岩;6-斜长角闪岩、含黑云角闪岩夹宽几厘米的角闪磁铁石英岩,成分韵律发育;7-黑云斜长变粒岩(片麻岩),上部夹宽几十厘米的长石石英岩;8-纹层状斜长角闪岩;9-含矽线石石英岩;10-黑云斜长片麻岩夹透镜状斜长角闪岩;11-糜棱岩化变质花岗岩;12-绿泥阳起透闪岩、透闪绿泥片岩、透辉斜长变粒岩等钙硅酸盐岩组合;13-二云片岩与石榴黑云片岩;14-碎裂岩化斜长角闪岩;15-变质闪长岩;16-黑云斜长角闪岩,石榴黑云斜长变粒岩夹石榴石英岩、石榴斜长角闪岩、透镜状磁铁石英岩;17-石榴黑云斜长片麻岩夹扁豆状斜长角闪岩;18-斜长角闪岩,穿插有变质黑云二长花岗岩;$Ar_2^2c.$-曹庄岩组

2. 桑干岩群马市口岩组($Ar_3^1m.$)剖面

怀安县瓦沟台新太古代早期桑干岩群马市口岩组实测剖面(图 1-2)为代表性剖面(据《中国区域地质志·河北志》,2017)。建组剖面位于怀安县马市口村一带。

岩性主要为二辉斜长变粒岩、角闪二辉斜长变粒岩,夹二辉角闪斜长麻粒岩、含紫苏黑云石榴斜长变粒岩等。

3. 桑干岩群右所堡岩组($Ar_3^1y.$)剖面

怀安县瓦沟台新太古代早期桑干岩群右所堡岩组实测剖面(图 1-3)为代表性剖面(据《中国区域地质志·河北志》,2017)。建组剖面位于怀安县右所堡村一带。

剖面处于瓦窑口复式向形的近核部地带,地层出露较连续。岩性主要为二辉角闪斜长麻粒岩、角闪二辉斜长变粒岩、二辉斜长变粒岩等,夹含紫苏斜长浅粒岩。

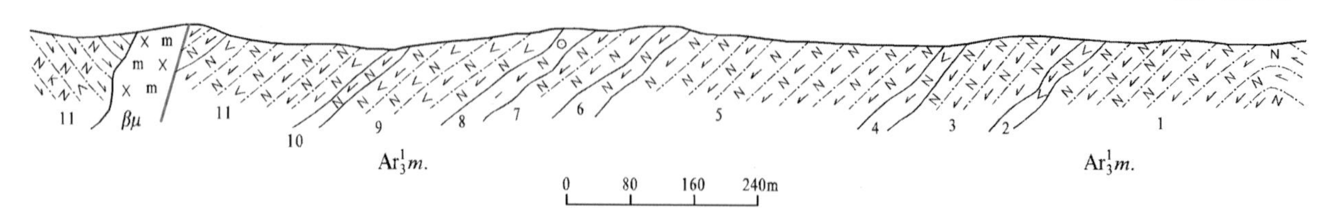

图 1-2 怀安县瓦沟台新太古代早期桑干岩群马市口岩组实测剖面图

1-二辉斜长变粒岩，位于次级背形核部；2-角闪二辉斜长变粒岩夹二辉斜长变粒岩及二辉角闪斜长麻粒岩；3-灰色二辉斜长变粒岩；4-角闪二辉斜长变粒岩；5-二辉斜长变粒岩；6-二辉角闪斜长麻粒岩；7-二辉斜长变粒岩；8-含紫苏黑云石榴斜长变粒岩；9-角闪二辉斜长变粒岩；10-角闪二辉斜长变粒岩夹角闪二辉斜长麻粒岩；11-角闪二辉斜长变粒岩、二辉斜长变粒岩夹含紫苏二长浅粒岩；$Ar_3^1m.$-马市口岩组；$\beta\mu$-变质辉绿岩

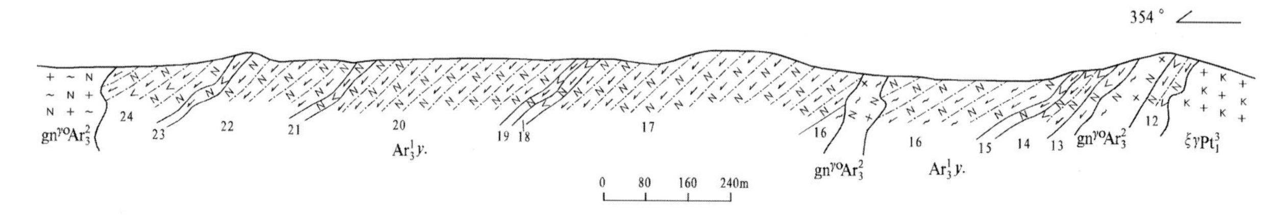

图 1-3 怀安县瓦沟台新太古代早期桑干岩群右所堡岩组实测剖面图

12-灰色角闪二辉斜长变粒岩夹二辉角闪斜长变粒岩；13-黑色二辉角闪斜长麻粒岩；14-灰色二辉斜长变粒岩夹少量角闪二辉斜长变粒岩；15-黑色二辉角闪斜长麻粒岩；16-含紫苏斜长浅粒岩夹灰黑色、黑色二辉角闪斜长麻粒岩；17-灰色二辉斜长变粒岩；18-角闪二辉斜长变粒岩夹二辉斜长变粒岩；19-二辉角闪斜长麻粒岩夹灰色角闪二辉斜长变粒岩；20-二辉斜长变粒岩夹角闪二辉斜长变粒岩；21-角闪二辉斜长变粒岩夹少量二辉角闪斜长麻粒岩；22-角闪二辉斜长变粒岩夹少量二辉角闪斜长麻粒岩；23-二辉角闪斜长麻粒岩；24-二辉斜长变粒岩夹角闪二辉斜长变粒岩；$Ar_3^1y.$-右所堡岩组；$\xi\gamma Pt_1^3$-变质正长花岗岩；$gn^{\gamma o}Ar_3^2$-二辉奥长花岗质片麻岩

4. 崇礼岩群谷咀子岩组($Ar_3^2g.$)剖面

崇礼县大松沟门-谷咀子新太古代中期谷咀子岩组实测剖面(图 1-4)为建组剖面(据《中国区域地质志·河北志》,2017)。

岩性主要为(石榴)斜长透辉角闪岩、(黑云)角闪斜长变粒岩、斜长角闪岩等，夹石榴二辉斜长麻粒岩、二辉角闪斜长变粒岩、花岗质条带状混合岩等。

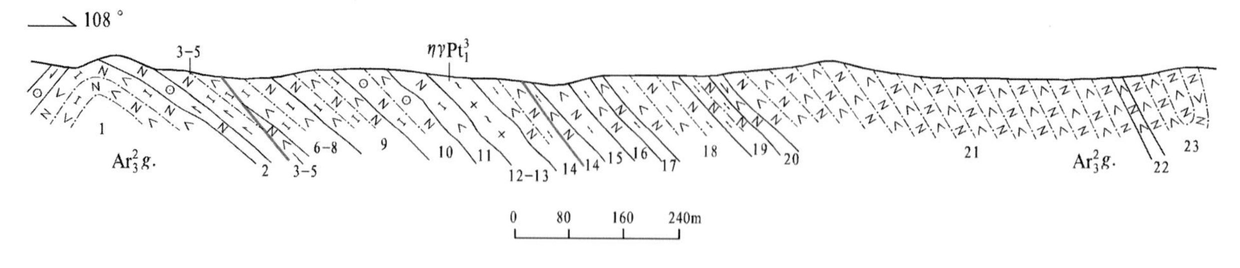

图 1-4 崇礼县大松沟门-谷咀子新太古代中期谷咀子岩组实测剖面图

1-斜长透辉角闪岩，位于背形构造核部；2-石榴二辉斜长麻粒岩；3-含石榴斜长透辉角闪岩；4-花岗质条带状混合岩；5-混合岩化斜长透辉角闪岩；6-花岗质条纹状混合岩；7-含石榴斜长透辉角闪岩；8-混合岩化斜长透辉角闪岩；9-斜长透辉角闪岩；10-含石榴斜长透辉角闪岩；11-蚀变斜长透辉角闪岩；12-花岗质条痕状混合岩；13-蚀变斜长透辉角闪岩；14-蚀变黑云角闪斜长变粒岩；15-蚀变角闪斜长变粒岩；16-蚀变黑云角闪斜长变粒岩；17-蚀变斜长黑云角闪岩；18-黑云角闪斜长变粒岩；19-黑云斜长变粒岩；20-混合岩化二辉角闪斜长变粒岩；21-蚀变角闪斜长变粒岩；22-蚀变斜长角闪岩；23-混合岩化蚀变斜长角闪岩，未见顶；$Ar_3^2g.$-谷咀子岩组；$\eta\gamma Pt_1^3$-变质二长花岗岩

5. 崇礼岩群黄土窑岩组($Ar_3^2h.$)剖面

尚义县黄土窑-小赛南新太古代中期崇礼岩群黄土窑岩组实测剖面(据1∶5万土木路幅报告，1994)(图1-5)为建组剖面(据《中国区域地质志·河北志》,2017)。

剖面下部岩性主要为(石榴)黑云角闪斜长变粒岩、黑云变粒岩、黑云角闪斜长片麻岩、斜长角闪岩等;上部为石英岩、长石石英岩与蛇纹石大理岩交互出现,夹黑云(角闪)斜长片麻岩。

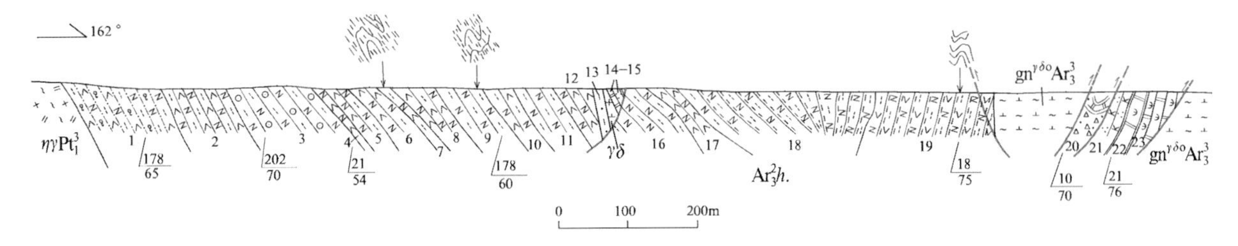

图1-5 尚义县黄土窑-小赛南新太古代中期崇礼岩群黄土窑岩组实测剖面图

1-条带状黑云角闪斜长变粒岩;2-黑云角闪斜长变粒岩;3-石榴黑云斜长变粒岩;4-斜长角闪岩;5-黑云变粒岩夹斜长角闪岩;6-斜长角闪岩夹黑云变粒岩;7-黑云二长片麻岩;8-斜长角闪岩夹黑云变粒岩;9-混合岩化黑云变粒岩;10-黑云角闪斜长片麻岩;11-混合岩化黑云变粒岩;12-角闪斜长变粒岩;13-长英质糜棱岩;14-蛇纹石大理岩;15-石英岩;16-黑云斜长变粒岩;17-黑云斜长角闪岩;18-黑云斜长片麻岩;19-黑云角闪斜长片麻岩;20-蛇纹石大理岩;21-长石石英岩;22-蛇纹石大理岩;23-蛇纹石大理岩与石英岩互层;$Ar_3^2h.$-黄土窑岩组;$\gamma\delta$-花岗闪长岩脉;$\eta\gamma Pt_1^3$-变质二长花岗岩;$gn^{\gamma\delta o}Ar_3^3$-英云闪长质片麻岩

6. 单塔子岩群杨营岩组($Ar_3^3yy.$)剖面

滦平县小营新太古代晚期单塔子岩群杨营岩组实测剖面(图1-6)为代表性剖面,据《中国区域地质志·河北志》(2017)。建组剖面位于丰宁县杨营子村一带。

岩性以角闪斜长片麻岩、黑云斜长片麻岩、黑云斜长变粒岩等为主,夹斜长(二长)浅粒岩、磁铁(角闪)石英岩,中上部岩石混合岩化较强,出露厚度大于1724m。

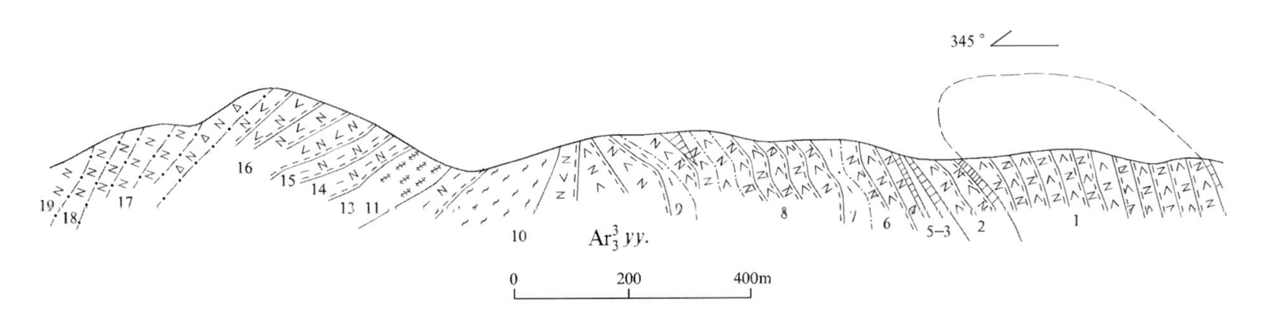

图1-6 滦平县小营新太古代晚期单塔子岩群杨营岩组剖面图

1-角闪斜长片麻岩;2-角闪斜长片麻岩夹三层绿泥阳起石化含石榴磁铁(角闪)石英岩;3-磁铁(角闪)石英岩;4-含磁铁(角闪)石英岩夹浅粒岩;5-方解绿泥绢云母化钾长浅粒岩;6-混合岩化角闪斜长片麻岩;7-混合岩化浅粒岩;8-中下部为混合岩化角闪斜长片麻岩、石榴斜长片麻岩及斜长片麻岩夹混合岩化斜长浅粒岩等,上部为绿泥绢云母化石榴斜长变粒岩、黑云斜长变粒岩,顶部为混合岩化方解绿泥蚀变斜长片麻岩夹磁铁石英岩透镜体;9-片状绢云母化含黑云变粒岩;10-中下部为混合岩化角闪斜长片麻岩夹混合岩化斜长(二长)浅粒岩,上部为黑云斜长片麻岩,片麻岩中局部含磁铁矿;11-阴影状混合岩;12-弱混合岩化(角闪)斜长片麻岩;13-条带状-雾迷状黑云长英质混合岩,残留有绿泥帘石化(角闪)斜长片麻岩;14-片理化绿泥绢云蚀变斜长片麻岩;15-条带状混合岩化黑云斜长片麻岩;16-混合岩化绿泥帘石化斜长片麻岩;17-混合岩化斜长浅粒岩、二长浅粒岩,底部岩石呈碎裂状;18-强绿帘石化斜长浅粒岩;19-混合岩化斜长浅粒岩;$Ar_3^3yy.$-杨营岩组

7. 单塔子岩群艾家沟岩组（$Ar_3^3a.$）剖面

丰宁县团榆树新太古代晚期单塔子岩群艾家沟岩组实测剖面（图 1－7）为代表性剖面（据《中国区域地质志·河北志》，2017）。建组剖面位于赤城县艾家沟村一带。

岩性主要为（角闪）黑云斜长变粒岩、黑云（角闪）斜长片麻岩、斜长角闪岩等，夹黑云二长变粒岩、二云斜长变粒岩、（白云石）大理岩等，出露厚度大于 3086m。

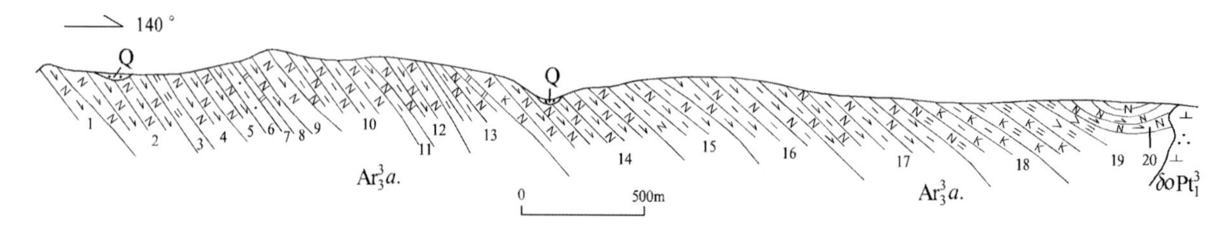

图 1－7　丰宁县团榆树新太古代晚期单塔子岩群艾家沟岩组实测剖面图

1－角闪斜长片麻岩夹斜长角闪岩，未见底；2－斜长角闪岩与黑云角闪斜长片麻岩互层，上部夹黑云斜长变粒岩；3－糜棱片岩；4－细粒斜长角闪岩；5－斜长角闪岩夹透镜状含长石白云石大理岩；6－糜棱片岩；7－含金云母透闪透辉大理岩夹斜长角闪岩；8－细粒斜长角闪岩；9－辉石斜长角闪岩夹黑云变粒岩；10－黑云斜长变粒岩夹斜长角闪岩及辉石斜长角闪岩；11－黑云斜长变粒岩夹斜长角闪岩；12－斜长角闪岩夹黑云斜长变粒岩；13－黑云斜长变粒岩与斜长角闪岩互层夹透镜状大理岩、斜长透辉石岩；14－斜长角闪岩夹角闪斜长变粒岩、黑云二长片麻岩；15－黑云斜长变粒岩、角闪黑云斜长变粒岩夹少量斜长角闪岩；16－角闪黑云斜长变粒岩；17－黑云角闪斜长变粒岩夹斜长角闪岩；18－黑云钾长变粒岩、二云斜长变粒岩；19－二云钾长变粒岩；20－黑云角闪斜长变粒岩夹黑云二长变粒岩，未见顶；Q－第四系；$Ar_3^3a.$－艾家沟岩组；δoPt_1^3－变质石英闪长岩

8. 迁西岩群水厂岩组（$Ar_3^1\hat{s}.$）剖面

迁安市玄庵子-孟家沟新太古代早期迁西岩群水厂岩组实测剖面（图 1－8）为代表性剖面（据《中国区域地质志·河北志》，2017）。建组剖面位于迁安县水厂村一带。

岩石组合主要为（紫苏）黑云斜长变粒岩、黑云角闪麻粒岩，夹有二辉麻粒岩、浅粒岩、辉石岩及大量磁铁石英岩。

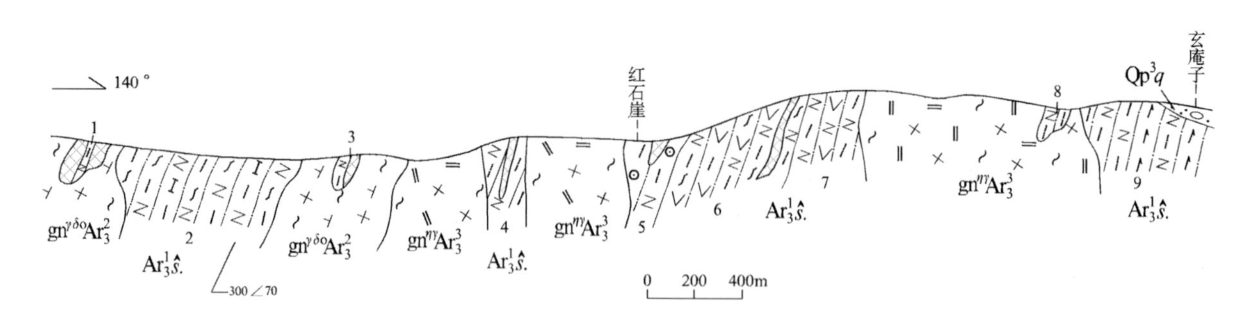

图 1－8　迁安市玄庵子-孟家沟新太古代早期迁西岩群水厂岩组实测剖面图

1－条带状磁铁石英岩夹黑云斜长变粒岩；2－紫苏黑云斜长变粒岩夹黑云透辉斜长变粒岩；3－黑云二长变粒岩夹透辉磁铁石英岩；4－黑云斜长变粒岩夹磁铁石英岩；5－石榴黑云斜长变粒岩夹磁铁石英岩；6－角闪紫苏黑云斜长变粒岩、黑云角闪麻粒岩、黑云斜长变粒岩夹磁铁石英岩；7－角闪麻粒岩与黑云斜长变粒岩互层；8－黑云斜长变粒岩；9－黑云斜长变粒岩与二辉麻粒岩互层；Qp^3q－更新世晚期迁安组；$Ar_3^1\hat{s}.$－水厂岩组；$gn^{\eta\gamma}Ar_3^3$－二长花岗质片麻岩；$gn^{\gamma\delta o}Ar_3^2$－二辉英云闪长质片麻岩

9. 迁西岩群平林镇岩组（$Ar_3^1p.$）剖面

迁安市黄官营-六道沟新太古代早期迁西岩群平林镇岩组实测剖面（图 1－9）为代表性剖面（据《中

国区域地质志·河北志》,2017)。建组剖面位于迁安县平林镇一带。

岩性以(石榴)紫苏黑云斜长变粒岩、二辉(黑云)斜长麻粒岩等为主。

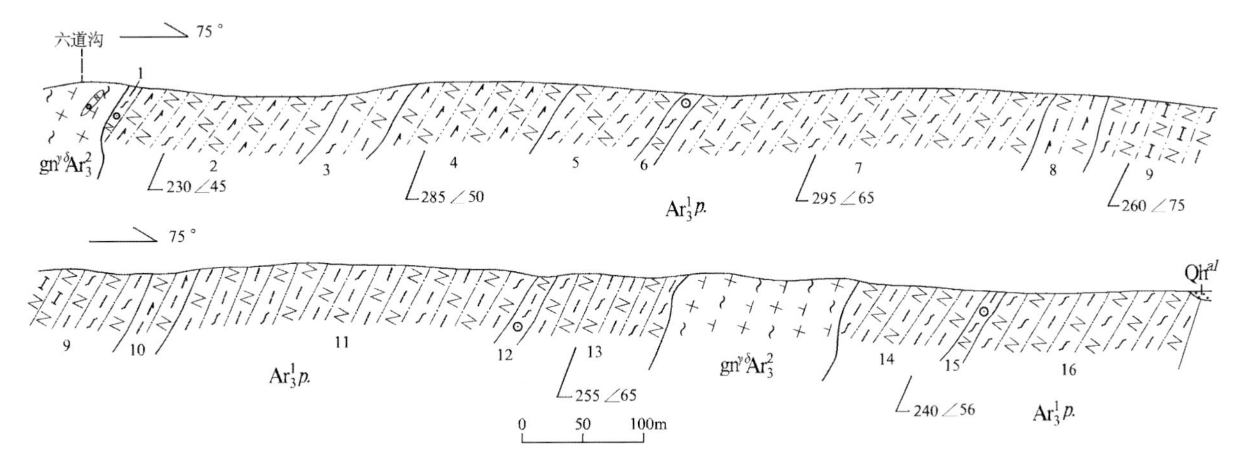

图 1-9 迁安市黄官营-六道沟新太古代早期迁西岩群平林镇岩组实测剖面图

1-石榴紫苏黑云斜长变粒岩;2-二辉斜长麻粒岩夹紫苏黑云斜长变粒岩;3-紫苏黑云斜长变粒岩;4-二辉斜长麻粒岩;5-紫苏黑云斜长变粒岩;6-石榴紫苏斜长变粒岩;7-黑云紫苏斜长变粒岩;8-二辉黑云斜长麻粒岩;9-紫苏黑云斜长变粒岩夹透辉斜长变粒岩;10-黑云二辉斜长麻粒岩;11-含紫苏黑云斜长变粒岩;12-含石榴紫苏黑云斜长变粒岩;13-含紫苏黑云斜长变粒岩;14-含紫苏黑云斜长变粒岩;15-紫苏石榴黑云斜长变粒岩;16-紫苏斜长麻粒岩夹紫苏黑云斜长变粒岩;Qh^{al} 全新世冲积砂砾石、含砾砂土;$Ar_3^1p.$-平林镇岩组;$gn^{\gamma\delta}Ar_3^2$-二辉花岗闪长质片麻岩

10. 遵化岩群滦阳岩组($Ar_3^2ly.$)剖面

青龙县湾杖子-三门店新太古代中期遵化岩群滦阳岩组实测剖面(图 1-10)为代表性剖面(据《中国区域地质志·河北志》,2017)。建组剖面位于迁西县滦阳镇一带。

岩石组合以黑云斜长变粒岩、角闪斜长变粒岩、黑云斜长片麻岩为主,夹斜长透辉角闪岩、黑云斜长角闪岩、磁铁角闪石英岩等。

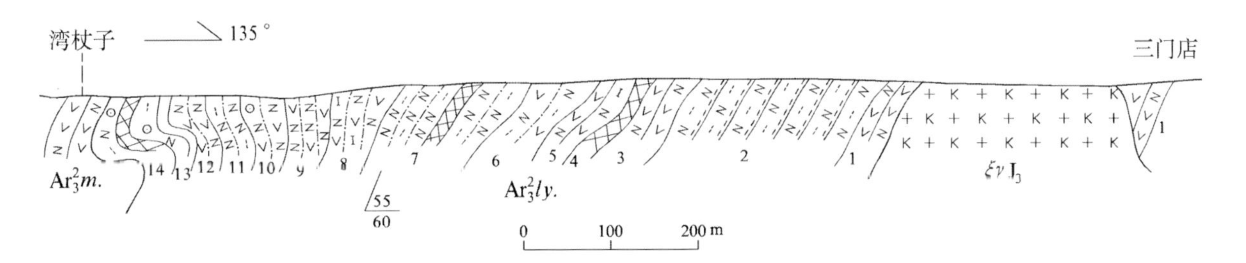

图 1-10 青龙县湾杖子-三门店新太古代中期遵化岩群滦阳岩组实测剖面图

1-含黑云斜长角闪岩;2-中细粒黑云斜长片麻岩;3-黑云斜长角闪岩;4-条带状磁铁角闪石英岩;5-斜长透辉角闪岩;6-黑云角闪斜长变粒岩;7-黑云斜长变粒岩夹磁铁角闪石英岩;8-透辉角闪斜长变粒岩;9-角闪斜长变粒岩;10-含石榴黑云斜长变粒岩夹角闪斜长变粒岩;11-黑云斜长变粒岩;12-角闪斜长变粒岩;13-含石榴黑云斜长变粒岩,顶部磁铁角闪石英岩;14-石榴黑云斜长变粒岩,顶部磁铁角闪石英岩;$Ar_3^2m.$-马兰峪岩组;$Ar_3^2ly.$-滦阳岩组;$\xi\gamma J_3$-正长花岗岩

11. 遵化岩群马兰峪岩组($Ar_3^2m.$)剖面

兴隆县大土岭新太古代中期遵化岩群马兰峪岩组实测剖面(图 1-11)为代表性剖面(据《中国区域地质志·河北志》,2017)。建组剖面位于遵化市马兰峪镇一带。

岩性以斜长角闪岩、角闪斜长变粒岩、黑云斜长变粒岩等为主，夹二长浅粒岩、浅粒岩。斜长变粒岩多与斜长角闪岩伴生，一般呈似层状产出，部分斜长角闪岩中常含有不等量的透辉石。

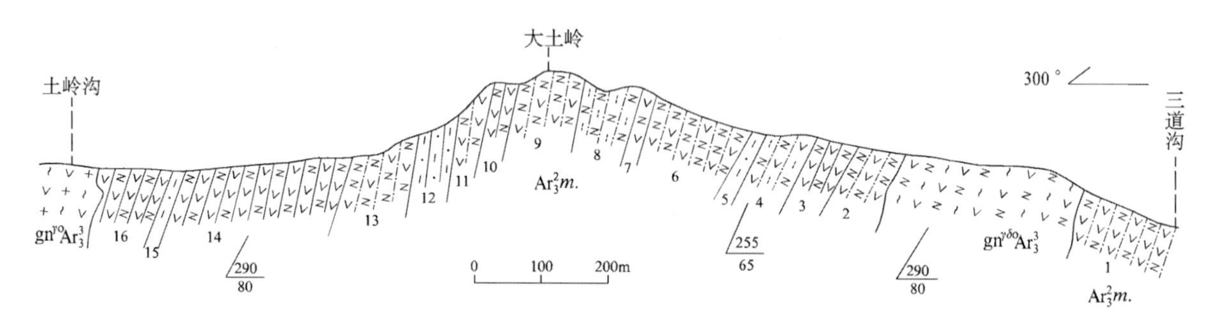

图 1－11　兴隆县大土岭新太古代中期遵化岩群马兰峪岩组实测剖面图

1－角闪斜长变粒岩夹斜长角闪岩；2－角闪斜长变粒岩；3－斜长角闪岩；4－角闪黑云斜长变粒岩；5－浅粒岩；6－角闪斜长变粒岩夹斜长角闪岩；7－斜长角闪岩；8－黑云斜长变粒岩；9－角闪斜长变粒岩；10－斜长角闪岩；11－角闪斜长变粒岩夹透镜状斜长角闪岩；12－二长浅粒岩；13－角闪斜长变粒岩；14－斜长角闪岩；15－二长浅粒岩；16－斜长角闪岩；$Ar_3^2m.$－马兰峪岩组；$gn^{\gamma o}Ar_3^3$－奥长花岗质片麻岩；$gn^{\gamma\delta o}Ar_3^3$－英云闪长质片麻岩

12. 滦县岩群阳山岩组（$Ar_3^2y.$）剖面

抚宁县北庄河-大炮上新太古代中期滦县岩群阳山岩组实测剖面（图 1－12）为代表性剖面（据《中国区域地质志·河北志》，2017）。建组剖面位于卢龙县阳山一带。

岩性主要为（石榴）黑云斜长变粒岩（局部为角闪黑云斜长变粒岩、角闪斜长变粒岩、浅粒岩）夹斜长角闪岩及磁铁石英岩。中上部夹片岩（云母石英片岩、云母片岩、角闪片岩）。

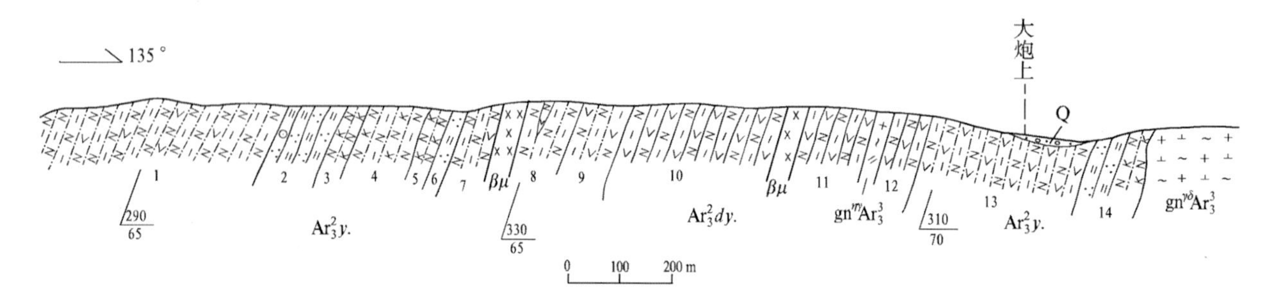

图 1－12　抚宁县北庄河-大炮上新太古代中期滦县岩群阳山岩组实测剖面图

1－灰褐色黑云斜长变粒岩夹角闪斜长变粒岩；2－白云母石英片岩，局部含石榴石；3－二长浅粒岩；4－二长浅粒岩夹黑云斜长变粒岩；5－二长浅粒岩；6－白云母石英片岩；7－黑云斜长变粒岩夹角闪斜长变粒岩；8－黑云斜长变粒岩夹斜长角闪岩透镜体；9－角闪黑云斜长变粒岩；10－黑云斜长角闪岩；11－黑云斜长角闪岩；12－斜长角闪岩夹角闪斜长变粒岩；13－角闪黑云斜长变粒岩，局部碎粒化；14－白云母石英片岩；Q－第四系；$Ar_3^2dy.$－大英窝岩组；$Ar_3^2y.$－阳山岩组；$gn^{\gamma\gamma}Ar_3^3$－二长花岗质片麻岩；$gn^{\gamma\delta}Ar_3^3$－花岗闪长质片麻岩；$\beta\mu$－辉绿岩脉

13. 滦县岩群大英窝岩组（$Ar_3^2dy.$）剖面

卢龙县大英窝新太古代中期滦县岩群大英窝岩组实测剖面（图 1－13）为建组剖面（据《中国区域地质志·河北志》，2017）。

剖面下部岩性主要为斜长角闪岩夹黑云角闪斜长变粒岩、石榴方解透辉岩，上部为钙硅酸盐岩夹大理岩。厚度约 181m。

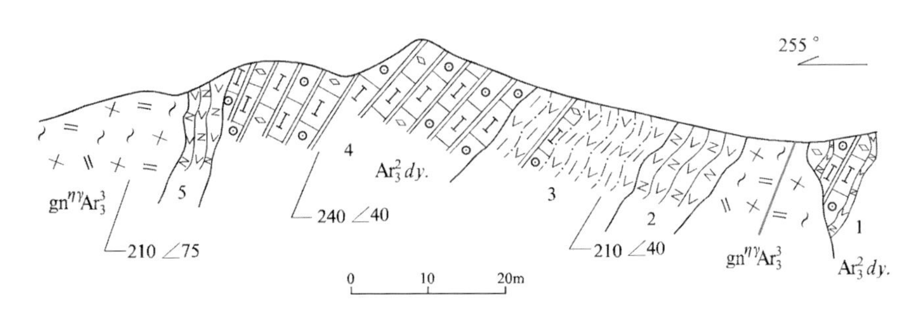

图 1-13 卢龙县大英窝新太古代中期滦县岩群大英窝岩组实测剖面图

1-斜长角闪岩夹石榴方解透辉岩；2-斜长角闪岩；3-黑云角闪斜长变粒岩夹三层石榴方解透辉岩；4-石榴方解透辉岩；5-斜长角闪岩；$Ar_3^2dy.$-大英窝岩组；$gn^{\eta\gamma}Ar_3^3$-二长花岗质片麻岩

14. 双山子岩群茨榆山岩组($Ar_3^3c.$)剖面

青龙县周杖子-曾杖子新太古代晚期双山子岩群实测剖面(图 1-14)为代表性剖面(据《中国区域地质志·河北志》,2017)。建组剖面位于青龙县茨榆山村一带。

岩性以(石榴)黑云斜长变粒岩、角闪黑云斜长变粒岩为主,夹斜长角闪岩、角闪黑云片岩、磁铁石英岩等。厚度大于 1260m。

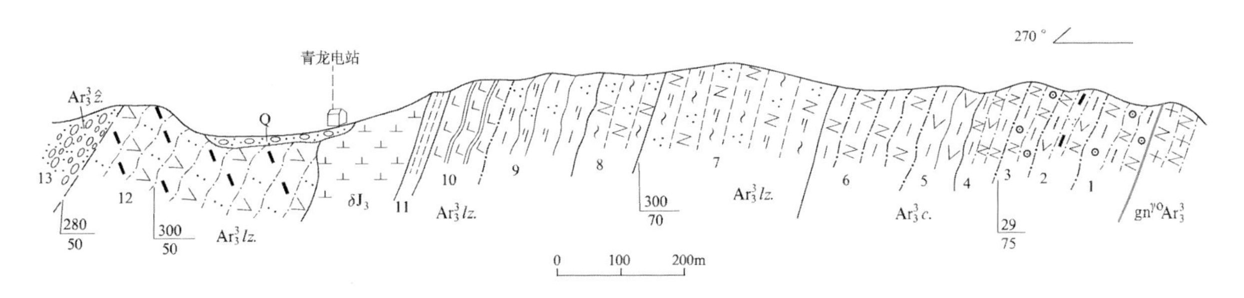

图 1-14 青龙县周杖子-曾杖子新太古代晚期双山子岩群实测剖面图

1-含石榴黑云斜长变粒岩；2-角闪黑云斜长变粒岩夹斜长角闪岩、磁铁石英岩；3-含石榴黑云斜长变粒岩；4-黑云斜长变粒岩夹角闪斜长变粒岩；5-角闪黑云片岩；6-黑云斜长变粒岩；7-千枚状绿泥绢云长石石英片岩；8-千枚状绿泥长石石英片岩；9-千枚状二云石英片岩夹绢云石英片岩；10-变质中基性熔岩；11-千糜岩；12-变质中基性晶屑凝灰岩；13-变质砾岩；Q-第四系；$Ar_3^3\hat{z}.$-张家沟岩组；$Ar_3^3lz.$-鲁杖子岩组；$Ar_3^3c.$-茨榆山岩组；$gn^{\gamma o}Ar_3^3$-奥长花岗质片麻岩；δJ_3-晚侏罗世闪长岩

15. 双山子岩群鲁杖子岩组($Ar_3^3lz.$)剖面

青龙县周杖子-曾杖子新太古代晚期双山子岩群实测剖面(见图 1-14)为代表性剖面(据《中国区域地质志·河北志》,2017)。建组剖面位于青龙县鲁杖子村一带。

剖面岩性下部主要为千枚状绿泥(绢云)长石石英片岩、千枚状二云石英片岩夹绢云石英片岩;上部主要为变质中基性熔岩及变质中基性晶屑凝灰岩。

16. 朱杖子岩群楮杖子岩组($Ar_3^3\hat{c}z.$)剖面

青龙县楮杖子新太古代晚期朱杖子岩群楮杖子岩组实测剖面(图 1-15)为建组剖面(据《中国区域地质志·河北志》,2017)。

岩性以角闪黑云二长变粒岩、(含角闪)黑云斜长变粒岩、含黑云斜长浅粒岩为主,夹角闪斜长变粒岩、斜长角闪片岩、角闪黑云片岩等。

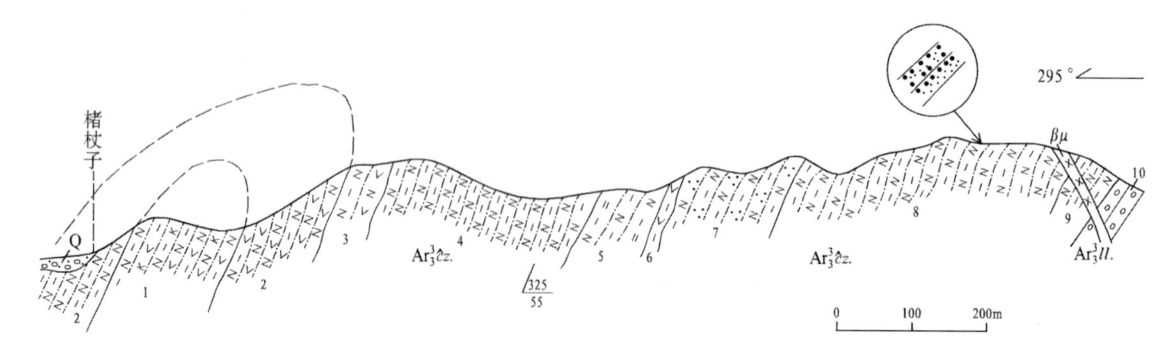

图 1－15　青龙县楮杖子新太古代晚期朱杖子岩群楮杖子岩组实测剖面图

1－角闪黑云二长变粒岩；2－含角闪黑云斜长变粒岩夹角闪斜长变粒岩；3－黑云斜长变粒岩夹斜长角闪片岩；4－黑云斜长变粒岩；5－含白云母黑云斜长变粒岩；6－角闪黑云片岩；7－含黑云斜长浅粒岩；8－黑云斜长变粒岩；9－角闪黑云斜长变粒岩，上部含砾含粗砂屑黑云斜长变粒岩；10－变质硅质复成分砾岩；Q－第四系；$\mathrm{Ar}_3^3ll.$－老李硐岩组；$\mathrm{Ar}_3^3\check{c}z.$－楮杖子岩组；$\beta\mu$－变质辉绿岩

17. 朱杖子岩群椁罗台岩组($\mathrm{Ar}_3^3\boldsymbol{bl.}$)剖面

青龙县王杖子新太古代晚期朱杖子岩群椁罗台岩组实测剖面(图 1－16)为代表性剖面(据《中国区域地质志・河北志》,2017)。建组剖面位于青龙县椁罗台村一带。

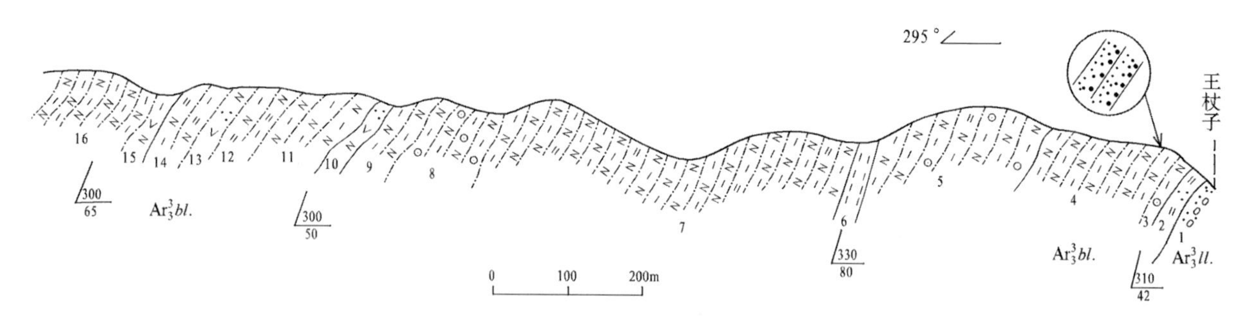

图 1－16　青龙县王杖子新太古代晚期朱杖子岩群椁罗台岩组实测剖面图

1－变质硅质复成分砾岩；2－绢云母石英片岩；3－含碎屑黑云斜长变粒岩；4－黑云斜长变粒岩；5－含石榴石黑云斜长变粒岩；6－绢云母片岩；7－黑云斜长变粒岩夹二云斜长变粒岩；8－石榴黑云斜长变粒岩；9－黑云斜长变粒岩；10－石英角闪斜长片岩；11－黑云斜长变粒岩；12－二云斜长变粒岩；13－角闪斜长变粒岩；14－含白云黑云斜长变粒岩；15－含黑云角闪斜长变粒岩；16－黑云斜长变粒岩；$\mathrm{Ar}_3^3bl.$－椁罗台岩组；$\mathrm{Ar}_3^3ll.$－老李硐岩组

剖面下部岩性以黑云斜长变粒岩、含石榴黑云斜长变粒岩为主，夹绢云母石英片岩、二云斜长变粒岩；上部以黑云斜长变粒岩、角闪斜长变粒岩为主，夹二云斜长变粒岩、石英角闪斜长片岩等。

18. 阜平岩群叠卜安岩组($\mathrm{Ar}_3^2\boldsymbol{d.}$)剖面

阜平县卞家峪－叠卜安新太古代中期阜平岩群叠卜安岩组实测剖面(据 1∶5 万稻园－下平阳－灵山镇幅报告,1995)(图 1－17)为建组剖面(据《中国区域地质志・河北志》,2017)。

岩性以黑云斜长片麻岩、角闪斜长片麻岩、石榴黑云斜长变粒岩、石榴角闪斜长变粒岩为主，夹二长浅粒岩(片麻岩)、(石榴)(紫苏)斜长角闪岩、二辉斜长麻粒岩或紫苏透辉斜长麻粒岩，二辉磁铁石英岩或磁铁紫苏石榴石英岩。

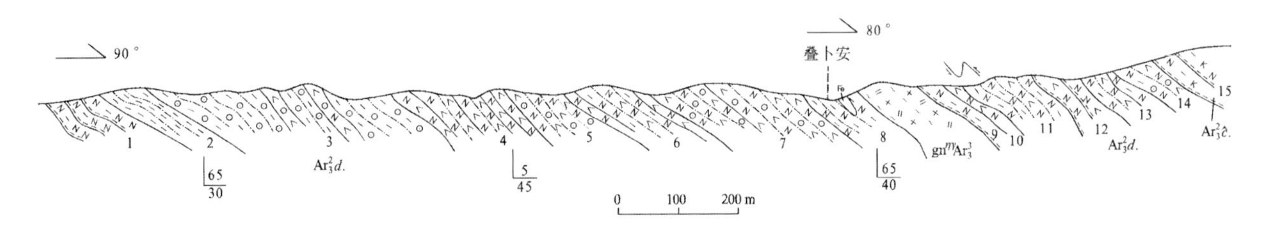

图 1-17　阜平县卞家峪-叠卜安新太古代中期阜平岩群叠卜安岩组实测剖面图

1-黑云斜长片麻岩；2-黑云斜长变粒岩夹二辉斜长角闪岩透镜体，见两层透镜状紫苏磁铁石英岩；3-石榴黑云斜长变粒岩夹石榴斜长角闪岩；4-斜长角闪岩夹角闪斜长变粒岩，其间有过渡现象，顶部由角闪石组成矿物线理；5-石榴角闪斜长变粒岩；6-斜长角闪岩、角闪斜长变粒岩、黑云斜长变粒岩互层；7-角闪斜长变粒岩夹石榴斜长角闪岩；8-石榴黑云斜长变粒岩、石榴角闪斜长变粒岩、斜长角闪岩组成厚 3～5m 的韵律层夹磁铁角闪石英岩；9-层状黑云斜长片麻岩；10-斜长角闪岩；11-黑云斜长变粒岩、斜长角闪岩互层夹褶皱状磁铁角闪石英岩；12-角闪斜长片麻岩；13-黑云斜长变粒岩夹斜长角闪岩；14-石榴黑云斜长变粒岩夹石榴斜长角闪岩；15-黑云二长片麻岩；$Ar_3^2\hat{c}$.-城子沟岩组；Ar_3^2d.-叠卜安岩组；$gn\eta\gamma Ar_3^3$-二长花岗质片麻岩

19. 阜平岩群城子沟岩组($Ar_3^2\hat{c}$.)剖面

(1)平山县刘家南沟-韩台新太古代中期阜平岩群城子沟岩组下部实测剖面(据 1∶5 万温塘幅报告，1995)(图 1-18)为代表性剖面(据《中国区域地质志·河北志》，2017)。建组剖面位于平山县城子沟村一带。

岩性主要为含磁铁及角闪的钾长浅粒岩与二长浅粒岩，二者呈韵律出现，夹斜长角闪岩、角闪斜长变粒岩。

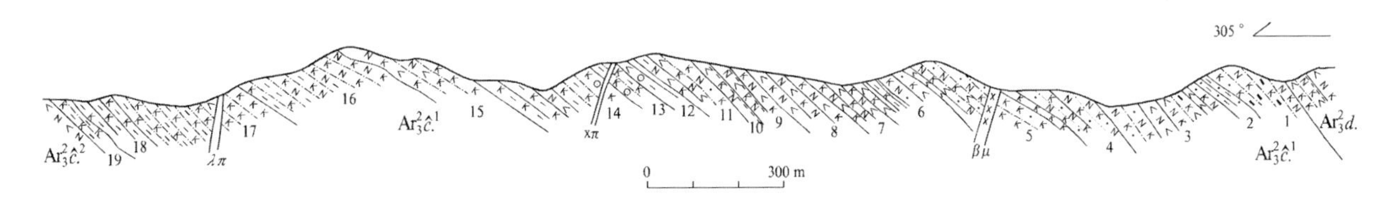

图 1-18　平山县刘家南沟-韩台新太古代中期阜平岩群城子沟岩组下部实测剖面图

1-具稀疏伟晶岩条带的钾长浅粒岩；2-磁铁角闪二长浅粒岩与角闪斜长变粒岩互层；3-磁铁角闪二长浅粒岩夹透辉斜长角闪岩；4-含磁铁矿二长浅粒岩夹似层状斜长角闪岩；5-条纹状磁铁二长浅粒岩，顶部芝麻点状斜长角闪岩；6-角闪磁铁二长浅粒岩夹斜长角闪岩、钾长变粒岩；7-角闪二长浅粒岩夹层状斜长角闪岩；8-磁铁角闪钾长浅粒岩、二长浅粒岩夹角闪斜长变粒岩、斜长角闪岩，发育厘米级长英质条带；9-条纹状磁铁角闪二长浅粒岩、角闪斜长变粒岩；10-角闪二长变粒岩，上部黑云角闪斜长片麻岩；11-条纹条带状磁铁角闪二长浅粒岩；12-含暗灰色长英质条纹的含磁铁二长浅粒岩；13-含磁铁黑云二长浅粒岩；14-含黑云钾长浅粒岩，夹两层石榴透辉斜长角闪岩；15-含磁铁矿斜长浅粒岩与钾长浅粒岩互层；16-含磁铁矿二云钾长浅粒岩，发育不规则伟晶岩团块和长英质条带；17-高岭土化含磁铁黑云钾长浅粒岩；18-含磁铁黑云钾长浅粒岩夹芝麻点状斜长角闪岩；19-断续条带状含磁铁矿二云母钾长浅粒岩；$Ar_3^2\hat{c}$.-城子沟岩组；Ar_3^2d.-叠卜安岩组；$\lambda\pi$-石英斑岩脉；$\chi\pi$-煌斑岩脉；$\beta\mu$-辉绿岩脉

(2)平山县岗南红土山新太古代中期阜平岩群城子沟岩组上部实测剖面(据 1∶5 万温塘幅报告，1995)(图 1-19)为代表性剖面(据《中国区域地质志·河北志》，2017)。

岩性主要为黑云二长片麻岩、二(钾)长浅粒岩、黑云变粒岩、角闪变粒岩、透辉变粒岩、斜长角闪岩、白云母大理岩、(透闪)透辉大理岩等。

20. 阜平岩群元坊岩组(Ar_3^2yf.)剖面

平山县西白面红-元坊新太古代中期阜平岩群元坊岩组实测剖面(图 1-20)为建组剖面(据《中国区域地质志·河北志》，2017)。

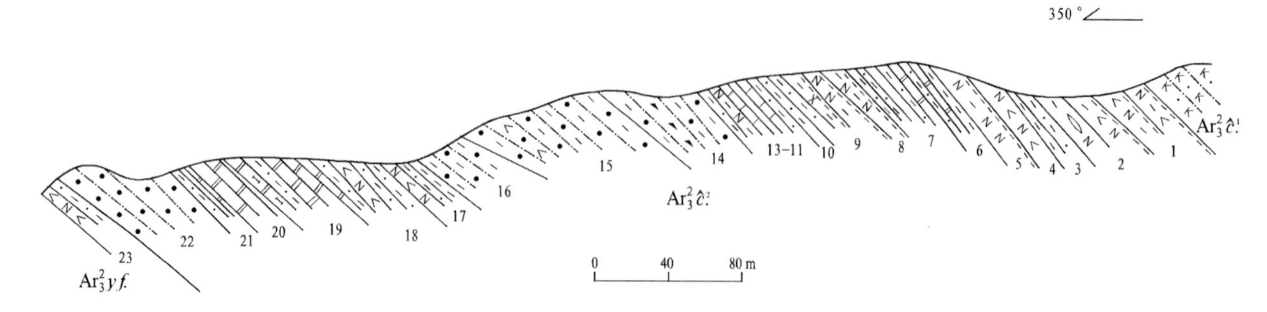

图 1-19　平山县岗南红土山新太古代中期阜平岩群城子沟岩组上部实测剖面图

1-角闪黑云二长片麻岩；2-条带状黑云二长片麻岩，顶部为厚约10cm的黑云母层；3-绿泥石化黑云斜长变粒岩；4-透辉斜长角闪岩夹黑云斜长片麻岩、黑云变粒岩；5-黑云斜长片麻岩与黑云斜长变粒岩互层；6-黑云二长变粒岩夹透闪石大理岩；7-透闪透辉石大理岩夹透闪变粒岩；8-角闪透辉钾长片麻岩；9-角闪透辉斜长变粒岩与白云母石英片岩互层，局部发育不对称层褶；10-下部黑云二长变粒岩夹角闪变粒岩，上部透闪透辉大理岩；11-条带状绿帘石化透辉黑云斜长变粒岩，出露不稳定；12-肉红色含透辉大理岩夹灰白色大理岩；13-薄板状透辉角闪二长变粒岩与长英质条带状绿帘石岩互层，夹透辉石大理岩；14-含伟晶岩条带磁铁浅粒岩与条纹状角闪浅粒岩互层；15-磁铁黑云浅粒岩夹绿帘角闪浅粒岩；16-磁铁黑云钾长浅粒岩与磁铁角闪钾长浅粒岩互层；17-透辉角闪斜长变粒岩与绿帘角闪二长变粒岩互层；18-上部斜长角闪岩夹绿帘角闪变粒岩，下部黑云斜长变粒岩夹角闪变粒岩；19-肉红色透辉大理岩、透辉变粒岩、斜长角闪岩韵律层；20-芝麻点状斜长角闪岩与蛇纹石化白云母大理岩互层；21-角闪斜长变粒岩、角闪透辉钾长浅粒岩互层；22-含磁铁钾长浅粒岩；23-浅黄色黑云斜长变粒岩夹斜长角闪岩；$Ar_3^2yf.$-元坊岩组；$Ar_3^2\hat{c}^1$.-城子沟岩组下部；$Ar_3^2\hat{c}^2$.-城子沟岩组上部

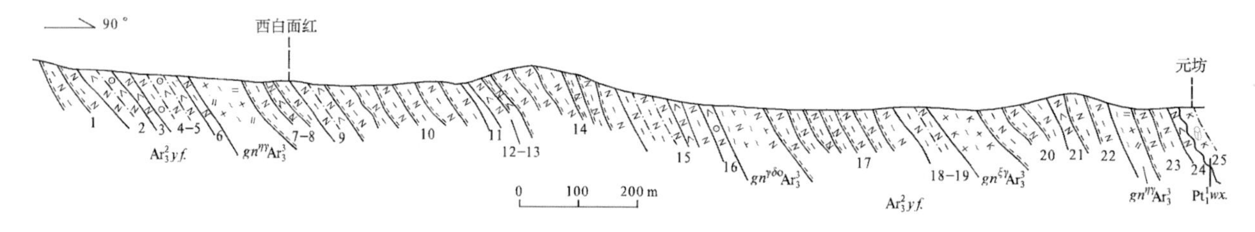

图 1-20　平山县西白面红-元坊新太古代中期阜平岩群元坊岩组实测剖面图

1-中细粒黑云斜长片麻岩，未见底；2-含石榴角闪斜长变粒岩夹斜长角闪岩、黑云斜长变粒岩；3-角闪变粒岩夹斜长角闪岩；4-石榴黑云斜长变粒岩夹石榴斜长角闪岩、石榴角闪斜长变粒岩；5-含石榴角闪斜长变粒岩夹透镜状、似层状石榴磁铁角闪岩；6-黑云斜长变粒岩夹斜长角闪岩；7-黑云斜长片麻岩夹斜长角闪岩透镜体；8-黑云斜长变粒岩夹斜长角闪岩；9-斜长角闪岩夹黑云斜长变粒岩、黑云斜长片麻岩；10-中细粒黑云斜长片麻岩；11-钾长浅粒岩，层内具矿物成分及粒序双重韵律变化，指示本岩层产状为正常产状($S_n \approx S_0$)；12-斜长角闪岩；13-中细粒黑云斜长片麻岩；14-中细粒黑云斜长片麻岩夹斜长角闪岩；15-黑云斜长变粒岩夹斜长角闪岩；16-斜长角闪岩夹含石榴斜长角闪岩；17-厚层状黑云斜长片麻岩，渐变为薄层状中细粒黑云斜长片麻岩；18-黑云斜长变粒岩夹斜长角闪岩、钙硅酸盐岩；19-中细粒黑云斜长片麻岩夹角闪斜长片麻岩；20-厚层状黑云斜长片麻岩；21-层状斜长角闪岩夹黑云斜长片麻岩；22-厚层状黑云斜长片麻岩；23-层状黑云斜长片麻岩夹斜长角闪岩；24-斜长角闪岩；25-矽线石石英球钾长浅粒岩；$Pt_1^1wx.$-湾子岩群下岩组；$Ar_3^2yf.$-元坊岩组；$gn^{\xi\gamma}Ar_3^3$-正长花岗质片麻岩；$gn^{\eta\gamma}Ar_3^3$-二长花岗质片麻岩；$gn^{\gamma\delta o}Ar_3^3$-英云闪长质片麻岩

该岩组底部以较薄的黑云斜长变粒岩与城子沟岩组分界，在空间上可相变为黑云斜长片麻岩；下部以黑云斜长片麻岩、黑云角闪斜长片麻岩、黑云二长片麻岩、黑云斜长变粒岩为主，夹浅粒岩、斜长角闪岩；上部以(角闪)黑云斜长片麻岩、(含石榴)黑云斜长变粒岩交互出现为特征，夹浅粒岩、斜长角闪岩。

21. 五台岩群板峪口岩组($Ar_3^3b.$)剖面

阜平县北辛庄-大川新太古代晚期五台岩群板峪口岩组实测剖面(图1-21)为代表性剖面。

剖面下部为浅粒岩、绿帘斜长角闪岩、透辉浅粒岩、变粒岩，夹石英岩；上部为黑云斜长变粒岩、石榴黑云片岩、矽线石石榴黑云片岩、含蓝晶石黑云斜长变粒岩、角闪片岩夹金云母大理岩和大理岩。

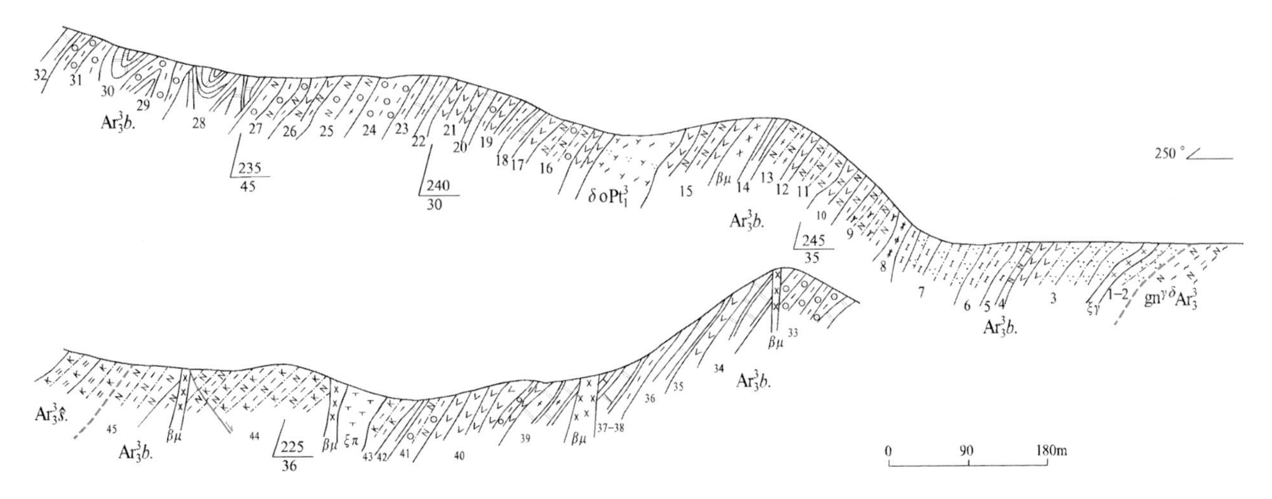

图 1-21　阜平县北辛庄-大川新太古代晚期五台岩群板峪口岩组实测剖面图

1-淡粉色白云母石英浅粒岩；2-角闪石英浅粒岩，向上夹薄层绿帘斜长角闪岩；3-石英浅粒岩，向上夹绿帘斜长角闪岩；4-中厚层状斜长浅粒岩；5-薄层状石英浅粒岩与透辉浅粒岩、透辉变粒岩互层；6-透闪透辉变粒岩，层间褶皱发育；7-板状石英浅粒岩与透辉变粒岩互层；8-绿帘阳起黑云片岩；9-糜棱岩化含矽线黑云斜长变粒岩；10-条纹状斜长角闪岩；11-黑云斜长变粒岩；12-角闪片岩；13-透闪斜长浅粒岩；14-白色大理岩；15-角闪片岩夹黑云斜长变粒岩；16-石榴黑云斜长变粒岩；17-灰黑色角闪片岩；18-玫瑰红色金云阳起大理岩；19-石榴黑云斜长变粒岩夹角闪片岩、玫瑰红色大理岩；20-玫瑰红色大理岩；21-角闪片岩，顶部石榴黑云斜长变粒岩；22-白色大理岩，顶部玫瑰红色大理岩；23-黑云片岩与玫瑰红色大理岩互层；24-石榴黑云片岩；25-石榴透闪斜长变粒岩；26-黑云角闪斜长变粒岩；27-含矽线石榴黑云片岩；28-薄层状斜长方解透闪岩；29-石榴黑云片岩；30-透闪大理岩；31-石榴黑云片岩；32-透闪大理岩；33-石榴黑云片岩；34-大理岩与角闪片岩互层；35-角闪片麻岩；36-大理岩；37-黑云片岩夹透闪白云石大理岩；38-含透闪白云石大理岩；39-阳起透闪大理岩；40-角闪片岩夹石榴黑云斜长变粒岩；41-石榴黑云斜长变粒岩；42-透闪大理岩；43-绿帘石化黑云钾长变粒岩；44-绿帘石化黑云二长变粒岩；45-钾化、帘石化黑云斜长变粒岩，局部含砂球；$Ar_3^3\hat{s}.$-上堡岩组；$Ar_3^3b.$-板峪口岩组；δoPt_1^3-变质石英闪长岩；$gn^{\gamma\delta}Ar_3^3$-花岗闪长质片麻岩；$\xi\pi$-正长斑岩脉；$\xi\gamma$-正长花岗岩脉；$\beta\mu$-辉绿岩脉

22. 五台岩群上堡岩组($Ar_3^3\hat{s}.$)剖面

涞源县龙家庄-独山城新太古代晚期五台岩群上堡岩组、龙家庄岩组实测剖面(图 1-22)为代表性剖面(据《中国区域地质志·河北志》,2017)。建组剖面位于阜平县上堡村一带。

岩性主要为黑云斜长变粒岩、含角闪黑云斜长变粒岩夹斜长角闪片岩、斜长角闪岩、黑云片岩及4层磁铁石英岩。

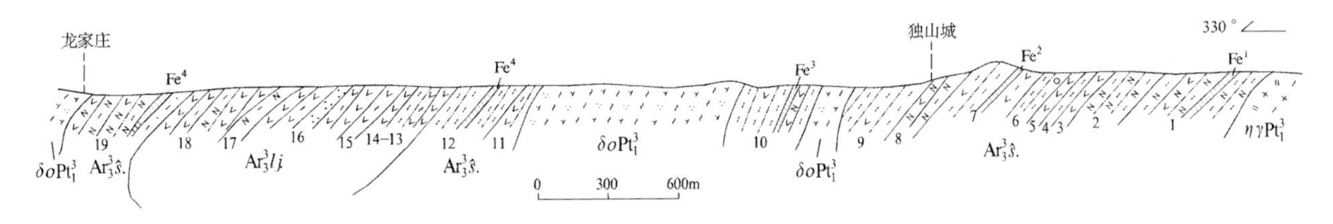

图 1-22　涞源县龙家庄-独山城新太古代晚期五台岩群上堡岩组、龙家庄岩组实测剖面图

1-黑云斜长变粒岩夹斜长角闪岩及磁铁石英岩；2-黑云斜长变粒岩；3-斜长角闪岩；4-黑云斜长变粒岩；5-角闪片岩夹含磁铁角闪石英岩；6-石榴黑云斜长变粒岩与黑云斜长变粒岩互层；7-角闪变粒岩、黑云变粒岩夹磁铁石英岩；8-黑云斜长片麻岩夹斜长角闪岩；9-黑云斜长变粒岩夹角闪斜长变粒岩；10-黑云斜长变粒岩夹斜长角闪岩、角闪变粒岩、磁铁石英岩；11-角闪斜长变粒岩；12-黑云斜长变粒岩；13-黑云角闪片岩夹黑云变粒岩；14-角闪片岩、绿泥片岩夹黑云变粒岩；15-绿泥角闪片岩；16-角闪斜长变粒岩、斜长角闪岩、角闪片岩夹石英片岩；17-黑云斜长片麻岩；18-斜长角闪岩夹黑云角闪片岩、变粒岩；19-含黑云变粒岩与角闪变粒岩夹斜长角闪岩、磁铁石英岩；$Ar_3^3lj.$-龙家庄岩组；$Ar_3^3\hat{s}.$-上堡岩组；$\eta\gamma Pt_1^3$-变质二长花岗岩；δoPt_1^3-变质石英闪长岩

23. 五台岩群龙家庄岩组($Ar_3^3lj.$)剖面

五台岩群龙家庄岩组剖面见图 1－22,为建组剖面。

剖面岩性由斜长角闪岩、角闪片岩、黑云角闪片岩和绿泥角闪片岩夹黑云斜长变粒岩、角闪斜长变粒岩组成,上部夹黑云石英片岩。

24. 赞皇岩群大和庄岩组($Ar_3^2dh.$)剖面

内邱县大和庄西沟新太古代中期赞皇岩群大和庄岩组实测剖面(据 1∶5 万将军墓幅报告,1996)(图 1－23)为建组剖面。

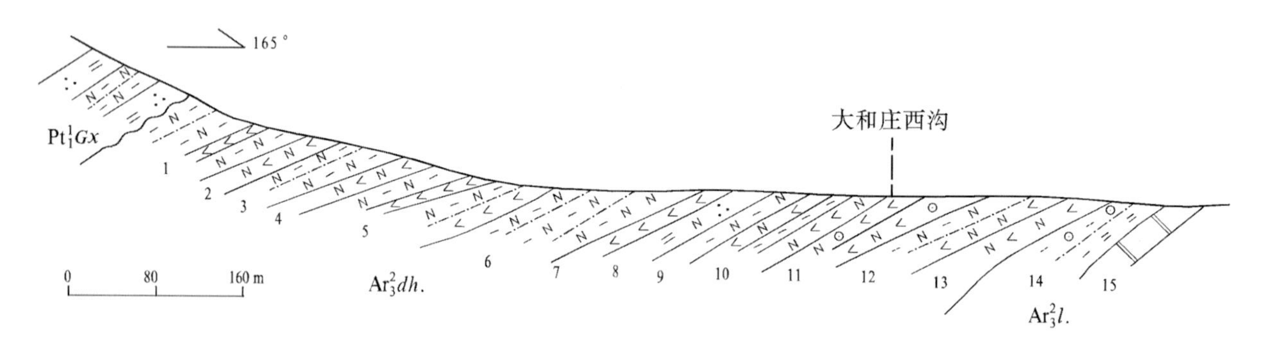

图 1－23 内邱县大和庄西沟新太古代中期赞皇岩群大和庄岩组实测剖面图

1－黑云斜长变粒岩夹斜长角闪岩;2－斜长角闪岩夹黑云斜长变粒岩;3－黑云斜长变粒岩夹不稳定斜长角闪岩;4－斜长角闪岩;5－黑云斜长变粒岩与斜长角闪岩互层;6－黑云斜长变粒岩夹斜长角闪岩透镜体;7－中细粒斜长角闪岩;8－白云母长石石英片岩;9－纹层状黑云斜长变粒岩;10－斜长角闪岩夹石榴角闪片岩;11－石榴斜长角闪岩;12－黑云斜长变粒岩、角闪斜长变粒岩夹石榴斜长角闪岩;13－芝麻点状斜长角闪岩;14－含石榴黑云斜长变粒岩、石墨蓝晶黑云斜长变粒岩;15－白云石大理岩;Pt_1^1Gx－官都群下组;$Ar_3^2l.$－立羊河岩组;$Ar_3^2dh.$－大和庄岩组

剖面下部岩性以黑云斜长变粒岩为主,夹少量薄层状斜长角闪岩、石榴斜长角闪岩、磁铁石英岩透镜体;上部以(石榴)斜长角闪岩为主,夹黑云斜长变粒岩、石榴角闪片岩等。

25. 赞皇岩群立羊河岩组($Ar_3^2l.$)剖面

内邱县宁家庄新太古代中期赞皇岩群立羊河岩组实测剖面(据 1∶5 万将军墓幅报告,1996)(图 1－24)为代表性剖面。建组剖面位于信都区立羊河村一带。

剖面下部岩性为含石榴(蓝晶石)黑云斜长变粒岩、大理岩夹云母片岩、石英岩、黑云斜长变粒岩;中部为斜长角闪岩、含石榴斜长角闪片岩夹大理岩、黑云片岩;上部为黑云斜长变粒岩与二云片岩互层夹条带状石英岩;顶部为厚层状大理岩夹斜长角闪岩、石英岩。

26. 赞皇岩群宁家庄岩组($Ar_3^2n.$)剖面

内邱县宁家庄新太古代中期赞皇岩群宁家庄岩组实测剖面(据 1∶5 万将军墓幅报告,1996)(图 1－25)为建组剖面。

剖面下部岩性以黑云二长片麻岩、黑云斜长变粒岩为主,夹含石榴斜长角闪岩;上部黑云斜长变粒岩与斜长角闪岩交互出现。

27. 集宁岩群下白窑岩组($Pt_1^1x.$)剖面

尚义县沙卜窑古元古代早期集宁岩群下白窑岩组实测剖面(据 1∶5 万乌良台幅修测报告,1994)(图 1－26)为代表性剖面。建组剖面位于尚义县下白窑一带。

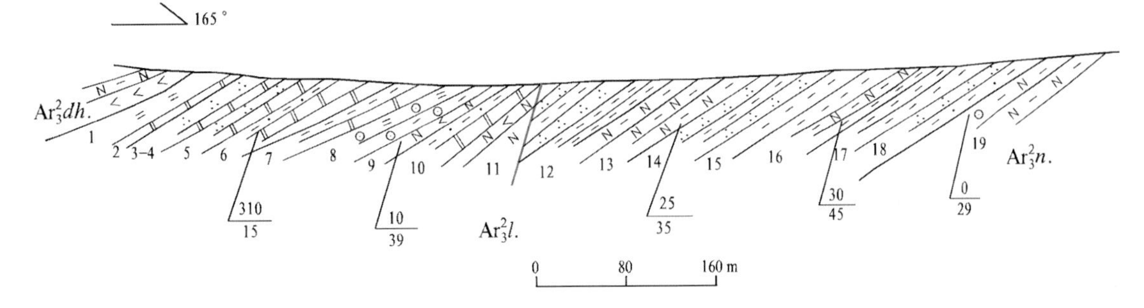

图 1-24 内邱县宁家庄新太古代中期赞皇岩群立羊河岩组实测剖面图

1-石墨蓝晶黑云斜长变粒岩；2-厚层状大理岩；3-中下部透闪绿帘石英岩，上部含硅质大理岩；4-下部黑云斜长变粒岩，上部大理岩；5-下部厚层状石英岩，上部中厚层状白云石大理岩；6-下部黑云斜长变粒岩，中上部大理岩夹云母片岩；7-底部黑云片岩、黑云斜长变粒岩，中上部大理岩、白云石大理岩夹二云片岩；8-石榴蓝晶黑云片岩、石榴黑云斜长变粒岩；9-厚层状斜长角闪岩；10-下部黑云斜长变粒岩，上部大理岩夹斜长角闪岩；11-下部石英岩夹黑云变粒岩，上部黑云变粒岩夹石英岩；12-黑云斜长变粒岩；13-黑云片岩；14-黑云斜长变粒岩夹石英岩；15-黑云片岩，角闪石、石英呈眼球体；16-黑云斜长变粒岩夹透闪绿帘石岩；17-黑云片岩；18-石英岩夹黑云变粒岩；19-黄灰色黑云斜长变粒岩夹黑云片岩；$Ar_3^2n.$-宁家庄岩组；$Ar_3^2l.$-立羊河岩组；$Ar_3^2dh.$-大和庄岩组

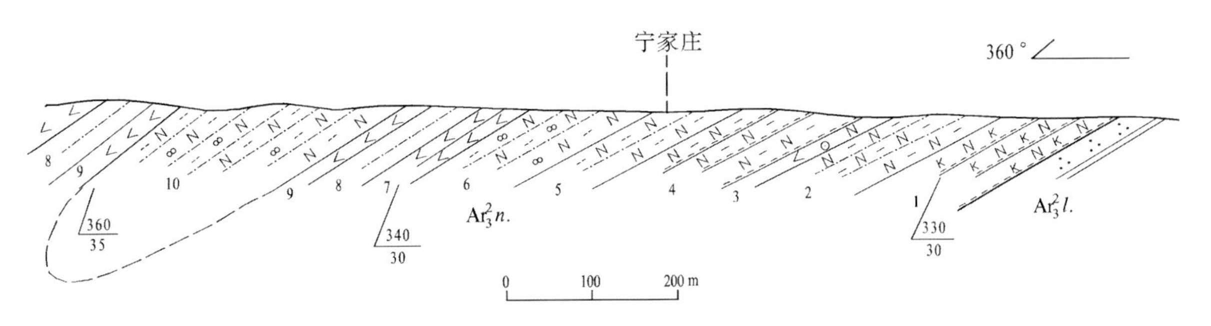

图 1-25 内邱县宁家庄新太古代中期赞皇岩群宁家庄岩组实测剖面图

1-糜棱岩化黑云二长片麻岩；2-黑云斜长变粒岩；3-含石榴斜长角闪岩；4-黑云斜长片麻岩；5-黑云斜长变粒岩；6-糜棱状黑云斜长变粒岩；7-斜长角闪岩；8-含角闪黑云斜长变粒岩；9-斜长角闪岩；10-条带状黑云斜长变粒岩，脉体发育 W 型小褶皱；$Ar_3^2n.$-宁家庄岩组；$Ar_3^2l.$-立羊河岩组

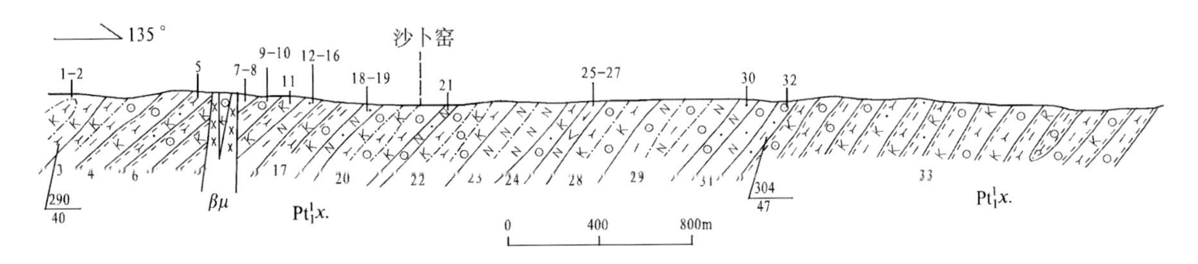

图 1-26 尚义县沙卜窑古元古代早期集宁岩群下白窑岩组实测剖面图

1-浅色矽线钾长变粒岩，位于倒转背形构造的核部；2-黑云矽线石榴钾长片麻岩；3-浅色含黑云石榴矽线钾长变粒岩；4-黑云矽线石榴钾长片麻岩；5-浅色含石榴矽线钾长变粒岩；6-含矽线石榴钾长片麻岩；7-含石榴矽线钾长变粒岩；8-矽线黑云石榴钾长片麻岩；9-黑云斜长紫苏麻粒岩；10-矽线黑云石榴钾长片麻岩；11-浅色含石榴矽线钾长片麻岩；12-黑云斜长紫苏麻粒岩；13-含黑云石榴斜长浅粒岩；14-黑云斜长紫苏麻粒岩；15-浅色石榴矽线钾长变粒岩；16-灰黑色黑云斜长紫苏麻粒岩；17-浅色黑云矽线石榴钾长片麻岩；18-浅红色、浅灰色石榴矽线钾长变粒岩；19-斜长浅粒岩（长石石英岩）；20-浅色含石榴矽线钾长变粒岩；21-含石榴斜长浅粒岩；22-浅色含石榴矽线钾长变粒岩；23-斜长浅粒岩（长石石英岩）夹薄层矽线石榴钾长片麻岩，发育 N 型小褶皱；24-浅色含石榴矽线钾长变粒岩；25-斜长角闪二辉麻粒岩；26-含石榴矽线钾长变粒岩；27-斜长角闪二辉麻粒岩；28-含石榴矽线钾长变粒岩；29-石榴黑云斜长变粒岩；30-石榴斜长浅粒岩；31-含石榴斜长浅粒岩；32-黑云石榴斜长变粒岩；33-黑云矽线石榴钾长片麻岩夹含石榴矽线钾长变粒岩、石榴斜长浅粒岩，位于倒转向形构造的核部地带；$Pt_1^1x.$-下白窑岩组；$\beta\mu$-辉绿岩

该套岩石主要由矽线石、石榴石、黑云母、长石和石英等变质矿物组成的片麻岩和长英质粒状岩石组成，以浅红色、浅灰色矽线石榴钾长变粒岩(片麻岩)、矽线石榴钾长浅粒岩互层为主，夹有长石石英岩、斜长浅粒岩、斜长麻粒岩、基性麻粒岩，局部夹有灰色与深灰色石墨黑云斜长片麻岩、石榴石墨黑云斜长变粒岩、斜长角闪岩及灰白色含石墨白云质大理岩、含橄榄透辉透闪白云质大理岩、橄榄透辉白云质大理岩等。

28. 红旗营子岩群太平庄岩组($Pt_1^1t.$)剖面

崇礼县太平庄西古元古代早期红旗营子岩群太平庄岩组实测剖面(图 1－27)为建组剖面(据《中国区域地质志·河北志》,2017)。

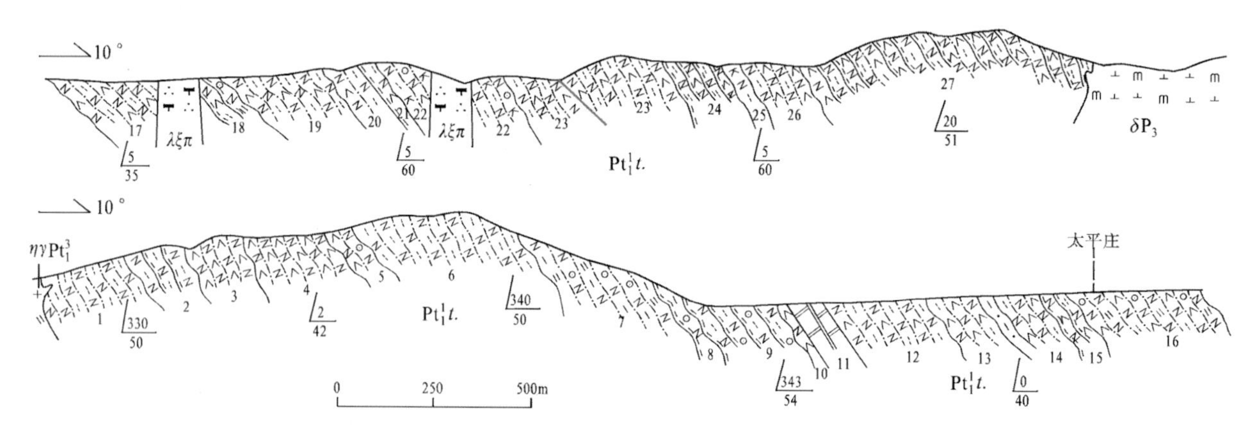

图 1－27　崇礼县太平庄西古元古代早期红旗营子岩群太平庄岩组实测剖面图

1－黑云斜长变粒岩夹含黑云斜长角闪岩；2－黑云斜长片麻岩夹黑云斜长变粒岩；3－角闪斜长变粒岩夹黑云斜长变粒岩及斜长角闪岩；4－黑云角闪斜长变粒岩；5－斜长角闪岩夹含石榴斜长角闪岩；6－黑云斜长变粒岩；7－含石墨石榴黑云斜长片麻岩，偶夹斜长角闪岩；8－含石榴黑云斜长片麻岩；9－含石墨石榴黑云斜长片麻岩夹薄层－透镜状斜长角闪岩；10－斜长角闪岩夹石榴黑云斜长变粒岩；11－大理岩夹石榴黑云斜长变粒岩；12－角闪黑云斜长片麻岩；13－斜长角闪岩夹浅粒岩；14－含角闪斜长浅粒岩；15－黑云角闪斜长片麻岩；16－含石墨石榴角闪黑云斜长变粒岩；17－黑云角闪斜长变粒岩夹黑云斜长变粒岩；18－含石墨石榴角闪黑云斜长变粒岩夹含石墨石榴黑云斜长片麻岩；19－黑云角闪斜长变粒岩夹斜长角闪岩及黑云角闪斜长片麻岩；20－黑云角闪斜长变粒岩夹斜长角闪岩；21－黑云角闪斜长片麻岩夹斜长角闪岩及黑云斜长变粒岩；22－以石榴黑云二长变粒岩为主，夹石榴黑云角闪斜长变粒岩；23－角闪黑云斜长变粒岩夹薄层－透镜状斜长角闪岩；24－黑云角闪斜长片麻岩；25－含黑云二长浅粒岩；26－角闪黑云斜长变粒岩夹斜长角闪岩；27－角闪黑云斜长片麻岩；$Pt_1^1t.$－太平庄岩组；$\lambda\xi\pi$－石英正长斑岩；δP_3－变质闪长岩；$\eta\gamma Pt_1^3$－变质二长花岗岩

剖面下部岩性以黑云(角闪)斜长变粒岩、角闪黑云斜长变粒岩为主，夹(含石墨、石榴石)黑云斜长片麻岩、黑云角闪斜长片麻岩、(石榴)斜长角闪岩、大理岩及少量浅粒岩；上部以角闪黑云斜长片麻岩为主，间夹(含石墨、石榴石)角闪黑云斜长变粒岩、含黑云二长浅粒岩及斜长角闪岩等。

29. 红旗营子岩群东井子岩组($Pt_1^1d.$)剖面

康保县万隆店古元古代早期红旗营子岩群东井子岩组实测剖面(图 1－28)为代表性剖面(据《中国区域地质志·河北志》,2017)。建组剖面位于内蒙古自治区太仆寺旗东井子一带。

剖面岩石组合以石榴斜长浅粒岩、石榴二长浅粒岩、石榴黑云斜长变粒岩为主，夹灰绿色绿帘石化含钾长透闪透辉岩、深灰色含十字石榴二云石英片岩、浅灰色含方解石透辉钾长变粒岩、深灰色长石二云片岩、透闪透辉大理岩、少量石英岩及透镜状含石墨透辉大理岩。

30. 湾子岩群下岩组($Pt_1^1Wx.$)剖面

(1)平山县古路崖古元古代早期湾子岩群实测剖面(据程裕淇、杨崇辉等,2004)(图 1－29)为代表性剖面。建组剖面位于阜平县湾子村。

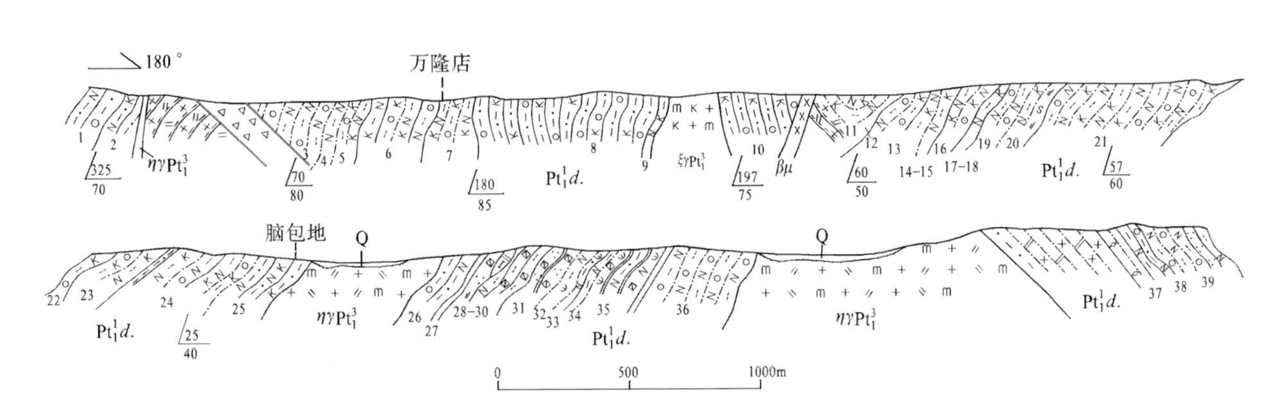

图 1-28　康保县万隆店古元古代早期红旗营子岩群东井子岩组实测剖面图

1-含黑云石榴斜长浅粒岩；2-含石榴二长浅粒岩；3-石榴黑云斜长变粒岩；4-蚀变黑云斜长变粒岩；5-石榴黑云二长变粒岩；6-石榴二长浅粒岩；7-含矽线黑云石榴二长变粒岩；8-含黑云石榴钾长浅粒岩；9-含石榴二长浅粒岩；10-含石榴钾长浅粒岩，具粒序层理；11-含石榴黑云二长变粒岩；12-含石榴黑云斜长浅粒岩；13-含石榴黑云二长变粒岩夹石榴浅粒岩；14-含石榴黑云二长变粒岩；15-含石榴钾长浅粒岩；16-含石榴黑云二长变粒岩；17-含石榴二长浅粒岩；18-褐红色蚀变黑云石榴斜长变粒岩；19-蚀变含矽线石榴斜长变粒岩；20-含石榴黑云二长变粒岩；21-石榴黑云二长变粒岩，偶夹薄层石榴二长浅粒岩；22-含石榴钾长浅粒岩；23-石榴黑云二长变粒岩；24-石榴黑云二长变粒岩夹薄层石榴浅粒岩；25-蚀变二长浅粒岩；26-灰白色蚀变含石榴斜长浅粒岩夹变含石墨黑云石榴斜长变粒岩；27-灰黄色含黄玉石英岩；28-灰白色含石墨透辉大理岩；29-灰黄色含黄玉石英岩；30-蚀变含石墨石榴斜长变粒岩；31-灰白色黄玉化石英岩；32-灰色萤石绢英岩化含石墨石榴斜长变粒岩；33-灰白色萤石绢云岩化斜长浅粒岩；34-浅灰色蚀变含石墨石榴斜长变粒岩；35-灰白色萤石绢英岩化斜长浅粒岩；36-石榴黑云斜长变粒岩夹灰白色石榴斜长浅粒岩；37-斜长浅粒岩，岩石变形较强，硅化、绢云母化明显；38-蚀变含石榴斜长浅粒岩夹灰色黑云斜长变粒岩；39-蚀变黑云石榴斜长变粒岩夹薄层石英岩；Q-第四系；$Pt_1^1d.$-东井子岩组；$\xi\gamma Pt_1^3$-变质正长花岗岩；$\eta\gamma Pt_1^3$-变质二长花岗岩；$\beta\mu$-辉绿岩

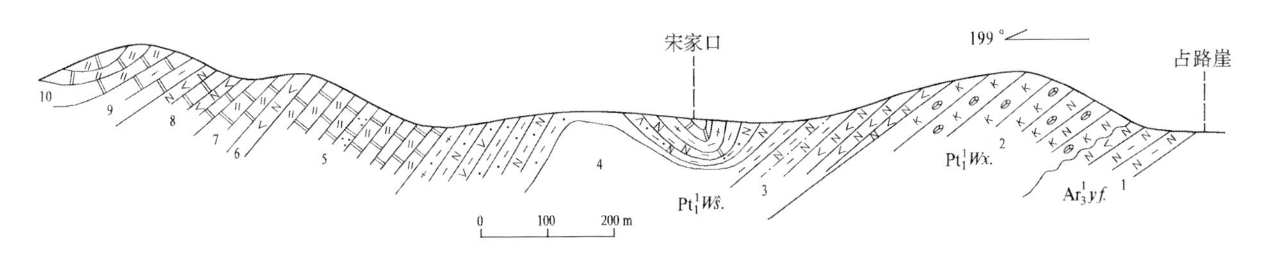

图 1-29　平山县占路崖古元古代早期湾子岩群实测剖面图

1-斜长角闪岩，黑云斜长片麻岩；2-含矽线石石英球二长浅粒岩；3-斜长角闪岩；4-黑云斜长变粒岩、浅粒岩夹钙硅酸盐岩及不纯大理岩；5-白色含金云大理岩；6-斜长角闪岩；7-白色含金云大理岩；8-斜长角闪岩夹角闪斜长变粒岩、大理岩；9-玫瑰红色透辉大理岩夹斜长角闪岩；10-白色含金云大理岩，$Pt_1^1W\check{s}.$-湾子岩群上岩组；$Pt_1^1Wx.$-湾子岩群下岩组；$Ar_3^2yf.$-元坊岩组

(2)灵寿县长峪村古元古代早期湾子岩群实测剖面(据程裕淇、杨崇辉等，2004)(图 1-30)为代表性剖面。

主要岩性为厚层状钾长浅粒岩(时含矽线石石英球)及磁铁矿浅粒岩、中薄层状二长浅粒岩、条带状钾长浅粒岩等，成层构造清楚，岩性界面比较平整。潭子口—湾子一带含泥质成分较多，因而形成含透闪石浅粒岩、含云母钾长浅粒岩(片麻岩)等。

31. 湾子岩群上岩组($Pt_1^1W\hat{s}.$)剖面

湾子岩群上岩组剖面见图 1-29、图 1-30。

剖面岩性为由黑云斜长变粒岩、含刚玉黑云钾长变粒岩(片麻岩)、斜长角闪岩、黑云二长变粒岩夹薄板状二长浅粒岩、细粒长石石英岩、透辉变粒岩、透辉浅粒岩、透闪透辉岩、方解石透辉变粒岩等组成的韵律层。靠下部变粒岩相对较多，向上钙硅酸盐岩、不纯大理岩逐渐增多。上部以中厚层—厚层状大理岩为主，夹有中层—薄层状斜长角闪岩、阳起石岩、钙质片麻岩、变粒岩等。

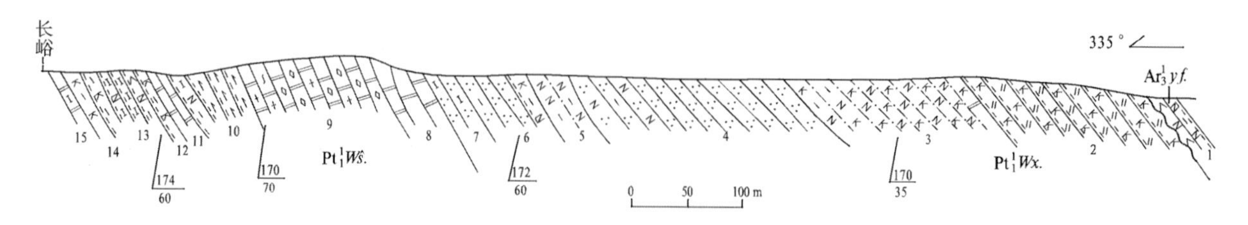

图 1－30　灵寿县长峪村古元古代早期湾子岩群实测剖面图

1－深灰色中粒角闪斜长变粒岩、黑云斜长片麻岩；2－白云母钾长片麻岩，小揉皱发育；3－肉红色二(钾)长浅粒岩，发育粒序韵律层理；4－厚层长石石英岩，石英岩夹变粒岩；5－黑云斜长变粒岩；6－中厚层状长石石英岩夹白云母石英片岩、黑云斜长钾长片麻岩；7－薄层状石英岩；8－厚层状大理岩；9－白色厚层状透闪白云石大理岩；10－钙质片麻岩夹大理岩、黑云二长变粒岩；11－白云母大理岩夹钙硅酸盐岩；15－玫瑰红色透辉长石质大理岩；$Pt_1^1W\hat{s}$.－湾岩子群上岩组；Pt_1^1Wx.－湾子岩群下岩组；Ar_3^2yf.－元坊岩组

32. 官都群下组(Pt_1^1Gx)剖面

临城县官都-齐家庄古元古代早期官都群实测剖面(据 1：5 万临城幅报告，1991)(图 1－31)为建组剖面。

主要岩性为石英岩、云母片岩、变质碳酸盐岩、大理岩等。

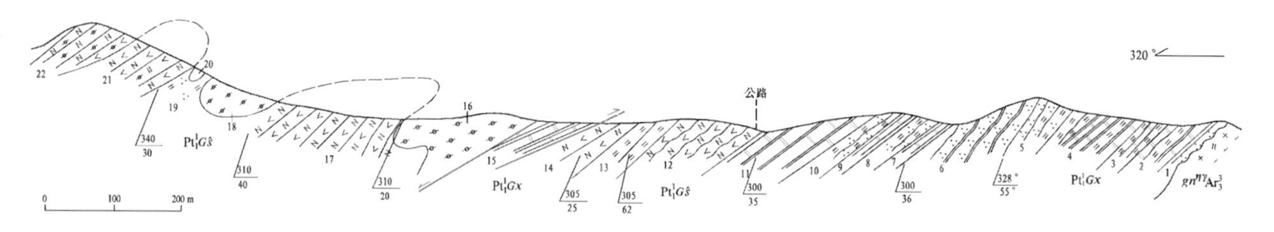

图 1－31　临城县官都-齐家庄古元古代早期官都群实测剖面图

1－石英岩、长石石英岩；2－大理岩夹薄层白云母片岩；3－石英云母片岩夹大理岩；4－大理岩、石英云母片岩；5－石英白云母片岩；6－石英岩、石英云母片岩；7－大理岩；8－石英云母片岩；9－大理岩；10－白云母石英片岩；11－大理岩；12－斜长角闪片岩；13－白云母片岩；14－斜长角闪片岩；15－大理岩；16－绿帘石岩；17－斜长角闪片岩；18－绿帘石岩；19－白云母石英片岩；20－绿帘石岩；21－斜长角闪片岩夹绿帘石岩；22－绿帘石岩夹斜长角闪片岩；$Pt_1^1G\hat{s}$—官都群上组；Pt_1^1Gx－官都群下组；$gn\eta\gamma Ar_3^3$－二长花岗质片麻岩

33. 官都群上组($Pt_1^1G\hat{s}$)剖面

剖面见图 1－31。

岩性以绿帘石化斜长角闪岩、角闪绿帘石岩及斜长角闪片岩为主。

34. 甘陶河群南寺掌组(Pt_1^2n)剖面

井陉县多峪沟口古元古代中期甘陶河群南寺掌组、南寺组实测剖面(图 1－32)为建组剖面(据《中国区域地质志·河北志》，2017)。

主要岩性为变质砾岩、变质长石石英砂岩、变玄武岩等。

35. 甘陶河群南寺组(Pt_1^2ns)剖面

剖面见图 1－32，为建组剖面。主要岩性为变质长石砂岩、变白云岩和变玄武岩。

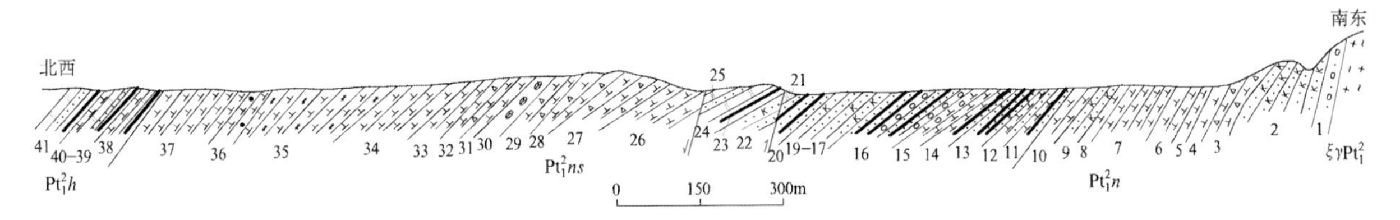

图 1－32　井陉县多峪沟口古元古代中期甘陶河群南寺掌组、南寺组实测剖面图

1－灰色、肉红色变质砂砾岩，具多量的磁铁交错层；2－变质长石石英砂岩；3－变玄武质熔岩角砾岩，顶部变玄武岩；4－变玄武质熔结凝灰岩；5－变玄武岩；6－变玄武质凝灰岩，黄铜、黄铁矿化；7－变玄武岩，具青磐岩化和含黄铜、黄铁矿化；8－变玄武质凝灰岩；9－变质长石石英砂岩；10－变凝灰质玄武岩，具黄铜、黄铁矿化，顶部绿泥石片岩；11－凝灰质粉砂板岩、变质长石石英砂岩、变玄武岩；12－下部变质长石石英砂岩，上部变玄武岩；13－变质长石石英砂岩和砂质板岩互层，砂岩具黄铜、黄铁矿化；14－下部砂质板岩、变质砂岩，中上部变玄武岩、玄武质凝灰岩；15－变玄武岩，上部见黄铜、黄铁矿化；16－砂质板岩、变质砾岩互层；17－变凝灰质长石石英砂岩，具黄铜、黄铁矿化；18－变质粉砂岩，具铜、铅、锌矿化；19－变质长石石英砂岩、凝灰砂岩；20－砂质板岩；21－变含硅质白云岩夹板岩；22－变质石英砂岩；23－板岩、变质砂岩、砂岩－粗砂岩互层；24－变质重晶石化白云岩；25－板岩夹薄层变质石英砂岩、变泥灰岩；26－绿泥石化变玄武岩；27－变玄武质角砾岩、集块岩、变玄武岩；28－变玄武集块岩、变玄武岩；29－变玄武角砾岩、变玄武岩；30－球状变玄武岩；31－变玄武岩；32－含火山角砾变玄武岩；33－变玄武岩；34－透闪石化变玄武岩，偶见黄铜、黄铁矿化；35－阳起石化变安山岩；36－黄铁矿化变玄武岩；37－变玄武岩；38－板岩、变质白云岩、变玄武岩；39－板岩、变质砂岩、变质白云岩；40－变质砂岩、变泥质白云岩、变玄武岩；41－板岩、变质砂岩、变质白云岩互层；Pt_1^2h－蒿亭组；Pt_1^2ns－南寺组；Pt_1^2n－南寺掌组；$\xi\gamma Pt_1^2$－变质正长花岗岩

36. 甘陶河群蒿亭组（Pt_1^2h）剖面

井陉县南蒿亭古元古代中期甘陶河群蒿亭组实测剖面（图 1－33）为建组剖面（据《中国区域地质志・河北志》，2017）。

剖面下部为变质白云岩、变质砂质白云岩、变质细砂岩、变质砂岩、变质长石砂岩互层；中—上部为板岩、粉砂质板岩夹变质砂岩，变玄武岩。厚 1700～2430m。

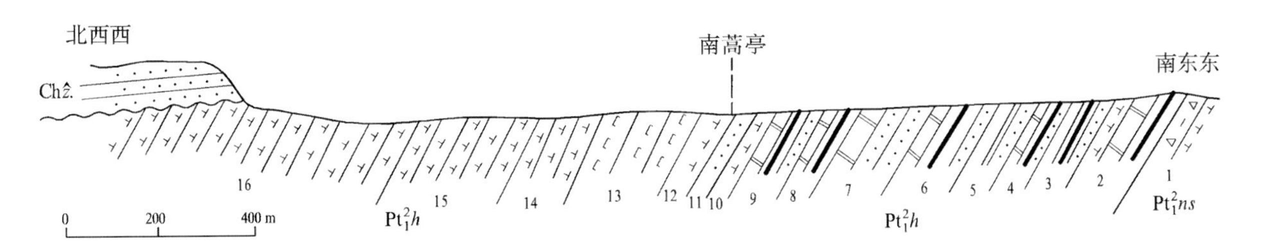

图 1－33　井陉县南蒿亭古元古代中期甘陶河群蒿亭组实测剖面图

1－变玄武岩、角砾岩；2－板岩、变白云岩、变玄武岩；3－变质砂岩、板岩、变玄武岩；4－变质砂岩、板岩、变白云岩；5－青灰色板岩、变白云岩、变砂岩；6－变质条带状细砂岩、板岩、变白云岩；7－变质砂岩、变白云岩；8－变硅质白云岩、板岩；9－变质细砂岩、板岩、变白云岩；10－变玄武岩；11－变质砂岩；12～16－变玄武岩；Chẑ－赵家庄组；Pt_1^2h－蒿亭组；Pt_1^2ns－南寺组

（二）中—新元古代岩石地层

37. 化德群毛忽庆组（Pt_2m）剖面

内蒙古自治区商都县毛忽庆村中元古代化德群毛忽庆组实测剖面（图 1－34）为建组剖面（据河北省 1∶25 万张北幅报告，2004）。

上覆头道沟组(Pt_2t):含透闪阳起变质石英砂岩

————平行不整合————

毛忽庆组(Pt_2m):…………………………………………………………………… >3 271.7m

12. 深灰色、灰黑色二云变质细砂岩夹灰黑色碳质板岩 ……………………………… 147.8m

11. 灰黑色碳质板岩夹千板状变质砂岩 ………………………………………………… 64.72m

10. 深灰色二云变质石英砂岩夹千枚状含石榴二云石英片岩及含金云母碳质粉砂质板岩 ………… 77.26m

9. 灰黄色千枚状二云变质石英砂岩 ……………………………………………………… 88.47m

8. 灰色残余砂砾二云长石石英岩夹变质中细粒长石石英砂岩 ………………………… 235.85m

7. 灰色变质长石石英砂岩夹灰色残余砂砾二云长石石英岩 …………………………… 58.41m

6. 灰色残余砂砾二云长石石英岩夹灰色二云长石石英岩 ……………………………… 1 051.86m

5. 灰黄色二云长石石英岩 ………………………………………………………………… 133.01m

4. 灰色、黄灰色残余砂砾二云长石石英岩与绢云石英片岩互层 ……………………… 304.50m

3. 灰色、黄灰色残余砂砾二云长石石英岩,局部夹少量绢云石英片岩 ……………… 367.11m

2. 灰色二云长石石英岩夹灰色残余砂砾二云长石石英岩 ……………………………… 119.14m

1. 灰色、黄灰色残余砂砾二云长石石英岩夹二云长石石英岩(未见底) ……………… >623.54m

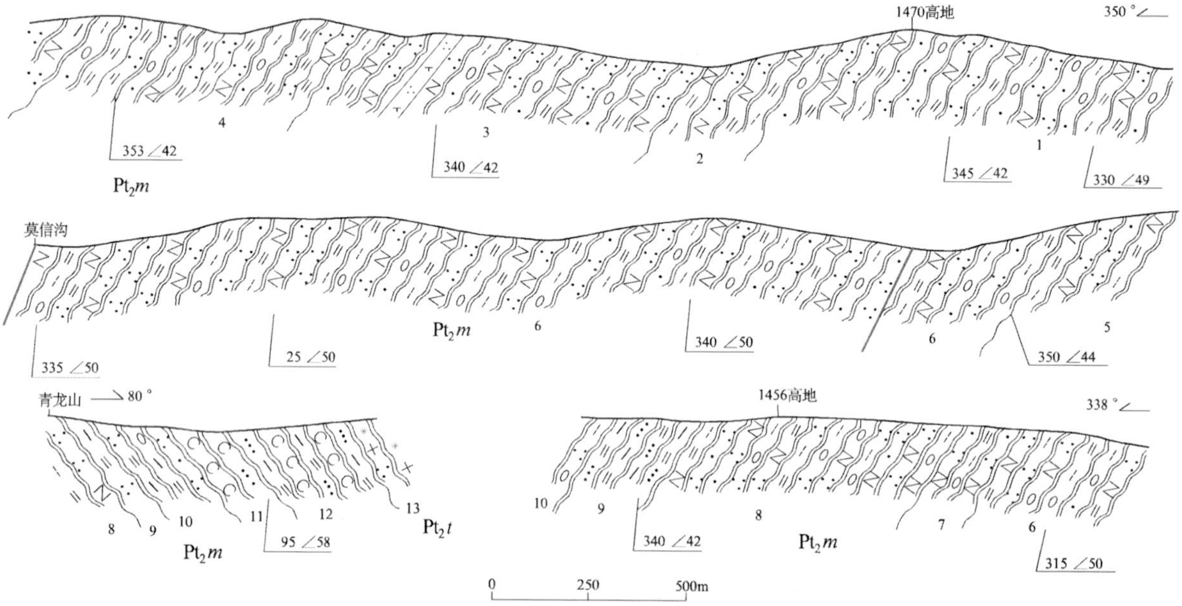

图 1-34 内蒙古商都县毛忽庆村中元古代化德群毛忽庆组实测剖面图

38. 化德群头道沟组(Pt_2t)剖面

内蒙古自治区化德县朝阳镇大恒成沟村中元古代化德群头道沟组实测剖面(图 1-35)为建组剖面(据河北省 1∶25 万张北幅报告,2004)。

上覆朝阳河组($Pt_2\hat{c}$):灰色、黄灰色变质石英细砂岩

————平行不整合————

头道沟组(Pt_2t):………………………………………………………………… 1 425.3m

26. 灰黑色含石英透闪透辉大理岩 ……………………………………………………… 50.52m

25. 灰黑色板状绢云千枚岩夹变质石英细砂岩 ………………………………………… 23.57m

24. 灰黑色含石英透闪透辉大理岩 ……………………………………………………… 35.14m

23. 浅灰白色含细砂大理岩 …… 63.25m
22. 深灰色含石英透辉透闪大理岩 …… 32.70m
21. 黄灰色二云变质中细粒石英砂岩 …… 23.30m
20. 灰色千枚岩夹少量变质石英细砂岩 …… 47.67m
19. 深灰色板状绢云石英千枚岩夹灰黑色千枚状板岩及少量砂质大理岩 …… 83.67m
18. 灰黑色千枚状板岩 …… 100.95m
17. 灰色绢云千枚岩夹灰黑色千枚状板岩 …… 39.05m
16. 灰黑色千枚状板岩 …… 85.39m
15. 灰色千枚状钙质透闪金云片岩夹灰黑色千枚状板岩 …… 31.84m
14. 灰色变质含砾细砂质白云岩 …… 31.39m
13. 灰色变质砂质细晶灰岩 …… 21.91m
12. 灰黄色变质细粒钙质长石石英砂岩 …… 74.19m
11. 灰色变质细砂岩夹板状绢云千枚岩 …… 42.21m
10. 灰色含二云变质石英砂岩 …… 39.49m
9. 灰色、灰黄色含石榴二云变质砂岩 …… 105.0m
8. 灰色、深灰色板状碳质绢云千枚岩夹灰黑色碳质板岩及变质石英细砂岩 …… 101.63m
7. 灰色白云母变质含砾石英砂岩 …… 88.92m
6. 灰黑色板状绢云千枚岩夹少量灰色、深灰色变质(长石)石英细砂岩 …… 3.58m
5. 灰色变质石英砂岩与灰色变质含砾砂岩互层 …… 25.36m
4. 黄灰色变质石英砂岩与变质含砾石英砂岩互层 …… 19.40m
3. 灰色、灰白色变质含长石石英岩状砂岩 …… 22.72m
2. 灰白色绢云石英岩 …… 217.56m
1. 灰黄色变质含砾长石石英砂岩与变质石英砂岩互层 …… 14.90m

———— 平行不整合 ————

下伏毛忽庆组(Pt_2m):黄灰色绿泥绢云石英板岩夹灰黑色碳质板岩

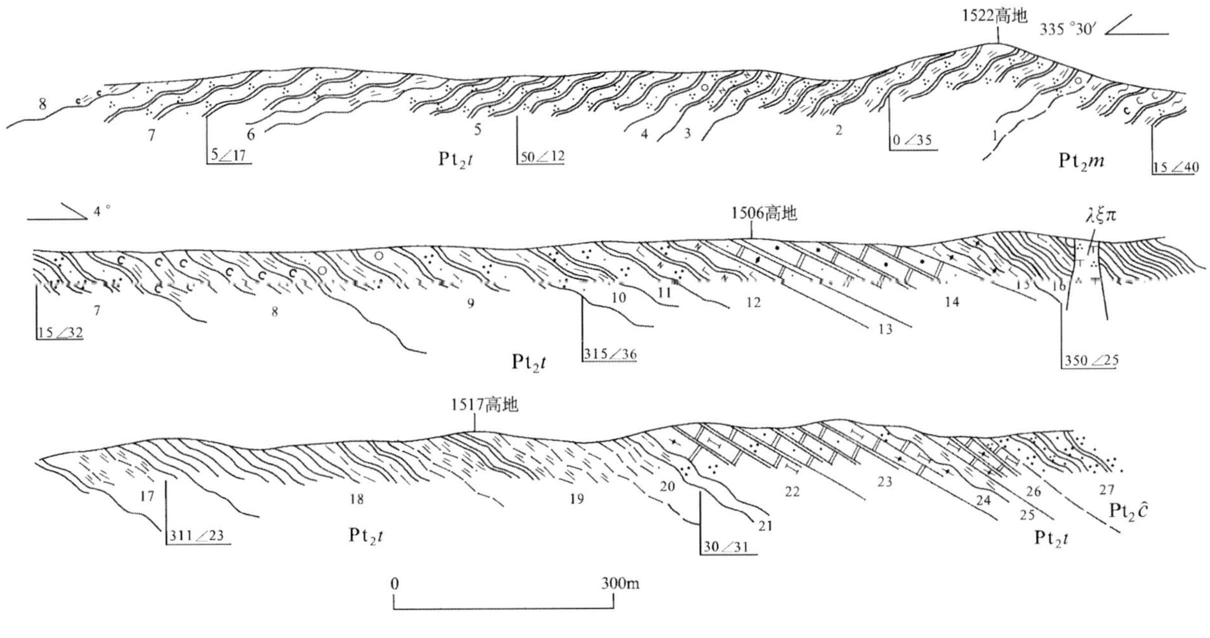

图1-35 内蒙古自治区化德县大恒成沟村中元古代化德群头道沟组实测剖面图

$\lambda\xi\pi$-石英正长斑岩

39. 化德群朝阳河组($Pt_2\hat{c}$)剖面

内蒙古自治区化德县朝阳镇沙河湾村中元古代化德群朝阳河组实测剖面(图 1－36)为建组剖面(据河北省 1∶25 万张北幅报告,2004)。

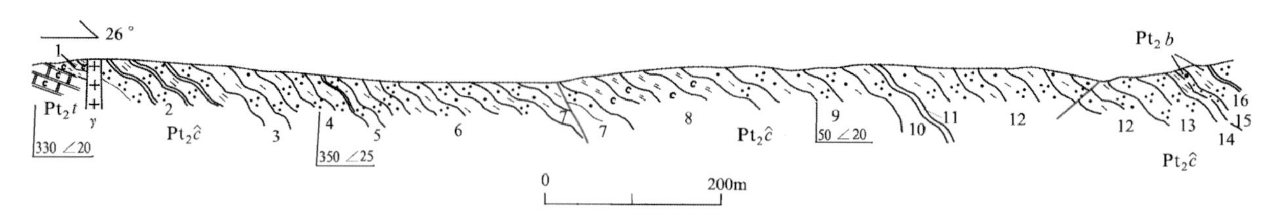

图 1－36　内蒙古自治区化德县沙河湾村中元古代化德群朝阳河组实测剖面图

γ－花岗岩脉

上覆北流图组(Pt_2b):砖红色变质含砾石英砂岩

———— 平行不整合 ————

朝阳河组($Pt_2\hat{c}$): ………… 594.50m

14. 灰白色片状二云石英岩 ………… 5.71m

13. 灰黄色石英片岩 ………… 40.52m

12. 银灰色千枚状含石榴黑云石英片岩 ………… 212.97m

11. 银灰色绢云千枚岩 ………… 2.03m

10. 灰黑色碳质硅板岩 ………… 10.13m

9. 银灰色、灰黄色千枚状含石榴黑云石英片岩 ………… 57.46m

8. 灰黑色铁碳质绢云千枚岩 ………… 54.31m

7. 深银灰色、灰色千枚状石榴黑云石英片岩 ………… 24.58m

6. 浅银灰色千枚状含石榴黑云石英片岩 ………… 77.63m

5. 变质石英砂岩 ………… 8.82m

4. 千枚状含石榴黑云石英片岩 ………… 31.86m

3. 千枚状含电气石黑云石英片岩 ………… 15.47m

2. 含白云母石英岩 ………… 30.32m

1. 铁碳质绿泥绢云千枚岩 ………… 22.66m

———— 平行不整合 ————

下伏头道沟组(Pt_2t):变质含碳质中粗晶灰岩

40. 化德群戈家营组(Pt_2g)剖面

(1)康保县戈家营中元古代化德群戈家营组一段实测剖面(图 1－37)为建组剖面(据河北省 1∶25 万张北幅报告,2004)。

上覆戈家营组二段(Pt_2g^2):灰色纹层状石英大理岩

———— 整 合 ————

戈家营组一段(Pt_2g^1): ………… >1 284.6m

33. 灰色纹层状方解石英透辉透闪岩 ………… 63.8m

32. 灰色中薄层状石英岩 ………… 60.1m

31. 灰白色含黑云钾长浅粒岩 ………… 9.4m

30. 灰色中薄层白云母石英片岩 ………… 48.1m

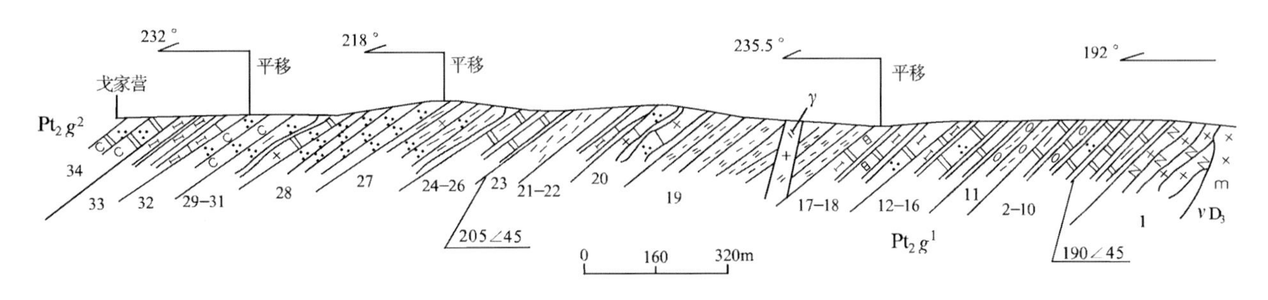

图 1-37 康保县戈家营中元古代化德群戈家营组一段实测剖面

γ-花岗岩脉;νD_3-晚泥盆世变质辉长岩

29.浅灰色中层状石英透辉大理岩 …… 2.2m
28.灰色板状石英岩 …… 82.3m
27.浅灰色黄玉二云石英片岩 …… 99.9m
26.浅灰色纹层状方柱透辉岩 …… 8.5m
25.厚层状石英岩 …… 5.7m
24.灰白色条带状橄榄透辉大理岩 …… 45.7m
23.灰黑色绢云绿泥千枚岩 …… 65.9m
22.青灰色厚层状黄玉白云母石英岩 …… 7.7m
21.灰色中薄层状含透辉方解透闪岩 …… 54.4m
20.灰色条纹状含透辉石大理岩 …… 83.6m
19.灰色二云石英片岩 …… 159.6m
18.方柱透辉石英大理岩 …… 54.97m
17.灰色方柱方解透辉岩 …… 29.08m
16.深灰色含透辉石英大理岩 …… 77.67m
15.灰色方柱透辉岩 …… 5.66m
14.深灰色绿泥绢云母化黑云斜长变粒岩 …… 6.78m
13.灰白色黑云石英岩 …… 33.81m
12.灰色方解透辉岩 …… 16.06m
11.灰色二云石英片岩 …… 42.24m
10.灰色斜长透辉岩 …… 47.02m
9.灰色含方柱透辉变质钙质石英砂岩 …… 4.39m
8.灰色斜长方柱透辉岩 …… 29.66m
7.浅灰色石英透辉透闪岩 …… 11.46m
6.灰色、深灰色二长透辉变粒岩 …… 4.72m
5.深灰色含方柱透辉透闪岩 …… 8.44m
4.浅灰色方柱透辉岩 …… 29.32m
3.暗灰白色石英大理岩 …… 7.36m
2.灰色、灰白色含硅灰方解透辉透闪岩 …… 19.05m
1.浅灰色方柱透辉斜长变粒岩 …… 59.96m

—————— 侵 入 ——————

下伏:晚泥盆世灰绿色变质辉长岩(νD_3)

(2)康保县小四段中元古代化德群戈家营组二段实测剖面(图 1-38)为代表性剖面(据河北省 1:25万张北幅报告,2004)。

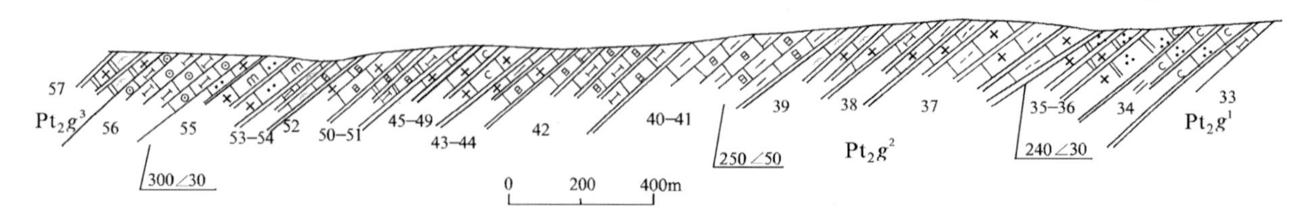

图 1-38　康保县小四段中元古代化德群戈家营组二段实测剖面图

上覆戈家营组三段(Pt_2g^3):灰白色厚层状含堇青方柱透辉石岩

——————整　合——————

戈家营组二段(Pt_2g^2):…………………………………………………………………… 1 769.4m

56.灰色纹层状含堇青钾长透闪透辉方柱石岩 ………………………………………… 101.8m

55.灰色纹层状含方柱透辉大理岩 ……………………………………………………… 71.3m

54.灰白色条带状含堇青方柱方解透辉岩 ……………………………………………… 17.25m

53.灰色中厚层含方柱透辉大理岩 ……………………………………………………… 13.7m

52.灰白色条带状方解透辉方柱石岩 …………………………………………………… 82.0m

51.灰色纹层状含方柱透辉大理岩 ……………………………………………………… 8.5m

50.灰白色条带状方柱方解透辉岩 ……………………………………………………… 57.9m

49.灰色纹层状含方柱透辉大理岩 ……………………………………………………… 17.5m

48.浅灰色条带状方柱透辉大理岩 ……………………………………………………… 26.2m

47.灰色条纹状含透辉大理岩 …………………………………………………………… 6.7m

46.灰白色条带状含碳质透辉大理岩 …………………………………………………… 89.9m

45.灰色纹层状含碳质透辉大理岩 ……………………………………………………… 2.39m

44.灰白色条带状含透辉大理岩 ………………………………………………………… 26.3m

43.灰色平直纹层状透辉大理岩 ………………………………………………………… 34.6m

42.灰色纹层状含堇青方柱透辉大理岩 ………………………………………………… 255.4m

41.浅灰色纹层状堇青透辉方柱石岩 …………………………………………………… 210.4m

40.灰色纹层状透辉变质粉细晶灰岩 …………………………………………………… 71.1m

39.浅灰色纹层状含堇青钾长方柱透辉岩 ……………………………………………… 165.9m

38.灰色条带状含透闪透辉大理岩 ……………………………………………………… 32.6m

37.灰色纹层状含黑云透辉大理岩 ……………………………………………………… 243.8m

36.灰色纹层状石英透辉大理岩 ………………………………………………………… 76.2m

35.灰白色纹层状符山石透辉大理岩 …………………………………………………… 40.2m

34.灰色纹层状石英大理岩 ……………………………………………………………… 117.8m

——————整　合——————

下伏戈家营组一段(Pt_2g^1):灰色纹层状方解石英透辉透闪岩

(3)康保县剁头庄中元古代化德群戈家营组三段实测剖面(图 1-39)为代表性剖面(据河北省 1∶25 万张北幅报告,2004)。

上覆三夏天组(Pt_2s):灰白色二云石英片岩

— — — — 平行不整合 — — — —

戈家营组三段(Pt_2g^3):…………………………………………………………………… 1 241.9m

62.灰色、深灰色含(石榴)方柱方解透辉岩 ……………………………………………… 207.44m

61.灰色石英方柱透辉岩 ………………………………………………………………… 6.10m

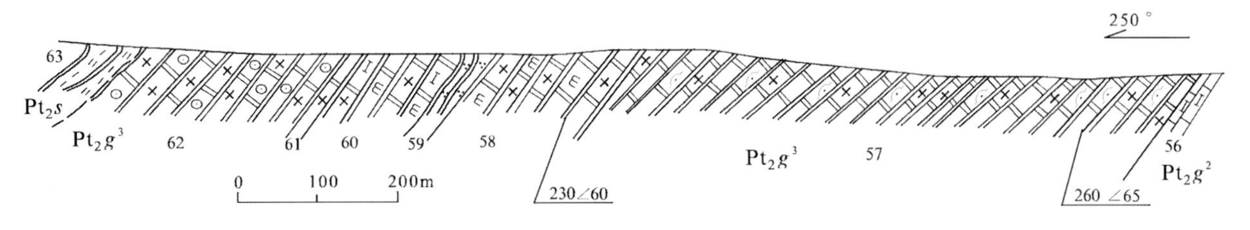

图 1－39 康保县剃头庄中元古代化德群戈家营组三段实测剖面图

60. 深灰色含透辉大理岩 …………………………………………………………………… 97.87m

59. 灰白色石英岩 ……………………………………………………………………………… 24.47m

58. 深灰色透辉大理岩夹方柱方解透辉岩 ………………………………………………… 168.85m

57. 深灰色含堇青方柱透辉岩，上部夹方解方柱透辉岩 ………………………………… 737.12m

——————— 整 合 ———————

下伏戈家营组二段(Pt_2g^2)：灰色纹层状透闪透辉方柱石岩

41. 化德群三夏天组(Pt_2s)剖面

康保县三夏天-卧龙兔山中元古代化德群三夏天组实测剖面(图 1－40)为建组剖面(据河北省 1：25 万张北幅报告，2004)。

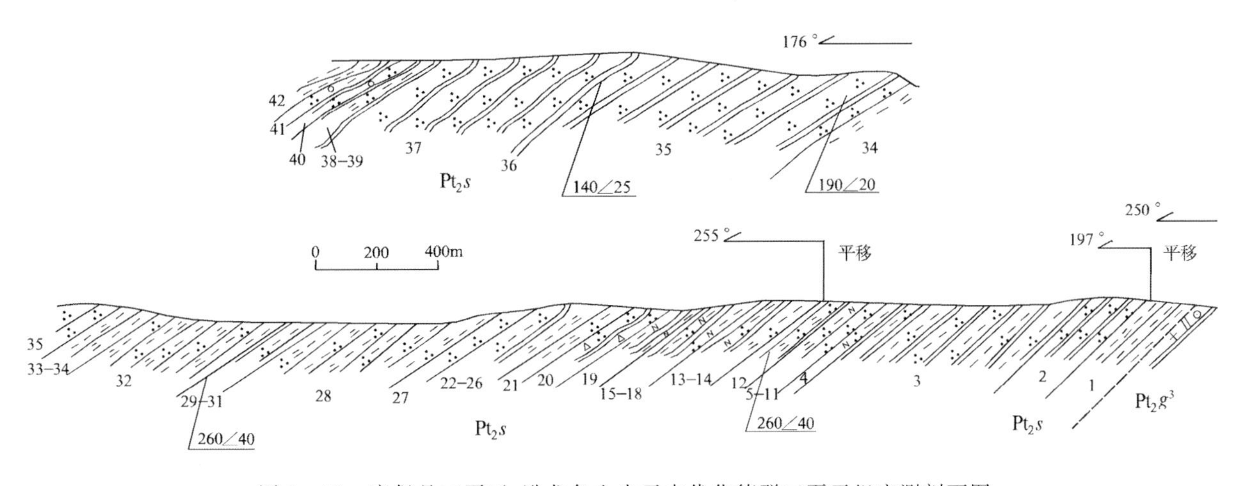

图 1－40 康保县三夏天-卧龙兔山中元古代化德群三夏天组实测剖面图

三夏天组(Pt_2s)：未见顶 …………………………………………………………………… >2 866.6m

42. 褐灰色含红柱蓝晶二云石英片岩(未见顶) ………………………………………… >91.68m

41. 含石榴红柱二云石英片岩 …………………………………………………………… 72.41m

40. 褐灰色含石榴石英岩 …………………………………………………………………… 4.09m

39. 灰白色、浅灰紫色含(石榴)蓝晶白云母石英片岩 …………………………………… 15.52m

38. 紫红色含红柱石榴石英岩 ……………………………………………………………… 10.02m

37. 青灰色、灰白色石英岩 ………………………………………………………………… 220.99m

36. 紫色、灰白色白云母石英片岩 ………………………………………………………… 3.32m

35. 青灰色、灰白色石英岩 ………………………………………………………………… 617.88m

34. 灰色、灰褐色含红柱黑云石英片岩 …………………………………………………… 24.53m

33. 银灰色白云母红柱石片岩 ……………………………………………………………… 67.49m

32. 褐黄色二云石英片岩 …………………………………………………………………… 243.21m

31. 黑灰色黑云长石石英岩 ………………………………………………………………… 27.16m

30. 黑灰色绢云母化二云斜长变粒岩 …… 12.54m
29. 暗灰色黑云长石石英岩 …… 25.76m
28. 浅褐黄色浅粒岩 …… 294.08m
27. 灰白色石英岩 …… 47.78m
26. 银灰色、褐黄色二云石英片岩 …… 3.09m
25. 灰色、青灰色石英岩 …… 6.67m
24. 褐黄色二云石英片岩 …… 16.48m
23. 灰白色(片状)二云石英岩 …… 14.07m
22. 褐黄色二云片岩 …… 25.88m
21. 褐黄色二云石英岩 …… 43.03m
20. 黑灰色电气石石英岩 …… 35.87m
19. 浅灰色长石石英岩 …… 65.16m
18. 褐黄色片状(含黑云)石英岩 …… 2.86m
17. 灰白色石英岩 …… 25.04m
16. 褐黄色含黑云长石石英岩 …… 37.19m
15. 片状含红柱二云长石石英岩 …… 28.89m
14. 灰色含二云长石石英岩 …… 121.82m
13. 灰色、浅黄色二云石英岩 …… 12.16m
12. 灰白色、褐黄色石英岩 …… 63.99m
11. 浅灰色含黑云长石石英岩 …… 12.66m
10. 灰黄色二云石英岩 …… 4.13m
9. 灰白色含长石石英岩 …… 6.21m
8. 灰黄色二云石英片岩 …… 5.17m
7. 灰色含长石二云石英岩 …… 14.06m
6. 灰色、褐黄色二云石英片岩 …… 6.31m
5. 灰白色石英岩 …… 10.52m
4. 灰白色含长石二云石英岩 …… 24.56m
3. 灰白色含二云石英岩 …… 316.17m
2. 灰白色石英岩 …… 128.31m
1. 灰白色二云石英片岩 …… 57.80m

———— 平行不整合 ————

下伏戈家营组三段(Pt_2g^3):灰色、深灰色含石榴方柱方解透辉岩

42. 长城群赵家庄组($Ch\hat{z}$)剖面

赞皇县院头镇长城纪赵家庄组实测剖面(图 1-41)为建组剖面(据杜汝霖,1984,略有改动)。

上覆常州沟组($Ch\hat{c}$):粉红色、紫红色厚层石英岩状砂岩,底部有厚约 2.5m 的砾岩层

———— 平行不整合 ————

赵家庄组($Ch\hat{z}$): …… 66.05m
9. 紫红色泥质页岩夹粉砂质页岩 …… 15.08m
8. 紫红色、灰白色薄层含叠层石白云岩 …… 0.34m
7. 紫红色纸片状粉砂质页岩 …… 1.25m
6. 灰白色厚层含叠层石白云岩 …… 81.75m
5. 紫红色粉砂质页岩,顶部夹有灰绿色粉砂质页岩 …… 18.68m
4. 紫红色厚层叠层石白云岩 …… 1.49m

3. 紫红色、灰白色中厚层长石石英砂岩，铁泥质胶结 …………………………………………………………… 3.59m

2. 暗紫色粉砂质页岩夹薄层石英角砾岩，局部夹灰绿色粉砂质页岩 ………………………………………… 15.96m

1. 紫红色石英角砾岩，底部砾径 3～5cm，铁质胶结…………………………………………………………… 7.91m

～～～～～～～角度不整合～～～～～～～

下伏官都群下组(Pt_1^1Gx)：含绢云母石英片岩夹大理岩

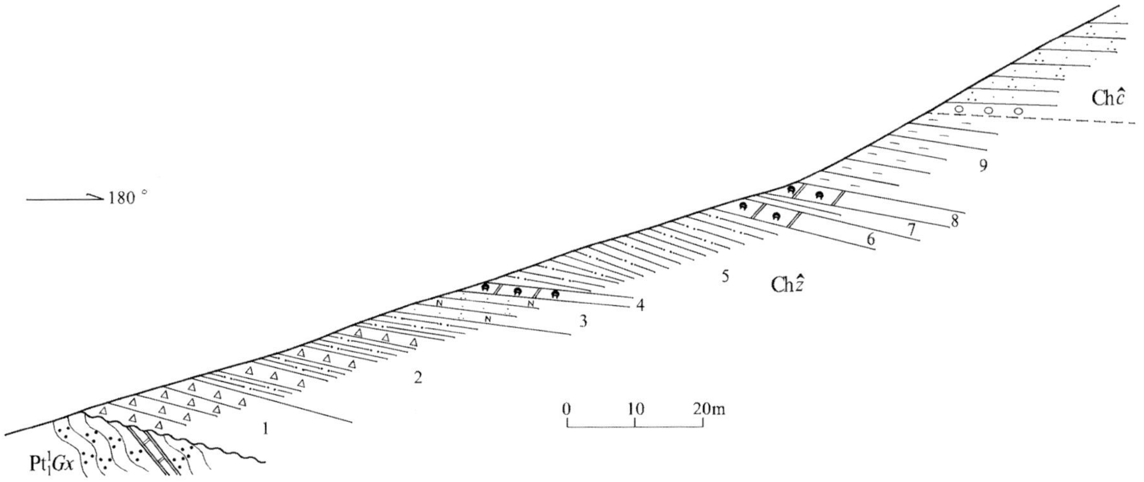

图 1－41　赞皇县院头镇长城纪赵家庄组实测剖面

43. 长城群常州沟组(Chĉ)剖面

宽城县崖门子长城纪常州沟组实测剖面(图 1－42)为代表性剖面(据河北省中新元古界断代总结，1984)。建组剖面(标准剖面)位于天津市蓟县常州沟村。

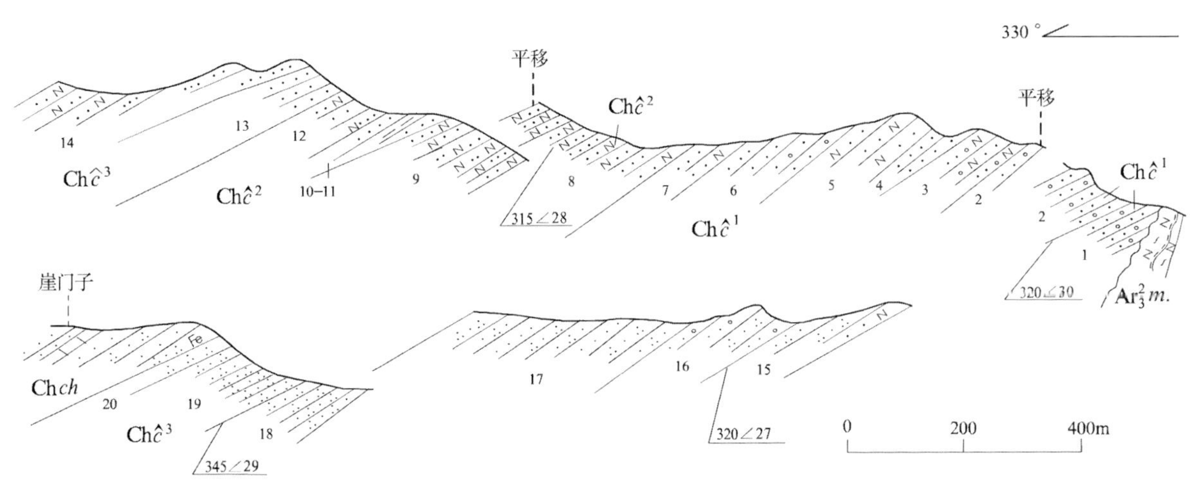

图 1－42　宽城县崖门子长城纪常州沟组实测剖面图

上覆串岭沟组(Chch)：铁质石英岩状砂岩

———————— 整　合 ————————

常州沟组三段(Chĉ³)：…………………………………………………………………………………… 657.4m

20. 灰白色巨厚层石英岩状砂岩 …………………………………………………………………………… 23.1m

19. 紫红色、灰白色巨厚层、厚层石英岩状砂岩 ………………………………………………………… 89.7m

18. 中、下部灰褐色中厚石英岩状砂岩，上部紫红色、灰白色中厚层石英岩状砂岩 …… 72.3m
17. 灰白色巨厚层、厚层细粒石英岩状砂岩夹浅肉红色石英砂岩 …… 234.5m
16. 紫红色厚层、巨厚层含砾不等粒石英砂岩夹石英岩状砂岩 …… 37.6m
15. 上部灰色(微带紫红色)厚层、巨厚层石英岩状砂岩，下部浅肉红色厚层长石石英砂岩 …… 44.6m
14. 上部灰白色中厚层长石石英砂岩，下部浅肉红色巨厚层至中厚层粉砂石英砂岩 …… 108.5m
13. 灰色、紫红色薄层夹中厚层细粒石英砂岩 …… 47.1m

——— 整 合 ———

常州沟组二段($Ch\hat{c}^2$)： …… 317.0m
12. 灰白色中厚层长石粉砂岩与细砂岩互层 …… 45.2m
11. 灰色、黄绿色薄层细砂岩 …… 16.8m
10. 灰黑色薄层粉砂岩与泥质页岩互层 …… 37.6m
9. 灰白色厚层中细粒长石石英砂岩与黑云母长石粉砂岩互层 …… 108.2m
8. 灰白色、浅黄色薄层—中厚层细粒长石石英砂岩 …… 109.2m

——— 整 合 ———

常州沟组一段($Ch\hat{c}^1$)： …… 342.9m
7. 灰白色、紫红色细粒长石石英砂岩，顶部灰白色巨厚层石英砂岩 …… 25.12m
6. 肉红色、灰白色厚层含砾粗砂岩，上部石英砂岩 …… 25.6m
5. 灰白色中厚层中细粒长石石英砂岩 …… 63.3m
4. 紫黄色巨厚层石英砂岩 …… 31.5m
3. 浅肉红色、灰白色厚层含砾长石石英砂岩 …… 67.0m
2. 紫红色含砾中粗粒石英砂岩 …… 90.49m
1. 紫红色含砾粗粒石英砂岩 …… 39.9m

～～～～～～ 角度不整合 ～～～～～～

下伏遵化岩群马兰峪岩组($Ar_3^2m.$)：灰色二云斜长片麻岩

44. 长城群串岭沟组(Ch*ch*)剖面

宽城县崖门子长城纪串岭沟组实测剖面(图 1-43)为代表性剖面(据河北省中新元古界断代总结，1984)。建组剖面(标准剖面)位于天津市蓟县串岭沟村。

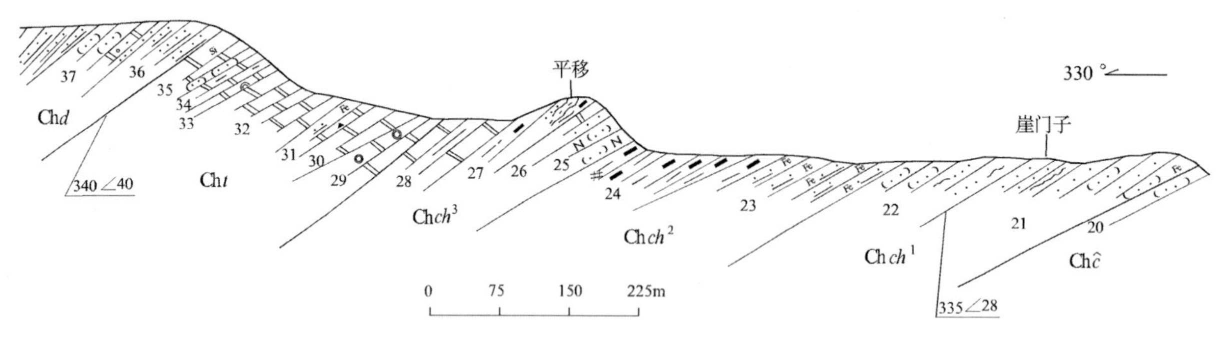

图 1-43　宽城县崖门子长城纪串岭沟组—团山子组实测剖面图

上覆团山子组(Ch*t*)：紫红色薄层及中厚层状粉晶白云岩

——— 整 合 ———

串岭沟组三段($Chch^3$)： …… 170.1m
28. 黄色、灰色泥晶白云岩夹页岩 …… 52.1m
27. 灰黑色、灰绿色碳质页岩夹粉砂岩 …… 33.4m
26. 上部泥晶白云岩，下部粉砂岩夹页岩 …… 43.3m

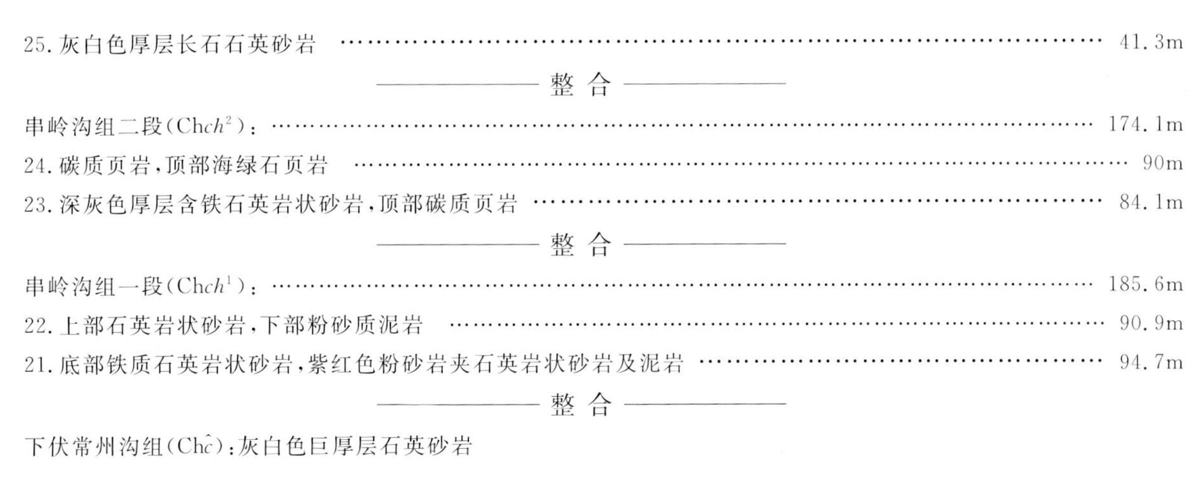

25. 灰白色厚层长石石英砂岩 ………………………………………………………………… 41.3m

—————— 整 合 ——————

串岭沟组二段（Chch^2）：……………………………………………………………………………… 174.1m

24. 碳质页岩，顶部海绿石页岩 ……………………………………………………………………… 90m

23. 深灰色厚层含铁石英岩状砂岩，顶部碳质页岩 ………………………………………… 84.1m

—————— 整 合 ——————

串岭沟组一段（Chch^1）：……………………………………………………………………………… 185.6m

22. 上部石英岩状砂岩，下部粉砂质泥岩 ………………………………………………………… 90.9m

21. 底部铁质石英岩状砂岩，紫红色粉砂岩夹石英岩状砂岩及泥岩 ……………………… 94.7m

—————— 整 合 ——————

下伏常州沟组（Ch$\hat{c}$）：灰白色巨厚层石英砂岩

45. 长城群团山子组（Ch*t*）剖面

宽城县崖门子长城纪团山子组实测剖面（见图 1－43）为代表性剖面。建组剖面（标准剖面）位于天津市蓟县团山子村。

上覆大红峪组（Ch*d*）：灰白色中厚层石英岩状砂岩夹黄褐色白云岩

—————— 整 合 ——————

团山子组（Ch*t*）：…………………………………………………………………………………………… 299.4m

35. 灰白色厚层中粒石英岩状砂岩、灰色细晶白云岩及硅质白云岩 ………………………… 54.8m

34. 灰黑色沥青质白云岩与泥质泥晶白云岩互层 ……………………………………………… 41.4m

33. 灰白色、灰色厚层泥晶白云岩及深灰色厚层含藻泥晶白云岩 …………………………… 9.3m

32. 紫红色、灰白色厚层粉晶泥晶白云岩 ………………………………………………………… 86.1m

31. 下部深灰色厚层沥青质白云岩，上部铁质石英岩状砂岩 ………………………………… 31.7m

30. 紫红色、灰白色中厚层—薄层泥晶白云岩 …………………………………………………… 48.7m

29. 顶部深灰色厚层藻屑白云岩，向下紫红色薄层及中厚层粉晶白云岩 …………………… 27.4m

—————— 整 合 ——————

下伏串岭沟组三段（Chch^3）：黄色、灰色泥晶白云岩夹页岩

46. 长城群大红峪组（Ch*d*）剖面

宽城县崖门子长城纪大红峪组实测剖面（图 1－44）为代表性剖面（据河北省中新元古界断代总结，1984）。建组剖面（标准剖面）位于天津市蓟县大红峪沟。

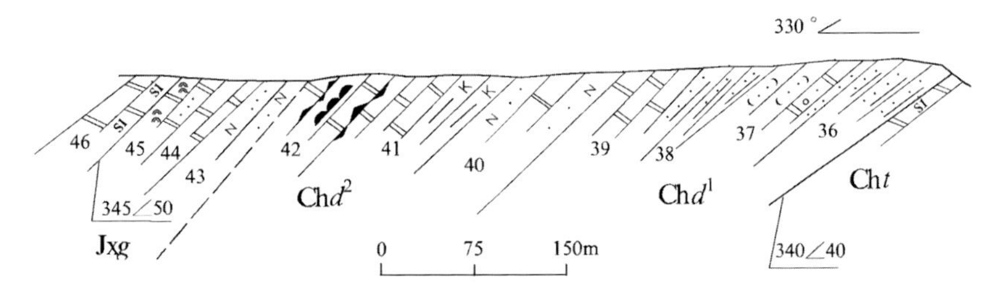

图 1－44　宽城县崖门子长城纪大红峪组实测剖面图

上覆高于庄组（Jx*g*）：灰色厚层长石石英粉砂岩

— — — — 平行不整合 — — — —

大红峪组二段（Chd^2）：…………………………………………………………………………… 162.2m

42. 灰色、深灰色中厚层燧石条带粉晶白云岩夹黑色硅质岩 …… 28.8m
41. 灰白色纯白云岩，下部钙质页岩 …… 63.9m
40. 灰色中厚层中粒长石石英砂岩与灰黑色薄层泥晶白云岩互层 …… 69.5m

——— 整合 ———

大红峪组一段(Chd^1)：…… 230.6m
39. 下部灰色巨厚层钙质石英岩状砂岩，中、上部灰白色粗晶白云岩 …… 75.4m
38. 灰黄色巨厚层石英岩状砂岩 …… 35.4m
37. 中、上部灰白色石英岩状砂岩，下部灰白色巨厚层细粒砂岩及含砾砂岩 …… 54.1m
36. 灰白色中厚层石英岩状砂岩夹黄褐色白云岩 …… 65.7m

——— 整合 ———

下伏团山子组(Cht)：灰白色厚层中粒石英岩状砂岩，灰色细晶白云岩及硅质白云岩

47. 蓟县群高于庄组(Jxg)剖面

宽城县崖门子蓟县纪高于庄组实测剖面(图1-45)为代表性剖面(据河北省中新元古界断代总结，1984)。建组剖面(标准剖面)位于天津市蓟县高于庄。

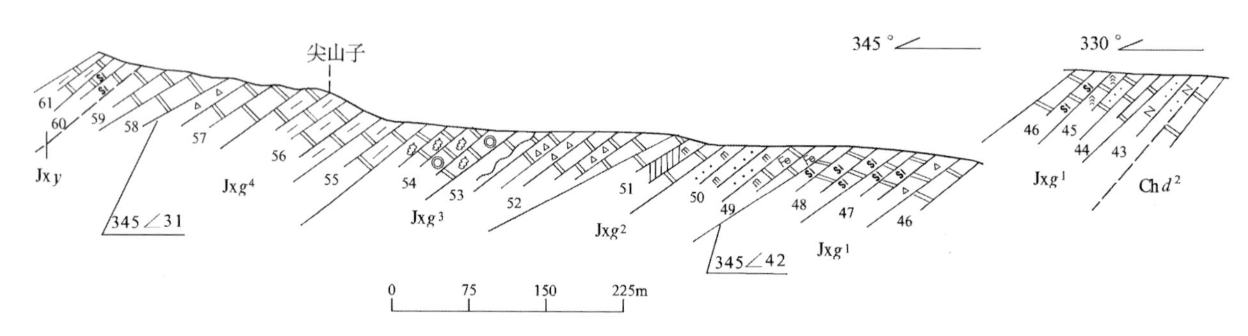

图1-45 宽城县崖门子蓟县纪高于庄组实测剖面图

上覆杨庄组(Jxy)：灰白色泥晶硅质白云岩

———— 平行不整合 ————

高于庄组四段(Jxg^4)：…… 248.0m
59. 深灰色、灰色中厚层细晶白云岩，白云质灰岩 …… 36.0m
58. 深灰色厚层有机白云岩 …… 26.4m
57. 深灰色巨厚层纯白云岩，上部灰色(微红色)巨厚层状角砾岩 …… 62.9m
56. 灰黑色、深灰色中厚层细粉晶泥质白云岩 …… 83.6m
55. 深黑色薄层粗粉晶泥质白云岩 …… 39.10m

——— 整合 ———

高于庄组三段(Jxg^3)：…… 193.4m
54. 黑色薄层—厚层葡萄状藻屑白云岩 …… 71.0m
53. 浅灰色薄层及灰黑色厚层条带状泥晶白云岩 …… 25.1m
52. 灰色、灰黑色厚层内碎屑泥晶白云岩 …… 97.3m

——— 整合 ———

高于庄组二段(Jxg^2)：…… 127.2m
51. 深灰色厚层—巨厚层泥晶白云岩夹锰铁矿层 …… 41.2m
50. 褐色薄层含锰粉砂岩 …… 49.7m
49. 深灰色、灰褐色含锰粗晶白云岩 …… 36.3m

——— 整合 ———

高于庄组一段(Jxg^1)：…… 238.9m

48. 灰黑色硅质泥晶叠层石白云岩 …… 49.5m

47. 上部灰黑色硅质白云岩，下部深灰色厚层角砾泥晶白云岩 …… 48.8m

46. 灰黑色中厚层硅质白云岩、泥晶白云岩 …… 35.6m

45. 深灰色叠层石白云岩及灰色中厚层粉砂质粉晶白云岩 …… 38.8m

44. 灰色薄层—中厚层粉泥晶白云岩 …… 31.6m

43. 灰色厚层长石石英粉砂岩 …… 34.6m

———— 平行不整合 ————

下伏大红峪组二段(Jxd^2)：灰色、深灰色中厚层燧石条带粉晶白云岩夹黑色硅质岩

48. 蓟县群杨庄组(Jxy)剖面

宽城县崖门子蓟县纪杨庄组实测剖面(图1-46)为代表性剖面(据河北省中新元古界断代总结，1984)。建组剖面(标准剖面)位于天津市蓟县杨庄村。

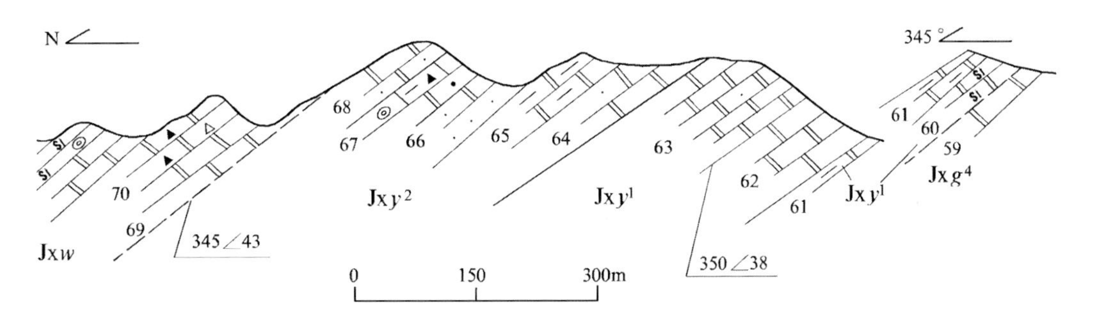

图1-46 宽城县崖门子蓟县纪杨庄组实测剖面图

上覆雾迷山组(Jxw)：灰色中厚层白云质细砂岩与亮晶含钙质白云岩互层

———— 整 合 ————

杨庄组二段(Jxy^2)：…… 201.8m

68. 灰色厚层砂质白云岩与泥晶白云岩 …… 18.0m

67. 深灰厚层藻屑纹层状沥青质灰岩 …… 37.8m

66. 灰白—紫红色砂质白云岩，底部石英砂岩 …… 54.5m

65. 紫红色厚层粉晶泥质白云岩 …… 50.3m

64. 灰白中厚层泥晶砂质白云岩 …… 41.2m

———— 整 合 ————

杨庄组一段(Jxy^1)：…… 211.2m

63. 灰色厚层粉晶白云岩夹紫红色砂质白云岩 …… 87.8m

62. 灰白色厚层细粉晶纯白云岩 …… 72.5m

61. 灰白色、紫红色薄—中厚层泥质粉晶白云岩 …… 21.3m

60. 灰白色泥晶硅质白云岩 …… 29.6m

———— 平行不整合 ————

下伏高于庄组四段(Jxg^4)：深灰色、灰色中厚层细晶白云岩，白云质灰岩

49. 蓟县群雾迷山组(Jxw)剖面

宽城县崖门子-北杖子蓟县纪雾迷山组实测剖面(图1-47)为代表性剖面(据河北省中新元古界断代总结，1984)。建组剖面(标准剖面)位于天津市蓟县城西雾迷山。

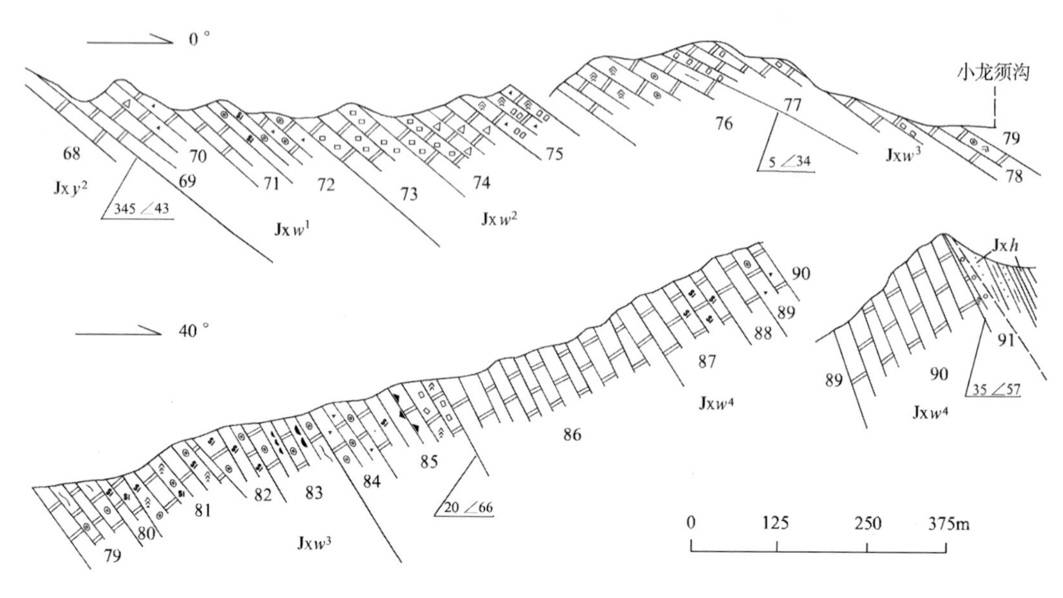

图 1-47　宽城县崖门子-北杖子蓟县纪雾迷山组实测剖面图

注:69～78 层为崖门子剖面,79～91 层为北杖子剖面

上覆洪水庄组(Jx*h*):灰黑色薄板状含粉砂页岩

———— 平行不整合 ————

雾迷山组四段(Jxw^4): …… 781.8m

91. 灰白色、深灰色含叠层石白云岩,顶部灰色(微红色)角砾岩 …… 8.3m
90. 灰色厚层泥晶白云岩 …… 187.8m
89. 灰白色厚层含藻沥青质白云岩 …… 29.9m
88. 灰色薄层粗晶白云岩 …… 48.25m
87. 上部灰色中厚层硅质白云岩,中下部浅灰色厚层亮晶白云岩 …… 96.6m
86. 灰色厚层粉晶白云岩 …… 318.4m
85. 中、上部内屑叠层石白云岩,下部细砂质白云岩、燧石条带粗晶白云岩夹硅质岩 …… 45.0m
84. 灰黑色藻团状沥青质白云岩 …… 47.5m

———— 整 合 ————

雾迷山组三段(Jxw^3): …… 495.4m

83. 灰色厚层藻白云岩夹硅质岩,顶部燧石条带白云岩 …… 84.4m
82. 灰色厚层藻屑硅质白云岩夹硅质岩 …… 65.5m
81. 灰黑色藻叠层硅质岩与泥晶白云岩互层 …… 105.7m
80. 灰黑色与灰色硅质白云岩 …… 35.7m
79. 灰白色粉晶白云岩与燧石条带藻屑白云岩互层 …… 68.8m
78. 上部深灰色巨厚叠层藻屑白云岩,下部灰色厚层葡萄状白云岩 …… 29.0m
77. 灰黑色薄层内碎屑粗晶白云岩与灰色厚层粗粉晶白云岩互层 …… 106.3m

———— 整 合 ————

雾迷山组二段(Jxw^2): …… 355.3m

76. 上部深灰色中厚层纹状细粉晶白云岩,中部藻叠层细晶白云岩,下部粗粉晶白云岩 …… 131.6m
75. 灰白色厚层叠层内碎屑沥青质细晶白云岩 …… 52.5m
74. 灰色厚层角砾状粉晶白云岩,下部内碎屑白云岩 …… 93.5m
73. 灰色巨厚层内碎屑亮晶白云岩 …… 77.7m

———— 整 合 ————

雾迷山组一段(Jxw^1): …… 215.8m

72. 上部灰白色中厚层藻团沥青质白云岩,下部灰色厚层藻团硅质岩 …… 70.0m
71. 灰色厚层细粉晶白云岩 …… 36.7m
70. 上部深灰色中厚层沥青质粗粉晶白云岩,下部浅灰色亮晶含钙质白云岩 …… 80.9m
69. 灰色中厚层白云质细砂岩与亮晶含钙质白云岩互层 …… 28.2m

——— 整 合 ———

下伏杨庄组二段(Jxy^2):灰色厚层砂质白云岩与泥晶白云岩

50. 蓟县群洪水庄组(Jx*h*)剖面

宽城县北杖子蓟县纪洪水庄组实测剖面(图1-48)为代表性剖面(据河北省中新元古界断代总结,1984)。建组剖面(标准剖面)位于天津市蓟县洪水庄村。

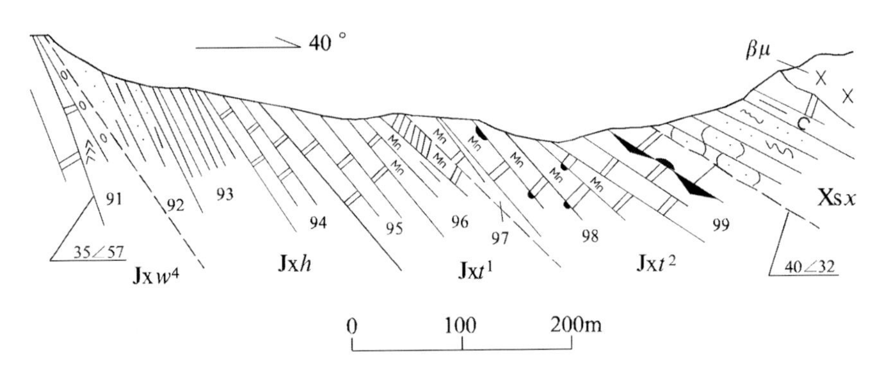

图1-48 宽城县北杖子蓟县纪洪水庄组—铁岭组实测剖面图

βμ-辉绿岩

上覆铁岭组(Jx*t*):灰黑色泥晶—粉晶白云岩

——— 整 合 ———

洪水庄组(Jx*h*): …… 121.1m
94. 灰黑色薄层粉晶白云岩 …… 43.8m
93. 灰黑色、灰绿色纸片状页岩 …… 53.0m
92. 灰黑色薄板状含粉砂页岩 …… 24.3m

— — — — 平行不整合 — — — —

下伏雾迷山组四段(Jxw^4):灰白色、深灰色含叠层石白云岩,顶部灰色(微红色)角砾岩

51. 蓟县群铁岭组(Jx*t*)剖面

宽城县北杖子蓟县纪铁岭组实测剖面(见图1-48)为代表性剖面。建组剖面(标准剖面)位于天津市蓟县铁岭村。

上覆下马岭组(Xs*x*):中上部灰黑色、灰色薄层泥质粉砂岩,下部灰色不等粒石英岩状砂岩

— — — — 平行不整合 — — — —

铁岭组二段(Jxt^2): …… 119.1m
99. 灰白色厚—薄层燧石条带粉晶白云质灰岩及粉晶白云质灰岩夹粉晶钙质白云岩 …… 47.2m
98. 褐色厚层含锰粗晶白云岩 …… 50.9m
97. 黄绿色及褐色泥质页岩与含锰白云岩互层 …… 21.0m

— — — — 平行不整合 — — — —

铁岭组一段(Jxt^1): …… 83.2m
96. 褐色厚层含锰粉晶白云岩,靠顶部夹含锰页岩及锰矿层,最顶部锰矿层厚3m …… 37.5m

95. 灰黑色泥晶—粉晶白云岩 ………………………………………………………………………… 45.7m

———— 整 合 ————

下伏洪水庄组(Jx*h*):灰白色薄层粉晶白云岩

52. 西山群下马岭组(Xs*x*)剖面

怀来县赵家山西山纪下马岭组实测剖面(据田立富等,1995,略有修改)(图1-49)为代表性剖面。建组剖面(标准剖面)位于北京市门头沟区下马岭村。

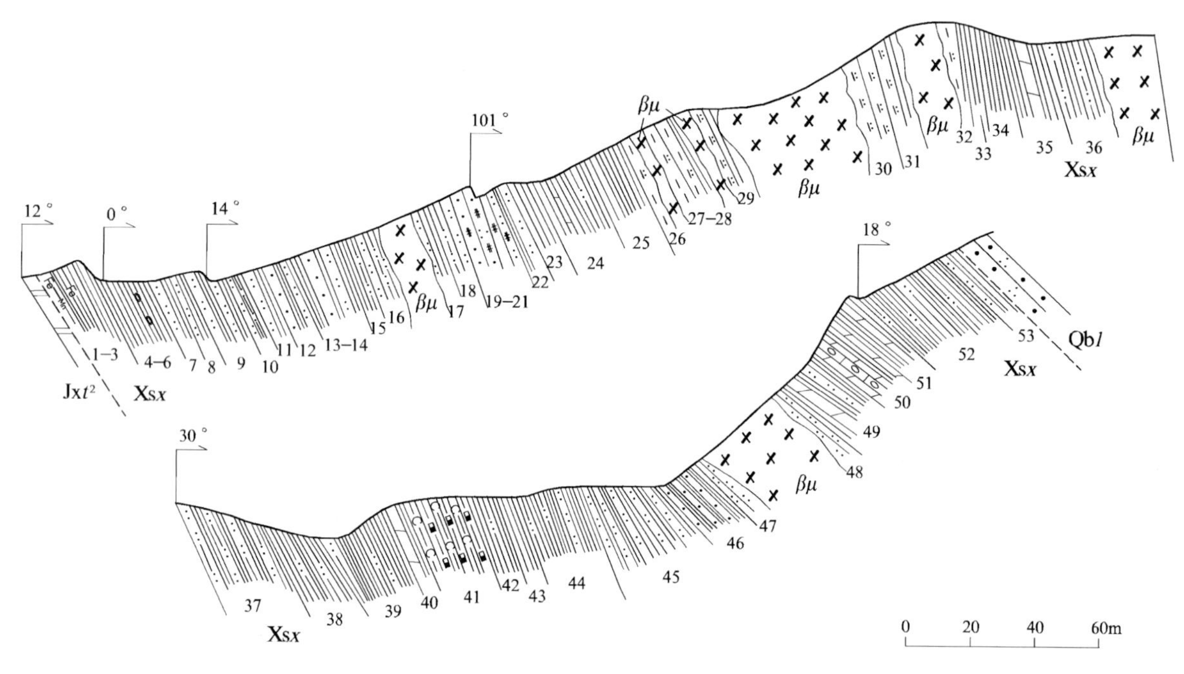

图1-49 怀来县赵家山西山纪下马岭组实测剖面图

βμ-辉绿岩脉

上覆龙山组(Qb*l*):石英粗砂岩

———— 平行不整合 ————

下马岭组(Xs*x*): ………………………………………………………………………… 427.26m

53. 灰黑色纸片状页岩与褐色叶片状粉砂岩组成韵律层 ………………………………… 5.52m

52. 杂色纸片状页岩与褐色粉砂质页岩组成韵律层 ……………………………………… 12.35m

51. 灰绿色纸片状页岩夹泥灰岩透镜体 ……………………………………………………… 13.30m

50. 灰黄色中层泥灰岩夹灰绿色页岩,底部为角砾状灰岩 ………………………………… 3.81m

49. 黑色页岩夹薄层粉砂岩及泥灰岩透镜体 ………………………………………………… 10.74m

48. 灰绿色薄层粉砂岩 …………………………………………………………………………… 2.76m

47. 灰黑色薄层粉砂岩 …………………………………………………………………………… 5.51m

46. 黑色纸片状页岩与蓝灰色细砂岩组成韵律层,具浪成斜层理 ………………………… 8.98m

45. 黑色、蓝灰色纸片状页岩与粉砂岩组成韵律层 ………………………………………… 26.28m

44. 黑色薄层页岩夹黑色粉砂质页岩和灰黄绿色薄层粉砂岩 ……………………………… 23.64m

43. 蓝灰色纸片状页岩夹黑色纸片状页岩 …………………………………………………… 5.29m

42. 灰黑色纸片状页岩与黄绿色薄层粉砂质页岩组成韵律层 ……………………………… 8.23m

41. 黑色碳质页岩与黄色薄层油页岩组成韵律层 …………………………………………… 21.25m

40. 黑色含碳页岩与土黄色薄层油页岩组成韵律层 ………………………………………… 2.53m

39. 黑色页岩与灰黑色粉砂质页岩组成韵律层 ……………………………………………… 22.40m

38. 黑色页岩与黑色粉砂质页岩组成韵律层 ………………………………………………… 16.47m

37. 灰黑色叶片状粉砂岩与黑色页岩组成韵律层 …… 17.46m
36. 黑色纸片状页岩与灰绿色极薄层粉砂质页岩组成韵律层 …… 11.77m
35. 黑色含碳纸片状页岩，中下部夹有灰色薄层泥灰岩 …… 12.00m
34. 黄绿色纸片状页岩与黑色纸片状页岩互层 …… 9.43m
33. 灰绿色纸片状页岩夹泥灰岩透镜体 …… 3.95m
32. 灰黑色薄层硅质泥岩夹灰绿色纸片状页岩 …… 3.14m
31. 灰黑色薄板状硅质岩夹灰黑色页岩，底部见厚5cm的角砾岩 …… 7.97m
30. 灰白色中薄层硅质岩 …… 4.26m
29. 黑色中薄层硅质岩夹黑色纸片状页岩 …… 6.43m
28. 黑色中薄层硅质泥岩及黑色、黄绿色页岩 …… 6.34m
27. 黑色薄板状硅质泥岩与黑色、黄绿色页岩互层 …… 2.96m
26. 灰黑色薄板状硅质泥岩与黑色页岩互层 …… 11.33m
25. 黄绿色纸片状页岩夹黑色纸片状页岩 …… 8.77m
24. 下部黄绿色纸片状页岩夹土黄色泥灰岩透镜体，上部黄绿色纸片状页岩与灰绿色叶片状粉砂质页岩互层 …… 16.10m
23. 黄绿色纸片状页岩夹紫色纸片状页岩 …… 7.08m
22. 紫红色纸片状页岩夹黄绿色纸片状页岩，中上部有粉砂岩透镜体 …… 5.64m
21. 黄绿色中薄层含海绿石粉砂岩 …… 1.03m
20. 灰绿色厚层中粒海绿石石英砂岩夹薄层海绿石细砂岩 …… 3.25m
19. 灰绿色中薄层海绿石细砂岩与粉砂岩互层 …… 4.40m
18. 浅灰色叶片状粉砂质页岩夹灰色中薄层粉砂岩，底部薄层泥灰岩，中上部有2层厚60cm和20cm的灰白色长石粗砂岩 …… 9.70m
17. 下部褐灰色中薄层粉砂岩夹灰色纸片状页岩，上部灰色纸片状页岩 …… 6.46m
16. 浅灰色粉砂质页岩与薄层粉砂岩互层 …… 3.61m
15. 墨绿色页岩夹黄绿色粉砂质页岩 …… 6.44m
14. 深灰色页岩夹灰绿色页岩与灰绿色薄层粉砂岩互层 …… 7.71m
13. 浅灰色薄层细砂岩与深灰色纸片状页岩夹黄绿色页岩及微层细砂岩组成韵律层 …… 6.26m
12. 灰色薄层细砂岩与灰黄色纸片状页岩夹灰色薄层粉砂岩组成韵律层 …… 6.81m
11. 灰绿色纸片状页岩与紫色薄层粉砂岩互层 …… 4.40m
10. 黄绿色纸片状页岩夹浅灰色粉砂质页岩与薄层粉砂岩组成韵律层 …… 6.77m
9. 灰色薄层粉砂岩与黄绿色纸片状页岩组成韵律层，底部有灰岩透镜体 …… 9.63m
8. 灰绿色纸片状页岩夹灰绿色薄层粉砂质岩 …… 2.91m
7. 黄绿色纸片状页岩夹绿色薄层粉砂岩，向上粉砂岩增多 …… 6.20m
6. 深灰色夹黄绿色纸片状页岩，中上部有一层粉砂质页岩 …… 6.30m
5. 灰绿色薄层状页岩夹粉砂质页岩，含宏观藻类化石 …… 2.31m
4. 深灰色纸片状页岩，底部粉砂质页岩 …… 2.40m
3. 杂色纸片状页岩夹粉砂岩透镜体 …… 2.47m
2. 含褐铁矿结核的杂色纸片状页岩 …… 2.82m
1. 黄褐色中薄层含砾褐铁矿层，底部铁锰质黏土岩 …… 1.69m

———— 平行不整合 ————

下伏铁岭组二段（Jxt^2）：细晶白云岩

53. 青白口群龙山组（Qb*l*）剖面

怀来县龙凤山西坡青白口纪龙山组实测剖面（据杜汝霖等，2009，略有修改）（图1－50）为代表性剖面。建组剖面（标准剖面）位于北京市昌平区龙山。

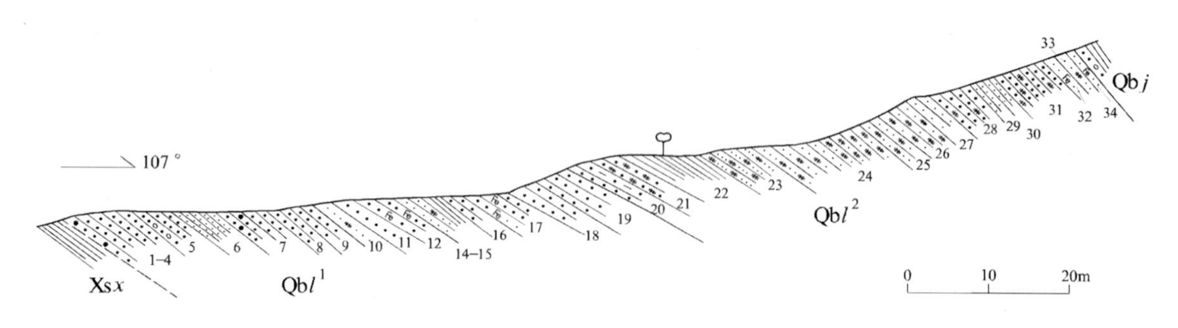

图 1-50　怀来县龙凤山西坡青白口纪龙山组实测剖面图

上覆景儿峪组(Qb*j*)：黄色厚层含砾砂岩

——————整合或平行不整合————

龙山组二段(Qb*l*²)：…… 36.2m

34. 紫红色薄层含铁质细粒石英岩状砂岩夹少量页岩 …… 0.53m
33. 灰绿色薄层含海绿石质细砂岩夹纸片状页岩 …… 0.73m
32. 紫红色薄层含铁质细砂岩与灰白色薄板状中细粒石英砂岩互层 …… 1.34m
31. 灰黑色、灰紫色中厚层含海绿石中细粒石英砂岩 …… 4.49m
30. 浅灰色中厚层含海绿石石英砂岩与薄层石英砂岩互层 …… 1.15m
29. 下部灰绿色中薄层含海绿石细砂岩，向上渐变为紫红色中粗粒石英砂岩 …… 1.66m
28. 紫红色中层含海绿石中粒石英砂岩夹纸片状页岩 …… 2.99m
27. 灰绿色中厚层含海绿石细砂岩夹黄绿色薄层粉砂岩 …… 1.78m
26. 黄绿色中薄层含海绿石细砂岩夹纸片状页岩 …… 2.40m
25. 黄绿色含海绿石细砂岩与黄绿色页岩互层 …… 1.80m
24. 黄绿色薄层含海绿石细砂岩 …… 5.74m
23. 灰绿色薄层含海绿石粉砂岩及含海绿石细砂岩 …… 3.07m
22. 黄绿色薄层含泥质粉砂岩夹黑色粉砂质页岩及页岩，含宏观藻类 *Longfengshania*，*Chuaria*，*Shouhsienia* 等；微古植物 *Archaeofavosina* sp.，*Kildinella sinica* Tim.，*Asperatopsophosphaera bacca* Luo，*Orygmatasphaeridium* sp.，*Polyporata obsolete* Sin et Liu 等 …… 3.45m
21. 黄绿色薄层含海绿石粉砂岩 …… 2.85m
20. 灰绿色薄层含海绿石粉砂岩与黑色页岩互层 …… 2.18m

——————整　合——————

龙山组一段(Qb*l*¹)：…… 33.9m

19. 棕灰色、灰白色厚层中粒石英砂岩 …… 3.88m
18. 黄灰色中薄层石英砂岩夹粉砂岩 …… 1.11m
17. 棕灰色巨厚层含铁质中细粒石英砂岩 …… 3.97m
16. 棕灰色薄层石英砂岩 …… 0.76m
15. 黄绿色薄板状含海绿石细砂岩夹黑色页岩 …… 1.26m
14. 灰色中层含铁质中细粒石英砂岩 …… 0.88m
13. 黄绿色薄板状粉砂岩夹黑色页岩 …… 0.97m
12. 棕灰色薄层含铁质中粒石英砂岩 …… 1.00m
11. 灰黑色厚层中粒石英砂岩 …… 2.49m
10. 黄褐色中薄层海绿石细砂岩 …… 2.58m
9. 灰色中粗粒石英砂岩夹薄层细砂岩 …… 2.05m
8. 灰黑色中粗粒石英砂岩 …… 2.05m
7. 灰黑色中薄层含砾中粗粒石英砂岩 …… 2.30m

6.灰黑色中厚层细粒石英砂岩 …………………………………………………………………… 2.89m
5.灰黑色中层含铁质结核含砾粗粒石英砂岩 ……………………………………………………… 1.84m
4.灰黑色中厚层中粗粒石英砂岩 ………………………………………………………………… 1.05m
3.灰黑色中薄层中粗粒石英砂岩 ………………………………………………………………… 1.05m
2.灰黑色薄层中粗粒石英砂岩 …………………………………………………………………… 0.88m
1.灰黑色中厚层含砾含铁质中粗粒石英砂岩 ……………………………………………………… 0.91m

———— 平行不整合 ————

下伏下马岭组(Xsx):灰绿色页岩

54. 青白口群景儿峪组(Qbj)剖面

天津市蓟县西景儿峪村青白口纪景儿峪组剖面(图1-51)为建组剖面(据河北省1:25万承德幅报告,2000)。

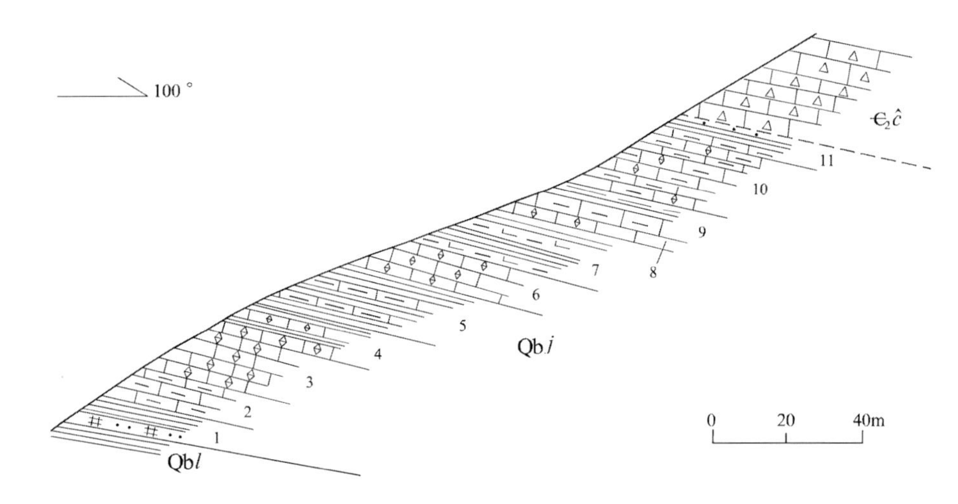

图1-51　蓟县西景儿峪村青白口纪景儿峪组剖面图

上覆昌平组($\in_2\hat{c}$):灰色厚层、块状沥青质灰岩

———— 平行不整合 ————

景儿峪组(Qbj): ………………………………………………………………………………… 103.86m
11.紫红色页岩夹透镜状泥灰岩,顶部局部发育紫红色含砾砂岩 ………………………………… 4.17m
10.黄绿色纹层状泥质泥晶灰岩 ………………………………………………………………… 14.33m
9.青灰色纹层状泥质泥晶灰岩与灰色页岩互层 …………………………………………………… 7.5m
8.灰白色中薄层泥质泥晶灰岩 …………………………………………………………………… 3.0m
7.青灰色、黄绿色极薄层钙质泥岩 ………………………………………………………………… 16.5m
6.灰白色中薄层泥晶灰岩,层内发育羽状、帚状交错层理、脉状层理和波状层理 ………………… 8.0m
5.灰色薄层泥质泥晶灰岩与黄绿色极薄层钙质泥岩互层 ………………………………………… 12.5m
4.灰色中薄层泥晶灰岩与灰色薄层钙质页岩组成高频韵律,泥晶灰岩层内发育潮汐层理、小型交错层理 …… 5.9m
3.浅灰色中薄层泥晶灰岩,层内具缝合线 ………………………………………………………… 14.96m
2.粉红色薄层泥质泥晶灰岩与页岩互层 …………………………………………………………… 8.84m
1.下部深绿色中厚层中粗粒海绿石石英砂岩,中部紫红色中薄层含海绿石石英钙质泥岩,上部薄层钙质泥岩
…… 8.16m

———— 整合 ————

下伏龙山组(Qbl):紫红色钙质泥岩夹灰绿色海绿石石英砂岩

(三)寒武纪—奥陶纪岩石地层

55. 昌平组($\in_2\hat{c}$)剖面

古冶区赵各庄长山沟中寒武世昌平组剖面(图 1-52)为代表性剖面(据 1∶25 万天津幅报告,2005)。建组剖面位于北京市昌平区龙山。

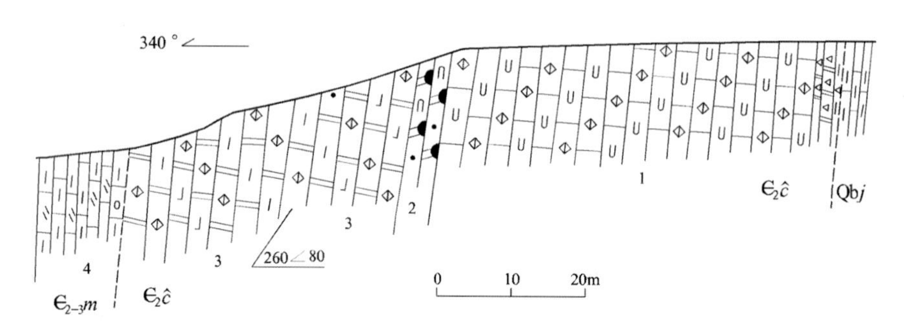

图 1-52 古冶区赵各庄长山沟中寒武世昌平组实测剖面图

上覆馒头组($\in_{2-3}m$):紫红色含白云质泥灰岩,底部含砂砾

———— 平行不整合 ————

昌平组($\in_2\hat{c}$):…… 93.7m

3. 灰白色巨厚层泥晶钙质白云岩,具球粒,局部含泥纹及少量砂粒 …… 38.6m
2. 浅灰色厚层粉晶白云岩,含大量燧石团块,含砂砾 …… 4.0m
1. 褐灰(深灰)色巨厚层豹皮状泥晶灰岩,底部为不稳定的含角砾泥晶钙质白云岩,其下为不稳定的土黄色含砾泥岩,厚约 10cm。下部产 *Redlichia* sp. 和 *Megapalaeolenus* sp. …… 51.1m

———— 平行不整合 ————

下伏景儿峪组(Qbj):灰紫色薄板状泥质灰岩

56. 馒头组($\in_{2-3}m$)剖面

古冶区赵各庄东域山中晚寒武世馒头组—早奥陶世冶里组实测剖面(图 1-53)为代表性剖面(据 1∶25万天津幅报告,2005)

上覆张夏组($\in_3\hat{z}$):灰色中厚层泥晶鲕粒灰岩夹薄层泥质粉砂岩

———— 整 合 ————

馒头组($\in_{2-3}m$):…… 232.1m

25. 紫褐色泥质粉砂岩 …… 2.1m
24. 第四纪黄土覆盖,推测与 23 层相同 …… 10.40m
23. 暗紫色页岩夹薄层泥质粉砂岩。产 *Proasaphiscus* sp., *Manchuriella* …… 29.2m
22. 灰色粉晶鲕粒灰岩。产三叶虫 *Bailiella* sp., *Proasaphiscus* sp., *Solenoparia* sp. …… 0.70m
21. 上部暗紫色钙质粉砂岩;下部暗紫色页岩;富含云母,夹数层薄板状钙质细砂岩及砂质泥晶灰岩。产 *Proasaphiscus* sp. 及 *Acrothele* sp. …… 40.6m
20. 紫色页岩夹数层厚 2~10cm 的绿色页岩,中部夹厚 0.8m 的细砂岩,顶部为一层厚 0.4m 的绿色泥晶鲕粒泥质灰岩透镜体。近底部产 *Elrarhia* sp. …… 15.90m
19. 暗紫色页岩,中部夹 5 层绿色页岩及薄层含云母细砂岩,顶部夹厚 0.8m 的紫色页岩。产三叶虫 *Poriagraulos* sp., *Wuania* sp., *Eosoptychoparia* sp. 等;腕足类 *Lingulella* sp. …… 13.60m
18. 紫色粉砂质云母页岩,中部夹厚 0.5m 的粉砂质泥岩 …… 3.0m

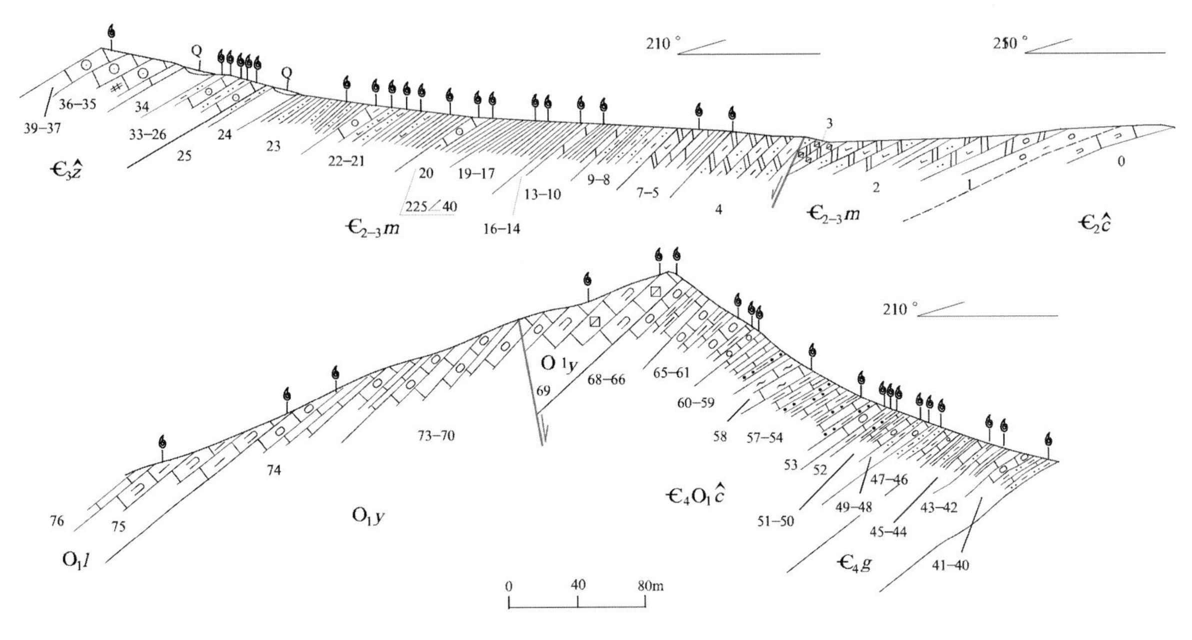

图 1-53 古冶区赵各庄东域山中晚寒武世馒头组—早奥陶世冶里组实测剖面图

O_1l-亮甲山组;O_1y-冶里组;$\in_4O_1\hat{c}$-炒米店组;$\in_4g$-崮山组;$\in_3\hat{z}$-张夏组;$\in_{2-3}m$-馒头组;$\in_2\hat{c}$-昌平组

17. 黄色含云母泥质粉砂岩,沿层面有铁质薄膜 …… 1.20m
16. 暗紫色薄层页岩,含云母片。产三叶虫 *Shantungaspis* sp.,*Psilostracus* sp. 等 …… 1.8m
15. 紫色页岩,富含云母片,中部夹厚 0.3m 的泥晶灰岩 …… 1.8m
14. 紫色含云母粉砂质页岩 …… 1.2m
13. 紫色薄层泥质页岩,顶部为一层厚 0.5m 的黄绿色泥晶含白云质泥灰岩。产三叶虫 *Shantungaspis* sp.,*S. aelis*,*Luaspides* sp. …… 14.20m
12. 灰绿色薄层与微薄层含粉砂粉晶球粒泥灰岩互层 …… 0.7m
11. 顶部紫色—灰绿色页岩,上部紫红色页岩,下部紫红色薄层含海绿石粉砂质泥晶泥灰岩。产三叶虫 *Shantungaspis* sp.,*Proboqmaniella* sp.,*Proboqmamia* sp.,*Ptychoparia* gen. nov.,*Ptychopa-ria fungi* aff.,*Ptychoparia*? *fongi* …… 1.50m
10. 灰黄色中—薄层含砂粉晶泥钙质白云岩,顶部含海绿石 …… 0.8m
9. 紫红色薄层泥钙质粉砂岩,上部夹紫红色页岩 …… 15.60m
8. 第四纪黄土覆盖,经追索为紫红色泥钙质粉砂岩、灰紫色粉砂质页岩与灰色薄层泥晶灰岩互层 …… 6.9m
7. 上部灰黑色厚层粉晶泥钙质白云岩,下部黄灰色中薄层粉晶白云质泥灰岩 …… 6.2m
6. 黄灰色薄层粉晶白云质泥灰岩夹钙质页岩,二者构成 15 个韵律。产三叶虫 *Kunmingaspis* sp. …… 1.2m
5. 灰紫色钙质页岩夹薄层含粉砂粉晶质泥灰岩,二者构成 5 个韵律。产三叶虫 *Ptychoparids* gen. et sp. …… 120m
4. 紫红(砖红)色薄层含粉砂粉晶铁泥质白云岩,近顶部夹 3 层绿色钙质页岩 …… 21.20m
3. 灰白色中厚—薄层含凝块泥晶白云岩 …… 1.8m
2. 紫红色含粉砂粉晶含铁泥钙质白云岩夹少量紫色钙质页岩,前者底部含砂、砾 …… 23.60m
1. 灰白色含泥云钙质砾岩 …… 0.2m

———— 平行不整合 ————

下伏昌平组($\in_2\hat{c}$):巨厚层豹皮状泥晶白云质灰岩

57. 张夏组($\in_3\hat{z}$)剖面

古冶区赵各庄东域山中晚寒武世馒头组—早奥陶世冶里组实测剖面(见图 1-53)为代表性剖面。建组剖面位于山东省长清县张夏镇。

上覆崮山组($\in_4g$):灰紫色薄层泥质粉砂岩夹灰紫色粉—细晶泥质灰岩

——————— 整 合 ———————

张夏组($\in_3\hat{z}$): …… 78.6m

39. 灰色薄层泥晶泥质灰岩,产三叶虫 *Damesella* sp.,*Aojia* sp.,*Solenoparia* sp. 等 …… 1.30m
38. 浅灰色厚层泥晶生屑鲕粒白云质灰岩,含较多的泥质条纹。含三叶虫 *Aojia* sp.,*Solenoparia* sp. …… 6.60m
37. 灰色薄层泥晶泥质灰岩 …… 2.10m
36. 浅灰色中厚层泥晶鲕粒灰岩,含少量泥质条纹及海绿石,向上白云石增多 …… 28.10m
35. 灰色薄层含泥质条带泥晶灰岩 …… 4.20m
34. 第四系覆盖(推测为灰色薄层泥晶灰岩) …… 16.90m
33. 棕褐色泥质粉砂岩夹薄层泥晶灰岩 …… 1.10m
32. 灰色中厚层泥晶鲕粒灰岩夹薄层泥晶灰岩及黄绿色泥质粉砂岩。鲕粒灰岩中含许多海绿石及三叶虫化石 *Dorypyye* sp.,*Lisania* sp.,*Aojia* sp.,*Amphoton* sp. 等 …… 3.10m
31. 紫褐色、黄绿色泥质粉砂岩及薄层泥晶灰岩互层,构成3个韵律。含 *Fuchouia* sp. …… 1.50m
30. 灰色中厚层泥晶鲕粒灰岩,含少量海绿石及三叶虫化石 *Lisania* sp.,*Dorypyye* sp. 等 …… 1.20m
29. 紫褐色泥质粉砂岩夹页岩,薄层泥晶灰岩及2层中厚层泥晶鲕粒灰岩。产三叶虫 *Lisania* sp.,*Peronopsis* sp. …… 6.10m
28. 厚层泥晶鲕粒灰岩,含少量海绿石及三叶虫化石 *Manchuriella* sp.,*Proasphiscus* sp. 等 …… 3.70m
27. 棕褐色泥质粉砂岩。产三叶虫 *Proasphiscus* sp.(或 *Liaoyangaspis*? sp.) …… 1.20m
26. 灰色泥晶鲕粒灰岩夹薄层泥质粉砂岩 …… 1.50m

——————— 整 合 ———————

下伏馒头组($\in_{2-3}m$):紫褐色泥质粉砂岩

58. 崮山组($\in_4g$)剖面

古冶区赵各庄东域山中晚寒武世馒头组—早奥陶世冶里组实测剖面(见图1-53)为代表性剖面。建组剖面位于山东省长清县崮山。

上覆炒米店组($\in_4O_1\hat{c}$):紫色泥晶砾屑灰岩

——————— 整 合 ———————

崮山组($\in_4g$): …… 45.8m

45. 灰色泥质粉砂岩、泥质页岩及紫灰色薄层泥晶灰岩互层 …… 11.80m
44. 上部灰色薄层泥晶灰岩夹少量泥质粉砂岩,下部泥质粉砂岩。产三叶虫 *Homagnostus* sp.,*Liaoningaspis* sp.,*Liostracina* sp. …… 7.10m
43. 灰褐色薄层粉—细晶含白云质泥质灰岩夹少许紫色页岩。产三叶虫 *Blackwelderia* sp. …… 5.70m
42. 浅灰色粉晶泥质灰岩,具少量浅黄色泥质条带 …… 5.70m
41. 灰紫色中厚层泥晶泥质砾屑灰岩与灰紫色泥质粉砂岩互层 …… 5.30m
40. 灰紫色薄层泥质粉砂岩夹灰紫色粉—细晶泥质灰岩。产三叶虫 *Cycloolrenzella* sp.,*Chiawangella* sp.,*Lisania* sp.,*Homagnostus* sp.,*Pseudognostus* sp. …… 10.20m

——————— 整 合 ———————

下伏张夏组($\in_3\hat{z}$):灰色薄层泥晶泥质灰岩

59. 炒米店组($\in_4O_1\hat{c}$、$\in_4\hat{c}$)剖面

(1)古冶区赵各庄东域山中晚寒武世馒头组—早奥陶世冶里组实测剖面(见图1-53)为代表性剖面。建组剖面位于山东省长清县炒米店村。

上覆冶里组(O_1y):灰褐色厚层粉晶灰岩,具生物扰动而成的豹皮状构造,向上泥质成分增高

——————— 整 合 ———————

炒米店组($\in_4O_1\hat{c}$):…………………………………………………………………… 169m

68. 深灰色中厚层砾屑灰岩夹浅灰色薄层泥晶泥质灰岩 …………………………………………… 3.4m

67. 灰色薄层泥晶泥质灰岩夹2～3层中厚层砾屑灰岩 …………………………………………… 13.4m

66. 厚层泥晶灰岩,含少量泥质条纹及黄铁矿假晶 ……………………………………………… 2.4m

65. 深灰色薄板状夹页片状泥晶泥质灰岩,底部及顶部均夹砾屑灰岩。产笔石 *Dictyonema* ex. gr *flabelliforme*, *Callograprus chrysanthemoides* …………………………………………………………… 8.3m

64. 深灰色薄层夹厚层泥晶泥质灰岩,顶部为灰绿色薄板状泥晶灰岩,夹页岩及砾屑灰岩透镜体 ………… 3.4m

63. 砾屑灰岩夹薄板状泥质条带泥晶灰岩。2层产三叶虫,中部产 *Yosimuaspis* sp.;下部产 *Pseudokoldinioidia* sp. …………………………………………………………………………… 20.6m

62. 深灰色薄层夹厚层泥晶泥质灰岩,顶部为灰绿色薄板状泥晶灰岩夹页岩及砾屑灰岩透镜体。产三叶虫 *Mictossaukia orientalis*, *M. Luanhensis* 等 ………………………………………………… 3.4m

61. 灰紫色内砾屑灰岩(枣状灰岩),砾浑圆,砾径一般为1～3cm,被土黄色氧化圈所包裹 …………… 1.0m

60. 浅灰色薄板状泥晶灰岩夹厚层泥晶灰岩,均含泥质条纹 ……………………………………… 16.3m

59. 浅灰色薄层泥质泥晶灰岩与泥质粉砂岩互层,产三叶虫、腕足类 …………………………… 6.3m

58. 灰色厚层泥晶灰岩,含黄色泥质条纹。产三叶虫及腕足类 *Obolus* sp. ………………………… 13.7m

57. 灰色薄板状泥晶泥质灰岩夹少许泥晶砾屑灰岩,前者具泥质条带 …………………………… 9.3m

56. 灰紫色泥质粉砂岩 ……………………………………………………………………… 6.6m

55. 浅灰色薄板状泥晶泥灰岩夹少许灰绿—灰紫色泥质粉砂岩。前者具泥质条带 ……………… 8.3m

54. 灰紫色泥质粉砂岩,底部夹少量薄层灰岩。含 *Quadraticephalus* sp., *Haniwa quadata*, *Kobayashi*, *Tsinania* sp., *Saukia* sp. ………………………………………………………… 11.2m

53. 灰色薄板状泥晶泥质灰岩,具褐黄色泥质条带,底部为泥晶砾屑灰岩。产三叶虫 *Tsinania* sp. ………… 5.6m

52. 上部黄灰色薄板状泥晶泥质灰岩与薄层泥晶灰岩互层,下部黄绿色泥质粉砂岩与薄层泥晶灰岩互层。产三叶虫 *Kaoliskania* sp. *K. pustulosa* Sun. ……………………………………………… 3.2m

51. 紫色薄层泥质粉砂岩及泥质页岩。产三叶虫 *Changshania* sp., *Pseudagnostus* sp.;腕足类 *Obolus* sp., *Lingulobtus* sp. …………………………………………………………………… 1.6m

50. 黄绿色薄板状粉晶泥质白云质灰岩与泥晶砾屑灰岩互层 …………………………………… 10.4m

49. 紫红色泥质粉砂岩与中厚层泥晶砾屑灰岩互层,顶部为黄绿泥质粉砂岩。产三叶虫 *Homagnostus* sp., *Changshania* sp., *C. conica* Sun, *Irvingella* sp. ……………………………………… 4.8m

48. 紫色泥晶砾屑灰岩,顶部含铁。产三叶虫 *Changuia* sp. ………………………………………… 3.2m

47. 灰紫色薄层泥质粉砂岩夹紫灰色薄层粉晶灰岩及一层泥晶砾屑灰岩。产三叶虫 *Diceratocephalus* sp. … 5.5m

46. 浅灰色薄层泥质条带泥晶泥质灰岩夹含海绿石鲕粒灰岩。产三叶虫 *Ltostracina* sp., *Stephanocarc* sp., *Cyclolorenzella* sp. ……………………………………………………………… 7.1m

——————— 整 合 ———————

下伏崮山组($\in_2g$):灰紫色泥质页岩

(2)磁县虎皮脑末寒武世炒米店组剖面(图1-54)为代表性剖面。

上覆三山子组($\in_4O_1s$):灰色中厚层夹薄层白云岩

——————— 整 合 ———————

炒米店组($\in_4\hat{c}$)………………………………………………………………………… 53.9m

5. 灰色中层白云质灰岩 ……………………………………………………………………… 5.9m

4. 灰色花斑细晶白云质灰岩 ………………………………………………………………… 20.4m

3. 灰色砾屑灰岩、泥质条带灰岩 …………………………………………………………… 5.9m

2. 灰色含藻灰岩 ………………………………………………………………………………………… 3.9m

1. 灰色鲕粒灰岩与泥质条带灰岩互层 ………………………………………………………………… 17.8m

——————— 整 合 ———————

下伏崮山组($\in_4 g$):灰紫色泥质页岩

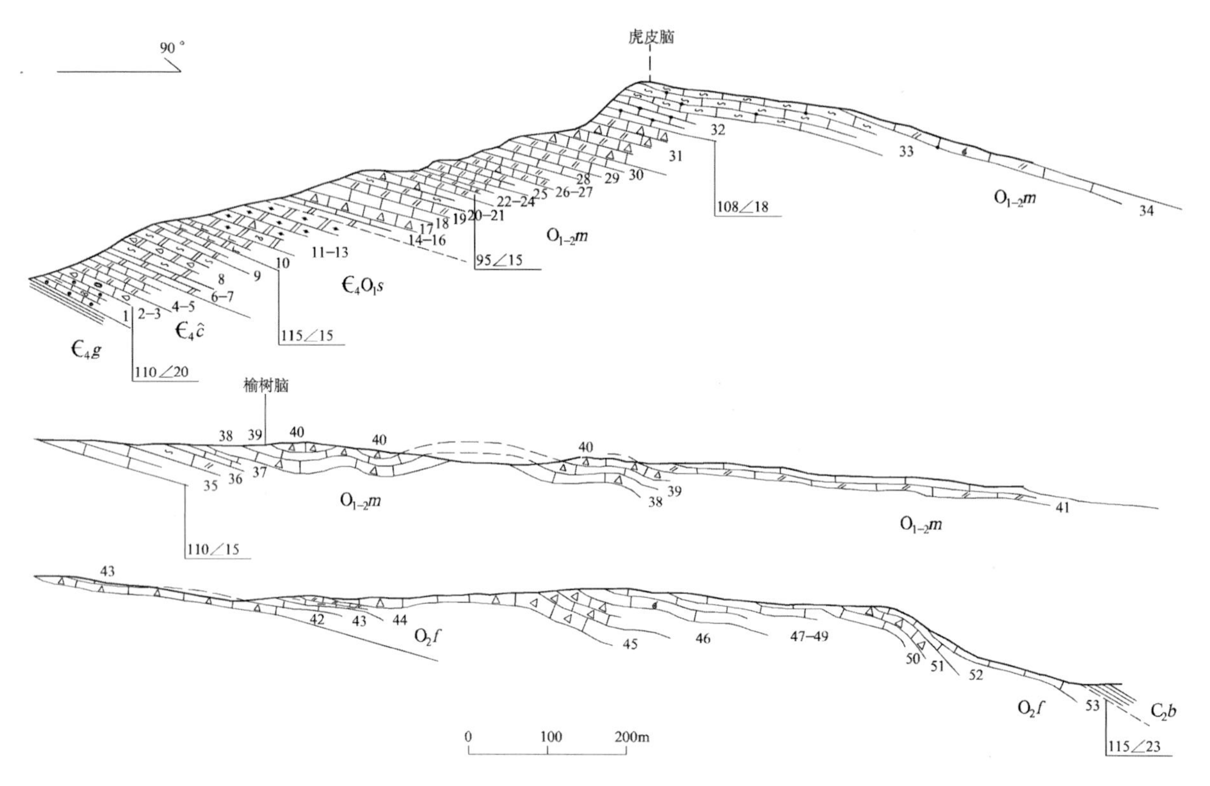

图 1-54 磁县虎皮脑末寒武世炒米店组至中奥陶世峰峰组实测剖面图

60. 三山子组($\in_4 O_1 s$)剖面

(1)井陉县北良都末寒武世至早奥陶世三山子组实测剖面(图 1-55)为代表性剖面。建组剖面位于江苏省铜山县三山子山。

上覆马家沟组($O_{1-2} m$):浅灰色页片状白云岩

———— 平行不整合 ————

三山子组($\in_4 O_1 s$):……………………………………………………………………………………… 262.2m

28. 底部为厚 1m 的燧石细晶白云岩,其上为浅黄色中厚层夹薄层细晶泥质白云岩 ……………………… 12.7m

27. 底部为厚 2m 的黄灰色角砾状泥质白云岩,其上为黄灰色中厚层、薄层含燧石细晶泥质白云岩 ………… 15.7m

26. 下部为黄灰色中厚层微晶泥质白云岩;上部为黄灰色角砾状泥质白云岩 ……………………………… 11.0m

25. 底部为灰色、黄灰色中厚层含燧石白云岩;中部为灰色、黄灰色中厚层白云岩;上部为灰色、黄灰色中厚层夹薄层白云岩 ……………………………………………………………………………………………… 20.5m

24. 灰色薄层夹中厚层细晶白云岩,局部含燧石 ……………………………………………………………… 30.2m

23. 黄灰色中厚层夹厚层含燧石细晶白云岩 ………………………………………………………………… 12.0m

22. 浅灰色厚层含燧石细晶白云岩,其底为厚 20cm 的硅质岩 ……………………………………………… 4.8m

21. 黄灰色中厚层夹薄层含燧石中晶白云岩 ………………………………………………………………… 10.6m

20. 灰色中厚层夹薄层含燧石细晶白云岩 …………………………………………………………………… 9.1m

19. 深灰色中厚层含生物碎屑燧石中晶白云岩。产头足类化石等 ………………………………………… 1.2m

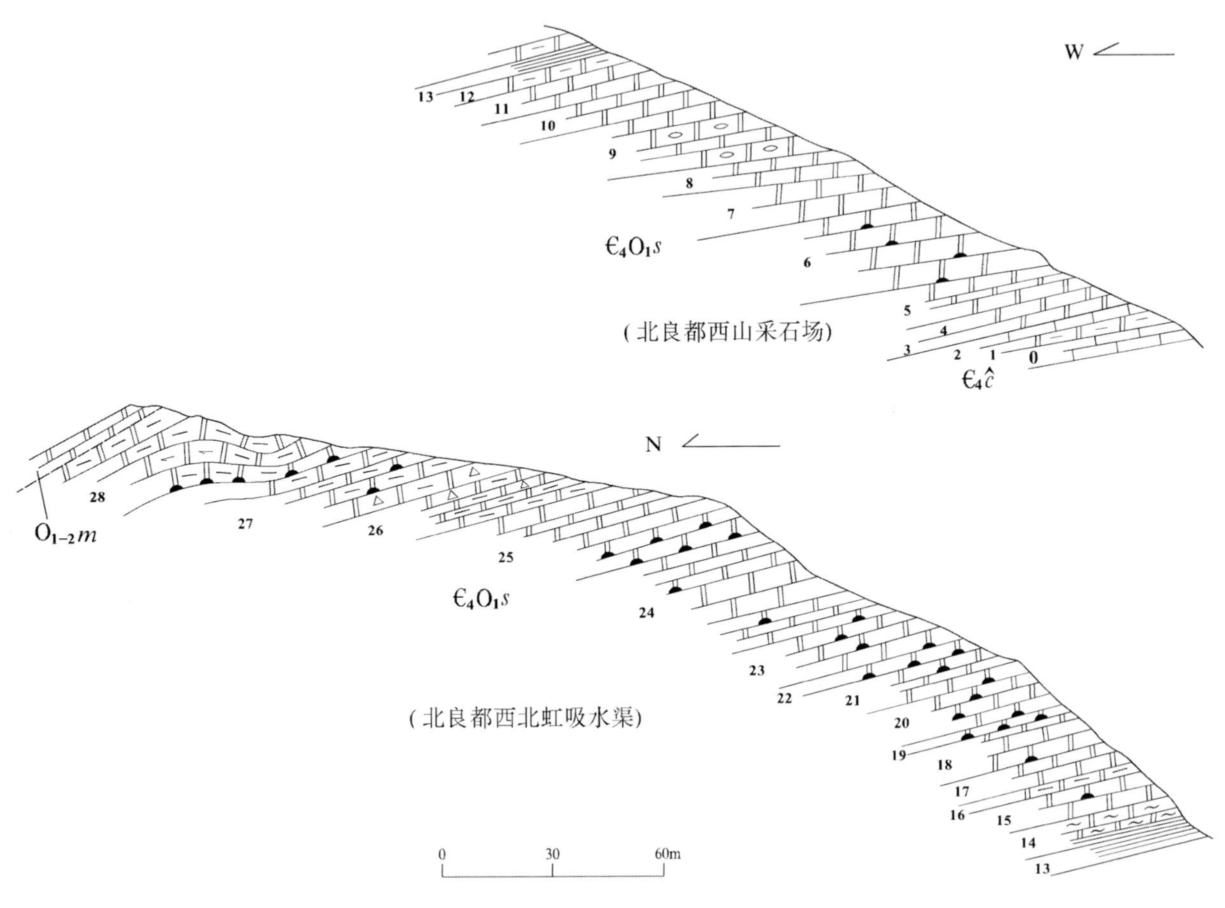

图 1-55 井陉县北良都末寒武世至早奥陶世三山子组实测剖面图

18. 灰色、浅灰色厚层、中厚层细晶白云岩,偶见燧石团块 …… 10.5m

17. 黑灰色厚层、中厚层中晶白云岩 …… 6.7m

16. 灰白色、浅灰色厚层、中厚层泥质中晶白云岩 …… 2.4m

15. 深灰色厚层中晶白云岩,局部含燧石团块。产 *Cameroceras* sp. …… 6.7m

14. 黄灰色、灰色厚层细晶白云岩夹白云质泥质条纹中晶白云岩,局部见小竹叶状白云岩。底部夹 2 层厚约 10cm 黄绿色页岩。产笔石 *Dictyonema scopulatum*,*Dendrograptus* sp. …… 6.7m

13. 黄绿色白云岩化页岩夹黄灰色薄—厚层白云岩。产三叶虫 *Asaphellustrinodosus*,*Hystricurus* sp.;笔石 *Dictyonema umforme*,*D. scopulatum*,*D.* spp. 等,腕足 *Obolus* sp.,*Orthis* sp.;软舌螺 *Hyolithes* sp. 等 …… 3.7m

12. 灰黄色中厚层夹薄层泥质条带白云岩。产笔石 *Callograptus*? *taitzehoensis*,*C. copactus*(Walcott),*C.* cf. *sinicrs*,*Dictyonema* spp. 等;腕足 *Lingulla* sp. …… 4.4m

11. 紫灰色薄—中厚层泥质白云岩 …… 7.4m

10. 黄灰色薄板状泥质白云岩 …… 8.6m

9. 灰色薄板状泥质白云岩与薄层砾屑白云岩、结晶白云岩互层。产三叶虫 *Pseudokainella* sp.;笔石 *Callograptus* sp.;腕足:*Lingulepis* sp. …… 17.4m

8. 灰色、黄灰色中厚层夹薄层中晶白云岩 …… 6.8m

7. 粉灰色中厚层粗晶白云岩。底部为厚 25cm 的灰白色薄层结晶白云岩 …… 8.3m

6. 灰黄色、灰白色巨厚—厚层中晶白云岩,含少量燧石团块 …… 23.2m

5. 粉灰色中厚层夹薄层细—中晶白云岩 …… 10.5m

4. 粉红色中厚层夹薄层中—细晶白云岩,底部为厚 20cm 的砾屑白云岩 …… 6.0m

3. 黄灰色薄层细—中晶白云岩。底部为 20cm 厚的砾屑白云岩。产笔石 *Callograptus staufferi* Ruedemann,*C. antiquus* Ruedemann,*C. minusculus* 等 …… 5.1m

——————— 整 合 ———————

下伏炒米店组($\in_4\hat{c}$)：灰色薄层泥质条纹含白云石生物灰岩夹灰色中厚层砾屑灰岩

(2)磁县虎皮脑末寒武世至早奥陶世三山子组剖面(见图1-54)为代表性剖面。

上覆马家沟组($O_{1-2}m$)：浅灰色钙质石英砂岩

— — — — 平行不整合 — — — —

三山子组($\in_4O_1s$)：…………………………………………………………………… 108.5m

13. 灰白色含燧石结核微晶白云岩 ……………………………………………………… 28.3m

12. 灰色含燧石角砾白云岩 ……………………………………………………………… 9.5m

11. 黄灰色含燧石条带细晶白云岩 ……………………………………………………… 5.1m

10. 灰色薄层钙质白云岩 ………………………………………………………………… 11.8m

9. 黄灰色中层细晶白云岩 ……………………………………………………………… 11.2m

8. 黄灰色蠕虫状白云岩夹竹叶状白云岩 ……………………………………………… 29.4m

7. 灰色中层细晶白云岩 ………………………………………………………………… 4.6m

6. 灰色中层夹薄层细晶白云岩 ………………………………………………………… 8.6m

——————— 整 合 ———————

炒米店组($\in_4\hat{c}$)：灰色中层白云质灰岩

61. 冶里组(O_1y)剖面

古冶区赵各庄长山奥陶纪冶里组—马家沟组实测剖面(图1-56)为代表性剖面(据1∶25万天津幅报告，2005)。建组剖面位于唐山市开平镇。

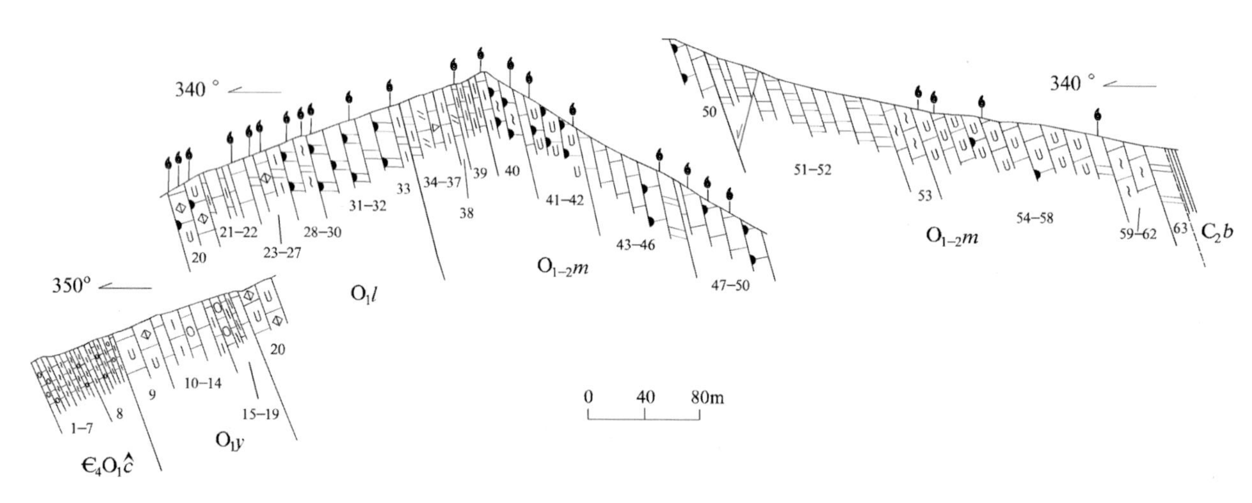

图1-56 古冶区赵各庄长山奥陶纪冶里组—马家沟组实测剖面图

上覆亮甲山组(O_1l)：浅灰色巨厚层粉晶团块(凝块)灰岩，具豹皮状构造等

——————— 整 合 ———————

冶里组(O_1y)：…………………………………………………………………………… 96.9m

19. 灰色厚层泥晶生屑白云质灰岩，具泥质条纹，顶部有一层厚15cm的浅绿色钙质页岩。产腹足类 *Maclurites* sp. ……………………………………………………………………………… 3m

18. 灰白色含海绿石粉晶灰岩，夹0.5m厚的泥质条带灰岩。产三叶虫 *Asaphellus*sp.，*Hystricurus* sp.，*Pcnchiaspis* sp.，*Endoaspis rectangulosa*；腹足类 *Maciuriscs* sp.；腕足类 *Acrothele* sp. ……………… 3.5m

17. 灰色厚层夹薄层泥晶泥质灰岩，均具泥质条纹及条带，顶部为厚0.3m的砾屑灰岩 ……………… 2.0m

16. 灰色薄—中厚层泥晶泥质灰岩与灰色中厚层泥晶砾屑灰岩互层。前者具泥质条纹及条带，产3层牙形刺：上层 *Scolopodus guadraplicatus*，*S. bassleri*；中层 *Scolopodus Guadraplicatus*，*S. iowensis*，*S. bassleri* 等；下层 *Scolopodus bassleri*，*Drepanodus acutus* ………… 11.3m

15. 灰色中厚层泥晶砾屑灰岩，砾屑大者1cm×8cm，小者0.2cm×1.5cm，略具定向排列 ………… 2.5m

14. 灰色中厚层泥晶泥质灰岩夹泥晶砾屑灰岩及数层10～20cm的暗绿色页岩，泥晶泥质灰岩具泥质条带及条纹。产2层化石，彼此仅隔1m，上层产笔石 *Callograptus sinoregularis*；三叶虫 *Asaphellus* sp.；下层产笔石 *Dendrograptus ywangi*，*D. flexiramis*，*Dictyonema uniforme primitivum* 等；三叶虫 *Asaphellu-strinodosus*，*Apatokephalus* sp. 等 ………… 5.9m

13. 灰色厚层泥晶灰岩，具泥质条纹，顶部产头足类碎片及3层牙形刺，从上至下：*Teridontus nakamurai*；*Scolopodus bassleri*，"*Acodus*" *oneotensis*，*Scolopodus pingganensis*；*Scolopodus bassleri*，*Acodus oneotensis*，*Scolopodus pingganensis*，*Drepanodusacutus*，*Acantiodus*，*Liaoningensis* ………… 10.8m

12. 灰色薄层泥质条带泥晶灰岩，夹中厚层泥晶砾屑灰岩。产牙形刺 *Drepanodus simplex*，*Scolopodus bassleri*，"*Acodus*"*oneotensis* ………… 5.9m

11. 灰色厚层泥晶泥质灰岩，具黄色泥质条纹、条带及纹理，产2层牙形刺，上层 *Chosonodina herfurthi*，*Drepanodus simplex*，"*Acodus*" *oneotensis*，*Drcpanodus Suberectus*；下层 *Chosonodina herfurthi*，*Drepanodus simplex* ………… 14.7m

10. 灰色泥晶灰岩，具黄色泥质条带 ………… 6.9m

9. 灰色巨厚层泥晶灰岩，具生物扰动而成的豹皮状构造，含黄铁矿假晶及小结核。下部含少量燧燧石结核，中上部常夹含海绿石泥晶砾屑灰岩。豹皮构造由黄色泥质所构成，风化后突出岩石表面。燧石呈扁平状或疙瘩状，一般1～2cm，风化后为黄褐色。近顶部泥质成分略有增高。本层灰岩在地貌上形成明显的陡坎。除下部产三叶虫 *Leiostegium*(*Euleiostegium*)*latilimbatum* 外，共产5层牙形刺，从上到下："*Acodus*" *oneotensis*，*Scolopodus bassleri*，*CordyLodus intermedius*；*Drepanodus tenuis*，*Scolopodus bassleri*；*Cordylodus angularus*，*Scolopodus bassler*，"*Acodus*"*Oneotensis*，*Oneotodus graeilis*；*Scolopodus bassleri*，*Cordylodus angulatus*；*Scolopldus bassleri*，*Oneotodus gracilis* ………… 30.4m

——————— 整 合 ———————

下伏炒米店组($\in_4 O_1 \hat{c}$)：灰色薄层泥晶泥质灰岩，夹中厚层泥晶砾屑灰岩，前者具泥质条带

62. 亮甲山组($O_1 l$)剖面

古冶区赵各庄长山奥陶纪冶里组—马家沟组实测剖面(见图1-56)为代表性剖面(据1∶25万天津幅报告，2005)。建组剖面位于抚宁县亮甲山。

上覆马家沟组($O_{1-2} m$)：黄灰色薄层泥—粉晶钙质泥质白云岩，局部含角砾

平行不整合 — — — —

亮甲山组($O_1 l$)：………… 162m

33. 深灰色薄—中厚层粉晶含钙泥质白云岩，局部含角砾，产叠层石和腹足类 *Ophileta* sp. ………… 7.5m

32. 灰色厚层粉晶白云岩，含燧石，下部多呈条带状及结核状，上部呈团块状。产头足类碎片及牙形刺：顶部 *Paraserratognathus paltodiformis*，中部 *Walliserodusethingtoni*，下部 *Paraserratognathus paltodiformis*，*Bergstroemognathus hubeiensis*，*Scolopodus giganteus* ………… 49.2m

31. 灰色厚层粉晶白云岩，产头足类碎片 ………… 4.7m

30. 灰色厚层粉—泥晶白云岩，具花斑状泥纹。产头足类 *Manchuroceras* sp.，*M. yechou* Chengense，*Hopeioceras* sp.；腹足类 *Ophileta* sp. 及牙形刺 *Acontiodus* cf. *Latus* ………… 1.6m

29. 微黄灰色中厚层粉晶白云岩。产头足类碎片 ………… 2.0m

28. 灰色厚层泥—粉晶白云岩。含少量燧石，泥纹较多，具花斑状，底部夹厚10cm左右薄层泥质灰岩。产头足类 *Manchurocerasmanchurense*，*M. wolungense*，*Mcompres sum*，*M. platyventrum*，*Coreanoceras* spp.，*Hopeioceras triangulum* 及古杯类 *Archaeoscyphia* sp.。牙形刺有2层：*Scolopodus mancodatus*，

Bergstroemognathus hubeiensis 等 ………………………………………………………………… 13.7m

27. 灰色厚层粉—细晶含钙质泥质白云岩 ………………………………………………………… 9.2m

26. 灰色中厚层粉—细晶白云岩,含蠕虫状砾屑。产古杯类 *Archaeoscyphia* sp. 及头足类碎片 ……………… 2.0m

25. 黄灰、粉灰色粉—细晶泥质白云岩。产古杯类 *Archaeoscyphia* sp. ……………………………………… 1.6m

24. 灰色中厚层泥晶灰岩,具生物扰动的蠕虫状构造。产古杯类 *Archaeoscyphia* sp. 及牙形刺 2 层:*Drepanodus homocurvatus*,*Bergstroemognathus* sp. ,*Scalpellodustersus* 等 ……………………………… 10.2m

23. 黄灰色厚层粉—细晶白云岩 …………………………………………………………………… 2.0m

22. 浅灰色中厚—厚层生屑砂屑泥晶灰岩夹薄层生屑砂屑泥晶灰岩及极少量砾屑灰岩,灰岩中含泥纹及少量黄铁矿小结核。产头足类 *Campendoccras amplum*;腹足类 *Maclurites* sp. ,*Ophilets* sp. 及牙形刺 2 层:顶部 *Scolopodus rex*,中下部 *Scalpellodus Tarsus*,*Drepanodus homocurvatus* ……………… 17.1m

21. 浅灰色中厚层亮晶生屑粉屑泥晶灰岩与薄层亮晶生屑砂屑泥晶灰岩互层,底部为厚 0.5m 的薄层泥质灰岩。底部产牙形刺 *Scolopodus rex* ………………………………………………………………… 16.7m

20. 浅灰色巨厚层粉晶团块(凝块)灰岩,具豹皮状构造,含少量燧石结核,下部积云状构造发育。产三叶虫 "*Hystricurus*"sp. ,*Lllaenus* sp. ;头足类 *Leptocyrtocerasexile*,*L. curvtum*,*Coreanoceras flaccum*,*Kuminoceras tamgshanense*,*Thangskaxocerescndogastrum*;上部产牙形刺 2 层:*Baltoniodus approximates*;*Scolopodus iowensis* ………………………………………………………………… 24.5m

———— 整 合 ————

下伏冶里组(O_1y):灰色厚层泥晶生屑白云质灰岩,具泥质条纹

63. 马家沟组($O_{1-2}m$)剖面

(1)古冶区赵各庄长山奥陶纪冶里组—马家沟组实测剖面(见图 1-56)为代表性剖面。建组剖面位于唐山市马家沟村。

上覆本溪组(C_2b):铝土质页岩

——— 平行不整合 ————

马家沟组($O_{1-2}m$): ………………………………………………………………………… 512.1m

63. 浅灰黄色厚—巨厚层泥晶钙质白云岩,局部具泥纹及不清晰的层理 ……………………………… 12.8m

62. 灰色巨厚层泥晶灰岩,含少量泥纹,向上泥纹增多,构成豹皮状构造。产牙形刺 *Eoplacognathus* sp. ,*Plectodina onychodonta* ………………………………………………………………………… 7.6m

61. 灰黄色厚—巨厚层豹皮泥晶灰岩。产牙形刺 *Erraticodon tangshanensis*,*Scolopodusnogami* ……………… 6.8m

60. 灰色厚层泥晶灰岩,含少许泥纹。产牙形刺 *Erraticodon tangshanensis* ……………………………… 5.1m

59. 黄灰色厚层含生屑泥晶灰岩,含泥纹 ………………………………………………………… 6.0m

58. 灰色中厚层粉晶白云岩,向上过渡为豹皮灰岩。产头足类 *Kotoceras* sp. ;牙行刺 *Aurilobodus aurilobus* ………………………………………………………………………………… 5.1m

57. 灰色厚层豹皮状含生屑泥晶灰岩,向上白云质成分增高。中、上部产牙形刺 *Aurilobodus aurilobus* …… 32.4m

56. 灰色巨厚层含生屑砂屑白云质灰岩,具豹皮状构造,偶含少量燧石,积云状构造发育。产头足类 *Stereoplasmoceras pseudoseptatum*,*S. machiakouense* 等;层孔虫 *Labechia* sp. ;三叶虫 *Pseudoasaphus* sp. ;下部产牙形刺 *Erraticodon tangshanensis*,*Aurilobodus aurilobus*,*Erraticodon tangshanensis* ………… 62.2m

55. 灰色中厚—厚层泥晶含白云质泥质灰岩,具微细层理,并含少量燧石。产头足类 *Armenoceras coulingi* …… 6.0m

54. 灰褐色微带紫色巨厚层豹皮含生屑泥晶灰岩,含少量燧石。产头足类 *Armenoceras* sp. ……………… 12.6m

53. 灰色厚—巨厚层含砂屑泥晶灰岩,具少量泥纹及燧石 ……………………………………………… 18.1m

52. 浅粉色中厚层泥晶白云岩 …………………………………………………………………… 69.7m

51. 浅灰色中厚层泥晶白云岩,夹厚层泥晶灰岩、薄层泥晶白云质灰岩及不稳定的数层角砾状钙质白云岩 ………………………………………………………………………………………… 29.5m

50. 灰色中厚—厚层泥晶含白云质灰岩,微细纹理发育,下部含燧石 ………………………………… 16.2m

49. 灰色中厚—厚层泥晶含白云质灰岩，具泥纹，中、上部渐变为虫痕状灰岩。产头足类 *Kogenoceras* sp. … 14.4m
48. 灰色中厚—厚层泥晶含白云质灰岩，微细层理发育，偶含少量燧石。产腹足类 *Maclurites* sp.；牙形刺 *Tang shanodus tangshanensis* …… 11.5m
47. 灰白色中厚层云斑泥晶灰岩，夹厚层粉—泥晶白云质灰岩，底部有 0.5m 厚的薄层泥晶泥质灰岩。产头足类 *Actinoceras* sp.；牙形刺 *Tangshanodus tangshanensis* …… 17.3m
46. 灰色中厚层粉晶钙质白云岩，风化后黄灰色。产牙形刺 *Tangshanodus tangshanensis* …… 5.3m
45. 褐灰色中厚层泥晶含白云质灰岩，具泥纹，偶含少量燧石。产头足类碎片及牙形刺 *Oistodus multicorrugtus*，*Rhipidognathus symmetricus* …… 5.3m
44. 灰色中厚层云斑泥晶灰岩，含少量燧石，夹少量泥晶灰岩。产牙形刺 *Tangshanodus tangshanensis* …… 15.1m
43. 浅灰色中厚层含生屑云斑泥晶灰岩，向上过渡为粉晶钙质白云岩。顶部产牙形刺 *Tangshano - dustang shanensis*，下部产牙形刺 *Scolopodusgiganteus* …… 34.4m
42. 灰色中厚—厚层白云质灰岩，具豹皮状构造。向上白云质成分显著增高，且含较多的燧石结核。产头足类 *Kogenoceras nanpiaoense*，*K.* sp.，*Actinoceras* sp. 等，腹足类 *Donaldiella dorotheca*，*Ecculiomphalus*? sp. 等；上部产牙形刺 *Loxodus Dissectus*、*Tangshanodus tangshanensis*；下部产牙形刺 *Loxodus dissectus* … 35.9m
41. 灰色薄层粉—泥晶白云质灰岩，风化面黄色 …… 2.8m
40. 浅灰色中厚层泥晶含白云质泥质灰岩，含泥纹及燧石结核，中、上部微细层理发育。顶部产腹足类 *Ophiletu* sp.；腕足类 *Orthis* sp.；上部产牙形刺 *Rhipidognathus symmetricus*，*Serratognathus* sp.；下部产头足类 *Manchuroceras* sp. 及牙形刺 *Rhipidognathus maggolensis*，*R. symmetricus* …… 24m
39. 浅灰绿色薄层泥晶白云质泥质灰岩。产三叶虫 *Eoisotelus orientalis*；腕足类 *Lingulella* sp. …… 18.4m
38. 浅灰色巨厚层粉—泥晶白云质灰岩。产牙形刺 *Tangshanodus tangshanensis*，*Tangshanodus tangshanensis*，*Oistodus multicorrugatus*，*Rhipidognathus maggolensis*，*R. symmetricus* …… 5.8m
37. 灰色薄—中厚层泥晶泥质白云岩与薄层泥晶钙质泥质白云岩互层，夹角砾状钙质白云岩 …… 12.6m
36. 灰色厚层泥晶白云质泥灰岩，含泥纹及少量燧石，夹不稳定的角砾状泥晶钙质白云岩 …… 10.3m
35. 浅灰绿色薄层粉晶钙质泥质白云岩，含少量角砾 …… 3.8m
34. 黄灰色薄层泥—粉晶钙质泥质白云岩，局部含角砾 …… 4.7m

———— 平行不整合 ————

下伏亮甲山组(O_1l)：深灰色薄—中厚层粉晶含钙泥质白云岩，局部含角砾

(2)磁县虎皮脑早中奥陶世马家沟组剖面(见图 1 - 54)为代表性剖面。

上覆峰峰组(O_2f)：灰白色、肉红色中厚层角砾状灰岩，具石盐、石膏假晶

———— 整 合 ————

马家沟组($O_{1-2}m$)：…… 400.8m
41. 灰色中厚层泥晶灰岩和泥晶球粒含白云质灰岩。产 *Armenoceras* sp.，*Hemipiloceras* sp. …… 17.2m
40. 黄色中厚层角砾状灰岩夹薄层泥晶灰岩和棕色粉晶白云岩 …… 2.4m
39. 灰色薄层泥晶灰岩夹中厚层角砾状灰岩。产 *Tofangoceras* sp. …… 12.9m
38. 灰色中厚层泥晶灰岩夹黄褐色中厚层角砾状灰岩 …… 15.2m
37. 灰色薄板状泥晶灰岩夹中厚层泥晶灰岩。产 *Ormoceras*? sp. …… 16.9m
36. 灰色薄层夹中厚层泥—粉晶白云质灰岩，具蠕虫状虫孔。产 *Paramenoceras* sp.，*Ormoceras*? sp. …… 13.9m
35. 灰色中厚层含球粒泥晶灰岩与黄灰色中厚层泥晶灰岩互层，产 *Discoactinoceras* sp.，*Polydesmia* sp.，*Armenoceras tani*，*A.* cf. *coulingi*，*A.* sp.，*A.* cf. *gurjevskense* 等 …… 26.7m
34. 灰色厚层含生屑团块泥晶灰岩，含燧石结核。产 *Armenoceras* cf. *tani*，*A.* sp.，*A. submarginale*，*Stereo - plasmoceras* sp.，*Ecculiomphalus* sp.，*Ormoceras suanpanoides* 等 …… 9.6m
33. 灰色厚层粉晶球粒灰岩，具生屑鲕粒和砾屑，含燧石结核，富含化石。产 *Armenoceras* sp.，*Stereoplasmoceras* sp. …… 22.6m

32. 灰色厚层、中厚层含生屑球粒泥晶含白云质灰岩，含燧石结核 …… 27.7m
31. 黄色、灰黄色、肉红色厚层角砾状含白云质灰岩夹中厚层含白云质灰岩 …… 70.9m
30. 浅灰色薄板状粉—泥晶钙质白云岩夹浅灰色中厚层灰岩 …… 8.8m
29. 灰色巨厚层泥—粉晶白云质灰岩 …… 12.6m
28. 灰色、灰黄色中厚层泥晶灰岩。产 *Pseudoskimoceras* sp.，*Maclurites* sp. 等 …… 10.9m
27. 灰色厚层含砾屑粉晶白云质灰岩 …… 15.9m
26. 灰色薄板状白云质灰岩、黄色中厚层角砾状灰岩 …… 10.4m
25. 灰色厚层夹中厚层含凝块粉晶白云质灰岩 …… 17.4m
24. 灰色薄板状灰岩、泥粉晶白云质灰岩 …… 4.3m
23. 浅灰色厚层夹中厚层泥—粉晶白云质灰岩 …… 5.6m
22. 浅灰色薄层夹中厚层泥—粉晶白云质灰岩 …… 10.0m
21. 浅灰色中厚层角砾状灰岩 …… 9.9m
20. 灰色厚层泥—粉晶白云质灰岩 …… 7.9m
19. 灰色中厚层夹薄层泥晶白云质灰岩 …… 9.3m
18. 灰色厚层、巨厚层夹中厚层泥晶白云质灰岩 …… 15.8m
17. 浅灰色中厚层角砾状灰岩 …… 10.7m
16. 黄白色薄层粉—细晶白云岩夹黄色中厚层角砾状灰岩 …… 7.8m
15. 浅灰色薄层泥—粉晶白云岩 …… 6.4m
14. 浅色薄层含砂粉晶白云岩，底部为粉色细粒钙质石英砂岩 …… 1.0m

———— 平行不整合 ————

下伏三山子组($\in_4O_1s$)：灰白色中厚层含燧石结核粉晶白云岩

64. 峰峰组(O_2f)剖面

磁县虎皮脑中奥陶世峰峰组剖面(见图 1-54)为代表性剖面。建组剖面位于邯郸市峰峰矿区。

上覆本溪组(C_2b)：铝土质页岩

———— 平行不整合 ————

峰峰组(O_2f)： …… 154.4m
53. 浅灰色巨厚层泥晶灰岩。产 *Strophomena* sp.，*Rafinesquina* sp. …… 20.8m
52. 深灰色厚层夹中厚层泥晶球粒灰岩 …… 14.5m
51. 黄色中厚层角砾状灰岩 …… 16.0m
50. 肉红色中厚层细—中晶灰岩、泥—粉晶灰岩 …… 3.7m
49. 深灰色、灰黑色厚层夹巨厚层泥晶灰岩，顶部风化面具浅色团块。产 *Fengfengoceras* sp.，*Sactorthoceras* sp.，*Protocyloceras* sp. …… 12.0m
48. 深灰色中厚层泥晶灰岩，局部夹黄灰色薄层泥晶泥质灰岩。产 *Ssctorthoceras* sp.，*Fengfengoceras* sp.，*F. gushanense*，*Protocyloceras* cf. *ecentrosiphonatum*，*P.* cf. *wangi*，*P.* sp.，*Ormocras* sp. 及层孔虫、海百合茎 …… 6.0m
47. 灰黑色巨厚层泥晶灰岩。产 *Gorbyoceras* cf. *planoconvexum*，*Sactorthoceras* sp. …… 15.0m
46. 肉红色中厚层夹厚层角砾状灰岩 …… 28.2m
45. 斑杂色厚层角砾状灰岩，具石盐、石膏假晶 …… 15.1m
44. 薄层泥—粉晶白云质灰岩夹浅黄色薄层泥晶泥质灰岩 …… 11.1m
43. 灰色、灰红色中厚层夹薄层砂砾屑粉晶含白云质灰岩 …… 7.6m
42. 灰白色、肉红色中厚层角砾状灰岩，具石盐、石膏假晶 …… 4.4m

———— 整合 ————

下伏马家沟组($O_{1-2}m$)：灰色中厚层泥晶灰岩和泥晶球粒含白云质灰岩

（四）石炭纪—二叠纪岩石地层

65. 月门沟群本溪组(C_2b)剖面

抚宁县石门寨-瓦家山晚石炭世本溪组实测剖面为代表性剖面（据《中国区域地质志·河北志》，2017）。建组剖面位于辽宁省本溪市牛毛岭。

上覆太原组(P_1t)：黄绿色钙质页岩，夹3～5层泥灰岩透镜体

——————— 整 合 ———————

本溪组(C_2b)：…………………………………………………………………………………… 51m

11. 黑色碳质页岩夹煤线 ……………………………………………………………………… 1.2m
10. 深灰色铝土质页岩，顶部夹黑色碳质页岩 …………………………………………………… 1.9m
9. 棕褐色中厚层中细粒砂岩夹碳质页岩 ……………………………………………………… 1.9m
8. 黄褐色中薄—薄层粉砂岩夹黑色薄层碳质页岩。产 *Lepidostrobophyllum* cf. *lanceolatum*，*Lepidodendropsis hirmeri*，*Lepidodendron oculusfelis*，*Schizoneura* sp.，*Sphenophyllum* sp. 等 ……………… 29.8m
7. 灰黄色含鲕粒铝土质页岩(F层) ……………………………………………………………… 2.7m
6. 底部深灰色中厚层含铁细砂岩；中部碳质页岩、铝土质页岩及两层煤线；顶部深灰色砂质页岩。产 *Stigmaria* sp.，*Neuropteris kaipingiana* Sze，*Linopteris* sp.，*Linopteris brongniartii* Gutb，*L. simplex* Gu et Zhi，*Pecopteris* sp.，*Neuropters* sp.，*Cordaites* sp. ……………………………………………… 2.8m
5. 深灰色铝土质页岩夹铝土岩 …………………………………………………………………… 2.2m
4. 灰黑色碳质页岩夹煤线 ………………………………………………………………………… 1.1m
3. 深褐色页岩夹浅灰色铝土质页岩，含铁质饼状透镜体 ………………………………………… 5.2m
2. 紫色含铁质页岩 ……………………………………………………………………………… 1.4m
1. 浅灰色铝土质页岩夹褐紫色透镜状铁质结核(山西式铁矿) ………………………………… 0.8m

— — — — 平行不整合 — — — —

下伏亮甲山组(O_1l)：白云岩

66. 月门沟群太原组(P_1t)剖面

武安市紫山早二叠世太原组实测剖面（图1-57）为代表性剖面（据河北省1∶5万册井幅报告，1982）。建组剖面位于山西省太原市西铭月门沟七里沟。

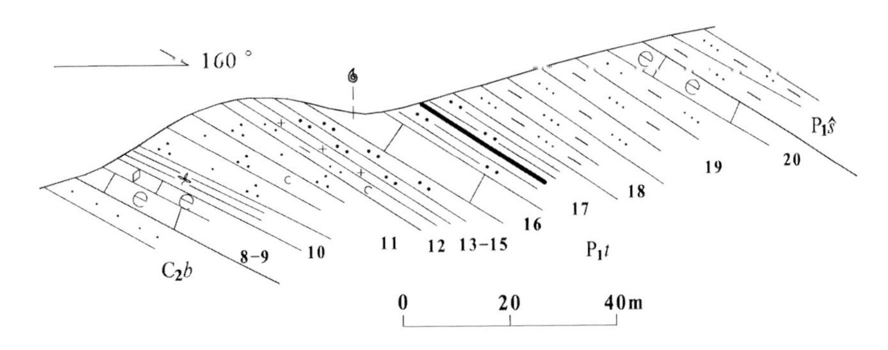

图1-57　武安市紫山早二叠世太原组实测剖面图

上覆山西组($P_1\hat{s}$)：灰黑色泥碳质粉砂质页岩。含植物化石 *Cordaites* sp.

——————— 整 合 ———————

太原组(P_1t)：…………………………………………………………………………………… 57.3m

20. 灰黑色中厚层含生物碎片灰岩 ………………………………………………………………………… 3m
19. 灰色碳泥质粉砂岩，含植物化石碎片 ……………………………………………………………… 12m
18. 灰黑色碳泥质粉砂岩 ………………………………………………………………………………… 5m
17. 灰黑色粉砂质页岩，含煤线。含植物化石 *Cordaites* cf. *principalis* ………………………… 9m
16. 灰黑色中厚层灰岩，含动物化石碎片 ……………………………………………………………… 5m
15. 黑色页岩、粉砂岩 …………………………………………………………………………………… 1m
14. 灰色薄层铝土质粉砂岩 ……………………………………………………………………………… 0.3m

——————— 侵 入 ———————

13. 中酸性岩脉

——————— 侵 入 ———————

12. 灰色薄层含碳、泥质粉砂岩 ………………………………………………………………………… 5m
11. 灰色中厚层中粒石英砂岩 …………………………………………………………………………… 5m
10. 灰黑色碳质页岩、粉砂质页岩。含植物化石 *Calamites* cf. *cistii*，*Cordaites* sp. ……………… 5m
9. 深灰色、灰黑色厚层(大理岩化)含生物中晶灰岩 ………………………………………………… 5m
8. 灰色薄层、中厚层中晶灰岩 …………………………………………………………………………… 2m

——————— 整 合 ———————

下伏本溪组(C_2b)：青灰色厚层泥碳质细砂岩

67. 月门沟群山西组($P_1\hat{s}$)剖面

武安市紫山早二叠世山西组实测剖面(图 1－58)为代表性剖面(据河北省 1∶5 万册井幅报告，1982)。建组剖面位于山西省太原市晋祠柳子沟月门沟。

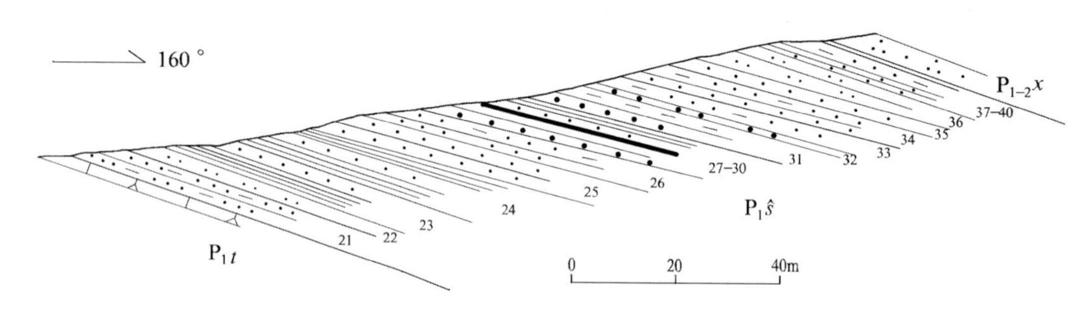

图 1－58 武安市紫山早二叠世山西组实测剖面图

上覆下石盒子组($P_{1-2}x$)：灰白色中粒石英砂岩

——————— 整 合 ———————

山西组($P_1\hat{s}$)：……………………………………………………………………………………………… 118m
40. 泥质粉砂岩、粉砂岩 …………………………………………………………………………………… 2m
39. 碳质粉砂岩 ……………………………………………………………………………………………… 5m
38. 碳质粉砂岩、细砂岩。含植物化石 *Sphenophyllum* cf. *thonii*，*Lobatannularia* cf. *sinensis*，*Nnularia* sp.，*Cordaites* cf. *principalis*，*Pecopteris* sp.，*Taeniopteris* sp.，*Stigmaria* sp.，*Tingia* sp. ……………… 3m
37. 细粒石英砂岩 …………………………………………………………………………………………… 3m
36. 灰白色中粒石英砂岩 …………………………………………………………………………………… 10m
35. 灰色砂岩 ………………………………………………………………………………………………… 4m
34. 灰黑色中粗粒砂岩及泥质粉砂岩 ……………………………………………………………………… 7m
33. 碳泥质粉砂岩夹粉砂岩 ………………………………………………………………………………… 4m
32. 中粗粒泥质石英砂岩 …………………………………………………………………………………… 2m
31. 碳泥质页岩，底部中粒砂岩 …………………………………………………………………………… 9m

30. 下部砂岩,上部泥碳质页岩 ………………………………………………………………………… 9m

29. 下部粉砂岩,上部碳泥质页岩,顶部见煤线。含植物化石 *Taeniopteris* sp. ,*Calamitescistii*,*Callipteridium koraiense*,*Cathaysiopteris whitei*,*Alethopteris* cf. *huiana*,*Emplectopteridium alatum*,*Emplectoperis triangularis*,*Cordaites* sp. ,*Cladophlebis* sp. ,*Pecopteris feminaeformis*,*Lobatannularia* cf. *sinensis*,*Annlaruia* sp. ………………………………………………………………………… 4m

28. 碳泥质页岩夹煤线 ………………………………………………………………………… 4m

27. 下部铝土质页岩,上部含砾粗砂岩 ………………………………………………………………………… 3m

26. 粉砂页岩夹粉砂岩。含植物化石 *Lepidophyllum* sp. ,*Cordaites* sp. ………………………………………… 9m

25. 灰黑色细砂岩夹中粒砂岩 ………………………………………………………………………… 9m

24. 泥质页岩夹砂岩 ………………………………………………………………………… 11m

23. 砂岩与泥质页岩互层 ………………………………………………………………………… 9m

22. 灰黑色中粒泥质石英砂岩 ………………………………………………………………………… 4m

21. 灰黑色泥质、碳质、粉砂质页岩。含植物化石 *Cordaites* sp. ………………………………………… 7m

——— 整 合 ———

下伏太原组(P_1t):灰黑色含生物碎片灰岩

68. 下石盒子组($P_{1-2}x$)剖面

武安市紫山二叠纪下石盒子组和上石盒子组实测剖面(图 1-59)为代表性剖面(据河北省 1∶5 万册井幅报告,1982)。建组剖面位于山西省太原市陈家峪石盒子沟。

上覆上石盒子组($P_{2-3}\hat{s}$):灰白色粗粒石英砂岩

——— 整 合 ———

下石盒子组($P_{1-2}x$): ………………………………………………………………………… 135m

59. 黄绿色、黄褐色细砂岩、泥质细砂岩。含植物化石 *Compsoterie* sp. ,*Pecopteris* sp. ,*Taeniopteris* sp. ,*Neuropteri dium nervosum*,*Fascipteris* sp. ,*Neuropteridium* sp. ………………………………………… 9m

58. 黄绿色泥质粉砂岩 ………………………………………………………………………… 5m

57. 灰色页岩 ………………………………………………………………………… 8m

56. 黄褐色粉砂泥岩 ………………………………………………………………………… 8m

55. 灰黑色粉砂泥岩夹砂岩 ………………………………………………………………………… 10m

54. 紫灰色中细粒砂岩、页岩 ………………………………………………………………………… 4m

53. 灰黑色页岩夹砂岩 ………………………………………………………………………… 15m

52. 紫灰色泥砂质页岩 ………………………………………………………………………… 4m

51. 黄褐色页岩夹砂岩 ………………………………………………………………………… 15m

50. 黄褐色中粗粒泥质石英砂岩 ………………………………………………………………………… 2m

——— 侵 入 ———

49. 闪长玢岩脉($\delta\mu$)

——— 侵 入 ———

48. 灰黑色粉砂岩与碳质粉砂岩 ………………………………………………………………………… 3m

47. 浅灰色中细粒砂岩及粉砂泥岩 ………………………………………………………………………… 4m

46. 灰色粉砂岩 ………………………………………………………………………… 4m

45. 灰黑色细砂质泥岩。含植物化石 *Pecopteris* sp. ,*Pecopteris* (*Asterotheca*) *hemitelioides*,*Alethcopteris* sp. ………………………………………………………………………… 6m

44. 灰黑色粉砂泥岩、中粒砂岩 ………………………………………………………………………… 7m

43. 灰黑色粉砂碳质泥岩。含植物化石 *Clodophlebis* sp. ………………………………………… 13m

42. 灰色薄层中粒石英砂岩 ………………………………………………………………………… 13m

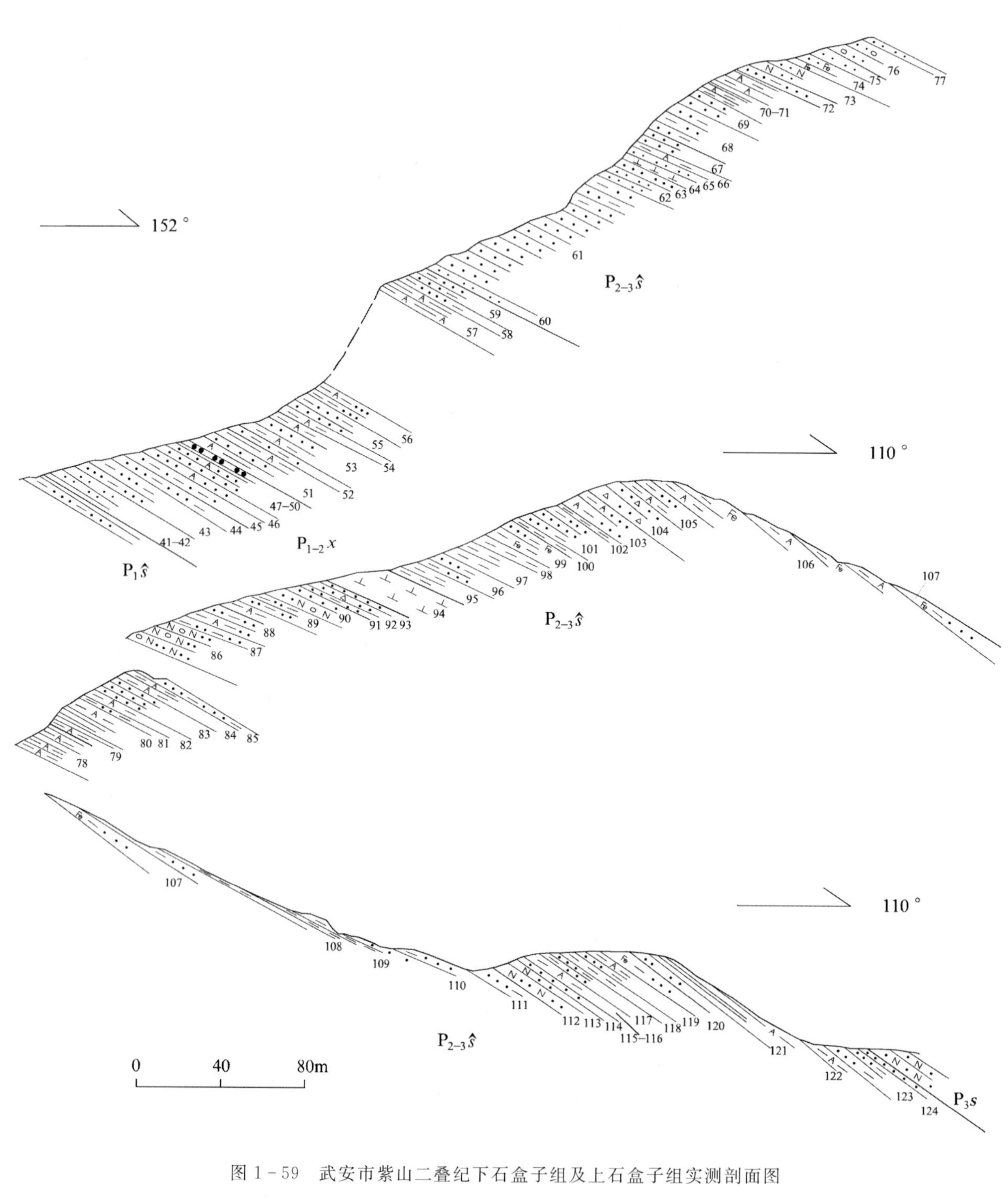

图 1-59　武安市紫山二叠纪下石盒子组及上石盒子组实测剖面图

41. 灰白色中粒石英砂岩 ··· 5m

——————— 整 合 ———————

下伏山西组($P_1\hat{s}$):泥质粉砂岩、粉砂岩

69. 上石盒子组($P_{2-3}\hat{s}$)剖面

武安市紫山二叠纪下石盒子组和上石盒子组实测剖面(见图 1-59)为代表性剖面。

上覆孙家沟组(P_3s):中粗粒泥质长石石英砂岩

——— 整合 ———

上石盒子组($P_{2-3}\hat{s}$):………………………………………… 521m

124. 灰白色、浅黄色中细粒砂岩夹泥岩 ………… 3m
123. 黄绿色泥质粉砂岩 ………… 10m
122. 砖红色铝土质泥岩 ………… 17m
121. 暗紫色石英砂岩 ………… 5m
120. 暗紫红色铁质、泥质石英细粉砂岩 ………… 4m
119. 砖红色泥岩夹泥质粉砂岩 ………… 7m
118. 黄绿色泥岩夹中细粒砂岩 ………… 4m
117. 砖红色泥质粉砂岩 ………… 2m
116. 土黄色粉砂质泥岩 ………… 1m
115. 砖红色泥岩 ………… 8m
114. 砖红色细粒石英砂岩 ………… 4m
113. 灰白色、浅黄绿色长石石英砂岩 ………… 4m
112. 下部灰白色中粒长石石英砂岩;上部细砂岩夹泥质粉砂岩 ………… 9m
111. 黄绿色粉砂质泥岩 ………… 15m
110. 黄绿色粉砂岩 ………… 1m
109. 黄绿色中厚层细砂质泥岩 ………… 0.1m
108. 黄绿色泥岩。含植物化石 *Cladophlebis* sp.,*Fascipteris* sp.,*Pecopteris* sp.,*Compsopteris contracta*, *Neuropteridium* sp.,含动物化石 *Lingula* sp. ………… 0.1m
107. 砖红色含铁质粉砂质泥岩 ………… 9m
106. 砖红色含铁质泥岩 ………… 27m
105. 砖红色粉砂质泥岩夹长石石英砂岩 ………… 8m
104. 杂色含玉髓粗粒石英砂岩 ………… 10m
103. 砖红色铝土质粉砂质泥岩 ………… 2m
102. 土黄色泥质粉砂岩 ………… 1m
101. 砖红色粉砂质泥岩夹细砂岩 ………… 8m
100. 砖红色泥岩 ………… 2m
99. 砖红色含粉砂铁质泥岩 ………… 12m
98. 黄绿色中厚层泥岩。含植物化石 *Taeniopteris* sp.,*Cladophlebos* sp.,*Taeniopteris* sp.,*T.* cf. *taiyuanensis*,*Sphenobaiera* sp.,*Psymophllum multipartitum*,*Pecoteris* sp.,*Taeniopteris szei*, *Compsopteris contracta* ………… 6m
97. 砖红色、黄绿色泥岩 ………… 16m
96. 黄绿色粉砂质泥岩。含植物化石 *Gigantonoclea* sp.,*Taeniopteris* sp.,*Chiropteris reniformiskaw*, *Neuropteridium* sp.,*Pecopteris* sp.,*Fascipteris* sp.,*Compsopteris* sp.,*Neuropteridium nervosum*, *Neuropteridium coreanicum* Koiwai,*Cladophlelis* sp.,*Carpolithus* sp. ………… 7m
95. 砖红色泥岩 ………… 10m

——— 侵入 ———

94. 闪长玢岩脉($\delta\mu$)

——— 侵入 ———

93. 黄灰色粉砂质泥岩 ………… 4m
92. 灰白色含砾粗粒石英砂岩 ………… 4m
91. 黄绿色粉砂质泥岩 ………… 3m
90. 黄绿色粉砂岩夹含砾长石石英砂岩 ………… 11m

89. 黄绿色含砾粉砂质泥岩 …… 4m
88. 灰绿色粉砂质泥岩 …… 20m
87. 黄绿色粉砂质泥岩 …… 3m
86. 灰白色含砾中粒长石石英砂岩 …… 16m
85. 灰色粉砂质泥岩 …… 4m
84. 黄绿色粉砂质泥岩 …… 6m
83. 黄绿色粉砂岩 …… 8m
82. 浅黄灰色巨厚层粉砂质泥岩 …… 5m
81. 浅黄色、砖红色粉砂质泥岩 …… 3m
80. 黄绿色粉砂质泥岩 …… 12m
79. 灰白色、黄绿色中粒泥质石英砂岩 …… 3m
78. 黄绿色页岩 …… 16m
77. 褐红色粗粒铁质石英砂岩 …… 1m
76. 灰白色含砾粗粒石英砂岩 …… 3m
75. 灰白色中粗粒石英砂岩 …… 6m
74. 粉红色含铁石英砂岩 …… 7m
73. 黄绿色长石石英砂岩夹泥质细砂岩 …… 9m
72. 浅黄色粉砂质泥岩及泥质粉砂岩 …… 2m
71. 黄绿色页岩。含植物化石 *Taeniopteris* sp. …… 14m
70. 浅紫灰色细砂岩夹粉砂岩 …… 3m
69. 黄褐色中粒泥质石英砂岩 …… 6m
68. 黄绿色粉砂质泥岩。含植物化石 *Taeniopteris* sp. …… 19m
67. 黄褐色粉砂岩、细砂岩 …… 9m
66. 黄绿色泥岩、细砂岩 …… 6m
65. 黄绿色细粒石英砂岩夹粉砂岩 …… 3m

———— 侵 入 ————

64. 闪长玢岩脉($\delta\mu$)

———— 侵 入 ————

63. 黄绿色粉砂岩夹泥岩 …… 8m
62. 黄灰色中粗粒泥质石英砂岩 …… 8m
61. 灰色细砂岩夹粉砂质泥岩 …… 8m
60. 灰白色粗粒石英砂岩 …… 4m

———— 整 合 ————

下伏下石盒子组($P_{1-2}x$):细砂岩、泥质细砂岩

70. 石千峰群孙家沟组(P_3s)剖面

武安市紫山晚二叠世孙家沟组实测剖面(图1-60)为代表性剖面(据河北省1:5万册井幅报告,1982)。建组剖面位于山西省宁武县孙家沟村。

上覆刘家沟组(T_1l):暗紫色含粉砂铁质页岩

———— 整 合 ————

孙家沟组(P_3s): …… 170m
153. 灰色含砂屑燧石白云质细晶灰岩 …… 9m
152. 灰绿色中粒长石砂岩 …… 12m
151. 深灰色含粉砂钙质页岩 …… 31m
150. 深灰色与酱紫色含粉砂泥岩 …… 18m

149. 土黄色页岩 …………………………………………………………………………………… 1m
148. 褐色与褐黄色白云质泥灰岩 ……………………………………………………………… 1m
147. 深灰色含粉砂泥灰岩 ……………………………………………………………………… 1m
146. 褐黄色与黄褐色(含岩屑)砂屑燧石细晶灰岩 ……………………………………………… 2m
145. 灰黑色粉砂岩 ……………………………………………………………………………… 1m
144. 浅灰黄色中粗粒长石砂岩 …………………………………………………………………… 2m
143. 暗紫色薄层粉砂岩 …………………………………………………………………………… 1m
142. 灰绿色中粒长石石英砂岩 …………………………………………………………………… 1m
141. 灰色粉砂岩 ………………………………………………………………………………… 1m
140. 灰绿色中细粒长石石英砂岩 ………………………………………………………………… 2m
139. 深灰色细粒长石石英砂岩 …………………………………………………………………… 2m
138. 暗紫色与灰暗紫色泥钙质胶结细粒长石石英砂岩 ………………………………………… 2m
137. 灰绿色长石砂岩 …………………………………………………………………………… 10m
136. 灰色中粗粒长石砂岩 ………………………………………………………………………… 3m
135. 浅灰绿色阳起石化粉砂岩 ………………………………………………………………… 14m
134. 黄绿色泥质细粒石英砂岩 …………………………………………………………………… 1m
133. 灰黑色细粒长石石英砂岩 …………………………………………………………………… 9m
132. 灰黑色阳起石化、绿帘石化细粉砂岩 ………………………………………………………… 1m
131. 灰黑色阳起石化细粉砂岩 ………………………………………………………………… 13m
130. 灰黑色泥质细粒长石石英砂岩 ……………………………………………………………… 1m
129. 灰白色中粒含泥质长石石英砂岩 …………………………………………………………… 5m
128. 灰黑色细粒长石石英砂岩 …………………………………………………………………… 5m
127. 灰白色含泥质长石砂岩 …………………………………………………………………… 10m
126. 黄绿色含铝土质粉砂质泥岩 ……………………………………………………………… 14m
125. 灰白色中粗粒泥质长石石英砂岩 …………………………………………………………… 7m

——————— 整 合 ———————

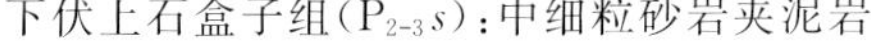

下伏上石盒子组($P_{2-3}\hat{s}$):中细粒砂岩夹泥岩

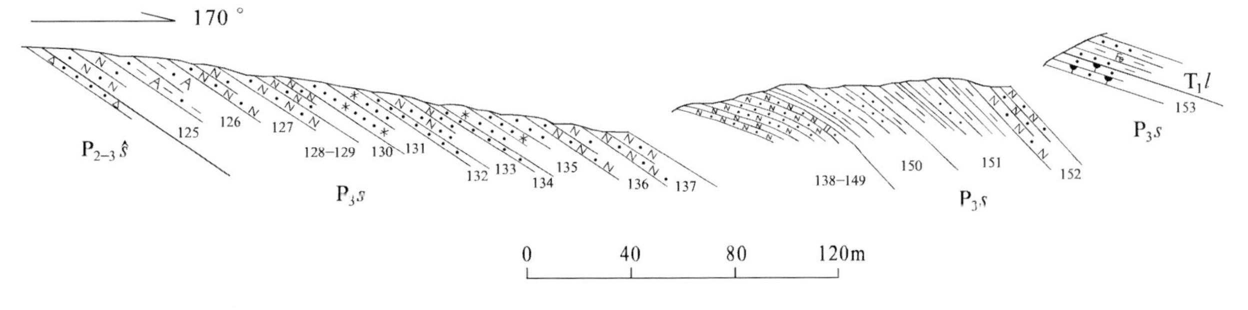

图 1-60 武安市紫山晚二叠世孙家沟组实测剖面图

71. 三面井组(P_1s)剖面

康保县三面井村东南早二叠世三面井组实测剖面为建组剖面(据《中国区域地质志·河北志》,2017)。

上覆额里图组($P_{1-2}e$):安山岩

——————— 整 合 ———————

三面井组(P_1s)：…… 269.2m

16. 灰绿色长石细砂岩夹灰绿色含粉砂板岩及灰色砂质灰岩透镜体 …… 17.5m
15. 灰绿色含砾不等粒杂砂岩、长石细砂岩与灰绿色含粉砂板岩互层 …… 30.0m
14. 灰黄色长石细砂岩夹灰绿色含粉砂板岩，下部板岩增多、细砂岩减少 …… 17.5m
13. 灰色长石细砂岩 …… 5.4m
12. 灰绿色含粉砂板岩夹灰色不等粒杂砂岩和灰黄色含砾不等粒杂砂岩 …… 7.2m
11. 灰绿色含粉砂板岩 …… 10.2m
10. 灰色含砾不等粒杂砂岩及灰黄色与灰白色不等粒杂砂岩 …… 25.2m
9. 灰黄色与灰色含砾不等粒杂砂岩夹灰绿色页片状含粉砂板岩 …… 12.5m
8. 灰色含粉砂板岩 …… 7.5m
7. 灰白色含砾不等粒杂砂岩和灰黄色不等粒杂砂岩 …… 22.6m
6. 灰绿色含粉砂板岩 …… 13.4m
5. 灰黄色不等粒杂砂岩夹细粒杂砂岩 …… 1.7m
4. 灰绿色页岩。含植物化石碎片 …… 10.2m
3. 灰色含砾砂质生物碎屑灰岩。含 *Parafusulina bosei*，*Misellina minor*，*M.* aff. *ovalis*，*Schubertella* sp.，*Minojapanella* sp.，*Dictyoclostus* sp. 等化石 …… 4.1m
2. 中厚层灰岩，深灰色燧石灰岩。含 *Nankinella* sp.，*N.* cf. *hunanensis*，*Minojapanella* (*Wutuella*) sp.，*Lantschichites* ? sp.，*Schwagerina* aff. *tschernvshewi* var. *fusiformis*，*Misellina claudiae*，*M. ovalis*，*Schubertella* cf. *simplex*，*Parafusulina splendens*，*Chusenella* aff. *schwagerinaeformis*，*Orthotichia morganiana*，*O.* aff. *derby*，*Marginifera* sp. 等化石 …… 29.8m
1. 灰黄色砂砾岩 …… 54.4m

～～～～～～ 角度不整合 ～～～～～～

下伏：晚泥盆世变质石英闪长岩($\delta o D_3$)

72. 额里图组($P_{1-2}e$)剖面

康保县照阳河早中二叠世额里图组实测剖面(图1-61)为代表性剖面(据河北省1∶5万七号幅报告，2001)。建组剖面位于内蒙古自治区正蓝旗额里图牧场。

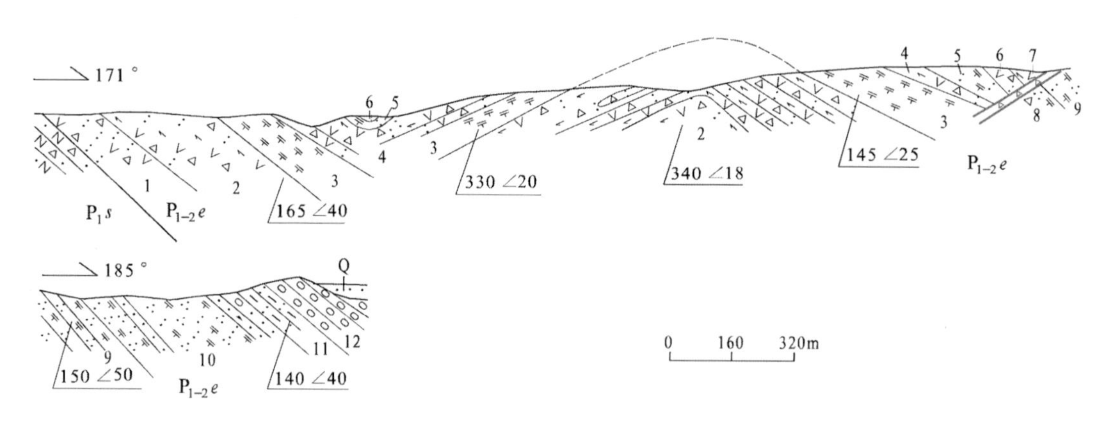

图1-61 康保县照阳河早中二叠世额里图组实测剖面图

额里图组($P_{1-2}e$)未见顶：…… >575m

12. 灰绿色厚层砾岩，未见顶 …… >53m
11. 灰绿色厚层黏土化沉凝灰岩 …… 26.6m
10. 紫色石英粗安质凝灰岩夹灰绿色凝灰质砂岩、含砾砂岩 …… 156.0m
9. 下部紫色石英粗安质凝灰岩夹灰绿色沉凝灰岩；上部灰绿色石英粗安质含角砾凝灰岩 …… 32.8m

8. 灰绿色、紫灰色蚀变安山质—石英粗安质含角砾凝灰岩 …………………………………… 17.1m
7. 灰绿色蚀变辉石安山岩 …………………………………………………………………… 17.1m
6. 灰绿色蚀变粗安质—辉石安山质集块角砾凝灰岩 ………………………………………… 13.2m
5. 灰绿色蚀变粗安质含角砾凝灰岩 ………………………………………………………… 24.1m
4. 紫色蚀变辉石安山质角砾凝灰岩 ………………………………………………………… 13.2m
3. 灰紫色蚀变致密块状粗安岩 ……………………………………………………………… 59.8m
2. 灰绿色蚀变辉石安山质角砾凝灰岩 ……………………………………………………… 104.6m
1. 灰绿色蚀变粗安质—安山质角砾凝灰岩……………………………………………………… 57.5m

——————— 整 合 ———————

下伏三面井组(P_1s):灰绿色薄层状细粒岩屑长石砂岩

73. 云雾山组(P_2y)剖面

(1)丰宁县南梁-西山西中二叠世云雾山组一段简测剖面(图 1-62)为代表性剖面。

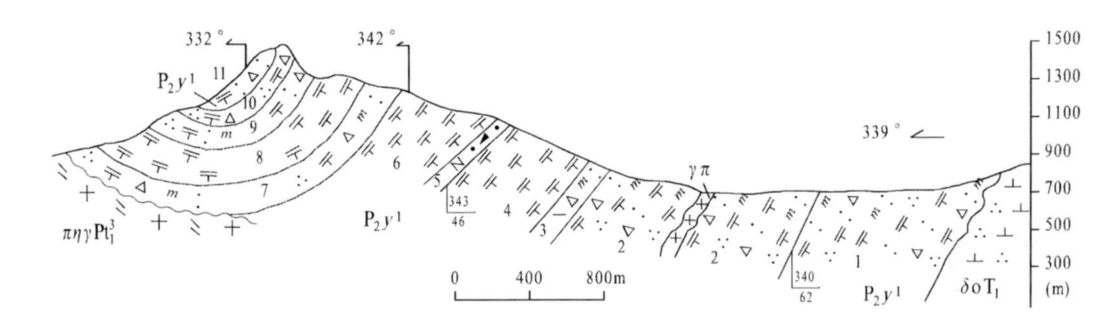

图 1-62 丰宁县南梁-西山西中二叠世云雾山组一段简测剖面图

P_2y^1-中二叠世云雾山组一段;$\gamma\pi$-花岗斑岩脉;$\delta o T_1$-早三叠世石英闪长岩;$\pi\eta\gamma Pt_1^3$-古元古代晚期变质斑状二长花岗岩

云雾山组一段(P_2y^1):……………………………………………………………………… >1 600.0m
11. 灰绿色变质粗安质角砾凝灰岩,未见顶,位于向斜核部 ……………………………… >35.2m
10. 灰褐色变质石英粗安质角砾熔岩 ………………………………………………………… 25.7m
9. 灰色变质石英粗安质角砾熔结凝灰岩 …………………………………………………… 42.8m
8. 深灰色变质粗安岩 ………………………………………………………………………… 104.3m
7. 灰色变质石英粗安质角砾熔结凝灰岩 …………………………………………………… 77.0m
6. 深灰色变质粗安岩 ………………………………………………………………………… 169.3m
5. 灰色变质凝灰质长石岩屑砂岩 …………………………………………………………… 17.1m
4. 深灰色变质粗安岩 ………………………………………………………………………… 145.3m
3. 浅灰色变质流纹质含角砾熔结凝灰岩 …………………………………………………… 81.9m
2. 灰色、深灰色变质石英粗安质角砾熔结凝灰岩,有花岗斑岩脉侵入 ……………………… 508.3m
1. 深灰色变质石英粗安质角砾熔结凝灰岩 ………………………………………………… 393.1m

——————— 侵 入 ———————

下伏早三叠世深灰色中细粒石英闪长岩($\delta o T_1$)

(2)丰宁县北稻池中二叠世云雾山组二段简测剖面(图 1-63)为建组剖面(据河北省 1∶5 万南辛营幅报告,1993)。

云雾山组二段(P_2y^2): ………………………………………………………………………… >703.0m
11. 浅灰色变质流纹质角砾凝灰岩,未见顶,位于火山口(潜粗安岩)周围 ………………… >201.3m

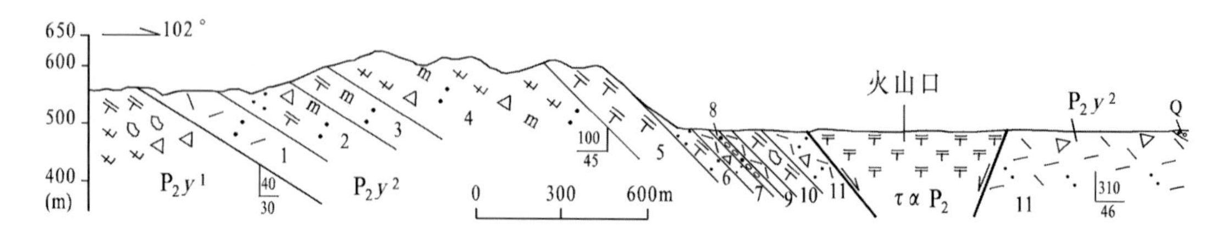

图 1-63 丰宁县北稻池中二叠世云雾山组二段简测剖面图

P_2y^1-中二叠世云雾山组一段；P_2y^2-中二叠世云雾山组二段；$\tau\alpha P_2$-中二叠世潜粗安岩

10.灰褐色变质粗安质集块岩 …… 34.4m
9.紫色变质流纹岩 …… 17.1m
8.灰紫色变质凝灰质砂砾岩 …… 10.3m
7.灰紫色变质流纹质角砾凝灰岩 …… 20.5m
6.灰紫色变质石英粗安质角砾凝灰岩 …… 28.2m
5.灰褐色变质粗安岩 …… 39.4m
4.灰色变质英安质角砾熔结凝灰岩 …… 238.6m
3.灰褐色变质石英粗安质熔结凝灰岩 …… 35.9m
2.灰紫色变质石英粗安质角砾熔结凝灰岩 …… 40.5m
1.浅灰紫色变质流纹质凝灰岩 …… 36.8m

—————— 整 合 ——————

下伏云雾山组一段(P_2y^1)：下部浅紫色英安岩，上部浅紫色粗安质沉集块角砾岩

(五)三叠纪岩石地层

74.劈柴拌组(T_1p)剖面

(1)围场县劈柴拌东早三叠世劈柴拌组一段实测剖面(图 1-64)为建组剖面(据吴江宇等，2021)。

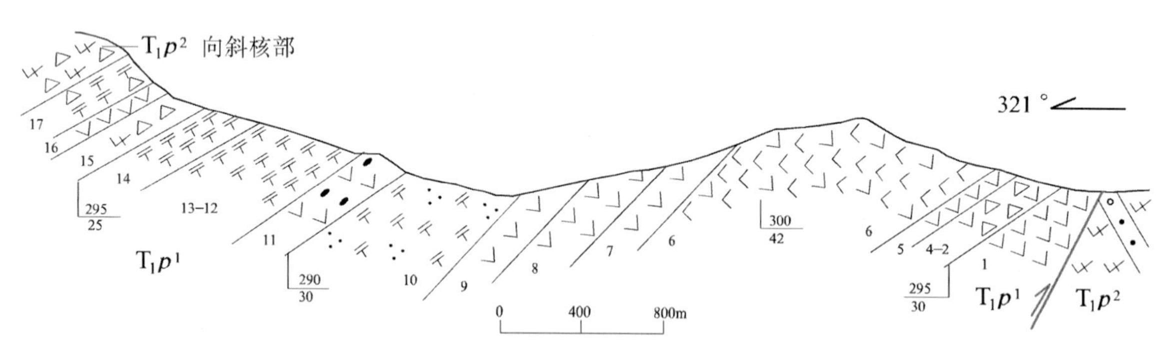

图 1-64 围场县劈柴拌东早三叠世劈柴拌组一段实测剖面图

上覆劈柴拌组二段(T_1p^2)：角砾岩化变质英安岩，未见顶，位于向斜核部

—————— 整 合 ——————

劈柴拌组一段(T_1p^1)：…… >1 244.0m
17.灰绿色角砾岩化变质石英粗安岩 …… 111.9m
16.灰绿色变质安山岩 …… 13.4m
15.灰—灰绿色碎裂岩化变质英安质火山角砾岩 …… 97.0m
14.灰紫—深灰色变质气孔状粗安岩 …… 34.9m
13.灰绿—绿色变质粗安岩 …… 104.0m

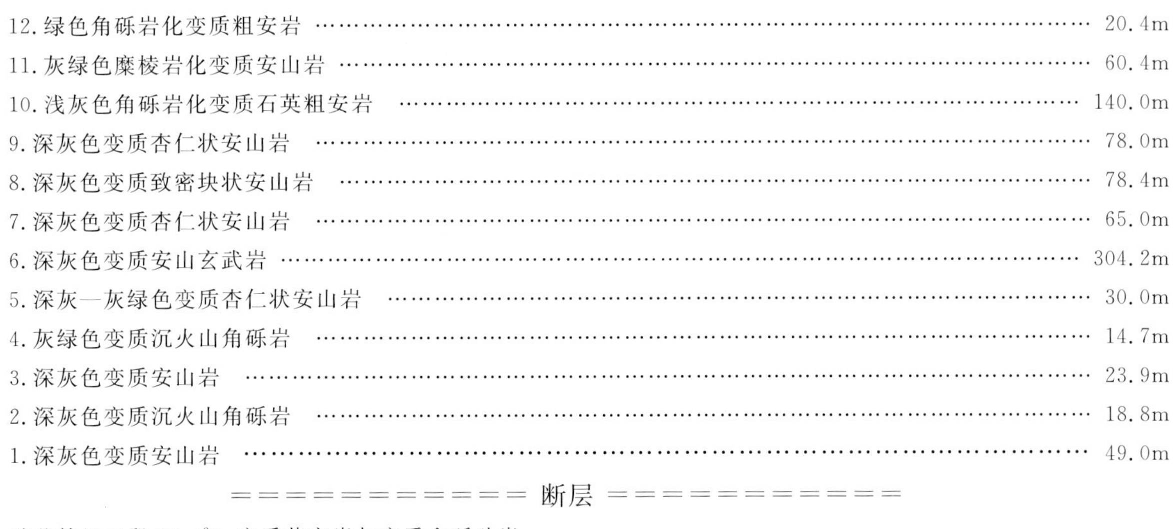

12.绿色角砾岩化变质粗安岩 …………………………………………………………………… 20.4m

11.灰绿色糜棱岩化变质安山岩 ………………………………………………………………… 60.4m

10.浅灰色角砾岩化变质石英粗安岩 …………………………………………………………… 140.0m

9.深灰色变质杏仁状安山岩 ……………………………………………………………………… 78.0m

8.深灰色变质致密块状安山岩 …………………………………………………………………… 78.4m

7.深灰色变质杏仁状安山岩 ……………………………………………………………………… 65.0m

6.深灰色变质安山玄武岩 ………………………………………………………………………… 304.2m

5.深灰—灰绿色变质杏仁状安山岩 ……………………………………………………………… 30.0m

4.灰绿色变质沉火山角砾岩 ……………………………………………………………………… 14.7m

3.深灰色变质安山岩 ……………………………………………………………………………… 23.9m

2.深灰色变质沉火山角砾岩 ……………………………………………………………………… 18.8m

1.深灰色变质安山岩 ……………………………………………………………………………… 49.0m

============ 断层 ============

劈柴拌组二段(T_1p^2):变质英安岩与变质含砾砂岩

(2)围场县大光顶子早三叠世劈柴拌组二段实测剖面(图1-65)为建组剖面(据吴江宇等,2021)。

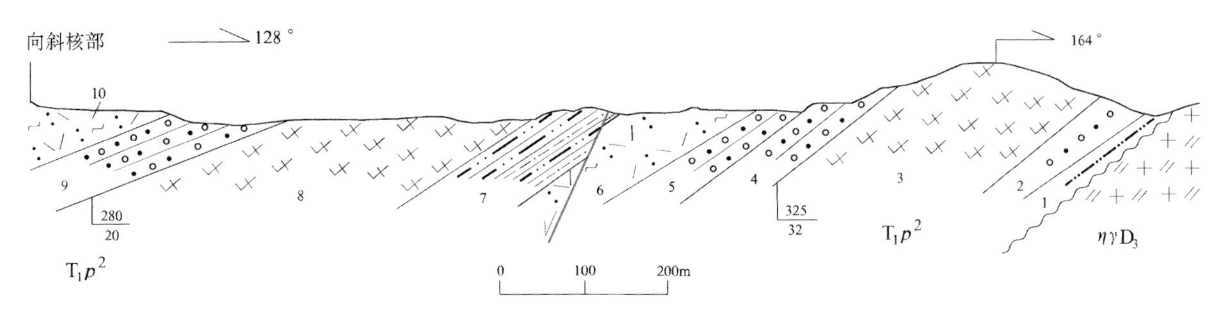

图1-65 围场县大光顶子早三叠世劈柴拌组二段实测剖面图

劈柴拌组二段(T_1p^2): ………………………………………………………………………… >697.0m

10.灰—深灰色变质流纹质熔结凝灰岩,未见顶,位于向斜核部 ………………………………… >71.8m

9.深灰色变质砂质砾岩 …………………………………………………………………………… 58.3m

8.灰色变质英安岩 ………………………………………………………………………………… 154.5m

7.灰色变质含砂泥岩与变质粉砂质泥岩,层内发育正断层 ……………………………………… 47.4m

6.灰色变质流纹质熔结凝灰岩 …………………………………………………………………… 79.5m

5.灰—深灰色片理化变质砂质砾岩 ……………………………………………………………… 34.6m

4.深灰色变质砂质砾岩 …………………………………………………………………………… 44.2m

3.灰—深灰色变质英安岩 ………………………………………………………………………… 156.2m

2.深灰色变质含砾砂岩 …………………………………………………………………………… 38.4m

1.灰—深灰色变质泥质粉砂岩 …………………………………………………………………… 12.1m

～～～～～～ 不整合 ～～～～～～

下伏:晚泥盆世变质二长花岗岩($\eta\gamma D_3$)

75.三家北沟组(T_2s)剖面

围场县三家北沟中三叠世三家北沟组实测剖面(图1-66)为建组剖面(据吴江宇等,2021)。

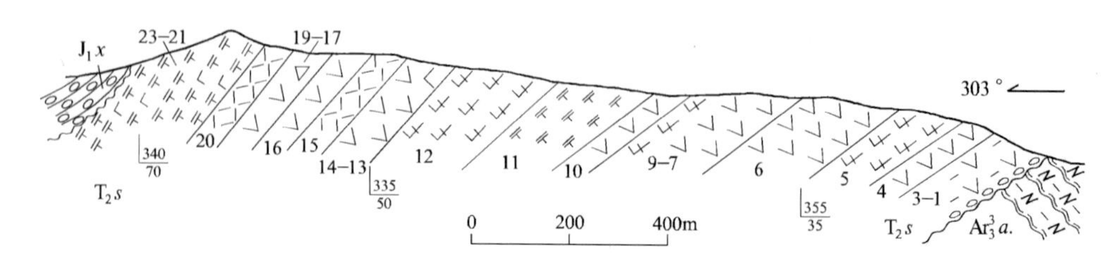

图 1-66 围场县三家北沟中三叠世三家北沟组实测剖面图

上覆下花园组(J_1x)：黄绿色砾岩

～～～～～～ 角度不整合 ～～～～～～

三家北沟组(T_2s)：…… 828.0m

23. 浅灰色碳酸岩化粗安岩 …… 105.3m
22. 黄绿色粗安岩 …… 2.3m
21. 黑灰色碳酸岩化玄武粗安岩 …… 40.6m
20. 黄灰色蚀变流纹岩 …… 31.6m
19. 灰绿色蚀变安山岩 …… 9.3m
18. 灰黑色蚀变安山岩 …… 7.8m
17. 黄绿色安山质角砾熔岩 …… 4.7m
16. 紫红色致密块状安山岩 …… 21.9m
15. 浅黄绿色蚀变流纹岩 …… 26.6m
14. 黄灰色致密块状蚀变安山岩 …… 16.2m
13. 灰色玄武安山岩 …… 35.8m
12. 浅黄灰色蚀变英安岩 …… 114.7m
11. 灰色、灰紫色蚀变粗安岩 …… 55.7m
10. 灰绿色安山岩 …… 10.0m
9. 英安质角砾熔岩 …… 13.0m
8. 紫红色绢云母化安山岩 …… 14.8m
7. 灰绿色强蚀变安山岩 …… 98.9m
6. 灰紫红色硅化碎裂安山岩 …… 51.5m
5. 灰绿色蚀变英安岩 …… 52.9m
4. 紫灰色蚀变安山岩 …… 39.1m
3. 灰色杏仁状安山岩 …… 4.1m
2. 灰色、灰绿色黑云母安山岩 …… 69.0m
1. 灰黄色、灰色砾岩 …… 2.2m

～～～～～～ 角度不整合 ～～～～～～

下伏艾家沟岩组($Ar_3^3a.$)：灰黄色黑云斜长片麻岩

76. 石千峰群刘家沟组(T_1l)剖面

承德县武场早三叠世刘家沟组实测剖面(图 1-67)为代表性剖面(据 1：25 万承德幅报告，2000)。建组剖面位于山西省宁武县刘家沟。

上覆和尚沟组(T_1h)：浅灰紫色中粗粒岩屑砂岩，下部含砾，层内斜层理发育

———— 整 合 ————

刘家沟组(T_1l)：…… 340m

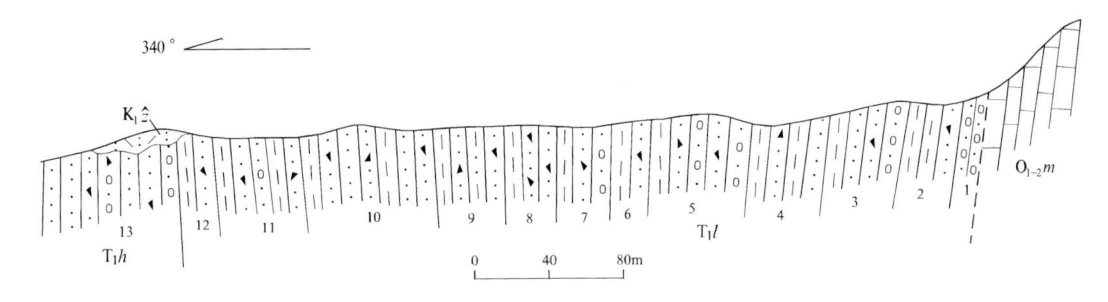

图 1-67　承德县武场早三叠世刘家沟组实测剖面图

$K_1\hat{z}$ -张家口组

12. 下部暗灰紫色中粒岩屑砂岩，上部暗紫色泥岩 ………… 15m
11. 灰色中粗粒岩屑砂岩夹薄层紫红色粉砂质泥岩 ………… 32m
10. 暗紫红色岩屑砂岩与泥岩构成韵律层，砂岩多、泥岩少，底部砂岩中含砾 ………… 44m
9. 暗灰色、紫红色中粒岩屑砂岩与粉砂质泥岩互层 ………… 31m
8. 浅灰色、暗紫红色厚层岩屑砂岩，顶部为薄层泥岩 ………… 23m
7. 灰色含砾粗砂岩、中粒岩屑砂岩、薄层紫红色泥岩构成韵律 ………… 24m
6. 下部灰紫色中粒岩屑砂岩，上部紫红色粉砂质泥岩 ………… 18m
5. 下部灰色含砾粗砂岩，上部中粒岩屑砂岩，板状、楔状交错层理发育，顶部为薄层紫红色泥岩 ………… 41m
4. 暗灰色中粒岩屑砂岩与紫红色薄层粉砂质泥岩构成韵律 ………… 32m
3. 灰紫色中粗粒岩屑砂岩，下部夹薄层细砾岩，顶部为紫红色泥岩 ………… 38m
2. 下部灰紫色中粗粒岩屑砂岩，上部暗紫色泥岩 ………… 26m
1. 暗紫色、浅黄色含细砾岩屑粗砂岩、砂质砾岩 ………… 16m

———— 平行不整合 ————

下伏马家沟组（$O_{1-2}m$）：灰色中厚层灰岩、虫孔灰岩夹黄褐色薄层泥晶白云岩

77. 石千峰群和尚沟组（T_1h）剖面

承德县武场早三叠世和尚沟组实测剖面（图 1-68）为代表性剖面（据 1∶25 万承德幅报告，2000）。建组剖面位于山西省宁武县和尚沟。

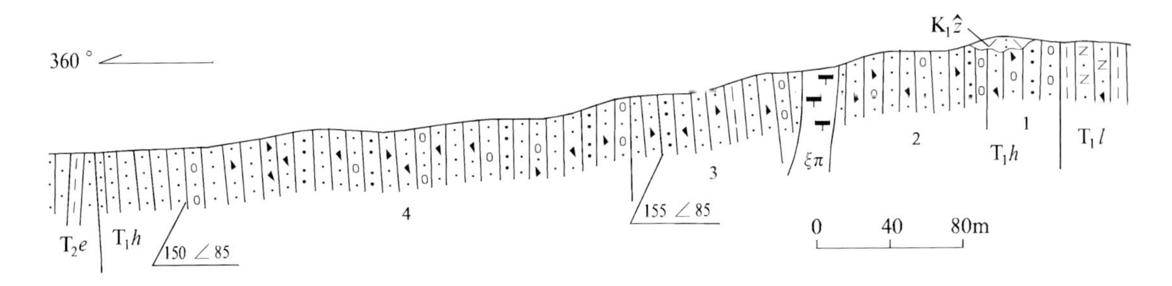

图 1-68　承德县武场早三叠世和尚沟组实测剖面图

$K_1\hat{z}$ -张家口组；ξπ-正长斑岩脉

上覆二马营组（T_2e）：紫红色砂岩、泥岩

———— 整　合 ————

和尚沟组（T_1h）：………… 428.2m

4. 灰紫色中厚层含砾岩屑粗砂岩，中粒、细粒长石岩屑砂岩，自下而上发育楔状、槽状、板状交错层理，平行层理，组成向上变细的正韵律 ………… 276.3m

3. 灰紫色中厚层细粒岩屑砂岩、泥质粉砂岩构成向上变细的 9 个韵律层，每个韵律底部为厚约 2m 的浅灰黄色含砾粗砂岩，发育低角度楔状交错层理 …… 70.5m

2. 灰紫、浅紫红色厚层槽状交错层理含砾岩屑粗砂岩，板状交错层理中粒长石岩屑砂岩，细粒岩屑砂岩，构成向上变细韵律，可划分 8 个韵律，发育大型交错层理。个别韵律底部发育 5～10cm 滞留砾岩 …… 77.8m

1. 土黄色块状砂砾岩、含砾岩屑砂岩 …… 3.6m

——— 整 合 ———

下伏刘家沟组（T_1l）：紫红色粉砂质泥岩

78. 二马营组（T_2e）剖面

承德县上谷娘娘庙中三叠世二马营组—晚三叠世杏石口组实测剖面（图 1－69）为代表性剖面（据 1：25万承德幅报告，2000）。建组剖面位于山西省宁武县二马营。

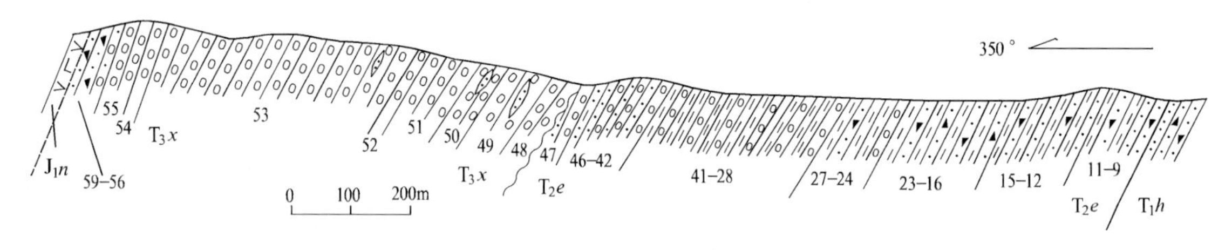

图 1－69 承德县上谷娘娘庙中三叠世二马营组—晚三叠世杏石口组实测剖面图

上覆杏石口组（T_3x）：紫灰色块状、厚层复成分中砾岩，具叠瓦状构造，含砂岩透镜体

～～～～～～ 微角度不整合 ～～～～～～

二马营组（T_2e）： …… 794.6m

47. 下部灰白色块状复成分中砾岩夹细砂岩透镜体；上部灰紫红色薄层细砂岩与紫红色、砖红色厚层含钙质结核泥岩互层 …… 28.8m

46. 灰白色、灰紫色块状复成分中砾岩夹细砂岩透镜体→灰紫色中厚层砂岩与紫红色钙质泥岩互层，组成韵律。在钙质泥岩中含大量植物化石 *Cladophlebis gracilis* Sze，*C. shensiensis* P'an；*Thinnfeldia rigida* Sze，*C. kaoiana* Sze，*C. ichunensis* Sze …… 20.4m

45. 下部灰白色块状复成分中砾岩，上部紫红色、灰紫色薄层粉砂岩与泥岩互层 …… 17.1m

44. 灰白色块状复成分中砾岩→灰紫色中薄层粉砂岩与中厚层含钙质结核泥岩互层 …… 5.2m

43. 下部灰色、灰白色块状复成分砾岩，上部灰紫色薄层泥质粉砂岩与紫红色薄层含钙质结核泥岩互层 …… 13.8m

42. 下部灰色块状含细砂岩透镜体复成分中砾岩，上部灰紫色中厚层泥质粉砂岩与紫红色中厚层钙质结核泥岩互层 …… 57.5m

41. 灰色块状复成分砾岩，紫红色泥岩夹紫红色薄层粉砂质泥岩 …… 40.7m

40. 灰色、灰白色块状复成分中细砾岩，紫红色含钙质结核泥岩 …… 28.9m

39. 灰白色块状复成分中细砾岩，紫红色含钙质结核泥岩 …… 28.9m

38. 灰紫色、灰白色块状复成分中砾岩，紫红色含钙质结核泥岩夹粉砂质泥岩 …… 17.6m

37. 灰色、灰紫色块状复成分中砾岩，紫红色钙质结核泥岩 …… 19.3m

36. 下部灰色、灰紫色块状复成分中细砾岩，上部紫红色泥岩夹泥质粉砂岩透镜体 …… 8.2m

35. 灰紫色、灰色块状中细砾岩，紫红色泥岩 …… 2.2m

34. 下部灰紫色块状中细粒砂岩，底具冲刷面，上部紫红色泥岩夹细砂岩透镜体 …… 28.7m

33. 下部灰紫色块状细砂岩，层内具交错层理，上部紫红色粉砂质泥岩 …… 9.6m

32. 下部灰色、灰白色块状复成分中细砾岩夹砂岩透镜体，中部紫红色、灰紫色块状—厚层细砂岩与紫红色厚层泥岩互层，上部紫红色泥岩夹细砂岩透镜体 …… 22.1m

31. 灰紫色块状中细粒砂岩与夹紫红色细砂岩透镜体的泥岩组成韵律 …… 12.3m

30. 灰白色、灰色块状复成分细砾岩、灰紫色厚层中细粒砂岩与紫红色泥岩组成韵律 …… 6.5m

29. 下部灰紫色块状复成分细砾岩，含砂岩透镜体，上部紫红色泥岩 …………………………………… 8.2m
28. 下部灰白色块状复成分细砾岩，具叠瓦构造，为正粒序层，上部紫红色块状泥岩 ………………… 9.4m
27. 灰白色、灰紫色厚层泥砾中细粒砂岩与紫红色含细砂岩透镜体泥岩组成韵律 ……………………… 16.4m
26. 灰紫红色厚层、块状含砾中细粒砂岩，底部具冲刷面、滞留砾石，层内发育大型槽状、板状交错层理、平行层理，与紫红色泥岩组成韵律 ……………………………………………………………………………… 5.3m
25. 灰紫色厚层含砾细砂岩、紫红色薄层泥质粉砂岩和紫红色泥岩组成5个韵律 ……………………… 23.3m
24. 灰白色、灰紫色块状中细粒砂岩与紫红色泥岩组成韵律。砂岩底部具冲刷面，层内具槽状、楔状交错层理；泥岩中含钙质结核，夹细砂岩透镜体 …………………………………………………………………… 30.3m
23. 灰紫色中厚层含砾中粗粒砂岩，底部有冲刷面，具粒序层理，发育大型槽状交错层理，上部紫红色泥岩夹薄层粉砂岩 …… 12.3m
22. 灰紫色厚层含砾中细粒砂岩，层内发育大型槽状、板状交错层理和平行层理，上部紫红色泥岩含砂岩透镜体。发育遗迹化石 *Skolithos* sp. …………………………………………………………………………… 13.1m
21. 下部灰紫色厚层含砾中细粒砂岩与紫红色中薄层细砂岩互层，与上部紫红色泥岩组成韵律。发育遗迹化石 *Skolithos* sp. ……………………………………………………………………………………………… 20.5m
20. 灰紫色厚层、块状含砾中细粒砂岩，层内发育大型板状交错层理、楔状交错层理、低角度交错层理，上部紫红色块状含钙质结核泥岩 ……………………………………………………………………………………… 9.8m
19. 灰紫色中厚层、厚层含砾中细粒砂岩，底部有冲刷面，层内发育楔状交错层理、平行层理，上部紫红色块状泥岩夹细砂岩透镜体 ………………………………………………………………………………………… 9.0m
18. 灰紫色厚层、块状含砾粗中粒砂岩，底部具冲刷面及滞留砾石，层内有大型楔状、板状交错层理，低角度交错层理和平行层理，上部紫红色泥岩，夹粉砂岩透镜体 ……………………………………………… 5.6m
17. 灰紫红色厚层含砾中细粒岩屑砂岩，上部紫红色粉砂质泥岩 ……………………………………… 15.8m
16. 紫红色泥岩夹薄层灰紫色泥质粉砂岩 ……………………………………………………………… 36.9m
15. 黄褐色中薄层细砂岩与灰色薄层钙质泥岩互层 ……………………………………………………… 27.9m
14. 黄绿色厚层含砾中粗粒岩屑砂岩与褐黄色薄层细砂岩互层 ………………………………………… 2.5m
13. 黄褐色中薄层细砂岩与灰色极薄层钙质泥岩组成高频韵律 ………………………………………… 37.2m
12. 黄褐色厚层中细粒砂岩与黄绿色薄层泥质粉砂岩组成高频韵律 …………………………………… 63.2m
11. 褐黄色、黄绿色厚层、块状含砾中粒长石砂岩与紫红色细砂岩夹泥岩组成韵律 …………………… 42.4m
10. 紫红色薄层细砂岩夹紫红色泥岩 …………………………………………………………………… 14.1m
9. 褐黄—黄绿色厚层、块状含砾粗粒砂岩与紫红色细砂岩夹泥岩组成正向韵律层 …………………… 23.6m

——————— 整 合 ———————

下伏和尚沟组(T_1h)：灰紫色厚层含砾中粒岩屑砂岩，夹紫红色薄层泥质粉砂岩

79. 杏石口组(T_3x)剖面

承德县上谷娘娘庙中三叠世二马营组—晚三叠世杏石口组实测剖面(见图1－69)为代表性剖面。建组剖面位于北京市八大处杏石口村。

上覆南大岭组(J_1n)：黄绿色玄武安山岩

——————— 整合或平行不整合 ———

杏石口组(T_3x)： …………………………………………………………………………………………… 705.59m
59. 黄绿色厚层—块状中粗粒砂岩 ……………………………………………………………………… 11.79m
58. 黄绿色厚层—块状含细砾中粗粒砂岩 ……………………………………………………………… 13.05m
57. 黄绿色与灰色薄层粉砂质泥岩 ……………………………………………………………………… 2.45m
56. 黄绿色厚层含砾中粗粒砂岩 ………………………………………………………………………… 22.84m
55. 黄绿色厚层—块状中细砾岩 ………………………………………………………………………… 10.39m
54. 灰黄色、黄褐色厚层—块状复成分中细砾岩 ……………………………………………………… 29.57m

53. 灰紫色、紫红色块状复成分中粗砾岩,砾岩中有漂砾,下部夹薄层砂岩透镜体 …… 387.2m
52. 灰紫色、灰色块状复成分中砾岩,砾岩中可见灰绿色中细粒砂岩透镜体 …… 8.6m
51. 灰色块状复成分粗中砾岩,砾岩颗粒支撑 …… 89.1m
50. 紫灰色块状复成分中砾岩夹中细砂岩透镜体 …… 18.3m
49. 灰色块状复成分粗中砾岩,砾岩中夹黄绿色中细粒砂岩透镜体,底部细砾岩 …… 68.4m
48. 紫灰色块状、厚层复成分中砾岩,具叠瓦状构造,含砂岩透镜体 …… 43.9m

~~~~~~ 微角度不整合 ~~~~~~

下伏二马营组(T_2e):灰白色块状复成分中砾岩、灰紫色薄层细砂岩和紫红色泥岩

(六)侏罗纪岩石地层

80. 南大岭组(J_1n)剖面

承德县甲山黄杖子早侏罗世南大岭组实测剖面(图1-70)为代表性剖面(据1∶25万承德幅报告,2000)。建组剖面位于北京市门头沟区南大岭。

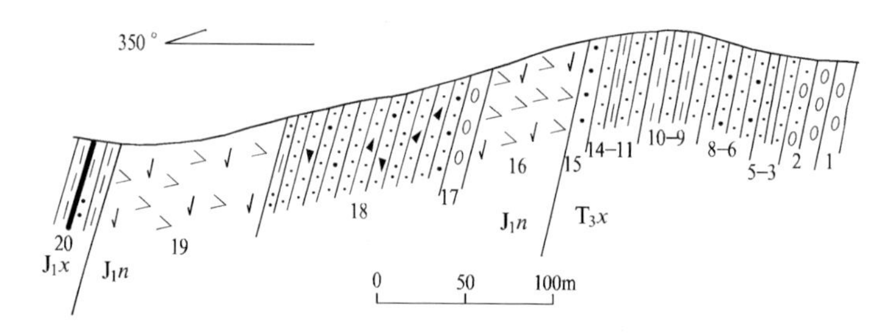

图1-70　承德县甲山黄杖子早侏罗世南大岭组实测剖面图

上覆下花园组(J_1x):灰绿色泥质粉砂岩、泥岩夹煤层

—— 整 合 ——

南大岭组(J_1n): …… 290.1m
19. 灰绿色气孔杏仁状玄武岩、粗安岩、粗面岩,组成3个岩流单元 …… 110.3m
18. 灰绿色粗安质细砾岩、粗砂岩、灰绿色粉砂岩、泥岩,构成向上变细韵律 …… 96.1m
17. 灰黄色块状复成分中细砾岩 …… 10.1m
16. 灰绿色、灰紫色杏仁状玄武岩,粗安岩和粗面岩组成7个岩流单元 …… 73.6m

——整合或平行不整合——

下伏杏石口组(T_3x):灰黄色块状复成分中细砾岩

81. 下花园组(J_1x)剖面

(1)尚义县大杨坡村早侏罗世下花园组一、二段实测剖面(图1-71)为代表性剖面(据1∶25万张北幅报告,2004)。建组剖面位于下花园一带。

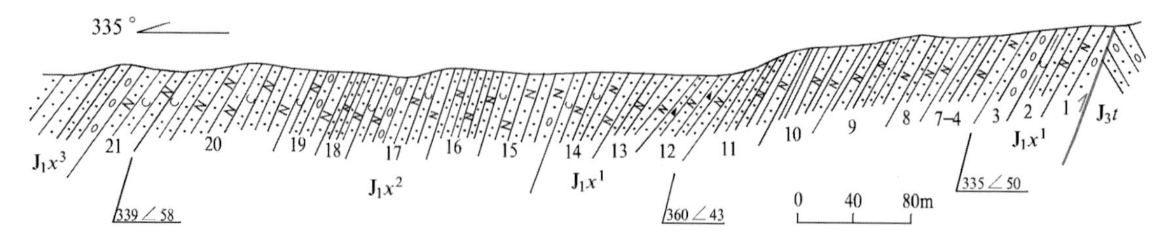

图1-71　尚义县大杨坡村早侏罗世下花园组一、二段实测剖面图
~~~~~~

上覆下花园组三段(J_1x^3)：浅黄色、灰白色厚层砾岩

——————— 整 合 ———————

下花园组二段(J_1x^2)：…………………………………………………………………………………… 366.4m

21. 黄绿色厚层粗粒长石砂岩夹灰黑色碳质粉砂岩 ………………………………………………… 33.3m

20. 黄绿色厚层粗粒长石砂岩夹薄层灰黑色碳质粉砂岩透镜体 ……………………………………… 107.6m

19. 下部黄绿色巨厚层粗粒长石砂岩，夹砾岩及碳质粉砂岩透镜体；中部黄绿色中厚层粗粒长石砂岩；顶部灰黑色碳质粉砂 ……………………………………………………………………………… 35.0m

18. 黄绿色厚层粗粒长石砂岩与中薄层细砂岩互层，顶部为灰黑色碳质粉砂岩 ……………………… 20.0m

17. 黄绿色厚层粗粒长石砂岩，底部夹2层灰黑色薄层碳质粉砂岩透镜体，上部夹砾岩透镜体，粗砂岩具植物树干印模。含植物化石 *Coniopteris hymanophylloidis* (Brangndart) Seward，*Sphenarion latifopin* (Turutanov－Ketova) harris，*Podozamites* sp. ………………………………………… 60.2m

16. 黄绿色厚层粗粒长石砂岩与灰黑色薄层碳质粉砂岩组成7个韵律。粗砂岩具块状层理，粉砂岩具水平层理。每一韵律砂泥比为10∶1 ……………………………………………………………………… 43.2m

15. 黄绿色中厚层中粒长石砂岩与灰黑色薄层碳质粉砂岩组成6个韵律，含植物化石碎片，底部为浅黄绿色厚层含砾粗粒长石砂岩夹砾岩透镜体 ……………………………………………………… 67.1m

——————— 整 合 ———————

下花园组一段(J_1x^1)：…………………………………………………………………………………… 499.3m

14. 灰黄色厚层粗粒长石砂岩、薄层细粒长石砂岩与灰黑色薄层碳质粉砂岩组成4个韵律。每个韵律砂泥比为5∶1，含植物树干化石 …………………………………………………………………… 48.2m

13. 黄绿色厚层粗粒长石砂岩与中厚层细—粉砂岩组成4个下粗上细的正韵律。单个韵律砂泥比为5∶2 … 38.3m

12. 浅黄色厚层含砾粗粒长石砂岩、中薄层中粒长石砂岩、细砂岩与灰黑色薄层碳质页岩组成4个韵律，每个韵律砂泥比为5∶3。粗砂岩含植物树干化石 …………………………………………………… 36.9m

11. 浅黄绿色中厚层粗粒长石砂岩、中薄层细砂岩与灰黑色薄层碳质页岩组成4个韵律。砂岩中含植物树干化石。页岩含 *Pityoplyilum nordenskioldi* Heer，*Nilssonia linearis* Sze，*Stenorachis lepida* (Heer) seward，*Pityophyllum* aff. *lindstroemi nathorsti*，*Pityoplyllum* cf. *nordenskioldi nathorsti*，*Podozamites* af. Lanceotatus (L. er H) *braun* 等化石 ………………………………………………………………… 69.0m

10. 灰黄色中厚层粗粒长石砂岩、灰绿色中薄层细砂岩与灰黑色碳质粉砂岩、页岩组成下粗上细4个正韵律。每个韵律砂泥比大致相等。粗砂岩具大型板状交错层理 ……………………………………… 44.8m

9. 灰黄色中厚层粗粒长石砂岩与灰黑色薄层粉砂岩组成10个正韵律，每个韵律砂泥比大致相等。粗砂岩具板状交错层理，粉砂岩具水平层理 ……………………………………………………………… 53.3m

8. 灰黄色厚层粗粒长石砂岩 ………………………………………………………………………… 24.5m

7. 底部灰色厚层含砾粗粒长石砂岩夹砾岩；顶部浅黄色薄层细砂岩、灰黑色薄层碳质页岩。砂泥比为5∶2 ………………………………………………………………………………………………… 19.0m

6. 底部灰黄色厚层含砾粗粒长石砂岩；中部中薄层粗粒长石砂岩，顶部灰黑色薄层碳质粉砂岩、页岩。砂泥比为5∶2 ………………………………………………………………………………………… 94.0m

5. 底部灰黄色厚层含砾粗粒长石砂岩，底面为冲刷面；中部灰色中薄层细砂岩与粉砂岩互层，具水平层理 ……………………………………………………………………………………………………… 10.6m

4. 底部浅灰白色厚层粗粒长石砂岩；中部灰色中薄层细砂岩，具水平层理；顶部灰黑色薄层碳质页岩。砂泥比为5∶1 ………………………………………………………………………………………… 13.9m

3. 底部褐黄色厚层砾岩，砾石成分为石英岩、燧石等，砾径一般0.5～3cm，以次圆状为主，砂质充填。向上变为褐黄色厚层含砾粗粒长石砂岩；顶部灰白色中厚层中粒长石砂岩 ……………………… 20.1m

2. 褐黄色厚层含砾粗粒长石砂岩，顶为灰黑色薄层碳质粉砂岩 ……………………………………… 24.6m

1. 褐黄色厚层含砾粗粒长石砂岩夹砾岩透镜体，顶部灰黑色薄层碳质粉砂岩 ……………………… 2.1m

＝＝＝＝＝＝＝＝＝＝＝＝＝ 断层 ＝＝＝＝＝＝＝＝＝＝＝＝＝

土城子组(J_3t)：灰绿色厚层含砾粗砂岩与紫红色薄层粉砂岩互层

(2)尚义县下井村早侏罗世下花园组三段实测剖面(图1-72)为代表性剖面(据1:25万张北幅报告,2004)。

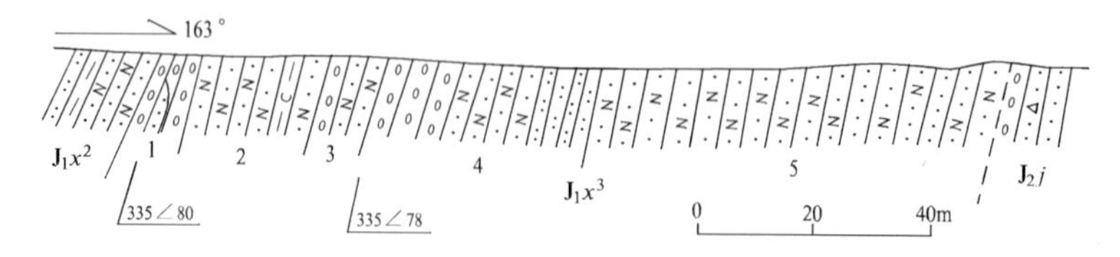

图1-72　尚义县下井村早侏罗世下花园组三段实测剖面图

上覆九龙山组(J_2j):灰紫色厚层岩屑粗砂岩,夹砾岩透镜体

————平行不整合————

下花园组三段(J_1x^3):…………………………………………………………………………………… 109.8m

5.黄绿色厚层岩屑长石粗砂岩,向上被黄土覆盖 ……………………………………………………… 49.2m

4.底部为浅黄色厚层砾岩,向上为黄绿色厚层粗粒长石砂岩,顶部为黄绿色薄层粉砂岩 ……………… 26.2m

3.黄绿色厚层含砾粗粒岩屑长石砂岩,底部为砾岩,中部夹1层黄绿色薄层粉砂岩 ………………… 8.8m

2.黄绿色厚层粗粒岩屑长石砂岩,夹碳质页岩,具大型板状交错层,底部为含砾粗砂岩 ……………… 18.9m

1.浅黄色、灰白色厚层复成分中粗砾岩,砾石略具叠瓦状排列,砾岩中部夹薄层碳质粉砂岩及粗砂岩透镜体 ……………………………………………………………………………………………………… 6.7m

————整　合————

下伏下花园组二段(J_1x^2):浅黄绿色厚层粗粒长石砂岩夹碳质页岩透镜体

82.九龙山组(J_2j)剖面

下花园区贾家庄-孙家庄中侏罗世九龙山组实测剖面(图1-73)为代表性剖面(据1:25万张家口幅,2008)。建组剖面位于北京市门头沟区岳家坡(九龙山)。

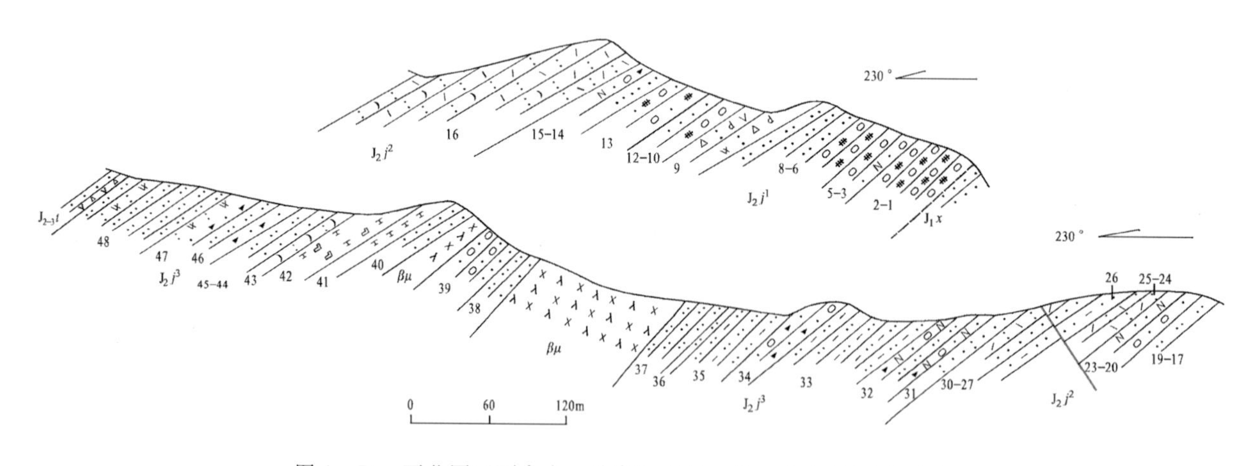

图1-73　下花园区贾家庄—孙家庄中侏罗世九龙山组实测剖面图

βμ-辉绿岩脉

上覆髫髻山组($J_{2-3}t$):灰绿色安山质沉火山角砾岩

———整合或平行不整合———

九龙山组三段(J_2j^3):………………………………………………………………………………… 400.2m

48.灰紫色粉砂岩夹粗砂岩,上部夹灰白色英安质晶屑玻屑凝灰岩 …………………………………… 44.2m

47.浅紫色英安质沉凝灰岩 …………………………………………………………………………… 4.1m

46.灰紫色细粒岩屑砂岩、粉砂岩,底部为粗砂岩 …………………………………………………… 24.8m

45. 紫红色粉砂岩 …… 2.5m
44. 浅灰紫褐色细砂岩 …… 9.4m
43. 浅粉色流纹质玻屑凝灰岩 …… 1.5m
42. 紫褐色粗面质熔集块岩 …… 45.5m
41. 浅棕色粗面岩 …… 16.4m
40. 上部浅灰紫色细砂岩，夹粉砂岩；下部浅粉红色粗砂岩 …… 15.1m
39. 浅粉红色砂砾岩，砾石以花岗质岩石为主 …… 18.7m
38. 紫色细砂岩，夹薄层粉砂岩、含砾粗砂岩 …… 21.2m
37. 紫色粉砂岩，夹透镜状泥质粉砂岩、含砂泥灰岩 …… 31.6m
36. 深灰色细砂岩、粉砂岩，夹灰绿色粗砂岩 …… 6.5m
35. 灰紫色泥质粉砂岩，夹不稳定的薄层灰绿色砂岩 …… 19.6m
34. 浅灰绿色含砾岩屑粗砂岩，砾石为安山岩 …… 28.7m
33. 灰绿色、灰紫色泥质粉砂岩互层，夹透镜状泥质粉砂岩 …… 66.5m
32. 绿灰色含砾中粒岩屑长石砂岩、粉砂岩互层，底部为不稳定的砂砾岩 …… 36.9m
31. 暗绿色凝灰质粉砂岩，顶部夹不稳定的含砾粗砂岩 …… 7.0m

—————— 整 合 ——————

九龙山组二段(J_2j^2)： …… 139.8m
30. 灰白色流纹质晶屑玻屑凝灰岩 …… 4.6m
29. 浅灰绿色流纹质凝灰岩 …… 2.1m
28. 暗灰绿色粉砂岩 …… 5.3m
27. 灰绿色凝灰质含砾粗砂岩，顶部为粗砂岩 …… 5.0m
26. 灰绿色泥质粉砂岩 …… 5.9m
25. 灰白色复屑凝灰岩 …… 7.5m
24. 灰白色流纹质玻屑凝灰岩 …… 5.8m
23. 灰绿色、灰紫色粉砂岩，夹薄层砂岩 …… 9.4m
22. 浅灰绿色泥质粉砂岩，夹粉砂质泥灰岩团块 …… 2.2m
21. 灰绿色凝灰质含砾长石砂岩，夹薄层粉砂岩 …… 2.2m
20. 深灰绿色砂砾岩，夹粗粒长石砂岩、粉砂岩 …… 5.8m
19. 深灰绿色粉砂岩，底部为含砾粗砂岩 …… 5.7m
18. 深灰绿色含砾粗粒岩屑长石砂岩 …… 1.4m
17. 上部粉砂岩；下部灰绿色凝灰质砂岩 …… 1.4m
16. 灰绿色流纹质含晶屑玻屑凝灰岩，底部为厚0.15m的凝灰质砂砾岩 …… 75.5m

—————— 整 合 ——————

九龙山组一段(J_2j^1)： …… 195.0m
15. 浅灰黄色含砾粗粒岩屑长石砂岩，夹不稳定的细砾岩、细砂岩 …… 7.2m
14. 灰绿色、灰紫色粉砂岩，夹砂岩 …… 16.3m
13. 灰色复成分砂砾岩，夹不稳定的含砾长石砂岩 …… 24.2m
12. 灰绿色粗粒长石砂岩 …… 2.5m
11. 上部灰紫色粉砂岩、细砂岩；下部灰绿色粉砂岩 …… 3.3m
10. 灰色复成分砾岩，夹灰绿色岩屑长石砂岩、含砾粗砂岩 …… 17.8m
9. 浅灰紫色沉英安质含集块角砾凝灰岩 …… 28.0m
8. 灰紫色粉砂岩，夹薄层灰绿色沉凝灰岩 …… 3.3m
7. 浅灰绿色复成分砂砾岩 …… 6.3m
6. 下部浅灰绿色、灰黄色砂砾岩；上部灰紫色砂砾岩 …… 22.9m
5. 浅灰绿色复成分砾岩 …… 2.7m

4. 灰白色复成分砾岩，夹不稳定灰绿色薄层中粒砂岩 …… 11.7m

3. 浅灰绿色含砾中粗粒长石砂岩 …… 5.4m

2. 浅绿色复成分砾岩 …… 40.5m

1. 浅黄褐色复成分砾岩，顶部为厚约1m的英安质晶屑玻屑凝灰岩 …… 2.9m

———— 平行不整合 ————

下伏下花园组(J_1x)：浅灰绿色中粗粒砂岩，夹灰黑色粉砂岩及煤线

83. 髫髻山组($J_{2-3}t$)剖面

承德县胡杖子-小郭杖子中晚侏罗世髫髻山组实测剖面(图1-74)为代表性剖面(据1∶25万承德幅报告，2000)。建组剖面位于北京市门头沟区傅家台村南刘家沟(西山髫髻山)。

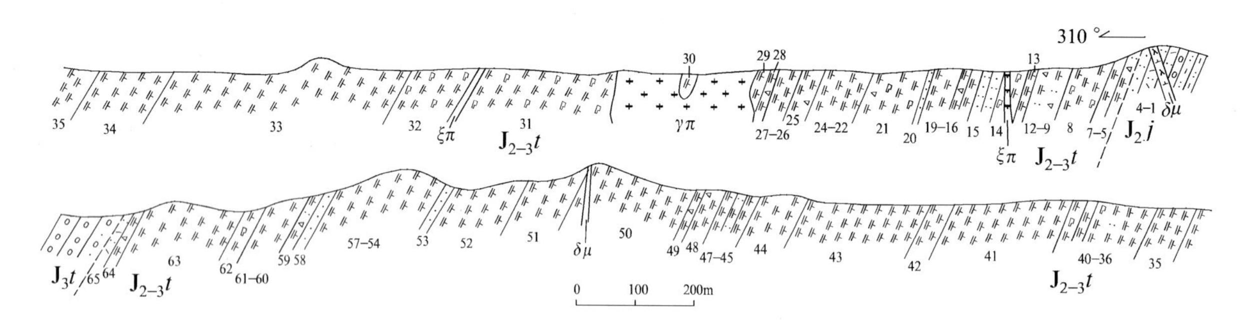

图1-74 承德胡杖子-小郭杖子中晚侏罗世髫髻山组实测剖面图

$\xi\pi$-正长斑岩；$\gamma\pi$-花岗斑岩；$\delta\mu$-闪长玢岩

上覆土城子组(J_3t)：灰紫色含砾粗砂岩、砾岩夹泥质粉砂岩

———— 平行不整合 ————

髫髻山组($J_{2-3}t$)： …… 2 931.4m

65. 灰紫色粗安质含角砾晶屑凝灰岩 …… 12.1m

64. 灰绿色粗安质角砾岩 …… 20.2m

63. 灰绿色粗安岩 …… 135.2m

62. 暗红色粗安质角砾集块岩 …… 40.6m

61. 黄褐色、暗红色粗安岩 …… 28.3m

60. 灰绿色气孔状粗安岩 …… 36.4m

59. 暗紫红色粗安质角砾岩 …… 16.2m

58. 暗红色与砖红色凝灰质粉砂岩 …… 12.5m

57. 灰绿色气孔状粗安岩，底部有厚1～2m粗安质角砾岩 …… 13.7m

56. 灰色、紫红色气孔状粗安岩 …… 68.1m

55. 灰紫色、紫红色粗安岩 …… 29.1m

54. 灰绿色粗安岩 …… 35.4m

53. 砖红色凝灰质砂岩 …… 19.6m

52. 灰绿色含斑粗安岩与气孔粗安岩构成3个岩流单元 …… 111.0m

51. 灰绿色、灰紫色粗安岩分2个岩流单元，“红顶绿底”发育 …… 71.2m

50. 灰色、灰紫色粗安岩，分5个岩流单元(有闪长玢岩脉侵入)…… 203.3m

49. 灰绿色、黄褐色粗安质角砾岩 …… 14.9m

48. 灰紫色粗安岩 …… 28.4m

47. 浅灰紫色粗安岩 …… 31.4m

46. 紫红色粗安质沉凝灰岩 …… 7.0m

45. 浅灰紫色粗安岩 …… 12.8m
44. 灰绿色、紫红色角闪粗安岩，分 3 个岩流单元 …… 74.0m
43. 黄褐色、紫红色粗安岩，分 4 个岩流单元 …… 145.3m
42. 紫红色、灰紫色角闪粗安岩 …… 37.5m
41. 深灰色、灰紫色粗安岩，分 4 个岩流单元 …… 187.5m
40. 深灰色粗安质角砾集块岩 …… 52.7m
39. 灰黑色粗安岩 …… 11.3m
38. 灰绿色粗安质角砾集块岩 …… 41.3m
37. 黄褐色、浅灰绿色粗安质含角砾凝灰岩 …… 26.3m
36. 灰绿色粗安岩 …… 36.6m
35. 灰绿色、紫红色粗安岩 …… 64.7m
34. 深黑色、紫红色粗安岩，分 3 个岩流单元 …… 98.8m
33. 深灰色粗安岩，夹不稳定粗安质角砾岩，分 6 个岩流单元 …… 301.0m
32. 灰紫色粗安质角砾集块岩 …… 95.0m
31. 灰黑色、灰紫色粗安质角砾集块岩 …… 233.9m
30. 灰绿色粗安质凝灰岩、凝灰质砂岩 …… 17.5m
29. 灰紫色粗安岩 …… 28.3m
28. 灰紫色粗安质角砾熔岩 …… 6.2m
27. 灰绿色、紫红色粗安岩 …… 17.9m
26. 灰紫色粗安岩，底部有厚 1.5m 粗安质角砾集块岩 …… 35.7m
25. 灰紫色粗安岩，下部见厚 3.3m 粗安质角砾岩 …… 28.3m
24. 灰黑色、灰紫色粗安岩 …… 43.6m
23. 暗灰色粗安岩，下部见厚 1～2m 不稳定粗安质角砾集块岩 …… 19.4m
22. 深灰色粗安岩 …… 38.5m
21. 灰紫色、灰绿色粗安质角砾集块岩 …… 78.4m
20. 灰绿色凝灰质砂岩、粉砂岩 …… 1.3m
19. 灰黑色粗安岩，局部夹不稳定粗安质角砾熔岩 …… 22.7m
18. 灰黑色气孔状粗安岩 …… 6.8m
17. 灰黑色、黄褐色粗安质角砾集块岩 …… 9.6m
16. 深灰色气孔状粗安岩，下部为枕状构造粗安岩 …… 13.6m
15. 灰绿色凝灰质砂岩、含砾粗砂岩及凝灰岩 …… 18.5m
14. 灰紫色粗安质集块岩(有正长斑岩脉侵入) …… 30.2m
13. 灰绿色粗安岩 …… 12.1m
12. 灰绿色、灰紫色粗安质沉凝灰岩 …… 7.1m
11. 灰紫色粗安质集块岩 …… 21.3m
10. 灰紫色粗安质角砾熔岩 …… 14.2m
9. 灰紫色粗安质沉凝灰角砾岩 …… 7.1m
8. 灰紫色粗安质砾集块岩 …… 80.8m
7. 灰紫色粗安岩 …… 7.6m
6. 灰紫色粗安质凝灰角砾岩 …… 7.6m
5. 灰绿色粗安质岩屑晶屑凝灰岩 …… 3.8m

———— 平行不整合 ————

下伏九龙山组(J_2j)：下部暗紫红色泥质粉砂岩；上部灰白色流纹质凝灰岩、凝灰质砂岩

84. 土城子组(J_3t)剖面

滦平县长山峪晚侏罗世土城子组实测剖面(图 1－75)为代表性剖面(据 1∶25 万承德幅报告，

2000)。建组剖面位于辽宁省北票土城子。

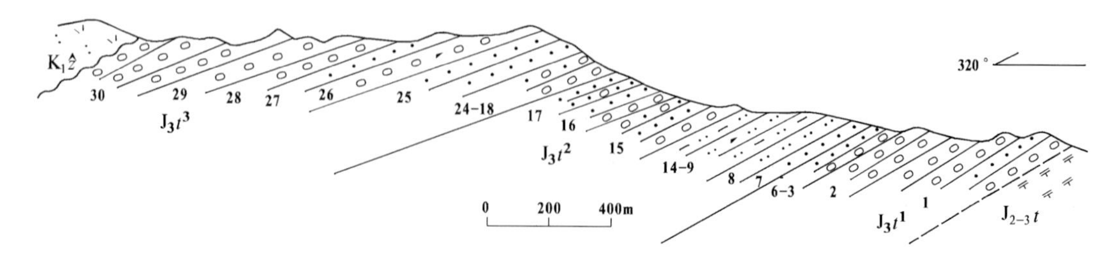

图 1-75　滦平县长山峪晚侏罗世土城子组实测剖面图

上覆张家口组($K_1\hat{z}$):灰紫色流纹质凝灰岩

～～～～～～ 角度不整合 ～～～～～～

土城子组三段(J_3t^3):…… 515.5m

30.紫褐色、紫红色块状、厚层复成分中粗砾岩夹薄层砂岩透镜体 …… 87.6m

29.紫红色块状复成分砾岩 …… 93.8m

28.紫红色块状复成分砾岩夹粗砂岩透镜体,砂岩中槽状交错层理发育 …… 47.7m

27.紫红色块状复成分砾岩与粗砂岩,夹薄层粉砂岩及凝灰岩,构成韵律 …… 43.6m

26.灰紫色块状复成分中砾岩夹粗砂岩、砂岩透镜体 …… 81.0m

25.紫灰色、紫褐色粗砂岩,含砾粗砂岩,板状交错层理发育,该层中见潜粗安岩侵入 …… 30.6m

24.紫灰色块状复成分砾岩夹粗砂岩透镜体 …… 53.6m

23.灰紫色厚层含砾粗砂岩、砂岩夹薄层凝灰岩 …… 18.7m

22.紫褐色、紫红色粗砂岩夹砾岩透镜体 …… 19.5m

21.紫灰色中厚层含砾粗砂岩、细砂岩,构成向上变细的韵律 …… 7.2m

20.紫灰色中厚层复成分砾岩 …… 12.2m

19.紫褐色中厚层含砾粗砂岩及细砂岩 …… 6.4m

18.暗紫色复成分砾岩 …… 13.6m

———— 整 合 ————

土城子组二段(J_3t^2):…… 543.9m

17.紫褐色粗砂岩,底部为灰褐色含砾粗砂岩,交错层理发育 …… 51.6m

16.暗紫色含砾粗砂岩、砂岩、粉砂岩,构成向上变细的韵律 …… 89.8m

15.灰紫色中厚层粗砂岩夹流纹质凝灰岩及砾岩透镜体 …… 168.0m

14.下部浅黄色粉砂岩;上部黄褐色粉砂质泥岩 …… 13.0m

13.灰色、浅绿色中粒岩屑砂岩夹泥质粉砂岩 …… 28.2m

12.下部紫红色细砂岩;上部紫红色粉砂岩、泥岩 …… 23.8m

11.暗紫色、紫褐色粗砂岩,粉砂岩,粉砂质页岩,构成向上变细的韵律 …… 24.9m

10.下部深灰色长石砂岩;上部紫灰色粉砂质页岩 …… 27.7m

9.紫灰色钙质胶结岩屑砂岩夹含砾粗砂岩透镜体 …… 22.8m

8.紫红色、灰绿色含钙质结核钙质粉砂岩夹砂岩透镜体 …… 60.7m

7.下部灰绿色、浅黄色粗砂岩;中部灰白色砂岩;上部深灰紫色粉砂质页岩夹粉砂岩 …… 33.4m

———— 整 合 ————

土城子组一段(J_3t^1):…… 346.0m

6.灰紫色流纹质凝灰岩 …… 6.9m

5.暗紫褐色复成分砾岩夹薄层砂岩透镜体 …… 7.6m

4.暗紫褐色流纹质凝灰岩 …… 0.7m

3.紫色、紫灰色厚层复成分细砾岩夹粗砂岩透镜体 …… 27.0m

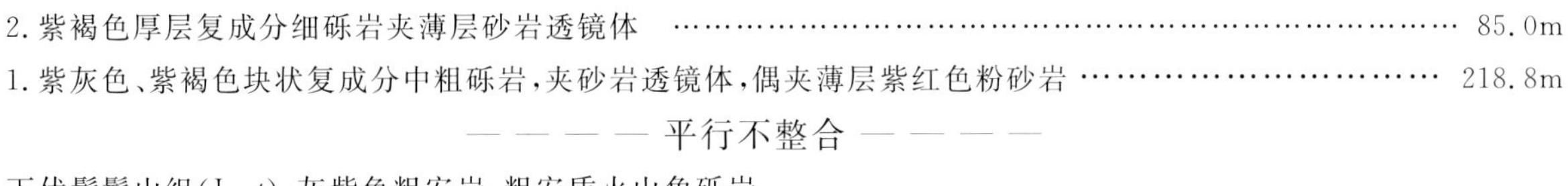

2. 紫褐色厚层复成分细砾岩夹薄层砂岩透镜体 …………………………………………………………… 85.0m

1. 紫灰色、紫褐色块状复成分中粗砾岩，夹砂岩透镜体，偶夹薄层紫红色粉砂岩 ………………………… 218.8m

———— 平行不整合 ————

下伏髫髻山组($J_{2-3}t$)：灰紫色粗安岩、粗安质火山角砾岩

85. 白旗组(J_3b)剖面

(1)崇礼区白旗晚侏罗世白旗组二段实测剖面(图 1－76)为建组剖面(据河北省 1∶5 万板申图等 4 幅报告，2020，略有改动)。

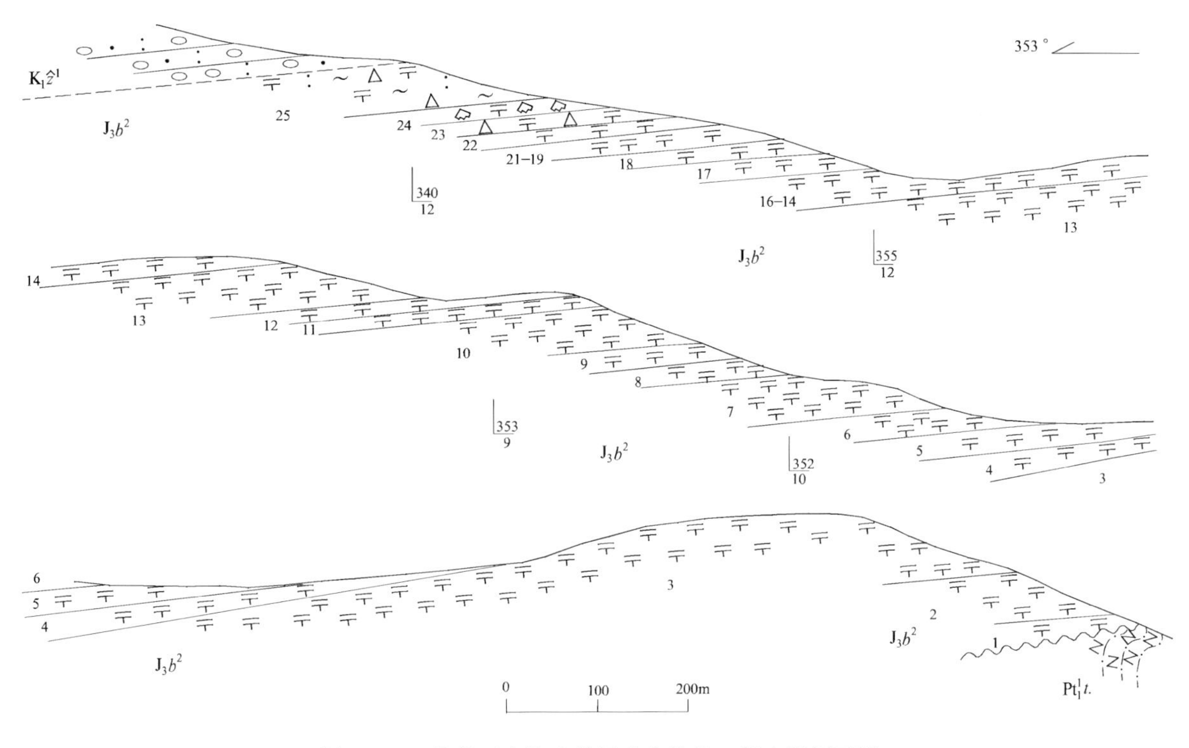

图 1－76　崇礼区白旗晚侏罗世白旗组二段实测剖面图

上覆张家口组一段($K_1\hat{z}^1$)：紫红色凝灰质砾质砂岩与凝灰质中粗粒砂岩

———— 平行不整合 ————

白旗组二段(J_3b^2)． ………………………………………………………………………………… 820.6m

25. 粗安质角砾凝灰熔岩 ……………………………………………………………………………… 71.0m

24. 粗安质火山集块岩 ………………………………………………………………………………… 64.6m

23. 粗安质火山角砾岩 ………………………………………………………………………………… 17.9m

22. 紫红色粗安岩 ……………………………………………………………………………………… 7.8m

21. 灰绿色粗安岩 ……………………………………………………………………………………… 13.4m

20. 紫红色粗安岩 ……………………………………………………………………………………… 13.5m

19. 灰绿色粗安岩 ……………………………………………………………………………………… 15.6m

18. 紫红色粗安岩 ……………………………………………………………………………………… 12.8m

17. 灰绿色粗安岩 ……………………………………………………………………………………… 23.3m

16. 紫红色粗安岩 ……………………………………………………………………………………… 27.3m

15. 灰绿色粗安岩 ……………………………………………………………………………………… 7.5m

14. 紫红色粗安岩 ……………………………………………………………………………………… 18.4m

13. 灰绿色粗安岩 ……………………………………………………………………………………… 60.8m

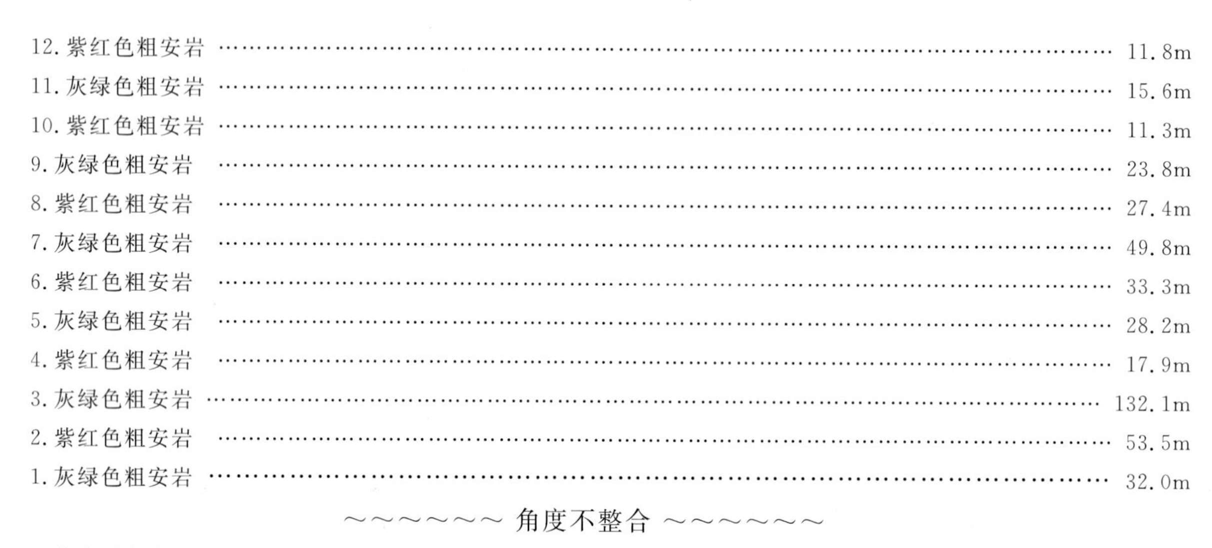

12. 紫红色粗安岩 …… 11.8m
11. 灰绿色粗安岩 …… 15.6m
10. 紫红色粗安岩 …… 11.3m
9. 灰绿色粗安岩 …… 23.8m
8. 紫红色粗安岩 …… 27.4m
7. 灰绿色粗安岩 …… 49.8m
6. 紫红色粗安岩 …… 33.3m
5. 灰绿色粗安岩 …… 28.2m
4. 紫红色粗安岩 …… 17.9m
3. 灰绿色粗安岩 …… 132.1m
2. 紫红色粗安岩 …… 53.5m
1. 灰绿色粗安岩 …… 32.0m

～～～～～～～ 角度不整合 ～～～～～～～

下伏太平庄岩组($Pt_1^1t.$)：黑云斜长变粒岩

(2)丰宁县南辛营乡大营子村晚侏罗世白旗组实测剖面(图1－77)为代表性剖面(据河北省1∶5万太阳店等3幅报告，1988，有改动)。

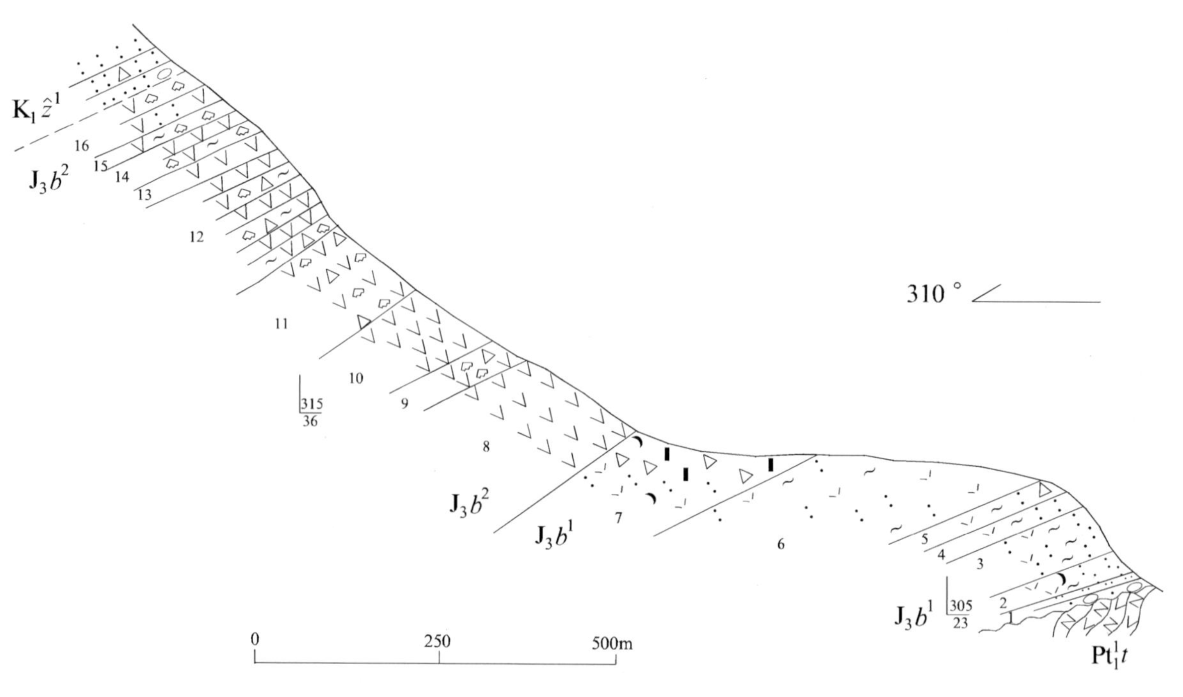

图1－77 丰宁县南辛营乡大营子村晚侏罗世白旗组实测剖面图

上覆张家口组($K_1\hat{z}$)：底部为灰紫色含安山质砾石凝灰质粉砂岩，其上为绿灰色沉角砾凝灰岩，顶部为灰绿色沉凝灰岩

———— 平行不整合 ————

白旗组二段(J_3b^2)： …… 342.54m

16. 灰白浅灰色安山质凝灰岩，顶部为灰紫色安山质火山集块岩 …… 23.35m
15. 灰紫色安山质熔集块岩，向上熔岩成分增加，逐渐变为角砾熔岩 …… 0.46m
14. 下部灰色安山质熔集块岩；上部深灰色安山岩 …… 16.92m
13. 灰色安山岩 …… 17.60m
12. 紫灰色安山岩与绿灰—紫灰色安山质含集块熔结角砾岩互层 …… 65.67m

11. 绿灰色安山质集块角砾岩 …………………………………………………………………… 61.65m
10. 灰—灰紫色安山岩，发育绿泥石化、绿帘石化 ……………………………………………… 66.24m
9. 绿灰色安山质含集块火山角砾岩 ………………………………………………………………… 16.18m
8. 深灰色、灰黑色安山岩，底部和上部已绿帘石化、绿泥石化 ………………………………… 74.47m

——————— 整 合 ———————

白旗组一段(J_3b^1)： ……………………………………………………………………………… 265.84m
7. 紫灰色流纹质角砾复屑弱熔结凝灰岩，岩石中见有弱熔结绿帘石化和绿泥石化 ………… 92.64m
6. 灰紫色流纹质弱熔结凝灰岩 ……………………………………………………………………… 85.94m
5. 灰色流纹质角砾弱熔结凝灰岩 …………………………………………………………………… 11.94m
4. 紫灰色流纹质弱熔结凝灰岩，向上岩屑逐渐增多 ………………………………………… 10.07m
3. 灰紫色流纹质弱熔结凝灰岩，向上变为肉红紫色 ………………………………………… 56.59m
2. 鸭蛋青色流纹质弱熔结凝灰岩，上部为灰白色流纹质玻屑凝灰岩 ……………………… 4.36m
1. 紫红色砂砾岩夹紫红色粉砂岩或粉砂质页岩透镜体 ……………………………………… 4.30m

～～～～～～ 角度不整合 ～～～～～～

下伏太平庄岩组($Pt_1^1t.$)：灰黑色斜长角闪岩，局部略具片麻状构造

(七)白垩纪岩石地层

86. 张家口组($K_1\hat{z}$)剖面

(1)崇礼区南地村北早白垩世张家口组一段实测剖面(图1-78A)。
(2)张家口市小沟子村南早白垩世张家口组二至三段实测剖面(图1-78B)。
(3)张家口市马家梁村早白垩世张家口组四段实测剖面(图1-78C)。
(4)张家口市石匠窑村西早白垩世张家口组五段下部实测剖面(图1-78D)。
(5)张家口市菜市村南早白垩世张家口组五段上部实测剖面(图1-78E)。
上述5个剖面均为建组剖面(据河北省1∶5万万全等4幅报告,2021)。

上覆南天门组一段(K_2n^1)：紫红色砾岩夹砂岩

— — — — 平行不整合 — — — —

张家口组五段($K_1\hat{z}^5$)： …………………………………………………………………………… 230.7m
77. 浅灰色碱长流纹岩 ………………………………………………………………………………… 28.1m
76. 紫灰色流纹岩 ……………………………………………………………………………………… 28.9m
75. 浅灰色碱长流纹岩 ………………………………………………………………………………… 49.6m
74. 紫灰色流纹岩 ……………………………………………………………………………………… 36.9m
73. 浅灰色流纹岩 ……………………………………………………………………………………… 25.9m
72. 灰白色角砾流纹质凝灰岩 ………………………………………………………………………… 9.6m
71. 灰白色流纹质凝灰岩 ……………………………………………………………………………… 51.7m
70. 紫红色凝灰质砂质粗砾岩 ………………………………………………………………………… 12.1m
69. 紫红色凝灰质粗砾岩 ……………………………………………………………………………… 48.4m
68. 紫红色凝灰质中砾岩 ……………………………………………………………………………… 7.9m
67. 紫红色凝灰质粗砾岩、紫红色凝灰质中砾岩和凝灰质含砾中粗粒岩屑砂岩，三者呈韵律状产出，含砾凝灰质粗砂岩发育平行层理和槽状斜层理 ……………………………………………………… 46.4m
66. 紫红色夹灰白色含砾凝灰质粗砂岩 ……………………………………………………………… 25.2m
65. 紫红色凝灰质粗砾岩 ……………………………………………………………………………… 8.6m
64. 紫红色凝灰质粗砾岩、灰白—紫红色凝灰质细砾岩和紫红色灰白色含砾凝灰质粗砂岩，三者呈韵律状产出

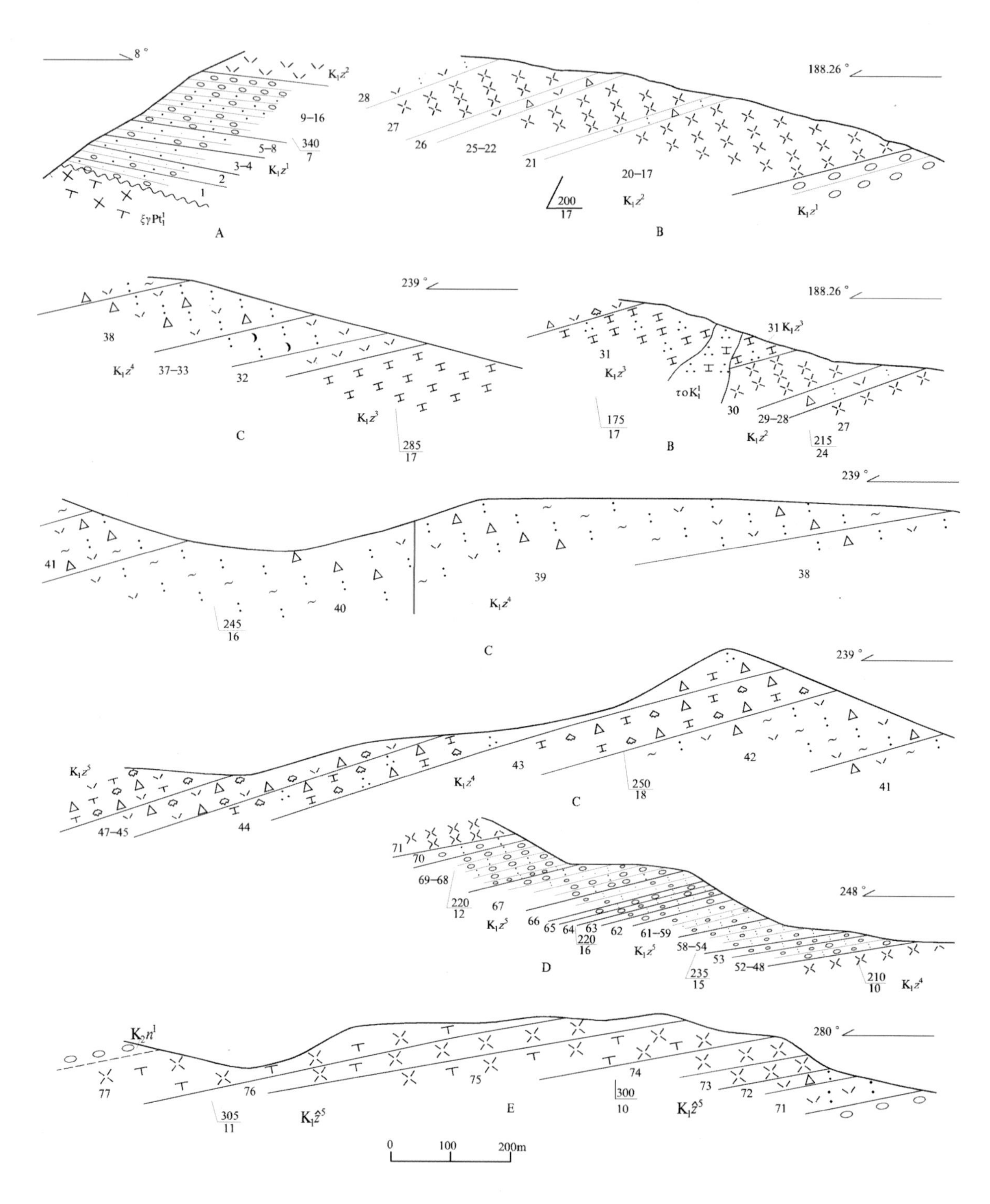

图 1－78　崇礼区南地村北和张家口市早白垩世张家口组实测剖面图

…… 8.6m

63. 紫红色夹灰白色凝灰质细砾岩、紫红色含砾凝灰质粗砂岩 ……………………………………………… 9.3m

62. 紫红色凝灰质粗砾岩 ………………………………………………………………………………… 5.5m

61. 紫红色、灰紫色与灰白色薄层状凝灰质含砾中粗粒岩屑砂岩，三者相间互层状产出，发育平行层理 …… 14.6m

60. 灰白色与紫红色薄层状凝灰质含砾中粗粒岩屑砂岩互层状产出，发育平行层理和槽状交错层理 ………… 8.9m

59. 灰白色与紫红色中层状砾质凝灰质粗砂岩互层状产出 ……………………………………………… 14.9m

58. 紫红色薄层状凝灰质细砾岩夹灰白色薄层状含砾凝灰质粗砂岩 …………………………………… 4.3m
57. 灰白色中—薄层状凝灰质细砾岩夹紫红色薄层状凝灰质细砾岩 …………………………………… 11.6m
56. 紫红色夹灰白色凝灰质细砾岩及少量紫红色凝灰质砾质砂岩夹层 ………………………………… 7.7m
55. 紫红色、灰白色凝灰质细砾岩，紫红色凝灰质中砾岩及紫红色含砾凝灰质粗砂岩，四者呈韵律状产出，含砾凝灰质粗砂岩发育平行层理 …………………………………………………………………………… 9.5m
54. 紫红色夹灰白色凝灰质细砾岩、紫红色含砾粗砂岩，局部可见粗砾岩透镜体 ……………………… 6.7m
53. 紫红色与灰白色凝灰质细砾岩呈互层状产出 ………………………………………………………… 11.7m
52. 灰白色夹紫红色凝灰质细砾岩及紫红色凝灰质粗砾岩透镜体 ……………………………………… 12.1m
51. 紫红色中层状凝灰质粗砾岩与灰白色中层状凝灰质中砾岩、紫红色薄层状含砾凝灰质粗砂岩呈韵律状产出 …………………………………………………………………………………………………… 4.7m
50. 紫红色中—薄层状凝灰质砂质细砾岩夹灰白色薄层状凝灰质砂质细砾岩 ………………………… 3.1m
49. 灰色与紫红色凝灰质中砾岩相间产出 ………………………………………………………………… 4.5m
48. 紫红色凝灰质砾岩，可见正粒序层理 ………………………………………………………………… 2.4m

———————— 整 合 ————————

张家口组四段（$K_1\hat{z}^4$）：…………………………………………………………………………… 330.90m
47. 紫红色流纹质集块角砾岩 …………………………………………………………………………… 3.80m
46. 紫灰色流纹质角砾弱熔结凝灰岩 …………………………………………………………………… 4.10m
45. 灰紫色流纹质含集块角砾凝灰岩 …………………………………………………………………… 8.00m
44. 紫灰色石英粗面质集块角砾岩 ……………………………………………………………………… 22.00m
43. 紫红色粗面质集块角砾岩 …………………………………………………………………………… 26.00m
42. 紫红色流纹质含角砾熔结凝灰岩 …………………………………………………………………… 53.40m
41. 紫灰色流纹质角砾熔结凝灰岩 ……………………………………………………………………… 41.90m
40. 灰黄色蚀变流纹质角砾弱熔结凝灰岩 ……………………………………………………………… 49.10m
39. 紫灰色流纹质角砾弱熔结凝灰岩 …………………………………………………………………… 68.90m
38. 土黄色蚀变流纹质角砾凝灰岩 ……………………………………………………………………… 47.30m
37. 紫红色流纹质玻屑凝灰岩 …………………………………………………………………………… 8.70m
36. 紫红色流纹岩 ………………………………………………………………………………………… 4.10m
35. 紫红色流纹质角砾熔结凝灰岩 ……………………………………………………………………… 1.40m
34. 紫红色含辉石流纹岩 ………………………………………………………………………………… 1.80m
33. 紫红色流纹质玻屑凝灰岩 …………………………………………………………………………… 11.20m
32. 紫红色流纹岩 ………………………………………………………………………………………… 13.50m

———————— 整 合 ————————

张家口组三段（$K_1\hat{z}^3$）：…………………………………………………………………………… 103.60m
31. 紫红色石英粗面岩，见潜石英粗面岩侵入 ………………………………………………………… 103.60m

———————— 整 合 ————————

张家口组二段（$K_1\hat{z}^2$）：…………………………………………………………………………… 429.61m
30. 紫红色流纹岩 ………………………………………………………………………………………… 81.81m
29. 灰白色流纹质角砾凝灰岩 …………………………………………………………………………… 5.59m
28. 灰白色流纹质凝灰岩 ………………………………………………………………………………… 14.76m
27. 灰白色角砾状流纹岩 ………………………………………………………………………………… 73.71m
26. 紫红色流纹质角砾熔岩 ……………………………………………………………………………… 14.96m
25. 紫红色流纹岩 ………………………………………………………………………………………… 53.09m
24. 灰白色角砾状流纹岩 ………………………………………………………………………………… 10.96m
23. 紫红色角砾状流纹岩 ………………………………………………………………………………… 3.17m
22. 紫红色流纹岩 ………………………………………………………………………………………… 3.97m

21.灰白色流纹质角砾凝灰岩 …… 12.69m
20.紫红色流纹岩 …… 32.79m
19.灰白色角砾状流纹岩 …… 36.69m
18.紫红色流纹岩 …… 1.78m
17.灰白色角砾状流纹岩 …… 83.64m

——— 整 合 ———

张家口组一段($K_1\hat{z}^1$)： …… 164.3m
16.砖红色中层细砾岩 …… 8.7m
15.砖红色厚层细砾岩 …… 10.7m
14.紫红色中—厚层中砂岩夹中层状砾岩 …… 2.0m
13.砖红色中—厚层细砾岩 …… 20.9m
12.紫红色厚层中粗粒长石岩屑砂岩 …… 2.7m
11.砖红色厚层砾岩夹砂岩透镜体 …… 17.8m
10.砖红色厚层砂质砾岩 …… 2.7m
9.砖红色厚层砂质砾岩夹砂岩透镜体 …… 6.9m
8.砖红色中层长石岩屑砂岩 …… 3.0m
7.紫红色厚层砂质砾岩 …… 9.6m
6.紫红色厚层砾质中粗粒长石岩屑砂岩 …… 4.2m
5.砖红色中—薄层长石岩屑中砂岩 …… 13.1m
4.紫红色中—薄层长石岩屑中砂岩 …… 15.5m
3.灰色、灰白色中—薄层长石岩屑中砂岩夹薄层状长石岩屑砂岩细砂岩 …… 3.8m
2.底部砖红色中层中砾岩；中部紫红色长石岩屑粗砂岩；上部青灰色与紫红色长石岩屑中砂岩互层 …… 26.0m
1.灰红色、紫红色中层细粒长石岩屑砂岩 …… 16.7m

～～～～～～ 角度不整合 ～～～～～～

下伏：古元古代早期变质正长花岗岩($\xi\gamma Pt_1^1$)

(6)张家口市人头山早白垩世张家口组三段实测剖面(图1-79)为代表性剖面(据河北省1∶5万万全幅报告,2021)。

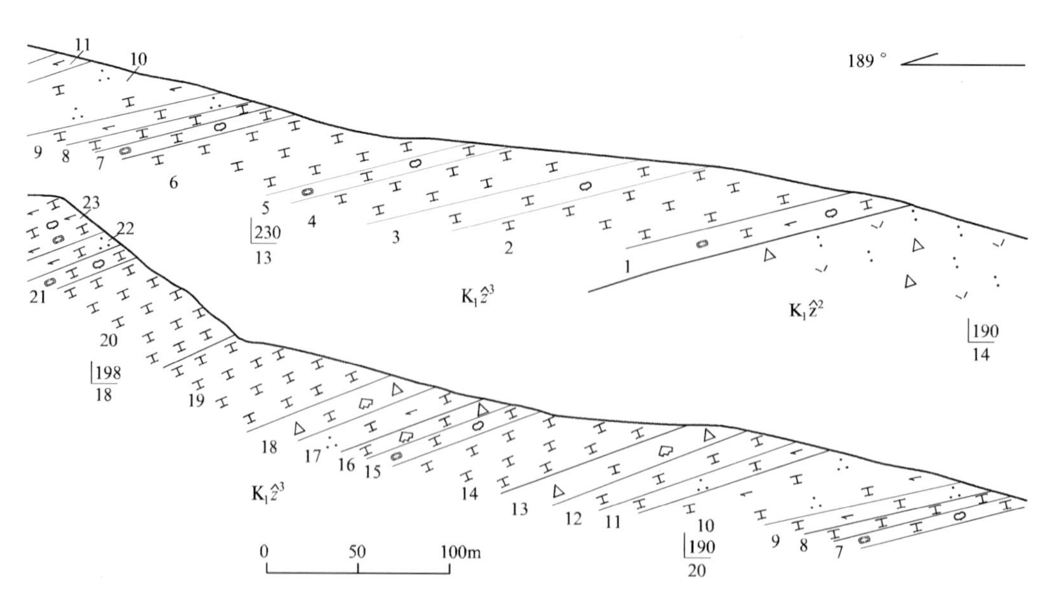

图1-79　张家口市人头山早白垩世张家口组三段实测剖面图

张家口组三段($K_1\hat{z}^3$): ………………………………………………………………………… >445.7m

23. 紫红色气孔杏仁状含辉石粗面岩(未见顶) ……………………………………………… >23.4m

22. 紫红色含辉石(石英)粗面岩 ……………………………………………………………… 9.5m

21. 紫红色气孔杏仁状粗面岩 ………………………………………………………………… 9.5m

20. 紫红色粗面岩,顺裂隙发育硅化、绿帘石化 ……………………………………………… 56.9m

19. 紫红色粗面岩 ……………………………………………………………………………… 50.5m

18. 紫红色粗面质集块角砾熔岩 ……………………………………………………………… 14.4m

17. 紫红色含辉石(石英)粗面岩 ……………………………………………………………… 14.9m

16. 紫红色粗面质集块角砾熔岩 ……………………………………………………………… 8.3m

15. 紫红色气孔杏仁状粗面岩 ………………………………………………………………… 8.7m

14. 紫红色粗面岩 ……………………………………………………………………………… 33.4m

13. 紫红色粗面质集块角砾熔岩 ……………………………………………………………… 7.9m

12. 紫红色粗面岩 ……………………………………………………………………………… 10.3m

11. 紫红色含辉石石英粗面岩 ………………………………………………………………… 7.2m

10. 紫红色含辉石石英粗面岩 ………………………………………………………………… 35.1m

9. 紫红色气孔杏仁状粗面岩 ………………………………………………………………… 2.2m

8. 紫红色粗面岩 ……………………………………………………………………………… 5.0m

7. 气孔杏仁状粗面岩 ………………………………………………………………………… 6.8m

6. 紫红色粗面岩 ……………………………………………………………………………… 35.7m

5. 紫红色气孔杏仁状粗面岩 ………………………………………………………………… 7.0m

4. 紫红色粗面岩 ……………………………………………………………………………… 41.3m

3. 紫红色气孔杏仁状粗面岩 ………………………………………………………………… 12.4m

2. 紫红色粗面岩 ……………………………………………………………………………… 31.3m

1. 紫红色杏仁状辉石粗面岩夹紫红色含杏仁辉石粗面岩 …………………………………… 14.0m

——————— 整 合 ———————

下伏张家口组二段($K_1\hat{z}^2$):流纹质角砾凝灰岩

(7)丰宁县四岔口乡黄花沟门早白垩世早期张家口组实测剖面(图1-80)为代表性剖面(据1∶25万丰宁幅,2008)。

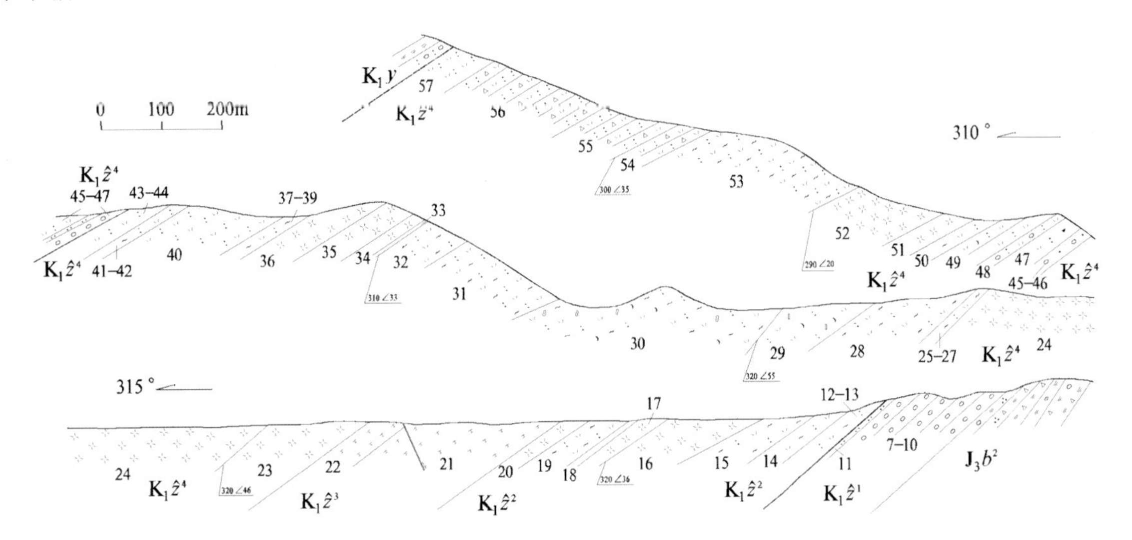

图1-80 丰宁县四岔口乡黄花沟门早白垩世早期张家口组实测剖面图

上覆义县组(K_1y):浅灰色凝灰质砾岩、粗安岩

————平行不整合————

张家口组四段($K_1\hat{z}^4$):………………………………………………………………………… 2 166.3m

57. 灰白色流纹质凝灰岩 ………………………………………………………………………… 59.3m
56. 粉白色沸石化流纹质沉角砾凝灰岩 ……………………………………………………… 154.3m
55. 粉白色沸石化流纹质沉角砾凝灰岩 ……………………………………………………… 59.0m
54. 粉白色沸石化流纹质含角砾沉复屑凝灰岩 ………………………………………………… 23.1m
53. 灰紫色流纹质弱熔结凝灰岩 ……………………………………………………………… 126.8m
52. 浅紫灰色流纹岩 ……………………………………………………………………………… 77.9m
51. 灰白色流纹岩,底部为灰白色流纹质含角砾凝灰岩 ……………………………………… 24.8m
50. 灰白色流纹质熔结凝灰岩 …………………………………………………………………… 21.8m
49. 灰白色弱沸石化流纹质含砾沉晶屑玻屑凝灰岩 …………………………………………… 36.3m
48. 浅粉红色沸石化流纹质沉含岩屑玻屑凝灰岩 ……………………………………………… 13.1m
47. 灰白色沸石化流纹质含岩屑玻屑凝灰岩 …………………………………………………… 19.4m
46. 紫红色凝灰质中粒岩屑砂岩 ………………………………………………………………… 2.2m
45. 紫红色砾岩 …………………………………………………………………………………… 3.7m
44. 浅褐色沸石化流纹质凝灰岩 ………………………………………………………………… 9.4m
43. 褐灰色流纹质凝灰岩 ………………………………………………………………………… 23.8m
42. 浅褐灰色流纹质弱熔结凝灰岩 ……………………………………………………………… 10.4m
41. 紫色流纹质玻屑弱熔结凝灰岩 ……………………………………………………………… 12.7m
40. 灰白色流纹质凝灰岩 ………………………………………………………………………… 100.5m
39. 浅紫灰色流纹质玻屑弱熔结凝灰岩,具假流纹构造 ……………………………………… 5.2m
38. 紫灰色流纹质弱熔结凝灰岩 ………………………………………………………………… 5.2m
37. 浅灰色、紫色流纹质凝灰岩 ………………………………………………………………… 13.5m
36. 灰紫色流纹岩 ………………………………………………………………………………… 50.6m
35. 灰紫色薄板状流纹岩 ………………………………………………………………………… 42.5m
34. 灰紫色流纹岩 ………………………………………………………………………………… 25.5m
33. 浅红色流纹质玻屑熔结凝灰岩 ……………………………………………………………… 4.3m
32. 浅肉红色流纹质弱熔结凝灰岩 ……………………………………………………………… 68.8m
31. 紫灰色流纹质熔结凝灰岩 …………………………………………………………………… 178.2m
30. 粉灰色流纹质晶屑玻屑熔结凝灰岩 ………………………………………………………… 335.9m
29. 浅灰紫色流纹质晶屑玻屑岩屑凝灰岩 ……………………………………………………… 43.4m
28. 砖红色与灰紫色流纹质熔结凝灰岩 ………………………………………………………… 119.0m
27. 红灰色凝灰质含砾砂岩 ……………………………………………………………………… 3.5m
26. 砖红色流纹质晶屑玻屑熔结凝灰岩 ………………………………………………………… 5.8m
25. 紫灰色粗面质熔结凝灰岩 …………………………………………………………………… 5.8m
24. 褐灰色流纹岩 ………………………………………………………………………………… 389.1m
23. 紫灰色流纹岩 ………………………………………………………………………………… 91.5m

——————整 合——————

张家口组三段($K_1\hat{z}^3$):…………………………………………………………………………… 179.3m

22. 紫灰色粗面岩,具铁质条纹 ………………………………………………………………… 30.7m
21. 紫灰色粗面岩 ………………………………………………………………………………… 148.6m

——————整 合——————

张家口组二段($K_1\hat{z}^2$):…………………………………………………………………………… 291.6m

20. 紫色流纹岩夹灰紫色流纹质凝灰岩 ………………………………………………………… 24.0m

19. 灰紫色流纹质弱熔结凝灰岩 …… 41.4m
18. 底部为流纹质火山弹,含角砾熔凝灰岩,其上为条纹状流纹岩 …… 6.2m
17. 暗紫色流纹岩 …… 18.9m
16. 灰色多斑流纹岩 …… 64.4m
15. 浅灰色流纹质弱熔结凝灰岩 …… 59.4m
14. 浅灰色流纹质熔结凝灰岩 …… 36.4m
13. 灰红色流纹质弱熔结凝灰岩 …… 37.1m
12. 浅红色流纹质弱熔结凝灰岩 …… 3.8m

——— 整 合 ———

张家口组一段($K_1\hat{z}^1$): …… 104.4m
11. 紫红色粉砂岩 …… 0.5m
10. 灰红色复成分砾岩夹红色粉砂岩透镜体 …… 54.3m
9. 灰红色复成分粗砾岩 …… 29.4m
8. 灰红色复成分巨砾岩 …… 5.3m
7. 紫灰色复成分砾岩 …… 14.9m

——— 整 合 ———

下伏白旗组二段(J_3b^2):灰紫色石英粗安质火山碎屑流集块角砾岩、粗安质火山碎屑流角砾集块岩等

87. 大北沟组(K_1d)剖面

丰宁县外沟门乡茶棚早白垩世大北沟组实测剖面(图 1-81)为代表性剖面(据 1:25 万丰宁幅报告,2008)。建组剖面位于滦平县大北沟村。

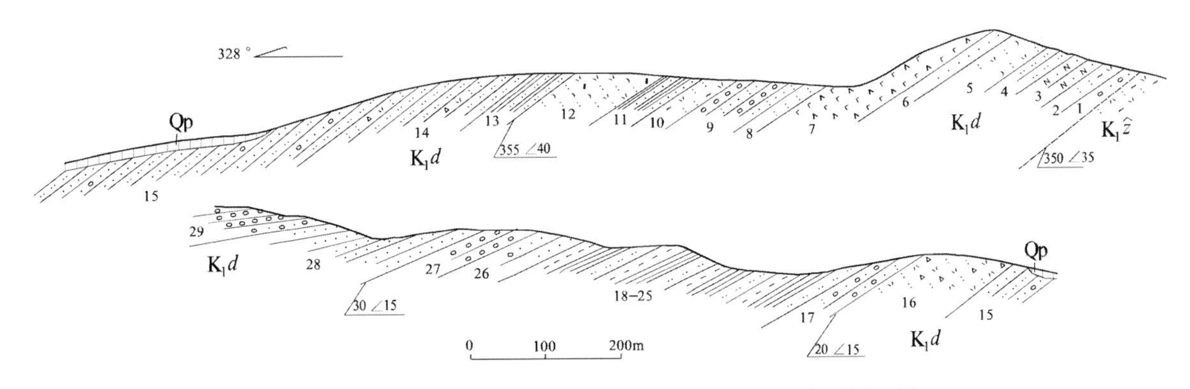

图 1-81 丰宁县外沟门乡茶棚早白垩世大北沟组实测剖面图

Qp-更新统

大北沟组(K_1d,盆地中能见到上覆义县组,剖面未测到,但基本为顶部层位): …… >1 035.4m
29. 灰紫色砾岩夹少量细砂岩 …… >42.1m
28. 黄绿色粗砂岩 …… 55.2m
27. 灰紫色砾岩 …… 30.8m
26. 黄绿色粗砂岩 …… 37.5m
25. 褐黄色泥质粉砂岩夹薄层砂岩 …… 8.2m
24. 浅灰色、黄褐色砂岩、凝灰质砂岩夹薄层粉砂岩及页岩 …… 8.2m
23. 深灰绿色页岩、泥岩夹薄层细砂岩。页岩产化石 *Keratestheria longa*, *K. trigonoformis*, *K. ovata*, *K.* cf. *rugosa*, *K. fusingtunensis*, *K.* cf. *cuneata*, *K. semicircularis*, *Nestoria*? sp. …… 12.5m
22. 黄褐色、灰白色薄层细砂岩 …… 41.2m
21. 黄绿色泥质粉砂岩。含化石 *Sentestheria elongate*, *Nestoria xishunjingensis* …… 10.4m

20. 深灰色、黄绿色页岩夹薄层粉砂岩。含丰富的化石 *Nestoria rotalaria*, *N. chapengensis*, *N. xishunjingensis*, *N. rotalaria*, *N.* sp. ······ 9.9m

19. 浅灰绿色泥钙质粉砂岩,下部层理发育。产化石 *Nestoria xishunjingensis*, *N. rotalaria*, *N. cuneata*, *N. chapengensis* ······ 9.1m

18. 深灰色页岩,风化后为灰白色。产化石 *Nestoria xishunjingensis*, *N. rotalaria*, *N.* cf. *pissovi*, *N. cuneata*, *N. chapengensis*, *Sentestheria* cf. *banjietaensis*, *S.* cf. *elongata*, *S.* sp. ······ 3.9m

17. 灰色、灰绿色凝灰质砂砾岩 ······ 36.2m

16. 浅灰白色流纹质角砾凝灰岩 ······ 80.0m

15. 灰白色粉砂岩、细砂岩及含砾砂岩互层(穿越河谷有断续露头) ······ 133.3m

14. 灰白色粉砂岩夹流纹质角砾凝灰岩 ······ 84.1m

13. 紫灰色与蓝灰色粉砂岩、页岩、泥岩互层 ······ 33.0m

12. 灰白色流纹质晶玻屑凝灰岩 ······ 69.2m

11. 黄绿色碳酸盐化砂岩、页岩互层 ······ 30.4m

10. 灰白色流纹质弱熔结凝灰岩 ······ 30.0m

9. 黄绿色凝灰质砂岩、砾岩互层 ······ 61.7m

8. 灰绿色沉凝灰岩 ······ 22.2m

7. 暗灰色橄榄玄武岩 ······ 44.8m

6. 灰绿色细砂岩夹凝灰岩,底部见少量砾岩 ······ 15.0m

5. 浅灰色与灰紫色碳酸盐化流纹质玻屑凝灰岩 ······ 32.8m

4. 灰紫色与暗灰色粉砂岩,含少量植物化石碎片 ······ 22.7m

3. 粉红色长石砂岩 ······ 28.4m

2. 暗灰色流纹质熔结凝灰岩 ······ 28.4m

1. 灰紫色凝灰质砂岩、砾岩 ······ 14.2m

———— 平行不整合 ————

下伏张家口组($K_1\hat{z}$):暗灰色流纹质弱熔结凝灰岩

88. 义县组(K_1y)剖面

丰宁县外沟门乡三岔口-青石砬早白垩世义县组实测剖面(图 1-82)为代表性剖面(据 1∶25 万丰宁幅报告,2008)。建组剖面位于辽宁省义县砖城子一带。

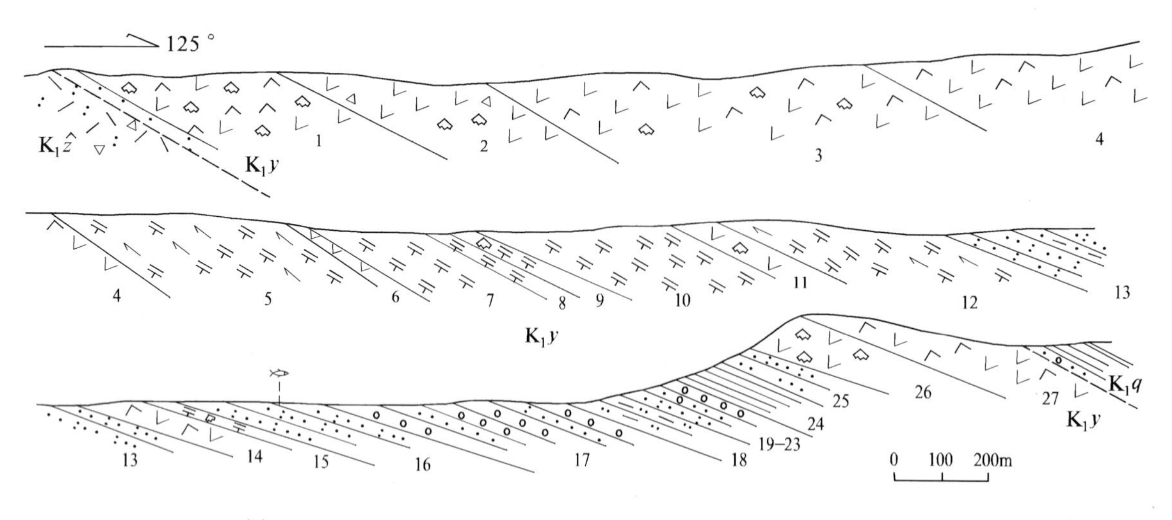

图 1-82 丰宁县外沟门乡三岔口-青石砬早白垩世义县组实测剖面图

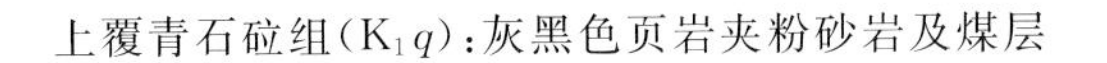

上覆青石砬组(K_1q):灰黑色页岩夹粉砂岩及煤层

———— 平行不整合 ————

义县组(K_1y):………………………………………………………………………………… >1 733.0m

27. 深灰色、灰黑色玄武安山岩 ……………………………………………………………………… 87.0m
26. 深灰色、灰绿色安山质角砾集块熔岩 ………………………………………………………… 87.0m
25. 灰白色、黄褐色岩屑砂岩夹凝灰质砂岩 ……………………………………………………… 39.5m
24. 灰色、灰绿色页岩 ………………………………………………………………………………… 62.5m
23. 褐黄色、灰白色砾岩 ……………………………………………………………………………… 16.2m
22. 灰色、灰白色含砂粉砂岩 ………………………………………………………………………… 8.7m
21. 褐黄色、灰白色砾岩 ……………………………………………………………………………… 13.8m
20. 灰绿色细砂岩与页岩组成韵律。含丰富化石 *Lycoptera*. sp. , *L. tokunagai*, *L. davidi*, *Ephemeropsis trisetalis*, *Physa* sp. , *Baiera* sp. , *Aeguitriradites speinulosus*, *Crybelosporites striatus*, *Densoisporites microrugulatus*, *Fixisporites ramosus*, *Folispories lunaris*, *Hugella* sp. ……………………………… 6.9m
19. 灰白色凝灰质砂岩与凝灰砾岩互层 …………………………………………………………… 5.2m
18. 灰绿色粉砂岩、页岩夹薄层砂岩 ……………………………………………………………… 40.8m
17. 黄褐色砾岩夹砂岩 ……………………………………………………………………………… 155.5m
16. 灰白色凝灰质砂岩。含鱼化石 ………………………………………………………………… 79.1m
15. 灰色、灰绿色粗安质集块熔岩 ………………………………………………………………… 12.4m
14. 灰绿色玄武安山岩 ………………………………………………………………………………… 35.1m
13. 灰白色沉凝灰岩夹凝灰质砂岩。含丰富化石 *Lycoptera* sp. *L. davidi*, *L. tokunagai*, *L. polyspondylus*, *L. longicephalus*; *Eosestheria jingangshanensis*; *Cladopheis* sp. 等 ………………………………… 61.1m
12. 灰色粗安岩夹辉石粗安岩 ……………………………………………………………………… 115.3m
11. 黄褐色安山质集块熔岩 ………………………………………………………………………… 26.9m
10. 灰色粗安岩,"红顶绿底"组成 3 个韵律 ……………………………………………………… 130.2m
9. 灰色粗安质集块熔岩 ……………………………………………………………………………… 11.3m
8. 灰色粗安岩 ………………………………………………………………………………………… 8.5m
7. 灰色、蓝褐色粗安岩 ……………………………………………………………………………… 43.9m
6. 灰色、暗灰色安山岩 ……………………………………………………………………………… 3.4m
5. 灰色、蓝褐色辉石粗安岩 ………………………………………………………………………… 105.3m
4. 深灰色、灰绿色玄武安山岩 ……………………………………………………………………… 131.8m
3. 灰色、灰绿色杏仁状安山玄武岩 ………………………………………………………………… 258.4m
2. 灰色、深灰色杏仁状安山质集块角砾岩 ………………………………………………………… 91.5m
1. 灰色、灰黑色玄武安山质集块岩,底部断续见砂岩、粉砂岩及砾岩,产丰富化石 ………………… 95.2m

———— 平行不整合 ————

下伏张家口组($K_1\hat{z}$):灰白色流纹质凝灰岩

89. 九佛堂组(K_1j)剖面

滦平县西台-蔓子沟早白垩世九佛堂组实测剖面(图 1-83)为代表性剖面(据 1∶25 万承德幅报告,2000)。建组剖面位于辽宁省喀左县九佛堂一带。

新太古代晚期英云闪长质片麻岩($gn^{\gamma\delta o}Ar_3^3$)

============ 断层 ============

九佛堂组三段(K_1j^3):…………………………………………………………………………… >909.5m

29. 灰白色、浅黄色块状复成分粗砾岩 …………………………………………………………… 73.5m
28. 灰白色、黄褐色块状中细砾岩、砂岩夹页岩 ………………………………………………… 101.5m

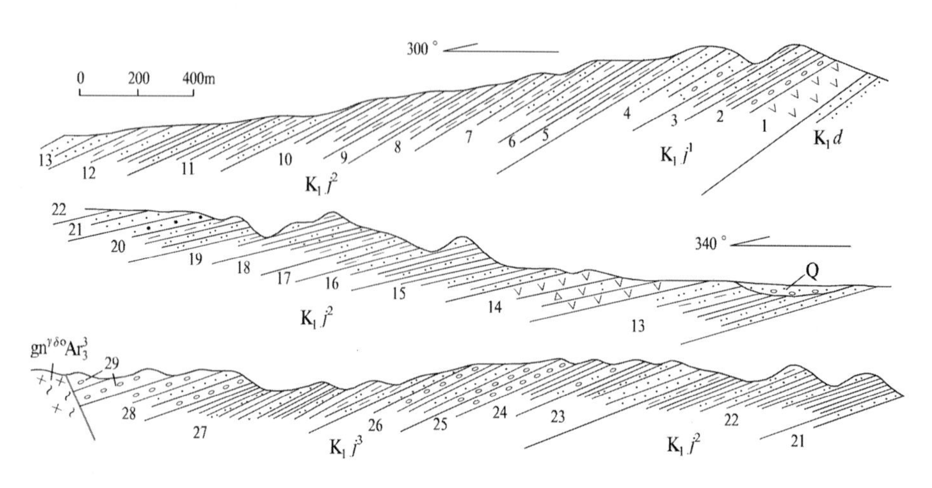

图 1-83 滦平县西台-蔓子沟早白垩世九佛堂组实测剖面图

27. 深灰色纸片状钙质页岩、粉砂质页岩、含铁砂岩透镜体，局部夹泥灰岩透镜体。产植物化石 *ElAtocladus* cf. *manchuricus* (Yokoyama)；*Lycopterocypris* sp；*Lycoptera davidi* (Sauvage) ………………………… 320.0m
26. 灰白色、浅黄色砾岩、砂岩与黑色页岩，构成向上变细韵律 ………………………………………………… 184.7m
25. 浅黄色、灰白色砾岩，顶部为含砾粗砂岩夹黑灰色页岩 ………………………………………………… 18.1m
24. 灰绿色钙质页岩，下部为灰褐色含砾粗砂岩 ……………………………………………………………… 58.6m
23. 下部黄褐色粗砂岩夹粉砂岩；上部粉砂岩、页岩夹砂岩透镜体 ………………………………………… 153.1m

——————— 整 合 ———————

九佛堂组二段(K_1j^2)：……………………………………………………………………………………… 1 787.4m

22. 灰绿色纸片状页岩夹粉砂岩和薄层细砂岩，构成韵律 ……………………………………………… 261.0m
21. 黄褐色、灰黄色薄层、中厚层含砾粗砂岩，中细粒砂岩夹薄层粉砂质页岩 ………………………… 70.9m
20. 黄褐色粉砂岩夹粉砂质页岩，顶部为含细砾粗砂岩 ………………………………………………… 116.9m
19. 灰绿色、黄褐色钙质粉砂岩夹页岩。产植物化石 *Pagiophyllum* sp.，*Cladophlebis* sp.，*Otozamites* sp.，*Conites* sp.，*Equisetites* sp. ………………………………………………………………………… 92.0m
18. 灰白色、灰黄色薄层钙质砂岩、砂质页岩、细砂岩，顶部夹含砾粗砂岩 …………………………… 86.4m
17. 灰色薄层含粉砂泥质灰岩夹黑色页岩及薄层细砂岩 ………………………………………………… 26.8m
16. 黄褐色薄层粉砂岩、细砂岩夹薄层黑色页岩 ……………………………………………………… 116.2m
15. 黑灰色、灰褐色钙质页岩夹粉砂岩、细砂岩 ………………………………………………………… 94.8m
14. 暗灰色、灰紫色粗安岩，下部为粗安质角砾岩 ……………………………………………………… 45.0m
13. 灰色中厚层砂岩、含细砾砂岩 ……………………………………………………………………… 102.0m
12. 灰绿色钙质粉岩、粉砂质页岩互层，上部夹细砂岩透镜体 ………………………………………… 79.5m
11. 下部浅灰黄色薄层泥质粉砂岩夹泥岩及页岩；上部深灰色页岩、粉砂质泥岩夹粉砂岩及泥灰岩透镜体 ……………………………………………………………………………………………… 90.7m
10. 下部浅灰色页岩及粉砂质页岩；上部黑灰色页岩、粉砂质泥岩夹细砂岩透镜体 ………………… 143.8m
9. 下部黄褐色钙质泥岩、粉砂岩夹薄层泥灰岩；上部灰色钙质粉砂质页岩夹泥灰岩，层内含铁质斑点和黄铁矿 ……………………………………………………………………………………………… 72.8m
8. 深灰色泥岩夹薄层、中厚层粉砂岩及薄层泥灰岩 …………………………………………………… 70.2m
7. 下部灰绿色泥质粉砂岩夹薄层细粒长石砂岩；上部浅灰绿色粉砂质页岩夹薄层钙质泥岩 ……… 224.0m
6. 深灰色钙质页岩夹薄层凝灰质页岩 ………………………………………………………………… 49.1m
5. 浅灰色、灰绿色薄层、中厚层粉砂质泥岩……………………………………………………………… 45.3m

——————— 整 合 ———————

九佛堂组一段(K_1j^1)： ……………………………………………………………………………………… 232.1m

4.下部褐色厚层凝灰质砂岩;上部灰绿色砂岩与粉砂岩互层 …… 91.4m

3.灰绿色、灰褐色薄层、中厚层钙质砂岩夹少量薄层粉砂质泥岩、页岩。产化石 *Cladophlebis* sp.;*Eosestheria* sp.;*Ephemeropsis trisetalis*;*Lycoptera davidi* (Sauvage) …… 35.8m

2.底部不稳定紫灰色砾岩;下部灰色、深灰色钙质粉砂岩夹页岩;上部粉砂岩中夹薄层页岩及含砾砂岩透镜体。产化石 *Czekanowskia rigida* Heer,*Podozamites lanceolatus*,*Swendenburgia* sp.,*Baiera* cf. *furcata*,*Eosestheria songyingensis* 等 …… 61.8m

1.暗紫色气孔状粗安岩 …… 43.1m

——— 整 合 ———

下伏大北沟组(K_1d):灰色、灰绿色砂岩夹粉砂岩

90.青石砬组(K_1q)剖面

丰宁县外沟门乡下店村南早白垩世青石砬组实测剖面(图1-84)为代表性剖面(据河北省1:25万丰宁幅报告,2008)。建组剖面位于丰宁县青石砬村一带。

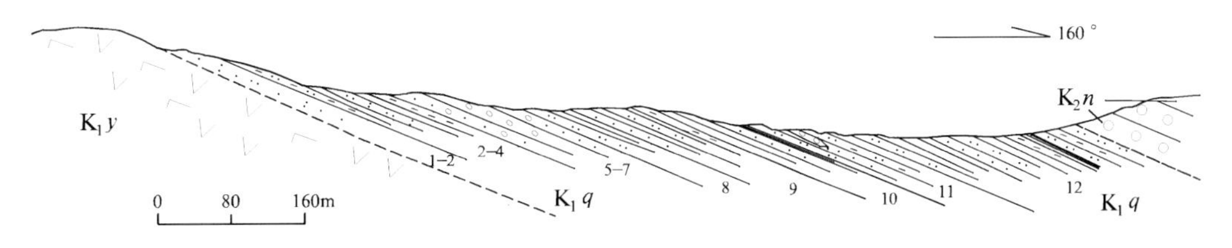

图1-84 丰宁县外沟门乡下店村南早白垩世青石砬组实测剖面图

上覆南天门组(K_2n):黄褐色砾岩

— — — — 平行不整合 — — — —

青石砬组(K_1q): …… 942.2m

12.灰绿色、灰黑色页岩、粉砂岩夹细砂岩(覆盖严重,无法细分) …… 508m

11.灰色、灰绿色粉砂岩、细砂岩夹砾岩透镜体和煤线 …… 85m

10.灰色粉砂质页岩夹黄褐色砂岩及薄煤层 …… 35m

9.灰色、深灰色粉砂质页岩夹细砂岩、粗砂岩及少许砾岩,并夹有数层煤 …… 80m

8.灰色粉砂质页岩夹煤层和少许粗砂岩、砂砾岩。含植物化石 *Coniopteris* sp.,*Cladophle bisargutula*,*Gonatosorus ketovae*,*Podozamites* sp.;在煤层附近还采到:*Ginkgoites sibiricus*,*Elatocladus* sp. …… 31m

7.灰绿色含砾凝灰质粉砂岩、细砂岩 …… 29m

6.灰黄色与黄褐色复成分砾岩 …… 46m

5.灰绿色含凝灰质粉砂岩 …… 15m

4.灰—灰黑色纸片状页岩、夹薄层砂岩。富含化石 *Lycoptera* sp.,*L. tokunagai*,*Ephemeropsistrisetalis*,*ilssonio-pters* sp.,*Cyathidites piceapololenites*,*Podocarpidites*,*Deloidospora*,*Obtusisporis*,*Schizaeois-porites*,*Pinus-pollenites*,*Pinites*。1989年采到的孢粉有:*Biretisporites potoniae*,*Cicatricosisporites dorogensis*,*Fixisporites* sp.,*Plicifera decora*,*Schizaeoisporits* sp.,*Triporolets singularis*,*Jiaohepellis flexuosus*,*Parvisaccites* sp. …… 95m

3.灰黑色薄层泥质页岩。富含化石,植物:*Pityophyllum* sp.;孢粉:*Deltoidospora*,*Delsoispsrites*,*Cyathidites minor*,*Concavissimisporites*,*Variverrucatus*,*C. punctatus*,*Piccites*,*Podocarpidites*,*Converrucosis-porites* …… 5.0m

2.灰绿色凝灰质粉砂岩夹细砂岩 …… 12.0m

1.灰绿色含砾凝灰质粉砂岩、凝灰质砂岩 …… 1.2m

— — — — 平行不整合 — — — —

下伏义县组(K_1y):深灰色玄武安山岩

91. 南天门组(K_2n)剖面

万全县黄家堡-冯家窑晚白垩世南天门组实测剖面(图1-85)为建组剖面(据河北省1∶25万张家口幅报告,2004)。命名地位于张家口市南天门。

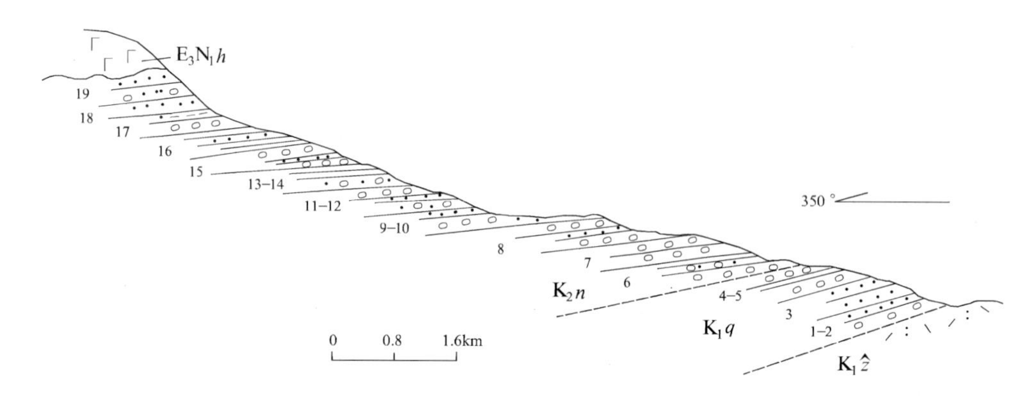

图1-85 万全县黄家堡-冯家窑晚白垩世南天门组实测剖面图

上覆汉诺坝组(E_3N_1h):玄武岩

~~~~~~~ 角度不整合 ~~~~~~~

南天门组(K_2n):………………………………………………………………………………………………… 916m

19. 灰白色、紫红色粗砂岩,下部夹砾岩,交错层理发育;顶部灰白色复成分砾岩夹砂岩,砾石成分为花岗岩、石英岩、石英斑岩及粗面岩等,大小不等,大者直径为3cm ………………………………………………………… 82m
18. 土黄色粗砂岩,成分主要为长石、石英及云母,顶部以白色粗砂岩为主 ……………………………………… 54m
17. 上部红色页岩及灰黄色、灰色薄层粗砂岩;中部灰色砾岩夹土状砂岩透镜体;底部砾岩及米黄色砂岩 …… 75m
16. 砖红色页岩夹红色粗砂岩 ……………………………………………………………………………………… 91m
15. 上部灰色砾岩;下部灰色砾岩夹砂岩,砾石成分为流纹岩、石英粗面岩、花岗岩 ………………………… 89m
14. 砖红色土状页岩夹红色粗砂岩 ………………………………………………………………………………… 54m
13. 砖红色、灰白色含砾粗粒砂岩 ………………………………………………………………………………… 48m
12. 杂色砾岩夹砂岩透镜体,底部为黄色砾岩,砾石成分为流纹岩、粗面岩等 ………………………………… 65m
11. 砖红色厚层含砾粗砂岩,砾石成分为粗面岩,底部夹页岩和砂岩,交错层理发育 …………………………… 21m
10. 红色粗砂岩 ……………………………………………………………………………………………………… 38m
9. 土黄色砾岩与灰白色砾岩互层,夹砂岩及页岩,顶部为红色土状页岩 ……………………………………… 34m
8. 杂色砾岩夹砂岩透镜体,砾石成分以石英粗面岩、凝灰岩为主,胶结疏松 …………………………………… 88m
7. 白色、灰白色砾岩、凝灰质砂砾岩 ……………………………………………………………………………… 87m
6. 紫灰色砾岩夹红色页岩(露头较差) …………………………………………………………………………… 90m

— — — — 平行不整合 — — — —

下伏青石砬组(K_1q):灰色砾岩、粗砂岩夹薄层泥质页岩

(八)古近纪—新近纪岩石地层

92. 西坡里组(E_2x)剖面

曲阳县灵山镇西坡里村南始新世西坡里组层型剖面为建组剖面(据《中国区域地质志·河北志》,2017)。
~~~~~~~

上覆灵山组(E_3l):灰绿色、紫红色细砂岩、黏土岩互层

——————— 整 合 ———————

西坡里组(E_2x):…………………………………………………………………………………… 256.01m

6. 褐黄色、灰绿色页岩、砂质页岩,局部含有钙质结核;上部夹灰绿色细砂岩,中部夹厚0.2m的灰色细砾岩,下部夹厚0.05m的紫红色页岩。中部产腹足类与孢粉:Dryophyta,*Picea* sp.,*Larix* sp.,*Garpinus* sp.,*Ulmus* sp.,Leguminosae,Cyperaceae,Gramineae;下部产腹足类:*Physa* sp.及植物化石碎片 …………… 25.32m

5. 黄色中—厚层状细砂岩,质地疏松,顶部具铁染,夹有灰白色薄层灰岩、灰绿色黏土岩 ……………… 14.28m

4. 灰白色生物碎屑灰岩夹灰绿色薄层黏土岩。产腹足类 ………………………………………………… 2.71m

3. 灰色、绿灰色页岩,夹浅灰色、灰绿色砂岩、粉砂岩,局部含钙质结核。中上部产丰富的孢粉:Dryophyta,*Ginkgo* sp.,*Picea* sp.,*Corylus* sp.,*Carpinus* sp.,*Quercus* sp.,*Ulmus* sp.,Chenopodiaceae,Cyperaceae,Gramineae,*Kochia* sp.,并见有植物、螺化石碎片 ………………………………………………… 21.67m

2. 灰绿色、浅灰色黏土岩夹灰白色生物碎屑灰岩和铝土质页岩,中部夹3层褐煤,水平层理清楚。上部产丰富的腹足类:*Operculum* cf. *spicoconcentric*,*Calvata* sp.;双壳类:*Sphaerium* cf. *rivicolum*,*S. nitidum*,*S.* sp.,*Unio crassus*,*U.*? *tuositaiensis*,*U.*? sp.;孢粉:Dryophyta,*Picea* sp.,*Pinus* sp.,*Larix* sp.,*Salix* sp.,*Juglans* sp.,*Carya* sp.,*Betula* sp.,*Carpinus* sp.,*Quercus* sp.,*Upmus* sp.,*Liquidambar* sp.,Leguminosae,*Rhamnus* sp.,Chenop-odiaceae,*Artemisia* sp.,Cyperaceae,Gramineae,Umbelliferae,*Euonymus* sp.,*Kochia* sp. …………………………………………………………………………………………… 105.96m

1. 灰色钙质巨砾岩,砾石成分主要为灰岩,次为石英砂岩,次棱角—半滚圆状,砾径一般为0.1~0.2m,分选极差,砂泥质充填,钙质胶结,层理不清,向上砾径有变小的趋势,中下部夹有灰绿色砂岩、砂质黏土岩 …………………………………………………………………………………………… 86.07m

～～～～～～ 角度不整合 ～～～～～～

下伏上石盒子组($P_{2-3}\hat{s}$):浅灰色石英粗砂岩

93. 灵山组(E_3l)剖面

曲阳县灵山镇西坡里村南渐新世灵山组层型剖面为建组剖面(据《中国区域地质志·河北志》,2017)。

灵山组(E_3l):…………………………………………………………………………………… >666.18m

23. 灰色钙质巨砾岩,顶部夹不稳定的紫红色粉砂质黏土岩,砾石成分主要为灰岩,约占90%,次为砂岩和燧石,砾石大小一般为0.05~0.1m,大者0.5m以上,次棱角—半滚圆状,分选差,充填物为泥质、砂质,钙质胶结,较紧密,层理差(未见顶) …………………………………………………… >121.80m

22. 灰色钙质巨砾岩,中下部夹紫红色粉砂质黏土岩,中上部夹紫红色粉砂质黏土岩和灰色粉—细砂岩 … 31.25m

21. 灰色钙质巨砾岩,层理不甚清晰,砂质充填,钙质胶结,质地坚硬 ………………………… 31.98m

20. 紫红色粉砂质黏土岩,易风化成碎石块 …………………………………………………… 6.43m

19. 灰色钙质粗砾岩 ……………………………………………………………………………… 23.46m

18. 灰色钙质巨砾岩,中上部夹一层紫红色粉砂质黏土岩 …………………………………… 14.95m

17. 灰色钙质巨砾岩 ……………………………………………………………………………… 12.60m

16. 灰色钙质巨砾岩,夹紫红色粉砂质黏土岩,层理不甚清楚,砾石较大者达1.0m以上 ………… 32.47m

15. 紫红色粉砂质黏土岩夹灰色钙质砾岩。中下部黏土岩中产孢粉:*Polypodium* sp.,*Pteris* sp.,*Ginkgo* sp.,*Salix* sp.,*Juglans* sp.,*Betula* sp.,*Ilex* sp.,Leguminosae,Chenopdisceae,Cyperaceae,Gramineae,*Euonymus* sp. ………………………………………………………………………………… 15.02m

14. 灰色钙质巨砾岩,砾石成分主要为鲕状、竹叶状灰岩,次为燧石、砂岩等,半滚圆—次棱角状,分选差,层理差 …………………………………………………………………………………………… 22.22m

13. 紫红色含砾粉砂质黏土岩,下部夹一层灰色钙质砾岩 ……………………………………… 13.06m

12. 灰色钙质砾岩夹紫红色粉砂质黏土岩。下部黏土岩夹层中产孢粉:*Selaginella* sp.,*Ginkgo* sp.,*Pinus*

sp.,*Larix* sp.,*Juglans* sp.,*Carya* sp.,*Quercus* sp.,*Ulmus* sp.,*Liquidambar* sp.,Leguminosae,Chenopodiaceae,Composftae,*Artemisia* sp.,Cyperaceae,Liliaceae ………… 33.24m

11. 灰色钙质巨砾岩,中部夹两层厚度不足1.0m的紫红色粉砂质黏土岩 ………… 76.82m

10. 紫红色黏土质粉砂岩夹灰色砾岩、灰绿色砂岩。上部产孢粉:*Polypodium* sp.,*Pteris* sp.,*Selaginella* sp.,Dryophyta,*Concentricystes* sp.,*Picea* sp.,*Salix* sp.,*Juglans* sp.,*Carya* sp.,*Betula* sp.,*Quercus* sp.,*Ulmus* sp.,*Ilex* sp.,Leguminosae,*Acacia* sp.,*Polygonum* sp.,Chenop－odiaceae,Cyperaceae,Gramineae,Umbelliferae,*Euonymus* sp.,*Kochia* sp.,Campanala,*Camp－anala* sp.;下部产孢粉:*Polypodium* sp.,*Pteris* sp.,*Lycopodium* sp.,Dryophyta,*Ginkgo* sp.,*Picea* sp.,*Pinus* sp.,*Salix* sp.,*Juglans* sp.,*Betula* sp.,*Ilex* sp.,*Polygonum* sp.,Chenopodiaceae,Composftae,*Artemisia* sp.,Cyperaceae,Gramineae,Umbelliferae ………… 166.59m

9. 紫红色细—粉砂岩,夹砂砾岩、黄绿色细砂岩 ………… 12.21m

8. 紫红色页岩夹紫红色、灰绿色细砂岩,粉砂岩。底部产孢粉:*Pteris* sp.,*Selaginella* sp.,*Picea* sp.,*Larix* sp.,*Corylus* sp.,*Carpinus* sp.,*Rhus* sp.,*Rhamnus* sp.,Chenopodiaceae,Composftae,Gramineae,*Euonymus* sp.,Liliaceae ………… 17.83m

7. 上部灰绿色细砂岩与紫红色黏土岩互层;中部灰绿色细砂岩与紫红色细砂岩互层;下部灰绿色砂岩夹紫红色黏土岩 ………… 34.25m

——整 合——

下伏西坡里组(E_2x):褐黄色、灰绿色页岩、砂质页岩,夹灰绿色细砂岩,局部含有钙质结核

94. 开地坊组(E_3k)剖面

尚义县红土梁镇上窑村渐新世开地坊组实测剖面(图1－86)为代表性剖面(据《中国区域地质志·河北志》,2017)。建组剖面位于张北县开地坊。

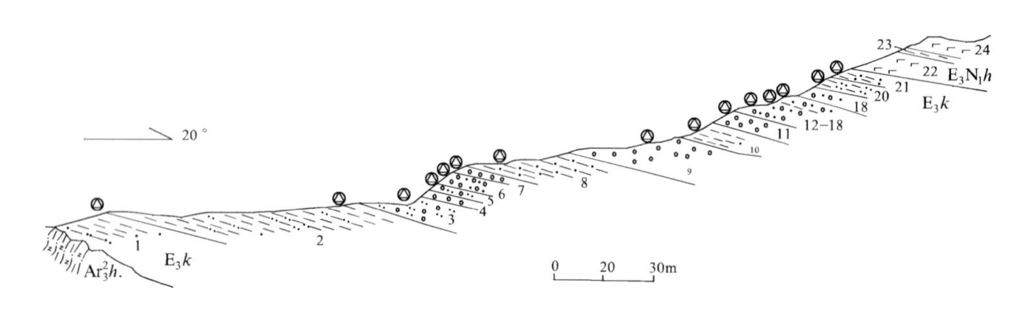

图1－86 尚义县红土梁镇上窑村渐新世开地坊组实测剖面图

上覆汉诺坝组(E_3N_1h):灰黑色致密块状玄武岩

——整合和指状交互——

开地坊组(E_3k): ………… 113.51m

21. 灰白色、灰绿色砂质黏土岩,含"玛瑙"砾石。含孢粉:*Pinns* sp.(松),Compositai(菊科),*Betula* sp.(桦),Gramineal(禾本科),*Artemisia* sp.(蒿)等 ………… 2.32m

20. 灰绿色粉砂质黏土岩及砾岩。含孢粉:*Pinns* sp.(松),Compositai(菊科),Gramineal(禾本科),*Artemisia* sp.(蒿),*Sellaginella* sp.(卷柏),Polypodiaceae(水龙骨科)等 ………… 10.20m

19. 灰白色含砾粗砂岩。含孢粉:*Pinns* sp.(松),*Betula* sp.(桦),Gramineal(禾本科),Chenopodiaceal(藜科),*Ulmus* sp.(榆),*Juglans* sp.(核桃),*Artemisia* sp.(蒿)等 ………… 4.17m

18. 紫红色含砾粉砂质黏土岩。含孢粉:*Pinns* sp.(松),*Betula* sp.(桦),Gramineal(禾本科),Chenopodiaceal(藜科),*Quercus* sp.(栎),*Ulmus* sp.(榆) ………… 3.32m

17. 灰白色含砾粗砂岩夹粉砂质黏土岩。含孢粉:*Pinns* sp.(松),Compositai(菊科),Gramineal(禾本科),*Artemisia* sp.(蒿),*Sellaginella* sp.(卷柏)等 ………… 5.10m

16. 紫红色、灰绿色含砾粉砂质黏土岩 …………………………………………………………………… 6.0m

15. 紫红色含砾砂岩。含孢粉：*Pinns* sp.（松），*Betula* sp.（桦），Compositai（菊科），Gramineal（禾本科），Chenopodiaceal（藜科），*Ulmus* sp.（榆）等 …………………………………………………………… 2.23m

14. 灰白色粗砂岩及黏土岩 …………………………………………………………………………… 2.32m

13. 灰白色粗砂岩 ……………………………………………………………………………………… 2.5m

12. 灰白色含细砾粗砂岩。含孢粉：*Pinns* sp.（松），*Betula* sp.（桦），Gramineal（禾本科），Chenopodiaceal（藜科），*Betula* sp.（桦），*Ulmus* sp.（榆），*Juglans* sp.（核桃），*Artemisia* sp.（蒿），*Ephedra* sp.（麻黄）等 …… 1.0m

11. 灰黄色砾岩夹薄层粉砂质黏土岩。含孢粉：*Pinns* sp.（松），Compositai（菊科），Gramineal（禾本科），*Artemisia* sp.（蒿），Chenopodiaceal（藜科）等 ………………………………………………………… 1.5m

10. 灰绿色黏土岩。含丰富的孢粉：*Pinns* sp.（松），*Betula* sp.（桦），Gramineal（禾本科），Chenopodiaceal（藜科），*Ulmus* sp.（榆），*Juglans* sp.（核桃），*Artemisia*（蒿），*Abies* sp.（冷杉），*Celdrus* sp.，*Carya* sp. 等 ……… ……………………………………………………………………………………………… 5.01m

9. 黄色细砾岩。含丰富的孢粉：*Pinns* sp.（松），*Betula* sp.（桦），Compositai（菊科），Gramineal（禾本科），Chenopodiaceal（藜科），*Ulmus* sp.（榆），*Juglans* sp.（核桃），*Artemisia* sp.（蒿）等 ……………………… 9.92m

8. 黄绿色砂质黏土岩 ………………………………………………………………………………… 9.92m

7. 黄绿色砾岩。含丰富的孢粉：*Pinns* sp.（松），*Betula* sp.（桦），Compositai（菊科），Gramineal（禾本科），Chenopodiaceal（藜科），*Ulmus* sp.（榆），*Juglans* sp.（核桃），*Artemisia* sp.（蒿），*Abies* sp.（冷杉），Polypodiaceae（水龙骨科）等 ……………………………………………………………………………… 1.31m

6. 浅黄色细砾岩夹黄绿色粉砂岩，包括 4～6 个韵律 ……………………………………………… 7.89m

5. 灰黄色细砾岩 ……………………………………………………………………………………… 1.97m

4. 黄白色含砾砂质黏土岩，见大型单向交错层理。含孢粉：*Pinns* sp.（松），*Betula* sp.（桦），Compositai（菊科），Gramineal（禾本科），Chenopodiaceal（藜科），*Ulmus* sp.（榆），*Juglans* sp.（核桃），*Artemisia* sp.（蒿），*Abies* sp.（冷杉）等 ……………………………………………………………………………………… 3.29m

3. 红色中厚层含角砾粉砂岩夹细角砾岩。含丰富的孢粉：*Pinns* sp.（松），*Betula* sp.（桦），*Ulmus* sp.（榆）等 ……………………………………………………………………………………………… 4.97m

2. 红色、灰绿色中—薄层黏土岩、砂质黏土岩互层，平行层理发育。含孢粉：*Pinns* sp.（松），Compositai（菊科），Gramineal（禾本科），Chenopodiaceal（藜科），*Betula* sp.（桦），*Ulmus* sp.（榆），*Juglans* sp.（核桃），*Artemisia* sp.（蒿），*Abies* sp.，*Celderus* sp.，*Carya* sp. 等 ……………………………………………… 21.93m

1. 红色、灰绿色中—薄层条带状黏土岩、砂质黏土岩互层，平行层理发育。含孢粉：*Pinns* sp.（松），*Abies* sp.，Chenopodiaceal（藜科），*Betula* sp.（桦），*Artemisia* sp.（蒿）等 ………………………………… 6.64m

～～～～～～ 角度不整合 ～～～～～～

下伏黄土窑岩组（$Ar_3^2h.$）：黑云斜长变粒岩

95. 汉诺坝组（E_3N_1h）剖面

（1）张北县油篓沟乡汉诺坝村渐新世至中新世汉诺坝组（正层型）剖面为建组剖面（据 1∶25 张家口幅报告，2008）。

汉诺坝组（E_3N_1h）： ……………………………………………………………………… >156.44m

20. 灰黑色致密块状橄榄玄武岩（未见顶） …………………………………………………… >0.90m

19. 灰色气孔-杏仁状玄武岩夹薄层球状风化玄武岩 ………………………………………… 9.00m

18. 灰色、红色气孔状玄武岩 ………………………………………………………………… 13.50m

17. 深灰色致密块状辉石橄榄玄武岩 ………………………………………………………… 6.10m

16. 红色气孔-杏仁状玄武岩 ………………………………………………………………… 2.30m

15. 灰黑色玄武岩，风化面呈黄绿色，具球状风化 ………………………………………… 13.40m

14. 灰黑色气孔-杏仁状玄武岩 ……………………………………………………………… 5.60m

13. 红色黏土岩 …… 1.00m
12. 上部气孔-杏仁状玄武岩；下部致密块状橄榄玄武岩 …… 16.40m
11. 黄色、黑色黏土岩 …… 0.14m
10. 红色气孔-杏仁状玄武岩 …… 5.60m
9. 黑色致密块状橄榄玄武岩 …… 4.30m
8. 黑色气孔-杏仁状玄武岩 …… 3.60m
7. 黑色致密块状玄武岩 …… 17.00m
6. 白色黏土岩 …… 2.00m
5. 灰色气孔-杏仁状玄武岩 …… 5.00m
4. 黑色致密块状玄武岩 …… 28.10m
3. 白色黏土岩 …… 2.50m
2. 灰色气孔状玄武岩 …… 2.60m
1. 黑色致密块状橄榄玄武岩 …… 17.40m

————整合和指状交互————

下伏开地坊组(E_3N_1k)：红色、白色黏土岩

(2)尚义县含情坝渐新世至中新世汉诺坝组实测剖面(图1-87)为代表性剖面。

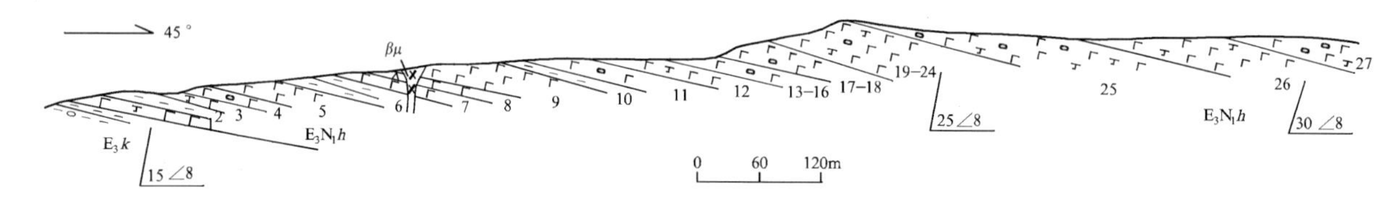

图1-87 尚义县含情坝渐新世至中新世汉诺坝组实测剖面图

βμ-辉绿岩脉

汉诺坝组(E_3N_1h)： …… >259.6m
27. 灰色气孔状伊丁石化粒玄岩(未见顶) …… >33.6m
26. 灰黑色块状伊丁石化粒玄岩 …… 29m
25. 紫褐色气孔状伊丁石化玄武岩 …… 3.4m
24. 深灰色伊丁石化粗玄岩 …… 2.1m
23. 紫红色气孔状玄武岩 …… 2.5m
22. 灰色块状伊丁石化粒玄岩 …… 2.3m
21. 紫红色气孔状石英拉斑玄武岩 …… 3.5m
20. 深灰色伊丁石化玄武岩 …… 11.1m
19. 灰色气孔状玄武岩 …… 9.9m
18. 灰黑色石英拉斑玄武岩 …… 1.7m
17. 紫红色气孔状含伊丁石化玄武岩 …… 4.3m
16. 深灰色粒玄岩 …… 16.9m
15. 紫红色气孔状含伊丁石化玄武岩 …… 3.3m
14. 灰黑色块状橄榄玄武岩 …… 2.5m
13. 灰黑色气孔状伊丁石化粒玄岩 …… 8.5m
12. 灰黑色伊丁石化粒玄岩 …… 15.1m
11. 灰黑色气孔状伊丁石化橄榄玄武岩 …… 15.3m
10. 杂色黏土(层)岩 …… 4.4m
9. 灰绿色粒玄岩 …… 24.1m

8.灰黑色橄榄玄武岩 …… 1.9m
7.灰黄色粒玄岩 …… 11.7m
6.杂色黏土(层)岩 …… 6.0m
5.黄绿色粒玄岩 …… 11.7m
4.紫红色气孔状粒玄岩 …… 6.0m
3.深灰色伊丁石化粒玄岩 …… 7.3m
2.灰绿色黏土(层)岩 …… 9.9m
1.灰色伊丁石化粒玄岩 …… 11.6m

————整合和指状交互————

下伏开地坊组(E_3k):含砾杂色黏土(层)岩

96.九龙口组(N_1j)剖面

磁县下庄店乡九龙口村(旧址)北中新世九龙口组剖面(据李翔和陈英功,1993)为建组剖面。

上覆石匣组($N_2\hat{s}$):紫红色含黏土砂砾石

— — — — 平行不整合 — — — —

九龙口组(N_1j): …… >32.56m
8.紫红色黏土质粉砂岩-粉砂质黏土岩,夹褐黄色粉砂岩 …… 7.23m
7.紫褐色含砾粗砂岩,底部为薄层钙质砾岩 …… 2.03m
6.紫红色微带褐色半固结含砂黏土岩 …… 4.69m
5.浅褐黄色中粗粒岩屑砂岩,岩屑以灰岩为主,钙质胶结(相当于陈冠劳和吴文裕,1976,所采化石层) …… 6.10m
4.灰白色大型斜层理中砾岩,砾石成分为石英砂岩及灰岩,砂质充填,钙质胶结,岩石坚硬,夹厚0.1~0.2m的褐黄色含砾粗砂岩 …… 3.91m
3.浅黄绿色半固结黏土岩 …… 4.69m
2.浅紫红色含钙质结核粉砂岩,夹紫红色粉砂质黏土岩 …… 0.94m
1.紫红色中粒岩屑砂岩,未见底 …… 2.97m

97.石匣组($N_2\hat{s}$)剖面

(1)阳原县石匣村东上新世石匣组实测剖面(据1∶5万化稍营幅报告,2016)为建组剖面。

上覆马兰组(Qp_3m):灰黄色黄土状含砂亚砂土

— — — — 平行不整合 — — — —

石匣组($N_2\hat{s}$) …… 45.81m
12.土红色黏质砂土,岩性均质,显垂直柱状节理,底部钙质富集 …… 2.00m
11.土红色砂质黏土,块状构造,顶部具壤化,夹钙质结核层 …… 4.00m
10.土红色(偏黄)黏质砂土,显柱状节理,底部有钙质富集 …… 2.09m
9.土红色黏土、砂质黏土,顶部具壤化,底部钙质富集,显水平层理 …… 2.48m
8.土红色砂质黏土,具垂直柱状节理,底部为钙核,局部成层,中下部夹砾石层 …… 2.21m
7.砖红色黏土。底部为淀积层,形成钙板,水平延伸较远;下部具壤化特征;上部颜色较下部浅,壤化特征不明显。棱柱状结构,锤击即碎 …… 19.23m
6.砖红色含砂黏土,棱柱状结构,见铁、锰膜,网纹状钙质淋滤 …… 1.50m
5.砖红色含砂亚黏土,具壤化,底部为积淀层,已形成钙板 …… 1.30m
4.砖红色含砂砾亚黏土,具壤化,底部为钙质淀积层,不连续分布 …… 1.90m
3.砖红色含砂砾亚黏土,具壤化,底部为钙质淀积层 …… 1.80m

2.砖红色含砂砾钙质黏土,砾石成分为片麻岩、斜长角闪岩 ……………………………………………… 5.30m

1.浅土红色砂砾与含砂砾黏土互层,底部为似层状砾石层,成分以片麻岩为主 ………………………… 2.00m

～～～～～～～ 角度不整合 ～～～～～～～

下伏古元古代中期变质二长花岗岩($\eta\gamma Pt_1^2$)

(2)阳原县红崖村南乱石圪瘩沟-水磨房沟上新世石匣组实测剖面(据山西省石油队,郭书元,1981,略修改)(图1-88)为代表性剖面。

图1-88 阳原县红崖村南乱石圪瘩沟-水磨房沟上新世石匣组实测剖面图

上覆稻地组(N_2d):棕褐色、紫褐色、红褐色或褐红色半固结含砾砂质黏土与棕灰色、紫灰色砂砾石呈不等厚互层,含钙质团块或条带

———————— 整 合 ————————

石匣组($N_2\hat{s}$): ……………………………………………………………………………………… 18.3m

6.深棕色、棕红色、褐红色含细砾砂质黏土岩,含具铁、锰质膜的钙质结核。产哺乳类化石:*Hipparion* sp.,*Chilotherium* sp.等 ……………………………………………………………………………… 3.30m

5.浅棕红色、黄棕色含砾砂质黏土岩,含钙质条带,厚度在1.0～8.3m间变化 ……………………… 8.3m

4.棕灰色、紫灰色砾岩、砂砾岩夹黄色、浅棕红色含砾砂质黏土岩。砾石成分以火山岩、火山碎屑岩为主,次圆状,分选差,砾径0.5～30cm,一般3～5cm。含哺乳类:*Hipparion* cf. *houfenense*。厚度在1.0～6.7m间变化 ……………………………………………………………………………… 6.70m

～～～～～～～ 角度不整合 ～～～～～～～

下伏张家口组(K_1z):杂色粉砂质黏土岩夹火山碎屑岩

98.稻地组(N_2d)剖面

阳原县稻地村西北老窝沟上新世稻地组实测剖面(参照杜恒俭等,1988)为建组剖面。

上覆泥河湾组(Qp^1n):浅黄灰色砾石、细砂、粉砂组成的交错层

———————— 整 合 ————————

稻地组(N_2d): ……………………………………………………………………………………… 29.9m

11.上部灰绿色黏土;中部暗灰色、暗棕色粉砂质黏土;下部黄色细砂与黏土 ……………………… 2.25m

10.灰黄色砾石层,砾石以硅质岩为主,分选中等,分布稳定 ………………………………………… 0.47m

9.浅褐色黏土质粉砂。产Talpidae gen. et sp. indet.,Soricidae gen. et sp. indet.,*Ochotona* sp.,*Eucastor* sp.,*Nannocricetus* sp.,*Prosiphneus* sp.,*Mimomys orientalis*,*Orientalomys* sp.,*Sminthoides* sp.,*Proboscidipparion sinense* 等哺乳动物及鱼类、腹足类化石 ……………………………………………… 0.71m

8.灰黑色含粉砂黏土 ……………………………………………………………………………… 2.85m

7.暗棕灰色粉砂与粉砂质黏土互层,发育交错层理,底部见黄色砾石透镜体。产*Ochotona* sp.,*Eucastor* sp.,

Nannocricetus sp.，Cricetidae gen. et sp. indet.，*Prosiphneus* sp.，*Mimomys orientalis*，*Germanomys* sp.，*Orientalomys* sp.，*Sminthoides* sp.，*Paralactaga* sp.，*Proboscidipparion sinense*，*Chilotherium* sp. ………………… 1.48m

6. 棕灰色黏土、黄色斑点状粉砂，顶部产软体动物化石 *Lamprotula* sp.，*Unio* sp. …………………………… 4.74m

5. 黄色细砾与粉砂互层，偶见双壳类化石碎片 …………………………………………………… 1.48m

4. 暗灰色含细砂黏土 …………………………………………………………………………… 1.48m

3. 浅红黄色粉砂与粉砂质黏土 ………………………………………………………………… 2.21m

2. 暗紫色、暗绿色含粉砂黏土 ………………………………………………………………… 1.38m

1. 浅黄色粉砂与粉砂质黏土 …………………………………………………………………… 10.85m

———整合或平行不整合— — —

下伏石匣组($N_2\hat{s}$)：浅红色砂质黏土岩(含三趾马红土)

99. 孔店组(E_2k)剖面

黄骅市孔家店村始新世孔店组标准钻井剖面(孔 1 井)为代表性剖面(据《中国区域地质志·河北志》，2017)。命名钻孔剖面位于沧县孔店村孔 1 井。

上覆沙河街组四段($E_2\hat{s}^4$)：砾岩

— — — — 平行不整合 — — — —

孔店组一段(E_2k^1)： ……………………………………………………………………………… 598m

8. 深红色、暗红色间夹灰绿色砂质泥岩、泥质砂岩和浅棕红色含砾砂岩互层 ……………………… 149m

7. 深棕色与暗红色砂质泥岩、泥质砂岩夹浅棕红色粉细砂岩 ……………………………………… 246m

6. 暗棕红色、棕褐色泥质砂岩、砂质泥岩与灰绿色、浅棕红色粉细砂岩互层 ……………………… 203m

———————— 整 合 ————————

孔店组二段(E_2k^2)： ……………………………………………………………………………… 386m

5. 深灰色泥岩夹灰绿色、暗棕红色薄层泥岩。含介形虫 *Eucypvis* sp. ……………………………… 53m

4. 顶为浅灰色、灰绿色含泥长石粉砂岩夹深灰色、黑色泥岩、页岩，往下变细，以深灰色、黑灰色泥岩、页岩为主，夹灰绿色含泥长石粉砂岩和 3 层薄层油页岩。泥、页岩中含介形类：*Eucypris wutuensis*，*E.* sp.，*Cyprois* sp.，*Limnocythere* sp.，*Candoniella* sp.，以及鱼化石、孢粉(裸子植物以杉、松科为主；被子植物以榆、栎属为主，山核桃属次之；蕨类有水龙骨科和光面三角孢)等 ……………………………………… 136m

3. 上部灰色、浅灰色、灰绿色含泥长石粉砂岩夹深灰色泥岩；下部深灰色、黑灰色泥岩、页岩夹灰绿色砂质泥岩和浅灰色、灰绿色含泥长石砂岩 …………………………………………………………… 197m

———————— 整 合 ————————

孔店组三段(E_2k^3)： ……………………………………………………………………………… 487m

2. 灰褐色泥岩夹灰色薄层泥质砂岩和砂质泥岩。砂质泥岩中含方解石细脉 ………………………… 183m

1. 暗棕色、棕红色泥岩、泥质砂岩夹灰褐色泥岩，底部为灰白色底砾岩。棕红色泥岩中可见安山岩、玄武岩砾石，呈棱角—半棱角状……………………………………………………………………… 304m

～～～～～～ 角度不整合 ～～～～～～

下伏白垩纪深棕红色泥岩夹凝灰岩

100. 沙河街组($E_2\hat{s}$)剖面

(1)永清县安 29 井始新世沙河街组四段上亚段钻孔剖面为代表性剖面(据《中国区域地质志·河北志》，2017)。命名钻孔剖面位于山东省惠民县沙河街村。

上覆沙河街组三段($E_3\hat{s}^3$)下亚段：灰白色砂岩

— — — — 平行不整合 — — — —

沙河街组四段($E_2\hat{s}^4$)上亚段:……………… 772m

8.灰色、绿灰色泥岩夹深灰色泥岩 ……………… 98m

7.灰色、灰绿色粉、细砂岩夹灰、灰绿色泥岩 ……………… 32m

6.灰色、灰绿色泥岩 ……………… 84m

5.灰色、灰绿色砂岩夹灰绿色泥岩 ……………… 44m

4.深灰色、灰绿色、灰色泥岩不等厚互层 ……………… 178m

3.灰色、灰绿色泥岩,底夹一层厚5m的砂岩 ……………… 122m

2.深灰色泥岩夹灰、灰绿色泥岩 ……………… 91m

1.灰色、灰绿色泥岩,下部夹一层厚3m的泥质粉砂岩,底部为灰色、灰绿色泥灰岩和钙质页岩 ……………… 123m

——————— 整 合 ———————

下伏沙河街组四段($E_2\hat{s}^4$)中亚段:灰色、灰白色砂岩

(2)永清县京343井始新世沙河街组四段中亚段—沙河街组四段下亚段钻井剖面为代表性剖面(据《中国区域地质志·河北志》,2017)。

上覆沙河街组四段($E_2\hat{s}^4$)上亚段:泥灰岩、钙质页岩

——————— 整 合 ———————

沙河街组四段($E_2\hat{s}^4$)中亚段:……………… 549m

8.绿灰色、青灰色、深灰色泥岩与灰白色细砂岩互层,中部夹厚8~10m的2层黑色玄武岩 ……………… 224m

7.顶为绿灰色泥岩,其下为深灰色、青灰色泥岩与灰白色细砂岩互层,夹3层黑色玄武岩 ……………… 55m

6.深灰色、绿灰色、灰色泥岩与灰白色粉砂岩不等厚互层,下部夹砂岩、页岩及玄武岩各1层,普遍油浸和含油斑 ……………… 270m

——————— 整 合 ———————

沙河街组四段($E_2\hat{s}^4$)下亚段:……………… 1036m

5.灰色、深灰色泥岩 ……………… 90m

4.深灰色、灰黑色泥岩与灰白色粉砂岩互层 ……………… 100m

3.深灰色、灰色泥岩夹紫红色泥岩及浅灰色粉砂岩 ……………… 355m

2.暗紫色、紫红色、灰色泥岩与浅灰色粉砂岩不等厚互层,顶夹碳质泥岩,局部粉砂岩油浸 ……………… 260m

1.灰色、绿灰色泥岩与粉—细砂岩、含砾砂岩不等厚互层,夹紫红色泥岩和砂岩,中部夹1层灰白色泥灰岩,底为含砾砂岩 ……………… 231m

— — — — 平行不整合 — — — —

下伏孔店组(E_2k):深灰色、青灰色泥岩

(3)固安县前北垡村渐新世沙河街组三段上亚段钻井剖面为代表性剖面(据《中国区域地质志·河北志》,2017)。

上覆沙河街组二段($E_3\hat{s}^2$):灰色砂岩

— — — — 平行不整合 — — — —

沙河街组三段($E_3\hat{s}^3$)上亚段:……………… 828m

7.灰色、绿灰色泥岩 ……………… 118m

6.灰色、绿灰色泥岩与灰色、灰白色砂岩不等厚互层 ……………… 148m

5.灰色、灰绿色泥岩,顶有一层厚5m的黑色碳质泥岩 ……………… 42m

4.灰色、绿灰色泥岩与灰色、浅灰色砂岩不等厚互层 ……………… 81m

3.灰色、灰绿色泥岩与灰色、浅灰色砂岩频繁互层,顶部夹2层黑灰色油页岩,中部夹1层黑色碳质泥岩 …… 166m

2. 灰色、绿灰色泥岩与灰色、浅灰色砂岩不等厚互层，中部夹黑色油页岩和碳质泥岩各1层，顶为1层厚4m的煤层 …… 123m

1. 灰色、绿灰色泥岩与灰色、浅灰色粉砂岩互层，夹1层砂岩，顶为1层厚4m的煤层 …… 150m

——— 整 合 ———

下伏沙河街组三段($E_3\hat{s}^3$)中亚段：绿灰色泥岩

(4)永清县台子庄渐新世沙河街组三段中、下亚段钻孔剖面(安29井)为代表性剖面(据《中国区域地质志·河北志》，2017)。

上覆沙河街组三段($E_3\hat{s}^3$)上亚段：浅灰色粉砂岩

——— 整 合 ———

沙河街组三段($E_3\hat{s}^3$)中亚段： …… 417m

14. 绿色与深灰色泥岩夹浅灰色、灰白色砂岩 …… 340m

13. 灰色、绿灰色泥岩与灰白色砂岩互层 …… 30m

12. 灰色、绿灰色泥岩，底为灰色砂岩 …… 47m

——— 整 合 ———

沙河街组三段($E_3\hat{s}^3$)下亚段： …… 694m

11. 上部深灰色、灰色泥岩；下部灰色砂岩 …… 29m

10. 深灰色泥岩 …… 82m

9. 深灰色泥岩，顶为绿灰色钙质页岩 …… 70m

8. 灰白色砂岩，底为砂砾岩 …… 30m

7. 深灰色泥岩 …… 72m

6. 绿灰色钙质页岩，含化石同上层 …… 18m

5. 深灰色泥岩，中部夹灰白色薄层砂岩 …… 96m

4. 灰白色砂岩 …… 18m

3. 灰色、绿灰色泥岩 …… 103m

2. 灰白色、绿灰色砂岩夹深灰色泥岩 …… 70m

1. 深灰色、灰绿色泥岩与绿灰色、灰白色砂岩互层 …… 106m

— — — — 平行不整合 — — — —

下伏沙河街组四段($E_2\hat{s}^4$)：灰绿色泥岩

(5)清苑县孟庄渐新世沙河街组二段钻孔剖面(保深2井)为代表性剖面(据《中国区域地质志·河北志》，2017)。

上覆沙河街组一段($E_3\hat{s}^1$)：灰绿色、灰褐色泥岩，白云岩

——— 整 合 ———

沙河街组二段($E_3\hat{s}^2$)： …… 488m

9. 灰绿色、棕红色泥岩，底为灰白色粉砂岩 …… 25m

8. 暗紫色与灰绿色泥岩夹灰绿色、灰白色砂岩 …… 50m

7. 暗紫色泥岩、砂质泥岩夹1层厚4m的黑色碳质泥岩 …… 83m

6. 灰白色粉砂岩夹暗紫色泥岩 …… 21m

5. 紫红色泥岩夹浅紫红色粉砂岩 …… 97m

4. 暗紫红色泥岩夹褐色灰岩、泥灰岩，底为灰白色钙质砂岩 …… 29m

3. 紫红色泥岩与灰色钙质砂岩不等厚互层 …… 98m

2. 紫红色泥岩 …… 23m
1. 灰绿色泥岩与灰色钙质砂岩互层，夹紫红色泥岩 …… 62m

———— 平行不整合 ————

下伏沙河街组四段($E_2\hat{s}^4$)：灰色、深灰色碳质泥岩

(6)河间市东王口村渐新世沙河街组一段钻井剖面为代表性剖面(据《中国区域地质志·河北志》，2017)。

上覆东营组三段(E_3d^3)：灰绿色砂岩

———— 平行不整合 ————

沙河街组一段($E_3\hat{s}^1$)：…… 486m
11. 褐色泥岩，底为灰白色砂岩 …… 34m
10. 灰褐色泥岩，底为灰绿色砂岩 …… 49m
9. 褐色泥岩 …… 40m
8. 灰色与绿灰色砂岩夹褐色泥岩 …… 16m
7. 灰褐色、褐色泥岩，底为1层厚3m的绿灰色、灰色砂岩 …… 83m
6. 灰绿色泥岩，底为灰白色砂岩 …… 37m
5. 深灰色、灰绿色泥岩 …… 121m
4. 褐色油页岩夹深灰色泥岩 …… 50m
3. 深灰色泥岩夹1层厚3m的灰绿色砂岩 …… 10m
2. 灰色与绿灰色泥岩，顶为厚4m的褐色白云质灰岩，底有厚3m的砂质灰岩 …… 20m
1. 深灰色泥岩，中部夹1层褐色泥质灰岩 …… 26m

———— 整 合 ————

下伏河街组二段($E_3\hat{s}^2$)：深灰色泥岩夹砂岩

101. 东营组(E_3d)剖面

任邱市东关村渐新世东营组任3井钻井剖面为代表性剖面(据《中国区域地质志·河北志》，2017)。命名钻孔剖面位于山东省垦利县华8井。

上覆馆陶组(N_1g)：灰色砂砾岩

———— 平行不整合 ————

东营组一段(E_3d^1)：…… 69m
13. 灰绿色泥岩，层理不甚明显 …… 61m
12. 灰色与绿灰色厚层砂岩 …… 8m

———— 整 合 ————

东营组二段(E_3d^2)：…… 287m
11. 灰绿色泥岩，底为棕红色泥岩 …… 21m
10. 绿灰色、灰色砂岩 …… 4m
9. 灰绿色泥岩，近顶部夹1层厚5m的粉砂岩，底部与棕红色泥岩互层 …… 160m
8. 绿灰色、灰色砂岩 …… 1m
7. 上部绿灰色、灰色泥岩夹泥质粉砂岩和砂质泥岩各1层，顶为棕红色泥岩；下部紫红色泥岩间夹1层灰色泥质粉砂岩 …… 101m

———— 整 合 ————

东营组三段(E_3d^3)：…… 194m

6. 紫红色泥岩，顶为1层厚4m的绿灰色泥质粉砂岩 …… 22m
5. 绿灰色、灰色砂岩夹紫红色泥岩 …… 15m
4. 上部绿灰色、灰色泥岩；下部紫红色泥岩。之间夹1层厚4m的绿灰色砂岩 …… 48m
3. 绿灰色、灰色砂岩夹紫红色泥岩 …… 15m
2. 棕红色泥岩 …… 88m
1. 绿灰色砂岩 …… 6m

———— 平行不整合 ————

下伏沙河街组一段($E_3\hat{s}^1$)：紫红色泥岩

102. 馆陶组(N_1g)剖面

临西县下堡寺中新世馆陶组钻井剖面（临9井）为代表性剖面（据《中国区域地质志·河北志》，2017）。命名钻孔剖面位于馆陶县房儿寨华7井。

上覆明化镇组(N_2m)：黏土岩与粉砂岩、细砂岩互层

———— 整 合 ————

馆陶组(N_1g)： …… 474.5m
7. 浅棕红色泥岩夹2层浅棕红色细砂岩及粉砂岩条带，底部为浅棕红色粉砂岩 …… 66.5m
6. 上部棕红色泥岩与浅棕红色粉砂岩呈不等厚互层；下部棕红色泥岩与浅棕红色粉砂岩、棕黄色泥质粉砂岩互层 …… 80m
5. 棕红色泥岩与灰白色细砂岩不等厚互层 …… 78m
4. 棕红色泥岩与棕黄色、灰白色、棕红色粉—细砂岩不等厚互层 …… 66.5m
3. 棕红色泥岩与灰白色、棕红色细—粉砂岩不等厚互层 …… 59.5m
2. 棕红色、棕色泥岩与灰白色、灰绿色、灰白色粉—细砂岩及浅灰色、灰白色砂砾岩不等厚互层 …… 77.5m
1. 顶为棕色泥岩，其下为浅灰色砂砾岩、灰绿色中—细砂岩夹棕色泥岩 …… 46.5m

———— 平行不整合 ————

下伏沙河街组一段($E_3\hat{s}^1$)：泥岩与粉砂岩互层

103. 明化镇组(N_2m)剖面

蠡县东南侧上新世明化镇组钻井剖面为代表性剖面（据《中国区域地质志·河北志》，2017）。命名钻孔剖面位于南宫县明化镇华1井。

上覆饶阳组(Qp^1r)：细砾石层

———— 平行不整合 ————

明化镇组上段(N_2m^1)： …… 413m
20. 浅棕黄色铁锰质结核及钙质团块泥岩与灰白色、灰黄色粉—中粒砂岩互层，底部为灰黄色砂砾岩 …… 73m
19. 浅棕黄色富含铁锰质结核及钙质团块砂质泥岩、粉砂岩与灰白色细砂岩、含砾砂岩互层 …… 52m
18. 浅棕黄色砂质泥岩与灰黄色粉、细砂岩互层，夹灰白色含砾中、粗砂岩 …… 156m
17. 浅棕黄色砂质泥岩与灰黄色含砾中、粗砂岩互层，夹灰绿色粉砂岩 …… 51m
16. 浅棕黄色砂质泥岩与粉砂岩互层，底部为灰黄色细砾岩 …… 18m
15. 浅棕黄色粉砂岩与浅灰绿色砂质泥岩互层，夹细砂岩，下部为灰黄色含砾中、粗砂岩 …… 63m

———— 整 合 ————

明化镇组下段(N_2m^2)： …… 616m
14. 浅棕黄色粉砂岩与浅棕红色泥岩互层，夹浅灰绿色泥岩，底部为细砾岩 …… 42m
13. 棕黄色泥岩夹灰黄色细砾岩，底部为灰黄色含砾中砂岩 …… 51m

12. 棕黄色、灰黄色粉—中粒砂岩夹少量浅棕红色泥岩，底部为灰黄色含砾中、粗砂岩 …………………………… 61m
11. 浅棕红色泥岩、棕黄色粉砂岩与灰黄色含砾细砂岩互层 …………………………………………………… 49m
10. 浅棕红色泥岩夹浅灰绿色粉砂岩及灰黄色细砂岩 ……………………………………………………………… 61m
9. 浅灰色细砂岩与灰黄色砂砾岩互层，夹浅棕红色薄层泥岩 …………………………………………………… 23m
8. 浅棕红色泥岩与灰白色细、中粒砂岩互层 ……………………………………………………………………… 23m
7. 浅棕红色泥岩与浅绿黄色、浅灰绿色粉砂岩互层，夹少量浅灰绿色细、中砂岩，底部为灰黄色含砾中、粗砂岩 ……… 79m
6. 棕红色砂质泥岩与绿黄色粉、细粒砂岩互层，底部为灰白色含砾中、粗砂岩 ………………………………… 39m
5. 棕红色、棕黄色砂质泥岩与灰黄色、绿黄色细—中砂岩互层 …………………………………………………… 86m
4. 浅灰绿色、灰色细—中粒砂岩，顶部夹棕红色薄层砂质泥岩 …………………………………………………… 18m
3. 棕红色泥岩夹浅灰绿色薄层泥岩，底部为灰黄色细砾岩 ………………………………………………………… 20m
2. 棕红色、棕黄色泥岩与砂质泥岩互层，底部为灰白色细砂岩、砂砾岩 …………………………………………… 30m
1. 棕红色、棕色泥岩与灰绿色粉、细砂岩互层……………………………………………………………………… 34m

———— 整 合 ————

下伏馆陶组(N_1g)：灰白色砂砾岩

(九)第四纪岩石地层

104. 泥河湾组(Qp^1n)剖面

阳原县台儿沟更新世早期泥河湾组实测剖面(据闵隆瑞，张宗祜等，2006，2008，略有修改)为代表性剖面。

上覆郝家台组(Qp^2h)：灰黄色黏土质粉砂层

———— 整 合 ————

泥河湾组(Qp^1n)：…………………………………………………………………………………………………… 89.0m
124. 浅红色黏土层夹1层浅黄绿色砂质黏土层 …………………………………………………………………… 1.6m
123. 黄色、黄绿色黏土层夹1层浅红色黏土层 ……………………………………………………………………… 1.4m
122. 灰绿色黏土层 ……………………………………………………………………………………………………… 0.8m
121. 灰绿色黏土质粉砂层 ……………………………………………………………………………………………… 1.8m
120. 上部灰白色粉砂层；下部黄褐色粉砂质黏土层 …………………………………………………………………… 1.0m
119. 灰褐色、浅黄绿色粉砂层，具微细层理，见石膏小晶体 ………………………………………………………… 1.2m
118. 黑色、灰白色黏土质粉砂层夹黄褐色粉砂条，见石膏小晶体 …………………………………………………… 1.2m
117. 灰黄色、灰色黏土质粉砂层 ……………………………………………………………………………………… 0.8m
116. 黄色中细砂层 ……………………………………………………………………………………………………… 0.4m
115. 黄色粉砂层，夹中、细砂 …………………………………………………………………………………………… 1.0m
114. 黄色细砂层，下部夹砂砾层，含软体动物化石 …………………………………………………………………… 0.8m
113. 黄色粉砂层夹黑灰色黏土 ………………………………………………………………………………………… 2.0m
112. 黄绿灰黄色粉砂质黏土层 ………………………………………………………………………………………… 1.0m
111. 黄褐色粉细砂层 …………………………………………………………………………………………………… 4.4m
110. 黄褐色粉细砂层，夹鲜黄色泥质条带，含炭屑 …………………………………………………………………… 1.2m
109. 黄褐色粉细砂层，夹鲜红色和灰色黏土条带，含炭屑 …………………………………………………………… 2.0m
108. 黄褐色粉细砂层，上部含炭屑 ……………………………………………………………………………………… 2.4m
107. 黄褐色粉细砂层，含鲜黄色斑点 …………………………………………………………………………………… 1.2m
106. 黄褐色中细砂，夹粗砂和黏土砾石，含脊椎动物化石 …………………………………………………………… 0.8m
105. 黄褐色粉细砂层 …………………………………………………………………………………………………… 1.0m

104. 黄褐色粗砂细砾层夹紫色黏土 …… 0.4m
103. 黄褐色粉、细砂层 …… 1.6m
102. 黄褐色含细砾中、细砂层 …… 0.4m
101. 黄褐色粉、细砂层，含云母小片、黑色矿物和软体化石碎片 …… 0.6m
100. 黄褐色粉、细砂层，底部夹中、细砂 …… 0.6m
99. 黄褐色含细砾中、细砂层 …… 1.2m
98. 黄褐色粉、细砂层，底部夹中、细砂 …… 1.0m
97. 黄褐色粉、细砂层，含小哺乳动物化石 …… 0.8m
96. 灰褐色黏土质粉砂层，具水平层理，含炭化植物茎 …… 1.4m
95. 钙质胶结的灰黄色粉、细砂层 …… 0.8m
94. 灰黄色粗砂细砾层，含脊椎动物化石 …… 1.4m
93. 灰黄色粉砂层 …… 0.6m
92. 紫色、黄绿色黏土质粉砂层 …… 0.6m
91. 红棕色、棕褐色黏土质粉砂层，具团柱结构 …… 0.4m
90. 灰黄色粉、细砂层 …… 0.6m
89. 钙板层 …… 0.2m
88. 灰色黏土质粉砂层 …… 1.0m
87. 灰色黏土层，具灰白相间的纹层层理，夹 1 层钙质粉砂层 …… 1.2m
86. 黄色粉砂质黏土层 …… 0.4m
85. 褐色、灰褐色黏土层，底部含细砂，顶部有铁质壳皮 …… 0.6m
84. 灰黄色粉砂夹紫色粉砂质黏土层 …… 0.6m
83. 灰色、灰绿色粉砂质黏土层 …… 1.0m
82. 灰黄色黏土质粉、细砂层 …… 0.6m
81. 灰白色钙质黏土层 …… 0.2m
80. 黄色粉、细砂层，含黄色铁质小管体 …… 0.4m
79. 灰黄色粉砂层 …… 0.6m
78. 灰褐色粉砂质黏土层，含较多鲜黄色小斑块，底部含粉、细砂层 …… 0.8m
77. 灰褐色黏土质粉砂层，层理不清 …… 2.8m
76. 灰褐色粉砂层，顶部为钙质黏土层 …… 0.2m
75. 灰黄色粉砂层 …… 0.6m
74. 灰黄色粉、细砂层 …… 0.6m
73. 灰白色、灰绿色粉砂质黏土层，具水平层理 …… 0.6m
72. 灰褐色黏土质粉砂层，含鲜黄色斑点 …… 1.2m
71. 灰黄色粉细砂和褐色黏土层 …… 0.4m
70. 棕褐色黏土夹粉细砂层 …… 0.4m
69. 灰黄色黏土质粉砂层，具水平层理 …… 1.6m
68. 棕黄色黏土质粉砂和粉细砂互层，具水平、波状层理 …… 1.0m
67. 灰黄色粉砂质黏土层，具水平层理 …… 1.2m
66. 灰黄色黏土质粉砂层 …… 1.0m
65. 黄绿色黏土质粉细砂层 …… 0.6m
64. 钙板层 …… 0.4m
63. 灰绿色粉砂质黏土层，底部夹钙板层 …… 0.6m
62. 灰绿色粉砂质黏土层 …… 0.4m
61. 浅灰绿色黏土质粉砂层，底部含细砂，具水平层理 …… 0.8m
60. 浅黄绿色黏土质粉砂层，具水平层理 …… 0.8m
59. 浅黄色粉砂质黏土层，具水平层理 …… 0.6m

58. 灰黄色粉砂质黏土层，底部夹钙板层 …… 0.6m
57. 灰黄色粉砂层 …… 0.4m
56. 灰黄色粉砂质黏土层，底部夹细砂层，具水平层理 …… 1.0m
55. 灰绿色粉砂质黏土层，底部夹钙板层 …… 1.2m
54. 灰绿色粉砂质黏土层，具水平层理 …… 0.6m
53. 灰绿色厚层黏土质粉砂层，夹3层钙板层 …… 1.2m
52. 深黄褐色粉砂质黏土层，具水平层理 …… 1.2m
51. 灰白色厚层钙板层，内夹1层细砂层 …… 0.8m
50. 灰黄色、黄绿色粉砂质黏土层，具水平层理，底部夹中、粗砂层 …… 1.4m
49. 灰绿色粉砂层，具水平层理，底部夹细砂层 …… 1.2m
48. 灰绿色厚层钙质黏土质粉砂层，具水平层理 …… 1.2m
47. 灰绿色黏土质粉砂层 …… 0.8m
46. 灰黄色粉砂质黏土层 …… 0.6m
45. 褐红色条带状黏土夹灰黄色粉砂层 …… 1.0m
44. 灰黄色粉砂层，夹薄中、细砂层 …… 1.2m
43. 黄色中、粗砂层，含小砾，具大型交错层理 …… 1.0m
42. 灰绿色粉砂质黏土层，夹黏土角砾，底部为灰褐色黏土 …… 0.8m
41. 灰绿色、灰白色粉砂质黏土层，夹多层黄色砂层 …… 1.0m
40. 浅紫色中、粗砂 …… 0.2m
39. 灰白色粉砂质黏土，底部为鲜黄色中、细砂 …… 0.8m
38. 棕黄色粉砂质黏土，粉、细砂层，底部含砂砾，具厚层层理 …… 2.2m
37. 棕黄色黏土质粉砂，含小片云母 …… 0.8m
36. 棕黄色粉、细砂，底部含灰绿色黏土质砾石和软体动物化石 …… 2.2m
35. 棕黄色粉、细砂 …… 1.8m

——————整 合——————

下伏稻地组(N_2d)：灰绿色黏土

105. 郝家台组(Qp^2h)剖面

阳原县台儿沟更新世中期郝家台组实测剖面（据闵隆瑞，张宗祜等，2006，2008，略有修改）为代表性剖面。

上覆马兰组(Qp^3m)：黄土与古土壤层

————平行不整合————

郝家台组(Qp^2h)： …… 25.4m
144. 浅灰绿色黏土质粉砂层，底部为黄色黏土层，层内析出大量白色盐类物质 …… 3.2m
143. 浅红棕色黏土质粉砂层，底部有厚5～8cm的石膏透镜体 …… 1.6m
142. 灰绿色黏土质粉砂层，含钙质条带 …… 1.2m
141. 灰绿色、黄绿色黏土质粉砂层 …… 1.2m
140. 深灰色黏土夹黄绿色黏土质粉砂层 …… 0.4m
139. 浅灰绿色夹红色黏土质粉砂层 …… 0.8m
138. 灰白色、灰绿色黏土质粉砂层，夹黄褐色细条带黏土 …… 2.8m
137. 灰黄色粉砂层 …… 1.2m
136. 棕褐色粉砂质黏土层 …… 0.8m
135. 浅灰绿色黏土质粉砂层 …… 1.2m
134. 灰黄色黏土质粉砂层夹橘黄色黏土 …… 1.4m

133. 灰黄色黏土质粉砂层 …… 1.2m
132. 灰褐色夹灰黄色粉砂质黏土层 …… 0.4m
131. 灰白色、灰绿色黏土质粉砂层 …… 2.6m
130. 浅红色黏土质粉砂层夹黄绿色黏土层 …… 1.8m
129. 黄色黏土质粉砂层 …… 1.2m
128. 浅红色黏土质粉砂层 …… 0.4m
127. 浅黄绿色黏土质粉砂层 …… 0.8m
126. 浅红色黏土质粉砂层 …… 0.8m
125. 灰黄色黏土质粉砂层 …… 0.4m

——— 整 合 ———

下伏泥河湾组(Qp^1n):浅红色黏土层

106. 虎头梁组(Qp^3h)剖面

阳原县东城镇虎头梁村东 0.5km 旧水库旁更新世晚期虎头梁组实测剖面(据庞其清和谷振飞,2011,略有修改)为建组剖面。

中更新统虎头梁组(Qp^3h): …… >32.89m
34. 灰白色钙质胶结的砾石层(未见顶) …… >0.7m
33. 褐色黏土,具微斜层理 0.5m
32. 褐色、黄绿色黏土、砂土。含介形类:*Ilyocypris bradyi*, *I. gibba*, *I. biplicata*, *I. dunschanensis*, *I. cornae*, *I. aspera*, *Limnocythere dubiosa*, *L. sanctipatricii*, *L. binoda* …… 2.64m
31. 杂褐色粗砂砾石,砾石多为白云岩、灰岩、石英岩,磨圆、分选差 …… 0.26m
30. 黄绿色具微层理细、粉砂。含介形类:*Ilyocypris gibba*, *I. cornae*, *I. aspera*, *I. dunschanensis*, *Limnocythere dubiosa*, *L. binoda* …… 1.02m
29. 灰黄色粉砂质黏土夹薄层泥灰岩。含介形类:*Limnocythere dubiosa* …… 1.87m
28. 灰黄绿色具微层理细、粉砂。含介形类:*Ilyocypris dunschanensis*, *I. gibba*, *I. cornea*, *I. aspera*, *Candona compressa*, *C.* sp., *Candoniella subellipsoida*, *Heterocypris chiuhsienensis*, *Eucypris inflata*, *E. rischtanica*, *E.* sp., *Zonocypris oliviformis*, *Cyclocypris serena*, *Limnocythere dubiosa*, *L. sanctipatricii*, *L. binoda*0. … 68m
27. 灰色具微层理黏土。含介形类:*Ilyocypris gibba*, *I. cornae*, *I. aspera*, *Candoniella suzini*, *Limnocythere dubiosa*, *L. sanctipatricii* …… 3.06m
26. 灰黄色黏土质粉、细砂。含介形类:*Ilyocypris gibba*, *I. cornae*, *I. aspera*, *Eucypris inflata*, *E. rischtanica*, *E.* sp., *Candoniella mirabilis*, *C. albicans*, *Cypria tambovensis*, *Limnocythere dubiosa*, *L. sanctipatricii*, *L. binoda* …… 0.68m
25. 灰黄色、灰绿色含钙粉砂质黏土。含介形类:*Limnocythere dubiosa* …… 3.06m
24. 土黄色细、粉砂层,具明显微层理。含腹足类,介形类有:*Ilyocypris dunschanensis*, *I. gibba*, *I. biplicata*, *I. cornae*, *C. mirabilis*, *C. subellipsoida*, *C. suzini*, *Candona neglecta*, *Candona houae*, *Eucypris inflata*, *Cypria tambovensis*, *Cytheressa lacustris*, *Limnocythere dubiosa*, *L. sanctipatricii*, *L. binoda* …… 4.08m
23. 灰色、灰黄色、灰绿色粉砂质黏土。含介形类:*Ilyocypris cornae*, *I. aspera*, *Limnocythere dubiosa*, *L. sanctipatricii*, *L. binoda* …… 6.61m
22. 灰色、浅灰色砾石层。砾石为 3cm 左右的灰岩、白云岩、石英岩,扁平、半浑圆状,分选好,大斜层理发育 …… 5.70m
21. 浅灰色、黄绿色粉砂,具有明显的水平层理。含介形类:*Limnocythere dubiosa*, *L. sanctipatricii*, *Cytherissa hutouliangensis* …… 0.86m
20. 灰色厚层砾石层。砾石为灰岩、白云岩、石英岩,扁平、半浑圆状,具斜层理,粗砂、钙质黏土充填 …… 1.43m

——— 整 合 ———

下伏更新世中期郝家台组(Qp^2h):浅灰绿色黏土、粉砂黏土,顶部夹厚2cm的钙质细砂

107. 赤城组($Qp^2\hat{c}$)剖面

赤城县南沟岭扬水站更新世中期赤城组实测剖面为建组剖面(据《中国区域地质志·河北志》,2017)。

上覆马兰组(Qp^3m):黄土

———— 平行不整合 ————

赤城组($Qp^2\hat{c}$):…… 15.8~19.5m

3. 红黄色砂质黏土 …… 10~12m

2. 浅棕红色粉砂质黏土,夹浅棕黄色含砾砂质土。产哺乳动物化石:*Siphneus epilingi*,*Rhinoceros Mercki*,*Pseudaxis* sp.,*Canis* sp.,*Ursus angustidens*,*U. arctos*,*Hyaena ultima*,*Elephas* sp.,*Equus sanmeniensis*,*Sus* cf. *Lydekkeri*,*Euryceros flabellatus*,*Spiroceros* sp.等 …… 5~6m

1. 砾石层。砾石成分以火山岩为主,次为片麻岩等,圆度和分选较佳,大小在10~15cm …… 0.8~1.5m

~~~~~~ 角度不整合 ~~~~~~

下伏杨营岩组($Ar_3^3yy.$):黑云斜长片麻岩

108. 马兰组(Qp^3m)剖面

涿鹿县蟒蝉寺更新世晚期马兰组实测剖面为代表性剖面(据《中国区域地质志·河北志》,2017)。命名地为北京市门头沟区马兰。

上覆全新世冲洪积物(Qh^{alp}):灰黑色含砾砂质黏土夹深灰色砂砾石层

———— 平行不整合 ————

马兰组(Qp^3m):…… 33.10m

9. 浅土黄色黄土状泥质砂土 …… 24.05m

8. 灰色砂砾石,横向不稳定,呈透镜状向两侧尖灭 …… 0.30m

7. 粉黄色砂质黏土 …… 0.75m

6. 灰色砂砾石透镜体 …… 0.10m

5. 浅土黄色黄土状泥质砂土 …… 3.15m

4. 灰色砂砾石层,向两侧逐渐尖灭 …… 0.15m

3. 浅黄色黄土状泥质砂土 …… 2.20m

2. 土黄色含砂泥质砂土 …… 0.50m

1. 灰色砂砾石层,横向不稳定,夹薄层状、透镜状细砂 …… 1.90m

———— 平行不整合 ————

下伏赤城组($Qp^2\hat{c}$):棕红色砂质黏土

109. 迁安组(Qp^3q)剖面

迁安市城南爪村更新世晚期迁安组实测剖面为建组剖面(据《中国区域地质志·河北志》,2017)。

上覆马兰组(Qp^3m):次生黄土

———— 平行不整合 ————

迁安组(Qp^3q):…… 12.5~13.3m

10. 灰色、黄灰色较硬的砂层,夹3~4层含泥砾的黄褐色粉砂及砂质黏土。含丰富的腹足类:*Radix lagolis* var. *Costulata*,*Galba truncatula*,*G. pervia*,*Succinea Pfeiffevi*,*Pupilla muscorus*,*Gyraulus sibiricus*,*G. heudei*;介形类:*Ilyocypris bradyi*,*I. biplicata*,*I. kaifcngensis*,*I. cornae*,*I. evidens*,*Candona kirgizica*,*C.*
~~~~~~

foveolata, *C. poseyensis*, *C.* sp. , *Candoniella Albicans*, *C. susini*, *Pseudocandona inscucuta*, *Cyprinotus salinus*, *Eucypris* sp. 等;孢粉:*Polygonum*, *Melampyrum*, *Woodwardia*, Cramineae, *Larix*, *Artemisia*, Chenopodaceae, *Coppate*, *Colporate*, Caryophyllaceae, *Potamogeton*, Borraginaceae, *Magnolia*, *Caragana*, Cupressaceae, *Metasequia*, Cyperaceae, Ranuneulaceae, *Typha*, Ericaceae, *Compositae*, Cupressaceae, *Taxodium* 等 ………………………………………………………… 2.5m

9. 灰色疏松细砂层 ………………………………………………………… 0.3m

8. 灰色、黄灰色较硬的细砂,夹 3~4 层厚 0.1~0.2m 的灰褐色砂质黏土 ………………………… 1.5m

7. 黄灰色、褐色砂层,底部为粗粒至中粒,含小泥砾,风化后呈牛粪状,中上部颗粒逐渐变细,疏松,具交错层 … 1m

6. 灰绿色、黄灰色砂质黏土。含腹足类:*Gyraulus albus*, *G. heudei*;孢粉:*Coniferae*, *Chenopodium*, *Sparganium*, *Nonaporturate*, Cyperaceae, *Salvina* …………………………………… 0.1~0.2m

5. 灰色细砂,夹 5~6 层厚 0.1~0.2m 的黄灰色黏土 ………………………………………… 2m

4. 暗灰色泥质粉砂,风化后多呈灰绿色。产腹足类:*Radix lagotis* var. *Costulata*, *R. ovcta* var. *tenera*, *R. lagotis*, *R. clessin*, *R. ovata*, *R. peregra*, *R. plicatula*, *Galba truncatula*, *G. perbia*, *G. goodwini*, *G. goodwini*, *G. viridis*, *G. laticallosiformis*, *Succinea pfeifferi*, *S. indica*, *S. veevei*, *Cathaica pulveratrix*, *C. subrugosa*, *Gyraulus compressus*, *G. zilchiannus*, *G. sibiricus*, *G. sibiricus* var. *exarascens*, *G. albus*, *G. heudei*, *G. membranaceus*, *G. parvus*, *Opeas striatissimum*, *Vallonia tunuilabris*;双壳类:*Unio pictorum*, *Sphaerium* sp. , *Anodonta* sp. ;介形类:*Ilyocypris tradyi*, *I. biplicata*, *I. kaifengensis*, *I. cornae*, *I. evidens*, *I. manasensis*, *Candona kirgizica*, *C. acuta*, *C. foveolata*, *C. poseyensis*, *Candona* sp. , *Candoniella albicans*, *C. suzini*, *Pseudocan-dona insculptas*, *Cyprinotus salinus*, *Cypridopsis vidua*, *Eucypris* sp. , *Notodromas monachas*, *Goniocypris mitra*, *Limuoc ytherefantinalis*, *Limnocythere inolinita*, *Limnocythere brata*;孢粉类:Cupressaceae, *Abies*, *Picea*, Polypodiaceae, *Pinus*, *Juniperus*, *Filicales*, Gramineae, *Quercus*, *Delphinium*, *Alnus*, *Typha*, *Liliaceae*, *Salvina*, *Potamogeton*, *Compositae*, *Coniferae*, *Cruciferae*, *Filicales*, *Algae*, *Gynoglossum*, *Artemisia*, *Woodwardia*, Orchidaceae, *Caragana*;硅藻类:*Pennularia*;轮藻类:*Chara*;哺乳类:*Bos primigenius*, *Cervus canadensis*, *Coelodonta antiquitatis*, *Elephas* cf. *namadicus*, *Spirocerus* sp. , *Sus* sp. , *Equus hemionus* 及植物碎片 ……………………………… 0.1~0.8m

3. 灰色、黄灰色细砂,含泥质、砂质透镜体,具交错层 ………………………………………… 2.2m

2. 灰色细砂,交错层发育 ………………………………………………………… 1.8m

1. 褐色、咖啡色黏土(未见底) ………………………………………………………… >1m

110. 高家圪组(Qp^3g)剖面

宣化区高家圪村附近更新世晚期高家圪组钻孔剖面(ZK04,埋深 77.15~70.65m)为建组标准孔(据河北省 1∶5 万沙岭子等 4 幅报告,2022,有改动)。

上覆全新世冲洪积物(Qh^{alp}):砾石层,棱角—次棱角状,分选差,垂向上具有向下变粗的特征

——————— 整 合 ———————

高家圪组(Qp^3g): ………………………………………………………… 51.21m

40. 棕黄色含砾细砂 ………………………………………………………… 0.47m

39. 砾石层,次圆状,分选差 ………………………………………………………… 1.28m

38. 棕黄色黏土,可见碳质斑点 ………………………………………………………… 0.36m

37. 砾石层,次圆状,分选差 ………………………………………………………… 0.95m

36. 砂砾石层,砾径较小,棱角状,分选好 ………………………………………… 4.29m

35. 砾石层,次棱角—次圆状,分选差 ………………………………………………… 6.19m

34. 棕黄色粉砂质黏土,可见黑色碳质斑点 ………………………………………… 0.53m

33. 砾石层,次圆状,分选差 ………………………………………………………… 3.63m

32. 棕黄色粉砂,垂向上具有向下变细的特征,可见碳质斑点 …………………………… 0.38m

31. 砾石层，次圆状，分选差 ………… 2.57m
30. 棕黄色含砾黏土，可见钙核 ………… 0.93m
29. 棕黄色含砾粉砂 ………… 0.35m
28. 黄棕色粉砂质黏土，可见碳质斑点 ………… 0.41m
27. 棕黄色粉砂，可见钙核 ………… 0.53m
26. 砾石层，次棱角—次圆状，分选差 ………… 4.41m
25. 棕黄色细粉砂，可见钙核 ………… 1.62m
24. 砾石层，呈次圆状，分选差 ………… 4.22m
23. 砂砾石层，棱角状，个别为片状 ………… 6.36m
22. 棕黄色粉砂 ………… 1.76m
21. 黄棕色砾质黏土 ………… 0.62m
20. 黄棕色黏土质粉砂，偶见黑色碳质斑点 ………… 1.36m
19. 棕黄色粉砂与黏土互层 ………… 1.43m
18. 棕黄色黏土层，可见黑色碳质斑点 ………… 1.27m
17. 棕黄色细粉砂，含水高，局部含砾石 ………… 2.23m
16. 砾石层，次棱角—次圆状，分选一般 ………… 1.5m
15. 棕黄色粉砂，局部夹黏土，可见少量黑色碳质斑点 ………… 1.56m

———— 平行不整合 ————

下伏更新世中期郝家台组（Qp^2h）：红棕色黏土，可见碳质斑点

111. 饶阳组（Qp^1r）剖面

（1）饶阳县常安村更新世早期饶阳组饶 6 孔钻孔剖面（埋深 175.6～485.6m）为建组标准孔（据《中国区域地质志·河北志》，2017）。

上覆肃宁组下段（Qp^2s^1）：黄灰色、灰黄色粉细砂

———— 整 合 ————

饶阳组上段（Qp^1r^3）：………… 66.0m
24. 灰绿色砂质黏土，具水平层理 ………… 10.2m
23. 灰黄色中、细砂层 ………… 12.1m
22. 棕黄色粉砂质黏土，具水平层理 ………… 12.0m
21. 灰色中粗砂层，混粒结构 ………… 12.0m
20. 灰绿色黏质砂土层，具水平层理，含少量孢粉，含钙、铁、锰结核 ………… 10.2m
19. 灰黄色中、细砂层，混粒结构，含钙核，铁锰结核 ………… 9.5m

———— 整 合 ————

饶阳组中段（Qp^1r^2）：………… 130.0m
18. 黄棕色粉砂质黏土 ………… 11.8m
17. 灰黄色中、细粒砂层，混粒结构 ………… 9.8m
16. 灰绿色砂质黏土，夹混粒土，含较少的钙核、铁锰结核和软体化石 ………… 11.6m
15. 灰黄色中、粗砂，具混粒结构 ………… 11.6m
14. 褐棕色粉砂质黏土，含钙质、铁锰质结核 ………… 12.7m
13. 棕黄色中、细粒砂层，具水平层理，混粒结构 ………… 12.5m
12. 灰绿色砂质黏土，含钙质、铁锰结核和软体化石 ………… 15.0m
11. 褐棕色中、粗砂层，具混粒结构 ………… 15.0m
10. 棕灰色黏质砂土，含软体化石及钙质、铁锰质核 ………… 15.0m
9. 黄棕色中、细砂层，具混粒结构 ………… 15.0m

————平行不整合————

饶阳组下段(Qp^1r^1)：……………………………………………………………………………… 114.0m

8.棕黄色砂质黏土夹褐棕色黏质砂土，含钙核、钙块及软体化石碎片 ……………………………… 13.7m

7.灰黄色粉细砂层，具混粒结构 ……………………………………………………………………… 13.2m

6.褐棕色粉砂质黏土，含钙核和少量铁质结核 ……………………………………………………… 14.8m

5.锈黄色中、细砂层，具水平层理，混粒结构明显 …………………………………………………… 13.7m

4.棕红色砂质黏土，含软体化石碎片及钙核、块及少许铁质结核，具水平层理 …………………… 13.1m

3.灰黄色粉、细砂层，具水平层理，具混粘结构 ……………………………………………………… 12.0m

2.灰绿色粉、细砂质黏土，含较多的钙核、块及少量铁质结核、软体化石碎片 …………………… 12.7m

1.灰黄色中、细砂层，混粒结构明显(经古地层测定，下界大致为M/G界限) ……………………… 18.8m

————平行不整合————

下伏明化镇组(N_2m)：深棕色、红棕色、棕红色、灰紫色黏土岩

(2)河北省辛集市南智丘镇孟观村东南XZK1钻孔剖面(埋深133.45～378.10m；据2014年1：25万邢台市幅资料编制，原称杨柳青组，与饶阳组为同物异名)为代表性标准孔。

上覆肃宁组下段(Qp^2s^1)：灰黄—灰黑色中、粗砂

————平行不整合，B/M界限————

饶阳组上段(Qp^1r^3)：……………………………………………………………………………… 34.10m

124.灰褐色粉砂质黏土，可见钙核、锈染 ……………………………………………………………… 0.45m

123.浅灰色细砂，分选性好，可见锈染、钙核 ………………………………………………………… 1.10m

122.灰黄—锈黄色细砂，局部夹棕褐色薄层黏土，可见锈染；局部为胶结砂层，全胶结，致密，坚硬 …… 1.18m

121.黄灰—浅锈黄色粗砂，分选性差，局部含砾石 …………………………………………………… 1.22m

120.浅锈黄色中砂，分选性好，可见锈染 ……………………………………………………………… 0.80m

119.黄灰—浅锈黄色粗砂，分选性差，局部含砾石 …………………………………………………… 1.45m

118.棕褐色黏土，有光泽，含细螺 ……………………………………………………………………… 0.50m

117.灰黄色粗砂，分选性差，局部含砾石 ……………………………………………………………… 4.15m

116.深灰色粉砂质黏土，见钙结层，全胶结，坚硬，致密。含非海相介形类化石：*Candoniella. Yunchengensisi*(运城小玻璃介) ……………………………………………………………………… 0.70m

115.棕黄色黏土，可见钙核、锈染 ……………………………………………………………………… 1.18m

114.黄褐色(含细砂)粉砂质黏土，混粒结构，微固结；局部为胶结砂层，坚硬 …………………… 1.37m

113.灰黄—锈黄色含砾中、粗砂，分选性差，可见斜层理 …………………………………………… 3.80m

112.棕褐—棕黄色黏土，自上而下含砂量渐大，可见钙核，局部见螺类碎屑 ……………………… 1.15m

111.锈黄色黏土质粉、细砂，强烈锈染，含钙核，自上而下含砂量渐大 …………………………… 0.58m

110.灰黄—锈黄色粉砂，分选差，局部含黏土 ………………………………………………………… 1.92m

109.灰黑—灰黄色中砂，可见斜层理，分选差，局部含粗砂及砾石 ………………………………… 3.25m

108.棕褐—黄褐色黏土，上部为棕褐色，下部为黄褐色，含大量钙核，局部为钙结块，可见锈染。含非海相介形类化石：*Candoniella yunchengensisi*(运城小玻璃介)；含非海相腹足类化石：*Gyraulus albus*(白小旋螺) ……………………………………………………………………………………………… 6.75m

107.锈黄色粉砂质黏土，含灰白色钙核，局部微固结 ………………………………………………… 1.20m

106.灰黄—锈黄色细砂，局部夹棕褐色粉砂质黏土，偶见钙质结核 ………………………………… 1.35m

————整　合————

饶阳组中段(Qp^1r^2)：……………………………………………………………………………… 100.10m

105.棕黄—棕褐色黏土，含钙核，不均匀分布，局部富集，可见锈染 ……………………………… 1.15m

104.锈黄色粉砂质黏土，含钙核，不均匀分布，可见大量锈染 ……………………………………… 0.95m

103. 浅灰黄色黏土质粉细砂,混粒结构 …… 0.35m

102. 灰褐色黏土,含钙核,分布不均匀,局部富集,可见锈染。含非海相介形类化石:*Cando-niella albicans*(纯净小玻璃介)、*Ilyocypris bradyi*(布氏土星介)、*I. cornea*(柯氏土星介)、*I. salebrosa*(粗糙土星介)、*Cyprinotus* sp.(美星介未定种);非海相腹足类化石:*Gyraulus albus*(白小旋螺) …… 2.20m

101. 黄褐色粉砂质黏土,含钙核,分布不均匀,局部富集,可见大量锈染 …… 2.60m

100. 灰黄色黏土质粉砂夹棕褐色薄层黏土,见锈染 …… 1.45m

99. 黄褐色细砂 …… 1.00m

98. 灰黄色黏土质粉砂,偶见钙质结核,分布不均匀 …… 1.07m

97. 棕褐色黏土,可见锈染、锰染 …… 0.73m

96. 灰黄色含黏土细砂,上部夹棕褐色薄层黏土,自下而上黏土含量渐大 …… 1.45m

95. 棕褐色黏土,含锈染、锰染,见钙核不均匀分布。含非海相介形类化石:*Candoniella albicans*(纯净小玻璃介);非海相腹足类化石:*Gyraulus albus*(白小旋螺) …… 1.05m

94. 灰黄色细砂 …… 0.23m

93. 灰褐色粉砂质黏土,含锈染、锰染,见钙核不均匀分布。含非海相介形类化石:*Candoniella albicans*(纯净小玻璃介) …… 1.50m

92. 浅棕褐色粉砂质黏土,含锈锰染,见钙核不均匀分布 …… 2.44m

91. 褐黄色粉砂质黏土,含锈染、锰染,见钙质结核不均匀分布 …… 1.28m

90. 褐黄色含黏土粉细砂 …… 1.00m

89. 褐黄—棕灰色粉砂质黏土,含锈染、锰染,局部钙核含量高。含非海相介形类化石:*Candoniella albicans*(纯净小玻璃介)、*Ilyocypris bradyi*(布氏土星介);非海相腹足类化石:*Gyraulus albus*(白小旋螺)、*Galba* sp.(土蜗未定种) …… 0.80m

88. 灰黄—浅黄色含黏土中、细砂,可见胶结砂碎块,半固结 …… 1.20m

87. 棕褐色粉砂质黏土,局部含大量钙质结核,分布不均匀 …… 1.75m

86. 浅灰色中砂,可见斜层理 …… 1.00m

85. 浅灰—浅锈黄色含黏土中、粗砂,可见锈染,局部砂风化程度高 …… 1.90m

84. 褐黄色黏土质粉、细砂夹棕褐色粉砂质黏土,锈染发育,可见钙核不均匀分布 …… 4.35m

83. 棕褐色黏土,见锈染、锰染,钙质结核不均匀分布,局部富集为钙结层 …… 3.47m

82. 灰褐—黄褐色粉细砂,见斜层理,局部黏土含量高,见锈染,局部见胶结砂 …… 2.88m

81. 灰黄—锈黄色中细砂,见斜层理、交错层理,局部锈染强烈,呈锈黄色 …… 2.53m

80. 浅灰—棕褐色黏土,钙核不均匀分布;局部为灰褐色、浅灰绿色,含砂 …… 2.44m

79. 黄褐色黏土质粉砂,可见潜育化,局部砂为混粒结构,局部为钙结层 …… 0.87m

78. 黄褐—棕褐色黏土,局部夹细砂,含大量钙质结核,局部为钙结层。含非海相腹足类化石:*Gyraulus albus*(白小旋螺) …… 7.14m

77. 锈黄色中砂,可见斜层理,局部黏土含量较大,局部见胶结砂层 …… 1.67m

76. 黄褐—棕褐色粉砂质黏土,见锈染、钙核,局部为钙结层,坚硬 …… 2.20m

75. 灰黄色黏土质粉砂,见锈染、钙核 …… 0.45m

74. 深灰—灰黑色粉砂质黏土,见锈染、钙核 …… 1.35m

73. 灰黄—浅灰色黏土质粉砂,见锈染、钙核 …… 0.75m

72. 棕褐色黏土夹黄褐色粉砂质黏土,局部浅灰绿色,可见锈染 …… 2.60m

70. 灰黑色粉砂质黏土,有机质含量高 …… 0.50m

70. 黄褐色粉砂质黏土,可见锈染,含风化砂,砂混粒结构,局部含钙核 …… 1.35m

69. 灰黑—灰褐色中粗砂,局部黏土含量较高,局部含砾,局部呈胶结或半胶结状。中等风化,可见锈染,见斜层理 …… 5.20m

68. 棕褐—黄褐色黏土,可见锈染、锰染,含钙核,局部为钙结层,坚硬 …… 2.20m

67. 黄褐色黏土质粉砂,局部为钙结层,全胶结,致密,坚硬 …… 1.87m

66. 棕褐色黏土 …… 0.43m

65. 浅灰色黏土，钙核不均匀分布。含非海相腹足类化石：*Gyraulus albus*（白小旋螺）、*Galba* sp.（土蜗未定种）…………………………………………………………………………………………………… 1.25m
64. 黄褐色粉砂质黏土，局部为钙结层，致密，坚硬 …………………………………………………… 4.14m
63. 灰黄色粗砂，见斜层理，分选差，不均匀，局部含砾，含胶结砂层 …………………………………… 2.86m
62. 黄褐—棕褐色黏土，含钙质结核 …………………………………………………………………… 2.20m
61. 灰黄色含黏土细砂，自上而下黏土含量逐渐减少 …………………………………………………… 0.30m
60. 棕褐色黏土，可见钙核及锈染 ……………………………………………………………………… 0.30m
59. 锈黄色细砂，可见斜层理、锈染，顶部含少量黏土 ………………………………………………… 1.00m
58. 灰黄色中、粗砂，可见斜层理，不均匀，分选差，局部含砾 ………………………………………… 2.05m
57. 灰黄色含砾粗砂，可见锈染，不均匀，分选差 ……………………………………………………… 0.32m
56. 灰黄—棕褐色粉砂质黏土，含大量钙核，局部可见明显锈染、灰绿染 ……………………………… 2.63m
55. 灰黄—锈黄色含砾粗砂，分选差，局部含砾石或含黏土，局部见胶结砂 …………………………… 2.50m
54. 棕褐色粉砂质黏土，可见钙核不均匀分布，可见锈染、锰染 ………………………………………… 0.95m
53. 黑色黏土，可见钙核不均匀分布，可见锈染、潜育化斑，有机质含量高 …………………………… 0.60m
52. 黄褐色粉砂质黏土，可见钙核不均匀分布，可见锈染、锰染 ………………………………………… 2.70m
51. 浅灰色粉砂质黏土，可见钙核不均匀分布，偶见贝壳碎屑 …………………………………………… 1.08m
50. 黄褐色粉砂质黏土，可见钙核不均匀分布，可见锈染、锰染及潜育化 ……………………………… 2.44m
49. 灰黄色中、细砂，可见斜层理 ………………………………………………………………………… 1.00m
48. 灰黄色含砾粗砂，可见斜层理，见少量钙质结核………………………………………………………… 0.43m

——————— 整 合 ———————

饶阳组下段（Qp^1r^1）：…………………………………………………………………………………… 110.45m
47. 黄褐色粉砂质黏土，可见钙核、锈染及潜育化 ……………………………………………………… 2.35m
46. 褐黄色粉砂质黏土，见钙核不均匀分布，可见锈染及潜育化 ………………………………………… 4.25m
45. 灰黄色含砂黏土质粉砂，混粒结构，自上而下含砂量渐大，可见锈染 ……………………………… 0.85m
44. 灰黄色粗砂，含少量砾石 …………………………………………………………………………… 1.52m
43. 黄褐色粉砂质黏土，可见大量钙核及钙结块，含少量中、细砂，混粒结构 ………………………… 1.38m
42. 灰黄—锈黄色含砾中、粗砂，分选差，顶部含黏土，局部可见斜层理 ……………………………… 6.45m
41. 棕褐色粉砂质黏土，含钙核，可见锈染、锰染及潜育化 ……………………………………………… 3.35m
40. 灰黄—锈黄色含黏土中、粗砂，可见斜层理，上部含黏土，中下部局部含砾 ……………………… 3.00m
39. 黄褐色黏土质粉砂，可见锈染、锰染，局部为钙结层 ………………………………………………… 0.90m
38. 灰黄色中、粗砂，分选好，可见斜层理 ……………………………………………………………… 3.30m
37. 灰黄色含砾中、粗砂，分选差，可见斜层理，局部可见胶结砂 ……………………………………… 2.56m
36. 黄褐—棕褐色粉砂质黏土，可见锈染、锰染，含大量钙核，局部为钙结层；含少量不均匀的中、细砂，混粒结构 …………………………………………………………………………………………… 5.17m
35. 黄褐—灰黄色中、粗砂，分选差，不均匀，局部含砾石，局部锈染较强，见钙核；局部为胶结砂层，全胶结，致密，坚硬。见斜层理 ………………………………………………………………………… 7.56m
34. 褐黄—灰黄色粉砂，局部黏土含量较高。见大段胶结砂，全胶结，致密，坚硬 ……………………… 4.84m
33. 棕褐色黏土，普遍见锈染、锰染、潜育化，钙核不均匀分布 ………………………………………… 1.62m
32. 褐黄—锈黄色含细砂粉砂质黏土，见锈染，钙核不均匀分布，局部为钙结层 ……………………… 3.00m
31. 棕褐—褐黄色粉砂质黏土，普遍含钙质结核，见潜育化；局部砂质含量大，砂中等风化，且钙质胶结 …… 4.87m
30. 灰黄—锈黄色中、粗砂，分选差，上部含黏土，可见明显锈染 ………………………………………… 2.90m
29. 浅锈黄色含砾粗砂，分选差，局部含少量砾石，可见明显锈染 ……………………………………… 0.48m
28. 浅棕红色黏土，可见锈染、锰染及潜育化，普遍含钙核，分布不均 ………………………………… 2.00m
27. 浅棕褐色粉砂质黏土，可见锈染、锰染，普遍含钙核，分布不均 …………………………………… 1.15m
26. 灰黄—锈黄色含砾中、粗砂夹棕褐色薄层黏土，上部砂层中含黏土，见锈染、锰染及少量钙核，棕褐色黏土夹层中可见锈染及钙核 ……………………………………………………………………………… 2.20m

25. 棕褐色粉砂质黏土，含不均匀细砂，普遍可见潜育化，含钙核，局部富集为钙结层，致密，坚硬 …………… 3.35m
24. 灰黄—锈黄色中、粗砂，中上部锈染发育，局部含砾，局部可见含黏土团块状或透镜状粉砂质黏土，偶见钙核，局部为胶结砂，致密，坚硬 …………… 3.45m
23. 灰黄色含砾中粗砂，局部含砾，分选差，偶见胶结砂块，底部为胶结砂 …………… 1.20m
22. 褐黄色粉砂质黏土，含丰富钙核，局部为钙结层，可见锈染 …………… 1.65m
21. 灰黄色黏土质粉砂，可见锈染及潜育化 …………… 1.40m
20. 棕褐—褐黄色粉砂质黏土，含少量中、细砂，普遍可见锈染、锰染及潜育化，见钙核不均匀分布，局部为钙结层 …………… 2.55m
19. 灰黄色含黏土粉砂，分选差，自上而下黏土含量渐小 …………… 0.30m
18. 灰黄色中、粗砂，分选差，偶见胶结砂块 …………… 2.52m
17. 灰黄色含砾粗砂，不均匀，局部含砾，局部为胶结砂，见钙核 …………… 0.70m
16. 棕褐色粉砂质黏土，可见钙核、锈染、锰染 …………… 0.39m
15. 褐黄色黏土质粉砂，砂含量不均匀，含丰富钙核，半胶结状 …………… 0.69m
14. 灰黄—黄褐色含黏土中砂。上部为黄褐色，分选差，可见黏土团块，自上而下黏土含量渐小；下部为灰黄色，砂质纯净 …………… 2.10m
13. 灰黄色含砾粗砂，分选差，底部全胶结，坚硬，致密 …………… 0.54m
12. 浅棕褐色粉砂质黏土，可见锈染及钙核，自上而下砂含量渐大 …………… 1.41m
11. 褐黄色含黏土细砂，锈染发育，偶见钙质胶结块 …………… 0.95m
10. 棕褐色黏土，可见锈染、锰染 …………… 0.45m
9. 褐黄色粉砂质黏土，局部含钙核，可见锈染、锰染 …………… 2.73m
8. 褐黄色细砂，局部含黏土，中度锈染，局部钙质胶结。可见斜层理 …………… 2.60m
7. 灰棕—棕褐色(含砂)黏土，可见棱角状钙核，可见轻度锈染及锰染，呈斑状，局部砂含量较高，混粒结构，多为粉、细砂，并见钙结层，全胶结，致密，坚硬 …………… 6.67m
6. 中、粗砂。岩芯缺失，根据测井数据，推测为中、粗砂 …………… 3.00m
5. 黄褐色黏土质粉砂，含少量中、细砂，混粒结构，局部见胶结砂块 …………… 1.12m
4. 灰黄色中、粗砂，分选差，不均匀，上部锈染明显，中上部及底部见胶结砂层，全胶结，致密，坚硬…………… 0.88m
3. 灰黄—浅棕褐色黏土，可见棱角状钙核，可见轻度锈染及锰染。顶部见错动面，错动面呈舒缓波状，可见擦痕，锈染、锰染 …………… 1.00m
2. 褐黄色黏土质粉砂，含少量细砂，混粒结构，可见明显锈染，呈斑状，钙核不均匀分布，偶见螺类化石 …… 1.05m
1. 灰黄色细砂，混粒结构，上部可见斑状锈染，局部可见薄层胶结砂 …………… 2.05m

——————整合，M/G 界限——————

下伏明化镇组(N_2m)：棕褐—黄褐色黏土

112. 丰登坞组(Qp^1f)剖面

玉田县丰登坞镇庄儿口村更新世早期丰登坞组基准孔 PZK14 钻孔剖面(埋深 114.05～386.45m)为建组标准孔(据河北省 1∶5 万沙流河幅报告)。

上覆张唐庄组($Qp^2\hat{z}$)：绿黑色、绿灰色含粉砂黏土。

——————整合，B/M 界限——————

丰登坞组(Qp^1f) …………… 272.40m
58. 浅橄榄色与橄榄黄色细砂，下粗上细，顶部见钙质胶结 …………… 1.65m
59. 暗黄棕色黏土，顶部可见灰白色生物碎片，底部可见钙质胶结，呈弱固结态，底部为厚 5cm 的细砂 ……… 2.10m
60. 黄红色细砂，下粗上细，呈正粒序层理，底部可见锈黄色铁质浸染 …………… 1.30m
61. 黄棕色粉砂与绿灰色细砂组成正粒序韵律 …………… 2.40m
62. 黄棕色细砂，可见大量锈黄色铁质浸染斑 …………… 0.30m

63. 绿灰色细砂与橄榄棕色粗砂组成正粒序韵律，粗砂中含少量细砾石，直径 2～3mm …………………… 3.85m
64. 暗绿灰色与浅黄棕色细砂 …………………………………………………………………………… 1.20m
65. 浅黄棕色粉砂 ………………………………………………………………………………………… 1.65m
66. 暗黄棕色含砾粗砂，砾石含量 15%左右，呈次圆状，直径 2～3mm …………………………………… 0.30m
67. 黄棕色粉砂 …………………………………………………………………………………………… 0.25m
68. 灰绿色与棕黄色细砂 ………………………………………………………………………………… 1.25m
69. 黄棕色粉砂，质均，发育块状层理，可见锈黄色铁质浸染斑和锰质斑点，直径 1～2mm ……………… 3.50m
70. 黄棕色黏土与浅灰绿色细砂和粗砂组成“二元结构”，粗砂含细砾，直径 2～10mm；砂分选、磨圆好；黏土中可见锰质斑点，直径 1～3mm ……………………………………………………………………… 2.00m
71. 浅绿灰色与绿灰色粗砂 ……………………………………………………………………………… 5.55m
72. 深灰色粗砂 …………………………………………………………………………………………… 0.40m
73. 棕灰色含砾粗砂，分选一般，磨圆好，砾石含量约 10%，直径 2～3mm ………………………………… 0.65m
74. 褐灰色中砂与粗砂组成下粗上细的韵律，细砂分选、磨圆好，并见细砾石，呈次棱角状，直径 2～3mm … 1.70m
75. 暗灰色粗砂 …………………………………………………………………………………………… 1.40m
76. 黄棕色含黏土中、细砂，黏土含量 10%～15%，见少量细砾石，直径 2～3mm ………………………… 0.40m
77. 黄棕色含黏土砾质中、细砂，黏土含量 10%～15%，弱固结，含砾石较多，含量 20%～25%，砾石直径 2～10mm，大者可达 5cm ………………………………………………………………………………… 0.15m
78. 暗灰色粗砂，夹含砾极粗砂薄层，厚 2cm 左右 ……………………………………………………… 0.35m
79. 暗灰色中砂与含砾粗砂组成韵律，含砾粗砂微具斜层理，砾石直径 2～3mm ………………………… 2.65m
80. 棕灰色细砂 …………………………………………………………………………………………… 0.25m
81. 浅绿灰色含黏土中砂，黏土含量 10%左右，发育正粒序层理，该层底部为粗砂 ……………………… 0.85m
82. 灰色中砂 ……………………………………………………………………………………………… 1.05m
83. 棕色黏土与淡黄色粗砂互层，黏土中可见泥砾 ……………………………………………………… 1.30m
84. 棕色黏土与灰色细砂互层，黏土中可见斜层理 ……………………………………………………… 1.05m
85. 棕灰色细砂 …………………………………………………………………………………………… 1.10m
86. 棕色细砂质黏土，细砂含量 25%～30%，黏土较硬，夹细砂薄层，厚 2cm 左右，可见泥砾，直径约 5mm … 0.50m
87. 棕黄色含黏土细砂，黏土含量 10%左右 ……………………………………………………………… 0.90m
88. 红棕色中、细砂 ……………………………………………………………………………………… 0.55m
89. 暗灰色砂砾层，砂为粗砂，砾石直径 2～10mm，偶见直径 5cm 左右砾石，砾石含量大于 50%，呈次棱角状、次圆状 ……………………………………………………………………………………………… 1.02m
90. 暗灰色含粉砂黏土，粉砂含量 15%左右，见锰质斑点，直径 2～3mm ………………………………… 0.43m
91. 棕灰色含黏土粉砂，黏土含量 10%左右 ……………………………………………………………… 1.75m
92. 暗灰绿色细砂，发育块状层理 ………………………………………………………………………… 1.70m
93. 暗绿灰色含粉砂黏土，粉砂含量 20%左右，含有机质 ………………………………………………… 0.30m
94. 暗绿灰色粉砂，层理不发育 …………………………………………………………………………… 0.95m
95. 暗绿灰色细砂，偶可见泥砾，磨圆好，直径 5～10mm ………………………………………………… 1.40m
96. 暗绿灰色含黏土粉砂，黏土含量 10%～15%，顶部可见厚约 5cm 的黏土 …………………………… 2.15m
97. 暗灰色黏土，含有机质，可见锰质斑点，直径 1～2mm ………………………………………………… 0.20m
98. 暗绿灰色粉砂，含有机质，可见锰质斑点，直径 1～2mm ……………………………………………… 1.60m
99. 灰黑色黏土，含有机质，可见锰质斑点 ………………………………………………………………… 0.70m
100. 暗绿灰色粉砂，含有机质，可见锰质斑点，直径 1～2mm …………………………………………… 0.30m
101. 褐灰色黏土，含有机质，可见锰质斑点，直径 1～2mm ……………………………………………… 0.70m
102. 暗绿灰色含黏土粉砂，黏土含量 10%左右，可见锰质斑点，直径 1～2mm …………………………… 0.80m
103. 暗绿灰色粉砂，含有机质，可见锰质斑点，直径 1～2mm …………………………………………… 0.30m
104. 褐灰色黏土，含有机质，可见锰质斑点和灰白色钙质结核，直径 1～3mm …………………………… 0.15m
105. 暗绿灰色粉砂，含有机质 …………………………………………………………………………… 0.25m

106. 暗绿灰色含黏土粉砂，黏土含量10%左右，可见锰质斑点，直径1～2mm ………………………… 0.50m
107. 灰黑色黏土，含有机质，可见锰质斑点，直径1～2mm ………………………… 0.20m
108. 绿灰色粉砂，含有机质 ………………………… 0.65m
109. 暗黄棕色黏土，局部含少量细砂，黏土中可见锰质斑点 ………………………… 0.60m
110. 淡棕色细砂 ………………………… 0.95m
111. 灰黄色细砂与淡黄色中砂组成韵律，中砂暗色矿物含量10%～15%，中部可见平行层理，下部可见斜层理 ………………………… 3.05m
112. 黄色中砂，微具斜层理，底部为粗砂，偶见细砾石，直径8mm左右 ………………………… 0.75m
113. 淡黄色中砂，暗色矿物含量10%左右，局部见红棕色泥砾，直径7cm左右，零星可见细砾石，直径2～3mm ………………………… 1.95m
114. 黄棕色细砂，可见锈黄色铁质浸染斑 ………………………… 0.80m
115. 浅黄色粉砂，可见锈黄色铁质浸染，具平行层理 ………………………… 0.85m
116. 蓝灰色粉砂夹黑色薄层黏土，含有机质，可见锰质斑点 ………………………… 0.55m
117. 黑色黏土，含有机质，可见锰质斑点，直径1～2mm ………………………… 1.40m
118. 黄棕色、灰褐色细砂，偶见锈黄色铁质浸染，微具平行层理 ………………………… 2.75m
119. 灰褐色砂砾层，含少量细砂，暗色矿物20%左右，见片状黑云母。砾石含量大于50% ………………………… 1.30m
120. 棕灰色含黏土细砂，黏土含量10%左右，可见弱波状层理 ………………………… 1.75m
121. 灰褐色砂砾层，可见大量砾石，含少量细砂 ………………………… 2.35m
122. 灰褐色含砾粗砂，砾石含量10%～15%，直径2～5mm ………………………… 0.70m
123. 灰褐色细砂，偶见细砾 ………………………… 0.65m
124. 褐棕色含黏土细砂，黏土含量10%左右，顶部可见锈黄色铁质浸染 ………………………… 1.30m
125. 棕灰色细砂 ………………………… 1.35m
126. 褐灰色细砂，较125层细 ………………………… 0.40m
127. 灰褐色细砂，顶部见锈黄色铁质浸染斑 ………………………… 1.00m
128. 棕灰色细砂，细砂为极细砂，顶部见锈黄色铁质浸染斑 ………………………… 0.40m
129. 灰褐色中砂 ………………………… 0.70m
130. 棕黄色细砂 ………………………… 2.20m
131. 淡灰色粉砂 ………………………… 0.30m
132. 暗绿灰色含粉砂黏土，粉砂含量10%左右 ………………………… 0.35m
133. 绿灰色细砂，可见锰质斑点 ………………………… 0.45m
134. 暗绿灰色黏土，局部含少量粉砂 ………………………… 0.25m
135. 暗绿灰色粗粉砂 ………………………… 1.05m
136. 灰黑色黏土，零星可见锰质斑点 ………………………… 1.85m
137. 绿灰色细砂 ………………………… 0.50m
138. 暗灰色黏土，含有机质，可见锰质斑点，直径1～2mm ………………………… 1.15m
139. 绿灰色细砂 ………………………… 0.35m
140. 暗灰色、灰黑色黏土，可见锰质斑点，直径1～2mm ………………………… 2.35m
141. 棕色含黏土细砂，黏土含量5～10%，可见条带状锈黄色铁质浸染 ………………………… 0.30m
142. 淡黄棕色细砂，偶见锈黄色铁质浸染 ………………………… 1.45m
143. 淡黄棕色粉砂，可见条带状锈黄色铁质浸染斑 ………………………… 0.35m
144. 棕灰色细砂 ………………………… 0.50m
145. 淡黄棕色细砂，细砂为极细砂，可见直径1～2cm铁质结核 ………………………… 0.45m
146. 淡棕灰色砾质粗砂，砾石含量40%左右，直径2～5mm ………………………… 2.05m
147. 灰褐色砂砾层，砂为粗砂，砾石含量80%左右，直径约2cm ………………………… 3.90m
148. 棕灰色粗砂 ………………………… 0.45m
149. 灰色细砂 ………………………… 0.35m

150. 灰色粗砂，暗色矿物含量5%左右 …… 0.30m
151. 棕灰色细砂 …… 0.50m
152. 灰色细砂夹灰绿色细砂 …… 0.55m
153. 淡黄棕色细砂 …… 0.25m
154. 暗灰棕色与暗黄棕色黏土，见大量锰质斑点，直径1～2mm …… 0.45m
155. 灰棕色粉砂 …… 0.15m
156. 暗黄棕色黏土 …… 0.10m
157. 淡黄棕色粉砂 …… 0.45m
158. 暗黄棕色细砂质黏土，细砂含量30%左右，可见条带状锈黄色铁质浸染 …… 0.20m
159. 淡棕色细砂，底部可见锈黄色铁质浸染 …… 1.00m
160. 黄棕色细砂 …… 1.15m
161. 灰色细砂，暗色矿物含量5%～10%，见片状黑云母，下部暗色矿物含量增多，达20%左右…… 2.20m
162. 黄灰色细砂与暗黄棕色中砂，组成下粗上细的韵律，底部微具平行层理。砂中暗色矿物含量20%左右，下部暗色矿物含量逐渐增多 …… 2.40m
163. 暗黄棕色砾质粗砂，暗色矿物含量5%～10%，砾石直径2～10mm，微具平行层理 …… 0.65m
164. 灰褐色砂砾层，砾石含量大于80%，直径2～3cm为主，砾石表面不平整，见直径5mm左右小坑 …… 3.15m
165. 暗黄棕色含砾粗砂，暗色矿物含量10%左右，砾石含量15%～20%，直径2～10mm …… 0.40m
166. 灰褐色砂砾层，砾石含量大于80%，直径以2～3cm为主…… 2.40m
167. 浅棕灰色含砾粗砂，砾石直径2～5mm …… 1.15m
168. 棕黄色中、细砂 …… 0.75m
169. 淡黄棕色中砂，长石中钾长石含量较高，暗色矿物含量10%～15%，可见片状黑云母 …… 1.70m
170. 淡黄棕色中砂，暗色矿物含量5%～10% …… 0.30m
171. 黄棕色中、细砂，可见黑色锰质斑点，直径1～2mm，呈弱固结态 …… 1.80m
172. 淡黄棕色含黏土细砂，黏土含量约5% …… 0.35m
173. 暗黄棕色黏土与淡橄榄黄色粉砂互层，顶部黏土中可见黑色锰质斑点，直径1～2mm，黏土中可见灰色钙质结核，直径1～2cm。可见波状层理…… 3.45m
174. 暗棕色黏土，零星可见黑色锰质斑点和灰白色钙质斑点，直径1～3mm。可见波状层理 …… 0.40m
175. 黄棕色细砂与黄棕色粉砂互层，微具平行层理，与下层突变 …… 1.80m
176. 暗灰棕色黏土，可见锰质斑点，直径1～3mm。可见弱波状层理 …… 0.50m
177. 灰黑色黏土，含有机质，可见黑色锰质斑点 …… 0.45m
178. 绿黑色黏土，含有机质，可见大量黑色锰质斑点，直径5mm左右 …… 0.75m
179. 暗绿灰色黏土，可见大量锰质斑点和锈黄色铁质浸染斑 …… 0.55m
180. 绿黑色黏土，含有机质和钙质斑点 …… 0.25m
181. 暗黄棕色黏土，可见白色钙质斑点 …… 0.85m
182. 棕色黏土质粉砂，黏土含量30%左右，顶部可见条带状锈黄色铁质浸染斑 …… 0.35m
183. 黄棕色黏土质粉砂，黏土含量30%左右 …… 0.20m
184. 暗黄棕色中、细砂，中砂含量30%左右，暗色矿物含量5%～10% …… 0.30m
185. 淡棕色与淡黄棕色含砾粗砂，分为3个下粗上细的韵律，砾石含量少者，为10%左右，含量多者，约为25%，直径大多2～5mm，微具斜层理 …… 4.00m
186. 灰色细砂 …… 0.50m
187. 棕黄色含砾粗砂，砾石含量小于5%，直径2～5mm …… 0.20m
188. 浅棕色中、细砂 …… 0.35m
189. 黄棕色细砂 …… 0.40m
190. 棕灰色粉砂与暗黄棕色黏土组成上粗下细的韵律 …… 1.80m
191. 橄榄黄色与暗黄棕色黏土质粉砂，黏土含量10%左右 …… 0.45m
192. 暗灰色含粉砂黏土，粉砂含量10%～15%，零星可见锰质斑点，直径1～2mm …… 2.00m

193. 绿黑色含黏土细砂，黏土含量5%～10% …… 0.60m
194. 绿黑色含粉砂黏土，粉砂含量10%左右 …… 0.25m
195. 绿黑色含黏土细砂，黏土含量5%～10% …… 1.00m
196. 深灰色含黏土粉砂，黏土含量5%～10% …… 0.35m
197. 绿黑色黏土质粉砂，黏土含量30%～35% …… 0.25m
198. 深灰色含粉砂黏土，粉砂含量10%～15%，零星可见锰质斑点，直径1～2mm …… 0.85m
199. 暗绿灰色黏土质细砂，黏土含量30%左右 …… 1.00m
200. 暗绿灰色含黏土细砂，黏土含量5%～10% …… 0.50m
201. 绿灰色细砂 …… 1.70m
202. 暗绿灰色含粉砂黏土，粉砂含量5%左右 …… 0.80m
203. 暗绿灰色黏土质细砂，黏土含量25%左右 …… 0.15m
204. 暗绿灰色含黏土粉砂与绿灰色细砂组成上细下粗的韵律 …… 2.60m
205. 绿灰色细砂 …… 3.00m
206. 褐灰色中砂 …… 2.15m
207. 灰褐色黏土 …… 0.60m
208. 暗灰色含黏土细砂，黏土含量15%左右 …… 0.50m
209. 暗灰色黏土 …… 0.60m
210. 暗灰色含黏土细砂，黏土含量15%左右 …… 0.40m
211. 暗灰色黏土 …… 0.80m
212. 暗灰色含黏土细砂 …… 0.20m
213. 暗灰色与暗灰棕色黏土。207～213层组成韵律 …… 2.20m
214. 淡橄榄棕色黏土质细砂，黏土含量30%左右，可见大量锈黄色铁质浸染斑 …… 1.25m
215. 淡橄榄棕色含黏土细砂，黏土含量20%左右，可见锈黄色铁质浸染斑 …… 0.30m
216. 淡黄棕色细砂，暗色矿物含量约10%，见片状黑云母，细砂具斜层理 …… 3.80m
217. 淡棕色含黏土细砂，黏土含量20%左右，微具平行层理 …… 0.45m
218. 暗黄棕色与灰棕色黏土，可见锈黄色铁质浸染斑 …… 1.45m
219. 暗灰棕色与暗绿灰色含黏土细砂，黏土含量15%左右，细砂下粗上细，发育正粒序层理 …… 0.35m
220. 暗绿灰色黏土，零星可见黑色锰质斑点和灰白色钙质斑点，直径1～2mm …… 1.10m
221. 灰棕色黏土 …… 1.35m
222. 淡黄棕色细砂 …… 1.90m
223. 暗灰棕色黏土，夹淡黄色细砂，并见锈黄色铁质浸染斑，底部可见斜层理 …… 0.45m
224. 淡棕色细砂 …… 0.25m
225. 暗灰色黏土，底部夹不成层细砂，形成"泥包砂"现象 …… 0.70m
226. 淡黄棕色细砂 …… 0.45m
227. 暗灰棕色黏土，局部含有机质，底部见大面积锈黄色铁质浸染和黑色锰质斑点，直径1～2mm …… 2.45m
228. 黄棕色细砂，暗色矿物含量10%～15%，可见大面积锈黄色铁质浸染斑，具斜层理 …… 3.15m
229. 棕灰色粉砂 …… 0.30m
230. 棕灰色细砂，暗色矿物含量10%～15%，细砂中可见锈黄色铁质浸染斑，具平行层理 …… 0.80m
231. 棕灰色中砂，暗色矿物含量20%左右，见片状黑云母 …… 0.30m
232. 褐灰色砂砾层，砂为中粗砂，砾石含量大于50%，直径5～10mm …… 1.00m
233. 暗灰棕色黏土，顶部可见黑色锰质斑点，直径1～2mm …… 2.45m
234. 黄棕色含黏土粉砂，黏土含量5%～10%，粉砂为粗粉砂 …… 0.55m
235. 褐灰色砂砾层，砂为粗砂，砾石含量大于50%，直径一般1～2cm …… 3.15m
236. 灰棕色含黏土细砂，黏土含量5%～10%。可见波状层理 …… 0.50m
237. 灰棕色砾质粗砂，暗色矿物含量10%左右，砾石含量40%左右，直径1cm左右 …… 2.95m
238. 黄棕色含砾粗砂，暗色矿物含量10%左右，砾石含量10%～15%，直径5～10mm …… 0.70m

239. 灰黄色砂砾层，砂为粗砂，砾石含量大于50%，直径一般1～2cm …… 2.50m
240. 浅灰色含砾粗砂 …… 1.05m
241. 暗黄棕色与暗棕灰色黏土，顶部可见少量黑色锰质斑点，直径1～2mm …… 1.10m
242. 灰黑色黏土，零星可见锰质斑点，直径2mm左右 …… 1.40m
243. 暗绿灰色细砂，暗色矿物含量20%左右，可见片状黑云母，与下层突变 …… 0.55m
244. 淡黄棕色与淡棕色细砂，暗色矿物含量10%～15% …… 2.10m
245. 灰褐色砂砾层，砂为粗砂，砾石含量大于50%，直径一般1～2cm …… 1.55m
246. 棕褐色含黏土细砂与淡黄棕色粗砂，下粗上细，细砂暗色矿物含量15%～20%；粗砂暗色矿物含量10%左右 …… 0.60m
247. 灰褐色砂砾层，砂为粗砂，砾石含量大于50%，直径一般1～2cm …… 10.85m
248. 暗绿灰色黏土 …… 0.60m
249. 褐灰色砂砾层，砂为粗砂，砾石含量大于50%，直径一般1～2cm …… 0.70m
250. 暗绿灰色黏土，上部可见灰白色螺化石 …… 4.05m
251. 淡黄棕色黏土，零星可见黑色锰质斑点，与下层突变 …… 0.65m
252. 暗绿灰色黏土 …… 2.70m
253. 灰褐色砂砾层，砾石含量大于50%，直径大多1～2cm …… 12.20m
254. 淡黄棕色中砂，暗色矿物含量5%～10% …… 1.40m
255. 淡棕色细砂与棕色黏土组成韵律，见锰质斑点和锈黄色铁质浸染斑 …… 2.40m
256. 橄榄灰色黏土 …… 1.60m
257. 暗橄榄灰色与暗棕色黏土 …… 4.70m
258. 橄榄黄色中细砂 …… 4.30m
259. 暗绿灰色黏土，可见锈黄色铁质浸染斑 …… 0.85m
260. 暗绿灰色黏土质粗砂，黏土含量30%左右，暗色矿物含量20%～30% …… 1.70m
261. 暗灰棕色黏土，可见锈黄色铁质浸染斑 …… 0.75m
262. 淡橄榄棕色中细砂 …… 0.50m
263. 暗灰棕色黏土 …… 0.95m
264. 暗灰棕色黏土与淡橄榄棕色粉砂组成韵律，粉砂中可见锈黄色铁质浸染斑 …… 2.30m
265. 暗灰棕色黏土，可见大量白色钙质斑点 …… 5.15m
266. 暗灰色黏土，可见灰白色钙质斑点，直径1mm左右 …… 1.65m
267. 暗棕色黏土，可见大量黑色锰质斑点和灰白色钙质斑点 …… 2.20m
268. 灰黄色含砂黏土 …… 0.10m

——————整合，M/G界限——————

下伏明化镇组(N_2m)：棕灰色砂砾层

113. 肃宁组(Qp^2s)剖面

(1)肃宁县东川村更新世中期肃宁组肃开5钻孔剖面(埋深83.0～173.5m)为建组标准孔(据《中国区域地质志·河北志》，2017)。

上覆西甘河组下段(Qp^3x^1)：灰黄色夹浅棕色、灰黑色黏质砂土，底为粗砂层

— — — — 平行不整合 — — — —

肃宁组上段(Qp^2s^2)： …… 44.5m

17. 黄灰色砂质黏土，含少量钙核和软体化石碎片 …… 4.3m
16. 褐灰色、灰绿色黏质砂土夹薄层粉砂，具水平层理 …… 4.9m
15. 黄灰色、褐灰色砂质黏土，含钙核、钙块、孢粉和软体化石碎片 …… 5.3m
14. 灰黄色夹灰绿色黏质砂土 …… 4.9m

13. 黄灰色砂质黏土，含钙核、钙块，夹粉砂薄层，具水平层理，含孢粉 …………………………………… 5.1m
12. 浅灰绿色、褐黄色黏质砂土，含少量钙核，夹薄层粉砂，具水平层理 ………………………………… 5.4m
11. 黄灰色、灰绿色黏质砂土 ……………………………………………………………………………………… 5.6m
10. 褐黄色黏质砂土，底部为厚2.8m的浅灰色泥质中、细砂层 ………………………………………… 9.0m

——————— 整 合 ———————

肃宁组下段(Qp^2s^1)：…………………………………………………………………………………………………… 46.0m
9. 灰黄色夹棕黄色砂质黏土，含较多的钙核、铁锰结核及软体化石碎片 ………………………………… 5.1m
8. 黄灰色夹灰绿色黏质砂土，夹淋溶淀积层，含钙核、铁锰核 ………………………………………… 5.0m
7. 棕黄色粉、细砂层 …………………………………………………………………………………………………… 5.7m
6. 灰黄色夹棕黄色砂质黏土，含钙核、铁锰结核和软体化石碎片 ……………………………………… 5.2m
5. 黄灰色夹灰绿色黏质砂土 …………………………………………………………………………………………… 5.2m
4. 棕黄色粉、细砂层 …………………………………………………………………………………………………… 5.1m
3. 灰黄色夹棕黄色砂质黏土，含较多的钙核、铁锰结核和软体化石碎片、孢粉 ………………………… 5.7m
2. 黄灰色夹灰绿色黏质砂土 …………………………………………………………………………………………… 6.0m
1. 棕黄色粉、细砂层，具水平层理 …………………………………………………………………………………… 3.0m

——————— 整 合 ———————

下伏饶阳组上段(Qp^1r^3)：灰色、灰绿色砂质黏土

(2)河北省辛集市南智丘镇孟观村东南XZK1钻孔剖面(埋深62.05～133.45m；据2014年1∶25万邢台市幅资料编制，原称魏县组，与肃宁组为同物异名)为代表性剖面。

上覆西甘河组下段(Qp^3x^1)：灰黄色含砾中、粗砂，分选差，偶见钙核

——————— 整 合 ———————

肃宁组上段(Qp^2s^2)：……………………………………………………………………………………………………… 66.05m
156. 褐黄—灰褐色粉砂质黏土，见较强锈染、局部见灰绿染，偶见虫孔，含贝壳碎屑，偶见螺类个体。含非海相介形类化石：*Candoniella albicans*(纯净小玻璃介)、*Candona* sp.(玻璃介未定种)、*Cyprinotus* sp.(美星介未定种)、*Ilyocypris biplicata*(双折土星介)、*I. bradyi*(布氏土星介)、*I. cornae*(柯氏土星介)、*I. gibba*(凸起土星介)、*I. salebrosa*(粗糙土星介)；非海相腹足类化石：*Gyraulus albus*(白小旋螺) ……………… 4.05m
155. 深灰—锈黄色含黏土中粗砂，分选差，局部含砾石，顶部含黏土，上部可见锈染。光释光年龄为(155.7±15)ka B.P. …… 3.90m
154. 灰黑色含砾中、粗砂，分选差，局部含砾石 ………………………………………………………………… 5.00m
153. 锈黄色含砾中、粗砂，分选差，局部砾石含量较高 ………………………………………………………… 3.00m
152. 锈黄色中砂，分选好 ……………………………………………………………………………………………… 0.75m
151. 锈黄色中、粗砂，分选差，局部含砾石 ………………………………………………………………………… 1.70m
150. 灰褐—黄褐色粉砂质黏土，可塑，混粒结构，含钙核，顶部见灰褐色薄层黏土，硬塑 ……………… 1.00m
149. 黄褐色中、粗砂，分选差 …………………………………………………………………………………………… 1.67m
148. 黄褐—褐黄色粉砂质黏土，局部含大量钙核 ………………………………………………………………… 1.82m
147. 褐黄色黏土质粉砂，局部夹薄层粉砂，可见锈染。含非海相介形类化石：*Candoniella albicans*(纯净小玻璃介)、*Candona* sp.(玻璃介未定种)、*I. bradyi*(布氏土星介)、*I. cornae*(柯氏土星介)、*I. gibba*(凸起土星介) …… 2.56m
146. 棕褐色黏土，偶见钙核。含非海相介形类化石：*Candoniella albicans*(纯净小玻璃介)、*Ilyocypris biplicata*(双折土星介)、*I. bradyi*(布氏土星介) ……………………………………………………………… 0.40m
145. 灰褐色粉砂质黏土，局部见少量钙核。含非海相介形类化石：*Candoniella albicans*(纯净小玻璃介)、*Candona* sp.(玻璃介未定种)、*Cyprinotus* sp.(美星介未定种)、*I. bradyi*(布氏土星介)、*I. cornae*(柯氏土星介)；非海相腹足类化石：*Gyraulus albus*(白小旋螺)、*Galba* sp.(土蜗未定种) ……………………… 7.40m

144. 灰黄色黏土质粉砂，密实，偶见钙核。含非海相介形类化石：*Candoniella albicans*（纯净小玻璃介）、*Candona* sp.（玻璃介未定种）；非海相腹足类化石：*Galba* sp.（土蜗未定种）…… 1.45m
143. 深灰色黏土。含非海相腹足类化石：*Gyraulus albus*（白小旋螺）…… 1.90m
142. 灰色黏土质粉砂，下部含大量中粗砂，混粒结构，向上砂含量逐渐减少 …… 1.35m
141. 锈黄色中砂，分选差 …… 1.97m
140. 浅锈黄色粗砂，局部含少量砾石，分选差，局部可见斜层理 …… 1.48m
139. 灰棕—褐黄色黏土，偶见钙核，局部为灰棕色。含非海相腹足类化石：*Gyraulus albus*（白小旋螺）…… 1.10m
138. 褐黄—棕褐色粉砂质黏土，混粒结构，偶见钙核，局部夹棕褐色薄层黏土。含非海相腹足类化石：*Gyraulus albus*（白小旋螺）…… 2.25m
137. 锈黄色中、细砂，混粒结构，分选差，上部含黏土，偶见钙核。含非海相腹足类化石：*Gyraulus albus*（白小旋螺）、*Galba* sp.（土蜗未定种）…… 1.55m
136. 灰黄—浅锈黄色粗砂，局部含砾，分选差，可见斜层理 …… 2.40m
135. 黄褐色粉砂质黏土，局部夹薄层棕褐色黏土，局部见锈染、锰染，偶见钙核。含非海相腹足类化石：*Gyraulus albus*（白小旋螺）、*Galba* sp.（土蜗未定种）…… 3.67m
134. 浅灰绿色黏土质粉砂，混粒结构，含细砂，普遍见锈染 …… 0.58m
133. 浅褐黄色黏土质粉砂，混粒结构，含细砂，普遍锈染，偶见钙核，局部为钙结层 …… 1.30m
132. 浅棕褐色粉砂质黏土，可见锈染，见钙核 …… 0.80m
131. 褐黄色黏土质粉砂，混粒结构，含少量细砂，普遍锈染，局部为钙结层，偶见钙核 …… 2.65m
130. 灰黄色中砂，局部含砾石，可见斜层理 …… 3.15m
129. 棕褐色黏土，锈染、锰染强烈 …… 1.01m
128. 黄褐色粉砂质黏土，混粒结构，强烈铁染，局部为灰白色、灰绿色钙结块 …… 2.96m
127. 棕褐色黏土，偶见钙核，局部为钙结块，可见灰绿染 …… 1.23m

——————— 整 合 ———————

肃宁组下段（Qp^2s^1）：…… 5.35m
126. 锈黄色含黏土中砂，锈染发育，自上而下黏土含量逐渐减少 …… 1.90m
125. 灰黄色夹灰黑色中、粗砂，局部含砾石，可见斜层理 …… 3.45m

——————— 整合，B/M 界限 ———————

下伏饶阳组上段（Qp^1r^3）：灰褐色粉砂质黏土，可见钙核、锈染

114. 张唐庄组（$Qp^2\hat{z}$）剖面

玉田县亮甲店镇张唐庄村更新世中期张唐庄组基准孔 PZK10 钻孔剖面（埋深 28.55～77.15m）为建组标准剖面（据河北省 1∶5 万沙流河幅报告）。

上覆燕子河组（Qp^3y）：棕黄色、灰褐色砂砾层

——————— 整 合 ———————

张唐庄组（$Qp^2\hat{z}$）…… 48.60m
38. 黄色含黏土粗砂，夹棕黄色含粉砂黏土 …… 2.35m
37. 黄色砂，下粗上细，上部为粉砂，下部发育含黏土粗砂 …… 2.10m
36. 淡棕色砂砾层。砾石含量 60%左右，磨圆较好 …… 4.60m
35. 淡棕色细砂，发育斜层理 …… 0.95m
34. 深棕色黏土，见锈铁锰质斑点和钙质结核，具平行层理 …… 2.95m
33. 淡棕色细砂 …… 2.40m
32. 淡棕色含粉砂黏土，可见少量铁质斑点和锰质斑点 …… 0.30m
31. 上部黄色含黏土粉砂；下部淡棕色黏土质细砂 …… 1.50m
30. 淡棕色泥包砾，砾石含量 40%左右，砾石磨圆一般，呈次棱角状、次圆状 …… 1.80m

29. 黄色细砂，可见平行层理 …… 3.40m
28. 淡棕色砾质粗砂。砾石含量25%～30%，次圆状，一般0.5～1cm …… 0.15m
27. 淡棕色细砂 …… 4.85m
26. 淡棕色砂。下部为粗砂，偶见小砾石 …… 4.70m
25. 黄色含黏土粉砂 …… 0.10m
24. 黄色细砂。下部为中、粗砂，底部含砾石 …… 4.00m
23. 橄榄黄色细砂，见平行层理 …… 1.50m
22. 黄棕色黏土，可见锈黄色铁质浸染 …… 0.10m
21. 暗绿灰色黏土，见铁锰质斑点 …… 8.80m
20. 绿灰色粉砂、粗粉砂 …… 0.20m
19. 黄棕色黏土，见锈黄色铁质斑点和铁锰质斑点 …… 0.40m
18. 暗黄棕色黏土与淡棕色粉砂组成沉积韵律。获得光释光年龄>115.3ka …… 1.45m

——整合，B/M界限——

下伏丰登坞组(Qp^1f)：黄棕色、棕色黏土

115. 西甘河组(Qp^3xg)剖面

(1)肃宁县西甘河村更新世晚期西甘河组肃开10钻孔剖面(埋深37.5～86.2m)为建组标准剖面(据《中国区域地质志·河北志》，2017)。

上覆全新统(Qh)：灰黄色粉、细砂层

————平行不整合————

西甘河组中段(Qp^3xg^2)： …… 23.6m
14. 灰黑色淤泥质砂质黏土 …… 1.7m
13. 浅灰色淤泥质砂质黏土，见古土壤层和淋溶淀积层 …… 3.6m
12. 黄灰色黏质砂土，含较多的钙核，含软体化石和碎片 …… 4.8m
11. 灰黄色砂层 …… 1.5m
10. 灰黑色淤泥质砂质黏土，含软体化石碎片 …… 1.4m
9. 黄灰色砂质黏土，含较多钙核、钙块 …… 4.2m
8. 灰黄色黏质砂土，含钙核、软体化石 …… 4.8m
7. 黄灰色砂层，具水平层理 …… 1.6m

——整　合——

西甘河组下段(Qp^3xg^1)： …… 25.1m
6. 灰黄色夹棕色砂质黏土，含软体化石 …… 5.2m
5. 黄灰色夹灰黑色、锈黄色黏质砂土，含钙核、钙块，具水平层理 …… 4.7m
4. 锈黄色砂层，具锈染、水平层理 …… 1.8m
3. 黄灰色夹浅棕色砂质黏土，含少量钙核和软体化石，普遍锈染，局部见淋溶淀积层 …… 5.4m
2. 锈黄色砂层，具水平层理 …… 1.1m
1. 灰黄色夹浅棕色、灰黑色黏质砂土，含软体化石及钙核，普遍锈染 …… 6.9m

————平行不整合————

下伏肃宁组上段(Qp^2s^2)：浅灰绿色、褐灰色砂质黏土

(2)河北省辛集市南智丘镇孟观村东南XZK1钻孔剖面(埋深16.00～62.05m；据2014年1：25万邢台市幅资料编制，原称魏县组，与肃宁组为同物异名)为代表性剖面。

上覆双井组下段($Qh\hat{s}^1$):灰黑色黏土质粉砂

——————— 整 合 ———————

西甘河组上段(Qp^3xg^3):…………………………………………………………………………… 4.05m

182. 浅黄色黏土质粉砂,稍湿,稍密,与下截然 …………………………………………………………… 0.43m

181. 灰黄色粉砂质黏土,局部含粉砂,偶见钙核。含非海相腹足类化石:*Gyraulus albus*(白小旋螺)………… 1.77m

180. 锈黄色细砂,局部夹棕灰色薄层黏土,锈染发育。含非海相腹足类化石:*Gyraulus albus*(白小旋螺) … 1.85m

——————— 整 合 ———————

西甘河组中段(Qp^3xg^2):…………………………………………………………………………… 18.35m

179. 灰褐色黏土质粉砂夹棕褐色黏土,可见锈染、锰染。获得的光释光年龄为(59.4±6)ka ……………… 2.75m

178. 浅灰—棕褐色粉砂质黏土。中下部为浅灰色,上部为棕褐色,潜育化较发育,偶见钙核 ……………… 1.40m

177. 锈黄色细粉砂,偶见钙核,锈染发育 ……………………………………………………………………… 1.25m

176. 灰黄色中、粗砂,分选较差,局部见锈染、锰染,局部见白小旋螺 ……………………………………… 2.85m

175. 灰黑—灰黄色黏土,含大量钙核 …………………………………………………………………………… 0.70m

174. 灰黄—灰黑色黏土质粉砂,局部夹薄层棕褐色黏土,可见锈染 ………………………………………… 1.40m

173. 灰黑—灰黄色粉砂质黏土,夹薄层棕黄色黏土 …………………………………………………………… 0.94m

172. 灰褐色黏土质粉砂夹棕褐色黏土,局部混粒结构,可见锈染,偶见钙核 ………………………………… 3.66m

171. 灰黄色含砂黏土夹薄层中、细砂,混粒结构,可见锈染,偶见钙核。含非海相腹足类化石:*Gyraulus albus*(白小旋螺) ……………………………………………………………………………………………… 3.40m

——————— 整 合 ———————

西甘河组下段(Qp^3xg^1):…………………………………………………………………………… 23.65m

170. 棕褐—褐黄色粉砂质黏土,普遍见锈染、锰染,局部见灰绿染及钙核。含非海相腹足类化石:*Gyraulus albus*(白小旋螺) ……………………………………………………………………………………… 3.15m

169. 浅棕褐色粉砂质黏土夹灰黄色含黏土细、粉砂,可见锈染。获得的光释光年龄为(96.9±9)ka ……… 1.80m

168. 黄褐色粉、细砂,局部夹棕褐色薄层黏土 ………………………………………………………………… 1.50m

167. 黄褐—黄色黏土质粉砂,自下而上砂含量逐渐减少,具水平层理。含非海相腹足类化石:*Gyraulus albus*(白小旋螺) ……………………………………………………………………………………………… 1.20m

166. 黄褐色粉砂质黏土,局部夹薄层棕黄色黏土,锈染、锰染明显 …………………………………………… 1.70m

165. 黄褐色黏土质粉砂,自下而上黏土含量逐渐减少 ………………………………………………………… 1.74m

164. 灰黄色中、粗砂,富含磁铁矿角闪石等暗色矿物 ………………………………………………………… 0.41m

163. 灰黄—黄褐色粉砂质黏土,含大量钙核 …………………………………………………………………… 1.35m

162. 灰—灰褐色黏土质粉砂,锈染、锰染明显,偶见钙核 ……………………………………………………… 1.20m

161. 黄褐色中、细砂,局部夹粉砂质黏土,底部为薄层胶结砂,全胶结 ……………………………………… 0.95m

160. 灰黑—灰黄色粉砂质黏土,混粒结构,含少量细砂,局部夹棕褐色薄层黏土,见锈染、锰染。含非海相腹足类化石:*Gyraulus albus*(白小旋螺)……………………………………………………………………… 1.90m

159. 灰黄色中、细砂,分选差。获得的光释光年龄为(108.1±10)ka ………………………………………… 0.59m

158. 灰黄色中、粗砂,分选差,偶见钙核 ………………………………………………………………………… 4.11m

157. 灰黄色含砾中、粗砂,分选差,偶见钙核 …………………………………………………………………… 2.05m

——————— 整 合 ———————

下伏肃宁组上段(Qp^2s^2):褐黄—灰褐色粉砂质黏土

116. 燕子河组(Qp^3y)剖面

玉田县丰登坞镇庄儿口村更新世晚期燕子河组基准孔 PZK14 钻孔剖面(埋深 5.7～55.35m)为建组标准剖面(据河北省 1∶5 万沙流河幅报告)。

上覆全新世湖沼积物(Qh^{fl}):深绿灰色黏土,含水多,黏塑性强,手搓呈细条状

———— 平行不整合 ————

燕子河组(Qp^3y): …… 49.65m

7. 灰色含黏土粉砂,黏土含量约为20%,无层理。获得^{14}C年龄为(19 488±57)a …… 0.95m

8. 深灰色粉、细砂,砂分选一般,磨圆好,主要成分为石英,长石少量,暗色矿物极少 …… 1.07m

9. 深灰色含钙质结核粉、细砂,砂分选差,磨圆好;钙质结核呈球状,直径2~10mm …… 1.61m

10. 棕黄色含黏土细砂,细砂分选、磨圆好,见大量锈黄色铁质浸染斑 …… 1.12m

11. 淡棕黄色粉、细砂,分选一般,磨圆好,层理不发育 …… 0.20m

12. 棕黄色黏土与淡棕黄色细砂组成韵律 …… 5.70m

13. 橄榄绿色、深灰棕色含黏土粉砂,黏土含量15%~20%,见锰质结核,直径2~3mm …… 3.30m

14. 橄榄黄色、红棕色细砂夹深灰色黏土,砂分选一般,磨圆好,黏土中见锰斑 …… 0.98m

15. 淡棕黄色细砂,分选、磨圆好,层理不发育 …… 1.52m

16. 红棕色、棕黄色中粗砂,下粗上细,发育正粒序层理,见条带状锈黄色铁质浸染 …… 5.54m

17. 棕灰色细砂,分选、磨圆好。获得的光释光年龄为(37.3±1.8)ka …… 1.36m

18. 深橄榄灰色含黏土粉砂,可见锈黄色铁质浸染斑及铁质结核。产淡水环境的纯净小玻璃介 *Candoniella albicans* …… 2.25m

19. 灰色细砂,分选、磨圆好,主要矿物为石英,少量长石等;含泥砾,无层理 …… 0.15m

20. 上部灰色粉砂、细砂;下部灰黄色中砂、粗砂,局部可见泥砾 …… 5.25m

21. 灰黄色细砂,顶部发育厚2cm的深灰色黏土质细砂 …… 0.27m

22. 黄灰色粗砂,分选一般,磨圆好,偶见细砾,发育斜层理 …… 0.63m

23. 灰黄色中砂与黏土组成韵律,中砂分选一般,磨圆好 …… 1.90m

24. 暗蓝灰色黏土与粉砂、细砂构成正粒序层。黏土中含有机质,局部可见锰质斑点 …… 2.85m

25. 蓝灰色含黏土粉砂,由上向下颜色逐渐变浅,含钙质结核斑点,局部可见锰质斑点 …… 0.85m

26. 暗绿灰色黏土与细砂组成正粒序层,黏土中可见灰白色钙质斑点和黑色锰质斑点 …… 0.55m

27. 蓝灰色黏土与浅蓝灰色粉砂组成正粒序层,黏土中见锰质斑点,白色钙质斑点 …… 2.75m

28. 黑色黏土与暗灰色细砂组成正粒序层,黏土含有机质,质密,可见锰质和钙质斑点 …… 4.85m

29. 暗灰色中砂,分选、磨圆好,无层理 …… 0.79m

30. 黑色黏土,含有机质,含水少,质密,坚硬,见少量锰质斑点,直径约2mm …… 0.10m

31. 灰色细砂,分选、磨圆好,层理不发育,52.80m处见液化流纹层 …… 3.11m

———— 整 合 ————

下伏张唐庄组($Qp^2\hat{z}$):灰绿色与灰黑色含砾粗砂。获得的光释光年龄为(127.6±7.3)ka

117. 杨家寺组(Qh^1y)剖面

吴桥县杨家寺村全新世早期杨家寺组浅6孔钻孔剖面(埋深14.6~36.7m)为建组标准剖面(据《中国区域地质志·河北志》,2017)。

上覆高湾组(Qh^2g):黏质砂土

———— 整 合 ————

杨家寺组(Qh^1y): …… 22.06m

2. 灰色、暗灰色淤泥质砂质黏土夹薄层泥炭层,底部夹黏质砂土透镜体,顶部常相变为浅灰色砂质黏土或粉砂夹泥炭层,含大量贝壳碎片。泥炭^{14}C年龄为(9650±190)a …… 9.26m

1. 灰黄色粉砂层,成分以石英为主,并含少量黑云母片 …… 12.80m

———— 整 合 ————

下伏西甘河组上段(Qp^3xg^2):黏质砂土

118. 高湾组(Qh^2g)剖面

海兴县高湾村全新世中期高湾组钻孔(7-17-1号井)剖面(埋深3.6~19.0m)为建组标准剖面(据《中国区域地质志·河北志》,2017)。

上覆歧口组(Qh^3q):砂质黏土

——————整 合——————

高湾组(Qh^2g):…………………… 15.4m

3. 深灰色、黄绿色砂质黏土,含丰富的海相微体化石 …………………… 7.5m

2. 湖沼相灰黑色淤泥质砂质黏土,上部夹有泥炭薄层。含孢粉,主要有 *Pinus*,*Abies*,*Betula*,*Carpinus*,*Quercus*,*Ulmus*,*Tilia*,*Juglans*,*Ephedra*,Chenopodiaceae,*Nymphoides*,*Artemisia*,*Typha*,Cyperaceae,Polypodiaceae,*Bryales* 等。^{14}C 年龄为(5030±150)a …………………… 3.3m

1. 灰黄色砂质黏土,为海相层,含丰富的微体化石。有孔虫:*Quinqueloculina akneriana*,*Elphidiella brevicanalis*,*Elphidium magellanicum*,*Cribrnoninincertum*,*Ammonia*;介形类:*Cyprideis*,*Cythereis*,*Neomonoceratina*,*Bosquetina* …………………… 4.6m

——————整 合——————

下伏杨家寺组(Qh^1y):粉砂层

119. 歧口组(Qh^3q)剖面

黄骅市歧口村全新世晚期歧口组钻孔(渔供3孔)剖面(埋深0~10m)为建组标准剖面(据《中国区域地质志·河北志》,2017)。

主要岩性为厚10m的近代海相堆积的褐灰色砂质黏土,具水平层理,含软体动物化石碎片和植物根痕。产有孔虫:*Ammonia*,*Elphidiella brevicanalis*,*Cribrononion porisuturalis*,*Pstudononinella variabilis*,*Buccella funicatai*;介形类:*Loxoconcha*,*Pontocythere candona* 等。歧口贝壳堤^{14}C 年龄上层为(1080±90)a;下层为(1300±95)a、(2020±100)a。

120. 双井组($Qh\hat{s}$)剖面

(1)河北省魏县双井镇河南村东北HZK1钻孔剖面为建组标准剖面(埋深0~22.00m;据2014年1:25万邯郸市幅资料编制,下段时限大致为全新世早中期,上段时限大致为全新世晚期)。

双井组上段($Qh\hat{s}^2$):…………………… >8.60m

169. 褐黄色黏土质粉砂,偶见锰染斑点,可见植物根系(未见顶) …………………… >1.50m

168. 棕褐色粉砂质黏土,顶部为冲刷面 …………………… 0.40m

167. 褐黄色黏土质粉砂,局部夹棕褐色薄层黏土,混粒结构,局部粉砂含量较大 …………………… 2.15m

166. 灰黄色粉砂,成分主要为石英。与下层冲刷接触 …………………… 1.40m

165. 棕褐色粉砂质黏土夹薄层黏土质粉砂,混粒结构,局部粉砂含量较大,可见锰染。含非海相介形类化石:*I. bradyi*(布氏土星介) …………………… 1.18m

164. 灰黄色粉砂 …………………… 1.97m

——————整 合——————

双井组下段($Qh\hat{s}^1$):…………………… 13.40m

163. 黑棕色黏土质粉砂,偶见黑色炭化植物根系,局部夹薄层粉砂。获得的^{14}C 年龄为(4510±105)a …………………… 3.27m

162. 棕褐色粉砂质黏土夹浅灰色薄层黏土质粉砂,混粒结构 …………………… 0.73m

161. 灰黑—棕褐色黏土,局部见灰白色次生钙核。获得的^{14}C 年龄为(5330±100)a …………………… 0.88m

160. 浅灰褐色粉砂质黏土,局部见少量斑点状锰染及灰白色次生钙核 …………………… 0.52m

159. 浅褐黄色黏土质粉砂，局部夹薄层粉砂质黏土 ………………………………………… 0.65m
158. 浅灰褐色粉砂质黏土夹薄层黏土质粉砂，局部夹薄层黏土质粉砂 …………………… 1.25m
157. 浅棕褐色黏土，可见双壳类碎片，局部可见斑点状锈染 …………………………………… 0.40m
156. 棕灰色黏土质粉砂 ……………………………………………………………………………… 0.45m
155. 黑—灰绿色粉砂质黏土，富含有机质，与下层接触面凹凸不平。获得的^{14}C年龄为(6160±100)a ……… 0.45m
154. 灰—灰绿色黏土质粉砂，局部可见灰白色钙核，见水平层理 ……………………………… 2.70m
153. 灰—灰绿色含黏土粉、细砂，局部黏土含量较大，偶见钙核 ……………………………… 1.45m
152. 灰绿色黏土质粉砂，下部砂含量较高，偶见平旋螺碎屑。含非海相介形类化石：*I. salebrosa*(粗糙土星介)；非海相腹足类化石：*Gyraulus albus*(白小旋螺) …………………………………………………… 0.65m

——————— 整 合 ———————

下伏西甘河组上段(Qp^3xg^3)：浅灰色含黏土粉细砂，分选差，暗色矿物含量较高

(2)河北省辛集市南智丘镇孟观村东南XZK1钻孔剖面为代表性标准剖面(埋深0.80～16.00m；据2014年1∶25万邢台市幅资料编制，下段时限大致为全新世早中期，上段时限大致为全新世晚期)。

上覆人工填土(Qh^{3ml})：褐色素填土，主要为黏土质粉砂，含砖块、石子、煤渣

— — — — 似平行不整合— — — —

双井组上段($Qh\hat{s}^2$)： ………………………………………………………………………… 11.67m
195. 褐黄色黏土质粉砂，夹棕黄色薄层粉砂质黏土，局部见斑点状锈染 ……………………… 0.40m
194. 褐黄色黏土质粉砂，夹浅棕褐色薄层粉砂质黏土，局部见斑点状锈染 …………………… 1.35m
193. 褐黄色粉砂质黏土，可见锈染，偶见钙核 ……………………………………………………… 0.85m
192. 灰褐色黏土质粉砂 ……………………………………………………………………………… 0.60m
191. 浅灰黄色黏土质粉砂 …………………………………………………………………………… 1.50m
190. 灰黄色细、粉砂夹黏土质粉砂，局部黏土含量较高。含非海相介形类化石：*Cyprinotus* sp.(美星介未定种)、*Ilyocypris biplicata*(双折土星介)、*I. bradyi* Sars(布氏土星介)；非海相腹足类化石：*Gyraulus albus*(白小旋螺) ……………………………………………………………………………………… 3.07m
189. 灰色黏土质粉砂夹粉砂质黏土，混粒结构，底部含淤泥团块 ……………………………… 2.98m
188. 灰黑色黏土质粉砂夹黏土，局部含灰黑色淤泥团块，局部见锈染、锰染。含非海相腹足类化石：*Gyraulus albus*(白小旋螺)。获得的^{14}C年龄为(3250±100)a ……………………………………… 0.70m
187. 浅锈黄色黏土质粉砂，局部夹棕褐色薄层黏土，见锈染、锰染 ……………………………… 0.32m

——————— 整 合 ———————

双井组下段($Qh\hat{s}^1$)： ………………………………………………………………………… 3.43m
186. 灰黑色黏土质粉砂夹薄层黏土，局部见锈染、锰染。含非海相介形类化石：*Candoniella albicans*(纯净小玻璃介)、*Ilyocypris bradyi* Sars(布氏土星介)；含非海相腹足类化石：*Gyraulus albus*(白小旋螺) …… 1.38m
185. 灰黑—灰黄色粉砂 ……………………………………………………………………………… 0.93m
184. 灰黑色粉砂质黏土，局部含黏土质粉砂团块 …………………………………………………… 0.30m
183. 灰黑色黏土质粉砂。获得的^{14}C年龄为(13 180±450)a ………………………………… 0.82m

——————— 整 合 ———————

下伏西甘河组上段(Qp^3xg^3)：浅黄色黏土质粉砂，稍湿，稍密

二、岩相古地理图及说明

1. 长城纪赵家庄-常州沟期岩相古地理(图 2-1)

赵家庄-常州沟期华北陆块北缘盆地仍以发育河流、冲积扇、沙坝沉积为特征，主要有含砾长石石英砂岩、长石石英砂岩等形成。

赵家庄-常州沟早期南部联合盆地开始形成，由于燕辽盆地东南缘和晋邢盆地边缘地形较陡，为较陡峻的山岭，因此发育山间河流沉积，河流最终注入盆地，在沿盆地轴方向形成曲流河和准平原河流沉积。据孟祥化等(2004)的研究，盆地轴部还曾短暂出现过湖泊沉积。

赵家庄-常州沟中期首先海水由南向北进入晋邢盆地(赞皇海槽)，并逐步向燕辽盆地(兴隆海槽)发展；到赵家庄-常州沟晚期也有海水从北东方向进入燕辽盆地，形成了平缓的陆表海联合盆地。总体上看，南部的晋邢盆地狭长陡峻，海水较深，而东北部的燕辽盆地由于充填淤积海水较浅，盆地范围向西扩展到达怀安、蔚县一带。

根据朱士兴等(1994)对古藻类的古温度分带和古地磁纬度的研究，该期本区位于低纬度，属于热带气候。

赵家庄-常州沟中期南部联合盆地中发育以砂岩、页岩为主的潮坪沉积，在涿鹿—新保安一带海水较深(宣化海盆)，曾出现潟湖沉积；其岩石中 Mn 含量为 900×10^{-6}，主要元素组合为 Al、Ca、Mg、B、Cr、K、Pb、Fe、P，$Fe^{2+}/Fe^{3+}=9$、Na/Ca=0.04、Sr/Ba=1，表明其盐度不高，为弱还原环境。承德一带地形极为平缓，形成的席状沙滩沉积。燕辽盆地轴部水体随着海侵而加大，逐渐变为潮下带，早期形成的沙滩沉积受到后期中等强度的水流的改造，其元素组合为 Zr、Cr、Si、Na、V、Sr、Ba，Fe/Mn=8，$Fe^{2+}/Fe^{3+}=4$，重矿物有锆石、磷灰石、白铅矿、白钨矿，表明其海水不深、盐度低。

赵家庄-常州沟晚期南部联合盆地中发育沙坝沉积，其岩石中 Mn 含量高达$(4000\sim14\,000)\times10^{-6}$，并出现大范围的 Pb 异常($12\times10^{-6}$)，表明其水体较深。

根据和政军等(1990)对常州沟期古流向的研究成果，兴隆一带为向东，而在宽城—凌源一线转为北东向；盆地南侧(平谷、蓟县、遵化、迁西)，古流向是由南向北，大致垂直于盆地轴主流向，抚宁台头营的古流向转为南东方向。

2. 长城纪串岭沟期岩相古地理(图 2-2)

串岭沟期古地理格局与赵家庄-常州沟期相似，但是随着盆地基底断裂的活化，盆地的进一步下沉，同时盆地周围的古陆逐渐夷平老化，物源供给能力下降，盆地中的水体较之前有所加深，盆地范围有所扩展。

该时期本区的古纬度与赵家庄-常州沟期相差不大，仍然处于热带气候(朱士兴等，1994)。

华北陆块北缘盆地中康保和棋盘山一带为潮坪沉积，主要有碳质页岩、粉砂质页岩、石英砂岩等形成。

燕辽盆地轴部沉积厚度依然较大，早期陆源物质供给较为充足，出现滨海沙滩沉积，随着凌源一带盆地与外海连接的通道被砂泥质沉积所淤塞，盆内水循环受到抑制，在蓟县—宽城一带出现潮坪和潮下低能潟湖环境，水体相对深且能量低，沉积界面长期处于氧化界面之下(和政军，1990)。盆地北缘为广阔的潮坪环境，主要以潮间—潮上的泥坪或混合坪为特点。盆地南缘地形较陡，水体较深，主要为海湾潟湖相沉积。盆地西部主要以广阔的混合坪沉积为主，在宣化—赤城一带水体较深，为潟湖相沉积，并发育著名的宣龙式铁矿(鲕状赤铁矿)，主要为赤铁矿质藻叠层石层，在上部层位中可见菱铁矿层，表明早期水体较浅，为氧化环境，其后水体加深，逐渐过渡到还原环境。

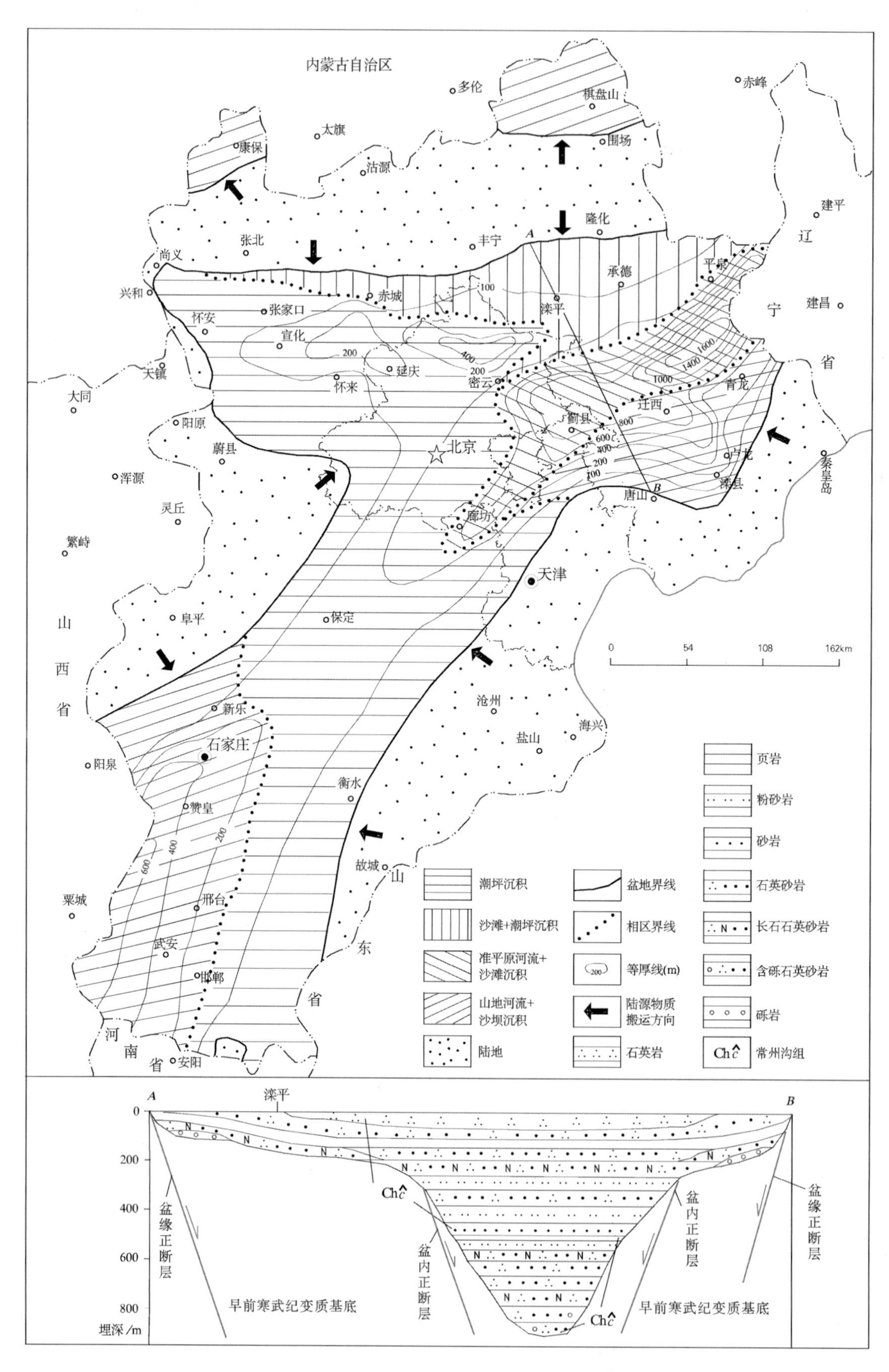

图 2-1　长城纪赵家庄-常州沟期岩相古地理图

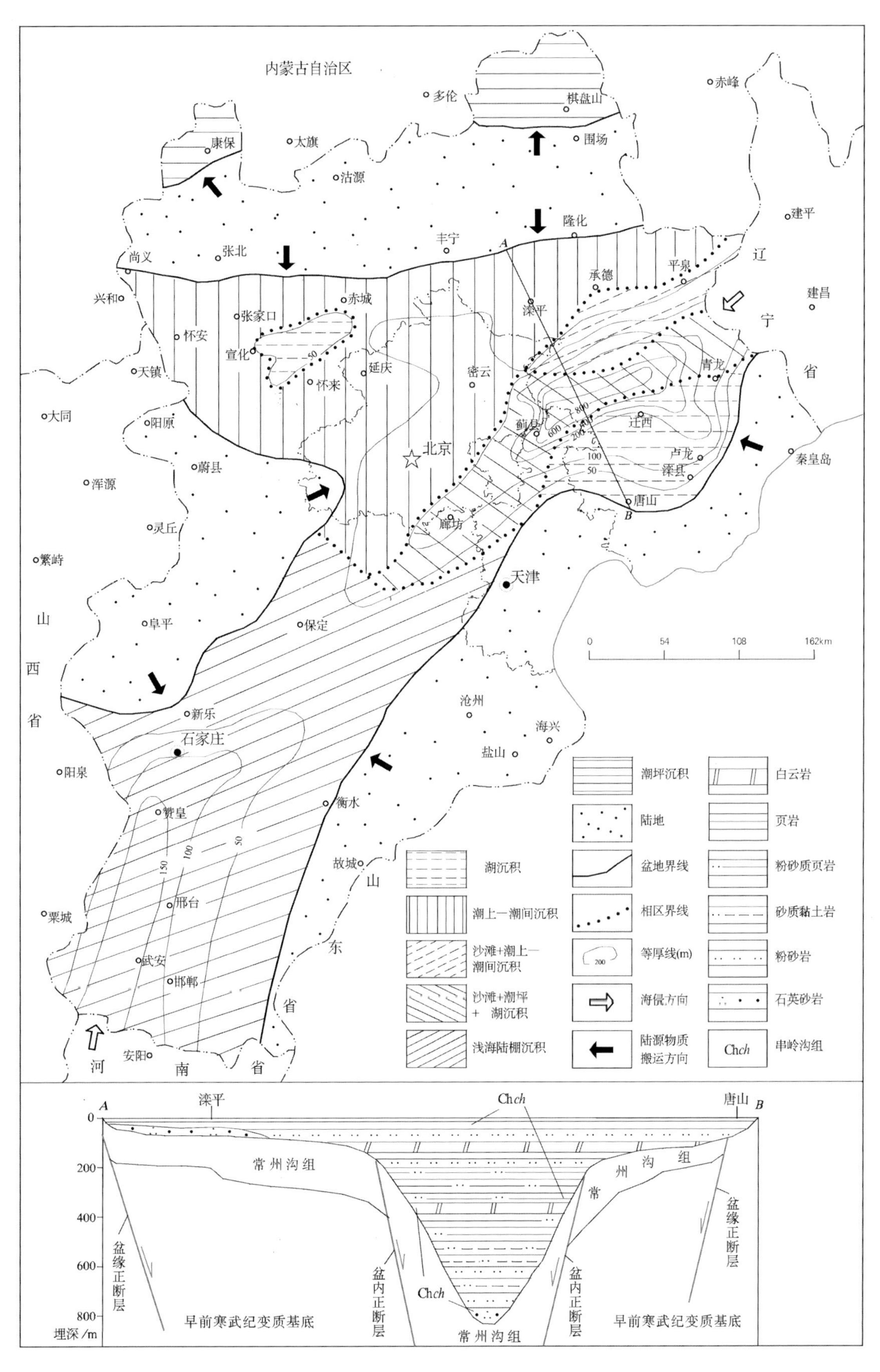

图 2-2　长城纪串岭沟期岩相古地理图

晋邢盆地(赞皇海槽)地形较陡,水体较燕辽地区深,以陆源泥质、砂质沉积为主,局部发育不稳定的厚层泥质白云岩,其后海水逐渐加深,形成以灰绿色、绿色页岩和海绿石石英砂岩为主的浅海陆棚沉积,表明海水为弱碱性(Ph=7~8)和弱氧化—弱还原($Eh=0$)的正常海水,水温10~15℃,深度大于125m。

串岭沟期海水从南及北东两个方向进入盆地,东北部的入口由于阻塞并不通畅,导致西部宣化海盆水体循环不畅,海水淡化(Sr/Ba=0.1)。赵家庄-常州沟期的长期夷平化作用使得周围古陆形成富铁的风化壳,由于此时本区处于低纬度地区,降水丰富,大量铁质随着河水进入盆地,并逐渐积聚,并被微生物所吸积沉淀形成宣龙式铁矿。

3. 长城纪团山子期岩相古地理(图2-3)

团山子期古地理格局基本继承了前期的特点,北缘盆地中水体有所变深,以潟湖沉积为特征。南部联合盆地中水体总体有所变浅,岸线向盆地中心收缩;由于盆地周围的陆地的进一步夷平化,陆源碎屑物质供给接近枯竭,沉积环境主体变为碳酸盐潮坪—潟湖体系。

该时期本区的古纬度较串岭沟期增高,处于亚热带气候(朱士兴等,1994),气候较为干燥炎热。

该时期华北陆块北缘沉积盆地康保和棋盘山一带为潟湖沉积环境,主要有碳质页岩、粉砂质页岩、石英砂岩形成。

燕辽盆地轴部为碳酸盐潮坪—潟湖沉积环境,主要形成灰黑色、灰紫色含泥和含砾屑的白云岩,以及白云质泥页岩、沥青质白云岩、藻屑白云岩等;后期水体变浅,形成紫红色泥晶白云岩、粉晶白云岩、含砂泥质白云岩,层面发育波痕、泥裂和石盐假晶,层内发育小型交错层理等沉积构造。宣化—延庆北部,赤城南部一带为碳酸盐潮上—潮间沉积环境,主要形成含泥砂的白云岩和叠层石白云岩,局部出现星散状、结核状黄铁矿和菱铁矿,表明水体局部较深,为还原环境。其余大部分地区为碳酸盐潮上坪,以含陆源碎屑的白云岩为主,岩石呈紫红色,表明其形成于氧化环境。

晋邢盆地早期陆源物质较多,形成以石英砂岩为主的沉积,其后陆源物质减少,形成以硅质白云岩为主的沉积。

和政军(1990)从团山子期盆地沉积中流水构造规模较小、泥晶碳酸盐岩所占比重较大等特点分析认为,该期潮汐水流作用能量不大,同时石盐假晶的普遍发育及在宽城地区有微层状石膏,表明盆地在沉积过程中海水补给量略少于水体的蒸发量,具有弱咸化潟湖环境特点。此外,团山子期盆地范围普遍受到风暴流的作用,形成广泛分布的的风暴沉积序列。

4. 长城纪大红峪期岩相古地理(图2-4)

大红峪期本区的古地理面貌除华北陆块北缘盆地继承了前期的古地理格局外,南部联合盆地有较大的改变。燕辽盆地南西地区海水范围有较大的缩小,其他地区有所扩大,并在海水范围扩大地带的盆地边缘局部地区形成超覆沉积。晋邢盆地该时期中南部处于隆起状态,无沉积记录,形成广泛的沉积间断;北部地区仍有海水存在,向北东与燕辽盆地相互连通。

该时期本区的古纬度进一步增高,为温带气候(朱士兴等,1994)。

该时期华北陆块北缘盆地康保和棋盘山一带由于和外海连通性好,水体较深,仍然为潟湖沉积环境,主要有碳质页岩、粉砂质页岩、石英砂岩等形成。

由于燕辽盆地基底断裂活化,本期火山活动较为强烈,主要活动区位于平谷—蓟县一带,受水下火山喷溢作用影响,这一带出现了大量火山碎屑与碳酸盐沉积混合的碎屑流沉积,同时火山活动还伴随着大量的SiO_2泄出,在盆地中部形成硅质—陆屑砂—碳酸盐岩混合沉积(孟祥化等,2004)。盆地东南缘由于断裂的同期活动而出现地形陡坎,在海侵超覆的影响下,沿盆地边缘地带形成扇三角洲沉积相带。盆地北部承德一带地形平坦,主要形成平缓的沙滩沉积。盆地西部的中心位置(宣化—延庆一带)主要形成陆源碎屑和碳酸盐潮坪沉积,盆地边缘为沙滩和潮上坪沉积。在青龙迁西一带沉积厚度大,主要形

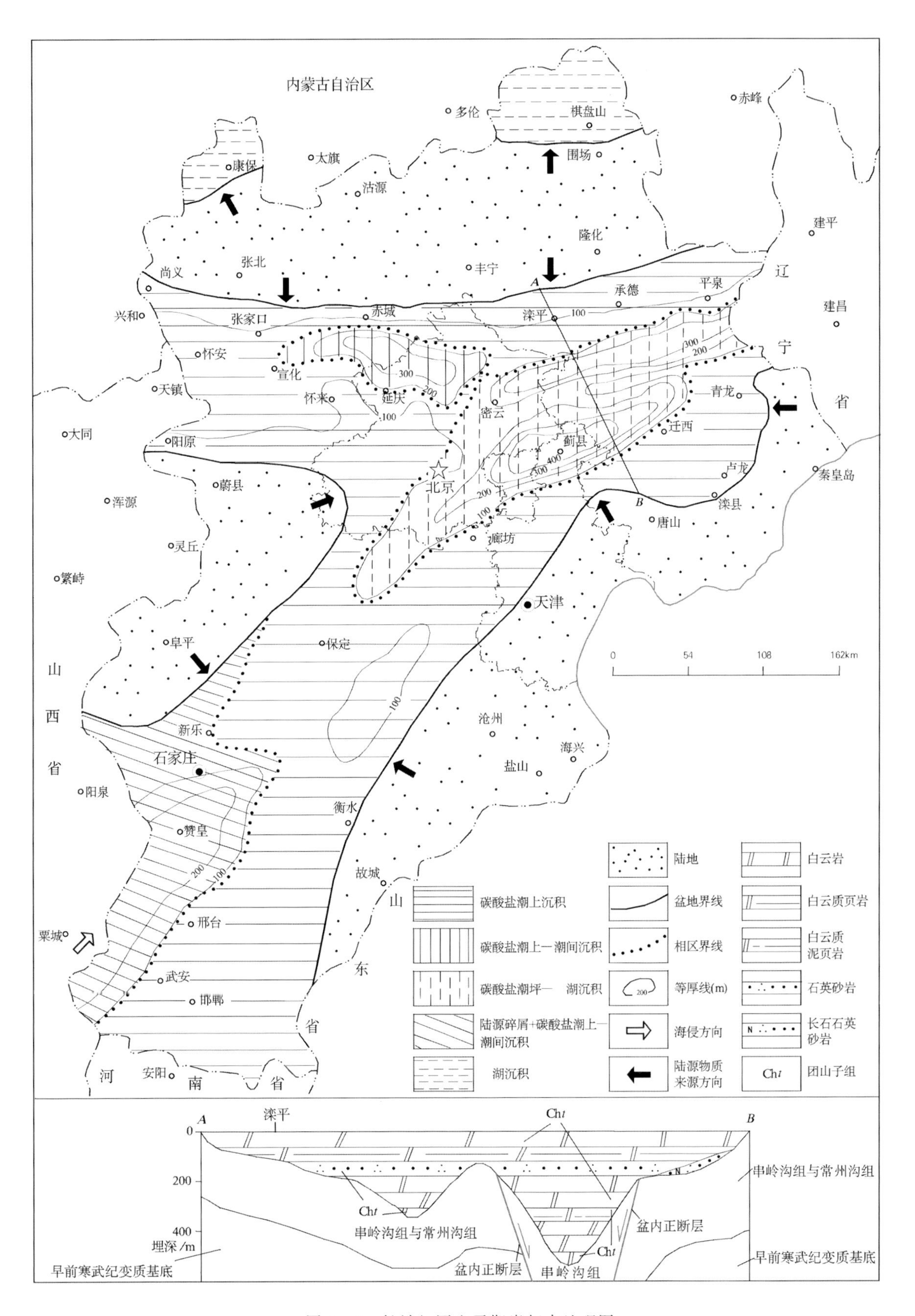

图 2-3　长城纪团山子期岩相古地理图

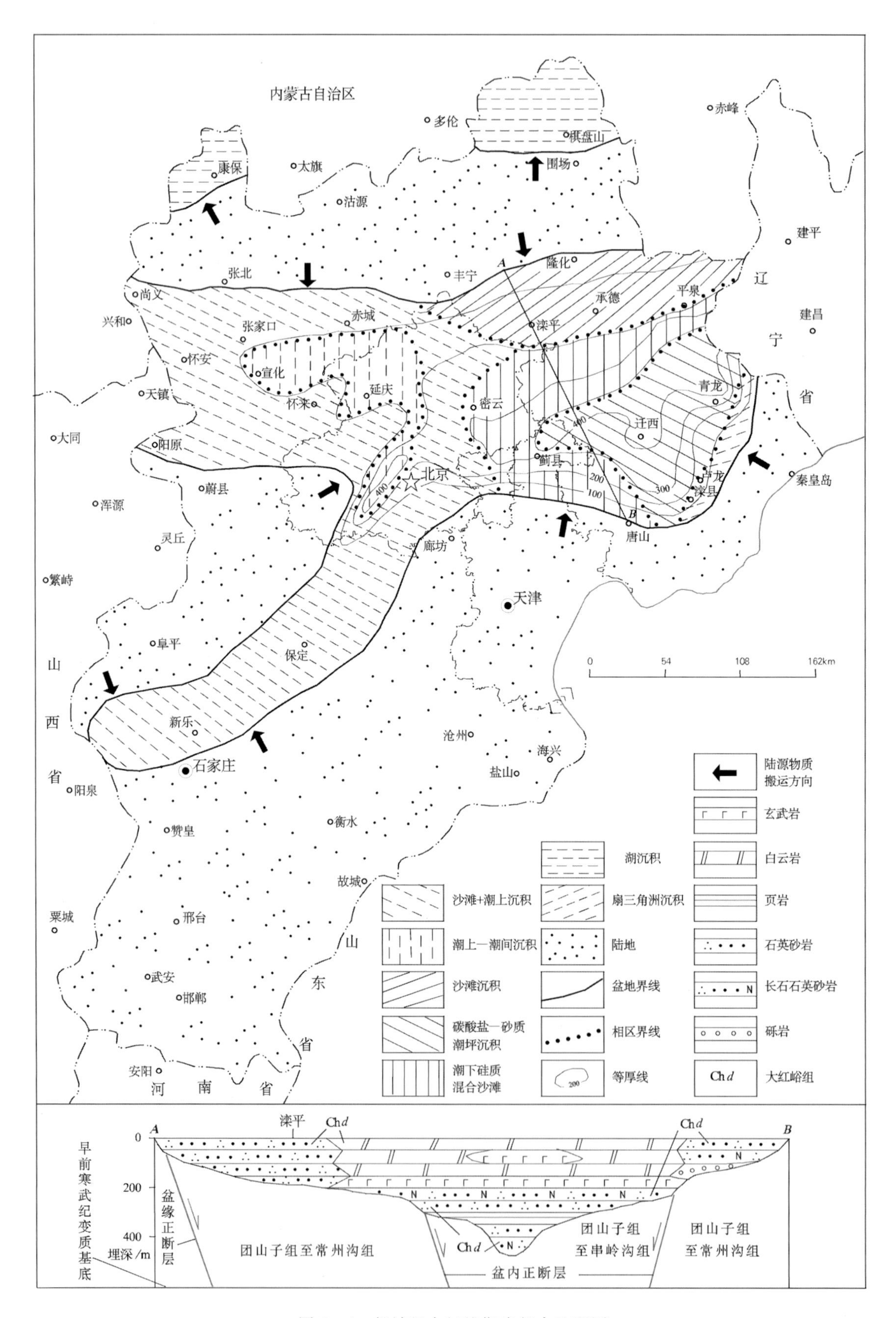

图 2－4　长城纪大红峪期岩相古地理图

成碳酸盐和砂质潮坪沉积。晋邢盆地北部—燕辽盆地西南为较长的海湾沙滩、潮上沉积环境，以砂质沉积为主，部分含有铁质和海绿石。

本期由于构造作用，古陆相对隆起，陆源物质供给较团山子期有明显的加大。南部联合盆地内广泛发育分选良好的石英砂岩。根据大部分地区石英砂岩发育小型对称波痕和双向交错层理的特征分析，盆地沉积主要受到波浪作用，沉积环境为主体位于浪基面之上的潮间和潮上带及沙滩。

根据和政军(1990)对大红峪期古流向的研究成果，盆地轴向水流作用加宽，并且具双向水流分布特点。同期盆地南缘仍存在着与盆地轴近垂直的陆屑供源水流。

5. 蓟县纪高于庄期岩相古地理(图 2-5)

高于庄期本区古地理格局发生了重大变化，华北陆块北缘盆地海水范围明显缩小，棋盘山一带上升为陆，而康保一带海水有所加深。燕辽盆地发生了海侵，向西扩展到山西、内蒙古境内，向南西方向扩展到晋邢盆地中部赞皇一带。

该时期本区的古纬度有所降低，为亚热带气候(朱士兴等，1994)。

该时期北缘盆地中康保一带为沙丘—临滨沉积环境，主要有含砾长石石英砂岩、长石石英砂岩等形成。

南部联合盆地中高于庄早期继承了大红峪期的浅水环境，盆地边缘为潮上—潮间沉积环境，主要有各类白云岩形成；其后水体逐渐加深，盆地中部为潮下沉积环境，主要有泥晶白云岩形成；盆地轴部蓟县—兴隆一带为水体较深的局限盆地，形成黑色页岩和瘤状泥晶白云岩；而在易县一带为潮下和潟湖环境，形成大量的泥质叠层石白云岩。

经过大红峪期长期的夷平作用，陆源物质供给能力大为下降，南部联合盆地以碳酸盐沉积为主，只在局部发育少量砂质沉积。盆地轴部水体深度较大，碳酸盐开始溶解，水体处于能量较低的还原环境，沉积物中沥青质含量较高，同时还富集了 Mn、Pb、Zn 等元素，形成富锰的白云岩，并在局部形成黄铁矿和铅-锌矿沉积(高板河硫铁铅锌矿)。

根据夏学惠等(1999)、李江海等(2003)的研究，高板河铅锌矿层位中存在细菌等生物组构，具有黑烟囱的特征，其为海底热水喷流沉积成矿。晚期盆地水体有逐渐变浅的趋势，盆地轴部受盆缘断裂活动影响，出现大规模的水下碳酸盐岩滑塌角砾沉积或碳酸盐岩重力流沉积。

6. 蓟县纪杨庄期岩相古地理(图 2-6)

杨庄期，除北缘盆地海水范围无明显变化外，南部联合盆地海水范围有较大的缩小。南部联合盆地的西部边界收缩到怀来—蔚县东—保定北东一带，盆地北部边界收缩到赤城南东—平泉一带，盆地南东边界收缩到青龙西—唐山南—天津西—衡水一带，盆地南部边界收缩到赞皇南东一带，盆地外围原高于庄期盆地的部分地区已经隆起成为陆地。

该时期本区的古纬度位于热带地区(朱士兴等，1994)，气候干燥，海水蒸发量大。同时由于盆地与外海连通通道狭小，海水循环受到了很大限制。

该时期北缘盆地康保一带较高于庄期海水有所加深，该时期为浅海陆棚沉积环境，主要有碳质页岩、石英砂岩及少量灰岩等形成。

南部联合盆地区：北东部与外海相通，水体较深，为潮间—潮下沉积环境，主要有泥晶白云岩、含砾屑泥晶白云岩等形成；兴隆—遵化一带水体最深，为潮下和潟湖沉积环境，主要有叠层石白云岩、白云质页岩、泥晶白云岩等形成；西部水体浅，陆源物质较多，主要为潮上和潮间坪沉积环境，潮汐层理发育，层面具干裂、波痕，主要岩性为紫红色、灰白色含砂白云岩、含泥白云岩、含砾屑泥晶白云岩；盆地中部及南部为潮间坪沉积环境，主要岩性为紫红色页岩、泥灰岩、叠层石白云岩、藻席白云岩、燧石团块或条带泥晶白云岩、紫红色泥质白云岩等。

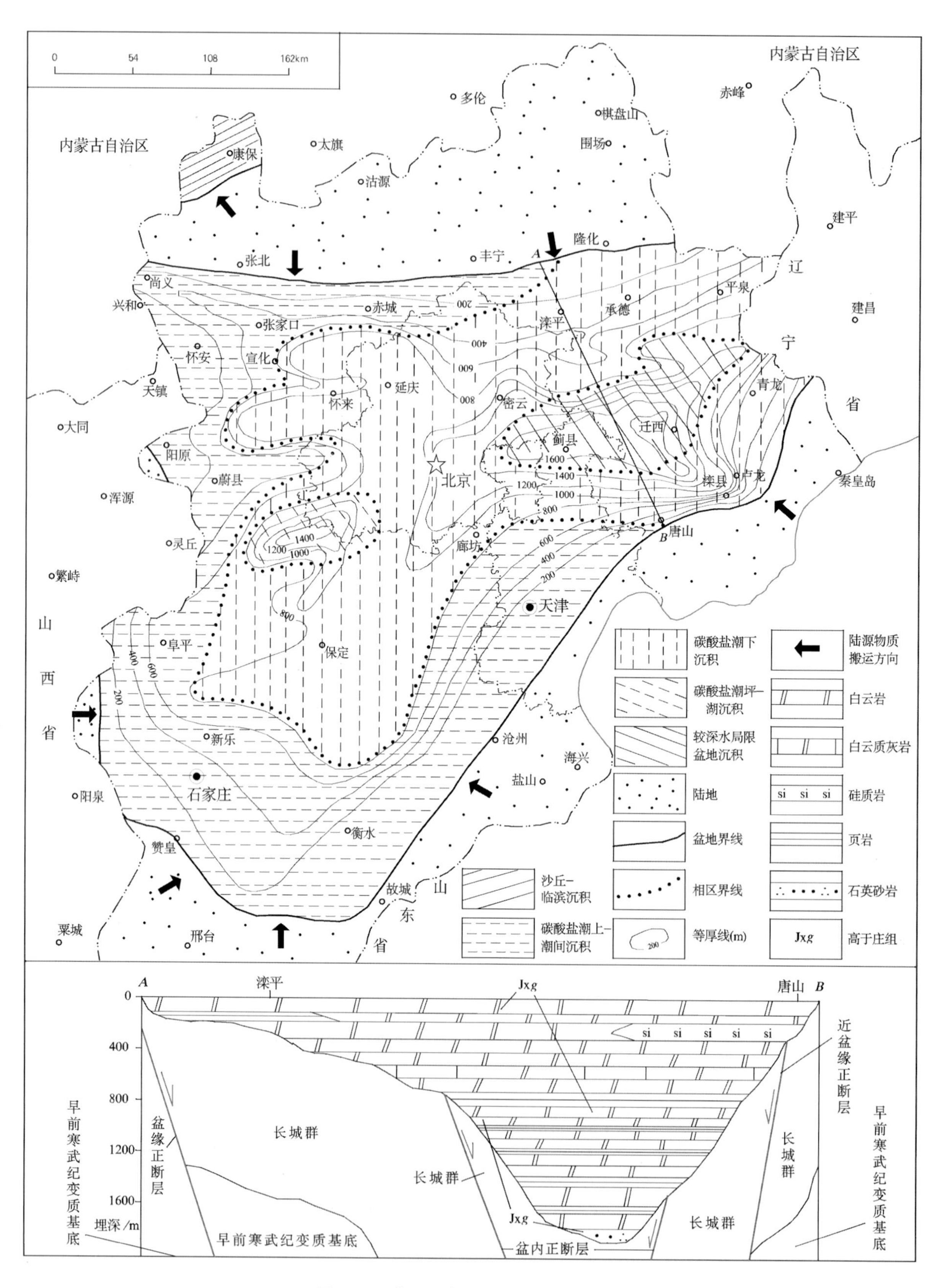

图 2-5　蓟县纪高于庄期岩相古地理图

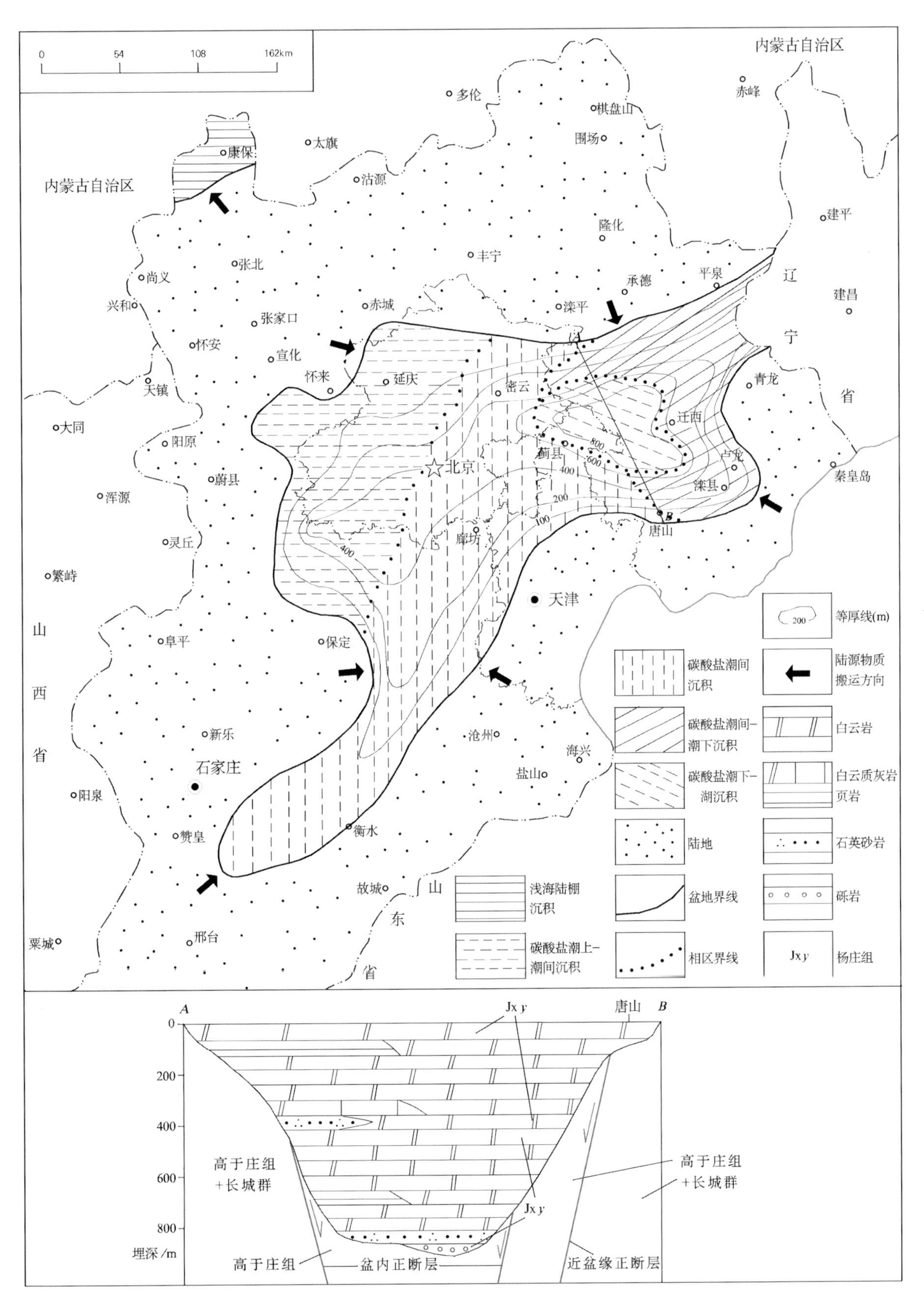

图 2-6 蓟县纪杨庄期岩相古地理图

7. 蓟县纪雾迷山期岩相古地理(图 2－7)

雾迷山期,除北缘盆地海水范围无明显变化外,南部联合盆地海水范围有较大的扩展。南部联合盆地的范围接近高于庄期,其西北部从怀安、尚义一带进入山西、内蒙古南部;北界至尚义—隆化一线,西部至蔚县—阜平西一带,南部到达石家庄南部赞皇以东一带,东南部到达唐山—天津—衡水一线,北东部延伸至辽宁一带,与外海相连。沉积中心在密云—蓟县一带。

该时期本区的古纬度位于热带地区(朱士兴等,1994)。

该时期北缘盆地康保一带水体有所变深,为浅海陆棚—开阔海沉积环境,主要有泥灰岩、石英砂岩等形成。

南部联合盆地潮汐作用频繁发生,经历了潮上—潮间—潮下,而又有潮间—潮上变化的特征,反映了以深水盆地相和潮坪相为主的沉积环境。盆地中心密云—蓟县一带水体深、沉积厚度大,主要为潮下和深水盆地的沉积环境,岩性主要为白云质页岩夹泥质白云岩、叠层石白云岩。盆地边缘主要为潮上坪沉积环境,其中混有较多的陆源碎屑沉积物,主要岩性为各种含砂泥质白云岩。盆地中部环带为潮间—潮下坪沉积环境,主要岩性为各种含燧石团块白云岩、条带藻席白云岩和叠层石白云岩。

8. 蓟县纪洪水庄期岩相古地理(图 2－8)

洪水庄期,除北缘盆地海水范围无明显变化外,南部联合盆地海水范围缩小到燕辽盆地的部分地区。燕辽盆地北部边界收缩到尚义—赤城—平泉一线,西南部、南部、东南部边界收缩到蔚县东—保定北东—天津北西—迁西南东一带;西北部延伸进入山西、内蒙古南部境内;北东部延伸入辽宁一带,并与外海相接。

洪水庄期本区位于亚热带气候环境(朱士兴等,1994)。

该时期华北陆块北缘盆地康保一带为浅海陆棚沉积环境,主要有粉砂岩、碳质页岩、钙质页岩等形成。

燕辽盆地内沉积厚度不大,沉积中心位于密云—蓟县—宽城一带。其中,早期水体较深,主要为潟湖沉积环境,主要有黑色、灰黑色页岩及粉砂岩、泥质白云岩等形成;晚期水体有所变浅,主要为潮坪沉积环境,主要有黄绿色页岩、白云岩和白云质页岩形成,在易县南部有石英砂岩产出。

9. 蓟县纪铁岭期岩相古地理(图 2－9)

铁岭期,北缘盆地海水范围仍无明显变化,但相对于洪水庄期海水有所变浅。燕辽盆地海水范围有所扩大,其南部边界扩展到保定南部一带。

铁岭期本区位于温带气候环境(朱士兴等,1994)。

该时期北缘盆地康保一带为临滨沉积环境,主要有粉砂岩、碳质页岩、钙质页岩等形成。

燕辽盆地沉积中心位于密云—蓟县一带,主要为碳酸盐潮下—潟湖沉积环境,有石英砂岩、含锰叠层石白云岩、含锰白云岩、泥晶白云岩、白云质灰岩、藻屑灰岩、页岩等形成;沉积中心外围地区为碳酸盐潮间坪沉积环境,主要有含锰白云岩、粉晶白云岩、泥晶白云岩、白云质灰岩、钙质白云岩、页岩等形成;西部和南部边缘陆源碎屑物质较多,形成潮上砂、泥坪沉积和碳酸盐潮上沉积,主要有含砂泥白云岩、含内碎屑白云岩、白云岩、叠层石白云岩、砂质白云岩、石英砂岩、含锰页岩等形成。

10. 西山纪下马岭期岩相古地理(图 2－10)

在铁岭期之后,本区经历了较长时间的沉积间断,并在冀西北怀安—易县一带下马岭组与铁岭组等地层之间有角砾岩层形成。下马岭期燕辽盆地范围基本与铁岭期一致,相对于铁岭期盆地北部边界略有收缩,南部和西部边界稍有扩展,其沉积中心位于怀来、涿鹿一带。

下马岭期本区位于温带气候环境(朱士兴等,1994)。

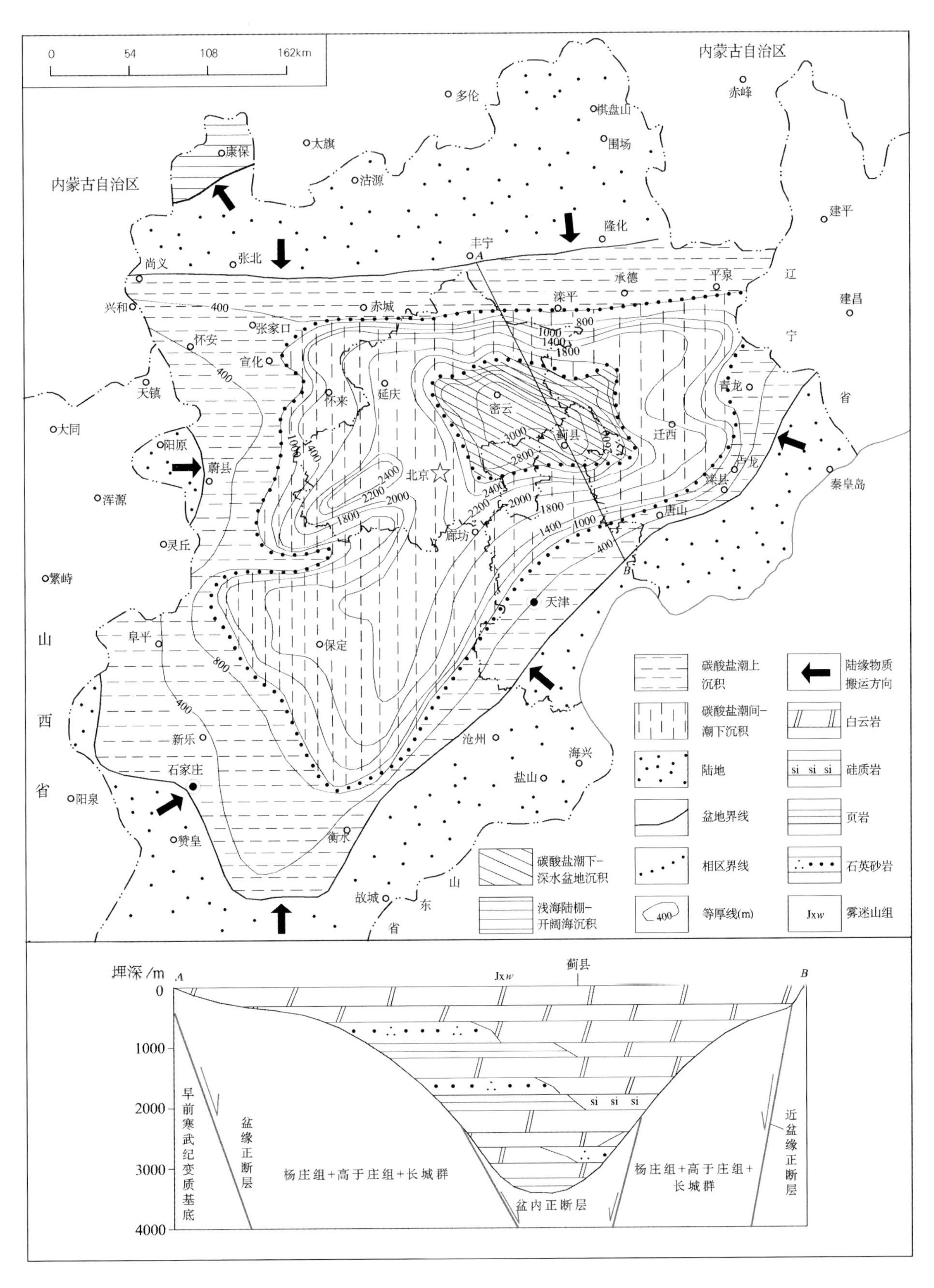

图 2-7　蓟县纪雾迷山期岩相古地理图

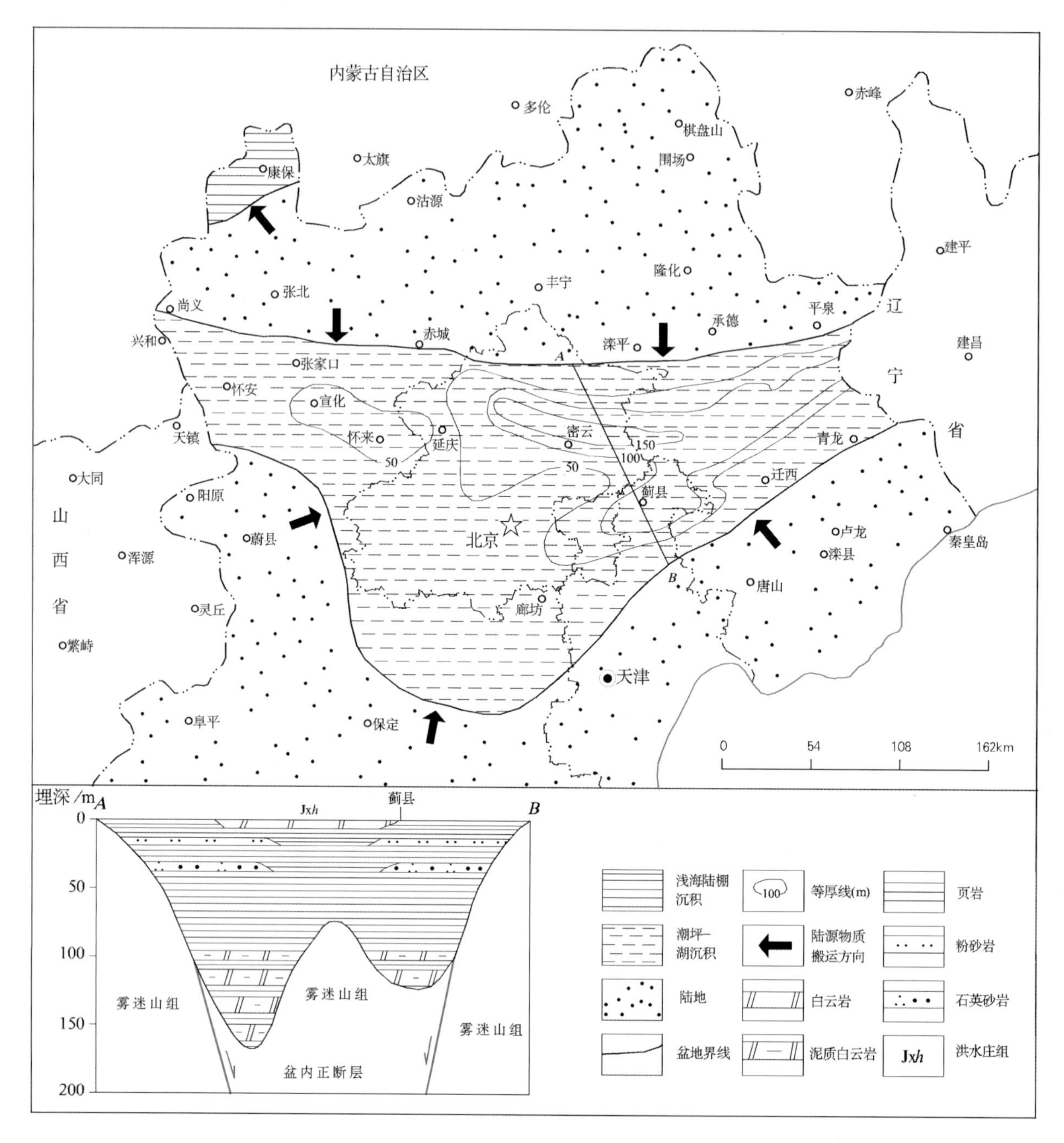

图2-8　蓟县纪洪水庄期岩相古地理图

下马岭期北缘盆地内蒙化德—本区康保一带为临滨—浅海陆棚沉积环境，主要有含砾石英砂岩、石英砂岩、泥质粉砂岩、粉砂质页岩等形成。

燕辽盆地中部为潟湖沉积环境，主要有页岩、钙质页岩、钙质泥岩、含碳质页岩、粉砂质页岩、粉砂岩、海绿石长石石英砂岩、泥灰岩等形成，在涿鹿等地岩石中含有较多硫化物，局部形成硫铁矿。围绕中部的外环带为潮坪沉积环境，主要有石英砂岩、粉砂岩、页岩、泥岩、粉晶白云岩等形成。在密云—蓟县一带除碎屑岩之外，出现了较多的白云岩夹层。

11. 玉溪纪戈家营期岩相古地理(图2-11)

戈家营期，本区古地理格局发生了重大变化，除北缘盆地内蒙古化德—本区康保一带继续接受沉积外，南部联合盆地整体隆起无沉积记录。

戈家营早期处于浅海陆棚沉积环境，主要有粉砂岩、泥质粉砂岩、页岩或泥岩、泥灰岩等形成。

戈家营中期处于浅海陆棚—开阔海沉积环境，主要有泥灰岩、钙硅酸盐岩(钙质砂泥岩、钙质砂页岩向泥灰岩过渡的岩石)等形成。

戈家营晚期处于浅海陆棚沉积环境，主要有泥钙质粉砂岩、粉砂质泥岩、泥灰岩、石英砂岩等形成。

戈家营末期整体抬升，出现了沉积间断，形成戈家营组与三夏天组之间的平行不整合界面。

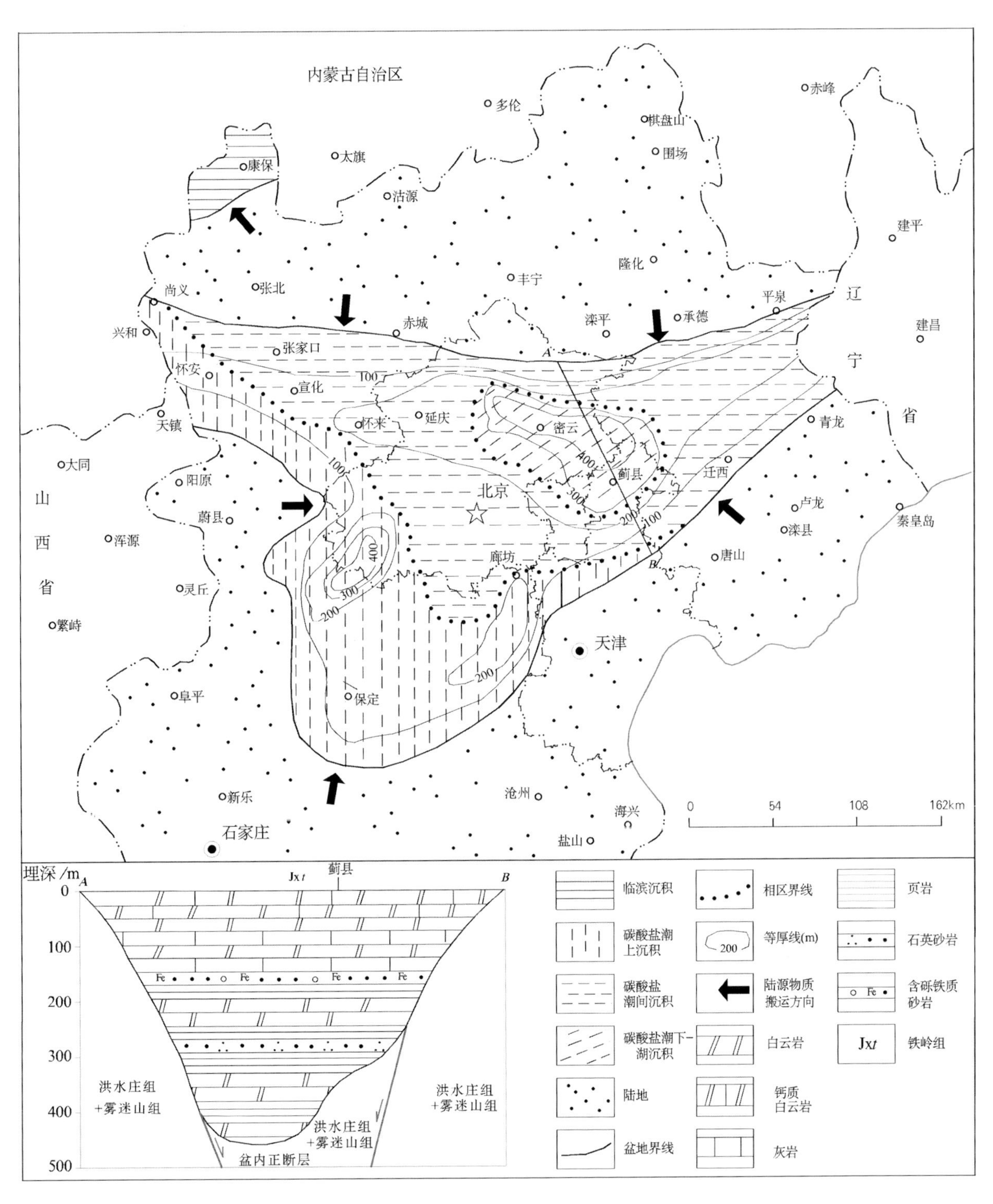

图 2-9　蓟县纪铁岭期岩相古地理图

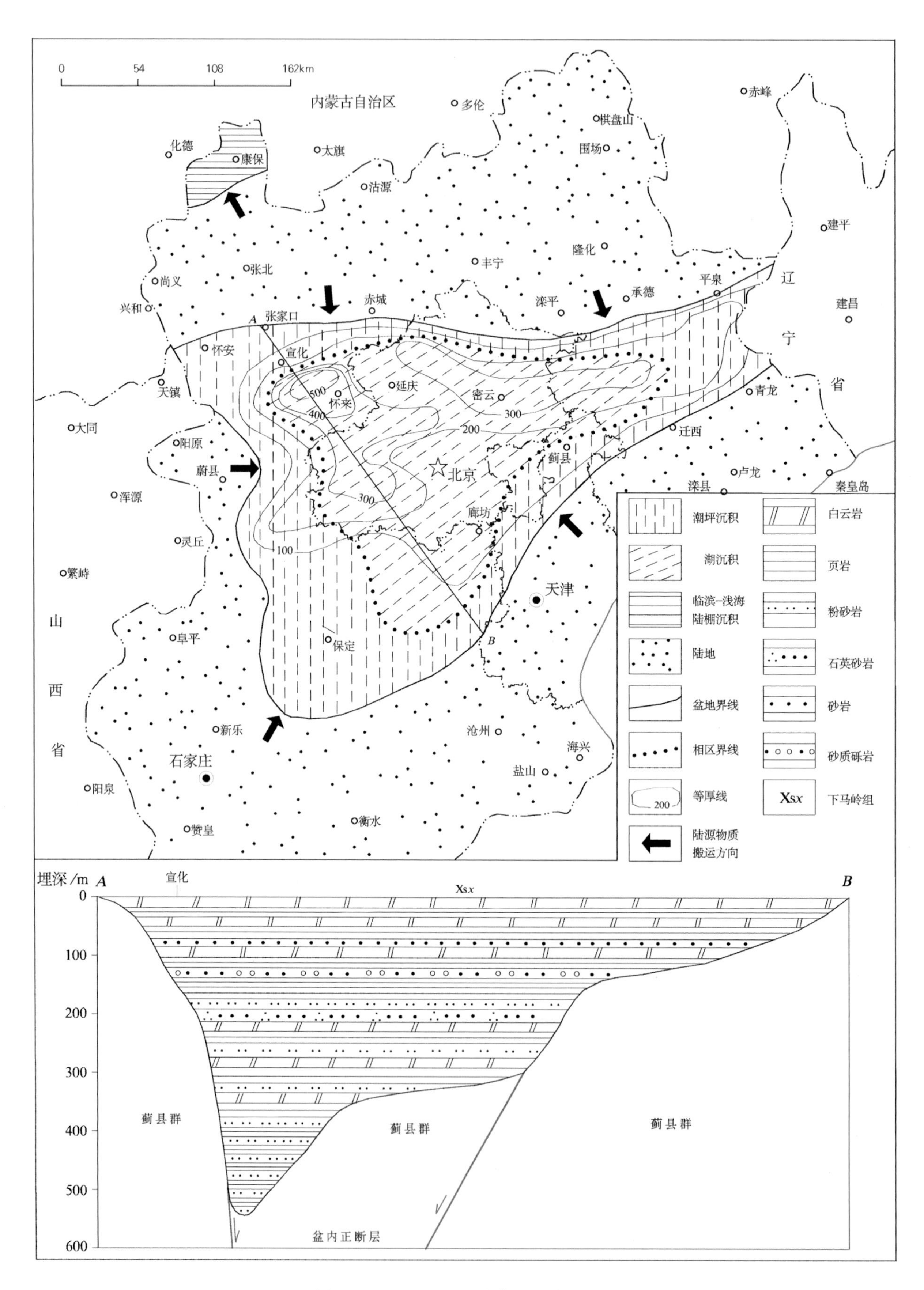

图 2-10 西山纪下马岭期岩相古地理图

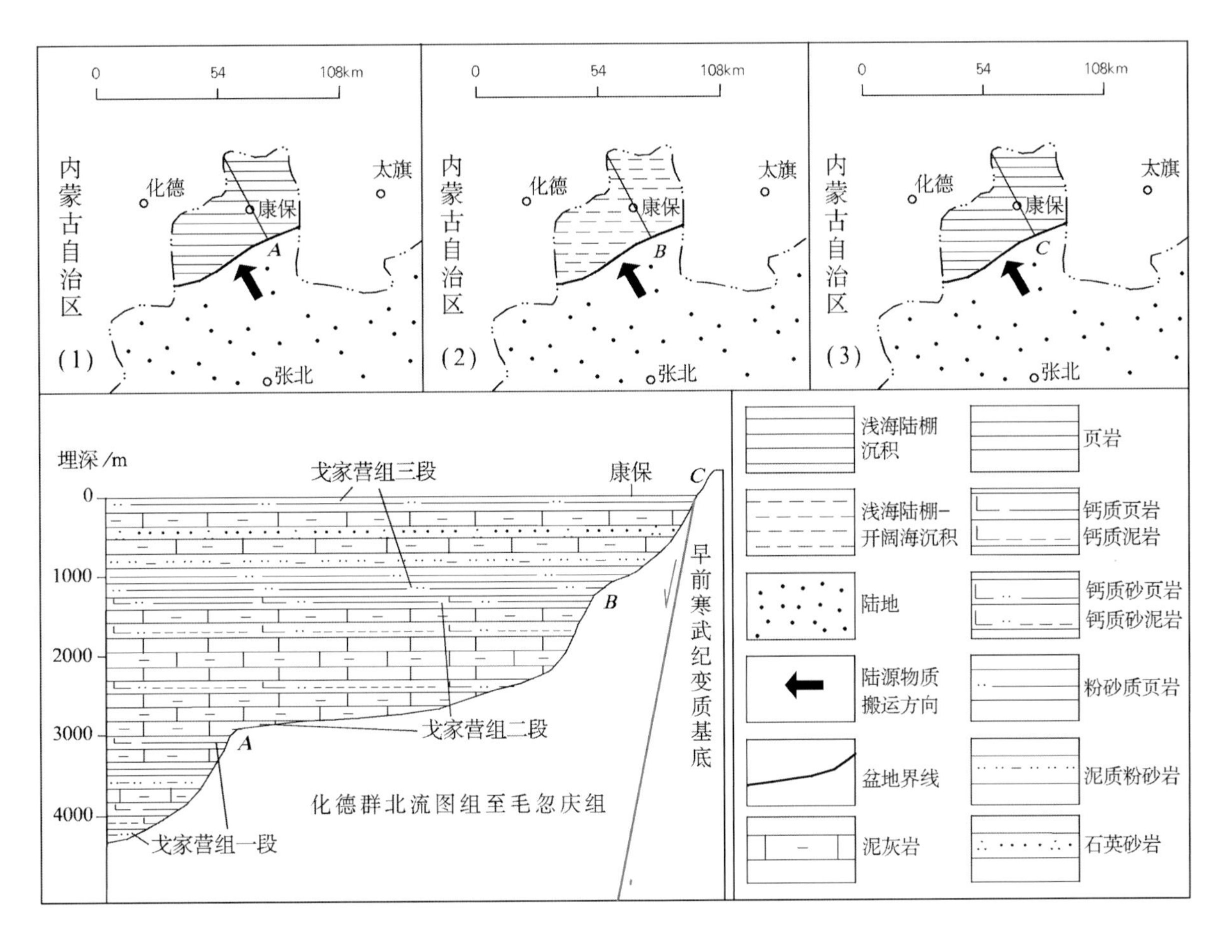

图 2－11　玉溪纪戈家营期岩相古地理图

12. 玉溪纪三夏天期岩相古地理(图 2－12)

三夏天期，本区古地理格局基本与戈家营期相似，除北缘盆地内蒙古化德—本区康保一带继续接受沉积外，南部联合盆地仍整体隆起无沉积记录。

三夏天早期处于浅海陆棚沉积环境，主要有泥岩(或页岩)、泥质粉砂岩、石英岩状砂岩等形成。

三夏天中期处于沙丘—临滨沉积环境，主要有长石石英砂岩、石英砂岩、粉砂岩、泥质粉砂岩等形成。

三夏天晚期处于浅海陆棚沉积环境，主要有泥岩(或页岩)、泥质粉砂岩、石英岩状砂岩、石英砂岩等形成。

13. 青白口纪龙山期岩相古地理(图 2－13)

龙山期，古地理格局又一次发生了重大变化，北缘盆地已经整体隆起，无沉积记录。南部联合盆地再一次发生了海侵，形成了龙山组沉积。

南部联合盆地在下马岭期之后处于整体隆起状态，形成了较长时间的沉积间断。到龙山期海水侵入，盆地范围较下马岭期有较大的扩展。盆地北部边界位于赤城北—隆化南一线，西部边界位于张家口—蔚县—阜平一带，南部边界位于石家庄与赞皇及衡水与故城之间一带，东部延拓至渤海湾，可能与外海相接。其沉积中心在怀来—延庆—北京北一带。

龙山期本区处于亚寒带、寒带气候环境(朱士兴等，1994)。

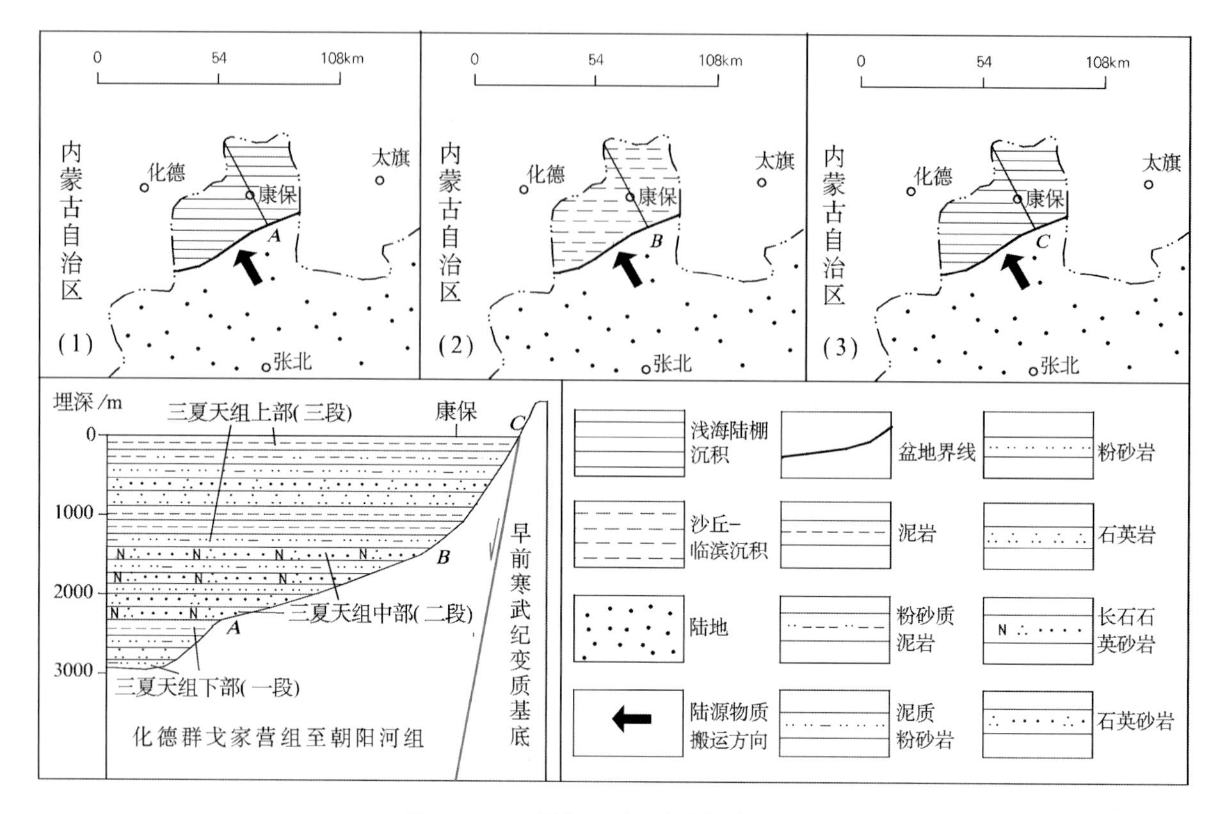

图 2-12　玉溪纪三夏天期岩相古地理图

龙山期在怀来—延庆—北京北一带的沉积中心地区处于潟湖沉积环境，主要有粉砂岩、粉砂质页岩、页岩等形成；沉积中心外围主要是盆地东南部，大部分地区处于潮坪沉积环境，主要有石英砂岩、含海绿石细砂岩、含海绿石粉砂岩、粉砂岩、粉砂质页岩等形成；盆地北部、西部、南部的边缘地区处于河流、冲积扇沉积环境，主要有砾岩、含砾长石石英砂岩、长石石英砂岩、泥质粉砂岩等形成。

14. 青白口纪景儿峪期岩相古地理(图 2-14)

景儿峪期，华北陆块北缘盆地仍然处于隆起状态，无沉积记录。南部联合盆地范围较龙山期明显缩小，盆地西部边界退缩到蔚县东—阜平东一带，盆地南部与东南部边界退缩到新乐—天津北一带，盆地东部边界在秦皇岛与滦县之间地区，其他地区基本未变化。

景儿峪期本区处于高纬度寒带气候环境(朱士兴等，1994)。

南部联合盆地主体水体较深，处于潮坪和潟湖沉积环境，主要有泥灰岩、泥晶灰岩、白云质灰岩、钙质泥岩、钙质页岩、石英砂岩、海绿石砂岩等形成。

景儿峪期之后，本区在新元古代中期南华纪—早古生代早寒武世期间一直处于隆起状态，无沉积记录，形成沉积间断。

15. 中寒武世晚期—晚寒武世岩相古地理(图 2-15)

该阶段包括中寒武世晚期昌平期，中寒武世晚期—晚寒武世馒头期，晚寒武世张夏期，分别对应于昌平组、馒头组与张夏组。

燕山海盆为一北、西、南三面为古陆的半封闭的海湾，水体循环受到一定的限制。由于古陆为低缓地带，陆源物质的供给贫乏，碳酸盐岩为其主要沉积物。海湾的西部边缘地带，易县安格庄，怀来龙凤山，涿鹿太平堡，涞源木吉村、箭杆河，顺平北湖等地，水体很浅，发育潮坪沉积物，主要由灰—灰黄色中

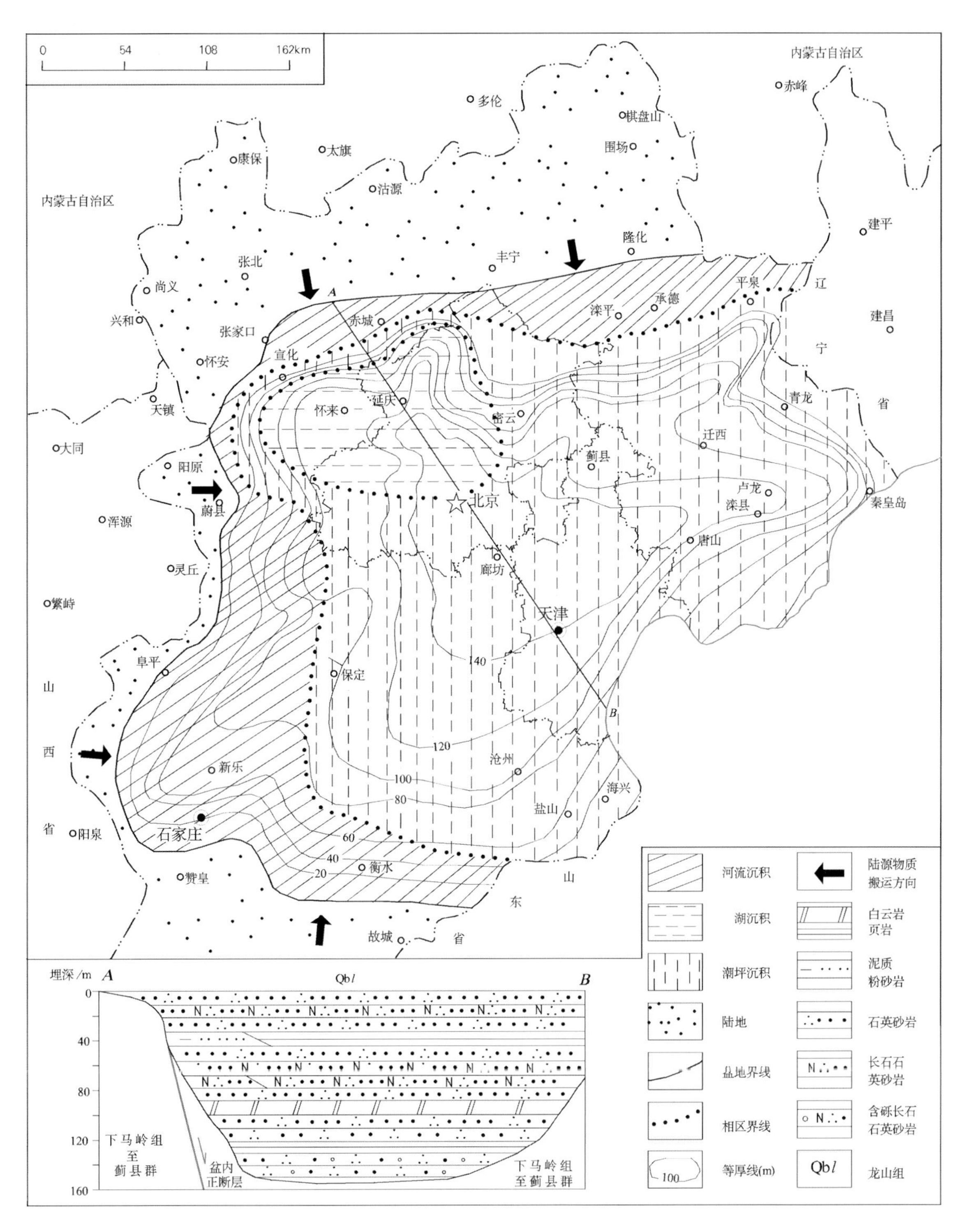

图 2-13　青白口纪龙山期岩相古地理图

厚—厚层白云岩、泥质白云岩组成，沉积厚度 15～25m。北京、唐山、承德、抚宁等海湾中东部地带，水体较深，主要为潮下沉积环境，其沉积物主要由灰色厚—巨厚层豹斑状泥晶灰岩、粉晶灰岩组成，水平层理发育，含少量三叶虫化石。沉积中心位于承德一带，厚度达 173m，其他地区一般沉积厚度 50～141m。

昌平期末，本区地壳曾一度上升，遭受风化剥蚀，使古地形趋于夷平。

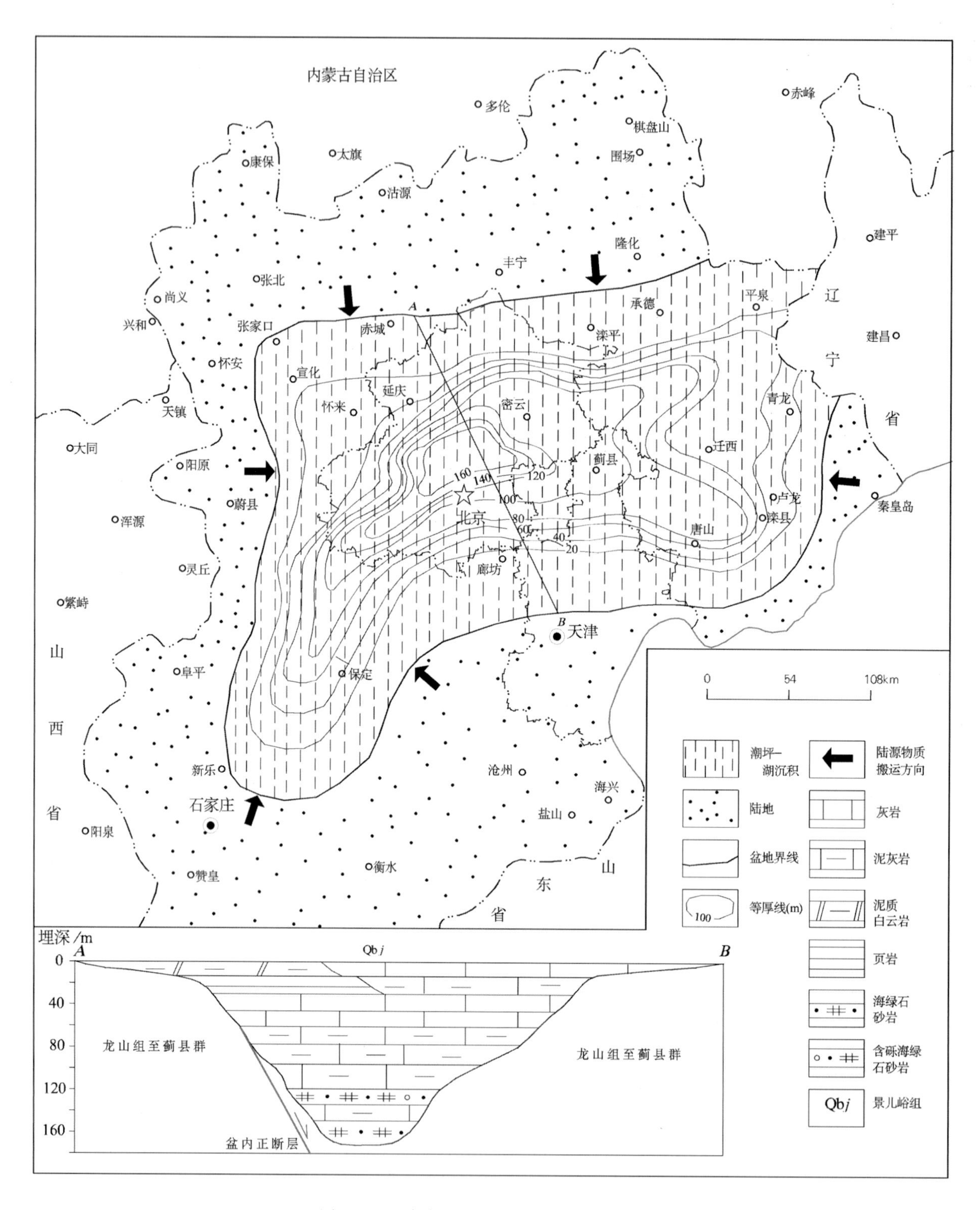

图2-14　青白口纪景儿峪期岩相古地理图

1)中寒武世晚期昌平期

昌平期本区发生显生宙第一次海侵，海水由北东向南西侵入，淹没范围为隆化—赤城—涿鹿—涞源—顺平—蠡县—献县—盐山一线以东地区，形如向东开口的箕状——燕山海盆，东与辽西海盆及渤海相通。区内其他地区为古陆剥蚀区。

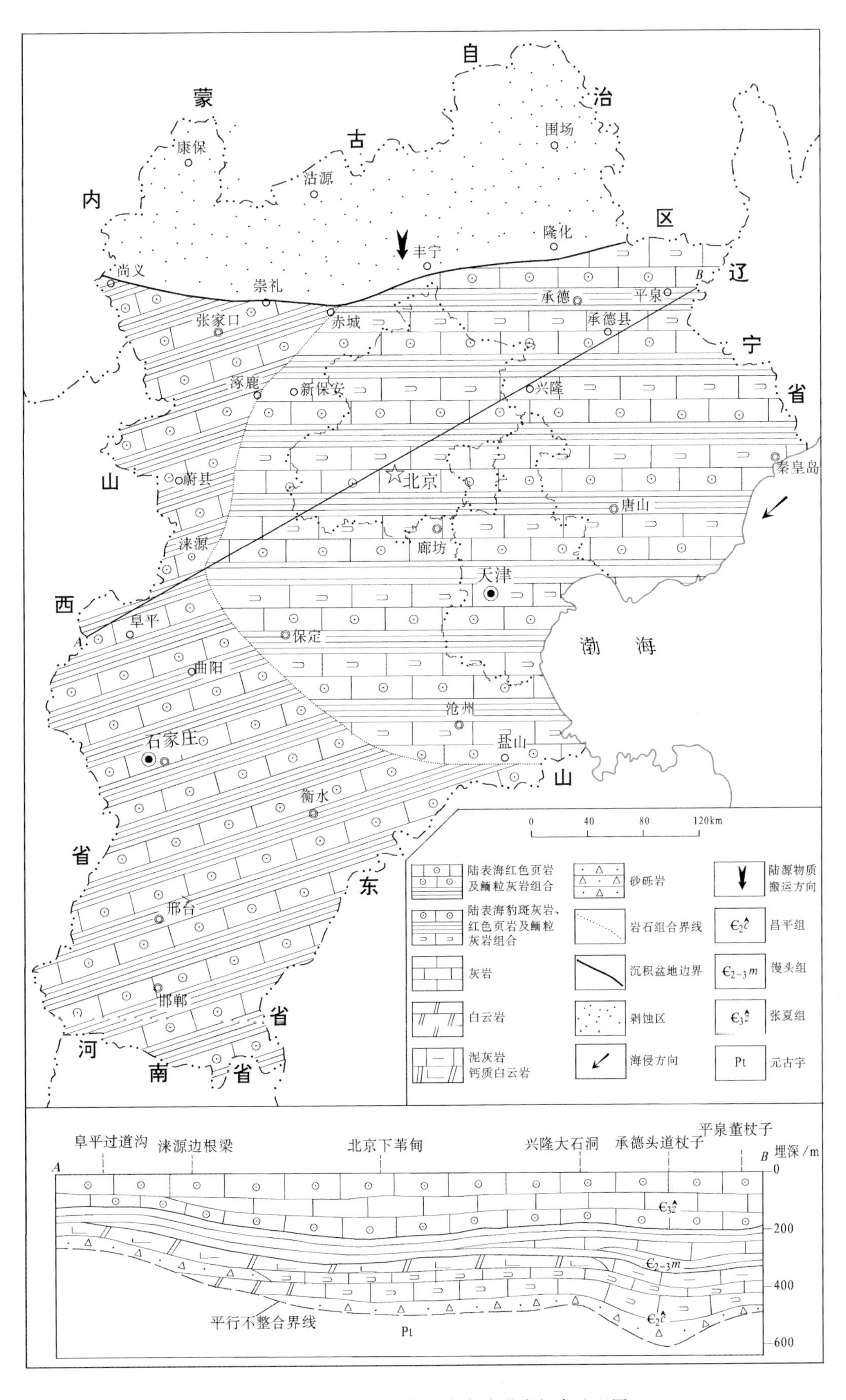

图 2-15　中寒武世晚期—晚寒武世岩相古地理图

2)中寒武世晚期—晚寒武世馒头期

馒头期本区中南部地区又开始下降,发生了早古生代第二次海侵,它是显生宙最广泛、经历时间最长、规模最大的一次海侵,一直持续到早奥陶世中期才结束。海水自北东向南西侵入,海域范围为尚义-隆化区域断裂以南的本区及其相邻省区。尚义—隆化一线以北地区仍为古陆剥蚀区。

馒头期早期,海底地形平坦,水体很浅,为潮坪沉积环境。沉积物主要由紫红色、黄灰色含粉砂泥质白云岩、含粉砂白云质泥灰岩、粉砂质泥岩组成,夹紫红色页岩及泥质粉砂岩。水平层理发育,生物稀少,常见波痕、泥裂及石盐假晶,为燥热气候条件下潮坪相岩石组合。

馒头期中—晚期,水体加深成为潟湖。沉积物主要为紫色和紫红色云母页岩、粉砂质页岩、泥质粉砂岩夹灰色鲕粒灰岩、泥晶灰岩等,为潮下低能间潮下高能环境沉积物,属潟湖相。对称波痕、水平层理发育,底栖生物三叶虫开始繁盛,腕足类也很常见。

馒头期沉积物总体具有东厚西薄、北厚南薄特点,沉积中心位于抚宁温庄一带,沉积厚度近400m。唐山地区一般厚230m左右,北京、涞源、曲阳、井陉、武安等地厚度为150m左右。

3)晚寒武世张夏期

张夏期本区海底地形起伏较大,水动力增强,为循环性较好的高能滩坝环境。主要沉积物为灰色中厚—巨厚层亮晶鲕粒灰岩夹泥质条纹(带)灰岩、生物碎屑灰岩、泥晶灰岩及少量黄绿色、紫褐色页岩。斜层理、交错层理、水平层理都很发育。三叶虫极其繁盛,计有50余种属,藻类也很发育。整体反映出本期古气候已由馒头期炎热干旱转为温暖潮湿。沉积物为潮下高能间潮下低能环境产物,属台地边缘浅滩相。

唐山—抚宁一带为水下高地,沉积厚度仅80m左右;区内大部地区都在160~200m。燕辽分区鲕粒灰岩含量50%左右,黄绿色页岩含量5%~25%;而晋邢分区几乎不含页岩,鲕粒灰岩含量超过80%,涉县西达一带,直径5cm以上的巨鲕分布很普遍。整体反映出北部地区水体相对较深,浅海盆地相夹层较发育;南部地区水体相对较浅,鲕滩相更发育。

16.末寒武世—早奥陶世中期岩相古地理(图2-16)

该阶段包括末寒武世崮山期,末寒武世—早奥陶世炒米店期、三山子期,早奥陶世冶里期、亮甲山期,分别对应于崮山组、炒米店组、三山子组、冶里组与亮甲山组。

1)末寒武世崮山期

崮山期为张夏期海侵的继续,地壳升降频繁,海水动荡不定,潮下低能环境与潮下、潮间高能环境交替出现。其主要沉积物为黄绿—紫红色页岩、泥质粉砂岩,灰色薄层—薄板状泥质条带灰岩、泥晶灰岩及灰色、紫灰色砾屑灰岩(包括砾屑具氧化圈的砾屑灰岩)。水平层理、斜层理、交错层理都很发育,三叶虫及牙形刺很丰富。属深缓坡相。沉积厚度20~55m,北厚南薄。

2)末寒武世—早奥陶世炒米店期

炒米店期海平面下降,水体有所变浅,仍为潮下低能与潮下、潮间高能交替沉积环境。沉积物主要为灰色薄层状泥质条带泥晶灰岩、泥质泥晶灰岩夹灰色、紫灰色中厚层砾屑灰岩(包括砾屑具氧化圈的砾屑灰岩)及少量灰紫色、黄绿色页岩,泥质粉砂岩。水平层理、交错层理发育,三叶虫及牙形刺很丰富。属浅缓坡相。该期沉积厚度变化很大,曲阳以北地区一般100~170m,曲阳以南地区厚度仅40~70m;两地区的差别是由曲阳以南该时期的沉积物相变为白云岩,划分为三山子组所致。

3)末寒武世—早奥陶世三山子期

三山子期冀南地区水体变浅、咸化,成为潟湖—潮坪沉积环境。沉积物主要为黄灰色、灰白色中厚层、厚层、巨厚层中粗晶白云岩,含燧石结核、燧石条带中晶白云岩夹灰色薄层状细-中晶白云岩及少量薄层状砾屑白云岩、黄绿色白云岩化页岩。水平层理发育,含笔石及少量三叶虫、腕足类化石。属局限台地相。与中部地区的炒米店组顶部及冶里组—亮甲山组下部的灰岩组合为同时异相沉积物,曲阳西

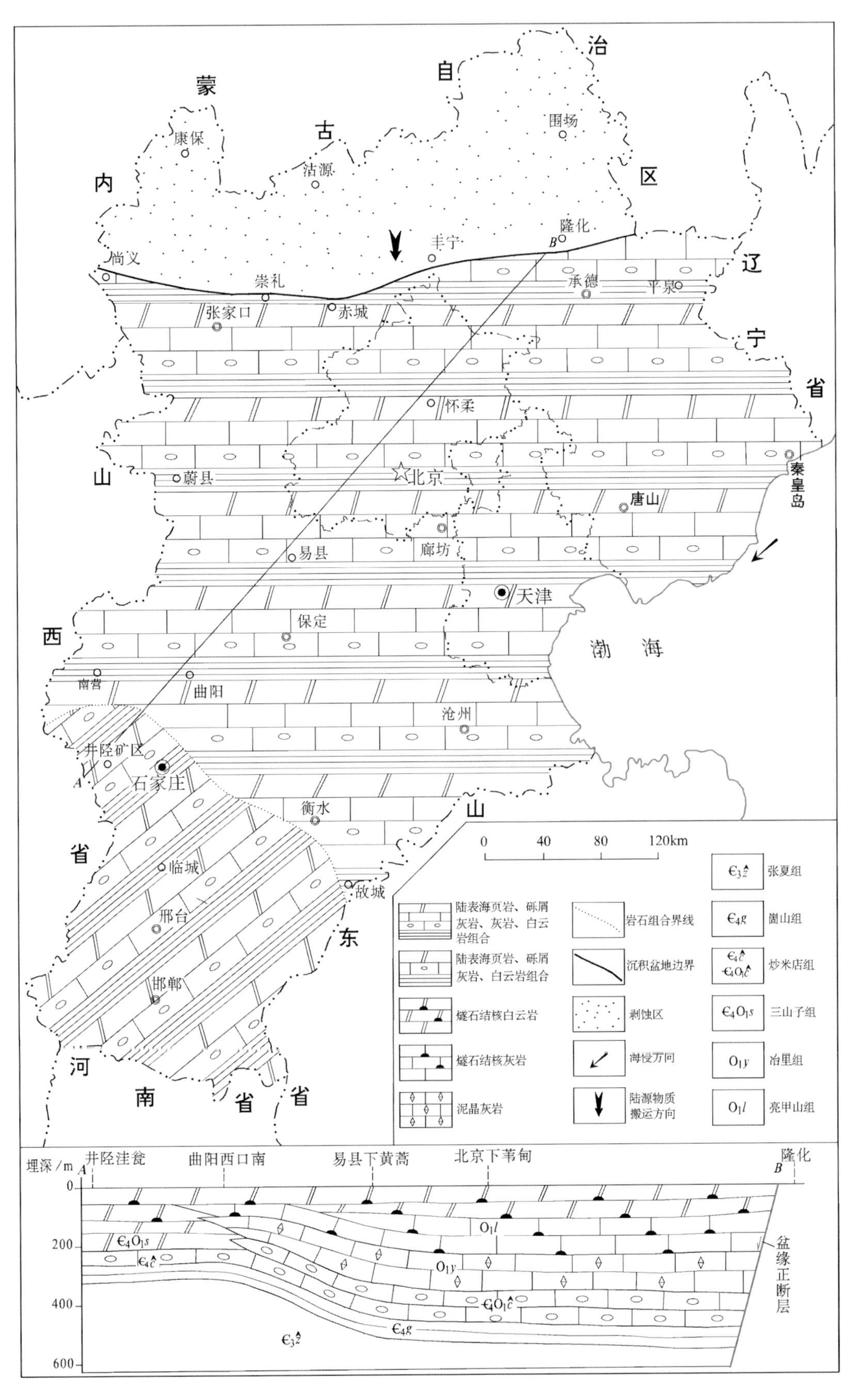

图 2-16 末寒武世—早奥陶世中期岩相古地理图

口南一带为其过渡地带，彼此为指状交互关系。中部地区亮甲山组上部的含燧石结核白云岩为冀南地区三山子组上部含燧石结核白云岩的向北延伸，只是分属于两个岩石地层单位而已。

三山子期末，怀远上升运动，结束了本次海侵，上升成陆，遭受剥蚀，残留厚度 110～262m。

4)早奥陶世冶里期

冶里期海平面上升，海水加深，为潮下低能沉积环境。沉积物主要为灰色巨厚层豹斑状泥晶灰岩、厚层泥质条纹泥晶灰岩、薄层泥晶灰岩及少量黄绿色页岩。水平层理发育，生物化石丰富，有三叶虫、头足类、笔石及牙形刺，属开阔台地相。沉积中心位于兴隆大石洞一带，沉积厚度近 190m。自北而南厚度变薄，曲阳西口南一带厚度仅 30m。

5)早奥陶世亮甲山期

亮甲山早期是冶里期海侵的继续，仍为潮下低能环境。沉积物主要为灰色巨厚层、中厚层含燧石结核豹斑状泥晶灰岩及薄层、中厚层泥晶灰岩。水平层理发育，头足类、古杯类、牙形刺含量丰富，属开阔台地相。

亮甲山晚期，本区海水变浅、咸化，成为潟湖—潮坪沉积环境。沉积物主要为灰黄色、灰色中厚层、厚层含燧石结核粉晶白云岩及钙质白云岩。水平层理发育，含头足类、牙形刺化石。属局限台地相。

亮甲山期末，怀远上升运动，结束了本次海侵，上升成陆，遭受剥蚀。残留厚度北厚南薄，涞源清风沟、抚宁石岭等地，厚约 370m，曲阳西口南一带，厚度仅百余米。

17. 早奥陶世晚期—中奥陶世岩相古地理(图 2-17)

该阶段包括早奥陶世—中奥陶世马家沟期、中奥陶世峰峰期，分别对应于马家沟组与峰峰组。

1)早奥陶世—中奥陶世马家沟期

马家沟早期，本区地壳下降，发生早古生代第三次海侵，海域范围及古陆剥蚀区与馒头期相同，海水自北东向南西侵入。

海侵伊始，水体很浅，海底地形平坦，全区为潮间—潮上沉积环境。沉积物主要为灰色和灰白色薄层钙质白云质页岩、泥质白云岩、泥质灰岩、角砾状灰岩(岩溶角砾岩)夹石膏层(晋邢分区)，水平层理发育，生物很少，属潮坪相。随后水体不断加深，沉积物主要为灰色厚—巨厚层(夹薄层)泥晶白云质灰岩、泥晶泥质灰岩夹少量浅灰色钙质白云岩，具水平纹层和缝合线构造，含较多头足类及牙形刺等生物化石，为潮下低能环境间有潮间—潮上环境沉积物，属开阔台地—局限台地相。本期以燕辽分区沉积厚度大，一般 200～300m；晋邢分区厚度变小，一般 100～150m。

马家沟晚期，初始阶段海水曾一度变浅，潮间—潮上环境再现。沉积物主要为黄褐色—杂色角砾状灰岩、角砾状白云岩、灰白色钙质白云岩夹石膏层(晋邢分区)，水平纹层发育，生物较少，属潮坪相。之后水体不断加深，沉积物主要为灰色厚—巨厚层泥晶灰岩、白云质泥晶灰岩夹灰白色中厚层白云岩及杂色角砾状白云岩、角砾状灰岩，局部见石膏及石盐假晶(磁县一带)，水平纹层发育，含较多的头足类、牙形刺等化石，为潮下低能潮间—潮上环境产物，属开阔台地—局限台地相。曲阳以南地区，本期沉积厚度 210～369m；曲阳以北地区，剥蚀残留厚度 115～274m。

2)中奥陶世峰峰期

本期初始阶段海水再度变浅，潮坪环境再现。沉积物主要为杂色角砾状灰岩、角砾状白云岩夹石膏层(晋邢分区)，属潮坪相。随后水体加深，主要沉积物为灰黑色、深灰色厚—巨厚层泥晶灰岩、含铁质结核微晶灰岩夹杂色角砾状灰岩，水平纹层发育，含少量头足类、腕足类及牙形刺化石，为潮下低能潮间—潮上环境沉积物，属开阔台地—局限台地相。

峰峰期末，本区地壳上升成陆，遭受长期风化剥蚀。本期沉积物残留厚度自南而北变薄，磁县一带厚 155m，到曲阳一带仅厚 55m；曲阳以北地区，由于构造抬升较强，本期沉积物剥蚀缺失。

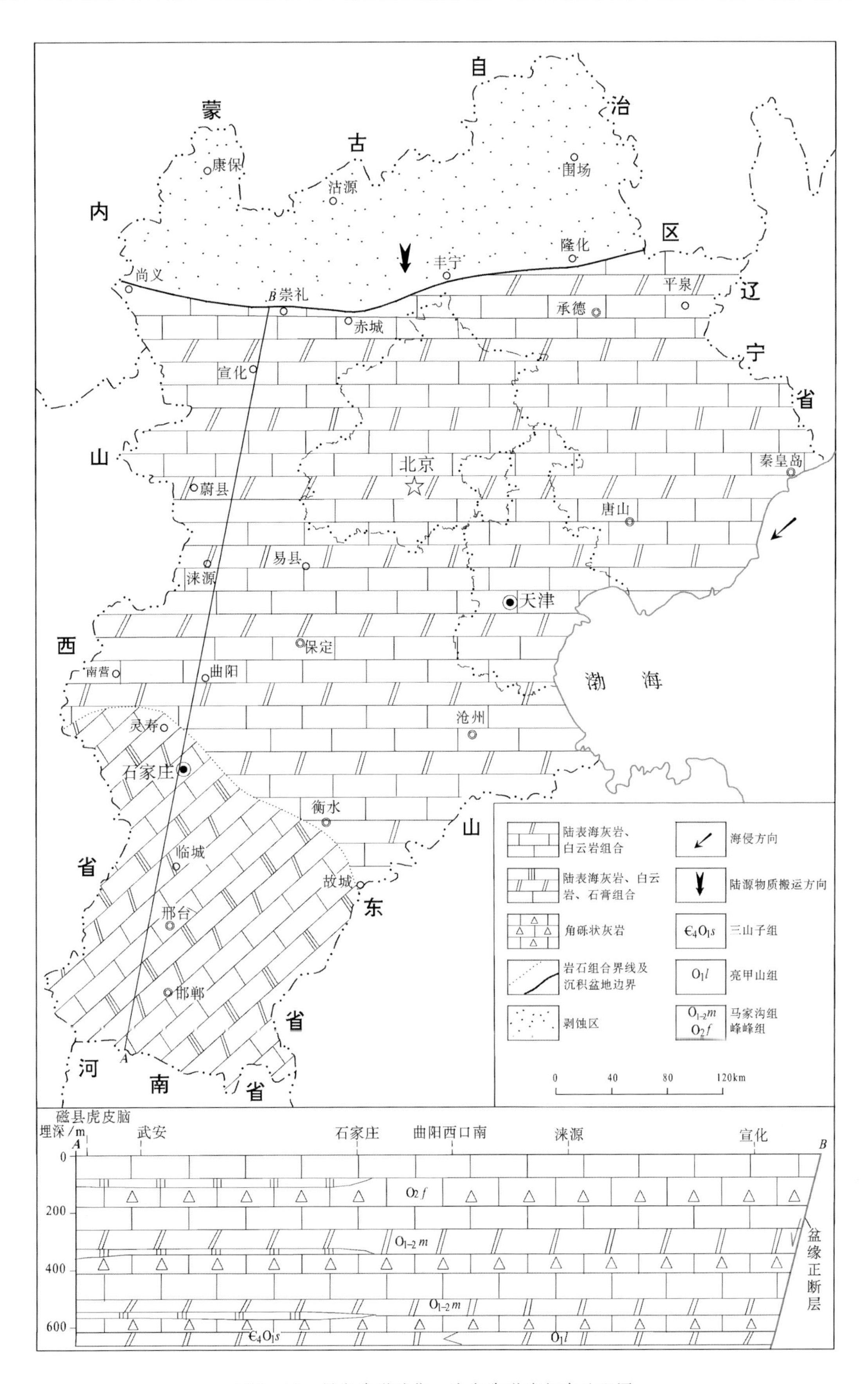

图 2-17　早奥陶世晚期—中奥陶世岩相古地理图

18. 晚石炭世—早二叠世中期岩相古地理(图2-18、图2-19)

进入晚石炭世时期，本区处于挤压状态，尚义-隆化区域断裂以南地区，地壳又开始下降形成继承性坳陷盆地，接受了本溪组(C_2b)和太原组(P_1t)海陆交互相含煤沉积建造(图2-18)及山西组($P_1\hat{s}$)陆相含煤沉积建造(图2-19)。而康保-围场区域断裂以北地区，自早二叠世地壳开始下降形成弧前盆地，接受了三面井组(P_1s)一套滨浅海相沉积建造(图2-19)。该阶段可分为晚石炭世本溪期、早二叠世早期太原期、早二叠世中期山西期及早二叠世早中期三面井期。

1)晚石炭世本溪期

本溪期早期，随着海平面上升，海水浸漫直达古陆风化壳带。铁、铝质等风化壳物质不断被水流搬运并堆积到较低的喀斯特洼地、漏斗和潟湖洼地内。底部形成赤铁矿、褐铁矿透镜体(山西式铁矿)，其上为铝土质页岩、铝土岩(铝土矿)。

本溪中晚期，沉积物主要是深褐—灰黑色页岩、碳质页岩、含铁细砂岩、粉砂岩夹灰色铝土质页岩、铝土岩及煤层(线)；盆地北部边缘地区还夹几层砾岩；富含植物化石，主要为滨海—湖沼沉积环境。

本溪期沉积物北厚南薄，抚宁一带厚50余米，武安一带厚仅7m左右。

2)早二叠世早期太原期

太原期本区海进、海退更加频繁，沉积物主要是灰—灰黑色泥岩、页岩、粉砂岩夹灰岩及煤层，盆地北部边缘地区尚夹有几层砾岩。其中泥岩、页岩水平层理发育，粉砂岩具波纹层理。富含植物及蜓类、腕足类、珊瑚、海百合茎等化石，为气候湿热、植被茂盛的滨海沼泽环境。沉积厚度60～176m，涞水一带为沉积中心。

3)早二叠世中期山西期

山西期本区基本上脱离了海洋沉积环境，接受了一套陆相含煤沉积物。主要为灰—灰黑色页岩、泥岩、粉砂岩、细砂岩夹灰白色中粗粒砂岩及煤层，盆地北部边缘地区还夹有几层砂砾岩。其中泥岩、页岩水平层理很发育，细砂岩、粉砂岩具波状层理，富含植物化石，为气候温湿，植被繁盛的沼泽环境，与太原期沉积环境有一定的继承性。其沉积厚度以唐山、北京、曲阳、井陉等地最大，190～300m；抚宁、兴隆、平泉等地沉积厚度45～120m；临城、武安等地，厚度约120m。

4)早二叠世早中期三面井期

三面井期沉积物，主要为灰色、灰绿色、灰黄色、灰白色等色砾岩、含砾杂砂岩、长石砂岩、细砂岩、粉砂岩、页岩，夹少量生物灰岩，砂岩中水平层理发育。富含蜓科、有孔虫、海百合茎及腕足类化石，为滨浅海沉积环境。沉积厚度269～450m。

19. 早二叠世晚期—晚二叠世岩相古地理(图2-20、图2-21)

早二叠世晚期—晚二叠世基本继承了早二叠世早中期古地理轮廓(图2-20、图2-21)。

康保-围场区域断裂以北地区，仍为滨浅海相弧前盆地，盆地中充填了额里图组($P_{1-2}e$)。尚义-隆化区域断裂以南地区，仍为内陆坳陷盆地，接受一套以河流相为主体的沉积物——下石盒子组($P_{1-2}x$)、上石盒子组($P_{2-3}\hat{s}$)、孙家沟组(P_3s)。此外，丰宁云雾山—胡麻营一带，则发育一套中酸性火山岩——云雾山组(P_2y)，其盆地性质为弧后火山盆地。两区之间仍为古陆剥蚀区。该阶段可分为早二叠世晚期—中二叠世早期额里图期与下石盒子期、中二叠世晚期—晚二叠世早期上石盒子期及晚二叠世晚期孙家沟期。

1)早二叠世晚期—中二叠世早期额里图期

额里图早期，沉积物主要为灰色、灰绿色、灰黄色、灰白色砾岩、含砾杂砂岩、长石砂岩、细砂岩、粉砂岩、页岩，夹少量生物灰岩。水平层理发育，灰岩中含少量蜓科化石，属滨浅海相沉积环境。沉积厚度516m(邻区)。

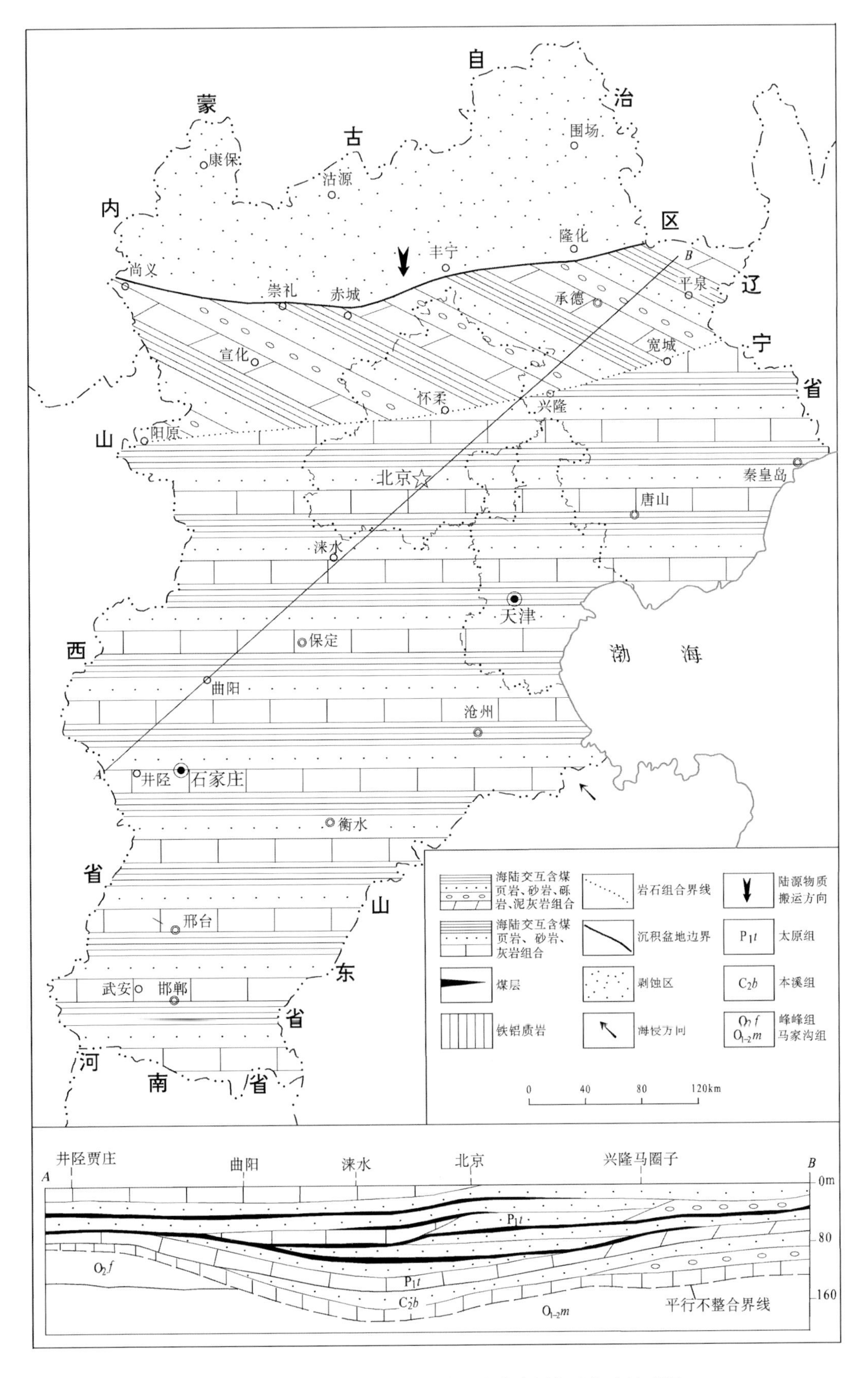

图 2-18　晚石炭世本溪期—早二叠世太原期岩相古地理图

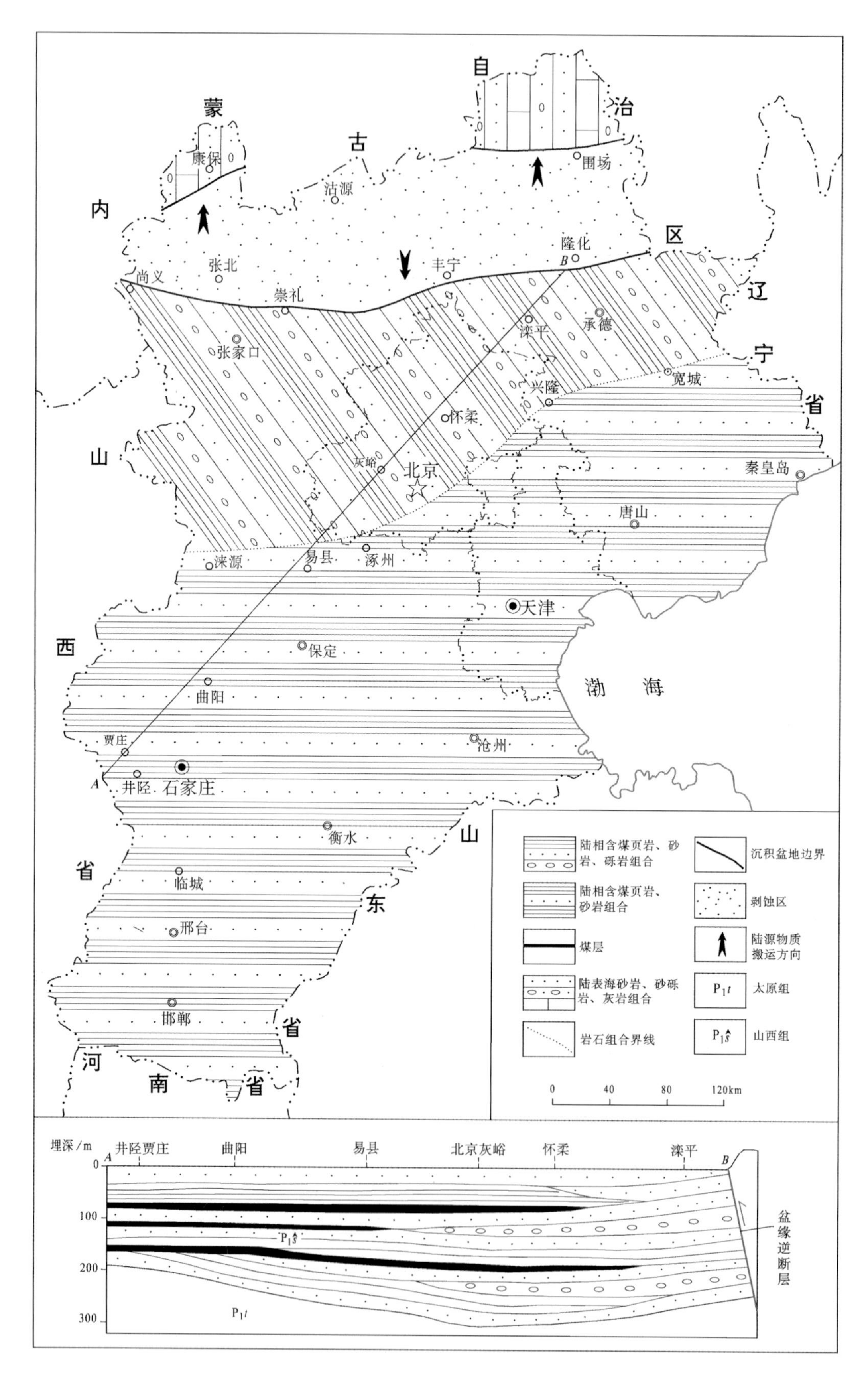

图 2－19　早二叠世山西期、三面井期岩相古地理图

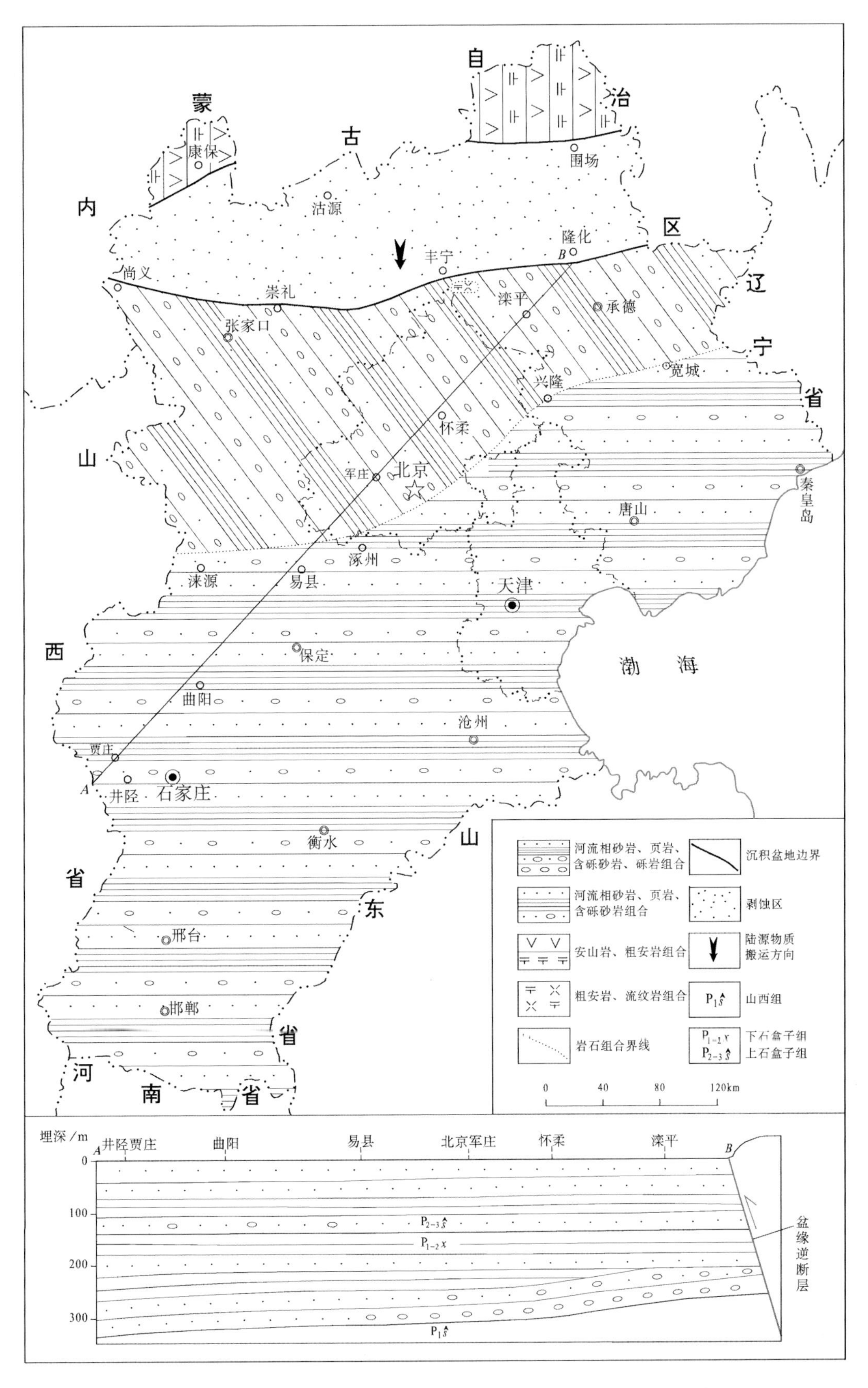

图 2-20 早二叠世—晚二叠世额里图期、下石盒子期、上石盒子期岩相古地理图

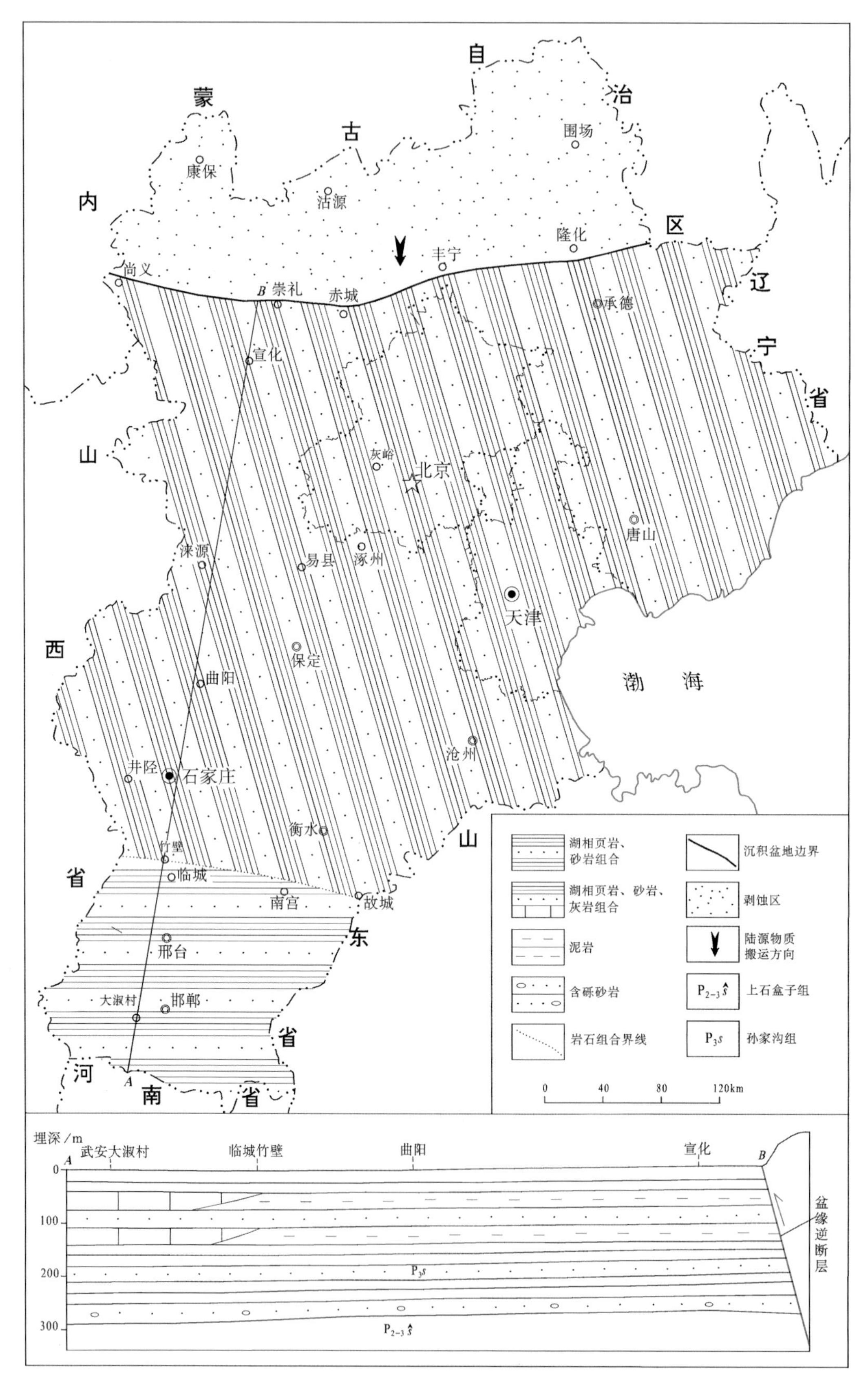

图 2-21 晚二叠世孙家沟期岩相古地理图

额里图晚期，以火山活动为主，盆地中有中性火山岩及火山碎屑岩形成，发育厚度 522～1081m。

2）早二叠世晚期—中二叠世早期下石盒子期

下石盒子期主要为灰色、灰白色、灰黑色、黄灰色、紫色中粒长石石英砂岩、细砂岩、粉砂岩夹黄褐色、黄绿色页岩、泥岩，局部夹碳质页岩及煤线，盆地北部边缘地区还含有底砾岩。其中粗砂岩具大型槽状交错层理，中—细砂岩具水平层理、板状交错层理，粉砂岩具小型砂纹交错层理，为干旱气候条件下曲流河环境。沉积厚度 100～200m。

3）中二叠世晚期—晚二叠世早期上石盒子期

上石盒子期主要为黄绿色、紫红色、灰白色中粗粒长石石英砂岩、粉砂岩、细砂岩夹紫红色、灰白色含砾粗粒长石石英砂岩，黄绿色页岩、泥岩。其中含砾粗砂岩具大型交错层理，中、粗砂岩具大型砂纹层理，细砂岩具小型波纹层理，泥岩、页岩具水平层理，为半干旱—干旱气候条件下网状河流环境。沉积厚度 89～521m，沉积中心位于武安—临城一带。

4）晚二叠世晚期孙家沟期

孙家沟期沉积物主要为红色、紫红色、紫灰色、灰褐色页岩、粉砂岩、细砂岩、泥岩，夹中粗粒长石砂岩，常见钙质结核。临城竹壁—故城一线以南地区，中上部夹有数层淡水泥晶灰岩或泥灰岩。粉砂岩、页岩、泥岩中波纹层理、水平层理发育，含少量植物、介形虫及扁体鱼鳞片化石，为燥热气候条件下淡水湖泊环境。沉积厚度 100～283m，沉积中心位于武安一带。

20. 早—中三叠世岩相古地理（图 2－22）

早—中三叠世继承了晚二叠世孙家沟期的古地理轮廓，以尚义-隆化区域断裂为界，其南部为盆地沉积区，北部主要为隆起剥蚀区，局部有安山岩、粗安岩及英安岩形成。该阶段可分为早三叠世早期刘家沟期、早三叠世晚期和尚沟期及中三叠世二马营期，分别对应于刘家沟组、和尚沟组与二马营组。

1）早三叠世早期刘家沟期

刘家沟期的沉积物主要为一套粉红色、灰白色、浅砖红色厚层含砾中—粗砂岩，夹砖红色等粉砂质泥岩、粉砂岩、细砂岩、砂岩及砾岩，局部夹有泥灰岩。砂岩具楔状、槽状和板状交错层理，粉砂岩中水平层理很发育。含较多的泥砾及钙质结核，层面可见泥裂、雨痕和波痕，属气候干燥的河流相与湖相沉积环境。沉积厚度平泉一带 716m，武安一带 530m。

2）早三叠世晚期和尚沟期

和尚沟期的沉积物为砖红色泥钙质粉砂岩、粉砂质泥岩与紫红色粉砂岩、砂岩互层，夹少量灰紫色砂砾岩等。泥质粉砂岩和泥岩中富含钙质结核，楔状、槽状、板状交错层理非常发育，平行层理、水平层理常见，含较多植物化石，属气候干燥的河流相或河湖相沉积环境。沉积厚度以承德武场最大，达 428m，其他地区一般为 200m 左右。

3）中三叠世二马营期

二马营期的沉积物为紫红色、灰紫色和黄灰色复成分中细砾岩、含砾中粗粒长石岩屑砂岩、中细粒岩屑砂岩、粉砂岩、钙质粉砂岩、粉砂质泥岩、泥岩、页岩。发育槽状、板状交错层理及平行层理、水平层理。泥岩中含大量钙质结核，植物化石及遗迹化石丰富，属以干旱气候为主间夹较为温湿气候条件下的河流相或河湖相沉积环境。承德下板城沉积厚度 705～807m，武安一带沉积厚度 105～225m。

21. 晚三叠世岩相古地理（图 2－23）

晚三叠世杏石口期本区处于较强烈的拉张活动状态，大部地区上升为剥蚀区，仅在下花园、尚义西北大西沟—小厂棚沟、滦平大石棚、承德县—平泉及北京西山等地带有小型裂陷盆地形成（图 12－2）。沉积物为一套灰色、紫灰色、灰紫色、紫红色复成分砾岩，夹黄绿色砂岩、粉砂质泥岩等。砾石无分选，大小混杂，磨圆差，多为次棱角状，含大量巨砾，无明显层理。属半干旱—干旱气候冲积扇环境。沉积厚度

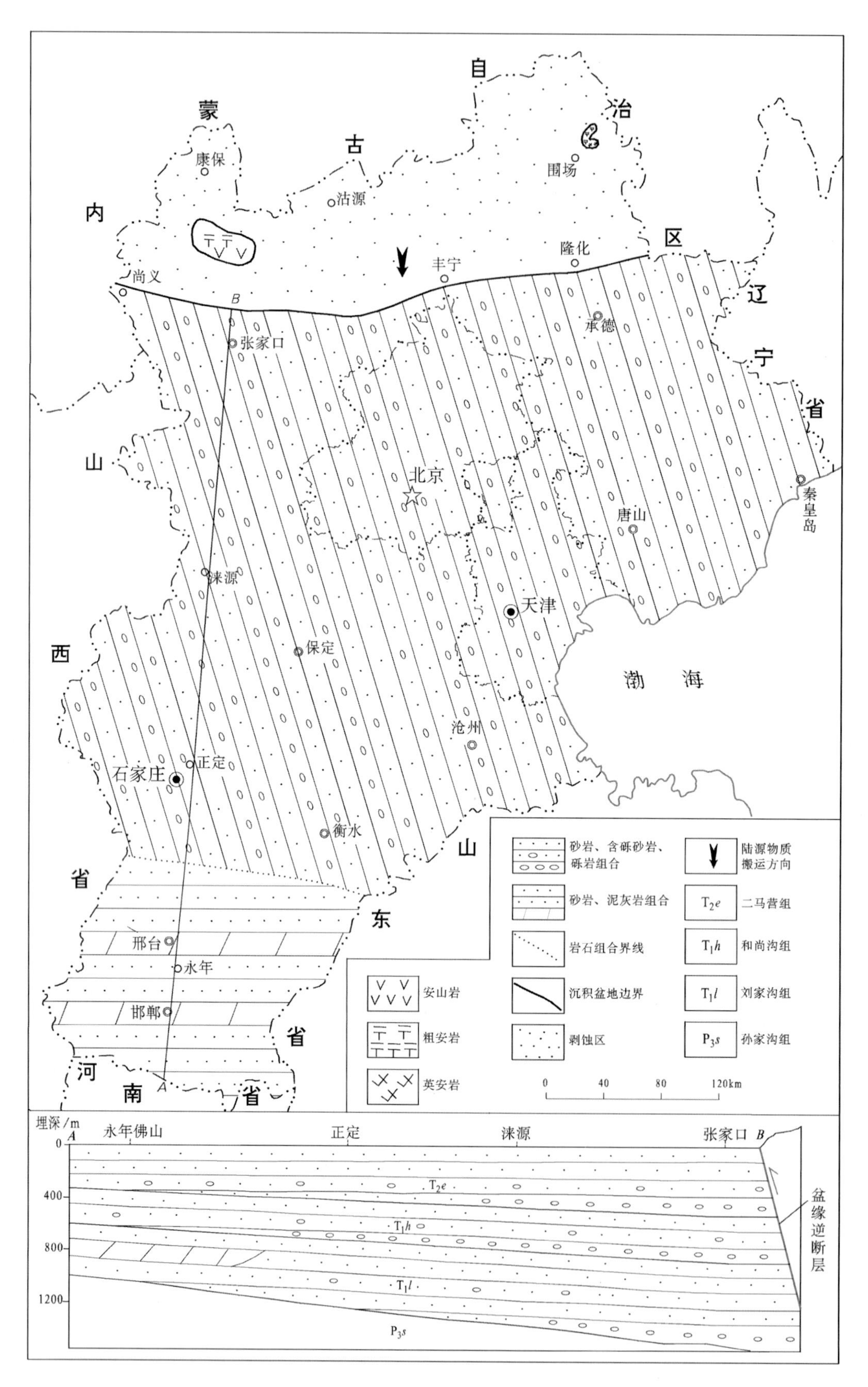

图 2-22 早三叠世—中三叠世岩相古地理图

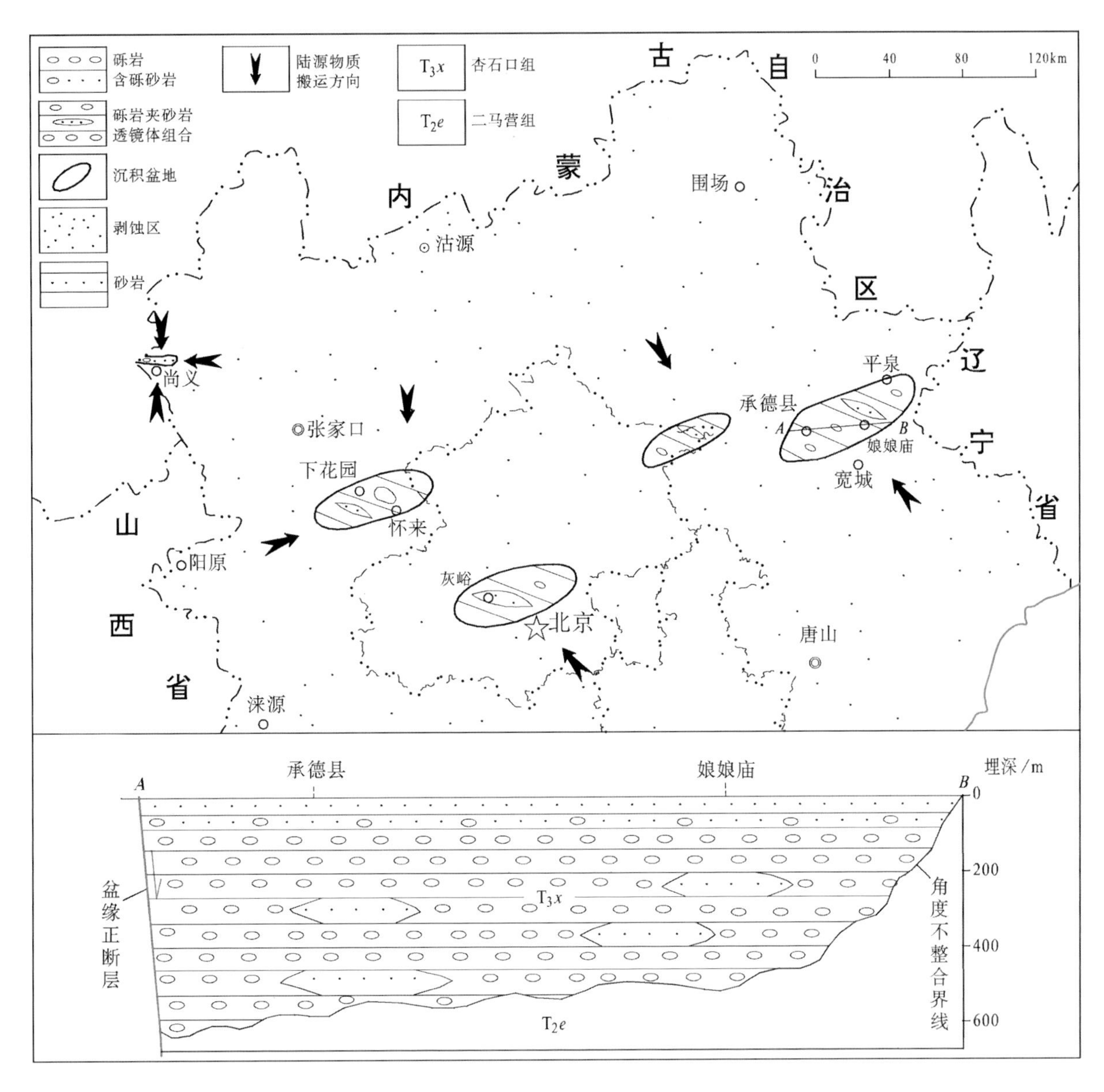

图 2-23 晚三叠世岩相古地理图

以尚义西北大西沟—小厂棚沟盆地最大，厚达866m，并且中部夹有粗面岩及熔结凝灰岩；承德县-平泉盆地次之，厚达706m，其他盆地一般厚8～45m。

22. 早侏罗世岩相古地理（图2-24）

早侏罗世本区开始处于板内造山的挤压状态，在中北部地区有挤压继承性盆地和新生挤压拗陷上叠性盆地形成。该时期可分为早侏罗世早期南大岭期与早侏罗世晚期下花园期，分别对应于南大岭组与下花园组。

1）早侏罗世早期南大岭期

南大岭期有深绿色、灰绿色、黑灰色致密块状玄武岩，安山质玄武岩，玄武质集块角砾岩夹黄绿—黄褐色砾岩、砂岩、粉砂质泥岩和黑灰色页岩及煤线形成。沉积岩属温湿气候条件下的辫状河流沉积环境的产物，下部主要为层理不明显的块状砾岩，无分选，砾石向上变小，数量渐少，砂质透镜体增多，属冲积扇环境；河道滞留砾岩多呈透镜状，不连续，砾石呈叠瓦状排列；上部河道沙坝沉积相中粗粒厚层状砂

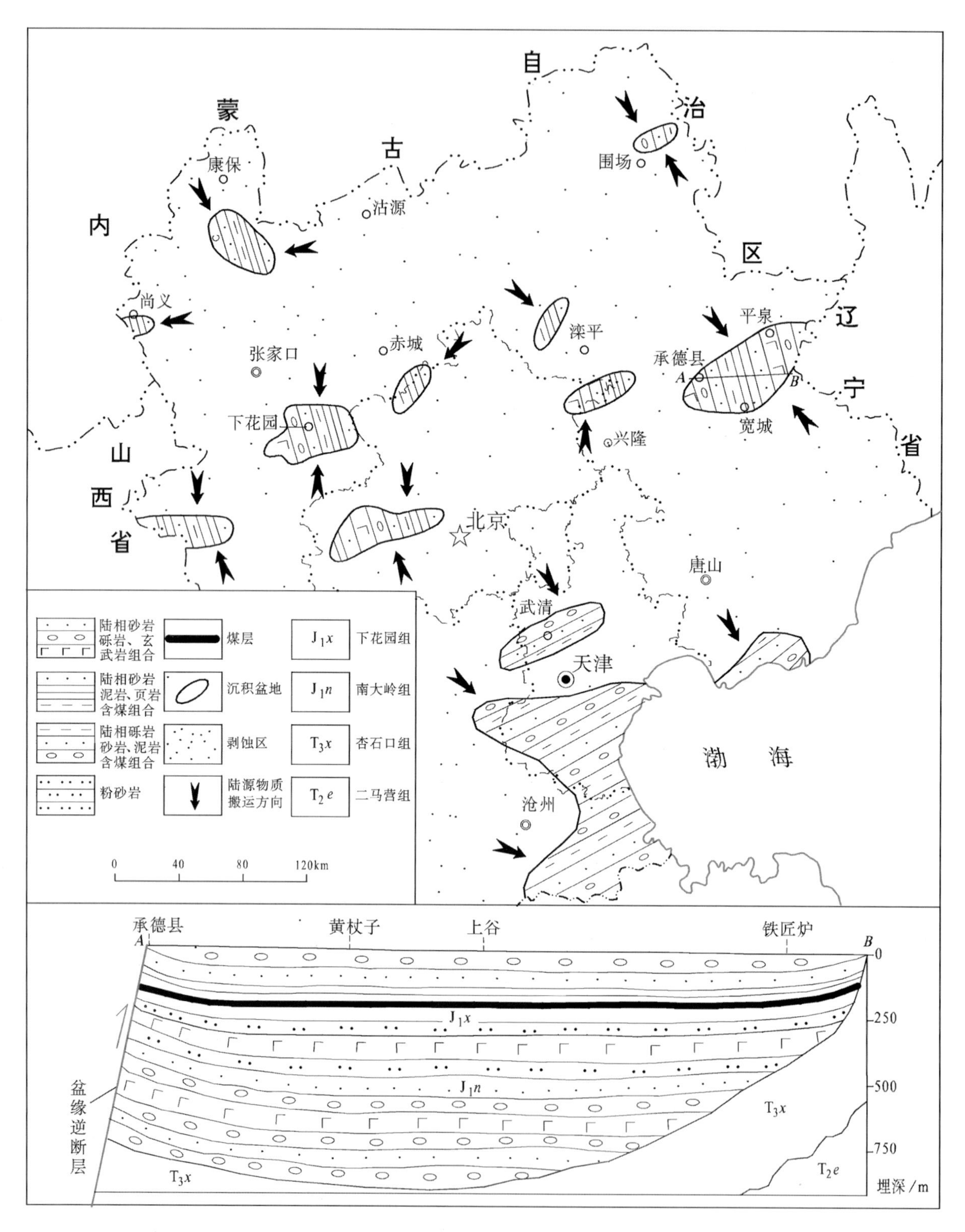

图 2-24 早侏罗世岩相古地理图

岩、小型板状交错层理砂岩、平行层理中细砂岩均非常发育；洪泛平原沉积相不太发育，为藻层泥岩夹煤线；富含植物化石。南大岭期堆积物以围场北部厚度最大，达 824m，其他盆地在 250～767m。

2）早侏罗世晚期下花园期

下花园期的沉积物为一套陆相含煤地层，下部为灰绿色、黄绿色和灰黄色砂岩、粉砂岩和灰黑色粉

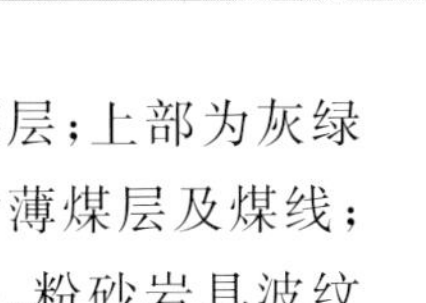

砂质页岩、碳质页岩，夹含砾粗砂岩、粗砂岩、砾岩和泥灰岩、灰岩、钙质泥岩等，含工业煤层；上部为灰绿色、灰黄色粗砂岩，细砂岩，夹砾岩，粉砂质页岩、碳质页岩等，部分地区为深灰色泥岩，含薄煤层及煤线；为温暖潮湿气候条件下的沼泽相与河湖相产物。其中泥岩、页岩发育水平层理，细砂岩、粉砂岩具波纹层理与交错层理，含大量铁质结核和泥灰岩团块，富含植物化石；砾岩呈块状，无层理，砾石无分选，磨圆差，多为次棱角状，夹平行层理含砾粗砂岩、砂岩透镜体。下花园期沉积以下花园盆地厚度最大，厚达1193m，其他盆地厚70～1018m。

23. 中侏罗世早期—晚侏罗世早期岩相古地理(图2-25)

中侏罗世早期—晚侏罗世早期本区仍处于板内造山的挤压状态，构造活动不断加强。基本上是在早侏罗世岩相古地理基础上的继承性发展，虽然在陆相盆地的数量上略有减少，但盆地分布的总面积有所扩大，其岩相古地理概况及主要特征如图2-25所示。该阶段可分为中侏罗世早期九龙山期与中侏罗世晚期—晚侏罗世早期髫髻山期，分别对应于九龙山组与髫髻山组。

1)中侏罗世早期九龙山期

九龙山期的沉积物有浅灰绿—黄褐—灰白色砾岩、紫红—灰绿—灰白色含砾粗砂岩、粗砂岩、细砂岩、岩屑砂岩、粉砂岩、泥质粉砂岩、粉砂质泥岩、泥岩、页岩，夹有薄层灰紫色英安质凝灰岩、灰绿色和浅灰色流纹质晶屑或玻屑凝灰岩、凝灰质砂岩及粗面岩等。九龙山早期以块状复成分砾岩与发育槽状、板状交错层理的砂岩及平行层理或水平层理的细砂岩、粉砂岩、泥岩为主，为干旱—半干旱气候条件下辫状河流环境的沉积物；九龙山中晚期以薄层状发育波纹层理的粉砂岩、细砂岩和具水平层理的泥岩、页岩为主，为干旱—半干旱气候条件下湖泊环境的沉积物。九龙山期以九龙山-怀柔盆地沉积厚度最大，厚达1520m，其他盆地一般为80～735m。

2)中侏罗世晚期—晚侏罗世早期髫髻山期

髫髻山期的沉积物主要为紫红色、灰褐色、灰绿色砾岩、砂岩、粉砂岩、粉砂质泥岩、泥岩，呈夹层状产于火山岩中。其中粉砂岩、粉砂质泥岩、泥岩中具平行层理与水平层理，砂岩中具交错层理，为干旱间夹温湿气候条件下河流环境的沉积物。发育厚度(包括火山岩)以北京西山最大，厚达3731m，其次是承德—平泉一带厚达2931m，其他盆地厚度在20～1500m之间。

24. 晚侏罗世晚期岩相古地理(图2-26)

晚侏罗世晚期——土城子期，本区处于强烈挤压逆冲推覆阶段，沉积盆地数量与分布总面积急剧减少。同时，发育部分火山盆地，有白旗组酸性、中性及偏碱性火山岩形成。

该期沉积物主要为暗紫—紫褐色砾岩、含砾粗砂岩、砂岩夹紫红色、砖红色、灰绿色粉砂岩、页岩及泥岩等。生物化石稀少，为干旱—半干旱气候条件下河湖相的沉积产物。其中砾岩为厚层—块状，层理不明显，夹砂岩透镜体，砾石成分复杂，分选差，颗粒支撑或杂基支撑，常见巨砾；砂岩具板状层理、平行层理，粉砂岩、泥岩具水平层理。早期多形成冲洪积扇，以泥石流及辫状河沉积为主；中期以扇三角洲及滨浅湖沉积最发育；晚期主要为辫状河沉积。以兴隆鹰手营子一带沉积厚度最大，达2650m，其他地区在280～2600m之间。

25. 早白垩世早期岩相古地理(图2-27)

早白垩世早期—张家口期，本区处于强烈挤压板内造山的鼎盛期，在各盆地中以火山作用为主，沉积作用次之。张家口组的分布面积和堆积厚度，均位于中生代地层之首。

该期火山岩中呈夹层状产出的沉积岩主要有紫红—灰绿色砾岩、砂砾岩、砂岩、泥岩及凝灰质砂岩等。沉积夹层主要为干旱间夹温湿气候条件下河流相的沉积产物，部分属于破火山口湖相沉积产物。

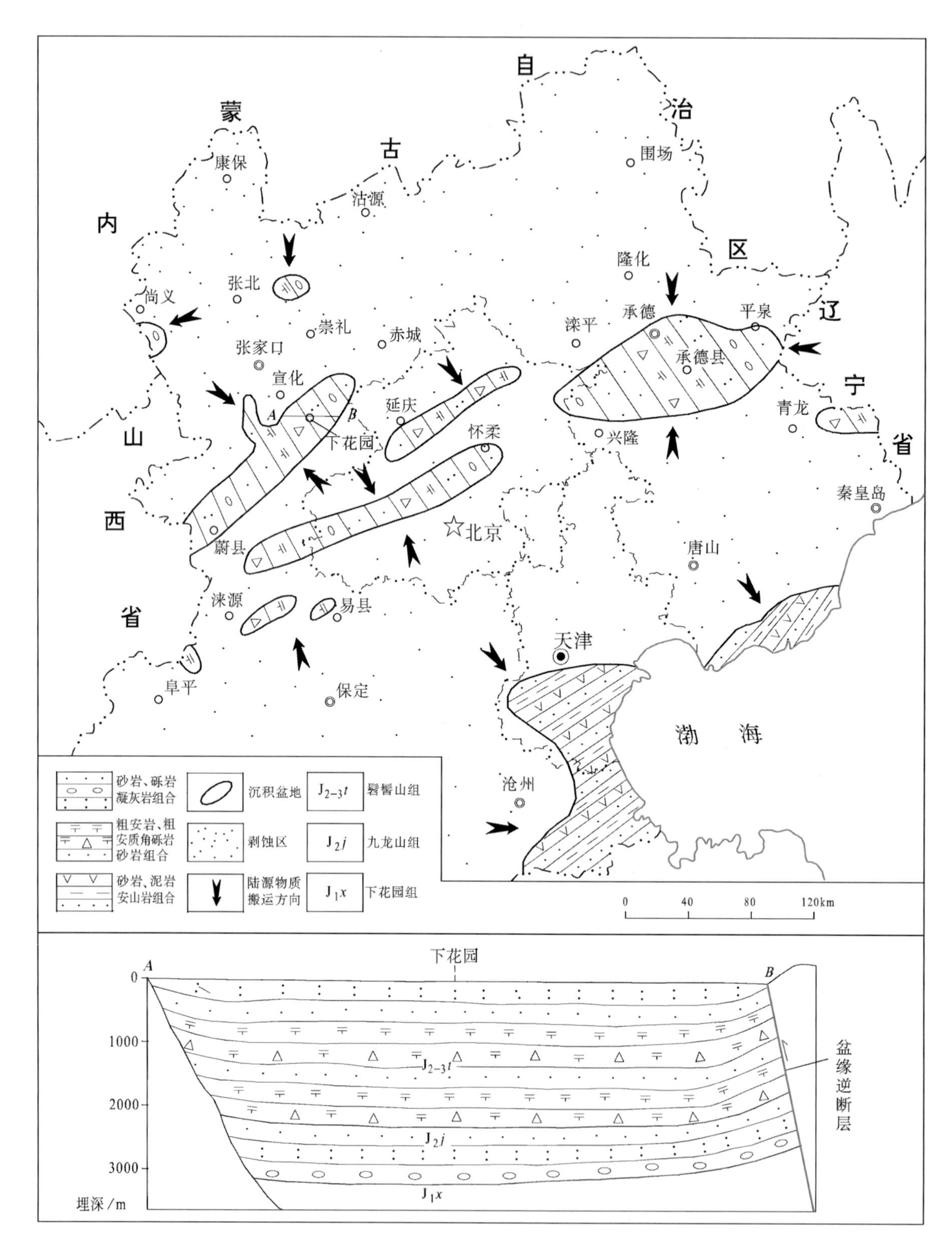

图 2-25 中侏罗世早期—晚侏罗世早期岩相古地理图

张家口期形成的沉积岩与火山岩的总厚度，在赤城独石口—丰宁四岔口一带最大，为4006m，其他地区一般为237～3690m。

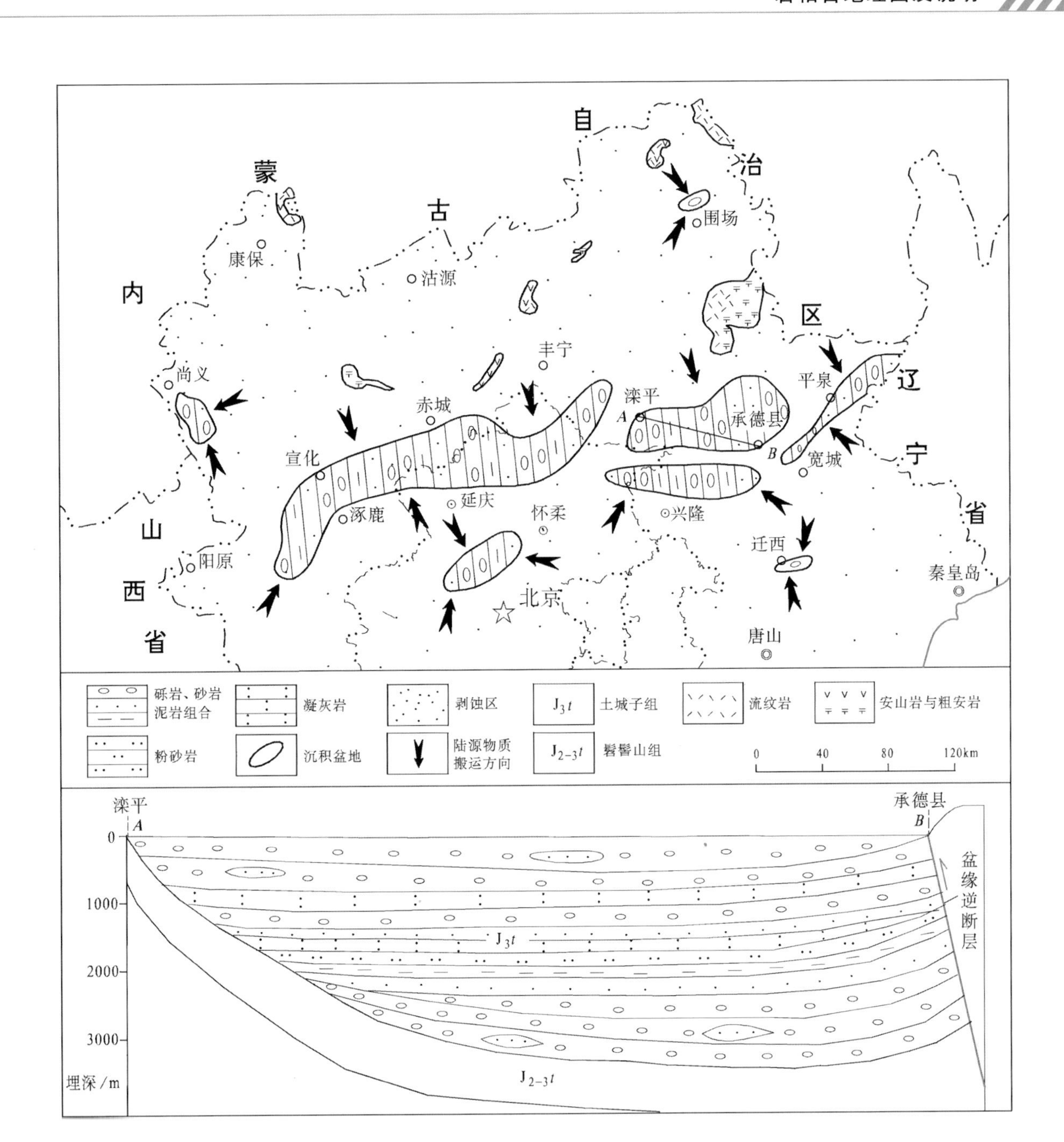

图 2－26　晚侏罗世晚期土城子期岩相古地理图

26. 早白垩世中期—晚白垩世早期岩相古地理(图 2－28)

早白垩世中期—晚白垩世早期本区处于板内造山晚期与造山期后相对稳定的过渡期，各类盆地的数量和分布总面积逐步减少，到晚白垩世晚期盆地全部消亡。该阶段可分为早白垩世中期大北沟期、义县期(或九佛堂期)，早白垩世晚期青石砬期及晚白垩世早期南天门期，分别对应于大北沟组、义县组和九佛堂组、青石砬组及南天门组。

1)早白垩世中期大北沟期

大北沟期的盆地数量与分布总面积与张家口期相比有大幅度的减少，燕山及其以北地区均为小型盆地，华北平原区廊坊—保定—石家庄一带盆地范围最大。各盆地中以沉积作用为主，部分地区间夹火山作用。

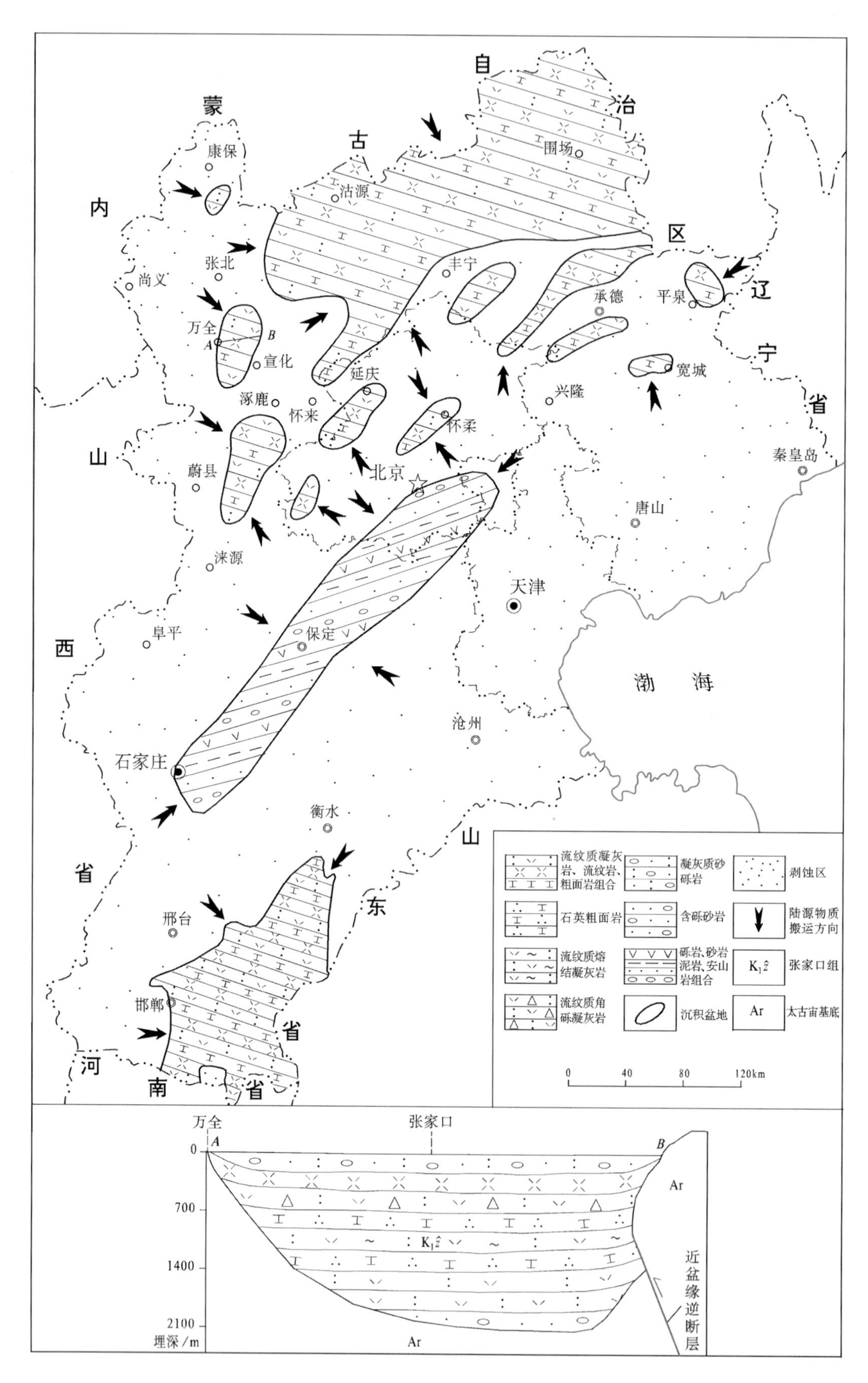

图 2-27 早白垩世早期岩相古地理图

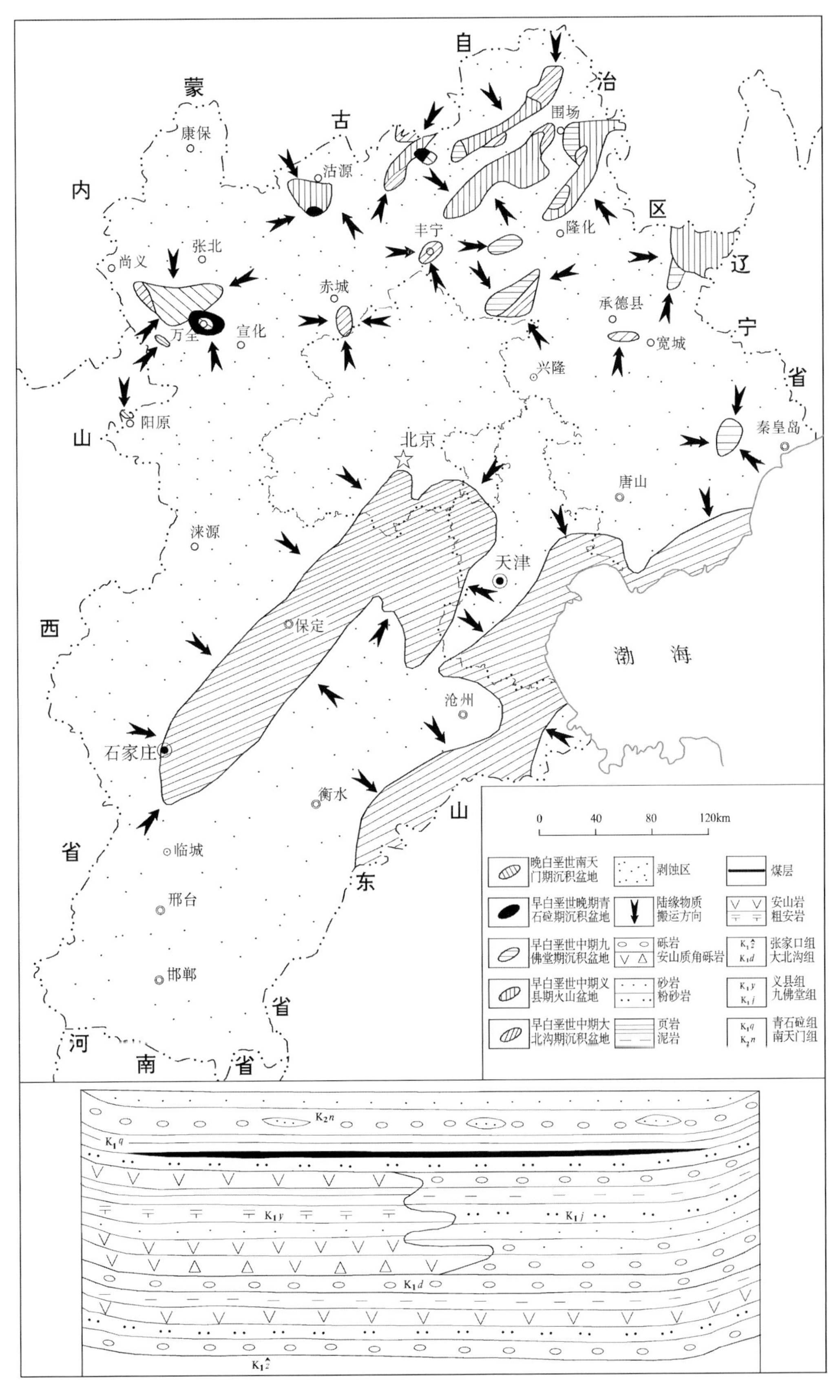

图 2-28 早白垩世中期—晚白垩世早期岩相古地理图

燕山及其以北地区的小型盆地中，沉积岩以深灰色、灰绿色为主，间夹灰白色、灰色、灰紫色等；主要为凝灰质砾岩、砂岩、凝灰质粉砂岩、粉砂岩、页岩夹砂砾岩、含砾粗粒长石砂岩、岩屑长石砂岩、粗砂岩、钙质细砂岩、钙质粉砂岩、泥灰岩、油页岩，部分地段夹有火山岩。含热河生物群化石，为温湿间夹凉爽和干热气候条件下的河湖相沉积产物。其中粉砂岩、泥岩、页岩水平层理和波纹层理发育；砂岩中多见平行层理、斜层理；砾岩多呈透镜状，分选差，磨圆较好。以尚义闫家窑一带沉积厚度最大，为2362m，其他盆地多为50～1035m。

华北平原区廊坊—保定—石家庄一带的盆地中，以湖相沉积为主，间夹河流相沉积。沉积岩以深灰色、灰黑色、灰绿色为主，间夹灰白色、灰色、紫红色，反映了以温湿为主间夹凉爽和干热的气候条件。西部地区以泥岩为主，夹砂砾岩、砂岩、凝灰质砂岩、泥灰岩、泥质白云岩、油页岩、煤层与煤线，上部夹有含膏泥岩及石膏层；富含介形类、轮藻及孢粉化石；厚度1274～2015m。东部地区为泥岩夹砂砾岩，厚度366～968m。

在天津—沧州东部的盆地中沉积岩主要有紫红色、深灰色、灰绿色砾岩、砂砾岩、砂岩、泥岩及杂色凝灰质砂岩，局部夹有煤层与煤线、碳质页岩等。主要为以温湿为主间夹凉爽和干热的气候条件下湖相沉积产物，少量为河流相沉积产物。

2)早白垩世中期义县期或九佛堂期

义县期或九佛堂期时代相同，即义县组与九佛堂组为同时异相的产物，两组之间呈指状交互接触关系。义县组以火山作用为主，间夹沉积作用；而九佛堂组以沉积作用为主，间夹火山作用。义县组和九佛堂组分布于燕山及其以北地区。

义县组的沉积岩夹于火山岩之中，主要为灰—灰绿色页岩、粉砂岩、砂岩，灰白色凝灰质砂岩，褐黄—灰白色砾岩等。含丰富的热河生物群化石，为温湿间夹凉爽气候条件下河湖相的沉积物。沉积岩与火山岩的总厚度以平泉茅兰沟—榆树林子一带最大，为3000m，其他盆地多为1179～1733m。

九佛堂组的沉积岩为灰白色、灰褐色、灰黑色、灰绿色等细砂岩、粉砂岩、页岩、钙质页岩、含油页岩、粉砂质泥岩，局部夹火山碎屑岩及砂砾岩。含丰富的热河生物群化石，为温湿间夹凉爽气候条件下河湖相的产物。其中粉砂岩、页岩、泥岩中波纹层理和水平层理发育；砂岩具板状、楔状交错层理及平行层理、斜层理、包卷层理。沉积厚度以滦平一带最大，为2929m，其他盆地为119～1884m。

3)早白垩世晚期青石砬期

青石砬期是本区板内造山全面结束之后稳定过渡期的早期，仅在少数继承性拗陷上叠盆地中有青石砬组陆相含煤建造形成，盆地数量与分布总面积均急剧减少。

青石砬期主要为黑灰色、灰绿色砂质页岩、黏土岩(泥岩)、碳质页岩、粉砂岩，细砂岩，夹砾岩、含砾砂岩、砂岩及薄煤层及煤线，富含植物化石，为温湿间夹凉爽气候条件下河湖相产物。其中页岩、泥岩具水平层理，细砂岩、粉砂岩波纹层理发育，砂岩具平行层理、斜层理，砾岩为块状层理，杂基支撑。沉积厚度69～942m。

4)晚白垩世早期南天门期

南天门期是本区板内造山全面结束之后稳定过渡期的中期，仅在少数继承性拗陷上叠盆地中有南天门组类磨拉石建造沉积，盆地数量与分布总面积较青石砬期有所增加。

南天门期沉积岩主要为砖红色、黄褐色、灰白色砾岩、砂砾岩、含砾中粗粒砂岩，夹砂岩、粉砂岩、黏土岩、页岩，含介形虫、轮藻及爬行动物化石，为干旱—半干旱间夹凉爽气候条件下河流相的产物。其中砾岩呈巨厚层状、块状，成分复杂，含巨砾及砂岩透镜体，砾石大小混杂，次圆—次棱角状；含砾中粗粒砂岩具平行层理及斜层理；中细粒砂岩具板状层理、平行层理；粉砂岩、页岩水平层理发育。沉积厚度15～916m。

南天门期之后的晚白垩世晚期本区整体处于隆起状态，缺失建造记录。

27. 高原区与山区始新世西坡里期岩相古地理(图 2－29)

该时期内蒙古(坝上)高原南缘盆地区仍然处于隆起状态,无建造记录。太行山-燕山山间盆地区在伸展拉张作用下,致使少数盆地初步形成,整体具有不均衡活动的特点。在阳原沉积-火山盆地中有蔚县组形成,以火山作用为主,间夹沉积作用。在斗军湾与灵山两个沉积盆地中有西坡里组形成,以沉积作用为特征。沉积相以河流相、湖相为主,间夹沼泽相。各沉积建造的物源为盆地外围的隆起剥蚀区,如图 2－29 所示。以灵山沉积盆地为例作进一步分析。

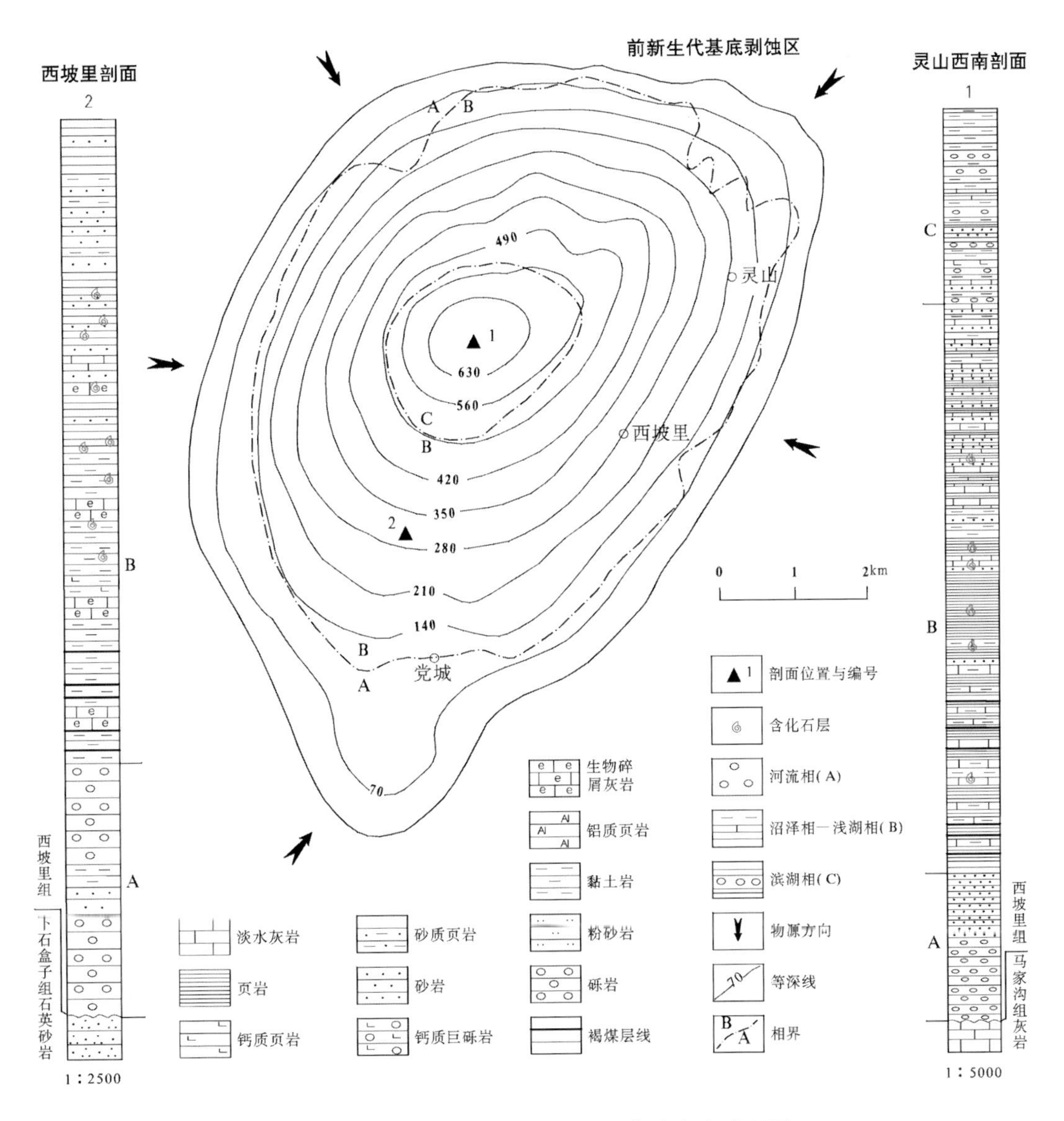

图 2－29 灵山盆地始新世西坡里期岩相古地理图

西坡里早期因断陷和拗陷作用盆地初步形成,河流从四周向盆地汇入,形成河流相碎屑岩沉积建造,分布于盆地的底部与外环并构成西坡里组的下部(见图 2－29 中 A)。

西坡里中期盆地进一步发展,随着盆地的逐步下陷和河流汇水量的加大,盆地中水体变深,形成沼泽相—浅湖相含煤沉积建造,分布于盆地的中环并构成西坡里组的中部(见图 2－29 中 B)。

西坡里晚期受不均衡伸展拉张作用制约和盆地中充填物不断加厚的影响,盆地有所萎缩,水体有所变浅，形成滨湖相碎屑岩沉积建造，分布于盆地的内核并构成西坡里组的上部(见图 2 - 29 中 C)。

在盆地的形成与发展过程中，由早到晚由河流相→沼泽相—浅湖相→滨湖相演化，所形成的沉积建造整体具有粗→细→粗的特点。

28. 高原区与山区渐新世—中新世汉诺坝期岩相古地理

该时期为拉张作用激化期，火山作用与沉积作用相间进行。内蒙古(坝上)高原南缘盆地区活动强烈，有张北沉积-火山盆地(或张北玄武岩台地)与棋盘山沉积-火山盆地(或棋盘山玄武岩台地)形成。前者有开地坊组与汉诺坝组充填，后者仅有汉诺坝组充填，沉积建造的物源为盆地外围的隆起剥蚀区。从汉诺坝组中沉积夹层与开地坊组沉积建造特征及所含化石分析，由早到晚沉积建造具有由细变粗的特点，沉积相由湖相向河流相演化；古气候由温湿与干热交替演化，具有亚热带的气候特征。

在太行山-燕山山间盆地区有承德县南沉积盆地、雪花山沉积-火山盆地及管陶沉积-火山盆地形成，斗军湾与灵山两个沉积盆地继续接受沉积。雪花山及管陶两个沉积-火山盆地以火山作用为主，间夹河湖相沉积作用，有汉诺坝组充填；其他盆地以河湖相沉积作用为特征，有灵山组或九龙口组充填；沉积建造的物源为盆地外围的隆起剥蚀区。本区该时期的古气候条件，与内蒙古(坝上)高原南缘盆地区的古气候相似，具有亚热带的气候特征。

29. 高原区与山区上新世石匣期—稻地期岩相古地理

该时期为拉张作用相对减弱期，以河湖相沉积作用为特征。有邢台沉积盆地形成，部分前期盆地继续接受沉积。从既有新的盆地形成，又有前期盆地发生萎缩和消亡分析，整体具有不均衡活动的特点。该时期内蒙古(坝上)高原南缘盆地区与太行山-燕山山间盆地区仍以隆起为主，间夹盆地。石匣期相应盆地中有含三趾马动物群的石匣组河湖相沉积建造充填；稻地期在塔儿村-阳原盆地有稻地组湖相杂色砂泥质沉积建造充填；沉积建造的物源为盆地外围的隆起剥蚀区。从沉积建造的特征等综合分析，古气候为亚热带—温带型，具有干热、温凉干旱的特点。

30. 华北平原断陷(或裂谷)盆地区始新世—渐新世岩相古地理(图 2 - 30)

1)始新世早期孔店期岩相古地理

孔店期为不均衡或初始至加强断陷阶段。在廊坊-衡水(或冀中)火山-沉积盆地与南堡-魏县(或黄骅)火山-沉积盆地中，首先形成多个相互隔离的小型盆地，这一认识经钻探资料得到证实。各小型盆地中有孔店组充填，以湖相沉积作用为主，间夹河流相沉积作用与火山作用；各类沉积建造的物源为盆地周围的隆起及凸起剥蚀区。根据邵时雄、王明德等(1987)通过对相关化石、结合岩性和其他资料的研究成果，孔店组中含有典型陆相化石群，其沉积建造为正常陆相沉积型，聚水盆地为淡水型湖泊，古气候属亚热带型。

孔店早期，随着不均衡断陷作用的发生，一些小型湖盆不断形成。在盆地中逐步形成了一套灰褐色、暗棕色、棕红色、灰色泥岩、砂质泥岩，夹泥质砂岩、砂岩、砂砾岩，底部为砾岩，局部有少量玄武岩夹层(孔店组三段)。古气候为亚热带型，具有干热、温湿交替变化的特点。

孔店中期，断陷作用有所加强，汇水量逐步加大，湖水不断加深，盆地不断扩张。在盆地中逐步形成了一套深灰色、灰绿色、黑色泥岩，夹页岩、油页岩、含泥长石粉砂岩建造，局部地区夹有灰岩、含膏黏土岩、玄武岩(孔店组二段)。古气候为亚热带型，具有以温湿为主，间夹干热的特点。

孔店晚期，断陷作用有所减弱，水体有所变浅，湖盆有所萎缩。在盆地中逐步形成了一套棕红色、棕褐色泥岩与砂岩互层状建造，间夹石膏黏土岩等(孔店组一段)。古气候为亚热带型，具有以干热为主的特点。

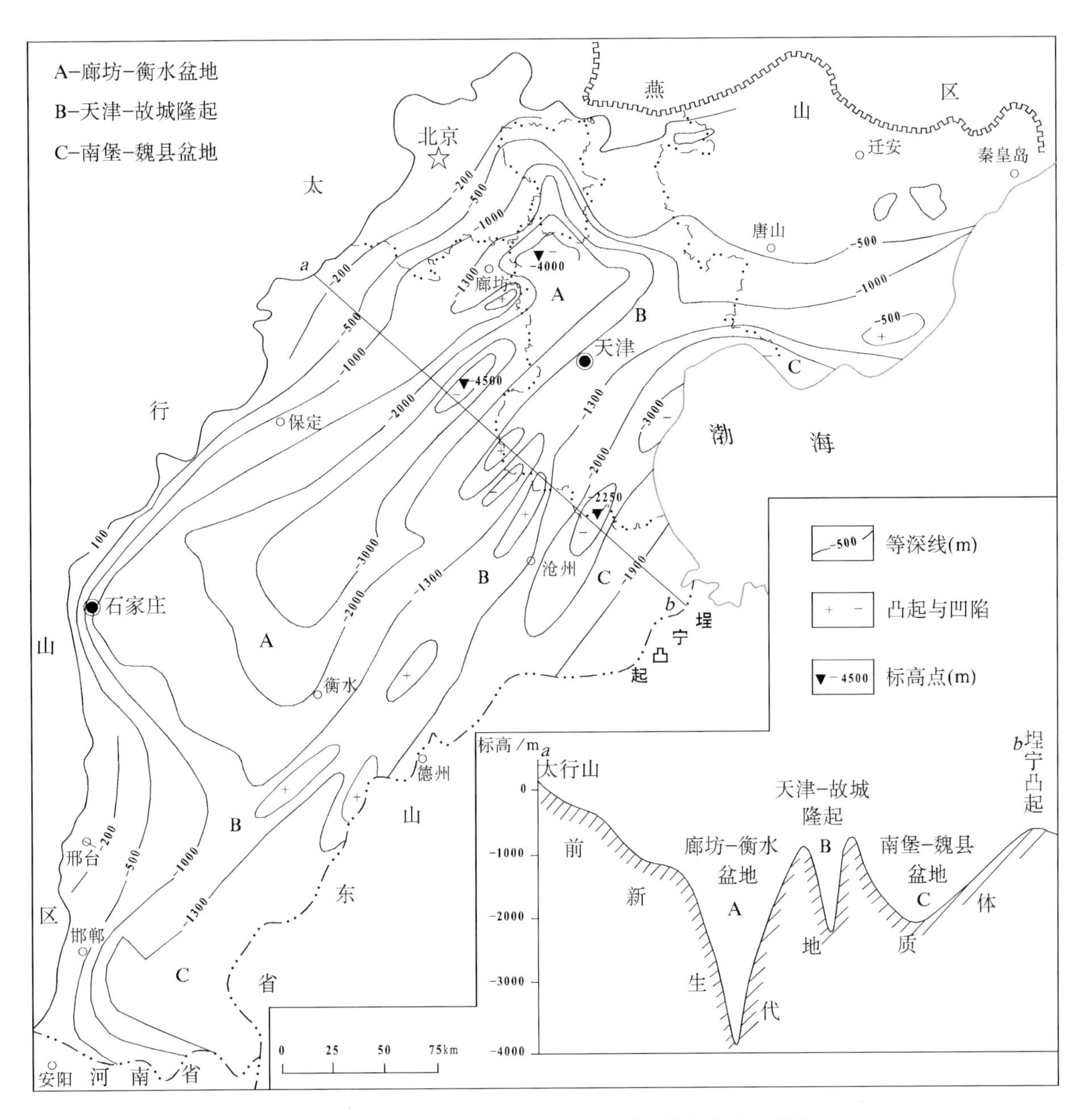

图 2-30 华北平原断陷盆地区始新世—渐新世古地理图

(据吴兴礼等,1978,资料修编)

2)始新世晚期—渐新世晚期沙河街期岩相古地理

沙河街期为强烈断陷、湖盆扩张阶段。孔店期形成的各小型盆地逐步扩张相互连通,到沙河街末期盆地水域达到了最大范围,区内的廊坊-衡水火山-沉积盆地与南堡-魏县火山-沉积盆地开始形成。各盆地中有沙河街组充填,以湖相沉积作用为主,间夹河流相沉积作用与火山作用;各类沉积建造的物源为盆地周围的隆起及凸起剥蚀区。根据邵时雄等(1987)通过对相关化石、结合岩性和其他资料的研究成果,沙河街组中同时含有典型陆相化石群与非正常陆相型(或特殊陆相型)化石群,并局部间夹海陆过渡型化石群;其沉积建造为正常陆相与非正常陆相混合沉积型建造,局部间夹海陆过渡相沉积建造;聚水盆地为淡水与半咸水混合型湖泊,局部有海水的参与;古气候属亚热带型。

沙河街早期，随着断陷作用的不断加强，孔店期形成的孤立小盆地逐步扩张，并不断连通。盆地中逐步形成了一套以正常陆相为主间夹海陆过渡相的沉积建造，以灰绿色、灰黑色、灰色、深灰色为主间夹紫红色的泥岩、页岩、粉砂岩，夹钙质页岩、碳质页岩、砂岩、泥灰岩、泥质白云岩，局部夹玄武岩等（沙河街组四段）。古气候为亚热带型，具有以温湿为主，间有干热的特点。

沙河街中期，随着断陷作用的不断加强，已形成的小盆地进一步扩张连通。盆地中逐步形成了一套正常陆相间夹非正常陆相混合沉积建造，主要岩性为灰色、深灰色、灰黑色、灰绿色泥岩、粉砂岩、砂岩，夹钙质页岩、油页岩、碳质页岩、泥灰岩、泥质白云岩及煤层，局部夹玄武岩等（沙河街组三段）。古气候与早期相同。

沙河街晚期，随着断陷作用的不断加强，已形成的小盆地进一步扩张连通。盆地中逐步形成了一套正常陆相间夹非正常陆相混合沉积建造，主要岩性为紫红色、灰色、灰绿色泥岩、砂岩、钙质砂岩夹砂砾岩，局部夹石膏岩等（沙河街组二段）。古气候为亚热带型，具有温湿与干热交替变化的特点。

沙河街末期，随着断陷作用的进一步加强，已形成的小盆地全面扩张连通，廊坊-衡水火山-沉积盆地与南堡-魏县火山-沉积盆地主体形成。盆地中逐步形成了一套正常陆相间夹非正常陆相混合沉积建造，主要岩性为紫红色、灰色、灰绿色泥岩和钙质页岩，夹砂岩、油页岩、灰岩、生物灰岩、碎屑灰岩、泥质白云岩等（沙河街组一段）。古气候仍为亚热带型，具有温湿与干热交替变化的特点。

3）渐新世末期东营期岩相古地理

东营期表现为以稳定而均衡的小幅度升降运动为主。廊坊-衡水火山-沉积盆地与南堡-魏县火山-沉积盆地相对于沙河街期略有萎缩，盆地中有东营组充填，以湖相沉积作用为主，间夹河流相沉积作用，各类沉积建造的物源为盆地周围的隆起及凸起剥蚀区。邵时雄等（1987）通过对相关化石的研究认为，东营组为正常陆相与非正常陆相混合沉积型建造，聚水盆地为淡水与半咸水混合型湖泊，古气候属亚热带型。

东营早期，随着断陷作用的相对减弱，盆地有所萎缩。盆地中逐步形成了一套正常陆相间夹非正常陆相混合沉积建造，即紫红色、灰色、灰绿色泥岩与砂岩互层（东营组三段）。古气候为亚热带型，具有温湿与干热交替变化的特点。

东营中期，随着断陷作用的相对加强，盆地又有所扩张。盆地中逐步形成了一套正常陆相间夹非正常陆相混合沉积建造，沉积物以灰绿色泥岩为主，夹浅灰色砂岩、生物灰岩等（东营组二段）。古气候为亚热带型，具有以温湿为主，间夹凉爽的特点。

东营晚期，随着断陷作用的相对减弱，盆地再次萎缩。盆地中逐步形成了一套正常陆相间夹非正常陆相混合沉积建造，即紫红色、灰绿色泥岩与灰色、灰白色砂岩互层（东营组一段）。古气候为亚热带型，具有温湿、干热、凉爽交替变化的特点。

4）中新世馆陶期岩相古地理

馆陶期断陷作用再次加强，其特点是由古近纪的不均衡断陷作用转化为相对均衡的断陷作用，华北平原断陷盆地区处于相对稳定下降状态，开始了准平原化的发展演化历程。盆地中逐步形成了一套以河湖相为主的沉积建造即馆陶组，为灰色、灰绿色、红色、棕红色砂岩、泥岩及砂砾岩，底部普遍存在砾石层，并具有明显的下粗上细的正旋回特征。在燕山与太行山山麓边缘地带沉积物粒度变粗，以粗碎屑砂砾岩、砂岩为主，夹砾岩及泥岩。在东部平原边缘沿海地带沉积物粒度较细，以粉砂岩、泥岩为主。此外，在局部地区（如柏各庄一带）见有玄武岩夹层。沉积建造的物源为盆地周围的隆起及凸起剥蚀区。古气候为温带—亚热带型，具有以温湿为主间夹干热、凉爽的特点。

31. 华北平原断陷(或裂谷)盆地区上新世明化镇期岩相古地理(图 2－31)

明化镇期为相对均衡断陷作用进一步加强阶段。华北平原断陷盆地区在馆陶期相对稳定下降的基础上，进一步稳定下降，加速了准平原化的进程。盆地中有明化镇组充填，以湖相沉积作用为主，间夹河流相沉积作用;各类沉积建造的物源为盆地周围的隆起及凸起剥蚀区。

明化镇早期,随着相对均衡断陷作用的进一步加强,盆地进一步稳定下降。盆地中逐步形成了一套以河湖相为主的沉积建造,由不等厚互层状棕红色、紫红色泥岩与棕黄色粉砂岩、细砂岩组成,夹有灰绿色泥岩、含砾砂岩,大部分地区具有较为明显的上粗下细的沉积特征(明化镇组下段)。

明化镇晚期,随着相对均衡断陷作用的进一步加强,盆地进一步稳定下降,华北准平原初步形成(图 2-31)。盆地中逐步形成了一套以河湖相为主的沉积建造,由互层状灰色、浅灰绿色、棕黄色泥岩与棕黄色粉砂岩、细砂岩组成,夹有含砾砂岩,大部分地区具有较为明显的上粗下细的沉积特征(明化镇组上段)。

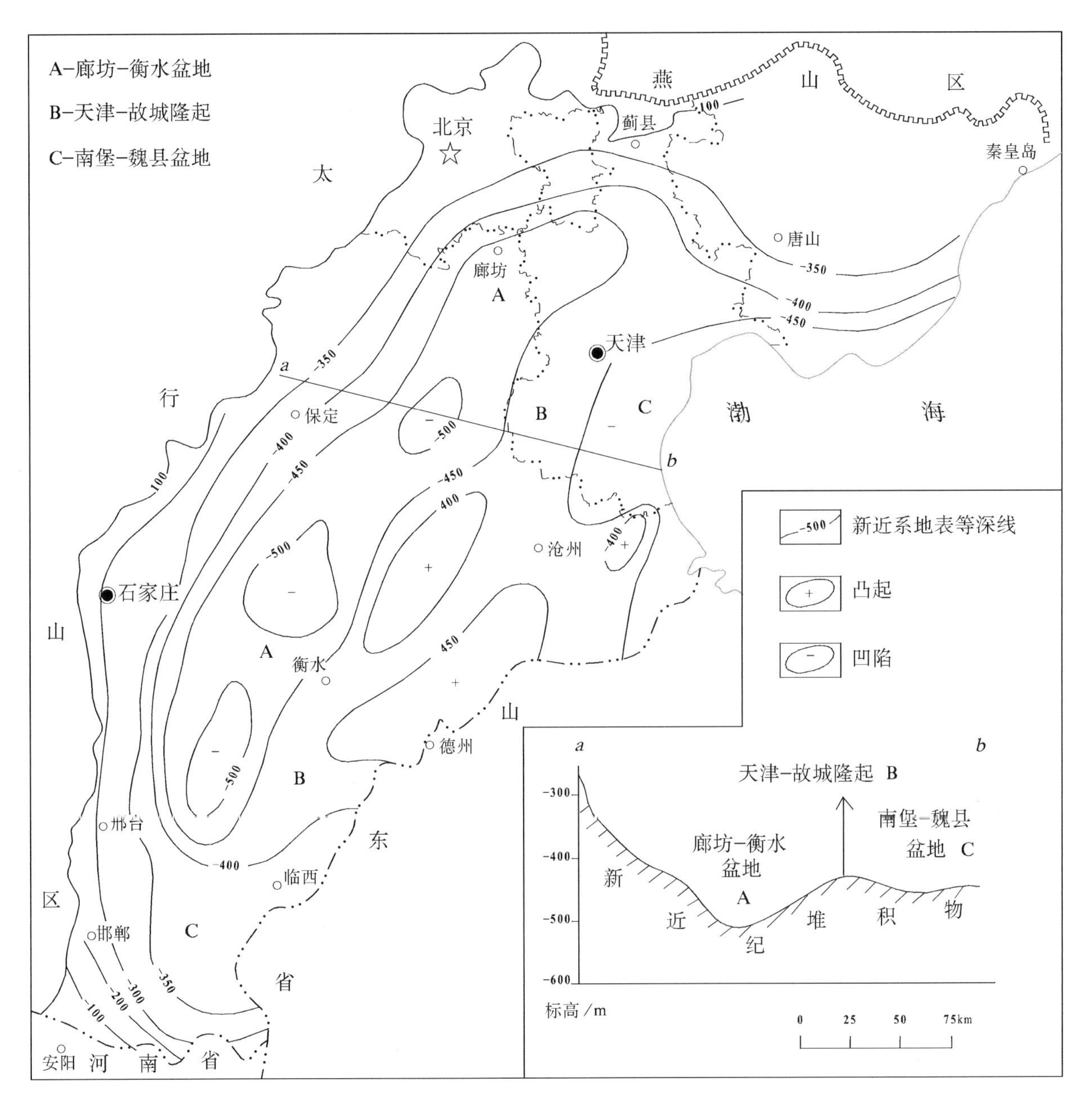

图 2-31 华北平原断陷盆地区上新世末期古地理图
(据吴兴礼等,1978,资料修编)

明化镇早期与晚期属于不同的气候环境:明化镇早期是以温暖带阔叶落叶植物为主,常绿针叶植物大量参与,形成针阔叶混交林,出现了较多的草原类型的草本植物,反映了亚热—温暖带气候环境。而到了明化镇晚期，随着自然环境条件的改变，雨量逐渐减少，气温逐渐降低，原来在温热气候中的许多阔叶落叶植物逐渐衰亡，而适应干旱气候环境的耐旱的草本植物大量繁盛，构成了广阔的草原，是以温带型温凉干旱的气候为特征。这不仅预示着气候向着寒冷的冰期演变，而且这一草原类型植被及古地理状态与山区的三趾马动物群的生活环境是相适应的。